Hans-Georg Liebich

Funktionelle Histologie
Farbatlas und Kurzlehrbuch
der mikroskopischen Anatomie
der Haussäugetiere

2. Auflage

Funktionelle Histologie

Farbatlas und Kurzlehrbuch der mikroskopischen Anatomie der Haussäugetiere

Hans-Georg Liebich

Mit 324 Abbildungen
und schematischen Darstellungen,
davon 250 mehrfarbig,
und 4 Tabellen

2., durchgesehene und ergänzte Auflage

 Schattauer Stuttgart – New York 1993

Anschrift des Verfassers:

Univ.-Prof. Dr. med. vet. Hans-Georg Liebich
Institut für Tieranatomie
Tierärztliche Fakultät
Ludwig-Maximilians-Universität München
Veterinärstraße 13
8000 München 22

Die Deutsche Bibliothek – CIP-Einheitsaufnahme

Liebich, Hans-Georg:
Funktionelle Histologie : Farbatlas und Kurzlehrbuch der
mikroskopischen Anatomie der Haussäugetiere ; mit 4 Tabellen
/ Hans-Georg Liebich. – 2., durchges. und erg. Aufl. – Stuttgart
; New York : Schattauer, 1993
   ISBN 3-7945-1534-X

In diesem Buch sind die Stichwörter, die zugleich eingetragene Warenzeichen sind, als solche nicht besonders kenntlich gemacht. Es kann also aus der Bezeichnung der Ware mit dem für diese eingetragenen Warenzeichen nicht geschlossen werden, daß die Bezeichnung ein freier Warenname ist.

Alle Rechte, insbesondere das Recht der Vervielfältigung und Verbreitung sowie der Übersetzung in fremde Sprachen, vorbehalten. Kein Teil des Werkes darf in irgendeiner Form (Fotokopie, Mikrofilm oder ein anderes Verfahren) ohne schriftliche Genehmigung des Verlages reproduziert werden.

© 1990 and 1993 by F. K. Schattauer Verlagsgesellschaft mbH, Lenzhalde 3, D-7000 Stuttgart 1, Germany

Printed in Germany

Satz, Druck und Einband: Mayr Miesbach, Druckerei und Verlag GmbH,
Am Windfeld 15, D-8160 Miesbach, Germany

ISBN 3-7945-1534-X

Vorwort zur zweiten Auflage

Als Farbatlas und Kurzlehrbuch der mikroskopischen Anatomie der Haussäugetiere hat die 1. Auflage der »Funktionellen Histologie« zustimmende Aufnahme und raschen Anklang bei den Studierenden der Veterinärmedizin und den in Forschung und Praxis tätigen Tierärztinnen und Tierärzten gefunden. Verlag und Autor wurden dadurch ermutigt, schon nach so kurzer Zeit eine Neuauflage folgen zu lassen. Dabei ging man bewußt von der Voraussetzung aus, das bewährte Konzept dieses Farbatlasses nicht zu ändern und dessen Umfang und Wissensstoff in einem sinnvollen Rahmen zu halten. Diese Auflage wurde einer kritischen Überarbeitung im Hinblick auf sprachliche, stilistische und drucktechnische Mängel unterzogen. Insbesondere wurden die zahlreichen Verbesserungsvorschläge und wertvollen Anregungen sowohl von Rezensenten als auch von Studierenden berücksichtigt, die mich zur 1. Auflage erreichten.

Ergänzt werden konnte diese Auflage durch neue schematische Abbildungen im Kapitel »Zytologie«, für deren Anfertigung ich erneut Frau Barbara Ruppel, München, besonders herzlich danke. Ferner danke ich Herrn Akademischen Oberrat Dr. Fritz-Helmut Feder, München, für seine Bereitschaft einer kritischen Durchsicht der 2. Auflage und allen Kolleginnen und Kollegen für die zahlreichen nützlichen Hinweise.

Nicht zuletzt gilt mein nachdrücklicher Dank dem Verlag und insbesondere Herrn Dieter Bergemann, der all meinen Vorstellungen und Wünschen auf das Großzügigste Rechnung trug.

München, Herbst 1992   Hans-Georg Liebich

Vorwort zur ersten Auflage

Wie so oft für die Planung von Lehrbüchern, kam auch dieses auf nachdrückliche Anregung aus dem Kreise der Studierenden zustande, die nach einem zeitgemäßen Buch der Zytologie, Histologie und der mikroskopischen Anatomie der Haussäugetiere suchten. Die vorliegende »Funktionelle Histologie« in Form eines Farbatlasses und Kurzlehrbuchs ist für sie geschrieben und entstand trotz der in den letzten Jahrzehnten erschienenen unübersehbaren Fülle von Einzelpublikationen und Monographien. Das Konzept dieses Buches soll jedem Studierenden der Veterinärmedizin, aber auch dem Tierarzt und den in angrenzenden Wissenschaftsbereichen Tätigen die Orientierung im Fachgebiet Histologie erleichtern und gleichzeitig zur Vertiefung des Basiswissens beitragen. In keiner Weise kann und sollte dieses Buch jedoch die weitergehenden Ausführungen eines Lehrbuches der mikroskopischen Anatomie der Haussäugetiere ersetzen.

Um dem Leser die Struktur biologischer Gewebe so verständlich wie möglich zu machen, wurden von mir die farbigen Mikrophotographien aus Präparaten erstellt, wie sie üblicherweise in den histologischen Übungen zur Verfügung stehen. Diese Abbildungen werden durch eine große Anzahl von schematischen Darstellungen ergänzt, in denen meist Einzelheiten von Zellen, Geweben und Organen dokumentiert werden, die allein im elektronenmikroskopischen Auflösungsbereich erkennbar sind. Sie geben wissenschaftlich komplizierte Strukturen vereinfacht wieder und sollen zum besseren Verständnis komplexer Zusammenhänge beitragen.

Dieses Buch verdeutlicht, daß Histologie an der Nahtstelle zu anderen medizinisch-naturwissenschaftlichen Disziplinen einzuordnen ist, insbesondere im molekularbiologischen Grenzbereich. So wurde in diesem Kurzlehrbuch versucht, die Histologie an Teilgebiete der Physiologie und der physiologischen Chemie anzulehnen, um so eine Integration zwischen Struktur und Funktion von Geweben und Organen zu vermitteln. Das Verständnis biodynamischer Zusammenhänge bis hin zu pathophysiologischen Veränderungen des Organismus wird dabei nicht allein durch statische Strukturen von Geweben und Organen, sondern durch zahlreiche Hinweise auf die funktionelle Vielfalt der Bauelemente von Zell-, Gewebs- und Organsystemen nachdrücklich gefördert.

Ein umfassendes Sachverzeichnis erleichtert die Benutzung des Werkes und verweist auf die im Text verwendeten ausgewählten histophysiologischen Grundbegriffe. Als Grundlage für die Benennung der Fachausdrücke wurde die NOMINA HISTOLOGICA (2. Ausgabe, 1983), herausgegeben von der Weltvereinigung der Veterinäranatomen, verwendet.

Mein Dank gilt Herrn Universitätsprofessor Dr. med. vet. Dr. med. Fred Sinowatz, Inhaber des Lehrstuhls für Allgemeine Anatomie, Histologie und Embryologie der Tierärztlichen Fakultät der Ludwig-Maximilians-Universität München. Durch seine Unterstützung stand mir für die Herstellung der Mikrophotographien die traditionsreiche Institutssammlung ebenso zur Verfügung wie ich auf frühere Institutsarbeiten zurückgreifen konnte. Frau Barbara Ruppel, wissenschaftliche Zeichnerin am Institut für Tieranatomie der Ludwig-Maximilians-Universität München und Lehrbeauftragte an der Akademie für bildende Künste, München, hat mit ihren herausragenden Sachkenntnissen und künstlerischem Geschick sämtliche schematischen und farbigen Zeichnungen angefertigt. An dieser Stelle sei ihr hierfür besonders gedankt. Auch gilt mein Dank allen Mitarbeitern, insbesondere Frau Dr. med. vet. Barbara Mitschek, die durch kritische Korrekturvorschläge mit zum Gelingen dieses Buches beigetragen haben.

Die »Funktionelle Histologie« wäre ohne die kreativen Anregungen von Herrn Kollegen Prof. Dr. med. Dr. med. h. c. Paul Matis niemals in dieser Form entstanden. Getragen von seinen Impulsen entwickelte sich das vorliegende Projekt, seine Ideen optimierten nachdrücklich die Synthese von »Farbatlas« und »Kurzlehrbuch«. Es ist mir daher in freundschaftlicher Verbundenheit ein besonderes Anliegen, ihm für seine hilfreiche Unterstützung und Förderung zu danken.

Für die großzügige Verwirklichung meines Konzeptes und die hervorragende Ausstattung des Buches bin ich dem Verlag, insbesondere Herrn Dieter Bergemann, zu besonderem Dank verpflichtet.

Für die sorgfältige Betreuung danke ich Herrn Dr. med. Wulf Bertram und Herrn Wolfram Krause, für die verständnisvolle Zusammenarbeit im Zuge der Drucklegung Frau Gerda Stapelberg und Herrn Horst Klar.

Hans-Georg Liebich

Inhaltsverzeichnis

Zytologie, die Lehre von der Zelle

I. Zelle (Cellula) 2
   Zellmembran (Membrana cellularis, Zytolemm) 2
   Stoffwechselsysteme der Zelle 5
      Mechanismen der Stoffaufnahme ... 5
      Intrazellulärer Stoffumsatz 6
      Organellen des intrazellulären Stoffaufbaus 8
      Organellen des intrazellulären Stofftransports und der Synthese von Makromolekülen 10
      Organellen der Zellatmung und der Energiegewinnung 12
   Kontraktilität und Motilität der Zelle ... 14
      Aktinfilamente (Mikrofilamente) 14
      Mikrotubuli 14
      Intermediärfilamente 16
   Exogene und endogene Einschlüsse der Zelle 17
   Zellkern (Nucleus) 17
   Zellwachstum und Zellteilung 22
      Generations- oder Zellzyklus 22
      Kernteilung (Mitose) und Teilung des Zytoplasmas (Zytokinese) 23
      Kernteilung in Keimzellen (Meiose) .. 26
   Strukturen der Zelloberflächen 27
      Zell-zu-Zell-Verbindungen 28
      Modifikationen der freien Zelloberfläche 29
      Modifikationen der Zellbasis 29
      Basalmembran (Membrana basalis) . 30

Histologie, die Lehre von den Geweben

II. Epithelgewebe (Textus epithelialis) 33
   Deckepithel (Epithelium superficiale) .. 33
   Drüsenepithel (Epithelium glandulare) . 39

III. Binde- und Stützgewebe (Textus connectivus) 46
   Zusammensetzung des Binde- und Stützgewebes 46
      Zellen 46
      Interzellularsubstanz (Substantia intercellularis) 48
   Arten des Bindegewebes 53
      Embryonales Bindegewebe (Textus connectivus embryonalis) 53
      Retikuläres Bindegewebe (Textus connectivus reticularis) 53
      Faseriges Bindegewebe (Fibra textus connectivi) 56
   Arten des Stützgewebes 61
      Knorpelgewebe (Textus cartilagineus) 61
      Knochengewebe (Textus osseus) 64

IV. Muskelgewebe (Textus muscularis) ... 74
   Glattes Muskelgewebe (Textus muscularis nonstriatus) 74
   Quergestreiftes Muskelgewebe (Textus muscularis striatus) 77
      Skelettmuskelgewebe (Textus muscularis striatus skeletalis) 77
      Herzmuskelgewebe (Textus muscularis striatus cardiacus) 81

V. Nervengewebe (Textus nervosus) 84
   Nervenzelle (Ganglienzelle, Neuron, Neurozyt, Neurocytus) 84
      Formen der Nervenzellen 84
      Struktur der Nervenzelle 87
      Energieversorgung und axonaler Transport 89
      Synapsen 89
      Nervenfasern (Neurofibra) 92
      Nerven 95
   Gliazelle (Neuroglia, Gliozyt, Gliocytus) . 97
      Gliazellen des zentralen Nervensystems 97
      Gliazellen des peripheren Nervensystems 100

Mikroskopische Anatomie

VI. Kreislaufsystem (Systema cardiovasculare et lymphovasculare) 102
   Blutkapillare (Vas capillare) 102
   Wandbau größerer Blutgefäße 105
      Arterie (Arteria) 106
      Arteriole (Arteriola) 107
      Vene (Vena) 107
      Venole (Venula) 109
   Herz (Cor) 109
   Lymphgefäße (Vasa lymphatica) 112
      Lymphkapillare (Vas lymphocapillare) 113
      Lymphsammelstämme (Vasa lymphatica myotypica) 113

VII. Blut und Blutzellbildung (Sanguis et haemocytopoesis) ... 114
Erythrozyt (Erythrocytus) ... 115
Leukozyten (Leucocyti) ... 117
    Granulozyten (Granulocyti) ... 117
    Agranulozyten (Agranulocyti) ... 120
Blutplättchen (Thrombozyten, Thrombocyti) ... 123

VIII. Immunsystem und lymphatische Organe (Organa lymphopoetica) ... 126
Thymus ... 127
    Thymusrinde ... 129
    Thymusmark ... 129
    Thymusinvolution ... 129
Lymphfollikel (Folliculi lymphatici) ... 130
Mandeln (Tonsillen, Folliculi lymphatici aggregati) ... 130
Lymphknoten (Nodus lymphaticus) ... 130
Milz (Lien, Splen) ... 133

IX. Endokrines System (Systema endocrina) ... 136
Hypothalamus-Hypophysen-System ... 136
Hypothalamus ... 137
Hypophyse (Hypophysis cerebri, Glandula pituitaria) ... 137
    Adenohypophyse (Lobus anterior) ... 139
    Neurohypophyse (Lobus posterior) ... 141
Epiphyse (Epiphysis cerebri, Glandula pinealis) ... 141
Schilddrüse (Glandula thyreoidea) ... 142
Epithelkörperchen, Nebenschilddrüse (Glandula parathyreoidea) ... 145
Nebenniere (Glandula suprarenalis) ... 147
    Nebennierenrinde (Cortex glandulae suprarenalis) ... 148
    Nebennierenmark (Medulla glandulae suprarenalis) ... 149
Paraganglien (Paraganglia) ... 149
Inselapparat des Pankreas (Insulae pancreaticae, Langerhans-Inseln) ... 150

X. Verdauungsapparat (Apparatus digestorius) ... 152
Mundhöhle (Cavum oris) ... 152
    Lippe (Labium) ... 153
    Backe (Bucca) ... 155
    Gaumen (Palatum) ... 155
    Zunge (Lingua) ... 155
    Zahn (Dens) ... 159
    Drüsen der Mundhöhle (Glandulae oris) ... 161
    Schlundkopf, Rachen (Pharynx) ... 165
Allgemeiner Wandbau des Rumpfdarms ... 165
Speiseröhre (Oesophagus) ... 168
Magen (Gaster, Ventriculus) ... 170
    Vormägen der Wiederkäuer ... 170
    Drüsenmagen ... 174
Dünndarm (Intestinum tenue) ... 181
Dickdarm (Intestinum grassum) ... 190
Analkanal (Canalis analis) ... 193
Anhangsdrüsen des Darms ... 193
    Leber (Hepar) ... 193
    Gallenblase (Vesica biliaris, Vesica fellea) ... 201
    Bauchspeicheldrüse (Pancreas) ... 203

XI. Atmungsapparat (Apparatus respiratorius) ... 205
Luftleitendes System ... 205
    Allgemeiner Wandbau ... 205
    Spezieller Wandbau ... 207
Respiratorisches System ... 215
    Bronchioli respiratorii ... 215
    Ductus alveolares, Sacculi alveolares ... 216
    Alveolen (Alveoli pulmonis) ... 216

XII. Harnorgane (Organa urinaria) ... 218
Niere (Ren) ... 218
    Makroskopisch-anatomischer Bau der Niere ... 218
    Gefäß- und Nervenversorgung der Niere ... 219
    Mikroskopisch-anatomischer Bau des harnbereitenden Systems der Niere ... 219
    Feinbau des Nierenkörperchens und Ultrafiltration ... 222
    Feinbau des Nephrons ... 225
    Feinbau des Sammelrohrsystems ... 228
    Juxtaglomerulärer Apparat (Complexus juxtaglomerularis) ... 229
Harnableitende Organe ... 229
    Nierenbecken (Pelvis renalis) ... 229
    Harnleiter (Ureter) ... 231
    Harnblase (Vesica urinaria) ... 231
    Harnröhre (Urethra) ... 232

XIII. Männliche Geschlechtsorgane (Organa genitalia masculina) ... 233
Hoden (Testis) ... 233
    Gewundene Samenkanälchen (Tubuli seminiferi convoluti) ... 233
    Gerade Samenkanälchen (Tubuli seminiferi recti) ... 243
    Hodennetz (Rete testis) ... 243
Nebenhoden (Epididymis) ... 243
    Ausführungsgänge des Hodens (Ductuli efferentes testis) ... 243

Nebenhodengang (Ductus
  epididymidis) 245
 Plexus pampiniformis 247
Samenleiter (Ductus deferens) 247
Akzessorische Geschlechtsdrüsen
(Glandulae genitales accessoriae) 247
 Pars glandularis des Ductus deferens . 248
 Samenblasendrüse
  (Glandula vesicularis) 248
 Vorsteherdrüse, Prostata
  (Glandula prostatica) 249
 Harnröhrenzwiebeldrüse
  (Glandula bulbourethralis) 251
Harnröhre (Urethra) 251
Glied (Penis) 253

XIV. Weibliche Geschlechtsorgane (Organa genitalia feminina) 255
Eierstock (Ovar, Ovarium) 255
 Ovarialfollikel 257
 Eisprung (Ovulation) 262
 Gelbkörper (Corpus luteum) 263
 Follikelatresie 265
Eileiter (Tuba uterina) 265
Gebärmutter (Uterus) 267
 Wandbau der Gebärmutter (Uterus) . 268
 Wandbau des Gebärmutterhalses
  (Cervix uteri) 269
Scheide (Vagina) 271
Scham (Vulva) 271
Zyklus 272

XV. Haut und Hautorgane 274
Haut (Cutis) 274
Haut als Schutzorgan 274
 Oberhaut (Epidermis) 274
 Lederhaut (Corium, Dermis) 277
 Unterhaut (Tela subcutanea,
  Subcutis) 277
 Hautdrüsen (Glandulae cutis) 279
 Pigmentation 279
Haut als Organ der Wärmeregulation .. 280
 Gefäßsystem der Haut 280
 Haare (Pili) 280
Haut als Sinnesorgan 283
Haut als immunologische Grenzfläche .. 283
Modifikationen der Haut 283

Milchdrüse (Mamma) 284
Zehenendorgane und Horn der
 Wiederkäuer 287

XVI. Sinnesorgane (Organa sensuum) 293
Rezeptoren der Oberflächensensibilität . 293
 Freie Nervenendigungen 293
 Einfache Endkörperchen 295
 Geschichtete Endkörperchen 295
Rezeptoren der Tiefensensibilität 295
 Sehnenspindeln (Sehnenorgane,
  Golgi-Organe) 295
 Muskelspindeln 297
 Rezeptoren der Eingeweidesensibili-
  tät 297
Organe des Geschmackssinns
(Organa gustus) 297
Organe des Geruchssinns
(Organa olfactus) 298
Sehorgan (Organum visus) 300
 Wandbau des Augapfels
  (Bulbus oculi) 300
 Bestandteile des Augeninneren 311
 Anhangsorgane des Auges 313
 3. Augenlid (Palpebra tertia,
  Nickhaut) 314
Gleichgewichts- und Gehörorgan
(Organum vestibulocochleare) 315
 Äußeres Ohr (Auris externa) 315
 Mittelohr (Auris media) 315
 Innenohr (Auris interna) 316

XVII. Nervensystem (Systema nervosum) ... 322
Einteilung des Nervensystems 322
Zentralnervensystem (Pars centralis,
Systema nervosum centrale) 322
 Rückenmark (Medulla spinalis) 323
 Kleinhirn (Cerebellum) 324
 Großhirn (Cerebrum) 328
Peripheres Nervensystem (Pars periphe-
rica, Systema nervosum periphericum) . 331
 Zerebrospinale Ganglien 331
 Vegetative, autonome Ganglien 331
 Meningen (Meninges) 333
 Ventrikel (Ventriculi) 333

Sachverzeichnis 335

Zytologie, die Lehre von der Zelle

Die Zelle ist die kleinste Baueinheit des Organismus, die mit den Eigenschaften des Lebens ausgestattet ist. Sie wird gekennzeichnet durch die Fähigkeit zur Stoffwechselleistung, zur Beweglichkeit, zur Reizsensibilität, zur Vermehrung und zum Wachstum. Durch die strukturelle und funktionelle Spezialisierung der Zelle und durch den Zusammenschluß zu Verbänden entstehen während der phylogenetischen und ontogenetischen Entwicklung Gewebe und Organe. Innerhalb dieser Verbände stehen die Zellen über hochentwickelte Kommunikations- und Steuerungssysteme miteinander in Verbindung. Erst in ihrer Gesamtheit dienen die unterschiedlichen Zellsysteme der Erhaltung des Lebens eines Gesamtorganismus. Die Einzelzelle ist nur lebensfähig innerhalb einer zellspezifischen Umgebung, deren Zusammensetzung durch das Ineinandergreifen verschiedener Zellsysteme bestimmt wird.

Die funktionelle Vielfalt der Zellen führt zu einer hohen Variabilität ihrer Strukturen. Trotz der Vielzahl von Unterschieden stimmen die Zellen in ihrem Grundbauplan überein.

I. Zelle (Cellula)

Eine Zelle besteht aus dem **Zelleib (Zytoplasma)**, in dessen löslicher **Matrix (Grundplasma, Zytosol)** zahlreiche **Organellen** und **Einschlüsse** eingelagert sind. Im Zytoplasma vollziehen sich die Vorgänge des Zellstoffwechsels, der Zellatmung, des Energieumsatzes, der Kontraktilität und der Zellbewegung. Hierbei wirken die Matrix (Zytosol) und die Organellen funktionell zusammen. Am Bau der Organellen sind meist **Biomembranen** beteiligt, die durch einen besonderen Schichtenbau die einzelne Organelle gegenüber dem umgebenden Zytosol abgrenzen **(Kompartimentierung)**. Erst durch diese Trennung können im Zytoplasma einer Zelle die verschiedensten Stoffwechselleistungen nebeneinander ablaufen, ohne sich in ihrer Wirkung negativ zu beeinflussen.

Die wichtigste Organelle einer Zelle ist der **Kern (Nucleus)**. Dieser dient der **zentralen Steuerung** sämtlicher funktioneller Aktivitäten einer Zelle, er ist **Träger des genetischen Materials**. Im Zellkern wird in den Fäden der Desoxyribonukleinsäure (DNS) der Chromosomen die genetische Information gespeichert und bei stoffwechselaktiven Prozessen der Zelle als regulatorisches und informationsübertragendes System aktiviert. Sämtliche Organellen einer Zelle wirken synergistisch und bestimmen erst in ihrer Gesamtheit die Funktionen einer Zelle.

Traditionsgemäß wird die Zelle in den **Zelleib (Zytoplasma)** und den **Zellkern (Nucleus)** gegliedert, Strukturen, die sich lichtmikroskopisch deutlich voneinander absetzen. Der Kern färbt sich basophil (= mit basischen Farbstoffen, z. B. mit Hämatoxylin blau) an, das Zytoplasma vorwiegend azidophil (= mit sauren Farbstoffen, z. B. mit Eosin rötlich).

Das Zytoplasma wird von einer **Oberflächenmembran (Plasmalemm)** umgeben, die die Zelle zum einen gegenüber der Umgebung abschirmt, zum anderen mit dieser verbindet.

Zellmembran (Membrana cellularis, Zytolemm)

Zellmembranen sind Biomembranen, sie formen die strukturelle Grundlage der meisten Organellen und bilden die äußere Hüllmembran einer Zelle. Die Membran der Zelloberfläche ist eine Sonderform einer Zellmembran und wird als **Plasmalemm** bezeichnet.

Sämtliche biologischen Membranen einer Zelle kennzeichnet ein grundsätzlich übereinstimmendes Bauprinzip; sie werden deshalb auch als **Einheitsmembran (»unit membrane«)** bezeichnet. Biomembranen setzen sich aus **Phospholipid- und Proteinmolekülen** zusammen, die flächenhaft ausgebreitet über nichtkovalente Bindungen zusammengehalten werden. Die Lipidmolekülketten bilden hierbei eine **Lipid-Doppelschicht,** in die Proteinmoleküle und Glykoproteine im Verhältnis 2:1 penetriert oder eingelagert sind. Dieses Verhältnis schwankt zwischen den verschiedenen Zellpopulationen des Organismus von 4:1 bis 1:4.

Die **Schichtdicke** der Zellmembran beträgt zwischen 7,5 und 10 nm, sie kann nur elektronenmikroskopisch sichtbar gemacht werden. Nach präparatorischer Vorbehandlung der Zellmembran mit Osmiumsäure wird eine Dreischichtigkeit erkennbar, die eine **äußere Schicht (Lamina externa)**, eine **mittlere Schicht (Lamina intermedia)** und eine **innere Schicht (Lamina interna)** unterscheiden läßt.

Sämtliche biologischen Membranen tragen an ihren nichtzytoplasmatischen Oberflächen einen unterschiedlich dicken Mantel aus Zuckerresten. Insbesondere der äußeren Oberfläche des **Plasmalemms** sind stets **Polysaccharide (Oligosaccharidketten)** angelagert. Diese formen als Bestandteile der Membranproteine (Glykoproteine) und der Membranlipide (Glykolipide) eine zusätzliche Oberflächenschicht, die **Glykokalix** (s. S. 4 f.).

Die **Funktionen der Zellmembran** sind vielfältig. Zum einen dient die Lipid-Doppelschicht als Grundgerüst der Membran und verhindert das Übertreten der meist wasserlöslichen Moleküle. Zum andern fördern die Membranproteine den wechselseitigen Transport bestimmter niedermolekularer Stoffe durch die Membran (»Transportproteine«) und übernehmen enzymatische oder katalysatorische Aufgaben (»Carrierproteine«). Andere Membranproteine vermögen entgegen eines elektrochemischen Gradienten durch die Zellmembran Ionen zu pumpen (z. B. Na^+/K^+-ATPase).

Das **Plasmalemm** trägt Rezeptoren für die Aufnahme chemischer Impulse aus dem Extrazellularraum (z. B. Hormone, Neurotransmitter) und erfüllt zusätzlich die Aufgabe eines selektiven Filters gegenüber unterschiedlichen intra- und extrazellulären Elektrolytkonzentrationen. Ferner unterstützt das Plasmalemm die intrazelluläre Aufnahme von Nährstoffen und fördert die Abgabe von Zellprodukten.

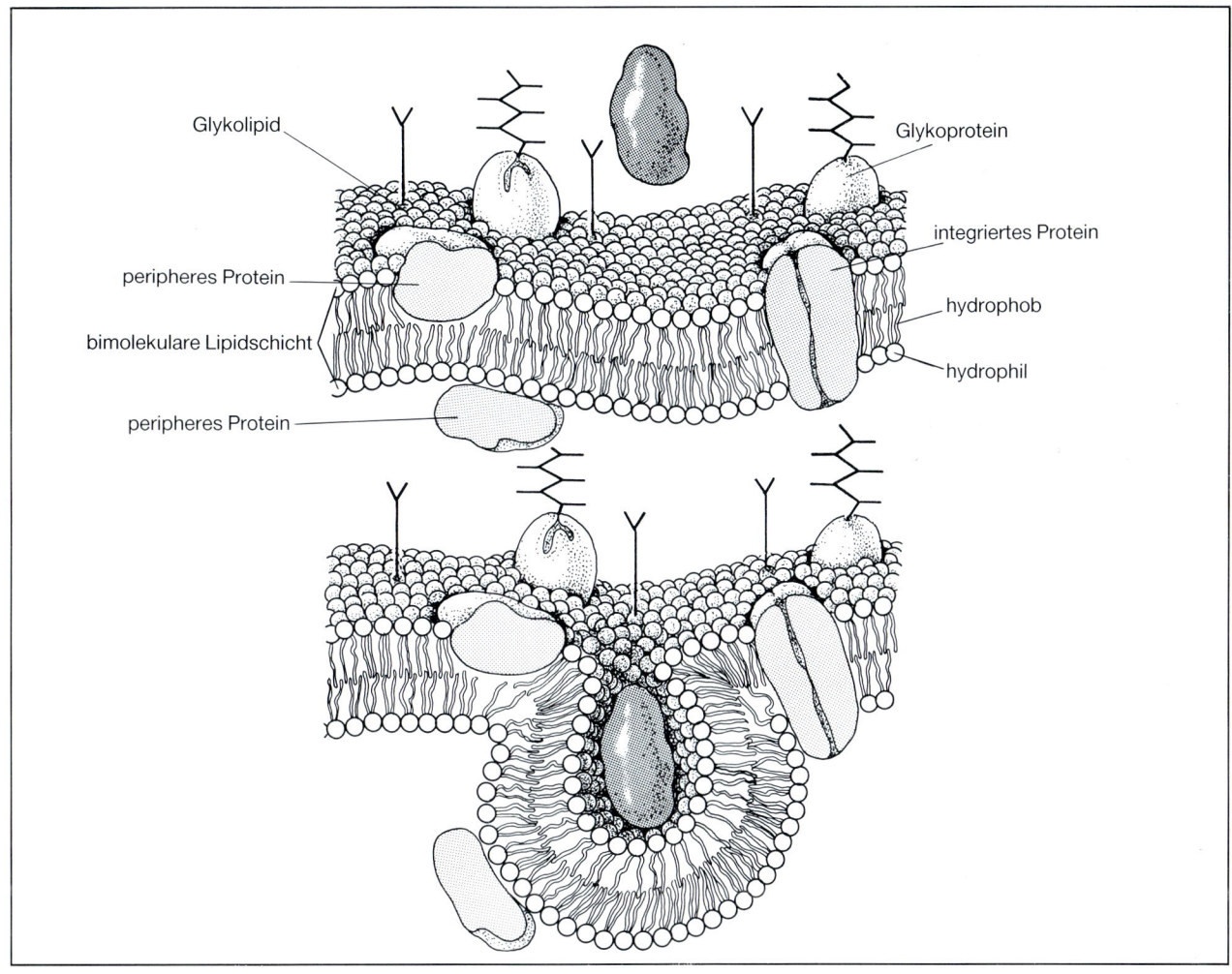

Abb. 1. Schematischer Aufbau einer Biomembran. Die Membran besteht aus einer Lipid-Doppelschicht mit eingelagerten Membranproteinen, der auf der äußeren Oberfläche Kohlenhydratseitenketten als Glykolipide bzw. Glykoproteine (Glykokalix) anhaften. Bei der Aufnahme eines Liganden (z. B. eines Proteins) stülpt sich die Biomembran zu einer endozytotischen Vakuole ein.

Bau der Zellmembran

Die Zellmembran ist eine **Biomembran**. Sie wird aufgebaut aus zusammengesetzten Lipid-Protein-Schichten, die auf der äußeren Oberfläche von Oligosaccharidketten überzogen werden (Abb. 1). Eine Zellmembran besteht im einzelnen aus
– einer Lipid-Doppelschicht,
– eingelagerten Membranproteinen,
– oberflächlichen Membranpolysacchariden.

Lipid-Doppelschicht

Die Lipidmoleküle einer Zellmembran liegen in Form einer Doppelschicht vor. Ursache für diesen Schichtbau ist die molekulare Anordnung der Lipide. Ihre Hauptbestandteile sind Phospholipide, daneben sind in geringerer Menge **Cholesterol** und Glykolipide in der Membran eingelagert. Alle Lipide sind amphiphil, d. h., sie haben einen **hydrophilen** (»wasseranziehenden«, polaren) elektrisch geladenen »Kopf«-Teil und zwei **hydrophobe** (»wasserabstoßende«, apolare) Kohlenwasserstoffketten. Die hydrophoben Ketten bestehen alternierend aus ungesättigten oder gesättigten Fettsäuren. In sämtlichen Biomembranen sind die hydrophilen Enden nach außen, die hydrophoben Ketten nach innen orientiert. Die Mehrzahl der biologischen Membranen ist aufgrund des Gehalts bestimmter Lipidmoleküle und der elektrischen Ladung in den äußeren Membrananteilen **asymmetrisch**.

Dieser Aufbau der Zellmembran ist von **funktioneller Bedeutung**. Die unterschiedliche Länge und die hohe Eigenbeweglichkeit der ungesättigten und gesättigten Kohlenwasserstoffketten beeinflussen entscheidend die **Dynamik** der Zellmembran. Man spricht in diesem Zusammenhang von der **Fluidität der Biomembranen.** Als molekulare Ursache für die Membranfluidität ist die Eigenschaft der Phospholipide anzusehen, sich innerhalb der Membran drehen (**»Rotation«**) und seitlich verschieben (**»laterale Diffusion«**) zu können. Seltener vermögen sie auch zwischen den beiden Schichten zu wechseln (**»Flip-Flop«**).

Durch die Fluidität von Biomembranen wird die **Plastizität** der gesamten Zelle ermöglicht, Membranteile können ergänzt oder Teilstücke abgeschnürt werden (Exozytose, Endozytose, s. S. 5 f.). Der Neuaufbau der Lipid-Doppelschicht vollzieht sich in **wäßrigem Milieu stets spontan.** Damit schließen sich Oberflächenmembranen von selbst, wenn sie durch äußere Einflüsse oder nach Stoffabgabe in ihrer flächenhaften Ausdehnung unterbrochen werden.

Cholesterol beeinflußt als ein wichtiger Bestandteil der Zellmembran die Regulation der intramembranären Beweglichkeit der Lipidketten (Membranfluidität) und erhöht die mechanische Stabilität der Doppelschicht.

Glykolipide sind bei sämtlichen tierischen Zellen Bestandteil der äußeren Schicht des Plasmalemms und tragen entscheidend zur Asymmetrie der Zellmembranen bei. Ihre Kopfgruppen bestehen aus einem oder mehreren polaren Zuckerresten (Oligosaccharide) und ragen über die Zelloberfläche hinaus. Glykolipide sind vorrangig neutrale Glykolipide (z. B. Galaktozerebroside als Myelin der Nervenscheiden) oder Ganglioside (z. B. Sialinsäuren als Zellrezeptoren). (Näheres siehe unter Membranpolysaccharide und in Lehrbüchern der Biochemie.)

Membranproteine

Membranproteine sind in die Lipid-Doppelschicht der Zellmembran eingebaut und erfüllen dort membranspezifische Aufgaben (Abb. 1). Man unterscheidet in der Membran **Transportproteine, Enzyme** und **spezifische Rezeptorproteine.** Sämtliche Membranproteine sind globulär und wie die Lipide amphiphil. Sie weisen wie diese hydrophobe, nach innen orientierte Regionen und hydrophile Enden auf, die auf einer Seite oder häufiger auf beiden Seiten aus den Membranschichten ragen. Man unterscheidet **integrierte** und **periphere Membranproteine** der Lipid-Doppelschicht.

Integrierte Proteine durchspannen die gesamte Membran, sie sind schwer extrahierbar und überragen beidseitig die Zellmembran (**Transmembranproteine, Intramembranproteine, Tunnelproteine**). An ihren hydrophoben Abschnitten werden diese Proteine mit einer oder mehreren Fettsäureketten verbunden und so in den Lipidschichten verankert.

Integrierte Membranproteine sind in einer Ebene beweglich (**Membranfluidität**), sie können sich unter bestimmten Reaktionen zu kleineren Gruppen verklumpen (**»patching«**) oder polar intramembranär zu Proteinkappen formieren (**»capping«**). So kann die Verklumpung oder das »capping« als Beispiel für die mehr oder weniger uneingeschränkte intramembranäre Fluidität auch der Membranproteine angesehen werden. Bei immunzellulären Reaktionen vernetzen z. B. Antikörper membrangebundene Antigene innerhalb umschriebener Bereiche des Plasmalemms. Ähnliche intramembranäre Aggregationen induzieren auch pflanzliche Proteine (Lektine).

Die flächenhafte, seitliche Beweglichkeit der Membranproteine (Membranfluidität) kann jedoch in Einzelfällen eingeschränkt werden. So kontrollieren kontraktile Strukturen der Zelle (Aktinfilamente, Intermediärfilamente, Mikrotubuli) die freie Beweglichkeit der intramembranären Proteine. An Stellen vollständiger Verschmelzung anliegender Zellen (Zonulae occludentes, tight junctions, s. S. 28) ist keine Membranfluidität möglich.

Periphere Proteine können unterschiedlich tief in die äußere oder innere Lamina der Zellmembran vordringen und sind leichter aus ihrer wäßrigen Umgebung lösbar. Diese Proteine sind kovalent mit Fettsäuren verbunden oder stehen über nichtkovalente Kontakte mit integrierten Proteinen in Beziehung.

Membranpolysaccharide

Sämtliche biologischen Membranen tragen an ihren nichtzytoplasmatischen Oberflächen einen unterschiedlich dicken Mantel aus Zuckerresten. Man bezeichnet diese, dem Plasmalemm außen aufliegende Schicht als **Glykokalix (Glycocalyx, surface coat).**

Die **Glykokalix** besteht aus **Oligosaccharidketten,** die kovalent an membranäre Proteine (Glykoproteine) oder zum kleineren Teil an Lipide (Glykolipide) gebunden sind (Abb. 1). Sämtliche Membranproteine sind mit Zuckerresten besetzt, nur etwa 10% der Lipide nehmen Oligosaccharidketten auf. Diese Auflagerungen von Zuckerresten auf der äußeren Zellmembran verstärken die Asymmetrie des Plasmalemms.

Das Oberflächenmuster der Oligosaccharidseitenketten auf Glykoproteinen und Glykolipiden ist in höchstem Maß komplex und besteht vornehmlich aus nur wenigen Zuckern (u. a. Glukose, Fukose, Mannose, Glukosamin, Galaktose, Sialinsäuren), die sich in unterschiedlicher Weise verknüpfen. Die

Sialinsäure (N-Azetylneuraminsäure) verleiht der Zelloberfläche eine negative Ladung. Die Glykokalix wird, zusammen mit dem Plasmalemm, ständig von der Zelle erneuert. Hierzu bilden Organellen (Golgi-Apparat) membranäre Transportvesikel aus, die in die Zelloberflächenmembran inkorporiert werden. Damit bestimmen zelleigene Membranen die Spezifität der Zelloberfläche.

Die Glykokalix erfüllt eine Vielzahl von **Funktionen**. Sie bildet in großer Zahl Rezeptoren, die dazu dienen, Informationen von anderen Zellen direkt oder durch Botenstoffe (chemische Signalstoffe wie z. B. Hormone) aufzunehmen und an die Zelle weiterzugeben. Die Glykokalix übernimmt die besondere Aufgabe der »Identifikation« körpereigener oder körperfremder Zellen. Über spezifische Rezeptoren der Glykokalix kann dann ggf. eine immunologische Reaktionskette eingeleitet werden. An Glykolipiden der Glykokalix roter Blutzellen (Erythrozyten) sind die Blutgruppen gebunden. Auch wird die Mehrzahl der Vorgänge während der Zelldifferenzierung unter Vermittlung der Glykokalix gesteuert.

Stoffwechselsysteme der Zelle

Es ist ein Kennzeichen des Lebens einer Zelle, daß diese die Fähigkeiten besitzt, ständig lebende Materie aufzubauen, umzusetzen, abzubauen und ggf. auch wieder abzugeben. Zur Aufrechterhaltung dieser Stoffwechselleistung nimmt die Zelle aus dem umgebenden Medium organische und anorganische Substanzen auf **(Substrat)**, die sie innerhalb der Zellmatrix (Zytosol) oder gebunden an Zellorganellen durch chemische Reaktionsketten verändert.

So werden über die Nahrung die unterschiedlichsten Substanzen aufgenommen **(Stoffaufnahme)** und diese während der Verdauung enzymatisch gespalten **(intrazelluläre Verdauung)**. Substrate, wie z. B. Monosaccharide, Fettsäuren oder Aminosäuren, werden zusammen mit Ionen oder Vitaminen in den Zellstoffwechsel eingeschleust. Zusätzlich erfolgt die Aufnahme von Sauerstoff. Diese Mechanismen unterliegen der hormonellen und nervösen Steuerung.

In der Zelle erfolgt der Abbau der Substrate unter Gewinnung von mechanischer, thermischer, elektrischer oder chemischer Energie. Im weiteren werden aus den Spaltprodukten neue Bauelemente und Betriebsstoffe aufgebaut. Dieser Umbau kann auch zu spezifischen Zellprodukten führen, die als zelltypische Synthesestoffe von der Zelle abgegeben werden **(Sekretion)**. Endprodukte des Zellstoffwechsels werden ausgeschieden **(Exkretion)**.

Mechanismen der Stoffaufnahme

Die Struktur der Biomembranen läßt durch die Vermittlung der Transportproteine (s. S. 4) eine Aufnahme von niedermolekularen und polar orientierten Stoffen in die Zelle zu, doch können die Vorgänge in molekularer Größenordnung **morphologisch nicht erfaßt** werden. Diesbezüglich muß auf die Lehrbücher der Biochemie verwiesen werden.

Werden hingegen Makromoleküle oder größere Teilchen von einer Zelle aufgenommen, können die Vorgänge elektronenmikroskopisch dargestellt werden. Dabei umschließt das Plasmalemm die aufzunehmende Substanz, stülpt sich nach innen ein **(Invagination)** und schnürt sich zu einem Bläschen **(Vesikel)** ab. Dieser Vorgang wird als **Endozytose** bezeichnet (Abb. 2a). Die Aufnahme von Stoffen wird durch die Verdichtung des Plasmalemms in Nachbarschaft zu Aktinfilamentproteinen (sog. Clathrine, Molekulargewicht = 180000 Dalton) eingeleitet. Diese Proteine liegen nach der Abschnürung dem Vesikel außen an **(»coated vesicles«)**.

Gelangen durch Endozytose kleine, mit **Flüssigkeiten gefüllte Vesikel** oder **gelöste Moleküle** in die Zelle, so spricht man von **Pinozytose**. Die Mehrzahl der Körperzellen verfügt über diese Fähigkeit **(Flüssigkeitspinozytose)**. Zahlreiche Zellen entwickeln oberflächlich spezifische Zellrezeptoren (Liganden, z. B. für Cholesterol). Diese tragen dazu bei, daß Flüssigkeiten in hoher Konzentration und beschleunigt in die Zelle aufgenommen werden **(rezeptorvermittelte Pinozytose)**.

Ähnlich erfolgt die **Stoffaufnahme fester Teilchen**. Die intrazelluläre Aufnahme von größeren Partikeln (z. B. Bakterien) oder von Zellfragmenten führt zur Bildung blasiger Einschlüsse **(Vakuolen)** (Abb. 2a). Diesen Vorgang der Stoffaufnahme bezeichnet man als **Phagozytose**. Die Fähigkeit zur Phagozytose ist zumeist mit einer Zellspezialisierung verbunden, die Zellen werden dann **Phagozyten (Makrophagen oder Freßzellen)** genannt. Phagozyten bilden spezifische Oberflächenrezeptoren, durch die eine Koppelung mit den aufzunehmenden Teilchen erst möglich wird. So werden z. B. im Rahmen immunzellulärer Abwehrreaktionen des Körpers (s. Kap. VIII: »Immunsystem und lymphatische Organe«, s. S. 126) Bakterien mit Antikörpermolekülen überzogen, die von den Rezeptoren der Makrophagen erkannt werden; die Bindung Antikörper – Rezeptor veranlaßt die Zelle, das Bakterium zu umschließen und zu phagozytieren (**rezeptorvermittelte Phagozytose**).

Durch Endozytose aufgenommene Vesikel können sich durch Fusionen miteinander vergrößern. In den meisten Fällen verschmelzen die Vesikel intrazellulär mit **primären Lysosomen zu sekundären Lysosomen,** die in enzymaktivierter Form dem Ab- oder Umbau des aufgenommenen Materials dienen (s. S. 8 und Abb. 2a). Werden endozytotische Vesikel hingegen nur durch eine Zelle transportiert und an anderer Stelle wieder an die Zelloberfläche abgegeben, ohne daß intrazelluläre Umbauvorgänge stattgefunden haben, spricht man von **Zytopempsis.**

Die Vesikelbildung kann bei den verschiedenen Zellen unterschiedlich schnell erfolgen. Makrophagen vermögen innerhalb einer halben Stunde 100% ihrer Zelloberfläche durch Pinozytosebläschen intrazellulär aufzunehmen. Da aber während dieser Vorgänge sich weder die Oberfläche noch das Volumen der Zelle ändert, wird angenommen, daß durch Wiederverwendung der Membranen Vesikel in erheblichem Umfang erneut in das Plasmalemm eingebaut werden (**»Recycling-Prozesse«**). Diese Vorgänge stehen mit der membrangebundenen Stoffabgabe in Verbindung.

Unter **Stoffabgabe (Exozytose)** versteht man einen der Stoffaufnahme (Endozytose) weitgehend ähnlichen, jedoch entgegengesetzt gerichteten Mechanismus. Dabei werden Zellprodukte intrazellulär in Vesikel verpackt und an die Zelloberfläche verlagert. Im weiteren fusionieren die Vesikel mit dem Plasmalemm und geben ihren Inhalt in das umliegende Medium ab (s. S. 12).

Intrazellulärer Stoffumsatz

Der intrazelluläre Stoffumsatz vollzieht sich entweder frei in der Zellmatrix (Zytosol) oder gebunden an die Organellen der Zelle. Für die Mehrzahl der organellenabhängigen Stoffwechselleistungen sind Ribosomen und die membranbegrenzten Kompartimente des endoplasmatischen Retikulums (s. S. 9f.) verantwortlich. Eine zentrale Bedeutung für die Steuerung dieser Vorgänge und der Regulation funktioneller Aufgaben anderer Organellen übernimmt der Zellkern. Zusätzlich sind weitere Organellen, wie die Mitochondrien und der Golgi-Apparat, in den intrazellulären Stoffwechsel eingeschlossen. Eine herausragende Rolle übernehmen Lysosomen und Peroxysomen (s. S. 7f.).

Zellmatrix (Zytosol)

In der Zellmatrix vollzieht sich der größte Teil der Reaktionen, die, aus biochemischer Sicht, unter dem Begriff des intermediären Stoffwechsels zusammengefaßt werden. Dabei werden kleinere Moleküle unter Energiegewinnung (ATP-Gewinnung) abgebaut oder neue Makromolekülketten synthetisiert, die für die Struktur der Zelle oder zur Erhaltung des Zellstoffwechsels von entscheidender Bedeutung sind.

Die Zellmatrix nimmt über die Hälfte des Zellvolumens ein. In ihr sind die Enzyme der Glykolyse und der Glukoneogenese lokalisiert, hier werden Zucker, Fettsäuren, Nukleotide und Aminosäuren zu komplexen organischen Verbindungen synthetisiert. Insbesondere vollziehen sich in der Zellmatrix wesentliche Schritte der Proteinbiosynthese. Es erfolgt die Neubildung der Strukturproteine, die der Stabilität, der Plastizität und der zytoplasmatischen Motilität der Zelle dienen. Die Zellmatrix hat eine hohe Bindungskapazität zu Wasser und Elektrolyten.

In der Zellmatrix sind neben Enzymen Proteine gelöst, die dem Grundplasma einen vorrangig gelatinösen Charakter verleihen. Durch temporäre Verflüssigung ändert die Matrix ständig ihren Aggregatzustand (Sol-Gel-Zustand).

Morphologisch sind diese Stoffwechselprodukte meist nicht nachweisbar. Die Zellmatrix erscheint daher homogen und weitgehend unstrukturiert. Dennoch sind einzelne Speicherformen des intermediären Stoffwechsels strukturell erkennbar. So führt die Synthese von Fetten (Triglyzeriden) als Speicherform der Fettsäuren zu Ablagerungen von Fetttröpfchen. Auch ist Glykogen als Speicherform des Polymers der Glukose in morphologisch sichtbarer Größenordnung (Glykogengranula) nachweisbar. Strukturproteine sind ebenfalls morphologisch sichtbar.

Die durch Endozytose in das Zellinnere gelangten gelösten oder festen Stoffe verschmelzen mit membranbegrenzten Organellen, die dem enzymatischen Abbau und der intrazellulären Verdauung dienen, den Lysosomen.

Lysosom (Lysosoma)

Lysosomen werden als **»Multienzymträger«** angesehen. Diese Organellen sind hinsichtlich des Gehalts und der Zusammensetzung ihrer enzymreichen Inhaltsstoffe sehr heterogen. Abhängig von der funktionellen Leistungsfähigkeit einer Zelle sind vorherrschend saure und alkalische Phosphatasen, Glykosidasen, Peptidasen, Esterasen, Sulfatasen, Desoxyribonukleasen und Ribonukleasen in Lysoso-

Stoffwechselsysteme der Zelle

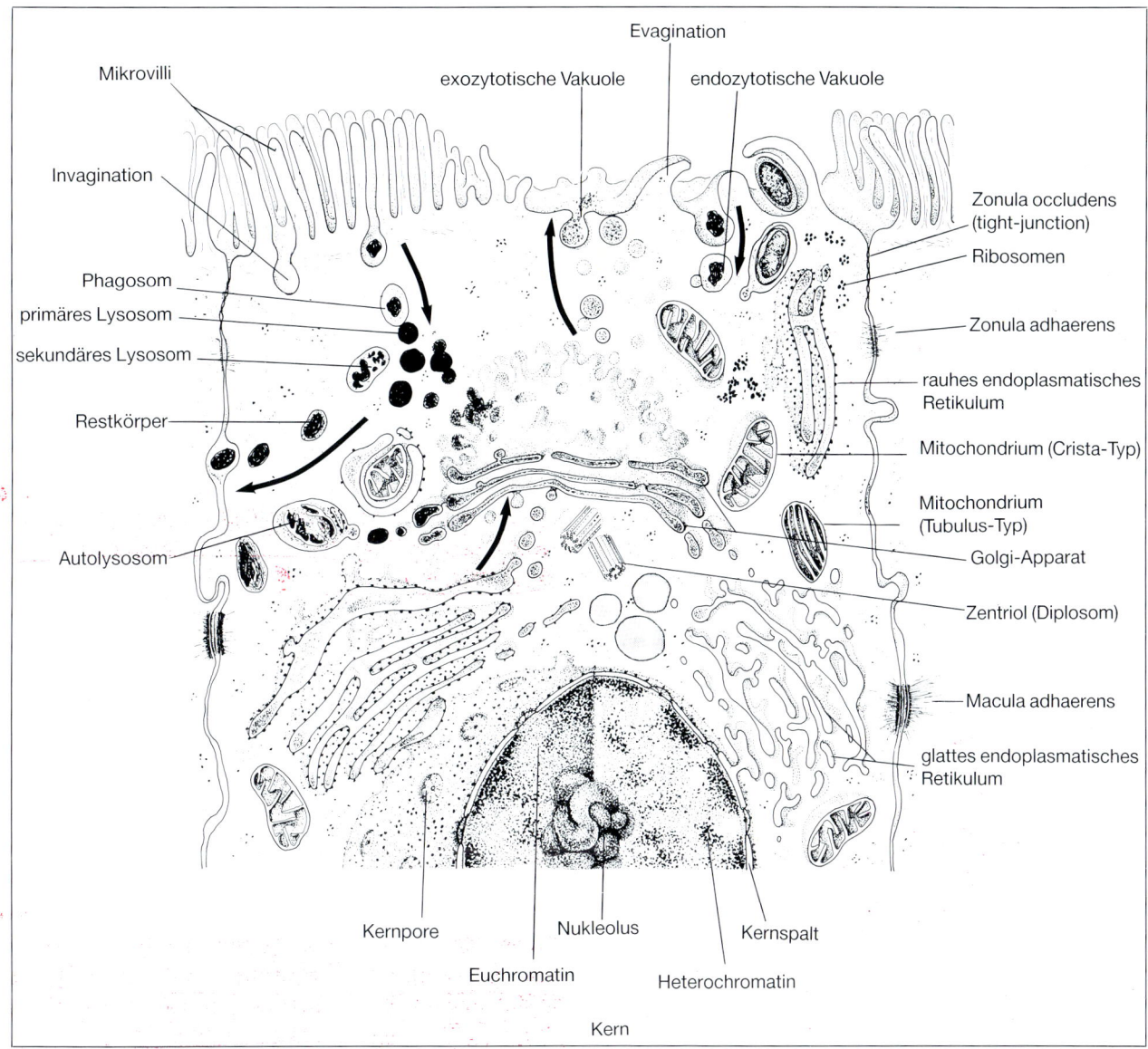

Abb. 2a. Zusammenfassende Darstellung der wichtigsten Organellen einer Zelle und möglicher Oberflächenstrukturen.

men gespeichert (pH-Wert-Optimum 5,0). Die Enzyme liegen in gebundener (inaktiver) Form vor und werden durch eine Phosphatid-Glykolipid-Proteinmembran vom umgebenden Zytosol getrennt. Lysosomen übernehmen vielfältige **funktionelle Aufgaben**. Sie dienen der **Verdauung intra- und extrazellulärer Zellbestandteile** und der Ernährung der Zelle. Nach Fusion mit einem endozytotischen Bläschen (sekundäres Lysosom) werden die Enzyme aktiviert und die aufgenommenen Makromoleküle oder Teilchen in der Regel abgebaut **(kataboler Stoffwechsel)**. Die Endprodukte, Nukleotide, Aminosäuren oder Zucker, gelangen in das Zytosol der Zelle und werden hier in den **intermediären, anabolen Stoffwechsel** eingeschleust. Können phagozytierte Substanzen enzymatisch nicht abgebaut werden, so verweilen sie als **Restkörper (Residualkörper)** innerhalb des Lysosoms und werden ggf. als Ganzes über das Plasmalemm abgestoßen. Bleiben diese in der Zelle, so können **endogene Pigmente** entstehen (z. B. Lipofuszin).

Wird durch zellschädigende Prozesse die Hüllmembran um ein Lysosom durchlässig oder unterbrochen, so treten die lytischen Enzyme frei in das umliegende Zytosol und bauen nach Aktivierung zelleigene Bestandteile des Zytoplasmas ab. Diesen Vorgang nennt man **Autolyse**. Er führt meist zum Absterben der Zelle.

Bau der Lysosomen

Lysosomen sind ovale bis runde Organellen, die von einer Einheitsmembran umschlossen werden. Diese Hüllmembran wird durch eine erhöhte Anzahl an Glykolipiden verstärkt. Sie erlaubt den Austritt von gespaltenen Endprodukten in das Zytosol und fördert den Eintritt von H^+-Ionen in die Organelle zur Aktivierung der lysosomalen Enzyme. Lysosomen unterscheiden sich in ihrer Größe und der Dichte ihrer Matrix. Die Mehrzahl der Organellen weist einen Durchmesser von 0,2–0,6 µm auf, der in resorptionsaktiven Zellen bis zu 5 µm anwachsen kann. Grundsätzlich sind primäre und sekundäre Lysosomen zu unterscheiden.

Primäre Lysosomen sind **enzymatisch nicht aktivierte** Lysosomen, die mit dem zu verdauenden Substrat noch nicht in Kontakt standen (Abb. 2 a). Primäre Lysosomen sind kleine, dichte Bläschen, die sich durch Knospung aus den Zisternen des Golgi-Apparates (s. S. 11 und Abb. 2 b) entwickeln. Es wird vermutet, daß im Golgi-Apparat die lysosomalen Enzyme (Glykoproteine mit Zuckerresten) allein in eine vesikuläre Form verpackt werden, diese jedoch primär dem endoplasmatischen Retikulum (s. S. 9) entstammen.

Primäre Lysosomen können auch unter physiologischen Verhältnissen aus einer Zelle ausgeschleust werden. Sie wirken dann extrazellulär, z. B. beim Abbau von Bindegewebe oder bei der Zerstörung von Knochengrundsubstanz (Osteoklasten). Auch spielen die Enzyme der Lysosomen bei entzündlichen Reaktionen zur Lysis von Gewebsfragmenten eine wichtige Rolle.

Sekundäre Lysosomen sind Lysosomen, in denen die hydrolytischen Enzyme in **aktivierter Form** vorliegen, nachdem diese mit Substraten (Abb. 2 a) in Berührung gekommen sind. Als Substrate werden entweder durch Endozytose aufgenommene Substanzen oder zelleigene Bestandteile (z. B. Organellen oder im Zytosol gelöste Stoffe) angesehen. Entsprechend heterogen ist auch das morphologische Bild sekundärer Lysosomen.

Lysosomen werden auch nach anderen, meist funktionellen Gesichtspunkten unterschieden. Verschmilzt ein endozytotisches Vesikel **(Phagosom, Ingestionsvakuole)** mit einem primären Lysosom, so wird die entstehende größere Vakuole als **Phagolysosom (Substratvakuole)** bezeichnet. Funktionell ist die Benennung **Verdauungsvakuole** sinnvoll. Werden zelleigene Organellen, Membranen oder überschüssige Zellprodukte intrazellulär abgesondert und von einer Membran umhüllt, nennt man diese Einschlüsse **autophagische Vakuole**. Autophagische Vakuolen können von Lysosomen aufgenommen und enzymatisch gespalten werden. Diesen Vorgang bezeichnet man als **Autophagie**. Die daraus entstandenen Vakuolen sind **Autophagolysosomen**. Autophagie spielt bei der Zellregeneration und beim Umbau von Organellen und Membranen eine große Rolle.

Peroxisom (Peroxisoma)

Peroxisomen sind mit einer einschichtigen Membran begrenzte Organellen, die **oxidative Enzyme** einschließen. D-Aminosäureoxidase, Uratoxidase und Katalase bilden die peroxisomale Proteinmatrix dieser Organelle. Peroxisomen katalysieren den Abbau von Fettsäuren zu Azetyl-CoA und sind bei zellulären Entgiftungsreaktionen von entscheidender Bedeutung. Damit beteiligen sich Peroxisomen am intrazellulären Stoffabbau.

Peroxisomen sind 0,15–0,25 µm große Organellen (»Mikroperoxisomen«), deren meist homogene Innenstruktur durch kristalline oder tubuläre Einschlüsse unterbrochen sein kann. Peroxisomen treten gehäuft in Leber- und Nierenzellen auf, in ihnen werden entsprechende Substrate oxidiert und Sauerstoff zu Wasserstoffperoxid reduziert. Peroxisomenmembranen werden durch Knospung aus den Schläuchen des glatten endoplasmatischen Retikulums aufgebaut (s. S. 10), deren Inhaltsstoffe jedoch im Zytosol gebildet.

Organellen des intrazellulären Stoffaufbaus

Wesentliche Stoffwechselleistungen der Zelle sind an Organellen gebunden, die vorrangig der Synthese von Proteinen dienen, die Ribosomen und das endoplasmatische Retikulum.

Ribosom (Ribosoma)

Ribosomen sind in der Zellmatrix lokalisierte Ribonukleoproteinpartikel, an denen zahlreiche Enzyme des intermediären Stoffwechsels synthetisiert werden (Multienzymkomplexe). Ihre Bildung ist an die Boten-(messenger-)Ribonukleinsäure (m-RNS) des Kerns gebunden. In den Ribosomen wird die m-RNS-Sequenz in die entsprechende Aminosäuresequenz translatiert. Damit sind Ribosomen die Organellen der **zytoplasmatischen Proteinbildung,** an ihnen werden einzelne Aminosäuren zu Polypeptidketten aneinander gefügt (Einzelheiten s. Lehrbücher der Biochemie).

Bau der Ribosomen

Ribosomen sind annähernd runde bis ovale, elektronendichte Granula (Durchmesser 15–30 nm). Sie bestehen aus einer größeren und einer kleineren Untereinheit. Wegen ihrer unterschiedlichen Sedimentationsgeschwindigkeit werden sie in **60S-** bzw. **40S-Untereinheiten** unterteilt. Die größere Untereinheit enthält 2 Ribonukleinsäuren (ribosomale RNS) und 45 verschiedene Proteine, die kleinere 1 Ribonukleinsäure mit 33 Proteinen. Die ribosomale RNS (r-RNS) dient der Wechselwirkung mit der m-RNS des Kerns und bestimmt damit die Struktur und die Funktion des gesamten Ribosoms. Der ribosomale RNS-Anteil am Ribosom beträgt ca. 40%, der umgebende Proteinanteil bis zu 60%.

Ribosomen liegen im Zytosol entweder einzeln vor oder formen sich zu spiraligen Ketten, den **Polyribosomen (Polysomen, Polyribosoma).** Dabei werden einzelne Ribosomen in Abständen an ein einziges m-RNS-Molekül gebunden. An freien Ribosomen und Polyribosomen werden vorrangig Proteine synthetisiert, die dem Eigenbedarf der Zelle dienen, z. B. Struktur- und Enzymproteine. (Abb. 2a u. 4b).

Die **Anzahl der Ribosomen** in einer Zelle wird von der Funktion der Zelle bestimmt. So schließen stark wachsende Zellen oder Zellen mit erhöhter Proteinsynthese erheblich mehr Ribosomen ein als degenerierte, absterbende Zellen. Entsprechend der unterschiedlichen Dichte an Ribosomen erscheint auch die Anfärbbarkeit des Zytoplasmas verschieden. Der hohe Anteil an ribosomaler RNS verleiht der Zellmatrix eine ausgeprägte Basophilie. Daher färben basische Farbstoffe (z. B. Methylenblau, Toluidinblau) das Zytosol.

Ribosomen treten nicht allein als freie Organellen in der Zellmatrix auf, sondern sind häufig außen an die Membranen des endoplasmatischen Retikulums gebunden.

Endoplasmatisches Retikulum (Reticulum endoplasmaticum)

Das endoplasmatische Retikulum (ER) stellt ein Zellmembransystem dar, das in Form von Stapeln abgeflachter Säckchen oder Schläuchen entwickelt ist (Abb. 2a u. 2b). Diese bilden ein in sich geschlossenes Hohlraumsystem, das sich in zumeist paralleler Anordnung durch die gesamte Zelle zieht. Die Membranen umhüllen einen Innenraum (intermembranärer Raum, ER-Zisternenraum), der sich funktionsbedingt in seinem Strukturbild ständig wandelt.

Wird die äußere, zytoplasmatische Seite der Membran des endoplasmatischen Retikulums mit Ribosomen besetzt, so bezeichnet man diese Form eines ER als **rauhes (granuläres) endoplasmatisches Retikulum** (rER). Fehlt der Ribosomenbesatz, spricht man von einem **glatten endoplasmatischen Retikulum.**

Rauhes endoplasmatisches Retikulum (Reticulum endoplasmaticum granulosum)

Das rauhe endoplasmatische Retikulum (rER) kommt in nahezu sämtlichen kernhaltigen Zellen vor und ist insbesondere in Zellen ausgeprägter **Proteinsynthese** verbreitet (Abb. 2a u. 2b). So zeigen sezernierende Zellen der Speicheldrüsen oder der Bauchspeicheldrüse ausgedehnte rER-Systeme. Übersteigt die Proteinneubildung durch die Ribosomen den Umfang des Abtransports aus dem Innenraum, so erweitert sich dieser zisternenartig.

Das rauhe endoplasmatische Retikulum (rER) kann in die äußere Kernmembran übergehen, so daß sich der zisternale Raum des ER dann in den perinukleären Raum (perinukleäre Zisterne, Kernhülle) fortsetzt. Aus den freien Enden der ER-Membranen können sich Transportvesikel abspalten, die mit spezifischen Inhaltsstoffen gefüllt sind und andere Organellen oder die freie Zelloberfläche erreichen **(Transportsystem des rER).**

Das endoplasmatische Retikulum übernimmt im Rahmen des **intrazellulären Stoffumsatzes eine zentrale Aufgabe.** Dabei werden in dieser Organelle Stoffe, die durch Endozytose (Pinozytose oder Phagozytose) in die Zelle gelangten und durch das Multienzymsystem der Lysosomen gespalten wurden, zu neuen, zellspezifischen Verbindungen synthetisiert. An dieser Syntheseleistung des ER sind entscheidend die Stoffwechselprodukte der Zellmatrix (s. S. 6) beteiligt, die vielfach die »Grundbausteine« für neue Zellprodukte liefern. So erfolgt an den Membranen des ER die Synthese von **Makromolekülen,** die in anderen Organellen der Zelle zu spezifischen Zelleistungen benötigt werden.

Das ER kann als **zentrale Bildungsstätte des zellulären Lipid- und Proteinmusters** einschließlich **komplexer Kohlenhydrate** angesehen werden. An den Membranen des ER werden die wesentlichen Strukturelemente jeder Biomembran, Lipide (Phospholipide und Cholesterin) und Proteine, synthetisiert. Die Glykolysierung von Kohlenhydraten erfolgt auf der inneren, dem Lumen zugewandten Membranfläche. Die Membranbestandteile knospen sich ab und werden zu Transportvesikeln. Diese dienen dem Aufbau des Golgi-Appara-

10 I. Zelle (Cellula)

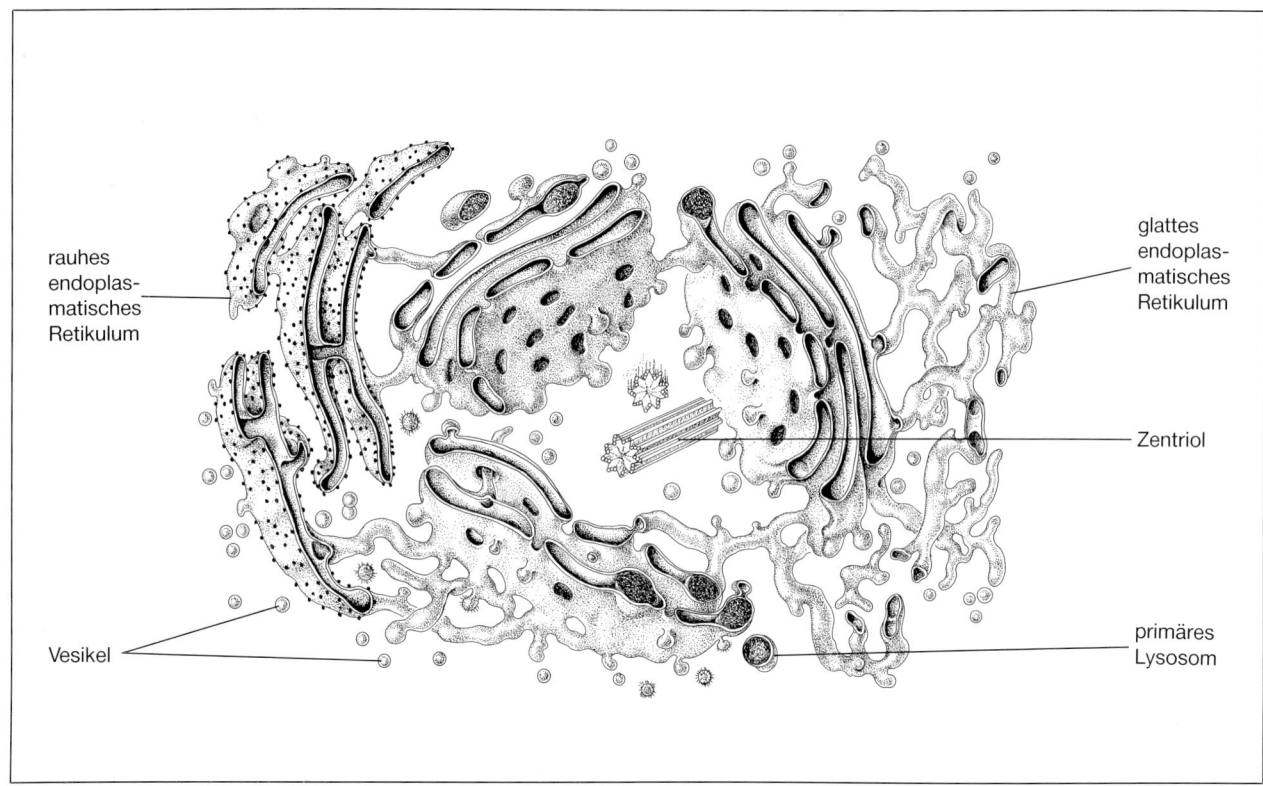

Abb. 2 b. Schematische Darstellung eines Golgi-Apparates mit einem zentralen Zentriolenpaar und angrenzendem glatten und rauhen endoplasmatischen Retikulum.

tes, der Lysosomen, der Peroxisomen, des Plasmalemms und der Kernmembranen. Es ist bemerkenswert, daß der größte Teil der in den Transportvesikeln des ER abgegebenen Proteine mit Oligosaccharidketten glykolysiert ist. Die proteinhaltigen Inhaltsstoffe der Transportvesikel gehen in den intrazellulären Stoffwechsel der genannten Organellen über oder werden als Produkte der Zelle ausgeschieden. Das ER übernimmt unter diesen Gesichtspunkten damit auch wesentliche Aufgaben eines **intrazellulären Transport- und Kommunikationssystems.**

Glattes endoplasmatisches Retikulum (Reticulum endoplasmaticum nongranulosum)

Das glatte endoplasmatische Retikulum setzt sich aus Schläuchen (Tubuli) zusammen, die an ihrer Oberfläche nicht mit Ribosomen überzogen sind. Vorzugsweise stehen kurze, kleinere Einzelschläuche untereinander in Verbindung (Abb. 2 a u. 2 b). Diese Form eines ER liegt meist in Zellen mit einem **gesteigerten Lipidstoffwechsel** vor (z. B. Leberzellen). So sind in der Membran des glatten ER die Enzyme zur **Synthese von Lipoproteinen** gestapelt und Teile der **Glukoneogenese** verankert. Ebenfalls sind im glatten ER der Leberzellen Enzyme lokalisiert, die im Dienste der »**Zellentgiftung**« (z. B. schädlicher Kohlenwasserstoffverbindungen) stehen. Im glatten ER von Zellen der Nebennierenrinde oder des Gelbkörpers vollzieht sich die **Steroidhormonsynthese** aus Cholesterin. Quergestreifte Muskelzellen weisen ein modifiziertes glattes ER auf **(sarkoplasmatisches Retikulum)**, das der Speicherung von Kalziumionen dient.

Organellen des intrazellulären Stofftransports und der Synthese von Makromolekülen

Jede Zelle verfügt über ein **vesikuläres Transportsystem,** das die verschiedenen Organellen verbindet. Derartige Vesikel schnüren sich an Endstücken oder Membranseitenflächen des endoplasmatischen Retikulums ebenso ab, wie äußere Membranteile der Kernhülle sich knospenartig lösen und frei in das Zytosol übertreten. Auch andere Vesikel, wie z. B. die durch Endozytose in das Zytosol gelangten oder primäre bzw. sekundäre Lysosomen, stehen im Dienst des intrazellulären Stofftransports. Die Mehrzahl dieser Transportvesikel ist auf eine zentrale Organelle, den **Golgi-Apparat,** orientiert, der für die gesamte Zelle die Aufgabe der Sortierung, der Verpackung und der Zielsetzung von Stoffwechselprodukten übernimmt.

Der vesikuläre Stofftransport vollzieht sich jedoch nicht zufällig, sondern verläuft in geregelter Orientierung. Das mikrofilamentäre Gerüst der Zelle (Zytoskelett, s. S. 14) dient hierbei den intrazellulären Bewegungsvorgängen als Leitstruktur.

Golgi-Apparat (Complexus golgiensis)

Der Name dieser Organelle ist auf ihren Entdecker, den italienischen Neurohistologen und Nobelpreisträger Camillo Golgi (1843–1926) zurückzuführen, der um die Jahrhundertwende in Nervenzellen des Kleinhirns erstmals einen »apparato reticulare interno« mit Hilfe einer nach ihm benannten Silberimprägnation nachweisen konnte.

Der Golgi-Apparat ist eine zusammengesetzte Organelle. Sie besteht aus meist mehreren, leicht bogenförmig angeordneten **Golgi-Feldern,** die jeweils aus abgeflachten, scheibenförmigen Membranstapeln oder Membransäckchen (Sacculi) aufgebaut sind. Die einzelnen Membranstapel sind oberflächlich glatt und stehen untereinander nicht in direkter Verbindung. Sie umschließen, ähnlich dem endoplasmatischen Retikulum, einen Innenraum, der funktionsbedingt oftmals zisternenartig erweitert ist. An ihren Enden dilatieren die Raumsysteme bläschenförmig und schnüren Vesikel ab. Ein einzelnes Golgi-Feld wird auch als **Diktyosom** bezeichnet (Abb. 2a u. 2b).

Golgi-Felder liegen bevorzugt in Kernnähe. Die Mehrzahl der Zellen verfügt über mindestens einen Golgi-Apparat. Die funktionelle Aktivität und die Spezialisierung verschiedener Zelltypen führen dazu, daß insbesondere sekretorisch tätige Zellen eine Vielzahl von Golgi-Apparaten einschließen (z. B. in Speicheldrüsen, Darmeigendrüsen, Nervenzellen, Leberzellen). An einem Golgi-Feld sind eine **cis-** oder **unreife Bildungsseite** und eine **trans-** oder **Reifungsseite** zu unterscheiden.

An der **cis-Seite** nimmt diese Organelle die membranumhüllten, dünnwandigen Transportvesikel des ER auf, deren Inhaltsstoffe in den Golgi-Innenraum übergehen und deren Biomembranen mit den Golgi-Membranstapeln verschmelzen. In ähnlicher Weise gelangen Transportvesikel der Kernhülle zum Golgi-Apparat. Damit erfolgt in der **cis-Seite die Stoffaufnahme** und **das Wachstum des Golgi-Feldes.**

An der **trans-Seite** häufen sich Vesikel, die z. T. noch mit der Membranwand in Kontakt stehen oder sich bereits gelöst haben. Es gilt als gesichert, daß Proteine aus dem endoplasmatischen Retikulum an der cis-Seite des Golgi-Feldes aufgenommen werden, durch diese Organelle wandern und an der trans-Seite als sekretorische Vesikel wieder austreten. Nachweislich werden an der trans-Seite saure phosphatasereiche Vesikel abgegeben, die zu primären Lysosomen werden. Die **trans-Seite** ist damit der **sekretorisch aktive Abschnitt des Golgi-Feldes.**

Die **Funktion des Golgi-Apparates** ist vorrangig die **Endsynthese von Makromolekülen** sowie der gezielte **intrazelluläre Transport** dieser Endprodukte. So werden die im ER synthetisierten Proteine im Golgi-Apparat mit Kohlenhydraten (komplexe Oligosaccharide und mannosereiche Oligosaccharide) zu **Glykoproteinen, Proteoglykanen** oder **lysosomalen Proteinen** glykosidisch verbunden. Auch erfolgt in dieser Organelle die Modifizierung von Makromolekülen durch Verknüpfung mit einer Fettsäure zu **Lipoproteinen.**

Darüber hinaus dient der Golgi-Apparat sekretorisch aktiven Zellen als **Stapelorganelle für zellspezifische Sekrete.** Dabei tritt eine Konzentrierung des Endprodukts in sekretorischen Vesikeln ein, die bei Bedarf schnell an der Zelloberfläche abgegeben werden können. Damit übernimmt der Golgi-Apparat zellspezifische Aufgaben im Sinne einer **Sekretspeicherung,** eines **Sekrettransports** und der **Sekretabgabe.** Die meist verdichteten sekretorischen Transportvesikel verlassen den Golgi-Apparat an dessen trans-Seite im apikalen Zytoplasmabereich und gelangen oftmals entlang von Mikrotubuli oder Mikrofilamenten an die Zelloberfläche. Hier verschmilzt die Hüllmembran des Transportvesikels mit dem Plasmalemm und gibt den Inhalt des Vesikels an den extrazellulären Raum ab. Der Abgabemodus kann neurohormonell durch Neurotransmitter (Azetylcholin) oder durch Hormone (z. B. Cholezystokinin in der Bauchspeicheldrüse) gesteuert sein. Dieser Vorgang der Stoffabgabe wird als **Exozytose** (s. S. 6) bezeichnet.

Verschmilzt die Membran des Transportvesikels mit dem Plasmalemm, so vergrößert sich zwangsläufig auch die Zelloberfläche. Dieser Vorgang würde zu einer extremen Zunahme der Oberfläche führen, würden nicht gleichzeitig an anderen Abschnitten des Plasmalemms Membranbestandteile duch Einstülpungen wieder in die Zellmatrix zurückgewonnen werden (**»Recycling« der Biomembranen**) und als vesikuläre Transportmembranen erneut zur Verfügung stehen.

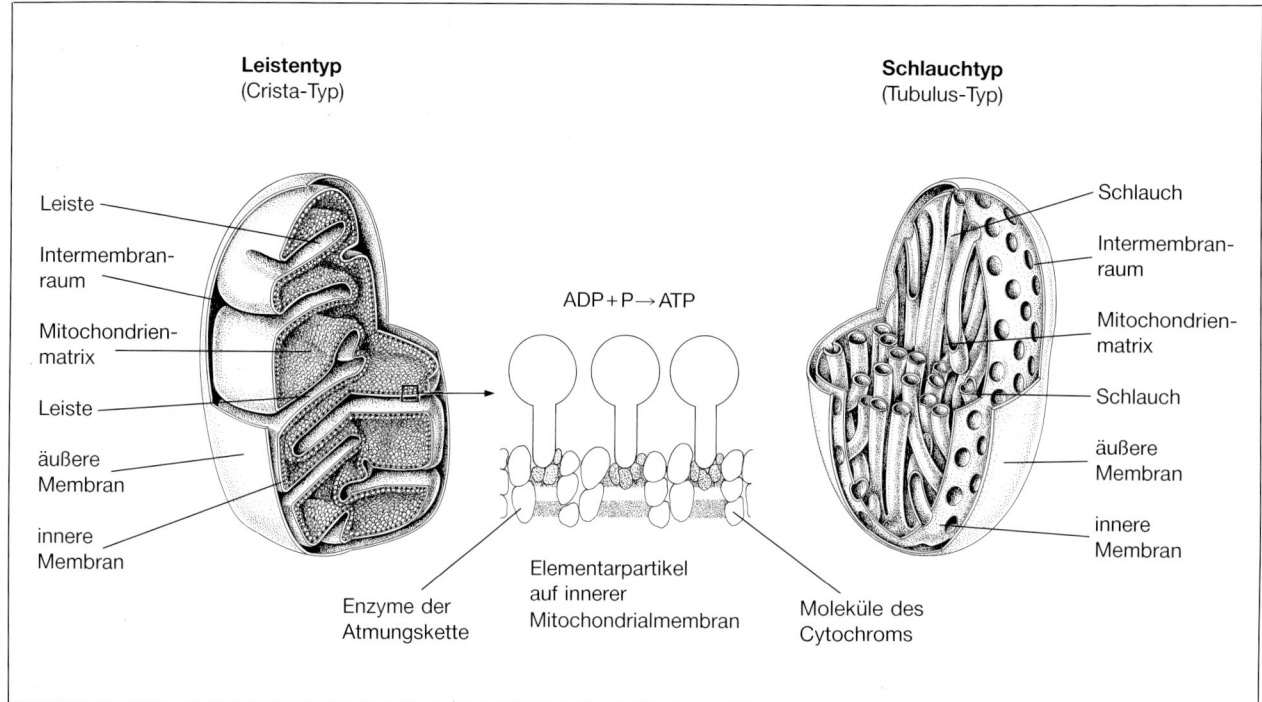

Abb. 2c. Schematische Darstellung eines Mitochondriums vom Leistentyp und vom Schlauchtyp und eines Ausschnitts aus einer inneren Mitochondrialmembran mit Elementarpartikel.

Organellen der Zellatmung und der Energiegewinnung

Das Leben einer Zelle hängt von der Leistungsfähigkeit eigener stoffwechselaktiver Organellen und des intrazellulären Stofftransports fester und gelöster Substanzen ab. Zur Aufrechterhaltung dieser Funktionen muß die Zelle im Rahmen ihres Bau- und Betriebsstoffwechsels über **eigene Energiequellen** verfügen. Diese Aufgabe übernehmen die **Mitochondrien**.

Mitochondrium (Mitochondrion)

Mitochondrien sind die **Energielieferanten** einer Zelle, sie erfüllen 2 entscheidende Aufgaben:
– Freisetzung von Energie aus der Zellatmung (»oxidative Phosphorylierung«),
– Bildung spezieller Enzyme des Stoffwechsels.

Die Mitochondrien bauen Zucker und Fettsäuren über mehrere Stufen (Endoxidation) zu CO_2 und H_2O ab. Die freiwerdende Energie steht in der Zelle in Form von Adenosintriphosphat (ATP) zur Verfügung. Zusätzlich sind an Mitochondrien andere Stoffwechselleistungen gebunden wie z. B. Anteile der Lipogenese, des Harnstoffzyklus und der Glukoneogenese. Für diese spezifischen Stoffwechselleistungen sind die Mitochondrien zu besonderen Kompartimenten differenziert.

Bau der Mitochondrien

Mitochondrien sind vorwiegend längliche, zuweilen elliptische bis runde Organellen, die ein hoher Grad an Plastizität kennzeichnet (Abb. 2c). Ihre Länge beträgt in der Regel zwischen 2 und 7 µm, bei einer Breite von 0,2–2,0 µm. Mitochondrien können sich durch Querteilung vermehren, ein Vorgang, der bei erhöhter Stoffwechselleistung und vor der Mitose zu beobachten ist. Sie haben eine Lebensdauer von ungefähr 20 Tagen und werden durch Autophagolysosomen intrazellulär abgebaut.

Die spezifischen Aktivitäten der **Mitochondrien** sind an die **Mitochondrienmatrix** und die **innere Mitochondrienmembran** gebunden. Diese funktionelle Einheit wird zusätzlich von einer **äußeren Mitochondrienmembran** umgeben. Zwischen den beiden Hüllmembranen ist ein schmaler **Spaltraum** (Spatium intermembranosum) entwickelt (Abb. 2c).

Mitochondrienmatrix

Die Mitochondrienmatrix erscheint strukturell feingranuliert und von unterschiedlicher Dichte.

Häufig treten kleine, **mitochondriale Granula** auf (Größe 30–50 nm), die Ausdruck einer gesteigerten intramitochondrialen **Konzentration von Ca- und Magnesiumionen** sind.

Die Mitochondrienmatrix ist angereichert mit einer großen Anzahl von Enzymen (**»Multienzymsystem«**), die an der **Oxidation von Pyruvat und Fettsäuren** beteiligt sind. Das entstehende Azetyl-CoA wird nachfolgend, ebenfalls durch eine enzymatische Kaskade im **Zitronensäurezyklus,** zu CO_2 und $NADH_2$, $FADH_2$ und CoA abgebaut. Die Matrix schließt darüber hinaus eine spezielle **mitochondriale DNS** ein, die – als Besonderheit – außerhalb des Kerns synthetisiert wird. Das Auftreten einer extranukleären DNS wird mit der Annahme verbunden, daß Mitochondrien aus Prokaryonten (Bakterien) entstanden sind. Unter diesem Gesichtspunkt läßt sich auch die **teilweise autonome Proteinsynthese** der Mitochondrien erklären. Zusätzlich sind in der Matrix **Ribonukleinsäuren (ribosomale, Boten- und Transfer-RNS)** eingelagert.

Innere Mitochondrienmembran

Die innere Mitochondrienmembran ist räumlich unterschiedlich organisiert. In der Regel sind leistenartige Falten oder seltener schlauchförmige Einstülpungen ausgebildet. Man unterscheidet daher
– Mitochondrien vom Leistentyp (Crista-Typ),
– Mitochondrien vom Schlauchtyp (Tubulus-Typ).

Mitochondrien vom **Leistentyp (Cristae mitochondriales)** sind charakteristisch für die Mehrzahl der Körperzellen. Die Anzahl der Cristae innerhalb eines Mitochondriums ist funktions- und zellabhängig und Ausdruck der mitochondrialen Stoffwechselaktivität. Daher zeigen insbesondere die Zellen der Muskulatur, der Leber und der Niere eine hohe Leistendichte. Nach Hungerzuständen ist die Zahl der Cristae reduziert.

Mitochondrien vom **Schlauchtyp (Tubuli mitochondriales)** treten weit seltener auf. Vorzugsweise sind diese Mitochondrien mit der Synthese von Steroidhormonen verbunden (z. B. in Zellen der Nebennierenrinde und in den Leydig-Zwischenzellen des Hodens). Eine Sonderbildung sind Mitochondrien mit längsverlaufenden **Prismen** (z. B. in Gliazellen).

Die innere Mitochondrienmembran schließt eine große Zahl **lebensnotwendiger Enzyme** ein. Sie unterscheidet sich damit wesentlich von anderen Zellmembranen. Diese Membran trägt entlang ihrer Oberfläche zur Matrix die Enzyme der **Atmungskette (biologische Oxidation)** und der **oxidativen Phosphorylierung.** An dieser Membran erfolgt der weitaus größte Teil der Energiegewinnung der Zelle durch Bildung von Adenosintriphosphat (ATP) aus Adenosindiphosphat (ADP) und anorganischem Phosphat. Morphologisch ist die mitochondriale Energiegewinnung an sog. Elementarpartikel gebunden, die jeweils aus einem enzymhaltigen globulären Kopfteil und einem Stiel bestehen, die über eine Fußplatte mit der Innenmembran in Kontakt stehen (Abb. 2c). (Einzelheiten s. Lehrbücher der Biochemie.)

Die innere Mitochondrienmembran ist für die Mehrzahl von Verbindungen undurchlässig. Vermehrt eingelagerte Phospholipide (Cardiolipin) reduzieren die Ionendurchlässigkeit.

Äußere Mitochondrienmembran

Die äußere Mitochondrienmembran ähnelt in ihrem Bau anderen Biomembranen. Durch spezielle Transportproteine wird die Aufnahme von Lipiden und kleineren Proteinen gefördert. Diese Stoffe, vornehmlich Enzyme, gelangen in den äußeren Spaltraum (Intermembranraum). Die innere Mitochondrienmembran verhindert eine weitere Passage, so daß der äußere Membranzwischenraum hinsichtlich seiner molekularen Zusammensetzung dem Zytosol gleicht.

Häufigkeit und Verteilung von Mitochondrien

Mitochondrien treten bei den verschiedenen Körperzellen in unterschiedlicher Zahl und Dichte auf. So schließen Leberzellen bis zu 3000 Mitochondrien in Abhängigkeit von ihrer Stoffwechselaktivität ein. Ein ständig erhöhter Energieumsatz führt zu einer Vermehrung und Vergrößerung dieser Organellen. Bei Intoxikationen oder Sauerstoffmangel sinkt ihre Zahl schnell, die Mitochondrien quellen auf oder degenerieren vakuolär.

Mitochondrien häufen sich im Zytoplasma in Bereichen des höchsten Energiebedarfs. Sie sind daher in der Lage, intrazellulär, meist in Nachbarschaft zu Mikrotubuli, zu wandern. In besonderen Fällen ordnen sie sich an der Zellbasis übereinander und bilden eine lichtmikroskopisch erkennbare basale Streifung (Zellen des Streifenstücks in Speicheldrüsen und des proximalen Nierentubulus). In Spermien ordnen sich Mitochondrien spiralförmig um den Achsenfaden, in quergestreiften Muskelzellen liegen diese Organellen in paralleler Anordnung zwischen den Myofilamentbündeln. In beiden Fällen wird die freiwerdende Energie im Sinne der Kontraktilität der Zellen umgesetzt.

Kontraktilität und Motilität der Zelle

Jede lebende Zelle wird durch die Fähigkeit gekennzeichnet, durch permanente Bewegungen des Zytoplasmas die Organellen ständig in ihrer Lage zu verändern und durch umfangreiche Strömungen ihre Form zu variieren. Diese Eigenschaft der Zellmotilität ist auf die zytoplasmatische Einlagerung von komplexen Proteinstrukturen zurückzuführen, die in ihrer Gesamtheit das **Zytoskelett der Zelle** formen.

Man unterscheidet in diesem Zusammenhang im wesentlichen 3 Typen von Proteinstrukturen:
– Aktinfilamente (Mikrofilamente),
– Mikrotubuli,
– Intermediärfilamente.

Zusätzlich tritt eine Vielzahl von Proteinen auf, die die genannten Strukturproteine untereinander verflechten oder mit dem Plasmalemm in direktem Kontakt stehen oder in Wechselbeziehung zueinander reagieren.

In jeder Zelle besteht darüber hinaus ein sog. **Mikrotrabekelgitter,** das aus einem locker geflochtenen, dreidimensionalen Netz aus zusätzlichen Aktinfilamenten (Mikrofilamente), Myosinfilamenten, Mikrotubuli, Intermediärfilamenten, anderen Strukturproteinen und Enzymen aufgebaut ist.

Aktinfilamente (Mikrofilamente)

Aktinfilamente sind wesentliche Bestandteile einer jeden Zelle. Durch dichte Netzbildungen verbinden diese Filamente die einzelnen Organellen untereinander und ragen bis in die peripheren Zellausläufer. Sie verleihen dem Zytoplasma die **mechanische Stabilität.** Als Sonderform dienen Aktinfilamente im Zusammenwirken mit Myosin-(Tropomyosin-)Filamenten der Zellkontraktion und damit der Zellbewegung. Diese kontraktilen Filamente bilden die Aktin-Myosin-Komplexe der Muskelzelle, auf die im Kapitel IV:»Muskelgewebe« (s. S. 74) näher eingegangen wird.

Aktinfilamente treten auch in **Nicht-Muskelzellen** auf. Sie sind feinste, vielfach zu Bündeln zusammengefaßte Proteine, die funktionsbedingt ständig ihren zytotektonischen Bau ändern. Aufgrund ihrer Struktur (Durchmesser 5–7 nm) werden sie auch mit Mikrofilamenten gleichgesetzt.

Durch die Quervernetzung mit **Fimbrin** ordnen sich Aktinfilamente zu parallelen Bündeln und bilden die Grundlage für besondere Ausstülpungen der Zelloberfläche, die **Mikrovilli** und die **Stereozilien.** An präformierten Zellzonen formen Aggregate von Aktinfilamenten den **Schnürring,** der während der Endphase der Mitose die Tochterzellen teilt. Aktinfilamente steuern die Vorgänge der **Endo- und Exozytose,** fördern die intramembranäre Beweglichkeit von Transportproteinen und beschleunigen die **Zellbewegung.** Entscheidend sind diese Filamente durch flexible Geflechte mit Filamin und α-Aktinin an der **Viskosität** des Zytosols beteiligt.

Mikrotubuli

Mikrotubuli sind langgezogene, schmale Proteinzylinder mit einem konstanten Durchmesser von 25 nm. In einer Länge von bis zu mehreren Mikrometern (μm) durchziehen sie in zelltypischer und geordneter Form eine Zelle und tragen wesentlich zu ihrer spezifischen Gestalt bei. Ändern Zellen ihre Form, so werden lokal neue Mikrotubuli aufgebaut, während andernorts alte Strukturen gelöst werden.

Mikrotubuli können auch als **Einzelschläuche** entwickelt sein, sie sind primär biegsam und flexibel. Erst durch die **Verknüpfung** mit anderen Zellbestandteilen oder durch Verbindung untereinander werden sie relativ fest und verleihen der Zelle eine **weitgehende Stabilität.** Mikrotubuli sind aber auch entscheidend an zytoplasmatischen Bewegungsvorgängen einzelner Organellen oder der gesamten Zelle beteiligt.

Mikrotubuli dienen den Organellen während ihrer zytoplasmatischen Bewegung als **Leitstrukturen** und einzelnen Transportvesikeln oder -vakuolen als Gleitschienen zwischen stoffwechselaktiven Organellen und der Zelloberfläche. Die Mehrzahl der Röhrchen ist orientiert auf das sog. **Mikrotubuliorganisationszentrum.** Dieses kann in einem Fall das Zytozentrum einer Zelle (Zentriol, s. u.) oder im anderen der Basalkörper (Kinozilie oder Geißel, s. u.) sein.

Mikrotubuli bestehen aus dem **globulären Polypeptid Tubulin,** das sich seinerseits aus 2 Polypetiduntereinheiten, **einem α- und einem β-Tubulin** (Molekulargewicht 50 000), zusammensetzt. Diese Untereinheiten bilden kettenförmig verbundene Protofilamente (Dimere). Dabei wechselt innerhalb dieses strangförmigen **Tubulinprotofilaments** regelmäßig α- und β-Tubulin (Abb. 3).

13 Protofilamente schließen sich zur Wand eines Mikrotubulus. Das Längenwachstum eines Mikrotubulus erfolgt durch Polymerisation von freien, im Zytoplasma gelösten α- und β-Tubulineinheiten zu Protofilamenten.

Die Bildung von Mikrotubuli wird durch Mg^{2+} und durch Kalmodulin nach Hemmung von Ca^{2+} gefördert. Sie nehmen meist in den Organisationszentren (z. B. Zentriol oder Basalkörper) ihren Ausgang. Mikrotubuli sind sehr labile Strukturen, die schnell wieder abgebaut werden können. Durch Depolymerisation bei herabgesetzten Temperaturen oder nach Erhöhung der Ca^{2+}-Konzentration zerfallen diese spontan und können an anderer Stelle – unter geänderten Bedingungen – wieder zu neuen Mikrotubuli aufgebaut werden. Durch Zugabe von tubulinbindenden Substanzen wie z. B. Kolchizin, Kolzemid oder Vinblastin wird die geordnete Polymerisaton von Tubulin zu Mikrotubuli verhindert. Diese Substanzen werden als antimitotische Wirkstoffe experimentell bzw. bei der Hemmung von Tumorzellen verwendet.

Mikrotubuli können sich zu regelmäßigen, komplexen Strukturen zusammenfügen und bilden dann die Grundlage für
– das Zentriol und
– die Kinozilie.

Zentriol (Centriolum)

Zentriole sind Organellen, die als Teil des Zytozentrums zusammen mit dem Golgi-Apparat fast in jeder Zelle vorkommen (s. Abb. 2a, S. 7, u. 2b, S. 10). Zentriole weisen eine **Zylinderform** auf (Länge 0,3 µm, Durchmesser 0,1 µm), deren Wand von **9 Triplett-Mikrotubuli (9×3-Muster)** aufgebaut wird. Jedes Triplett enthält einen vollständig ausgebildeten, runden Mikrotubulus (A-Subfiber), der mit 2 unvollständigen, halbmondförmigen Mikrotubuli (B- und C-Subfiber) verschmolzen ist. Die 9 Tripletts werden durch zusätzliche Proteinbrücken verbunden, so daß letztlich die Zylinderform des Zentriols entsteht. Die Quervernetzung verleiht der Organelle eine besondere Stabilität.

Zentriole treten vorzugsweise paarweise auf und sind meist in einem rechten Winkel zueinander orientiert. Sie bilden in Kernnähe und in enger Beziehung zum Golgi-Apparat das **Zytozentrum** einer Zelle. Vor der **mitotischen Zellteilung** setzt die Verdoppelung dieser Organelle ein, bei der sich primär 9 Einzelmikrotubuli entwickeln, die sekundär zum Triplett erweitert werden.

Die **Funktion des Zentriols** ist vielfältig. Es gilt als gesichert, daß diese Organelle die **Organisation der intrazellulären Mikrotubuli** steuert. Damit dienen Zentriole v. a. der **Koordination der Spindelfasern** während der mitotischen Zellteilung. Sie nehmen jedoch nicht unmittelbar aus der Zentriolenwand ihren Ursprung, sondern stehen mit dem sog. **perizentriolären Material** in Verbindung, das die Zentriole in ihren mittleren Wandabschnitten umgibt. Durch ihre Lage im Zytozentrum einer Zelle wird durch die Zentriole die **Polarität** einer Zelle markiert. Zentriole ähneln in ihrem Bau weitgehend der Struktur der Basalkörper, die den Ausgangspunkt für die Entwicklung von Kinozilien und Geißeln darstellen.

Kinozilie (Cilium)

Zilien und Geißeln ragen als polar orientierte Fortsätze über die freie Oberfläche einer Zelle hinaus und sind bewegliche Zellausstülpungen. Strukturelle Grundlage ihrer Beweglichkeit ist der **zentrale Achsenfaden (Axonema)**, der aus **einem zentralen Paar von Mikrotubuli** aufgebaut ist und von **9 peripheren Doppelmikrotubuli (9×2+2-Muster)** umgeben wird.

Oberflächlich werden Zilien und Geißeln von Plasmalemm begrenzt. Der Bau von Zilien und Geißeln ist identisch, sie unterscheiden sich allein in ihrer Länge (Zilien 2–10 µm, Geißeln bis zu 200 µm) (Abb. 3).

Mikrotubuli werden stets aus der Wand von **Basalkörpern (Basalknötchen, Kinetosom)** entwickelt, deren Struktur dem Zentriol ähnelt. Danach formieren sich aus den 9 Tripletts des Kinetosoms die 9 Duplett-Mikrotubuli der Wand einer Zilie. Zusätzlich bildet sich zentral das Mikrotubuluspaar. Die Mikrotubuli des Achsenfadens werden durch Proteinkomplexe verbunden, die der Stabilität und der Beweglichkeit der Zilie dienen.

Die äußeren **9 Duplett-Mikrotubuli** sind an Kontaktstellen verschmolzen, man unterscheidet eine **A-Subfiber** und eine **B-Subfiber**. Diese Mikrotubuli bestehen aus Tubulin. An der A-Subfiber setzen **paarige Dynein-Arme** an, die ein **ATP-spaltendes Enzym** darstellen. Diese Proteine stehen im Dienst des mikrotubulären **Gleitmechanismus** und dienen damit der Beweglichkeit der Zilie. Die Duplett-Mikrotubuli sind über **Nexin-Bindestellen** untereinander verbunden und formen den Achsenfaden. Jeder Duplett-Mikrotubulus entläßt zum zentralen Tubulus eine **Radialspeiche**, die ebenfalls die Beweglichkeit der Zilie unterstützt. Das zentrale Mikrotubuluspaar steht nicht in Verbindung zu den anderen Tubuli und wird von einer gemeinsamen Hülle umgeben (Abb. 3).

Kinozilien treten bei einer großen Anzahl von Zellen im Körper auf. Sie haben vorrangig die Aufgabe, flüssige oder feste Stoffe an ihrer Oberfläche zu transportieren. Dies gilt insbesondere in Organen des Atmungstrakts und im Eileiter. Geißeln sind extreme Modifikationen bei männlichen Sa-

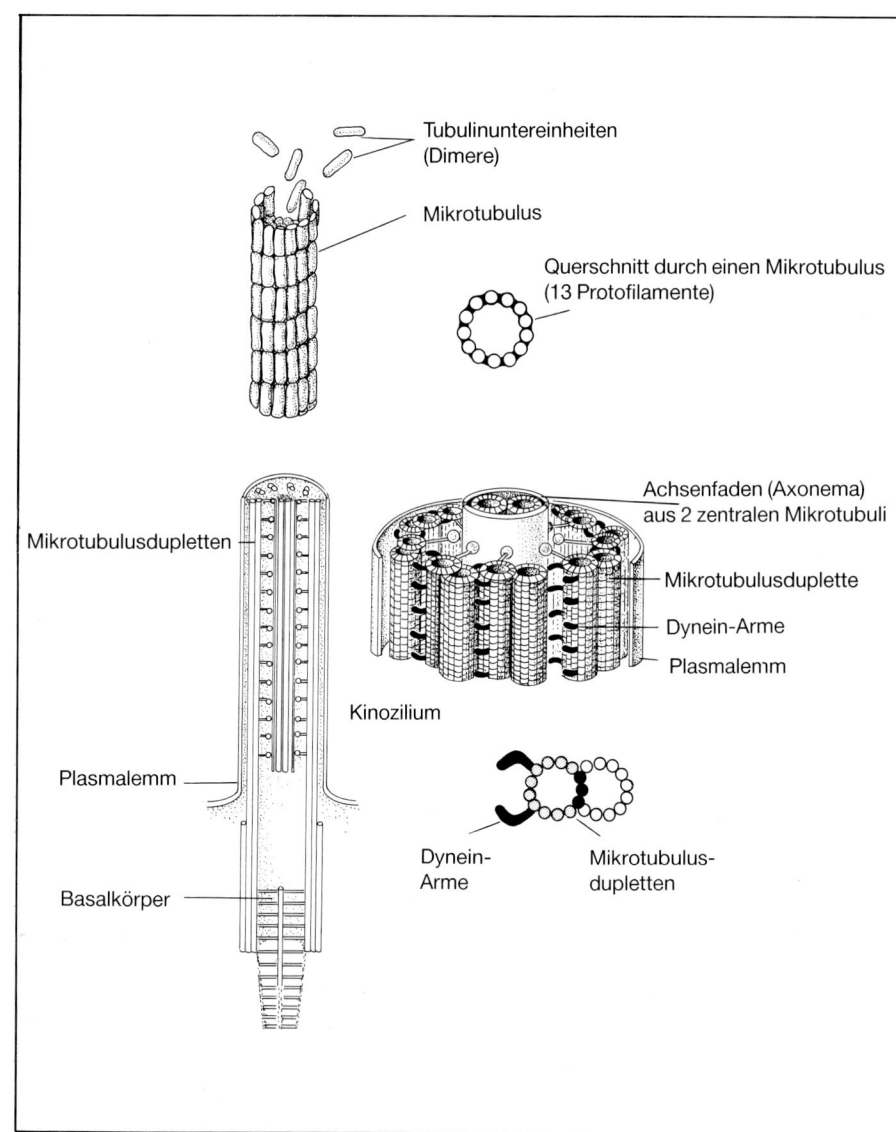

Abb. 3. Schematische Darstellungen eines Mikrotubulus und eines Kinoziliums (Ausschnitte). Mikrotubuli bestehen aus Tubulinuntereinheiten (Tubulindimeren), die sich zu einem Hohlzylinder zusammenfügen. Mikrotubuli sind wesentliche Bauelemente von Kinozilien. Diese bilden im Zentrum einer jeden Zilie einen Achsenfaden (2 zentrale Mikrotubuli, Axonema), der außen von 9 Doppelmikrotubuli (Mikrotubulusdupletten umgeben wird. Die Dupletten stehen über Radiärspeichen mit einer zentralen Scheide und untereinander über Dynein-Arme in Verbindung. (Nach de Duve, 1984.)

menzellen, sie dienen der Vorwärtsbewegung der gesamten Zelle.

Intermediärfilamente

Intermediärfilamente sind Polypeptidketten, die der Zelle eine hohe **Stabilität** verleihen, sie werden als die am wenigsten löslichen Bestandteile des Zytosols angesehen. Ihre Anordnung im Zytoplasma ist meist parallel. Sie verlaufen entlang von **zytoplasmatischen Zug-** und **Drucklinien.** Mit einem Durchmesser von 8–10 nm sind sie zwischen Aktinfilamenten und Mikrotubuli einzuordnen (Intermediärfilamente). Ihr Auftreten ist verstärkt in mechanisch belasteten Oberflächenzellen (Deckepithelien), in Axonen von Nervenfasern oder an Verbindungsstellen anliegender Myofibrillenbündel (Z-Streifen).

Intermediärfilamente weisen im Hinblick auf ihren Polypeptidcharakter eine hohe Zellspezifität auf. Man unterscheidet
- Keratinfilamente (Tonofilamente),
- Neurofilamente,
- vimentinhaltige Filamente.

Keratinfilamente (Tonofilamente)

Keratinfilamente sind aus einer Vielzahl verschiedener Keratinproteine aufgebaut, die **intrazellulär** nach statischen Gesichtspunkten ein **komplexes Netzwerk** bilden und stets an den Haftplatten (Desmosomen) des Plasmalemms inserieren. Über diese Zellbrücken hinaus setzen sie sich funktionell in die benachbarte Zelle fort und dienen der Verbindung und der Steigerung der Festigkeit des gesamten Epithels. Wegen ihrer statischen Eigenschaften werden sie auch als **Tonofilamente** bezeichnet. In Haaren, Horn, Kralle, Klaue oder Huf sind die Keratinfilamente zu verhornten Geweben umstrukturiert.

Neurofilamente

Neurofilamente sind permanente Bestandteile der Zellfortsätze von Nervenzellen (Dendriten und Axone). Sie bestehen aus Neurofilament-Triplett-Proteinen und dienen der Stabilität des Achsenzylinders einer Nervenfaser.

Vimentinhaltige Filamente

Vimentinhaltige Filamente lassen zahlreiche Untereinheiten erkennen, deren wichtigste die filamentären Einlagerungen in Bindegewebszellen (Fibroblasten) sind. Darüber hinaus sind Vimentinverbindungen in den Begleitzellen von Nervenzellen, den Gliazellen, und zusammen mit Desmin in Muskelzellen bekannt.

Exogene und endogene Einschlüsse der Zelle

Exogene Einschlüsse werden von außen aufgenommen (z. B. durch Phagozytose), endogene Einschlüsse sind Zellbestandteile, die intrazellulär als Restprodukte des Zellstoffwechsels entstehen. Die Gesamtheit dieser Einschlüsse wird als **Paraplasma** bezeichnet.

Charakteristische paraplasmatische Zelleinschlüsse sind **Fett, Glykogen, Proteinkristalle** und **Pigmente**. Pigmente sind Sonderformen von Einschlüssen, man unterscheidet 2 Formen:
- endogene Pigmente,
- exogene Pigmente.

Endogene Pigmente sind farbige Produkte des Zellstoffwechsels. In tierischen Zellen werden der Blutfarbstoff, das Hämoglobin, der Muskelfarbstoff, das Myoglobin, und die Speicherformen des Eisens, Ferritin und Hämosiderin, zu den endogenen Pigmenten gerechnet. Zu den endogenen Pigmenten zählen auch das Melanin als das Pigment der Haut, des Pigmentepithels des Augenhintergrundes und der Gehirnhäute sowie die Restkörper des Fettstoffwechsels, das Lipofuszin. Als Alterspigment tritt Lipofuszin häufig in Herzmuskelzellen und in Nieren- und Leberzellen auf.

Exogene Pigmente werden vorzugsweise durch die Lunge aus der Luft aufgenommen und intrazellulär angereichert (z. B. Rußteilchen).

Zellkern (Nucleus)

Der Zellkern ist ein unerläßlicher Bestandteil tierischer Zellen, der mit Ausnahme reifer roter Blutzellen (Erythrozyten) in sämtlichen Körperzellen auftritt. Der Zellkern ist **Träger der genetischen Information**, die in kodierter Form in den Desoxyribonukleinsäure(DNS)-haltigen Chromosomen gespeichert wird. Die Weitergabe der im Zellkern gesteuerten Informationen erfolgt durch die Vermittlung von sog. Botenstoffen, die Ribonukleinsäure (RNS) enthalten (Boten-RNS, messenger-RNS, m-RNS).

Der Kern ist die **zentrale Organelle einer jeden Zelle**. Er steuert das zelluläre Informations- und Stoffwechselsystem und reguliert sämtliche Vorgänge der Zelldifferenzierung und der Zellreifung.

Der Kern wird von einer Doppelmembran, der **Kernhülle (Kernmembran)**, umgeben (Abb. 2 a, S. 7, u. 4 b, S. 20). Durch diese Trennung **(Kompartimentierung)** des genetischen Materials vom Zytoplasma unterscheidet sich eine tierische Eukaryontenzelle entscheidend von einer Prokaryontenzelle (Bakterien). Letzteren fehlt eine Kernmembran. Die Kernhülle trennt die zentralen genetischen Prozesse der DNS-Reduplikation und der RNS-Synthese (Transkription) von den zytoplasmatischen Vorgängen der Proteinsynthese an Ribosomen (Translation). Informationen, die eine Zelle oberflächlich durch spezifische Rezeptoren erreichen, werden durch intrazelluläre Botenstoffe an die Kernhülle transportiert und durch diese an das Kernplasma weitergegeben. Damit beeinflussen extrazelluläre Impulse wie z. B. nervale und hormonelle Reize das Koordinations- und Steuerzentrum, den Kern.

Der Kern tritt als selbständige Organelle allein zwischen zwei mitotischen Teilungsvorgängen einer Zelle (s. Mitose) auf. In dieser Phase der Teilungsruhe wird der Kern auch als **Intermitose-** oder als **Interphasekern** bezeichnet. Auch werden unter funktionellen Gesichtspunkten Benennungen wie Arbeitskern oder Stoffwechselsynthesekern verwendet. Während der Mitose vermischt sich die Matrix des Kerns einschließlich des chromosomalen Materials (Nukleoplasma) mit der Matrix des Zytoplasmas.

Die Kerne unterscheiden sich bei den verschiedenen Zellpopulationen in ihrer Struktur. Hierfür

18   I. Zelle (Cellula)

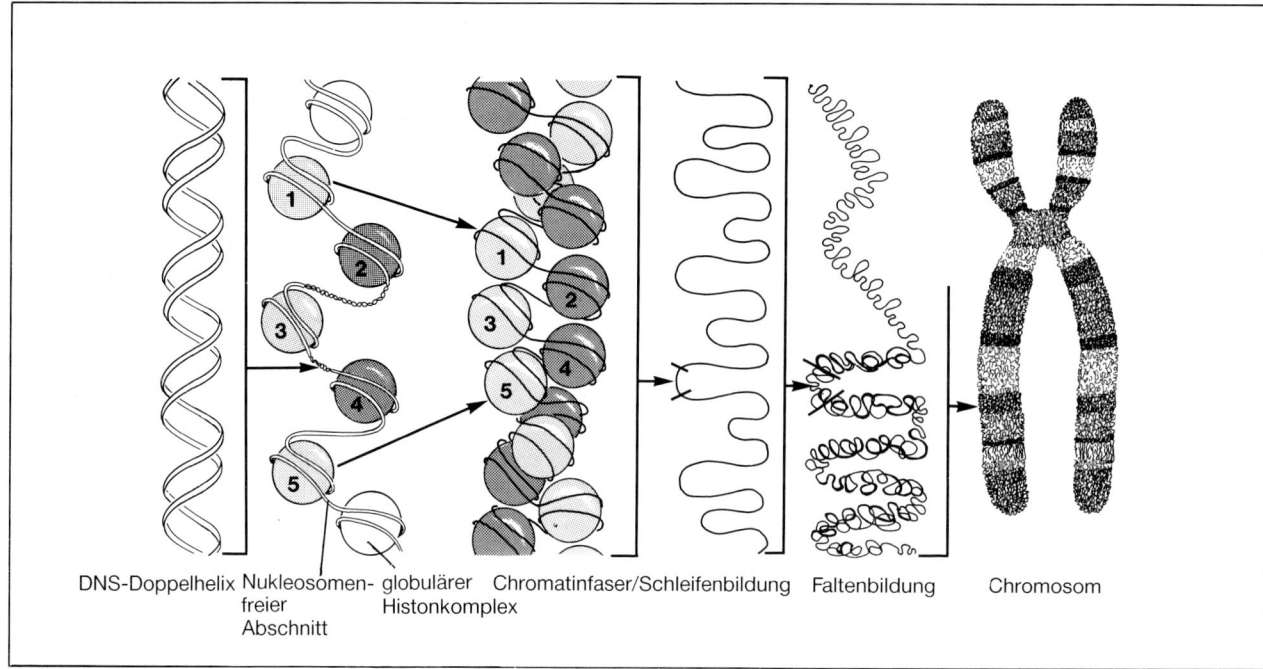

Abb. 4a. Modell eines Chromosoms. Die DNS-Doppelhelix ist mehrfach um Histonkomplexe (globuläre, basische Proteine) gewickelt (Nukleosomenketten), die zwischen sich kurze nukleosomenfreie Abschnitte aussparen. Durch Zusammenlagerung dieser Komplexe entsteht eine Chromatinfaser, die sich durch unregelmäßige Schleifenbildung in Falten legt. Durch weitergehende Verdichtung werden die Banden des Chromatins gebildet, die sich in ausgeprägter Form während der Mitose im Chromosom darstellen. (Nach Alberts et al., 1989.)

sind die Verteilung des Chromatins, der unterschiedliche Gehalt an Proteinen, Nukleinsäuren und Wasser, die Ausstattung an Enzymen und deren Stoffwechsel verantwortlich. Beeinflußt wird die Vielfalt der Kernstruktur durch genetische, chemische, physikalische und funktionelle Faktoren.

Zahl, Größe, Form und Lage

Jede Zelle schließt in der Regel **einen Kern** ein (Ausnahme reife Erythrozyten von Säugetieren). Doch treten auch regelmäßig in Leberzellen, Belegzellen der Magendrüsenzone, Schweißdrüsen oder in Deckepithelien der Harnwege **zweikernige Zellen** auf. **Mehrkernige Zellen** sind z. B. quergestreifte Muskelzellen oder knochen- und knorpelauflösende Zellen (Osteo- und Chondroklasten). Die vielkernigen Zellen kennzeichnet darüber hinaus eine erhebliche Größenzunahme des Zytoplasmas (Riesenzellen).

Die **Kerngröße** (Kernvolumen) steht zur Größe des Zelleibes (Zellvolumen) in direkter Beziehung **(Kern-Plasma-Relation)**. Für jede Zellpopulation besteht ein charakteristisches Kern-Plasma-Verhältnis, das innerhalb variabler Grenzen liegt. So wird die Kerngröße durch die Anzahl und die Größe der Chromosomen bestimmt **(echte Kerngröße)**. Durch Vermehrung der Chromosomenzahl tritt eine entsprechende Zunahme des Kernvolumens ein (echtes Kernwachstum, z. B. bei Endomitose). Durch Aufnahme von Flüssigkeiten oder Metaboliten kann die Kerngröße ebenfalls erheblich zunehmen **(funktionelle Kernschwellung)**. Auch beeinflussen tageszeitliche Rhythmen, z. B. nach Futteraufnahme, Alter oder Geschlecht die Größe der Kerne. Andererseits sind Kerne von Spermien – trotz gleichem DNS-Gehalt – auffällig dicht und klein, ihr Stoffwechsel ist stark reduziert.

Auch in der **Form** ihrer Kerne unterscheiden sich Zellen. Vorrangig paßt sich der Kern der Form des Zytoplasmas an. In kugelförmigen, in isoprismatischen oder in polygonalen Zellen weist der Kern meist eine sphäroide, runde Form auf. In hochprismatischen Zellen nimmt er eine längsovale, ellipsoidale Gestalt an, in abgeflachten Endothelzellen wird der Kern abgeplattet. Altersabhängig können Kerne stabförmig oder segmentiert erscheinen (z. B. in Granulozyten), in reifen Spermien flach, bilateral komprimiert. Innerhalb gleicher Zellpopulationen ist die Kernform jedoch zelltypisch und kann daher zur Bestimmung einer Zelle verwandt werden.

Ebenso variieren Kerne in ihrer **Lage** innerhalb des Zytoplasmas erheblich. In freien oder isoprismatischen Zellen liegen Kerne meist zentral, in Fettzellen werden durch paraplasmatische Einschlüsse (Fettvakuolen) die Kerne an die Zellperipherie verlagert, in Drüsenzellen beeinflußt die Zusammensetzung des Sekrets die Lage des Kerns: ein schleimhaltiges Zellprodukt verdrängt den Kern an den Zellrand, ein wäßriges führt zu einer mehr zentralen Lage. In quergestreiften Skelettmuskelzellen liegen Kerne ausschließlich dem Plasmalemm an (subplasmalemmal), in glatten Muskelzellen und in Herzmuskelzellen liegen sie zentral im Zytoplasma. Auch beeinflussen differierende Funktionsstadien die Lage des Kerns.

Kernhülle (Nucleolemma)

Jeder Kern einer Zelle wird von einer Hülle umgeben, die sich aus **zwei Biomembranen** (Einheitsmembranen) zusammensetzt (Abb. 4b). Die **innere Membran (Membrana nuclearis interna)** bildet die Hüllmembran im engeren Sinn, sie liegt meist einer **feinfibrillären Schicht (Lamina fibrosa)** an. Die **äußere Membran (Membrana nuclearis externa)** ist stets mit Ribosomen besetzt und setzt sich in das rauhe endoplasmatische Retikulum fort. Zwischen beiden Membranen ist ein **perinukleärer Raum (perinukleäre Zisterne, Cisterna nucleolemmae)** von unterschiedlicher Weite (20–60 nm) ausgebildet, der in das Raumsystem des endoplasmatischen Retikulums (ER) einmündet. Dadurch besteht eine direkte Verbindung zwischen dem Kompartimentsystem des Kerns und des rauhen ER, wodurch die Koordinations- und Steuerfunktion des Kerns beschleunigt wird. Membranteile des ER können für die Neubildung der Kernhülle verwandt werden. Diese Vorgänge der Membranumbildung vollziehen sich regelmäßig während der Mitose.

Der inneren Kernhülle liegt eine elektronendichte Schicht, eine faserige Lamina **(Lamina fibrosa, Kernfaserschicht)** an, der eine Doppelfunktion zugeschrieben wird. Zum einen dient sie der Formgebung des Kerns und der Stabilität der Kernporen (s. u.), zum anderen steuern spezifische Stellen dieser Lamina die Wechselwirkung zwischen anhaftenden Chromosomen (Chromatin) und der inneren Kernmembran. Die Faserschicht kontrolliert möglicherweise während der Mitose auch den Zusammenbruch der Kernmembranen.

Die Kernhülle wird in regelmäßigen Abständen von **Kernporen (Pori nucleares)** unterbrochen, die einen vorwiegend runden, 50–80 nm großen Durchmesser aufweisen (Abb. 4b). Die Poren entstehen durch Verschmelzung der inneren und der äußeren Kernmembran. Umgeben werden sie auf beiden Seiten der Hülle von einem Ring aus granulärem Material. Pore und Porenring werden als **Kernporenkomplex** bezeichnet. Im Zentrum eines jeden Komplexes ist möglicherweise eine wasserhaltige Pore in Form eines sog. Hauptkanals entwickelt, durch den wasserlösliche Moleküle transportiert werden können.

Die Zahl und die Größe der Kernporen sind Ausdruck einer erhöhten oder verminderten Kernaktivität. Die Permeabilität der Kernpore ermöglicht den Stoffaustausch zwischen der Kern- und der zytoplasmatischen Matrix. Dies gilt insbesondere für RNS-Moleküle.

Kernplasma (Nucleoplasma)

Das Kernplasma umfaßt die gesamte von der Kernhülle umgebene Kernsubstanz. Diese beinhaltet die **Kernmatrix (Karyolymphe, Kerngrundsubstanz, Interchromatinsubstanz)** und das **genetische DNS-Material (Chromosomen** bzw. **Chromatin)** einschließlich des **RNS-haltigen Kernkörperchens (Nucleolus)**. Die Kernmatrix ist die flüssige Komponente des Kernplasmas, die aus löslicher Ribonukleinsäure (RNS), Ionen, Glykoproteinen und Metaboliten besteht, in die das Chromatin und das Kernkörperchen als feinfibrilläre Strukturen eingelagert sind.

Chromatin (Chromatinum)

Unter der Bezeichnung **Chromatin** versteht man sämtliche **chromosomalen DNS-Anteile in einem Kern.** Diese werden auch als **DNS-Protein-Komplexe** zusammengefaßt, die aus etwa $1/3$ DNS und aus etwa $2/3$ basischen und sauren Proteinen (Histone und Nicht-Histone), Phospholipiden, Ionen (Ca^{2+}), Glykoproteinen und einer geringen Menge an RNS bestehen.

Histone sind **strukturelle Proteine,** die sich aufgrund ihrer positiven Ladung mit der DNS-Doppelhelix verbinden. Sie dienen der Stabilität des DNS-Strangs, als Enzyme für die RNS-Synthese und der Steuerung zahlreicher Reaktionen der DNS-Kette. Histone werden ferner dafür verantwortlich gemacht, daß das ca. 5 cm lange DNS-Molekül eines Chromosoms in einem nur wenige μm kleinen Kern aufgenommen werden kann. Hierfür wickelt sich die DNS-Doppelhelix mehrfach um einen Histonkomplex. Es entstehen **Nukleosomenketten,** die in

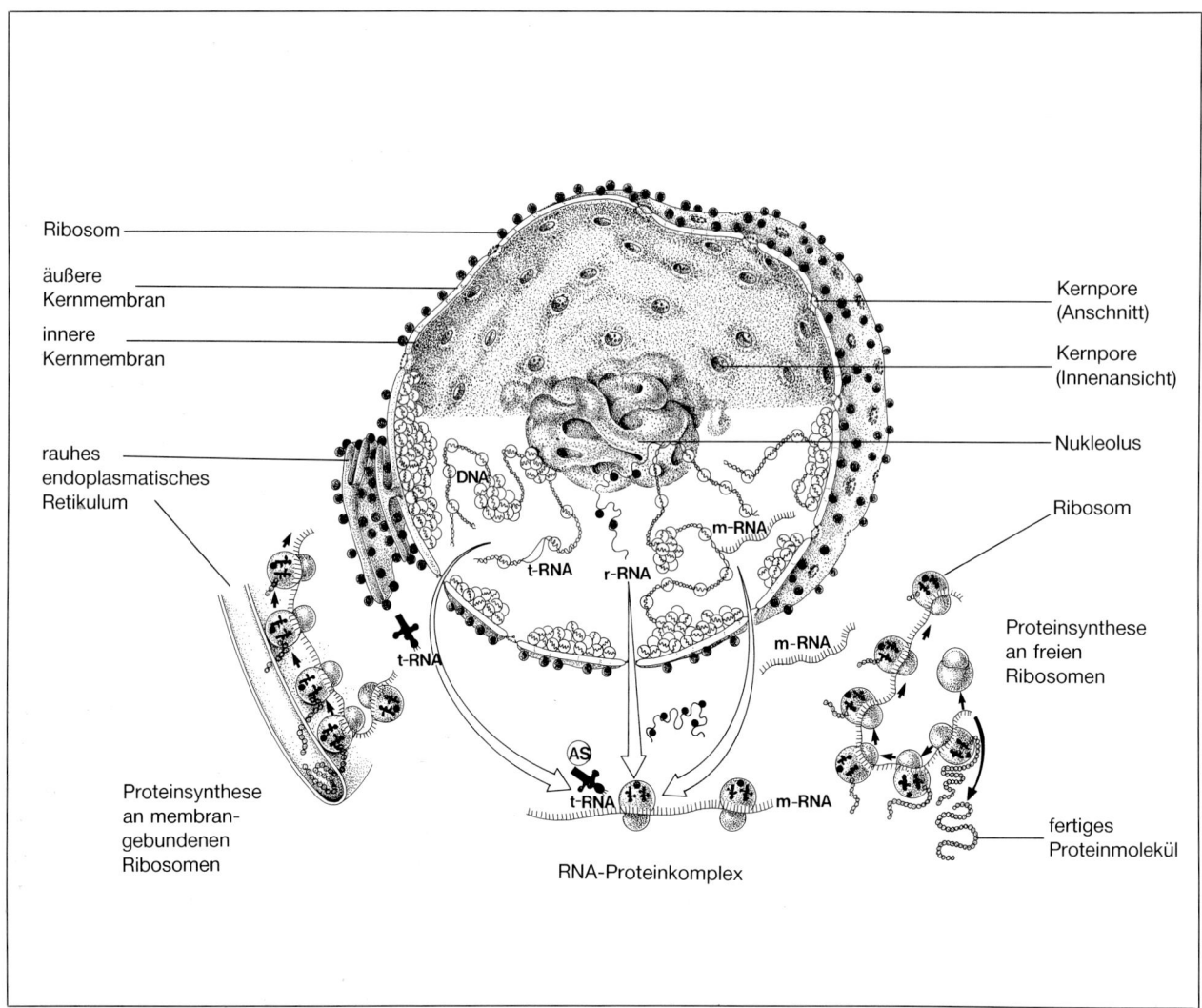

Abb. 4 b. Schematische Darstellung eines Kerns mit anliegendem rauhen endoplasmatischen Retikulum und schematischer Hinweis auf die Proteinbiosynthese an Ribosomen.

ihrer Gesamtheit dem Chromatin ein perlschnurartiges Aussehen verleihen (Abb. 4 a). In regelmäßigen Abständen wird diese Nukleosomenstruktur durch **kurze, nukleosomenfreie DNS-Abschnitte** unterbrochen, die von **Nicht-Histonen** gebildet werden. Diese Unterbrechungen stellen möglicherweise Bindungsstellen für DNS-regulatorische Proteine dar.

Die **perlschnurartig verbundenen Nukleosomen,** bestehend aus einer DNS-Doppelhelix, Histonen und Nicht-Histonen, bilden ihrerseits durch Zusammenlagerungen mit anderen Proteinen in stets variierender Form strangartige Komplexe. Diese Gesamtkomplexe werden als **Chromatinfaser** bezeichnet (Durchmesser 30 nm). Größere Abschnitte dieser Chromatinfaser werden durch **unregelmäßige Schleifen in Falten** gelegt, die sich ihrerseits durch **weitergehende Schleifenbildung zu Banden im Chromatin der mitotischen Chromosomen** kondensieren (Abb. 4 a).

Als **Chromosom** bezeichnet man ein spezifisch mit Protein assoziiertes **DNS-Molekül.** Chromosomen können, abhängig vom Generations- oder Zellzyklus (s. S. 23), in unterschiedlichen strukturellen Organisationsformen auftreten: vom Chromatinfaden bis zur kondensierten Form während der Mitose (s. S. 24). **Die DNS ist Träger der genetischen Information.**

Während der Interphase (Ruhephase) des Kerns kann das Chromatin, unabhängig von einer Zugehörigkeit zu einem bestimmten Chromosom, nach morphologischen Kriterien in Euchromatin und Heterochromatin unterschieden werden.

Euchromatin (Euchromatinum)

Chromatinfasern können sich abschnittsweise weitgehend **entfalten** und bilden dann ein **lockeres, feinfibrilläres Knäuel**, das als **Euchromatin** benannt wird (Abb. 2a). Funktionell stellt Euchromatin die Gesamtheit sämtlicher genetisch aktiver DNS-Doppelstränge eines Chromosoms dar, die weitgehend **frei von Nukleosomenkomplexen** sind. Der Kern erscheint histologisch nur schwach angefärbt, die einzelnen Chromatinfasern sind allein elektronenmikroskopisch nachweisbar. Das Auftreten vermehrter Anteile an Euchromatin im Kern ist funktionell Ausdruck einer erhöhten Stoffwechselaktivität der gesamten Zelle durch gesteigerte Transkription der Nukleinsäuren. Euchromatische Chromatinabschnitte sind durch Hormone aktivierbar, sie sind bruchunempfindlich, weisen dagegen eine hohe Empfindlichkeit gegenüber Strahlungen (z. B. Röntgen- und UV-Strahlung) auf.

Heterochromatin (Heterochromatinum)

Bleiben größere Anteile des Chromatins durch die hohe Anzahl an **Nukleosomenkomplexen eng verbunden** und **stark gefaltet**, so spricht man von **Heterochromatin** (Abb. 2b). Heterochromatische Kernbereiche erscheinen histologisch unregelmäßig granuliert, vielfach dunkel (basophil) angefärbt und können durch eine Vielzahl histologischer Techniken selektiv dargestellt werden. Vermehrte Anteile an Heterochromatin sind funktionell Ausdruck einer reduzierten Stoffwechselaktivität der gesamten Zelle. Heterochromatin ist vorzugsweise an der Kernperipherie gelagert, kann jedoch auch weite Teile des gesamten Kerns ausfüllen. Heterochromatische Chromatinabschnitte sind durch Hormone nicht aktivierbar, sie sind bruchempfindlich und weisen eine hohe Mutationsrate auf. Dagegen besteht eine hohe Unempfindlichkeit gegenüber Strahlungen (z. B. Röntgen- und UV-Strahlung).

Als eine Sonderform des Chromatins wird das sog. **Geschlechtschromatin** (Sex-Chromatin) weiblicher Zellen angesehen. Dabei bleibt ein Teil der beiden X-Chromosomen während der Interphase kondensiert und kann färberisch meist als randständige Chromatinverdichtung oder in neutrophilen Granulozyten als trommelschlegelartiger Kernanhang (»drumstick«) nachgewiesen werden.

Die einzelnen Körperzellen unterscheiden sich im Gehalt an Euchromatin bzw. Heterochromatin. Doch kann in den meisten Fällen dieses Verhältnis als zelltypisch und damit als diagnostisches Hilfsmittel angesehen werden. Zellen, die einen **»hellen«** (euchromatinreichen) Kern aufweisen, sind meist **stoffwechselaktiv**, **»dunkle«** (heterochromatinreiche) Kerne sprechen hingegen für ein **stoffwechselinaktives** Stadium.

Kernkörperchen (Nucleolus)

Der Nukleolus (Nucleolus) ist ein runder bis ovaler, stark basophiler Kerneinschluß, der ausschließlich während der **Interphase** des Kerns auftritt. Er entsteht nach der Mitose aus der Nukleolus-Organisator-Region mehrerer unterschiedlicher Chromosomen und löst sich kurz vor Beginn der Mitose auf.

Nukleolen liegen frei im Karyoplasma oder treten mit der inneren Kernmembran in Kontakt, sie sind stets ohne eigene Hülle (Abb. 2a u. 4b). Lichthistologisch erscheint der Nukleolus auffallend dicht und homogen und stark lichtbrechend (Durchmesser 1–3 µm). Elektronenmikroskopisch können 3 Regionen unterschieden werden:

– **feingranuläre Anteile (Pars granulosa)**, die vorrangig aus ribosomalen RNS-Vorläuferteilchen (10–15 nm) aufgebaut sind und dem Nukleolus peripher anliegen,
– **dichte, unregelmäßig aggregierte filamentäre Anteile (Pars fibrosa)**, die aus dünnen Ribonukleoproteinfasern (5 nm) bestehen, RNS-Transkripte enthalten und sich meist zentral häufen,
– **zentrale und randständige DNS-Anteile (intra- und perinukleoläres Chromatin)**, an denen die ribosomalen RNS-Sequenzen synthetisiert werden.

Die Pars granulosa und die Pars fibrosa schließen RNS ein, die zusammen eine schwammähnliche Grundstruktur formen **(Nukleonema)**. Diese besteht aus anastomosierenden Strängen, die in ihren Zwischenräumen zusätzlich intra- und perinukleoläres Chromatin aufnehmen (»Schwammnukleolus«). Eine Sonderform bildet der sog. Schalen- oder Ringnukleolus, bei dem eine deutliche Trennung der beiden RNS-Anteile zu erkennen ist. Dieser tritt bei Eizellen auf.

Der Nukleolus ist das **Bildungszentrum für die Ribonukleinsäure (RNS)**, in dem sämtliche Ribosomen der Zelle synthetisiert und in zusammengesetzter Form in das Zytoplasma abgegeben werden. Die Größe des Nukleolus ist Ausdruck der gespeicherten Menge an RNS und gleichzeitig ein morphologischer Hinweis auf eine erhöhte Proteinbiosynthese der Zelle. Bei gesteigerter Aktivität tritt eine Ausdehnung der granulären Anteile des Nukleolus ein. Ebenso sprechen mehrere Nukleolen in einem Kern für einen gesteigerten Eiweißstoffwechsel (z. B. in Nervenzellen, Pankreaszellen, embryonalen Zellen, Tumorzellen).

Zellwachstum und Zellteilung

Wachstum und Teilung von Zellen gehören zu den Grundeigenschaften des lebenden Organismus. Da jede Zelle nur über eine begrenzte Lebenszeit verfügt, muß sie im selben Umfang die genetische Veranlagung mitführen, identische neue Zellen hervorzubringen. Zur Aufrechterhaltung der physiologischen Lebensvorgänge besteht im Körper ein Gleichgewicht zwischen zugrundegehenden und neugebildeten Zellen. Allein während Wachstums- oder Erneuerungsphasen einzelner Zellen oder Organe oder infolge nichtphysiologischer Veränderungen ist dieser Regelkreis zugunsten einer vorherrschenden Zellerneuerung verschoben.

Die Zelle durchläuft den weitaus längsten Teil ihrer Lebenszeit in der Wachstumsphase und verbringt nur wenige Stunden in der Phase ihrer Teilung. Während der Wachstumsphase vermehrt, vielfach verdoppelt eine Zelle ihre Masse einschließlich sämtlicher Organellen bis zu dem Grade, wie diese für die Lebensfähigkeit identischer Tochterzellen erforderlich ist. Diese Vorgänge werden begleitet von der Vielzahl spezifischer Funktionen, die eine jede Zelle charakterisieren. Wachstum bedeutet Synthese von zelleigenen und extrazellulären Substanzen, aber auch Differenzierung und Proliferation. Am Ende einer Wachstumsphase gehen die meisten Körperzellen in die Teilungs-(Vermehrungs-)Phase über.

Zellen vermögen sich auf unterschiedliche Art zu teilen. Am weitaus häufigsten vollzieht sich die **Teilung 1 Mutterzelle in 2 genetisch identische Tochterzellen** mit übereinstimmenden morphologischen und funktionellen Eigenschaften. Hierbei tritt die erbgleiche Verteilung der im Kern lokalisierten Gene auf die beiden Tochterzellen ein. Diese Form der Kernteilung wird als **Mitose** bezeichnet, da während des Teilungsvorgangs des Kerns die Chromosomen fadenartig (griech. Mitos = der Faden) in Erscheinung treten. Der **Teilung des Zellkerns, der Mitose,** schließt sich die **Teilung des Zytoplasmas, die Zytokinese,** an. Erst durch diesen zweiten Schritt erfolgt eine Teilung der gesamten Zelle. Beide Teilungsabläufe sind als ein einheitlicher Vorgang zu verstehen.

Auch vermögen sich Zellen ohne sichtbare Chromosomen zu teilen. Vervielfachen Kerne ihren Chromosomensatz (Polyploidie), ohne nachfolgende Kern- oder Zellteilung, spricht man von **Endomitose**. Werden jedoch nach Verdoppelung des genetischen Materials Kern und Zelle getrennt, ohne daß Chromosomen sichtbar werden, bezeichnet man diesen Teilungsvorgang als **Amitose**. Einer besonderen Form der Kern- und Zellteilung unterliegen männliche und weibliche Geschlechtszellen. Allein in Kernen dieser Zellen wird während der Reifeteilung, der **Meiose,** der Chromosomensatz halbiert. Erst in der befruchteten Eizelle wird wieder ein diploider Chromosomensatz hergestellt.

Generations- oder Zellzyklus

Wachstums- und Teilungsvorgänge sind für die weitaus größte Zahl der Körperzellen regelmäßig wiederkehrende Prozesse, die unter der Bezeichnung Generations- oder Zellzyklus zusammengefaßt werden. Dieser Zyklus beginnt mit der Phase der Zellteilung **(Phase der Mitose und Zytokinese),** durchläuft eine stoffwechselaktive Wachstumsphase **(Zwischenphase, Interphase)** und endet mit einer erneuten Zellteilung. Jede dieser Phasen kann in weitere Abschnitte untergliedert werden, die sich in ihrer zeitlichen Abfolge und innerhalb der verschiedenen Zellpopulationen erheblich unterscheiden (Abb. 5a).

Interphase

Die Interphase umfaßt 3 Abschnitte:
- eine **G_1-Phase** (Phase vor der DNS-Verdoppelung, G = Gap, d. h. Wartezeit),
- eine **S-Phase** (S = Synthesephase für DNS-Verdoppelung) und
- eine **G_2-Phase** (Phase nach der DNS-Verdoppelung bis zur Mitose).

Diese drei aufeinanderfolgenden Phasen nehmen in der Regel über 90% der Dauer eines Zellzyklus in Anspruch. In schnell wachsenden Zellen verläuft ein Zellzyklus innerhalb von 16–24 Stunden, wobei die Prozesse der mitotischen Zellteilung innerhalb von 1–2 Stunden beendet sind. Die Dauer eines Generationszyklus ist jedoch zellspezifisch. Epithelzellen (z. B. Zellen tiefer Darmkrypten) unterliegen zeitlebens ständigen Teilungszyklen und dies in erhöhter Geschwindigkeit. Bei diesen Zellen beträgt der gesamte Zellzyklus zwischen 8–11 Stunden. Andere Zellpopulationen kennzeichnet hingegen eine Generationszeit von mehreren Tagen, Wochen, Jahren (z. B. Knorpelzellen, Knochenzellen, Muskelzellen).

Die **G_1-Phase** ist der Zeitraum der spezifischen Funktionsleistungen einer Zelle, in dem vorrangig die Neubildung von RNS und damit die Proteinbiosynthese steht. Gerade diese Phase weist in Hinblick auf die Dauer zelltypisch eine hohe Variabili-

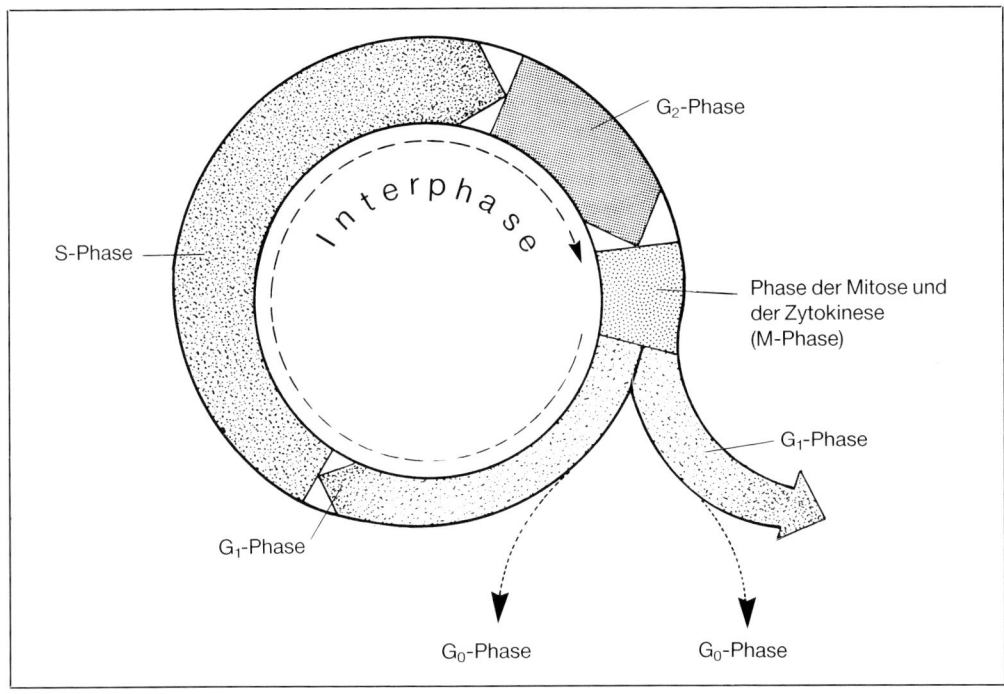

Abb. 5 a. Schematische Darstellung des Zellzyklus (Generationszyklus).

tät von Stunden bis Jahren auf. Zur Vorbereitung der nachfolgenden S-Phase werden in dieser Phase für den Aufbau der Chromosomen auch Enzyme und Proteine synthetisiert, deren Bereitstellung zum zwangsläufigen Übertritt in die Synthesephase veranlaßt und die G_1-Phase beendet.

Eine Sonderform stellen diejenigen postmitotischen Zellen dar, die ihre Teilungsfähigkeit verloren haben. So zeigen z. B. reife Nervenzellen höchste Stoffwechselaktivitäten, vermögen jedoch nicht in die S-Phase überzutreten. Diese Zellen befinden sich in der **G_0-Phase**.

Die **S-Phase** ist jener Abschnitt des Zellzyklus, in dem die Verdoppelung des genetischen Materials (Replikation der DNS-Doppelhelix) erfolgt. Dabei wird die DNS-Doppelhelix in ihre beiden Einzelstränge asymmetrisch getrennt (Y-förmige Replikationsgabel) und entsprechend ihrer Basensequenzen zu zwei neuen DNS-Strängen kopiert. Die S-Phase ist dann abgeschlossen, wenn die gesamte DNS einer Zelle repliziert ist (Dauer der S-Phase 6–8 Stunden). Nach der S-Phase bis zum Ende der Mitose ist die Zelle tetraploid (4 n).

Die **G_2-Phase** umfaßt den Zeitraum zwischen dem Ende der DNS-Replikation der S-Phase und dem Einsetzen der Kernteilung (Dauer in der Regel 1–2 Stunden). Während dieser Phase werden vermehrt Stoffe synthetisiert, die für die Mitose notwendig sind. Hierzu sind insbesondere auch die Teilung der Zentriolenpaare und die Synthese von Mikrotubuli zur Ausbildung des Spindelapparats zu

rechnen. Gegen Ende der G_2-Phase sollte durch die Freisetzung von Kinase die Auflösung der Lamina fibrosa der Kernhülle eingeleitet werden. Unter verstärkter Phosphorylierung der Nukleosomen tritt allmählich eine zunehmende Kondensation der Chromosomen ein; evtl. vorhandene Oberflächenstrukturen, wie z. B. Mikrovilli, beginnen sich zurückzubilden.

Kernteilung (Mitose) und Teilung des Zytoplasmas (Zytokinese)

Die Vorgänge während der Mitose und der Zytokinese gewährleisten die gleichmäßige Verteilung der in der S-Phase identisch verdoppelten genetischen Information der DNS-Doppelstränge auf zwei Tochterzellen. Diese Replikation vollzieht sich allein in molekularbiologischen Bereichen, morphologisch drücken sich diese Vorgänge vorzugsweise erst während der Mitose durch die Umwandlung der Chromatinfäden in Chromosomen aus.

Während der Zellteilung werden, nach der **Verdopplung des genetischen Materials in der S-Phase, die Chromosomen geordnet, identische Chromatinfäden (Chromatiden) der Chromosomen getrennt** und an polare Enden der Zelle verlagert. Anschließend erfolgt die **Teilung des Zytoplasmas** unter gleichmäßiger Zuordnung von Zytosol und Organellen auf die entstehenden beiden

Tochterzellen (Abb. 5 b). Diese Vorgänge sind fließend, doch werden die Teilungsabläufe traditionsgemäß in 4 Schritte untergliedert, nämlich:
- die Prophase,
- die Metaphase,
- die Anaphase und
- die Telophase.

Prophase

Die Prophase (= Vorbereitungsphase) wird durch die **Kondensation** (Spiralisierung) der Chromatinfäden und deren **Verlagerung zur Kernmitte** gekennzeichnet (Abb. 5 b u. 5 c). Durch diese starke Verdichtung der genetisch identischen Chromatinfäden bilden sich, allmählich sichtbar, die Chromosomen aus, die sich zu einem **Chromosomenknäuel (Spirem)** formieren. Die Chromatinfäden eines jeden Chromosoms bleiben durch das **Zentromer** untereinander verbunden. Während sich die Chromosomen weiter kondensieren, beginnt der **Nukleolus** sich aufzulösen. In gleicher Weise reduzieren sich die Membranstapel des Golgi-Apparates und des endoplasmatischen Retikulums. Die **Lysis der Kernhülle** ist bis Ende dieser Phase abgeschlossen. Gleichzeitig setzt vereinzelt die **Längsteilung der Chromosomen in die beiden Chromatinfäden** ein.

Neben der Spirembildung der Chromosomen ist die Ausbildung der **Mitosespindeln** das wesentliche Kriterium der Prophase. Als Organisationszentrum für deren Entstehung wirken die beiden Zentriolenpaare, die sich bereits in der frühen S-Phase aus einem Zentriolenpaar replizieren. Die beiden Zentriolenpaare formen das **Mitosezentrum**, das den Mittelpunkt der sternförmigen Anordnung der Mitosespindeln **(Polstrahlen, Astrosphäre)** bildet. Die beiden Polstrahlen weichen im Verlauf der Prophase allmählich auseinander, wandern entlang der Kernoberfläche und bilden die **bipolare Mitosespindel**. Während des Auseinanderweichens der Polstrahlen werden die polaren Mikrotubuli lichtmikroskopisch erkennbar. Diese werden als **Polfasern** bezeichnet.

Metaphase

Mit der vollständigen Auflösung der Kernhülle und dem Verschwinden des Nukleolus setzt die **Prometaphase** ein (Abb. 5 b u. 5 c). Reste der unterschiedlichsten Membransysteme bleiben als Bruchstücke in Nähe der Mitosespindeln, die sich nun ihrerseits in den inneren Kernbereich verlagern. Gleichzeitig beginnt die **Durchmischung der Kern- und der zytoplasmatischen Matrix (Mixoplasma)**.

Seitlich der Verbindungsstelle der Chromatiden, dem Zentromer, entwickeln sich **Kinetochorfasern (Kinetochormikrotubuli)**, die in Richtung auf die beiden Polstrahlen **(Astrosphären)** streben. Dort treten sie mit den Spindelfasern der beiden Zentriolen an den Polen der Zelle in Wechselwirkung. Die Ausbildung der Kinetochorfasern und der Spindelfasern führt zu einer **geordneten Bewegung der Chromosomen**.

Während der Metaphase wird die **Längsteilung der Chromosomen** fortgesetzt. Gleichzeitig orientieren sich die Zentromeren unter der Wirkung der Kinetochorfasern in einer Ebene, wodurch die Chromosomen in der **Äquatorialebene der Zelle** geordnet werden **(Metakinese)**. Es bildet sich die **chromosomale Metaphaseplatte (Monaster)** aus.

Anaphase

Die Anaphase setzt mit der **endgültigen Trennung des Chromosoms in die beiden Chromatiden** ein (Abb. 5 b u. 5 c). Unter gleichzeitiger Teilung der Kinetochorpaare werden die Chromatiden zu den Spindelpolen verlagert. Dabei verkürzen sich die Kinetochorfasern bei allmählicher Verlängerung der Spindelfasern. Die Spindelpole weichen auseinander, die Zelle nimmt eine ovale Form an. Während dieses Wandervorgangs der Chromatiden entsteht das Bild eines **Diasters**, die freien Enden der Chromatiden weisen auf die Äquatorialachse der Zelle, die Zentromeren in Richtung auf die Zellpole.

Telophase

Die Telophase setzt ein, wenn die Chromatiden die Spindelpole erreicht haben (Abb. 5 b u. 5 c). Dann lösen sich die Kinetochorfasern auf, die Spindelfasern verlängern sich erneut. Gleichzeitig formiert sich aus den Membransystemen des endoplasmatischen Retikulums eine **neue Kernhülle**. Damit wird das Kompartiment des Kerns mit einem ionenreichen, stark hypertonen Milieu wiederhergestellt. Die vormals kondensierten und nun getrennten **Chromatinfäden beginnen sich zu dekondensieren**, sie entspiralisieren sich und verlieren allmählich ihre Anfärbbarkeit. Während der Formung der Kernhülle entwickelt sich aus besonderen Abschnitten der Chromatinfäden der **Nukleolus**. Die Synthese von RNS setzt wieder ein. Damit ist die Kernteilung abgeschlossen.

Zytokinese

Noch während der späten Anaphase und weiter im Verlauf der Telophase setzt die Abschnürung

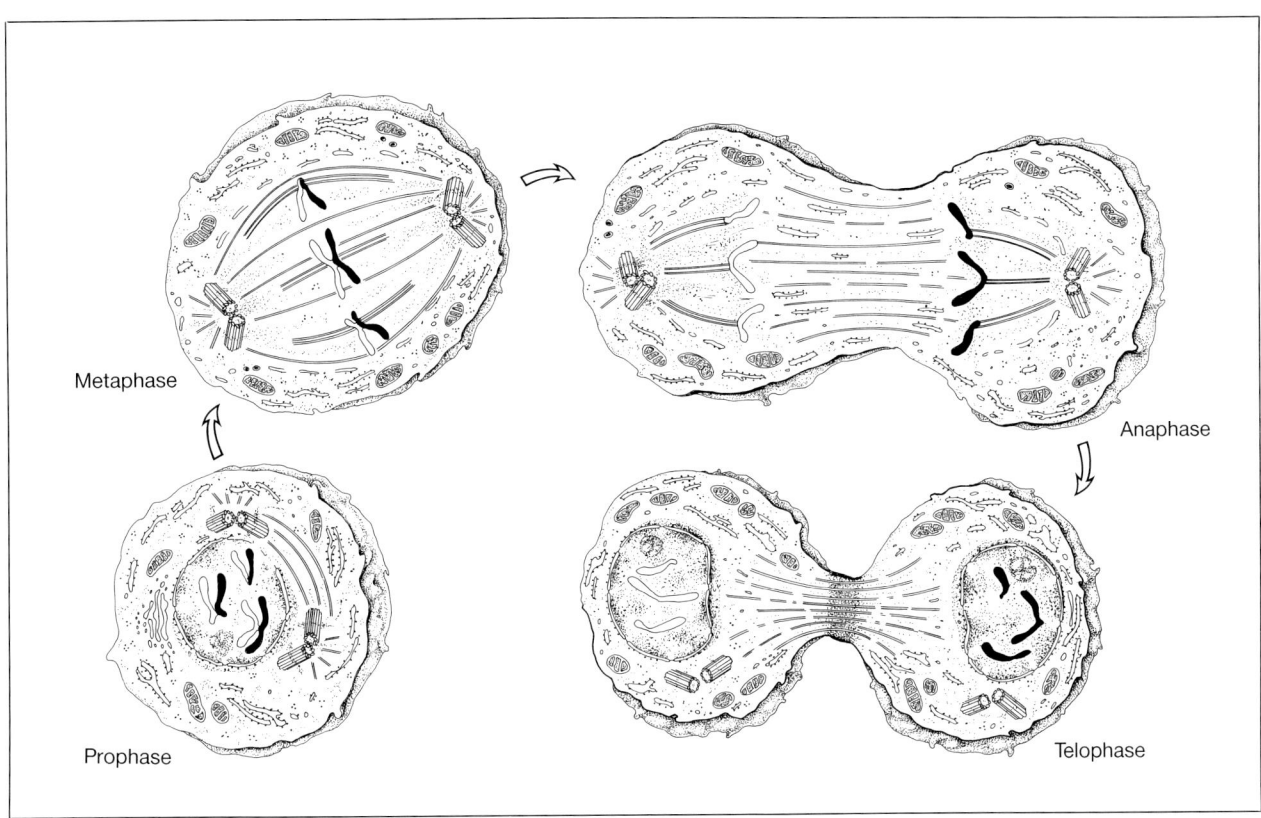

Abb. 5 b. Schematische Darstellung der Zellteilungsabläufe während der Mitose.

des Zytoplasmas ein (Abb. 5 a u. 5 c). Dabei kommt es zu einer zufälligen Verteilung von Organellen auf beide Tochterzellen. Bedingt durch einen feinfibrillären **Aktinfilamentring**, der sich in Höhe der Äquatorialplatte schon frühzeitig anlegt, vertieft sich die Teilungsfurche so weit, bis in der Zellmitte die Reste der Spindelfasern komprimiert werden. Dieser verdichtete Mittelkörper bleibt nur noch für eine kurze Zeit erhalten. Nach seiner Durchtrennung entstehen endgültig zwei Tochterzellen.

Die beiden neuen, mit der Mutterzelle genetisch identischen Tochterzellen, weisen auch eine übereinstimmende Ausstattung an Organellen auf. Die Tochterzellen sind jedoch kleiner als die Mutterzelle, zuweilen auch unterschiedlich groß. Während der anschließenden Wachstumsphase (Interphase, Arbeitsphase) vergrößert sich das Zellvolumen, die zelltypische Differenzierung und Stoffwechselleistung setzt erneut ein. Damit ist ein Generationszyklus – eine Wachstums- und Teilungsphase – abgeschlossen.

Endomitose

Die Endomitose ist eine innere, indirekte, jedoch unvollständige Teilung, die nur teilweise eine gewisse Ähnlichkeit mit der Mitose aufweist. Nach identischer Replikation während der S-Phase treten bei der Endomitose die Chromosomen (Chromatiden) zwar in Erscheinung und spalten sich, eine **nachfolgende Kern- oder Zellteilung hingegen unterbleibt**. Im Gegensatz zur Mitose wird bei der Endomitose die **Kernhülle nicht aufgelöst**, auch **fehlt der Spindelapparat**.

Da die Chromatiden nicht auf zwei Kerne verteilt werden, bleibt im Kern die doppelte Chromosomenzahl erhalten. Diese Vorgänge können sich vielfach wiederholen, es entstehen Zellen mit einem **polyploiden Chromosomensatz**. Mit der erhöhten Chromosomenzahl ist meist das Auftreten von mehreren Nukleolen, eine Zunahme der Kernvolumina, eine gesteigerte Stoffwechselaktivität und damit ein größeres Zellvolumen verbunden. Durch Endomitose bilden sich vielfach Kerne hochdifferenzierter Zellen aus, wie z. B. Megakaryozyten des Knochenmarks oder einzelner Leberzellen.

Amitose

Im Gegensatz zu allen bisher genannten Teilungsformen stellen sich bei der Amitose keine Chromosomen dar, es tritt vielmehr eine **direkte**

26 I. Zelle (Cellula)

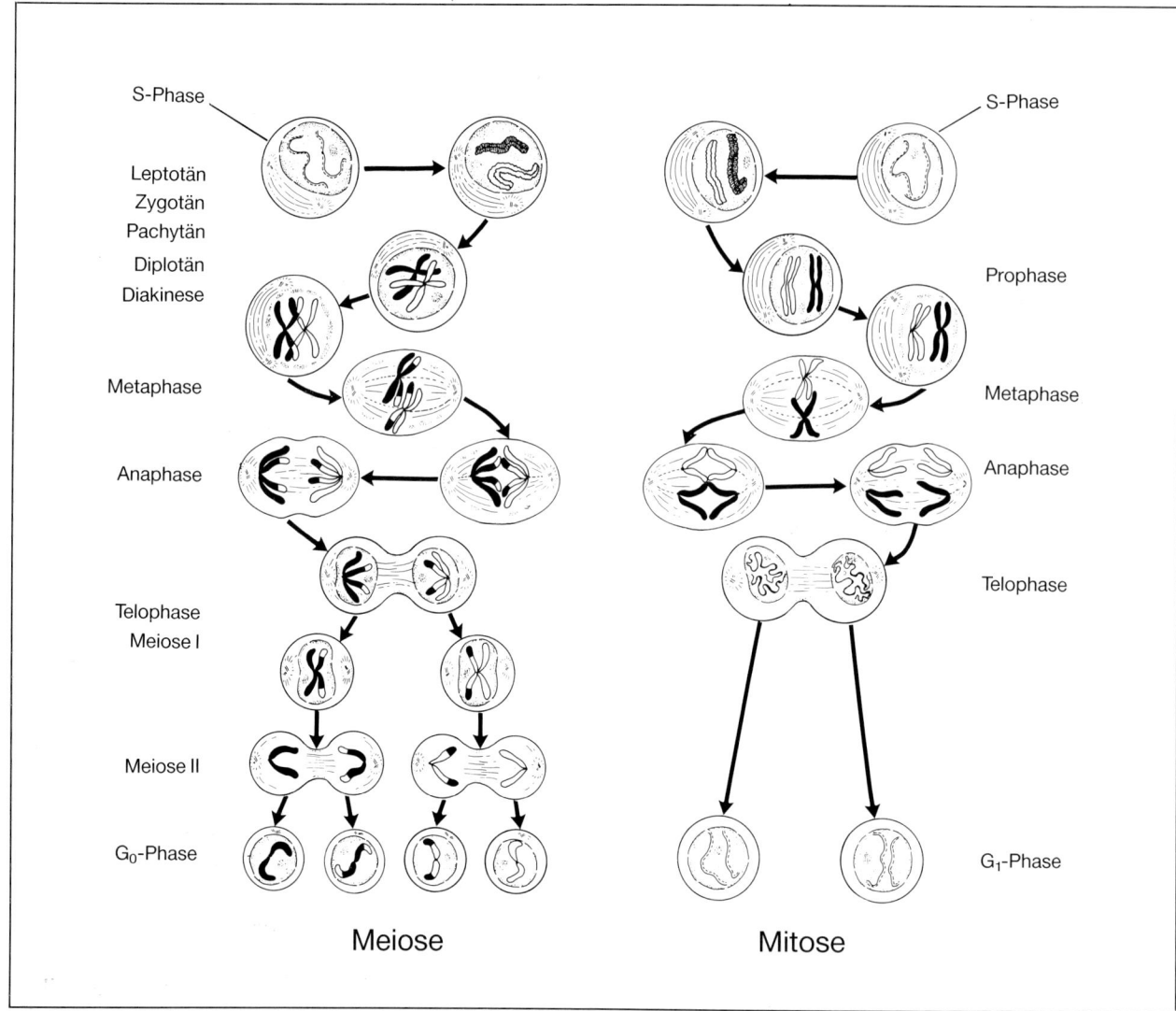

Abb. 5c. Schematische Darstellung der Mitose, der Zytokinese und der Meiose.

Abschnürung des Kerns (direkte Kernteilung) und des Zytoplasmas ein. Auch unterbleibt eine Auflösung der Kernhülle. Der Amitose geht in jedem Fall eine **Endomitose** voraus. Die Durchtrennung des Kerns erfolgt durch Mikrotubuli, die sich gürtelartig um den Kern schnüren und diesen in etwa volumengleiche Tochterzellen teilen. Die Organellen bleiben bei der Amitose vollständig erhalten.

Die amitotische Teilung führt häufig allein zu einer **Kernvermehrung** einer Zelle, da in vielen Fällen nach einer Kernteilung die Zytokinese unterbleibt. Dadurch entstehen mehr- bis vielkernige Zellen, die als **Plasmodien** bezeichnet werden (z. B. Osteoklasten, Chondroklasten).

Vielkernige Riesenzellen können auch durch Verschmelzung anliegender Zellgrenzen und die damit verbundene Vermischung des Zytoplasmas entstehen. Diese Form vielkerniger Zellen bildet ein **Synzytium** (Skelettmuskelzellen).

Kernteilung in Keimzellen (Meiose)

Bei der geschlechtlichen Fortpflanzung der Säuger vereinigen sich während der Befruchtung (Syngamie, Karyogamie) die Kerne der mütterlichen und der väterlichen Keimzellen (Gameten). Damit sich bei dieser Verschmelzung der Geschlechtszellen (Ovozyte und Spermium) der Chromosomensatz von Generation zu Generation nicht verdoppelt, muß der diploide Chromosomensatz der Keimzellen vor der Befruchtung auf die Hälfte (haploid) reduziert werden. Diese Vorgänge der Halbierung des Chromosomensatzes findet man nur in der Meiose.

Das Prinzip der Meiose umfaßt 2 Kernteilungen:
Homologe (mütterliche und väterliche) Chromosomen bilden einen Paarungsverband genetisch identischer Chromatiden (Chromatidenpaare, 4n DNS), die Chromatidenteile austauschen (Crossing-over) und nachfolgend in einer **1. Teilung (erste Reifeteilung, Reduktionsteilung)** getrennt werden. Es entsteht eine Keimzelle mit einem haploiden Chromosomensatz, die aber durch die doppelte Anzahl an Chromatiden noch die **doppelte DNS-Menge (2n)** enthält. Diese wird in einem weiteren Teilungsschritt halbiert.

In einer **2. Teilung (zweite Reifeteilung, Äquationsteilung)** werden die identisch replizierten Chromatiden getrennt. Dadurch halbiert sich die **DNS-Menge auf 1n.** Diese Teilung vollzieht sich nach den Gesetzmäßigkeiten einer Mitose. Im Gegensatz zur Mitose erfolgt jedoch bei der Meiose zwischen den beiden Reifeteilungen keine (erneute) Verdoppelung der DNS (Chromatiden) (Abb. 5c).

Erste Reifeteilung
(Reduktionsteilung der Chromosomen)

Die 1. Reifeteilung setzt mit einer **verlängerten Prophase** ein, die charakteristisch unterteilt werden kann. Man unterscheidet verschiedene Stadien der Veränderungen an den Chromatinfäden (Faden = tän), nämlich:
– das Leptotän (= dünner Faden),
– das Zygotän (= jochartiger Faden),
– das Pachytän (= enger Faden),
– das Diplotän (= doppelter Faden) und
– die Diakinese.

Aus einem dichten Knäuel von Fibrillen isolieren sich **langgezogene, dünne Chromatidenfäden (Leptotän),** die sich in der vorangegangenen S-Phase identisch repliziert hatten. Im weiteren nähern sich **homologe Chromatidenpaare (Homologenpaarung)** und bilden zwischen sich punktförmig synaptische Komplexe aus. Gleichzeitig setzt eine Verkürzung und Verdickung der Chromatinfäden ein **(Zygotän).** Die Chromatidenpaare legen sich zu Paarungsverbänden eng aneinander und sind allein durch bivalente synaptische Komplexe verbunden **(Pachytän).** Im letzten Stadium der Prophase, dem **Diplotän,** erfolgt der Austausch der Gene zwischen den mütterlichen und väterlichen Chromatiden **(genetisch »Crossing-over«),** der sich morphologisch durch die Chiasmabildung **(Tetrade)** darstellt.

Das Diplosom teilt sich anfänglich und erreicht nach dem Stadium des Diplotäns seine gegenüberliegende Polstellung. Die Kernhülle löst sich erst gegen Ende der Prophase auf, deutlich getrennte Chromosomen werden sichtbar. Dieses Stadium wird als **Diakinese** bezeichnet. In diesem Stadium entwickeln sich die Kinetochorfasern und die Spindelfasern.

Die nachfolgenden Phasen – **Metaphase, Anaphase und Telophase** – entsprechen in ihrem Ablauf grundsätzlich einer Mitose. Als Besonderheit muß jedoch beachtet werden, daß das **Zentromer,** das die beiden genetisch identischen Chromatidenpaare verbindet, **nicht dupliziert** wird. Dies hat zur Folge, daß nur homologe Chromatidenpaare mit je 1 Zentromer getrennt werden können (Halbierungen der Chromosomenzahl).

Zweite Reifeteilung
(Äquationsteilung der Chromosomen)

Die 2. Reifeteilung entspricht in ihrem Ablauf einer **mitotischen Kernteilung (Äquationsteilung).** Im Unterschied zur Mitose wird jedoch nur ein haploider Chromosomensatz geteilt. Entscheidend für den 2. Teilungsvorgang ist die Tatsache, daß sich, im Gegensatz zur 1. Reifeteilung, das **Zentromer der Chromatidenpaare verdoppelt.** Damit können die Chromatidenfäden getrennt auseinandergezogen werden. Das Ergebnis der zweifachen Kernteilungen sind **4 Keimzellen mit je 4 haploiden Kernen und einem halbierten DNS-Gehalt (1n).**

Bei der Verschmelzung **(Befruchtung)** der männlichen und weiblichen Keimzelle vereinigen sich die **2 haploiden Kerne** mit je einer **halbierten DNS-Menge (1n)** zu **1 diploiden Somazelle** mit **vollständigem DNS-Gehalt (2n).**

Strukturen der Zelloberflächen

Zellen stehen, mit Ausnahme freier Körperzellen (z. B. Blutzellen), stets im Verbund mit anderen Zellen, sie bilden dann Gewebe und Organe. Bedingt durch die vielfältigen Funktionen der Zellen hat sich eine große Anzahl unterschiedlicher Zellverbindungen entwickelt.

Die Mehrzahl der Zellen steht durch Zell-zu-Zell-Verbindungen in direkter struktureller und funktioneller Beziehung. Epithelzellen formen an der freien Zellfläche besondere Oberflächenorganellen

28 I. Zelle (Cellula)

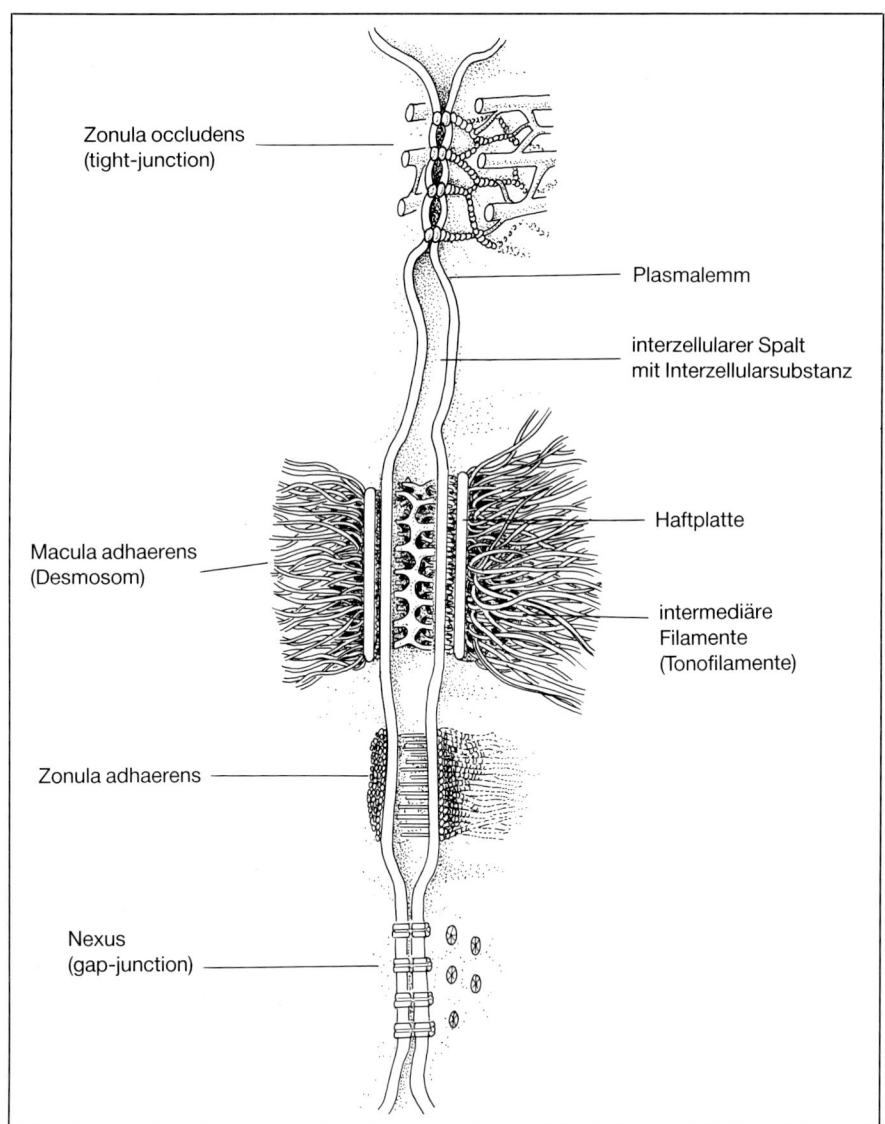

Abb. 6. Schematische Darstellung möglicher Verbindungen benachbarter Zellen.

und stehen an ihrer Basis durch Zellausläufer mit der Basalmembran in Kontakt.

Zell-zu-Zell-Verbindungen

Wesentliche Voraussetzung zur Aufrechterhaltung der funktionellen Leistungsfähigkeit oberflächlicher Zellschichten ist die feste Verknüpfung der lateralen Flächen (Seit-zu-Seit-Verbindungen) benachbarter Zellen. Diese wird erreicht durch direkte Kontakte zweier Zellen durch **Desmosomen**, durch die **Zonula adhaerens** bzw. die **Zonula occludens** oder durch **Nexus**. Indirekte Zellkontakte werden durch **Verzahnungen (Interdigitationen)** und durch die **Interzellularsubstanz** gebildet (Abb. 6).

Desmosomen (Maculae adhaerentes, Durchmesser 0,3–0,5 µm) sind scheibenförmige Haftplatten, die vor allem der mechanischen Zellverbindung dienen (Abb. 6). Im Bereich dieser interzellulären Kontaktzonen verdichten sich die gegenüberliegenden Oberflächenmembranen der Zellen, zusätzlich verstärken intrazytoplasmatische Filamentbündel (Tonofilamente) die Stabilität dieser Zellverbindung. Funktionell werden Desmosomen von einer **Zonula adhaerens** unterstützt, die gürtelförmig die Deckzelle umfaßt.

In der **Zonula occludens (tight junction)** verschmelzen die beiden äußeren Schichten gegenüberliegender Oberflächenmembranen, der interzelluläre Spaltraum verschwindet damit vollständig (Abb. 6). Zonulae occludentes liegen zumeist im apikalen Abschnitt oberflächlicher Deckzellen und bilden hier eine physiologisch in höchstem Maße bedeutsame Stoffwechselbarriere.

Haftkomplexe (junctional complexes) entstehen durch das unmittelbare Nebeneinander von Zonula occludens und Zonula adhaerens. Lichtmikroskopisch stellen sich diese Verbindungen in der Aufsicht als ein zusammenhängendes Netz dar (Schlußleisten).

Nexus (gap junctions) sind Verbindungen, die einen direkten Stoffaustausch zwischen benachbarten Zellen ermöglichen (z. B. zwischen Deckepithelzellen oder glatten Muskelzellen) (Abb. 6). Der interzelluläre Raum ist hier bis auf einen Spalt (gap) von annähernd nur 2 nm verengt. Durch die besondere Anordnung der integrierten Membranproteine (Tunnelproteine) werden zusätzlich »Kanälchen« in den Oberflächenmembranen ausgebildet, durch die Ionen und kleinstmolekulare Stoffe direkt von einer Zelle zur anderen übertreten können.

Indirekte Zellverbindungen sind unregelmäßig stark ausgeprägte, fingerförmige **Verzahnungen (Interdigitationen)** der seitlichen Zellflächen. Diese dienen nicht allein der mechanischen Stabilität anliegender Zellen, sondern insbesondere dem interzellulären Stofftransport. Hierbei spielt zusätzlich die Weite des **Interzellularraums** und der Ausbildungsgrad der **Glykokalix** eine wichtige Rolle. Grundsätzlich ist dieser Raum auf einen engen Spalt reduziert (20–25 nm). Er schließt sämtliche für den zellulären Stoffwechsel benötigten Substanzen ein (u. a. Kohlenhydrate, Glykoproteine, Aminosäuren, Ionen). In resorptionsaktiven Deckzellen des Dünndarms oder der Gallenblase sind diese interzellulären Spalträume infolge des aktiven Transports von Natrium und Wasser oftmals extrem erweitert.

Modifikationen der freien Zelloberfläche

Die freie Zelloberfläche differenziert im Rahmen ihrer funktionellen Aufgaben **temporäre** oder **permanente** Oberflächenorganellen.

Als **zeitlich begrenzte, veränderliche** Strukturen können säckchenförmige Einstülpungen des Plasmalemms auftreten (Invaginationen). Sie sind Ausdruck einer Stoffaufnahme (Phagozytose oder Pinozytose). Diesen stehen unregelmäßig lange Ausstülpungen (Evaginationen) der Zelle gegenüber. Sie dienen als einzelne Zellausläufer (Mikrovilli) oder als Mikrofalten ebenfalls einer verbesserten Stoffaufnahme (s. Abb. 2a, S. 7).

Permanente Bildungen der freien Oberfläche sind Bürstensäume, Kinozilien und Stereozilien.

Bürstensäume bestehen aus gleichmäßig langen, fingerförmigen Zellausstülpungen (**Mikrovilli**, Länge 1–1,5 µm), die auf ihrer äußeren Oberfläche eine ausgeprägte **Glykokalix** tragen (Abb. 7 A). Sie sind reich an zuckerspaltenden Enzymen und schließen feinste kontraktile Systeme (Aktinfilamente) ein (Abb. 7 A, Ausschnitt). Diese Oberflächenorganellen dienen der Stoffaufnahme (**Resorptionssaum**). Bürstensäume sind regelmäßige Bestandteile resorptionsaktiver Epithelien (z. B. im Dünndarm, in der Gallenblase, im proximalen Nierentubulus).

Kinozilien sind bewegliche, bis zu 10 µm lange Zellfortsätze, die bevorzugt auf Epithelien der Atemwege und des Eileiters auftreten (Flimmersaum, Abb. 7 B). (Einzelheiten s. Abschnitt »Kontraktilität und Motilität der Zelle«, S. 14).

Kinozilien weisen ein mikrotubuläres Grundgerüst aus 2 zentralen Tubuli und 9 umgebenden Tubuluspaaren ($9 \times 2 + 2$-Muster) auf, die über radiäre Proteinspeichen in Verbindung stehen (Abb. 7 B, Ausschnitt). An der Basis einer jeden Kinozilie gehen die 9 Doppeltubuli in ein Basalknötchen (Kinetosom) über, das dem Feinbau eines Zentriols ähnelt. Von diesem werden die gleichsinnigen, rhythmischen Bewegungen der Kinozilien koordiniert. Kinozilien dienen dem Transport von Stoffen oder Zellen (Staub, Schleim, Keimzellen, abgestorbene Zellen) auf der Oberfläche von Deckzellen (z. B. im Atmungsapparat, im Eileiter).

Stereozilien sind büschelartige, langgezogene mikrovilliähnliche Zellausläufer (5–7 µm), die keine tubuläre Innenstruktur aufweisen (Abb. 7 C). Sie dienen der Oberflächenvergrößerung und sind an Resorptions- und Sekretionsvorgängen der Epithelzelle beteiligt (z. B. im Nebenhodengang).

Modifikationen der Zellbasis

An der Zellbasis treten bevorzugt unregelmäßig ausgeprägte **Einfaltungen (Invaginationen)**, **vesikuläre Einziehungen** und **Semidesmosomen** auf. Eine besondere Ausbildung erfahren Deckzellen, die einen extremen Ionenaustausch aufweisen (z. B. die Hauptzellen des proximalen Nierentubulus, die Zellen der »Streifenstücke« in Speicheldrüsen). Hier schiebt sich das Plasmalemm durch unregelmäßige, oftmals langgezogene Einfaltungen in die Zelle. Die basale Austauschfläche wird dadurch um ein Vielfaches vergrößert.

Semidesmosomen (Halbdesmosomen) übernehmen als einseitig differenzierte Haftplatten (Desmo-

30　I. Zelle (Cellula)

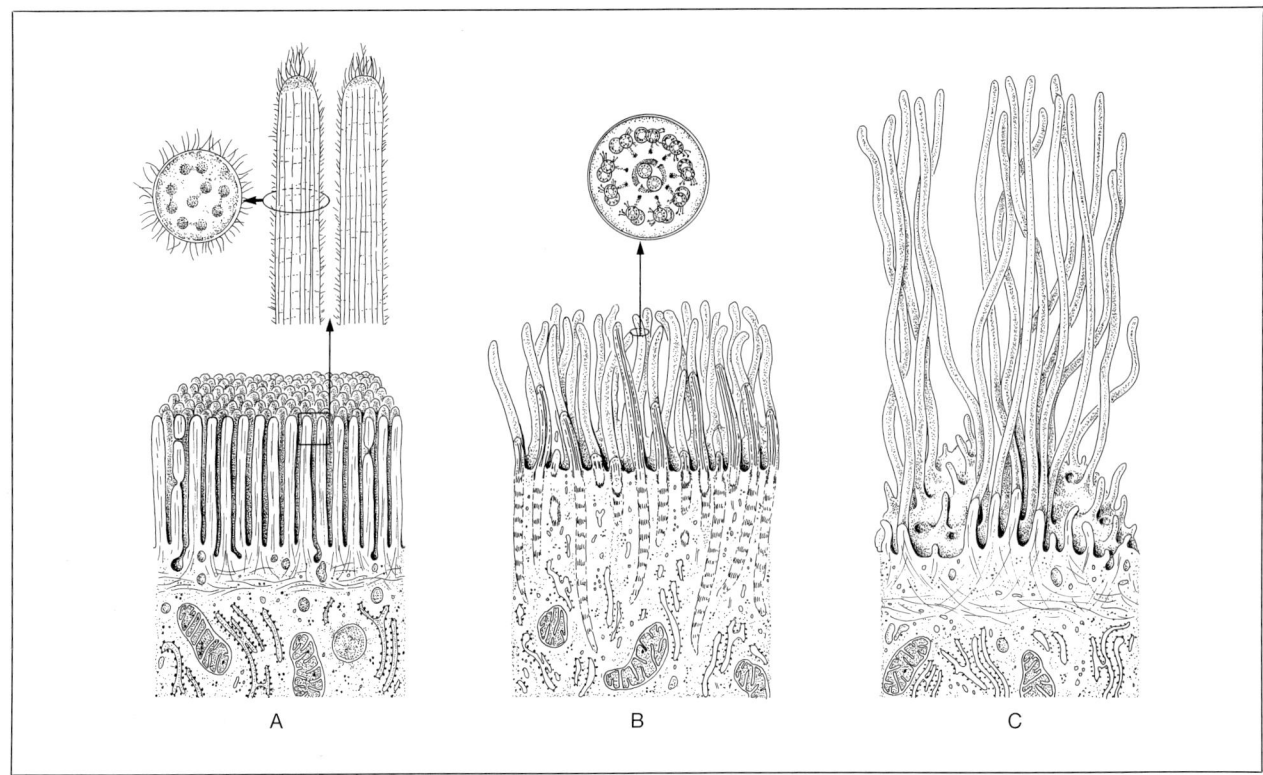

Abb. 7. Schematische Darstellung der freien Zelloberfläche mit Bürstensaum (Mikrovilli) (A), Kinozilien (B) und Stereozilien (C).

somen) die mechanische Verankerung von Deckzellen an das darunterliegende Bindegewebe, sie stehen indirekt über Kollagenfibrillen mit der Basalmembran in Kontakt.

Basalmembran (Membrana basalis)

Deckzellen liegen grundsätzlich einer Basalmembran auf, die lichtmikroskopisch durch PAS-Färbung oder durch Imprägnation mit Silbersalzen auch färberisch nachweisbar ist. Basalmembranen sind aus Protein(Kollagen)- und Polysaccharidkomplexen aufgebaut und lassen sich in 3 geschichtete Grenzmembranen unterteilen, nämlich in eine
– Lamina rara interna (Lamina lucida),
– Lamina densa,
– Lamina rara externa.

Die **Lamina densa** – vielfach auch als Basallamina im engeren Sinn bezeichnet – besteht aus einem feinfibrillären Netzwerk von Kollagenfasern vom Typ IV und V (s. Kap. III: »Binde- und Stützgewebe«, S. 51). Die **Lamina rara interna** und **externa** liegen dieser beidseitig locker an, sie bestehen aus Glykoproteinen (Fibronektin, Laminin) und stellen zur äußeren Oberfläche den Kontakt zu den Deckzellen bzw. die Verbindung zum Bindegewebe her. Die Basalmembran kann in besonderen Fällen durch eine zusätzliche dichte Faserschicht aus Kollagen Typ III, Retikulinfasern und amorphen Glykoproteinen, die **Lamina fibroreticularis,** ergänzt werden, die mit den Kollagenfasern des lockeren Bindegewebes in direkter Verbindung steht.

Die Basalmembran ist eine **semipermeable Grenzschicht,** sie beeinflußt die Diffusionsgeschwindigkeit stoffwechselaktiver Metaboliten. Dieser Grenzmembran kommt für die **Ernährung** der Deckzellen eine besondere funktionelle Bedeutung zu. Darüber hinaus dient die Basalmembran der **mechanischen Anheftung oberflächlicher Zellen** (z. B. des Epithels an die bindegewebige Unterlage).

Histologie, die Lehre von den Geweben

Gewebe stellen Zellverbände dar, die aus strukturell und funktionell gleichartigen und gleichartig differenzierten Einzelzellen zusammengesetzt sind. Wesentliche Bestandteile von Geweben sind auch die Stoffwechselprodukte dieser Zellen. Gewebszellen synthetisieren zum einen feste Stoffe (z. B. Fasern, Knorpel- und Knochengrundsubstanzen); zum anderen werden von diesen die Körperflüssigkeiten gebildet (Blutplasma, Lymphe, Synovia, Liquor cerebrospinalis, Interzellularflüssigkeiten). Gewebe erfüllen im Körper eine Vielzahl von Funktionen, entsprechend erfolgt eine strukturelle Gliederung in Epithel-, Binde- und Stütz-, Muskel- und Nervengewebe.

II. Epithelgewebe (Textus epithelialis)

Epitheliale Gewebe bestehen aus flächenhaften Zellverbänden, die mit wenigen Ausnahmen innere oder äußere Körperoberflächen gegenüber den Bindegewebsräumen abgrenzen. Epithelien bilden damit vorrangig **Grenzschichten** zwischen biologisch unterschiedlichen Kompartimenten. Aufgrund dieser exponierten Lage entwickeln Epithelien eine Vielzahl verschiedenartiger **Funktionen,** nach denen eine Unterteilung dieses Gewebes erfolgen kann in:

- **Schutzepithelien**, die den Organismus z. B. gegenüber mechanischen, chemischen, physikalischen oder mikrobiellen Einflüssen schützen,
- **Resorptionsepithelien**, die als semipermeable »Barrieren« die Aufnahme von Stoffen von außen nach innen aktiv oder passiv ermöglichen,
- **Drüsenepithelien**, die Stoffe unterschiedlicher chemischer Zusammensetzung sezernieren und diese nach außen (exokrin) oder nach innen (endokrin) abgeben,
- **Exkretionsepithelien**, die der Abgabe und der Ausscheidung körperschädlicher Substanzen dienen,
- **Transport- und Verteilungsepithelien**, die im Organismus die innere Auskleidung von Gefäßen und Körperhöhlen für den Stoff- und Flüssigkeitstransport bilden (z. B. Endothelien oder Mesothelien),
- **Sinnesepithelien**, die der Wahrnehmung von Sinneseindrücken nachkommen, und
- **Keimepithelien**, die eine Sonderstellung während der Differenzierung und Reifung der männlichen oder der weiblichen Keimzellen einnehmen.

Entscheidend für die Funktion der Epithelien ist die Tatsache, daß diese als lebenswichtige Grenzschichten den freien Austritt von Körperflüssigkeiten verhindern und gleichzeitig die Aufnahme lebensnotwendiger Stoffe in den Körper selektiv regulieren.

Epithelien unterscheiden sich auch hinsichtlich ihrer embryonalen Herkunft, sie entwickeln sich aus allen 3 Keimblättern: Abkömmlinge des **äußeren Keimblattes (Ektoderm)** sind z. B. das Epithel der Haut (Epidermis) und dessen Derivate, wie Talg- und Schweißdrüsen, die Epithelien von Teilen des Mund- und Nasenraums und Anteile des Gesichts-, Geruchs-, Geschmacks- und Gehörsinns.

Das **mittlere Keimblatt (Mesoderm)** differenziert sich an Oberflächen zu einschichtigen Epithelien: Mesothelien kleiden Körperhöhlen (Brust-, Bauch- und Beckenhöhle) aus und überziehen außen als sog. Serosaschicht innere Organe. Des weiteren werden sämtliche inneren Wandauskleidungen des Blut- und Lymphkreislaufsystems von einem mesodermalen Endothel (Angiothel) gebildet.

Das **innere Keimblatt (Entoderm)** differenziert sich in eine Vielzahl von Epithelien, die bevorzugt innere Hohlorgane auskleiden oder zu Bestandteilen von sog. parenchymatösen Organen werden. Nachfolgend bestimmen diese entodermalen Zellverbände entscheidend die Funktion dieser Organe: z. B. die Epithelien wesentlicher Anteile des Gastrointestinal- und des Respirationstraktes, der Harnblase, der akzessorischen Geschlechtsdrüsen und die Auskleidung des Mittelohres. Die Epithelien exkretorisch tätiger Drüsen (z. B. Pankreas) sind ebenso entodermaler Herkunft wie die inkretorischer Drüsen (z. B. Schilddrüse, Nebenschilddrüse).

Sämtliche Epithelien werden von einer Basalmembran unterlagert. Der Name Epithel leitet sich aus dem Griechischen ab (epithelein) und bedeutet »über etwas hinwegwachsen, auf einer Unterlage wachsen«.

Das Epithelgewebe kann aufgrund unterschiedlicher Struktur und Funktion der einzelnen Zellen unterteilt werden in das

- Deckepithel,
- Drüsenepithel,
- Sinnes- bzw. Neuroepithel.

Deckepithel (Epithelium superficiale)

Deckepithelien liegen an der Oberfläche von Geweben und Organen und treten als großflächige Abdeckungen äußerer und innerer Körperoberflächen auf **(Oberflächenepithelien).** Die Struktur dieser Epithelien ist wesentlich davon abhängig, welche Anforderungen an die epitheliale Oberfläche gestellt werden. Die äußeren Schichten der Haut (Epidermis) sind neben mechanischen Belastungen auch Temperatur- und Feuchtigkeitsschwankungen sowie Strahlungen ausgesetzt. Die innere Auskleidung der Atemwege kommt mit befeuchteter Luft in Kontakt, die harnableitenden Organe, wie Harnblase und Harnröhre, kommen mit oftmals stark hypertoner Harnflüssigkeit in

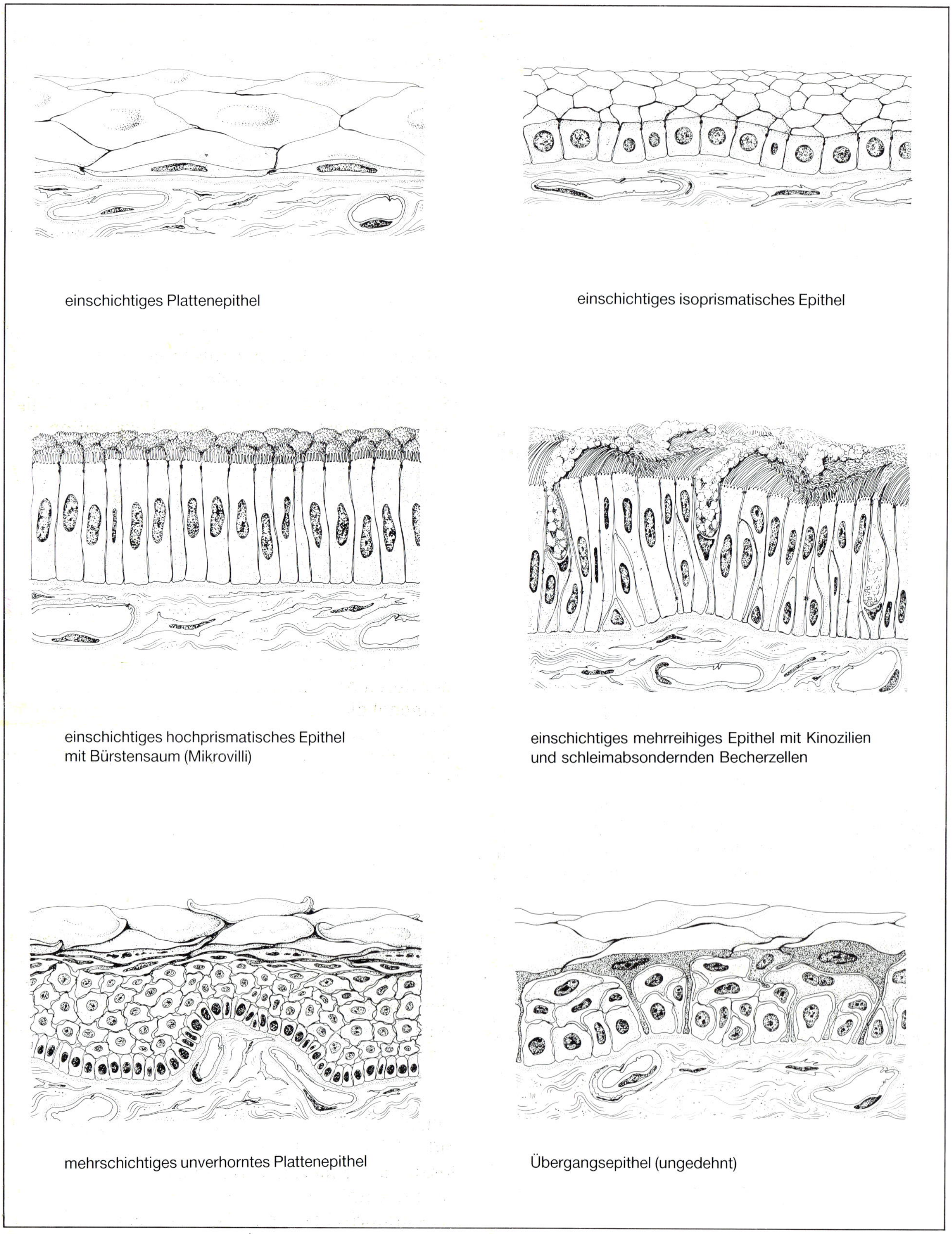

34 II. Epithelgewebe (Textus epithelialis)

einschichtiges Plattenepithel

einschichtiges isoprismatisches Epithel

einschichtiges hochprismatisches Epithel mit Bürstensaum (Mikrovilli)

einschichtiges mehrreihiges Epithel mit Kinozilien und schleimabsondernden Becherzellen

mehrschichtiges unverhorntes Plattenepithel

Übergangsepithel (ungedehnt)

Abb. 8. Schematische Darstellung von Oberflächenepithelien. Sämtliche Epithelien werden von einer Basalmembran und einer bindegewebigen Lamina propria mit Kapillaren unterlagert.

Deckepithel (Epithelium superficiale)

Verbindung. Das Darmepithel gelangt mit den verschiedensten Nahrungsstoffen in Berührung. Diese unterschiedlichen Funktionen machen eine Spezialisierung der Oberflächenepithelien notwendig.

Oberflächenepithelien lassen sich nach der **Anzahl der Zellschichten** und der **Form der Deckzellen** gliedern (Abb. 8). Die Deckepithelien können eine einzige oder mehrere Zellagen aufweisen. Dementsprechend werden sie eingeteilt in:
- einschichtige Epithelien,
- mehrschichtige Epithelien.

Einschichtige Epithelien (Epithelia simplicia)

Einschichtige Epithelien findet man vorwiegend an resorbierenden oder sezernierenden Körperoberflächen. Ihre mechanische Belastbarkeit ist gering. Sie zeigen jedoch die Fähigkeit der plastischen Verformung. Je nach ihrer Aufgabe sind die Einzelzellen in ihrer Form
- abgeplattet,
- isoprismatisch,
- hochprismatisch.

Plattenepithel (Epithelium simplex squamosum)

Im einschichtigen Plattenepithel breitet sich das Zytoplasma flächenhaft aus. Die meist abgeplatteten Kerne können die freie Zelloberfläche vorwölben. Diese Epithelien erleichtern die passive Diffusion an inneren Körperoberflächen. Als Endothel (Endothelium) bildet dieses Epithel die innere Auskleidung der Gefäße. Es kann durch seine Anpassungsfähigkeit und Plastizität nicht nur wechselnden Füllungszuständen der Gefäße folgen, sondern auch durch Poren die Permeabilität und damit die Intensität der Stoffwechselvorgänge beschleunigen.

Einschichtige Plattenepithelien kleiden als Mesothelien alle größeren und kleineren Körperhöhlen aus (z. B. Bauchhöhle, Brusthöhle, Herzbeutelhöhle, hinteres Hornhautepithel in der vorderen Augenkammer). Zusammen mit dem gefäßführenden Bindegewebe übernimmt in diesen Organen das einschichtige Plattenepithel die Regulation des Gas- und Flüssigkeitsaustauschs und unterstützt durch Phagozytose lokal unspezifische Abwehrvorgänge (Abb. 8 und 9).

Isoprismatisches Epithel (Epithelium simplex cuboideum)

Im einschichtigen isoprismatischen Epithel entspricht die Zellbreite der Zellhöhe, die Kerne liegen zentral und sind meist kugelförmig (Abb. 8 und 10).

Dieses Epithel tritt z. B. im Ausführungsgangsystem von Drüsen auf, in einigen Nierentubuli, als Pigmentepithel in der Netzhaut, als Keimdrüsenepithel auf der Oberfläche des Ovars, auf der Linse und in kleinen Gallengängen. Als Wandepithel in einigen Drüsen unterliegt gerade dieses Epithel ständigen funktionellen Auf- und Abbauvorgängen. Entsprechend tritt dieses Epithel hier in wechselnder Form als flach- über iso- bis hochprismatischer Deckverband auf.

Hochprismatisches Epithel (Epithelium simplex columnare)

Im einschichtigen hochprismatischen Epithel sind die Einzelzellen höher als breit. Die Kerne sind vorherrschend längsoval, sie können basal, zentral oder apikal gelegen sein. Die Form dieser Zellen wechselt jedoch auch hier nach Lokalisation und funktioneller Aktivität (Abb. 8 und 11).

Diese Epithelform übernimmt vorwiegend resorptive und sezernierende Aufgaben. Sie tritt als ein Resorptionsepithel z. B. im Gastrointestinaltrakt (vom Mageneingang bis zum Anus) auf. Die freie Zelloberfläche wird hier von einem dichten Besatz an Mikrovilli bedeckt (Länge 0,5–1,0 µm; Dichte im Dünndarm bis zu 3000 pro Zelle). Darüber hinaus schließen diese Epithelien noch Zellen ein, die entweder durch exokrine Sekretion (Becherzellen) oder durch endokrine Stoffabgabe (biogene Amine, Hormone) die Aktivität des gesamten Zellverbandes fördern. Auch sind z. B. die Epithelien der Gallenblase, des Eileiters und der Uterusschleimhaut hochprismatisch.

Zwei- und mehrreihiges Epithel (Epithelium pseudostratificatum)

Das zwei- und mehrreihige Epithel ist eine Sonderform einschichtiger Deckepithelien. Alle Zellen stehen mit der Basalmembran in Kontakt, jedoch nicht alle erreichen die freie Epitheloberfläche. Die Zellkerne liegen in verschiedener Höhe, so daß zwei oder mehrere Kernreihen erkennbar sind. Diese täuschen eine mehrfache Schichtung des Epithels vor. Dieses Epithel besteht aus basalen Lagen von undifferenzierten Ersatz- oder Reservezellen, die der Basalmembran anliegen. Die übrigen Epithelzellen stehen zwischen diesen, sie sind hochprismatisch und bilden an ihrer Oberfläche einen dichten Besatz an Kinozilien (»Flimmerepithel«). Diese Form des Epithels tritt bevorzugt im Atmungstrakt (»respiratorisches Epithel«) auf. Darüber hinaus wird der Nebenhodengang von einem zweireihigen Epithel ausgekleidet, an dessen freier Oberfläche Stereozilien auftreten (Abb. 8 und 12).

36 II. Epithelgewebe (Textus epithelialis)

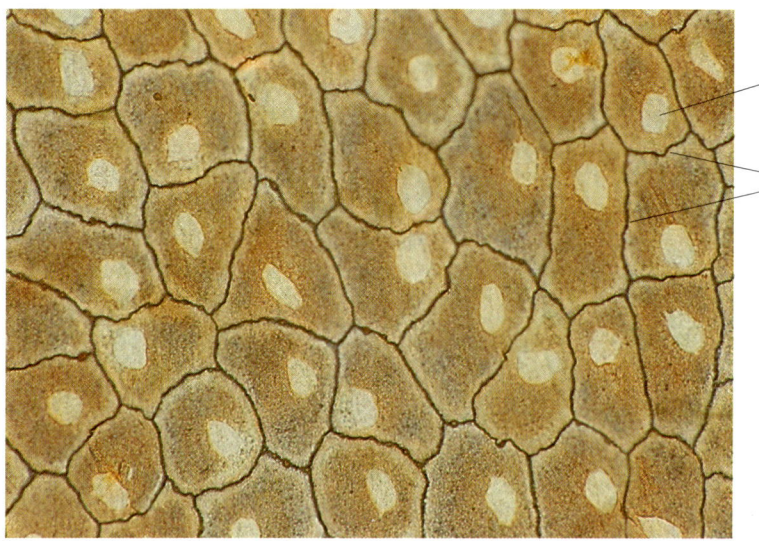

Abb. 9. Einschichtiges Plattenepithel (Häutchenpräparat), Aufsicht auf die Oberfläche des Bauchfells des Hundes. Die Zellgrenzen sind durch Versilberung imprägniert, dadurch wird die enge Verzahnung angrenzender Deckepithelzellen deutlich. Zellkerne erscheinen hell ausgespart. Vergr. 400fach.

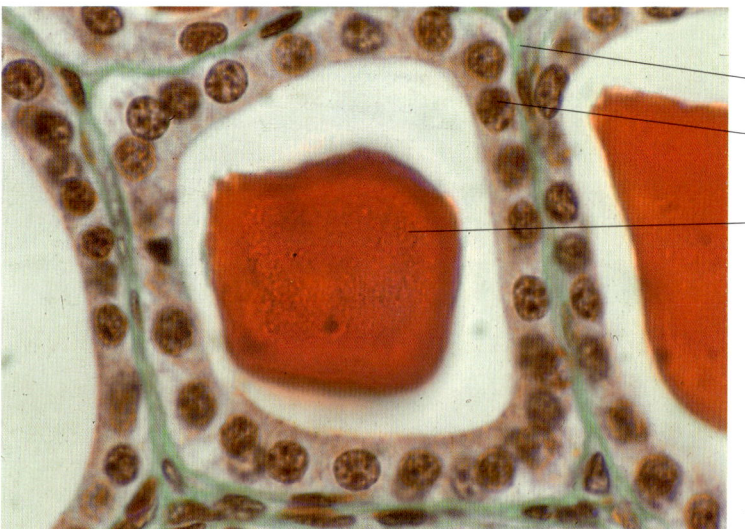

Abb. 10. Einschichtiges isoprismatisches Epithel. Dieses Epithel kennzeichnet ein runder Kern, die Zellhöhe entspricht in der Regel der Zellbreite. Die Zellgrenzen sind zumeist nur schwach sichtbar. Das Epithel wird von Bindegewebe unterlagert, das zahlreiche Fibrozytenkerne erkennen läßt. Follikel aus der Schilddrüse des Schweins. Färbung Goldner, Vergr. 100fach.

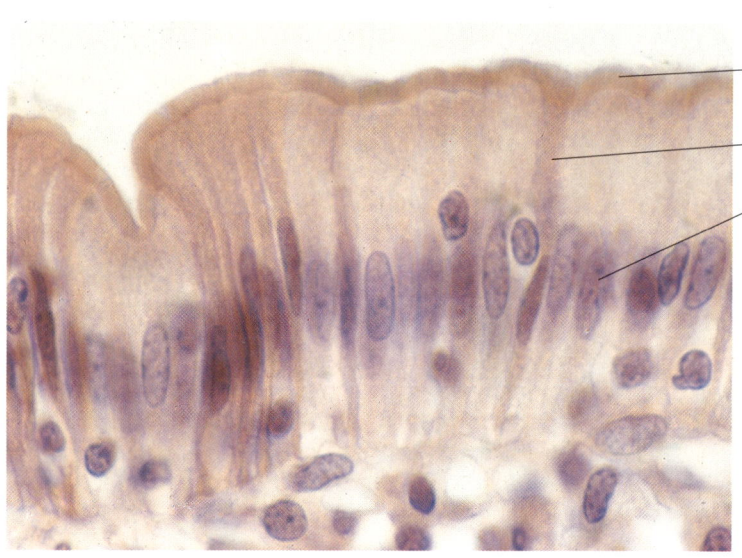

Abb. 11. Einschichtiges hochprismatisches Epithel. Die schmalen, langgestreckten Zellen weisen als Ausdruck unterschiedlicher Funktionsstadien ein verschieden dichtes Zytoplasma auf. Auf der freien Epitheloberfläche ist ein Bürstensaum zur Steigerung der resorptionsaktiven Oberfläche entwickelt. Die Zellkerne sind längsoval und chromatinarm. Dünndarm, Pferd. Färbung Hämatoxylin-Eosin, Vergr. 1000fach.

Mehrschichtige Epithelien (Epithelia stratificata)

Das mehrschichtige Epithel übernimmt vornehmlich Schutzaufgaben (Schutzepithel). Das Ausmaß einer mechanischen Belastung beeinflußt dabei entscheidend den Differenzierungsgrad des Epithels. Durch Ausbildung von Epithelzapfen und -leisten wird eine verstärkte Verankerung der oberflächlichen Zellschichten mit entsprechenden finger- und leistenförmigen Bildungen des Bindegewebes erreicht (Papillarkörper). Dadurch wird nicht nur die mechanische Stabilität des Epithels erhöht, sondern auch eine ausreichende Ernährung des Epithels durch die Vergrößerung der Diffusionsfläche erreicht.

Das **mehrschichtige Epithel** besteht aus zwei oder mehreren Lagen von Zellen, von denen nur die unterste allein der Basalmembran aufliegt. In der basal gelegenen Schicht (Stratum basale) sind die Zellen vorzugsweise iso- bis hochprismatisch. Sie unterliegen ständigen Teilungsprozessen und bilden neue, polyedrische Zellen, die unter allmählicher Reifung zur Oberfläche geschoben werden (Stratum spinosum). Das Stratum basale und das Stratum spinosum zusammen werden als Keimschicht (Stratum germinativum) bezeichnet. Zur Oberfläche hin flachen die Zellen allmählich ab, die Kerne werden dichter (pyknotisch), die Zellen schilfern ab (Desquamation) oder verhornen (Keratinisation). Sie werden durch nachrückende Zellen von der Epithelbasis ständig erneuert. Der Vorgang von der Neubildung einer Zelle im Stratum basale durch Mitose und deren Desquamation an der Epitheloberfläche dauert in der Regel 30 Tage.

Die Einteilung dieser Epithelien erfolgt nach der Form der an der Epitheloberfläche gelegenen Zellen. Danach kann unterschieden werden zwischen einem

- mehrschichtigen (unverhornten oder verhornten) Plattenepithel und
- mehrschichtigen iso- bzw. hochprismatischen Epithel,
- eine Sonderstellung nimmt das Übergangsepithel ein.

Unverhorntes Plattenepithel (Epithelium stratificatum squamosum noncornificatum)

Das mehrschichtige unverhornte Plattenepithel gliedert sich in eine einschichtige Lage des Stratum basale, dem sich mehrere Schichten des Stratum spinosum anschließen. Oberflächlich wird dieses Epithel von einem abgeplatteten Stratum superficiale begrenzt. Diese Epithelart neigt dazu, leicht auszutrocknen. Man findet unverhornte Plattenepithelien daher bevorzugt an nur geringfügig mechanisch belasteten Körperstellen, die durch Drüsensekrete sekundär feucht gehalten werden: Mundhöhle, Rachenraum, Speiseröhre, Anus und Scheide (Abb. 8 und 13).

Verhorntes Plattenepithel (Epithelium stratificatum squamosum cornificatum)

Das mehrschichtige verhornte Plattenepithel ist das Deckepithel z. B. der äußersten Hautschicht, der Epidermis. Es lassen sich grundsätzlich bis zu 5 Epithelschichten (Strata) unterscheiden, die oberflächlich verhornen und im Grad ihrer Ausbildung von Körperstelle zu Körperstelle differieren (Abb. 14).

Das **Stratum basale (Basalzellschicht)** besteht aus basophilen, iso- bis hochprismatischen Zellen, die über Halbdesmosomen mit der Basalmembran fest in Verbindung stehen. Dadurch erfolgt eine stabile Verankerung des Epithels mit dem Bindegewebe. Zusätzlich können in unterschiedlicher Zahl Melaningranula in den Basalzellen (Melanozyten) auftreten, die zur Pigmentierung dieses Epithels führen (Abb. 15). Als »Sonderzellen« werden Langerhans-Zellen (immunologische und/oder Makrophagenaktivität) und Merkel-Zellen (Mechanorezeptoren) beobachtet.

Das **Stratum spinosum (Stachelzellschicht)** weist vornehmlich isoprismatische, polygonale Zellen auf, die durch zahlreiche Zytoplasmaausläufer untereinander Verbindung aufnehmen. An deren Enden sind benachbarte Zellen durch Desmosomen (Maculae adhaerentes) fest verbunden. Lichtmikroskopisch geben diese Fortsätze den Zellen ein stacheliges Aussehen (daher die Benennung »Stratum spinosum«, Stachelzelle). Dieses Bild wird durch das Auftreten oftmals erweiterter Interzellularräume und die hohe Dichte intraplasmatischer Tonofibrillen verstärkt. In Stachelzellen sind Tonofibrillen scherengitterartig nach Zug- und Drucklinien angeordnet, sie dienen der Stabilität des Epithels.

Im **Stratum granulosum (Körnerschicht)** erscheinen die Epithelzellen bereits stark abgeflacht, sie treten je nach Verhornungsgrad in 3–5 Lagen auf. Die Körnerzellen sind gekennzeichnet durch die Einlagerung von stark basophilen Keratohyalingranula (histidinreiches Protein), die hohe Dichte von Tonofilamentbündeln und die beginnende Degeneration von Kernen und Zellorganellen. Die intrazellulären Verhornungsprozesse setzen ein.

Im **Stratum lucidum (Glanzzellschicht)** sind Kerne und Zellorganellen kaum mehr anfärbbar, das Zytoplasma schließt verdichtete Filamentbün-

38 II. Epithelgewebe (Textus epithelialis)

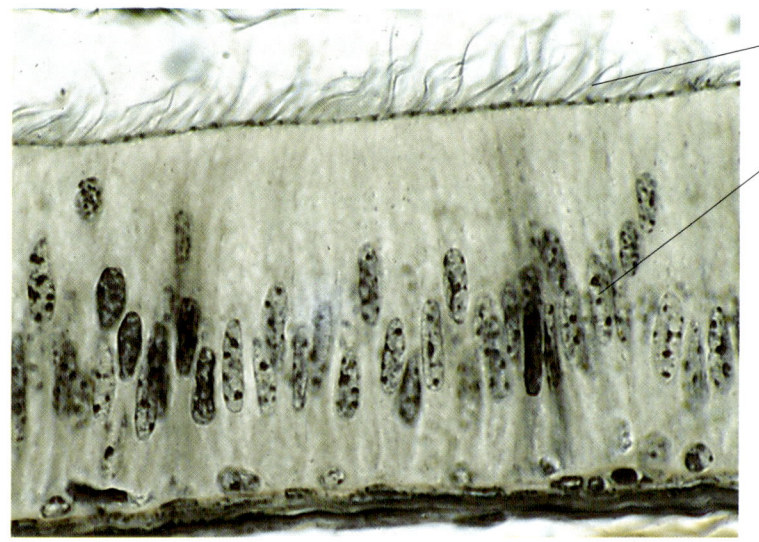

Abb. 12. Einschichtiges zweireihiges Epithel. In diesem Oberflächenepithel stehen sämtliche Zellen mit der Basalmembran in Kontakt, jedoch nicht alle Zellen erreichen die freie Zelloberfläche. An der Epithelbasis ist eine Reihe von basalen Zellen sichtbar, in einer weiteren Reihe sind die Kerne gegeneinander versetzt (zweireihiges Epithel). Auf der Oberfläche treten Stereozilien auf. Nebenhodengang, Bulle. Färbung Eisenhämatoxylin, Vergr. 480fach.

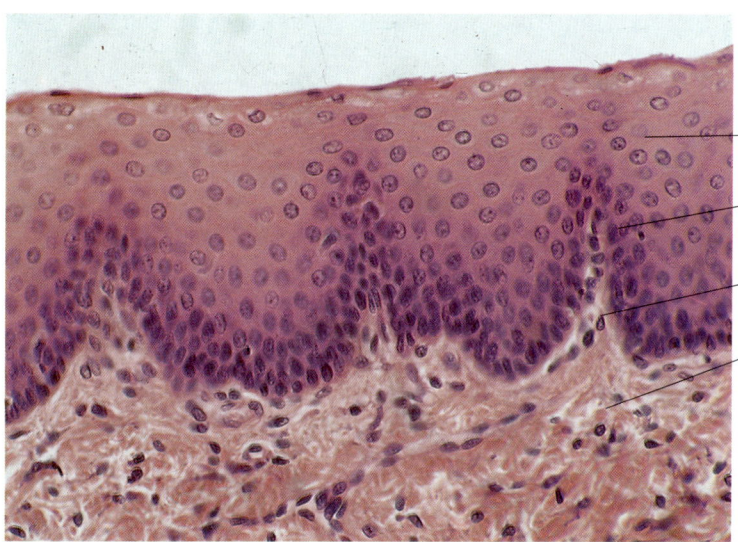

Abb. 13. Mehrschichtiges unverhorntes Plattenepithel mit unterlagertem Papillarkörper und bindegewebiger Lamina propria aus der Speiseröhre des Schafes. Färbung Hämatoxylin-Eosin, Vergr. 480fach.

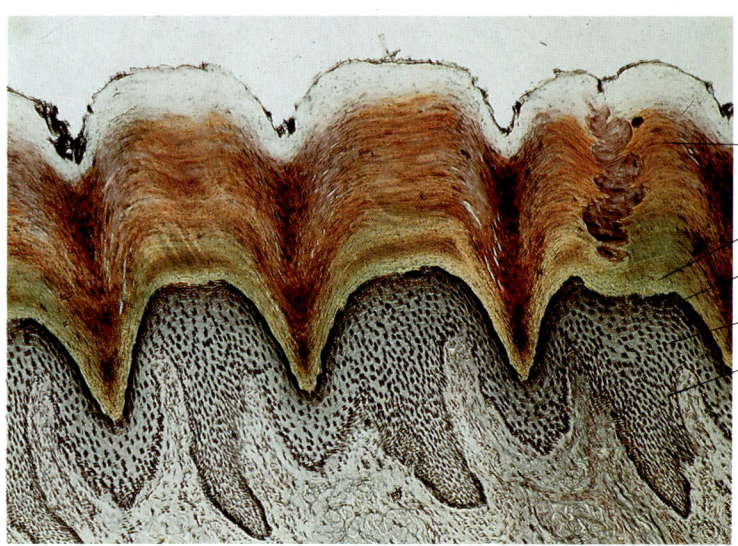

Abb. 14. Mehrschichtiges verhorntes Plattenepithel mit deutlichem Papillarkörper und bindegewebiger Lamina propria aus dem Sohlenballen der Katze. Darstellung nach Schefthaler-Mayet, Vergr. 80fach.

del und eine homogene, eosinophile Matrix ein. Diese Schicht tritt vornehmlich bei einer verdickten Epidermis auf, sie ist stark lichtbrechend. Ihre Funktion ist ein Abdichten tieferer Epithellagen gegenüber äußeren Einflüssen (z. B. Noxen) und ein Schutzmechanismus gegen Austrocknung und den Verlust von Körperflüssigkeiten.

Im **Stratum corneum (Hornzellschicht)** findet die Hornbildung ihren Abschluß. Morphologische Kennzeichen sind die Verdickung der Zellmembranen, die Auflösung von Kernen und Zellorganellen und die Bildung von Keratin (Skleroprotein) aus Keratohyalin und Tonofilamentbündeln.

Die genannten 3 tieferen Schichten (Stratum basale, spinosum und granulosum) können als **Stratum profundum** zusammengefaßt werden. Sie werden durch Diffusion ernährt und von freien Nervenendigungen durchzogen. Die oberflächlichen Schichten, das Stratum lucidum und das Stratum corneum, bilden das **Stratum superficiale.**

Iso- bzw. hochprismatisches Epithel (Epithelium stratificatum cuboideum/columnare)

Das mehrschichtige iso- bzw. hochprismatische Epithel kommt relativ selten vor. Geschichtete iso- bis hochprismatische Epithelien treten als Wandauskleidung in größeren Drüsenausführungsgängen auf (z. B. Ausführungsgang der Ohrspeicheldrüse).

Übergangsepithel (Epithelium transitionale)

Das Übergangsepithel muß als Sonderform der geschichteten Epithelien angesehen werden. Einer ein- bis zweischichtigen Lage basaler iso- oder hochprismatischer Epithelzellen, die der Basalmembran anhaften, folgen unregelmäßig pilzähnlich geformte Zellen. Diese können sich in oberflächlichen Zellagen weiter abrunden, sie überdecken tiefer gelegene Epithelzellen kappenartig. Mit ihren Zytoplasmafortsätzen können, müssen sie aber nicht mit der Basalmembran in Verbindung stehen. Dieses Epithel tritt in harnableitenden Organen (Nierenbecken, Harnleiter, Harnblase, Harnröhre) auf. Bedingt durch die dort ständig wechselnden Druck- und Dehnungsverhältnisse kann dieses Epithel in kurzer Zeit von einer mehrschichtigen in eine zwei- bis dreischichtige Form übergehen (Übergangsepithel) (Abb. 16 und 17, s. auch Abb. 8, S. 34).

Drüsenepithel (Epithelium glandulare)

Drüsenepithelien bestehen aus einem Zellverband, der auf die Bildung und Abgabe von Stoffen spezialisiert ist **(Sekretion)**. Werden die sezernierten Stoffe für den Körper wiederverwendet, spricht man von **Sekreten** (z. B. Magensaft), werden diese als Schadstoffe ausgeschieden, von **Exkreten** (z. B. Harn). Drüsen können nach unterschiedlichsten Gesichtspunkten, z. B. nach Lage, Anzahl der Drüsenzellen, Sekretionsmodus oder Art und Zusammensetzung des Sekretes, gegliedert werden (Abb. 18a–27).

Endokrine Drüsen (Glandulae endocrinae)

Endokrine Drüsen geben ihre Produkte, die **Hormone,** nach innen ab (Inkrete). Diese wirken entweder lokal im Bereich ihrer Bildungsstätten oder werden von einem dichten Kapillarnetz aufgenommen und über das Gefäßsystem im ganzen Körper verteilt. Sie weisen also keine Ausführungsgänge auf (Abb. 19). Die Anordnung dieser Drüsenzellen läßt eine Unterteilung in 2 Formen zu: strangförmig anastomosierende Drüsenzellen, zwischen denen unregelmäßig erweiterte Kapillaren verlaufen (z. B. Hypophyse, Nebenniere) und Drüsenzellen, die als Zellverband Follikel (Bläschen) bilden (Schilddrüse). (Näheres s. Kap. IX: »Endokrines System«, S. 136.)

Parakrine Drüsenzellen bilden Hormone, die unmittelbar am Ort ihrer Entstehung wirken (Gewebshormone wie z. B. Neurotensin, Prostaglandine). Sie wirken stets nur auf Nachbarzellen. **Autokrine Drüsenzellen** synthetisieren Stoffe, die nach Abgabe des Inkrets allein die eigene Zelle beeinflussen (Leydig-Zellen im Hoden).

Exokrine Drüsen (Glandulae exocrinae)

Exokrine Drüsen entleeren ihr Sekret nach außen an eine Epitheloberfläche (Abb. 18a). Diese Drüsenzellen scheiden z. B. Schleim, Enzyme oder andere Wirkstoffe direkt oder über ein Ausführungsgangsystem auf eine innere oder äußere Körperoberfläche ab. Nach der Lage zum Oberflächenepithel unterscheidet man endoepitheliale und exoepitheliale Drüsen.

Endoepitheliale Drüsen (Glandulae intraepitheliales) können als **Einzelzellen** (z. B. Becherzellen) (Abb. 20) oder als **vielzellige Drüsen** (z. B. im Epithel der Nasenhöhle) entwickelt sein.

40 II. Epithelgewebe (Textus epithelialis)

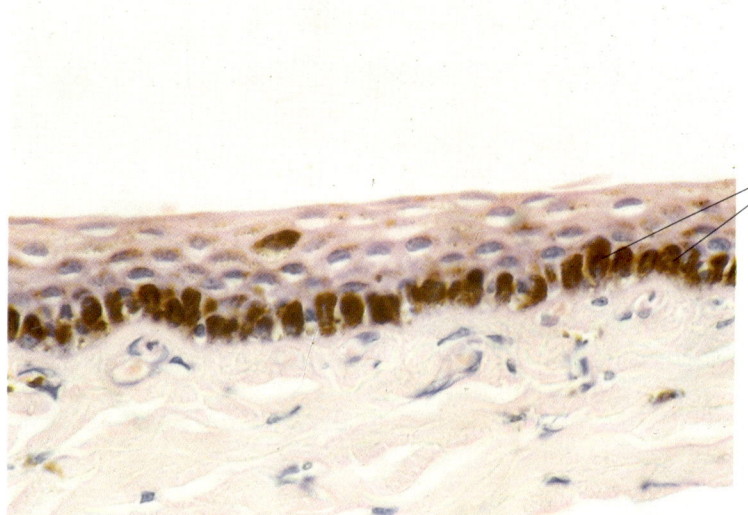

Melanozyten mit Pigmentgranula

Abb. 15. Mehrschichtige Plattenepithelien und gelegentlich auch **mehrschichtige isoprismatische Epithelien** können Pigmente (Melanin) in den basalen Epithelschichten einschließen. Diese sind im Zytoplasma von Melanozyten gelagert und setzen sich deutlich von den Zellen des Stratum basale ab. Drittes Augenlid, Pferd. Färbung Hämatoxylin-Eosin, Vergr. 480fach.

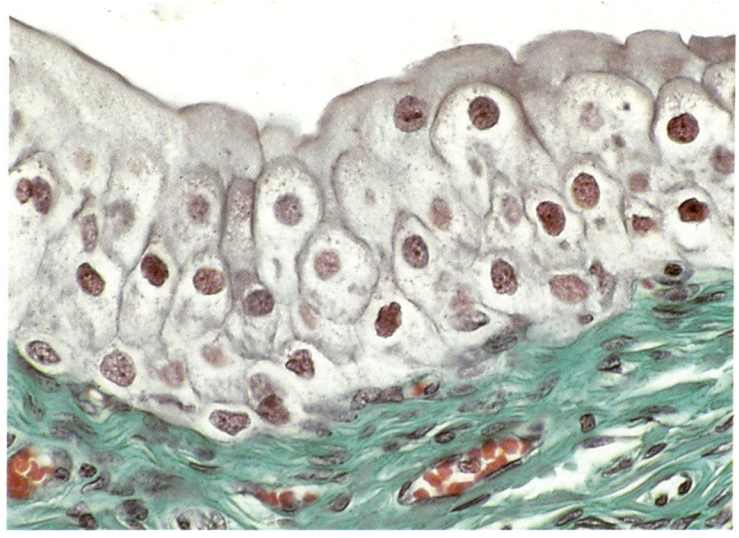

Abb. 16. Das **Übergangsepithel** kann als eine Sonderform der geschichteten Epithelien angesehen werden. Während die unteren Epithelschichten stets mit der Basalmembran in Kontakt stehen, verlieren oberflächennähere Zellagen diese Verbindung. Sie können durch feinste Zellfortsätze in Kontakt zur Epithelbasis stehen. Diese Deckepithelzellen nehmen häufig eine pilzähnliche Form an. Das Präparat zeigt das Übergangsepithel im **ungedehnten Zustand.** Das Auftreten dieses Epithels ist auf die harnableitenden Organe begrenzt. Harnblase, Hund. Färbung Goldner, Vergr. 440fach.

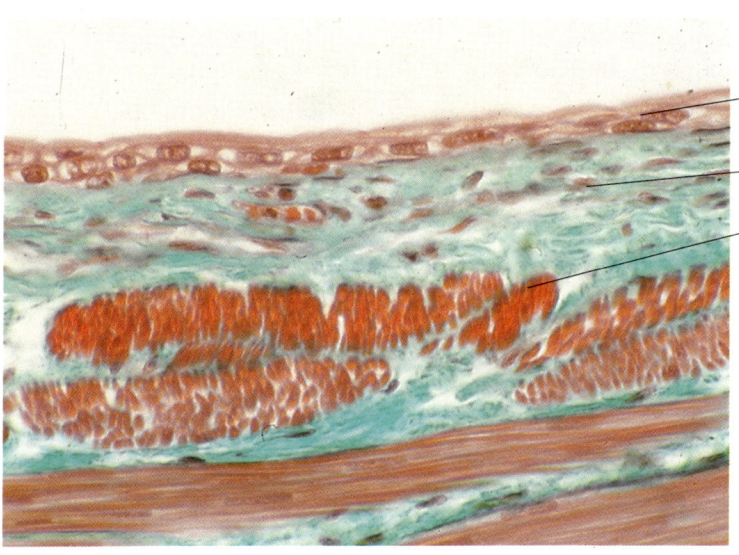

Übergangsepithel

Bindegewebe

glatte Muskulatur der Harnblasenwand

Abb. 17. Das **Übergangsepithel** kann sich bei **Dehnung** der harnableitenden Organe (Harnleiter, Harnblase, Harnröhre) auf zwei bis drei Zellschichten reduzieren. Dabei verlagern sich temporär die Zellkerne in tiefere Zytoplasmaabschnitte, die Epithelzellbasis wird verbreitert und bleibt mit der Basalmembran verbunden. Harnblase, Hund. Färbung Goldner, Vergr. 440fach.

Drüsenepithel (Epithelium glandulare)

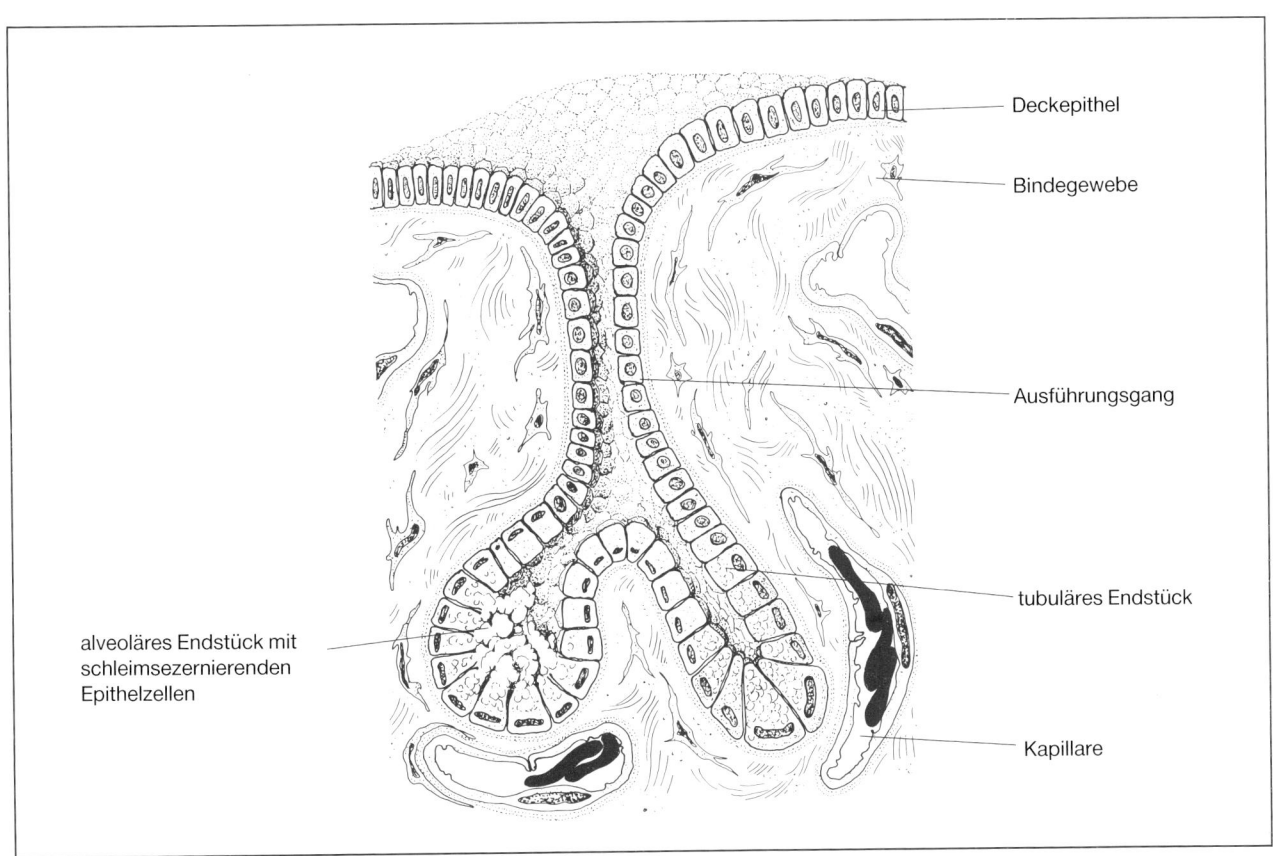

Abb. 18a. Schematische Darstellung eines alveolären und eines tubulären Endstücks und dessen Ausführungsgang zur Epitheloberfläche.

Exoepitheliale Drüsen (Glandulae exoepitheliales) liegen im Bindegewebe unter dem Epithel. Sie sind stets vielzellig, ihr Sekret wird in sezernierenden Abschnitten (Drüsenendstücke) gebildet und über ein Ausführungsgangsystem an die Epitheloberfläche geleitet. Ist bei einem Drüsenendstück nur ein Ausführungsgang entwickelt, so spricht man von einer **Einzeldrüse (Glandula unicellularis)** (z. B. Schweißdrüse), vereinigen sich mehrere Endstücke in einem Ausführungsgangsystem, so liegt eine **zusammengesetzte Drüse (Glandula multicellularis)** vor (z. B. Speicheldrüsen).

Endstücke können unterschiedlich geformt sein. Sie sind, entsprechend ihrer Lumenbildung, schlauchförmig (tubulär), beerenförmig (azinös) oder bläschenförmig (alveolär) (Abb. 18a und 18b). Ihre Wand wird von sekretbildenden Drüsenzellen gebildet. Insbesondere bei zusammengesetzten Drüsen treten auch Mischformen auf: tubuloalveoläre oder tubuloazinöse Drüsen.

Exokrine Drüsen lassen sich auch nach der **Zusammensetzung des Sekrets** und der **Struktur ihrer Endstückzellen** unterteilen; man unterscheidet seröse, muköse und seromuköse Drüsen.

Seröse Endstücke (Glandulae serosae) bilden ein wäßriges, eiweiß- und enzymreiches Sekret. Die Kerne dieser Endstücke sind vorzugsweise rund, das Zytoplasma färbt sich azidophil, das Drüsenlumen ist eng und kann durch interzelluläre Drüsenlumen ist eng und kann durch interzelluläre Spalträume (»Sekretkapillaren«) temporär erweitert werden (Abb. 18b, 21 und 22).

Muköse Endstücke (Glandulae mucosae) produzieren muzinhaltige (= schleimhaltige) Sekrete. Die Kerne liegen abgeplattet an der Zellbasis, sie sind meist basophil und dicht. Das Zytoplasma erscheint schaumig, wabig, das Drüsenlumen verhältnismäßig weit (Abb. 18b und 23).

Seromuköse (gemischte) Endstücke (Glandulae seromucosae) werden gleichzeitig von serösen und mukösen Drüsenendstückzellen gebildet. Die mukösen Endstücke produzieren Proteoglykane und Schleim, seröse Endstücke proteinreiche Sekrete. Seröse Endstücke liegen mukösen Endstücken kappenförmig außen an (seröse Halbmonde, Gianuzzi-Halbmonde). Das seröse Sekret wird über interzelluläre Spalträume in das Lumen geleitet (Abb. 18b und 24).

42 II. Epithelgewebe (Textus epithelialis)

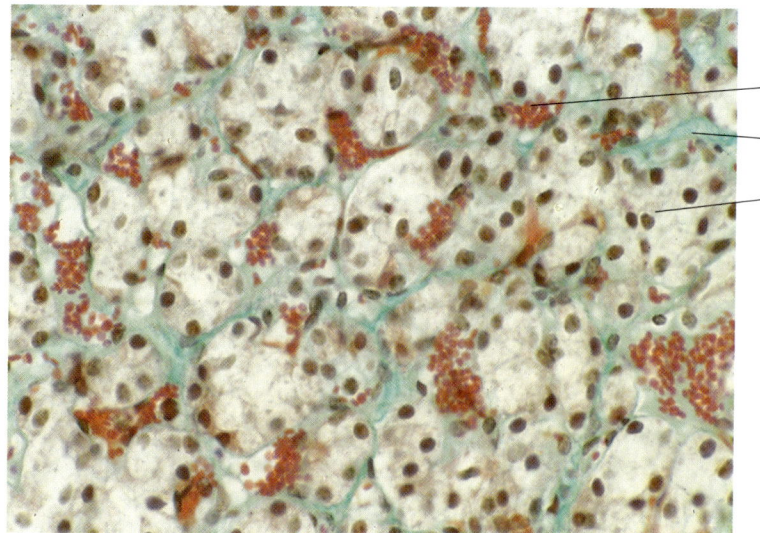

Kapillare
Bindegewebe
endokrine Zellen

Abb. 19. Endokrine Drüsengewebe geben ihre zellspezifischen Produkte (Hormone) an das Körperinnere, bevorzugt an Kapillaren ab. Das am einfachsten gebaute endokrine Organ ist die **Nebenschilddrüse,** bei der hormonbildende Zellen in Ballen liegen und von einem dichten Kapillarnetz umgeben werden. Nebenschilddrüse, Ziege. Färbung Goldner, Vergr. 480fach.

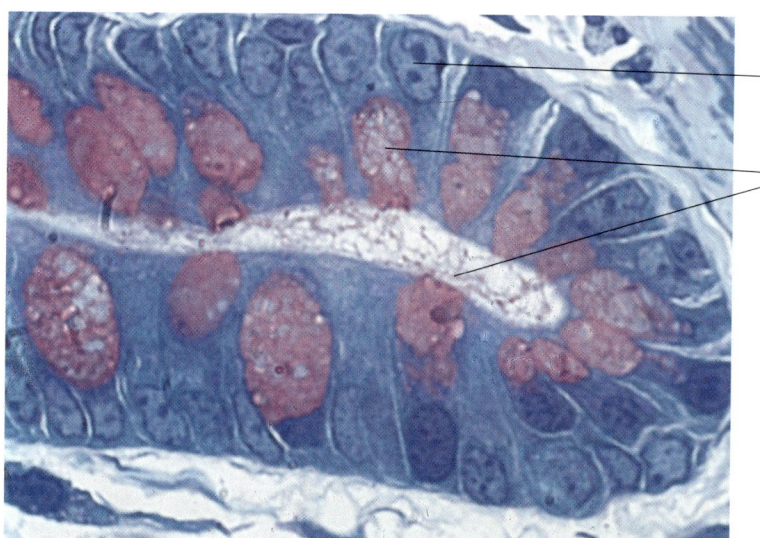

Kern einer Becherzelle

Schleim

Abb. 20. Exokrine Drüsen treten in der einfachsten Form als **endoepitheliale, monozelluläre** Drüsen auf, für die **Becherzellen** ein Beispiel sind. Nach Färbung mit Methylenblau-Safranin erscheint der Schleim rot, dieser legt sich als Schutzschicht auf die Oberfläche des Epithels. Das Innere der Becherzelle wird weitgehend mit Schleim ausgefüllt, der Kern wird dadurch an die Zellbasis verlagert. Dünndarm, Hund, Vergr. 600fach.

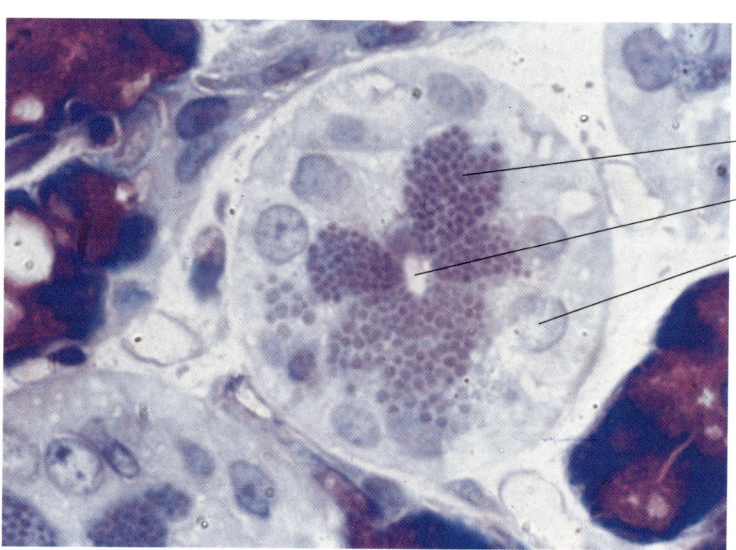

azidophile, seröse Sekretgranula
kleines Lumen
runder Kern

Abb. 21. Seröses Drüsenendstück aus der Ohrspeicheldrüse eines jungen Hundes. Diese Drüsen liegen außerhalb des Epithels (exoepithelial) und sezernieren an die Körperoberfläche (exokrin). Seröse Endstücke kennzeichnet ein kleines Lumen und runde Kerne. Nach Färbung mit Methylenblau-Safranin stellen sich die Sekretgranula deutlich dar. Vergr. 720fach.

Drüsenepithel (Epithelium glandulare)

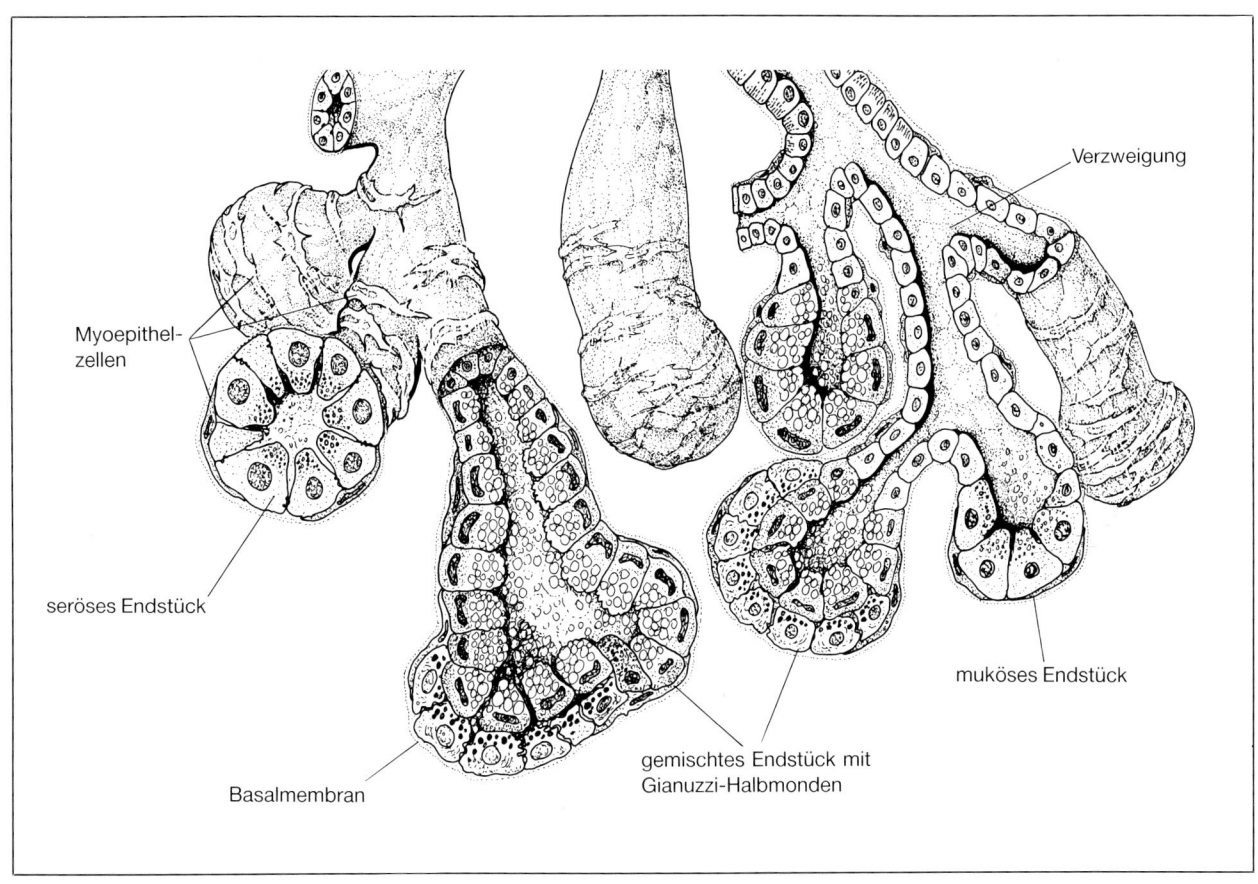

Abb. 18 b. Schematische Darstellung eines serösen, eines mukösen und eines gemischten Endstücks einer tubuloazinösen Drüse mit Myoepithelzellen.

Von **mukoserösen Endstücken** spricht man, wenn ein und dieselbe Zelle abwechselnd seröses oder muköses Sekret produziert.

Zahlreichen Endstücken liegen außen verzweigte Zellen an, die sich kontrahieren können und damit die Abgabe von Sekreten aus den Drüsenzellen in den Ausführungsgang fördern. Aufgrund ihrer Kontraktilität und ihrer epithelialen Herkunft werden sie als **Myoepithelzellen** bezeichnet (Abb. 18 b). Myoepithelzellen ähneln glatten Muskelzellen, sie sind durch eine gemeinsame Basalmembran mit den Drüsenendstücken vom Bindegewebe abgegrenzt. Bilden Myoepithelzellen um Endstücke ein korbähnliches Netzwerk, so spricht man von **Korbzellen** (z. B. in Speicheldrüsen, in Schweißdrüsen oder in der Milchdrüse).

Nach der **Zusammensetzung des Sekrets** können exokrine Drüsen auch in **homokrine** und **heterokrine Drüsen** unterschieden werden. In homokrinen Drüsen sezernieren die Drüsenzellen ein einheitliches Sekret (z. B. seröses Sekret: Ohrspeicheldrüse des Pferdes). Heterokrine Drüsen unterscheiden sich im Bau der Endstücke und synthetisieren ein zusammengesetztes Sekret (z. B. gemischtes Sekret: Unterzungendrüse des Rindes).

Drüsenendstückzellen werden auch nach der **Art der Abgabe** der Sekrete unterschieden. Bei **merokriner Sekretabgabe** werden Sekretgranula durch Exozytose (Ausschleusung) abgegeben (Abb. 25). Dabei bleibt die Zelle ohne Verlust an Zytoplasmabestandteilen (z. B. exokriner Teil der Bauchspeicheldrüse). Bei der **apokrinen Sekretabgabe** werden mit den gebildeten Sekretgranula lumennahe Zytoplasmaanteile abgeschnürt (Abb. 26). Die Zelle bleibt dennoch in ihrer Syntheseleistung unberührt, die abgestoßenen Abschnitte werden neu gebildet (z. B. die meisten Schweißdrüsen der Tiere; die Milchdrüse). Bei **holokriner Sekretabgabe** wandelt sich die gesamte Zelle während der Sekretbildung allmählich um, geht dabei zugrunde und wird Bestandteil des Sekrets (z. B. Talgdrüse) (Abb. 27).

Auf die in diesem Abschnitt nicht behandelten Sinnes- bzw. Neuroepithelien wird im Kapitel XVI: »Sinnesorgane« (s. S. 297) eingegangen.

44   II. Epithelgewebe (Textus epithelialis)

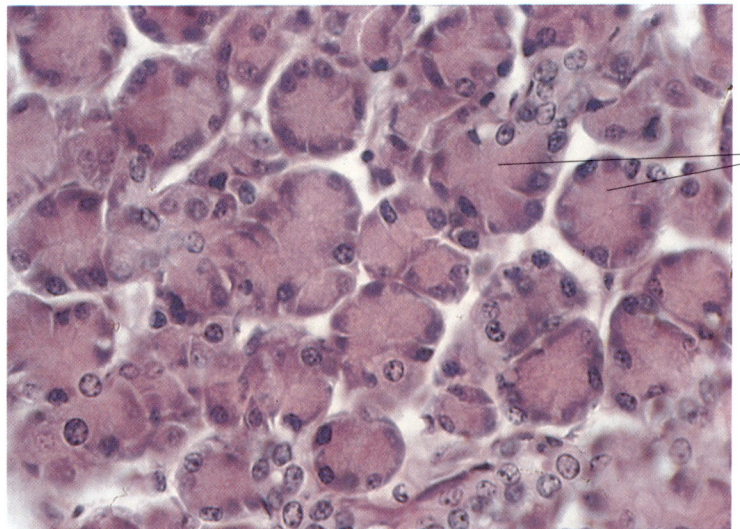

seröse Drüsenendstücke

Abb. 22. Seröse Drüsenendstücke aus der Ohrspeicheldrüse des Pferdes. Die Endstücke werden von Azini gebildet, das Zytoplasma der Einzelzellen ist azidophil, die Kerne sind rund. Das Lumen zur Aufnahme des dünnflüssigen, serösen Sekrets erscheint zumeist kollabiert und ist nur schwer im Schnittbild auffindbar. Färbung Hämatoxylin-Eosin, Vergr. 480fach.

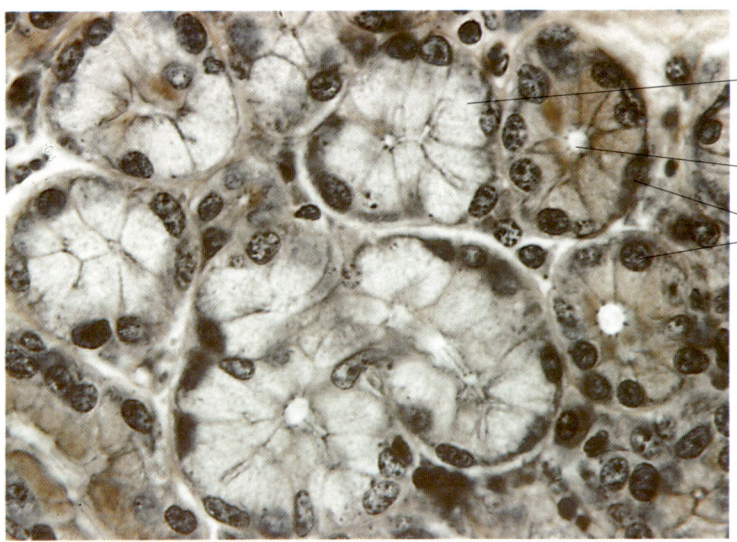

helles Zytoplasma

weites Lumen

randständiger Kern

Abb. 23. Muköse Drüsenendstücke sind durch die Ausbildung eines relativ großen Lumens zur Aufnahme und Weitergabe des dickflüssigen Sekrets, ein helles, schleimgefülltes Zytoplasma und die randständige Lage abgeplatteter Kerne gekennzeichnet. Lippendrüse, Fleischfresser. Färbung Eisenhämatoxylin, Vergr. 600fach.

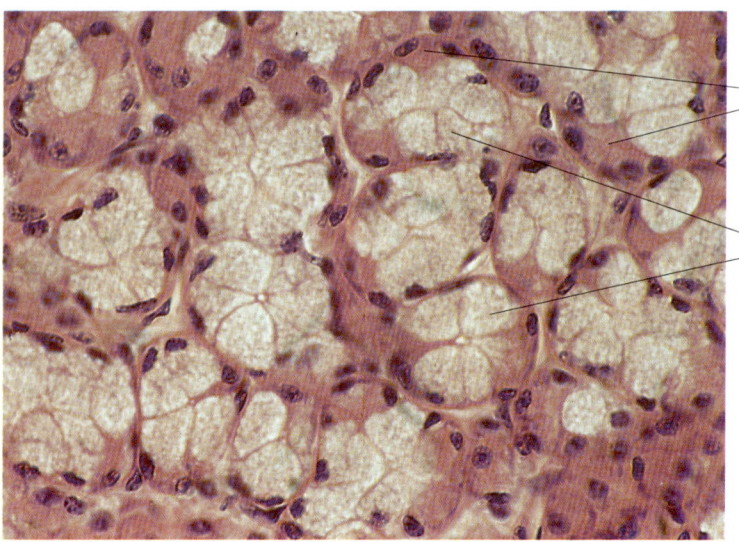

seröser Anteil (Gianuzzi-Halbmond)

muköser Anteil

Abb. 24. Gemischte Drüsenendstücke (seromuköse Drüse) sind durch einen mukösen, vorzugsweise »hellen«, basophilen und einen kappenartig anliegenden, azidophilen, serösen Teil (Gianuzzi-Halbmond) gekennzeichnet. Unterzungendrüse, Rind. Färbung   Hämatoxylin-Eosin,   Vergr. 480fach.

Drüsenepithel (Epithelium glandulare)

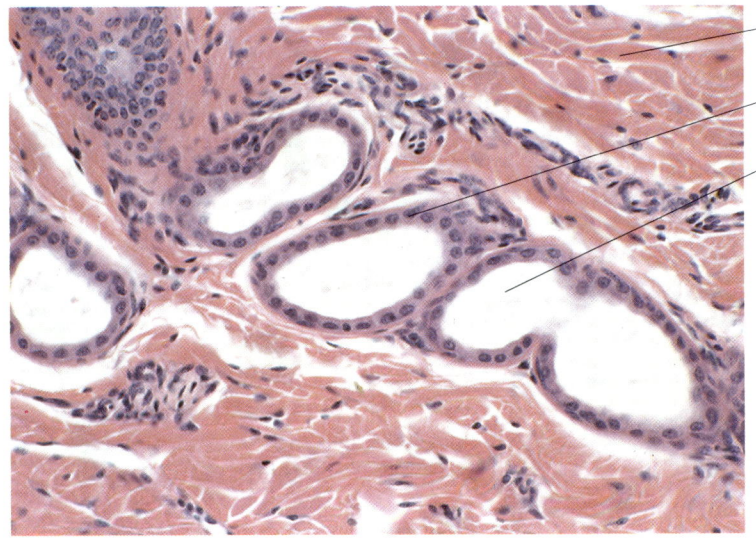

- Bindegewebe
- isoprismatische Epithelzellen
- Tubuluslumen

Abb. 25. Tubuläre Schweißdrüsen liegen meist in geknäulter Form vor. Im histologischen Präparat ist diese Schlauchdrüse mehrfach angeschnitten. Die Wand dieses Schlauches wird von einem einschichtigen (monoptychen), isoprismatischen Epithel ausgekleidet, dessen Produkt ein dünnflüssiges Sekret (Schweiß) darstellt. Schweißdrüsen sind exoepitheliale, exokrine, tubuläre und merokrine Drüsen. Haut, Kalb. Färbung Hämatoxylin-Eosin, Vergr. 250fach.

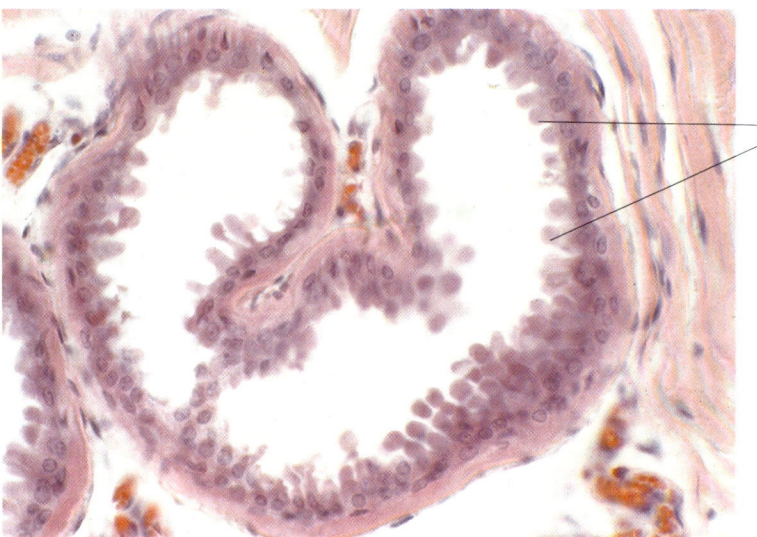

- apokrine Schweißsekretion

Abb. 26. Apokrine Sekretion einer Schweißdrüse. Die Abgabe des Sekrets erfolgt durch partielle Abschnürung des Zytoplasmas, das sich blasenartig in das Lumen der tubulären Drüse vorwölbt. Das Sekret wird durch diesen Zytoplasmaanteil zur tierartspezifischen Duftdrüse. Haut, Schwein. Färbung Hämatoxylin-Eosin, Vergr. 480fach.

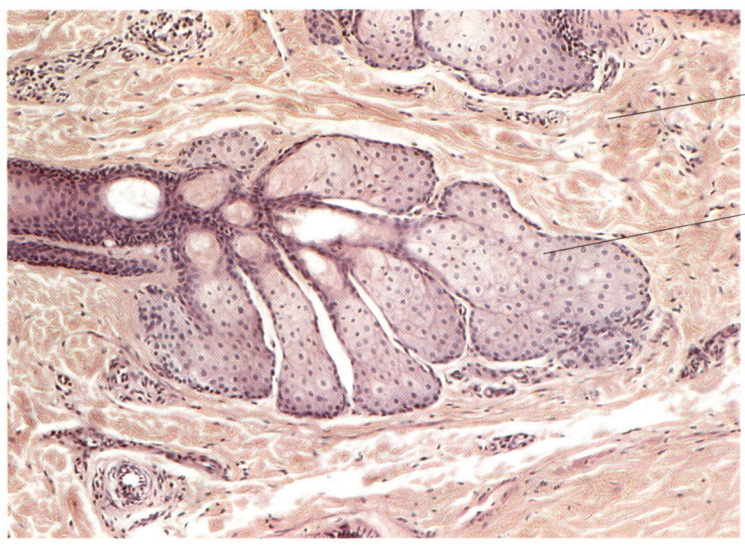

- Bindegewebe
- alveolär zusammengesetzte Endstücke

Abb. 27. Alveolär zusammengesetzte Talgdrüse aus der Haut des Hundes. Diese Drüsen bilden ein Sekret, das nach Synthese im Golgi-Apparat unter Zugrundegehen der gesamten Zelle als Talg über einen kleinen Ausführungsgang an die Oberfläche eines Haars abgegeben wird. Talgdrüsen sind mehrschichtige (polyptyche), exoepitheliale, exokrine, alveoläre und holokrine Drüsen. Haut, Hund. Färbung Hämatoxylin-Eosin, Vergr. 200fach.

III. Binde- und Stützgewebe (Textus connectivus)

Unter dieser Bezeichnung werden funktionell und strukturell höchst unterschiedliche Gewebe zusammengefaßt, deren gemeinsame Basis ihre Entstehung aus dem **mittleren Keimblatt (Mesoderm)** ist. Demzufolge liegen diese Gewebe niemals an Körperoberflächen und werden stets von einem Epithel bedeckt. Binde- und Stützgewebe sind entscheidend an der Formgebung des Körpers und am Bau der Organe beteiligt, sie übernehmen mechanische und statische Aufgaben, sie haben aktiven Anteil am Stoffaustausch zwischen dem Gefäßsystem und dem Erfolgsgewebe. Auch dient das Bindegewebe der zellulären und humoralen Körperabwehr und steht im Dienst der Thermo- und Wasserregulation. Einige Bindegewebsarten behalten zeitlebens ihre mesodermale Regenerations- und Transformationsfähigkeit bei.

Zusammensetzung des Binde- und Stützgewebes

Morphologisch besteht das Binde- und Stützgewebe aus
- Zellen und
- Interzellularsubstanzen.

Zellen

Embryonale Mesenchymzellen stehen am Anfang der Differenzierung der Zellen des Binde- und Stützgewebes. Diese bilden ein vorwiegend dreidimensionales, lockeres Netz mit feinsten Verzweigungen, deren ovale Kerne wenig Heterochromatin einschließen. Sie haben die Fähigkeit, sich in andere Zellen umzuwandeln, d. h., sie sind **pluripotent**. So können sich aus den embryonalen Mesenchymzellen **ortsständige Zellen** oder **freie Zellen** entwickeln (Tab. 1).

Ortsständige Zellen

Ortsständige (fixe) Zellen differenzieren sich entsprechend ihrer funktionellen Leistungsfähigkeit z. B. zu Fibroblasten, Chondroblasten und Osteoblasten, die zur Faser-, Knorpel- und Knochenbildung befähigt sind. Aus diesen entwickeln sich deren funktionelle Ruhe- und Reifestadien, die Fibrozyten, Chondrozyten und Osteozyten.

Fibroblasten sind Zellen mit unregelmäßig geformten Zellausläufern und euchromatinreichen Kernen. Ihr Zytoplasma schließt zahlreiche Organellen ein, die vorrangig der Proteinbiosynthese dienen (rauhes endoplasmatisches Retikulum, Ribosomen, Golgi-Felder, Mitochondrien). Diese Zellen synthetisieren Fasern und Körpergrundsubstanzen.

Fibrozyten sind kleine, spindelförmige Zellen, die meist zwischen Faserbündeln liegen und lichtmikroskopisch einen dichten, länglichen Kern erkennen lassen. Das Zytoplasma ist schwach azidophil mit wenigen stoffwechselaktiven Organellen.

Neben diesen relativ einfach differenzierten Faserzellen entwickeln sich im Bindegewebe ortsständige Fett-, Knorpel- und Knochenzellen, deren Besonderheiten in späteren Abschnitten beschrieben werden (s. S. 55f und 61f).

Freie Zellen

Freie (mobile) Zellen liegen vor allem im lockeren, faserarmen Bindegewebe. Diese Gruppe von Zellformen tritt ständig aktiv aus dem Blut- und Lymphgefäßsystem in den extravaskulären Raum über, wandert in den Spaltsystemen des interstitiellen Bindegewebes und kann durch amöboide Eigenbewegung wieder in das Zirkulationssystem zurückkehren. Folgende Zellformen treten auf:
- Histiozyten,
- Lymphozyten,
- Plasmazellen,
- Mastzellen,
- Monozyten.

Histiozyten (»ruhende Wanderzellen«) werden häufig als stern- oder pilzförmige Zellen im lockeren Bindegewebe eingeschlossen und sind von Fibroblasten nur schwer zu unterscheiden. Sie sind gekennzeichnet durch eine vorwiegend lokale phagozytotische Aktivität **(sessiler Histiozyt)**. Histiozyten können sich aus dem Zellverband lösen und sich amöboid frei im interstitiellen Gewebe bewegen. Ihr Kern ist rund bis oval. Die Oberfläche wird durch zahlreiche pseudopodienartige Fortsätze

Tab. 1. Darstellung der wichtigsten Vertreter ortsständiger und freier Zellen im Gewebe und im Blut und deren Funktionen.

	Im Gewebe	Im Blut	Funktion
Ortsständige, fixe Zellen	Fibroblasten, Fibrozyten	–	Faserbildung, Proteinsynthese, Bildung der Grundsubstanzen
Freie, mobile Zellen	Histiozyten Makrophagen	Monozyten, neutrophile Granulozyten	Pinozytose/Phagozytose
	Lymphozyten, Plasmazellen	Lymphozyten	Immunabwehr, Antikörperbildung
	Mastzellen	Basophile Granulozyten	Vasodilatation, Gerinnungshemmung
	Eosinophile Granulozyten	Eosinophile Granulozyten	Phagozytose, allergische Reaktionen

unregelmäßig gestaltet, das Zytoplasma schließt Granula ein **(wandernder Histiozyt, Gewebsmakrophage)**. Seine Funktionen sind vielfältig. Neben endo- und phagozytotischer Aktivität zeigen Makrophagen die Fähigkeit zur Chemotaxis. Sie sezernieren Proteine, die bei immunologischen Vorgängen eine Vermittlerfunktion übernehmen (z. B. Interferon, Komplement, Lymphokine). Die Lebensdauer der freien Makrophagen beträgt 2–3 Monate.

Lymphozyten sind kleine, runde Zellen (8 μm) mit einem stark basophilen Kern und einem schmalen, lichtmikroskopisch hellen Zytoplasma. Daneben treten mittlere Lymphozyten (10–18 μm) und große Lymphozyten (15–25 μm) auf. Obwohl Lymphozyten als mobile Zellen im Epithel, im Blut- und Lymphgefäßsystem, im subepithelialen Gewebe und in lymphatischen Organen lokalisiert sind, ist ihre phagozytotische Aktivität nur gering.

Lymphozyten sind Träger der spezifischen Körperabwehr. Diese wirkt dualistisch: man spricht von einer **zellulären** und einer **humoralen Immunantwort**. Aus hämopoetischen Stammzellen des Knochenmarks entwickeln sich Vorläuferzellen, die nach Wanderung durch den Körper im Thymus ihre körpereigene Immunkompetenz erhalten **(T-Lymphozyten)**. Diese sind für die **zellvermittelnde Immunreaktion** verantwortlich.

Andere lymphatische Stammzellen differenzieren sich bei Säugetieren in den der Bursa fabricii von Vögeln äquivalenten Organen (Knochenmark, Peyer-Platten und Mandeln) zu immunkompetenten Lymphozyten. Diese Lymphozyten werden als **B-Lymphozyten** bezeichnet und dienen der **humoralen Immunantwort**. (Näheres s. Kap. VII: »Blut und Blutzellbildung«, S. 114, und Kap. VIII: »Immunsystem und lymphatische Organe«, S. 126.)

Plasmazellen sind ovale, basophile Zellen mit einer Größe von 20 μm. Das Heterochromatin verdichtet sich randständig und verleiht dem Kern das Aussehen einer »Radspeichenstruktur«. Das Zytoplasma schließt ein stark entwickeltes endoplasmatisches Retikulum und zahlreiche freie Ribosomen ein, die morphologisch Ausdruck der Synthese von spezifischen Abwehrstoffen **(Immunglobuline)** sind. Damit sind Plasmazellen verantwortlich für die **humorale Immunantwort**. Plasmazellen sind Abkömmlinge der B-Lymphozyten (s. Kap. VII und VIII). Bei chronischen Infektionen kann sich das ER zu azidophilen Körpern (Russel-Körper) verdichten. Plasmazellen treten ständig z. B. im subepithelialen Bindegewebe der Magen- und Darmschleimhaut, in Keimzentren lymphatischer Organe oder in exkretorischen Drüsen auf. Diese Abkömmlinge der B-Lymphozyten sind schwach amöboid beweglich; sie haben eine Lebensdauer von 10–30 Tagen.

Mastzellen sind große Wanderzellen (20 bis 30 μm) im lockeren Bindegewebe, insbesondere entlang von Blutgefäßen. Diese Zellen sind meist oval, ihre Kerne sind ellipsoid und dicht. Das Zytoplasma schließt zahlreiche basophile, metachromatische Granula ein, die u. a. Träger von **Histamin, Heparin** und **chemotaktischen Faktoren** sind. Zusätzlich sezernieren Mastzellen **Prostaglandine, Leukotriene** und **blutplättchenaktivierende Faktoren**. Durch die Abgabe dieser Stoffe beeinflussen Mastzellen die Weite und die Permeabilität der Gefäße. An der Oberfläche der Mastzellen treten spezifische Rezeptoren für Immunglobulin E auf. In besonderen Fällen verbinden sich antigene Substanzen mit diesen Bindungsstellen und induzieren spontan die überstürzte Freisetzung dieser Mediatoren **(allergische Reaktion)**. Es werden

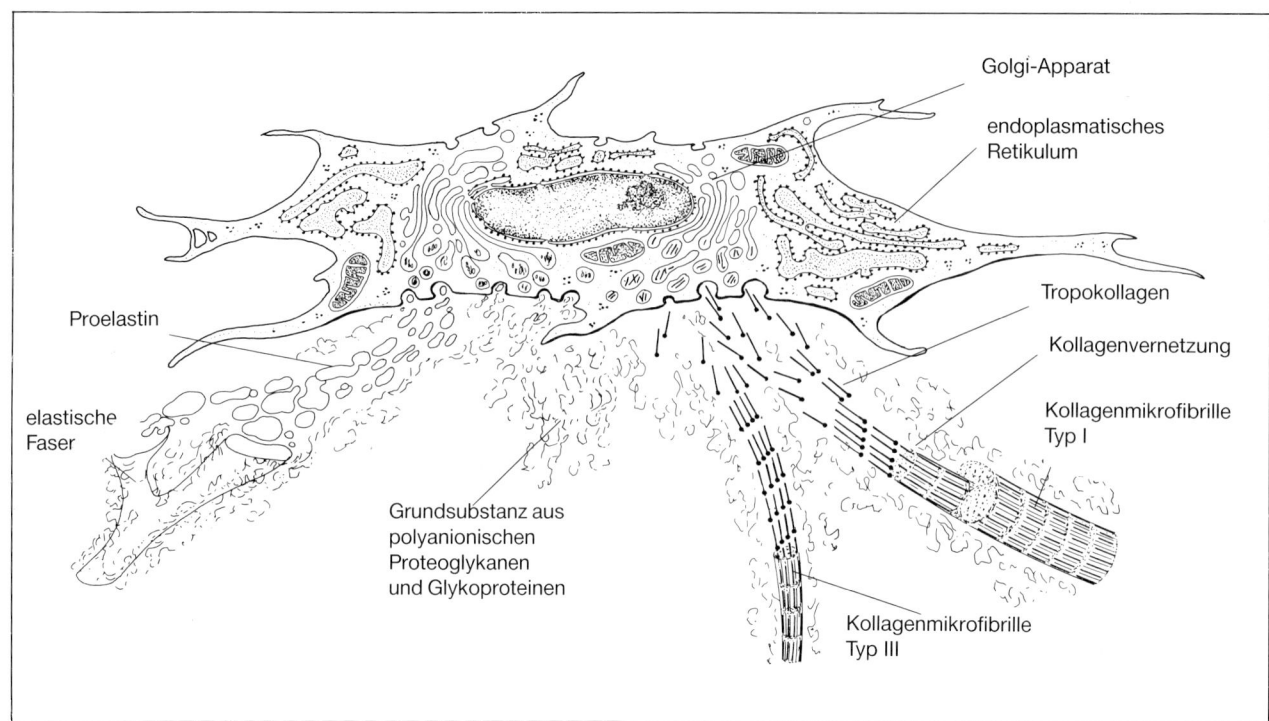

Abb. 28. Schematische Darstellung der intra- und extrazellulären Fibrogenese (Kollagenmikrofibrille Typ I und III und elastische Faser) und der Neubildung interzellulärer Grundsubstanzen durch einen Fibroblasten.

Mukosa- und Bindegewebsmastzellen unterschieden; ihre Lebensdauer beträgt 8 bis 18 Tage.

Monozyten sind vorwiegend ovale Zellen (20 µm) mit einem nierenförmig eingezogenen heterochromatinreichen Kern. Das weite Zytoplasma schließt in großer Zahl stoffwechselaktive Organellen ein (Mitochondrien, Golgi-Felder, ER). Zusätzlich treten lichtmikroskopisch azurophile Granula (Lysosomen) auf. Monozyten migrieren aus Blutgefäßen ins lockere Bindegewebe und können sich hier in Histiozyten/Makrophagen transformieren. Als Makrophagen werden Monozyten dem »**mononukleären Phagozyten-System« (MPS)** zugerechnet. Diese Zellen sind **unspezifisch** an **immunologischen Reaktionen**, insbesondere durch Phagozytose, beteiligt, sie sezernieren Komplement und Interferon; ihre Lebensdauer beträgt 60 bis 90 Tage. (Näheres s. Kap. VII: »Blut und Blutzellbildung«, S. 114.)

Interzellularsubstanz (Substantia intercellularis)

Die Interzellularsubstanz ist aus 2 Bestandteilen zusammengesetzt, der

– geformten (faserigen) Grundsubstanz,
– ungeformten (amorphen) Grundsubstanz.

Die Interzellularsubstanzen sind **Sekretionsprodukte** von **Bindegewebszellen,** deren wichtigste Vertreter die **Fibroblasten** sind. Auch deren Abkömmlinge, z. B. Chondro- und Osteoblasten, sind befähigt, Interzellularsubstanzen zu synthetisieren. Die Funktion der Interzellularsubstanz wird entscheidend von ihrer biochemischen Zusammensetzung bestimmt: der Gehalt an faseriger Grundstruktur beeinflußt wesentlich die Biegsamkeit, die Elastizität und die Dehnbarkeit des Bindegewebes, während die Menge an Glykosaminoglykanen in der amorphen Grundsubstanz Einfluß auf die Fähigkeit des Bindegewebes nimmt, extrazellulär Wasser zu binden. Die Stoffwechselleistung des Bindegewebes wird durch Hormone, insbesondere durch das thyreotrope Wachstumshormon, durch Kortikosteroide und durch Östrogene gesteuert.

Aktive Bindegewebszellen (Fibroblasten) synthetisieren die
– **geformte (faserige) Grundsubstanz**
  – Kollagenfasern,
  – retikuläre Fasern,
  – elastische Fasern,

Tab. 2. Gegenüberstellung wesentlicher Eigenschaften und morphologischer Merkmale kollagener, retikulärer und elastischer Fasern.

Eigenschaften	Kollagenfasern	Retikulinfasern	Elastinfasern
Löslichkeit in Wasser	vorhanden	keine	keine
Löslichkeit in Säuren	vorhanden	keine	keine
Löslichkeit in Laugen	vorhanden	keine	keine
Verdaulichkeit in Pepsin	vorhanden	keine	keine
Verdaulichkeit in Trypsin	vorhanden	vorhanden	keine
Faserverzweigung	keine	keine	vorhanden
Fibrillenverzweigung	vorhanden	vorhanden	keine
Querstreifung	vorhanden	vorhanden	keine
Lichtbrechungsvermögen	schwach	stark	stark
Zugfestigkeit	vorhanden	vorhanden (?)	keine
Zugelastizität	keine	vorhanden (?)	vorhanden
Biegungselastizität	keine	keine	vorhanden

– **ungeformte (amorphe) Grundsubstanz**
  – polyanionische Proteoglykane,
  – Strukturglykoproteine (Abb. 28).

Geformte (faserige) Grundsubstanz

Kollagenfaser (Fibra collagenosa)

Das Skleroprotein Kollagen ist die häufigste Faserart des Bindegewebes, es übernimmt in zahlreichen Organen gewebsspezifische **Schutz- und Stützfunktionen** (z. B. in der Haut, den Hüllen des Nervensystems, den Sehnen und Bändern, im Knorpel und Knochen). Als **interstitielles Bindegewebe** umgeben diese Fasern z. B. Nerven und Gefäße, als **Stroma** verbinden diese die spezifischen Gewebsanteile (Parenchyme) von Organen (Abb. 29).

Kollagenfasern zeigen charakteristische **chemische** und **physikalische Eigenschaften**: sie quellen in Säuren auf, im Magensaft (saures Pepsin) werden sie angedaut, in Laugen lösen sie sich vollständig. Im polarisierten Licht (Nachweis!) sind Kollagenfasern aufgrund ihrer Querstreifung einachsig doppelbrechend (anisotrop). Die besondere Molekularstruktur verleiht diesen Fasern eine beträchtliche Zugfestigkeit bei einer maximalen Dehnungsfähigkeit von nur 5 % (Tab. 2).

Die **Anordnung** der Faserbündel ist vor allem im lockeren Bindegewebe leicht gewellt (»haarlockenförmig«), in geflechtartig straffen Geweben wie Faszien und Aponeurosen zumeist scherengitterartig verflochten (Abb. 29). In Sehnen sind Kollagenfasern vorherrschend parallel orientiert (s. Abb. 37 und 38, S. 58).

Die **Faserbildung (Fibrogenese)** ist eine zellspezifische Syntheseleistung von **Fibroblasten** bzw. von deren Abkömmlingen, den **Chondro- und Osteoblasten**. Man unterscheidet bei der Bildung des Kollagens eine intra- und eine extrazelluläre Phase (Abb. 28).

Während der **intrazellulären Phase** entsteht **Prokollagen** als eine Polypeptidvorstufe des Kollagens. Dabei werden an den **Ribosomen** des **rauhen endoplasmatischen Retikulums** geringfügig unterschiedliche Ketten (sog. α_1- und α_2-Ketten) von mehr als 1000 Aminosäuren synthetisiert. Diese enthalten vorwiegend Alanin, Glyzin und Prolin (Pro-α-Ketten).

Endständig erfolgt die Verknüpfung eines nichthelikalen Registerpeptids. Im Inneren des endoplasmatischen Retikulums werden anschließend nach Hydroxylierung von Prolin und Lysinresten jeweils 3 dieser Ketten helikal verbunden (**Super- oder Tripelhelix**). Im **Golgi-Apparat** werden Galaktosyl- und Glukosylreste in die Ketten inkorporiert. Das fertige Prokollagenmolekül gelangt aus dem Golgi-Apparat in sekretorischen Bläschen, entlang von Mikrotubuli, zur Zelloberfläche und wird dort mittels Exozytose in den extrazellulären Raum abgegeben.

Im **Extrazellularraum** erfolgt primär die enzymatische Abspaltung des Registerpeptids durch eine Prokollagenpeptidase. Die verkürzte Tripelhelix wird als **Tropokollagen** (Länge ca. 280 nm) bezeichnet. Tropokollagen polymerisiert durch Aggregation zum nativen Kollagen. Dabei verbinden sich einzelne Tropokollagene mit ihren jeweiligen Enden zu Ketten (**Mikrofibrillen**). Zusätzlich tritt eine kovalente Quervernetzung ein. Als Ursa-

50 III. Binde- und Stützgewebe (Textus connectivus)

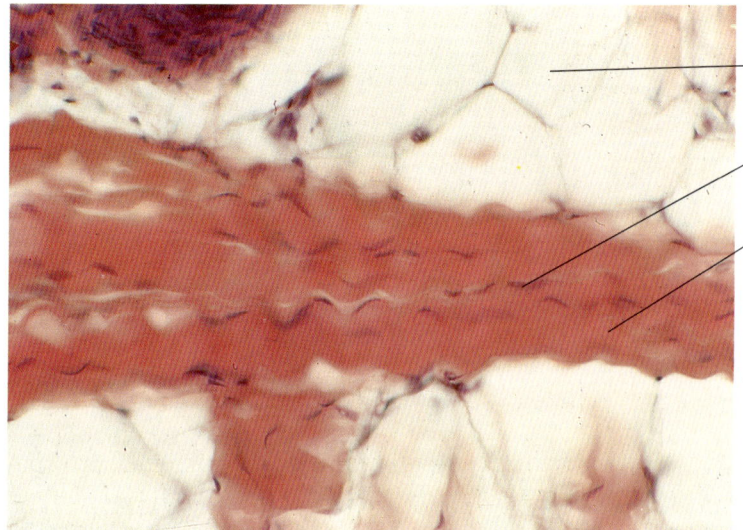

— Fettgewebe
— Kern eines Fibrozyten
— Kollagenfaserbündel

Abb. 29. Kollagenfasern Typ I ordnen sich im lockeren Bindegewebe vorwiegend parallel, die Fasern sind unverzweigt, der Verlauf ist haarlockenähnlich gewellt. Die Kerne der Fibrozyten sind abgeflacht und der Anordnung der Fasern angepaßt. Haut, Hund. Färbung Hämatoxylin-Eosin, Vergr. 480fach.

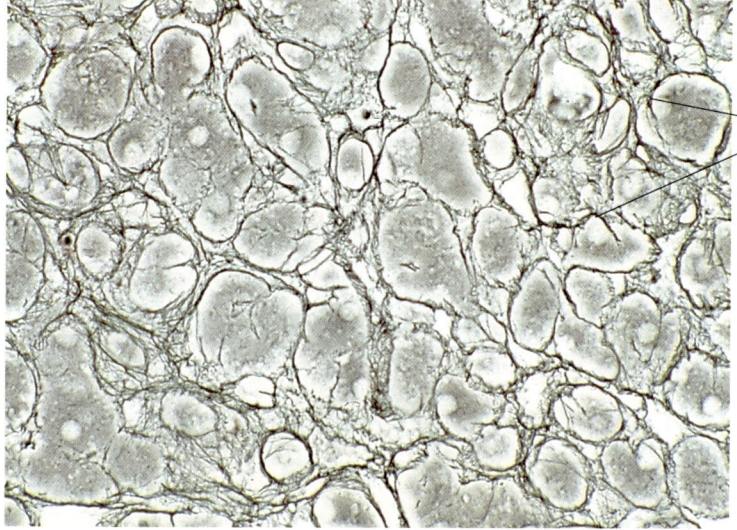

— Retikulinfasern

Abb. 30. Retikulinfasern (Gitterfasern) sind verzweigte Fasern, die sich mit Silbersalzen imprägnieren lassen **(argyrophile Fasern).** Zusätzlich schließen diese Fasern Kollagen Typ III ein. Diese Fasern bilden dreidimensionale Maschenwerke in zahlreichen Organen und hämo- und lymphoretikulären Geweben. Eierstock, Katze. Darstellung nach Achucarro, Vergr. 480fach.

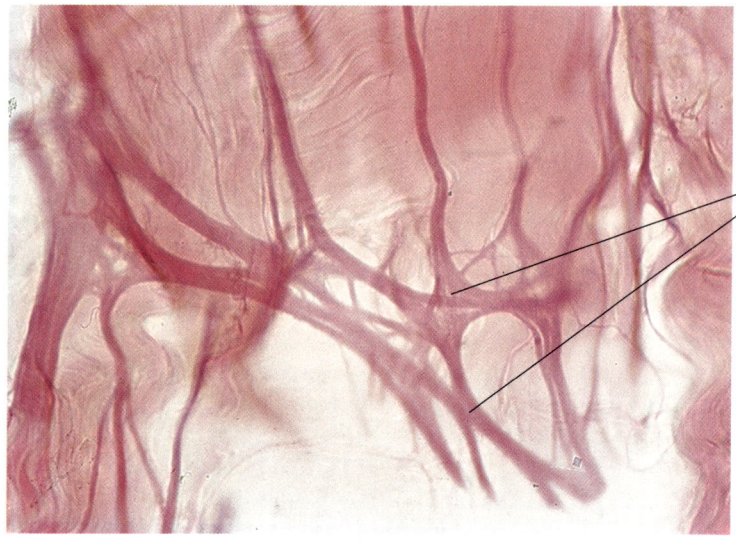

verzweigte elastische Membranen mit »Schwimmhautbildung«

Abb. 31. Elastische Fasern bilden verzweigte Netze, die schwimmhautähnliche Membranplatten bilden. Elastische Fasern weisen auch im ungefärbten Zustand ein starkes Lichtbrechungsvermögen auf und zeigen keine Querstreifung. Haut, Hund. Färbung Resorcin-Fuchsin, Vergr. 480fach.

che für die Bildung der Mikrofibrillen wird die **elektrostatische Anziehung** benachbarter Tropokollagene angenommen. Diese führt zu einer **versetzten Zusammenlagerung** des Tropokollagens. Elektronenoptisch erscheint dies als **Querstreifung der Mikrofibrille.** Die Quervernetzung der Mikrofibrillen trägt entscheidend zur Stabilität der kollagenen Faser bei.

Mikrofibrillen (Durchmesser 20–300 nm) lagern sich zu Kollagenfibrillen (Durchmesser 0,2–0,5 µm) zusammen, die durch weitere Anlagerungen und Quervernetzungen zu Kollagenfasern werden (Durchmesser 1–20 µm). Diese Fasern sind stets unverzweigt und bilden zumeist kleinere oder größere Bündel.

Kollagenfasern lassen sich lichtoptisch mit Eosin (rot), Anilinblau (blau) und Lichtgrün (grün) färberisch darstellen und im polarisierten Licht aufgrund der iso- und anisotropen Querstreifung nachweisen.

Biochemisch werden Kollagenfasern in eine Vielzahl von Kollagentypen unterteilt, von denen bis heute mindestens 5 morphologisch von Bedeutung sind. Sie unterscheiden sich u. a. in der Aminosäurensequenz der Pro-α-Ketten und in der Anzahl der Zuckerreste.

Typ-I-Kollagen tritt als häufigster Kollagentyp des Körpers (30–35%) in der Haut, in Sehnen, Faszien, Knochen, Gefäßen, inneren Organen und im Dentin auf. Dieser Fasertyp besteht aus 2 gleichartigen Peptidketten ($α_1$) und zusätzlich einer anderen Kettenvariante ($α_2$).

Die **Kollagentypen II – V** setzen sich einheitlich aus 3 $α_1$-Ketten zusammen. Sie unterscheiden sich jedoch im Gehalt an Aminosäuren (z. B. an Hydroxyprolin, Hydroxylysin oder an Zysteinylresten). **Typ-II-Kollagen** ist das Strukturprotein des hyalinen Knorpelgewebes. **Typ-III-Kollagen** tritt in Gefäßwänden, in inneren Organen (z. B. Leber, Niere, Milz), in der Haut, im embryonalen Bindegewebe und in der Hornhaut des Auges auf. **Typ-IV- und Typ-V-Kollagen** sind Bestandteile der Basallamina, sie sind reich an Hydroxyprolin.

Retikuläre Faser (Fibra reticularis)

Diese Fasern leiten ihre Bezeichnung von ihrer gitterartigen, feinverzweigten Vernetzung ab **(Gitterfasern, Retikulinfasern)** (Abb. 30). Sie bilden in den meisten Organen (Leber, Niere, Drüsen, Gefäße) dreidimensionale, dehnungselastische Maschenwerke, treten zusammen mit Basalmembranen auf und überziehen netzartig Sehnen, Bänder und Muskelfasern. In besonderem Maße dienen Retikulinfasern in lympho- und hämoretikulären Geweben (Milz, Lymphknoten, Knochenmark) als formgebende, biegsame Strukturelemente. Sie stehen auch mit Retikulumzellen in engem Kontakt.

Retikulinfasern ähneln in ihrer biochemischen Zusammensetzung Kollagenfasern. Ihre Vorstufen werden ebenfalls in Fibroblasten synthetisiert und extrazellulär zu Mikrofibrillen polymerisiert. Sie weisen eine periodische Querstreifung von 64 nm auf. Immunhistochemisch kann in diesen Fasern der Kollagentyp III nachgewiesen werden. Der Durchmesser der Fasern beträgt nur 0,2–1 µm, ihre Oberflächen sind mit Proteoglykanen und glykoproteinreichen Substanzen überzogen (s. Tab. 2, S. 49).

Lichtmikroskopisch sind die Retikulinfasern speziell mit der PAS-Reaktion und durch Imprägnation ihrer Oberfläche mit Silbersalzen **(argyrophile Fasern)** nachweisbar.

Elastische Faser (Fibra elastica)

Die elastischen Fasern unterscheiden sich von Kollagenfasern vor allem durch ihre große **Elastizität** (Dehnbarkeit bis zu 150% der Ausgangslänge) sowie durch ihr starkes **Lichtbrechungsvermögen** (Abb. 31). Elastische Fasern sind verzweigt und bilden unregelmäßig erweiterte Netze oder gefensterte Membranen, ihre Durchmesser schwanken von 0,5–5 µm. Sie sind widerstandsfähig gegenüber Säuren und Laugen.

Elastische Fasern setzen sich aus einer **amorphen, zentralen Masse** (Pars amorpha) und einem mantelartig anliegenden **Mikrofibrillensaum** (Pars filamentosa) zusammen. Die amorphe Substanz besteht vorrangig aus **Elastin** sowie Glyzin, Alanin und Prolin. Fibroblasten und gelegentlich glatte Muskelzellen synthetisieren Proelastin, das – ähnlich den Kollagenfasern – extrazellulär zur Faser polymerisiert und sekundär von hydrophilen Fibrillen umlagert wird. Elastische Fasern bestehen aus einem dreidimensionalen Netz ungeordneter, zufällig verteilter Ketten. Deshalb zeigen diese Fasern keine Querstreifung (s. Tab. 2, S. 49).

Elastische Fasern liegen einzeln oder als Bündel bevorzugt im Bindegewebe. Sie bilden die Grundlagen elastischer Gewebe (z. B. elastische Knorpel, Aortenwand, Membrana elastica int. und ext. in Arterien) und elastischer Bänder (z. B. Nackenband, Lig. flavum).

Diese elastischen Fasern können durch spezielle Methoden angefärbt werden (Elastika-Färbungen): Resorcin (rot), Aldehydfuchsin (dunkelblau), van Gieson (rot), Orcein (schwarz).

Die Tabelle 2 gibt einen Überblick über Eigenschaften der Bindegewebsfasern. Dabei zeigt sich,

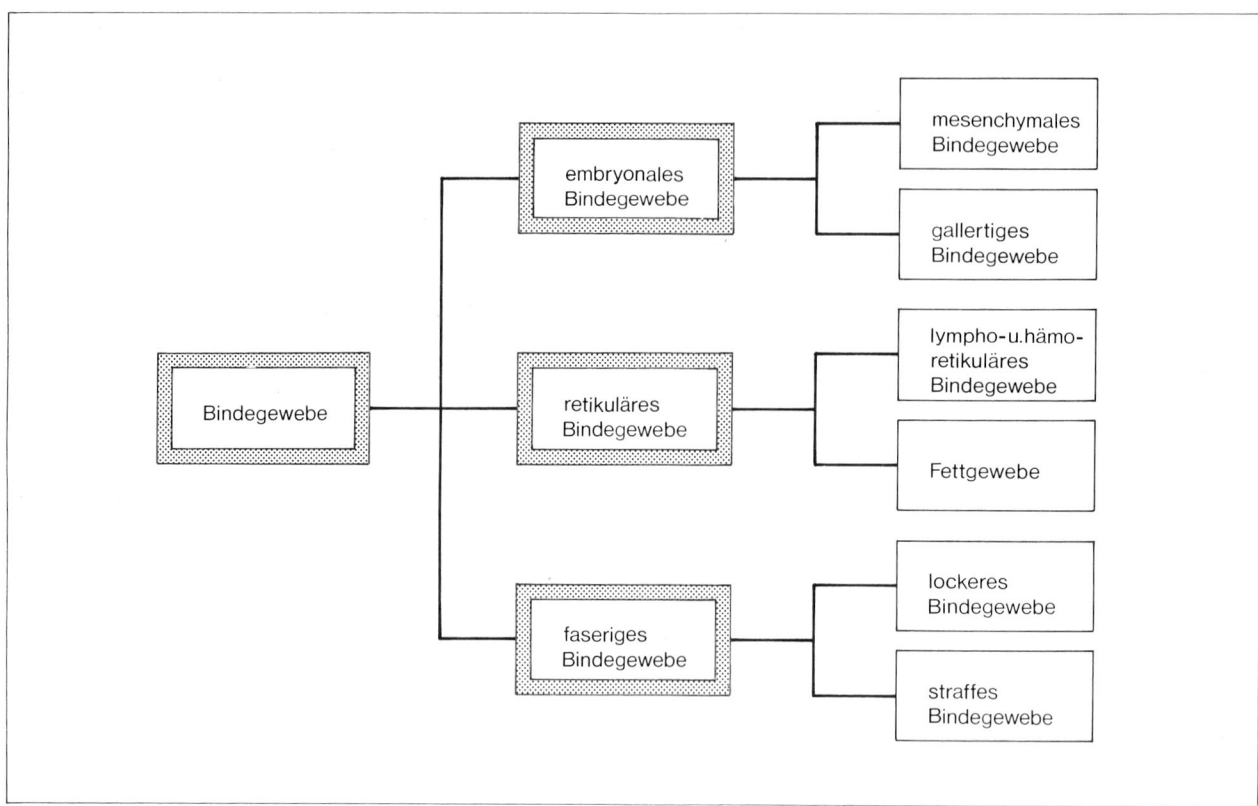

Abb. 32. Schematische Darstellung der systematischen Gliederung des Bindegewebes.

daß kollagene und elastische Fasern stets konträre Merkmale aufweisen, während Retikulinfasern alternierend den beiden anderen Fasern nahe stehen.

Ungeformte (amorphe) Grundsubstanz

Die Zellen und die geformte (faserige) Grundsubstanz des Binde- und Stützgewebes sind in eine visköse, amorphe Grundsubstanz eingebettet, die in unterschiedlichen, konstanten oder wechselnden sol- oder gelartigen Aggregatzuständen auftritt. Die Natur dieser Grundsubstanz trägt dazu bei, das Gewebe zu charakterisieren: z. B. weiches Bindegewebe, druckelastischer Knorpel, statisch-mechanisch fester Knochen. Sämtliche Stoffe aus dem Kapillarlumen müssen auf dem Weg zum Erfolgsgewebe und umgekehrt diese Grundsubstanz passieren. Dies gilt für feste, flüssige oder gasförmige Substanzen ebenso wie für Stoffwechselprodukte, Sekrete oder Exkrete.

Die Grundsubstanz besteht biochemisch aus **polyanionischen Proteoglykanen** und **Strukturglykoproteinen**. In Proteoglykanen übersteigt der Glykan-(Polysaccharid-)Anteil quantitativ den Proteinanteil. Sie bilden lineare Ketten polymerer Disaccharideinheiten aus azetylierten Zuckern (Glykosamin) und D-Galaktose (Glykan). Aufgrund ihres hohen Anteils an Uronat und Estersulfaten werden sie als saure Glykosaminoglykane bezeichnet. Diese Moleküle variieren häufig im Sulfatgehalt und im Grad ihrer Azetylierung. Daraus entwickeln sich die verschiedensten Gruppen an Glykosaminoglykanen, die wesentlich zur Konsistenz des Bindegewebes beitragen: Chondroitinsulfat (= sulfatierte Glykosaminoglykane), Dermatansulfat, Keratansulfat, Hyaluronat. Die Biosynthese dieser Grundsubstanzen wird hormonell reguliert. Ihre Grundstruktur erlaubt es den Glykosaminoglykanen, Wasser und Kationen in größeren Mengen zu binden. Da gleichzeitig eine erhebliche Verflechtung dieser Makromolekülketten untereinander besteht, entwickelt sich zusammen mit den Kollagenfibrillen eine stoffwechselaktive Permeabilitätsbarriere, die den extrazellulären Stofftransport reguliert. Durch die Wasserbindungskapazität kann gleichzeitig temporär der Gehalt an extrazellulärer Flüssigkeit positiv oder negativ beeinflußt werden (Speicherfunktion, Gewebsturgor).

Strukturglykoproteine bestehen aus konjugierten Proteinen mit kovalent gebundenen Kohlenhydraten (Monosaccharide), die u. a. in Sehnen, Knorpel, Knochen, Gefäßwänden und in Basalmembranen vorkommen. Sie regulieren die Neubildung von Bindegewebe und steuern die Kalzifikation.

Arten des Bindegewebes

Gemeinsam ist allen Bindegewebsbildungen ihre Herkunft aus dem mittleren Keimblatt (Mesoderm).

Eine strenge systematische Klassifizierung der Bindegewebsarten wird aufgrund der Vielfältigkeit und der oftmals fließenden Übergänge zwischen den einzelnen Bindegeweben erschwert. Dennoch wird das Bindegewebe üblicherweise gegliedert in das
- **embryonale Bindegewebe**
  - mesenchymales Bindegewebe,
  - gallertiges Bindegewebe,
- **retikuläre Bindegewebe**
  - lymphoretikuläres Bindegewebe,
  - hämoretikuläres Bindegewebe,
  - Fettgewebe,
- **faserige Bindegewebe**
  - lockeres, faserarmes Bindegewebe,
  - straffes, faserreiches Bindegewebe (Abb. 32).

Embryonales Bindegewebe (Textus connectivus embryonalis)

Das Gewebe des mittleren Keimblattes (Mesoderm) bildet beim Embryo das mesenchymale und das gallertige Bindegewebe aus. Es besteht grundsätzlich aus nur relativ wenigen, undifferenzierten Zellen, erweiterten Zwischenzellräumen und einer gelartigen Grundsubstanz.

Mesenchymales Bindegewebe wird bevorzugt von sternförmigen bis polymorphen Zellen (7 bis 10 µm) (**Mesenchymzellen**) gebildet, die durch ihre langen Fortsätze ein dreidimensionales Maschenwerk aufbauen (Abb. 33). Der Kern ist relativ groß und heterochromatinreich, die Zellen teilen sich häufig. Sie besitzen die Fähigkeit zur Phagozytose, können sich aus ihrem Verband lösen und in der meist undifferenzierten Grundsubstanz amöboid wandern. Aus **Mesenchymzellen** entwickelt sich das gesamte Binde- und Stützgewebe und dessen Abkömmlinge, die Mehrzahl der Muskelzellen, die Gefäße und sämtliche Endo- und Mesothelien.

Gallertiges Bindegewebe ist ein Abkömmling des mesenchymalen. Es tritt um die Gefäße des Nabelstrangs (Wharton-Sulze) und in der Zahnpulpa auf. Gallertiges Bindegewebe besteht aus netzartig verbundenen **Fibroblasten** und **Mesenchymzellen**, die in die erweiterten Zwischenräume spärlich Kollagenfibrillen und vermehrt amorphe, hyaluronsäurereiche Grundsubstanz abgeben. Diese verleiht dem Gewebe eine erhöhte mechanische Stabilität und die Fähigkeit, Wasser zu binden. Obgleich gallertiges Bindegewebe morphologisch dem pluripotenten Mesenchymgewebe verwandt ist, fehlt ihm die Fähigkeit zur weiteren Differenzierung. Funktionell ist eine zelluläre Abwehr gegenüber bakteriellen Keimen nicht auszuschließen (Nabelstrang).

Retikuläres Bindegewebe (Textus connectivus reticularis)

Das retikuläre Bindegewebe hat sich noch weitgehend den Charakter des undifferenzierten Mesenchyms erhalten. Retikulumzellen bilden ein weitmaschiges Netz, in das relativ undifferenzierte Grundsubstanz und ein feinfibrillärer Verband retikulärer Fasern eingelagert ist.

Retikulumzellen schließen vorrangig einen großen, chromatinarmen Kern ein, der sich je nach Funktionszustand auch verdichtet (Kerndimorphismus). Die Funktion der Retikulumzellen umfaßt die Synthese der Retikulinfasern, die Phagozytose abgestorbener Zellen und körperfremder Teilchen, das Erkennen von Antigenen auf der Zelloberfläche und die Weitergabe der Information an immunkompetente Zellen.

Durch die enge Verknüpfung von Zellen und Fasern trägt dieses Gewebe dazu bei, das Grundgerüst zahlreicher Organe zu bilden (z. B. in subepithelialen Bindegewebsschichten des Gastrointestinaltraktes, in lymphatischen Organen, in der Leber, in den Geschlechtsorganen).

54   III. Binde- und Stützgewebe (Textus connectivus)

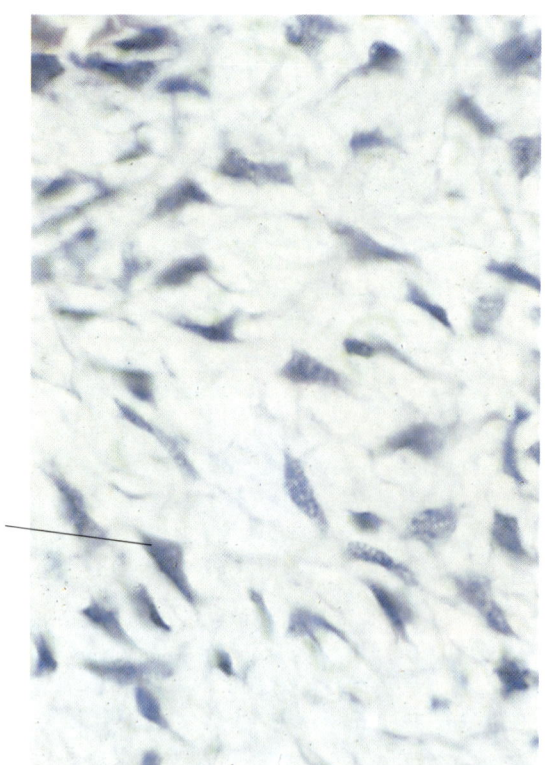 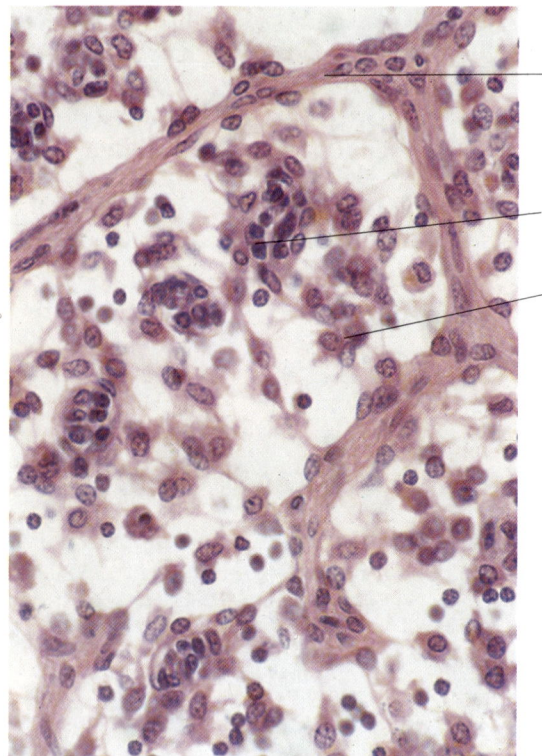

Abb. 33. Mesenchymales Bindegewebe tritt vorzugsweise während der embryonalen Entwicklung auf und bildet die Grundlage für sämtliche Binde- und Stützgewebe, Mesenchymzellen werden zu Stammzellen für Blutzellen und Organe des Kreislaufsystems. Diese Zellen stehen über feinste Zytoplasmaausläufer in Kontakt und bilden zwischen sich vermehrt interzelluläre Grundsubstanz aus. Mittleres Keimblatt (Mesoderm), Hund. Färbung Methylenblau, Vergr. 100fach.

Abb. 34. Lymphoretikuläres Gewebe entwickelt sich zwischen Bindegewebssepten als ein dreidimensionales Maschenwerk von Retikulumzellen und freien Lymphzellen. Die Bindegewebssepten schließen Fibroblasten, Fibrozyten und kollagene Fasern ein. Lymphknoten, Hund. Färbung Hämatoxylin-Eosin, Vergr. 480fach.

Lymphoretikuläres Bindegewebe (Textus connectivus lymphoreticularis)

In die weiten Interzellularräume des **retikulären Bindegewebes** treten oftmals **freie, mobile Zellen** über (Histiozyten, Makrophagen, Lymphozyten, Plasmazellen, Monozyten). Es entsteht daraus das **lymphoretikuläre Bindegewebe** (Abb. 34). Diese Gewebsgruppe bildet dann die Grundlage der lymphatischen Organe (Lymphknoten, Milz, Mandeln, Thymus). Das lymphoretikuläre Gewebe ist ein wesentlicher Bestandteil des spezifischen und unspezifischen Abwehrsystems im Körper. (Näheres s. Kap. VIII: »Immunsystem und lymphatische Organe«, S. 126.)

Hämoretikuläres Bindegewebe (Textus connectivus haemopoeticus)

Sind im **retikulären Bindegewebe freie Blutzellen oder deren Stamm- und Vorläuferzellen** eingelagert, spricht man von **hämoretikulärem Bindegewebe** (z. B. im Knochenmark). Dieses Gewebe behält trotz Spezialisierung zeitlebens seine Verwandtschaft zum retikulären Gewebe bei. Es besteht die Neigung, sich in dieses zurückzutransformieren oder sich in Fettgewebe zu wandeln. (Näheres s. Kap. VII: »Blut und Blutzellbildung«, S. 114.)

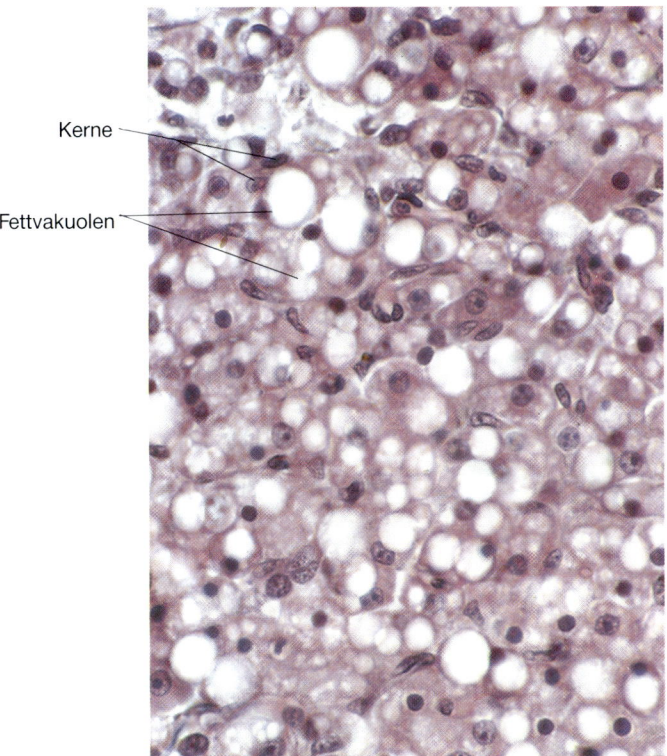 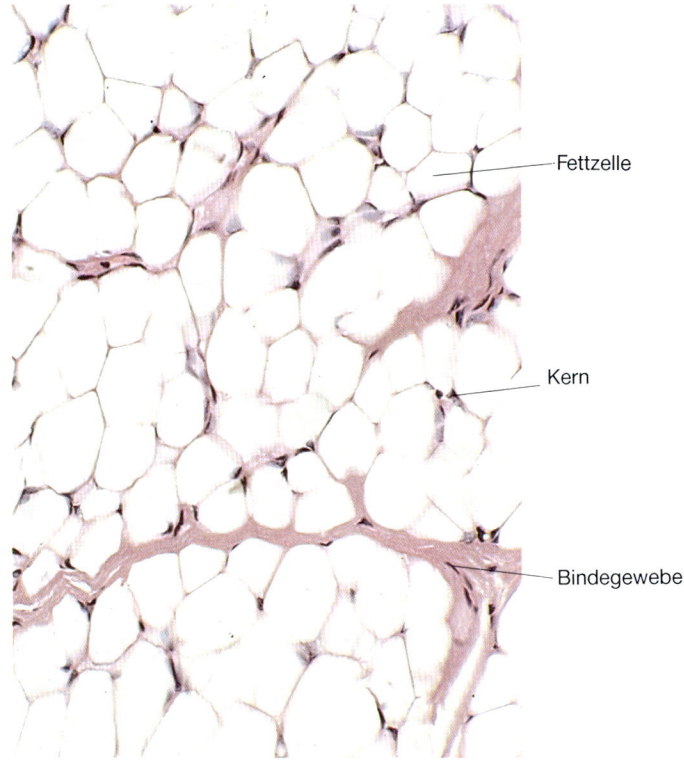

Abb. 35. Embryonales (braunes) Fettgewebe ist durch die Ausbildung zahlreicher Fettvakuolen innerhalb einer einzelnen Zelle **(plurivakuoläres Fettgewebe)** gekennzeichnet. Nierenfettgewebe, junger Hund. Färbung Hämatoxylin-Eosin, Vergr. 300fach.

Abb. 36. Im **weißen Fettgewebe** schließt jede Fettzelle nur eine einzige Fettvakuole ein **(univakuoläres Fettgewebe)**, die Zellorganellen sind an den Rand des Zytoplasmas verlagert. Dadurch werden die Zellgrenzen als verstärkte Grenzlinien deutlich sichtbar. Der Zellkern liegt stets randständig. Sohlenballen, Katze. Färbung Hämatoxylin-Eosin, Vergr. 300fach.

Fettgewebe (Textus adiposus)

Fettgewebe entwickelt sich aus retikulär-bindegewebigen Vorstufen, bei denen Retikulumzellen durch Einlagerung von Fetttröpfchen zu Fettzellen werden. Dieses Gewebe besteht aus einer homogenen Population von **Fettzellen (Lipozyten, Adipozyten)**, die einzeln oder in Gruppen auftreten und so einen Bestandteil anderer Gewebe oder Organe bilden. Entsprechend ist die Organisationsform singulär oder traubenläppchenförmig. Es ist stark durchblutet.

Die Funktionen des Fettgewebes sind vielseitig. Im Rahmen des **Energiestoffwechsels** können relativ schnell energiereiche Substrate gespeichert und bei Bedarf ebenso rasch wieder mobilisiert werden **(Speicher- und Depotfett)**. Bevorzugte Lokalisationen dieses Gewebes sind das Unterhautgewebe, die Bauchhaut, die Achselhöhle oder die Inguinalregion.

Als Energiequellen stehen zumeist Nahrungsfette aus dem Blut (Chylomikronen), Triacylglyzeride (Neutralfette) der Leber und Fette aus dem Glukoseabbau zur Verfügung. Das Fettgewebe unterliegt ständig einem Auf- (Triacylglyzerinbiosynthese – **Lipogenese**) und Abbau (Triacylglyzerinhydrolyse – **Lipolyse**). Zusätzlich entstehen in Fettzellen Fettsäuren, die mit α-Glyzerophosphat laufend reverestert werden (Reveresterungszyklus).

Das Verhältnis von Depotfetten, Aufbau- und Abbaufetten wird u. a. durch Neurotransmitter **sympathischer Nervenfasern** und durch **Hormone** reguliert: Insulin und Prostaglandin E_1 hemmen durch Blockade des Adenylatzyklase-cAMP-Rezeptors am Plasmalemm die Freisetzung von Fettsäuren aus den Fettzellen (Lipogenese). Noradrenalin, Adrenalin, ACTH, TSH, STH und Glukagon fördern im Gegensatz dazu den Fettabbau (Lipolyse) durch Aktivierung des Adenylatzyklase-cAMP-Systems. Dadurch wird in der Fettzelle aus Triglyzeriden Glyzerol abgespalten und Fettsäuren frei an die Kapillaren abgegeben.

Von besonderer funktioneller Bedeutung ist die Tatsache, daß Fettgewebe sich nach Entspeicherung wieder in retikuläres Gewebe zu transformieren vermag (Metaplasie). Durch Einlagerung von mukoproteinreichen Substanzen können im alternden Fettgewebe großblasige, wabige Fettzellen entstehen **(seröses Fettgewebe)**.

Fettgewebe steuert als schlechter Wärmeleiter auch die **Thermoregulation** des Körpers, es dient der Wärmeisolation. Fettgewebe übernimmt auch in erheblichem Umfang mechanische Aufgaben **(Baufett)**. Es tritt als Capsula adiposa der Niere, als Fettpolster im Sohlenballen und in der Augenhöhle (retrobulbäres Fettpolster) auf. Zusätzlich wirkt Fett z. B. nahe einiger Gelenke stoßdämpfend und erhöht die **Stabilität** ganzer Organe. Darüber hinaus spielt Fettgewebe für den **Wasserhaushalt** des Körpers eine entscheidende Rolle.

Fettgewebe dient während der embryonalen Entwicklung als **Platzhalter** für sich später bildende Gewebe und füllt nach physiologischer Rückbildung differenzierter lympho- und hämoretikulärer Gewebe (z. B. Thymus, Knochenmark) oder nach pathologischen Degenerationen diese Organe aus.

Unterschiedliche Struktur und Funktion, aber auch differierende Farbe, Lokalisation und Gefäßversorgung lassen folgende Unterteilung zu:
— pluri- oder multivakuoläres Fettgewebe,
— univakuoläres Fettgewebe.

Pluri- oder multivakuoläres Fettgewebe (Textus adiposus fuscus)

Treten im Zytoplasma von Fettzellen zahlreiche unterschiedlich große Fetttröpfchen auf, spricht man von pluri- oder multivakuolärem Fett (Abb. 35). Dieses entwickelt sich aus strangförmig angeordneten Retikulumzellen, deren Mitochondrien einen hohen Gehalt an Zytochrom aufweisen **(= braunes Fett)**. Die einzelnen **Fettzellen** sind kleiner (15–25 µm) als die weißen Fettzellen (s. u.), der Kern liegt vorwiegend zentral. Das Zytoplasma schließt eine große Zahl an Mitochondrien, Glykogen und Fettvakuolen ein. An ihre Oberfläche treten adrenerge Nervenfasern heran, begleitet von einem dichten Kapillarnetz.

Braunes Fettgewebe ist bei Vögeln, bei Winterschläfern und Nagetieren ausgebildet (z. B. im Schultergürtel), es tritt aber auch beim neugeborenen Säuger noch in bis zu 5% des Anteils an Fettgewebe auf (z. B. nahe der Schilddrüse und im Nierenhilus). Die Funktion dieses Gewebes liegt in der **Bereitstellung von Energie** und dient der **Wärmeproduktion**.

Univakuoläres Fettgewebe (Textus adiposus albus)

Fettzellen sind Abkömmlinge der mesenchymalen Retikulumzellen. In diesen Zellen kommt es zur intrazytoplasmatischen Einlagerung von Fett **(Lipoblasten)**. Aus kleinsten Einzelfetttröpfchen entsteht durch Zusammenfließen **1 große Fettvakuole**, die für das Gewebe namensgebend ist (Abb. 36).

Diese Gewebsart besteht aus einzelnen oder durch lockeres Bindegewebe zu Läppchen verbundenen Fettzellen, die entweder rund oder polyedrisch erscheinen (25–100 µm) (Abb. 36). Die **Einzelfettzelle (Lipocytus)** wird bis auf einen schmalen Randbezirk fast vollständig von 1 Fetttropfen ausgefüllt, der zur Stabilität von Mikrofilamenten überzogen wird. Die Organellen der Zelle werden dadurch an die Peripherie verlagert und dort verdichtet. Der Kern ist randständig und abgeplattet. An der Oberfläche werden Fettzellen von feinsten retikulären Fasern und einem dichten Kapillarnetz umgeben. Adrenerge Nervenfasern bilden periarteriolär feinste Geflechte und steuern in diesem Gewebe neurogen stoffwechselaktive Mechanismen.

Fettzellen teilen sich nicht, neue können nur aus anderen Retikulumzellen erwachsen. Die vorwiegend weiße bis gelbliche Farbe dieses Gewebes (= **weißes Fett**) ist auf die unterschiedliche Einlagerung von exogenen, fettlöslichen Pigmenten (z. B. Karotinoide) zurückzuführen.

Faseriges Bindegewebe (Fibra textus connectivi)

Die unterschiedliche mechanische Beanspruchung des Bindegewebes in den verschiedenen Körperregionen führt zu einer strukturellen und funktionellen Adaptation des Bindegewebes. Man unterscheidet daher das
— lockere, faserarme Bindegewebe
 (Textus connectivus collagenosus laxus),
— straffe, faserreiche Bindegewebe
 (Textus connectivus collagenosus compactus).

Lockeres, faserarmes Bindegewebe (Textus connectivus collagenosus laxus)

Diese Gewebsart ist in Form des **interstitiellen Bindegewebes (Zwischengewebe)** im Körper weit verbreitet. Die kollagenen Faserbündel sind zumeist nach dem Prinzip eines Scherengitters angeordnet, so daß funktionsbedingte Veränderungen der Zugbelastung des Gewebes ausgeglichen werden können. Als lockeres **Hüll- und Verschiebegewebe** bildet es die Trägerstruktur der Organe (Stroma), verbindet und trennt einzelne Organabschnitte und Kompartimente und bildet für Nerven und Gefäße das Leitgewebe. Lockeres Bindegewebe ist sämtlichen Epithelgeweben unterlagert und wird von diesen nur durch die Basalmembran getrennt. Ihm kommt ferner entscheidende Bedeutung für den **Stoffaustausch** zwischen dem Kapillargebiet und dem Parenchym des Erfolgsorgans zu. Das lockere Bindegewebe erleichtert aufgrund der weiten Maschenräume seiner kollagenen, retikulären und elastischen Fasern den interzellulären Stofftransport. Unterstützt wird dieser Diffusionsvorgang durch die hohe Wasserbindungskapazität der in den Spalträumen reichlich entwickelten **Grundsubstanz**. Die hier zumeist gehäuft lokalisierten Glykosaminoglykane sind stark hydrophil. Damit dient das lockere Bindegewebe auch der **Regulation des Wasserhaushalts**.

Zelluläre Grundlagen dieses Gewebes sind die meist abgeplatteten Fibroblasten und Fibrozyten, die sich in ihrer Form dem Verlauf der Kollagenfasern anpassen. Daneben sind u. a. Makrophagen eingeschlossen. Gehäuft treten im lockeren Bindegewebe nahezu alle freien, mobilen Bindegewebszellen (Histiozyten, Lymphozyten, Plasmazellen, Mastzellen) auf. Diese Zellen übernehmen lokal **immunzelluläre Abwehrleistungen**.

Straffes, faserreiches Bindegewebe (Textus connectivus collagenosus compactus)

Das straffe Bindegewebe besteht vorwiegend aus kollagenen und elastischen Fasern, während die zellulären Elemente (Fibrozyten) sowie die ungeformte Grundsubstanz quantitativ in den Hintergrund treten.

Funktionsabhängig liegen die Faserbündel eng aneinander, sie sind nach Zug und Druck in ihrer Verlaufsrichtung orientiert. Ihr Auftreten ist auf Körperstellen erhöhter mechanischer Beanspruchung beschränkt. Entsprechend der Anordnung seiner Kollagenfasern untergliedert man das straffe, faserreiche Bindegewebe in ein
– geflechtartiges Bindegewebe,
– parallelfaseriges Bindegewebe.

Geflechtartiges Bindegewebe

Das geflechtartige Bindegewebe bildet vorzugsweise die Grundlagen von Organkapseln, Faszien und Aponeurosen sowie des Herzbeutels. Die Knorpelhaut (Perichondrium) und Teile der Knochenhaut (Stratum fibrosum) werden ebenso wie die Gelenkkapseln aus flächenhaft ausgebreiteten Kollagenfaserbündeln aufgebaut. Geflechtartiges Bindegewebe ist scherengitterartig angeordnet. Damit ist gewährleistet, daß sich die in regelmäßigen Winkeln gerichteten Faserbündel den funktionell erforderlichen Verformungen rasch anpassen können (z. B. bei Erweiterung oder Verengung eines Hohlorgans oder bei der Kontraktion eines Muskels).

Im geflechtartigen Bindegewebe ist die Grundsubstanz weitgehend zurückgedrängt, Fibrozyten legen sich dem Verlauf der Fasern eng an.

Parallelfaseriges Bindegewebe

Das parallelfaserige Bindegewebe ist durch die Bündelung seiner Fasern in eine vorherrschende Richtung gekennzeichnet. Die wesentlichen Vertreter dieser Gewebsart sind **Sehnen** und **Bänder**, diese sind entweder aus kollagenen oder aus elastischen Fasern aufgebaut (Abb. 37–40).

Die **Sehne (Tendo)** und das **Band (Ligamentum)** bestehen zum größten Teil aus parallel angeordneten Kollagenfasern (Sehnenfasern), die netzartig von wenigen elastischen Fasern umhüllt werden (Abb. 37, 38 und 40). In den Zwischenräumen benachbarter Faserbündel liegen langgestreckte, heterochromatinreiche **Sehnenzellen (Tendinozyten)**, die sich den räumlichen Verhältnissen anpassen. Sie sind schmal und winkelig abgeplattet **(Flügelzellen)**. Entsprechend der physikalischen Leistungsfähigkeit des Kollagengewebes wirken diese geordneten Faserbündel der Zugkraft entgegen.

Die Sehnen sind aus Fibrillen und Faserbündeln aufgebaut, die gegeneinander durch lockere Bindegewebsschichten abgegrenzt sind. Die innerste Hüllschicht wird direkt von Tendinozyten (Sehnen- oder Flügelzellen) gebildet und als **Endotenonium** bezeichnet. Mehrere Kollagenfaserbündel werden von einem **Peritenonium** umfaßt. Die gesamte Sehne umhüllt das **Epitenonium** (Abb. 40).

Die Stoffwechselaktivität des parallelfaserigen Bindegewebes ist stark eingeschränkt, die Vaskula-

58 III. Binde- und Stützgewebe (Textus connectivus)

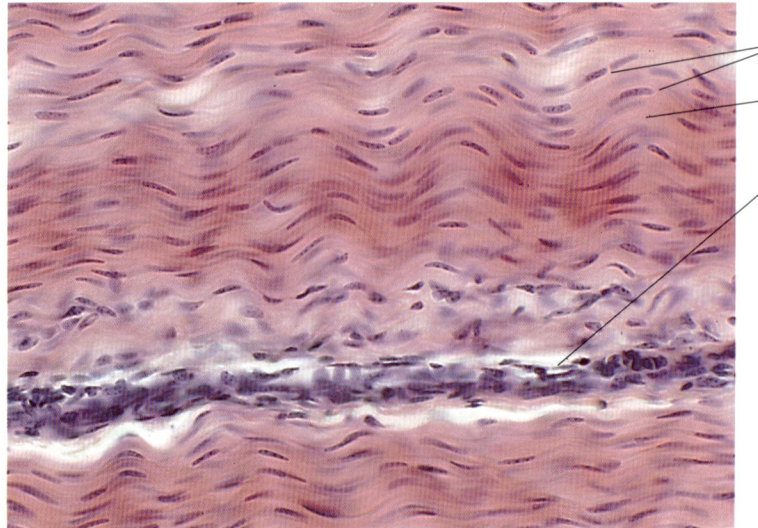

Kerne von Tendinozyten

Kollagenfaserbündel

Peritenonium mit Kernen von Fibrozyten

Abb. 37. Parallelfaseriges, straffes Bindegewebe (Längsschnitt durch eine Sehne) wird im wesentlichen von Kollagenfasern gebildet, die durch zusätzliche elastische Fasern geringgradig verkürzt werden. Die Kollagenfasern erscheinen im Schnittpräparat daher stets leicht gewellt, sie sind schwach rötlich angefärbt. Die Sehnenzellen (Tendinozyten) passen sich in ihrer Form dem Faserverlauf an. Sehne, Schwein. Färbung Hämatoxylin-Eosin, Vergr. 480fach.

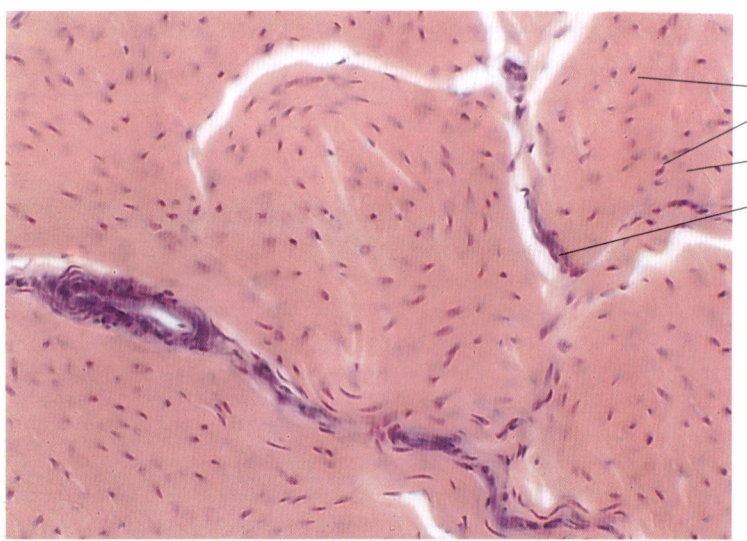

Kerne von Tendinozyten

Kollagenfaserbündel

Peritenonium mit Kernen von Fibrozyten

Abb. 38. Parallelfaseriges, straffes Bindegewebe (Querschnitt durch eine Sehne) wird von geschichteten Lagen kollagener Fasern aufgebaut, die durch bindegewebige Hüllen zusammengehalten werden (Endotenonium, Peritenonium, Epitenonium). Sehne, Schwein. Färbung Hämatoxylin-Eosin, Vergr. 300fach.

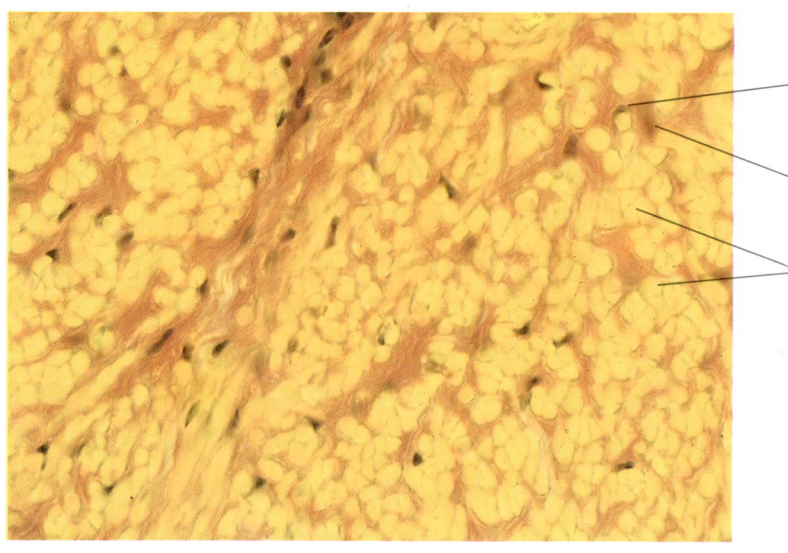

Kern eines Fibrozyten

kollagenes Bindegewebe

elastische Fasern

Abb. 39. Elastische Fasern erscheinen im Querschnitt als isolierte, gelblich gefärbte Schollen, die oberflächlich von einem feinen Netz kollagener, rötlich gefärbter Fasern umgeben werden. Nackenband, Rind. Färbung v. Gieson, Vergr. 480fach.

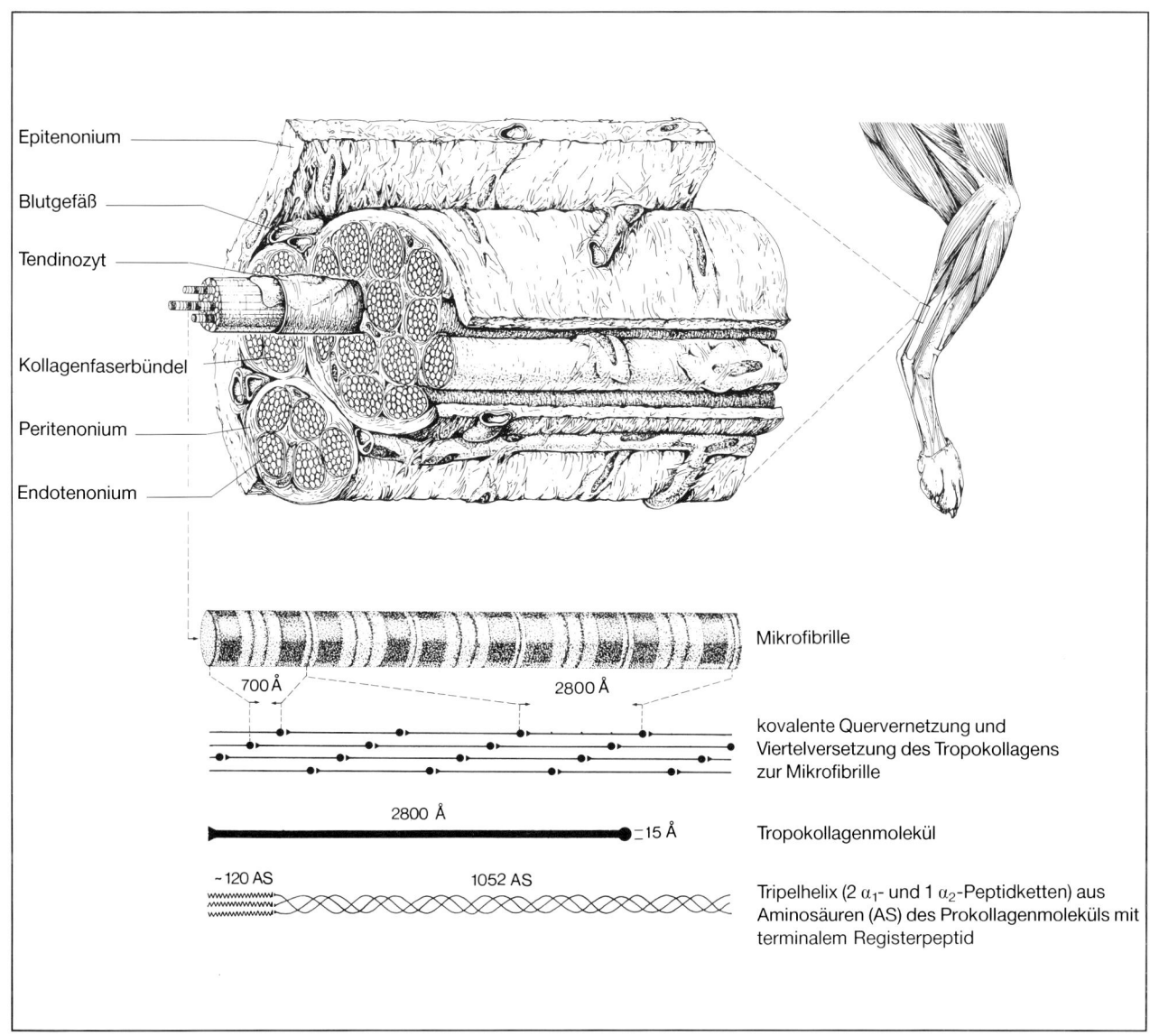

Abb. 40. Schematische Darstellung des lichthistologischen, ultrastrukturellen und molekularen Aufbaus von Kollagenfaserbündeln, Kollagenfasern und Kollagenfibrillen (Mikrofibrillen) aus einem parallelfaserigen Bindegewebe (Sehne) und deren Hüllschichten.

risation kleinster Fasereinheiten gegenüber anderen Bindegeweben reduziert. Auch ist die Diffusion von Nährstoffen oftmals durch die dichte Bündelung der Fasern erschwert.

Die **elastischen Bänder (Fibrae elasticae)** entsprechen in ihrem grundsätzlichen Bau dem der Sehnen. Die elastischen Fasern bilden die vorherrschende Grundlage dieses Gewebes. Die einzelnen Elastinfasern sind in einer beträchtlichen Stärke ausgebildet (30 µm). An ihrer Oberfläche werden die Einzelfibrillen manschettenartig von feinen Kollagen- und Retikulinfasern umhüllt. In dieser Verschiebeschicht liegen kleine Fibroblasten und Fibrozyten. Das Gewebe ist schlecht vaskularisiert. Der hohe Anteil elastischen Gewebes verleiht diesen Bändern eine zumeist gelbliche Farbe. Zu den elastischen Bändern zählen z. B. das Nackenband und das Stimmband (Abb. 39).

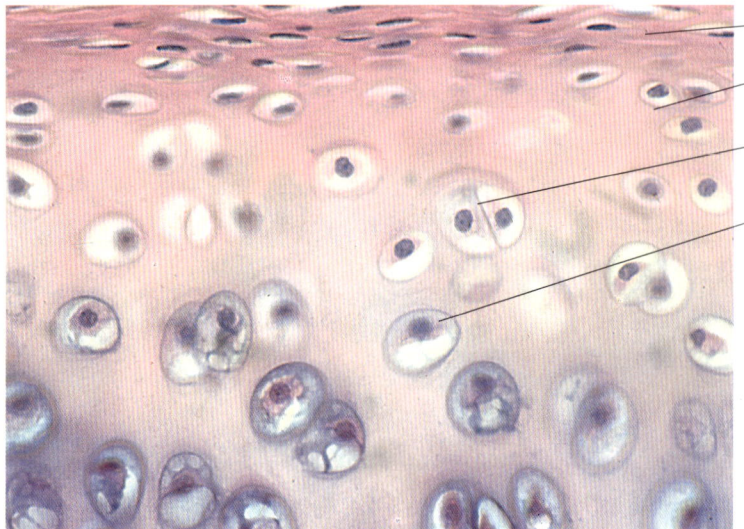

Perichondrium
Interzellularsubstanz
isogene Zellgruppe
Chondrozyt

Abb. 41. Hyaliner Knorpel. Die Knorpelzellen (Chondrozyten) bilden vornehmlich im Randgebiet des hyalinen Knorpels isogene Zellgruppen, die Interzellularsubstanz ist blaß gefärbt und homogen, Kollagenfasern sind nicht erkennbar. Die Chondrozyten liegen in Knorpelhöhlen, die Zellen sind durch die Präparation unterschiedlich stark geschrumpft. Hyaliner Knorpel des dritten Augenlides, Pferd. Färbung Hämatoxylin-Eosin, Vergr. 480fach.

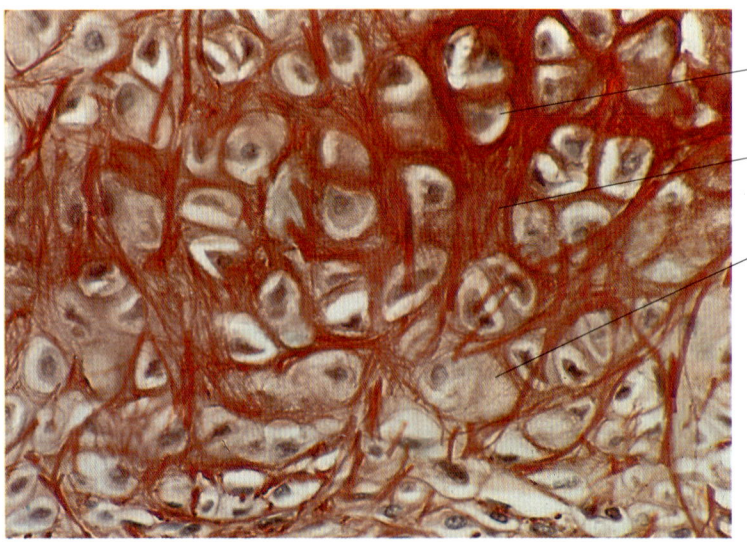

Chondrozyt

elastische Fasern

Grundsubstanz

Abb. 42. Im **elastischen Knorpel** ist ein dichtes Netz elastischer Fasern entwickelt, die Interzellularsubstanz erscheint heller, die Chondrozyten sind zwischen das verzweigte, rötlich gefärbte Fasernetz eingelagert. Kehldeckel, Hund. Färbung Orcein-Hämalaun, Vergr. 480fach.

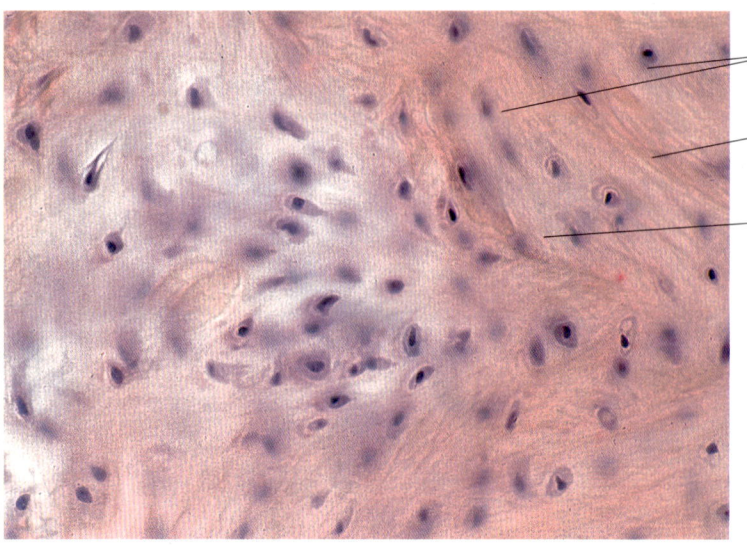

Chondrozyten
Kollagenfaserbündel
Grundsubstanz

Abb. 43. Im **kollagenfaserigen Knorpel (Faserknorpel)** sind lichtmikroskopisch kollagene Faserbündel sichtbar, die Chondrozyten ordnen sich parallel zu den Kollagenfasern, die Interzellularsubstanz ist homogen und spärlich entwickelt. Meniskus, Schwein. Färbung Hämatoxylin-Eosin, Vergr. 300fach.

Arten des Stützgewebes

Knorpel und Knochen bilden die wesentlichen Elemente des Stützgewebes, deren gemeinsamer Ursprung im mesenchymalen Gewebe liegt. Aus mesenchymalen Stammzellen differenzieren sich knorpel- oder knochenbildende Zellen (Chondro- oder Osteoblasten), die in beiden Fällen Kollagenfasern und glykosaminoglykanreiche Interzellularsubstanzen (Matrix) produzieren. Diese syntheseaktiven Vorstufen wandeln sich in differenzierte Reifestadien, die Knorpelzellen und die Knochenzellen (Chondro- bzw. Osteozyten). Die strukturellen und funktionellen Unterschiede beider Stützgewebe sind vorrangig auf Abweichungen in der chemischen Zusammensetzung der Grundsubstanz und des Gehalts an Kollagenfasern zurückzuführen.

Knorpelgewebe (Textus cartilagineus)

Knorpelgewebe zeichnet sich durch ein hohes Maß an Druckelastizität aus, es ist schneidbar, teilweise verformbar, stoßdämpfend-elastisch und dennoch von fester Konsistenz. Darüber hinaus bildet Knorpelgewebe embryonal das primäre Stützsystem des Körpers und wird zur Grundlage des größten Teils des späteren Knochensystems.

Diese Vielfalt vorwiegend mechanischer Funktionen des Knorpelgewebes beruht auf der besonderen Struktur der Interzellularsubstanz. Durch das Zusammenwirken arkadenartig angeordneter Kollagenfasern und durch den hohen Gehalt an Glykosaminoglykanen als ungeformte Grundsubstanz erhält das Gewebe seine Festigkeit. Proteoglykane zeigen zudem die Fähigkeit, Wasser zu binden. Dies erhöht zusätzlich die Elastizität und die Verformbarkeit des Knorpelgewebes.

Knorpelgewebe ist mit Ausnahmen gefäßlos und schließt keine Nerven ein. Die Ernährung dieses Gewebes erfolgt ausschließlich durch Diffusion (bradytroph) aus dem anliegenden Bindegewebe, in besonderen Fällen durch die Synovialflüssigkeit aus den Gelenkspalträumen oder durch die Markgefäße eines unterlagerten Knochens. Auch hier kommt der Grundsubstanz entscheidende Bedeutung zu. Die Proteoglykane erleichtern durch ihre hohe Wasserbindungskapazität den intrachondralen Transport von Stoffwechselprodukten.

Die **Knorpelbildung (Chondrogenese)** nimmt ihren Ursprung im mesenchymalen Bindegewebe, das sich lamellär verdichtet und den Knorpel zeitlebens als **Knorpelhaut (Perichondrium)** umgibt.

Mesenchymzellen differenzieren sich als perichondrale Fibroblasten zu **Chondroblasten**. Diese beginnen, die Knorpelmatrix (Knorpelgrundsubstanz, Interzellularsubstanz) auszuscheiden, die überwiegend aus Wasser (70%), aus kollagenen oder elastischen Fasern und aus Glykosaminoglykanen besteht. Mit fortschreitender Neubildung von Knorpelmatrix weichen die Zellen auseinander. Während der weiteren Differenzierung runden sich die noch abgeplatteten, randständigen Chondroblasten allmählich zu Knorpelzellen **(Chondrozyten)** ab. Diese liegen im Knorpelgewebe und sind meist großblasig.

Chondrozyten besitzen einen ovalen bis runden Kern, den ein breites organellenreiches Zytoplasma umgibt. Der hohe Gehalt an erweiterten Schläuchen des rauhen endoplasmatischen Retikulums und die vergrößerten Golgi-Felder sind morphologisch Hinweise auf eine verstärkte Protein- und Kohlenhydratsynthese (Bildung von Fasern und Glykosaminoglykanen). Chondrozyten weisen einen anaeroben Stoffwechsel auf. Als Energielieferanten stehen hierfür in großer Zahl paraplasmatische Einschlüsse in Form von Glykogen und Lipidtröpfchen zur Verfügung. Knorpelzellen sind vollständig von Knorpelmatrix umgeben, sie liegen in **Knorpelhöhlen**. Die Wand der Knorpelhöhle wird als **Knorpelkapsel** bezeichnet.

Chondrozyten sind die Stoffwechselzentren des Knorpels, sie **synthetisieren** und **erhalten die extrazelluläre Grundsubstanz**. Knorpelzellen bilden intrazellulär Prokollagen und geben dieses in den extrazellulären Raum ab **(geformte Grundsubstanz)**. Identisch mit den Differenzierungsvorgängen bei Fibroblasten, werden auch im Knorpelgewebe aus Prokollagenketten Kollagenfasern geformt (s. Fibrogenese, S. 49). Im besonderen Fall werden von Chondrozyten und deren Vorstufen, den Chondroblasten, auch elastische Fasern gebildet. Die unterschiedliche Faserqualität führt zur Unterteilung des Knorpelgewebes in einen **hyalinen, elastischen** und **kollagenfaserigen Knorpel** (Abb. 41–44).

Chondrozyten werden von einem feinmaschigen Fibrillengeflecht aus Kollagen schalenartig umgeben, das einen etwa 1–2 μm breiten **Knorpelhof** entwickelt. Zwischen diesem Mantel und der Zelloberfläche bleibt ein schmaler Spaltraum, in den über fingerförmige Mikrovilli die Zellprodukte abgegeben werden. Hier erfolgt die extrazelluläre Fasersynthese des Kollagens und die Vernetzung der Fasern mit Proteoglykanen. Lichtmikroskopisch erscheint dieser Raum durch die Fixation meist artefiziell (künstlich) erweitert **(Knorpellakune)**.

62   III. Binde- und Stützgewebe (Textus connectivus)

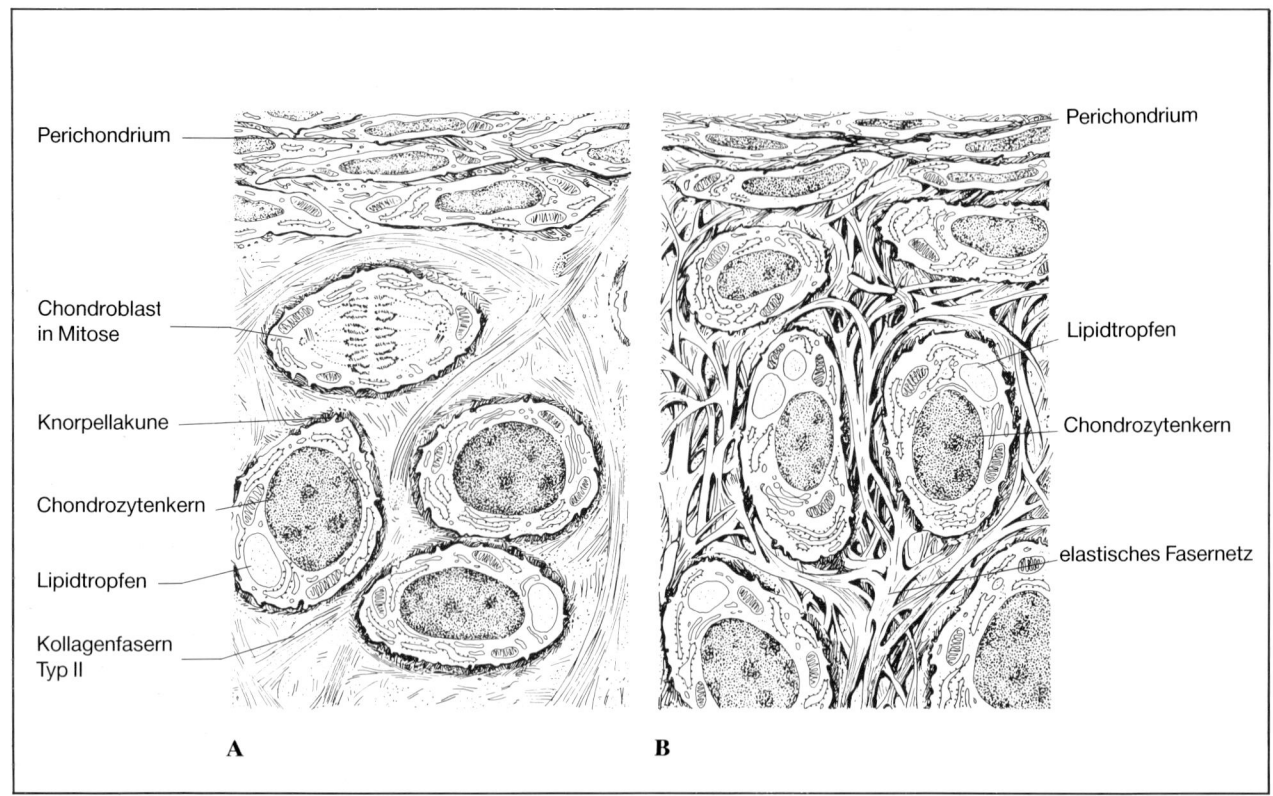

Abb. 44. Schematische Darstellung des hyalinen (A) und des elastischen (B) Knorpelgewebes. Oberflächlich werden die Knorpel von einem Perichondrium umgeben, dessen Zellen sich durch Mitose zu Chondroblasten differenzieren. Die Knorpelgrundsubstanz schließt Kollagen Typ II ein, die Fasern sind durch Glykosaminoglykane »maskiert« (A). Die elastischen Fasernetze sind stark verzweigt (B).

Chondrozyten bilden auch die **ungeformte Knorpelgrundsubstanz** aus Glykosaminoglykanen (Hyaluronsäure und Proteoglykane mit einer Vielzahl unterschiedlicher Seitenketten in Form von Chondroitin-4-Sulfat, Keratansulfat und Chondroitin-6-Sulfat). Das Verhältnis dieser Substanzen zueinander und der Grad ihrer Verknüpfung mit Kollagenfasern bestimmt entscheidend die Eigenschaften des Knorpels.

Knorpelzellen mit Knorpelkapsel und Knorpelhof sind die funktionell wichtigsten Baueinheiten des Knorpelgewebes. Sie werden als **Chondrone** oder **Territorien** bezeichnet. Zwischen benachbarten Territorien liegen Interterritorien (interterritoriale Substanz).

Das **Knorpelwachstum** kann durch Vermehrung und Differenzierung der perichondralen Chondroblasten der Knorpelhaut erfolgen. Der Knorpel wächst von außen. Man spricht dann von einem **appositionellen** Knorpelwachstum. Diese Form der Knorpelentwicklung ist die häufigere. Ihr steht das **interstitielle** Knorpelwachstum gegenüber, bei dem sich, vornehmlich bei noch nicht verfestigter Matrix, differenzierte Knorpelzellen nochmals teilen, neue Grundsubstanz bilden und dabei auseinanderweichen. Der Knorpel wächst von innen.

Das Wachstum wird durch Vitamin A angeregt, Vitamin C stimuliert die Synthese und die Erhaltung von Kollagenfasern und Knorpelmatrix. Wachstumshormone, Thyroxin und die Geschlechtshormone steigern die sekretorische Aktivität der Chondrozyten, ACTH und Kortisol verzögern die Reifung des Knorpels.

Hyaliner Knorpel (Cartilago hyalina)

Der hyaline Knorpel ist das im Körper am häufigsten vorkommende Knorpelgewebe. Er bildet z. B. die Grundlagen des embryonalen Stützgewebes, die Gelenkknorpel, die Rippenknorpel, die Nasenknorpel oder die Knorpel der Atemwege (Abb. 41 und 44).

Der noch »junge« Knorpel erscheint bläulichweiß, mit zunehmendem Alter gelblich. Der hyaline Knorpel weist grundsätzlich die oben beschriebene

Grundstruktur auf: er besteht aus Knorpelzellen, Kollagenfasern Typ II und einer homogenen, weitgehend strukturlosen ungeformten Matrix (Abb. 41).

Chondrozyten liegen in den Randgebieten des Knorpels bevorzugt in Gruppen, sie sind dort spindelförmig abgeflacht. Knorpelhöfe schließen meist nur eine Knorpelzelle ein. Durch Zellteilungen können jedoch auch mehrere Chondrozyten innerhalb einer Knorpelhöhle lokalisiert sein **(isogene Zellgruppe)**. Mitosen sind Ausdruck des interstitiellen Knorpelwachstums. Reifes Knorpelgewebe kann sich funktionell nicht ausreichend regenerieren. An seiner Stelle entsteht eine bindegewebige Narbe.

Die **Kollagenfasern** ordnen sich aufgrund mechanischer Zug- und Druckbelastungen. Oberflächlich biegen sich die Fasern arkadenförmig um und gehen in einen tangentialen Verlauf über (Tangentialfaserschicht) (Abb. 44). Sie nehmen Kontakt zu Faserbündeln des Perichondriums auf. Diese Faserarchitektur der Kollagenbündel bewirkt eine allseitige Verteilung der mechanischen Belastung auf mehrere Chondrone. Durch die Einlagerung der Fasern in die glykosaminoglykanreiche Matrix ist deren Verlauf jedoch im Lichtwellenbereich nicht erkennbar. Die homogen glasig (= hyalin) erscheinende Matrix **maskiert die Kollagenfasern Typ II.** Die Kollagenfasern sind biochemisch, immunzytochemisch und elektronenmikroskopisch nachweisbar und erscheinen im polarisierten Licht einachsig, doppelbrechend positiv.

Elastischer Knorpel (Cartilago elastica)

Der elastische Knorpel schließt in seiner Grundsubstanz ein reichverzweigtes Netzwerk elastischer Fasern ein (Abb. 42 und 44). Durch diese Einlagerungen können vielseitige mechanische Biegungsbelastungen abgebaut werden. Elastische Fasern verleihen diesem Knorpel eine geringfügig gelbliche Farbe, sie sind färberisch mit Orcein und Resorcin nachweisbar. Zusätzlich wird elastischer Knorpel auch durch Kollagenfasern stabilisiert, die, wie im hyalinen Knorpel, ebenfalls von einer proteoglykanhaltigen Matrix maskiert werden. Die Chondrone sind klein und gleichmäßig angeordnet, Chondrozyten rund bis oval. Im Gegensatz zum hyalinen Knorpel verknöchert der elastische im Alter nicht.

Der elastische Knorpel bildet z. B. die Grundlage für die Ohrmuschel, Teile des äußeren Gehörgangs und den Kehldeckel.

Faserknorpel (Bindegewebsknorpel, kollagenfaseriger Knorpel, Cartilago fibrosa)

Der Faserknorpel entwickelt sich aus straffem Bindegewebe, auf das nicht nur Druck, sondern in besonderem Maße auch Zugkräfte einwirken. Diese Knorpelart stellt unter diesem Gesichtspunkt nichts anderes als ein verknorpeltes Bindegewebe dar. Der knorpelige Charakter wird an der Einlagerung der glykosaminoglykanreichen Matrix erkennbar. Die Grundsubstanz ist jedoch so spärlich ausgebildet, daß eine vollständige Maskierung der Kollagenfasern nicht erfolgt. Daher wird bereits lichtmikroskopisch die Anordnung der Faserbündel in der Hauptzugrichtung sichtbar (Abb. 43). Chondrozyten sind meist parallel zur Faserrichtung orientiert, sie liegen verstreut, oftmals in Reihen zwischen den Faserbündeln. Nur nahe der Chondrozyten werden wenige Kollagenfaserbündel durch die Matrix maskiert.

Faserknorpel sind sehr widerstandsfähig und treten z. B. in Zwischenwirbelscheiben (Disci intervertebrales), im Hufknorpel, als Gelenkscheiben (Disci und Menisci articulares) und als Sehneneinlagerung im M. biceps brachii des Pferdes auf.

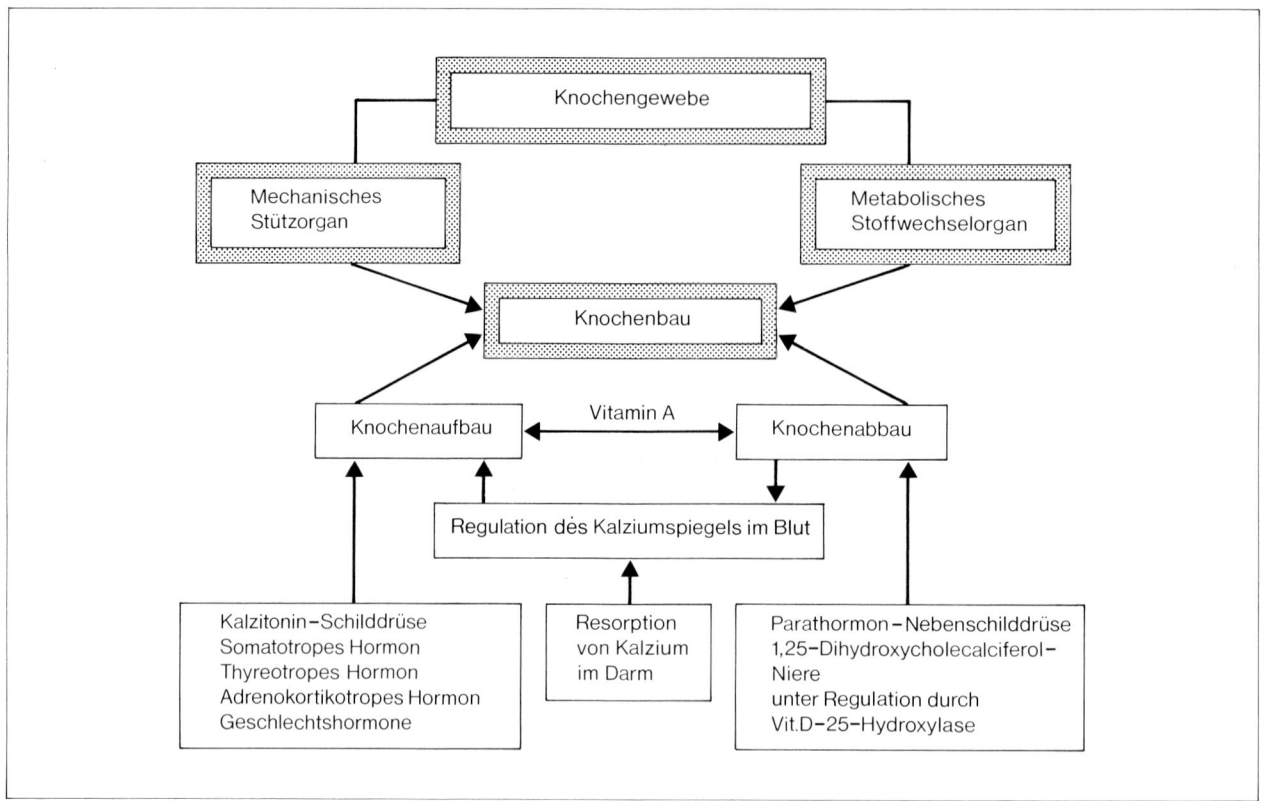

Abb. 45. Schema der Wechselbeziehungen des Knochengewebes als mechanisches Stützorgan und metabolisches Stoffwechselorgan.

Knochengewebe (Textus osseus)

Knochen übernehmen im Körper vielfältige **Funktionen:** Sie bilden das Skelett, sind Ansatzstellen für Skelettmuskeln, bilden die knöchernen Grundlagen der Brust- und Beckenhöhle, schließen blutbildende Organe (Knochenmark) ein und sind Depot für Teile des Mineralstoffhaushalts des Körpers.

Im engeren Sinn kommen dem Knochen zwei Aufgaben zu, eine **Stütz-** und eine **Stoffwechselfunktion** (Abb. 45). Beide Funktionen beeinflussen durch enge Wechselbeziehungen entscheidend die Struktur jedes einzelnen Knochens und prägen damit die **Architektonik des gesamten Körpers.** Der Knochenbau paßt sich durch metabolische Stoffwechselleistungen des Knochengewebes der jeweiligen statisch-dynamischen Aufgabe an. Danach finden in der außen liegenden **kompakten Schicht (Substantia compacta)** und dem inneren **Bälkchenwerk (Substantia spongiosa)** eines jeden Knochens zeitlebens adaptive Umgestaltungsvorgänge statt. Stark belastete Knochen z. B. der Extremitäten, der Wirbelsäule oder der Beckenknochen unterliegen intensiveren Strukturveränderungen als z. B. die Knochen des Schädels. Ständig wirkende mechanische Druck- und Zugkräfte führen hier zu einer ausgeprägten Verstärkung der Knochenwand, insbesondere in dem extrem belasteten mittleren Abschnitt des Knochens. An den Knochenenden nimmt die Wandstärke wieder ab. Jede Änderung der physiologischen Druck-, Zug- und Scherkräfte zieht in kurzer Zeit einen Knochenumbau nach sich.

Der Substantia compacta kommt neben der mechanischen Stützfunktion auch die Aufgabe zu, den feinstrukturierten Markraum (Substantia spongiosa) und das Markgewebe (hämoretikuläres Knochenmark, Fettmark) zu umschließen.

Die Funktion des Knochens wird auch beeinflußt von seiner **bindegewebigen Hülle (Knochenhaut, Periost)** mit der **äußeren Faserhaut (Stratum fibrosum)** und der **inneren zellreicheren Kambiumschicht (Stratum cambium).** Das Periost umgibt, mit Ausnahme der Gelenkknorpel und vieler Muskelansätze, den Knochen vollständig.

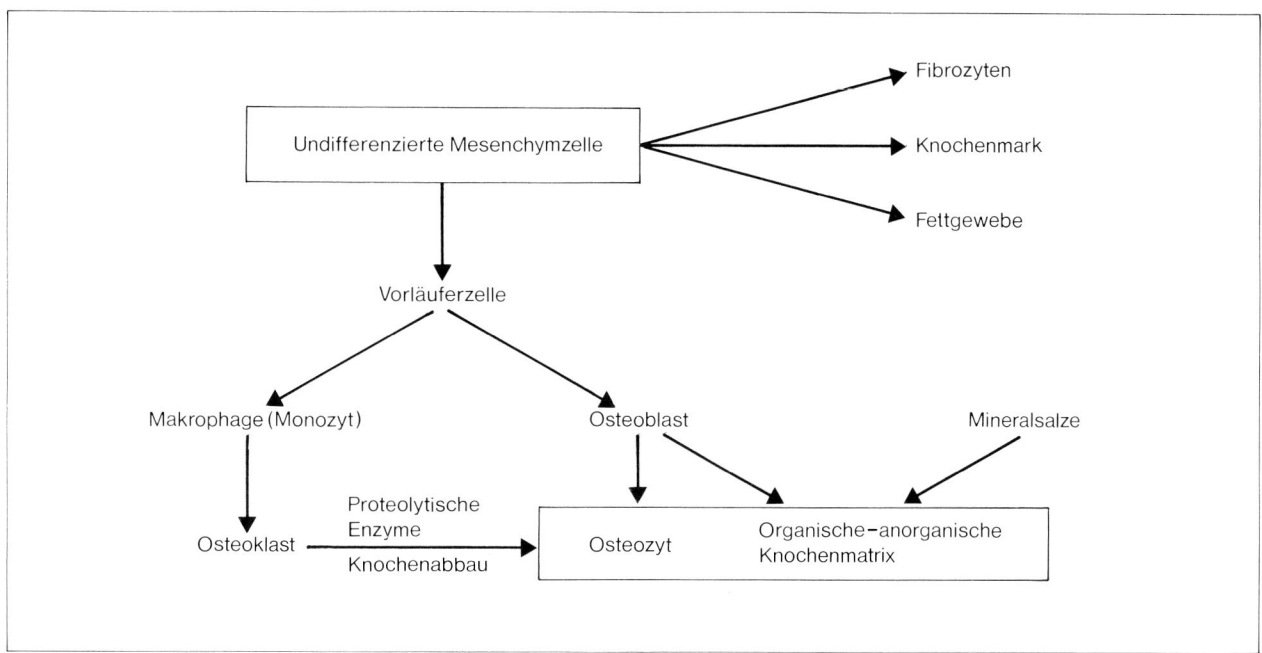

Abb. 46. Schematische Darstellung der zellulären Grundlagen der Knochenneubildung und des Knochenabbaus aus undifferenzierten Mesenchymzellen.

Dieser »Knochenmantel« schließt sensible Nervenfasern und ein dichtes Netz von Blut- und Lymphgefäßen zur metabolischen Versorgung des Knochengewebes ein. Gleichzeitig kann aus den pluripotenten Gewebsschichten des Stratum cambium in kurzer Zeit neues Knochengewebe entstehen, z. B. beim Knochenwachstum, bei sämtlichen physiologischen Knochenumbauvorgängen und nach Knochenbrüchen.

Eine besondere Stoffwechselfunktion des Knochens ist die Speicherung von Kalzium und Phosphor (Abb. 45). Durch ständigen Knochenauf- und -abbau wirkt dieses Gewebe als Kalziumdepot und sorgt damit für die Konstanterhaltung der lebensnotwendigen Kalziumkonzentration im Blut. Endogene und exogene Regulationsmechanismen steuern diese Stoffwechselvorgänge. Durch das Hormon der **Nebenschilddrüse (Parathormon)** wird unter Aktivierung knochenabbauender Zellen (Osteoklasten) der Knochen resorbiert und damit der Kalziumspiegel im Blut erhöht. Gleichzeitig wird die Resorption von Kalzium aus der Nahrung im Darm durch Vitamin D_3 (1,25-Dihydroxycholecalciferol) gefördert und die Kalziumabgabe durch die Niere gehemmt.

Die Funktion des Hormons der **C-Zellen in der Schilddrüse (Kalzitonin)** liegt in der Stimulation der knochenbildenden Zellen (Osteoblasten), in der Hemmung der Osteoklastentätigkeit und in der Steigerung des Kalziumeinbaus in den Knochen.

Das Knochenwachstum wird auch durch das **somatotrope Hormon (STH)**, durch das **adrenokortikotrope Hormon (ACTH)**, das **thyreotrope Hormon (TSH)** und durch männliche und weibliche **Geschlechtshormone** positiv beeinflußt. Darüber hinaus fördert **Vitamin C** die Kollagenfasersynthese in Osteoblasten. **Vitamin A** reguliert die Erhaltung eines Gleichgewichts zwischen dem Knochenauf- und -abbau (Abb. 45).

Knochengewebe entwickelt sich aus mesenchymalem Bindegewebe. Es besteht aus **Zellen des Knochens** und einer **Knochenmatrix**.

Zellen des Knochens

Die Zellen des Knochens sind vielfältig und treten in unterschiedlichen Formen auf. Aus undifferenzierten Mesenchymzellen entwickeln sich **Präosteoblasten** als Vorläuferzellen der **knochenbildenden Zellen (Osteoblasten)**. Diese synthetisieren die organischen Bestandteile der Knochenmatrix. Sie wandeln sich nach Mineralisierung der Knochengrundsubstanz in Knochenzellen **(Osteozyten)** um. **Osteoklasten** bauen Knochengewebe ab (Abb. 46 und 47).

Präosteoblasten treten bevorzugt in der Kambiumschicht der Knochenhaut und entlang von Gefäßen des primären Knochenmarks auf. Meist sind es abgeplattete bis spindelförmige Zellen, die ein Zellreservoir bilden, aus dem sich durch mitoti-

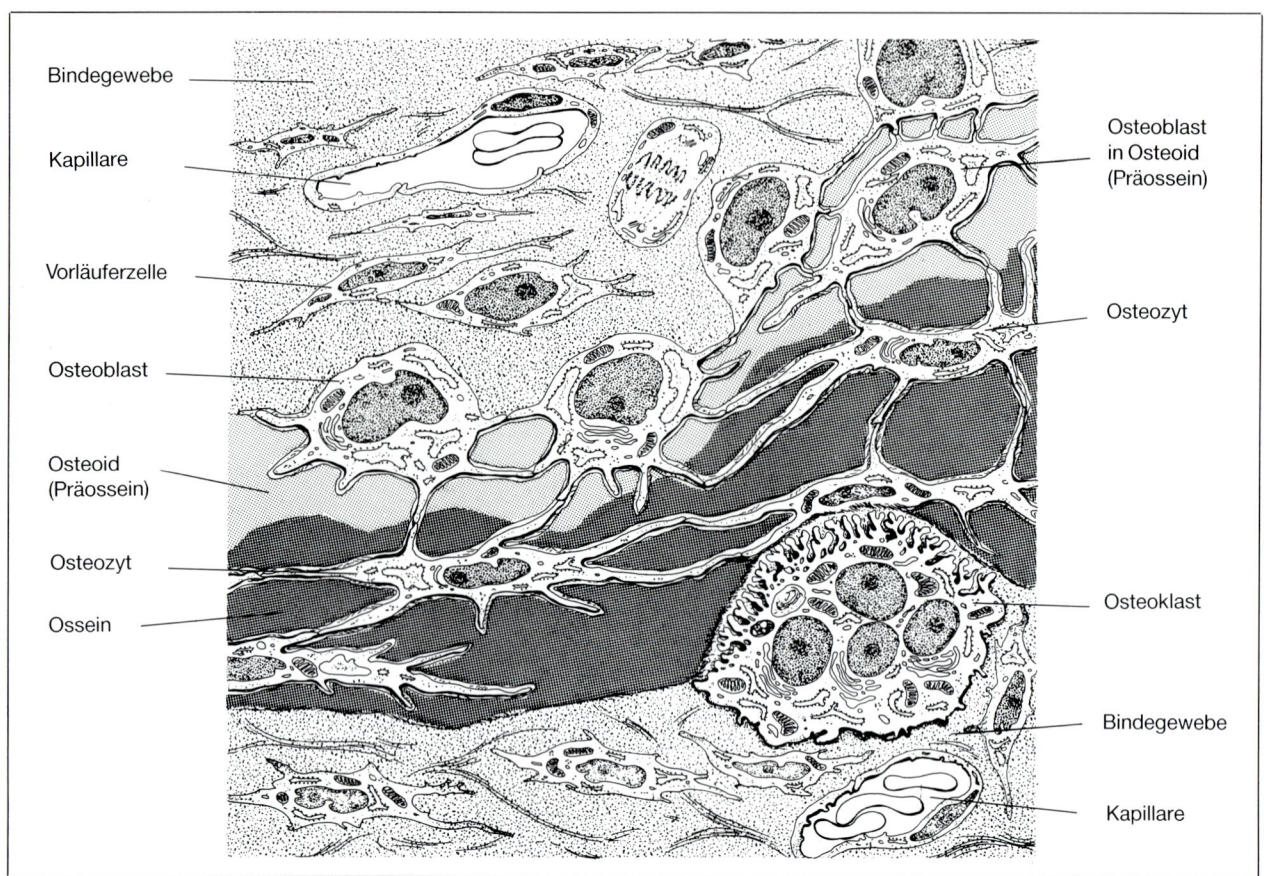

Abb. 47. Schematische Darstellung der desmalen Ossifikation. Aus Vorläuferzellen entwickeln sich Osteoblasten, die sich unter Ausscheidung von Osteoid (Präossein) einschließen und unter Mineralisation der ungeformten Grundsubstanz (Ossein) zu Osteozyten werden. Osteoklasten lösen enzymatisch mineralisiertes Knochengewebe auf.

sche Teilungen Osteoblasten differenzieren. Es kann nicht ausgeschlossen werden, daß aus ihnen auch Osteoklasten hervorgehen.

Die **knochenbildende Zelle (Osteoblast, Osteoblastus)** kann sich im Gegensatz zum Präosteoblast nicht mehr teilen. Die Osteoblasten übernehmen als syntheseaktive Knochenzellen bei der Knochenbildung Grundfunktionen:
— Bildung von Kollagenfasern,
— Produktion von Glykosaminoglykanen bzw. Proteoglykanen,
— Beteiligung an der Mineralisation des Knochengewebes.

Die Kollagenfaserbildung (Typ I) setzt, analog zur Fibrillenbildung in Fibroblasten, bereits intrazellulär ein und findet in der Bildung der **organischen, noch nicht verkalkten Knochenmatrix (Osteoid)** extrazellulär ihren Abschluß. Osteoid besteht aus ungeordneten Kollagenfibrillen und der Knochengrundsubstanz (Glykosaminoglykane bzw. Proteoglykane). Die Fasern werden durch die Matrixsubstanzen maskiert.

Aktive Osteoblasten (20–30 µm) bilden einen epithelartigen Verband auf der Oberfläche von Knochenspangen, sie sind basophil mit einem runden Kern und zahlreichen sekretionsaktiven Organellen (ER, Golgi-Felder, Lysosomen). Inaktive Osteoblasten erscheinen spindelartig abgeflacht. Osteoblasten weisen an ihrer der Grundsubstanz zugewandten Oberfläche zahlreiche Fortsätze auf, über welche sie mit Nachbarzellen in Kontakt stehen. Osteoblasten bilden täglich einen etwa 1 µm breiten, unverkalkten Osteoidsaum, dessen Gesamtbreite durchschnittlich 6 µm beträgt. Innerhalb von 3–4 Tagen verkalken 70% dieses Osteoids, durch Restmineralisation wird dieser Vorgang nach 6 Wochen abgeschlossen.

Die **Knochenneubildung durch Osteoblasten kann erfolgen** 1. am Periost (periostale Knochenbildung), 2. am Endost (endostale Knochenbildung), 3. perivaskulär und 4. durch direkte Differenzierung von Knochenzellen aus Bindegewebe (Faserknochenbildung).

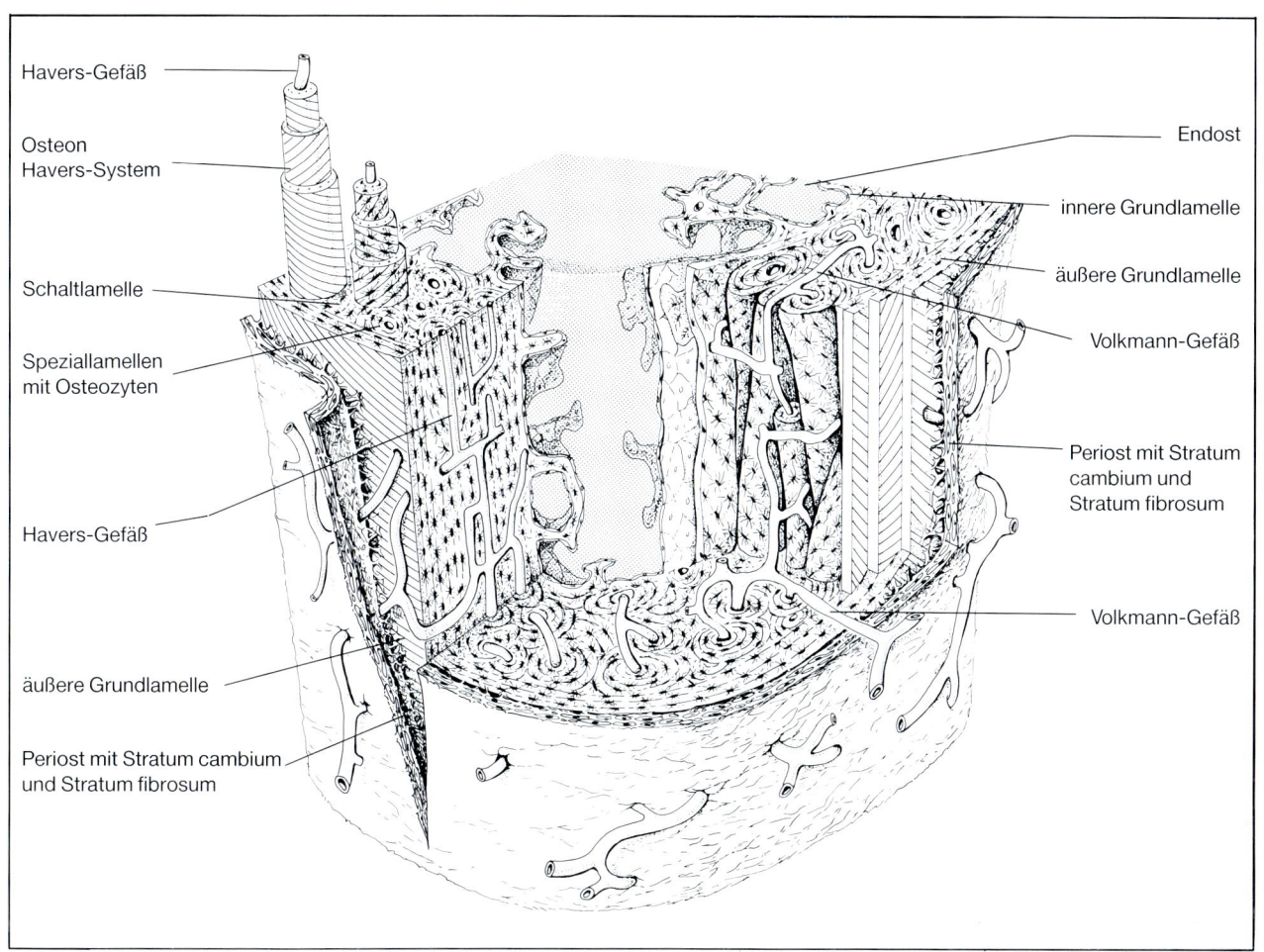

Abb. 48. Schematische Darstellung eines Ausschnitts aus der Substantia compacta der Diaphyse eines Röhrenknochens.

Der **Osteozyt (Osteocytus)** ist die reife Knochenzelle, die aus einem Osteoblasten hervorgeht. Der Osteozyt wird vollständig von verkalkter Knochengrundsubstanz umgeben und dient der Erhaltung des Knochens. Degenerieren Osteozyten, geht auch die Matrix zugrunde.

Osteozyten liegen abgeflacht zwischen lamellären Knochenschichten in schmalen Lakunen. Knochenzellen bilden lange, fingerförmige Fortsätze aus, die in **Knochenkanälchen (Canaliculi ossei)** verlaufen. Durch diese Zellausläufer stehen Osteozyten untereinander in direktem Kontakt. Die Zellfortsätze dienen dem interzellulären Stofftransport von Ionen und niedermolekularen Substanzen und sind terminal über Nexus verbunden. Damit stehen Blutgefäße, Interzellularflüssigkeit und Osteozyten in direktem Kontakt; die Entwicklung der Zellfortsätze ist Ausdruck stoffwechselaktiver Austauschvorgänge.

Osteozyten vermögen z. T. noch Knochenmatrix zu synthetisieren und setzen bei Bedarf Kalzium frei. Werden diese Knochenzellen durch Osteoklasten aus ihrem Verband gelöst, so können sie sich möglicherweise wieder in Osteoblasten oder Osteoklasten umwandeln.

Der **Osteoklast (Osteoclastus)** ist eine vielkernige Riesenzelle (bis zu 50 Kerne/Zelle). Die Kerne teilen sich amitotisch, ihre Lebensdauer beträgt mehrere Tage. Osteoklasten bilden proteolytische Enzyme, die die Knochengrundsubstanz zersetzen. Fragmente der Knochenmatrix werden über lange Zellfortsätze in das Zytoplasma aufgenommen und dort weiter abgebaut **(Knochenresorption).** Der Knochenabbau kann auf verschiedene Weise erfolgen: Osteoklasten legen sich dem verkalkten Knochen an und lösen enzymatisch das Knochengewebe auf **(lakunäre Resorption – Howship-Lakune),** oder verkalktes Knochengewebe wird entlang der Gefäße von einem oder von mehreren Osteoklasten abgebaut **(perforierende Resorption).**

Die Aktivität der Osteoklasten wird durch Kalzitonin gehemmt, durch Parathormon gefördert. Ein Osteoklast baut pro Zeiteinheit bis zu dreimal mehr Knochenmatrix ab als von Osteoblasten aufgebaut wird. Osteoklasten weisen die gleiche Struktur auf wie Chondroklasten (s. Abb. 56, S. 73).

Knochenmatrix

Die Knochenmatrix setzt sich aus einem **organischen Anteil** (Kollagenfasern und einer glykosaminreichen Grundsubstanz) und einem **anorganischen Bestandteil** (Mineralstoffe) zusammen.

Organische Knochenbestandteile (Kollagenfasern und glykosaminreiche Grundsubstanz)

Kollagenfasern (Typ I) bilden mit ungefähr 90% den Hauptanteil der **organischen Knochengrundsubstanz**. Sie dienen bei der Mineralisierung des Knochens als Leitstruktur (Kristallisationskern) für die appositionelle Anlagerung der kristallinen Kalziumphosphatverbindungen (Hydroxylapatitbildung). 1–2% der Knochenmatrix werden von Glykosaminoglykanen und Proteoglykanen gebildet (Chondroitin-4-Sulfat, Chondroitin-6-Sulfat, Keratansulfat). Zusammen mit Lipiden (5–10%) bilden die Strukturproteine der Kollagenfasern ca. 1/3 der Trockensubstanz des Knochengewebes.

Anorganische Knochenbestandteile (Mineralstoffe)

Die **anorganische Knochengrundsubstanz** wird vornehmlich aus Kalziumphosphat (85–90%), Kalziumkarbonat (8–10%), Magnesiumphosphat (1,5%) und Kalziumfluorid (0,3%) gebildet und stellt damit ca. 2/3 der Trockensubstanz des Knochengewebes. Die Mineralien (bevorzugt Kalziumphosphatverbindungen) liegen als kristalline Raumgitter (Hydroxylapatit) Kollagenfasern außen an, umgeben von proteoglykanreicher Grundsubstanz. Die Einzelkristalle sind nadelförmig (Länge 20–40 nm, Breite 2–3 nm). Die Stabilität des Knochens wird von der Verbindung des Hydroxylapatits mit der Kollagenfaser bestimmt.

Arten des Knochengewebes

Histologisch sind **2 Arten** von Knochengewebe zu unterscheiden: der **Geflecht- oder Faserknochen** und der **Lamellenknochen**. Beide weisen qualitativ die gleiche zelluläre, kollagenfaserige und mineralisierte Zusammensetzung auf, sie differieren jedoch entscheidend in der Quantität dieser Bestandteile.

Geflecht- oder Faserknochen (Os membranaceum reticulofibrosum)

Der Geflecht- oder Faserknochen ist die entwicklungsgeschichtlich einfachere Form. Dieser Knochen kann im weitesten Sinn als ein verknöchertes Bindegewebe angesehen werden, das überall dort auftritt, wo über längere Zeit durch Zug und Druck mechanische Kräfte einwirken. Diese Knochenform tritt damit im Verlauf einer jeden Knochenneubildung auf. Faserknochen wird während der embryonalen Entwicklung angelegt, aber nach der Geburt rasch durch den weiter differenzierten Lamellenknochen ersetzt. In bestimmten Organen bleibt der Geflechtknochen zeitlebens erhalten, z. B. im knöchernen Labyrinth des Ohrs, im äußeren Gehörgang und an den Ansatzstellen größerer Sehnen am Knochen.

Der Geflechtknochen ist zellreich, die Verteilung der Osteozyten in der knöchernen Matrix ohne erkennbare Ordnung. Die geformte Grundsubstanz wird von einem unregelmäßigen Geflecht aus fein- und grobfibrillären Kollagenfaserbündeln durchzogen, die keine besondere Verlaufsrichtung zeigen. Der Geflechtknochen schließt weniger anorganische Substanzen ein.

Lamellenknochen (Os membranaceum lamellosum)

Den Lamellenknochen (Abb. 48–52) kennzeichnet die streng nach statisch-funktionellen Gesichtspunkten orientierte parallele oder konzentrisch geschichtete Ordnung der Kollagenfasern (**Knochenlamellen**). Die strukturelle Grundlage des Lamellenknochens ist das **Osteon (Havers-System)**.

Jedes **Osteon** (Durchmesser 20–100 µm) besteht aus einem Zentralkanal, der mit mesenchymalem Bindegewebe gefüllt ist und ein kleines Gefäß (z. B. Kapillare) und vegetative Nerven einschließt **(Havers-Kanal)**, sowie einer unterschiedlichen Anzahl (5–20) konzentrischer Knochenlamellen (**Havers-Lamellen, Speziallamellen**). Die einzelnen Lamellen (Breite 4–10 µm) werden von parallel angeordneten kollagenen Fasern und von der mineralisierten Knochenmatrix gebildet. Von Lamelle zu Lamelle ändert sich regelmäßig die Verlaufsrichtung der Kollagenfasern, sie bilden spitzwinklig kreuzende Gitter. Die Kollagenfasern sind spiralförmig und stets gegensinnig angeordnet. Durch Querverbindungen treten anliegende Lamellensysteme

Arten des Stützgewebes

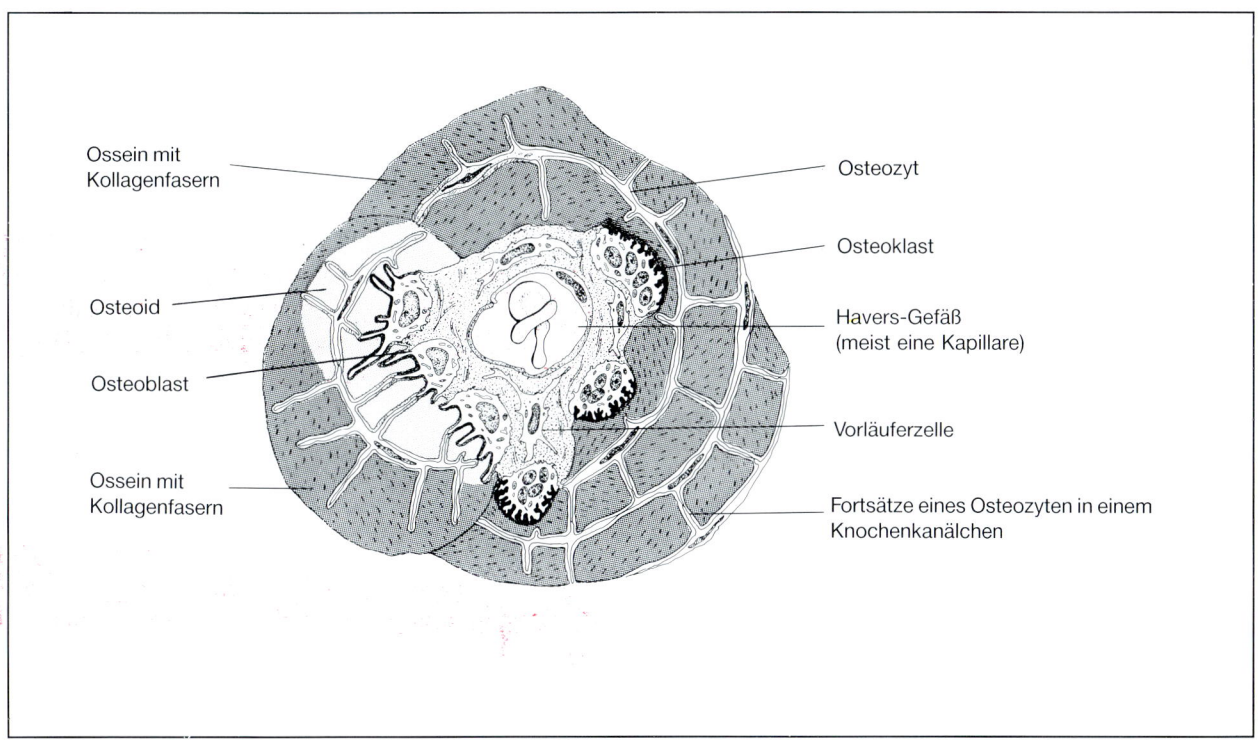

Abb. 49. Schematische Darstellung eines Querschnitts durch ein Havers-System im Stadium des Umbaus. Osteoklasten lösen bestehendes Knochengewebe auf, aus Vorläuferzellen differenzieren sich Osteoblasten, die neue Systeme aufbauen.

untereinander in Verbindung. Dadurch entsteht ein Konstruktionsprinzip, das den Knochen bei Zug- und Druckbelastungen stabilisiert.

Der Lamellenknochen erfüllt neben statisch-mechanischen Aufgaben auch – wie alle Abkömmlinge des Bindegewebes – eine herausragende Rolle bei der Regulation des Stoffwechsels. Diese Leistungsfähigkeit ist entscheidend auf das funktionelle Zusammenwirken von Knochenzellen, Gefäßsystem und Bindegewebe im Osteon zurückzuführen.

Osteozyten liegen in regelmäßiger Anordnung stets zwischen den konzentrisch geschichteten Lamellen um den Zentralkanal (Abb. 48–52). Durch ihre langen, radiär in **Knochenkanälchen (Caniculi ossei)** verlaufenden Zytoplasmafortsätze stehen sie über Nexus in Kontakt. Dadurch wird ein Stofftransport aus dem **Havers-Gefäß** zu jeder Stelle der Knochenmatrix in zentrifugaler und zentripetaler Richtung möglich. Über quer durch Osteone verlaufende Gefäße **(Volkmann-Gefäße)** besteht Zugang zur äußeren und inneren Knochenhaut. Der Knochen wird durch dieses kommunizierende Netz von Gefäßen zu einem stark vaskularisierten Gewebe (Abb. 48 und 50).

Der Lamellenknochen ist Träger des metabolisch aktiven Kalziumdepots. Durch hormonelle Stimulation (Parathormon) werden **Osteolyozyten (einkernige, knochenauflösende Knochenzellen)** oder in größeren Abbauzonen **mehrkernige Osteoklasten** in den Knochenlakunen oder in den Knochenkanälchen aktiviert und Kalzium und Phosphor rasch freigesetzt. Ca- und P-Ionen liegen hier oberflächlich und sind nicht als Hydroxylapatite gebunden (»mobiles« Kalzium). Mittels des intraossären Transportsystems gelangen die Ionen schnell ins periphere Blut.

Jede Änderung der statisch-mechanischen Belastung des Knochens führt zu einer funktionellen Anpassung der Knocheninnenstruktur. Osteone ohne funktionelle Aufgaben werden abgebaut, sie werden als **Schaltlamellen** bezeichnet (Abb. 48, 50 und 51). Diese permanenten Umbauvorgänge vollziehen sich besonders rasch in der Substantia spongiosa. Der Bau der Substantia compacta ändert sich allmählich während des lebenslangen Knochenumbaus. Der im Alter auftretende Verlust an Knochenmasse ist verbunden mit einer Abnahme an Osteozyten und einer verzögerten Mineralisation.

70 III. Binde- und Stützgewebe (Textus connectivus)

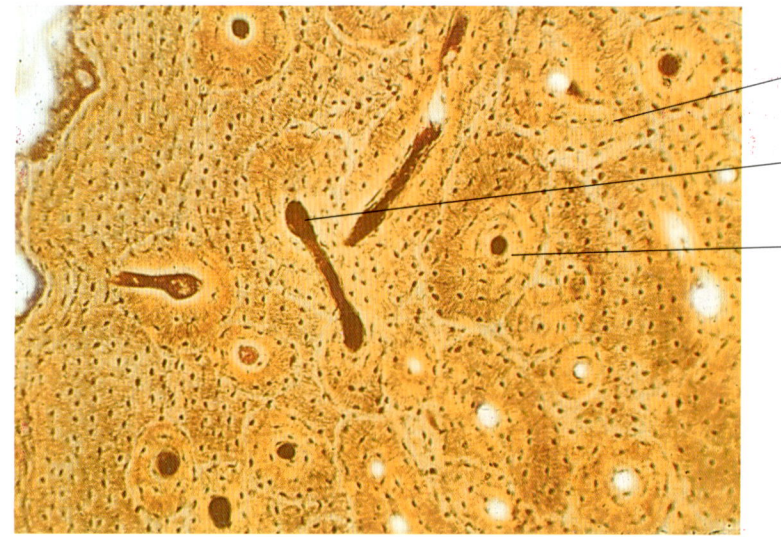

Schaltlamelle

Volkmann-Kanal

Havers-Gefäß mit Speziallamelle

Abb. 50. Querschnitt durch die Substantia compacta eines Röhrenknochens mit Havers-Systemen (Speziallamellen) und Schaltlamellen. Hund. Darstellung nach Schmorl, Vergr. 50fach.

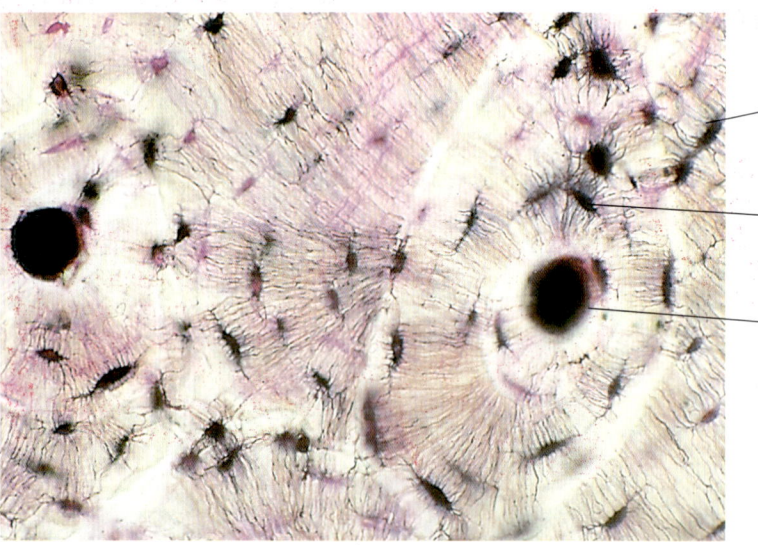

Knochenkanälchen (Canaliculi ossei)

Kern eines Osteozyten

Havers-Gefäß

Abb. 51. Knochenschliff der Substantia compacta eines Röhrenknochens mit Spezial- und Schaltlamellen. Hund. Färbung mit Karmin, Vergr. 250fach.

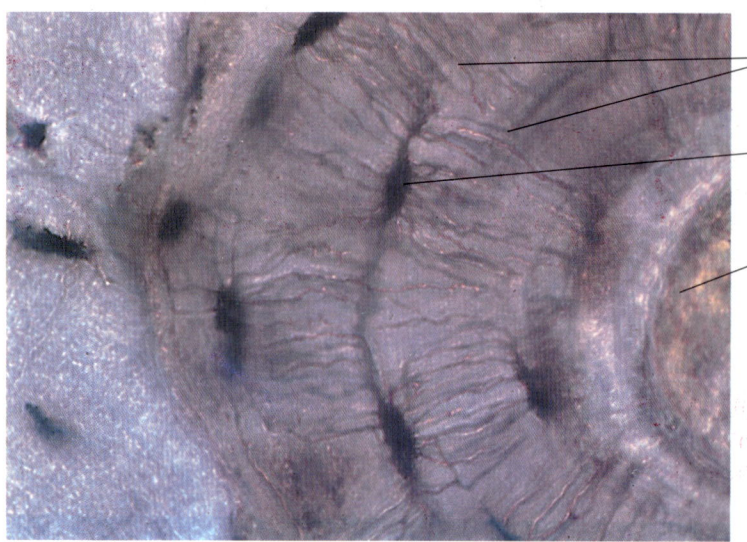

Canaliculi ossei mit Zytoplasmafortsätzen der Knochenzelle

Osteozyt

Havers-Gefäß

Abb. 52. Ausschnittvergrößerung aus der Wand eines Havers-Systems. Die Osteozyten liegen parallel zu den Knochenlamellen, die Zytoplasmafortsätze der Knochenzellen verlaufen in den Canaliculi ossei dazu stets senkrecht. Knochenschliff, Hund. Färbung mit Karmin, Vergr. 480fach.

An den inneren und äußeren Knochenoberflächen sind die Lamellen plattenartig geschichtet. Man spricht von einer **äußeren Grundlamelle**, der das Periost außen aufliegt, und von einer **inneren Grundlamelle**, die an das Endost angrenzt. In der äußeren Grundlamelle inserieren Kollagenfasern, die das Periost (s. S. 64) straff mit dem Knochen verbinden **(Fibrae perforantes, Sharpey-Fasern)**. Die aus Fibrozyten bestehende innere Knochenhaut (Endost) überzieht tapetenartig die innere Grundlamelle und die Knochenbälkchen (Abb. 48).

Knochenbildung (Osteogenesis)

Die Knochenbildung erfolgt auf zweierlei Art. Entsteht Knochengewebe direkt aus dem mesenchymalen Bindegewebe ohne knorpelige Zwischenstufen, dann spricht man von einer **desmalen (primären) oder direkten Ossifikation**. Die Knochenbildung führt zur Entstehung des Bindegewebsknochens (z. B. einzelne Deckknochen des Schädels, Knochenmanschetten der Röhrenknochen, Knochenbruchheilung). Wird jedoch zuerst ein Knorpelmodell gebildet, dieses schrittweise abgebaut und durch Knochengewebe ersetzt, wird diese Art der Knochenbildung **chondrale (sekundäre) oder indirekte Ossifikation** genannt. Der entstehende (»unreife«) Geflechtknochen wird während der weiteren Knochenentwicklung wieder abgebaut und durch einen (»reifen«) Lamellenknochen ersetzt **(Ersatzknochen)** (Abb. 53–56).

Desmale Ossifikation (Osteogenese)

Während der desmalen Ossifikation wandeln sich Mesenchymzellen über teilungsaktive Vorläuferzellen der Knochenbildner zu Osteoblasten um (Abb. 55). Diese produzieren Kollagenfasern und Osteoid. Durch fortlaufende Synthese einer unverkalkten Knochenmatrix mauern sich Osteoblasten schrittweise ein und weichen dadurch voneinander ab, bleiben jedoch durch ihre Zellfortsätze in Kontakt. Allmählich erfolgt die Mineralisierung der Knochengrundsubstanz, aus Osteoblasten werden Osteozyten. Die Knochenmatrix schließt weitgehend ungeordnete Kollagenfasern ein. Der Beginn der desmalen Ossifikation ist stark verbunden mit dem Einsprossen von Blutkapillaren in das Bindegewebe. Diese Gefäße führen zusätzliches mesenchymales Bindegewebe mit. Durch die frühzeitige Vaskularisation übernimmt das Knochengewebe stoffwechselaktive Aufgaben (»Mineraldepot«). Hormonelle Einflüsse können unmittelbar den Knochenauf- und -abbau regulativ steuern (Abb. 45).

Chondrale Ossifikation (Osteogenese)

Während der chondralen Ossifikation dient der hyaline Knorpel primär als **Platzhalter** (Abb. 53, 54 und 56). Gleichzeitig erfüllt dieser Knorpel auch die Aufgabe, Grundlage für das **Längenwachstum des Knochens** zu sein. Diese Funktion wird erst mit dem Schluß der Epiphysenfuge beendet. Man unterscheidet während der chondralen Knochenbildung eine **perichondrale** und eine **enchondrale Ossifikation**.

Die **perichondrale Ossifikation** läuft nach den Gesetzmäßigkeiten einer desmalen Knochenbildung ab. Dabei wandeln sich Chondroblasten des Knorpelmantels (Perichondrium) unmittelbar in Osteoblasten um. Die Transformation von Bindegewebe in osteogenes Gewebe beginnt in der Mitte der späteren Diaphyse des Röhrenknochens (Knochenmanschette). Aus dem Perichondrium entwickelt sich das Periost, die Ossifikation der Diaphyse schreitet in Richtung Epiphyse fort.

Dieser knöcherne Mantel beeinflußt nachhaltig negativ den Stoffwechsel des umschlossenen hyalinen Knorpels, insbesondere der Knorpelzellen. In der Folge hypertrophieren und degenerieren die Chondrozyten, die Knorpelmatrix verkalkt. Gleichzeitig sprossen durch die Knochenmanschette Gefäße in den Knorpel. Mit diesen gelangen Chondroklasten in die verkalkte Zone und lösen den Knorpel auf. In den freiwerdenden Raum dringen unverzüglich Blutkapillaren und Bindegewebe. Der vormals vorhandene Knorpel wird vollständig abgebaut, es beginnt die **enchondrale Ossifikation** (Verknöcherung). Unter ständigem Auf- und Abbau von Knochengewebe entwickelt sich die primäre Markhöhle (Spongiosabildung). Diese wird in zunehmendem Maß durch die Umwandlung des Bindegewebes in hämoretikuläres Gewebe zum sekundären Mark (rotes Knochenmark).

Bereits zu diesem Zeitpunkt der Knochenbildung werden die Knorpelzellen durch die periphere Knochenmanschette gezwungen, sich säulenartig anzuordnen. Unter gleichzeitiger mitotischer Vermehrung der Chondrozyten tritt ein Längenwachstum des Knorpels (und damit des späteren Knochens) ein.

Die Vorgänge des enchondralen Umbaus des Knorpelgewebes, seines allmählichen Abbaus und der Neubildung von Knochengewebe aus mesenchymalem Bindegewebe sind besonders an den Epiphysenplatten **(Metaphyse, Wachstumszone)** zwischen der Diaphyse und der Epiphyse eines Röhrenknochens sichtbar. Hier lassen sich verschiedene Zonen voneinander trennen (Abb. 53, 54 und 56).

III. Binde- und Stützgewebe (Textus connectivus)

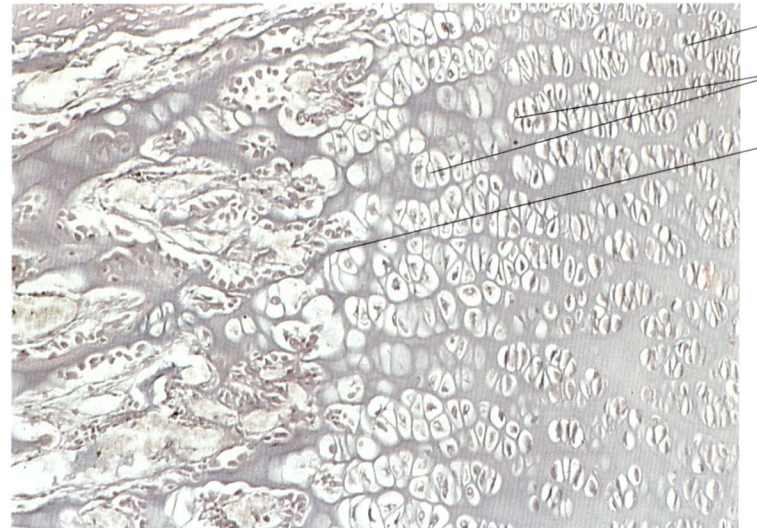

- Säulenknorpel
- Blasenknorpel
- Eröffnungszone mit verkalktem Chondrin

Abb. 53. Ausschnitt aus der Verknöcherungszone im Bereich des Übergangs der Diaphyse zur Epiphyse eines Röhrenknochens. Hund. Färbung Hämatoxylin-Eosin, Vergr. 100fach.

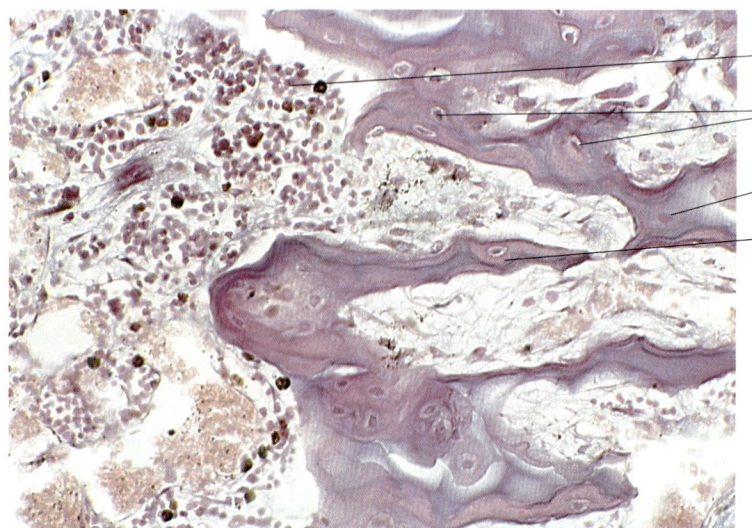

- primäres Knochenmark
- Osteozyten
- Verkalktes Chondrin
- Ossein

Abb. 54. Ausschnitt aus der Eröffnungszone eines Röhrenknochens mit verkalktem, dunkelviolett gefärbtem Chondrin, Präossein, Ossein und primärer Knochenmarkhöhle. Hund. Färbung Hämatoxylin-Eosin, Vergr. 300fach.

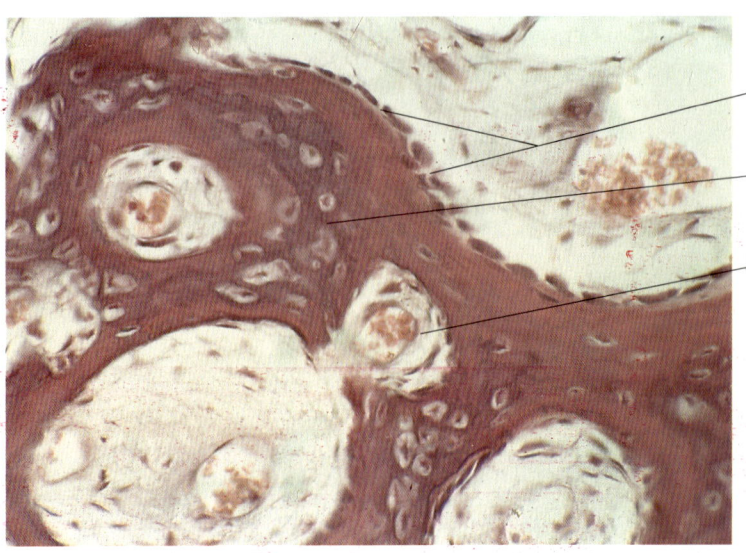

- Osteoblasten mit Osteoid
- Osteozyten
- Kapillare in lockerem Bindegewebe

Abb. 55. Desmale Ossifikation. Aus dem lockeren Bindegewebe transformieren sich in Nachbarschaft zu Kapillaren Osteoblastenvorläuferzellen, die sich tapetenähnlich anordnen und Osteoid (Präossein) ausscheiden. Unter Mineralisierung von Osteoid zu Ossein werden Osteoblasten zu Osteozyten. Schädelknochen, junger Hund. Färbung Hämatoxylin-Eosin, Vergr. 480fach.

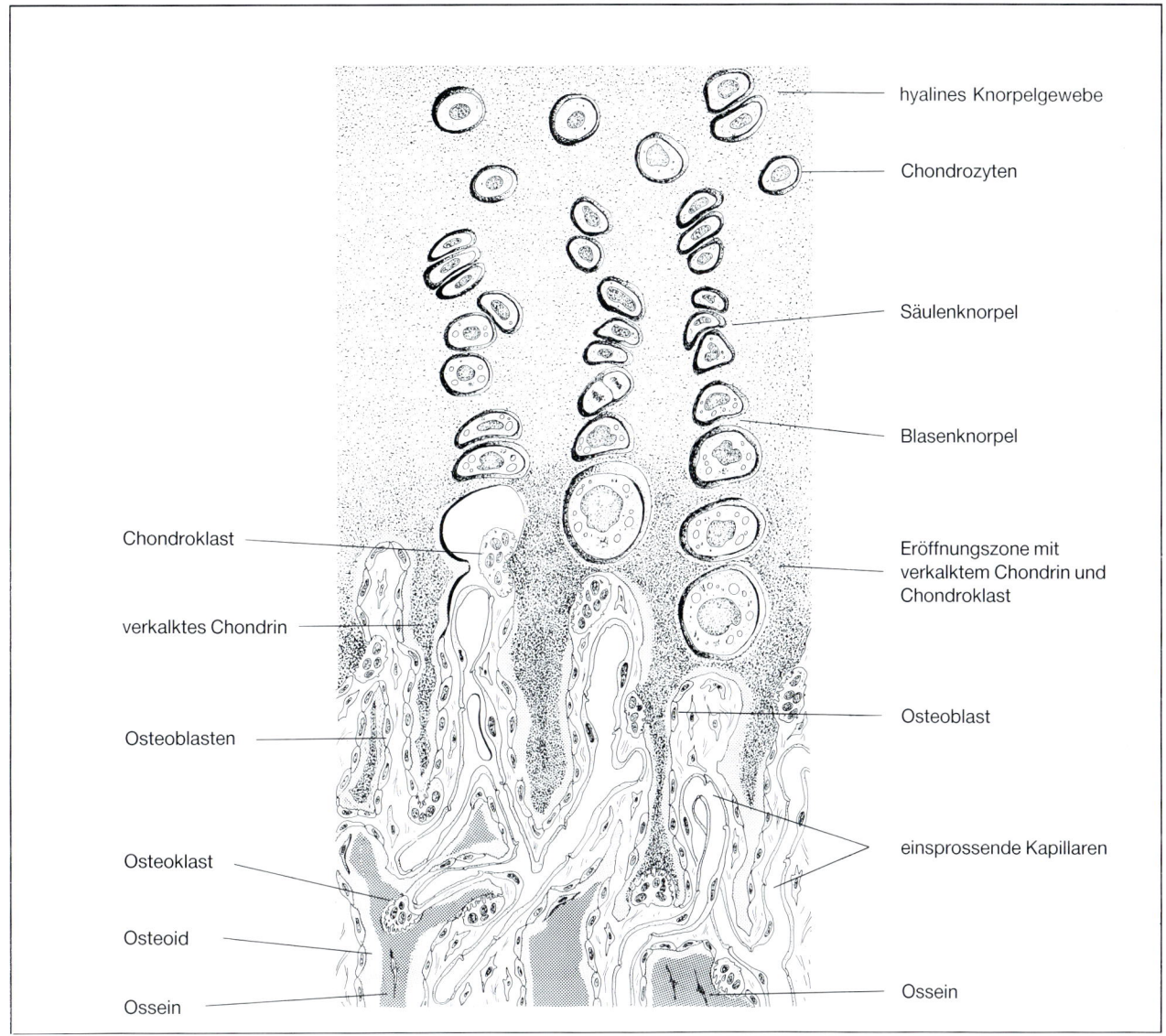

Abb. 56. Schematische Darstellung der strukturellen Umbauvorgänge während der chondralen Ossifikation eines Röhrenknochens.

In einer **Reservezone** liegen Chondrozyten in der für den hyalinen Knorpel charakteristischen Struktur und Anordnung. In Richtung Markhöhle schließt sich eine breite **Zone der Proliferation** von Knorpelzellen an, die sich vermehrt teilen. Räumlich begrenzt durch die knöcherne Manschette des Periosts ordnen sich die Knorpelzellen zu Säulen **(Zone des Säulenknorpels)**. Die Interzellularsubstanz erscheint reduziert, die Zellen rücken näher aneinander. Nachfolgend vergrößern sich die Knorpelzellen blasenartig, die Interzellularsubstanz wird bis auf schmale Spangen reduziert und beginnt zu verkalken **(Zone des Blasenknorpels)**. In der anschließenden **Verknöcherungszone** wird die Kalzifizierung der Knorpelmatrix abgeschlossen, die Knorpelzellen gehen zugrunde. Gleichzeitig setzt der Knorpelabbau durch die Tätigkeit der **Chondroklasten** ein **(Eröffnungszone)**. Diese gelangen über die Blutgefäße und mit dem begleitenden Bindegewebe aus der Markhöhle bis an die Verknöcherungszone und lösen enzymatisch die Reste der verkalkten Knorpelmatrix auf. Der Abbau des Knorpelgewebes ist abgeschlossen (Abb. 54 und 56, s. S. 67).

Gleichzeitig gelangen mit den Gefäßen Osteoblasten in die erweiterten Hohlräume und legen sich noch nicht verkalkten Knorpelresten an. Die Neubildung von Knochengrundsubstanz setzt ein. Der primär gebildete Geflechtknochen wird allmählich durch den definitiven Lamellenknochen ersetzt.

IV. Muskelgewebe (Textus muscularis)

Beweglichkeit ist eine für alle Zellen gültige Eigenschaft. Dies trifft für Zellen während der Teilung ebenso zu wie auch für alle Vorgänge während der Phagozytose oder der amöboiden Bewegung weißer Blutzellen in extravaskulären Geweben. In höher entwickelten Organismen tritt zusätzlich eine Spezialisierung der Kontraktionsfähigkeit in besonders differenzierten Geweben, den Muskelgeweben, ein.

Das herausragende Kennzeichen des Muskelgewebes ist die Tatsache, daß Muskelzellen **chemische Energie** (Adenosintriphosphat, ATP) in **mechanische Energie** bzw. in **Wärmeenergie umwandeln**. Diese funktionelle Spezialisierung führt zwangsweise zur strukturellen Differenzierung. Entsprechend der jeweiligen physiologischen Aufgabe können 2 Arten von Muskelgewebe unterschieden werden:
– glattes Muskelgewebe,
– quergestreiftes Muskelgewebe.

Glattes Muskelgewebe (Textus muscularis nonstriatus)

Das glatte Muskelgewebe bildet für den größten Teil der inneren Organe die muskuläre Grundlage, umhüllt Ausführungsgänge von Drüsen und formt die Wände der Blut- und Lymphgefäße. Glatte Muskelzellen übernehmen funktionelle Aufgaben auch in der Lunge, im Genitalapparat oder in der Haut.

Feinbau der glatten Muskelzelle (Myocytus nonstriatus)

Wesentlicher Bestandteil dieses Muskelgewebes ist die glatte Muskelzelle, sie erscheint spindelförmig und ist 20–500 µm lang (Abb. 57–59). Die Bezeichnung »glatt« leitet sich, im Gegensatz zum quergestreiften Muskelgewebe, vom Fehlen einer erkennbaren geordneten Myofibrillenstruktur ab. Der Zellkern liegt stets zentral, ist oval bis länglich, meist flach gekerbt und während der Kontraktion verkürzt. Das nur schmale Zytoplasma **(Sarkoplasma)** schließt neben zahlreichen Mitochondrien **(Sarkosomen)** ein ausgeprägtes endoplasmatisches Retikulum **(sarkoplasmatisches Retikulum)** ein. Dieses dient als Kalziumspeicher. Bei der Muskelkontraktion wird Kalzium frei in das Sarkoplasma abgegeben. Die Aufnahme des Kalziums aus dem extrazellulären Raum erfolgt über mikropinozytotische Bläschen **(Caveolae)**, die bevorzugt an den Zellenden das Plasmalemm unterbrechen. In glatten Muskelzellen wird Kalzium entweder direkt durch Depolarisation der Plasmamembran freigesetzt oder Neurotransmitter (Noradrenalin, Azetylcholin) erhöhen die Membranpermeabilität.

Die **Myofilamente (Aktin-, Myosin- und Intermediärfilamente)** lassen in Schnittbildern keine regelmäßige Anordnung erkennen, sie verlaufen netzartig (Abb. 57). Die **Aktinfilamente** (Länge 1 µm) sind über sog. **Haftplatten (Areae densae)** untereinander und an der Innenfläche des Plasmalemms verankert. Diese Haftplatten sind frei im Sarkoplasma verteilt, in ihnen inserieren auch **Intermediärfilamente,** die kontraktiles Aktin einschließen. Die Haftplatten entsprechen den Z-Linien des quergestreiften Muskelgewebes (s. S. 79). Aktinfilamente entwickeln ein sarkoplasmatisches Raumnetz, das mantelartig Myosinfilamente umgibt. **Myosinfilamente** der glatten Muskelzelle sind lösliche Proteine, die sich nur während der Kontraktion ausbilden sollten, sie stehen nicht mit den Haftplatten in Kontakt. **Intermediäre Mikrofilamente (= Desmin)** bilden das Zytoskelett der glatten Muskelzelle, sie sind nicht kontraktil.

Bei der **Kontraktion** verdichten sich im Sarkoplasma spontan Myosinfilamente. Nachfolgend gleiten Aktinfilamente über die Myosinfilamente. Durch die Verknüpfung von Aktin mit den Haftplatten verkürzt sich der Abstand der Platten. Die Muskelzelle kontrahiert sich in der Länge und nimmt an Umfang zu (Abb. 57).

Innervation

An der Oberfläche überzieht ein feines Netz aus Kollagenfasern, Retikulinfasern und gelegentlich elastischen Fasern die glatte Muskelzelle. Mit dieser äußeren Hülle ziehen **vegetative Nervenfasern** in die Nähe oder direkt an das Plasmalemm der Muskelzelle. Im Gegensatz zur quergestreiften Muskulatur besitzen glatte Muskelzellen keine motorischen Endplatten zur nervösen Reizübertragung. Sie weisen vielmehr auf der Zelloberfläche eine Vielzahl von **adrenergen** α-, α_1-, β-, β_1- und **cholinergen Rezeptoren** auf. Nach Depolarisation der Oberflächenmembran werden membrangebundene

Glattes Muskelgewebe (Textus muscularis nonstriatus)

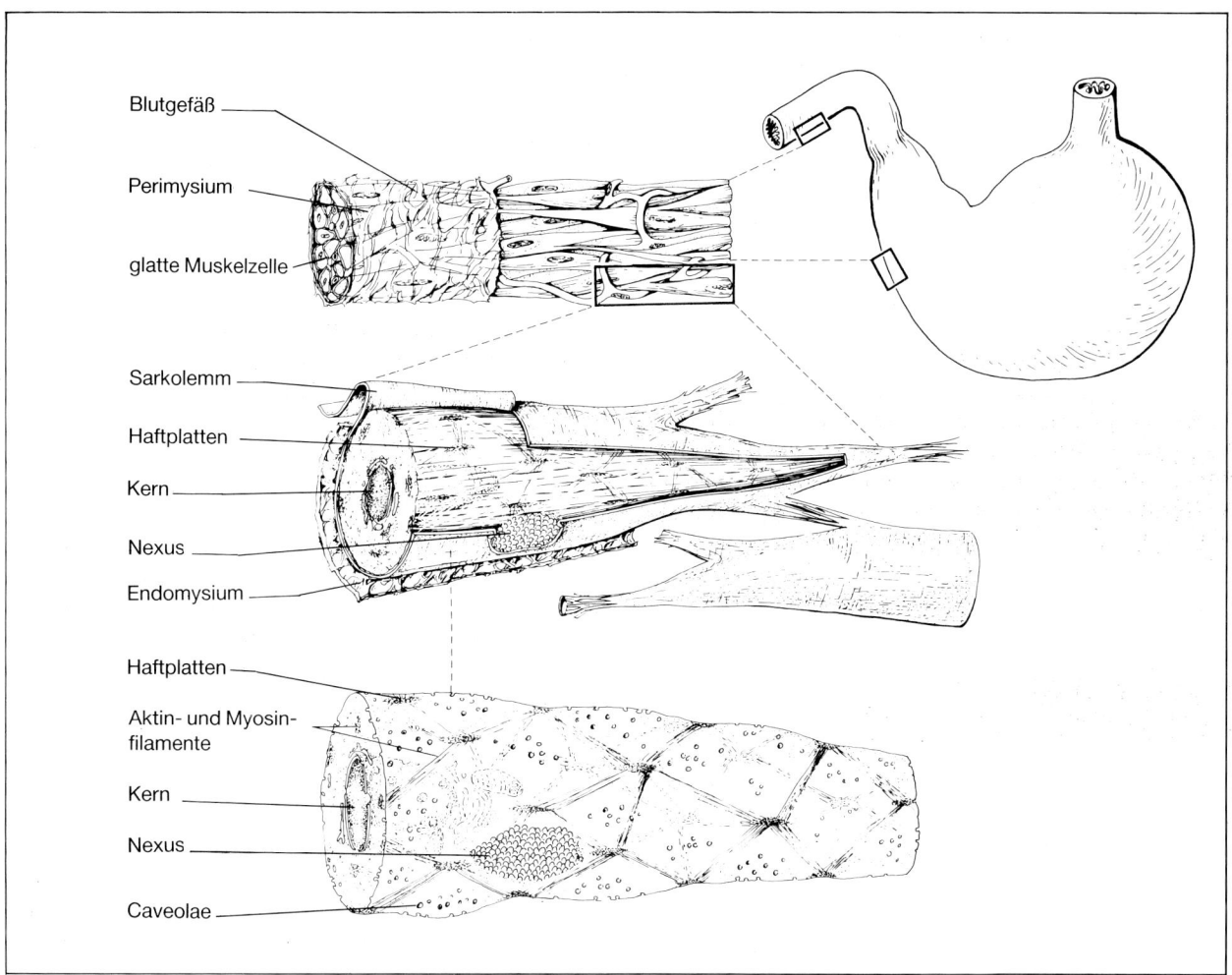

Abb. 57. Schematische Darstellung des lichthistologischen und ultrastrukturellen Aufbaus des glatten Muskelgewebes und der Anordnung der Myofilamentbündel Aktin und Myosin im Sarkoplasma.

Steuermechanismen (cAMP) beeinflußt, in deren Folge der zelluläre Kalziumspiegel durch Abgabe aus dem sarkoplasmatischen Retikulum erhöht wird. Kalzium kontrolliert die Muskelkontraktion. Unter der Regulation von **Calmodulin,** einem intrazellulären kalziumbindenden Protein, werden die leichten Ketten des Myosins phosphoryliert und damit indirekt die Muskelkontraktionen ausgelöst.

Zusätzlich sind in glatten Muskelzellen Rezeptoren der Eingeweidesensibilität (Enterozeptoren) eingelagert. (Näheres s. Kap. XVI: »Sinnesorgane«, S. 293.)

Aufgrund unterschiedlicher nervaler Impulse läßt sich glattes Muskelgewebe in zwei Gruppen unterteilen. Die Muskelwand innerer Organe (z. B. Magen, Darm, Uterus) wird von autonom reagierenden »Schrittmacherzellen« innerhalb des Muskelgewebes zur Kontraktion angeregt, unabhängig von einem externen Nervenimpuls (myogener Tonus). Die Muskelzellen stehen in diesem Fall über **Nexus (gap junctions)** in direkter Verbindung. Der Impuls breitet sich schnell über den Muskelverband aus (**»Single-unit«-Muskeltyp).** Im Gegensatz hierzu steht die Erregung glatter Muskelzellen in der Wand von Gefäßen oder in der Iris. Der nervale Impuls erfolgt in diesen Organen über vegetative Nervenfasern durch die Transmittersubstanzen Noradrenalin und Azetylcholin (neurogener Tonus, **»Multi-unit«-Muskeltyp).**

IV. Muskelgewebe (Textus muscularis)

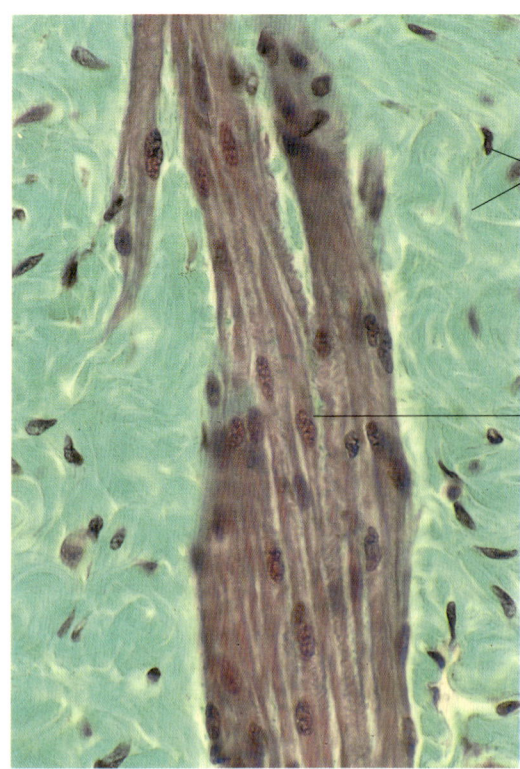

Bindegewebe mit Fibrozyten

zentrale Lage des Muskelzellkerns

Abb. 58. Längsschnitt durch ein Faserbündel glatter Muskelzellen. Die Zellkerne glatter Muskelzellen liegen stets zentral, das Sarkoplasma ist spindelförmig langgezogen und diesen eng anliegend. Oberflächlich umgibt jede glatte Muskelzelle ein bindegewebiger Mantel (Endomysium). Magenwand, Katze. Färbung Goldner, Vergr. 480fach.

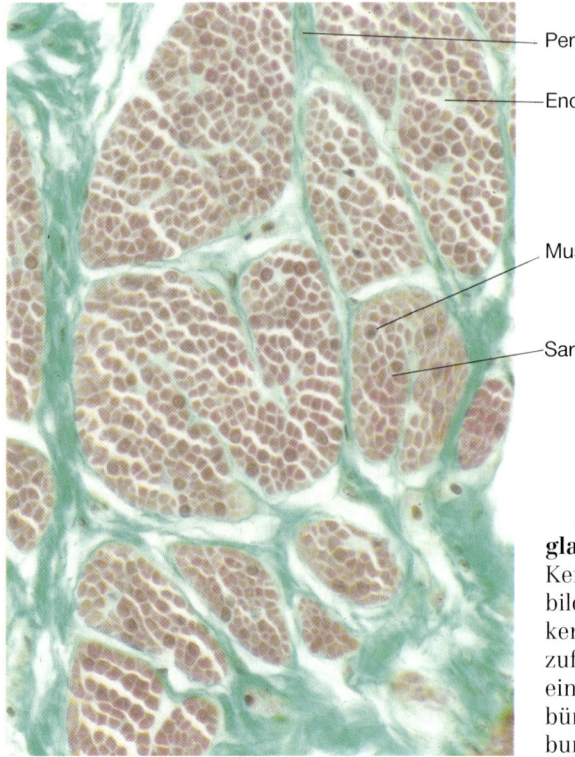

Perimysium
Endomysium

Muskelzellkern

Sarkoplasma

Abb. 59. Querschnitt durch Faserbündel glatter Muskelzellen. Die zentrale Lage der Kerne wird deutlich. Fehlen Kerne im Schnittbild, so ist dies auf die Schnittführung durch kernfreie Abschnitte des Sarkoplasmas zurückzuführen. Bindegewebige Hüllen umgeben die einzelnen Zellen (Endomysium) und Muskelbündel (Perimysium). Magenwand, Katze. Färbung Goldner, Vergr. 480fach.

Quergestreiftes Muskelgewebe (Textus muscularis striatus)

Das **quergestreifte Muskelgewebe** leitet seine Bezeichnung von der Tatsache ab, daß die kontraktilen Myofilamente im Zytoplasma der Muskelzelle in einer geordneten Form vorliegen. Die Myofilamente erscheinen als periodisch wiederkehrende Querbanden, die senkrecht zur Zelloberfläche verlaufen. Das quergestreifte Muskelgewebe kann nochmals unterteilt werden in:
– Skelettmuskelgewebe,
– Herzmuskelgewebe.

Skelettmuskelgewebe (Textus muscularis striatus skeletalis)

Das **Skelettmuskelgewebe** bildet die Grundlage des kontraktilen Bewegungsapparates des Körpers, der »Muskulatur« im üblichen Sprachgebrauch. Dieses Gewebe setzt sich aus parallel orientierten Skelettmuskelzellen zusammen, die stark vaskularisiert sind und von motorischen und sensiblen Nervenfasern innerviert werden. Bindegewebige Hüllen fassen Muskelzellen zu kleineren und größeren funktionellen Einheiten zusammen.

Feinbau der Skelettmuskelzelle (Myocytus striatus skeletalis)

Diese Muskelzellen werden von einer faserigen Hülle umgeben. Diese besteht aus einer Basallamina, einem Flechtwerk aus retikulären Fibrillen und einer äußeren Schicht feinster Filamente aus Kollagen Typ III. Sie liegt dem Plasmalemm (Sarkolemm), der Oberflächenmembran der Muskelzellen, außen an (Abb. 60–63).

Die quergestreifte Skelettmuskelzelle ist ein **Synzytium,** d.h., sie ist durch Verschmelzung von Muskelstammzellen (Myoblasten) entstanden. Die Anzahl der **Muskelfaserkerne** wird mit über 100 pro Zelle angenommen. Diese liegen überwiegend randständig dem Plasmalemm innen an (subplasmalemmal), sie sind abgeplattet, spindelförmig.

In Nachbarschaft der Kerne liegen die Golgi-Komplexe. Die Mitochondrien verteilen sich zwischen den Myofibrillen in paralleler Anordnung. Diese Organellen enthalten gerade in Muskelzellen zahlreiche Enzymsysteme der Atmungskette und der Energiebereitstellung (ATP-ADP-System). Als Beispiele seien erwähnt die biochemischen Reaktionen der β-Oxidation, des Zitratzyklus und der Zytochromoxidase, die in der Mitochondrienmatrix lokalisiert sind, die Adenylatkinase zur Synthese von energiereichen Phosphaten im Raum zwischen innerer und äußerer Membran und die Monoaminoxidase im Bereich der äußeren Mitochondrienmembran.

Zwischen den Muskelfibrillen finden sich zwei strukturell unabhängige, funktionell jedoch gekoppelte Membransysteme, das **sarkoplasmatische (longitudinale) Retikulum (L-System)** und das senkrecht dazu verlaufende **schlauchförmige (tubuläre) System (T-System)** (Abb. 63).

Das **sarkoplasmatische Retikulum (L-System)** stellt ein gefenstertes Membransystem dar, das sich flächenhaft um die einzelnen Myofibrillen lagert. Es schließt im Inneren vor allem Kalzium-Magnesiumabhängige ATPase sowie freies Kalzium ein (intrazellulärer Kalziumspeicher). Dieses netzartig verbundene Zisternensystem dient vorwiegend dem intrazellulären Transport von Kalzium und damit der Regulation der Muskelkontraktion. An den Enden erweitert sich dieses System zu sog. **Terminalzisternen.**

Den längsorientierten, unregelmäßig erweiterten Membranen steht das **transversale** oder **tubuläre System (T-System)** gegenüber. Dieses System nimmt seinen Ursprung am Plasmalemm, als dessen schlauchförmige Einstülpung es auch zu verstehen ist. Sein Innenraum öffnet sich in den Extrazellularraum. Die T-Schläuche anastomosieren über Ringsysteme miteinander, sind jedoch vom sarkoplasmatischen Retikulum durch einen Spalt getrennt. Der Bereich, in dem jeweils zwei Terminalzisternen des sarkoplasmatischen Retikulums und ein transversaler Tubulus nebeneinander liegen, wird als **Triade** bezeichnet (Abb. 63).

Das T-System dient der beschleunigten Impulsübertragung (Depolarisation durch vermehrten Natriumeinstrom) von der äußeren Muskelzellmembran ins Zellinnere und ermöglicht eine gleichzeitige Aktion der ganzen Muskelfaser. Die Triaden sind die Orte der Impulsvermittlung auf das sarkoplasmatische Retikulum (L-System). Kalzium wirkt hier als Mittlersubstanz zwischen den bioelektrischen Erregungsprozessen an der Zellmembran und der intrazellulären Myofibrillenkontraktion.

Eine Muskelfaser enthält schätzungsweise 1000 Myofibrillen. Diese zeigen im Längsschnitt eine **charakteristische Querstreifung,** die auf die regelmäßige und parallele Anordnung ihrer Untereinheiten zurückzuführen ist (Abb. 61–63). Sie

IV. Muskelgewebe (Textus muscularis)

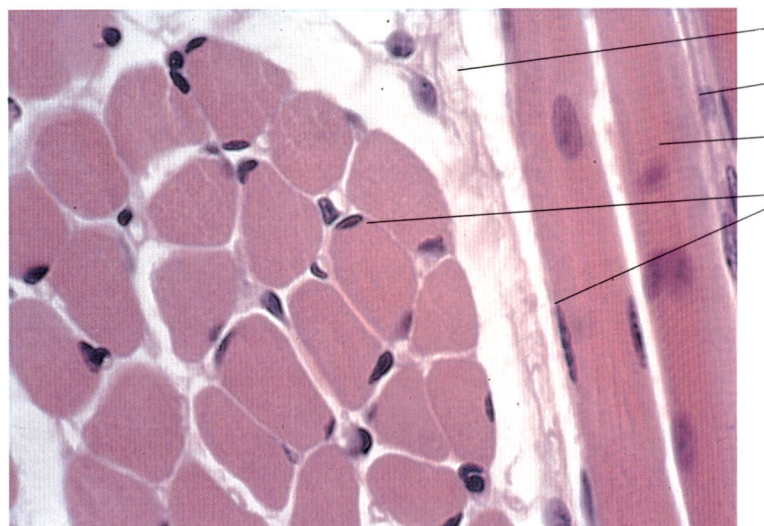

Perimysium
Endomysium
Sarkoplasma
randständiger Kern

Abb. 60. Längs- und Querschnitt durch quergestreifte Skelettmuskelfasern. Die Kerne liegen stets randständig (subplasmalemmal), das Sarkoplasma erscheint schwach marmoriert (Cohnheim-Felderung). Die einzelnen Muskelzellen werden von einem lockeren, bindegewebigen Endomysium, Muskelfaserbündel von einem festeren Perimysium umgeben. Zunge, Hund. Färbung Hämatoxylin-Eosin, Vergr. 240fach.

Abb. 61. Längsschnitt durch quergestreifte Skelettmuskelfasern mit periodischer Streifung der isotropen und anisotropen Banden. Zunge, Hund. Färbung Eisenhämatoxylin, Vergr. 1000fach.

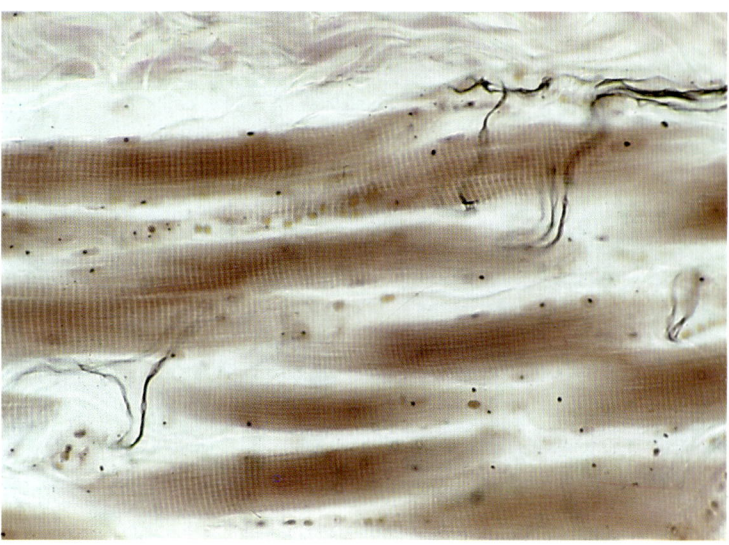

Abb. 62. Längsschnitt durch quergestreifte Skelettmuskelfasern mit periodischer Streifung der isotropen und anisotropen Banden und zerebrospinalen Nervenfasern. Hautmuskulatur, Katze. Darstellung nach Schefthaler-Mayet, Vergr. 200fach.

Quergestreiftes Muskelgewebe (Textus muscularis striatus)

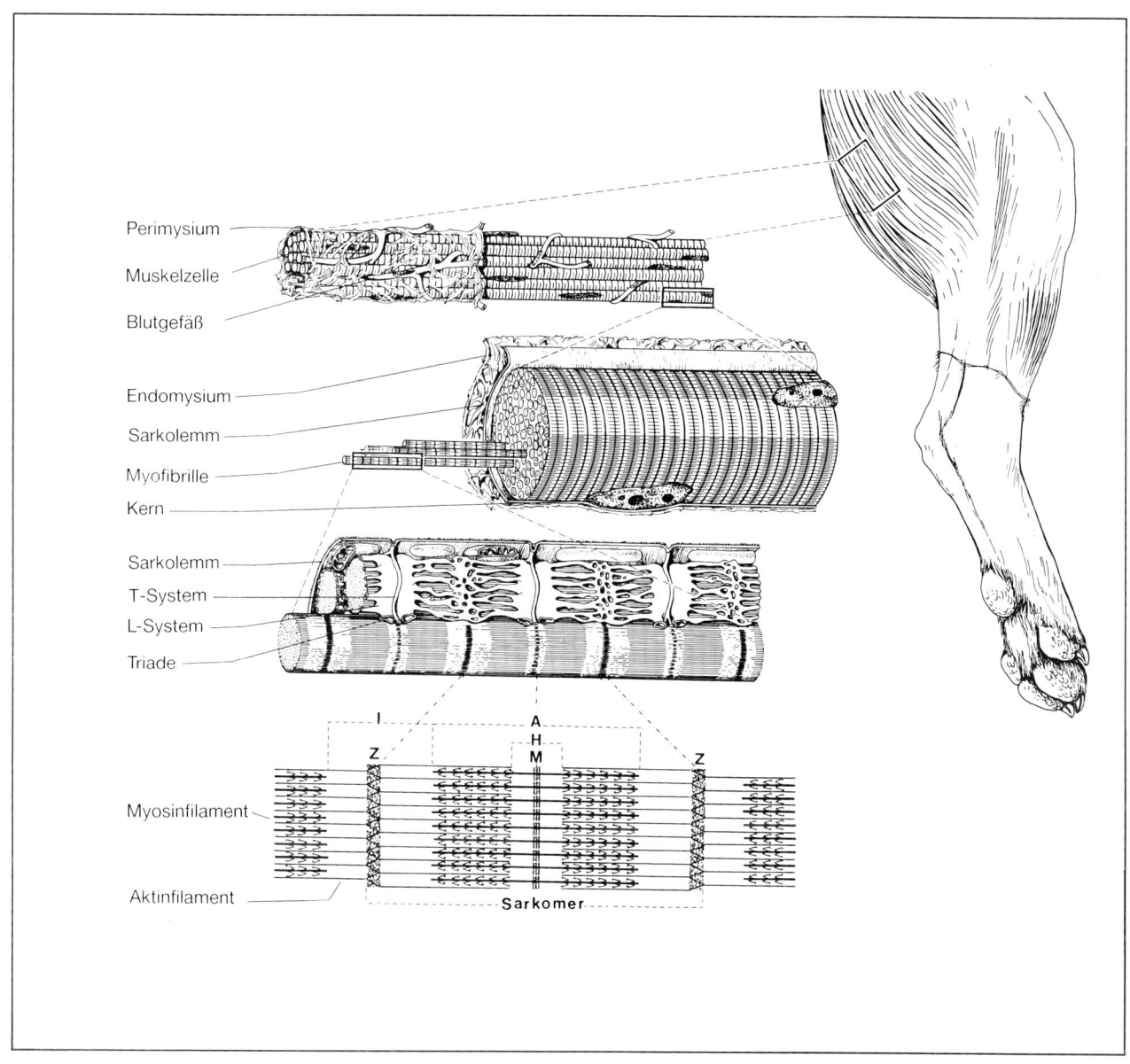

Abb. 63. Schematische Darstellung des lichthistologischen und ultrastrukturellen Aufbaus des quergestreiften Skelettmuskelgewebes und der Anordnung der Myofilamentbündel Aktin und Myosin im Sarkoplasma. Erläuterungen der Benennungen innerhalb eines Sarkomeres siehe Text. (Nach Bloom u. Fawcett, 1968.)

kennzeichnet im durchfallenden Licht eine unterschiedliche Brechung. Man unterscheidet:
- **isotrope,** einfachbrechende (= helle) **I-Streifen,**
- **anisotrope,** doppelbrechende (= dunkle) **A-Streifen.**

Die jeweiligen Streifen werden zentral nochmals durch dichtere Querlinien unterteilt: der I-Streifen durch eine dunkle **Zwischenscheibe (Z-Streifen),** der A-Streifen durch einen schmalen **M-Streifen.** Zwischen zwei Z-Streifen liegt die kleinste funktionelle Einheit der quergestreiften Muskelfibrille, das **Sarkomer** (Länge 2 µm, Breite 1,5 µm). Jede Längenveränderung einer größeren Anzahl an Sarkomeren führt zur Verlängerung oder zur Verkürzung des Muskels. Sarkomeren sind damit die eigentlichen kontraktilen Einheiten des Muskels.

Die **Myofibrillen** sind zylindrisch und aus parallel angeordneten **dünnen Aktin- und dicken Myosinfilamenten** zusammengesetzt (Abb. 63). Die **Aktinfilamente** durchziehen die I-Banden und inserieren an den Z-Streifen. Aktinfilamente sind 1 µm lang und haben einen Durchmesser von 6 nm. Die Filamente bestehen aus einer Doppelhelix von F-Aktin, einem Polymerisat von globulären Aktinmolekülen. Um die Aktindoppelhelix windet sich mit gleicher Periodik ein längliches filamentäres Molekül, das **Tropomyosin**. Diesem sind die aus drei Teilkomponenten bestehenden globulären **Troponinmoleküle** angelagert. Während der Kontraktion setzt Kalzium an Troponin an und gibt damit die Bindungsstellen für Myosin frei.

Die **Myosinfilamente**, die den dicken Filamenten des A-Bandes entsprechen, sind ungefähr 15 nm breite und 1,6 µm lange hexagonal angeordnete Proteinketten. Die Myosinmoleküle setzen sich aus zwei Bestandteilen zusammen: aus dem stäbchenförmigen, aus einer Proteindoppelhelix bestehenden **leichten Meromyosin (L-Meromyosin)** und aus dem kugeligen **schweren Meromyosin (H-Myosin)**. Das schwere Meromyosin spaltet enzymatisch ATP. Die leichten Meromyosinanteile sind beweglich, sie ermöglichen die Koppelung des Myosins an das Aktin **(Aktomyosinkomplex)**. Durch das Ineinandergleiten der Aktin- und Myosinfilamente (»gleitende Filamente«) kontrahiert sich der Skelettmuskel. (Näheres s. Lehrbücher der Biochemie.)

Muskelkontraktion

Die Kontraktion wird durch eine **Steigerung der Kalziumpermeabilität** der Membranen eingeleitet. Dabei dringen Kalziumionen nach Depolarisation in das Innere der Myofibrillen und setzen den Kontraktionsmechanismus in Gang. Die aktivierende Wirkung der Kalziumionen setzt am **Troponin-Tropomyosin-System** an. In Abwesenheit von freien Kalziumionen hemmt Troponin die Wechselwirkung zwischen Aktin, Myosin und dem Mg-ATP-Komplex. Durch die Reaktion der Kalziumionen mit Troponin wird diese Blockade gelöst: Tropomyosin und Aktin werden frei, die Kontraktion setzt ein. Die Myosinköpfe im Bereich des schweren Meromyosins, die sowohl die enzymatischen Zentren für die Hydrolyse des ATP als auch die Aktinbindungsstellen darstellen, bilden Querbrücken. Diese **Myosinquerbrücken** heften sich an das Aktinfilament unter Ausbildung eines energiegeladenen Aktin-Myosin-Komplexes. Zur Erzeugung von Muskelkraft klappt die Querbrücke aus und zieht das Aktinfilament in Richtung Sarkomermitte. Die Myosinköpfe »laufen« gleichsam auf den Aktinmolekülen, wobei sie selber auf der Stelle treten. Das Sarkomer verkürzt sich.

In der Repolarisationszeit des Aktionspotentials wird die Kalziumfreisetzung plötzlich beendet, Kalzium wird gegen ein Konzentrationsgefälle durch eine Kalzium-ATPase aktiv in das L-System zurücktransportiert. Im folgenden wird durch die Bindung eines neuen ATP-Moleküls die Aktin-Myosin-Querbrücke gelöst, der Myosinkopf schwingt in die Ausgangsstellung zurück.

Fasertypen

Skelettmuskelzellen sind Skelettmuskelfasern gleichzusetzen. Diese können hinsichtlich ihres Gehaltes an Myofibrillen in 3 Fasertypen untergliedert werden.

Typ-I-Fasern (roter Muskel) sind sarkoplasmareich, aber myofibrillenarm. Sie kennzeichnet der hohe Gehalt an **Muskelfarbstoff Myoglobin (dunkelrote Farbe)** und der Mitochondrienreichtum mit vermehrten Enzymen der Zellatmung (Zytochrome). Diese Skelettmuskelfasern vom Typ I kontrahieren sich langsam, kraftvoll und sind zur Dauerleistung befähigt.

Typ-II-Fasern (weißer Muskel) sind sarkoplasmaarm und myofibrillenreich. Das Sarkoplasma schließt nur **wenig Myoglobin (weiße Farbe)** und nur vereinzelt Mitochondrien ein. Die Kontraktion erfolgt schnell, die Fasern ermüden jedoch rasch aufgrund der nur geringen Energiereserven.

Intermediärfasern liegen funktionell zwischen den genannten Fasertypen I und II.

Innervation

Die **Innervation der Skelettmuskelfasern** erfolgt über myoneurale Verbindungen in Form von **motorischen Endplatten**. Dabei wird jede Skelettmuskelfaser von mindestens einem Axon eines **zerebrospinalen (motorischen) Nerven** versorgt. Die an der Kontaktstelle zur Muskelzelle **(Synapse)** aus der Nervenfaser austretenden Neurotransmitter **(Azetylcholin)** erregen Rezeptoren der Zelloberfläche und erhöhen damit die Permeabilität des Plasmalemms für Natrium: die Depolarisation der Zellmembran wird initialisiert, die Reaktionskette zur nachfolgenden Kontraktion der Myofibrillen induziert. (Näheres s. Kap. V: »Nervengewebe«, S. 92.) Zusätzlich verfügen Skelettmuskelzellen über sensorische Dehnungsrezeptoren der Tiefensensibilität. (Näheres s. Kap. XVI: »Sinnesorgane«, S. 293.)

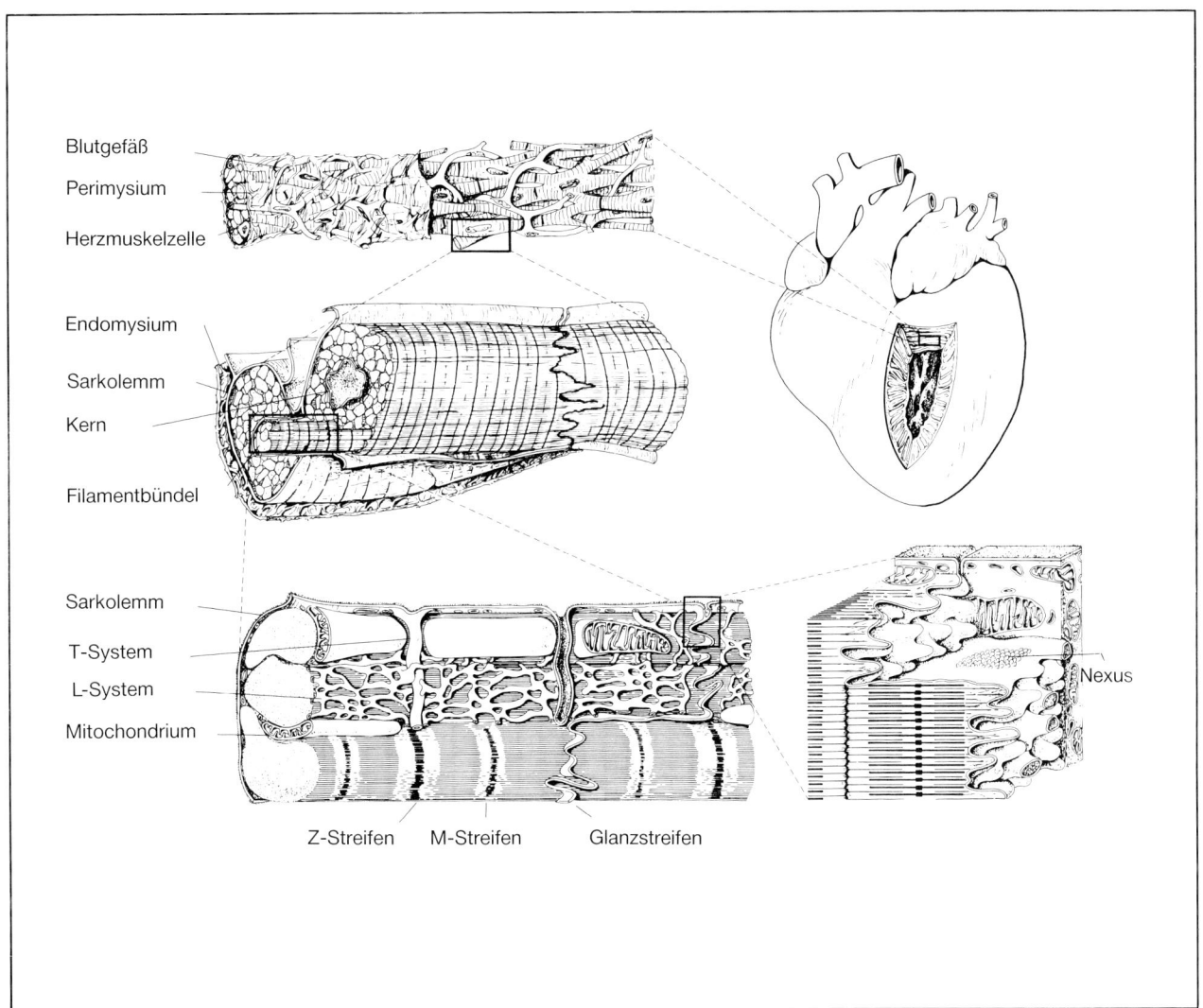

Abb. 64. Schematische Darstellung des lichthistologischen und ultrastrukturellen Aufbaus des quergestreiften Herzmuskelgewebes und eines Glanzstreifens (Discus intercalaris). Die Anordnung der Myofilamente Aktin und Myosin entspricht der im Skelettmuskelgewebe beschriebenen Form.

Hüllen des Skelettmuskelgewebes

Das Skelettmuskelgewebe besteht aus überwiegend parallel angeordneten Muskelfasern, die eine Länge von mehreren Zentimetern und einen Durchmesser von 10–100 µm erreichen können. Jeder Muskel wird oberflächlich von einer bindegewebigen Hülle als äußere Verschiebeschicht umgeben, dem **Epimysium,** das zahlreiche kleinere Muskelbäuche zusammenfaßt. Diese Faserschicht bildet als Untereinheiten primäre, sekundäre und tertiäre Faszikel aus, die als **Perimysium** bezeichnet werden. Das Perimysium besteht ebenso wie das äußere Epimysium aus lockerem Bindegewebe. Es schließt die Versorgungseinrichtungen wie Blut- und Lymphgefäße sowie Nervenfasern ein. Die kleinste funktionelle Einheit, die **Skelettmuskelzelle,** wird ebenfalls von einem feinen Netz von Bindegewebsfasern umhüllt, dem **Endomysium**. In diesem Hüllgewebe liegen Fibroblasten, Histiozyten, Mastzellen sowie Kapillaren und Nervenfasern (Abb. 60 und 63).

Herzmuskelgewebe (Textus muscularis striatus cardiacus)

Der **Herzmuskel (Musculus cardiacus)** ähnelt in seiner Struktur der quergestreiften Skelettmuskulatur (Abb. 64–67). Doch verlangt die besondere funktionelle Leistungsfähigkeit dieses zentralen Kreislauforgans einen speziellen Wandbau und die Möglichkeit zur spontanen autonom-nervalen Erre-

82 IV. Muskelgewebe (Textus muscularis)

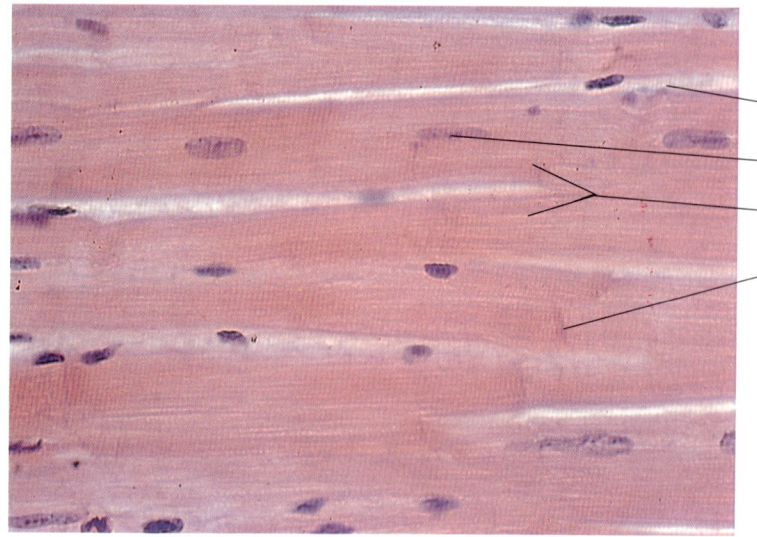

Endomysium
zentraler Kern
Verzweigung
Glanzstreifen

Abb. 65. Längsschnitt durch Herzmuskelgewebe. Dieses Muskelgewebe ist gekennzeichnet durch die zentrale Lage der Kerne, die Querstreifung der Myofilamente, die Verzweigung des Sarkoplasmas und die Ausbildung von Glanzstreifen (Disci intercalares) als Zellgrenzen. Rind. Färbung Hämatoxylin-Eosin, Vergr. 480fach.

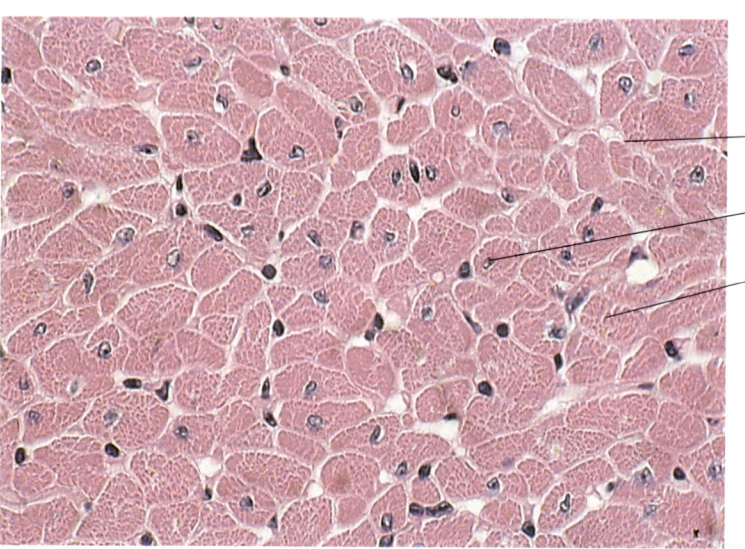

Endomysium
zentraler Zellkern
Sarkoplasma

Abb. 66. Querschnitt durch Herzmuskelgewebe. Die zentrale Lage der Kerne wird bei dieser Schnittführung verdeutlicht, die einzelnen Muskelzellen sind von einem bindegewebigen Endomysium umhüllt. Rind. Färbung Hämatoxylin-Eosin, Vergr. 480fach.

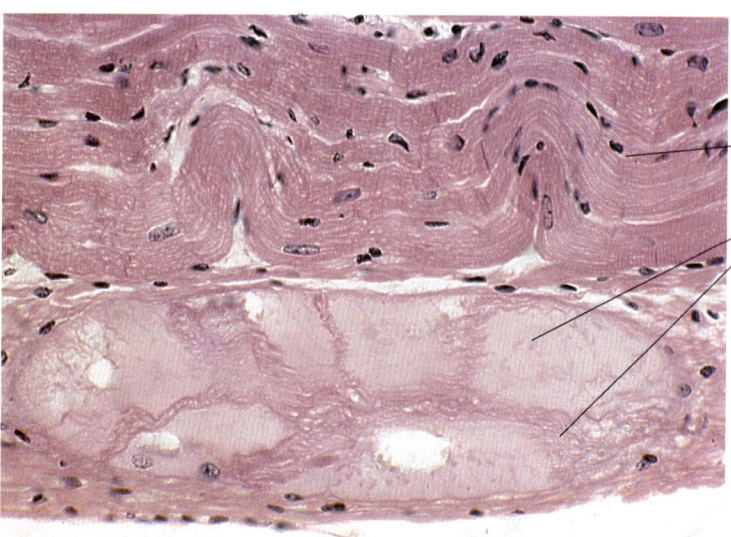

Herzmuskelzelle
modifizierte Herzmuskelzellen (Purkinje-Fasern)

Abb. 67. Myofibra conducens cardiaca (Purkinje-Fasern) aus der inneren Herzmuskelwand. Diese Fasern stellen modifizierte Herzmuskelzellen dar, die randständig noch Myofilamente erkennen lassen. Die Kerne erscheinen blaß, das Zytoplasma hell. Rind. Färbung Hämatoxylin-Eosin, Vergr. 250fach.

gungsbildung und unabhängigen intrakardialen Reizleitung. Darin unterscheidet sich das Herzmuskelgewebe, neben anderen Sonderbildungen, wesentlich vom Skelettmuskelgewebe.

Die **Herzmuskelzelle (Myocytus cardiacus)** erreicht, im Gegensatz zur Skelettmuskelfaser, nur eine Länge von 100–150 μm und wird von einem oder mehreren **Glanzstreifen** begrenzt (Abb. 64 und 65). Herzmuskelzellen schließen meist nur **einen Kern** ein, der stets **zentral** liegt (Abb. 66). Entsprechend der hohen Stoffwechselleistung des Herzmuskels sind diese Zellen reich an metabolisch aktiven Organellen. Die **Mitochondrien** sind in hoher Anzahl entwickelt und funktionsbedingt vergrößert. Glykogengranula sind als ständige Energiereserven stark vermehrt. Zusätzlich können Fetttröpfchen und als paraplasmatische Einlagerungen braunes Pigment **(Lipofuszin)** zwischen den Myofibrillen auftreten.

Das **tubuläre T-System** ist in der Herzmuskelzelle größer und ausgeprägter entwickelt als in Skelettmuskelfasern, das **L-System** hingegen geringer. Auch ist im Herzmuskel anstelle einer Triade eine **Diade** ausgebildet, wodurch nur einseitig der indirekte Kontakt zum L-System besteht. Das sarkoplasmatische L-System wird als Kalziumspeicher funktionell durch besondere Rezeptoren der Zelloberflächenmembran unterstützt. Hier treten adrenerge β-Rezeptoren auf, die eine kardiale Stimulation der Kalziumpermeabilität durch Noradrenalin oder Adrenalin fördern. Diese Hormone steigern die Kalziumkapazität in der Zelle und regulieren damit die kalziumabhängige Muskelkontraktion der quergestreiften Myofibrillen. Die Anordnung der Aktin-Myosin-Komplexe und die biochemisch-strukturellen Vorgänge während der Kontraktion gleichen denen bei quergestreiften Skelettmuskelzellen.

Die **Herzmuskelfasern (Myofibrae cardiacae)** sind verzweigt und bilden ein »synzytiales« Netz, durch das sich nicht einzelne Fasern isoliert, sondern stets sämtliche Muskelelemente gleichzeitig kontrahieren (Alles-oder-nichts-Gesetz). Diese Verbindungen entstehen durch **Verzweigungen** der Herzmuskelzellen an ihren Enden.

An den Kontaktstellen zu Nachbarzellen sind besondere Haftkomplexe entwickelt, die als dichte, querverlaufende Bänder auch lichtmikroskopisch nachweisbar sind. Sie werden als **Glanzstreifen (Disci intercalares)** bezeichnet. Glanzstreifen stellen Zellgrenzen dar, die in besonderer Weise Modifikationen ihrer Oberflächenmembran aufweisen (Abb. 64 und 65). In Glanzstreifen **verzahnen** sich die Zellgrenzen meist fingerförmig. Durch die beidseitige Ausbildung von **adhärenten Zellverbindungen** sind hier Aktinfilamente fest mit dem Plasmalemm verbunden und übertragen funktionell die Kontraktion auf die nächste Muskelzelle. Mechanisch werden Disci intercalares zusätzlich durch **Desmosomen (Maculae adhaerentes)** stabilisiert. Die Übertragung von Erregungsimpulsen von einer Herzmuskelzelle auf die andere erfolgt ebenfalls durch Sonderbildungen der Zellmembran in Glanzstreifen. Hier sind **Nexus (gap junctions)** ausgebildet, die durch ihre Porenstruktur den Übertritt von Ionen und niedermolekularen Proteinen von einer Zelle in die andere erleichtern. Durch den »synzytialen« Netzverbund dieser Muskelzellen und die Sonderbildung der Glanzstreifen wird eine strukturelle und funktionelle Einheit des Herzmuskelgewebes ausgebildet.

Erregungsbildung und Reizleitung werden in Kap. VI: »Kreislaufsystem« behandelt (s. S. 111).

V. Nervengewebe (Textus nervosus)

Zu den Grundeigenschaften der lebenden Zelle gehört die Erregbarkeit. Mit zunehmender phylogenetischer Entwicklung haben sich darüber hinaus Zellen differenziert, in denen diese Fähigkeit besonders ausgeprägt ist: die Nerven- und Sinneszellen. Diese hochspezialisierten Zellformen vermögen Signale (Reize) aufzunehmen, zentripetal weiterzuleiten, zu übertragen, zu verarbeiten und teils bewußt, teils unbewußt (Reflexe) zu beantworten. Die funktionelle Leistungsvielfalt dieser Zellen ist auf ihren Ursprung aus dem neuroektodermalen Keimblatt zurückzuführen. Während des embryonalen Entwicklungsprozesses geht der epitheliale Charakter dieses Gewebes zwar verloren, doch bleiben die in die Tiefe verlagerten neuroektodermalen Zellverbände durch teilweise innige Verflechtungen und extrem lange Fortsätze zeitlebens in räumlichem und funktionellem Kontakt.

Die Nervenzelle ist in ihrer Spezialisierung so weit differenziert, daß sie nicht mehr in der Lage ist, sich eigenständig stoffwechselaktiv zu versorgen; sie benötigt daher Ammenzellen und Stützzellen. Diese Aufgabe übernehmen die Gliazellen. Das Nervengewebe besteht also aus
– den Nervenzellen und
– den Gliazellen.

Nervenzelle (Ganglienzelle, Neuron, Neurozyt, Neurocytus)

Nervenzellen bilden langgestreckte Fortsätze (**Dendriten** und **Axone**) aus, die durch komplexe Verknüpfungen (**Synapsen**) mit anderen Zellen in Verbindung stehen. Dendriten nehmen Veränderungen ihrer Umgebung auf und leiten diese zum zentralen Kerngebiet der Nervenzelle (**Perikaryon**), von dem aus entlang der Axone die Erregung weitergegeben wird.

Die Nervenzelle zeichnet sich trotz einer außerordentlichen Variabilität in Größe und Gestalt durch eine einheitliche Grundstruktur aus. Danach besteht eine Nervenzelle aus einem **Perikaryon** und aus einer differierenden Anzahl an Fortsätzen mit unterschiedlicher Verzweigung, den **Dendriten** und einem **Axon (Neurit)**. Die Nervenzelle bildet mit ihren Fortsätzen eine genetische, morphologische, funktionelle und trophische Einheit, das **Neuron**.

Das **Perikaryon**, jener um den Kern gelegene Bereich des Zytoplasmas, repräsentiert zusammen mit der Vielzahl der Dendriten funktionell den **Rezeptorteil eines Neurons**. **Dendriten** (griech. dendron = der Baum) sind stark verzweigte, längliche Fortsätze, die an ihren freien Enden spezifische Sinnesrezeptoren ausgebildet haben oder zu Nachbarneuronen über Synapsen in Kontakt stehen und durch diese Reize aufnehmen. **Dendriten leiten Erregungen zum Perikaryon (afferente oder zentripetale Erregungsleitung)**.

Jedes Neuron entwickelt stets nur ein **Axon**. Dieses bildet den **efferenten oder zentrifugal leitenden Abschnitt der Erregungsleitung** eines Neurons, das in der Peripherie durch zahlreiche Seitenäste (Kollaterale) eine erhebliche Verzweigung erfahren kann. Das Axon endet am Erfolgsorgan zumeist bäumchenartig und stark verästelt (**Telodendron**). Die einzelnen freien Nervenendigungen differenzieren sich in variabler Zahl und Form zu **Endkolben (Boutons)**, die funktionell als der **Effektorteil eines Neurons** anzusehen sind.

Formen der Nervenzellen

Die Formenvielfalt der Nervenzellen läßt sich auf den Ort ihrer embryologischen Entwicklung zurückführen und betrifft sämtliche Abschnitte des Neurons. Aus dem Epithel des Neuralrohrs differenzieren sich gemeinsame Stammzellen für Nervenzellen und Gliazellen, **Neuroglioblasten**, die sich nach Abspaltung ihrer gliären Zellinien zu Neuroblasten und damit zu den Stammzellen der Nervenzellen entwickeln. Da diese Zellen nur einen Fortsatz ausbilden, werden sie als **unipolare Neuroblasten** bezeichnet. Diese teilen sich mitotisch und werden am Ende ihrer Differenzierung zu reifen Neurozyten. Als Endstadium dieser Entwicklung können Nervenzellen sich nicht mehr teilen und erhalten nach der letzten Mitose ihre endgültige Form und die Ausbildung ihrer Fortsätze. Man unterscheidet Nervenzellen nach der Anzahl ihrer Fortsätze:
– unipolare Nervenzellen,
– bipolare Nervenzellen,
– pseudounipolare Nervenzellen,
– multipolare Nervenzellen (Abb. 68–72).

Nervenzelle (Ganglienzelle, Neuron, Neurozyt, Neurocytus)

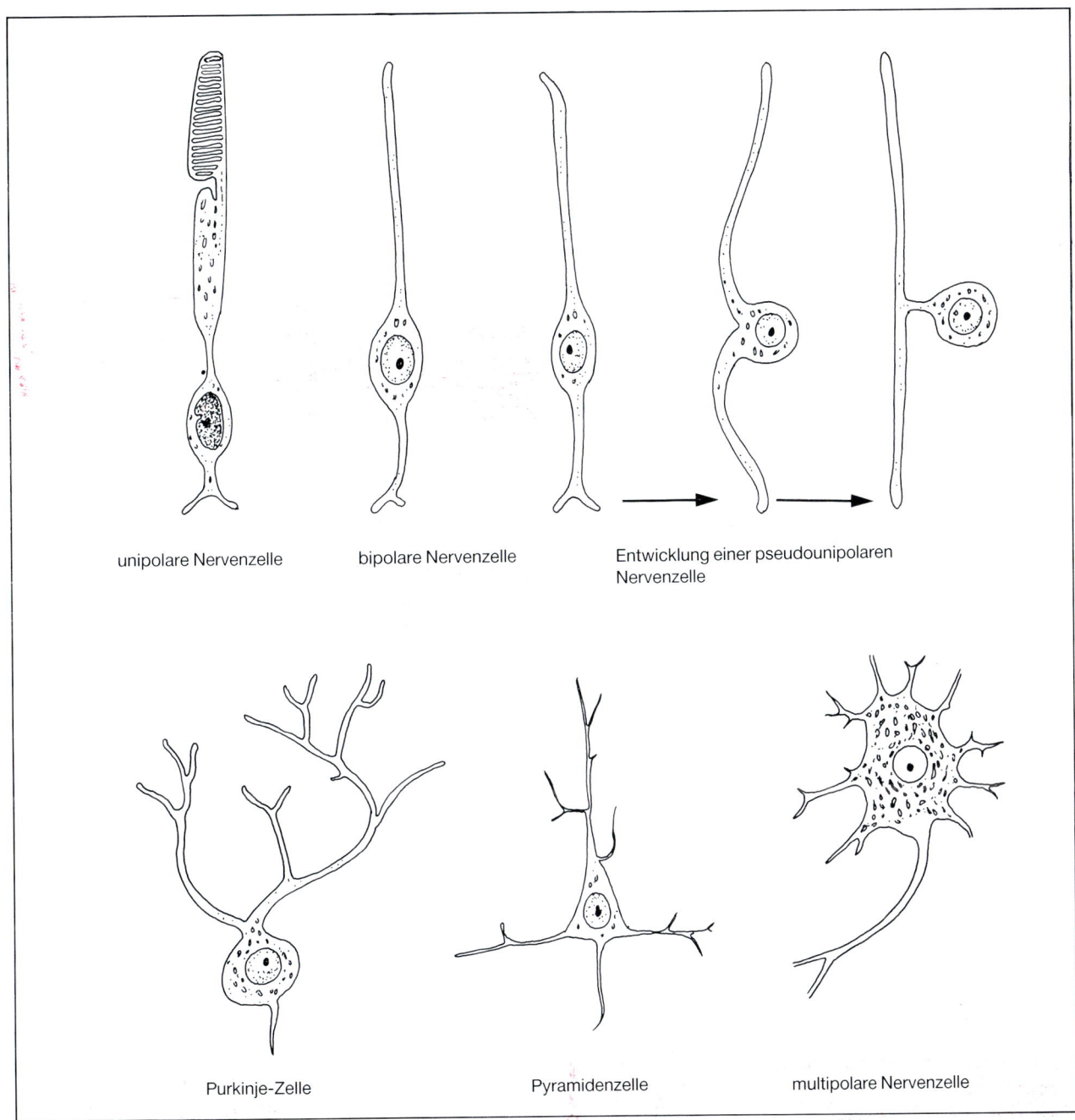

Abb. 68. Schematische Darstellung verschiedener Typen von Nervenzellen.

Unipolare Nervenzelle

Bei unipolaren Nervenzellen ist nur 1 Fortsatz (Axon) entwickelt. Das selbständige Auftreten dieser Nervenzelle im **differenzierten** Nervengewebe ist umstritten. Häufig werden die Nervenzellen des 1. Neurons der Netzhaut (Stäbchen und Zapfen) als unipolare Nervenzellen angesprochen.

Bipolare Nervenzelle

Bei bipolaren Nervenzellen sind 2 Fortsätze (1 Dendrit und 1 Axon) ausgebildet, die an gegenüberliegenden Zellpolen des Perikaryons entspringen. Sie treten vergleichsweise selten auf, z. B. als 2. Neuron der Netzhaut, als sensorische Rezeptorzellen in der Riechschleimhaut oder im Ganglion spirale und vestibulare des Innenohrs.

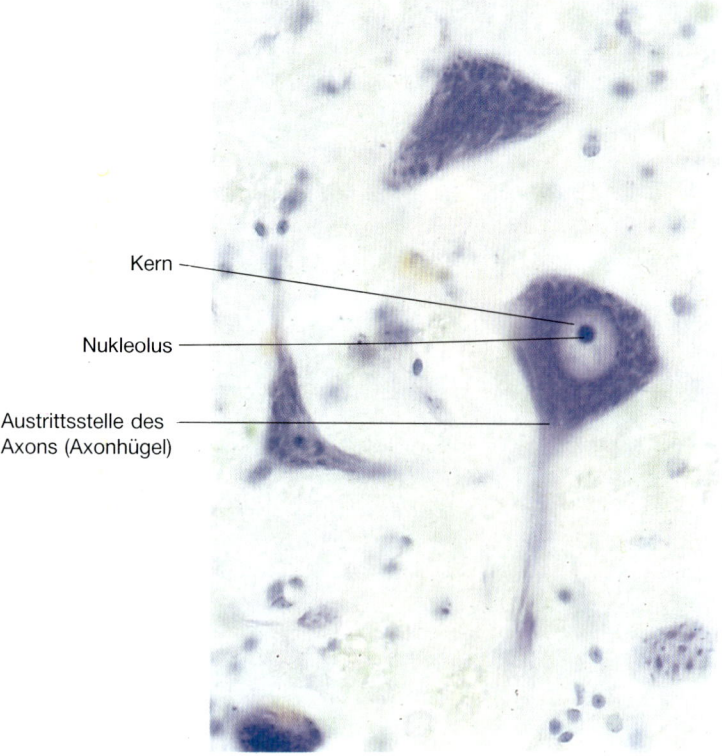

Kern
Nukleolus
Austrittsstelle des Axons (Axonhügel)

Abb. 69. Multipolare Nervenzelle aus dem Rückenmark des Rindes. Darstellung nach Nissl, Vergr. 480fach.

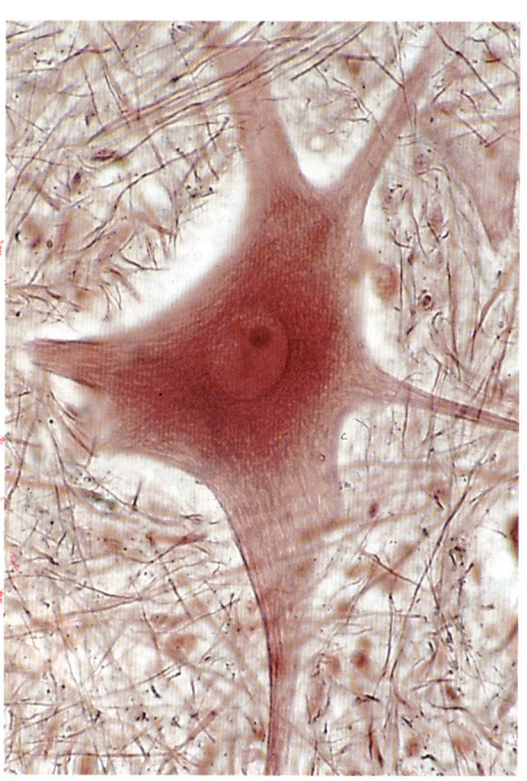

Abb. 70. Multipolare Nervenzelle aus dem Rückenmark des Hundes. Darstellung der Neurofibrillen (Neurofilamente und Neurotubuli) nach Bodian, Vergr. 480fach.

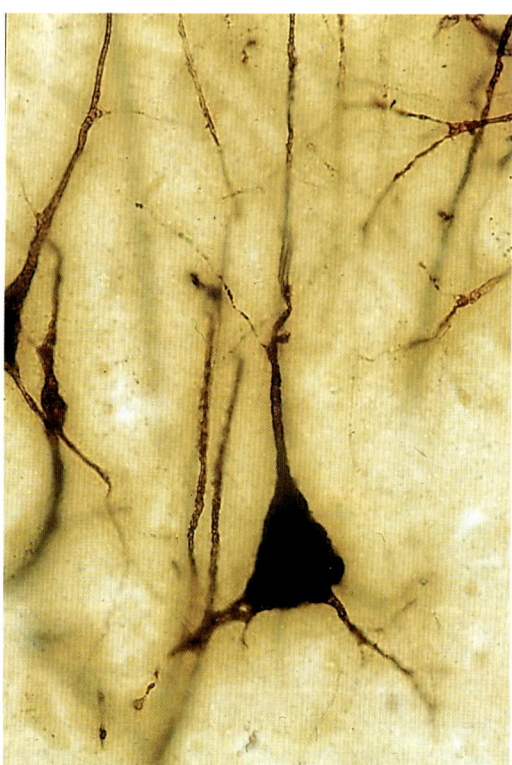

Abb. 71. Pyramidenzelle aus dem Großhirn des Hundes. Versilberung nach Golgi, Vergr. 300fach.

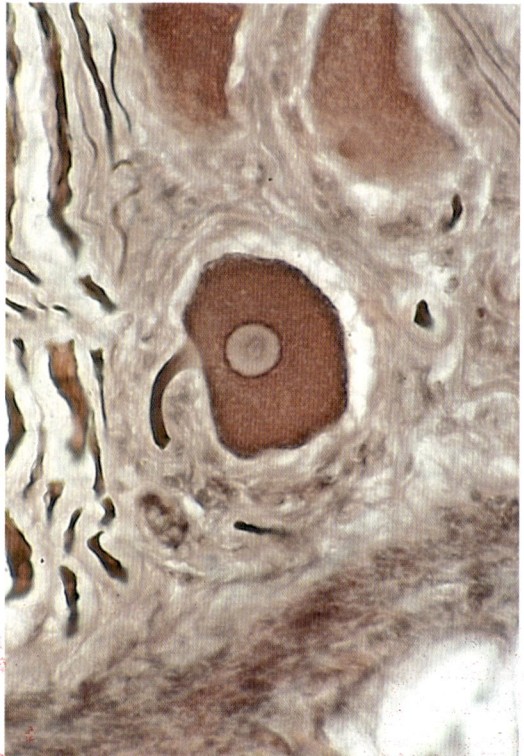

Abb. 72. Pseudounipolare Nervenzelle aus dem Ganglion spinale eines Hundes. Färbung Hämatoxylin-Eosin, Vergr. 400fach.

Pseudounipolare Nervenzelle

Pseudounipolare Nervenzellen sind in den sensiblen Spinal- und Kopfganglien anzutreffen (Abb. 72). Diese Nervenzellform entwickelt sich embryologisch aus bipolaren Nervenzellen, von denen jeweils ein Fortsatz in das Rückenmark einwächst und zum späteren Axon wird (Abb. 68). Der andere Zellausläufer gelangt mit den auswandernden Muskel- und Hautanlagen in die Peripherie und wird zum Rezeptorfortsatz (Dendrit). Noch während der Entwicklung verlagern sich beide Fortsätze auf eine Seite des Perikaryons und vereinigen sich morphologisch zu einem gemeinsamen Ursprung (pseudounipolar). Der bis in die Organperipherie verlängerte Dendrit ändert seine Innenstruktur und gleicht dem Aufbau eines Axons (dendritisches Axon). Beide Fortsätze, Axon und dendritisches Axon, werden als Bestandteile peripherer Nervenfasern myelinisiert (s. S. 93).

Elektrophysiologisch erfolgt die zentripetale, afferente Erregungsleitung unter Umgehung des Perikaryons direkt in die Dorsalwurzel des Rückenmarks. Das Perikaryon dient vorrangig einer möglichen Regeneration der Nervenzellfortsätze.

Multipolare Nervenzelle

Multipolare Nervenzellen sind die am häufigsten auftretenden Zellen des Nervengewebes (Abb. 68–71). Diese Form von Nervenzellen entwickelt sich z. B. aus Neuroblasten des Ventral- und des Dorsalhorns im embryonalen Rückenmark. Aus dem Perikaryon der Neuroblasten wachsen mehrere Fortsätze aus, die sich vielfach bereits am Ort ihrer Entstehung verzweigen. Die Nervenzellen erhalten ein sternförmiges Aussehen, sie sind multipolar. Man unterscheidet das zentrifugal-efferent leitende Axon und die zentripetal-afferent leitenden Dendriten. Letztere übernehmen synaptisch aus anliegenden multipolaren Neuronen elektrophysiologische Impulse.

Bilden multipolare Nervenzellen in Kernnähe ein extrem dichtes Geflecht von Dendriten und ein langes Axon aus, so werden diese Neurozyten als **Golgi-Typ-I**-Nervenzellen bezeichnet. Besondere Beispiele sind **Purkinje-Zellen** im Kleinhirn und **Pyramidenzellen** im Großhirn. **Golgi-Typ-II**-Nervenzellen sind vorwiegend Relaiszellen im zentralen Nervensystem mit stets kurzen, aber dichten Nervenfortsätzen. Diese treten bevorzugt in der Groß- und Kleinhirnrinde sowie im Bulbus olfactorius auf. Multipolare Nervenzellen bilden auch die Neurone der **vegetativen (autonomen) Ganglien**.

Struktur der Nervenzelle

An jeder Nervenzelle sind grundsätzlich zwei Abschnitte zu unterscheiden: eine zentrale, kernnahe Zytoplasmazone, das **Perikaryon**, und peripher ziehende, oftmals langgezogene Zytoplasmaausläufer, die **Nervenzellfortsätze**, die **Dendriten** und das **Axon** (Abb. 73).

Perikaryon

Der kernnahe Bereich der Nervenzelle, das Perikaryon, schließt neben dem Kern auch das Zytoplasma ein, jedoch nicht die Zellfortsätze (Abb. 73 und 74). Das Perikaryon ist das Zentrum für den Erhaltungs- und Funktionsstoffwechsel der Nervenzelle. Es dient der kontinuierlichen Resynthese sämtlicher Zellbestandteile einschließlich der Membranstrukturproteine und ist Rezeptor für stimulierende oder hemmende Signalstoffe, die über Synapsen oder durch Dendriten in das Perikaryon übertragen werden.

Das Perikaryon ist vorzugsweise rund, oval oder polygonal und kann eine Größe von bis zu 100 μm erreichen, in Golgi-Typ-II-Nervenzellen nur 4–5 μm.

Der **Kern** erscheint auffallend deutlich und ist von lockerer, heller Struktur, meist rund mit feinverteiltem Euchromatin. Heterochromatin ist spärlich, ein **Nukleolus** stets entwickelt. Die vorherrschende Ausbildung entspiralisierten Euchromatins und die Größe des Nukleolus sprechen für einen erhöhten Zellstoffwechsel der Nervenzelle. Entsprechend ausgeprägt sind auch die Organellen des Golgi- und des endoplasmatischen Retikulum-Lysosomen-Komplexes (GERL-Komplex).

Der **Golgi-Apparat** ist besonders stark entwickelt und Ausdruck der Synthese und Abgabe von Sekreten in die Neuronenfortsätze, die der Übertragung der Erregung dienen (Neurosekretion). Die Tatsache, daß Golgi-Apparate häufig in engem Kontakt zueinander stehen, veranlaßte den Entdecker dieser Organelle, den Italiener Camillo Golgi, von einem »apparato reticulare interno« zu sprechen. In unmittelbarer Nähe zum Golgi-Apparat sind in Nervenzellen stets Lysosomen, multivesikuläre Körper und Fetttröpfchen gelagert.

Ebenfalls ausgeprägt ist das **ribosomenbesetzte endoplasmatische Retikulum.** Diese Organelle füllt im aktiven Synthesestadium der Nervenzelle weite Zytoplasmabereiche aus. Das endoplasmatische Retikulum kann aufgrund der Basophilie seiner Ribosomen lichtmikroskopisch mit Methylenblau oder Toluidinblau dargestellt werden. Nach

88 V. Nervengewebe (Textus nervosus)

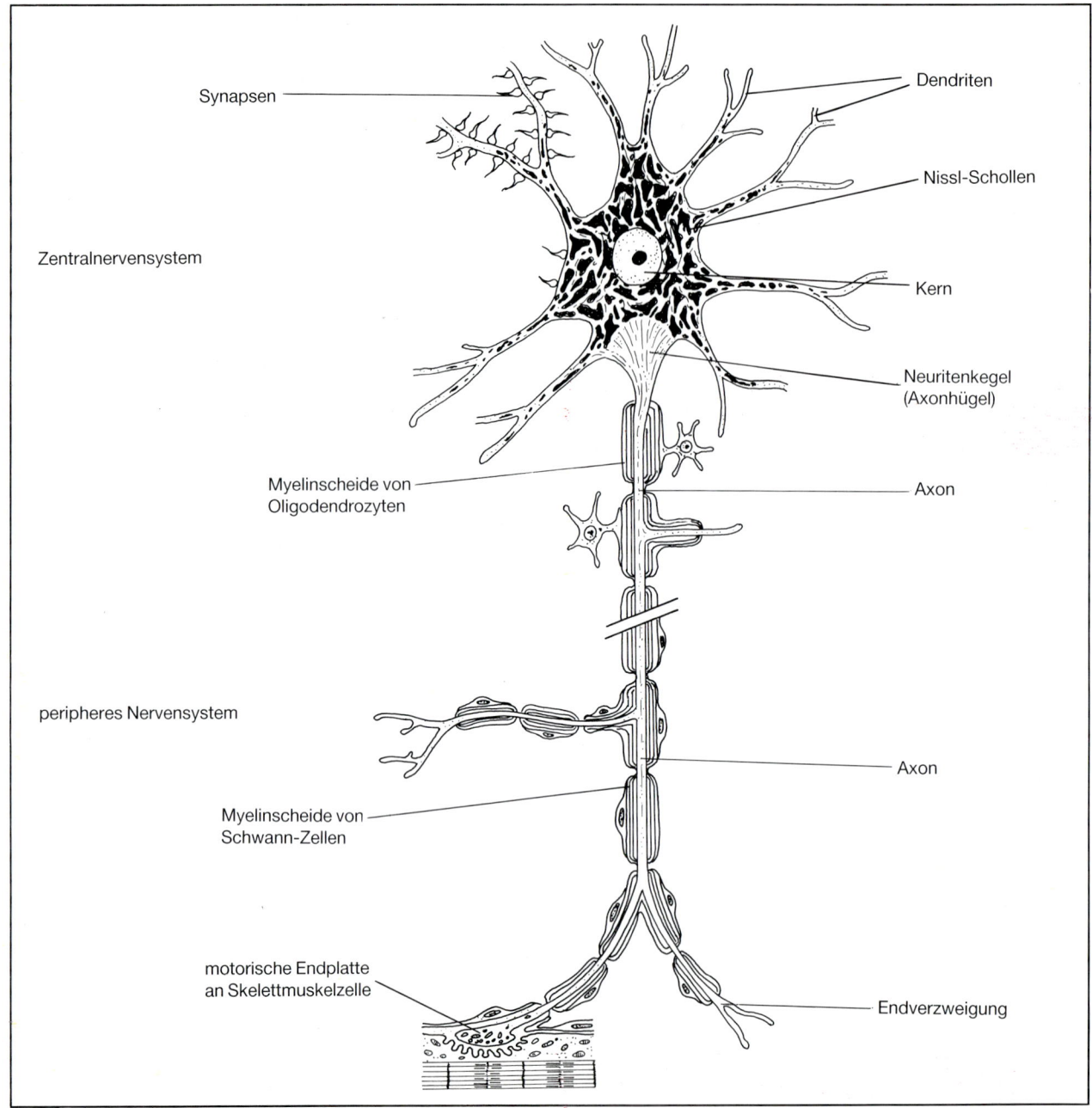

Abb. 73. Schematische Darstellung eines motorischen Neurons nach Nissl-Färbung im Zentralnervensystem und im peripheren Nervensystem.

seinem Entdecker wird heute noch die Gesamtheit der Ribosomen und des rauhen ER in Nervenzellen als **Nissl-Substanz** benannt. Diese Färbemethode dient zusammen mit der typischen Kernstruktur der Diagnostik von Nervenzellen.

Das rauhe endoplasmatische Retikulum (rER) setzt sich in die Dendriten fort, fehlt hingegen im Axon. An der Austrittsstelle des Axons aus dem Perikaryon entsteht daher eine ER-freie Zone, die als **Ursprungskegel des Axons oder als Axonhügel (Neuritenkegel)** bezeichnet wird.

Mitochondrien treten gehäuft in aktiven Nervenzellen auf. Die meisten Nervenzellen schließen als endogene Pigmente **Lipofuszin**, vereinzelt auch **Melaningranula**, ein. In gealterten Nervenzellen liegen in der Regel gehäuft Lipofuszinpigmente vor.

Charakteristisch für Nervenzellen sind **Neurofilamente** und **Neurotubuli**, die insbesondere im Perikaryon ein Zytoskelett formen und die Organellen zu geordneten Strukturen zusammenfassen. Durch Aggregation werden diese zu Neurofibrillen, die durch besondere Färbetechniken (Bodian-Färbung) dargestellt werden können. Neurofilamente und Neurotubuli setzen sich, zusammen mit Mitochondrien, in die Dendriten und das Axon fort und übernehmen dort stabilisierende und Neurosekret-leitende Funktionen.

Nervenfortsätze

Dendriten Empfänger

Dendriten sind bäumchenartige, stark verzweigte Fortsätze, die vom Perikaryon der meisten Nervenzellen ausgehen (Abb. 73 und 74). Ihre Hauptstämme und Nebenäste schließen, ähnlich dem Perikaryon, vorzugsweise ein rauhes ER (Nissl-Substanz), freie Ribosomen und zahlreiche Neurofilamente und Neurotubuli ein, während Golgi-Apparate bei zunehmender Verzweigung verschwinden. In den Endaufzweigungen häufen sich Neurofilamente, Neurotubuli und Mitochondrien, sie dienen dem dendritischen Transport. Dendriten bilden an ihrer gesamten Oberfläche unzählig viele Kontaktstellen (axodendritische Synapsen) zu anderen Nervenfortsätzen aus. An diesen übernehmen Dendriten die Aufgabe, zwischen den verschiedenen Neuronen funktionelle Regelkreise auf- und abzubauen. Dendriten vermögen auch direkt als Sinnesrezeptoren elektrophysiologische Impulse aufzunehmen. Ihre phylogenetische Entwicklung ist kennzeichnend für die Differenzierung höherer Lebewesen. Dendriten leiten nervale Impulse zum Perikaryon (zentripetal).

Axon Sender

Das Axon stellt einen Nervenfortsatz dar, der im Achsenhügel aus dem Perikaryon austritt und nervale Impulse in die Peripherie (zentrifugal) weiterleitet (Abb. 73 und 74). Die Axone der unterschiedlichen Neuronen sind verschieden lang, weisen jedoch in ihrem gesamten Verlauf nervenzelltypisch einen konstanten Durchmesser von 1–20 μm auf. Das Zytoplasma eines Axons (**Axoplasma**) wird von einer Oberflächenmembran, dem **Axolemm**, begrenzt. Das Axoplasma schließt Neurofilamente und Neurotubuli in großer Zahl ein, begleitet von wenigen länglichen Mitochondrien, einigen glattwandigen Vesikeln und gelegentlich von multivesikulären Körpern. Im Axoplasma treten nur vereinzelt Ribosomen und wenig endoplasmatisches Retikulum auf.

An vereinzelten Abschnitten entlassen Axone rückläufige Äste (Kollaterale). Die Enden der Axone zweigen sich bäumchenartig auf und bilden zu anderen Nervenfortsätzen Synapsen oder Endkolben aus. Axone motorischer Nervenfasern und sensible dendritische Axone pseudounipolarer Nervenzellen werden von Myelinscheiden umhüllt, Axone vegetativ autonomer Fasern führen keine myelinisierten Nervenhüllen (s. S. 94).

Energieversorgung und axonaler Transport

Zur aeroben Energieversorgung stehen im Perikaryon, in den Dendriten und dem Axon in ausreichender Zahl Mitochondrien für den oxidativen Abbau von Glukose oder von Ketonkörpern zur Verfügung. Das gebildete ATP wird zur Biosynthese von Proteinen und RNS für die ständige Zellerneuerung, für die Na^+/K^+-ATPase des Axolemms zur Erregungsleitung und für den axonalen Stofftransport verwendet.

Sämtliche Enzyme und Proteine, die z. B. in Synapsen benötigt werden, müssen durch axonalen Transport dorthin gelangen. Auch werden Mitochondrien und niedermolekulare Stoffe, möglicherweise in Form von Vesikeln, im Axon transportiert. In Axonen und Dendriten fehlen die Organellen für die Proteinbiosynthese weitgehend.

Nach der Geschwindigkeit der Weitergabe unterscheidet man einen schnellen Transport (200–500 mm/Tag) von einem langsamen mit nur 2–5 mm/Tag. Der Transport ist ATP-abhängig und höchstwahrscheinlich an Neurotubuli und Neurofilamente gebunden. Der Transport kann orthograd vom Perikaryon bis in die Synapse verlaufen. Gleichzeitig erfolgt auch der axonale Stofftransport für Stoffwechselendprodukte in umgekehrter Richtung (retrograd) bis in das Perikaryon.

Synapsen

Synapsen sind interzelluläre Kontaktstellen, an denen **elektrische** oder **chemische Impulse** von einem Neuron auf ein anderes oder von einem Neuron auf ein Erfolgsorgan übertragen werden.

Elektrische Synapsen sind in **Nexus (gap junctions)** ausgebildet, in denen – bei vermindertem elektrischen Widerstand – ein rascher Übertritt elektrischer Impulse von einer Zelle zur anderen erleichtert wird (z. B. Kontaktstellen zwischen glatten Muskelzellen).

Chemische Synapsen sind die am häufigsten auftretenden Synapsen, sie befinden sich vorwiegend am Ende eines Axons und bestehen aus einem
- präsynaptischen Axonteil (synaptisches Endköpfchen),
- synaptischen Spalt,
- postsynaptischen Teil.

Seltener sind neurochemische Kontaktstellen entlang eines Axons zu anderen Axonen oder Dendriten in Form von ovalen Auftreibungen (z. B. Nervengeflechte innerhalb glatter Muskulatur).

Struktur einer chemischen Synapse

Chemische Synapsen weisen eine weitgehend identische Grundstruktur auf. Der **präsynaptische Axonteil** (synaptische Endköpfchen, »boutons terminaux«) ist kolbenartig verbreitert und schließt Mitochondrien, glattes ER, Neurotubuli, Neurofilamente und synaptische Vesikel ein. Diese Bläschen (20–60 nm) enthalten die nervalen Überträgerstoffe einer Synapse, die als **Neurotransmitter** bezeichnet werden. Das terminale Plasmalemm der Synapse heißt **präsynaptische Membran**.

Der **synaptische Spalt** liegt zwischen der prä- und der postsynaptischen Membran und ist in der Regel 20 nm breit. Strukturell schließt dieser feingranuliertes oder stellenweise fibrilläres Material ein. Die unterschiedliche Weite des Spaltraums und die Dichte der Membranen erlauben eine Typisierung der Synapsen. Der Synapsenspalt bei Typ I ist weit, die postsynaptische Membran asymmetrisch verdickt, bei Typ II lassen sich ein nur schmaler Spaltraum und symmetrisch gleichdicke Membranen erkennen. Typ-I-Synapsen (sog. S-Synapsen) sollen exzitatorisch wirken, Typ-II-Synapsen (sog. F-Synapsen) erregungshemmend.

Der **postsynaptische Teil** wölbt sich vielfach leicht vor und ist reich an Mitochondrien. Das Plasmalemm der Rezeptorzelle wird als **postsynaptische Membran** bezeichnet und ist ebenfalls feinfibrillär verstärkt.

Funktionsbedingt lassen Synapsen auch eine unterschiedliche Anzahl ihrer Endigungen und deren Verknüpfungen erkennen. So können diese in der Einzahl als **Dornsynapsen** oder nach einfacher oder mehrfacher Invagination als **komplexe Synapsen** ausgebildet sein.

Chemische Synapsen stehen zu unterschiedlichen Geweben über besonders differenzierte Endkolben in Verbindung und werden danach unterteilt in:

- **neurosensorische Synapsen**, z. B. im Gehör- oder Geschmackssinn,
- **neuroglanduläre Synapsen**, in exokrinen und endokrinen Organen,
- **interneurale Synapsen**, die sich gliedern lassen in

  axoaxonale Synapsen zwischen verschiedenen Axonen,

  axodendritische Synapsen zwischen Axon und Dendriten,

  axosomatische Synapsen zwischen Axon und Perikaryon,

  dendritische Synapsen zwischen Dendriten,
- **neuromuskuläre Synapsen** (motorische Endplatte, s. S. 92).

Funktion einer chemischen Synapse

Das **chemische Signal** einer nervalen Impulsübertragung an Synapsen erfolgt durch **Neurotransmitter**. Diese Wirkstoffe dienen der Weitergabe eines synaptischen Nervenimpulses an andere Nervenzellen oder an Effektorzellen. In den **peripheren Abschnitten des Nervengewebes**, z. B. den peripheren Nervenfasern (s. S. 92), wirken biogene Amine (Noradrenalin) und Karbonsäureester (Azetylcholin) als Neurotransmitter, im **Zentralnervensystem** die biogenen Amine Noradrenalin, Dopamin, Serotonin und Adrenalin. Neben Azetylcholin zeigen auch andere Stoffgruppen Transmittereigenschaften (z. B. Neuropeptide wie Enkephaline, β-Endorphine und die Substanz P, ferner Aminosäuren wie γ-Aminobutyrat, Glyzin und Glutamat). Die Neurotransmitter werden vorrangig im Zytosol der synaptischen Endkolben synthetisiert, während Neuropeptide als Neurosekrete Produkte des Perikaryons der Nervenzelle darstellen. Jede Nervenzelle synthetisiert und speichert nur einen Typ von Neurotransmitter, diese sind daher **zellspezifisch**.

Trotz der unterschiedlichen Wirkstoffe scheinen bei sämtlichen chemischen Synapsen die **Mechanismen der Erregungsübertragung** grundsätzlich nach identischen Reaktionsketten zu erfolgen:
- **Freisetzung der Neurotransmitter** aus der präsynaptischen Nervenendigung in den synaptischen Spaltraum,
- **gegenseitige Beeinflussung der Neurotransmitter** und **spezifischer postsynaptischer Neurotransmitterrezeptoren**,
- **Auslösung einer Potentialänderung** der postsynaptischen Membran durch lokale Änderung der Ionenpermeabilität und
- **Inaktivierung des chemischen Impulses** durch enzymatische Spaltung des Neurotransmitters

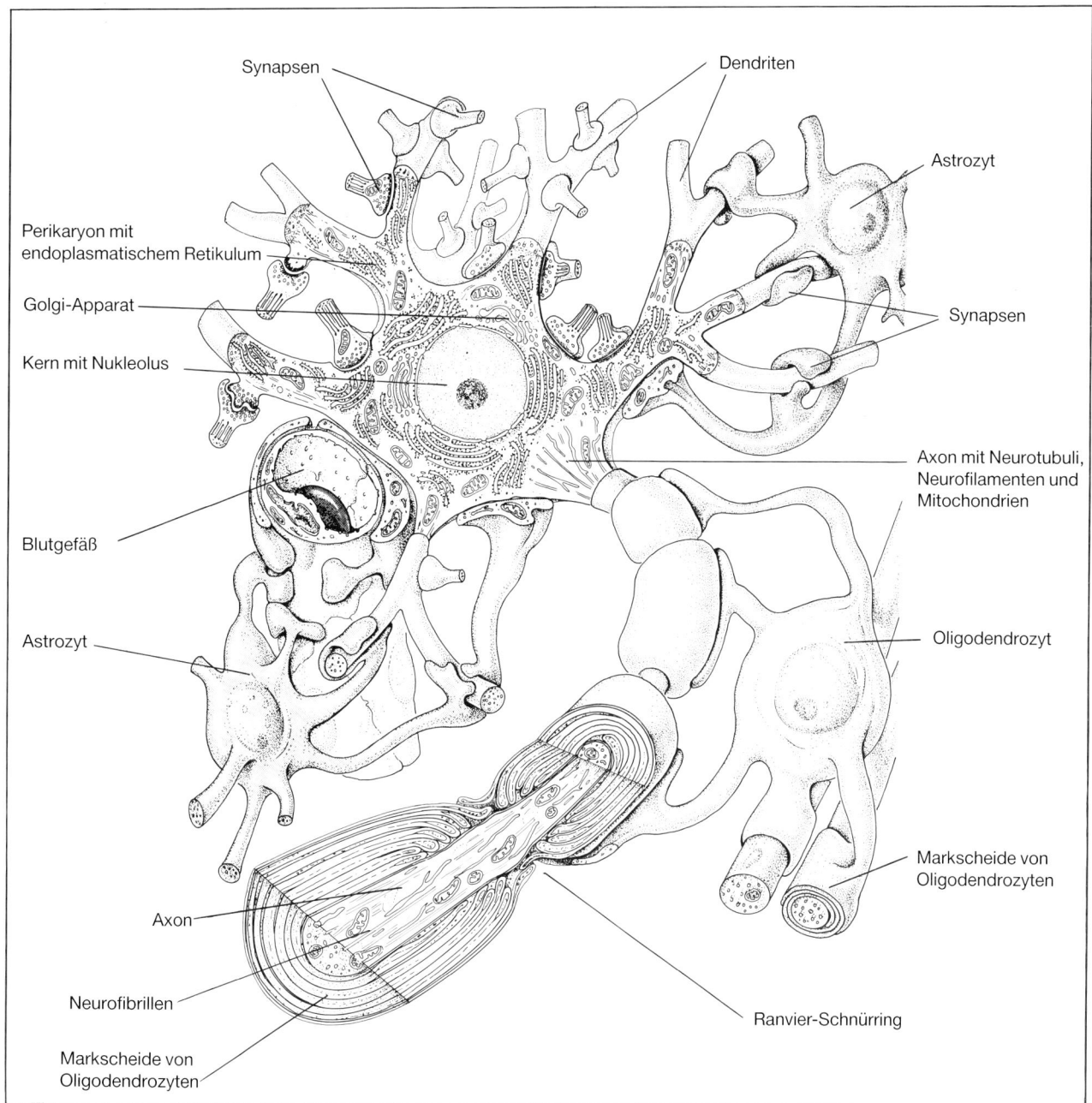

Abb. 74. Schematische Darstellung einer multipolaren Nervenzelle aus dem Zentralnervensystem mit Gliazellen und Blutgefäß.

oder durch dessen Wiederaufnahme in die Nervenendigung.

Ein im synaptischen Endkolben eintreffender Nervenimpuls **(Aktionspotential)** führt zu einer kurzzeitigen **Depolarisation der präsynaptischen Membran.** Dieser Vorgang scheint das Einströmen von extrazellulärem Ca^{2+} zu begünstigen. Ca^{2+}-Ionen beeinflussen nachfolgend intrazellulär den Transport synaptischer Bläschen zur präsynaptischen Membran (möglicherweise unter Mithilfe von Neurotubuli) und induzieren die **Freisetzung von Neurotransmittern in den Synapsenspalt.** Der freigesetzte Neurotransmitter löst an der postsynaptischen Membran eine **lokale Potentialänderung** aus.

An der postsynaptischen Membran sind für den jeweiligen Neurotransmitter **spezifische Rezepto-**

ren lokalisiert, die von Membranproteinen gebildet werden. Diese ändern nach Kontakt mit dem Neurotransmitter ihre Lage und Struktur und bilden **Ionenkanäle** für z. B. Na^+, K^+, Cl^- aus. Diese Umstrukturierung der Membran führt zu einem vermehrten Einstrom von Na^+-Ionen in die Zelle und damit zur **Depolarisation der postsynaptischen Membran.**

Die membrangebundenen Rezeptoren für Neurotransmitter können im einfachsten Fall so lange die Ionenkanäle für Na^+ offenhalten wie der spezifische Neurotransmitter am Rezeptor gebunden bleibt. In diesem Fall wird der Neurotransmitter zum Effektormolekül (»strukturelle Koppelung von Rezeptor und Ionenkanal bei cholinergen Synapsen«).

In anderen Fällen vollzieht sich die Koppelung von Rezeptoren und Ionenkanal über enzymatische Prozesse. Danach induzieren Neurotransmitter die membranassoziierte Adenylatzyklase (cAMP), die ihrerseits über Reaktionsketten zur Phosphorylierung der Ionenproteine und damit zur Öffnung der Ionenkanäle führt. Als Beispiele für diesen Mechanismus sind Neurotransmitter wie Dopamin oder Noradrenalin zu nennen (»adrenerge Synapse«).

Die **Inaktivierung des Neurotransmitters** erfolgt vorwiegend durch Wiederaufnahme (Endozytose) in die präsynaptische Nervenendigung. Dieser Vorgang wird durch die hohe Affinität der Membranproteine für den Transmitter erleichtert. In anderen Fällen wird der Neurotransmitter durch Enzyme in inaktive Bestandteile gespalten (z. B. Azetylcholin durch Azetylcholinesterase in Cholin und Azetat). Die aufgenommenen Einzelstoffe werden für die Neubildung des Neurotransmitters lokal wiederverwendet.

Neuromuskuläre Synapse (Motorische Endplatte)

Motorische Endplatten sind Sonderbildungen von chemischen Synapsen, die der Erregungsübertragung von motorischen Nervenfasern auf Skelettmuskelzellen dienen (Abb. 75). Diese werden auch als **myoneurale Verbindungen** bezeichnet. An diesen Kontaktstellen enden die Myelinscheiden (s. S. 93) der Nervenfasern, die Axone verzweigen sich und legen sich in Vertiefungen der Muskelzellen. Die freien Enden der Axone schließen in großer Zahl synaptische Bläschen ein, die **Azetylcholin als Neurotransmitter** enthalten. Der synaptische Spaltraum ist stark gefaltet und mit einer amorphen Matrix gefüllt. Die postsynaptische Membran ist verdickt und von Mitochondrien, Ribosomen und Glykogengranula unterlagert.

Die Kontraktion der Skelettmuskelzelle wird durch die Abgabe von Azetylcholin in den synaptischen Spaltraum und nachfolgende Depolarisation des Plasmalemms der Muskelzelle eingeleitet. Entlang dieser Membran erfolgt die Erregungsleitung oberflächlich bis zu den T-Tubuli, die ihrerseits das Aktionspotential an das L-System des Sarkoplasmas weiterleiten; hieraus erfolgt die Kontraktion der Muskelzelle (s. Kap. IV: »Muskelgewebe«, S. 80).

Neuromuskuläre und neurotendinäre Spindeln sind ebenfalls Sonderbildungen neuraler Mechanismen der Impulsübertragung, auf die in Kapitel XVI: »Sinnesorgane« (s. S. 293 f) hingewiesen wird.

Nervenfasern (Neurofibrae)

Eine Nervenfaser setzt sich aus einem **zentralen Achsenzylinder** und einer **äußeren Hülle** zusammen. Die Nervenhüllen werden von den Gliazellen (Oligodendrozyten bzw. Schwann-Zellen) gebildet. **Oligodendrozyten** übernehmen im **Zentralnervensystem** die Bildung der Hüllen (weiße Substanz) (Abb. 74), die Hüllen der **peripheren Nervenfasern** werden von den **Schwann-Zellen** entwickelt. Auch ergeben sich funktionelle Unterschiede bei der Zuordnung von Nervenfasern. Entsprechend der Differenzierung von Neuronenketten des somatischen (zerebrospinalen) und des vegetativen (autonomen) Nervensystems können Nervenfasern unterteilt werden in:

– **somato-afferente, sensible Nervenfasern,** die Impulse aus der Körperperipherie in das Rückenmark oder das Gehirn leiten; diese dienen der sensiblen oder der sensorischen Sinneswahrnehmung (z. B. Geruchs- oder Gehörsinn, Auge),
– **somato-efferente, motorische Nervenfasern,** die Impulse an die Peripherie abgeben (quergestreifte Skelettmuskulatur),
– **vegetativ-afferente, autonome** und
– **vegetativ-efferente, autonome Nervenfasern,** die als unwillkürliche (autonome) parasympathische oder sympathische Nervenfasern die Funktionen innerer Organsysteme kontrollieren.

Nervenzellfortsätze werden in ihrem gesamten peripheren Verlauf von Gliazellen begleitet, die stützende und ernährende Aufgaben übernehmen (s. S. 97). Insbesondere dienen Gliazellen der Erregungsleitung, sie umhüllen in dieser Eigenschaft die Nervenfortsätze vollständig. Der Grad dieser Umhüllung durch eine Gliazelle kann durch mehrfache zytoplasmatische Wickelungen erfolgen. Man spricht dann von einer **markhaltigen Nervenfaser.**

Nervenzelle (Ganglienzelle, Neuron, Neurozyt, Neurocytus)

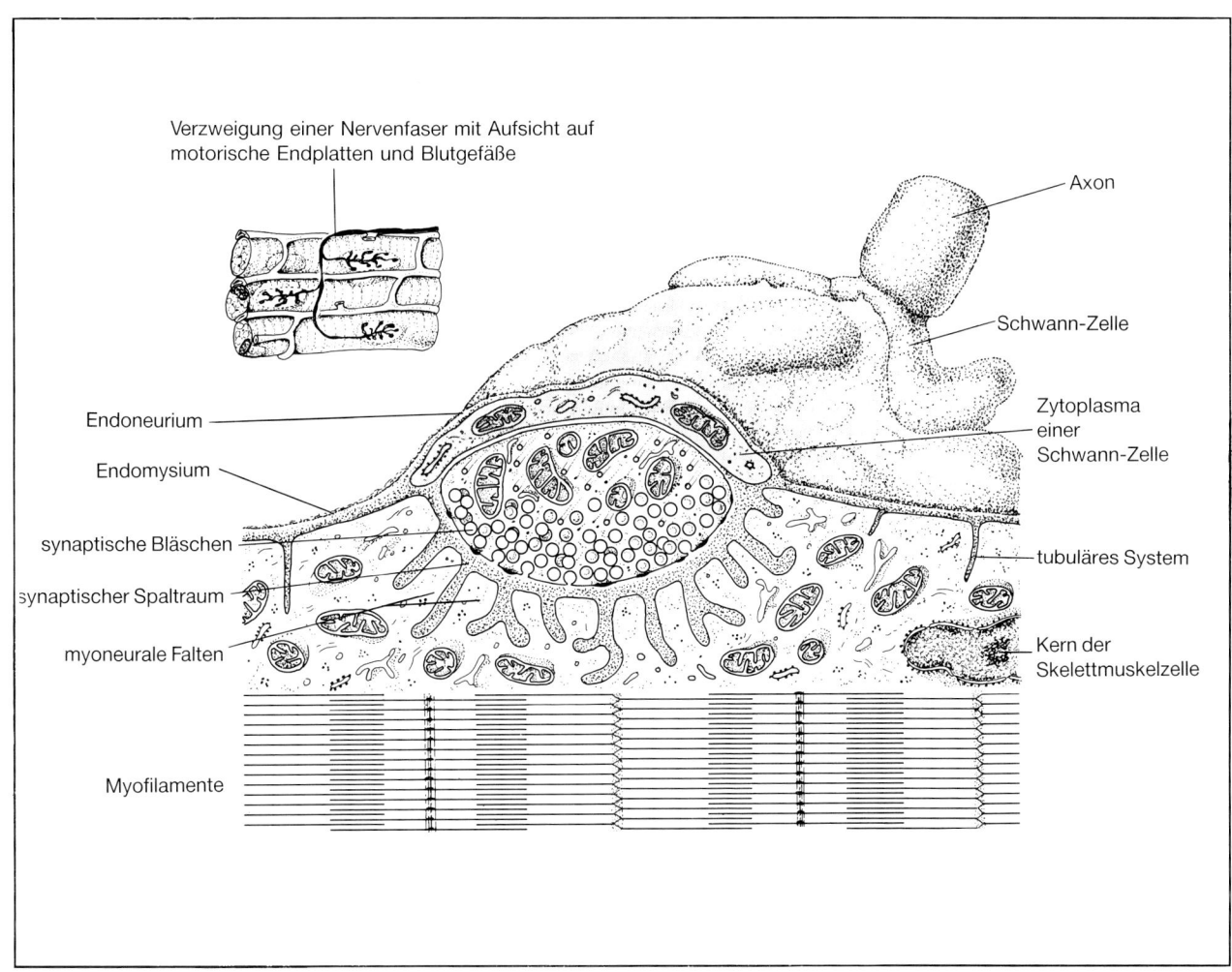

Abb. 75. Schematische Darstellung einer neuromuskulären Synapse (motorische Endplatte) (Übersicht und Ausschnitt).

Stülpen sich Nervenfasern nur in das Zytoplasma der Gliazellen ein, spricht man von **marklosen Nervenfasern**.

Markhaltige Nervenfasern

Ein großer Teil der Nervenfasern des peripheren und zentralen Nervensystems ist markhaltig. In diesen Fällen bilden Gliazellen durch eine geringfügige, zumeist jedoch vielfache, lamelläre Wickelung ihres Plasmalemms um ein zentrales Axon eine Hülle, die als **Markscheide (Myelinscheide)** bezeichnet wird. Im peripheren Nervensystem werden die Markscheiden von Schwann-Zellen gebildet, im zentralen Nervensystem von Oligodendrozyten.

Abhängig von der Anzahl der Lamellen und damit von der Dicke der Markscheide wird eine **markarme** von einer **markreichen** Faser unterschieden. Im Gegensatz dazu ist eine Nervenfaser **marklos**, wenn eine **lamelläre Schichtung von Gliazellen fehlt**.

Die Ausbildung von Nervenhüllen ist phylogenetisch für die Differenzierung des Nervensystems von entscheidender Bedeutung. Markscheiden erhöhen die Geschwindigkeit und die Ausbreitung des Aktionspotentials (Depolarisation) der Nervenfaser. Damit wirken Nervenhüllen als **Isolierschicht**, da die konzentrischen Lagen der Plasmamembranen am Axolemm die Bildung von Leckströmen entscheidend verhindern. Demzufolge wird die axonale Erregungsleitung durch Dickenzunahme der Markscheide erhöht: **markhaltige Nervenfasern** mit einer dicken Axonhülle leiten **schneller als markarme**. Gleichzeitig beeinflußt auch die Dicke des Axons die nervale Impulsausbreitung: ein großer Axondurchmesser leitet schneller als ein dünner.

Bildung der Markscheiden von Nervenfasern

Die Entwicklung der Nervenscheiden um ein Axon wird als **Myelinisation** bezeichnet, ein Vorgang, der im zentralen wie im peripheren Nervensystem nach unterschiedlichen Mechanismen abläuft.

Bildung der Markscheide einer peripheren Nervenfaser

Prinzipiell formt **1 Schwann-Zelle nur die Hülle um 1 Axon.** Dabei legt sich das Zytoplasma einer Schwann-Zelle einem Axon außen an, stülpt sich über den Achsenzylinder und verlagert diesen nach innen. Gegenüberliegende Oberflächenmembranen nähern sich einander und verschmelzen zu einem **Mesaxon**. Das Mesaxon beginnt im folgenden, sich um das zentrale Axon zu verlängern und bildet die **Myelinlamellen**. Primär fusionieren die äußeren Schichten des Plasmalemms, mit zunehmender Verlängerung des Mesaxons – und damit mit der Ausbildung von Myelinlamellen – nähern sich auch die inneren Schichten des Plasmalemms. Die Gesamtheit der Myelinlamellen wird als **Myelinscheide (Markscheide)** bezeichnet.

Der äußere zytoplasmatische und kernhaltige Teil der Schwann-Zelle legt sich der Myelinscheide außen an, er wird als **Schwann-Scheide** bezeichnet.

Bildung der Markscheide einer zentralen Nervenfaser

Der grundsätzliche Unterschied zur peripheren Nervenfaser liegt in der Tatsache, daß **1 Oligodendrozyt gleichzeitig mehrere Axone** umhüllt (Abb. 74). Das Zytoplasma eines Oligodendrozyten verbreitert sich an zahlreichen Abschnitten flächenhaft, trapezförmig, verbindet sich an den freien Rändern mit einer Vielzahl von Axonen und umwickelt diese. Auch hier bildet die Gesamtheit der Wickelungen die **Myelinscheide (Markscheide)**.

Bau der Myelinscheide

Die Myelinscheiden ähneln dem Bau zweier verschmolzener Einheitsmembranen. Elektronenmikroskopisch können diese als parallel verlaufende, alternierende **Lipoid- und Proteinschichten** nachgewiesen werden. Myelinmembranen setzen sich überwiegend aus **Fetten** (70%) zusammen, die sich vorrangig aus Glyzerinphosphatiden, Cholesterinen und Sphingolipiden aufbauen. Der **Proteinanteil** (30%) beruht auf Proteolipiden, Glykoproteinen und basischen Proteinen. Aufgrund des hohen Fettgehalts sind Myelinscheiden auch lichtmikroskopisch mit Fettfärbungen darstellbar.

Jede Schwann-Zelle oder jeder Oligodendrozyt hüllt das Axon über eine Strecke von etwa 1 mm ein (Abb. 74). An den Enden einer jeden Gliazelle bleibt der Achsenfaden unbedeckt, zwischen benachbarten Gliazellen bildet sich ein Zwischenraum von 0,5 µm aus, der **Ranvier-Knoten (Schnürring)**. Der Abstand zwischen 2 Ranvier-Knoten wird als **Internodium** bezeichnet, dieser entspricht der Größe einer Gliazelle (Schwann-Zelle oder Oligodendrozyt). Verschmelzen Oberflächenmembranen bei der Myelinisation unvollständig, so bilden sich Zytoplasmareste zwischen den Myelinscheiden aus. Diese verlaufen als konusförmige Kerben (Schmidt-Lanterman-Spalten). Sie sind im Längsschnitt durch Nervenfasern deutlich zu erkennen. Diese Inzisuren innerhalb der Markscheiden erleichtern möglicherweise ein Abwinkeln der Nervenfaser im Gewebsverband.

Marklose Nervenfasern

Marklose Nervenfasern liegen dann vor, wenn Axone im Zytoplasma von Schwann-Zellen liegen, ohne daß eine Wickelung des Mesaxons erfolgt. Im Gegensatz zu den markhaltigen Axonen peripherer Nervenfasern, bei denen allein 1 Axon von 1 Gliazelle umhüllt wird, nimmt bei marklosen Nervenfasern 1 Schwann-Zelle meist mehrere Axone in das Zytoplasma auf. Benachbarte Schwann-Zellen liegen eng aneinander, so daß Einschnürungen (Ranvier-Knoten) nicht sichtbar werden. Im zentralen Nervensystem liegen Axone oftmals anderen Neuronen oder freien Gliazellfortsätzen unmittelbar an, und zwar ebenfalls ohne Myelinbildung.

Erregungsbildung und Erregungsleitung in Nervenfasern

Die Erregungsbildung und Erregungsleitung (elektrische Signalübertragung) vollzieht sich am Plasmalemm (Axolemm) der Nervenzelle. Hierbei spielt die Veränderung des Membranpotentials als Folge von Bewegungen einzelner anorganischer Ionen (Na^+, K^+, Cl^- und Ca^{2+}) durch spezifische Proteinkanäle der äußeren Zellmembran (Ionenkanäle) eine entscheidende Rolle.

Öffnen oder schließen sich die Ionenkanäle, ändert sich die Verteilung der Ladung und das Membranpotential. Ein Aktionspotential wird dann erreicht, wenn sich infolge eines depolarisierenden Reizes Natriumkanäle in der Membran öffnen, die Membran für Na$^+$ durchlässiger wird und ein in die Nervenfaser gerichteter erhöhter Natriumstrom einsetzt. Dieser Na$^+$-Einstrom ist größer als der gleichzeitig auswärts gerichtete Kaliumstrom. Aus der Wechselwirkung der Änderung der Membranpolarität des Axolemms wird aus einem Ruhepotential ein Aktionspotential.

In **markhaltigen Nervenfasern** treten allein an Ranvier-Knoten Änderungen des Membranpotentials auf. Die Mehrzahl der Natriumkanäle eines Axons ist in den Ranvier-Knoten lokalisiert, sie ergeben eine Häufung von mehreren tausend Kanälen pro µm^2. Die Abschnitte der Nervenfaser, die von einer Myelinscheide umhüllt sind, weisen keine Ionenkanäle auf. Andererseits zeichnen sich Myelinscheiden durch außergewöhnlich gute Leiteigenschaften bei hohem Widerstand gegen Leckströme aus. Dies führt dazu, daß die mit dem Aktionspotential verbundenen nervalen Impulse bei einer myelinisierten Nervenfaser von einem Ranvier-Knoten zum anderen springen. Es liegt eine **saltatorische Erregungsleitung** vor.

Die Geschwindigkeit der Erregungsleitung in einem Neuron ist konstant, bedingt durch die Struktur des Axons. Die Myelinisierung einer Nervenfaser wirkt jedoch positiv beschleunigend auf die Fortleitung des Aktionspotentials. Mit Zunahme der Zahl von Ranvier-Knoten leiten myelinhaltige Nervenfasern durch saltatorische Erregungsleitung schneller als marklose. Die Leitungsgeschwindigkeit steigt, da die Erregung nur an den Ranvier-Knoten ausgelöst wird und zwischen diesen kaum Leitungszeit verbraucht wird. Auch ist die Stoffwechselenergie in markhaltigen Nervenfasern reduziert, da die aktive Erregung allein auf die Ranvier-Knoten beschränkt bleibt.

Marklose Nervenfasern leiten die Erregung wellenartig auf der Oberfläche des Axolemms, die an der Synapse zur Freisetzung des Neurotransmitters führt. Die Geschwindigkeit der Erregungsleitung ist verringert. Ursache hierfür ist das Fehlen von Ranvier-Knoten und damit der saltatorischen Erregungsleitung sowie die schlechte Leiteigenschaft markloser Nervenfasern.

Funktionell können die Nervenfasern aufgrund unterschiedlicher Querdurchmesser und verschiedener Leitungsgeschwindigkeiten in **A-, B- und C-Fasern** differenziert werden.

A-Fasern sind markhaltige, efferente oder afferente, schnelleitende Neuronenfortsätze, die vorzugsweise mit Muskelfasern oder Muskelspindeln oder der Haut in Kontakt stehen. Sie unterscheiden sich im Querschnitt und damit in der Leitungsgeschwindigkeit ihrer Axone.

Aα-Fasern (efferent und afferent leitend an Muskulatur) sind mit 10–20 µm und 60–120 m/sec die dicksten und die am schnellsten leitenden Axone. **Aβ-Fasern** (afferent leitend für Berührungsempfindung) sind im Gegensatz zu diesen schmäler (7–15 µm) und leiten langsamer (40–90 m/sec). **Aγ-Fasern** (efferent leitend an Muskelspindeln) sind mit einem Axondurchmesser von 4–8 µm auch langsam leitend (30–45 m/sec). **Aδ-Fasern** (3–5 µm) vermitteln als langsamleitende Axone (5–25 m/sec) Schmerz-, Kälte- und Wärmeempfindung.

B-Fasern (1–3 µm) sind marklos und übertragen mit einer mittleren Geschwindigkeit von 3 bis 15 m/sec die Aktionspotentiale präganglionärer vegetativer Nervenfasern.

C-Fasern sind marklose, dünne Nervenfasern (0,3–1 µm) und leiten mit einer Geschwindigkeit von nur 0,5–2 m/sec extrem langsam. Sie dienen der Übertragung postganglionärer, vegetativer Impulse.

Nerven

Nerven bestehen aus **Nervenfaserbündeln**, die durch lockeres Bindegewebe zu kleineren und größeren Einheiten zusammengefaßt werden. Diese werden dann als **gemischte Nerven** bezeichnet, wenn die Nervenfaserbündel unterschiedliche Faserqualitäten aufweisen. Funktionsbedingt überwiegen im peripheren Nervensystem markhaltige (myelinhaltige) Nervenfasern.

Jede Nervenfaser (= Axon und Axonhülle) wird von mindestens einer, meist von mehreren Bindegewebshüllen umgeben (Abb. 76–79).

Hüllen des Nervengewebes

Jeder Nervenfaser liegt oberflächlich eine Basalmembran an, der nach außen ein feinfibrilläres Netz lockeren Bindegewebes folgt. Dieses umschließt die Nervenfaser nur unvollständig und wird als innere Nervenhülle oder als **Endoneurium** bezeichnet. Zusammen mit der Basalmembran bildet das Endoneurium die **Endoneuralscheide**.

Mehrere von Endoneuralscheiden umgebene Nervenfasern werden von konzentrisch geschichteten Bindegewebssepten **(Perineurium, Perineuralscheide)** zusammengefaßt, die ihrerseits Nervenfaserbündel kleinerer und größerer Ordnung umhüllen. Oberflächlich umfaßt eine derbe, dichte Bindegewebsschicht den gesamten Nerv, diese äußere Mantelschicht wird als **Epineurium** bezeichnet (Abb. 76–79).

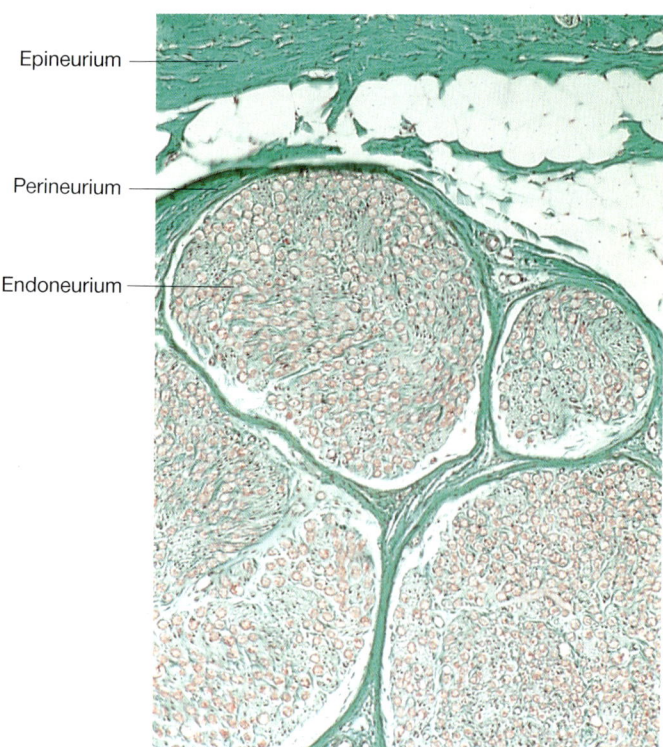

Abb. 76. Gemischtes Nervenfaserbündel mit bindegewebigen Hüllen (Epineurium, Perineurium und Endoneurium), Hund. Färbung Goldner, Vergr. 120fach.

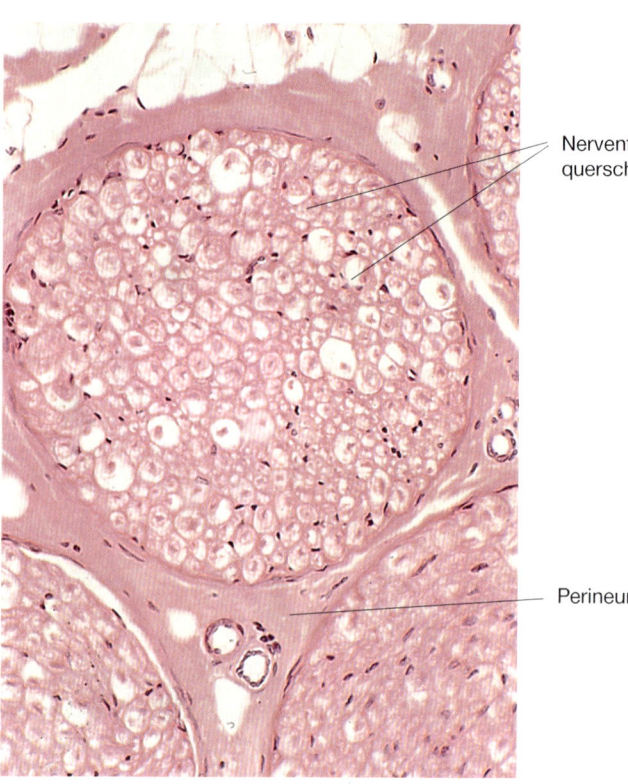

Abb. 77. Gemischtes Nervenfaserbündel (Ausschnitt) mit Perineurium, Fettgewebe und kleineren Blutgefäßen, Hund. Färbung Hämatoxylin-Eosin, Vergr. 300fach.

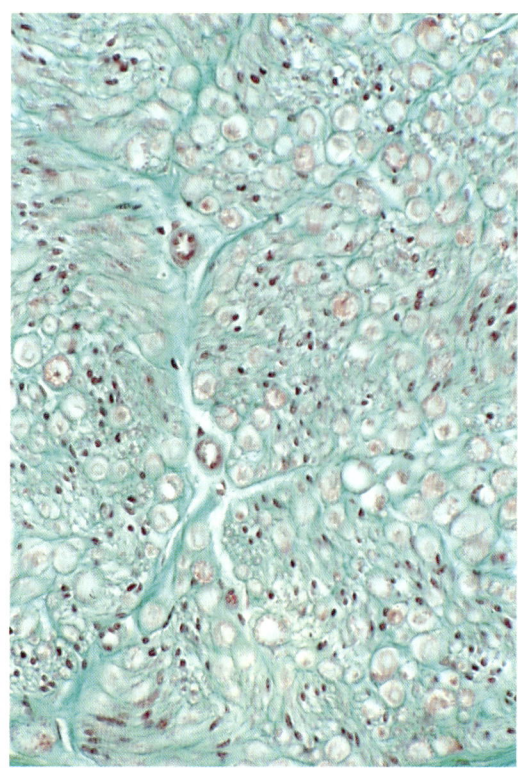

Abb. 78. Ausschnitt aus gemischten Nervenfaserbündeln mit unterschiedlicher Myelinisierung der Axone, Hund. Färbung Goldner, Vergr. 360fach.

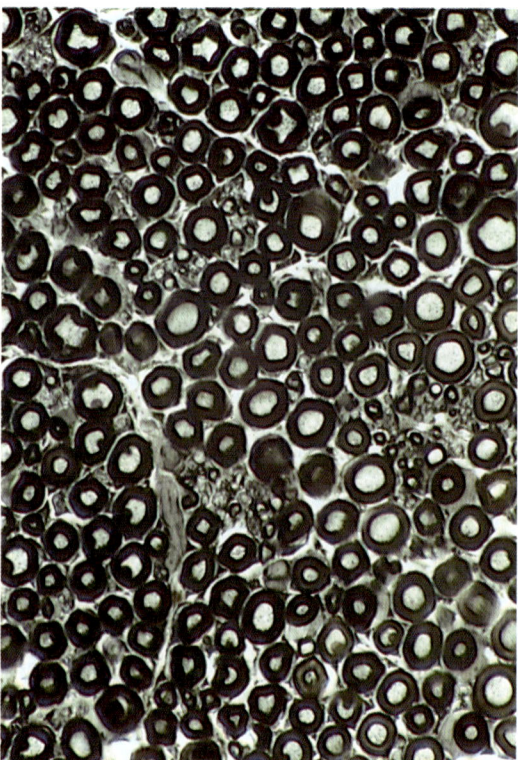

Abb. 79. Ausschnitt aus einem gemischten Nervenfaserbündel des Hundes (markreiche und markarme Axone) nach Färbung mit Osmium, Vergr. 480fach.

Gliazelle (Neuroglia, Gliozyt, Gliocytus)

Gliazellen sind unerläßliche Bestandteile des Nervengewebes, ohne diese Zellen sind Nervenzellen nicht funktionsfähig. Gliazellen dienen der Ernährung und dem Stoffaustausch der Nervenzellen, sie fördern vielfach die Erregungsleitung durch die Ausbildung von Nervenfaserhüllen und übernehmen gelegentlich als Sonderbildungen des Makrophagensystems unspezifische Abwehraufgaben.

Die meisten Nervenzellen stehen in engem strukturellen und funktionellen Kontakt zu **Gliazellen (Neuroglia)**, mit denen sie embryologisch über gemeinsame Stammzellen (Neuroglioblasten) verbunden sind. Gliazellen sind unerläßlich notwendige Bestandteile für die Aufrechterhaltung der Funktionen des Nervengewebes und erfüllen eine Vielzahl von Aufgaben:
- Gliazellen übernehmen **Stützfunktionen**, indem diese die Räume zwischen Perikaryen, Dendriten und Axonen von Nervenzellen ausfüllen und damit der Organisation und der räumlichen Trennung der Neurone dienen.
- Gliazellen leisten für die Nervenzellen **stoffwechselaktive Aufgaben** und dienen dem Stoffaustausch zwischen Nervenzelle und Kapillare.
- Gliazellen bilden die **Axonscheide** markhaltiger und markloser Nervenfasern und beeinflussen damit die Leitungsgeschwindigkeit von Neuronen.
- Gliazellen sind an **Regenerationsvorgängen** der Neurone als Leitstrukturen beteiligt.
- Gliazellen bilden die **Blut-Hirn-Schranke**, die Grenzschichten im Zentralnervensystem.
- Einige Gliazellen besitzen die **Fähigkeit zur Phagozytose**.

Die Neuroglia kann aufgrund struktureller und funktioneller Kriterien unterteilt werden in:
Gliazellen des zentralen Nervensystems
- Ependymzelle,
- Makroglia (Astrozyt),
- Oligodendrozyt,
- Mikroglia (Hortega-Glia) (Abb. 80–84),

Gliazellen des peripheren Nervensystems
- Schwann-Zelle (Lemnozyt),
- Amphizyt (Mantel- oder Satellitenzelle).

Gliazellen des zentralen Nervensystems

Ependymzelle (Ependymocytus)

Ependymzellen sind Abkömmlinge der inneren Wandauskleidung des embryonalen Neuralrohrs (Neuroglioblasten) und bleiben zeitlebens am Ort ihres Entstehens lokalisiert. Ependymzellen kleiden als ein iso- bis hochprismatisches Epithel die **Hohlräume des zentralen Nervensystems** und den **Zentralkanal des Rückenmarks** aus. Ependymzellen sind an der Bewegung des Liquor cerebrospinalis und am Transport von Stoffwechselmetaboliten beteiligt. Hierfür sind oberflächlich bei der Mehrzahl der Ependymzellen Mikrovilli und als Reste ihrer Embryonalentwicklung oftmals Kinozilien ausgebildet. An der Zellbasis verzweigen sich in großer Zahl unterschiedlich lange Fortsätze, die sich Neuronen und lockerem Bindegewebe anlegen. In seiner Gesamtheit stellt dieser ependymale Epithelverband eine funktionsaktive Schranke zwischen den Hohlräumen des Nervensystems und den Neuronen dar (s. Abb. 309, S. 326).

In einigen Abschnitten des Zentralnervensystems nimmt an der Basis der Ependymzellen ein Zellfortsatz Kontakt zu unterlagerten Kapillaren auf. Zuweilen legen sich Axone von Nervenzellen auf die Oberfläche der Ependymzellen und bedecken die Zellen durch netzartig verflochtene Fortsätze.

Makroglia (Astrozyt, Astrocytus)

Astrozyten sind die größten Gliazellen des Zentralnervensystems, sie bilden zytoplasmatische Fortsätze aus, die zum einen mit Nervenzellen, zum anderen mit weichen Gehirnhäuten in Verbindung stehen und den Blutkapillaren perivaskulär anliegen (Abb. 80). Astrozyten entwickeln hierbei mit terminal verbreiterten Fortsätzen gliäre Grenzmembranen, die als Membrana limitans gliae superficialis die Oberfläche des Gehirns abdecken oder die intrazerebralen Gefäßräume gegenüber dem Gehirn abgrenzen (Membrana limitans gliae perivascularis). Astrozyten sind damit Bestandteile der sog. **Blut-Hirn-Schranke**. Durch diese Barrierefunktion der Astrozyten werden im Nervensystem Mikrokompartimente für Nervenzellen aufgebaut, deren Existenz wesentlich für die Funktion des Nervengewebes ist.

Astrozyten verbinden sich durch ihre Zytoplasmaausläufer mit Nervenzellen und dienen dem

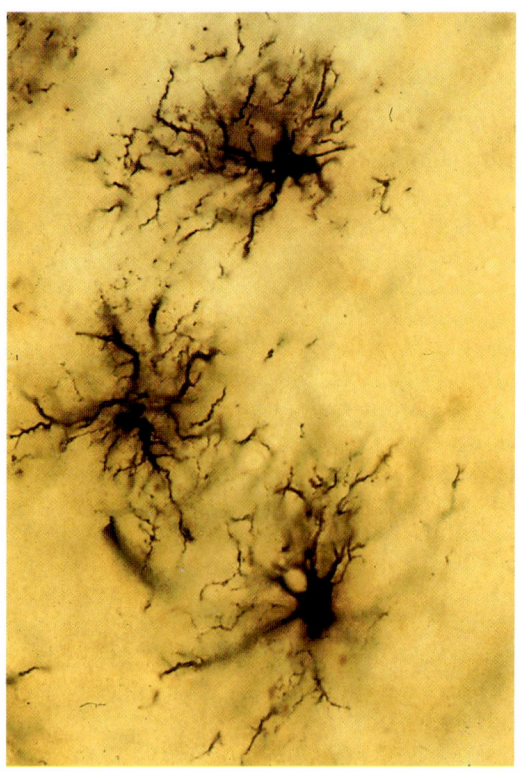

Abb. 80. Makroglia aus dem Zentralnervensystem (Astrozyten, Kurzstrahler). Großhirn, Hund. Darstellung nach Cajal, Vergr. 1200fach.

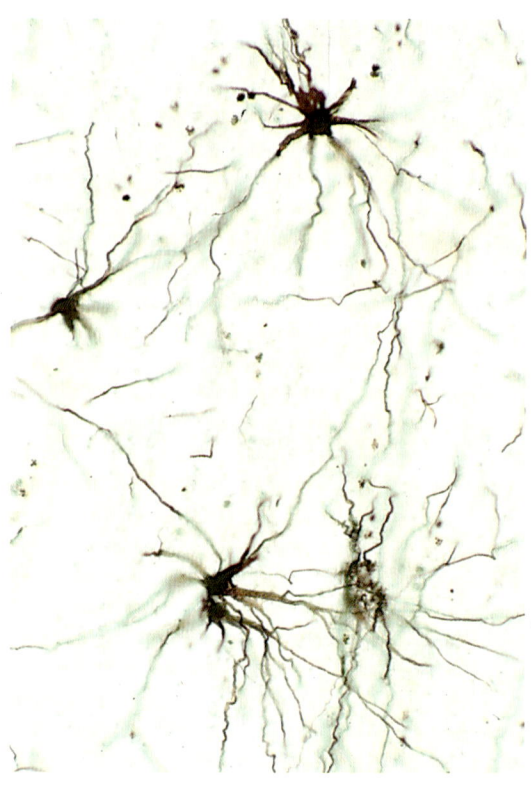

Abb. 81. Makroglia aus dem Rückenmark (Astrozyten, Langstrahler) des Hundes. Darstellung nach Golgi, Vergr. 480fach.

Abb. 82. Oligodendroglia aus dem Kleinhirn der Katze. Darstellung nach Golgi, Vergr. 480fach.

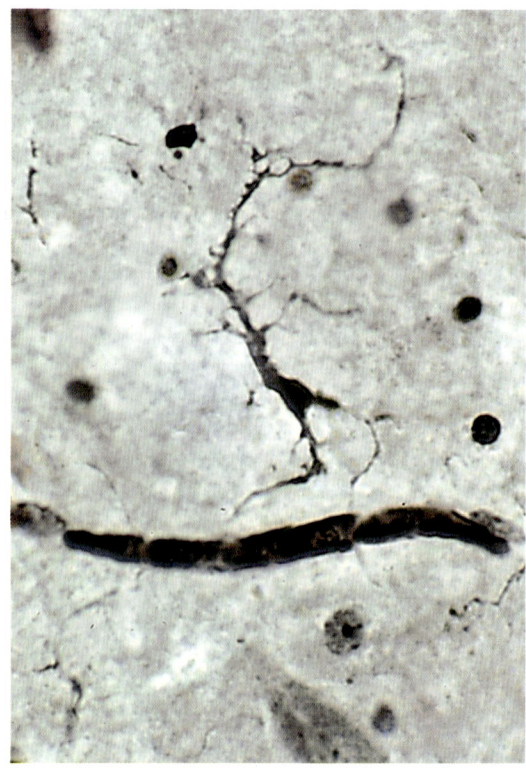

Abb. 83. Mikroglia (Mesoglia, Hortega-Glia) aus dem Kleinhirn der Katze. Darstellung nach Golgi, Vergr. 480fach.

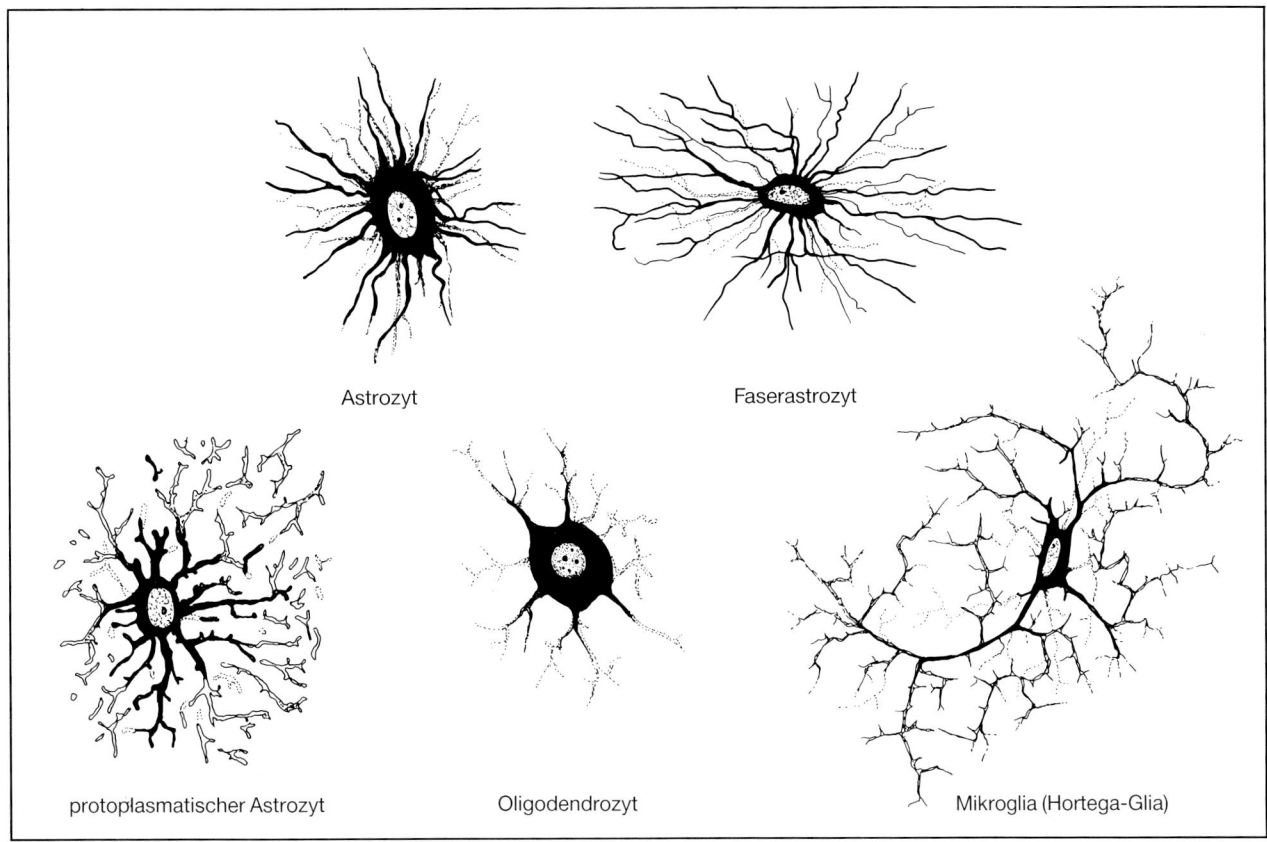

Abb. 84. Schematische Darstellung einiger Gliazellen des Zentralnervensystems. Die schwarz gezeichneten Zellbereiche werden meist nach Versilberung sichtbar, die weitergehende Verzweigung der Zellfortsätze kann in Einzelfällen nach Färbung oder durch Rekonstruktionen aus dem ultrastrukturellen Auflösungsbereich ergänzt werden.

Flüssigkeits- und Nährstofftransport zwischen der Nervenzelle und der Kapillare. Diese Gliazellen regulieren die Ionenkonzentration des Nervengewebes (Elektrolythaushalt) und schaffen damit die Voraussetzungen für die Membranveränderungen während der Erregungsleitung (Ionenpumpe). Schädigungen dieses Regulationsmechanismus führen zu Schwellungen (Ödembildung) des Nervengewebes.

Nach morphologischen Gesichtspunkten können Astrozyten unterteilt werden in:
– protoplasmatische Astrozyten/Kurzstrahler (Astrocyti protoplasmatici),
– Faserastrozyten/Langstrahler (Astrocyti fibrosi).

Protoplasmatischer Astrozyt (Astrocytus protoplasmaticus)

Protoplasmatische Astrozyten liegen vorzugsweise in der grauen Substanz des Zentralnervensystems. Sie kennzeichnet ein polygonales Kerngebiet (15–25 μm) und eine Vielzahl **reichverzweigter Fortsätze (Kurzstrahler, »Mooszellen«)**. Die meist kurzen, verdickten Zellausläufer stehen mit Neuronen durch Synapsen und als perivaskuläre Scheiden mit Blutkapillaren in Verbindung (Abb. 80).

Faserastrozyt (Astrocytus fibrosus)

Faserastrozyten treten in der weißen Substanz des Rückenmarks und des Gehirns auf. In Kernnähe sind Faserastrozyten 10–12 μm groß, kennzeichnend für diese Astrozyten sind **lange, unverzweigte Zellausläufer (Langstrahler, Faserglia)**. Diese legen sich Nervenfasern parallel an, sie sind intraplasmatisch durch Mikrofibrillen (Gliofibrillen) verstärkt (Abb. 81).

Oligodendrozyt (Oligodendrocytus)

Oligodendrozyten sind kleine Gliazellen (Kernbereich 6–8 μm), die in der grauen und in der weißen Substanz vorkommen. Lichthistologisch ist die Vielzahl der Zellausläufer nicht immer nachweisbar, daher die fälschliche Bezeichnung »wenig verzweigte Zelle«. Elektronenmikroskopisch lassen sich 10–50 extrem abgeplattete und flächenartig ausgebreitete Zellausläufer darstellen, die im **Zentralnervensystem die Myelinscheiden** um Nervenzellfortsätze bilden (s. S. 94). Entsprechend vermag 1 Oligodendrozyt bis zu 50 Axone mit einer Myelinhülle zu umgeben (Abb. 82).

Mikroglia (Hortega-Glia)

Mikroglia oder Hortega-Glia, benannt nach dem Neurophysiologen Pio Del Rio Hortega (1882 bis 1945), liegen als kleine, meist sternförmige Gliazellen häufig in Nähe von Gefäßen. Die Kerne sind länglich, die kurzen Zellausläufer oftmals bizarr geformt. Sie sind Bestandteile der grauen und der weißen Substanz. Die Mikroglia schließt häufig **phagozytiertes Material** aus abgestorbenen Nervenzellen ein, intraplasmatisch treten Phagolysosomen auf.

Die Fähigkeit zur Phagozytose der Hortega-Glia weist auf die Frage hin, inwieweit die Mikroglia sich aus eingewanderten Blutmonozyten, aus Makrophagen, aus Perizyten der Gefäßwände oder aus dem Bindegewebe der Gehirnhäute entwickelt. Es liegt die Vermutung nahe, daß die Mikroglia sich tatsächlich aus Zellen des mittleren Keimblatts differenziert, man spricht daher auch von einer **Mesoglia** (Abb. 83).

Gliazellen des peripheren Nervensystems

Schwann-Zelle (Lemnozyt, Neurolemnocytus)

Schwann-Zellen bilden als periphere Gliazellen die **Myelinscheiden um periphere Nervenzellfortsätze** (s. S. 94). Dabei legen sich die Kerne außen den Achsenzylindern flach an, ihr Plasmalemm wickelt sich um die Axone und differenziert sich zu Myelinscheiden. Schwann-Zellen begleiten Axone in einer Länge von ca. 1 mm. Ranvier-Knoten zeigen das Ende einer jeden Schwann-Zelle an, an diesen Stellen liegt der Achsenzylinder ohne Gliahülle. Das Zytoplasma der Schwann-Zelle formt die Schwann-Scheide, die außen von einer Basalmembran überzogen wird.

Amphizyt (Mantel- oder Satellitenzelle, Gliocytus ganglii)

Amphizyten umgeben als periphere Gliazellen das **Perikaryon von Nervenzellen vegetativer Ganglien** und **von Spinalganglien** (s. S. 331). Die Kerne sind vorwiegend dicht und meist abgeplattet. Diese Gliazellen liegen den Nervenzellen nur in loser Verbindung an. Zum angrenzenden Bindegewebe sind Amphizyten durch eine Basalmembran getrennt, sie stehen mit Kapillaren in funktionellem Kontakt. Amphizyten übernehmen für die Ganglienzellen stoffwechselaktive Aufgaben.

Mikroskopische Anatomie

Die einzelnen Organe bzw. Organsysteme des Körpers setzen sich aus unterschiedlichen Zell- und Gewebsgruppen zusammen, die synergistisch wirken und die Funktion des jeweiligen Organs oder des Gesamtorganismus prägen. Jedem Organ liegen meist 3 Gewebsarten zugrunde. Die erste Gruppe umfaßt das **Parenchym,** das in der Regel die Funktion des Organs bestimmt (z. B. Leberzellen, Drüsenzellen, Nierenepithelien). Die Träger der funktionellen Leistungsfähigkeit der Organe sind meist epithelialen (ekto- bzw. entodermalen) Ursprungs. Die zweite Gruppe bildet das **Interstitium,** das die Gesamtheit sämtlicher bindegewebiger Anteile in einem Organ repräsentiert. Eng mit diesem verbunden ist die Mehrzahl der organspezifischen, stoffwechselaktiven Vorgänge. Der dritten Gruppe liegen die **Versorgungsbahnen** eines Organs (Gefäße und Nerven) zugrunde, die entscheidend den strukturellen und funktionellen Charakter eines Organs bestimmen.

VI. Kreislaufsystem (Systema cardiovasculare et lymphovasculare)

Aufgabe des Kreislaufsystems ist es, das Blut im Körper ständig in Bewegung zu halten. Dadurch wird ein permanenter Austausch von Sauerstoff und Kohlendioxid sowie von Gewebsnährstoffen und zellulären Schlackenstoffen möglich. Der Kreislauf dient dem Transport von Ionen, Hormonen und Enzymen und reguliert den Thermohaushalt. Das **Blutgefäßsystem** wird in das **Herz** als dessen zentrales Organ und in **Blutgefäße** unterteilt, die zusammen einen geschlossenen Kreislauf bilden. Zusätzlich ist dem Blutkreislauf als Drainagesystem das **Lymphgefäßsystem** mit dessen Funktionsträger, der Lymphe, angeschlossen.

Der **Blutkreislauf** setzt sich im einzelnen aus dem Herzen, den Arterien, Arteriolen, Kapillaren, Venolen und Venen zusammen.

Das Herz kann als ein besonders differenzierter Gefäßwandabschnitt angesehen werden, dessen räumliche Innengliederung zu einer Teilung des Blutkreislaufs in den kleineren Lungenkreislauf und den größeren Körperkreislauf führt. Die rhythmische Kontraktion seiner Muskelwand dient der pulsierenden Zirkulation des Blutes.

Die vom **Herzen zentrifugal** verlaufenden Gefäße, die **Arterien**, dienen als **Leitungsgefäße** für Blut und den darin gelösten Stoffen in periphere Gewebe und Organe. Die Arterien verzweigen sich mehrfach in Gefäße mit kontinuierlich abnehmenden Durchmessern. Ihre kleinsten Einheiten, die **Arteriolen,** münden nach mehrmaligen Aufteilungen in eng vernetzte **Endstrombahnen,** die **Kapillaren (Haargefäße).** Diese stehen im Dienst des Gas- und Stoffwechselaustauschs mit den Geweben.

Die postkapillären Gefäßabschnitte sammeln sich in **Venolen** (Durchmesser 0,2–1 mm) und gehen unter allmählicher Größenzunahme in kleine, mittelgroße und große **Venen** über. Venolen und Venen bilden erneut Leitungsbahnen, in ihnen wird Blut **zurück zum Herzen** transportiert.

Der **Stoffaustausch im Kapillargebiet** kann nur dann erfolgen, wenn die Blutgeschwindigkeit langsam und der Blutdruck niedrig gehalten wird (s. Abb. 89, S. 105). So reduziert sich der Blutdruck in diesen Endbahnen auf Werte zwischen 20–35 mmHg. Im nachfolgenden venösen Teil des Kreislaufs herrscht ein **Niederdrucksystem** vor (5–10 mmHg), während in Herznähe und im arteriellen, pulsierenden Kreislauf ein **Hochdrucksystem** ausgebildet ist, das erhebliche tierartliche Schwankungen (Mittelwerte von 65–140 mmHg) aufweist.

Entsprechend diesen kreislaufdynamischen Anforderungen ist der Wandbau der Gefäße unterschiedlich angepaßt. So wird die Blutströmung vor allem von der unterschiedlichen Aktivität der Muskelschichten der Gefäßwand beeinflußt. In den Kapillaren fehlen diese völlig, im Herzen bildet Muskulatur die Masse des Organs.

Das Kapillargebiet weist die am einfachsten gebaute Wandschichtung auf, daher soll auf diese als erstes eingegangen werden.

Blutkapillare (Vas capillare)

Blutkapillaren bilden ein feinverzweigtes, stoffwechselaktives Netz zwischen den kleinsten Arteriolen und den postkapillären Venolen. Kapillaren sind zylindrische Gefäße (mittlerer Durchmesser 7–9 µm), durch deren dünne Wandung Blutzellen und Blutplasma zusammen mit sämtlichen Stoffwechselprodukten in das Bindegewebe (Interstitium) übertreten können. Diese Haargefäße nehmen in umgekehrter Weise aus dem lockeren Bindegewebe neben Blutzellen auch Körpergrundflüssigkeit auf und führen diese über postkapilläre Venolen dem Blutkreislauf zu (Abb. 85–89). Eine Kapillare besteht aus

- einem **einschichtigen Endothel (Angiothel),** das zu einem Rohr geschlossen ist und die Innenwand bildet,
- einer dem Endothel außen anliegenden, vollständigen oder unterbrochenen **Basalmembran;** in besonderen Kapillaren kann diese streckenweise auch fehlen **(Sinuskapillaren)** (Abb. 85).

Der Mehrzahl der Kapillaren liegen außen **Perizyten** an, die teilweise noch von einer Basalmembran eingeschlossen werden. Perizyten weisen als undifferenzierte Mesenchymzellen noch einen hohen Grad an funktioneller Transformationsfähigkeit (z. B. in Makrophagen) auf.

Die Struktur der Kapillarwand steht in engem Zusammenhang zur funktionellen Stoffwechselei-

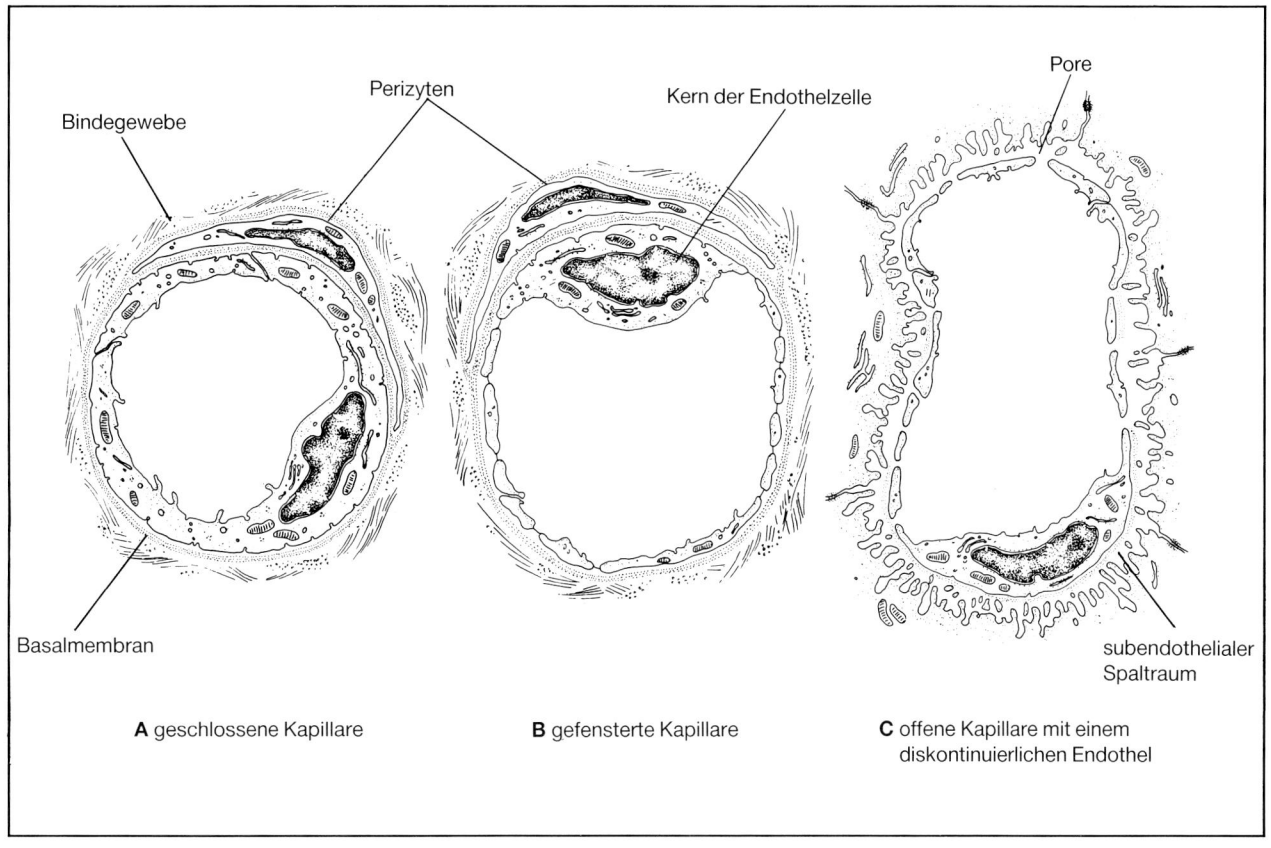

Abb. 85. Schematische Darstellung der verschiedenen Kapillartypen. A: Kapillare mit einem zusammenhängenden Endothel, B: Kapillare mit fenestriertem Endothel, C: sinusoide Kapillare.

stung der Gewebe. Dabei kann der Stoffaustausch entweder transzellulär oder interzellulär durch das Endothel erfolgen. **Transzellulär** werden gelöste Stoffe in Form einzelner oder zusammenhängender mikropinozytotischer Bläschen durch das Zytoplasma geschleust **(Zytopempsis)** oder gelangen durch **Diffusion** zusammen mit niedermolekularen Substanzen und Ionen aktiv oder passiv durch diese Endothelbarriere. Beschleunigt kann ein transzellulärer Transport durch offene Poren bzw. durch fenestrierte Endothelien erfolgen. **Interzellulär** können bevorzugt Blutzellen (Erythrozyten, Leukozyten, Makrophagen) nach enzymatischer Auflösung der Zellverbindungen (Zonulae occludentes, gap junctions) in die extravaskulären Gefäßabschnitte gelangen. Dieser Übertritt von Blutzellen in das interstitielle Bindegewebe wird als **Diapedese** bezeichnet.

Diese vielfältigen Aufgaben dieses Endothels führen zu einer systematischen Zuordnung der inneren epithelialen Wandauskleidung in die funktionelle Gruppe der Transportepithelien (s. Kap. II: »Epithelgewebe«, S. 33).

In Abhängigkeit zur Funktion der verschiedenen Gewebe und Organe können 3 Kapillartypen (Abb. 85) unterschieden werden:

1. Kapillaren mit einem zusammenhängenden Endothel (geschlossene Kapillaren). Diese Form einer lückenlosen Kapillarwand ist der mit Abstand häufigste Endotheltyp (Endotheliocytus nonfenestratus). Diese Kapillaren weisen eine relativ dicke Endothelwand auf, die einen raschen transepithelialen Stoffaustausch erschweren. Sie sind reich an mikropinozytotischen Vesikeln. Zusätzlich verstärken geschichtete Basalmembranen und zahlreiche Perizyten deren Barrierefunktion (z. B. in Gehirngefäßen und Muskelkapillaren).

2. Kapillaren mit fenestriertem Endothel (gefensterte Kapillaren). Dieser Kapillartyp tritt bevorzugt in Geweben mit erhöhtem und beschleunigtem Flüssigkeitsaustausch auf (z. B. filtrierende bzw. resorbierende Glomeruli- und Tubulikapillaren der Niere, resorbierende Kapillarschlingen der Darmschleimhaut, exokrine und endokrine Organe). Das Endothel (Endotheliocytus fenestratus) ist extrem abgeflacht und durch eine große

VI. Kreislaufsystem (Systema cardiovasculare et lymphovasculare)

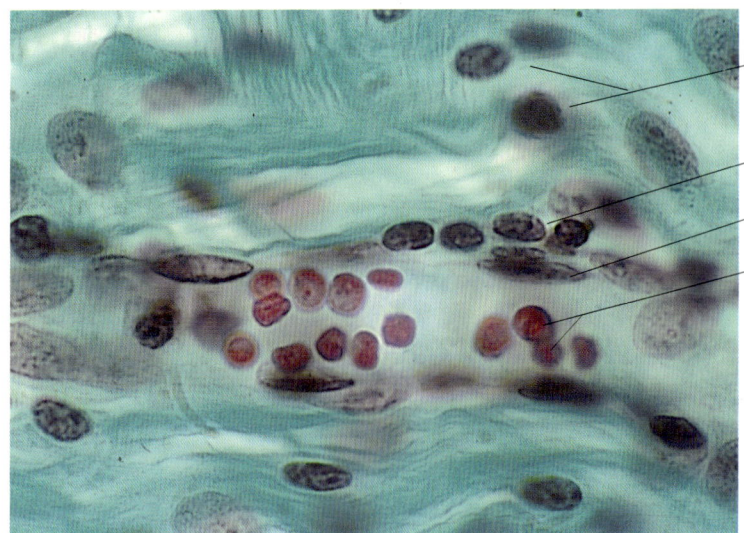

Bindegewebe mit Fibrozyten

Kern eines Perizyten

Kern einer Endothelzelle

Erythrozyten

Abb. 86. In **Kapillaren** schließt sich ein einschichtiges Plattenepithel zu einem Rohr (Endothel, Angiothel), dessen Kerne sich leicht in das Lumen des Gefäßes vorwölben. Perizyten sind oftmals auftretende Begleitzellen, die als Bindegewebsabkömmlinge Kapillaren außen anliegen. Großes Netz, Hund. Färbung Goldner, Vergr. 1200fach.

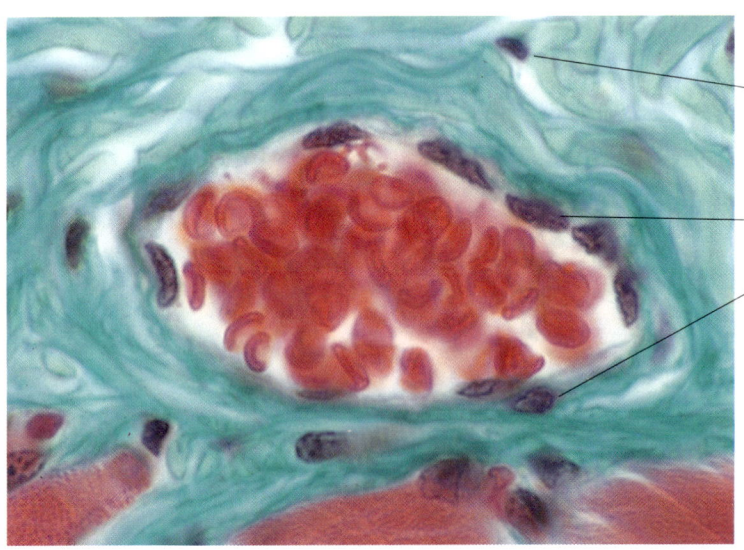

Bindegewebe mit Fibrozyten

Kern einer Endothelzelle

Kern eines Perizyten

Abb. 87. Die **postkapilläre Venole** weist einen einfach gebauten Wandbau mit einem Endothel und nur vereinzelt eingelagerten glatten Muskelzellen auf. Als erweiterte Gefäßabschnitte können diese als Blutspeicher dienen. Zunge, Pferd. Färbung Goldner, Vergr. 1200fach.

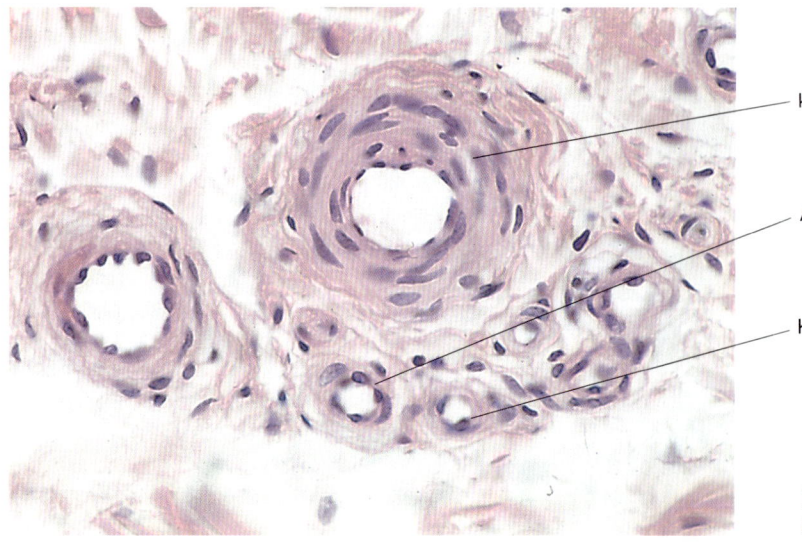

kleine Arterie

Arteriole

Kapillare

Abb. 88. Kleine Arterie, Arteriole und Kapillaren aus der Haut des Hundes. Färbung Hämatoxylin-Eosin, Vergr. 250fach.

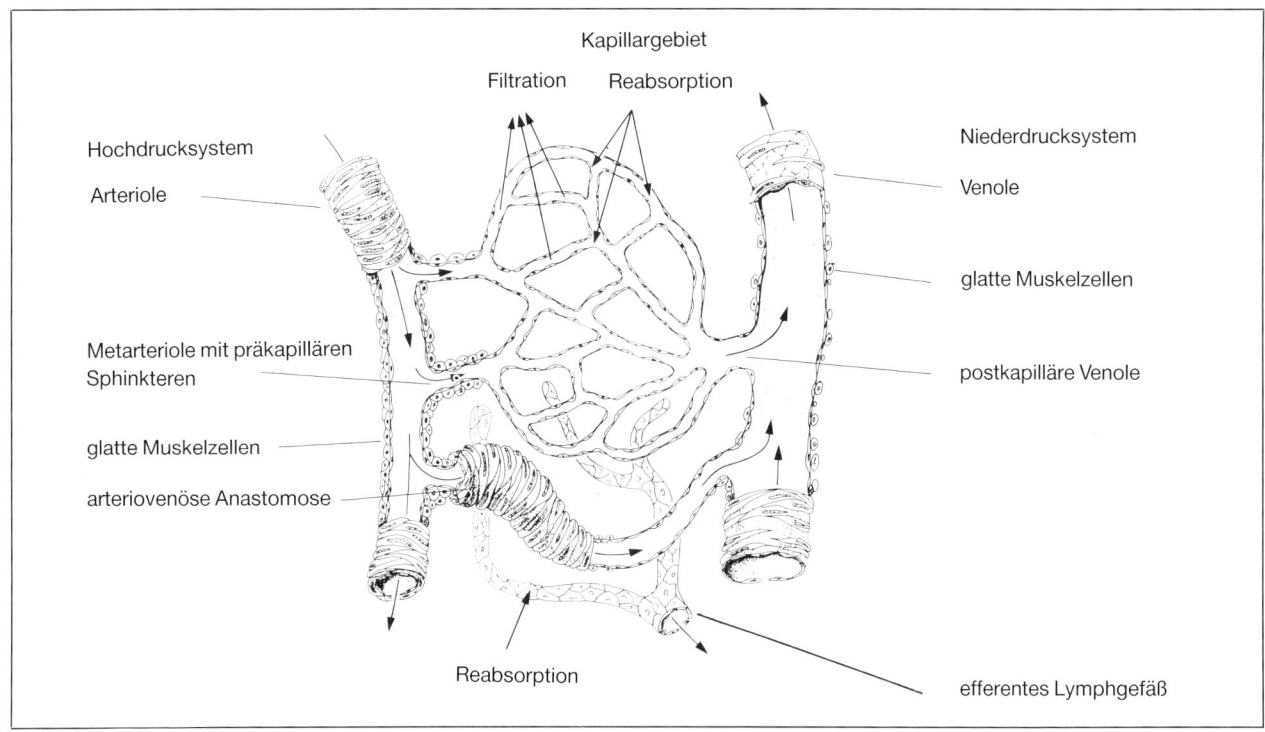

Abb. 89. Schematische Zeichnung der terminalen Blutstrombahn. Zwischen einer Arteriole und einer Venole spannt sich ein Netz von Kapillaren, deren Zufluß durch kontraktile Metarteriolen reguliert wird. Gleichzeitig beeinflussen arteriovenöse Anastomosen den Blutfluß. Schließen sich diese neurovegetativ gesteuerten Sperreinrichtungen, wird das vorgeschaltete Kapillargebiet stärker durchblutet, öffnen sich diese, fällt der Blutdurchfluß im Kapillarnetz ab. Efferente Lymphgefäße dienen zusätzlich dem Abtransport von Stoffwechselprodukten des Kapillargebietes.

Anzahl von Öffnungen siebartig durchbrochen (»Fenestration«). Diese sind zumeist mit einer Membran (Diaphragma) geschlossen. Fehlt diese Membran, so spricht man von offenen Poren.

3. **Sinusoide Kapillaren (offene Kapillaren mit einem diskontinuierlichen Endothel, Vasa capillaria sinusoidea).** Diese Kapillaren kennzeichnet ein vorherrschend lockerer Endothelverband mit interzellulären Spalten, eine zumeist unterbrochene oder ganz fehlende Basalmembran, der Reichtum an Poren und eine unregelmäßige Form. Dieser Kapillartyp ermöglicht einen beschleunigten Stoffaustausch (z. B. in Leber, Milz, Adenohypophyse, Nebennierenrinde, im Knochenmark). Zusätzlich treten in der Wand dieser sinusoiden Kapillaren phagozytotisch aktive Zellen auf, die dem **m**ononukleären **P**hagozyten-**S**ystem (MPS) entstammen.

Die Steuerung der Durchblutung des Kapillargebiets erfolgt durch Kontraktion glatter Muskelzellen in der Wand präkapillarer Arteriolen **(Metarteriolen)**. Diese temporären Widerstandsgefäße werden auch als **präkapillare Sphinkteren** bezeichnet, deren **Innervation** über adrenerge Nervenfaserbündel erfolgt. Jede Querschnittsänderung dieser Gefäße beeinflußt den intravasalen Widerstand und wirkt sich damit direkt auf den Blutdruck aus (Abb. 89).

Darüber hinaus kann die Durchblutung des Kapillargebiets durch sog. **arteriovenöse Anastomosen** reguliert werden. In diesen Sonderformen des Gefäßsystems tritt in Arteriolen zirkulierendes Blut unter Umgehung des Kapillargebiets direkt in Venolen über (Abb. 89).

Wandbau größerer Blutgefäße

Die Struktur der größeren Gefäße (Arterien, Arteriolen, Venen und Venolen) unterscheidet sich funktionsbedingt im Hoch- bzw. im Niederdrucksystem des Kreislaufs und innerhalb der einzelnen Organe. Dennoch basiert der Wandbau dieser Gefäße auf einem gemeinsamen Grundbauplan (s. Abb. 90 und 94), der mit 3 ineinander gesteckten Röhren zu vergleichen ist. Man unterscheidet eine:

– Tunica interna (Intima),
– Tunica media (Media),
– Tunica externa (Adventitia).

Die **Tunica interna (Intima)** bildet die innere Wandauskleidung der Gefäße. Diese Schicht läßt sich in eine einschichtige Lamina endothelialis (Endothel, Angiothel), ein bindegewebiges Stratum subendotheliale und eine Membrana elastica interna unterteilen. Das Gefäßendothel ist stets von einer geschlossenen Basalmembran unterlagert.

Die **Lamina endothelialis** dient der inneren Wandauskleidung, dem transvasalen Stofftransport, verhindert den Austritt von Blut und wirkt einem Gefäßverschluß (Thrombenbildung) entgegen. Das **Stratum subendotheliale** schließt neben vereinzelten elastischen und kollagenen Fasern Fibrozyten, Histiozyten und glatte Muskelzellen (sog. Mediazyten) ein. Mediazyten sind weitgehend undifferenzierte Zellen, sie bilden Fasern und phagozytieren Fremdstoffe. In Arterien schließt sich nach außen eine **Membrana elastica interna** an, diese ist im venösen Niederdrucksystem nicht so deutlich ausgeprägt.

Die **Tunica media (Media)** besteht aus mehreren Schichten glatter Muskulatur, in die in variierender Zahl und Dichte elastische und kollagene Fasern eingelagert sind. Der Tunica media liegt in sämtlichen größeren Gefäßen außen **eine Membrana elastica externa** an.

Die **Tunica externa (Adventitia)** bildet einen fibroelastischen Netzverband aus Kollagen Typ I. Die Adventitia steht als lockere Verschiebeschicht mit dem angrenzenden Gewebe in Verbindung.

Die Gefäßwände werden von **vegetativen, markarmen (sympathischen) Nervenfasern** innerviert. Diese gelangen über die Tunica externa bis in die äußeren Abschnitte der Tunica media und setzen dort an terminalen Synapsen adrenerge Transmitterstoffe frei. Die Aktivierung adrenerger α-Rezeptoren führt zur Verengung des Gefäßlumens, durch Stimulation von β-Rezeptoren tritt eine Gefäßerweiterung ein. Neben Adrenalin wirken Histamin der Mastzellen und Angiotensin der Niere gefäßregulativ. Durch neuro-rhythmische Impulse auf die glatten Muskelzellen erfolgt eine pulsierende Kontraktion der Gefäßwand. Damit dienen intravasal gelegene vegetative Nervenplexus der Aufrechterhaltung des myogenen (autonomen) Muskeltonus.

Die **Ernährung** der Gefäßwände erfolgt in den äußeren Schichten der Tunica media und der Tunica adventitia durch **Vasa vasorum** (Gefäße der Gefäße). Die Tunica interna und die inneren Wandabschnitte der Tunica media sind hingegen gefäßlos. Diese Schichten werden durch **Diffusion** aus dem zirkulierenden Blut ernährt. Dabei erfolgt die Aufnahme von Nährstoffen durch das Endothel der Gefäßwand und deren Weitertransport durch das Maschenwerk der elastischen Fasern bis in die Tunica media. Die **Erneuerung** der inneren Gefäßwandauskleidung erfolgt vorrangig durch mitotische Teilungen der Endothelzellen oder durch zirkulierende Blutzellen (z. B. Monozyten).

Arterie (Arteria)

Die Funktion der Arterien als Leitungsgefäße für das Blut liegt darin, dem arteriellen Druck des Herzens bis in das Kapillargebiet passiven Widerstand entgegenzusetzen. Gleichzeitig gilt es, in Herznähe die pulsatorisch ausgestoßene Blutmenge in eine kontinuierliche Strömung umzuwandeln (»Windkesselfunktion«). Entsprechend dieser Aufgaben variiert bei den Arterien der Grundbauplan erheblich (Abb. 90–93). Man unterscheidet:
– Arterien vom elastischen Typ,
– Arterien vom muskulären Typ.

Arterien vom elastischen Typ

Arterien vom elastischen Typ (Arteriae elastotypicae) sind stets **herznahe Gefäße**, deren Tunica media vorherrschend aus gefensterten elastischen Fasernetzen (elastischen Membranen) aufgebaut ist (z. B. Aorta, A. pulmonalis) (Abb. 93). Dieser Wandbau ermöglicht die »Windkesselfunktion«.

Die Lamina endothelialis wird von einem geschlossenen Endothelverband gebildet und einem verbreiterten Stratum subendotheliale unterlagert, dessen kollagene Bindegewebsfasern mit dem elastischen Gewebe der Tunica media in engem Kontakt stehen. Die elastischen Faserbündel der Media nehmen mit einzelnen glatten Muskelzellen Verbindung auf und lassen so ein elastisch-muskuläres System entstehen. Außen liegt eine dichte kollagenfaserreiche Tunica adventitia an, die einer Überdehnung entgegenwirkt.

Arterien vom muskulären Typ

Arterien vom muskulären Typ (Arteriae myotypicae) weisen den dreischichtigen Wandbau der Gefäße auf (Abb. 91 und 92). Charakteristisches Merkmal sind in der Tunica media deutlich ausgeprägte, vorwiegend zirkulär oder leicht spiralig verlaufende **glatte Muskelzellen.** Diese Muskelschicht dient der Erhaltung des intravasalen Drucks und der Regulation der Pulswelle im arteriellen Hochdrucksystem. Die Tunica adventitia besteht

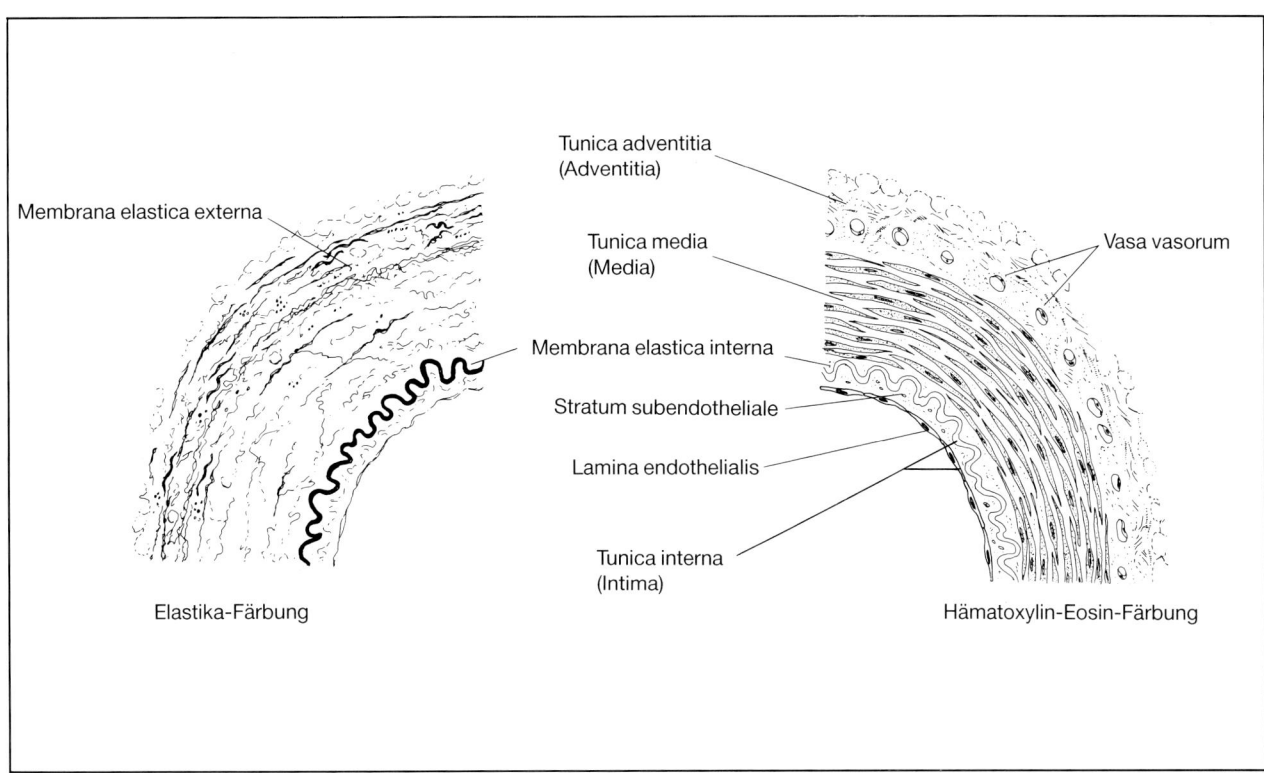

Abb. 90. Schematische Darstellung des Wandbaus einer Arterie.

aus lockerem Bindegewebe und dient als Verschiebeschicht.

Als Sonderformen des arteriellen Gefäßsystems sind sog. **Polsterarterien** zu verstehen, die durch Einlagerungen von kontraktilen Zellen in das Stratum subendotheliale (elastisch-muskuläre Intimawülste) temporär das Gefäßvolumen verengen können und damit als Regulatoren des Blutstroms fungieren.

Arteriole (Arteriola)

Arteriolen sind die kleinsten noch mit glatter Muskulatur ausgestatteten Gefäße des arteriellen Hochdrucksystems (<100 µm). Das flache, nicht gefensterte Endothel liegt innen einem nur dünnen Stratum subendotheliale an. Eine ausgeprägte Membrana elastica interna fehlt gewöhnlich. Die Tunica media besteht aus **1–3 Schichten glatter Muskelzellen**. Diese bilden zusammen mit Endothelfortsätzen einen myoendothelialen Komplex. Arteriolen steuern entscheidend den peripheren arteriellen Blutdruck und beeinflussen zusammen mit den präkapillären Sphinkteren den Blutdurchfluß des Kapillargebietes (s. Abb. 88, S. 104).

Vene (Vena)

Das Niederdrucksystem des Kreislaufs beginnt in den venösen Abschnitten der Kapillaren und reicht bis in den rechten Vorhof des Herzens. Die Funktion dieses Systems ist vielfältig:
- aktive Stoffwechselleistungen im Bereich der postkapillären Venolen,
- die Fähigkeit, zirkulierendes Blut in größerer Menge zu speichern,
- die Rückführung des Blutes zum Herzen.

Diesen Aufgaben ist der Wandbau der Venen entsprechend angepaßt (Abb. 94–97). Vorherrschendes Kennzeichen ist die Dehnungsfähigkeit der Venenwand. Diese übersteigt die der Arterie um das 200fache. Die Muskulatur tritt in den Hintergrund, die Tunica adventitia ist ausgeprägt und verstärkt.

Die **Lamina endothelialis** wird von einem geschlossenen Endothelverband bedeckt, dem sich außen eine schwache Bindegewebsschicht **(Stratum subendotheliale)** anschließt. Lockere elastisch-kollagene Faserschichten dienen der Stabilität dieses Wandabschnitts. Zusätzlich können glatte Muskelzellen in Längszügen eingelagert sein. Eine **auffallende Membrana elastica interna fehlt**. An deren Stelle ist ein dünnes Netz elastischer Fasern ausgebildet **(Rete elastica)**.

VI. Kreislaufsystem (Systema cardiovasculare et lymphovasculare)

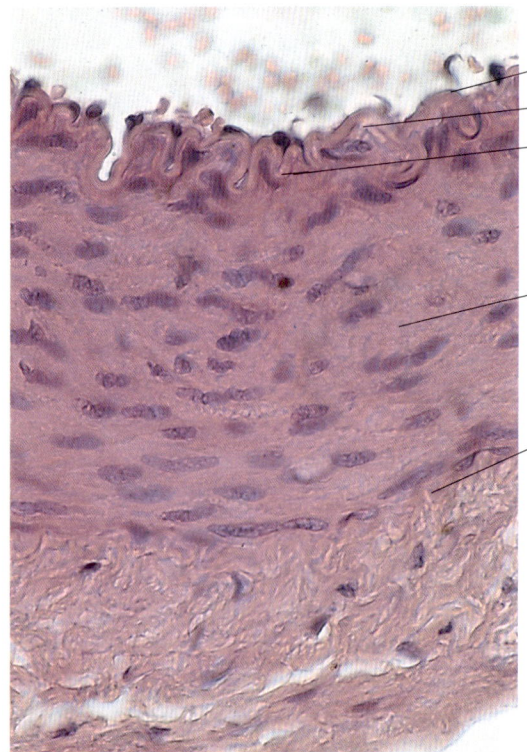

Lamina endothelialis
Stratum subendotheliale } Tunica interna (Intima)
Membrana elastica interna

Tunica media (Media)

Tunica adventitia (Adventitia)

Abb. 91. Wandbau einer Arterie vom muskulären Typ. Das Endothel liegt einem dünnen Stratum subendotheliale auf, die Membrana elastica interna ist im Schnittbild als mäanderartig verlaufendes Band deutlich ausgebildet. In der Media verlaufen die glatten Muskelzellen vorwiegend zirkulär mit z. T. schrägem Faserverlauf. Die Adventitia setzt sich durch den hohen Anteil elastischer Fasern deutlich als bindegewebige Hüllschicht von der Media ab. Schwein. Färbung Hämatoxylin-Eosin, Vergr. 480fach.

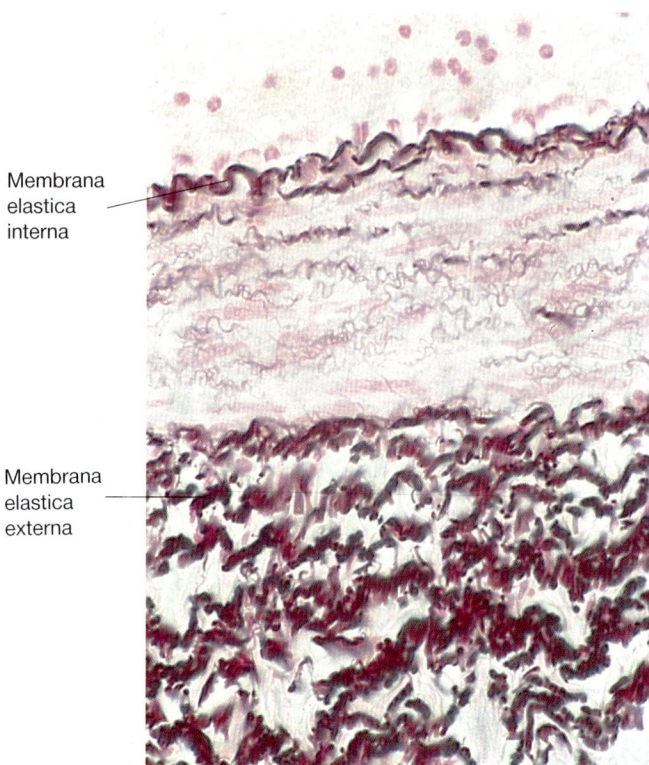

Membrana elastica interna

Membrana elastica externa

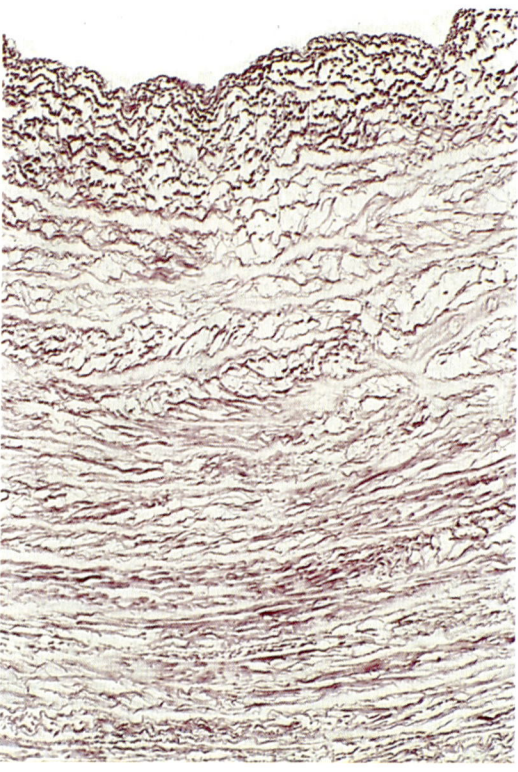

Abb. 92. Wandbau einer Arterie vom muskulären Typ nach Elastika-Färbung (Resorcin-Fuchsin, Kernechtrot), Vergr. 480fach.

Abb. 93. Wandbau einer Arterie vom elastischen Typ nach Elastika-Färbung (Resorcin-Fuchsin, Kernechtrot), Vergr. 300fach.

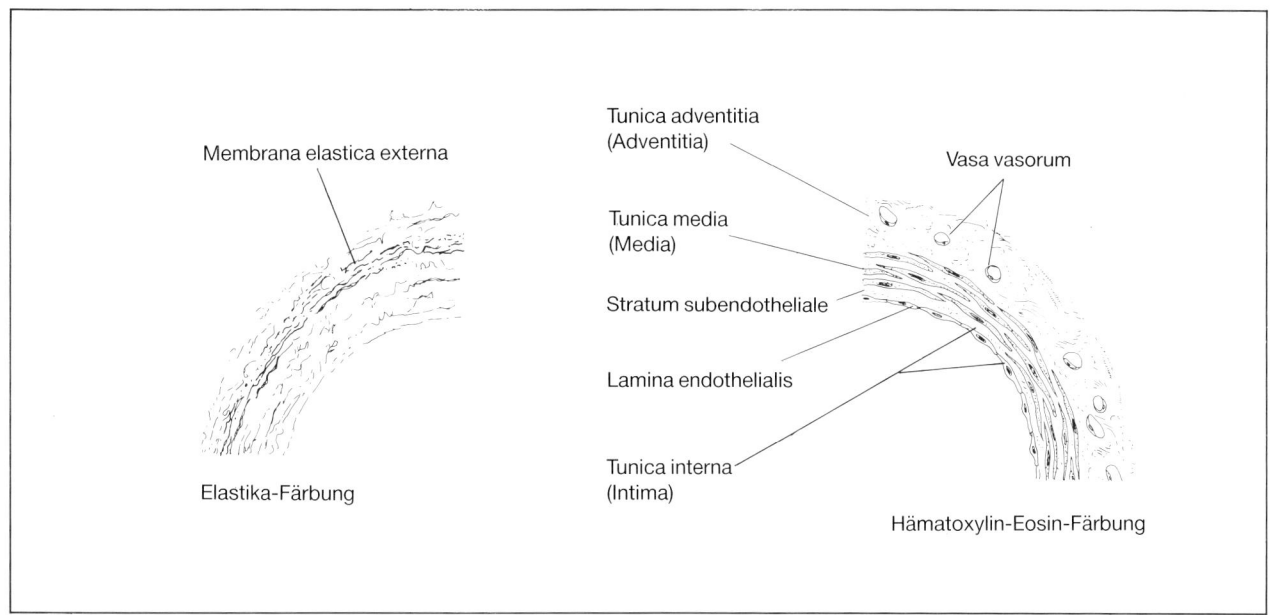

Abb. 94. Schematische Darstellung des Wandbaus einer Vene.

Die **Tunica media** ist gegenüber entsprechenden Arterien dünnwandiger und schließt vorwiegend kollagene und elastische Fasern ein. Die kollagenen Faserbündel verlaufen scherengitterartig, die elastischen sind längsorientiert. Der Anteil an glatten Muskelzellen ist gering. Diese sind zumeist schraubenformig angeordnet. Diese räumliche Gestaltung fibromuskulärer Elemente verleiht der Venenwand ihre besondere Fähigkeit der flexiblen Dehnung.

Die **Tunica adventitia** stellt die bindegewebsfaserige Verbindung zu Nachbargeweben her, eine Membrana elastica externa ist ausgebildet. Durch den engen räumlichen Kontakt von Venen zur Körpermuskulatur wird das venöse Niederdrucksystem bei jeder Kontraktion aktiv bei Rücktransport des Blutes zum Herzen unterstützt.

Als Besonderheiten des Niederdrucksystems sind in Venen in regelmäßigen Abständen Duplikaturen des Stratum subendotheliale entwickelt, die als **Venenklappen** bezeichnet werden. Die strukturelle Grundlage der Venenklappen ist straffes, kollagenes Bindegewebe, das oberflächlich von einem einschichtigen Endothel bedeckt wird. Venenklappen erleichtern den Rückfluß des Blutes und verhindern eine Umkehr der Strömungsrichtung (Abb. 97).

Eine weitere Besonderheit ist das Auftreten von Venen, deren Tunica media durch eine ausgeprägte Schichtung glatter Muskelzellen verstärkt ist. Man spricht von **muskelstarken Venen (Vena myotypica)**. Diese sind z. B. in der Zitze entwickelt.

Venole (Venula)

Venolen sind dünnwandige Gefäße, die ihren Ursprung als postkapilläre Gefäßabschnitte **(Venulae postcapillares)** nehmen. Erst allmählich sind in eine dickere Wand vereinzelt glatte Muskelfasern eingelagert **(Venulae musculares)**. In den Anfangsteilen ist ein transvasaler Stofftransport noch möglich, mit Zunahme des Gefäßquerschnitts dienen diese Gefäße in gewissem Umfang auch als Blutspeicher (s. Abb. 87, S. 104).

Herz (Cor)

Das Herz kann als ein Hohlmuskel angesehen werden, dessen Wandbau einem modifizierten Gefäßrohr entspricht. Am Herzen können folgende Schichten unterschieden werden:
– eine innere Schicht, das Endokard,
– eine mittlere Schicht, das Myokard,
– eine äußere Schicht, das Epikard.

Das **Endokard (Endocardium)** kann mit der Intima der Gefäße verglichen werden. Es setzt sich aus einem dünnen Endothel und einem lockeren, subendothelialen Bindegewebe zusammen. Diesem liegt eine Schicht kollagener und elastischer Fasern an, in deren Maschenwerk glatte Muskelzellen eingelagert sind **(Stratum myoelasticum)**. Das Endokard wird mit dem Myokard durch eine gefäßführende **Tela subendocardialis** verbunden. In dieser

110 VI. Kreislaufsystem (Systema cardiovasculare et lymphovasculare)

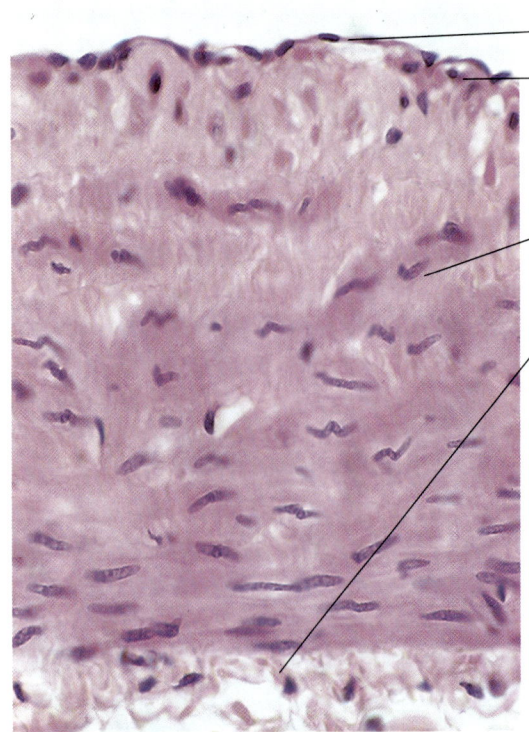

- Lamina endothelialis
- Stratum subendotheliale
- Tunica media (Media)
- Tunica adventitia (Adventitia)

Abb. 95. Wandbau einer Vene. Die Lamina endothelialis kleidet als einschichtiges Plattenepithel (Endothel, Angiothel) die Wand innen aus und bedeckt ein schmales Stratum subendotheliale. Eine ausgeprägte Membrana elastica interna fehlt im venösen Niederdrucksystem. Die Media weist vorherrschend zirkulär verlaufende glatte Muskelzellen auf, die durch Kontraktion der Gefäßwand leicht gewellt erscheinen. Die Adventitia schließt elastische Fasern (Membrana elastica externa) ein. Schwein. Färbung Hämatoxylin-Eosin, Vergr. 480fach.

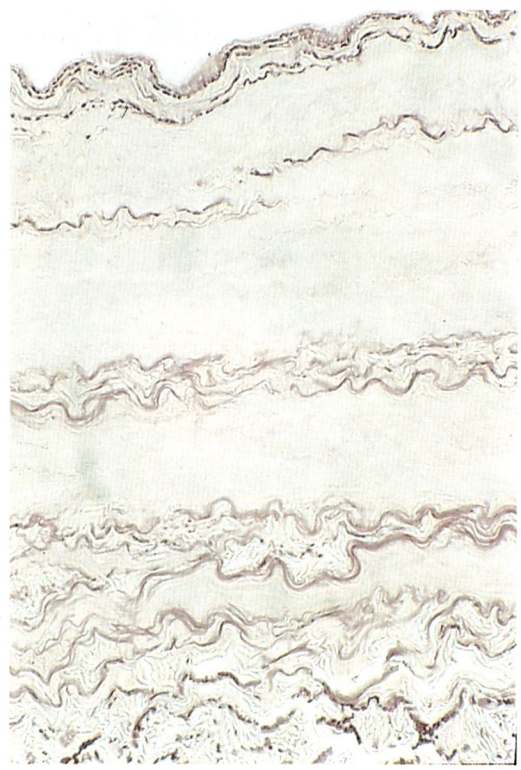

Abb. 96. Wandbau einer Vene nach Elastika-Färbung (Resorcin-Fuchsin, Kernechtrot), Vergr. 480fach.

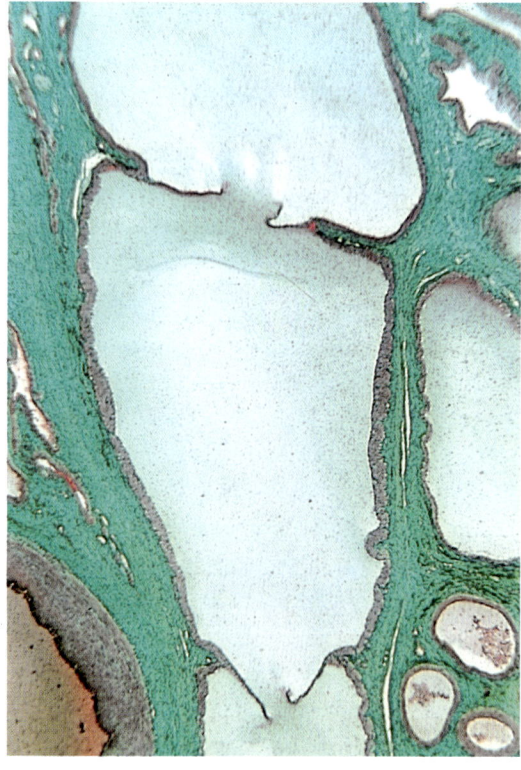

Abb. 97. Venenklappen aus dem venösen Anteil des Plexus pampiniformis des Bullen. Färbung Goldner, Vergr. 200fach.

Zwischenschicht verlaufen in den Herzkammern auch die Fasern des autonomen Erregungsleitungssystems **(Myofibra conducens cardiaca,** früher als Purkinje-Fasern bezeichnet) (s. Abb. 67, S. 82).

Die **Herzklappen** sind Endokardausstülpungen, deren strukturelle Grundlage ein derbes, kollagenfaseriges Gerüst (»Klappenskelett«) ist. Die Taschen- und Segelklappen sind gefäßlos, schließen jedoch zahlreiche vegetative Nervenfasern ein.

Das **Myokard (Myocardium)** setzt sich aus Herzmuskelzellen (s. Kap. IV: »Muskelgewebe«, S. 81) und einem schwach ausgebildeten bindegewebigen Netzwerk zusammen, in dessen Maschen ein **dichtes Kapillargeflecht** eingelagert ist. Zusätzlich verlaufen hier **autonome Nervenfasern** und zahlreiche **Lymphgefäße.**

Die Herzmuskulatur setzt am **Anulus fibrosus** an und zieht in getrennten Spiralwindungen in die Vor- bzw. Hauptkammern. In den Herzventrikeln entwickelt sich durch differierenden Faserverlauf eine äußere Längsfaserschicht, der sich eine mittlere Hauptfaserschicht mit zirkulärer Fibrillenanordnung anschließt. Die innere Längsfaserschicht ist spiralig und findet Anschluß an die Papillarmuskeln.

Das **Epikard (Epicardium)** ist das viszerale Blatt des Herzbeutels und dessen Tela subepicardiaca (subserosa). Das Epikard wird oberflächlich von einem einschichtigen Epithel überzogen, das einer dünnen Bindegewebsschicht aufliegt.

Im Gegensatz zu peripheren Gefäßen besteht die Muskelwand aus quergestreifter Muskulatur, die im Herzen eine besondere Differenzierung erfährt (s. Herzmuskelgewebe). Darüber hinaus besitzt der Herzmuskel die Fähigkeit der **spontanen Erregungsbildung** und **Reizleitung.** Dieses System dient der autonomen Steuerung der Herzrhythmik und ist unabhängig von zentralnervösen Impulsen.

Erregungsbildung und Erregungsleitung des Herzmuskels

Eine Besonderheit des Herzmuskels ist die Fähigkeit der autonomen, rhythmischen Erregungsbildung und Erregungsleitung (Reizleitung). Die Erregungen nehmen vom **Sinusknoten (Nodus sinuatrialis)** als Schrittmacher ihren Ursprung und breiten sich rasch und gleichmäßig über den Atrioventrikularknoten (Nodus atrioventricularis, Aschoff-Tawara-Knoten), das Atrioventrikularbündel (Truncus fasciculi atrioventricularis, His-Bündel) bis in die Kammerschenkel und die Kammerwände aus. Die Endaufzweigungen in der Kammerwand werden als **Myofibra conducens cardiaca** **(Purkinje-Faser)** bezeichnet. Die Erregungsleitung erfolgt dabei über das Reizleitungssystem, das sich aus **modifizierten Herzmuskelzellen** und nicht aus Nervengewebe entwickelt. Purkinje-Fasern sind **spezifische Muskelzellen**, die ein helles Zytoplasma mit wenigen Myofibrillen, jedoch einem hohen Glykogengehalt aufweisen. Sie verlaufen im Endokard und strahlen nach Aufzweigung in das Myokard ein. Diese Zellen übertragen den Erregungsimpuls auf »Transitional-Zellen«, die ihrerseits mit Herzmuskelzellen direkt in Kontakt stehen.

Neben der autonomen Erregungsbildung besitzt das Herz ein dichtes Geflecht **sympathischer Nervenfaserbündel,** deren Wirkung auf die Freisetzung von adrenergen Transmittern beruht (β-Rezeptoren). **Vagale Faserbündel** innervieren bevorzugt die Herzvorhöfe.

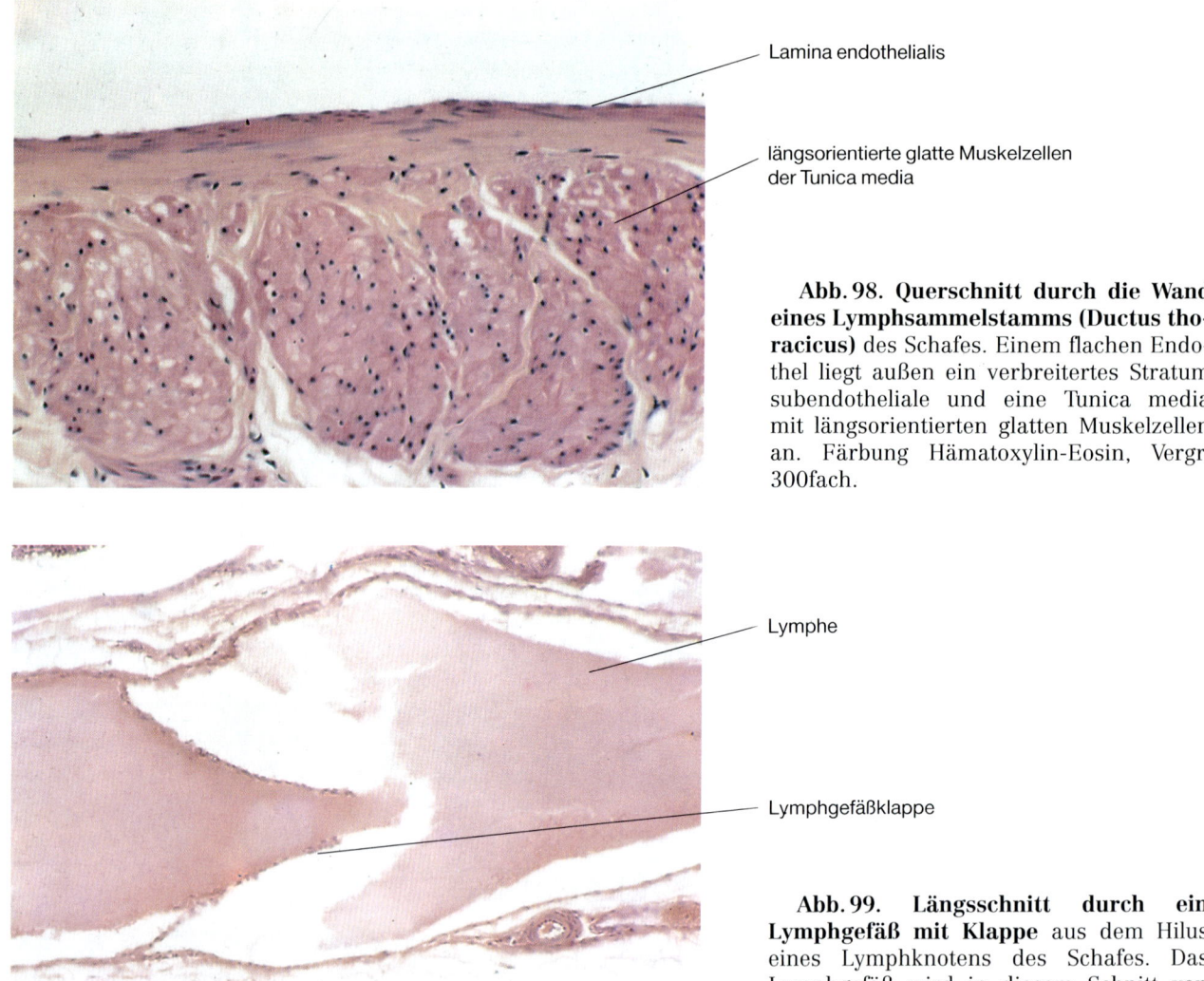

Abb. 98. **Querschnitt durch die Wand eines Lymphsammelstamms (Ductus thoracicus)** des Schafes. Einem flachen Endothel liegt außen ein verbreitertes Stratum subendotheliale und eine Tunica media mit längsorientierten glatten Muskelzellen an. Färbung Hämatoxylin-Eosin, Vergr. 300fach.

Abb. 99. **Längsschnitt durch ein Lymphgefäß mit Klappe** aus dem Hilus eines Lymphknotens des Schafes. Das Lymphgefäß wird in diesem Schnitt von links nach rechts durchströmt. Färbung Hämatoxylin-Eosin, Vergr. 120fach.

Lymphgefäße (Vasa lymphatica)

Lymphgefäße dienen als **Drainagesystem** der Extrazellularräume des Bindegewebes und führen Gewebsflüssigkeit (Lymphe) zentripetal in das Blutgefäßsystem zurück. Das Lymphgefäßsystem nimmt seinen Ursprung in einem Netz anastomosierender **Lymphkapillaren**, die sich in größeren Lymphgefäßen sammeln. Im weiteren Verlauf passieren Lymphgefäße in der Regel einen Lymphknoten und leiten in Nähe des Brusteingangs die Lymphe dem venösen Blut zu.

Die **Lymphe** setzt sich aus Lymphzellen (v. a. Lymphozyten) und Lymphplasma zusammen. Das **Lymphplasma,** eine farblose bis schwach gelbliche Flüssigkeit, enthält an Eiweißstoffen Albumine, Prothrombin, Fibrinogen und Globuline. Der Fettgehalt variiert stark, er hängt wesentlich von den im Darm resorbierten kurzkettigen Fettsäuren ab. Diese bilden zusammen mit Phospholipiden, Cholesterinen und Cholesterinestern Fetttröpfchen (Chylomikrone). Dementsprechend nimmt bei fetthaltiger Nahrung die Lymphe ein milchiges Aussehen an. Zusätzlich schließt die Lymphe Ionen, Hormone, Enzyme, Antikörper und vorrangig Stoffwechselprodukte ein.

Lymphkapillare (Vas lymphocapillare)

Lymphkapillaren werden von einem unregelmäßig erweiterten Endothelschlauch gebildet, ihre Durchmesser (10–50 µm) liegen deutlich über denen der Blutkapillaren. Lymphkapillaren sind blind beginnende Kanäle **(Drainagesystem der Körpergrundflüssigkeiten).** Die Endothelzellen sind dünnwandig, sie stehen zumeist durch Verzahnungen, einfache Überlappungen und selten nur über Zonulae occludentes in Verbindung. Häufig sind diese Zellwände lückenhaft unterbrochen, eine Basalmembran fehlt in den meisten Fällen oder ist über weite Abschnitte durchbrochen. Nach außen stehen die Endothelien der Lymphkapillaren über feine Filamente mit den Kollagenfasern des Bindegewebes in Kontakt. Jede Änderung der Faserräume führt damit zwangsweise auch zu einer Anpassung der Lumina der Lymphkapillaren.

Lymphkapillaren liegen als subepitheliale Netze im Bindegewebe äußerer und innerer Körperoberflächen sowie im interstitiellen Bindegewebe der Organe. Lymphkapillaren fehlen in Organen, die kein fibrilläres Bindegewebe einschließen: u. a. im Zentralnervensystem, im Parenchym des Knochenmarks und der roten Milzpulpa und im hyalinen Knorpel.

Aus diesen Lymphkapillarnetzen gehen **kleinere, mittelgroße** und **größere Lymphgefäße** hervor, die sich grundsätzlich ebenfalls nur aus einem Endothelrohr und einem lockeren Bindegewebsmantel aufbauen. In Abhängigkeit von der Tierart und der Körperregion können fibromuskuläre Verstärkungen der Gefäßwände auftreten. Auch diese Lymphgefäße sind nur in Nachbarschaft zum Bindegewebe entwickelt.

Lymphsammelstämme (Vasa lymphatica myotypica)

Die Lymphsammelstämme (Ductus thoracicus und Truncus trachealis) sind in ihrem Wandbau annähernd mit den Blutgefäßen zu vergleichen. Die Tunica interna wird von einem Endothel gebildet, dem außen vorwiegend längsorientierte Bindegewebsfasern und vereinzelt glatte Muskelzellen anliegen. Die Tunica media enthält glatte Muskelzellen und ein fibroelastisches Bindegewebsnetz, dem sich eine Tunica adventitia mit glatter Muskulatur, häufig longitudinal oder spiralig verlaufend, anschließt. Der Verlauf der glatten Muskulatur und der Grad der Ausbildung ist tierartlich sehr verschieden (Abb. 98). **Lymphgefäße besitzen** im Gegensatz zu Lymphkapillaren **Klappen**; ihr Wandbau entspricht dem der Venen, zusätzlich können glatte Muskelfasern eingelagert sein (Abb. 99).

VII. Blut und Blutzellbildung (Sanguis et haemocytopoesis)

Das Blut ist der wichtigste Funktionsträger des Kreislaufsystems und im gesamten Organismus weitgehend gleichmäßig verteilt. Es dient der Aufrechterhaltung des biologischen Gleichgewichts zwischen den verschiedenen Teilen des Körpers, dessen Konstanz lebensnotwendige Voraussetzung für die Stabilität des inneren Milieus ist.

Entsprechend dieser Funktionsvielfalt ist die Zusammensetzung des Blutes komplex. Blut besteht aus **flüssigen** und **zellulären** Bestandteilen. Die Blutflüssigkeit **(Blutplasma)** erfüllt dabei wesentliche Aufgaben. Grundsätzlich können 3 Hauptfunktionen des Blutes unterschieden werden:

Blut übernimmt eine **Transport- oder Vehikelfunktion** z. B. für Sauerstoff und Kohlendioxid, für Nährstoffe, für Stoffwechselzwischen- und -endprodukte, für Ausscheidungsprodukte. Blut dient als Träger von endogenen Regulatoren (Hormonen), von Enzymen und Vitaminen und der Wärmeübertragung.

Darüber hinaus dient Blut der **Aufrechterhaltung des physikochemischen Gleichgewichts** im Körper, der Homöostase. Blut reguliert in Geweben den Wasserhaushalt, den osmotischen Druck und die Ionen- und Wasserstoffionenkonzentration (pH-Wert). In diese Regelkreise sind zusätzlich andere Organe, wie z. B. Leber, Niere und Lunge, mit eingeschaltet.

Blut steht aber auch im Dienst der **unspezifischen und spezifischen Körperabwehr.** Weiße Blutzellen (Granulozyten, Lymphozyten, Monozyten) übernehmen hierbei aktive Aufgaben. Deren spezifische Zellprodukte (z. B. Komplemente, Leukotriene, Lymphokine, Antikörper) zirkulieren im Blut und erreichen via Vaskularisation jedes Gewebe im Körper.

Das Blut könnte diese Funktionen nicht erfüllen, würden nicht zusätzliche Reaktionsketten das physiologische Gleichgewicht des Gesamtsystems zwischen Blutgerinnung und Lysis regulieren. Das Blutplasma schließt das für die **Blutgerinnung** erforderliche wasserlösliche Protein **Fibrinogen** ein. Gerinnt das Blut durch Schädigungen der Gefäßwand oder durch intravaskuläre Zirkulationsstörungen, wandelt sich Fibrinogen in Fibrin. Es entsteht ein Blutkuchen, aus dem sich eine gelbliche, klare Flüssigkeit abscheidet **(Blutserum).**

Besondere Aufgaben übernehmen die **Blutzellen,** deren Anteil bei Haussäugetieren zwischen 32–45% des Blutvolumens **(Hämatokrit)** liegt. Die Zellen des Blutes lassen sich einteilen in:
- **rote Blutkörperchen** (Erythrozyten, Erythrocyti),
- **weiße Blutzellen** (Leukozyten, Leukocyti)
  - Granulozyten (Granulocyti),
  - Lymphozyten (Lymphocyti),
  - Monozyten (Monocyti),
- **Blutplättchen** (Thrombozyten, Thrombocyti).

Die **Differenzierung der Blutzellen** erfolgt embryonal anfänglich in der Wand des Dottersacks, geht dann auf Leber und Milz über und wird in den späteren Abschnitten der intrauterinen Entwicklung vom roten **Knochenmark (Textus haemopoeticus)** übernommen. In diesem hämoretikulär-myeloischen Gewebe werden dann zeitlebens Blutzellen aus Stamm- und Vorläuferzellen differenziert.

Sämtliche Zellen des Blutes entwickeln sich aus **mesenchymalen Retikulumzellen,** die im hämoretikulären Gewebe des Knochenmarks als **pluripotente Stammzellen** gelten. Übernehmen diese undifferenzierten Stammzellen Funktionen der Blutzellbildung (Hämozytopoese), werden sie als **Blutzellbildner (Hämozytoblasten)** bezeichnet. Die Neubildung von Stammzellen wird durch **Wachstumsfaktoren** gesteuert. So bilden Hämozytoblasten im Rahmen einer Selbstregulation diese Faktoren. Vorrangig wird die Bildung von Hämozytoblasten jedoch von T-Lymphozyten durch die Abgabe von **Interleukinen** an das Knochenmark gesteuert.

Der **Hämozytoblast (Haemocytoblastus)** ist eine schwach basophile, meist abgerundete Zelle mit mehreren Nukleolen, die sich aus dem retikulären Bindegewebsverband gelöst hat. Hämozytoblasten wandeln sich in **unipotente Vorläuferzellen (Progenitorzellen),** die ihrerseits als **Stammzellen** für die Bildung (-poese) der verschiedenen Blutzellen angesehen werden, nämlich zu:
- Erythrozyten (Erythrozytopoese),
- Granulozyten (Granulozytopoese),
- Lymphozyten (Lymphozytopoese),
- Monozyten (Monozytopoese),
- Thrombozyten (Thrombozytopoese).

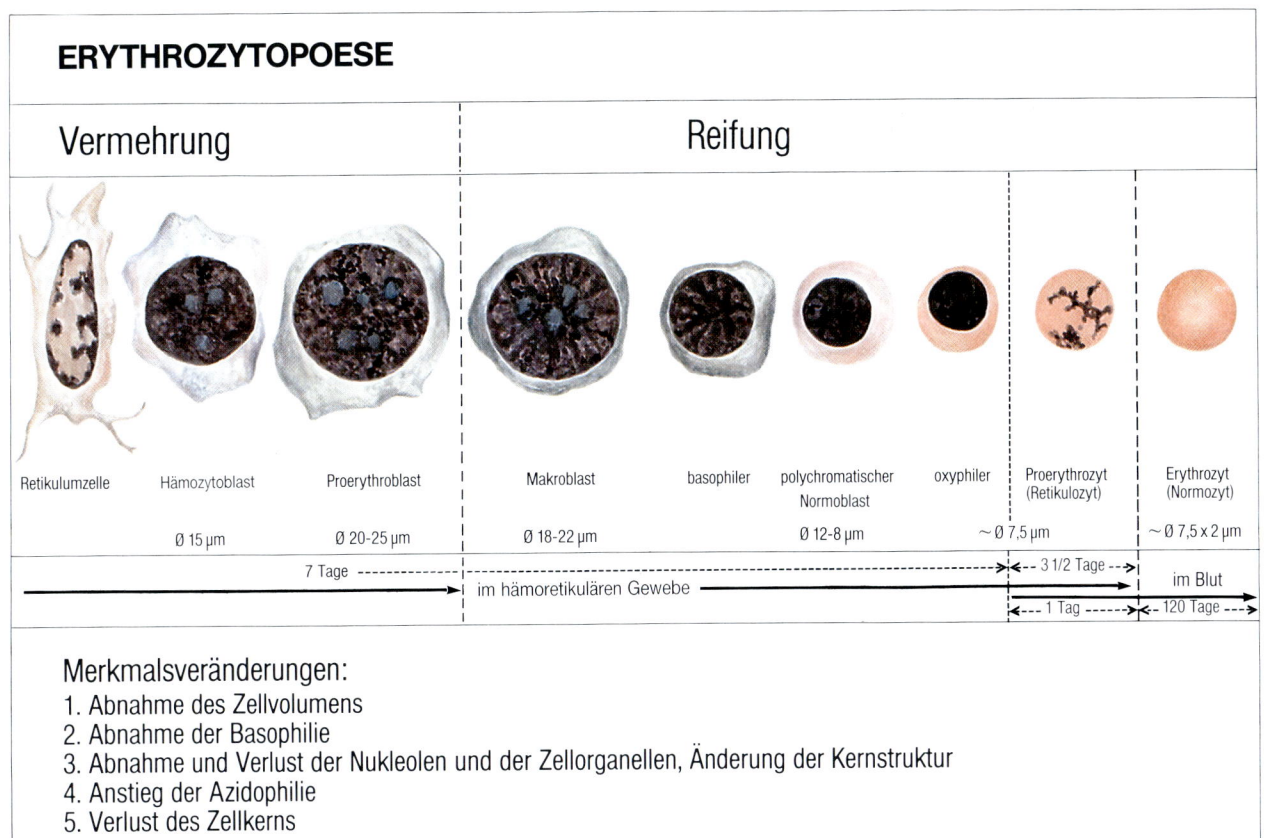

Abb. 100. Schematische Darstellung der Reifung der Erythrozyten im Knochenmark (Erythrozytopoese) und deren Endstadium im zirkulierenden Blut (Institutsarbeit).

Erythrozyt (Erythrocytus)

Die herausragende Bedeutung des Blutes liegt im Transport von O_2 und CO_2, gebunden an den **roten Blutfarbstoff Hämoglobin.** Dieses globuläre Chromoprotein mit einer prosthetischen Häm-Gruppe ist in einer Konzentration von über 30% im **Zytoplasma der Erythrozyten** angereichert (95% der Trockensubstanz). Die roten Blutzellen übernehmen aufgrund der hohen reversiblen Bindungskapazität des Hämoglobinmoleküls die Aufgabe, molekularen Sauerstoff in der Lunge zu binden und in periphere Gewebe zu transportieren. In umgekehrter Richtung dienen sie dem Rücktransport von Kohlendioxid. Durch den Gehalt an Oxyhämoglobin erhält das arterielle Blut seine hellrote Farbe, während das reduzierte Hämoglobin dem venösen Blut die dunkelrote Farbe verleiht.

Neubildung von Erythrozyten (Erythrozytopoese)

Aus Hämozytoblasten entstehen durch mitotische Teilungen erythropoetische Vorläuferzellen, **Proerythroblasten** (Abb. 100). Dieser Differenzierungsschritt unterliegt hormonellen Steuermechanismen. So aktiviert bevorzugt **Erythropoetin**, ein Sialoglykoprotein, das in der Niere bei Sauerstoffmangel (Anämie, Hypoxie) gebildet wird, diese frühe Phase der Erythrozytopoese. Auch beeinflussen Steroidhormone, Peptide und Vitamin B_{12} die Erythrozytenbildung im Knochenmark.

Der **Proerythroblast (Proerythroblastus)** (Abb. 100) ist eine 20–25 µm große, basophile Zelle, die sich rasch zu **Makroblasten** verdoppelt. Dabei nimmt die Größe des Kerns ab. Bereits in diesem frühen Differenzierungsstadium setzt die Einlagerung von Hämoglobin in das Zytoplasma ein. Nach nochmaliger Teilung differenzieren sich

Tab. 3. Physiologische Werte für die Anzahl, den Durchmesser, die Lebensdauer und den Hämatokrit reifer Erythrozyten im zirkulierenden Blut bei den verschiedenen Haussäugetieren.

	Anzahl/10^6/µl	Durchmesser/µm	Lebensdauer/Tage	Hämatokrit
Pferd	7,5 (6 – 9)	5,5	140–150	42
Rind	6 (5 – 7)	5,7	50– 60	35 –40
Schaf	10 (8 –13)	5,1	110–120	32 –38
Ziege	14 (13 –17)	4,1	125	34
Schwein	6,5 (5 – 8)	6,1	65	41,5
Hund	6,8 (5,5– 8)	7,3	107–122	45,5
Katze	7,5 (7,2–10)	5,7	68– 77	37 –40

Makroblasten zu **basophilen Erythroblasten (Normoblast, Erythroblastus basophilicus)** (Abb. 100). Der Kern hat in diesem Stadium deutlich an Volumen verloren. Er erscheint stark verdichtet und basophil. Basophile Erythroblasten inkorporieren durch Mikropinozytose vermehrt Ferritin von anliegenden Makrophagen und Retikulumzellen zur gesteigerten Hämoglobinsynthese. Aus dieser Zelle entwickelt sich der **polychromatische Erythroblast (Normoblast, Erythroblastus polychromatophilicus)**, den seinerseits ein bereits hoher Anteil an azidophilem Hämoglobin, bei nur noch geringer zytoplasmatischer Basophilie, kennzeichnet (Abb. 100). Durch weitere Reifungsvorgänge nimmt bei zunehmender Hämoglobinkonzentration der Gehalt an basophilen Organellen (Ribosomen, rauhes ER) ab, es entwickelt sich der **orthochromatische** (oxyphile s. azidophile) **Erythroblast (Normoblast, Erythroblastus acidophilicus)** (Abb. 100). Durch zunehmende Verdichtung und Schrumpfung des Chromatins tritt eine Kernpyknose ein, der sich eine **Kernausschleusung (Enukleation)** anschließt. Dieser Vorgang des Kernverlustes während der Erythrozytopoese ist charakteristisch für Erythrozyten von Säugern, einschließlich des Menschen. Bei Vögeln, Reptilien, Amphibien und Fischen (Ausnahme Zyklostomen) tritt der Vorgang der Enukleation nicht ein. Die roten Blutzellen sind bei diesen Tierarten daher kernhaltig, bikonkav und größer.

Beim Säuger bleiben nach Abgabe des Kerns Reste von Organellen (Golgi-Vesikel, Polyribosomen, ER-Membranen, Mitochondrien) im Zytoplasma erhalten, die sich netzartig verklumpen. Diese kernlose Zelle wird als **Retikulozyt (Proerythrozyt, Reticulocytus)** bezeichnet. Innerhalb von 24 Stunden verlieren Retikulozyten diese Innenstrukturen und wandeln sich zu organellenlosen Trägern von Hämoglobin, zu **Erythrozyten** (Abb. 100).

Struktur des Erythrozyten (Erythrocytus)

Die **rote Blutzelle, der Erythrozyt,** stellt bei den meisten Säugern eine kernlose, bikonkave, runde Scheibe dar, deren **Durchmesser** sich bei den einzelnen Haustieren z. T. erheblich unterscheidet. So sind Erythrozyten von Hunden 7,3 µm groß, während dieselben Zellen bei der Ziege eine Größe von nur 4,1 µm erreichen (Tab. 3). Bei Kamelen und Dromedaren sind Erythrozyten oval. Die **Anzahl** der roten Blutzellen steht in Korrelation zu ihrer tierartlich **unterschiedlichen Größe.** Je kleiner die Zellen, um so größer ihr Anteil pro Volumeneinheit, Faktoren, die insbesondere bei der Ziege ausgeprägt sind. Muskelarbeit, Training, Kondition (Pferde) oder Stallhaltung (Schweine) beeinflussen ebenso wie das Höhenklima (Weiderinder) oder das Geschlecht die Anzahl der zirkulierenden Erythrozyten (männliche Tiere mehr als weibliche).

Gerade wegen des Fehlens eines Kerns sind Erythrozyten in höchstem Maße formflexibel, sie weisen eine hohe **Plastizität** und **Elastizität** auf und unterliegen ständigen reversiblen Strukturveränderungen. Damit erhöht sich die Möglichkeit, passiv selbst kleinste Kapillaren zu passieren. In hypotoner Flüssigkeit nehmen Erythrozyten Wasser auf, sie quellen und können sich auflösen **(Hämolyse),** in hypertonem Milieu geben sie Wasser ab, sie nehmen **Stechapfelform** an.

Auch die **Lebensdauer** ist bei den einzelnen Tierarten unterschiedlich (Tab. 3). Der **Abbau** der Erythrozyten erfolgt vorrangig in der Milz. In diesem zentralen hämoretikulären Organ treten rote Blutzellen durch sog. Endkapillaren in erweiterte **Sinusräume (rote Milzpulpa)** über, in deren Wänden durch Zellen des **m**ononukleären **P**hagozyten-**S**ystems **(MPS)** alternde Erythrozyten aufgrund veränderter Oberflächenmembranen »erkannt« werden. Im folgenden werden diese roten Blutzellen durch **Makrophagen** enzymatisch zerstört und das eisenfreie Porphyringerüst des Häm in der Leber zu den **Gallenfarbstoffen Biliverdin** und **Bilirubin** transformiert. Das aus dem Hämoglobin frei werdende Ferritin (24–36% Eisen) wird als **Hämosiderin (endogenes Pigment)** in Makrophagen gespeichert und dient im Knochenmark der **Neubildung des Blutfarbstoffs.** Ähnliche Abbauvorgänge können auch in reduzierter Form in der Leber (v.-Kupffer-Sternzellen) und im Knochenmark beobachtet werden.

Leukozyten (Leucocyti)

Leukozyten (weiße Blutzellen) übernehmen im Blut entscheidende Aufgaben bei der Abwehr von Fremdstoffen. Dringen artfremde Substanzen in den Organismus ein, können diese durch Phagozytose unspezifisch oder durch gezielte immunologische Abwehrreaktionen mit Hilfe der Zellen des lymphatischen Systems spezifisch eliminiert werden. Entsprechend der funktionellen Vielfalt der erforderlichen körpereigenen Abwehrmechanismen sind Leukozyten kein einheitliches Zellsystem, sondern können nach verschiedenen Gesichtspunkten differenziert werden.

Leukozyten können in **Granulozyten** und **Agranulozyten** unterteilt werden. Granulozyten lassen sich nochmals aufgrund der histologischen Anfärbbarkeit ihrer Granula in neutrophile, eosinophile und basophile Granulozyten gliedern. Zur Gruppe der **Agranulozyten** werden Lymphozyten und Monozyten gerechnet.

Funktionell lassen sich Leukozyten aber auch in **Phagozyten** (neutrophile Granulozyten und Monozyten) und in Zellen des **immunologischen Abwehrsystems** (Lymphozyten, eosinophile Granulozyten) gruppieren. Basophile Granulozyten nehmen aufgrund ihres Histamin- und Heparingehalts eine Sonderstellung ein.

Granulozyten (Granulocyti)

Granulozyten sind übereinstimmend polymorphkernig, im Gegensatz zu den mononukleären Lymphozyten und Monozyten. Granulozyten sind funktionell auch als Mikrophagen zu verstehen. Sie bewegen sich amöboid und weisen die Fähigkeit auf, aus dem zirkulierenden Blutstrom aktiv durch die Gefäßwand zu wandern **(Diapedese).** Damit übernehmen diese Zellen nicht allein im geschlossenen Kreislaufsystem (intravaskulär), sondern insbesondere im interstitiellen Bindegewebe (perivaskulär) durch Freisetzen von lysierenden Enzymen **unspezifische Abwehraufgaben.** Sie spielen bei entzündlichen Prozessen eine entscheidende Rolle. Für eine lokale zelluläre Reaktion stehen zusätzlich Granulozyten zur Verfügung, die spontan aus dem Knochenmark ausgeschleust werden.

Neubildung von Granulozyten (Granulozytopoese)

Während der **Granulozytopoese (Myelopoese, Granulocytopoesis)** vollzieht sich die Bildung und die Differenzierung der polymorphkernigen Leukozyten (Granulozyten) (Abb. 101). Aus pluripotenten Stammzellen des Knochenmarks, den **Hämozytoblasten,** differenzieren sich nach mehrfachen mitotischen Teilungen **Myeloblasten (Myeloblasti),** die als gemeinsame Vorläuferzellen für sämtliche Granulozyten gelten. Myeloblasten (Durchmesser 15 µm) weisen einen runden, heterochromatinarmen Kern und ein breites Zytoplasma mit zahlreichen Organellen, insbesondere Ribosomen, Polyribosomen und ER, auf. Das Zytoplasma erscheint daher stark basophil. Durch Ausbildung membranbegrenzter, azurophiler Granula (Durchmesser 0,25–0,50 µm) entwickeln sich Myeloblasten zu **Promyelozyten (Promyelocyti),** die sich nochmals mitotisch teilen. Promyelozyten sind die größten Zellen innerhalb der Granulozytopoese (18–25 µm). Der Kern ist nierenförmig eingezogen und euchromatinreich. Das Zytoplasma schließt in großer Anzahl energieliefernde Mitochondrien und sekretionsaktive Golgi-Felder ein. Zahlreiche Organellen der Proteinbiosynthese (Ribosomen, Polyribosomen, ER) sind Ausdruck einer hohen Stoffwechselaktivität. Die azurophilen Granula differenzieren sich innerhalb einer Woche zu spezifischen Granula. Man kann ab diesem Stadium der Differenzierung zwischen neutrophilen, eosinophilen und basophilen Granula unterscheiden, die zur morphologischen und funktionellen Unterscheidung der verschiedenen Granulozyten herangezogen werden.

Entsprechend sind **neutrophile, eosinophile** und **basophile Myelozyten** zu differenzieren (Abb. 101).

Durch weitere Zellteilungen entwickeln sich aus diesen **Metamyelozyten (Metamyelocyti),** die sich meist noch ein letztes Mal teilen. Am Ende einer abschließenden einwöchigen Reifung entstehen **polymorphkernige neutrophile, eosinophile** und **basophile Granulozyten.** Während der letzten Phasen der Granulozytopoese setzt allmählich eine Kondensation des Kerns ein, dieser wird bilateral komprimiert. Später entwickelt sich, insbesondere

118 VII. Blut und Blutzellbildung (Sanguis et haemocytopoesis)

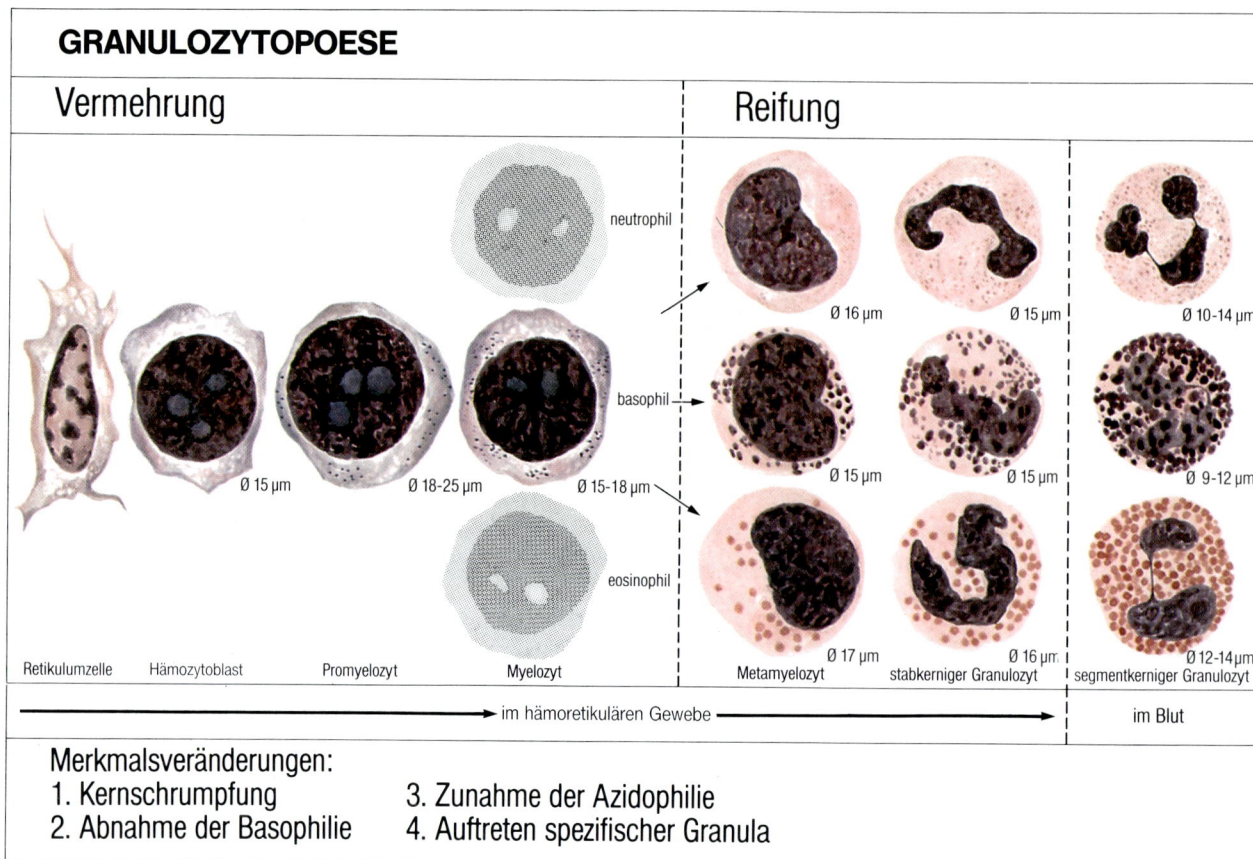

Abb. 101. Schematische Darstellung der Reifung der Granulozyten im Knochenmark (Granulozytopoese) und deren Endstadien im zirkulierenden Blut, den neutrophilen, eosinophilen und basophilen Granulozyten (Institutsarbeit).

bei reifen neutrophilen Granulozyten, eine stabförmige bis segmentierte Kernform. Ebenso nimmt während der gesamten Granulozytopoese die Zellgröße kontinuierlich ab (Abb. 101).

Die Abgabe reifer Granulozyten aus dem roten Knochenmark in das zirkulierende Blut wird von einem negativen Rückkoppelungsmechanismus gesteuert, der von der Anzahl differenzierter Granulozyten abhängt.

Struktur des neutrophilen Granulozyten (Granulocytus neutrophilicus)

Neutrophile Granulozyten sind polymorphkernige Leukozyten mit einem durchschnittlichen Durchmesser von 10–14 µm. Sie bilden bei Pferd, Hund und Katze mit 55–70% den größten Anteil des weißen Blutbildes, während bei anderen Tierarten Lymphozyten vorherrschen (Tab. 4). Der Kern besteht aus meist zwei über einen schmalen Chromatinsteg verbundenen Segmenten, die mit zunehmender Alterung der Zelle in weitere Segmente zerfallen (**»segmentkerniger neutrophiler Granulozyt«**). Jugendliche neutrophile Granulozyten besitzen einen vorwiegend noch nicht segmentierten, länglichen Kern (**»stabförmiger neutrophiler Granulozyt«**). Auch bei akuten infektiösen Erkrankungen treten vermehrt unreife »Stabkernige« aus dem Knochenmark in das Blut über. Man spricht von einer »Linksverschiebung« des granulozytären Differentialblutbildes.

Das Zytoplasma schließt in hoher Zahl lichtmikroskopisch **neutrale (azurophile) Granula** ein, die elektronenoptisch und biochemisch eine weitergehende Typisierung zulassen. Die Granula sind unter zytologischen Gesichtspunkten **primäre Lysosomen,** die u. a. saure Phosphatasen, 5-Nukleotidase, D-Aminosäureoxidase und Peroxidase einschließen. Nach Phagozytose wandeln sich diese Granula in phagolytische Vakuolen um. Zusätzliche Granula enthalten Lysozym, Phagozytin und alkalische Phosphatase.

Tab. 4. Physiologische Werte für die Gesamtzahl von Leukozyten und für die prozentuale Häufigkeit von Granulozyten und Agranulozyten im zirkulierenden Blut bei den verschiedenen Haussäugetieren.

	Leukozyten 1000/μl	Neutrophile Granulozyten (%)	Eosinophile Granulozyten (%)	Basophile Granulozyten (%)	Lymphozyten (%)	Monozyten (%)
Pferd	9 (7–11)	52–60	2– 4	<1	30–40	3– 4
Rind	8 (5–10)	25–35	5– 6	<1	55–65	5–10
Schaf	8 (6–12)	30–40	5– 7	<1	45–70	2– 5
Ziege	10 (8–12)	40–45	3– 5	<1	50–55	3– 5
Schwein	12 (8–16)	50–60	2– 3	<1	35–50	2– 6
Hund	12 (8–18)	55–75	3–10	<1	20–25	2– 6
Katze	10 (9–24)	55–65	3– 6	<1	30–35	2– 5

Insbesondere neutrophile Granulozyten besitzen eine hohe Migrationsfähigkeit. Durch chemische oder physikalische Reize (**Chemotaxis**) angezogen, verlassen sie die Blutbahn und setzen extravaskulär die Inhaltsstoffe ihrer Granula frei. Dies führt zu einer unspezifischen Kaskade zellulärer Abwehrreaktionen, an deren Ende weitere neutrophile Granulozyten, z. B. durch Bakterien und Zellfragmente, angelockt werden (**Leukotaxis**). Diese phagozytieren Zelltrümmer und körperfremde Stoffe, wobei sie zugrunde gehen. Lysosomale Enzyme gelangen im weiteren frei ins interstitielle Gewebe, zelluläre Bestandteile werden in die Auflösungsprozesse mit einbezogen (**»Eiterbildung«**). Aufgrund dieser Eigenschaften werden v. a. neutrophile Granulozyten im Gegensatz zu Gewebsmakrophagen als **Mikrophagen** bezeichnet.

Struktur des eosinophilen Granulozyten (Granulocytus eosinophilicus)

Der eosinophile Granulozyt ist durch das Auftreten intensiv **azidophiler (eosinophiler) Granula** gekennzeichnet, die sich bei den verschiedenen Haussäugetieren in ihrer Größe unterscheiden (0,5–1,5 μm). Die Granula sind beim Pferd besonders ausgeprägt und groß. Sie dienen als Träger zahlreicher zellspezifischer Enzyme. Diese Granula schließen als primäre, membranbegrenzte Lysosomen bevorzugt Katalasen, saure Phosphatasen, Proteasen, Dehydrogenase und Kathepsin ein. Elektronenmikroskopisch kann bei Hund und Katze im Inneren eines jeden Granulums ein längliches, lamellenartiges Eiweißkristalloid nachgewiesen werden, das der Stabilität dient. Bei Pferd, Rind und Schwein fehlen in den Granula diese besonderen Strukturen. Eosinophile Granulozyten treten – gegenüber den neutrophilen Granulozyten – in nur geringer Anzahl auf (2–10% der zirkulierenden Leukozyten). Im weißen Blutbild von Hund, Katze, Schaf, Ziege, Schwein und Pferd werden 3–5% eosinophile Granulozyten, beim Rind 3–10% und beim Huhn 2% als physiologisch angesehen.

Eosinophile Granulozyten sind durchschnittlich 12–14 μm groß, ihr Kern ist gelappt. Diese Granulozyten sind zur amöboiden Eigenbewegung und zur Phagozytose befähigt, wenn in ihrer Nähe antibakterielle Antikörper auftreten. Ihre Hauptfunktion wird in der **phagozytotischen Beseitigung der Antigen-Antikörper-Komplexe** gesehen. So wird bei **allergischen Entzündungsreaktionen (Allergien, Parasitosen)** nach Anstieg der Immunglobuline vom Typ IgE eine Vermehrung der eosinophilen Granulozyten beobachtet (**Eosinophilie**). Bei diesen Gewebsreaktionen werden durch Freisetzung von **Mediatorstoffen** (Leukotriene, Histamine aus Gewebsmastzellen) eosinophile Granulozyten aktiviert. Durch Abgabe von Prostaglandinen aus eosinophilen Granulozyten tritt eine Blockade der oben genannten Wirkstoffe ein, eine lokale Entzündungshemmung ist die Folge. Das adrenokortikotrope Hormon (ACTH) sowie Kortikosteroide vermindern die Anzahl zirkulierender eosinophiler Granulozyten (**Eosinopenie**).

Struktur des basophilen Granulozyten (Granulocytus basophilicus)

Der basophile Granulozyt tritt bei den Haussäugetieren äußerst selten auf (0,5% der zirkulierenden Leukozyten). Mit einer Größe von nur 9–12 μm ist der basophile der kleinste Granulozyt. Der Kern ist von bohnenförmiger, oftmals auch segmentierter Gestalt. Das Zytoplasma schließt große, **baso-**

phile Granula (Durchmesser 1,5 µm) ein, die häufig den Kern überlagern. Diese Granula färben sich mit basischen und metachromatischen Farbstoffen. Sie sind wasserlöslich und enthalten **Histamin, Heparin** und **Leukotriene**. Ihre wesentliche Funktion wird in der Synthese von Heparin zur Verhinderung der Blutgerinnung gesehen. Gemeinsam mit den Mastzellen ist den basophilen Granulozyten der Gehalt an Histamin und Heparin. Sie unterscheiden sich jedoch in ihrer myeloischen Entwicklung und dem Auftreten peroxidasepositiver Granula.

Agranulozyten (Agranulocyti)

Agranulozyten schließen im Gegensatz zu Granulozyten im Zytoplasma keine spezifischen Granula ein. Man unterscheidet **Lymphozyten** und **Monozyten**.

Lymphozyt (Lymphocytus)

Lymphozyten sind die häufigsten Agranulozyten. Nur etwa 2% dieser Zellen zirkulieren im Blut, der größte Teil dieser basophilen Rundzellen ist in lymphatischen Organen konzentriert. (Näheres s. S. 47 und Kap. VIII: »Immunsystem und lymphatische Organe«, S. 126.)

Bei den verschiedenen Haussäugetieren bilden die Lymphozyten unterschiedliche Anteile am weißen Blutbild. So sind bei Rind, Schaf und Ziege zwischen 50 und 70% der Leukozyten Lymphozyten, beim Pferd und bei der Katze zwischen 30 und 40%, beim Hund hingegen nur 20–25% (Tab. 4).

Neubildung von Lymphozyten (Lymphozytopoese)

Die Entwicklung der Lymphozyten nimmt, wie alle Blutzellen, ihren Ursprung aus hämopoetischen Stammzellen des Knochenmarks, den **Hämozytoblasten** (Abb. 102). Aus diesen pluripotenten Zellen differenzieren sich **Vorläuferzellen (Progenitorzellen)** des lymphatischen Systems, die bereits eine Determination zum späteren T- bzw. B-Lymphozyten auf ihrer Zelloberfläche tragen (T- und B-Immunoblasten des Knochenmarks). Durch mitotische Teilungen entsteht ein großes Lymphozytenreservoir, aus dem sich mittelgroße und kleine Lymphozyten entwickeln. Schon frühzeitig werden auf der Oberfläche dieser Zellen Antigenrezeptoren ausgebildet, ohne daß deren volle funktionelle Wirksamkeit eintritt.

Den entscheidenden Schritt zur reifen, immunkompetenten Zelle erhalten zirkulierende Lymphozyten im **Thymus (T-Lymphozyt, T-Zelle)** bzw. in **Milz, Lymphknoten, Peyer-Platten** und **Mandeln (B-Lymphozyt, B-Zelle)**. In diesen lymphatischen Organen findet die letzte Phase der Differenzierung und Reifung dieser Zellen statt. Nach Kontakt mit einem Antigen im zirkulierenden Blut oder in Lymphorganen sind Lymphozyten an der zellulären bzw. humoralen Immunantwort des Körpers beteiligt. (Näheres s. Kap. VII: »Immunsystem und lymphatische Organe«, S. 126.)

Lymphozyten können sich auch in peripher lymphatischen Organen zu Immunoblasten wandeln und stehen dann dem Immunsystem als langlebige **Gedächtniszellen** zur Verfügung.

Obgleich die Neubildung dieser Immunzellen stets im roten Knochenmark ihren Ursprung nimmt, wird doch der weitaus größte Teil dieser Zellen in lymphatischen Geweben und lymphatischen Organen gebildet. Dies gilt insbesondere für T-Zellen nach der physiologischen Rückbildung des Thymus **(Thymusinvolution)** nach Eintritt der Geschlechtsreife.

Struktur der Lymphozyten (Lymphocyti)

Lymphozyten sind morphologisch und funktionell eine heterogene Zellpopulation, deren Unterschiede im Blutausstrich nicht erkennbar sind. Mit Hilfe immunologischer Nachweisverfahren, durch physikalische Trennmethoden und durch die Identifikation spezifischer Oberflächenrezeptoren können Lymphozyten in immunologisch nicht kompetente und immunologisch kompetente T- und B-Lymphozyten und deren funktionelle Untergruppen differenziert werden. Lymphozyten allein ihrer Größe nach zu klassifizieren, ist ein stark vereinfachtes Vorgehen, das keinerlei Rückschlüsse auf die Funktion der verschiedenen Zellen zuläßt.

Nach lichtmikroskopischen Kriterien können Lymphozyten unterteilt werden in:

– **kleine Lymphozyten** (5–10 µm), die den größten Anteil zirkulierender Lymphozyten des Blutes stellen,
– **mittelgroße Lymphozyten** (10–18 µm) und
– **große Lymphozyten** (bis 25 µm), die häufig mit Immunoblasten oder Lymphoblasten gleichgesetzt werden.

Morphologisch kennzeichnet Lymphozyten ein runder, heterochromatinreicher Kern, mit gelegentlich einem Nukleolus, und ein schmales Zytoplasma mit einer zumeist geringen Anzahl an Orga-

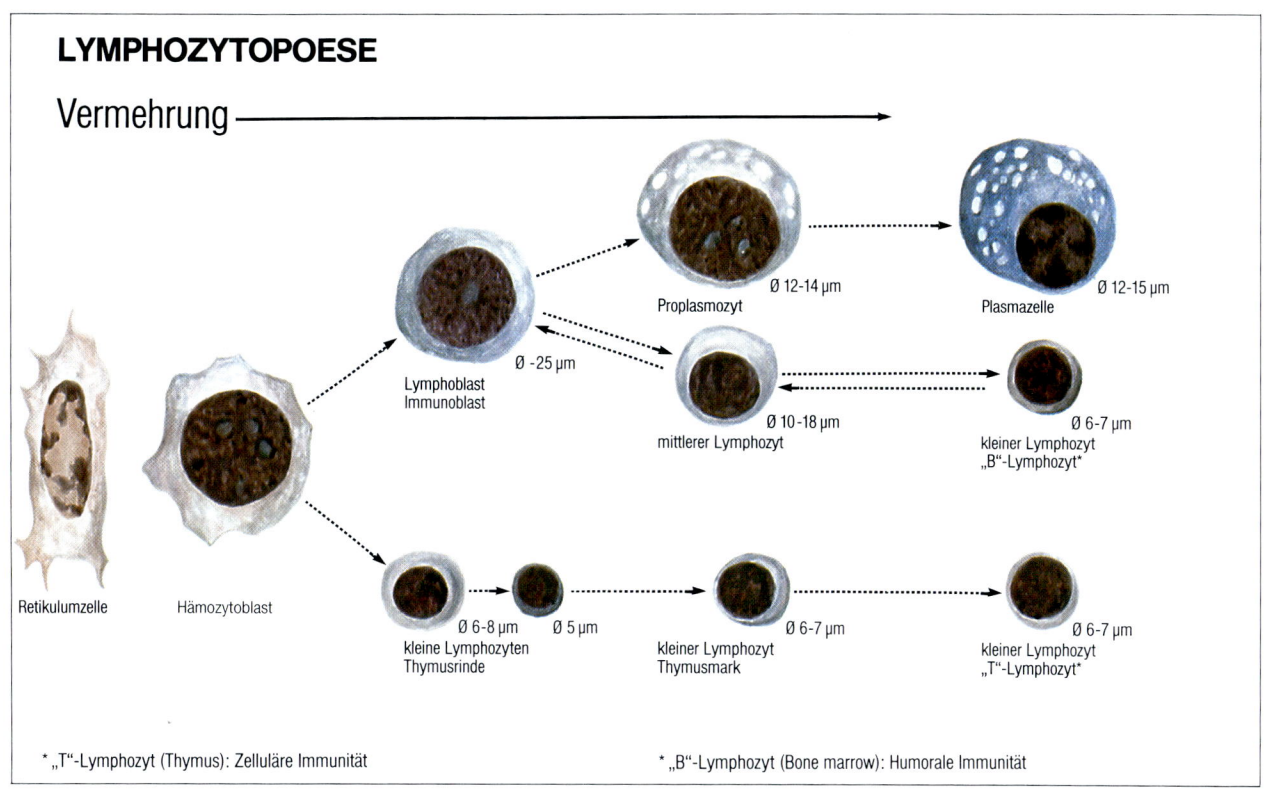

Abb. 102. Schematische Darstellung der Reifung der Lymphozyten (Lymphozytopoese) im Knochenmark und in peripheren lymphatischen Organen. T-Zellen erfahren ihre Differenzierung im Thymus, B-Zellen im Bursa-Äquivalent der Vögel, z. B. in den Peyer-Platten des Darms (Institutsarbeit).

nellen. Die hohe Dichte an Ribosomen, Polyribosomen und das rauhe ER verleihen dem Zytoplasma färberisch eine schwache Basophilie (»basophile Rundzelle«).

Funktionell zeigen Lymphozyten ein breites Spektrum vielfältiger Eigenschaften. So können sich diese Zellen frei amöboid bewegen. Sie treten aus der Blut- und Lymphbahn in das interstitielle Bindegewebe über und können bis in den Interzellularraum der Oberflächenepithelien wandern (»intraepitheliale Lymphozyten«). Ihre phagozytotische Aktivität ist hingegen schwach.

Aufgrund unterschiedlicher Entwicklung und verschiedenartiger funktioneller Aufgaben im Rahmen immunzellulärer Abwehrreaktionen werden **T- und B-Lymphozyten** unterschieden.

T-Lymphozyten (thymusabhängige Lymphozyten) sind verantwortlich für die **zellgebundene Immunantwort (zelluläre Immunität)**. Nach Antigenkontakt an der Zelloberfläche wandeln sich T-Zellen zu Funktionsstadien: man unterteilt bis heute **zytotoxische T-Zellen, T-Helferzellen, T-Unterdrückerzellen** und **T-Gedächtniszellen**.

Sog. **Killerzellen** heften sich an die Oberfläche von z. B. Bakterien oder Fremdzellen und induzieren deren Lysis durch irreparable Veränderungen der Oberflächenmembran. Die Lebensdauer dieser Killerzellen beträgt nur wenige Tage. Als Helferzellen steuern diese Lymphozyten die Transformation von B-Zellen zu Plasmazellen. Gedächtniszellen erreichen eine langjährige Lebensdauer. (Näheres s. Kap. VII: »Immunsystem und lymphatische Organe«, S. 126.)

Zusätzlich synthetisieren **T-Zellen Lymphokine (Mediatoren),** die als nichtantigenspezifische Proteine die biologische Aktivität von Makrophagen und Granulozyten, aber auch von anderen T- und B-Zellen beeinflussen. So hemmen Lymphokine z. B. die Migration von Makrophagen oder aktivieren die Aggregation dieser Zellen, sie wirken chemotaktisch. Andere T-Zell-Mediatoren stimulieren T-Zellen zur Mitose. T-Zellen bilden, neben Makrophagen und anderen Zellen, auch Interferon, das lokal die Vermehrung von Viren verhindert.

B-Lymphozyten sind verantwortlich für die **humorale Immunreaktion**. Diese wird bevorzugt

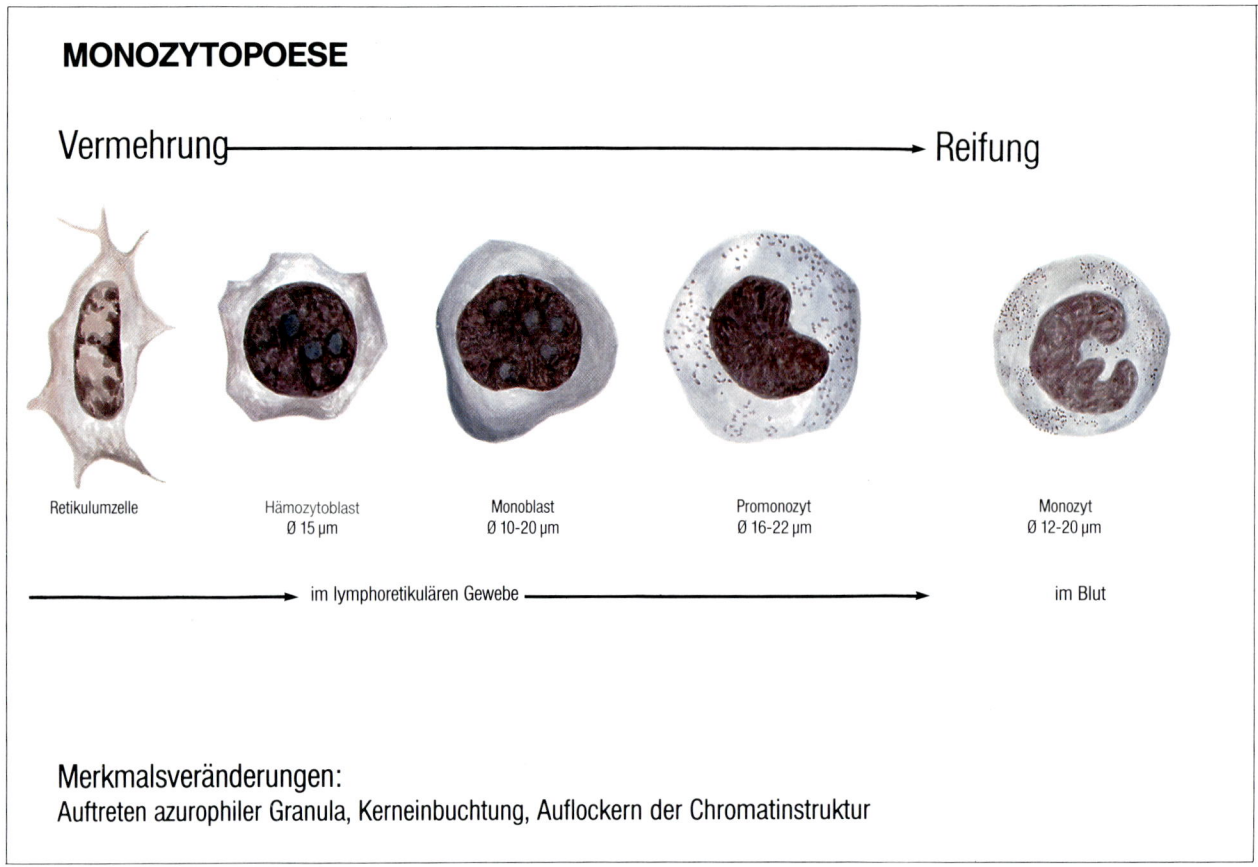

Abb. 103. Schematische Darstellung der Reifung der Monozyten im Knochenmark (Monozytopoese) und deren Endstadium im zirkulierenden Blut (Institutsarbeit).

durch Fremdproteine, Viren oder Toxine ausgelöst und führt zur Bildung von **spezifischen Abwehrstoffen (Immunglobuline, Antikörper).**

B-Zellen erhalten ihre spezifische Determination zu immunkompetenten Zellen bei Vögeln in der **B**ursa Fabricii (daher die Bezeichnung B-Zelle), bei den Haussäugetieren wird das Knochenmark oder der Darm (Peyer-Platten) als Äquivalent angenommen. Auf ihrer Oberfläche tragen B-Zellen in großer Zahl **spezifische Rezeptoren (Immunglobuline)** für Antigene. Nach Kontamination bilden diese einen festen Antigen-Antikörper-Komplex, der durch Mikropinozytose in das Zellinnere der B-Zelle geschleust wird. Unter dem Einfluß aktivierter T-Zellen (Helferzellen) setzt die Transformation von **B-Zellen** in **Immunoblasten (Lymphoblasten)** ein, die sich nach mehrfacher Teilung innerhalb 72 Stunden über **Problasmozyten** zu **Plasmazellen** differenzieren. Diese Plasmazellen synthetisieren spezifische γ-Immunglobuline (IgG-Antikörper); sie werden zu langlebigen B-Gedächtniszellen, die bei erneutem Antigenkontakt um so schneller reagieren. Nichtaktivierte B-Zellen weisen eine Lebensdauer von nur 2 Wochen auf. (Näheres s. Kap. VII: »Immunsystem und lymphatische Organe«, S. 126.)

Monozyt (Monocytus)

Monozyten übernehmen im Blut eine Vielzahl von Aufgaben, insbesondere stehen sie im Dienst der unspezifischen Körperabwehr.

Neubildung von Monozyten (Monozytopoese)

Die Bildung und Differenzierung der Monozyten nimmt ihren Ursprung aus Hämozytoblasten und Vorläuferzellen des roten Knochenmarks, die sich in **Monoblasten** teilen (Abb. 103). Aus diesen entwickeln sich **Promonozyten** (Durchmesser 16–22 μm) mit azurophilen Granula, aus denen sich durch oftmalige mitotische Teilungen innerhalb weniger Tage **reife Monozyten** bilden

(Abb. 103). Es erscheint heute auch nicht ausgeschlossen, daß frühe Entwicklungsstadien der Monozytopoese gemeinsame Differenzierungsstufen mit Zellen der Granulozytopoese (neutrophile Granulozyten) durchlaufen und Promonozyten sich aus Promyelozyten ableiten. Aus dieser möglichen gemeinsamen Abstammung könnten sich die ähnlichen Funktionen beider Zellinien im Rahmen der Phagozytose ableiten.

Struktur der Monozyten (Monocyti)

Monozyten gehören zu den Agranulozyten. Als reife Zellen sind sie die größten der im Blut zirkulierenden Leukozyten (12–20 μm). Diese mononukleären weißen Blutzellen (2–10% der zirkulierenden Leukozyten) kennzeichnet ein vorherrschend runder bis nierenförmig eingezogener Kern und ein breites, schwach basophiles Zytoplasma mit zahlreichen Mitochondrien und Golgi-Feldern. Neben einer nur geringen Anzahl an Ribosomen und einem schwach entwickelten ER ist das Auftreten dichter, **azurophiler Granula** charakteristisch. Diese Granula sind primäre Lysosomen und damit Träger einer Vielzahl proteinspaltender Enzyme. Ihre Zelloberfläche weist unterschiedlich geformte Oberflächenorganellen auf, die als **Pseudopodien,** fingerförmige Ausstülpungen oder einzelne Mikrovilli morphologisch Ausdruck für die **pinozytotische Aktivität** dieser Leukozyten sind. Monozyten zirkulieren als Blutmakrophagen kurzzeitig (2 Tage) im Blut, verlassen aktiv die Blutbahn und bewegen sich amöboid im interstitiellen Bindegewebe. Es wird eine Lebensdauer von 60–90 Tagen angenommen.

Monozyten weisen ein breites Spektrum funktioneller Aktivitäten auf, sie sind wesentlicher zellulärer Bestandteil des **mononukleären Phagozyten-Systems (MPS).** Dieses System wird zuweilen heute noch als »retikuloendotheliales System« (RES) bzw. als »retikulohistiozytäres System« (RHS) bezeichnet. Monozyten wandeln sich hierbei in **Gewebsmakrophagen** um und erfüllen als solche eine Vielzahl organspezifischer Funktionen (z. B. in lymphatischen Organen als Sinusendothelzellen, in der Leber als v.-Kupffer-Sternzellen, in der Lunge als Alveolarmakrophagen, in Körperhöhlen als Peritonealmakrophagen, im lockeren Bindegewebe als Histiozyten oder als Osteoklasten).

Durch ihre Fähigkeit, antigenes Material phagozytieren zu können, sind Monozyten an **unspezifischen Immunreaktionen** beteiligt. Sie sezernieren **Komplement** und synthetisieren **Interferon.** Auch wirken Monozyten mit am Abbau alternder Erythrozyten in der Milz und am Eisen- und Fettstoffwechsel.

Blutplättchen (Thrombozyten, Thrombocyti)

Das Blut könnte seiner Transport- und Vehikelfunktion nicht nachkommen, würden nicht diffizile Steuermechanismen ein biologisches Gleichgewicht zwischen Blutgerinnung und Fibrinolysis aufrechterhalten. Diese Vorgänge tragen entscheidend dazu bei, Störungen in der Hämodynamik zu verhindern. Jede Läsion der Gefäßwand führt zur reflektorischen Vasokonstriktion, zur Auslösung eines Gerinnungsvorgangs, zur Aktivierung der Kaskade der Blutgerinnung. Neben Plasmafaktoren (Fibrinogen-Faktor I, Prothrombin-Faktor II, Gewebsthromboplastin-Faktor III und Kalziumfaktor IV) sind hierbei entscheidend zelluläre Elemente des Blutes beteiligt: die **Blutplättchen (Thrombozyten).**

Neubildung von Blutplättchen (Thrombozytopoese)

Unter Thrombozytopoese versteht man die Bildung der Blutplättchen im roten Knochenmark (Abb. 104). Aus einer Stammzelle entwickeln sich **Megakaryoblasten** (Durchmesser 20–30 μm) mit einem runden, oftmals gekerbten Kern, der zahlreiche Nukleolen enthält. Schon in diesem frühen Stadium setzt eine mehrfache Vermehrung des Chromosomensatzes ohne nachfolgende Kernteilung (4n) ein (Endomitose). Nach einer weiteren Kernteilung entstehen **Promegakaryozyten** mit einem stark gelappten, polyploiden Kern (8n). Durch nochmaliges Teilen der Chromosomen entwickeln sich **Megakaryozyten,** die als Reservezellen einen Durchmesser von 50–70 μm aufweisen. In diesen Megakaryozyten sind die Kerne bereits unregelmäßig stark gekerbt, das Zytoplasma schließt vermehrt Ribosomen und azurophile Granula ein. Aus diesen Zellen differenzieren sich **reife Megakaryozyten** mit einem extrem verbreiterten Zytoplasma. Mit einem Durchmesser bis zu 100 μm zählen reife Megakaryozyten mit zu den größten Einzelzellen im Körper. Die Reifung der azurophilen Granula und die Differenzierung zytoplasmatischer Membranen zu Mikrotubuli ist abgeschlossen.

Blutplättchen entstehen im folgenden dadurch, daß Megakaryozyten an der Oberfläche pseudopodienartige Fortsätze und tiefe Einziehungen ausbilden, die im Zytoplasma Anschluß finden an ein dichtes Netz von Membranen des glatten ER und vesikulärer Einschlüsse. Es entsteht ein dreidimen-

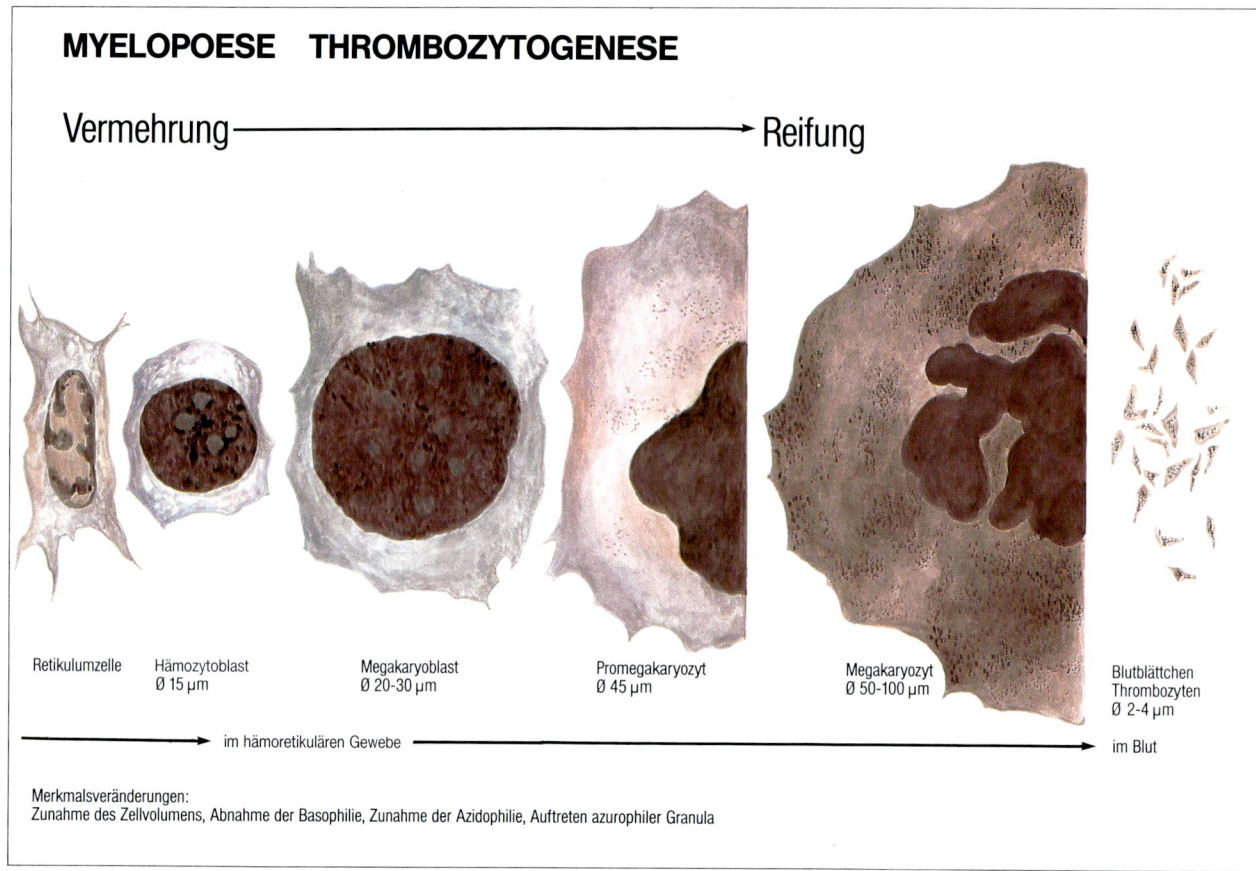

Abb. 104. Schematische Darstellung der Reifung eines Megakaryozyten im Knochenmark (Thrombozytopoese) und deren Endstadium, den Blutplättchen (Thrombozyten), im zirkulierenden Blut (Institutsarbeit).

sionales, intrazelluläres Raumsystem, das Zytoplasmaanteile mit azurophilen Granula, Vesikel, Mikrotubuli und Mikrofilamente einschließt. Der entscheidende Schritt für die Bildung der Blutplättchen ist die Abschnürung und damit die **Fragmentierung dieser Zytoplasmaanteile. Die membranbegrenzten Zerfallsprodukte** des Zytoplasmas sind die **Blutplättchen.** Die Neubildung der Blutplättchen wird mit 12 Tagen angenommen.

Struktur der Blutplättchen (Thrombocyti)

Ausdifferenzierte Thrombozyten sind bei allen Haussäugetieren **kernlose Zytoplasmafragmente**, die im Knochenmark durch Zerfall von **Megakaryozyten (Knochenmarkriesenzellen)** entstehen (Abb. 104). Die Bezeichnung **Blutplättchen** erscheint damit zutreffender. Blutplättchen (Durchmesser 2–4 μm) bestehen aus zwei Zonen: eine dichte Zentralzone **(Granulomer)** wird ringartig von einer durchsichtigen Randzone **(Hyalomer)** umgeben.

Das **Granulomer** enthält zahlreiche 0,2–0,3 μm große **azurophile α-Granula,** die als membranbegrenzte Lysosomen Thromboplastin, Fibrinogen und den Plättchenfaktor IV enthalten. Andere Granula schließen ADP, Ca^{2+} oder Serotonin (5-Hydroxytryptamin) ein. Zusätzlich treten im Granulomer Mitochondrien, Glykogen und Ribosomen auf.

Das **Hyalomer** schließt ein System aus Vesikeln und Mikrotubuli ein, die durch Einstülpungen des Plasmalemms entstanden sind. Zusätzlich tragen Aktin- und Myosinfilamentbündel dazu bei, die Oberfläche zu kontrahieren. Auf der Oberflächenmembran sind innerhalb der Glykokalix Fibrinogen und Thromboplastin lokalisiert, die entscheidend zur Verklumpung **(Agglutination)** der Blutplättchen untereinander **(Thrombusbildung)** und deren Anheftung an das Endothel der Gefäßwand **(Abdichtung)** beitragen.

Blutgerinnung

Bei einer Verletzung der Gefäßwand werden spontan aus den Granula vasokonstriktorische Substanzen (Serotonin, Katecholamine) freigesetzt, das Gefäßlumen verengt sich, der Blutstrom wird verlangsamt. Thrombozyten, die unter physiologischen Bedingungen aufgrund elektrostatischer Abstoßung nicht am Endothel anhaften, binden sich nach Verlust des Endothels an freiliegende Kollagenfasern. Sie bilden Pseudopodien aus und formen durch Aggregation mit anderen Thrombozyten einen Gefäßpfropf (Thrombus). Dieser wird durch plasmatische Faktoren stabilisiert.

Dabei wird der in den α-Granula lokalisierte Gerinnungsfaktor III (FIII), ein Phospholipid, freigesetzt. Dieser aktiviert Thromboplastin, das seinerseits unter Einfluß von Kalzium enzymatisch auf die Umwandlung von Prothrombin in Thrombin wirkt. Thrombin wandelt Fibrinogen in das fädige Fibrin, das kurzfristig ein lösliches Netzwerk entwickelt, im weiteren aber zu einem festen Fibrinpolymer verknüpft wird. In diesem Fasernetz haften andere Thrombozyten und zirkulierende Blutzellen, die zusammen einen nun **stabilen Thrombus** aufbauen.

VIII. Immunsystem und lymphatische Organe (Organa lymphopoetica)

Das Immunsystem ist der hochspezifische Abwehrapparat des Körpers, dessen Hauptaufgabe es ist, die Integrität und die Individualität des Organismus zu gewährleisten. Diese Funktionen übernehmen die Zellen des lymphatischen Systems, die auf humoraler oder zellulärer Ebene eine immunologische Reaktionskette (Immunantwort) induzieren.

Die entscheidende Rolle bei der Immunantwort spielen Lymphozyten, die während ihrer Differenzierung die Fähigkeit erwerben, zwischen körpereigen (»selbst«) und körperfremd (»nicht selbst«) zu unterscheiden. Die Zellen des Immunsystems »erkennen« mit Hilfe von Rezeptoren auf der Oberflächenmembran körperfremde Substanzen (Antigene) und lösen die Immunantwort aus. Dieses körpereigene Abwehrsystem basiert auf einer vielschichtigen Wechselwirkung zwischen ineinandergreifenden Zellpopulationen und dem Komplement-Opsonin-Properdin-Komplex.

Prinzip einer immunzellulären Reaktionskette

Die zellulären Funktionsträger des Immunsystems lassen sich im wesentlichen auf 3 Zellinien zurückführen (Abb. 105), deren gemeinsame pluripotente Stammzellen im Knochenmark liegen, nämlich die
- Makrophagen,
- T-Lymphozyten,
- B-Lymphozyten.

Makrophagen kommen in den verschiedensten Formen im gesamten Körper vor, sie übernehmen die Aufgabe, **Antigene** zu **inkorporieren**. Makrophagen werden heute als aktivierte Monozyten gesehen, die sich durch mehrfache antigene Stimulation zu Trägern zytolytischer Proteasen und Lysosomen differenzieren. Neben der **phagozytotischen Funktion** erfüllen Makrophagen auch die Aufgabe der **Antigenpräsentation** gegenüber den **T-Lymphozyten**. Danach nehmen z. B. die Makrophagen in Lymphknoten und Milz, die interdigitierenden und histiozytären Retikulumzellen des Bindegewebes, die Alveolarmakrophagen der Lunge und die Langerhans-Zellen der Haut als Abkömmlinge des **mononukleären Phagozyten-Systems (MPS)** durch Phagozytose **antigenes Material** auf. Dieses wird intrazellulär umgebaut und als fragmentiertes Antigen zusammen mit einem eigenen Antigenprotein **(Histokompatibilitätskomplex)** wieder an die Oberflächenmembran transportiert **(Antigenpräsentation)** (Abb. 105).

Im weiteren Verlauf einer Immunantwort binden sich **T-Zellen** an diesen Oberflächenkomplex der Makrophagen. Dadurch werden T-Lymphozyten angeregt, sich in identische T-Zellen zu teilen **(Klonbildung)**. Die Anlagerung von T-Zellen stimuliert rückläufig erneut Makrophagen, **Interleukin 1 (IL 1)** freizusetzen. Dies induziert die weitere T-Zelldifferenzierung.

Durch diese Kaskade werden **T-Helferzellen (T_h-Zellen, T4-Zellen)** angeregt, sich klonal zu teilen. Die Funktion der T_h-Zellen ist vielfältig. Sie stimulieren reife B-Zellen, sich zu antigenspezifischen Plasmazellen zu transformieren und regen verschiedene Arten von Killerzellen zu zytotoxischen Funktionen an. Auch beeinflussen T-Helferzellen andere T-Zellen, immunologische Reaktionen abzuschwächen oder abzubrechen (T-Unterdrückerzellen = T-Suppressorzellen = T_S-Zellen = T8-Zellen). T-Helferzellen differenzieren sich auch zu Gedächtniszellen, die bei erneutem Antigenkontakt eine schnellere Immunantwort auslösen.

Die **reife T_h-Zelle** legt sich an den Antigen-Protein-Komplex auf der Oberfläche einer **reifen B-Zelle** an. Daraufhin bildet auch die B-Zelle **Interleukin 1 (IL 1)**, das die Teilung und die **Differenzierung der B-Zelle** zur **antikörperbildenden Plasmazelle** ermöglicht. Reife Plasmazellen setzen im weiteren Verlauf der Immunreaktion **Antikörper** frei. Diese Antikörper heften sich an die Außenmembran einer antigentragenden Zelle, um diese als »zu zerstörende Zielzelle« zu kennzeichnen. Man spricht in diesem Fall von einer **humoralen Immunantwort** (Abb. 105).

Im Rahmen einer Immunantwort werden sodann Killerzellen und Komplementfaktoren angelockt, die ihrerseits Mastzellen anregen, lokal wirkende Histamine und Bradykinine freizusetzen. Diese Stoffe bewirken eine gesteigerte Gefäßwandpermeabilität, in deren Folge zusätzlich Lymphozyten, Granulozyten und Makrophagen aus der Blutbahn austreten und in das immunologische Geschehen aktiv eingreifen (»Killerfunktion«). Allein die mit Immunkomplexen beladenen Zielzellen (Abb. 105) werden von Makrophagen und dem Komplementsystem angegriffen und zerstört.

Parallel dazu stimulieren die T_h-Zellen auch **zytotoxische T-Zellen (T_c-Zellen), Killerzellen** und **natürliche Killerzellen (NK-Zellen)**, antigentragende Zellen anzugreifen. Diese Zielzellen wer-

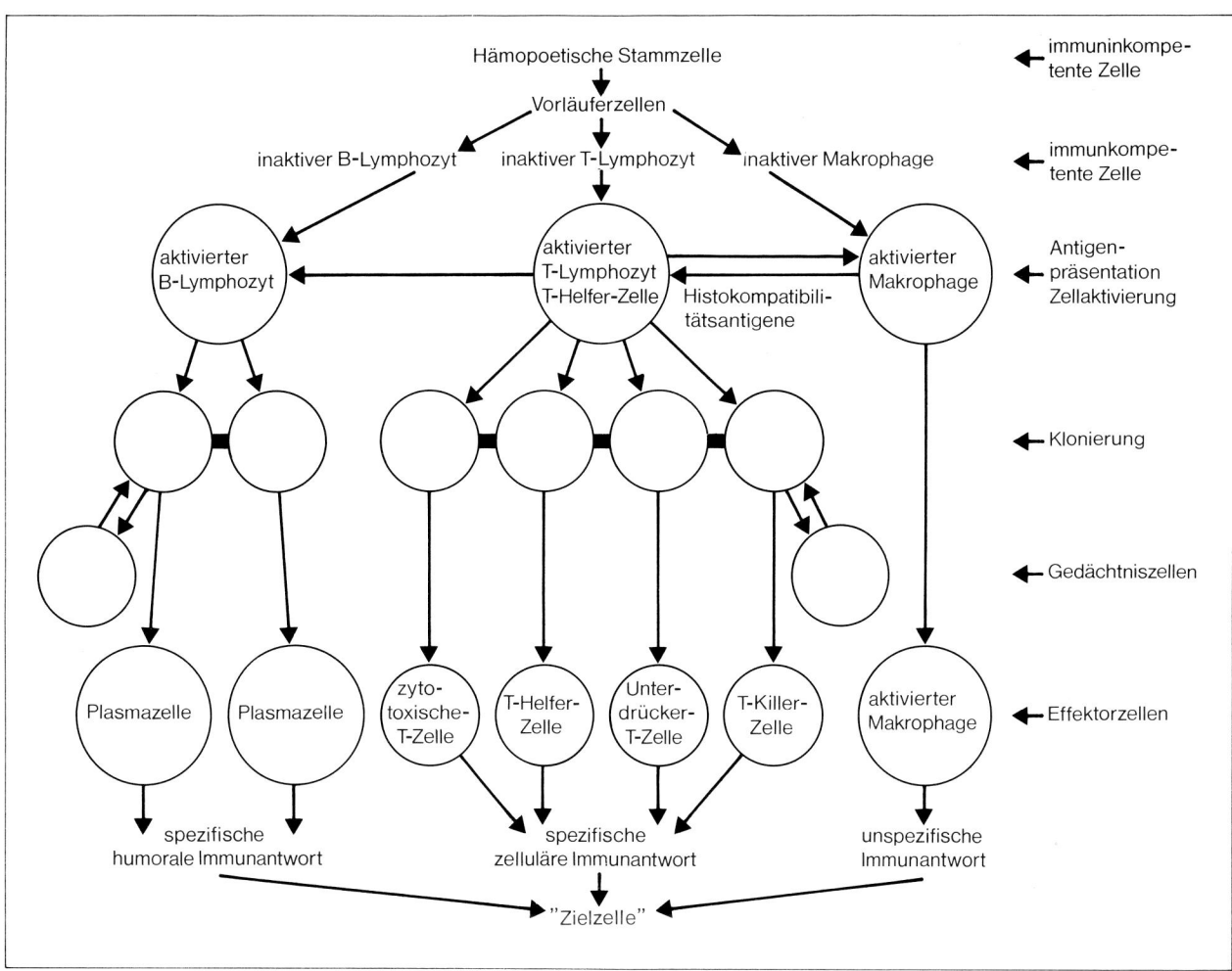

Abb. 105. Schematische Zusammenfassung der immunzellulären Differenzierung und mögliche Synopse einer immunologischen Kaskade nach Antigenstimulation.

den durch oxidierende Metaboliten oder durch Eindringen von zytotoxischen Substanzen (z. B. Lymphotoxin) oder durch Perforieren der Oberflächenmembran und Abgabe von Pertoxin oder Zytolysin zerstört. Diese Art der Immunreaktion wird als **zelluläre Immunantwort** bezeichnet. Auch T_c-Zellen bilden Gedächtniszellen aus (Abb. 105).

Gleichzeitig werden über T-Helferzellen auch **T-Unterdrücker(Suppressor)-Zellen** (T_s-Zellen) aktiviert, die das Immungeschehen **eingrenzen.** Am Ende einer zellulären oder humoralen Immunantwort phagozytieren Makrophagen die Fragmente der immunologischen Reaktionskette.

Für die Beseitigung eines Antigens kommt damit der aktivierten **T-Helferzelle** eine **zentrale Bedeutung** zu. Unter Mitwirkung der T-Zellen erfolgt die Eliminierung eines Antigens auf unterschiedlichen Wegen, u. a. nämlich durch:

- Makrophagen,
- zytotoxische T-Zellen,
- spezifische Antikörper von Plasmazellen unter Mitwirkung des Komplementsystems,
- aktivierte Killerzellen,
- Lymphokine, die Leukozyten, insbesondere eosinophile Granulozyten mit Killerzellfunktion, aktivieren.

Thymus

Der Thymus ist ein primär (übergeordnetes) lymphatisches Organ, das sich embryologisch aus zwei Keimblättern entwickelt. Aus dem **Entoderm** der 3. und 4. Schlundtasche wandern **Epithelzellen** in das unterlagerte **Mesoderm** aus und bilden in

128 VIII. Immunsystem und lymphatische Organe (Organa lymphopoetica)

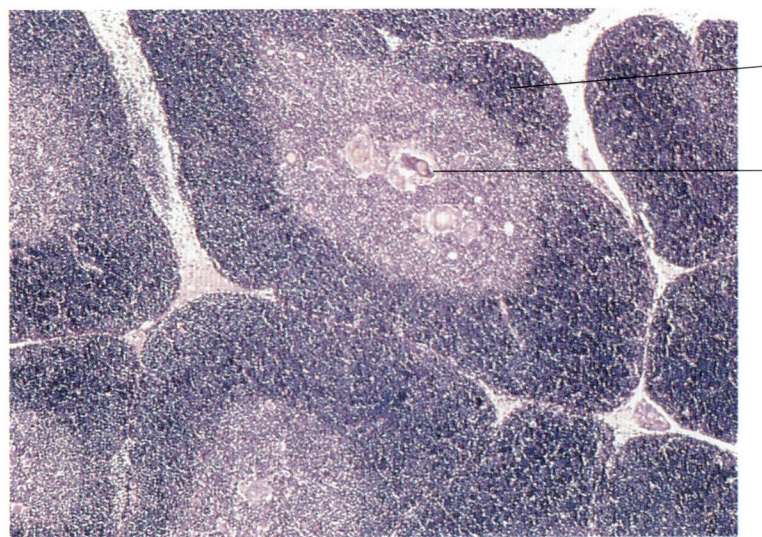

Thymusrindenzone

Thymusmarkzone mit Gefäßen und Hassall-Körperchen

Abb. 106. Thymusläppchen der Katze. Dieses lymphatische Organ kennzeichnet eine ausgeprägte Läppchengliederung und dessen Unterteilung in eine lymphozytenreiche Rinden- und eine zellärmere Markzone. Färbung Hämatoxylin-Eosin, Vergr. 80fach.

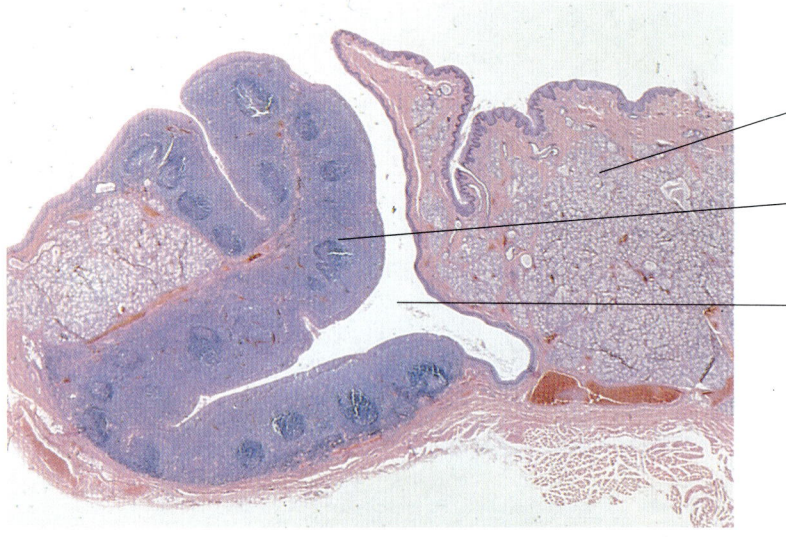

muköse Drüsen

Lymphfollikel

Fossula tonsillaris

Abb. 107. Grubenmandel (Balgmandel) des Hundes. Mandeln sind subepitheliale Ansammlungen von Einzellymphknötchen mit einer bindegewebigen Kapsel in Nachbarschaft von Drüsen. Färbung Hämatoxylin-Eosin, Vergr. 8fach.

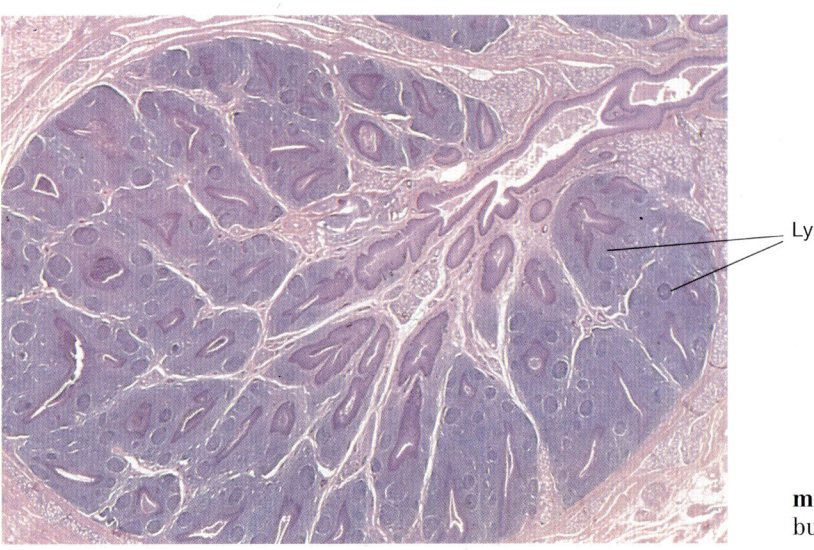

Lymphfollikel

Abb. 108. Zusammengesetzte Grubenmandel (Gaumenmandel) des Rindes. Färbung Hämatoxylin-Eosin, Vergr. 5fach.

diesem ein dreidimensionales Netz von Retikulumzellen. Bereits fetal erfolgt sekundär die Besiedelung dieser Thymusanlage mit **(mesodermalen) Lymphozyten** aus hämopoetischen Organen (Leber, Milz, später Knochenmark), die sich vorrangig in den peripheren Abschnitten des Thymus häufen. Damit wird der Thymus zu einem **lymphoepithelialen Organ,** dessen Grundgerüst aus **epithelialen** und **mesodermalen Retikulumzellen** aufgebaut ist.

Die zentrale Funktion des Thymus liegt in seiner Bedeutung für die Differenzierung der aus dem Knochenmark eingewanderten unreifen Lymphozyten in reife **T-Lymphozyten (Thymozyten, T-Zellen).** In diesem primären lymphatischen Organ erhalten Lymphozyten die Prägung, »selbst« und »nicht selbst« zu unterscheiden. Sie werden immunologisch kompetent und befähigt, nach Kontakt mit einem Antigen eine immunologische Reaktionskette einzuleiten.

Der Thymus ist ein buschartig verzweigtes, in **Läppchen** gegliedertes Organ, dessen zentrale Abschnitte miteinander in Verbindung stehen (Abb. 106). An den Läppchen ist eine äußere dichte, zellreiche **Rindenzone (Cortex)** und eine innere hellere, zellärmere **Markzone (Medulla)** zu unterscheiden. Das Grundgerüst besteht aus epithelialen und mesodermalen Retikulumzellen, in deren Maschenwerk T-Zellen reifen. Zusätzlich treten Blut- und efferente Lymphgefäße sowie Nervenfaserbündel auf. Die Organoberfläche wird von einer bindegewebigen Kapsel überzogen, die sowohl zwischen den Läppchen als auch innerhalb dieser ein lockeres Netz von Septen bildet.

Thymusrinde

Die Thymusrinde (Abb. 106) wird durch **epitheliale Retikulumzellen** in zahlreiche, weitgehend in sich geschlossene Mikrokompartimente unterteilt, in deren Inneren Lymphozyten sich durch Mitose vermehren und zu immunkompetenten T-Zellen reifen. **Thymopoetin I und II** und **Thymosin** beeinflussen als Sekrete dieser Retikulumzellen möglicherweise die Differenzierung unreifer Vorläuferzellen in reife T-Zellen. Dabei bilden die Retikulumzellen durch lange Zellausläufer »epitheliale Kammern«, die insbesondere um die Blut- und Lymphgefäße eine zelluläre Schranke aufbauen **(Blut-Thymus-Barriere).**

Diese Barriere ermöglicht es T-Zellen, sich in einem antigenfreien Kompartiment unter dem Einfluß der netzartig verknüpften epithelialen Retikulumzellen zu differenzieren **(Induktorfunktion der Retikulumzellen).** Fetal vermögen körpereigene Substanzen diese Barriere noch zu durchbrechen, ihnen gegenüber wird eine immunologische Toleranz aufgebaut. Postnatal ist die Ausbildung einer Toleranz im Thymus nicht mehr möglich. **Mesodermale Retikulumzellen** übernehmen weitgehend eine Stützfunktion als Organkapsel und als interlobuläre Septen. In der Rinde gehäuft auftretende Makrophagen dienen der Phagozytose abgestorbener Lymphozyten.

Thymusmark

Das Thymusmark wird vornehmlich aus epithelialen, sternförmigen Retikulumzellen aufgebaut, die im Gegensatz zur Rindenzone keine Barriere zu den Gefäßen entwickeln und nur eine geringe Anzahl von T-Zellen einschließen.

Als organspezifische Besonderheit bilden epitheliale Retikulumzellen in der Markzone konzentrisch geschichtete Einschlüsse **(Hassall-Körperchen),** die als möglicherweise nicht entwickelte Mikrokompartimente angesehen werden (Abb. 106). Hassall-Körperchen unterliegen einer hyalinen oder zystischen Degeneration, die mit einer Karyolysis, Karyorhexis oder Keratinisierung bis hin zur Verkalkung der Retikulumzellen verbunden ist. Die Anzahl dieser Körperchen nimmt mit einsetzender Thymusrückbildung **(Thymusinvolution)** zu, und läßt sich experimentell durch lokale Antigengaben stimulieren. Ihre Funktion ist nicht geklärt.

Die in der Rindenzone des Organs differenzierten immunkompetenten T-Zellen wandern entlang der Retikulumzellen in die Markzone und verlassen den Thymus über postkapilläre Venolen, um in lymphatischen Organen (Lymphknoten, Milz, Tonsillen) **parakortikale (thymusabhängige) Zonen** zu besiedeln. Diese peripher lymphatischen Organe übernehmen im weiteren die Differenzierung der T-Zellen. Durch diesen Auswanderungsvorgang erklärt sich die geringe Zelldichte im Thymusmark.

Thymusinvolution

Um den Zeitpunkt der Geschlechtsreife setzt die physiologische Rückbildung des Thymus ein **(Thymusinvolution).** Dabei werden in der Rindenzone durch aktivierte Makrophagen T-Zellen phagozytiert. Die äußere Zone nimmt an Umfang rasch ab. Fettgewebe und lockeres Bindegewebe ersetzen das lymphoepitheliale Gewebe weitgehend. Der Thymus verliert an Gewicht, die Neubildung reifer T-Zellen fällt ab. Die Abgrenzung zwischen Rinde und Mark verschwindet, die Anzahl der Hassall-Körperchen steigt. Diese Vorgänge werden hormonell durch ACTH, Kortisol und Gonadotropine beschleunigt.

Lymphfollikel (Folliculi lymphatici)

Lymphfollikel sind runde bis elliptische Ansammlungen von Lymphozyten in retikulärem Gewebe ohne erkennbare bindegewebige Begrenzung. Sie können einzeln **(Folliculi lymphatici solitarii)**, z. B. im Ösophagus, im Dünndarm, oder in zusammengesetzter Form **(Folliculi lymphatici aggregatii)**, z. B. als Tonsillen, auftreten. Man unterscheidet den **Primärfollikel (Lymphonodulus primarius)**, der noch keinen Antigenkontakt aufweist, und den **Sekundärfollikel (Folliculus lymphaticus, Nodulus lymphaticus)**, der nach Antigenkontakt und in Abhängigkeit vom Funktionszustand ein helles **Reaktionszentrum** mit einem dunklen Randbereich zeigt. Sekundärfollikel treten im Stroma diffus lymphatischer Gewebe, entlang der Schleimhäute des Gastrointestinaltraktes, der Atemwege oder der Geschlechtsorgane auf. In gehäufter Form liegen diese in der Rindenzone von Lymphknoten, in der weißen Milzpulpa, in den Tonsillen und in den Peyer-Platten.

Im **helleren Reaktionszentrum (Keimzentrum)** sind u. a. immunologisch aktivierte B-Lymphozyten, Immunoblasten, aktiv Immunglobulin sezernierende Plasmazellen, Makrophagen und/oder Retikulumzellen nachweisbar. Eine **dunkle Randzone** umschließt diese mit mittelgroßen Lymphozyten und Immunoblasten und Vorstufen von Plasmazellen. Zusätzlich treten Makrophagen und T-Helferzellen zur Übertragung immunologischer Informationen auf. Lymphfollikel sind auch **Bildungsstätten von B-Zellen** und deren aktiven Reifungsformen, den **antikörperbildenden Plasmazellen**.

Mandeln (Tonsillen, Folliculi lymphatici aggregati)

Mandeln sind **Zusammenlagerungen von Einzellymphknötchen** zu lymphatischen Organen, die bevorzugt im Nasen-Rachen-Raum lokalisiert sind. Tonsillen liegen **subepithelial** und werden von einer bindegewebigen Kapsel umhüllt. In unmittelbarer Nachbarschaft treten meist muköse, beim Fleischfresser auch seromuköse **Drüsenlager** auf. Die funktionelle Bedeutung der Mandeln ist die immunzelluläre Abwehr innerhalb des Nasen-Rachen-Raums. Tonsillenähnliche lymphatische Organe sind die bei allen Tieren im Darm auftretenden **Peyer-Platten** und »Lymphkrater«. Die Peyer-Platten treten vorzugsweise im Ileum, aber auch im Jejunum und im Kolon (Schwein) auf. Als sog. Darmmandeln nehmen diese durch Resorption von Nahrungsantigenen eine besondere immunologische Aufgabe wahr.

Man unterscheidet nach der **Lage** der Mandeln zwischen Gaumenmandeln (Tonsillae palatinae), Rachenmandeln (Tonsillae pharyngicae), Zungen-, Tuben- und Choanenmandeln und dem **Bau** der Mandeln nach Platten- und Grubenmandeln.

Plattenmandeln als die einfachste Form der Tonsillen sind die Rachenmandeln aller Haustiere und die Tubenmandeln der Wiederkäuer ebenso wie die Peyer-Platten des Darms.

Grubenmandeln liegen dann vor, wenn Ansammlungen von Einzellymphknötchen eine Schleimhautvertiefung (Fossula tonsillaris) entwickeln (Abb. 107). Dies führt zur Ausbildung eines Schleimhautbalgs **(Balgmandeln)**. Danach sind Balgmandeln u. a. die Zungenmandeln aller Haustiere, die Gaumensegelmandeln bei Pferd und Schwein oder die Tubenmandeln des Schweins. Die Gaumenmandeln der Wiederkäuer sind zusammengesetzte Grubenmandeln, in denen zahlreiche Fossulae tonsillares in eine größere Mandelgrube (Fossa tonsillaris) einmünden (Abb. 108).

Lymphknoten (Nodus lymphaticus)

Lymphknoten dienen der aktiven Filterung der Lymphe vor dem Übertritt in die Blutbahn. Die Aufgabe der Elimination körperfremder und körpereigener geschädigter Zellen aus der Lymphbahn übernehmen die Zellen des unspezifischen und des spezifischen Abwehrsystems. Mononukleäre Phagozyten (freie Makrophagen) nehmen z. B. Zellfragmente, Bakterien, Viren, Toxine und exogene Pigmente auf. T- und B-Zellen und Plasmazellen reagieren zytotoxisch bzw. spezifisch durch Antikörperbildung (s. S. 126).

Lymphknoten sind **lymphatische Gewebe**, die oberflächlich von einer **Kapsel** umgeben werden

Lymphknoten (Nodus lymphaticus)

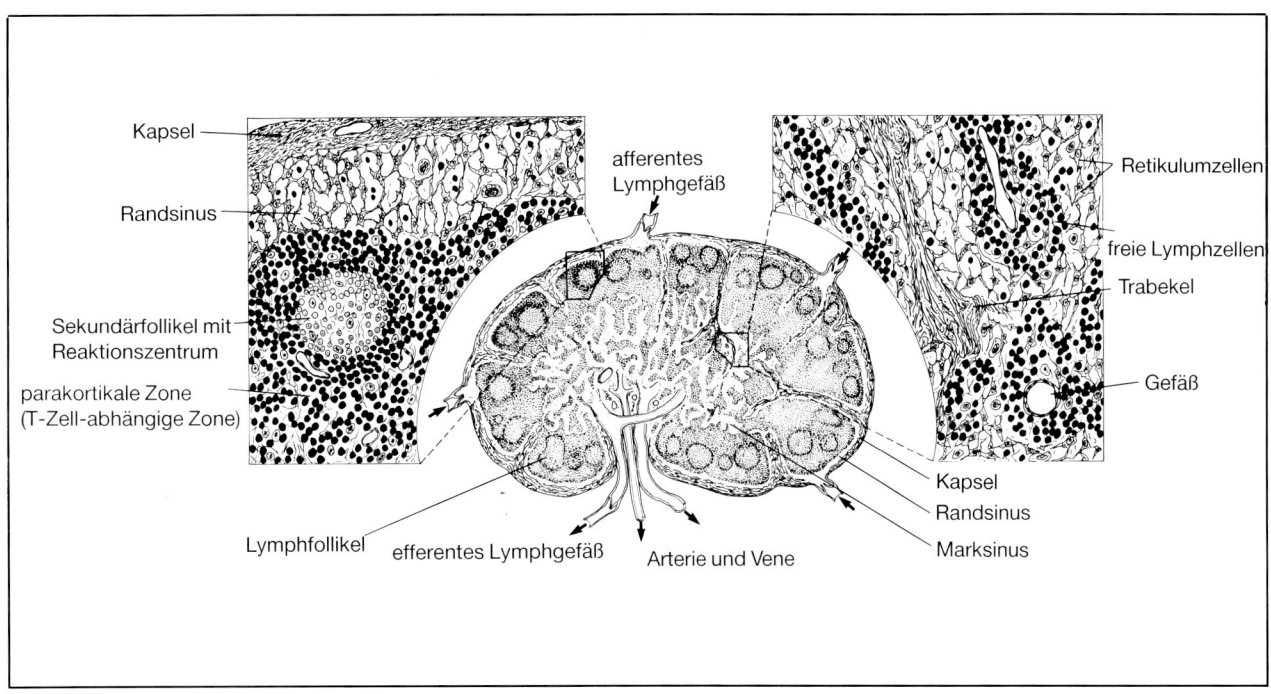

Abb. 109. Schematische Darstellung des Aufbaus eines Lymphknotens mit mehreren peripher zuführenden Lymphgefäßen und einem zentral abführenden Lymphgefäß. Die Ausschnittvergrößerungen geben die Rinden- und Markzone wieder.

und stets im Verlauf **zuführender (Vasa afferentia)** und **abführender (Vasa efferentia) Lymphgefäße** liegen. Lymphknoten sind bohnenförmig. Am Gefäßstiel (Hilus) treten Arterien, Venen, Lymphgefäße und Nerven in das Organinnere bzw. verlassen dieses (Abb. 109–112).

Oberflächlich ist der Lymphknoten von einer bindegewebigen **Kapsel** überzogen. Diese äußere Organhülle wird von zahlreichen, in der Regel afferenten Lymphgefäßen perforiert. Allein beim Schwein treten in der Organkapsel efferente Lymphgefäße auf (s. S. 133). Von der Kapsel ziehen schmale **Bindegewebssepten (Trabekel)** in die Tiefe des Organs und bilden das architektonische Grund- und Stützgerüst dieses lymphoretikulären Gewebes. Zwischen diesem Trabekelsystem ist ein dreidimensionales Netzwerk feinster **Retikulinfasern** und **Retikulumzellen** entwickelt. Die freien Maschenräume füllen **basophile Lymphzellen (Lymphozyten, Plasmazellen, Makrophagen** etc.) aus (Abb. 109).

Die unterschiedliche Häufung dieser Zellen innerhalb des Organs führt zu einer Unterteilung des Lymphknotens in eine
– äußere, subkapsuläre Rindenzone (Cortex) mit Lymphfollikeln,
– parakortikale (thymusabhängige) Zone,
– innere Markzone (Medulla) aus lymphoretikulärem Gewebe.

Die Funktion des Lymphknotens steht in enger Beziehung zum Wandbau der **Lymphgefäße** und deren **Ausbreitung** in der Rinden- und der Markzone. Danach erweitern sich **afferente Lymphgefäße** nach Durchtritt durch die Kapsel zu einem **Randsinus (Marginalsinus)**, ziehen senkrecht durch die Rindenzone entlang der bindegewebigen Trabekel **(Intermediärsinus)** und sammeln sich über einem Marksinus **(Medullarsinus)** zu einem weitgekammerten **Kavernensystem.** Dieses fließt in einem **efferenten Lymphgefäß** zusammen, das über den Hilus das Organ verläßt (Abb. 109 u. 110).

Die **Wand der Sinusräume** bildet kein geschlossenes System, sondern läßt vielmehr offene Spalten zu, die Lymphzellen freien Übertritt in das lockere retikuläre Gewebe erlauben (Abb. 112). Die endotheliale Auskleidung besteht aus modifizierten Retikulumzellen. In den Lumina der Sinusräume sind Makrophagen lokalisiert, die zum erweiterten mononukleären Phagozyten-System **(MPS)** gezählt werden. In der Lymphe zirkulierende lösliche Antigene können ebenfalls durch die Sinuswände in das retikuläre Maschenwerk übertreten und dort Makrophagen und T-Zellen aktivieren.

Zur Auslösung einer immunologischen Reaktion werden T-Zellen unter Vermittlung der Makrophagen lokal induziert (s. Abb. 105, S. 127). Diese Lymphozyten geben diese Information an andere Lymphozyten in den Follikeln weiter, die immunologi-

VIII. Immunsystem und lymphatische Organe (Organa lymphopoetica)

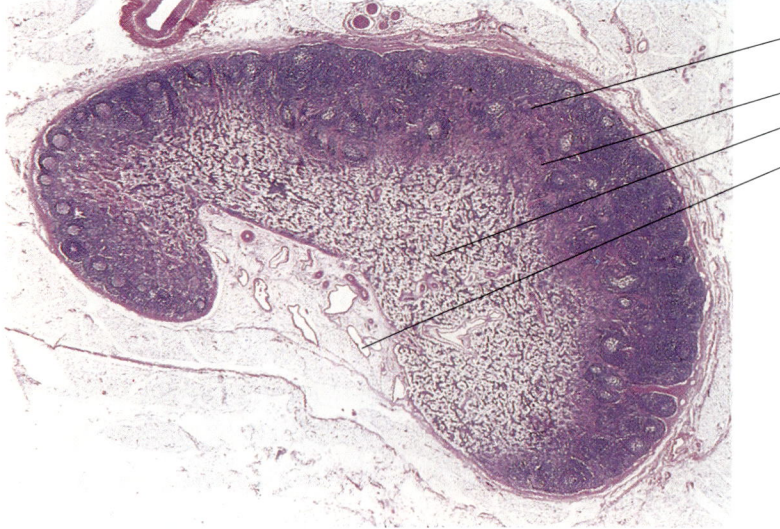

— Rindenzone
— parakortikale Zone
— Markzone
— efferente Lymphgefäße

Abb. 110. Lymphknoten des Schafes. Die lymphzellreiche Rindenzone schließt primäre und sekundäre Lymphfollikel ein, die lichtere Markzone wird im wesentlichen von lockerem lymphoretikulären Gewebe gebildet. Afferente Lymphgefäße treten über den Randsinus in das Organ ein und verlassen dieses über den Hilus. Demzufolge liegen die Lymphfollikel als Ausdruck immunzellulärer Reaktionen in der Rindenzone dieses Lymphknotens. Färbung Hämatoxylin-Eosin, Vergr. 15fach.

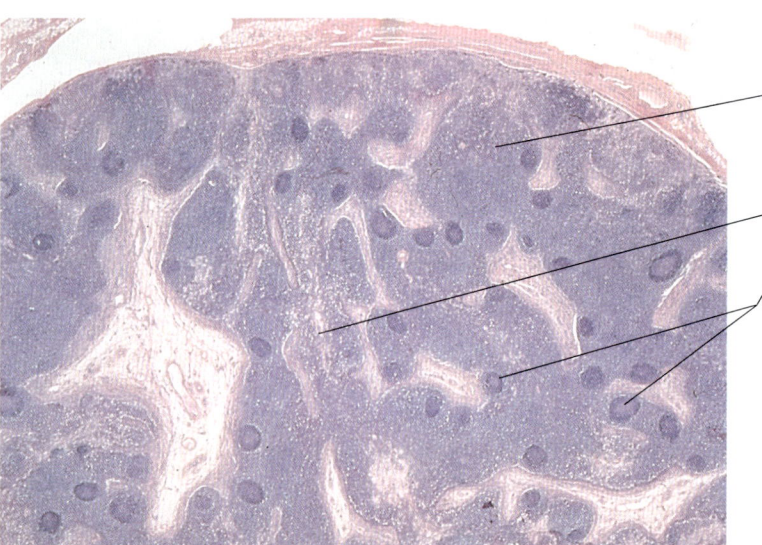

— Rindenzone

— Markzone
— Lymphfollikel

Abb. 111. Lymphknoten des Schweins. Afferente Lymphgefäße treten über den Hilus in das Organ ein und verlassen den Lymphknoten über den Randsinus. Die Lymphfollikel häufen sich daher in der Markzone, während die Rindenzone weitgehend frei von Lymphfollikeln bleibt. Färbung Hämatoxylin-Eosin, Vergr. 20fach.

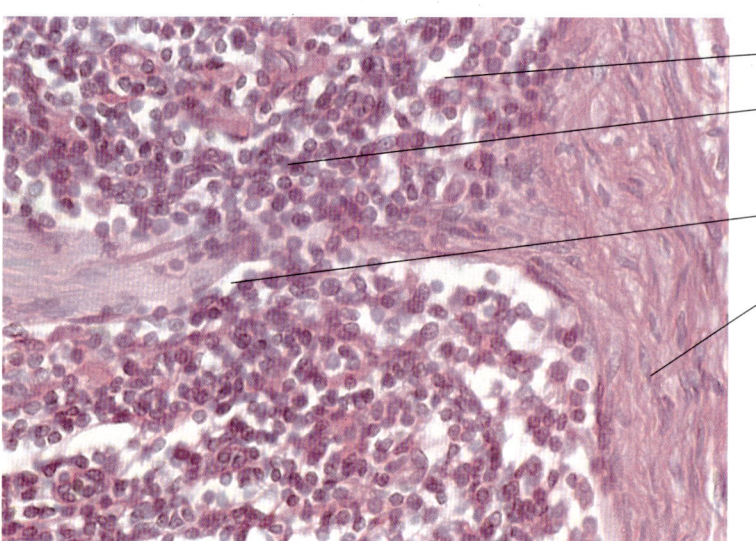

— Randsinus (Marginalsinus)
— Retikulumzellen, Makrophagen und Lymphzellen
— Intermediärsinus
— Bindegewebssepten (Trabekel)

Abb. 112. Ausschnittvergrößerung aus der Randzone eines Lymphknotens des Schafes. Der Randsinus schließt Retikulumzellen und Makrophagen ein und freie Lymphzellen (Immunzellen), die in den Intermediärsinus des Lymphknotens übertreten. Färbung Hämatoxylin-Eosin, Vergr. 120fach.

sche Kaskade der zellulären Abwehr wird aktiviert. Dabei vergrößern sich die thymusabhängigen, parakortikalen Zonen, die Reaktionszentren der Follikel proliferieren durch Aktivierung von B-Zellen, Plasmazellen und Gedächtniszellen. Insgesamt nimmt der Lymphknoten an Größe zu. Aktivierte Plasmazellen wandern in den Marksinus und geben dort spezifische Antikörper an die Lymphe ab.

Tierartliche Unterschiede

Die Lymphknoten des **Schweins** unterscheiden sich von der beschriebenen Struktur sämtlicher anderer Säugetiere (Abb. 111). Der wesentliche Unterschied liegt im Verlauf der Lymphgefäße. Danach treten Vasa afferentia am Hilus in den Lymphknoten ein und verlassen dieses Organ als Vasa efferentia durch die Kapsel. Damit ist der Lymphfluß im Lymphknoten des Schweins gegenüber dem anderer Haussäugetiere umgekehrt. Infolgedessen sind Follikel gehäuft in der medullären Zone des Lymphknotens entwickelt, die äußeren Randbereiche dagegen allein mit Makrophagen und Plasmazellen angereichert. Auch bleiben die Sinusräume und die Markstränge beim Lymphknoten des Schweins nur schwach ausgebildet.

Milz (Lien, Splen)

Die Milz ist bei allen Haussäugetieren das größte zusammenhängende lymphatische Organ. Sie ist im Gegensatz zu anderen Lymphorganen in den **Blutkreislauf** eingeschaltet. Entsprechend dieser Lage erfüllt die Milz eine Vielzahl besonderer Funktionen, die der »Reinigung« des zirkulierenden Blutes und dessen zellulärer Bestandteile dienen.

Vorrangig erfolgt in der Milz die **Zerstörung** und der **Abbau alternder Erythrozyten** und die **Filtration des Blutplasmas** durch aktivierte Makrophagen. Bei den Haussäugetieren übernimmt die Milz ferner die Aufgabe eines **Blutspeichers (»Speichermilz«)** und steht damit im Gegensatz zur sog. Abwehrmilz der Nagetiere und des Menschen. Diese Speicherfunktion ist bei Pferden und Fleischfressern besonders ausgeprägt. Bis zu 1/3 des zirkulierenden Blutes und der zirkulierenden Blutplättchen können hier gesammelt werden. Damit übernimmt die Milz auch eine **kreislaufregulatorische Funktion** und dient im weiteren Sinn auch der Steuerung der Körperwärme.

Während der fetalen Entwicklungsphase findet in der Milz die **Blutbildung** statt. Bei Fohlen und Kälbern bleibt die Hämopoese noch einige Wochen postnatal erhalten. Beim adulten Tier dient dieses Organ der Enddifferenzierung unreifer Erythrozyten.

Die Milz steht darüber hinaus auch bei den Haussäugetieren im Dienst der **immunologischen Abwehr**. Die **Lymphfollikel** sind als Bestandteile des Immunsystems an der Ausbildung der zellulären und humoralen Immunität sowie an der Reifung von T- und B-Zellen beteiligt. Auch erfolgt in diesem lymphatischen Organ die Transformation von Monozyten zu aktiven Makrophagen. Damit ist die Milz Bestandteil des **MPS**.

Die Milz ist kein lebensnotwendiges Organ. Nach Entfernung (Splenektomie) übernehmen insbesondere das Knochenmark, aber auch die Leber und die Lymphknoten, die Funktionen der Milz.

Struktur der Milz

Die Milz wird oberflächlich von einer geschichteten **Kapsel** überzogen, deren äußere Lage als Tunica serosa Bestandteil des Bauchfells ist (Abb. 113, 114 und 116). Die Tela subserosa besteht aus einer lockeren, mit elastischen Fasern durchsetzten, gefäßführenden Schicht und einem derb-elastischen Bindegewebsnetz mit Einlagerungen glatter Muskelfaserbündel. Diese innere Kapselschicht ist insbesondere bei Pferd, Schwein und Fleischfresser durch scherengitterartig angeordnete Muskellagen gekennzeichnet, während bei Wiederkäuern vorherrschend fibroelastische Fasernetze mit glatten Muskelzellen entwickelt sind. Aus dieser inneren Kapselschicht ziehen in das **Parenchym der Milz (Milzpulpa)** abgeplattete bis rundliche, bindegewebige Stränge **(Trabekel)**, die das Organ unvollständig untergliedern. Größere bindegewebige Septen dienen Arterien und Venen als Leitstrukturen.

Der Anordnung dieses fibroelastischen muskulären Netzes kommt für die Funktion der Milz als Blutspeicherorgan besondere Bedeutung zu. Durch aktive Kontraktion dieses Systems kann unter Regulation sympathischer Nervenfasern der Blutinhalt rasch entleert werden.

Milzparenchym und Blutgefäße

Das Milzparenchym setzt sich, als das Grundgewebe dieses Organs, aus einem dreidimensionalen Netz von Retikulumzellen und Retikulinfasern zusammen, das in seinen Maschen lymphatisches Gewebe einschließt. Das Milzparenchym (Abb. 113–116) gliedert sich in 2 Anteile, die
– weiße Milzpulpa (Pulpa alba),
– rote Milzpulpa (Pulpa rubra).

134   VIII. Immunsystem und lymphatische Organe (Organa lymphopoetica)

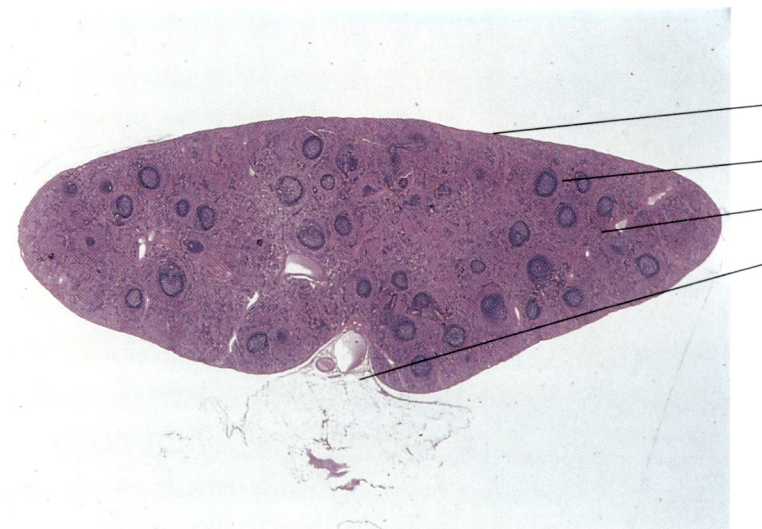

- Kapsel
- weiße Milzpulpa, Milzfollikel
- rote Milzpulpa
- Hilus

Abb. 113. Schnittbild durch die Milz der jungen Katze. Die weiße Milzpulpa setzt sich aus der Gesamtheit der Milzfollikel zusammen, die sich gleichmäßig über das Organ verteilen. Die rote Milzpulpa wird von Pulpasträngen (Retikulumzellen und Retikulinfasern) und Blutsinusoiden gebildet. Färbung Hämatoxylin-Eosin, Vergr. 10fach.

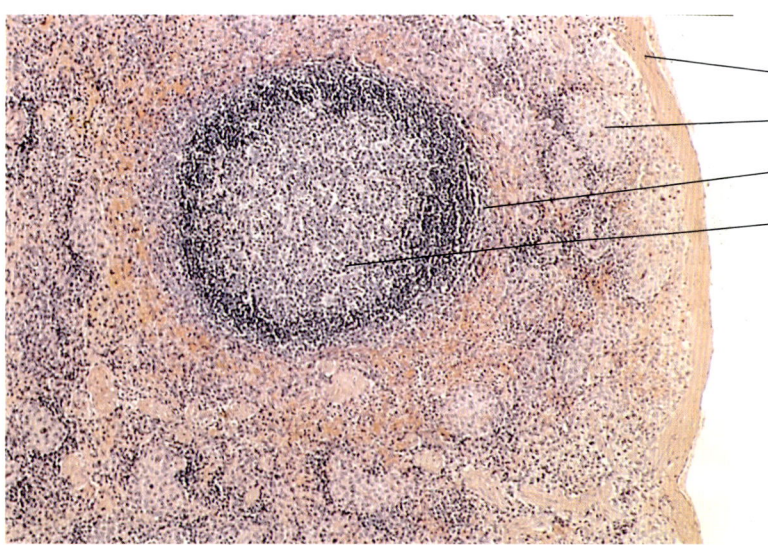

- Kapsel
- rote Milzpulpa
- randständiger Sinus
- Reaktionszentrum

Abb. 114. Ausschnittvergrößerung aus einem Milzfollikel mit angrenzender roter Milzpulpa der Katze. Das Innere des Follikels ist als sekundäres Reaktionszentrum »hell«. Die randständigen Sinusräume sind mit Blut gefüllt (rote Milzpulpa). Färbung Hämatoxylin-Eosin, Vergr. 80fach.

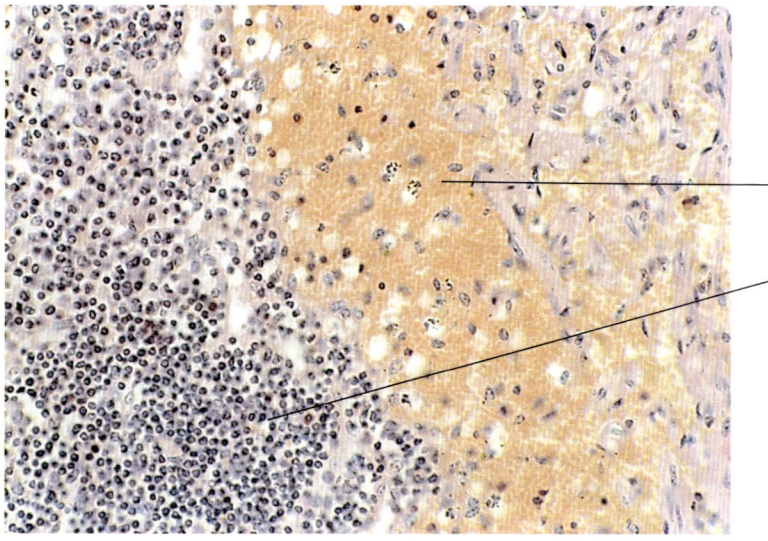

- Sinusoid
- weiße Milzpulpa mit Lymphzellen

Abb. 115. Ausschnittvergrößerung aus dem Randbereich eines Milzfollikels mit erweiterten Bluträumen (Sinusoide) und Pulpasträngen. Katze. Färbung Hämatoxylin-Eosin, Vergr. 300fach.

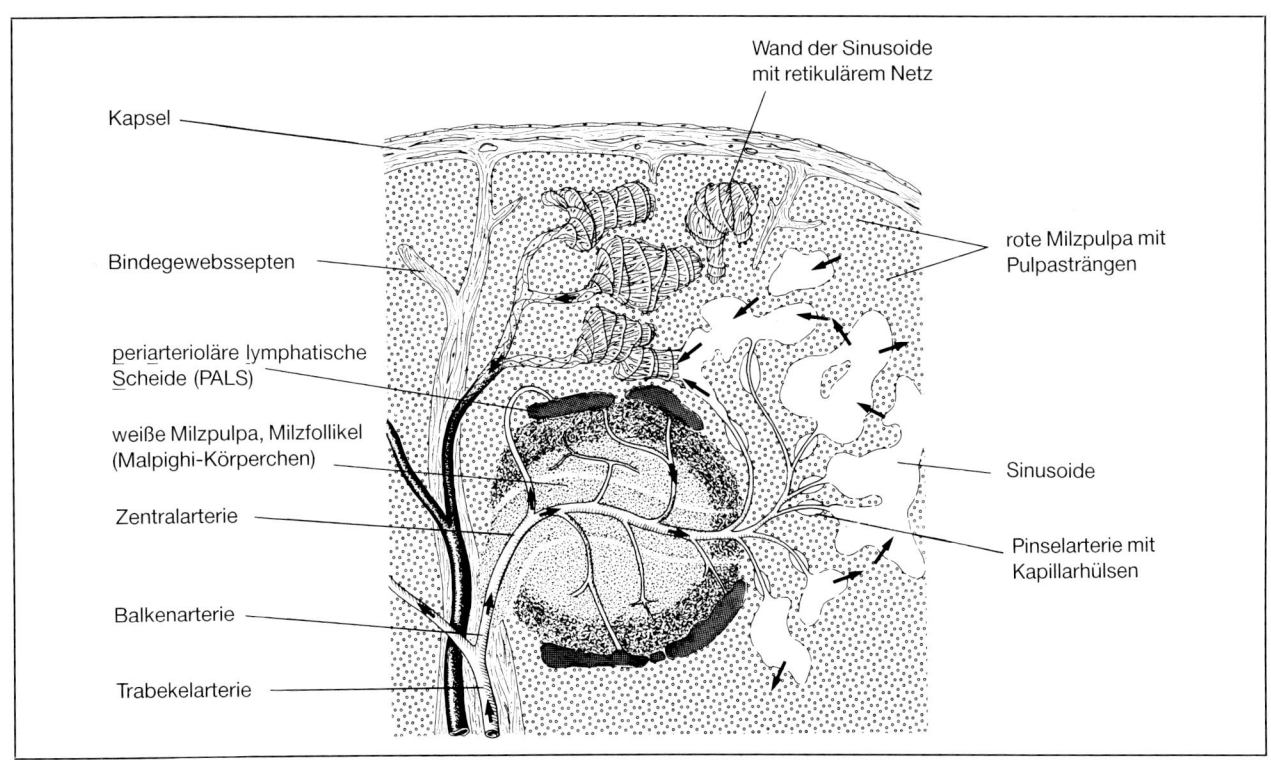

Abb. 116. Schematische Darstellung der Blutzirkulation in der Milz, insbesondere der weißen und der roten Milzpulpa.

Als **weiße Milzpulpa** wird die Gesamtheit des lymphatischen Gewebes der Milz, die **Milzfollikel (= Milzknötchen, = Malpighi-Körperchen)** und die Summe sämtlicher **periarteriolärer Scheiden** (Abb. 116) bezeichnet. Milzfollikel stellen sphärische Ansammlungen von lymphoretikulärem Gewebe mit einer Zentralarteriole dar, deren Aufbau und Funktion im wesentlichen denen anderer Follikel des lymphatischen Gewebes entspricht.

Als organspezifische Besonderheit wird die Randzone der weißen Milzpulpa zur roten Pulpa angenommen. In diesem Bereich besteht eine enge Beziehung zwischen den peripheren Blutgefäßen der weißen Pulpa und den mit Makrophagen und immunologisch aktiven Retikulumzellen **(dendritische Retikulumzellen)** ausgekleideten Sinusoiden der roten Milzpulpa. Vornehmlich in diesen Grenzzonen der Milz finden die **unspezifischen** und **spezifischen Immunreaktionen** statt.

Die **rote Milzpulpa** wird von einem lockeren Netz aus Retikulumzellen und Retikulinfasern gebildet, die sich lokal zu **Pulpasträngen (Markstränge)** verlängern. In diesem Maschenwerk sammeln sich Erythrozyten, Leukozyten, Thrombozyten und Makrophagen.

Dieses retikuläre Maschenwerk wird von unregelmäßig erweiterten **Bluträumen** (Durchmesser 12–50 µm) durchsetzt, die untereinander anastomosieren **(Sinusoide)**. Die Wände dieser Sinusoide sind durch längsverlaufende Spalten unterbrochen, die ein Durchtreten der Blutzellen erlauben. Bevorzugt an diesen Stellen häufen sich phagozytoseaktive Makrophagen.

In der Milz verzweigen sich die **Blutgefäße** in organcharakteristischer Weise (Abb. 116). Die am Milzhilus eintretenden Arterien teilen sich mehrfach in stark gewundene **Trabekelarterien,** die in das Milzparenchym ziehen. Die Trabekelarterien werden über eine längere Strecke von einer Manschette lymphatischen Gewebes, der **periarteriolären lymphatischen Scheide (PALS),** umhüllt.

Im weiteren Verlauf durchziehen diese Arteriolen die **Milzfollikel (weiße Milzpulpa)** und werden dort als **Zentralarteriolen (Follikelarteriolen)** bezeichnet. Am Übergang zur roten Milzpulpa zweigen sich die Gefäße zwei- bis sechsmal pinselartig auf **(Pinselarterien)** und gehen in Kapillaren über. Kurz nach dieser Aufzweigung werden die Gefäßwände von einem Mantel phagozytierender Hüllzellen umgeben **(Schweigger-Seidel-Hülse).**

Die Kapillaren münden in die **Sinusräume (Sinusoide)** der **roten Milzpulpa** (»offener Kreislauf«). Mehrere Sinusoide sammeln sich über **Pulpavenen in Trabekelvenen** und verlassen über die **Milzvene** am Hilus wieder das Organ.

IX. Endokrines System (Systema endocrina)

Die stoffwechselaktive Leistung einzelner Zellverbände oder ganzer Organe unterliegt der ständigen Kontrolle übergeordneter Regelkreise. Das Immunsystem, das Nervensystem und das endokrine System wirken hierbei synergistisch, hemmend oder aktivierend auf sog. Zielzellen, deren Oberflächenmembranen spezifische Rezeptorproteine tragen. Gemeinsam ist diesen Systemen die Fähigkeit, **chemische Signalstoffe** abzugeben und an **Rezeptorstellen** eine spezifische Reaktionskette zu induzieren. Man unterscheidet für die **Vermittlung chemischer Informationen** 3 Möglichkeiten:
- **Gewebszellen** sezernieren **Signalstoffe,** die als lokal wirkende chemische **Mediatoren** fungieren (z. B. Histamin, Leukotriene, Prostaglandine).
- **Nervenzellen** stehen an speziellen **Kontaktstellen (Synapsen)** mit Rezeptorzellen in Verbindung und geben an diese kurzwirkende chemische Mediatoren ab **(Neurotransmitter).**
- **Endokrine Zellen** sezernieren chemische Informationsträger **(Hormone).** Diese werden entweder an den Blutstrom abgegeben und beeinflussen an **entfernten Körperstellen** spezifische Rezeptorzellen oder können unter Vermittlung der Körpergrundflüssigkeit am **Ort ihrer Entstehung** Zielzellen aktivieren.

Zwischen dem nervösen und dem endokrinen System bestehen enge Zusammenhänge. Anteile des Zwischenhirns übernehmen übergeordnete Steuerfunktionen auf endokrine Zellsysteme **(hypothalamisch-hypophysäre Leitungsbahnen).** In anderen Fällen kann durch die Freisetzung neurogener Wirkstoffe **(Neurosekretion, Neurosekrete)** aus peripheren vegetativen Nervenfortsätzen die Stoffwechselleistung eines umschriebenen Gewebsbezirks lokal beeinflußt werden.

Nervenzellen und endokrine Zellen übermitteln ihre Signalstoffe jedoch auf unterschiedliche Weise an die spezifische Zielzelle. Die **nervöse Weitergabe** einer Information erfolgt stets mit hoher Geschwindigkeit zellgebunden an Nervenendigungen, deren Spezifität weitgehend von der Struktur der Synapse abhängt. Neurotransmitter werden allein an diesen nervalen Kontaktstellen abgegeben und beeinflussen aktivierend oder inhibierend eine postsynaptische Zielzelle.

Im Gegensatz hierzu steht das **endokrine System.** Jede endokrine Zelle ist auf die Synthese eines spezifischen Hormons spezialisiert. Die Wirkung des Hormons ist von der Anzahl und der Affinität der spezifischen Rezeptoren für das jeweilige Hormon an der Zielzelle abhängig. Die Informationsübertragung vollzieht sich im endokrinen System verlangsamt (Minuten bis Stunden) und steht unter Vermittlung von Körperflüssigkeiten. Der Stoffübertragung dienen Blut bzw. Lymphe und/oder die interstitielle Grundflüssigkeit des Körpers.

Im endokrinen System können 3 unterschiedliche Organisationsformen auftreten:

Endokrine Drüsen sind Organe, die das Fehlen von Ausführungsgängen und eine dichte Kapillarisierung kennzeichnet (z. B. Hypophyse, Epiphyse, Schilddrüse, Nebenschilddrüse, Nebenniere, Inselapparat des Pankreas). Diese Drüsen werden vorwiegend durch einfache oder komplexe Rückkoppelungsmechanismen kontrolliert.

Endokrine Zellgruppen sind Bestandteile von Organen, die die Funktion dieser Organe wesentlich beeinflussen (z. B. Follikelepithelzelle und Gelbkörper der Ovarien, Leydig-Zwischenzellen im Hoden). Auch diese unterliegen Rückkoppelungsvorgängen.

Endokrine Einzelzellen treten bevorzugt innerhalb des Epithels z. B. des Magen-Darm-Kanals auf. Diese werden in einem enteroendokrinen System zusammengefaßt, das auch als **APUD-System** (**A**mine- and **P**recursor **U**ptake and **D**ecarboxylation) bezeichnet wird. Diese intraepithelialen endokrinen Zellen (z. B. G-Zellen, D-Zellen, S-Zellen, EC-Zellen) dienen vor allem der funktionellen Regulation lokaler Verdauungsvorgänge und steuern sich teilweise gegenseitig.

Hypothalamus-Hypophysen-System

Der Hypothalamus und die beiden Anteile der Hypophyse, die Adeno- und die Neurohypophyse, übernehmen im endokrinen System eine zentrale Steuer- und Regulatorfunktion (Abb. 117). Durch direkte nervale Impulse werden neuroendokrine Zellen des Hypothalamus induziert, **Steuerungshormone (Releasing-** bzw. **Inhibitorhormone; RH, IH)** oder **Effektorhormone** zu bilden. Steuerungshormone gelangen in die Adenohypophyse und beeinflussen dort die Bildung organspezifischer Hormone (glandotrope Hormone). Effektorhormone wirken direkt in peripheren Organen. Nervale und endokrine Rückkoppelungsmechanismen kontrollieren ihrerseits das Hypothalamus-Hypophysen-System.

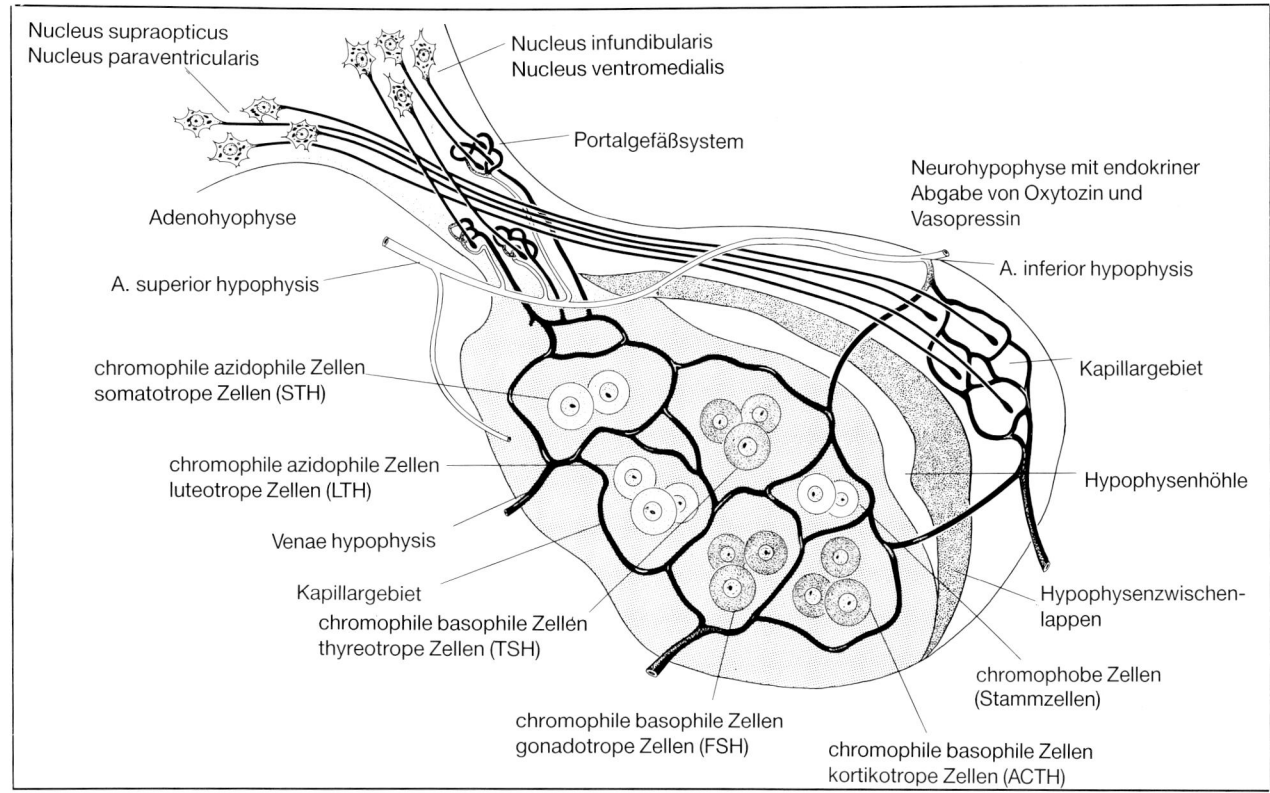

Abb. 117. Schematische Darstellung des hypothalamisch-hypophysären Systems als neurohormonales Steuerungszentrum.

Hypothalamus

Der Hypothalamus übernimmt neben zentralen neurovegetativen Aufgaben die Funktion einer neuroendokrinen Drüse. Im **Nucleus supraopticus** und im **Nucleus paraventricularis** werden die Effektorhormone **Oxytozin** und **Vasopressin** synthetisiert. Die Perikarya dieser Nervenzellen schließen erweiterte Golgi-Apparate ein, deren neurosekretorische Granula durch neuroaxonalen Transport in die Neurohypophyse gelangen. In kolbenartig verdickten Nervenendigungen können diese Hormone gespeichert und nach nervöser Stimulation durch Exozytose in das Kapillarnetz freigesetzt werden. Auch entlang der Axone können diese Effektorhormone gestapelt werden (sog. Herring-Körper).

Die Kerngebiete des **Nucleus ventromedialis** und des **Nucleus infundibularis** sind die Bildungsstätten der **Steuerungshormone (Releasing-Hormone, RH),** die über den **Tractus tuberohypophysialis (Tractus tuberoinfundibularis)** an das Kapillarnetz der Adenohypophyse abgegeben werden.

Hypophyse (Hypophysis cerebri, Glandula pituitaria)

Die Hypophyse (Abb. 117–120) setzt sich aus 2 embryologisch und funktionell unterschiedlichen Anteilen zusammen:
- einem **glandulären Hypophysenvorderlappen** (HVL, Adenohypophyse, Lobus anterior), der sich aus der ektodermalen Mundbucht differenziert, und
- einem **neurogenen Hypophysenhinterlappen** (HHL, Neurohypophyse, Lobus posterior), der sich aus dem Boden des Zwischenhirns (Infundibulum) entwickelt.

Diese beiden Anteile werden von einer gemeinsamen derb-bindegewebigen Kapsel überzogen, die in die Dura mater cerebri übergeht. Bei Fleischfresser, Wiederkäuer und Schwein bleibt als Rest der Embryonalentwicklung (Rathke-Tasche) eine **Hypophysenhöhle (Cavum hypophysis)** erhalten. Durch die Verbindung zum Nervensystem wird die Hypophyse zum Bindeglied zwischen dem Vegetativum und dem Endokrinium und damit zum

IX. Endokrines System (Systema endocrina)

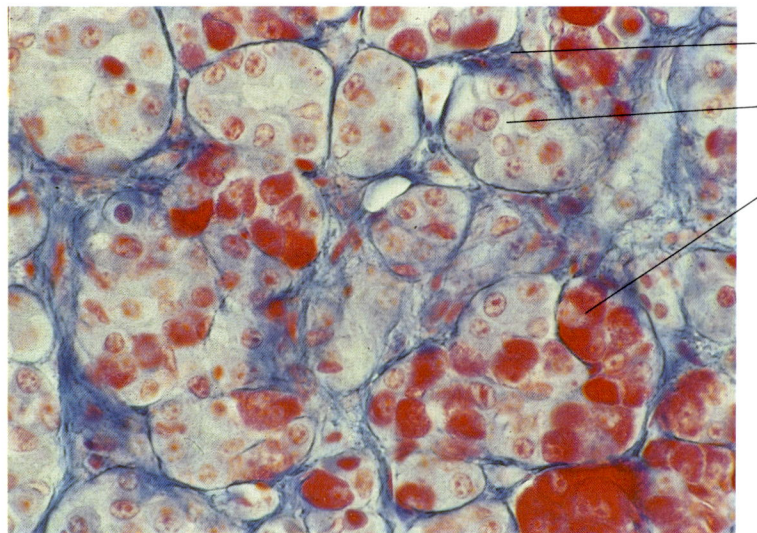

Abb. 118. **Chromophobe Zellen** der Adenohypophyse lassen lichtmikroskopisch keine Granula erkennen, das Zytoplasma erscheint daher nach Azan-Färbung hell, die Zellkerne rötlich. Diese Zellpopulation wird als Stammzelle für sämtliche endokrinen Zellformen der Adenohypophyse oder als inaktives Zellstadium nach Degranulation angesehen. Adenohypophyse, Rind. Vergr. 300fach.

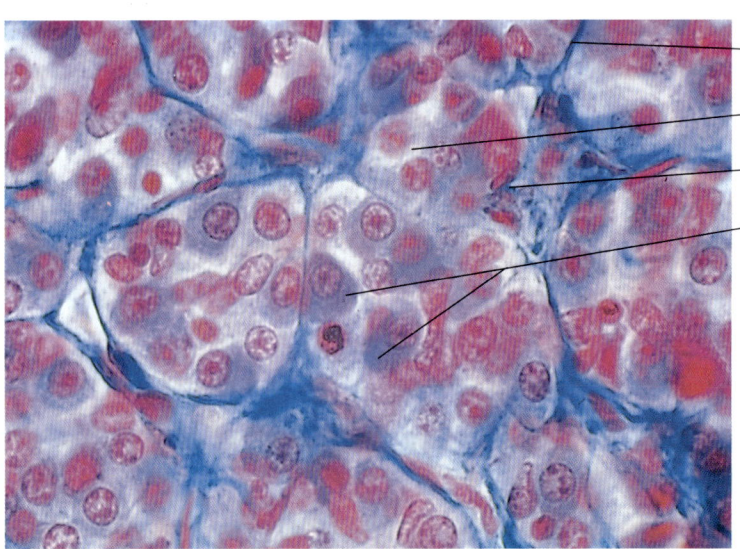

Abb. 119. **Chromophile Zellen** weisen eine azidophile oder eine basophile Anfärbbarkeit der Granula auf. Entsprechend kann lichtmikroskopisch das Zytoplasma differenziert werden. Azidophil sind somatotrope oder luteotrope Zellen, basophil erscheinen gonadotrope, thyreotrope oder kortikotrope Zellen. Adenohypophyse, Rind. Färbung Azan, Vergr. 480fach.

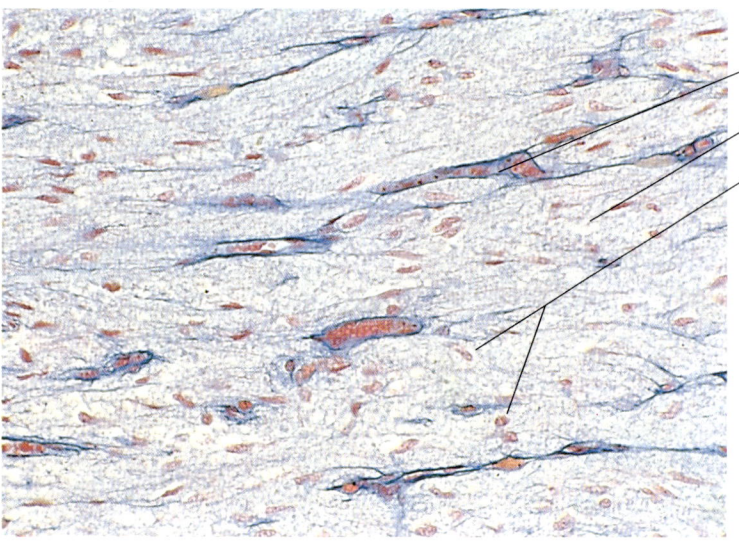

Abb. 120. Die **Neurohypophyse** ist durch das Auftreten neurosekretorischer Nervenbahnen, die von Pituizyten als Neurogliazellen begleitet werden, gekennzeichnet. Über neuroaxonalen Transport werden Oxytozin und Vasopressin aus den Kerngebieten des Nucleus supraopticus und des Nucleus paraventricularis an Synapsen freigesetzt und von Kapillaren aufgenommen. Neurohypophyse, Rind. Färbung Azan, Vergr. 300fach.

Steuerzentrum hormonell-vegetativ geregelter Stoffwechselleistungen im Körper.

Eine Besonderheit stellt die Vaskularisation der Hypophyse dar. Hier werden **zwei Kapillargebiete** hintereinander geschaltet, ohne Einbeziehung des Herzens (Portalvenensystem). Dabei verzweigt sich die A. superior hypophysis in der Eminentia mediana und im Infundibulum zu einem dichten (ersten) Kapillarnetz, in das aus den terminalen Axonen der Nuclei ventromedialis und infundibularis die Releasing-Hormone abgegeben werden. Die venösen Schenkel dieser Kapillarkonvolute sammeln sich und verzweigen sich im Hypophysenvorderlappen erneut in einem (zweiten) Kapillargebiet (Abb. 117).

Die Neurohypophyse wird von der A. inferior hypophysis versorgt und ist zusätzlich mit der Adenohypophyse durch ein feines Gefäßnetz verbunden. In das gemeinsame Kapillargebiet werden die Effektorhormone Vasopressin und Oxytozin des Nucleus supraopticus bzw. des Nucleus paraventricularis abgegeben. Die Venae hypophysis münden basal in den Sinus cavernosus (Abb. 117).

Adenohypophyse (Lobus anterior)

Die Adenohypophyse ist bei Pferd, Wiederkäuer und Hund gegenüber der Neurohypophyse stärker ausgebildet als bei Schwein und Katze, bei denen geringfügig die Pars nervosa der Hypophyse überwiegt.

Die Adenohypophyse reguliert als übergeordnetes endokrines Steuerzentrum des Körpers nahezu sämtliche anderen endokrinen Drüsen durch die Bildung von glandotropen Steuerungshormonen. Gleichzeitig beeinflußt die Adenohypophyse durch Effektorhormone direkt periphere Gewebe. Man unterteilt die Adenohypophyse in 3 Abschnitte:
– Pars distalis,
– Pars intermedia,
– Pars tuberalis.

Pars distalis

Die Pars distalis besteht aus größeren Gruppen oder Strängen, zuweilen auch Follikeln endokriner Zellen, die in enger Beziehung zu einem dichten Gefäßnetz sinusoidaler Kapillaren stehen. Zwischen lockerem, retikulärem Bindegewebe sind vereinzelt Makrophagen lokalisiert, die dem **mononukleären Phagozyten-System (MPS)** zugeteilt werden.

Durch moderne immunzytochemische Markierungsverfahren (z. B. durch monoklonale Antikörper) ist eine weitgehend gesicherte Typisierung der einzelnen Zellpopulationen der Pars distalis möglich. Aufgrund der hohen Affinität der zellspezifischen Granula zu Chromsalzen wird jedoch traditionsgemäß noch immer folgende Unterteilung vorgenommen:
– chromophobe Zellen,
– chromophile Zellen.

Chromophobe Zellen

Eine chromophobe Zelle (**Endocrinocytus chromophobus**) läßt lichtmikroskopisch mit den herkömmlichen Färbeverfahren keine Granula erkennen (Abb. 118). Diese Zellen sind durch ein helles Zytoplasma und einen relativ großen Kern charakterisiert. Mit Hilfe elektronenmikroskopischer Verfahren sind hingegen kleine Sekretgranula nachweisbar. Chromophobe Zellen sind undifferenzierte, nichtsekretorische **Stammzellen (Reservezellen)**, die sich nach Bedarf in spezifische chromophile Zellen transformieren. Umgekehrt werden aber auch chromophile Zellen nach Degranulation chromophob (Abb. 117–119).

Chromophile Zellen

Chromophile Zellen (**Endocrinocyti chromophili**) (Abb. 117–119) lassen sich aufgrund unterschiedlicher Affinität ihres Zytoplasmas und ihrer Granula zu sauren oder basischen Farbstoffen unterteilen in:
– azidophile Zellen,
– basophile Zellen.

Beiden Zellgruppen ist die Synthese der Hormone (Proteo- bzw. Glykoproteohormone) im rauhen ER und deren Reifung, Umformung und Speicherung im Golgi-Apparat gemeinsam. Die Abgabe an die sinusoidalen Kapillaren erfolgt in allen Fällen durch Exozytose.

Die **azidophile Zelle (Endocrinocytus acidophilicus)** enthält Granula, die sich mit Eosin, Orange G und Azurkarmin leuchtend rot anfärben. Innerhalb der Gruppe der azidophilen Zellen unterscheidet man:
– die **somatotrope Zelle (Endocrinocytus somatotropicus),** die in großen und dicht gelagerten Granula (Durchmesser 350–400 nm) somatotrope Hormone (Somatotropin, STH; Growth Hormone, GH) synthetisiert. Die Wirkung dieser Hormone liegt vorrangig in der Beeinflussung des Kohlenhydrat- und Fettstoffwechsels. Insbesondere wird durch Aktivierung von Somatomedin aus Leber, Niere und Muskelgewebe das

140 IX. Endokrines System (Systema endocrina)

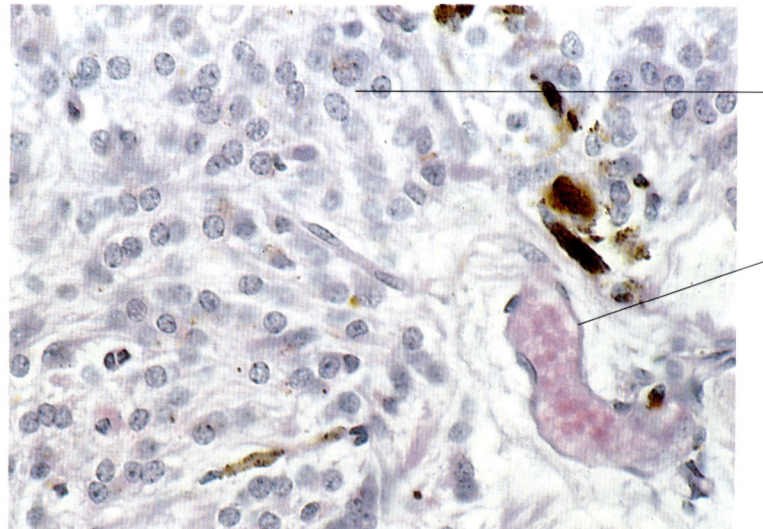

- Pinealzellen
- Blutgefäß

Abb. 121. Die **Epiphyse** wird von dünnen Bindegewebssepten untergliedert, die Pinealzellen, interstitielle Zellen (Astrozyten) und sympathische Nervenfasern umfassen. Epiphyse, Pferd. Färbung Hämatoxylin-Eosin, Vergr. 480fach.

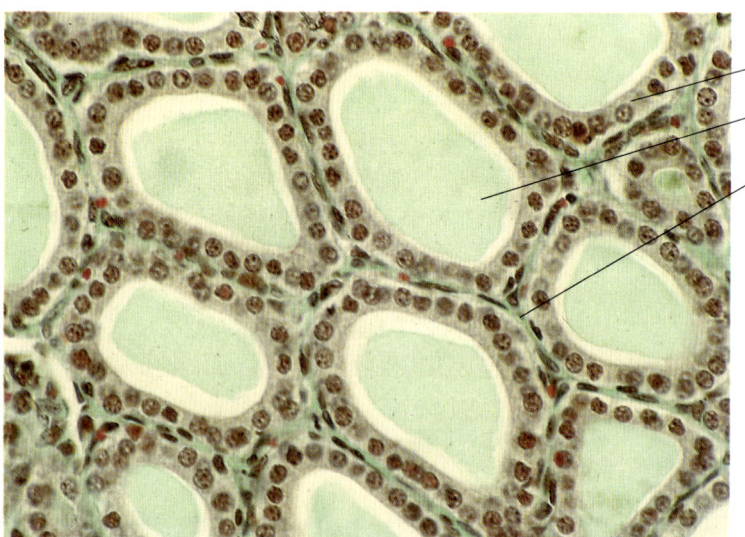

- isoprismatisches Epithel
- Follikel
- Bindegewebssepten mit Fibrozyten

Abb. 122. Die **Schilddrüse** sezerniert während der Sekretionsphase Thyreoglobulin in einen Follikel, der der Speicherung des Hormons dient. Die Wand dieses Follikels wird von einem einschichtigen isoprismatischen Epithel ausgekleidet, das je nach Funktionszustand dieser endokrinen Drüse an Höhe zunehmen kann oder abflacht. Lockeres Bindegewebe umhüllt die Follikel und ist Träger von Gefäßen und vegetativen Nervenfasern. Schilddrüse, Pferd. Färbung Goldner, Vergr. 480fach.

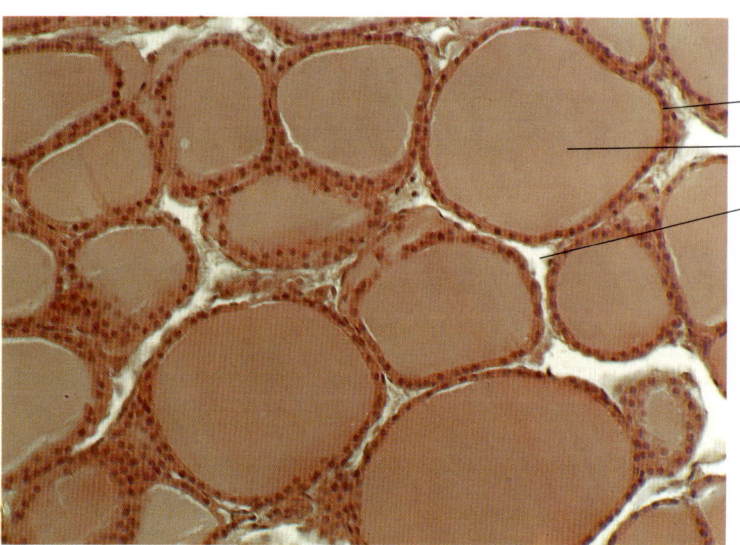

- flach isoprismatisches Epithel
- Follikel
- Bindegewebe mit Fibrozyten

Abb. 123. Die **Schilddrüse** zeigt während der Phase der Hormonstapelung ein vorherrschend abgeflachtes, isoprismatisches Epithel, der Follikel ist vergrößert. Die unterschiedliche Größe der einzelnen Schilddrüsenfollikel ist auch auf die zufällige Schnittführung durch die runden bis ovalen Follikel zurückzuführen. Schilddrüse, Pferd. Färbung Hämatoxylin-Eosin, Vergr. 250fach.

Knochenwachstum und damit das Längenwachstum des Körpers angeregt. Die Neubildung unterliegt der Kontrolle durch Steuerungshormone des Hypothalamus (GHRF = Growth Hormone Releasing Factor und GHIF = Growth Hormone Inhibitoring Factor = Somatostatin).
- die **luteotrope Zelle (Endocrinocytus luteotropicus)**, deren Granula von einer Größe von 100–900 nm luteotropes Hormon (LTH; Prolaktin, PRL) enthalten. Prolaktin induziert im Zusammenwirken mit Östrogen und Progesteron das Wachstum und die Sekretion der Milchdrüse.

Die **basophile Zelle (Endocrinocytus basophilicus)** kennzeichnet die hohe Affinität zu basischen Farbstoffen wie Anilinblau oder Methylenblau. Die Granula enthalten Glykoproteine und sind daher stets PAS-positiv. Basophile Zellen sind größer als azidophile und schließen zumeist kleinere Granula ein. Die Inhaltsstoffe der Granula sind glandotrope Hormone, die aufgrund färberischer und immunhistochemischer Nachweismethoden in 3 Gruppen eingeteilt werden:
- die **gonadotrope Zelle (Endocrinocytus gonadotropicus)** ist relativ klein mit Alzianblau- und PAS-positiven Granula (Durchmesser 200 bis 250 nm) und einem stark entwickelten rauhen ER. Man unterscheidet zwei gonadotrope Zelltypen: Zellen, die Follikelreifungshormon (Follicle Stimulating Hormone, FSH) und Zellen, die Luteinisierungshormon (Luteinizing Hormone, LH) bilden.
- die **thyreotrope Zelle (Endocrinocytus thyreotropicus)** synthetisiert das die Schilddrüse stimulierende Hormon Thyreotropin (TSH). Diese Zellen weisen die kleinsten Granula der Pars distalis auf (Durchmesser 150 nm).
- die **kortikotrope Zelle (Endocrinocytus corticotropicus)** sezerniert β-Lipotropin (β-LPH) und das adrenokortikotrope Hormon (ACTH), das in der Nebennierenrinde die Synthese der Mineralokortikoide, der Glukokortikoide und der Androgene beeinflußt.

Die Häufigkeit der verschiedenen chromophoben und chromophilen Zelltypen in der Adenohypophyse unterliegt erheblichen Schwankungen. So treten tierartliche, altersabhängige und geschlechtliche Unterschiede auf. Meist überwiegen chromophobe (50%) gegenüber azidophilen (40%) und basophilen (10%) Zellen.

Pars intermedia (Zwischenlappen)

Die Pars intermedia liegt zwischen der Pars distalis und der Neurohypophyse. Basophile und chromophobe Zellen bilden unregelmäßige Stränge und Follikel. Im Zwischenlappen werden Melanotropin (Melanocytes Stimulating Hormone, MSH) und β-Endorphine synthetisiert. Neurosekretorische und aminerge Axone treten aus dem Lobus nervosus, basophile Zellen in die Neurohypophyse über.

Pars tuberalis

Die Pars tuberalis ist der trichterförmige Anteil der Adenohypophyse, der das Infundibulum unvollständig umfaßt. Dieser Teil schließt dichte Kapillarknäuel und die venösen Schenkel des Portalvenensystems ein. Vorwiegend chromophile Zellen vom basophilen Typ ordnen sich zu Strängen oder Follikeln, die möglicherweise geringe Mengen an Gonadotropinen und thyreotropen Hormonen sezernieren.

Neurohypophyse (Lobus posterior)

Der Hypophysenhinterlappen (HHL) steht durch Nervenfaserbündel mit den hypothalamischen Kerngebieten des Nucleus supraopticus und des Nucleus paraventricularis in struktureller und funktioneller Verbindung (S. 137). Diese neurosekretorischen Bahnen werden von spezifisch differenzierten **Neurogliazellen**, den **Pituizyten**, begleitet, die als Stützzellen ein dichtes Netz an Zellausläufern bilden. Diese stehen mit den Blutgefäßen in Kontakt und übernehmen Stoffwechselaufgaben der Axone (Abb. 117 und 120).

Die Hormone der Neurohypophyse wirken direkt auf periphere Organe. **Vasopressin** wirkt auf die glatte Muskulatur der Arteriolen und der kleineren Arterien kontrahierend, reguliert den osmotischen Druck und steuert die intravasale Blutmenge. An den distalen Tubuli der Niere fördert Vasopressin die Rückresorption von Wasser und damit die Konzentration des Harns (antidiuretisches Hormon, ADH). **Oxytozin** wirkt auf die Uterusmuskulatur und stimuliert die Myoepithelien der Milchdrüsen zur Kontraktion (Oxytozin-Reflexbogen).

Epiphyse (Epiphysis cerebri, Glandula pinealis)

Die Epiphyse ist als dorsale Ausstülpung des Dienzephalons von einer gefäßreichen, zarten Bindegewebshülle umgeben, die sich von der Pia mater ableitet. Von dieser aus ziehen dünne Septen mit Blutgefäßen und Nervenfasern ins Parenchym, die das Organ in unvollständige Läppchen untergliedern.

Wesentliche Bestandteile der Epiphyse sind **Pinealzellen,** interstitielle Zellen **(Astrozyten),** markhaltige und postganglionäre, marklose sympathische Nervenfasern sowie vereinzelt Nervenzellen (Abb. 121).

Die **Pinealzelle (Endocrinocytus pinealis)** ist eine runde bis polygonale, schwach basophile Zelle, die mit mehreren Fortsätzen innerhalb perivaskulärer Räume zu fenestrierten Kapillaren und adrenergen Nervenfasern in Kontakt steht. Pinealzellen weisen tief gekerbte Kerne und ein ausgedehntes glattes ER auf, sie sind zumeist strangförmig oder in Gruppen angeordnet.

Die interstitiellen Zellen des Pinealorgans **(pineale Neuroglia)** sind sternförmig und treten mit Pinealzellen, Kapillargefäßen und pinealen Kanalsystemen in Verbindung. Diese werden als modifizierte Gliazellen angesehen und den Astrozyten zugeordnet.

In gliösen Anteilen der Epiphyse oder in erweiterten Zwischenräumen des Bindegewebes können Kalkeinlagerungen ausgebildet werden, die Hydroxylapatite einschließen **(Acervulus, Hirnsand).**

Die Epiphyse beim Säugetier ist ein lichtsensibles Organ, das Informationen des optischen Systems (Retina – Nucleus suprachiasmaticus) über das Ganglion cervicale craniale durch postsynaptische, sympathische Nervenfasern aufnimmt. Diese Impulse wirken auf die Pinealzellen, deren endokrines Produkt das **Melatonin** ist. Dieses entsteht aus Serotonin unter Mitwirkung von Hydroxyindol-O-Methyltransferase. Dieses Hormon wirkt hemmend auf andere endokrine Drüsen, insbesondere ist der negative Einfluß auf die Entwicklung und die Funktion der Geschlechtsorgane bekannt. Über diese Funktionen hinaus steuert die Epiphyse den inneren Tag- und Nachtrhythmus des Körpers (Hell-Dunkel-Rhythmus, »innere Uhr«). Durch die enge Verknüpfung von Nervensystem (Vegetativum) und Endokrinium in diesem Organ wirkt die Epiphyse auch steuernd auf den N. sympathicus.

Schilddrüse (Glandula thyreoidea)

Die Hormone der Schilddrüse sind das Tetrajodthyronin (Thyroxin, T_4), das Trijodthyronin (T_3) und das Kalzitonin. Die Synthese, Bildung und Sekretion der Hormone T_3 und T_4 wird durch das thyreotrope Hormon (TSH) der Adenohypophyse gesteuert, Kalzitonin unterliegt einem durch Kalzium kontrollierten negativen Rückkoppelungsmechanismus.

Thyroxin und Trijodthyronin regulieren durch Aktivierung der Sauerstoffaufnahme und des Sauerstoffverbrauchs die intrazellulären Stoffwechselvorgänge. Damit wirkt die Schilddrüse auf den Grundumsatz, die Wärmeregulation und die Wachstumsprozesse des Körpers. Zusätzlich werden der Kohlenhydratstoffwechsel und die gastrointestinalen Resorptionsvorgänge auch durch die Schilddrüse mitreguliert.

Kalzitonin senkt durch Aktivierung der Osteoblasten die Kalziumkonzentration im Blut. Auch hemmt Kalzitonin die Aktivität der Osteoklasten und steigert durch Verminderung der renalen Rückresorption die Ausscheidung von Kalzium im Harn.

Struktur der Schilddrüse

Die Schilddrüse vermag im Gegensatz zu sämtlichen anderen endokrinen Drüsen Hormone in einer inaktiven Form in **Bläschen,** sog. **Follikeln,** extrazellulär zu speichern. Die Thyreoidea ist damit eine Speicherdrüse von Hormonen.

Die Schilddrüse wird von einer dünnen bindegewebigen Kapsel umhüllt. Schmale Bindegewebssepten ziehen von dieser ins Organinnere und gliedern die Thyreoidea in **Lappen (Lobi)** und **Läppchen (Lobuli).** Diese Unterteilung ist bei Wiederkäuern und beim Schwein besonders ausgeprägt. Struktur- und Funktionseinheit dieser endokrinen Drüse sind die **Schilddrüsenfollikel (Folliculi),** die von einem Geflecht retikulärer Fasern und einem dichten Netz gefensterter Kapillaren **(Rete capillare)** und Lymphgefäßen **(Rete lymphocapillare)** umgeben werden. Diese bilden in ihrer Gesamtheit das Parenchym der Thyreoidea (Abb. 122 und 123).

Die Follikel sind Bläschen, deren Wand aus einem einschichtigen Epithel besteht und deren Inneres mit einem jodreichen Kolloid gefüllt ist. Dieses Kolloid enthält **Thyreoglobulin,** ein inaktives, an ein Globulin gebundenes Thyroxin. Es ist als Produkt der Epithelzellen dünn- oder dickflüssig, teils basophil, teils azidophil. Durch Wasserentzug wird das Kolloid funktionsabhängig oftmals eingedickt.

In Abhängigkeit von der Funktion des Organs variieren die Follikel in Form (oval bis rund) und Größe (Durchmesser 50–500 µm) ebenso wie in der Struktur des Epithels.

Vergrößerte, reich mit Kolloid gefüllte Follikel weisen stets ein abgeplattetes Epithel auf und sind

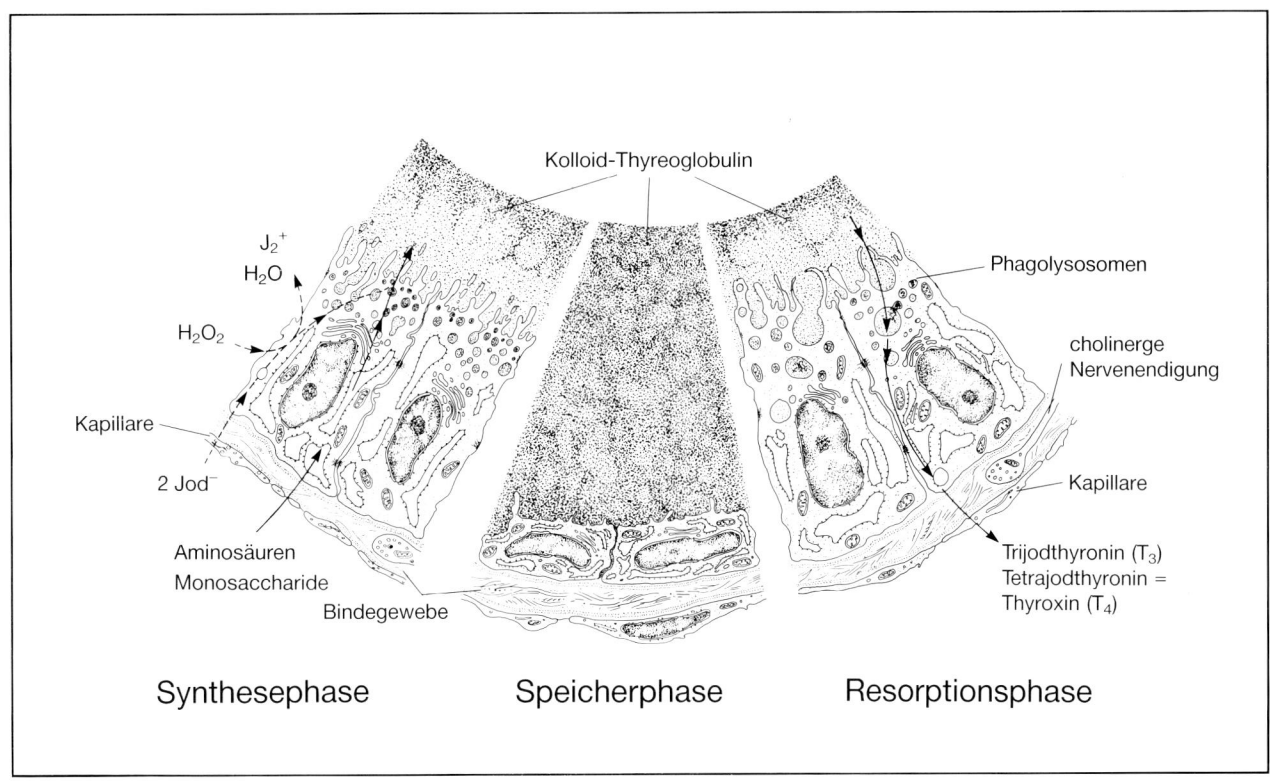

Abb. 124. Schematische Darstellung der verschiedenen Funktionsstadien des Epithels der Schilddrüse während der Hormonabgabe, der Hormonspeicherung und der Hormonresorption.

sekretorisch inaktiv. Das Kolloid färbt sich azidophil **(Stapelform, Speicherphase)**.

Während der Reabsorption des verflüssigten Kolloids ändert sich der Funktionszustand der Epithelzellen, sie werden hochprismatisch, die Kerne liegen basal, und das Kolloid färbt sich basophil **(Reabsorptionsform, Resorptionsphase)**.

Nach Aktivierung der Drüse verkleinern sich die Follikel und die Kolloidmenge. Überwiegend isoprismatische Epithelzellen kleiden die Follikelwand aus **(Sekretionsform, Synthesephase)**.

Sind **Follikelepithelzellen (Endocrinocyti folliculares)** isoprismatisch, zeigen diese einen runden, locker strukturierten Kern, der zumeist zentral liegt. Der Golgi-Apparat schließt supranukleär feine Sekretgranula (50–200 nm) ein, die als Vorstufen des Kolloids anzusehen sind. Neben primären Lysosomen sind Phagolysosomen ausgebildet, die freie Zelloberfläche weist Mikrovilli und pseudopodienähnliche Fortsätze auf. Ein gut entwickeltes rauhes ER und zahlreiche freie Ribosomen führen zur schwachen Basophilie des Zytoplasmas.

Synthese und Speicherung von Thyreoglobulin

Die Follikelzellen nehmen aus den Kapillaren Aminosäuren, Monosaccharide und Jodid (»Jodpumpe«) durch das basale Plasmalemm auf und synthetisieren diese im rauhen endoplasmatischen Retikulum zu Thyreoglobulin (Abb. 124). Im Golgi-Feld erfolgt die Verpackung dieses Glykoproteins in membranumhüllte Vesikel, die durch Exozytose in das Lumen der Follikel ausgeschleust und dort gestapelt werden. Gleichzeitig wird Jodid durch Thyreoperoxidase (H_2O_2) im ER zu **Jod** oxidiert und ebenfalls in das Follikellumen abgegeben. Extrazellulär, innerhalb der Follikellichtung, verbindet sich das Jod mit freien Tyrosingruppen des Thyreoglobulins zu **Trijodthyronin (T_3)** und zu **Tetrajodthyronin) (T_4 = Thyroxin)**. Diese Schilddrüsenhormone sind inaktiv und werden als Kolloid im Follikel gespeichert.

IX. Endokrines System (Systema endocrina)

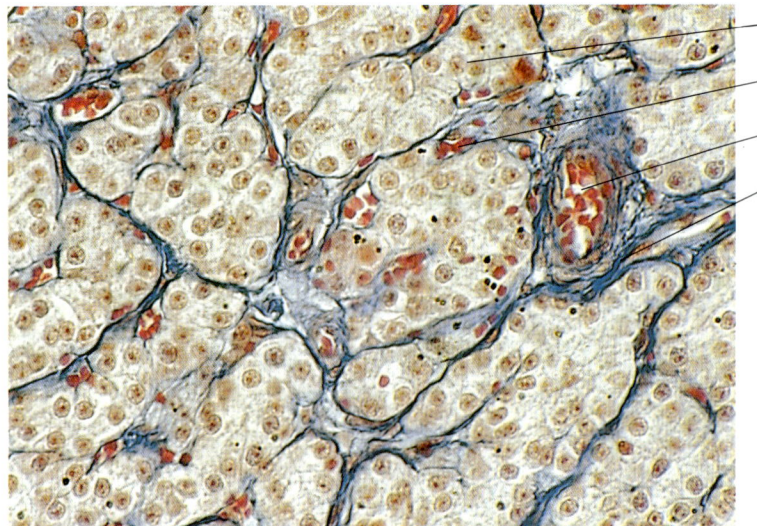

- Hauptzellen
- Sinuskapillaren
- Gefäß
- Bindegewebe

Abb. 125. Epithelkörperchen sind einfach gebaute endokrine Drüsen, deren Funktionsträger kleine, polygonale Hauptzellen mit hellem oder dunklem Zytoplasma und größere oxyphile Zellen mit azidophilem Zytoplasma sind. Ein dichtes Netz sinusoidaler Kapillaren liegt diesen Zellen an, das lockere Bindegewebe führt bei den meisten Tierarten andeutungsweise zu einer Läppchengliederung des Organs. Epithelkörperchen, Pferd. Färbung Azan, Vergr. 180fach.

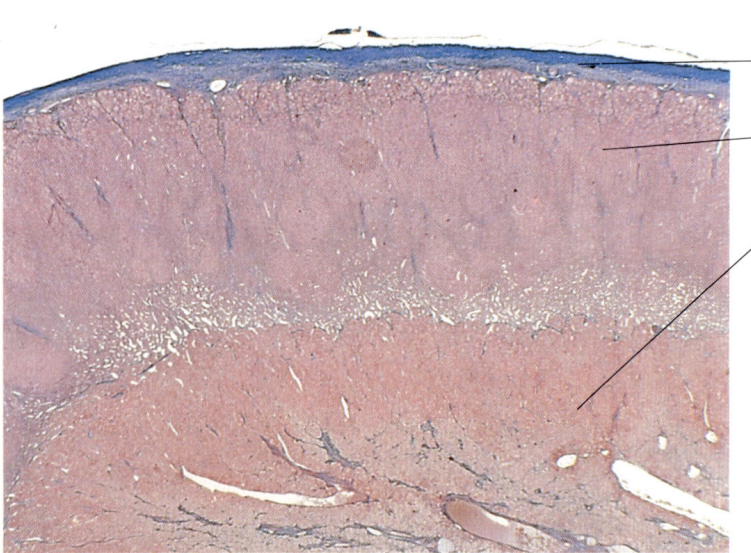

- Kapsel
- Rindenzone
- Markzone

Abb. 126. Die **Nebenniere** (Übersicht) ist embryologisch ein zusammengesetztes Organ, die Nebennierenrinde entwickelt sich aus dem Mesoderm, das Nebennierenmark aus dem Neuroektoderm (sympathisches Paraganglion). Die Kortex kann in 3 Zonen unterteilt werden: Zona glomerulosa, Zona fasciculata und Zona reticularis. Nebenniere, Rind. Färbung Azan, Vergr. 30fach.

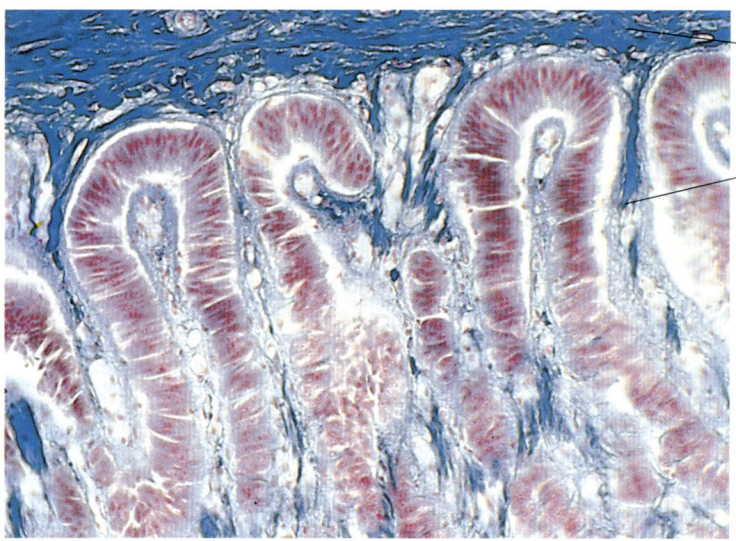

- Kapsel
- Bindegewebe mit Kapillaren

Abb. 127. Zona arcuata der Nebennierenrinde des Pferdes. Unter einer bindegewebigen Kapsel orientieren sich endokrine Zellen zu arkadenähnlichen Strängen. In diesem Organabschnitt werden Mineralokortikoide gebildet, die an ein feines Kapillarnetz abgegeben werden. Dieses setzt sich in die Zona fasciculata fort. Färbung Azan, Vergr. 360fach.

Freisetzung von Trijodthyronin und Thyroxin

Die Follikelepithelzellen werden durch das thyreotrope Hormon der Adenohypophyse (TSH) und durch vegetative und cholinerge Nervenfasern aktiviert (Abb. 124). Dieses glandotrope Hormon reguliert alle Phasen der Hormonsynthese, -speicherung und -freisetzung. Sinkt die Konzentration von Thyroxin im Blut, fördert das Thyreoidea stimulierende Hormon (TSH) die Wiederaufnahme des Thyreoglobulin-Hormon-Komplexes aus dem Follikel in das Zytoplasma der Follikelepithelzellen. Dieser Vorgang wird durch die Verflüssigung des Kolloids durch proteolytische Enzyme am Rande des Follikels eingeleitet. Im weiteren wird das Kolloid über pseudopodienähnliche Zellausstülpungen durch Endozytose wieder intrazellulär aufgenommen. Das Kolloid verschmilzt mit Lysosomen zu Phagolysosomen, in denen durch hydrolytische Enzyme Trijodthyronin und Thyroxin vom Thyreoglobulin abgespalten werden. Diese Hormone werden in das basale Zytoplasma freigesetzt und durch Diffusion an die Kapillaren abgegeben.

C-Zelle (Cellula parafollicularis)

Die parafollikulären oder C-Zellen sind einzeln oder als Gruppen intraepithelial in der Peripherie der Schilddrüsenfollikel lokalisiert. Diese Zellen weisen mit der Epithelzelle eine gemeinsame Basalmembran auf, erreichen aber nicht das Follikellumen. C-Zellen lassen sich immunhistochemisch und mit Silbersalzen nachweisen. Das Zytoplasma erscheint lichtmikroskopisch hell und schließt zahlreiche Granula ein, die **Kalzitonin, Serotonin, Somatostatin** und **Dopamin** enthalten.

Epithelkörperchen, Nebenschilddrüse (Glandula parathyreoidea)

Die Epithelkörperchen sind kleine, endokrine Drüsen, die in enger Lagebeziehung zur Schilddrüse stehen. Von einer dünnen bindegewebigen Kapsel ziehen feine Septen aus Kollagen- und Retikulinfasern in das Organinnere, die bei Rind und Schwein andeutungsweise zu einer Läppchengliederung führen. Bei Fleischfressern hingegen ist dieser bindegewebige Anteil so geringfügig, daß die Drüse im wesentlichen nur aus Parenchymzellen und Kapillaren besteht. Die Kapillarwände sind durch zahlreiche Poren unterbrochen und unregelmäßig erweitert **(Sinuskapillaren).**

Das Parenchym der Nebenschilddrüse besteht aus verhältnismäßig kleinen Epithelzellen, die eine polygonale Zellpopulation bilden (Abb. 125). Man unterscheidet:
– **kleine Hauptzellen,** die in zwei Funktionsstadien auftreten und entweder ein helles oder ein dunkles Zytoplasma aufweisen,
– **oxyphile, größere Zellen,** die ein azidophiles Zytoplasma kennzeichnet.

Kleine Hauptzellen

Helle Hauptzellen (Endocrinocyti principales lucidi) mit einem runden Kern schließen neben wenigen Mitochondrien, ER-Membranen und Golgi-Vesikeln nur wenige sekretorische Granula ein **(Ruheform).** Diese Hauptzellen zeigen jedoch eine hohe Dichte an Glykogenpartikeln, die sich während der Präparation lösen und die Zelle hell erscheinen lassen.

Dunkle Hauptzellen (Endocrinocyti principales densi) enthalten spezifische, elektronendichte Sekretgranula in großer Zahl, die als Golgi-Vesikel ausgeschleust und interzellulär bzw. perivaskulär gelagert werden **(Sekretionsform).** Daneben erscheint das Zytoplasma reich an energieliefernden Organellen.

Oxyphile Zellen

Oxyphile Zellen (Endocrinocyti oxyphilici) sind größer als Hauptzellen (beim Rind 22 µm, beim Pferd 27 µm). Der Kern ist zentral und rund, das Zytoplasma wird beinahe vollständig mit Mitochondrien und Glykogen angereichert. Zwischen Hauptzellen und oxyphilen Zellen bestehen strukturelle Übergangsformen. Die genaue Funktion ist unklar, es wird angenommen, daß diese Zellen Reserve- oder Degenerationsstadien darstellen.

Aufgrund unterschiedlicher Anordnung der Parenchymzellen, der Kapillaren und des perivaskulären Bindegewebes treten tierartliche Merkmale auf. Beim Hund ordnen sich die Parenchymzellen entlang der zumeist erweiterten Kapillaren strangförmig oder rosettenartig an. Bei den übrigen Haussäugetieren liegen die Parenchymzellen vorwiegend dicht in Gruppen, die Kapillargefäße sind eng. Bei Fleischfressern und beim Rind erscheint das Organ wegen der relativ großen Kerndichte lichtmikroskopisch dunkel, bei Schwein und Pferd aufgrund des vergrößerten Zytoplasmas der Hauptzellen heller.

Die physiologische Bedeutung der Nebenschilddrüse liegt in der Sekretion von **Parathormon.** Dieses Hormon wird im rauhen ER der Hauptzellen

IX. Endokrines System (Systema endocrina)

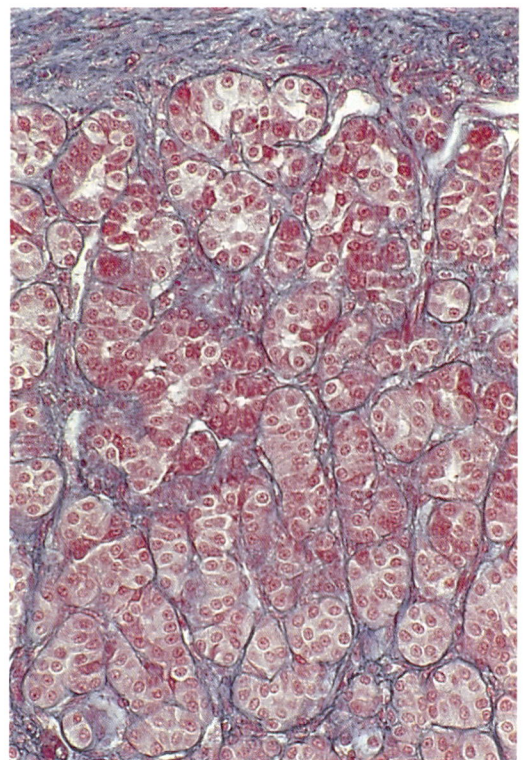

Abb. 128. **Zona glomerulosa der Nebennierenrinde** des Rindes. Färbung Azan, Vergr. 400fach.

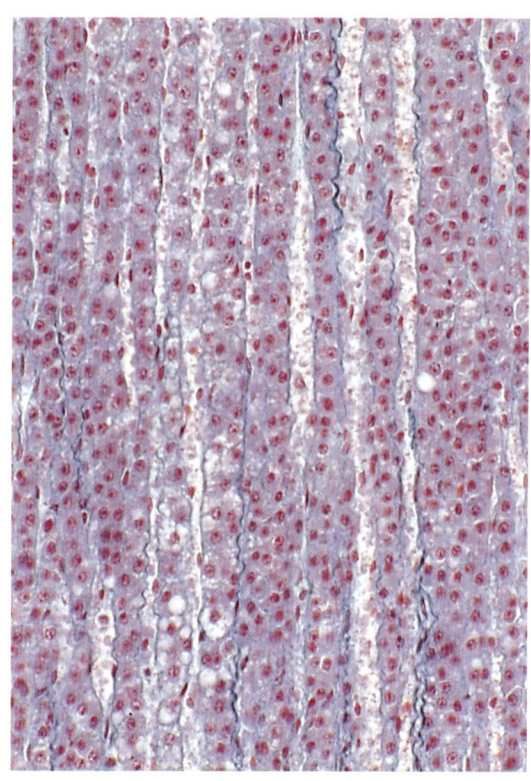

Abb. 129. **Zona fasciculata der Nebennierenrinde** des Pferdes. Färbung Azan, Vergr. 440fach.

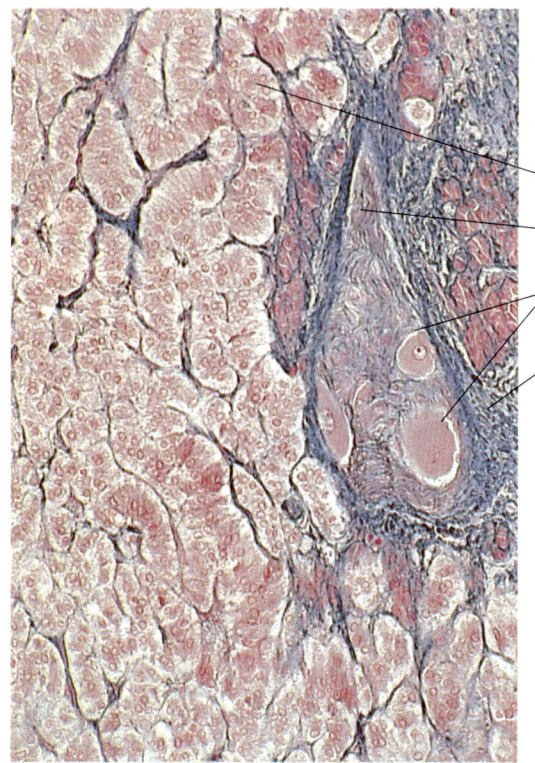

- chromaffine Zellen
- Nervenfaserbündel
- sympathische Ganglienzellen
- Bindegewebe mit Kapillaren

Abb. 130. Das **Nebennierenmark** schließt strangförmig angeordnete endokrine Zellen ein, die mit Chromsalzen anfärbbar sind. Diese Zellen enthalten katecholaminhaltige Granula (Adrenalin und Noradrenalin). Zusätzlich treten im Mark sympathische Ganglienzellen und Nervenfaserbündel sowie zahlreiche Gefäße auf. Nebennierenmark, Rind. Färbung Azan, Vergr. 320fach.

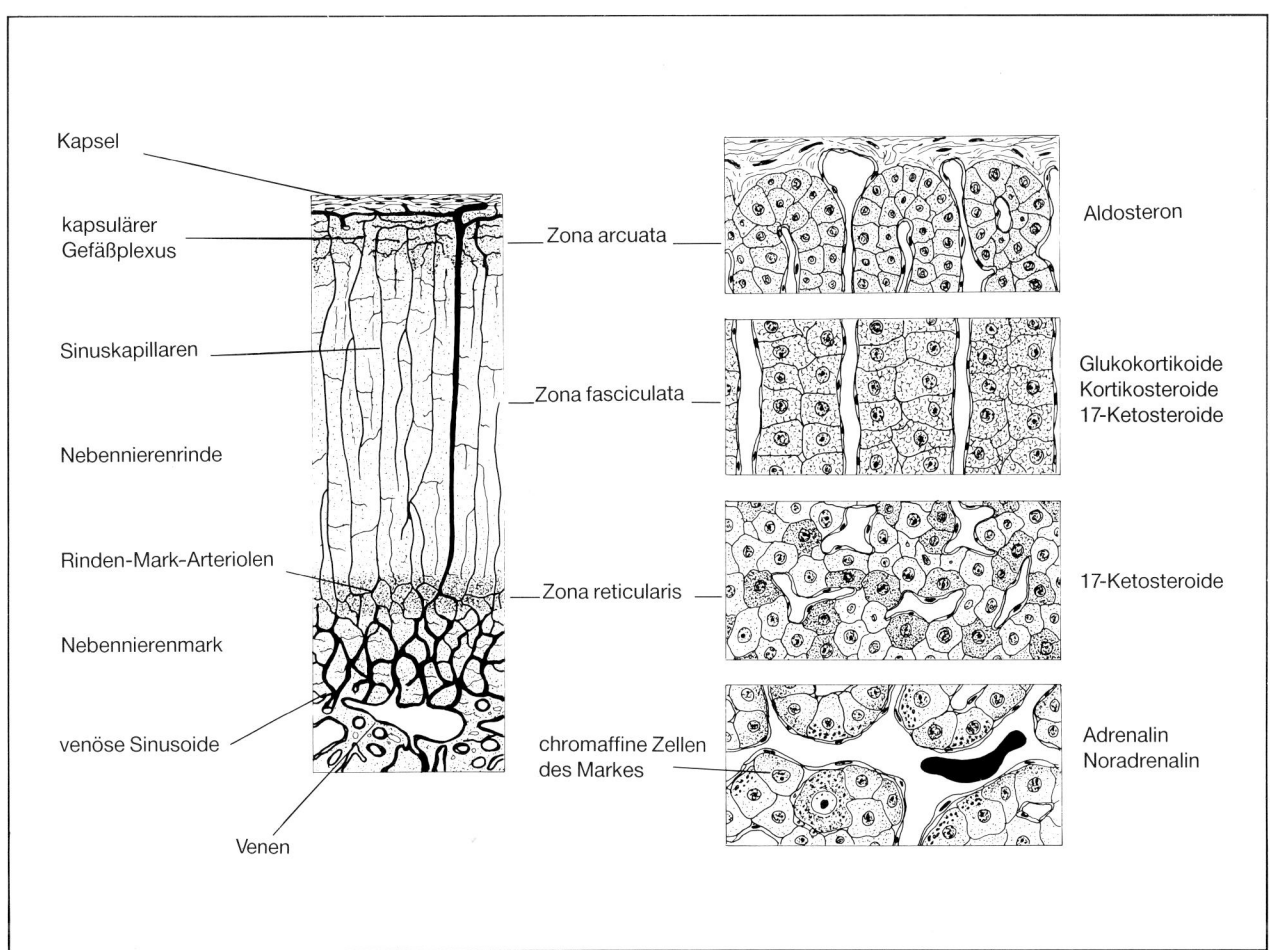

Abb. 131. Schematische Darstellung des Wandbaus der Nebenniere mit Bildungsstätten der Hormone und die Anordnung der Gefäße in der Rinden- und Markzone.

gebildet, im Golgi-Apparat verpackt und durch Exozytose an die Sinuskapillaren abgegeben. Das Parathormon beeinflußt positiv den Kalziumspiegel im Blut und ist damit das antagonistische Hormon zum Kalzitonin der Schilddrüse. Durch Aktivierung des Knochenabbaus (Osteoklasten), durch Hemmung der Kalziumausscheidung in der Niere und durch Stimulation der Resorption von Kalzium aus dem Darm kann unter dem Einfluß des Parathormons der Blutkalziumspiegel erhöht werden.

Nebenniere (Glandula suprarenalis)

Die Nebenniere ist ein lebensnotwendiges, paariges Organ, das embryologisch und funktionell aus zwei verschiedenen Anteilen besteht. Bei Fischen bleibt das Interrenalorgan zeitlebens vom Adrenalorgan getrennt, während sich bei Säugetieren im Verlauf der Entwicklung beide Organe vereinigen: das Interrenalorgan umgibt als **Rinde (Cortex)** das Adrenalorgan, das zum **Mark (Medulla)** der Nebenniere wird (Abb. 126–131).

Die Nebennierenrinde entwickelt sich aus dem mesodermalen Zölom, während die Markzone sich von der ektodermalen Neuralleiste ableitet. Das Nebennierenmark ist damit ein **sympathisches Paraganglion,** dessen postganglionäre Nervenfasern modifiziert sind und an Synapsen Neurotransmitter an das Kapillarnetz abgeben.

Die Anordnung der Blutgefäße ist für die Funktion der Nebenniere von entscheidender Bedeutung (Abb. 131). In der bindegewebigen Organkapsel verzweigt sich ein arterielles Netz zu **kortikalen Sinuskapillaren,** die entlang feiner Bindegewebssepten in die Rindenzone ziehen. Diesen Kapillaren liegt ein perivaskulärer Spaltraum an, der Makrophagen des **m**ononukleären **P**hagozyten-**S**ystems **(MPS)** einschließt. Die Sinusoide gehen allmählich in venöse Haargefäße über und münden an der Rinden-Mark-Grenze in venöse Sinusoide des Nebennierenmarks. Zusätzlich ziehen Arteriolen, ohne sich in der Rinde zu verzweigen, ins Mark und bilden zusammen mit den Sinusoiden das **venöse Kapillarnetz des Nebennierenmarks.** Diese venösen Gefäße sammeln sich in zentralen Markvenen, die letztlich als Venae adrenales das Organ verlassen. Damit wird das Nebennierenmark von Blut durchströmt, das Hormone aus der Rindenzone (Kortikosteroide) aufgenommen hat. Diese steuern die Synthese von Katecholaminen in den chromaffinen Zellen des Marks (s. S. 149). Zusätzlich beeinflussen kreislaufregulatorische Intimapolster das Blutvolumen der Kapillaren.

Nebennierenrinde (Cortex glandulae suprarenalis)

Das Parenchym der **Nebennierenrinde (NNR)** wird von soliden Epithelsträngen gebildet, die mindestens an einer Stelle zur Wand der sinusoidalen Kapillaren in direktem Kontakt stehen. Nach Anordnung dieser Epithelzellen können 3 Zonen mit z. T. fließenden Übergängen unterschieden werden (Abb. 126, 127, 128 und 131), nämlich eine
– Zona arcuata (Zona glomerulosa),
– Zona fasciculata,
– Zona reticularis.

Zona arcuata

Die Zona arcuata wird von endokrinen Zellsträngen gebildet, die sich vorwiegend **bogenförmig** anordnen (Abb. 126, 127 und 131). Die Epithelzellen färben sich schwach azidophil, die Kerne sind rund und dicht. Das Zytoplasma schließt in hoher Zahl agranuläres ER, Mitochondrien und Triglyzeridtropfen ein. Diese paraplasmatischen Granula bilden das Ausgangssubstrat für die Steroidsynthese. Oberflächlich werden die endokrinen Zellen von feinen Retikulinfasern und einem dichten Geflecht von Sinuskapillaren umgeben. Diese regelmäßige Anordnung der Drüsenzellen tritt bei Fleischfressern, Schweinen und Pferden auf. Bei Wiederkäuern hingegen sind die Drüsenzellen **knäuelartig** angeordnet, man spricht daher bei dieser Tierspezies von einer **Zona glomerulosa** (Abb. 128).

Die endokrinen Drüsen dieser äußeren Rindenzone sezernieren **Mineralokortikoide,** insbesondere **Aldosteron.** Dieses Hormon dient der Regulation des Wasser- und Elektrolythaushalts durch Steuerung des Natrium- und Kaliumspiegels im Körper (Stimulation der Natriumpumpe innerhalb der äußeren Zellmembran). Über das Renin-Angiotensin-System beeinflußt Aldosteron darüber hinaus in der Niere den Blutdruck.

Zona fasciculata

Die Zona fasciculata besteht aus parallel verlaufenden, soliden Zellsträngen (Abb. 126, 129 und 131), die radiär zur Kapsel die breiteste Zone der NNR darstellen. Auch diese Zellbalken werden von feinen Bindegewebsfasern und einem dichten Netz sinusoidaler Kapillaren umhüllt. Das vorwiegend schwach basophile Zytoplasma dieser endokrinen Drüsenzellen schließt einen zentralen Kern, auffallend zahlreiche Lipoidgranula und ein dichtes Netz glatter ER-Membranen ein. Die Mitochondrien zeigen als Besonderheit tubuläre Innenstrukturen (tubulärer Mitochondrien-Typ).

Die Zellen der Zona fasciculata sezernieren Glukokortikoide, insbesondere Kortisol und Kortison. Diese Hormone erhöhen den Blutglukosespiegel, fördern die intrazelluläre Speicherung von Glykogen und beeinflussen den Protein- und Fettstoffwechsel. Die **katabole Wirkung** dieser Glukokortikoide auf den Stoffwechsel besteht u. a. in der Beschleunigung der Proteolyse und Lipolyse sowie in einer Minderung der Glukoseaufnahme und Glykolyse. Freigesetzte Amino- und Fettsäuren werden in der Leber weiterverwendet. Die **anabole Wirkung** dieser Steroidhormone liegt in der Stimulation der Proteinsynthese und der Förderung der Glukoneogenese.

Synthese und Sekretion dieser Hormone werden über den Hypothalamus (ACTH-RH) durch die Adenohypophyse (adrenokortikotropes Hormon, ACTH) gesteuert. Diese Regulation unterliegt einem negativen Rückkoppelungsmechanismus.

Zona reticularis

Die Zona reticularis setzt sich als innerste Kortexschicht aus netzartig unregelmäßig verbundenen endokrinen Drüsenzellen zusammen, die kleiner sind und weniger Lipoidgranula einschließen als die der mittleren Rindenzone (Abb. 126 und 131). Mitochondrien vom tubulären Typ, glattes ER und Lipofuszingranula sind wesentliche Bestandteile des meist azidophilen Zytoplasmas. Durch Exozytose werden in kleinen Mengen Geschlechtshormone (Androgene, Östrogene) an anliegende sinusoidale Kapillaren abgegeben.

Nebennierenmark (Medulla glandulae suprarenalis)

Das **Nebennierenmark (NNM)** wird von epitheloiden, netzförmig anastomosierenden Zellen gebildet, deren katecholaminhaltige Granula mit Chromsalzen (Kaliumbichromat) dargestellt werden können. Man bezeichnet daher die endokrinen Zellen des NNM als **chromaffine Zellen**. Diese Zellpopulation steht mit sinusoidalen Kapillaren und einem dichten Geflecht sympathischer Nervenfasern in direktem Kontakt (Abb. 130 und 131).

Die **chromaffinen Zellen** kommen in 2 Arten vor. Der eine Typ (80%) schließt große, chromaffine Granula von geringer Anzahl ein, die **Adrenalin** enthalten. Diese Zellen bilden unregelmäßige Haufen und Stränge entlang der sinusoidalen Kapillaren. Der andere Typ weist zahlreiche und kleine Granula auf, die **Noradrenalin** einschließen. Zusätzlich liegen einzelne **sympathische Ganglienzellen** zwischen den chromaffinen endokrinen Zellen.

Adrenalin wirkt aktivierend auf den Kohlenhydratstoffwechsel durch Erhöhung des Blutzuckerspiegels (vermehrter Abbau von Glykogen in Leber und Muskel) und erhöht die Herzfrequenz durch Stimulation der β_1-Rezeptoren, während Koronargefäße (β_2-Rezeptoren) dilatieren. Glatte Muskelzellen der Gefäßwände des Splanchnikusgebiets, der Haut oder der Lunge verengen. Im Fettgewebe tritt Lipolyse ein. Noradrenalin führt zu einer allgemeinen Gefäßverengung und damit zur Blutdrucksteigerung.

Außerdem treten tierartliche Besonderheiten auf. Bei Schwein, Wiederkäuer und Pferd häufen sich in einer äußeren Markzone zusammenhängende Zellstränge adrenalinproduzierender Zellen, während in der inneren Zone vorherrschend noradrenalinbildende Zellen lokalisiert sind. Bei Fleischfressern kann eine derartige Unterscheidung nicht getroffen werden.

Innervation

Die Innervation des Nebennierenmarks ist Ausdruck engster Beziehungen zwischen dem nervalen und dem endokrinen System. Aus dem sympathischen Grenzstrangganglion wirken präganglionäre Faserbündel über neuroglanduläre Synapsen auf die chromaffinen Zellen. Diese endokrinen Zellen sind modifizierte **postganglionäre Neurone des sympathischen Nervensystems**. Durch den neurosympathischen Impuls werden die chromaffinen Zellen angeregt, Katecholamine **(Adrenalin, Noradrenalin)** an die Kapillaren zu sezernieren. Das Nebennierenmark ist damit ein **sympathisches Paraganglion (Paraganglion suprarenale)**. Durch diese Abgabe an das Zirkulationssystem schließt sich der neuroendokrine Regelkreis und führt zur Stimulation des peripheren vegetativen Nervensystems innerhalb des gesamten Körpers.

Paraganglien (Paraganglia)

Paraganglien sind Ansammlungen von Nervenzellen, die embryonal aus dem Material der Neuralleisten ausgewandert sind und endokrine Funktionen übernommen haben. Diese Zellen sind postganglionäre Neurone, die Wirkstoffe des vegetativen Nervensystems (Noradrenalin, Adrenalin oder Azetylcholin) synthetisieren. Diese Neurotransmitter werden nicht direkt an ein Erfolgsorgan abgegeben, sondern endokrin an das Blut sezerniert. Man unterscheidet als Abkömmlinge des vegetativen Nervensystems 2 Arten von Paraganglien:

1. **Sympathische, chromaffine Paraganglien**, die sich von der Sympathikusanlage ableiten, sind vorzugsweise am Brust- und Halsteil des Sympathikus, nahe großer Bauchgefäße und am Nierenhilus lokalisiert (z. B. Paraganglion aorticum abdominale am Ursprung der A. mesenterica caudalis). Das größte sympathische Paraganglion ist das Nebennierenmark (Ganglion suprarenale). Diese Paraganglien sezernieren adrenerge Wirkstoffe (Adrenalin und Noradrenalin).

2. **Parasympathische, nichtchromaffine Paraganglien** entwickeln sich aus Anlagen des IX. und des X. Gehirnnerven und liegen im Bereich der Aufzweigung der A. carotis (Glomus caroticum) sowie an der Herzbasis (Paraganglion supracardiale). Das **Glomus caroticum** (Abb. 132) schließt rundliche Zellen ein, die 2 Typen unterscheiden lassen:

- **runde, helle Hauptzellen (Typ I)**, die kleine Granula einschließen, deren Inhaltsstoffe Neurotransmitter sind. Oberflächlich stehen diese Zellen mit Synapsen parasympathischer Nervenendigungen in Kontakt;

IX. Endokrines System (Systema endocrina)

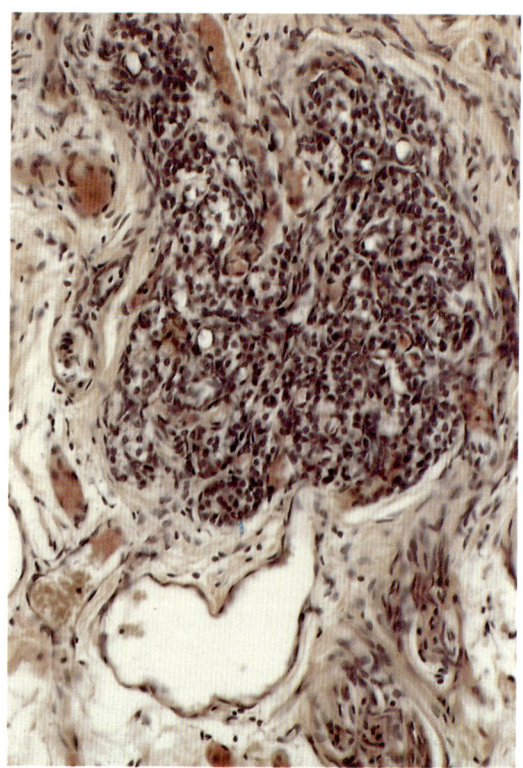

Abb. 132. Das **Glomus caroticum** ist ein parasympathisches Paraganglion mit hellen Hauptzellen, dichten Stützzellen, einem Kapillarnetz und zahlreichen Nervenfasern. Hund. Färbung Hämatoxylin-Eosin, Vergr. 225fach.

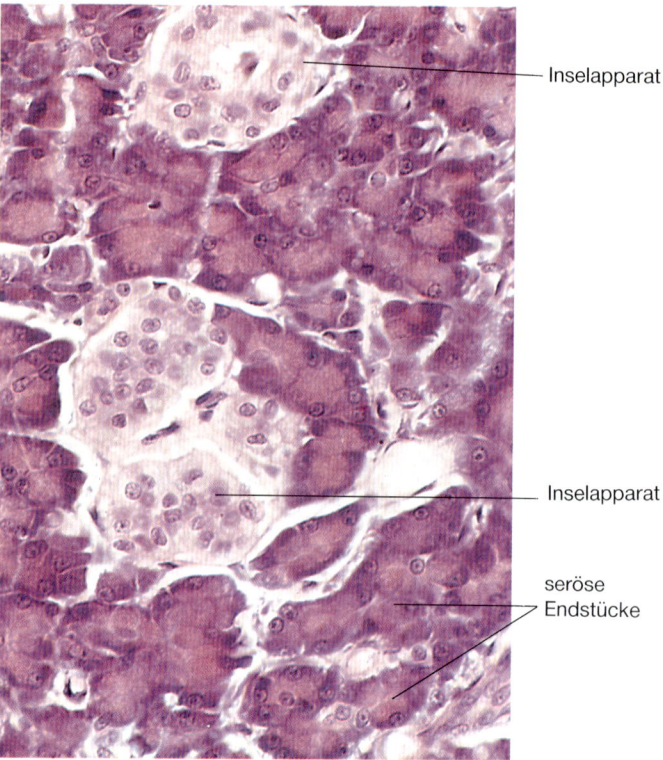

Abb. 133. Der **Inselapparat** stellt den endokrinen Teil des Pankreas dar, den neben α-, β-, δ-, C- und F-Zellen ein feines sinusoidales Kapillarnetz kennzeichnet. Katze. Färbung Hämatoxylin-Eosin, Vergr. 400fach.

– dichte, heterochromatinreiche **Stützzellen (Typ II)**, die als modifizierte Schwann-Zellen angesehen werden.

Paraganglien werden von einem dichten Geflecht parasympathischer Nervenfasern und einem engen Kapillarnetz durchzogen. Das Glomus caroticum dient als **Chemorezeptor** für die **Sauerstoffsättigung** des zirkulierenden Blutes. Über die parasympathischen Faserbündel wird nerval das Atemzentrum reguliert.

Inselapparat des Pankreas (Insulae pancreaticae, Langerhans-Inseln)

Die Bauchspeicheldrüse weist neben exokrinem Drüsengewebe einen kleineren endokrinen Anteil auf. Während der Embryonalentwicklung lösen sich Epithelzapfen aus den Anlagen exokriner Drüsenschläuche und bilden um Kapillaren isolierte Zellgruppen; diese werden als Langerhans-Inseln oder Pankreasinseln (Insulae pancreaticae) bezeichnet. Es sind vorwiegend sphärische oder ovale Zellhaufen (200–400 μm), die unregelmäßig angeordnete Zellstränge einschließen (Abb. 133). Die einzelnen Zellen stehen mit einem dichten Kapillarnetz (»gefensterte Kapillaren«) und zahlreichen vegetativen Nervenfasern in Verbindung. Man unterscheidet 5 endokrine Zelltypen:
– A(α)-Zellen,
– B(β)-Zellen,
– C-Zellen,
– D(δ)-Zellen,
– F-Zellen (PP-Zellen).

Allen endokrinen Zellen ist gemeinsam die geringe Anzahl an stoffwechselaktiven Organellen (Mitochondrien, ER, Ribosomen). Die einzelnen Zelltypen unterscheiden sich hinsichtlich der Struktur und des Inhalts ihrer zellspezifischen Granula.

A(α)-Zellen enthalten argyrophile, dichte Granula (200–300 nm), die sich mit Gomori-Aldehyd-Fuchsin anfärben lassen. Der Kern dieser Zellen ist meist stark gekerbt. A-Zellen bilden 5–30% der Zellen der Pankreasinseln. Beim Schwein fällt die Anzahl während der postnatalen Entwicklung von 50% rasch bis auf 20% ab. Beim Pferd häufen sich A-Zellen im Organzentrum, beim Rind liegen diese randständig. Die Granula enthalten **Glukagon.**

B(β)-Zellen sind unregelmäßig verzweigt und nicht argyrophil, die Kerne sind oval und klein. Das Zytoplasma ist relativ reich an ER, größeren Mitochondrien und ausgeprägten Golgi-Komplexen. Die zellspezifischen Granula weisen meist kristalline Innenstrukturen auf, sie färben sich mit Mallory-Trichrom. Bei den meisten Haustieren sind etwa 60–80% der endokrinen Zellen B-Zellen, beim Schaf sogar bis zu 98%. Beim Pferd liegen diese bevorzugt in der Peripherie, beim Rind im Zentrum der Pankreasinseln. Die Granula enthalten **Insulin.**

C-Zellen werden heute als undifferenzierte Stammzellen oder als deren Vorläuferzellen angesehen, die lichtoptisch keine Granula erkennen lassen. Auch ist nicht auszuschließen, daß diese Zellen inaktive A- oder B-Zellen repräsentieren.

D(δ)-Zellen treten relativ spärlich auf (Hund 5%) und lassen sich nur schlecht anfärben. Die Granula sind von geringer Elektronendichte und klein (150–300 nm). Die Granula enthalten **Somatostatin.**

F-Zellen (PP-Zellen), insbesondere die des Hundes, stellen eine heterogene Gruppe von endokrinen Zellen dar, die in kleinen Granula verschiedene **gastroentero-pankreatische Polypeptid-Hormone** einschließen (z. B. vasoaktive intestinale Polypeptide, VIP; Cholezystokinin[CCK]-Pankreozymin).

Sämtliche Hormone der Pankreasinseln werden als Vorstufen im rauhen endoplasmatischen Retikulum synthetisiert und über Sekretgranula des Golgi-Felds in der aktiven Form zur Zelloberfläche transportiert. Dieser intrazelluläre Transport erfolgt entlang von Mikrotubuli und Mikrofilamenten und wird von Kalzium gesteuert. Die Exozytose des Hormons an das Kapillarnetz wird durch einen Rückkoppelungsmechanismus (u. a. Glukose, TSH, ACTH, Gastrin, Somatostatin, Sekretin und vegetative Nervenfasern) vermittelt.

Glukagon und Insulin regulieren den Glukosespiegel im Blut, sie wirken antagonistisch. Das **Insulin der B-Zellen** steigert als ein anaboles Stoffwechselhormon die Aufnahme von Glukose aus dem Blut in die Leber, in Muskelzellen und in das Fettgewebe. Es senkt damit die Glukosekonzentration im Blut. Insulin induziert die Speicherung und Synthese von Fett und Fettzellen und hemmt die Glukoneogenese und den Glykogenabbau. Das **Glukagon der A-Zellen** zeigt dem Insulin entgegengesetzte Stoffwechselwirkungen. Es erhöht durch Aktivierung der Glukoneogenese und durch Glykogenolyse die Blutglukosekonzentration. Das **Somatostatin der D-Zellen** ist ein wachstumshemmender Faktor und wirkt im Pankreas inhibierend auf A- und B-Zellen. Dieses Hormon wird auch in den D-Zellen des Gastrointestinaltrakts, in der Adenohypophyse und in C-Zellen der Schilddrüse gebildet.

X. Verdauungsapparat (Apparatus digestorius)

Der Verdauungsapparat setzt sich aus Organen zusammen, deren Aufgabe es ist, die aufgenommene Nahrung soweit in ihre Bestandteile aufzuschließen, daß eine Reabsorption in das Körperinnere erfolgen kann. Der Prozeß der Verdauung setzt mit der mechanischen Zerkleinerung der Nährstoffe (Futter) in der Mundhöhle ein, unterstützt durch enzymaktive Sekrete der Speicheldrüsen. Nach Abschlucken der Nahrung wird die Verdauung der Kohlenhydrate im Darm fortgesetzt. Zusätzliche Sekrete (Magensaft, Gallenflüssigkeit, Pankreassaft) dienen der Spaltung der Proteine und der Fette. Die Endprodukte, Monosaccharide, Aminosäuren, Fettsäuren und Glyzeride werden transzellulär durch das Epithel der Darmwand reabsorbiert und stehen dann dem Körper als Energiequelle für den zellspezifischen Stoffwechsel zur Verfügung. Neben enzymatisch gespaltenen Stoffen gelangen Wasser, Elektrolyte und Vitamine durch die Darmwand in den Körper.

Die Leber übernimmt als eine der Anhangsdrüsen des Verdauungsapparats eine zentrale Aufgabe im gesamten Stoffwechselgeschehen eines jeden Säugetiers. Diese größte Drüse des Körpers dient der Synthese neuer, körpereigener Stoffe und deren Speicherung sowie der Bildung und der Abgabe der Gallenflüssigkeit in den Darm. Stoffwechselendprodukte werden über den Darm, die Niere, die Lunge und die Haut ausgeschieden.

Der Verdauungsapparat der Wiederkäuer nimmt durch die Entwicklung des mehrhöhligen Vormagensystems auch funktionell eine Sonderstellung ein. Durch mikrobielle Vergärung entstehen in der Haube und im Pansen flüchtige Fettsäuren, ungesättigte und gesättigte Fettsäuren, Ammoniak, Kohlendioxid und mikrobielles Eiweiß und Lipide, die im Vormagensystem, vorzugsweise im Pansen bzw. im Darm, reabsorbiert werden. (Näheres s. Lehrbücher der Tierphysiologie.)

Makroskopisch-anatomisch wird das Verdauungssystem unterteilt in den Kopfdarm (Nasen-, Mund- und Schlundkopfhöhle) und in den Rumpfdarm (Vorder-, Mittel- und Enddarm, Analkanal und Anhangsdrüsen des Darms). (Einzelheiten zum Verdauungsapparat s. Lehrbücher der Anatomie der Haussäugetiere.)

Mundhöhle (Cavum oris)

Die Mundhöhle dient der Vorbereitung des Futters zur enteralen Verdauung. Die Nahrung wird durch die Lippen und die Zunge in die Mundhöhle aufgenommen, durch die Zähne zerkleinert, mit Sekreten der Speicheldrüsen vermischt, z. T. mit einer Schleimhülle versehen und für das Abschlukken vorbereitet. Durch die Vermengung mit enzymreicher Speichelflüssigkeit setzt bereits in der Mundhöhle die Verdauung von Kohlenhydraten ein.

Bei den Haussäugetieren wird die Mundhöhle durch die meist festen Futterbestandteile extrem mechanisch belastet. Dies erfordert eine widerstandsfähige Auskleidung der inneren Wand der Mundhöhle, verbunden mit einem hohen Grad an Regenerationsfähigkeit und einer vermehrten Durchblutung des Untergewebes. Der Wandbau der Mundhöhle ist entsprechend den besonderen Aufgaben in charakteristischer Weise geschichtet. Man unterscheidet eine

– Tunica mucosa (Schleimhautschicht),
  – Epithelium mucosae (Epithel der Schleimhaut),
  – Lamina propria mucosae (Eigenblatt der Schleimhaut),
– Tela submucosa (Unterschleimhautgewebe),
– Tunica muscularis (Muskelschicht).

Die Wand der Mundhöhle wird von einer **Schleimhautschicht (Tunica mucosa)** ausgekleidet, die aus einem **Epithel (Epithelium mucosae)** und einer bindegewebigen Unterlage, der **Lamina propria mucosae,** besteht.

Das **Epithelium mucosae** der Mundhöhle ist ein **mehrschichtiges Plattenepithel,** das **stellenweise verhornt** (Epitheldicke 200–500 µm). Abhängig vom Grad der mechanischen Belastung nimmt die Epitheldicke zu. Insbesondere am Gaumen und am Zungenrücken tritt eine verstärkte Verhornung ein. Bei einigen Rinder- und Hunderassen ist dieses Epithel stark pigmentiert. Das Epithel schließt stets freie sensible Nervenendigungen und Merkel-Tastzellen als Rezeptoren der Sinneswahrnehmung ein. Langerhans-Zellen dienen intraepithelial als immunologisch aktive Rezeptorzellen und stehen funktionell im Dienste der lokalen Immunantwort der Mundhöhle.

Die **Lamina propria mucosae** weist als Grundlage ein lockeres Bindegewebe mit kollagenen und elastischen Fasernetzen auf, das reich an Gefäßen und Nerven ist. Bedingt durch die z. T. erhebliche mechanische Belastung ist am Gaumen und auf der Zunge der Papillarkörper extrem entwickelt. Der Papillarkörper dient der verbesserten Verankerung (Stabilität) und der erhöhten Stoffwechselversorgung des Epithels. Der mehrschichtige Plattenepithelverband wird zusammen mit der Bindegewebsschicht als **kutane Schleimhaut (Tunica mucosa nonglandularis/cutanea)** bezeichnet.

Die kutane Schleimhaut liegt einem bindegewebigen **Unterschleimhautgewebe (Tela submucosa)** auf, das neben größeren Gefäßen und Nerven regional seröse, muköse oder gemischte **Drüsen** (z. B. Lippendrüsen, Backendrüsen, Zungendrüsen) oder **lymphatische Einlagerungen** (Lymphfollikel, Mandeln) einschließt. Die Zungenspitze, der Zungenrücken, der harte Gaumen und das Zahnfleisch bleiben frei von Drüsen. An Stellen erhöhter mechanischer Scherkräfte ist die Tela submucosa straff, nur geringfügig verschiebbar und fest mit dem unterlagerten Knochengewebe (Periost) verbunden. Weite Wandabschnitte der Mundhöhle sind durch Einlagerung von Skelettmuskulatur **(Tunica muscularis)** verstärkt (Lippe, Backe, weicher Gaumen). Die Grundlage der Zunge formt quergestreiftes Muskelgewebe. (Einzelheiten zur Schichtengliederung der Verdauungsorgane s. Abschnitt »Allgemeiner Wandbau des Rumpfdarms« in diesem Kapitel.)

Eine besondere Differenzierung erfährt die Mundschleimhaut im **Zahnfleisch (Gingiva)**. Als drüsenlose, kutane Schleimhautschicht überzieht die Gingiva die Alveolarfortsätze des Ober- und des Unterkiefers. Das mehrschichtige Plattenepithel ist geringgradig verhornt und **sehr regenerationsaktiv**. Durch straffe kollagene Faserzüge liegt die Tela submucosa dem Periost des Knochens fest an.

Lippe (Labium)

Die Lippen bilden in Form der Ober- und der Unterlippe den Eingang zur Mundhöhle und sind bei den einzelnen Haussäugetieren entsprechend ihrer Funktion als Tast-, Saug- oder Greiforgane entwickelt. Gemeinsam ist den Lippen (Abb. 134) eine Unterteilung in eine **Außenfläche (Pars cutanea)**, eine **Mittelschicht (Pars intermedia)** und eine **Innenfläche (Pars mucosa)**.

Die **Außenfläche** ist stets eine **modifizierte äußere Decke (Integumentum commune)**, die bei Fleischfressern, kleinen Wiederkäuern und beim Pferd zusätzlich Sinushaare einschließt (s. Kap. XV: »Haut und Hautanhangsorgane«, S. 274). Als Modifikation der Haut ist tierartspezifisch beim Schwein die Rüsselscheibe, beim Rind das Flotzmaul, bei Fleischfressern und kleinen Wiederkäuern das Philtrum ausgebildet. Auch unterscheiden sich bei den Haussäugetieren Ober- und Unterlippe z. T. beträchtlich. (Näheres s. Lehrbücher der Anatomie der Haussäugetiere.) Die Rüsselscheibe und das Flotzmaul stellen eine erhebliche **Modifikation** auch hinsichtlich der **Epidermistrias** (s. Kap. XV: »Haut und Hautanhangsorgane«, S. 274) dar. Die Hautoberfläche ist an diesen Stellen haarlos, Talg- und Schweißdrüsen fehlen. Die Lippen sind oberflächlich reich an freien sensiblen Nervenendigungen und schließen, insbesondere beim Schwein, in der Dermis (Corium) als Sinnesrezeptoren zahlreiche geschichtete Endkörperchen (Tastkörperchen) ein. Das mehrschichtige Plattenepithel der Lippenoberfläche liegt stets einem stark entwickelten Papillarkörper auf, der beim Rind die **individualspezifische Felderung** des Flotzmauls **(Areolae)** formt (Abb. 135).

Subepidermal liegen bei Wiederkäuern mächtige seröse Drüsenlager **(Flotzmauldrüsen)**, die über Ausführungsgänge ein wäßriges Sekret auf die Oberfläche des Flotzmauls abgeben und diese benetzen. Die Befeuchtung des Nasenspiegels der Fleischfresser erfolgt durch die Nasensekrete. Das subepidermale Bindegewebe ist reich an kollagenen und elastischen Fasern (Abb. 135).

Die epidermale Außenschicht geht kontinuierlich in die **Mittelschicht (Pars intermedia)** über, die als der bindegewebig-muskuläre Träger der Lippen anzusehen ist. Der quergestreifte **M. orbicularis oris** bildet, zusammen mit Endsehnen der mimischen Muskulatur, die Grundlage (Abb. 134).

Die **Innenfläche (Pars mucosa)** der Lippen besteht oberflächlich aus einer kutanen Schleimhaut. Das **mehrschichtige Plattenepithel** ist schwach verhornt und von einem ausgeprägten Papillarkörper unterlagert. Beim Rind sind an den Lippenwinkeln Sonderbildungen in Form von verhornten, kegelförmigen Papillen **(Papillae conicae)** ausgebildet, die die Aufnahme des Futters unterstützen. Die **Tela submucosa** der Lippen ist reich an Gefäßen und schließt vermehrt nahe den Mundwinkeln **Lippendrüsen (Glandulae labiales)** ein. Diese Drüsen sind bei Fleischfressern und kleinen Wiederkäuern mukös, bei den übrigen Haussäugetieren gemischt. Bei Pferd und Rind sind die Lippendrüsen stark entwickelt. Die Tela submucosa legt sich der Muskelschicht der Pars intermedia an und verbindet sich mit dieser durch Bindegewebssepten.

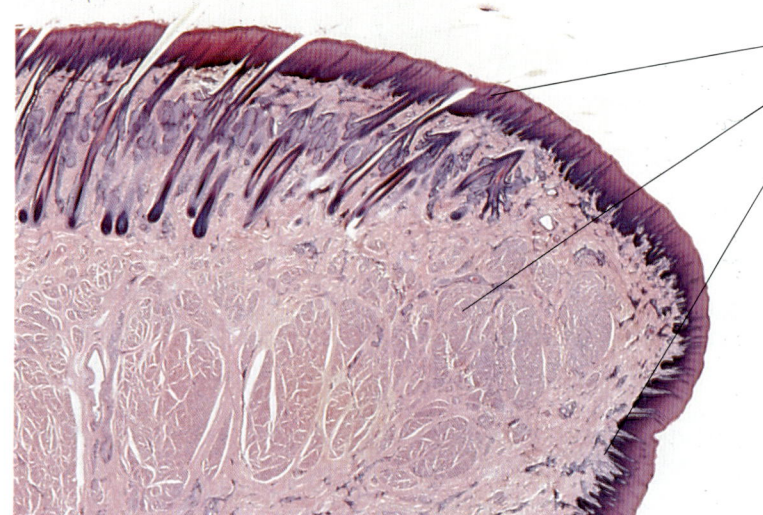

- Haut mit Haaren und Hautdrüsen
- M. orbicularis oris
- Mundhöhlenschleimhaut

Abb. 134. Übersicht über die Lippe eines Fohlens. Außen wird die Lippe von Anteilen der Haut (Oberhaut und Unterhaut) gebildet, in die Haare, Talg- und Schweißdrüsen eingelagert sind. Der M. orbicularis oris formt die muskuläre Grundlage der Lippe. Die inneren Wandschichten setzen sich aus kutaner Schleimhaut in Form eines mehrschichtigen Plattenepithels, einer untergelagerten Lamina propria mucosae und einer Tela submucosa zusammen. Färbung Hämatoxylin-Eosin, Vergr. 20fach.

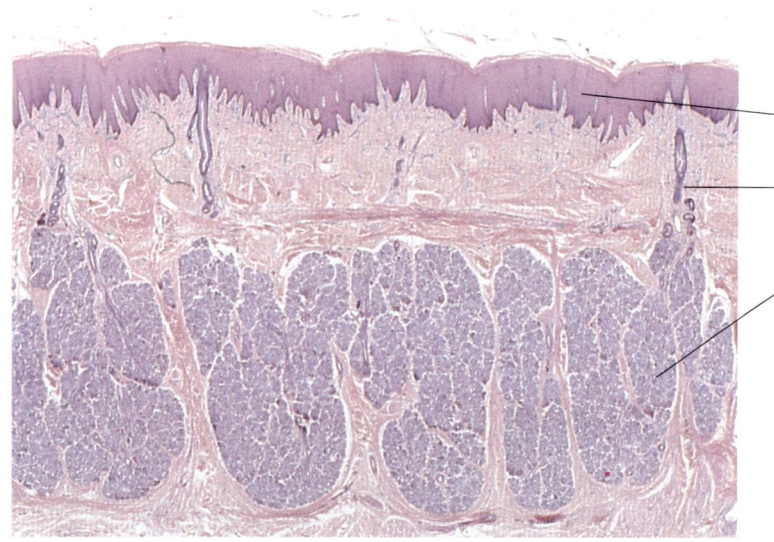

- Areolae
- Ausführungsgang
- seröse Drüsen

Abb. 135. Das **Flotzmaul** weist außen vergleichend anatomisch den Wandbau der Haut auf, ist jedoch unter Verlust von Haaren, Talg- und Schweißdrüsen extrem modifiziert. In tieferen Schichten sind seröse Drüsen eingelagert, die oberflächlich in den Areolae münden. Rind. Färbung Hämatoxylin-Eosin, Vergr. 36fach.

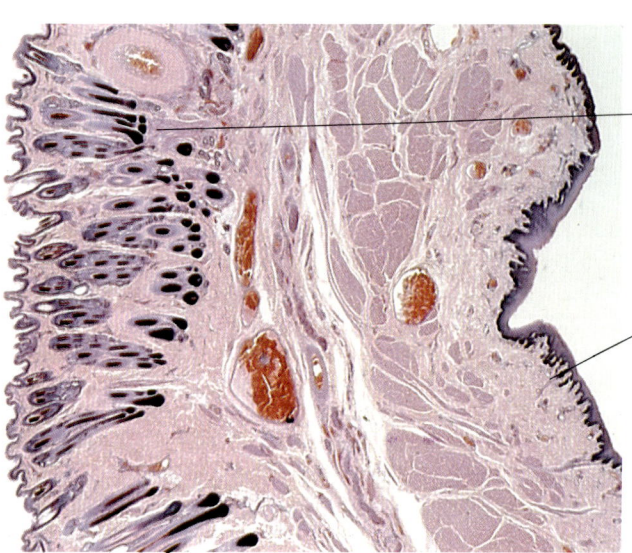

- Haut mit Haaren und Hautdrüsen
- kutane Schleimhaut

Abb. 136. Querschnitt durch die Backe eines Hundes. Die äußeren Anteile der Backe werden von der Haut gebildet, in die zahlreiche Haare und Drüsen eingelagert sind. Der muskulären Grundlage liegt innen die kutane Mundschleimhaut an. Färbung Hämatoxylin-Eosin, Vergr. 26fach.

Backe (Bucca)

Die Backe ähnelt in ihrem Bau der Lippe. Auch diese Außenwand der Mundhöhle weist eine **äußere Haut (Integumentum commune)**, eine **mittlere Muskelschicht (Pars intermedia)** und eine **Innenfläche (Pars mucosa)** auf (Abb. 136). Im Gegensatz zur Lippe ist die Backe außen stets behaart. Die Mittelschicht wird von der Backenmuskulatur getragen, die Innenabdeckung ist eine kutane Schleimhaut. Die Tela submucosa schließt ausgedehnte Lager von **Drüsen (Glandulae buccales)** ein, die ihre Sekrete über kurze Ausführungsgänge in das Vestibulum oris abgeben. Die Drüsen unterscheiden sich tierartlich hinsichtlich ihrer Ausdehnung und ihres Sekrets. Man unterteilt sie in:
- **seröse Drüsen**
  ventrale Backendrüsen des Rindes,
- **muköse Drüsen**
  mittlere und dorsale Backendrüsen des Rindes, ventrale Backendrüsen des Schafes, der Ziege und der Fleischfresser,
- **gemischte Drüsen**
  Backendrüsen des Pferdes und des Schweins.

Gaumen (Palatum)

Der Gaumen setzt sich oral aus einem von der knöchernen Grundlage des Mundhöhlendachs geformten harten Gaumen (Palatum durum) und einem rachenwärts gerichteten Abschnitt, dem weichen Gaumen (Palatum molle), dem Gaumensegel (Velum palatinum) zusammen.

Der **harte Gaumen (Palatum durum)** wird von der kutanen Mundschleimhaut (Tunica mucosa) überzogen, die als derbe Schicht fest mit dem Periost des Knochens in Verbindung steht. Quergestellte, leistenförmige Erhebungen bilden **Gaumenstaffeln (Rugae palatinae)**, die in Anzahl und Grad der Ausbildung tierartlich differieren. Die Gaumenstaffeln sind oberflächlich durch verhornte Epithelplatten verstärkt, die drüsenlos sind. Stellenweise treten bei Wiederkäuern und beim Hund in den staffelfreien Abschnitten des harten Gaumens, beim Schwein oral, gemischte Drüsen auf (Gll. parapapillares). Die meist straffe Tela submucosa enthält bei Fleischfressern und Ungulaten ein reichverzweigtes venöses Netz, das den Charakter von **Schwellvenen (Stratum cavernosum)** aufweist.

Der **weiche Gaumen (Palatum molle, Gaumensegel, Velum palatinum)** teilt als bindegewebige Schleimhautfalte die Rachenhöhle in einen dorsalen Atmungsrachen und einen ventralen Mundrachen. Die ventrale, mundhöhlenseitige Fläche des weichen Gaumens **(Facies oropharyngica)** wird von einer **kutanen Schleimhaut (Tunica mucosa oralis)** überzogen, die sich über den freien Rand (Arcus veli palatini) auf den Atmungsrachen umschlägt und dorsal als **Facies nasopharyngica** allmählich von einem **respiratorischen Flimmerepithel (Tunica mucosa respiratoria)** ersetzt wird. Die kutane Schleimhaut wird in der Tela submucosa von einem dicken Lager **muköser Drüsen (Glandulae palatinae)** und diffusem lymphoretikulären Gewebe unterlagert. Bei Schwein und Pferd treten zusätzlich Mandeln **(Tonsillae veli palatini)** auf. Auch sind unter dem respiratorischen Epithel Drüsen und lymphoretikuläre Einlagerungen gehäuft ausgebildet. Als Mittelschicht ist eine **Lamina tendinomuscularis** entwickelt, die von den Muskeln des Gaumensegels (M. palatinus, M. levator veli palatini und M. tensor veli palatini) bzw. deren Endsehnenplatten durchzogen wird.

Zunge (Lingua)

Die Zunge ist ein in den Richtungen des Raums beweglicher Muskel, der sich mit dem Zungenkörper (Corpus linguae) und der Zungenwurzel (Radix linguae) in den Mundhöhlenboden einfügt. Die Zungenspitze (Apex linguae) ragt frei beweglich in das Cavum oris. Die Funktionen sind vielfältig. Sie dient u. a. der Aufnahme und dem Transport von fester und flüssiger Nahrung, ist taktiles und sensorisches Geschmacksorgan und wird zur Säuberung der Haardecke verwendet.

Die große Beweglichkeit der Zunge ist auf die dreidimensionale Anordnung der **quergestreiften Muskelfaserbündel** des M. lingualis proprius zurückzuführen (Abb. 137). Die Faserbündel bilden ein regelmäßiges Raumgitter **(intralinguales System der Binnenmuskeln)** und kreuzen sich in den senkrecht zueinander stehenden Richtungen. Die Muskelbündel sind durch lockere bindegewebige Septen getrennt, die tierartlich unterschiedlich Fettgewebe einschließen. Insbesondere die Zunge des Schweins ist reich an univakuolärem weißen Fett.

Die Oberfläche der Zunge wird von der **kutanen Schleimhaut** der Mundhöhle bedeckt, die funktionsbedingt in ihrem Differenzierungsgrad variiert. Die mechanisch starke Beanspruchung der Mundhöhle durch das Futter bewirkt auf der Rückenfläche der Zunge eine auffällige **Verhornung** oberflächlicher Epithelzellen und die Ausbildung eines deutlichen **Papillarkörpers**, vorrangig bei Pflanzenfressern und bei der Katze. Die Seiten- und

156   X. Verdauungsapparat (Apparatus digestorius)

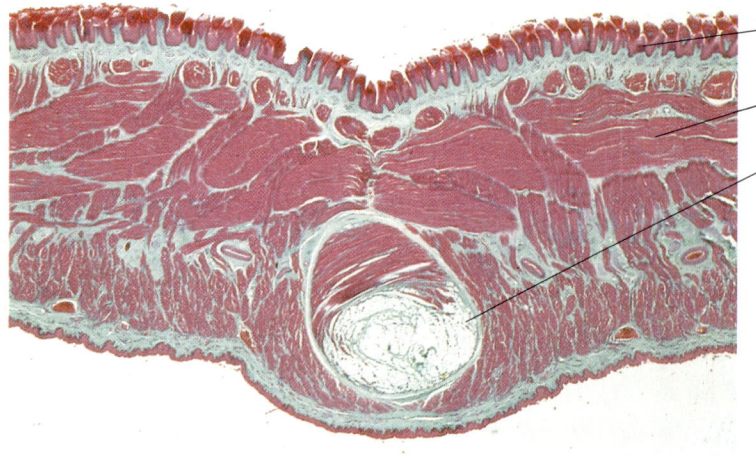

- mechanische Papillen
- Zungeneigenmuskulatur
- Lyssa

Abb. 137. Querschnitt durch die Zunge des Hundes. Die Zungenoberfläche ist von zahlreichen mechanischen Papillen überzogen, die einem ausgeprägten Papillarkörper aufliegen. Die Fasern der Zungeneigenmuskulatur verlaufen geordnet, dreidimensional (longitudinal, horizontal und vertikal). Zentral wird die Zunge des Hundes von der Lyssa mechanisch verstärkt. Färbung Goldner, Vergr. 20fach.

- Hornfortsatz
- Hauptpapille
- Stützpapille

Abb. 138. Papilla filiformis der Katze. Diese mechanische Papille ist gekennzeichnet durch einen aboral gerichteten, kegelförmig-spitzen Hornfortsatz, der einer Hauptpapille entspringt. Dieser ist oral eine Stützpapille vorgelagert. Färbung Mallory, Vergr. 36fach.

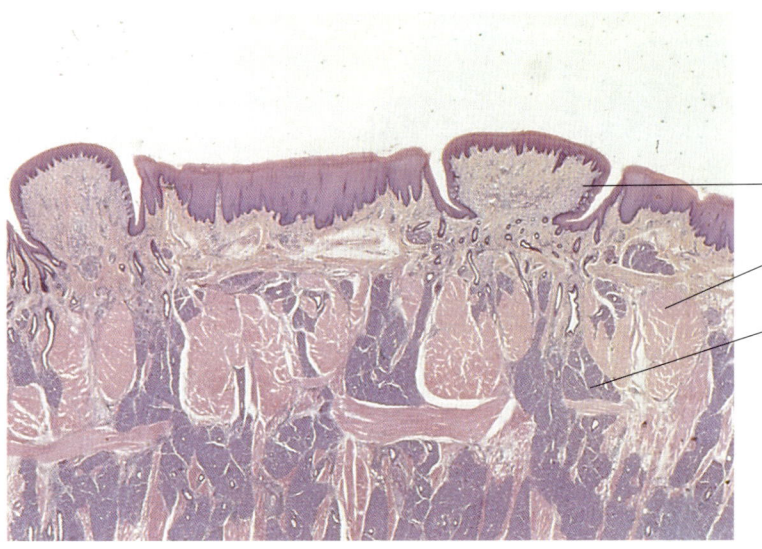

- Papilla vallata
- Zungeneigenmuskulatur
- Seröse Drüsen

Abb. 139. Papilla vallata der Ziege. Diese wallförmige Papille trägt intraepithelial Geschmacksknospen und ist stets von serösen Spüldrüsen (v.-Ebner-Drüsen) unterlagert. Färbung Hämatoxylin-Eosin, Vergr. 32fach.

Unterflächen der Zunge sind demgegenüber von einem dünnen mehrschichtigen Plattenepithel bedeckt.

Zungenpapillen

Die besonderen Funktionen der Zunge als Organ der Futteraufnahme und der sensorischen Prüfung der Nahrung prägen auch die Struktur der Tunica mucosa. Auf der Zungenoberfläche sind Schleimhauterhebungen ausgebildet, die als **Zungenpapillen (Papillae linguales)** bezeichnet werden. Zungenpapillen unterscheiden sich nach Größe, Zahl und Verteilung auf der Zungenoberfläche (Abb. 138–140). Insbesondere unterscheidet man nach ihrer Funktion mechanische Papillen (**Papillae mechanicae**) und Geschmackspapillen (**Papillae gustatoriae**), die sich weitergehend auch nach ihrer Form gliedern lassen in:

- mechanische Papillen (Papillae mechanicae)
  fadenförmige Papillen (Papillae filiformes),
  konische Papillen (Papillae conicae),
  randständige Papillen (Papillae marginales),
- **Geschmackspapillen (Papillae gustatoriae)**
  pilzförmige Papillen (Papillae fungiformes),
  wallförmige Papillen (Papillae vallatae),
  Blattpapillen (Papillae foliatae).

Mechanische Papillen

Strukturelle Grundlage einer mechanischen Papille ist ein meist gefiederter Bindegewebsstock, in dem zahlreiche Nervenfaserbündel und Mechanorezeptoren eingelagert sind. Über intraepitheliale freie Nervenendigungen werden Tastempfindungen aufgenommen.

Die **Papillae filiformes** bedecken als epitheliale weiche Hornfäden bei Pferd, Schwein und Ziege den Zungenrücken und verleihen der Oberfläche eine samtartige Glätte. Bei Rind, Schaf und Katze ragen über einem bindegewebigen Grundkörper rachenwärts gerichtete kleine Hornspitzen, die der Zungenoberfläche die tierartcharakteristische Rauhigkeit verleihen. Bei der Katze ist zur Verstärkung der weit ausladenden Hornspitze oral eine zusätzliche bindegewebige Stützpapille ausgebildet (Abb. 138). Beim Rind sind am Zungenkörper kegelförmige, stumpfe **Papillae conicae** entwickelt. Bei neugeborenen Karnivoren und Ferkeln sind die Zungenränder mit langgezogenen Papillen besetzt **(Papillae marginales),** die einen seitlichen Abschluß der Mundspalte bilden und das Saugen erleichtern.

Geschmackspapillen

Geschmackspapillen sind besondere Modifikationen des mehrschichtigen Plattenepithels und des unterlagernden Bindegewebskörpers, die in ihrem Epithel Geschmacksknospen einschließen. Die **Geschmacksknospe** ist eine Sonderbildung dieses Epithels; sie dient der sensorischen Reizaufnahme von Geschmacksstoffen. (Einzelheiten s. Kap. XVI: »Sinnesorgane«, S. 293.)

Die **Papillae fungiformes** sind auf dem Zungenrücken, an den Seitenrändern und teilweise an der Unterseite der Zunge verteilt. Als kleine pilzförmige Erhebungen ragen sie geringfügig über die Oberfläche der Zunge, sie sind weniger verhornt als die mechanischen Papillen. Es wird nicht ausgeschlossen, daß in diesen Papillen **Thermorezeptoren** lokalisiert sind. Insbesondere bei Jungtieren schließen die Papillen intraepithelial **Geschmacksknospen** ein, die nach der Saugperiode allmählich verschwinden.

Die **Papillae vallatae** treten am Übergang vom Zungenkörper zum Zungengrund auf. Beim Schwein und beim Pferd sind sie als paarige Geschmackspapillen ausgebildet, beim Fleischfresser liegen auf jeder Seite 2 bis 3. Am häufigsten sind Papillae vallatae bei Wiederkäuern (beim Schaf bis zu 24 pro Seite) entwickelt (Abb. 139). Jede Papille wird von einem ringförmigen Graben und einem leicht erhöhten äußeren Wall umgeben. Die Papille selbst überragt die Zungenoberfläche nicht. Die der Papille anliegende Epithelwand des Ringgrabens trägt tierartlich unterschiedlich eine große Zahl an **Geschmacksknospen**. Diese Papillen werden von **tubuloazinösen, serösen Drüsen (v.-Ebner-Spüldrüsen)** unterlagert, die in der Tela submucosa und zwischen den Muskelfaserbündeln liegen und ihr dünnflüssiges Sekret durch ein verzweigtes Ausführungsgangsystem in den Grund des Ringgrabens abgeben. Durch die ständige Nachbildung der Sekrete werden die in der Speichelflüssigkeit gelösten Nahrungsstoffe von der Oberfläche der Geschmacksrezeptoren entfernt (Spüldrüsen) und neue Sinneseindrücke ermöglicht.

Die **Papillae foliatae** liegen nahe der Radix linguae und sind beim Pferd gut, beim Schwein und bei Fleischfressern wenig entwickelt, bei den Wiederkäuern fehlen sie. Diese Form von Geschmackspapillen stellt einen Schleimhautwulst dar, der durch querstehende Furchen unterteilt wird. Die Wand dieser Furchen schließt zahlreiche **Geschmacksknospen** ein. Den Papillae foliatae sind in großer Dichte seröse Spüldrüsen unterlagert, die in Struktur und Funktion denen der Papillae vallatae gleichen.

158 X. Verdauungsapparat (Apparatus digestorius)

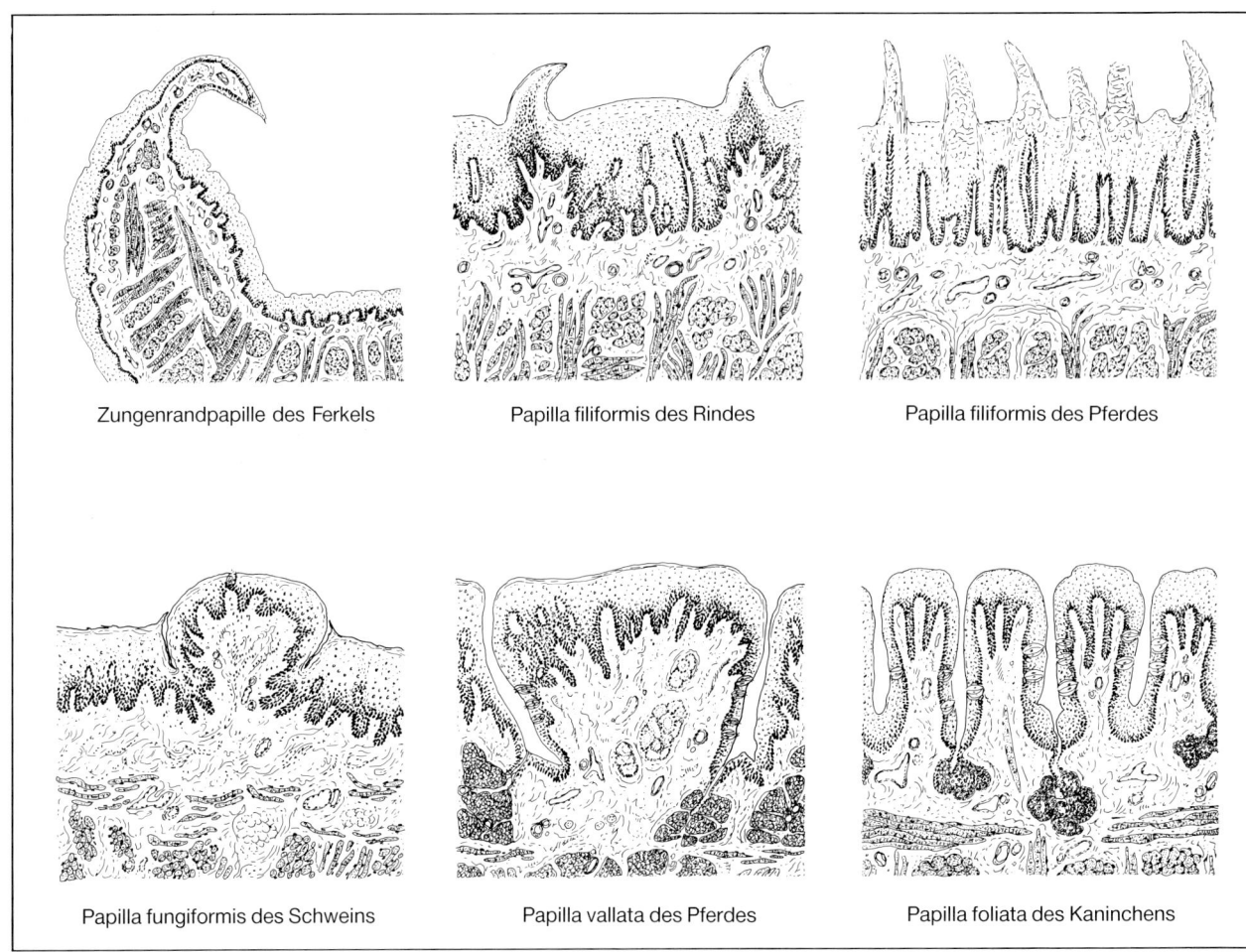

Abb. 140. Schematische Darstellung einiger Zungenpapillen.

In der Zunge sind im Zungengrund zahlreiche **lymphatische Einrichtungen** entwickelt, die zu den immunzellulären Abwehreinrichtungen der Mundhöhle (= lymphatischer bzw. Waldeyer-Rachenring) zu zählen sind. In organisierter Form treten beim Pferd und beim Rind in großer Zahl, beim Schwein nur vereinzelt Zungenbälge **(Tonsillae lingualis)** auf. Bei Fleischfressern sind nur diffuse Ansammlungen lymphoretikulären Gewebes und Einzelknötchen erkennbar.

Die **Innervation der Zunge** erfolgt motorisch durch den Nervus hypoglossus (XII), während die Kiemenbogennerven, der Ramus mandibularis des Nervus trigeminus (V), der Nervus intermediofacialis (VII), der Nervus glossopharyngicus (IX) und der Nervus vagus (X) mechano-, thermosensible und sensorische Funktionen erfüllen. Die Abkömmlinge der Kiemenbogennerven dienen damit der Tast-, Schmerz-, Temperatur- und Geschmacksempfindung. Die **Gefäßversorgung der Zunge** wird durch dichte Kapillarnetze gewährleistet, die sich bevorzugt subepithelial zu flächenhaften Verbänden häufen. Vermehrt vaskularisiert sind die Randbereiche der Zunge. Bei Pferd und Rind liegen gemischte Drüsen **(Zungenranddrüsen)** randständig.

Als eine **strukturelle Besonderheit** ist beim Pferd der **Zungenrückenknorpel** anzusehen. Dieser schließt kollagenelastische Einlagerungen in einer knorpelähnlichen Grundsubstanz ein. Ebenso ist der **Zungenrückenwulst** der Wiederkäuer in Form einer Verdickung der Schleimhaut eine Modifikation der Zunge. Die **Lyssa** liegt an der Zungenunterfläche. Sie ist eine hohlstabähnliche Bildung, die einen Fettkörper, quergestreifte Muskulatur und Bindegewebe einschließt. Diese unpaare Einlagerung ist beim Fleischfresser ausgeprägt, beim Schwein vorwiegend mit Fett gefüllt, beim Pferd rudimentär. Die Lyssa dient der Zunge als Stützorgan.

Zahn (Dens)

Die Zähne dienen im Zusammenwirken mit den Lippen, der Zunge, dem Ober- und Unterkiefer und der Kaumuskulatur der Aufnahme und der Zerkleinerung des Futters. Die Zähne bilden in ihrer Gesamtheit das bei den Haussäugetieren in gattungs- und arttypischer Weise unterschiedliche Gebiß, dessen Form entscheidend von der Art der Ernährung des Tieres abhängt. Trotz dieser Unterschiede weisen die Zähne ein gemeinsames Bauprinzip auf. Man unterscheidet am Zahn:
– Zahnkrone (Corona dentis),
– Zahnhals (Cervix dentis),
– Zahnwurzel (Radix dentis).

Die **Zahnkrone** überragt als sichtbarer (freier, distaler) Teil des Zahns das Zahnfleisch (Gingiva). Der **Zahnhals** wird ringförmig von der Gingiva umgeben, ist aber bei den Backenzähnen der Pflanzenfresser nicht so deutlich ausgeprägt. Die **Zahnwurzel** ist der proximale Teil eines Zahns, der in den knöchernen Alveolen des Ober- bzw. Unterkiefers steckt.

Der Zahn umschließt mit seinen mineralisierten Wandanteilen die **Pulpahöhle (Cavum dentis)**, die die zentrale **Zahnpulpa (Pulpa dentis)** einschließt. Die Zahnpulpa verengt sich in Richtung auf die proximale Zahnspitze zu einem **Wurzelkanal (Canalis radicis dentis)**, der in der **Wurzelöffnung (Foramen apicale dentis)** endet (Abb. 141). Nerven und Blutgefäße treten durch die Wurzelöffnung in die Zahnpulpa ein bzw. aus. Die Befestigung des Zahns erfolgt durch den **Wurzelzement**, die **Wurzelhaut (Periodontium, Alveolardentalmembran)** und die **Alveolarwand (Alveolus dentalis)**.

Der Zahn setzt sich aus 3 mineralisierten Anteilen zusammen, dem
– Schmelz (Enamelum),
– Dentin (Dentinum),
– Zement (Cementum).

Schmelz (Enamelum)

Der Schmelz ist das härteste Gewebe im Organismus. Er überzieht als äußerste Schicht die Krone eines schmelzhöckrigen Zahns oder stülpt sich bei schmelzfaltigen Zahnformen mit in die Schmelzbecher ein. (Näheres s. Lehrbücher der Anatomie der Haussäugetiere.)

Der Schmelz ist **zellfrei** und setzt sich aus sechsseitigen bis polygonalen **Schmelzprismen (Prismata enameli)** zusammen (Abb. 142). Der Schmelz entwickelt sich aus einer **Schmelzmatrix**, die embryonal als **Sekret** von **ektodermalen Ameloblasten (Adamantoblasten, Enameloblasten)** gebildet wird. Die Schmelzmatrix besteht aus nichtkollagenen Proteinen (u. a. Prolin, Glyzin, Leuzin, Histidin), Glykoproteinen und Glykosaminoglykanen. Durch sekundäre Einlagerung von anorganischen Substanzen (Kalzium und Phosphaten) transformiert sich unter Mitwirkung der Ameloblasten die Schmelzmatrix zu Schmelzkristallen, die zur Grundlage der **Schmelzprismen (Prismata enameli)** werden. (Näheres s. Lehrbücher der Embryologie.)

Schmelzprismen (Durchmesser 5–9 µm) bestehen aus **Hydroxylapatitkristallen (Crystallum hydroxyapatiti)** (90%) und Resten einer **organischen Matrix**. Schmelzprismen sind in Gruppen zusammengefaßt und bogen- oder schraubenförmig angeordnet. Verlaufen gebündelte Schmelzprismen quer zur Oberfläche, so werden sie als **Diazonien** bezeichnet, ist ihr Verlauf schräg oder senkrecht dazu, so spricht man von **Parazonien**. Im polarisierten Licht sind an Längsschliffen durch den Schmelz **Querstreifen** nachweisbar, die auf die unterschiedliche Lichtbrechung der Schmelzprismen zurückzuführen sind (Schräger-Hunter-Streifen). Oberflächenparallel verlaufende Streifen sind Ausdruck embryonaler, rhythmischer Wachstumslinien des Schmelzes (Retzius-Streifen). Schmelzprismen weisen oberflächlich eine Kannelierung auf und sind durch eine organische Substanz verbunden.

Dentin (Dentinum)

Dentin ist härter als Knochen und weicher als Schmelz. Dentin umgibt die Pulpahöhle und liegt im Kronbereich dem Schmelz, im Wurzelbereich dem Zement an. An den Kauflächen der Backen- und Schneidezähne der Pferde und der Backenzähne der Wiederkäuer bleibt das Dentin unbedeckt von anderen Zahnsubstanzen.

Die Bildung des Dentins geht embryonal auf die **mesenchymalen Odontoblasten** der **Zahnpulpa** zurück (Abb. 142). Diese formieren sich tapetenartig und entlassen ausgeprägte Zytoplasmafortsätze **(Tomes-Fasern, Dentinfasern)**, die sich nachfolgend seitlich verzweigen. Odontoblasten sezernieren als Grundsubstanz Glykoproteine und Glykosaminoglykane **(Prädentin, Praedentinum)** und scheiden Tropokollagen zur extrazellulären Synthese von Kollagenfibrillen aus. Mesodermale Odontoblasten sind radiär zu den ektodermalen Ameloblasten orientiert.

Im weiteren geben Odontoblasten über ihre Fortsätze membranbegrenzte Granula mit Kalzium und Phosphat als Inhaltsstoffe ab, die sich als **Apatitkri-**

160 X. Verdauungsapparat (Apparatus digestorius)

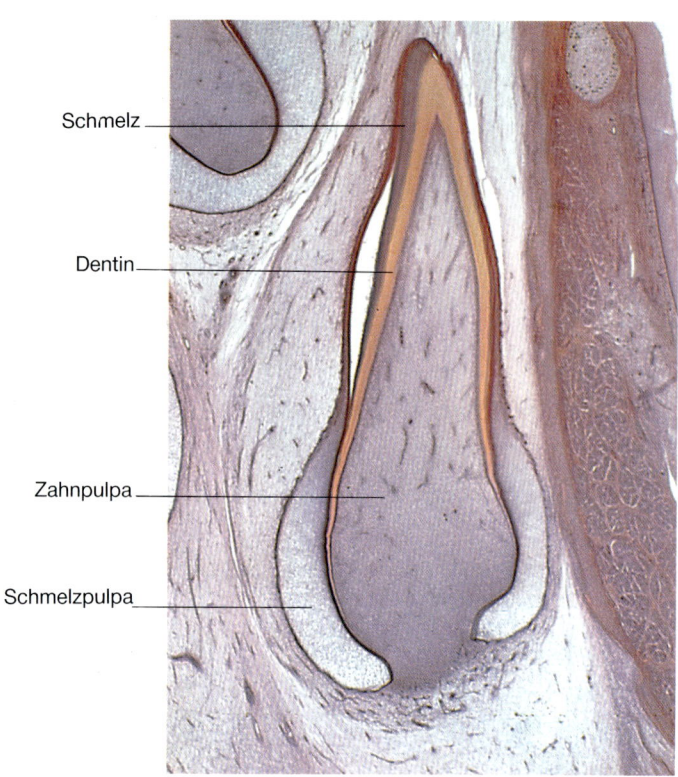

Abb. 141. **Übersicht über eine Zahnanlage mit Hüllgewebe** während der embryonalen Entwicklung. Kalb. Färbung Hämatoxylin-Eosin, Vergr. 14fach.

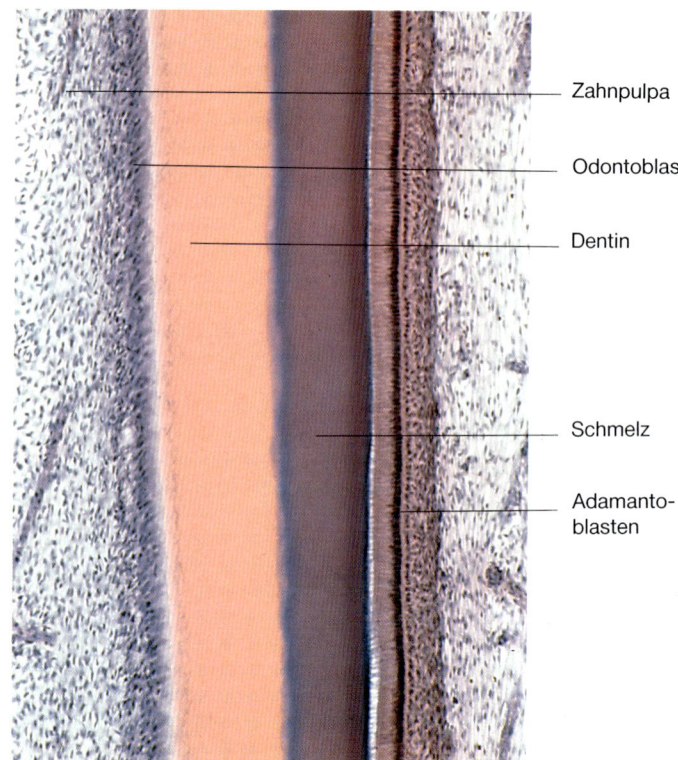

Abb. 142. **Ausschnitt aus der Wand eines Zahns mit Hüllgewebe.** Kalb. Färbung Hämatoxylin-Eosin, Vergr. 120fach.

stalle um **Kollagenfibrillen** kondensieren. Die **Mineralisation** des **Prädentins** zu **Dentin** setzt ein. Sie ähnelt den Vorgängen der Ossifikation (Präossein zu Ossein). **Odontoblastenfortsätze** werden von **mineralisiertem Dentin (Dentinum peritubulare)** umgeben. Sie liegen in **Dentinkanälchen (Tubuli dentinales).** Nichtmineralisierte Prädentinbereiche werden als **Interglobulardentin (Globus dentalis, Tomes-Körnerschicht)** bezeichnet. (Näheres s. Lehrbücher der Embryologie.)

Dentin besteht in seiner Endform aus ca. 70% **anorganischen Substanzen** (Hydroxylapatitkristallen aus Kalzium und Phosphat) und **organischen Bestandteilen** (vorwiegend Kollagen und Grundsubstanz). Mineralisierte Dentinkanälchen schließen die Fortsätze der Odontoblasten ein, durch die stoffwechselaktive Substanzen in innere Wandabschnitte des Dentins gelangen. Ebenso legen sich **freie Nervenendigungen** den Fortsätzen der Odontoblasten an und gelangen durch die Kanälchen ins Dentin.

Dentin verdichtet sich um zentrale Dentinkanälchen **(Dentinum peritubulare)** und ist stark mineralisiert. Das zwischen Dentinkanälchen gelegene **intertubuläre Dentin** ist weniger dicht und reich an Kollagenfasern. **Manteldentin** liegt dem Schmelz an, getrennt durch eine Basalmembran (früher Membrana praeformativa). Manteldentin ist reich an nichtmineralisierten Granula (Tomes-Körnerschicht).

Der Halteapparat des Zahns setzt sich zusammen aus:
- Zement (Cementum),
- Wurzelhaut (Periodontium, Alveolardentalmembran),
- Alveolarknochen,
- Zahnpulpa (Pulpa dentis).

Zement (Cementum)

Der Zement ähnelt in seinem Bau der geflechtfaserigen Knochensubstanz. Er legt sich durch appositionelles Wachstum außen dem Zahn auf. Entsprechend der Struktur sind **Zementzellen (Cementocyti), Kollagenfibrillen** und **mineralisierte Grundsubstanz** an der Bildung des Zements beteiligt. In unterschiedlichen Zementzonen können zell- und faserfreie Abschnitte am Schmelzrand zellfreien, aber fibrillenreichen Zonen des Wurzeldentins gegenübergestellt werden. Zell- und fibrillenreicher Zement verstärkt vorrangig den Halteapparat des Zahns an der Zahnwurzel und gleicht in seinem Bau dem Geflechtknochen. Der Wurzelzement verläuft meist oberflächenparallel zum Zahn, ist reich an Kollagenfaserbündeln und mineralisiert. Zusätzlich verknüpfen sich Faserbündel mit den Sharpey-Kollagenfasern des Periodontiums.

Wurzelhaut (Periodontium, Alveolardentalmembran)

Die Wurzelhaut bildet sich aus den Sharpey-Kollagenfasern, die den Raum zwischen der knöchernen Alveolarwand und dem Zement ausfüllen. Die Kollagenfaserbündel verlaufen im oberen Bereich der Alveole horizontal, in der Mitte der Alveole spiralig sich kreuzend und am Alveolarrand vorwiegend senkrecht. Diese Fasern verbinden sich fest mit dem Zahn, sie dienen seiner Verankerung in der Alveole und wirken druckdämpfend.

Neben Kollagenfasern sind in die Wurzelhaut Fibroblasten eingelagert, die der ständigen Erneuerung des Halteapparats dienen. Diese Zellen sind pluripotent, sie können sich zu Zementoblasten, Zementozyten, Osteoblasten und Osteoklasten transformieren. Die Wurzelhaut ist vaskularisiert und schließt freie Nervenendigungen als Druck- und Schmerzrezeptoren ein.

Alveolarknochen

Alveolarknochen sind durch Sharpey-Fasern eng mit dem Periodontium verbunden. Diese meist lamellären Knochen sind perforiert und ermöglichen den Durchtritt von Gefäßen und Nerven in die Zahnpulpa zur Versorgung des Zahns.

Zahnpulpa (Pulpa dentis)

Die Zahnpulpa behält auch beim ausgewachsenen Tier noch ihren ursprünglichen mesenchymalgallertigen Charakter. Das lockere Gewebe schließt Blutgefäße und Nervenfaserbündel ein, Lymphgefäße fehlen. Markhaltige und marklose Nerven ziehen entlang der Fortsätze der Odontoblasten in die Dentinkanälchen. Ein feines Netz von Kollagenfasern (Typ III) bildet das Grundgerüst der Zahnpulpa, in die Fibroblasten, Retikulumzellen und oberflächlich Dentinoblasten (Odontoblasten) eingelagert sind. Die Zahnpulpa ist reich an ungeformter Grundsubstanz. Die Neubildung von Dentin erfolgt zeitlebens. Dadurch verengt sich allmählich die Zahnpulpa, ein Vorgang, der mit der Reduktion der Stoffwechselversorgung verbunden ist.

Drüsen der Mundhöhle (Glandulae oris)

Die Drüsen der Mundhöhle entwickeln sich aus strangförmigen Ausstülpungen der epithelialen Backenschleimhaut (Epithelzapfen), die sich in tiefer gelegene Abschnitte bis in die Tela submucosa vorschieben. Am Ende zweigen sie sich auf und formieren sich zu tubuloazinös zusammengesetzten, sekretorisch aktiven Organen. Durch sekundäre Lumenbildung entstehen Ausführungsgangsysteme, durch die das Drüsengewebe Sekrete an die Oberfläche der Mundschleimhaut abgibt.

Die Drüsen der Mundhöhle sezernieren **Speichel**, der eine **Vielzahl von Aufgaben** übernimmt. Speichel befeuchtet die kutane Schleimhaut der Mundhöhle und die Nahrungsstoffe während der Zerkleinerung und erleichtert dadurch das Abschlucken von festem Futter. Gleichzeitig werden Geschmacksstoffe gelöst und eine sensorische Prüfung der Nahrung ermöglicht. Die große Menge des alkalischen Speichels (Pferd etwa 40 l täglich, Rind 90–180 l täglich) dient beim Wiederkäuer der Neutralisation der im Pansen durch die mikrobielle Verdauung gebildeten kurzkettigen Fettsäuren (Pufferkapazität des Speichels). Eine besondere Aufgabe übernimmt die Speichelflüssigkeit beim Schwein. Bei dieser Tierart ist der Speichel reich an Amylase, einem Enzym, das Kohlenhydrate spaltet. Die Speichelflüssigkeit erfüllt neben physikalischen und fermentativen Funktionen aufgrund ihres Gehalts an Immunglobulin A (IgA) und Laktoperoxidase auch Aufgaben der Immunabwehr.

Die Speichelsekretion ist nerval (sympathisch, parasympathisch) und hormonell gesteuert. Durch Reizung des N. sympathicus wird die Abgabe eines Speichels mit vorzugsweise organischen Substanzen induziert, während parasympathische Stimulation durch die Gehirnnerven VII, IX und X die Synthese von dünnflüssigem, wasserreichem Speichel fördert. Hormonell wirkt das Kallikrein-Bradykinin-System gefäßerweiternd und damit fördernd auf die Sekretbildung.

Zusätzlich stimulieren Geruch und Geschmack des Futters, der Vorgang des Abschluckens und die Zusammensetzung des Futters die Speichelsekretion. Beim Hund regt trockenes Futter die Sekretion eines wäßrigen Speichels an, frisches Futter hingegen fördert die Sekretion von viskösem Speichel.

Bau der Speicheldrüsen

Aufgrund ihrer unterschiedlichen Lage und Größe können die Drüsen der Mundhöhle unterteilt werden in **kleine Speicheldrüsen (Glandulae sali-**

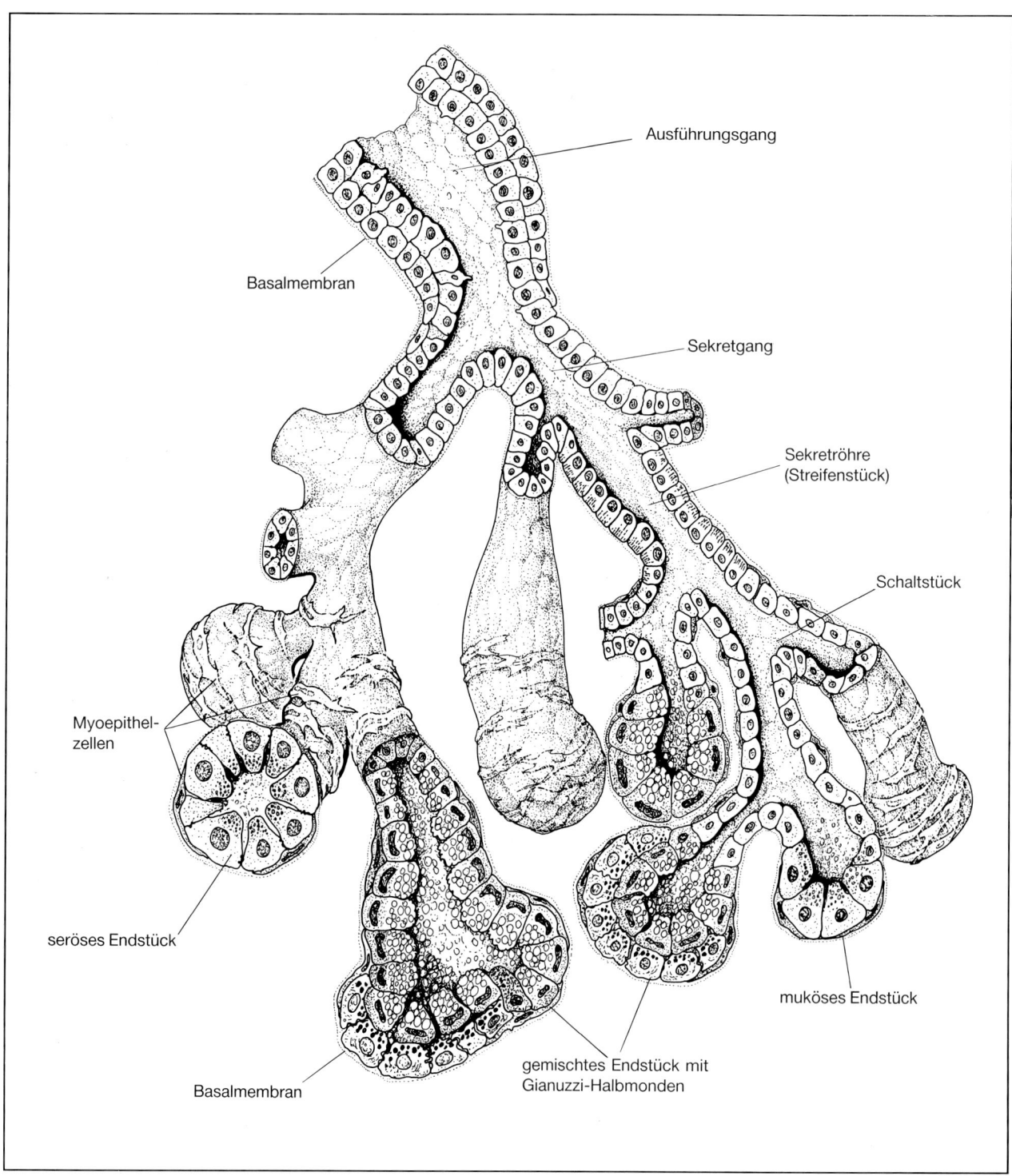

Abb. 143. Schematische Darstellung des Aufbaus einer tubuloazinös zusammengesetzten Speicheldrüse mit serösen bzw. mukösen und gemischten Endstücken.

variae minores) und **große Speicheldrüsen (Glandulae salivariae majores).** Die kleinen Speicheldrüsen liegen als Lippendrüsen, Backendrüsen, Zungendrüsen oder Gaumendrüsen in der Tela submucosa der Mundhöhle. Sie werden bei den einzelnen Abschnitten der Mundhöhle besprochen (s. S. 153 und 155).

Die **großen Speicheldrüsen (Glandulae salivariae majores)** sind Organe, die mit der Mundhöhle durch einen Ausführungsgang verbunden sind. Man unterscheidet folgende große Speicheldrüsen:
– Ohrspeicheldrüse (Gl. parotis),
– Unterkieferdrüse (Gl. mandibularis),
– Unterzungendrüsen (Gll. sublinguales),
  – Glandula sublingualis monostomatica,
  – Glandula sublingualis polystomatica.

Sämtliche Speicheldrüsen werden von einer bindegewebigen Organkapsel umgeben. Von dieser ziehen Septen in die Tiefe und führen zu einer Lobulierung einzelner Drüsenabschnitte. Speicheldrüsen sind tubuloazinär verzweigte Drüsen, deren Sekrete über ein Ausführungsgangsystem in die Mundhöhle geleitet werden (Abb. 143–147).

Die äußere bindegewebige **Kapsel (Capsula glandularis)** entläßt kollagene Faserbündel, die als Septa interlobaria die Drüse in **größere Läppchen** und als Septa interlobularia in **kleinere Läppchen** unterteilen. In diesen bindegewebigen Fasern ziehen Gefäße, vegetative Nerven und Anteile des Ausführungsgangsystems.

Die Sekretbildung erfolgt bei allen Speicheldrüsen in **Endstücken (Acini),** die nach **Art des Sekrets serös, mukös** oder **gemischt** sind (Abb. 143). (Einzelheiten s. Kap. II: »Epithelgewebe«, Abschnitt »Drüsenepithel«, S. 41.) Der Modus der Sekretabgabe ist in jedem Fall merokrin.

Die Drüsenendstücke werden von modifizierten, kontraktilen Epithelzellen, sog. **Myoepithelien** oder **Korbzellen,** umgeben, denen sich außen eine Basalmembran anlegt. Die Drüsenzellen geben ihre Sekrete an das Ausführungsgangsystem ab, das aus sich sammelnden Schläuchen besteht, die mit einem iso- bis hochprismatischen Epithel ausgekleidet sind. Dieses sekretführende System setzt an den Endstücken der Drüsen mit dem **Schaltstück (Ductus intercalatus)** an und sammelt sich intralobulär zu **Sekretröhren (Ductus intralobulares),** die aufgrund einer basalen Streifung des hochprismatischen Epithels auch als **Streifenstücke** bezeichnet werden (Abb. 146 und 147). Außerhalb eines kleinen Drüsenläppchens vereinigen sich mehrere Sekretröhren zu Ductus interlobulares und gehen in **Sekretgänge (Ductus interlobares)** über. In Sekretgängen ist das Epithel zweischichtig, isoprismatisch. Sekretgängen liegen außen in spiralig-schraubenförmiger Anordnung glatte Muskelzellen an. Mehrere Sekretgänge sammeln sich zum **Ausführungsgang (Ductus excretorius),** der ein mehrschichtiges Epithel aufweist und stellenweise Becherzellen einschließt. Außen umgeben glatte Muskelzellen den Ausführungsgang. Die Lumina des Ausführungsgangsystems nehmen vom Schaltstück bis zum Ausführungsgang allmählich im Durchmesser zu (Abb. 143).

Ohrspeicheldrüse (Glandula parotis)

Die Glandula parotis (Abb. 144 und 147) ist bei den Haussäugetieren eine **seröse Drüse,** nur beim Fleischfresser und beim Lamm treten randständig auch muköse Einzelzellen auf. Das Zytoplasma der azidophilen, feingranulierten **Endstückzellen** schließt vorzugsweise proteinbildende Organellen (Monoribosomen und Polyribosomen, rauhes ER) und zahlreiche Mitochondrien ein. Apikal wird die sekretorisch aktive Oberfläche der Epithelzellen durch dichte Mikrovilli vergrößert. Zwischen anliegenden Drüsenzellen sind durch feinste Zellausstülpungen **interzelluläre Sekretkapillaren** entwickelt, die der Oberflächenvergrößerung während der Abgabe des Sekrets dienen. Diese münden in die meist engen Lumina der Endstücke.

Das flach isoprismatische Epithel der **Schaltstücke** transformiert sich im **Streifenstück** zu einem hochprismatischen. Diese Epithelzellen weisen an der Basis regelmäßige Einfaltungen des Plasmalemms auf, in denen sich Mitochondrien stapeln. Bereits lichtmikroskopisch erscheint die Anordnung dieser Organellen als Streifung. Die vergrößerte basale Zelloberfläche ist morphologisch Ausdruck einer stoffwechselaktiven Reabsorption von Wasser und Natriumionen. Kalium wird gegenläufig in das Lumen des Sekretrohrs ausgeschieden. Außen werden Sekretrohre von feinen Kapillarnetzen umgeben, die in direktem funktionellen Zusammenhang mit der Reabsorption von Körperflüssigkeiten und Ionen aus dem Speichel stehen. Damit sind Sekretrohre Organabschnitte, in denen der Speichel eingedickt und der Gehalt an Elektrolyten reguliert wird.

Unterkieferdrüse (Glandula mandibularis)

Die Unterkieferdrüse (Abb. 145) ist bei Pferd, Wiederkäuer und Schwein eine gemischte Drüse, beim Fleischfresser treten auch muköse Endstücke auf. Bei der gemischten Drüsenform sind seröse und muköse Drüsenendstücke oftmals innerhalb eines Azinus entwickelt, doch treten abschnittsweise auch rein seröse und rein muköse Endstücke getrennt auf. In gemischten Drüsenendstücken lie-

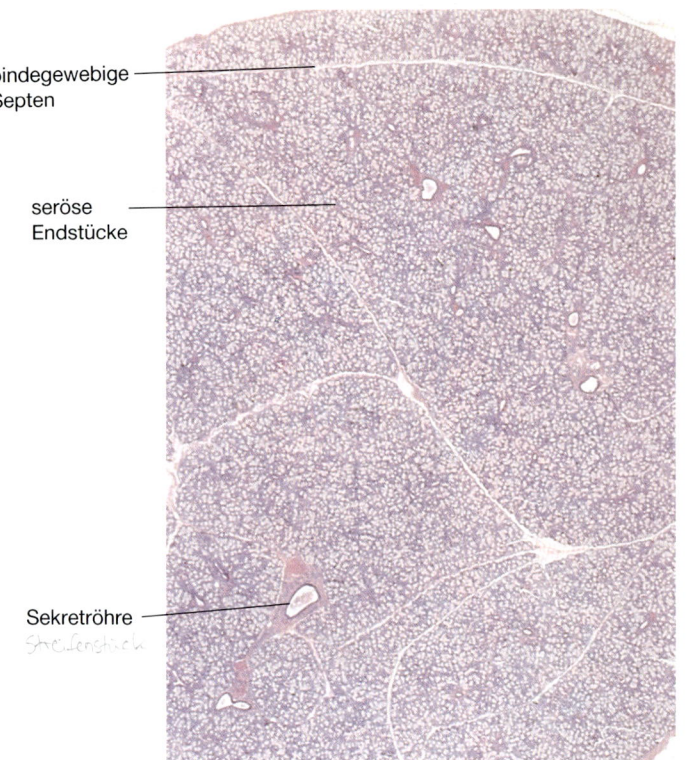

Abb. 144. Übersicht über die seröse Ohrspeicheldrüse des Pferdes mit einzelnen Drüsenläppchen und intralobulären Sekretröhren. Färbung Hämatoxylin-Eosin, Vergr. 80fach.

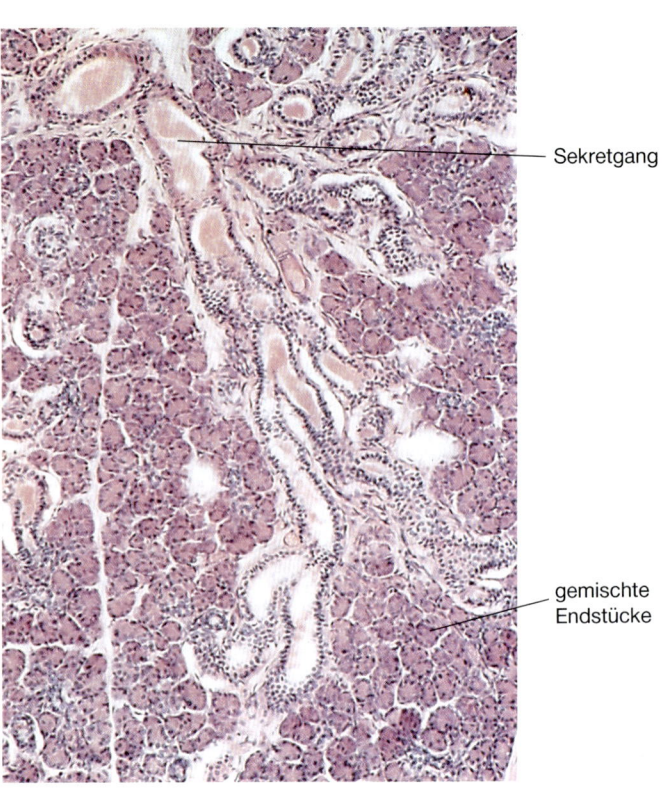

Abb. 145. Ausschnittvergrößerung aus der tubuloazinär verzweigten Unterzungendrüse des Rindes. Färbung Hämatoxylin-Eosin, Vergr. 120fach.

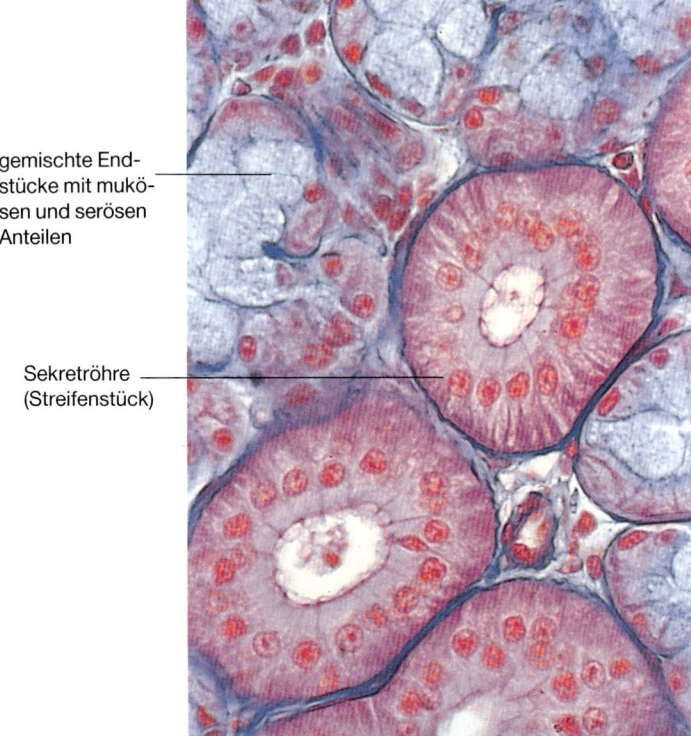

Abb. 146. Ausschnittvergrößerung aus Sekretröhren (Streifenstücke) der Unterzungendrüse des Rindes. Färbung Azan, Vergr. 480fach.

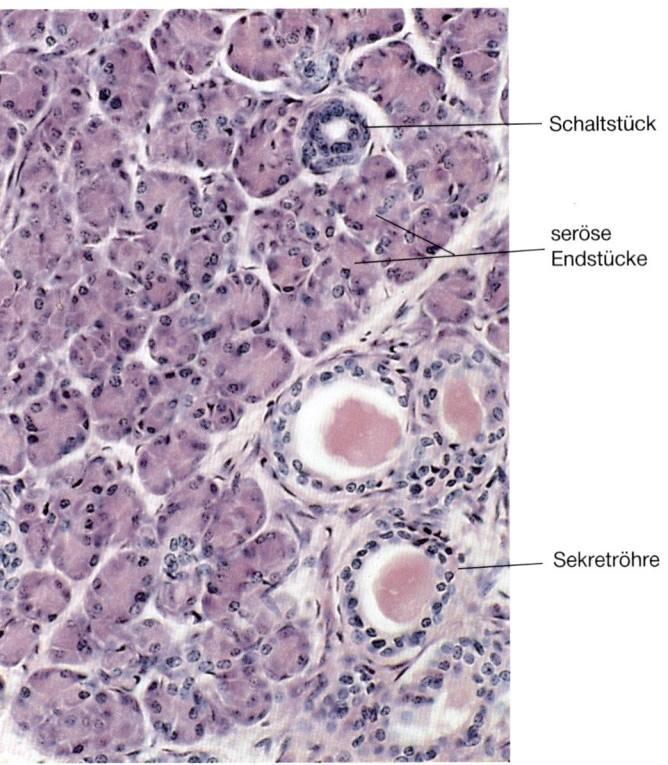

Abb. 147. Ausschnittvergrößerung aus der Ohrspeicheldrüse des Pferdes mit serösen Endstücken, Schaltstück und Sekretröhren. Färbung Hämatoxylin-Eosin, Vergr. 300fach.

gen seröse Endstücke (Gianuzzi-Halbmonde) mukösen Drüsenzellen kappenartig auf. Diese leiten ihr seröses Sekret zwischen mukösen Zellen in das Lumen. Die mukösen Endstücke sind basophil, schaumig vakuolär, die Kerne liegen basal, die Lumina sind erweitert. Die Anzahl der Schaltstücke und der Sekretröhren in schleimbildenden Drüsen ist reduziert, da in den sekretleitenden Abschnitten keine Regulation der Schleiminhaltsstoffe durch Reabsorption mehr erfolgt.

Unterzungendrüse (Glandula sublingualis)

Die Unterzungendrüse (Abb. 146) ist bei allen Haussäugetieren eine gemischte, vorwiegend muköse Drüse. Es ist nicht ausgeschlossen, daß einzelne Endstücke funktionsbedingt seröse, muköse oder gemischte Sekrete abgeben und entsprechend ihre Struktur ändern.

Schlundkopf, Rachen (Pharynx)

Der Schlundkopf wird aufgrund seiner exponierten Lage zwischen dem luftführenden Atmungsrachen und dem Mund-, Kehl- und Schlundrachen mit unterschiedlichen Deckepithelien ausgekleidet. Die **Pharynxschleimhaut** wird im Bereich des Atmungsrachens von einem mehrreihigen Flimmerepithel mit Becherzellen ausgekleidet, unterlagert von serösen und gemischten Drüsen. Die **Schleimhaut des Schlingrachens** wird von einem mehrschichtigen Plattenepithel (kutane Schleimhaut) bedeckt. Die Lamina propria mucosae schließt in ausgeprägter Form, tierartlich unterschiedlich, lymphatische Einlagerungen (Lymphfollikel, Tonsillen) ein. (Näheres s. »Lymphatische Einrichtungen« in Lehrbüchern der Anatomie der Haussäugetiere.) Die Bindegewebsschicht wird von einer elastischen Faserschicht unterlagert und geht ohne Grenze in die Tela submucosa über. In der Tela submucosa treten muköse Drüsen auf. Die Wand des Pharynx wird gebildet von der inneren Rachenfaszie, einer Schicht quergestreifter Muskelfasern, der äußeren Rachenfaszie und einer Tunica adventitia.

Allgemeiner Wandbau des Rumpfdarms

Der **Rumpfdarm** läßt sich gliedern in den **Vorderdarm** (Speiseröhre und Magen), den **Mitteldarm** (Zwölffingerdarm, Leerdarm, Hüftdarm), den **Enddarm** (Blinddarm, Grimmdarm, Mastdarm) und den **After**. Funktionsbedingt unterliegen die einzelnen Abschnitte z. T. einer erheblichen Spezialisierung ihres strukturellen Wandbaus. Dennoch weisen sämtliche Abschnitte des Rumpfdarms einen **gleichartigen Grundbauplan** (s. Abb. 151, S. 169) auf, der aus geschichteten Geweben besteht, nämlich vom Lumen nach außen aus einer
– Tunica mucosa
  – Epithelium mucosae,
  – Lamina propria mucosae,
  – Lamina muscularis mucosae,
– Tela submucosa,
– Tunica muscularis
  – Stratum circulare,
  – Stratum longitudinale,
– Tunica adventitia,
 anstelle einer Tunica adventitia kann ausgebildet sein eine
– Tela subserosa,
– Tunica serosa
  – Lamina propria serosae,
  – Mesothelium serosae.

Tunica mucosa

Die Tunica mucosa (Schleimhautschicht; Tunica, lat. = Mantel, Schicht) bildet die Innenauskleidung des Rumpfdarms. Das **Epithel (Epithelium mucosae)** der Schleimhaut dient als Schutzschicht, kann aber auch als Ort der Synthese von Verdauungsenzymen und der Reabsorption dienen. Diese Funktionen kann das Epithel nur im Verbund mit der gesamten Schleimhaut erfüllen. Eine durchgehende Basalmembran trennt das Epithelium mucosae von der **Lamina propria mucosae** (Lamina, lat. = Blatt). Diese subepitheliale Schicht aus lockerem Bindegewebe bildet die Trägerschicht der Schleimhaut und schließt Blut- und Lymphgefäße, Nervenfasergeflechte, Immunzellen, Mastzellen und vereinzelt glatte Muskelzellen ein. In die Lamina propria mucosae stülpen sich Schlauchdrüsen, deren iso- bis hochprismatischen Epithelzellen Sekrete oder Hormone abgeben. Die Schleimhaut schließt gegen die Tela submucosa mit einer geschlossenen **Lamina muscularis mucosae** aus glatten Muskelzellen ab.

Man unterscheidet eine
– echte Drüsenschleimhaut (Tunica mucosa glandularis) und eine

166 X. Verdauungsapparat (Apparatus digestorius)

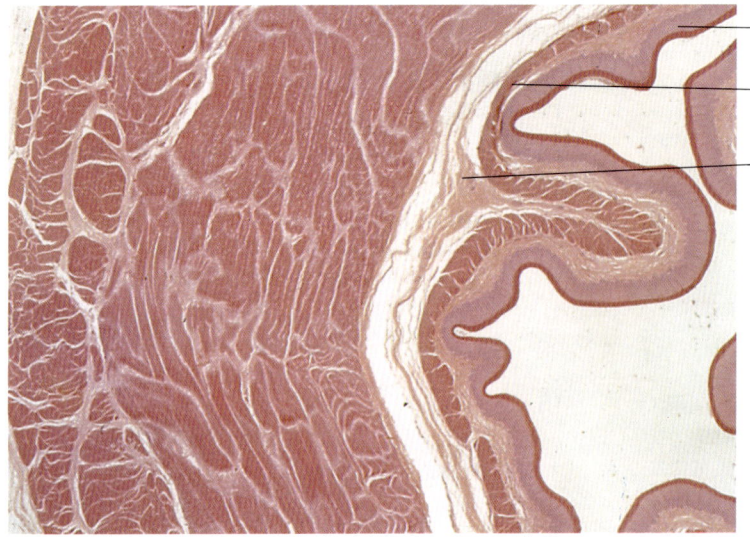

Epithelium mucosae

Lamina muscularis mucosae

Tela submucosa

Abb. 148. Ösophagus des Pferdes (Ausschnitt). Die Lamina muscularis mucosae ist durchgehend ausgebildet, bis zur Lungenwurzel besteht die Tunica muscularis aus Skelettmuskelgewebe. Färbung Hämatoxylin-Eosin, Vergr. 12fach.

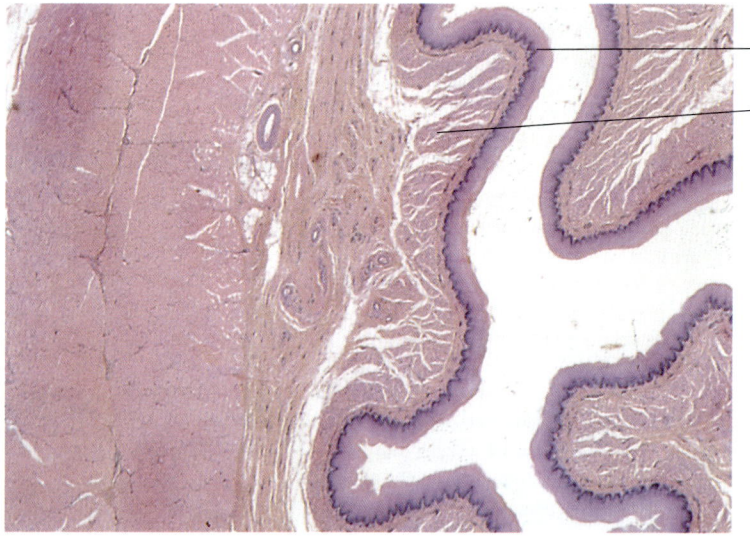

Epithelium mucosae

Lamina muscularis mucosae

Abb. 149. Ösophagus des Schafes (Ausschnitt). Drüsen sind allein in der Regio pharyngooesophagica entwickelt, die Lamina muscularis mucosae ist ebenso wie die quergestreifte Muskulatur durchgehend ausgebildet. Färbung Hämatoxylin-Eosin, Vergr. 20fach.

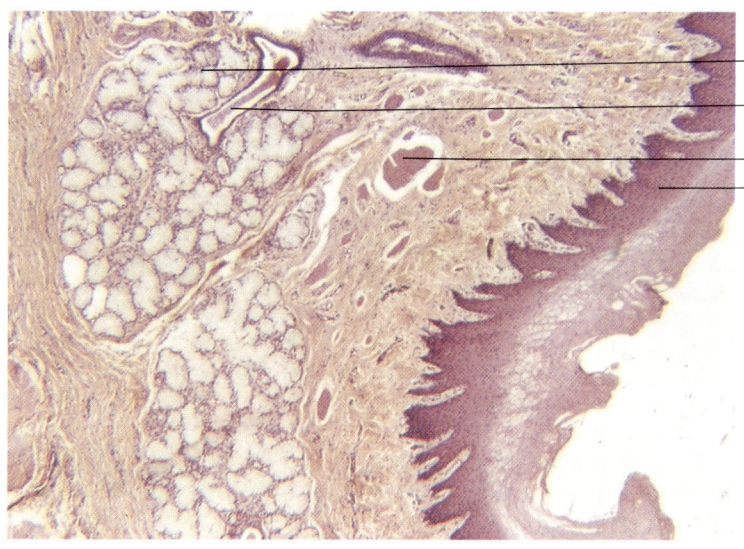

muköse Drüsen

Ausführungsgang

Lamina muscularis mucosae

Epithelium mucosae

Abb. 150. Ösophagus des Schweins (Ausschnitt). Die Lamina muscularis mucosae beginnt erst in der unteren Hälfte der Speiseröhre, in der Tela submucosa treten in der oberen Hälfte muköse Drüsen auf. Färbung Hämatoxylin-Eosin, Vergr. 120fach.

– kutane Schleimhaut (Tunica mucosa nonglandularis).

Charakteristisch für die **echte Schleimhaut** des Magen-Darm-Traktes ist ein **einschichtiges, hochprismatisches Epithel** mit intraepithelialen Drüsenzellen. Meist sind in der Lamina propria mucosae ebenfalls **Drüsen** ausgebildet. Die Schleimhaut wird basal von einer Lamina muscularis mucosae begrenzt. Die echte Schleimhaut dient der **Stoffabgabe** und damit der Bildung spezifischer Verdauungssekrete. Die Schleimhaut übernimmt die **Reabsorption** sämtlicher Endprodukte der gastroenteralen Verdauung (z. B. Aminosäuren, Glukose, Fettsäuren), von Wasser, Vitaminen und Elektrolyten. Sie weist eine geringgradige, lokale **Eigenmotorik** zum Transport des Nahrungsbreis auf.

Die **kutane Schleimhaut** ist gekennzeichnet durch ein **mehrschichtiges Plattenepithel**, das einem bindegewebigen **Papillarkörper** aufliegt und **keine** Drüsen in der Lamina propria mucosae einschließt. Eine Lamina muscularis mucosae kann durchgehend verlaufen, abschnittsweise unterbrochen sein oder fehlen. **Drüsen** treten stellenweise nur im Gewebe unter der kutanen Schleimhaut, der **Tela submucosa,** auf. Die Mundhöhle, der Pharynx, die Speiseröhre, die Vormägen der Wiederkäuer, die Pars nonglandularis des Magens sowie Teile des Afters werden von einer kutanen Schleimhaut ausgekleidet. Diese Schleimhaut dient als vielfältige Schutzschicht.

Tela submucosa

Die Tela submucosa (Unterschleimhautgewebe; Tela, lat. = Gewebe) wird von einem lockeren Bindegewebe gebildet, das reich an Blut- und Lymphgefäßen ist und in vegetativen Ganglien **(Plexus nervorum submucosus, Meißner-Plexus)** multipolare Nervenzellen einschließt. Der Plexus nervorum submucosus entläßt Nervenfasern in die Lamina propria mucosae, die sich subepithelial zu einem Netzwerk formieren. Diese Nervenfasern versorgen vegetativ die epithelialen Drüsenzellen und die glatten Muskelzellen der Muskelschicht und der Gefäßwände. Gleichzeitig treten Nervenfasern dieses Plexus synaptisch mit Fortsätzen des Plexus nervorum myentericus in Verbindung.

Die Anordnung der **kollagenen Faserbündel** ist vorwiegend scherengitterartig, lamellär geschichtet. Diese Struktur ermöglicht die Anpassung des Gewebes an permanente Volumen- und Gewichtsveränderungen des Magen-Darm-Trakts. Die Tela submucosa dient als Versorgungsschicht und als Verschiebeschicht zwischen den Schichten des Magen-Darm-Kanals und unterstützt den Transport von Futter in Längsrichtung des Rumpfdarms.

Zusätzlich ist dieses Gewebe reich an freien **Immunzellen** (Makrophagen, Lymphozyten, Plasmazellen), an diffusem lymphoretikulärem Gewebe und an Lymphfollikeln. Diese Zellinfiltrate sind morphologisch Ausdruck ständiger immunzellulärer Reaktionsketten. Die Tela submucosa übernimmt zusammen mit der Lamina propria mucosae entscheidende Aufgaben im Rahmen der Immunabwehr des Körpers. Bakterielle und virale Keime wirken als Antigene ständig auf die Schleimhaut. Zusätzlich gelangen durch das Futter pflanzliche und tierische Proteine in den Magen-Darm-Trakt und lösen ebenfalls eine Reaktion der Schleimhaut aus. Diese Fremdproteine induzieren über unspezifische und spezifische Immunzellen eine immunologische Reaktion. Erst nach einem vollständigen enzymatischen Abbau zu Aminosäuren verlieren Proteine ihre antigene Wirkung und werden dann durch die Schleimhaut reabsorbiert.

Tunica muscularis

Die Tunica muscularis des Rumpfdarms besteht, mit Ausnahme tierartlicher Besonderheiten in der Wand des Ösophagus und des Anus, durchgehend aus **glatter Muskulatur,** die in einer **inneren Zirkulär-** und einer **äußeren Längsschicht (Stratum circulare** bzw. **Stratum longitudinale)** angeordnet ist. Im Halsbereich des Ösophagus kann die glatte Muskulatur durch eine quergestreifte ersetzt sein. Zwischen den Muskelschichten verlaufen Blut- und Lymphgefäße, vegetative Nerven bilden autonome Ganglien **(Plexus nervorum myentericus, Auerbach-Plexus).**

Chemische und mechanische Reize des Magen-Darm-Rohrs stimulieren das autonome Reflexsystem des **Plexus nervorum myentericus,** dessen efferente Impulse die Muskelzellen der Tunica muscularis einschließlich Gefäßwände sowie sämtliche Drüsenzellen beeinflussen. Sympathische und parasympathische Nervenfasern wirken ihrerseits regulativ auf das autonome, intramurale System. Sympathische Nervenfasern beeinflussen hemmend den Plexus nervorum myentericus (Erschlaffung der glatten Muskulatur), eine Reizung dieser Fasern erhöht die Vasokonstriktion. Parasympathische Nervenzellen bilden im Plexus nervorum myentericus selbständige Neurone, deren Impulse die Motorik der Magen-Darm-Wand erhöhen und die Sekretionsleistung der Drüsen fördern.

Die Muskelschichten sind für den Transport der Nahrung in der Längsrichtung des Gastrointestinaltrakts verantwortlich. Dabei erfolgen die Kontraktionswellen über unterschiedlich lange Organabschnitte. Peristaltische Bewegungen fördern darüber hinaus auch die Durchmischung des Futters mit Verdauungsenzymen.

Tunica adventitia, Tela subserosa, Tunica serosa

Die **Tunica adventitia** besteht aus lockerem Bindegewebe und dient als Verbindungsschicht zu anliegenden Geweben. Diese Schicht schließt Gefäße, Nervenfasern, Nervenplexen und Fettgewebe ein und tritt als äußerste Schicht des Verdauungskanals in den zölomfreien Körperregionen (Hals, Becken) auf. In zölomhaltigen Körperabschnitten (Brust-, Bauch- und Beckenhöhle) wird der Rumpfdarm von einer Tunica serosa überzogen. Die **Tunica serosa** weist oberflächlich ein einschichtiges Plattenepithel als Deckschicht auf, das wegen seiner mesodermalen Herkunft auch als Mesothel **(Mesothelium)** bezeichnet wird. Die Funktionen des Oberflächenepithels sind vorzugsweise Aufnahme von Stoffen aus den Körperhöhlen durch Pinozytose und Phagozytose und gleichzeitige Sekretion von serösen Flüssigkeiten. Das Mesothel liegt einer dünnen bindegewebigen **Lamina propria serosae** als Befestigungs- und Verschiebeschicht auf. Die Tunica serosa ist durch eine lockere, bindegewebige **Tela subserosa** mit der Tunica muscularis verbunden.

Dieser Schichtenbau verleiht dem Verdauungskanal den Charakter eines **häutig-muskulösen Schlauchs.** In vergleichsweise ähnlicher Form zeigen diesen schlauchförmigen Aufbau auch andere Organe im Körper. Die Wandschichten dieser Organe werden ebenfalls nach der Gliederung dieses Grundbauplans bezeichnet und ggf. modifiziert.

Speiseröhre (Oesophagus)

Die Speiseröhre dient dem Transport des Futters, ein Vorgang, der durch peristaltische Kontraktionswellen der Muskulatur der Wandschichten erfolgt. Die Tunica muscularis ist entsprechend dieser Aufgabe stark entwickelt. Die Speiseröhre zeigt den für den Verdauungskanal typischen Wandbau. Zwischen den einzelnen Tierarten treten jedoch z.T. erhebliche Unterschiede auf (Abb. 148–151).

Die **Tunica mucosa** liegt durch Bindegewebspolster der Tela submucosa unregelmäßig in **Längsfalten,** die sich in das Lumen des Ösophagus vorwölben. Diese Faltenbildung wird durch Kontraktion glatter Muskelzellen der Tunica muscularis noch verstärkt. Der Ösophagus wird von einem hohen **mehrschichtigen Plattenepithel** ausgekleidet, das einem meist ausgeprägten Papillarkörper aufliegt. Der lockeren **Lamina propria mucosae** folgt nach außen in der Regel eine dünne Lamina muscularis mucosae. Bei den verschiedenen Tierarten hängt der Ausbildungsgrad der Schleimhaut von der Struktur der Futterbestandteile ab. Die **Tela submucosa** stellt eine dicke Bindegewebsschicht dar, die reich an kollagenen und elastischen Fasern ist. In diesem Gewebe sind tubuloazinöse, muköse **Ösophagusdrüsen (Glandulae oesophageae propriae)** eingelagert, die tierartlich regional Unterschiede aufweisen. Die Ausführungsgänge sind mit einem isoprismatischen Epithel ausgekleidet. In der Tela submucosa sind zuweilen lymphatische Infiltratzellen nahe der Drüsen gehäuft, vorzugsweise beim Schwein sind hier Lymphfollikel entwickelt.

Die **Tunica muscularis** weist eine innere Zirkulär- und eine äußere Längsschichtung auf, die jedoch über weite Abschnitte des Ösophagus durchbrochen wird. Die Anordnung der Faserbündel erfolgt vorherrschend in Form langgestreckter spiraliger Schraubenzüge, die im histologischen Schnittbild als Schrägschnitte erscheinen. Sie verlaufen links- und rechtsdrehend, teilweise sich überkreuzend. Die Wandmuskulatur des Ösophagus besteht **tierartlich unterschiedlich** aus glattem und/oder quergestreiftem Muskelgewebe. Das Nebeneinander zweier, sich unterschiedlich kontrahierender Muskelarten macht funktionell die Ausbildung besonderer Strukturen erforderlich. So gehen kollagene Fasernetze des Endomysiums der quergestreiften Muskelzellen in elastische Sehnen über **(elastisch-muskuläres System).** Sie reduzieren die starken Zugkräfte dieses Muskeltyps und verbinden sich mit anderen fibroelastischen Netzen. Außen liegt dem Ösophagus im zölomfreien Halsbereich eine **Tunica adventitia** oder im zölomhaltigen Brust- bzw. Bauchraum eine **Tunica serosa** an.

Tierartliche Unterschiede im Wandbau des Ösophagus:

Katze: Eine Lamina muscularis mucosae ist durchgehend ausgebildet; muköse Drüsen sind auf die Regio pharyngooesophagica beschränkt; quergestreifte Muskulatur besteht bis in das distale Drittel des Ösophagus, dann erfolgt der Wechsel zu glatter Muskulatur.

Hund: Die Lamina muscularis mucosae tritt erst in der unteren Hälfte des Ösophagus auf; muköse Drüsen sind in der Tela submucosa im gesamten

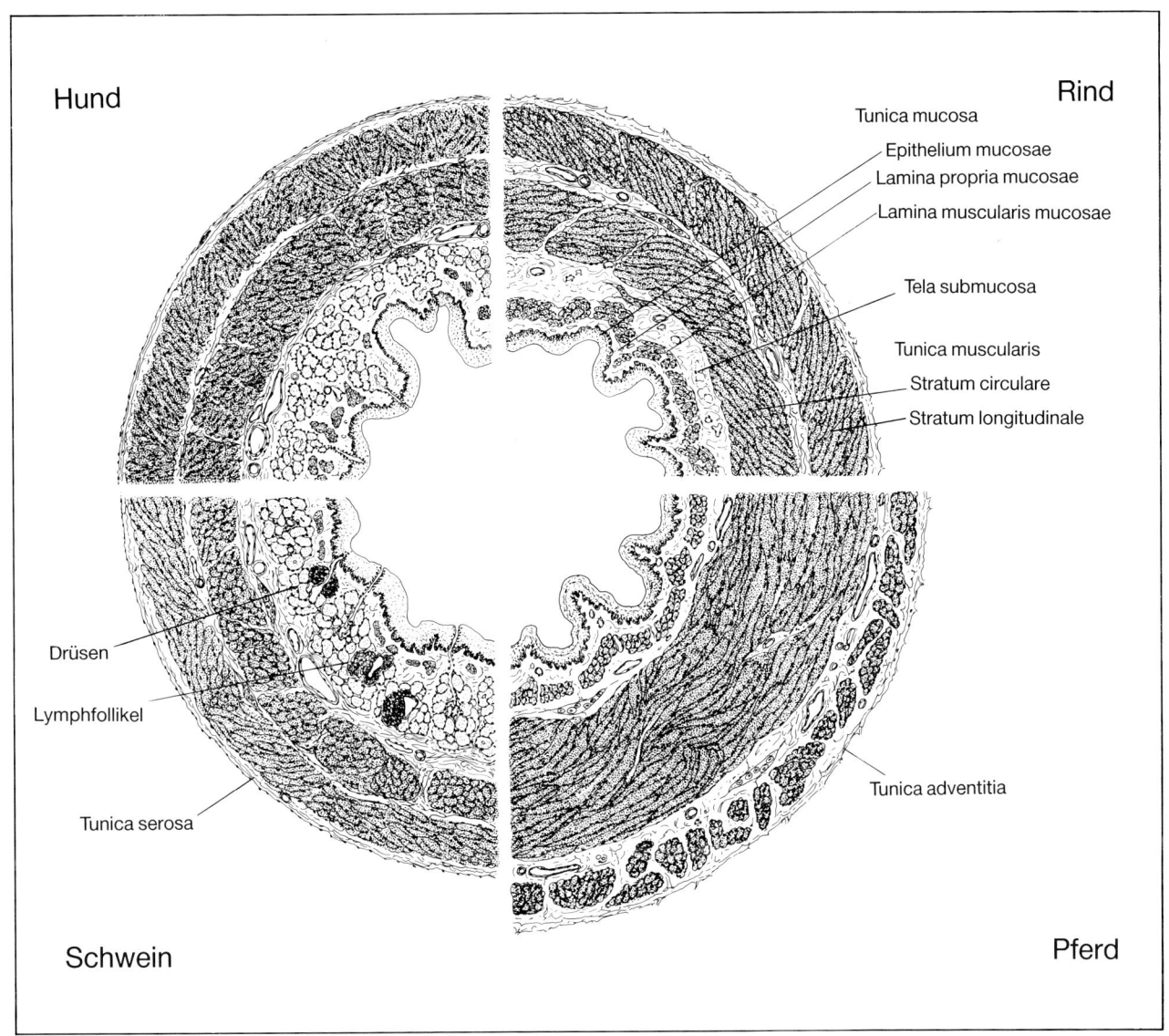

Abb. 151. Schematische Darstellung des Wandbaus der Speiseröhre, tierartlich vergleichend (Einzelheiten s. Text).

Verlauf des Ösophagus; die Tunica muscularis besteht ausschließlich aus quergestreifter Muskulatur, erst im Mageneingang tritt allmählich glatte Muskulatur auf (Abb. 151).

Schwein: Eine Lamina muscularis mucosae setzt erst in der unteren Hälfte des Ösophagus ein; in der Tela submucosa sind muköse Drüsen bis weit über die Mitte des Ösophagus vorhanden; bis nahe der Pars cardiaca des Magens ist quergestreifte, dann glatte Muskulatur ausgebildet. Beim Schwein häufen sich meist um Drüsenausführungsgänge lymphatische Gewebe (diffus oder als Lymphfollikel) (Abb. 151).

Wiederkäuer: Eine Lamina muscularis mucosae ist im gesamten Ösophagus entwickelt; muköse Drüsen treten nur in der Regio pharyngooesophagica auf. Die Muskelwand des Ösophagus besteht durchgehend aus quergestreifter Muskulatur und geht erst allmählich innerhalb der Magenrinne in glatte Muskulatur über (Abb. 149 und 151).

Pferd: Eine Lamina muscularis mucosae ist durchgehend ausgebildet; muköse Drüsen nur in der Regio pharyngooesophagica; bis zur Lungenwurzel besteht die Muskelwand aus quergestreiften, dann zunehmend bis zum Mageneingang aus glatten Muskelzellen (Abb. 148 und 151).

Magen (Gaster, Ventriculus)

Der Magen entwickelt sich als Erweiterung der primitiven Darmanlage und übernimmt damit Aufgaben, die die Nahrung für den Darm vorbereiten und seine Funktionen unterstützen. Der Magen dient als Speicherorgan, in dessen Innenraum teilweise die Verdauung des Futters einsetzt. Durch die Bildung des Magensaftes trägt die gastrale Schleimhaut wesentlich zur Verdauung von Proteinen und zum Emulgieren von Fetten bei. Die arttypische Selektion des Futters bei den verschiedenen Haussäugetieren (Pflanzenfresser, Allesfresser oder Fleischfresser) setzt einen tierartspezifischen Bau der Magenwand, insbesondere der Magenschleimhaut, voraus. So sind Fleischfresser, Schwein und Pferd durch einen **einhöhligen Magen** gekennzeichnet, Wiederkäuer durch einen **mehrhöhligen Magen**. Mannigfaltig ist auch die Ausbildung der Schleimhaut. **Einfache Mägen** kleidet vollständig eine **drüsenhaltige, echte Schleimhaut** aus, während bei **zusammengesetzten Mägen** die gastralen Innenflächen zum einen mit einer **drüsenlosen, kutanen Schleimhaut** und zum anderen mit einer **drüsenhaltigen, echten Schleimhaut** bedeckt sind.

Fleischfresser besitzen einen **einhöhligen, einfachen** Magen, Pferd und Schwein einen **einhöhligen, zusammengesetzten**. Der Saccus caecus des Pferdes und die Pars proventricularis des Schweins sind mit einer kutanen Schleimhaut ausgekleidet, während bei diesen Tieren den größeren Anteil der Magenwand eine echte Drüsenschleimhaut bedeckt. Der **mehrhöhlig zusammengesetzte** Magen der Wiederkäuer wird in den Vormägen (Haube, Pansen und Psalter) von einer kutanen und im Labmagen von einer echten Schleimhaut ausgekleidet. (Einzelheiten s. Lehrbücher der Anatomie der Haussäugetiere.)

Vormägen der Wiederkäuer

Die wichtigste **Funktion der Vormägen** ist die enzymatische Spaltung des pflanzlichen Futters durch die mikrobielle Vormagenflora und die Bildung von vorrangig kurzkettigen Fettsäuren. Diese werden, zusammen mit anderen mikrobiellen Stoffwechselprodukten (s. S. 171), durch die Schleimhaut der Vormägen bevorzugt im Pansen aufgenommen und an das Blutgefäßsystem abgegeben. Im Blättermagen erfolgt das mechanische Auspressen der breiigen Futtermassen und die Reabsorption von Wasser. Die Vormägen bilden die **Pars nonglandularis** des mehrhöhligen, zusammengesetzten Magens der Wiederkäuer. Der Nahrungsbrei wird im drüsenhaltigen **Labmagen (Abomasum)** enzymatisch durch Sekrete weiter abgebaut. Die Schleimhaut des Labmagens bildet die **Pars glandularis** des Wiederkäuermagens.

Die Vormägen der Wiederkäuer bestehen aus drei Abteilungen, dem **Netzmagen (Haube, Reticulum)**, dem **Pansen (Rumen)** und dem **Psalter (Blättermagen, Omasum)**. Sämtliche inneren Wandflächen werden von einer **drüsenlosen, kutanen Schleimhaut (Pars nonglandularis)** ausgekleidet (Abb. 152–155).

Das **Epithelium mucosae** der Vormägen ist stets ein mehrschichtiges Plattenepithel **(Epithelium stratificatum squamosum)**, das funktionsbedingt schwach verhornen kann. Das Epithel liegt einem deutlichen Papillarkörper auf. In der **Tela submucosa** verzweigen Gefäße in kleinere Äste, die Arteriolen abgeben. Diese formen subepithelial und in Papillarkörpern Kapillarnetze, die sich in postkapilläre Venolen fortsetzen. Venöse Gefäße sammeln sich wieder in der Tela submucosa und ziehen durch die Muskelschichten nach außen. Entsprechend dem Grundbauplan des häutig-muskulösen Gastrointestinaltrakts sind auch Lymphgefäße und autonome, intramurale Ganglien in der Tela submucosa entwickelt. Außen liegt eine zirkulär und longitudinal geschichtete **Tunica muscularis** an, der meist eine **Tunica serosa** folgt.

Netzmagen (Haube, Reticulum)

Morphologisches Kennzeichen des Netzmagens sind die **Haubenleisten (Cristae reticuli)**, die vier- bis sechseckige, wabenförmige **Haubenzellen (Cellulae reticuli)** begrenzen (Abb. 152). Dem Grund der Haubenzellen sitzen zusätzlich Sekundär- und Tertiärleisten auf und unterteilen die Haubenzellen in kleinere Kammern. Das **Epithelium mucosae**, ein mehrschichtiger Plattenepithelverband, überzieht die Haubenleisten, an deren Seitenflächen zusätzlich kleine kegelförmige Papillen ausgebildet sind. Als Abspaltung aus dem Ösophagus zieht eine **Lamina muscularis mucosae** in die Primär- und Sekundärleisten. Die Muskelbündel umgreifen jede

Haubenzelle und stehen netzförmig mit angrenzenden Waben in Verbindung. Die **Lamina propria mucosae** und die **Tela submucosa** gehen ohne deutliche Abgrenzung ineinander über. Die **Tunica muscularis** verläuft innen zirkulär und außen longitudinal. Zusätzlich strahlen in die Haube noch quergestreifte Muskelfaserbündel als Reste der Muskulatur der Speiseröhre ein. Außen liegt eine **Tunica serosa** mit einem **Mesothel (Serosaüberzug)** an.

Pansen (Rumen)

Der Pansen bildet als organspezifisches Merkmal **Zotten (Papillae ruminis)** aus, die sich in Form, Länge, Verteilung und Dichte innerhalb der Pansenwand z. T. erheblich unterscheiden. Gemeinsam ist sämtlichen Zotten eine zungenförmige Grundform (Abb. 153). Die Oberfläche bedeckt eine **kutane Schleimhaut,** deren bindegewebiges Grundgerüst die **Lamina propria mucosae** bildet. Subepithelial ist ein feinmaschiges Kapillarnetz entwickelt, das sich in oftmals stark erweiterte postkapilläre Venolen öffnet. Eine **Lamina muscularis mucosae** fehlt. An ihre Stelle tritt lamellär geschichtetes Bindegewebe, das als **Zona compacta** bis in die Zottenspitzen zieht und die Grenze zwischen der Lamina propria und der Tela submucosa anzeigt.

Die **Tunica muscularis** besteht aus glatter Muskulatur, in die am Pansenvorhof noch vereinzelt quergestreifte Muskelfasern als Abspaltung der Ösophagusmuskulatur eingelagert sind. Die Muskelschicht ist stets zweischichtig, innen zirkulär, außen longitudinal. Der äußere Überzug ist im Bereich der Bauchhöhle eine **Tunica serosa,** im Verklebungsbereich mit der Milz eine **Tunica adventitia.**

Besondere funktionelle Bedeutung kommt der **Tunica mucosa** zu. Das mehrschichtige Plattenepithel und der Bau des bindegewebigen Grundgerüsts der Lamina propria mucosae unterliegt in höchstem Maß **fütterungsbedingten Einflüssen.** So induziert energiereiches, kohlenhydratarmes Hochleistungsfutter innerhalb von ca. 4–5 Wochen das Wachstum der Zotten, die Proliferation eines verdickten, unverhornten Deckepithels und die Entwicklung des subepithelialen Gefäßplexus. Nach Änderung des Futters in energiearme, kohlenhydratreiche Rationen verkürzen sich die Zotten, das Epithel schließt ballonartig erweiterte Hornzellen ein. Diese Veränderungen im Zottenprofil weisen auf die hohe Adaptationsfähigkeit des Zottengrundgewebes hin und stellen Vorgänge dar, die sich unter physiologischen Bedingungen bei wildlebenden Wiederkäuern im jahreszeitlichen Wechsel ständig wiederholen. Vergleichbare Proliferations- und Regressionsvorgänge werden auch bei Hochleistungsrindern während der Trockenstehzeit und während der nachfolgenden Laktationsperiode beobachtet.

Ausschlaggebend für die morphologisch-funktionellen Adaptationsvorgänge der Pansenzotten ist nach heutigem Kenntnisstand die **Konzentration der kurzkettigen Fettsäuren,** vor allem der **β-Hydroxybuttersäure** im Vormageninhalt. Diese Fettsäuren werden unter Verdauung der kohlenhydrathaltigen Nährstoffe durch mikrobielle Keime (Bakterien und Protozoen) intraruminal bzw. intraepithelial gebildet. Darüber hinaus werden im Pansen und in der Haube noch eine Vielzahl anderer Stoffe synthetisiert und zum größten Teil durch die Tunica mucosa reabsorbiert. Durch anaerobe Fermentation scheiden Pansenmikroorganismen in der Haube und im Pansen u. a. Wasser, Methan, Kohlendioxid, Milchsäure, NPN-Verbindungen (Ammoniumsalze, Harnstoff und Biuret), Vitamin B und K, Essigsäure, Propionsäure und Buttersäure aus. Essigsäure (ca. 60% der intraruminalen Fettsäuren) greift über CoA-Enzym in den Fettstoffwechsel ein, Propionsäure (ca. 25% der intraruminalen Fettsäuren) wird in der Leber zur Synthese von Glukose (Glukoneogenese) verwendet, Buttersäure wird intraepithelial zu β-Hydroxybutyrat transformiert und in der Leber zu Ketonkörpern verstoffwechselt.

Entscheidende Bedeutung erlangen die Pansenmikroorganismen durch die Fähigkeit, pflanzliche, unverdauliche Kohlenhydrate in mikrobielles Eiweiß und Ammoniak umzubauen und sie somit dem tierischen Organismus verfügbar zu machen. Die Tunica mucosa wirkt hierbei als epitheliale semipermeable Reabsorptionsschranke. Diese Reabsorptionsvorgänge erfolgen vorrangig im Pansen, zum geringeren Teil in der Haube und im Blättermagen, teilweise auch noch im Labmagen. (Näheres s. Lehrbücher der Tierphysiologie.)

Die Ausbildung der Zotten hat einen entscheidenden Einfluß auf die Reabsorptionskapazität von Fettsäuren aus dem Pansen und damit auf die **Regulation** bzw. auf die **Stabilität des intraruminalen pH-Wertes.** Bei steigenden Fettsäurekonzentrationen wird durch gleichzeitige Proliferation der Zotten eine Anhäufung von Säuren im Panseninhalt verhindert.

Die Pansenzotten nehmen durch Proliferations- und Regressionsvorgänge nachhaltig auch **Einfluß auf den Energiehaushalt** des Wiederkäuers. So werden dem Organismus mit zunehmender Reabsorptionskapazität steigende Mengen an kurzketti-

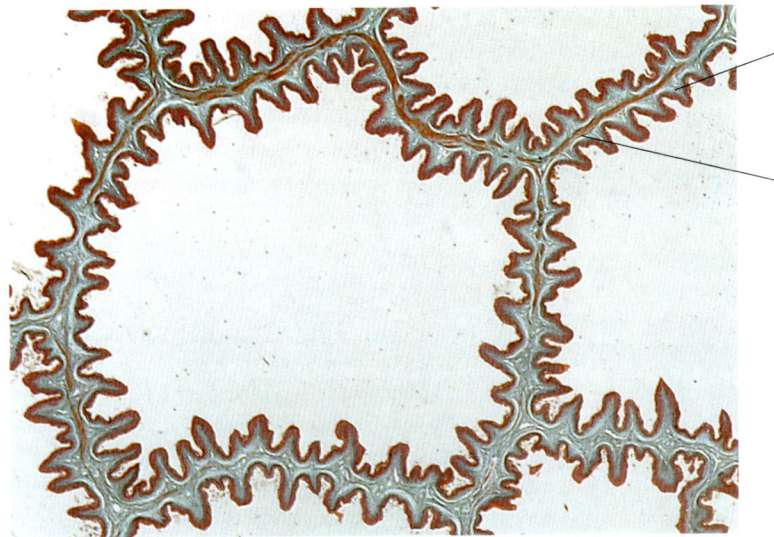

Abb. 152. Flachschnitt durch die Haubenleisten der Ziege. Die Haubenzelle erscheint fünfeckig angelegt mit zahlreichen kleineren Papillen. Eine geschlossene Lamina muscularis mucosae umfaßt mantelartig jede Haubenzelle und verbindet sich netzförmig mit der glatten Muskelschicht anliegender Cellulae reticuli. Färbung Goldner, Vergr. 20fach.

Haubenleiste

Lamina muscularis mucosae

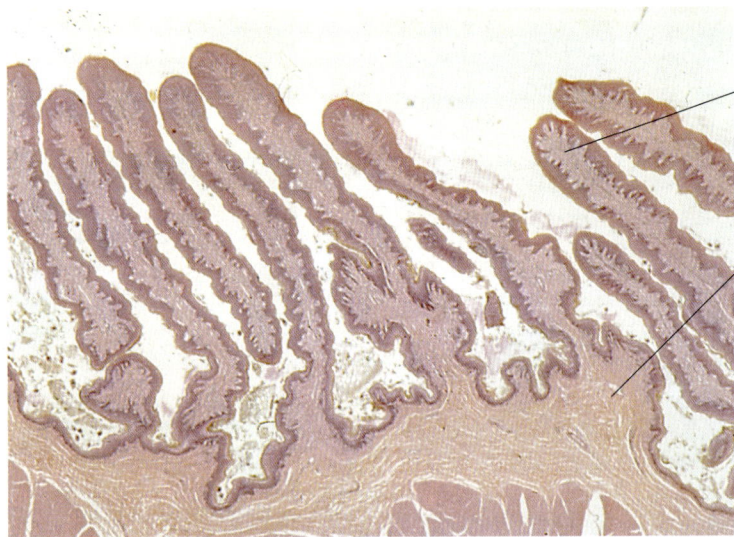

Pansenzotte

Tela submucosa

Abb. 153. Ausschnitt aus der Wand des ventralen Pansensacks des Schafes. Organcharakteristisch sind Pansenzotten entwickelt, die im Schnittbild nur z. T. in direkter Verbindung zur Tela submucosa stehen. Oftmals erscheinen die Anschnitte durch Zotten ohne direkten Kontakt. Färbung Hämatoxylin-Eosin, Vergr. 20fach.

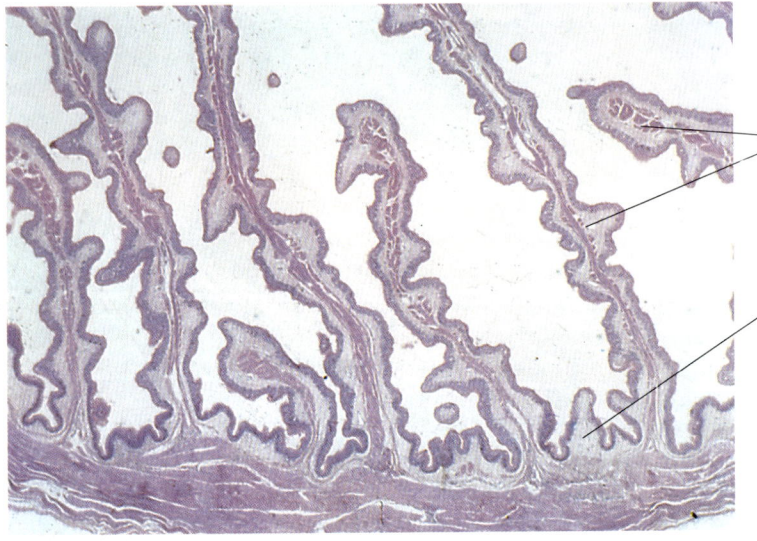

Psalterblätter mit glatter Muskulatur

kleinstes Psalterblatt ohne Muskulatur

Abb. 154. Ausschnitt aus der Wand des Blättermagens des Rindes. Große, mittlere und kleine Psalterblätter schließen glatte Muskulatur ein (Lamina muscularis mucosae und Abspaltung des Stratum circulare der Tunica muscularis), während kleinste Blätter frei von Muskulatur bleiben. Färbung Hämatoxylin-Eosin, Vergr. 32fach.

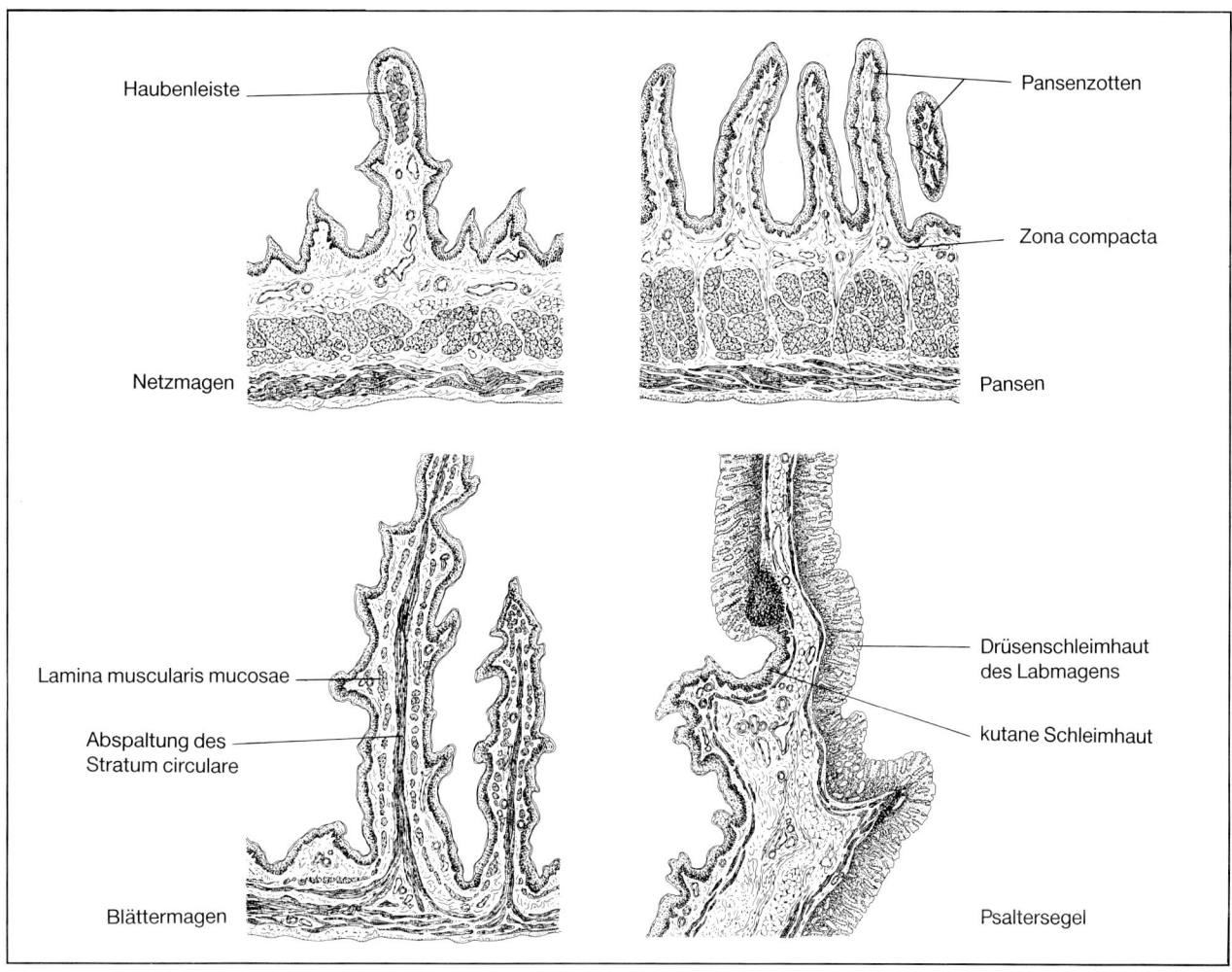

Abb. 155. Schematische Darstellung unterschiedlicher Wandabschnitte der Vormägen des Rindes.

gen Fettsäuren als die Hauptenergielieferanten des Wiederkäuers zugeführt. Eine weitere Beziehung ergibt sich auch über die Beeinflussung der Futteraufnahme. So ist seit langem bekannt, daß Wiederkäuer den Futterverzehr unterbrechen, wenn der pH-Wert des Panseninhalts zu tief sinkt.

Psalter (Omasum)

Der Innenraum des Psalters wird durch unterschiedlich große **Psalterblätter (Laminae omasi)** in schmale, großflächige Kammern unterteilt, die vier Größenordnungen erkennen lassen (Abb. 154). Die Oberfläche der Schleimhautfalten wird von einem **mehrschichtigen Plattenepithel** überzogen. Zahlreiche kurze, verhornte Papillen überragen die Schleimhaut. Die bindegewebige Grundlage der Psalterblätter bildet die **Lamina propria mucosae**. Mit dieser kollagenen, stabilen Gewebsschicht ziehen **glatte Muskelfaserbündel** bis an den freien Rand der Blätter. Diese falten sich zum einen aus der **Lamina muscularis mucosae** in die Blätter vor, zum anderen spalten sich Muskelfasern aus dem **Stratum circulare der Tunica muscularis** ab. Damit werden in den Blättern drei Muskellagen eingeschlossen. Ausgenommen von der muskulären Verstärkung bleiben die kleinsten Psalterblätter. Die **Tunica muscularis** schließt sich mit einer stärkeren inneren Kreismuskelschicht und einer dünneren äußeren Längsmuskelschicht an, der eine **Tunica serosa** folgt.

Die Psalterblätter dienen dem Auspressen des saftreichen Futterbreis. Auch werden kurzkettige Fettsäuren und Elektrolyte durch die Blätter des Psalters reabsorbiert.

Das **Psaltersegel** wird von Schleimhautfalten gebildet, deren Grundlage die Lamina propria und die Lamina muscularis mucosae darstellen. Beim Rind wird die dem Psalter zugewandte Fläche mit kutaner Schleimhaut, die dem Labmagen orientierte Seite mit echter Schleimhaut bedeckt. Bei Schaf und Ziege zieht die echte Schleimhaut über den freien Rand des Psaltersegels und überdeckt noch weite Teile der anderen Seite des Segels. Am Übergang der Schleimhautepithelien liegen vermehrt diffuse lymphatische Einlagerungen. Im Bindegewebe dieser Schleimhautfalte sind Polsterarterien entwickelt, die der Stabilität des Segels dienen.

Drüsenmagen

Die **Magenschleimhaut (Tunica mucosa gastrica)** legt sich zusammen mit Teilen der Tela submucosa in **Falten (Plicae gastricae)**, die in der Längsachse des Magens verlaufen. Zusätzlich liegt der gastralen Schleimhaut eine diffuse Felderung **(Areae gastricae)** zugrunde, von der aus Magengrübchen **(Foveolae gastricae)** in die Tiefe ziehen. Am Grund der Foveolae gastricae stülpen sich schlauchförmige Magendrüsen in die Lamina propria mucosae vor. Die Ausdehnung der Magengrübchen sowie Form, Größe und Struktur der Drüsen ist in den einzelnen Regionen der Magenwand tierartlich unterschiedlich (Abb. 156–163).

Die **Tunica mucosa** wird von einem einschichtigen hochprismatischen **Epithelium mucosae** bedeckt, das schleimproduzierende Zellen in großer Zahl einschließt. Die Einzelzelle, der **Epitheliocytus superficialis gastricus,** wölbt sich meist über die Oberfläche vor und wird von einem hochviskösen Schleimfilm überlagert, der gegenüber der Magensäure widerstandsfähig ist. Zusätzlich überziehen schleimige Sekrete der Neben- und Isthmuszellen der Magendrüsen (s. S. 177) oberflächlich die Epithelzellen. Die Deckzellen sind reich an stoffwechselaktiven Organellen, die Kerne liegen zentral. Durch feste Verbindungen (tight junctions und Nexus) stehen die Epithelzellen untereinander in engem Kontakt. Der Schleimüberzug stellt eine zusätzlich wirksame Grenzschicht dar, die eine Lysis des Epithelverbandes durch den sauren Magensaft verhindert. Fehlt dieser epitheliale Schutz oder ist er reduziert, sind strukturelle und funktionelle Veränderungen der Magenschleimhaut unvermeidbar.

Die **Lamina propria mucosae** schließt **tubuläre Magendrüsen (Glandulae gastricae)** ein, die von einem feinfaserigen Bindegewebe umgeben werden. Kollagene (Typ I und Typ III) und elastische Fasern bilden retikuläre Geflechte, in deren Maschenwerk in großer Zahl immunologisch aktive Zellen (Lymphozyten, Plasmazellen, eosinophile Granulozyten, Mastzellen) auftreten. Stellenweise häufen sich Immunzellen zu diffusem lymphoretikulären Gewebe und formen vereinzelt Lymphknötchen (Schwein). Dieses subepitheliale Gewebe ist reich an Kapillarnetzen, die sich manschettenähnlich außen den Schlauchdrüsen anlegen. Auch ist dieses Gewebe reich an vegetativen Nervengeflechten, deren Ganglien in der Tela submucosa liegen (Plexus nervorum submucosus, Meißner-Plexus). Kapillarnetze und Nervengeflechte wirken entscheidend auf die sekretorische Aktivität der Drüsenzellen. Einzelne, glatte Muskelzellen durchziehen bis nahe der Schleimhautoberfläche die Lamina propria mucosae. Sie unterstützen den Transport des Sekrets in den Schlauchdrüsen und dienen der Feinabstimmung der Kontraktionsfähigkeit der Tunica mucosa. Diese glatten Muskelzellen sind Abspaltungen der Lamina muscularis mucosae, die als durchgehende Muskelschicht die Schleimhaut zur Tela submucosa abgrenzt.

Zusätzlich ist bei Fleischfressern ein **Stratum subglandulare** entwickelt, das zweigeteilt ist. Diese Schicht besteht aus einem inneren, zellreichen **Stratum granulosum** mit vorzugsweise Lymphozyten und Plasmazellen, das sich an die Enden der Schlauchdrüsen anschließt, und einem äußeren **Stratum compactum,** das als dichte, kollagenreiche Faserschicht der Lamina muscularis mucosae anliegt.

Die **Lamina muscularis mucosae** ist bei den Haussäugetieren verhältnismäßig stark entwickelt. Die einzelnen Muskelfaserbündel verlaufen spiralig, sie kreuzen sich und formen in ihrer Gesamtheit ein kontraktiles System, das eine zwei- bis dreifache Schichtung erkennen läßt. Diese Muskelschicht beeinflußt das Faltenprofil der Magenschleimhaut und unterstützt die Entleerung der Magendrüsen.

Die **Tela submucosa** weist den o. g. Grundbauplan auf, sie schließt Gefäße, Nerven, Fettgewebe und stellenweise lymphatische Einlagerungen auf. Die Tela submucosa ist die eigentliche Verschiebeschicht innerer gastraler Wandschichten. Funktionsbedingt paßt sich die Tela submucosa dem Kontraktionszustand der Magenwand an und gestaltet das Makrorelief der Schleimhaut.

Die **Tunica muscularis** besteht aus einer inneren zirkulären und einer äußeren longitudinalen, glatten Muskelschicht, deren Faserverlauf im einzelnen jedoch regional und tierartlich durch die Ausbildung schräg angeordneter Faserbündel (Fibrae obliquae) differiert. So nimmt die innere

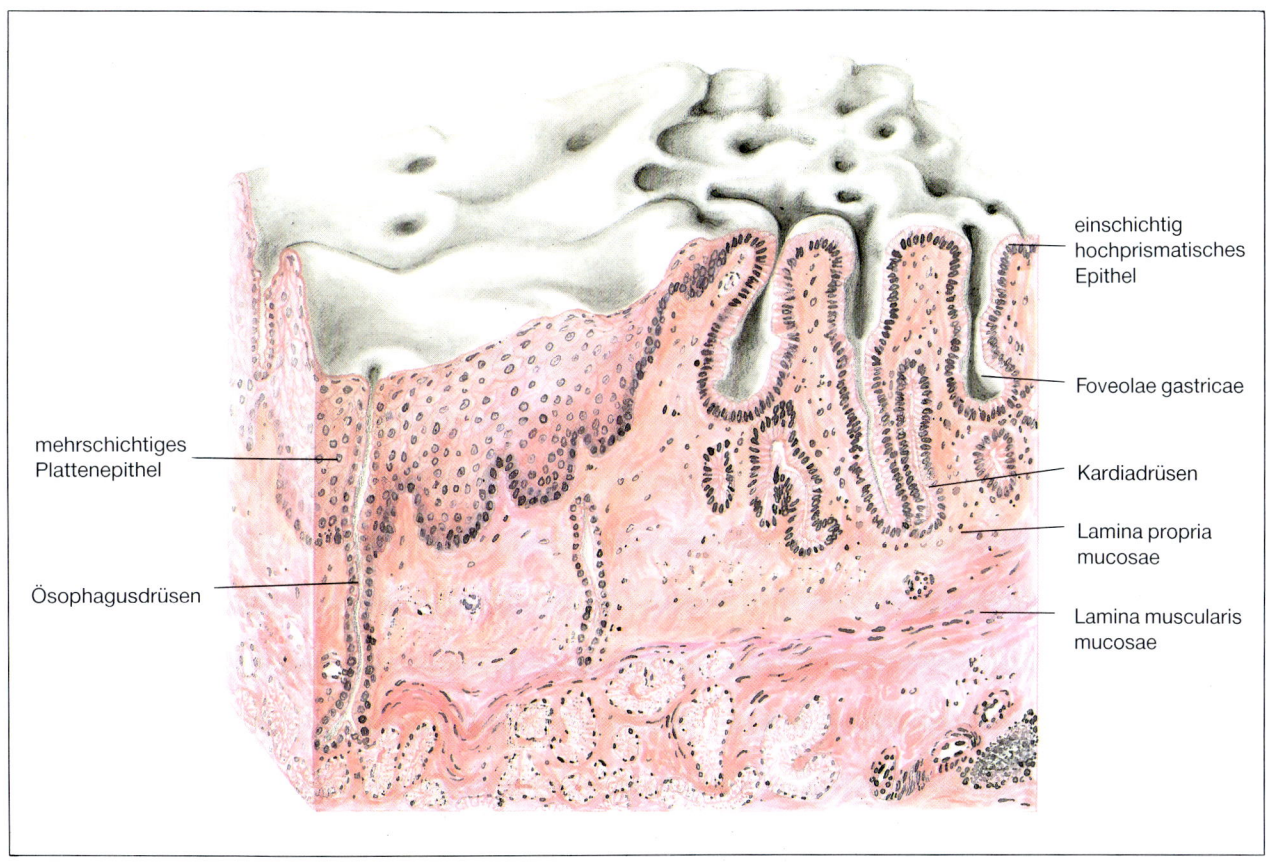

Abb. 156. Schematisch-plastische Darstellung der Einmündung des Ösophagus in die Kardiadrüsenregion (Pars cardiaca) des Hundes (Ausschnitt) (Institutsarbeit).

Zirkulärmuskelschicht zum Magenausgang an Stärke zu und bildet den M. sphincter pylori, der beim Pferd doppelt entwickelt ist. Bei Schwein und Rind entsteht durch massive Muskelzubildung der Schließmuskel im Bereich des Magenausgangs. Durch schräg verlaufende Muskelfaserbündel entwickelt sich der M. sphincter cardiae als Schleifenmuskel am Mageneingang des Pferdes und bildet die muskulären Grundlagen der Magenrinnenlippen der Wiederkäuer. (Einzelheiten s. Lehrbücher der Anatomie der Haussäugetiere.) Außen wird die Magenwand stets von einer **Tunica serosa** mit einem **Mesothel (Mesothelium serosae)** überzogen.

Die **Tunica mucosa** schließt tubuläre Magendrüsen ein, die in ihrer Struktur und in ihrer flächenhaften Anordnung innerhalb der Magenwand tierartlich z. T. erheblich differieren. Man unterscheidet an der Magenschleimhaut:
- Kardiadrüsen (Glandulae cardiacae),
- Fundus- oder Eigendrüsen (Glandulae gastricae propriae),
- Pylorusdrüsen (Glandulae pyloricae).

Kardiadrüsen (Glandulae cardiacae)

Kardiadrüsen sind bei Fleischfressern und Wiederkäuern nur auf eine ringförmige Zone am Mageneingang begrenzt, während sich diese Drüsen beim Pferd streifenförmig dem Saccus caecus ventriculi anlegen. Beim Schwein treten Kardiadrüsen in der Magenwand des Diverticulum ventriculi und bis in die Mitte des Corpus ventriculi auf. Die genannten Schleimhautflächen des Magens werden als **Kardiadrüsenregion (Pars cardiaca)** bezeichnet.

Die Kardiadrüsen (Abb. 156 und 157) sind in der Regel verästelte und stark geknäulte tubuläre Drüsen, die durch kurze Halsstücke in den Grund der Foveolae gastricae einmünden. In ihren Endabschnitten erweitern sich die Schlauchdrüsen. Die einzelne **Epithelzelle (Epitheliocytus cardiacus)** der Drüsenwand ist iso- bis hochprismatisch und produziert ein **exokrines,** alkalisches, schleimiges Sekret, das das Enzym Lysozym als zusätzlichen Inhaltsstoff enthält. Gelegentlich sind intraepithelial beim Hund Belegzellen, beim Schwein Hauptzellen (s. S. 177) eingelagert.

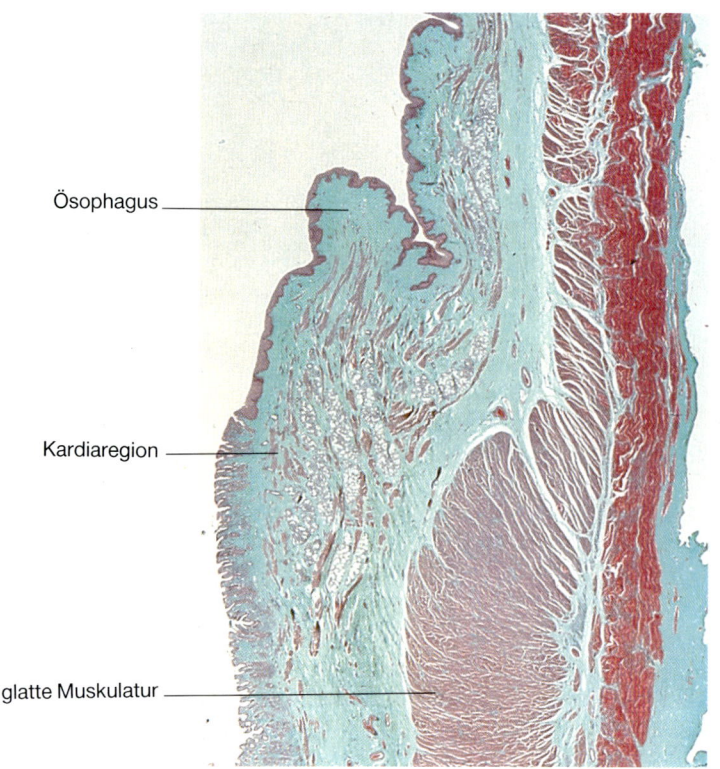

Abb. 157. Übergangszone der kutanen Schleimhaut des Ösophagus in die Drüsenschleimhaut der Kardiaregion des Hundes. Färbung Goldner, Vergr. 13fach.

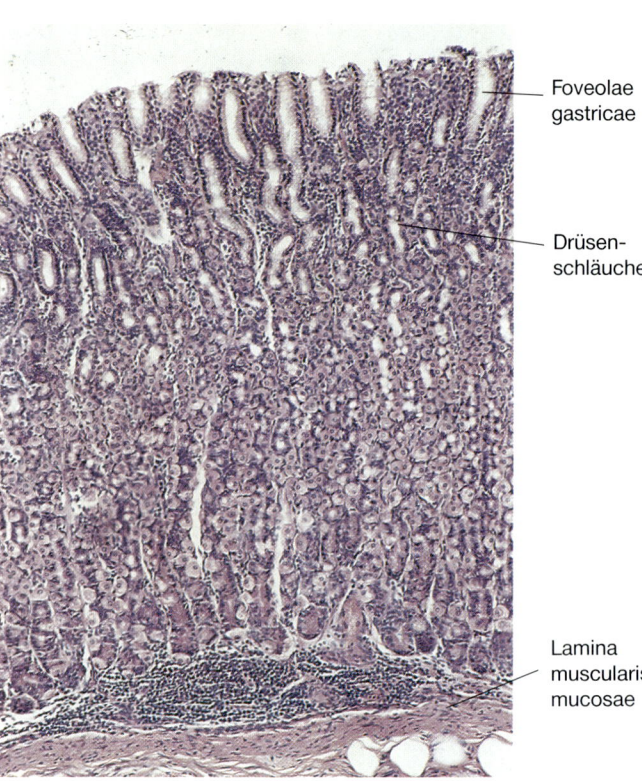

Abb. 158. Ausschnitt aus der Schleimhaut der Fundus- oder Eigendrüsenregion des Hundes. Färbung Hämatoxylin-Eosin, Vergr. 100fach.

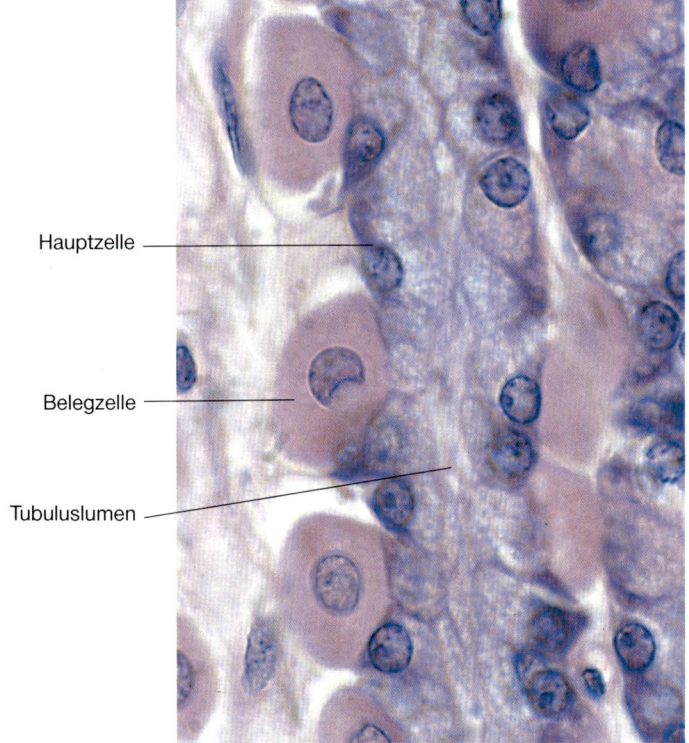

Abb. 159. Ausschnitt aus der Wand einer Schlauchdrüse der Fundusdrüsenregion mit Hauptzellen und außen anliegenden Belegzellen des Hundes. Färbung Hämatoxylin-Eosin, Vergr. 1200fach.

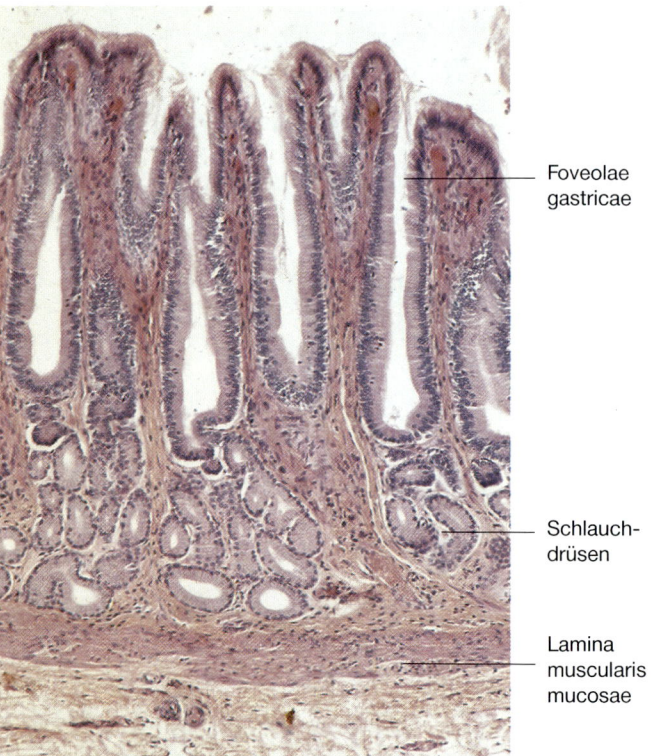

Abb. 160. Ausschnitt aus der Wand der Pylorusdrüsenregion des Hundes mit erweiterten Foveolae gastricae und kurzen, gewundenen Schlauchdrüsen. Färbung Hämatoxylin-Eosin, Vergr. 120fach.

Neben exokrinen Epithelzellen häufen sich bei den Haussäugetieren bereits in der Kardiadrüsenzone **endokrine** Drüsenzellen, die sich mit Silbersalzen und immunzytochemischen Verfahren nachweisen lassen. Diese intraepithelialen, hormonsynthetisierenden Epithelzellen sind Bestandteile des gastrointestinalen endokrinen Systems, sie geben Serotonin, Somatostatin und Endorphine an das Kapillarnetz ab.

Fundus- oder Eigendrüsen (Glandulae gastricae propriae)

Eigendrüsen sind die charakteristischen Magendrüsen des Fundus und des Corpus ventriculi, die vielfach noch als Fundusdrüsen bezeichnet werden. Eigendrüsen treten bei Fleischfressern in etwa zwei Dritteln der Magenwand auf, beim Schwein sind nur geringe Flächen im Bereich des Magenknies mit Eigendrüsen ausgekleidet. Beim Pferd sind wesentliche Anteile des gastralen Fundus und des Körpers mit Eigendrüsen besetzt. Entsprechend der Verteilung innerhalb der Magenwand werden diese Regionen als die Schleimhaut der Eigendrüsen oder der Fundusdrüsen benannt.

Die Eigendrüsen sind dicht gelagerte, gestreckte **Schlauchdrüsen,** die länger und weniger verzweigt sind als vergleichsweise die Kardiadrüsen (Abb. 158 und 159). Diese Schlauchdrüsen durchziehen die gesamte Lamina propria mucosae und werden von lockerem Bindegewebe, Gefäßen, Nerven, glatten Muskelzellen und zellulären Infiltraten umgeben. Mehrere Schlauchdrüsen münden über einen Isthmusabschnitt gemeinsam in die Foveolae gastricae.

Die Drüsenschläuche (Abb. 158 und 159) lassen sich in strukturell und funktionell unterschiedliche Abschnitte und in deren charakteristische Wandzellen unterteilen, nämlich in:
– Isthmus
  – Isthmuszelle (Epitheliocytus nondifferentiatus),
– Zervix (Hals)
  – Nebenzelle (Mucocytus cervicalis),
– Pars principalis (Mittelstück und Drüsengrund)
  – Hauptzelle (Exocrinocytus principalis),
  – Belegzelle (Parietalzelle, Exocrinocytus parietalis),
  – endokrine Zelle (Endocrinocytus gastrointestinalis).

Isthmus

Der Isthmus ist jener Abschnitt der Magendrüsen, aus dem sich im Grund der Foveolae gastricae die tubulären Drüsen im engeren Sinn entwickeln. Ihre meist flach isoprismatischen Wandzellen gehen kontinuierlich in das Epithel der Magengrübchen über, die Epithelzellen nehmen dabei an Höhe zu. Die Zellen des Isthmus sind Tochterzellen der Halszellen und meist nicht ausgereift (Epitheliocyti nondifferentiati). Ihre Funktion steht zusammen mit den Epithelzellen der Magengrübchen im Dienste der Schleimproduktion und damit der Zytoprotektion des Oberflächenepithels. Auch sind Isthmuszellen als Ersatzzellen oberflächlich abgeschilferter Deckzellen anzusehen. Gleichzeitig dienen diese undifferenzierten Epithelzellen auch der Erneuerung tiefer gelegener Drüsenzellen, sie ersetzen Neben-, Haupt- und Belegzellen.

Zervix (Hals)

Im Halsabschnitt der Schlauchdrüsen sind neben Belegzellen (s. S. 178) **Nebenzellen (Mucocyti cervicales)** einzeln oder in Gruppen intraepithelial lokalisiert, die sich strukturell und funktionell von Isthmuszellen unterscheiden. Die Zellen sind iso- bis geringgradig hochprismatisch und färben sich meist nur blaß an. Die Kerne liegen basal, das Zytoplasma wölbt sich durch die Häufung von Granula in das Lumen vor. Nebenzellen geben einen sauren, weniger viskösen Schleim ab, der vermehrt Glykosaminoglykane enthält. Dieser Schleim bildet zusammen mit den Sekreten der Isthmuszellen und der epithelialen Deckzellen an der inneren gastralen Oberfläche eine Schicht, die die Epithelzellen gegenüber der proteolytischen und hydrolytischen Aktivität der Proteasen und der H^+-Ionen der Belegzellen (s. S. 179) schützt.

Pars principalis (Mittelstück und Drüsengrund)

Das Mittelstück und der Drüsengrund schließen in ihrer epithelialen Wandauskleidung in großer Zahl **exokrin** sezernierende Hauptzellen und Belegzellen (Parietalzellen) und in geringerer Häufigkeit **endokrine** Zellen ein.

Die **Hauptzelle (Exocrinocytus principalis)** ist stets hochprismatisch, das Zytoplasma leicht basophil (Abb. 159 und 161). Der Kern ist meist oval und im unteren Drittel der Zelle gelegen. Diese sekretorisch aktiven Epithelzellen sind reich an proteinbildenden Organellen (Ribosomen, rauhes ER). Das Sekret dieser Zellen sind **Zymogengranula,** deren Vorstufen das Zytoplasma in der aktiven Phase

178 X. Verdauungsapparat (Apparatus digestorius)

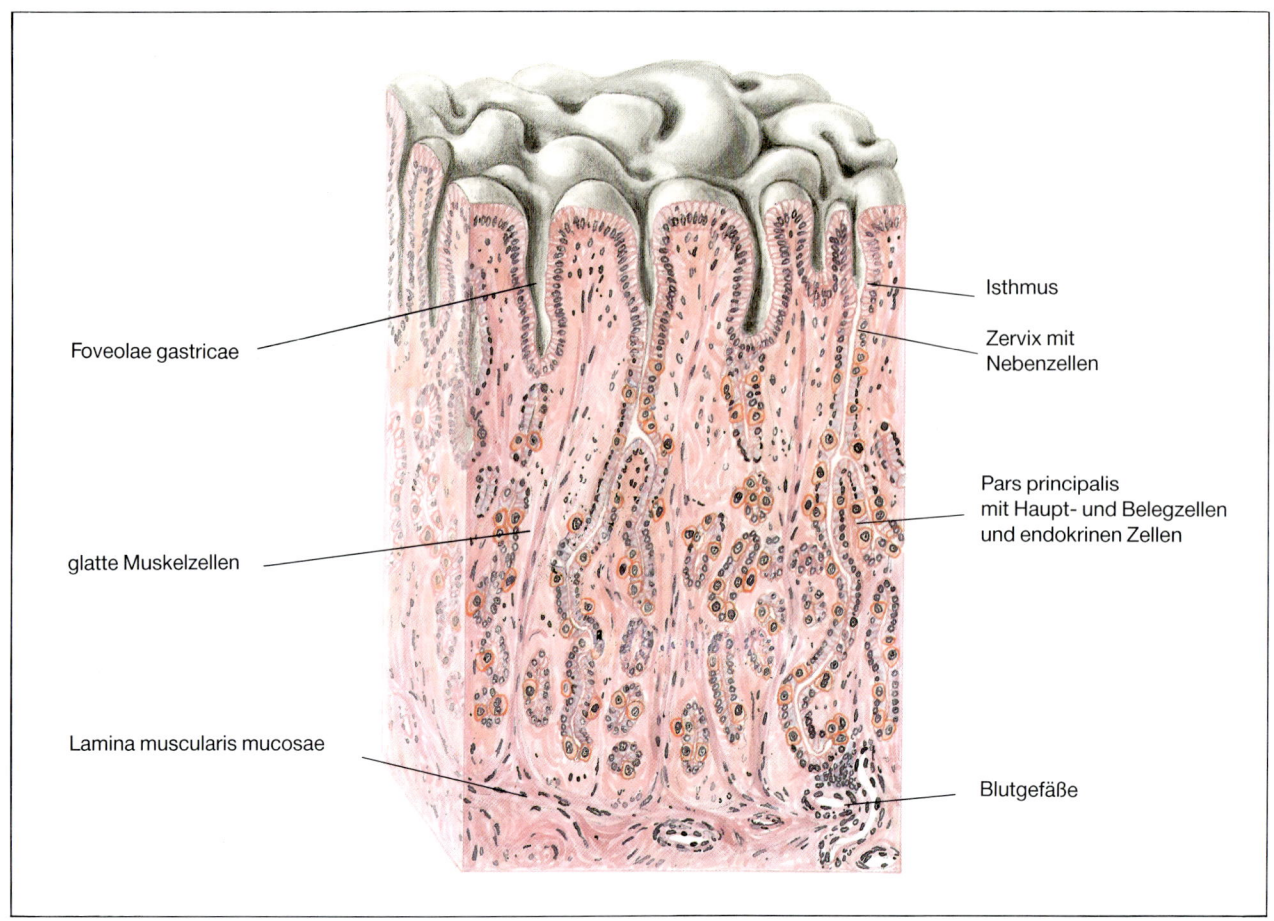

Abb. 161. Schematisch-plastische Darstellung der Fundus- und Eigendrüsen (Glandulae gastricae propriae) des Hundes (Ausschnitt) (Institutsarbeit).

leicht vorwölben. Zymogengranula enthalten **Pepsinogen** als Vorstufe des Pepsins, **Lipase** und **Labferment (Chymosin, Rennin)**.

Die **Belegzelle (Exocrinocytus parietalis)** ist eine rundliche bis birnenförmige, stark azidophile Zelle, die sich zwischen die Hauptzellen schiebt oder diesen außen anliegt (Abb. 159, 161 und 162). Die Kerne sind rund. Belegzellen (Parietalzellen) treten im gesamten Verlauf der Wand der Schlauchdrüsen, gehäuft in mittleren Abschnitten, auf und sind durch strukturelle Besonderheiten gekennzeichnet. Das Zytoplasma ist **reich an Mitochondrien,** die eine auffällig **hohe Anzahl an Cristae** einschließen. **Tubulovesikuläre Strukturen** häufen sich im inaktiven Stadium der Belegzellen, sie legen sich subplasmalemmal an und konfluieren im aktivierten Sekretionsstadium der Zelle zu **Mikrovilli**. Die Abgabefläche für die Sekrete der Belegzellen ist durch intrazelluläre **Kanälchen (Canaliculi intracellulares)** vergrößert. Belegzellen geben über diese Kanälchen Salzsäure und einen Intrinsic-Faktor zur Reabsorption von Vitamin B_{12} ab.

Vorzugsweise in den mittleren Zonen und in den Endabschnitten der Schlauchdrüsen sind intraepithelial **endokrine Zellen (Endocrinocyti gastrointestinales)** eingelagert, die im Zusammenwirken mit endokrinen Zellen der Pylorus- und der Dünndarmschleimhaut und mit Zellen des Pankreas zum gastroentero-pankreatisch-endokrinen System (GEP) gehören. In der Fundusdrüsenzone sind in tierartlich unterschiedlicher Häufung enterochromaffine (EC-)Zellen (Serotonin), D-Zellen (Somatostatin) und G-Zellen (Gastrin) ausgebildet.

Pylorusdrüsen (Glandulae pyloricae)

Pylorusdrüsen sind bei sämtlichen Haussäugetieren im wesentlichen im Canalis pyloricus und teilweise noch in Teilen des Corpus entwickelt. Die Glandulae pyloricae öffnen sich in meist verlängerte und erweiterte Foveolae gastricae (Abb. 160 und 163). Die Schlauchdrüsen sind stark verästelt, geschlängelt und geknäult. Die Lumina in der Tiefe

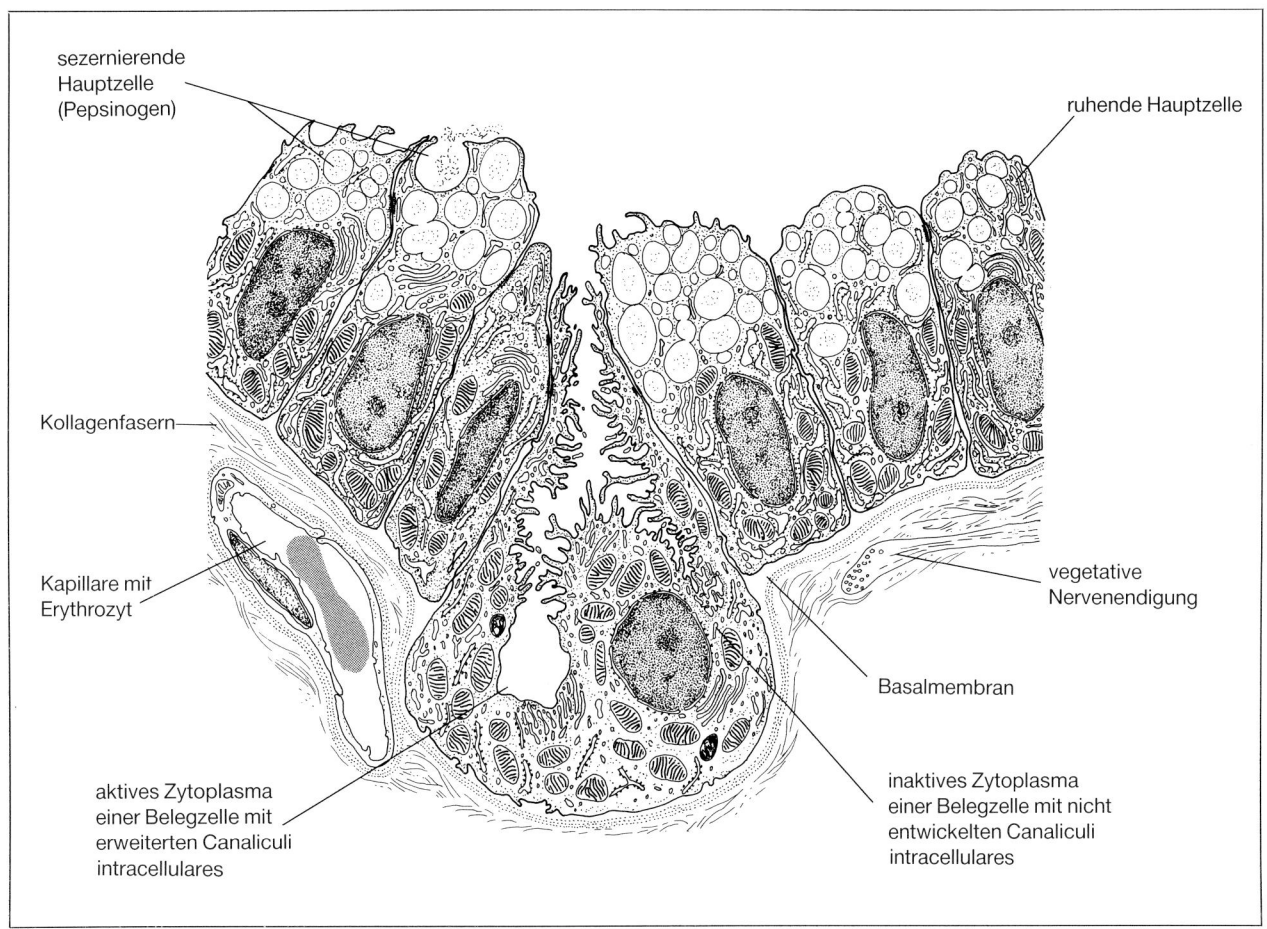

Abb. 162. Schematische Darstellung der Hauptzellen aus der Wand der Fundusdrüsenregion mit anliegender Belegzelle in unterschiedlichen Funktionszuständen.

der Schläuche sind meist vergrößert. Die **Einzelzelle (Exocrinocytus pyloricus)** ist iso- bis hochprismatisch, der Kern oval. Diese Epithelzellen sezernieren vorrangig ein **schleimiges Sekret,** das zusätzlich **Lysozym** enthält. Intraepithelial treten als charakteristische Epitheleinlagerungen **endokrine G-Zellen** auf, die **Gastrin** an die Blutgefäße zur Stimulation der Belegzellen abgeben.

Magenschleim

Der Magenschleim ist ein zusammengesetztes Produkt von Sekreten der oberflächlichen Epithelzellen der Schleimhaut, der Nebenzellen, der Schlauchdrüsen und der Drüsenzellen der Kardia-, Fundus- und Pylorusdrüsenregion. Der Schleim besteht aus neutralen, langkettigen **Glykoproteinen** mit Aminozuckern, Hexosen und Sialinsäuren. Die oberflächlichen Deckzellen der Magenschleimhaut werden von einem **hochviskösen Schleim** überzogen, der von den Epithelzellen gebildet wird. Eine **dünnflüssige Schleimschicht** legt sich als Sekret der o. g. Mageneigendrüsen über diesen. Die protektive Wirkung des Schleims beruht u. a. auch auf der Pufferkapazität gegenüber freien H^+-Ionen durch zusätzliche Abgabe von HCO_3^- durch die Tunica mucosa. Unter physiologischen Zuständen **überwiegt die protektive Wirkung des Magenschleims** gegenüber der Aktivität der denaturierenden H^+-Ionenkonzentration des Magensaftes (s. S. 180). Tritt eine Störung dieses Verhältnisses zugunsten der Säureproduktion ein, setzt eine Selbstverdauung der gastralen Schleimhaut ein. Nervale, humorale und immunologische Regulationsmechanismen steuern die physiologische Sekretion des Magenschleims (s. S. 181).

Magensaft

Der Magensaft setzt sich aus anorganischen und organischen Bestandteilen zusammen. Die wichtigsten sind dabei H^+, Cl^-, Na^+, K^+, Mg^{++}, HPO_4^{2-},

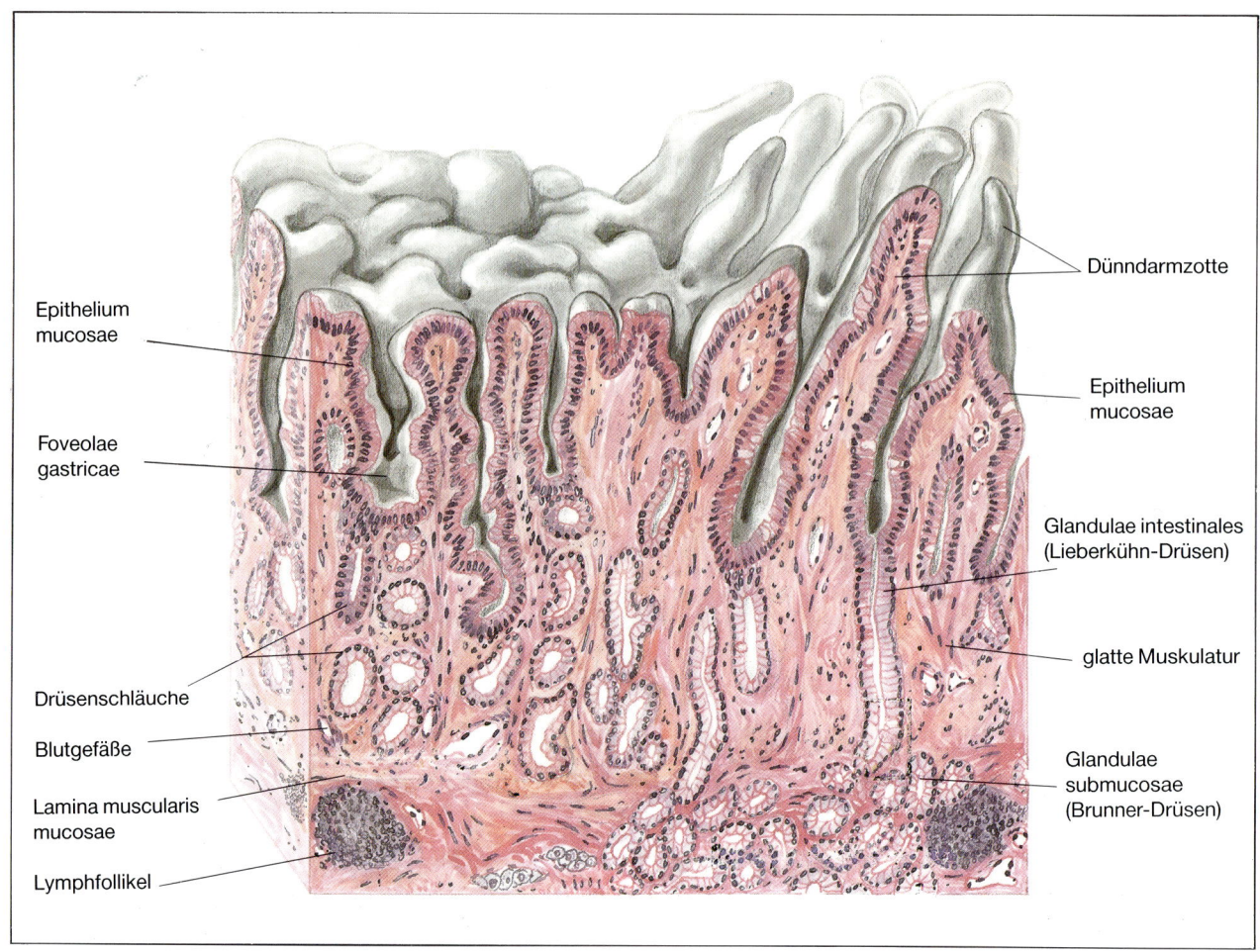

Abb. 163. Schematisch-plastische Darstellung der Einmündung der Pylorusdrüsenregion in den Anfangsabschnitt des Duodenums des Hundes (Ausschnitt) (Institutsarbeit).

SO_4^{2-}, Pepsin, Lipase, Wasser und bei jungen Tieren Rennin. Zusätzlich vermischt sich Magenschleim mit dem Magensaft. Während die Konzentration der meisten Elektrolyte direkt durch die epitheliale Wandauskleidung der Drüsen erfolgt, ist die Bildung von H^+ und Cl^- an die innere **Oberflächenmembran der Belegzellen** gebunden.

Nach Stimulation der Belegzelle (z. B. durch Gastrin oder Histamin) wandeln sich die **tubulovesikulären Strukturen** zu sekretionsaktiven Bestandteilen der Oberflächenmembran um, den **Canaliculi intracellulares** (s. S. 178). Man nimmt an, daß die Abgabe von H^+ und Cl^- in das Drüsenlumen an den Membranen dieses Kanälchensystems durch aktiven Transport gegen ein Konzentrationsgefälle erfolgt. Der Wasserstoff wird in der Belegzelle aus Kohlensäure und Wasser unter katalytischer Wirkung durch das Enzym Karboanhydrase freigesetzt. Danach wird der Wasserstoff unter Mitwirkung eines Redoxsystems in ionisierter Form (H^+-Ion) durch die Wand der **Canaliculi intracellulares** an das Drüsenlumen abgegeben. Für jedes überführte H^+-Ion wird ein HCO_3^--Ion an der basalen Zellfläche wieder ausgeschieden und an das Blut abgegeben. Chlorionen stammen aus dem Blut und gelangen direkt in das Drüsenlumen. Für diese Membranprozesse wird in hohem Maß Energie benötigt, die durch die große Anzahl an Mitochondrien bereitgestellt wird. Die in das **intrazelluläre Kanälchensystem** abgegebenen H^+- und Cl^--Ionen gelangen durch **interzelluläre** Spalträume zwischen den Hauptzellen in das Lumen der Schlauchdrüsen. Die hohe Konzentration von H^+- und Cl^--Ionen führt intragastral zu einer Absenkung des pH-Wertes in den stark sauren Bereich (pH-Wert um 1,0). In diesem Milieu werden aufgenommene

Futterproteine denaturiert und gleichzeitig das **Pepsinogen der Hauptzellen** durch Abspaltung von inhibitorisch wirkenden Peptiden in **Pepsin** überführt. Pepsin besteht aus verschiedenen Proteasen, z. B. Endopeptidasen. Diese erreichen ihr optimales Wirkspektrum bei einem pH-Wert zwischen 1,8 und 3,5. Diese Werte werden durch die puffernde Wirkung des Magenschleims und des Speichels erreicht.

Steuerung der Sekretion des Magensaftes

Die Magensaftsekretion unterliegt Steuermechanismen, die eine Unterteilung der Verdauung in eine kephale, eine gastrale und eine intestinale Phase zulassen.

In der **kephalen Phase** beeinflussen der Anblick, der Geruch oder der Geschmack des Futters die Motorik und die Sekretion des Magens. Hierbei wird durch den Nucleus dorsalis des Gehirns der N. vagus aktiviert, der nerval die Sekretion von Gastrin aus G-Zellen des Antrum pyloricum induziert. Gleichzeitig setzt die Abgabe von H^+-Ionen und von Pepsinogen der Beleg- und Hauptzellen ein.

Die **gastrale Phase** umfaßt den Zeitraum der Verweildauer des Futters im Magen. Während dieser Phase beeinflussen neben vagalen und humoralen (Gastrin, Histamin) Reizen auch mechanische Impulse und chemische Stoffe (Aminosäuren, proteinreiche Futtersubstanzen) die Magensekretion. Als regulatorischer Mechanismus hemmt ein zu hoher Säurewert die Gastrinausschüttung.

Während der **intestinalen Phase** der Verdauung induziert der Mageninhalt an der Schleimhaut des Dünndarms die weitere Sekretion von Gastrin. Gleichzeitig setzt ein enterogastraler Reflex ein, durch den die Motilität des Magens allmählich abnimmt. Als hemmende Substanzen wirken Sekretin, Cholezystokinin-Pankreozymin und ein gastrisches inhibitorisches Peptid (GIP).

Während der einzelnen Phasen der gastralen Verdauung erfolgt die Stimulation der Magensekretion durch **neurovagale, endokrine** und **immunologische Kontroll- und Steuermechanismen.** In der gastralen Phase wirken vor allem Azetylcholin, Gastrin und Histamin als Schlüsseltransmitter, die ihrerseits durch Mediatoren (z. B. Prostaglandine, Leukotriene) in ihrer Aktivität reguliert werden. Die Bedeutung des Nervus vagus liegt in der Beeinflussung der Gastrinfreisetzung aus den G-Zellen sowie in der Steuerung der gastralen Durchblutung.

In der gastralen Phase wirken Peptide als Aktivatoren der Magenschleimhaut, die als natürliche Nahrungs- und Futterbestandteile ständig in unmittelbarem Kontakt zur inneren Körperoberfläche stehen. Sie sind im Magen als Antigene aufzufassen und induzieren lokal eine immunologische Reaktionskette. Dabei übernehmen Mediatoren immunassoziierter Lymphzellen der Tunica mucosa (z. B. Leukotriene, Gammainterferon, Lymphokine) ebenso wie parakrin wirkende Inkrete der Mastzellen (Histamin, Prostaglandine und Leukotriene) regulative Aufgaben.

Diese immunologisch aktivierten Mediatoren induzieren zusammen mit chemischen bzw. nervalen Impulsen eine gesteigerte **Säure- und Pepsinogensekretion.** Einer möglichen Schädigung der Magenschleimhaut durch eine zu starke Absenkung des pH-Wertes wirkt die gleichzeitige Stimulation der Synthese und Abgabe von **Magenschleim,** verbunden mit einer gesteigerten **Durchblutung** der Magenschleimhaut, entgegen. Damit tritt eine vermehrte **Zytoprotektion der Magenschleimhaut** ein. Durch das Zusammenwirken mehrerer Regulationsmechanismen bleibt das funktionsbiologische Gleichgewicht der Magenschleimhaut gewahrt.

Dünndarm (Intestinum tenue)

Der Dünndarm setzt sich aus drei strukturell und funktionell unterschiedlichen Abschnitten, dem Duodenum, dem Jejunum und dem Ileum, zusammen. Diese Darmabschnitte differieren hinsichtlich ihres makroskopisch-anatomischen Wandbaus tierartlich z. T. erheblich. (Näheres s. Lehrbücher der Anatomie der Haussäugetiere.) Die Schleimhaut des Mitteldarms dient, unterstützt durch die Aktivität der Muskelschichten, der Verdauung der Futterinhaltsstoffe und der Reabsorption der gespaltenen Nahrungsbestandteile.

Bereits im Vorderdarm begonnene Spaltungsprozesse des Futters werden durch die Digestionsvorgänge im Dünndarm meist abgeschlossen. Bei Schwein und Pferd werden sie in den Gärkammern des Dickdarms fortgeführt. Eine besondere Stellung im Rahmen der gastrointestinalen Verdauung nimmt der Wiederkäuer durch die Entwicklung des Vormagensystems ein (s. S. 170).

Die Abbauprozesse vollziehen sich durch das Zusammenwirken des Magensaftes (Pepsin) und der Sekrete der Darmdrüsen (u. a. 1,6-Glukosidase, Aminopeptidase, Dipeptidasen und Phosphodiesterasen) sowie der Bauchspeicheldrüse (u. a. Lipase, α-Amylase, Trypsin, Chymotrypsin, Karboxypeptidase, Nukleasen, Phospha-

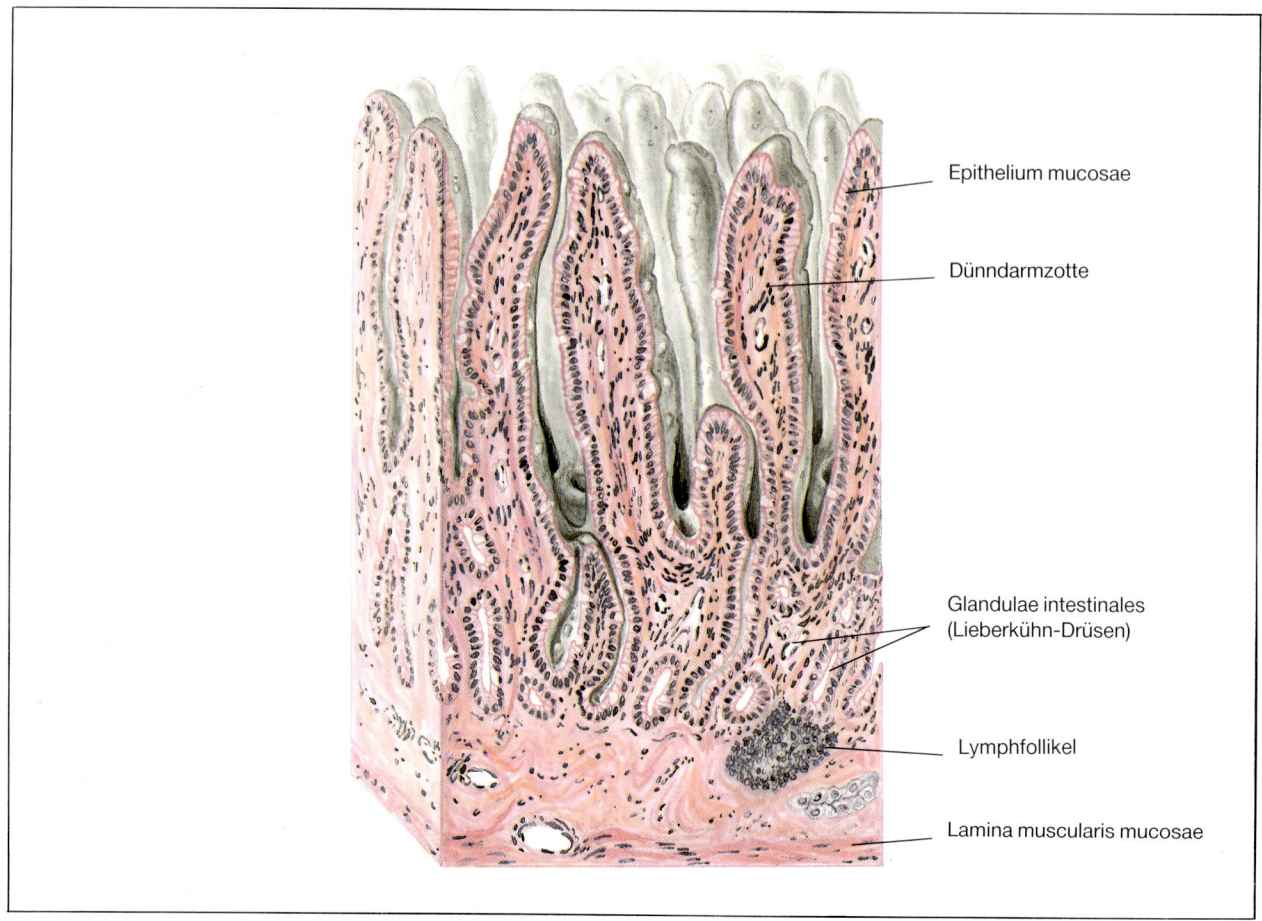

Abb. 164. Schematisch-plastische Darstellung der jejunalen Darmschleimhaut des Hundes (Ausschnitt) (Institutsarbeit).

tasen). Zusätzlich spielen die Gallenflüssigkeit als Sekret der Leber und teilweise die in der Nahrung enthaltenen Enzyme eine entscheidende Rolle. Dabei werden die Futterbestandteile durch Hydrolyse (Verdauung) in niedermolekulare, resorbierbare Substrate umgewandelt. Sämtliche stoffwechselaktiven Vorgänge unterliegen nervalen und hormonellen Regulationsmechanismen.

Im Dünndarm findet bei Tieren mit einem einhöhligen Magen meist der vollständige Abbau der **Proteine (Polypeptide)** zu Aminosäuren statt. Die aus Proteinen durch die Einwirkung von Pepsin im Magen entstandenen Polypeptide werden im Dünndarm durch Trypsin und Chymotrypsin zu Oligopeptiden hydrolysiert und durch Peptidasen zu L-Aminosäuren verdaut. **Polysaccharide** werden durch Pankreas-α-Amylase und durch intestinale 1,6-Glukosidase zu Monosacchariden (Maltose, Isomaltose, Glukose) abgebaut. Triglyzeride werden nach gastraler Emulgierung im Dünndarm durch Pankreaslipase zu β-Monoglyzeriden und zu Fettsäuren gespalten, die zusammen mit den Gallensäuren und Cholesterol der Galle die Endprodukte der Fettverdauung bilden. Durch Enzyme des Pankreas (Nukleasen und Phosphatasen) erfolgt die Umsetzung von **Nukleinsäuren** zu Nukleinbasen und Pentosen.

Diese Vorgänge setzen eine ständige Durchmischung des Futterbreis mit Sekreten voraus, deren optimales Wirkspektrum im neutralen bzw. im leicht alkalischen Bereich liegt. Reabsorbierbare Endprodukte werden durch die freie Oberfläche des Epithels der Darmschleimhaut aufgenommen und basal an das Blut- oder ggf. an das Lymphgefäßsystem abgegeben.

Sämtliche Vorgänge der Reabsorption sind **aktive Prozesse,** die unter Ausnutzung von **Konzentrationsgradienten** und/oder **elektrischen**

Membranpotentialen am Plasmalemm der Epithelzellen erfolgen. Morphologisch können die Vorgänge der Aufnahme von **Monosacchariden bzw. Aminosäuren** in die Zelle nicht verfolgt werden. **Kurzkettige Fettsäuren** gelangen als die Endprodukte der Hydrolysierung von Fetten transepithelial in das Blutkapillarnetz und nachfolgend direkt in die Leber. **Langkettige Fettsäuren** und **Monoglyzeride** werden durch Pinozytose in die Epithelzellen der Darmschleimhaut aufgenommen, im glatten endoplasmatischen Retikulum zu Triglyzeriden umgebaut, im Golgi-Apparat mit einer Lipoproteinhülle versehen und als **Chylomikronen** durch den interzellulären Raum zu den Lymphkapillaren transportiert.

Die Funktionen der Dünndarmschleimhaut sind vielfältig. Neben der **Sekretion** des enzymaktiven Darmsaftes übernehmen Epithelzellen, noch ausgeprägter als im Magen, die **Synthese und Abgabe von Schleim** zur Zytoprotektion der inneren Darmoberfläche. Zusätzlich erfolgt, vorzugsweise in Epithelien der Darmdrüsen, die Bildung von **Gewebshormonen**. Gleichzeitig dient die Schleimhaut der **Reabsorption gespaltener Endprodukte** sowie von **Wasser, Elektrolyten** und **Vitaminen**. Auch ist die enterale Schleimhaut flächenmäßig das größte **lymphatische Organ** des Körpers und dementsprechend aktiv an immunologischen Reaktionen beteiligt. In ihrer Gesamtheit bildet die Tunica mucosa die **intestinale Reabsorptionsschranke**.

Der Wandbau des Dünndarms entspricht grundsätzlich der allgemeinen Schichtung des häutigmuskulären Systems des Verdauungstraktes (s. S. 165). Trotz einzelner organspezifischer Unterschiede (s. S. 189) weisen die Dünndarmabschnitte morphologisch weitgehende Gemeinsamkeiten auf, die für das Duodenum, das Jejunum und das Ileum zusammenfassend besprochen werden.

Schleimhaut (Tunica mucosa)

Wesentliche Voraussetzung für die vielfältigen Aufgaben der Schleimhaut ist die **Vergrößerung** der inneren Oberfläche des Darmrohrs durch organspezifische Sonderbildungen. Im Dünndarm treten quer zur Längsachse des Darmrohrs makroskopisch sichtbare, permanente **Falten (Plicae circulares)** auf, die von kranial nach kaudal allmählich an Höhe verlieren. Die bindegewebige Grundlage dieser Querfalten bilden die lockeren Fasergeflechte der Tela submucosa, die sich kammartig in das Darmlumen vorstülpen. Darüber hinaus wird die gesamte Schleimhaut des Mitteldarms von **Dünndarmzotten (Villi intestinales)** gebildet, die fingerförmige Ausstülpungen der **Lamina propria mucosae** darstellen und von einem **einschichtigen Epithel (Epithelium mucosae)** überzogen werden. Dünndarmzotten (Länge 0,5–1,5 mm, Dichte 20–40 mm^2) tragen wesentlich zur Oberflächenvergrößerung der Schleimhaut bei (Abb. 163, 164 und 167). Fleischfresser weisen relativ lange und schlanke Zotten auf, die der Wiederkäuer sind kurz und gedrungen. Bei sämtlichen Haussäugetieren sind die intestinalen Zotten im Jejunum am längsten, während sie sich im Duodenum und im Ileum verkürzen. Die **Epithelzellen** sämtlicher Dünndarmabschnitte stülpen oberflächlich einen dichten **Mikrovillibesatz** aus, der die resorptionsaktive Darmoberfläche entscheidend vervielfältigt. Die innere Wandauskleidung des Dünndarmrohrs wird damit durch Plicae circulares, durch Villi intestinales und durch Mikrovilli auf der Oberfläche der Epithelzellen vergrößert.

Neben Ausstülpungen wird die Schleimhaut durch die Ausbildung von Einstülpungen in die Lamina propria mucosae in Form von schlauchförmigen, geraden und unverzweigten **Darmdrüsen (Glandulae intestinales, Lieberkühn-Drüsen, Krypten)** gekennzeichnet (Abb. 163, 164 und 167). Die Epithelzellen am Grund der Schlauchdrüsen unterliegen ständigen mitotischen Teilungen, deren Tochterzellen sich lumenwärts bis zur Zottenspitze vorschieben und laufend abgeschilferte Epithelzellen der Zottenwand erneuern. Diese Epithelzellen sind undifferenziert (Epitheliocyti nondifferentiati) und dienen der **Regeneration** der epithelialen Resorptionsschranke. Während der postnatalen Entwicklungsphase beträgt die Lebensdauer einer Deckepithelzelle beim neugeborenen Tier in der Regel 10–14 Tage, beim adulten Tier 2–5 Tage. Diese relativ lange Lebensdauer von Darmepithelzellen juveniler Tiere begünstigt die intraepitheliale Vermehrung mikrobieller (pathogener) Keime in der Darmschleimhaut und ist – bei meist noch fehlender Zytoprotektion der Epitheloberfläche durch Schleim (s. S. 185) – mit eine Ursache von Darmerkrankungen (z. B. Durchfällen) beim Neugeborenen. Die Darmdrüsen sind auch postnatal noch nicht vollständig entwickelt, so daß die Voraussetzung für eine rasche Zellerneuerung nach Verlust des Deckepithels fehlt.

Die Oberfläche der Zotten und die epitheliale Wandauskleidung der Darmdrüsen (Krypten) wird von einem **einschichtigen Epithel (Epithelium mucosae)** gebildet, dessen **Einzelzelle (Epitheliocytus columnaris villi) hochprismatisch** ist. Die Tunica mucosa des Darms ist durchgehend eine **echte Schleimhaut**. Das Epithel wird nicht von einer einheitlichen Zellpopulation gebildet, sondern schließt Zellformen ein, die sich in Struktur und

184 X. Verdauungsapparat (Apparatus digestorius)

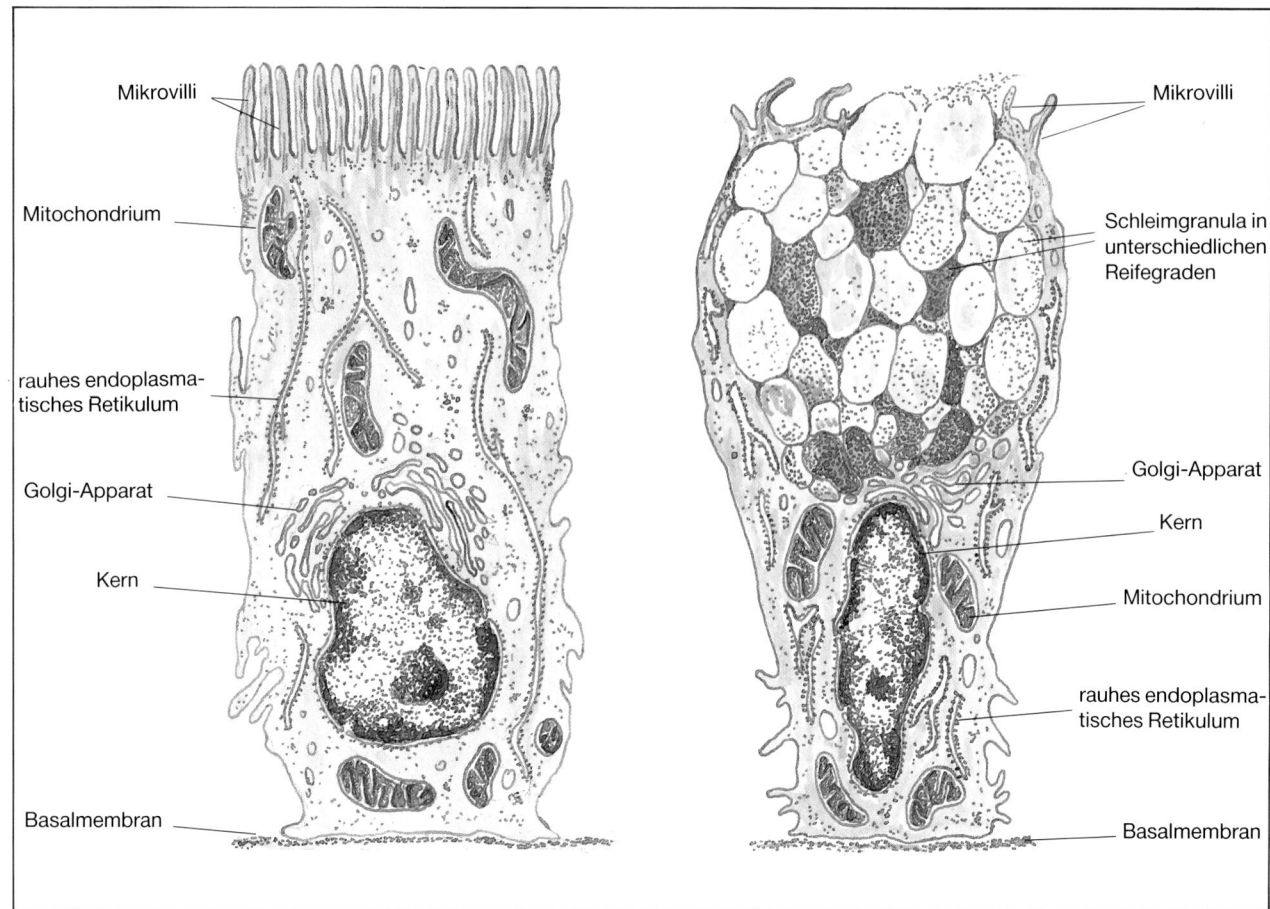

Abb. 165. Struktur einer Saumzelle (Enterozyt) aus dem Oberflächenepithel einer Darmzotte des Hundes (Institutsarbeit).

Abb. 166. Struktur einer Becherzelle aus dem Oberflächenepithel einer Darmzotte des Hundes (Institutsarbeit).

Funktion unterscheiden, nämlich:
- Enterozyten (Saumzellen, Epitheliocyti columnares villi),
- Becherzellen (Epitheliocyti calciformes),
- endokrine Zellen (Endocrinocyti gastrointestinales),
- Paneth-Zellen (Exocrinocyti cum granulis acidophilis)

Enterozyten sind resorptionsaktive, Becherzellen exokrin-sekretorisch tätige Epithelzellen. Beide Zellformen bilden zusammen die epitheliale Grenzschicht der Zottenoberfläche. Sie sind auch wesentliche Bestandteile der Wand der Darmdrüsen (Krypten). Zusätzlich sind in den Darmdrüsen endokrin-sezernierende Zellen und oftmals auch Paneth-Zellen ausgebildet.

Enterozyten

Enterozyten sind stets **hochprismatische Zellen,** die als epitheliale Abdeckung die reabsorptionsaktive Grenzschicht des Intestinaltraktes darstellen. Die Zellen schließen längsovale, locker strukturierte Kerne ein, sind reich an Mitochondrien, rauhem und glattem endoplasmatischen Retikulum und weisen einen stets gut ausgebildeten Golgi-Apparat auf (Abb. 165). Enterozyten sind apikal durch **Zonulae occludentes** und **Haftkomplexe** verbunden, die als feste Zellverbindungen ein Austreten von Interzellularflüssigkeit in das Darmlumen verhindern. Über **Nexus (gap junctions)** erfolgt zwischen Enterozyten der interzelluläre Stoffaustausch niedermolekularer Substanzen und Ionen, seitliche **fingerförmige Zellausstülpungen** dienen der Oberflächenvergrößerung der Zelle und dem Stofftransport. Basal stehen Enterozyten in engem Kontakt zur **Basalmembran,** mit dieser sind sie durch Halbdesmosomen mechanisch verbunden.

Oberflächlich bilden Enterozyten **Mikrovilli** aus, die stets regelmäßig und auffallend dicht angeordnet sind. Die Mikrovilli weisen eine Länge von ca. 1–1,5 μm und einen Durchmesser von 0,1 μm

Dünndarm (Intestinum tenue)

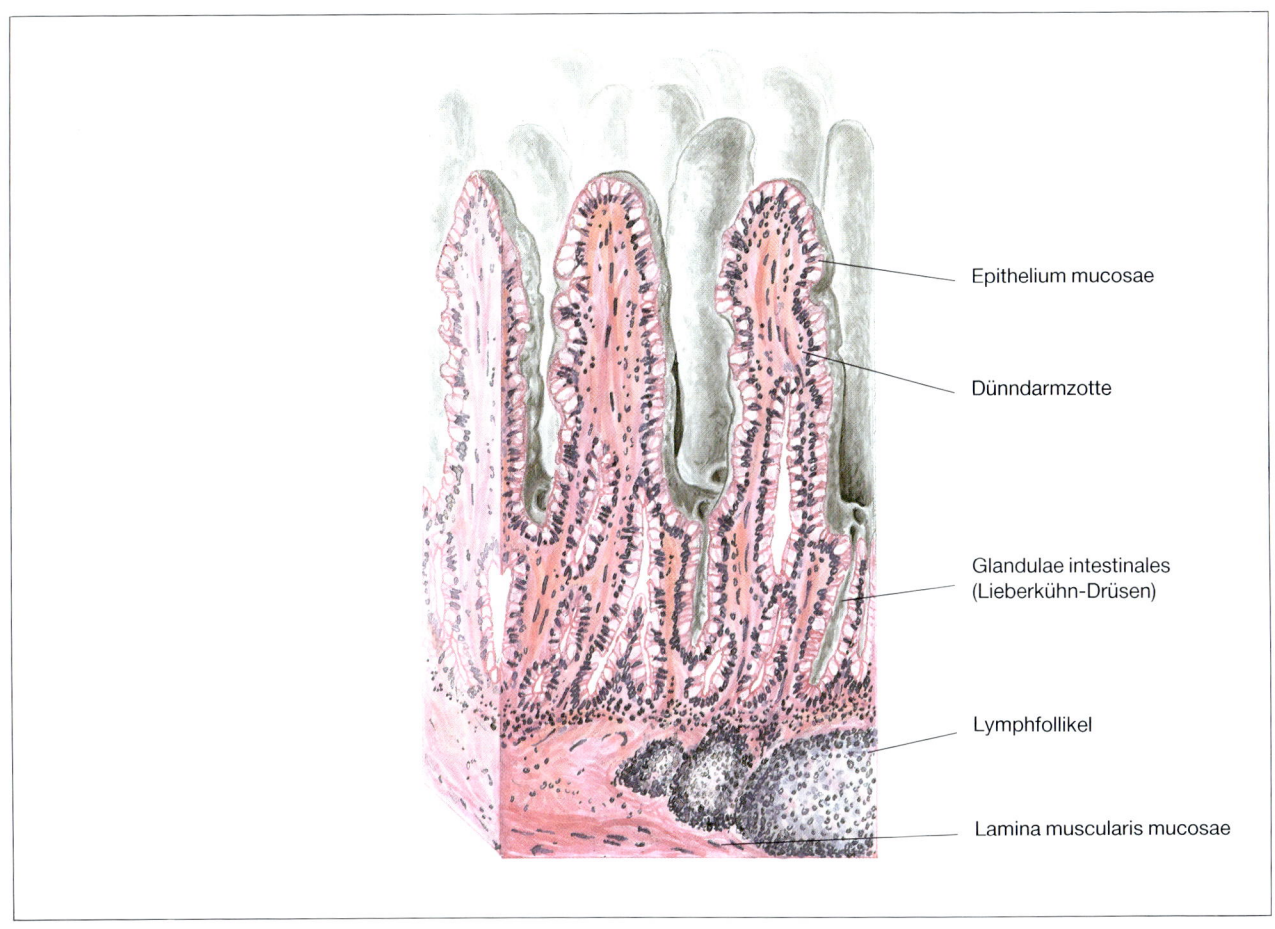

Abb. 167. Schematisch-plastische Darstellung der Darmschleimhaut des Ileums des Hundes (Ausschnitt) (Institutsarbeit).

auf, ihre Anzahl pro Zelle beträgt etwa 2000–3000 bzw. bis zu 200 Millionen pro mm^2 Epitheloberfläche. Die Mikrovilli bilden in ihrer Gesamtheit einen **Bürstensaum,** der bereits lichtmikroskopisch erkennbar ist.

Mikrovilli schließen in Bündeln längsverlaufende **Aktinfilamente** ein, die an der Spitze über α-**Aktinin** im Plasmalemm inserieren. An der Basis der Mikrovilli treten die Aktinfilamente durch horizontale Quervernetzung (»terminal web«) mit **Myosinfilamenten** des Zytoskeletts in Verbindung. Sämtliche zytoplasmatischen Bewegungen der Enterozyten setzen sich auf diese kontraktilen Einlagerungen der Mikrovilli fort und beeinflussen positiv die Reabsorption gespaltener Endprodukte aus dem Darmlumen in die Zelle.

Das **Plasmalemm der Mikrovilli** schließt die **Enzyme** der Verdauung und der Reabsorption ein. Histochemisch lassen sich u. a. Disaccharidasen, Phosphatasen, Aminopeptidasen und Lipasen nachweisen, die entscheidend an der Hydrolyse (Verdauung) der Futterbestandteile und an der Resorption der Spaltprodukte beteiligt sind. Das Plasmalemm wird außen stets von einer ausgeprägten **Glykokalix** überzogen, die weder durch proteolytische noch durch mukolytische Enzyme aufgelöst werden kann (Schutzfunktion).

Becherzellen

Becherzellen bilden zusammen mit Enterozyten die epitheliale Deckschicht der Zottenoberfläche und der Krypten (Abb. 166). Becherzellen nehmen in ihrer Zahl vom Duodenum über das Jejunum bis zum Ileum zu. Im Dickdarm kleiden sie nahezu vollständig die Wand der Glandulae intestinales aus. Becherzellen sind monozelluläre Drüsenzellen, die einen glykoprotein- und glykolipidreichen **Schleim** synthetisieren, der merokrin auf die Oberfläche der intestinalen Schleimhaut abgegeben wird. Der Schleim wirkt in hohem Maße **zytoprotektiv,** er schützt vor enzymatischer Eigenverdauung und vor pathogener Keimbesiedelung der Epithelzellen. Der Schleim besetzt die Rezeptoren der Mikroorganismen oder bindet Toxine und verhindert dadurch deren Anheften an der Epitheloberfläche. Gleichzeitig wirkt der Schleim direkt **bakterizid**, da dieser Lysozym einschließt, ein Enzym mit antimikrobiellen Eigenschaften. Ferner haften Mikroorganismen am Schleim und werden von diesem, unterstützt durch die Darmperistaltik, abtransportiert und ausgeschieden.

Endokrine Zellen

Endokrine Zellen treten in den Drüsenschläuchen des vorderen Dünndarms auf und synthetisieren **Peptidhormone** und **Serotonin** (5-Hydroxytryptamin). Diese endokrinen Wirkstoffe beeinflussen hemmend bzw. stimulierend die Abgabe von Verdauungsenzymen und die Darmmotorik. Zusammen mit vergleichbaren endokrinen Zellen des Magens und des Pankreas bilden die enteroendokrinen Zellen das **gastroentero-pankreatische endokrine System (GEP)**.

Sämtliche endokrinen Zellen liegen intraepithelial in der Wand der **Glandulae intestinales (Krypten)** und geben ihre Sekretgranula inkretorisch an das eng anliegende, subepitheliale **Kapillarnetz** ab. Mit Hilfe immunhistochemischer Nachweisverfahren und in Einzelfällen aufgrund von Affinitäten gegenüber Chrom- und Silbersalzen können die Inhaltsstoffe der zytoplasmatischen Sekretgranula bestimmten **Polypeptidhormonen** und **biogenen Aminen bzw. deren Vorläufern** zugeordnet werden. Gemeinsam sind diesen Zellen **Granula**, die meist basal im Zytoplasma liegen und Aminosäuredekarboxylasen enthalten. Diese Enzyme dienen der Synthese **biogener Amine**. Alle endokrinen Zellen, die **Aminosäuredekarboxylasen** einschließen, werden als **APUD-Zellen** (**A**mine and **P**recursor **U**ptake and **D**ecarboxylation) zusammengefaßt.

Embryologisch stammen sämtliche APUD-Zellen möglicherweise von der Neuralleiste (Neuroektoderm) ab und weisen den Charakter eines **Paraneurons** auf. Diese hormonbildenden Zellen werden übereinstimmend gekennzeichnet durch die Ausbildung eines oberflächlichen Rezeptors und die Fähigkeit, nach einem adäquaten Reiz Polypeptide auszuscheiden.

Im Dünndarm, vorzugsweise in den tiefen Abschnitten der Darmdrüsen des Duodenums, unterscheidet man eine **Vielzahl spezifischer hormonproduzierender Zellen**. Ihnen gemeinsam ist die Ausbildung von basal lokalisierten Granula (Größe 150–450 nm), ein meist runder Kern und der enge Kontakt zur Basalmembran. Die endokrinen Zellen unterscheiden sich tierartlich im Verteilungsmuster innerhalb der Magen- bzw. Darmdrüsen, in der Größe, der Form, der Elektronendichte der Granula und in ihren Inhaltsstoffen.

D-Zellen bilden **Somatostatin,** das inhibitorisch auf die Synthese von Sekreten des Gastrointestinaltrakts wirkt (z. B. Gastrin). D-Zellen sind auch im Pankreas bzw. in der Magenschleimhaut (Pars pylorica) lokalisiert. **G-Zellen** geben **Gastrin** ab, sie liegen neben der Pars pylorica vorzugsweise im Duodenum und im Jejunum. Gastrin fördert, ähnlich dem Histamin, die Sekretion der Belegzellen (Parietalzellen) und der Schleimzellen der Magenschleimhaut und stimuliert die Sekretion der Darmschleimhaut und des Pankreas.

F-Zellen geben in Form kleiner Granula Polypeptide ab, die als **vasoaktive intestinale Polypeptide (VIP)** oder als **Cholezystokinin(CCK)-Pankreozymin** die Sekretion der Gallenflüssigkeit aus der Leber fördern. Gleichzeitig wird die Gallenblase zur Kontraktion angeregt und die Sekretion des Pankreassaftes aktiviert. Zusätzlich treten als Sonderformen **S-Zellen** zur Bildung von **Sekretin** auf. Sekretin stimuliert die Produktion und die Abgabe von Pankreassaft, von $NaHCO_3^-$ und von Gallenflüssigkeit. **Enterochromaffine Zellen (EC-Zellen)** lassen sich färberisch durch Silber- und Chromsalze nachweisen. Ihre Granula schließen **Serotonin** ein, das die Darmmotilität steigert. (Näheres s. Lehrbücher der Biochemie.)

Paneth-Zellen

Paneth-Zellen liegen am Grund der Dünndarmdrüsen. Sie sind gekennzeichnet durch die große Zahl azidophiler Granula, die sich apikal im Zytoplasma häufen. Paneth-Zellen geben exokrin ein seröses, glykoproteinreiches Sekret ab, das als zusätzlichen Inhaltsstoff Lysozym einschließt. Dieses Enzym wirkt durch Auflösung der Bakterienwand bakterizid und beeinflußt dadurch die mikrobielle Darmflora. Paneth-Zellen treten beim Pferd auf, bei Wiederkäuer und Schwein können sie nicht sicher nachgewiesen werden, beim Fleischfresser fehlen sie.

Lamina propria mucosae

Die Lamina propria mucosae besteht aus lockerem Bindegewebe und bildet die Grundlage für die Darmzotten **(Stroma villi)** (Abb. 167, s. auch Abb. 163, 164). Wesentliche Anteile dieses subepithelialen Gewebes werden von den **Darmdrüsen (Glandulae intestinales, Krypten, Lieberkühn-Drüsen)** ausgefüllt. Zwischen diesen Schlauchdrüsen verdichtet sich lockeres Bindegewebe und schließt Blut- und Lymphgefäße, Nervenfasern, Myofibroblasten und glatte Muskelzellen ein. Diese Schicht schließt in großer Zahl und unterschiedlicher Dichte auch Immunzellen und lymphoretikuläres Gewebe ein.

Die **Mikrovaskularisation** dient vorrangig der Versorgung der sekretorisch aktiven Epithelzellen und dem Weitertransport hydrolytisch gespaltener Stoffwechselendprodukte, von Wasser, Elektrolyten und Vitaminen. Dementsprechend reichhaltig und dicht entwickelt ist das **Kapillargebiet** innerhalb einer Darmzotte. Zentral wird jede Zotte von einer Arteriole durchzogen, die bis zur Zottenspitze reicht und sich dort in Blutkapillaren aufzweigt. Diese Haargefäße verbinden sich subepithelial netzartig, verlaufen entlang der Zottenseitenflächen zur Zottenbasis und sammeln sich über postkapilläre Venolen in einer oder mehreren Venolen. Diese vereinigen sich in den Venen des submukösen Gefäßplexus. Arteriovenöse Anastomosen regulieren den Blutfluß.

Jede Darmzotte wird zentral auch von einem **Lymphgefäß (Vas lymphaticum centrale)** durchzogen, das **blind** an der Zottenspitze beginnt und sich basal in einen Plexus öffnet, der Anschluß an Sammellymphgefäße der Tela submucosa findet. Die endotheliale Wandauskleidung der Lymphkapillaren ist ein einfaches Plattenepithel, das durch einen besonderen Wandbau bevorzugt zur Aufnahme von Chylomikronen geeignet ist.

Das lockere Gewebe der Lamina propria mucosae ist mit feinsten **autonom-vegetativen Nervengeflechten** durchzogen, deren Kerngebiete (Perikarya) im Plexus nervorum submucosus (Meißner-Plexus) liegen. Die Nervenfasern dienen u. a. der Versorgung exkretorischer und endokriner Drüsenzellen und der Regulation glatter Muskelzellen, einschließlich der Gefäßwände.

Die Lamina propria mucosae wird auch von **glatten Muskelzellen (Myocyti villi)** in der Längsachse der Zotte durchzogen, die Abspaltungen der **Lamina muscularis mucosae** darstellen. Senkrecht zu diesen verlaufen zur Zottenseitenfläche kontraktile **Myofibroblasten,** die zusammen mit den glatten Muskelzellen die sog. **Zottenpumpe** bilden. Durch rhythmische, wechselseitige Kontraktionen dieser Zellen verkürzt bzw. verlängert sich die Darmzotte und erleichtert damit den Transport von Lymphe in tiefer gelegene Lymphsammelstämme.

Die Lamina propria mucosae schließt in hoher Dichte **lymphoretikuläres Gewebe** ein, das reich ist an T- und B-Lymphozyten, Plasmazellen, Monozyten, Makrophagen, Mastzellen sowie neutrophilen und eosinophilen Granulozyten. Diese Häufung aktiver Immunzellen ist morphologisch Ausdruck ständig in der gastrointestinalen Schleimhaut ablaufender immunzellulärer Reaktionsketten. Sämtliche lymphoretikulären Zellsysteme der intestinalen Schleimhaut werden unter dem Begriff **GALT** (Gut-Associated Lymphoid Tissue = darmassoziiertes lymphatisches Gewebe) zusammengefaßt und sind dem **BALT** (Bronchus-Associated Lymphoid Tissue = broncho-assoziiertes lymphatisches Gewebe) des Respirationstrakts gleichzusetzen (s. S. 217).

Die Schleimhaut des Magen-Darm-Trakts kommt zeitlebens mit einer Vielzahl körperfremder Stoffe und Mikroorganismen (Nahrungsmittelantigene, Viren, Bakterien, Pilze, Parasiten) in Kontakt. Um ein Übertreten in das Körperinnere zu verhindern, entwickelt die Tunica mucosa **unspezifische** und **spezifische Schutzmechanismen,** die in ihrer Gesamtheit eine **Schleimhautbarriere** bilden.

Auf die **unspezifische** bakterizide Wirkung des Schleims und die des sauren pH-Werts des Magensaftes auf Mikroorganismen wurde bereits hingewiesen. Darüber hinaus wirkt die Gallenflüssigkeit gegenüber enteropathogenen Viren unspezifisch inaktivierend, Laktoferrin als Bestandteil der Darmsekrete bakteriostatisch. Unspezifisch dient ferner Interferon der lokalen Immunabwehr. Auch verhindert die physiologische Darmflora oftmals eine pathogene Keimbesiedelung durch Konkurrenz.

In ihrer Gesamtheit bietet die Schleimhautbarriere einen unspezifischen Schutz gegen Reabsorption von antigenem Material, sie modifiziert Antigene (antigen-handling) und verhindert eine transepitheliale Aufnahme von Antigenen durch Komplexbildung mit sekretorischem Immunglobulin A (IgA) (s. u.).

Spezifische Schutzmechanismen sind immunzelluläre Abwehrreaktionen, die auf die lokale Bildung von Immunglobulinen zurückzuführen sind. Diese Antikörper werden von **Plasmazellen** der Lamina propria mucosae synthetisiert. Plasmazellen geben in der Darmschleimhaut vorzugsweise **Immunglobulin A (IgA)** ab und tragen damit zur Entwicklung einer antikörpergebundenen, intestinalen Immunität bei. Epithelzellen der Schleimhaut nehmen IgA auf, verknüpfen dieses ihrerseits an ein Transportpolypeptid **(sekretorische Komponente)** und sondern durch Exozytose den Antikörperkomplex über die Glandulae intestinales in das Darmlumen ab.

Das **sekretorische Immunglobulin A** ist widerstandsfähig gegenüber proteolytischen Sekreten und weist daher eine lange Wirksamkeit auf. Sekretorisches IgA verhindert die Bindung von Bakterien

X. Verdauungsapparat (Apparatus digestorius)

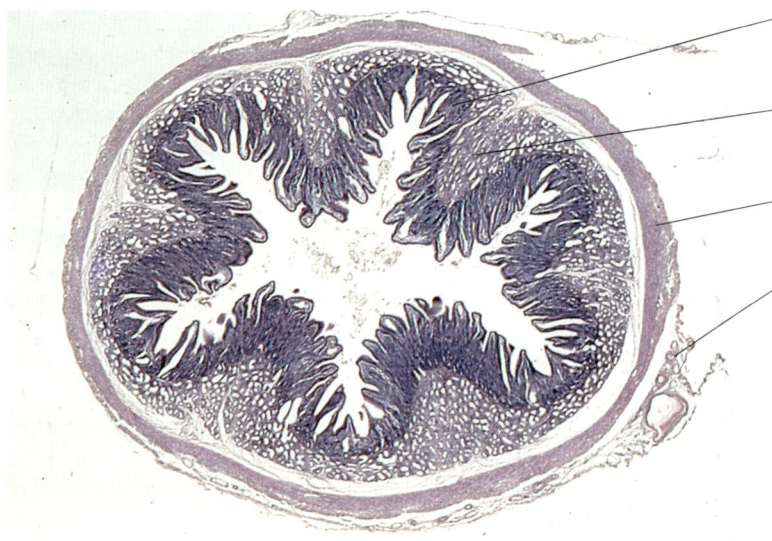

Abb. 168. Querschnitt durch das Duodenum der Katze. Für diesen Dünndarmabschnitt sind die Glandulae submucosae (Brunner-Drüsen) in der Tela submucosa charakteristisch. Färbung Hämatoxylin-Eosin, Vergr. 12fach.

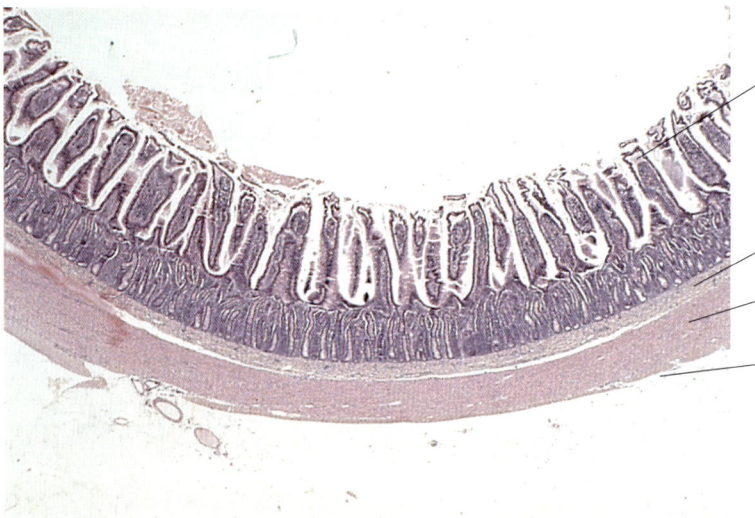

Abb. 169. Querschnitt durch das Jejunum der Katze. Färbung Hämatoxylin-Eosin, Vergr. 12fach.

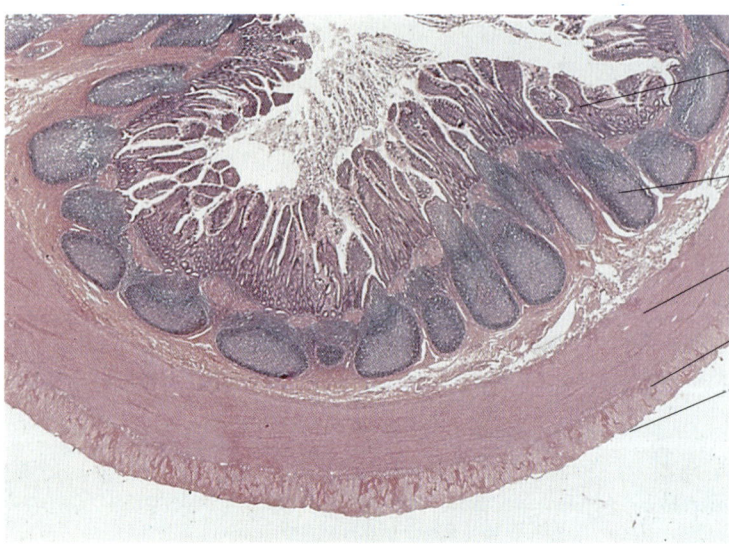

Abb. 170. Querschnitt durch das Ileum des Hundes. Färbung Hämatoxylin-Eosin, Vergr. 12fach.

an die Schleimhaut, agglutiniert Bakterien und neutralisiert Viren und Toxine. IgA bildet an der freien Epitheloberfläche die **erste Immunschranke** gegen Krankheitserreger. Andere Immunglobuline (IgM, selten IgG) sind lokal von untergeordneter Bedeutung. Da neugeborene Tiere noch nicht über einen ausreichenden eigenen Immunschutz verfügen, ist die frühzeitige Ausbildung einer **lokalen Immunität** des Intestinaltraktes von entscheidender Bedeutung.

An der Basis der Lamina propria mucosae ist nahe der Lamina muscularis mucosae bei den Fleischfressern und andeutungsweise auch beim Pferd ein **Stratum compactum** ausgebildet, das sich von der gastralen in die intestinale Schleimhaut fortsetzt und dieser morphologisch gleicht.

Auch entspricht die Schichtung der **Lamina muscularis mucosae** der beschriebenen Struktur in der Magenschleimhaut. Es bestehen tierartliche Unterschiede hinsichtlich der Dicke der Schichtung der einzelnen Muskelspiralen.

Tela submucosa

Das lockere, kollagenfaserreiche Grundgewebe der Tela submucosa weist den allgemeinen Wandbau auf, wie bereits für das häutig-muskuläre System beschrieben (s. S. 165). Neben Fettgewebe, Gefäßen und Nervengeflechten (Plexus nervorum submucosus) häufen sich in der intestinalen Unterschleimhaut Einzellymphknötchen (Noduli lymphatici solitarii) und aggregierte Lymphknötchen (Noduli lymphatici aggregati, Peyer-Platten). Auf diese besonderen lymphatischen Einlagerungen wird im Abschnitt »Ileum« näher eingegangen (s. u.). In der Tela submucosa des Duodenums sind muköse Drüsen (Glandulae submucosae) entwickelt (s. u.).

Die **Tunica muscularis** und die Schichten der **Tunica serosa** entsprechen dem besprochenen Bauprinzip des Gastrointestinaltraktes (s. S. 165). Der tierartlich unterschiedliche makroskopischanatomische Bau des Dünndarms zeigt bezüglich der Schichtdicke z. T. deutliche Abweichungen. (Näheres s. Lehrbücher der Anatomie der Haussäugetiere.)

Differentialdiagnostische Merkmale des Mitteldarms

Das **Duodenum** ist in seiner Schleimhaut stark gefaltet und weist deutliche Plicae circulares auf. Die Darmzotten sind regelmäßig, dicht und relativ breit und die Schlauchdrüsen ausgedehnt entwickelt; intraepithelial treten vereinzelt Becherzellen auf.

Das Duodenum wird **mikroskopisch-anatomisch** durch das Auftreten von **Glandulae submucosae (Brunner-Drüsen)** definiert (Abb. 168, s. auch Abb. 163, S. 180). Die Duodenaldrüsen liegen in der **Tela submucosa** und können sich gelegentlich durch die Lamina muscularis in das lockere Bindegewebe der Lamina propria vorschieben. Die Brunner-Drüsen erstrecken sich – im Gegensatz zur makroskopisch-anatomischen Ausdehnung des Duodenums – beim Hund nur über eine Strecke von 1,5–2 cm, bei der Ziege über 20–25 cm und beim Schaf über 60–70 cm. Die Duodenaldrüsen verlängern sich beim Wiederkäuer auf 4–5 m, beim Schwein bis auf 3–5 m und beim Pferd auf 5–6 m. Sie bilden meist kompakte Drüsenlager und lösen sich distal allmählich in Einzeldrüsen auf.

Die Glandulae submucosae sind bei den meisten Haussäugetieren verzweigt und tubuloazinär. Bei Fleischfressern überwiegt ein tubulärer, bei Wiederkäuern ein azinärer Drüsentyp. Die Submukosadrüsen geben ein visköses, schleimiges Sekret ab, das reich an neutralen Glykoproteinen ist (Fleischfresser). Der alkalische Schleim (pH-Wert 8–9) puffert den sauren Magensaft, schützt die intestinale Schleimhaut und schafft für die intestinalen pankreatischen Enzyme ein optimales Wirkspektrum. Bei Pflanzenfressern hingegen ist dieser Schleim vorwiegend sauer.

Das **Jejunum** entspricht weitgehend dem Grundbauplan des häutig-muskulären Schlauchs (Abb. 169, s. auch Abb. 164, S. 182). Die Darmzotten sind fingerförmig und schlanker, länger und weniger dicht als im Duodenum. Gelegentlich können kleinere Lymphfollikel in der Tiefe der Schleimhaut und in der Tela submucosa auftreten, am häufigsten beim Schwein. Gegenüber dem Duodenum ist die Zahl der Becherzellen vermehrt.

Das **Ileum** weist eine deutlich reduzierte Faltenbildung der Schleimhaut auf, die Zotten sind kürzer, weniger dicht und breiter als im Jejunum, die Anzahl intraepithelialer Becherzellen ist vermehrt (Abb. 170, s. auch Abb. 167, S. 185). In charakteristischer Weise sind in der **Tela submucosa Noduli lymphatici aggregati (Peyer-Platten)** eingelagert, die sich meist weit in die Tunica mucosa vorschieben und die freie Oberfläche des Darmrohrs erreichen. Diese wölben sich oftmals kuppelartig in das Darmlumen vor und verdrängen häufig die Darmzotten. Die Tunica mucosa, insbesondere das Epithelium mucosae, ist in diesen Bereichen reichlich von Lymphzellen infiltriert. **Peyer-Platten** sind **Mandeln** und dienen der **lokalen Immunabwehr**. Es wird angenommen, daß in Peyer-Platten ungespaltene Peptide des Futterbreis mit der intestinalen Schleimhaut in Kontakt treten und mit dieser

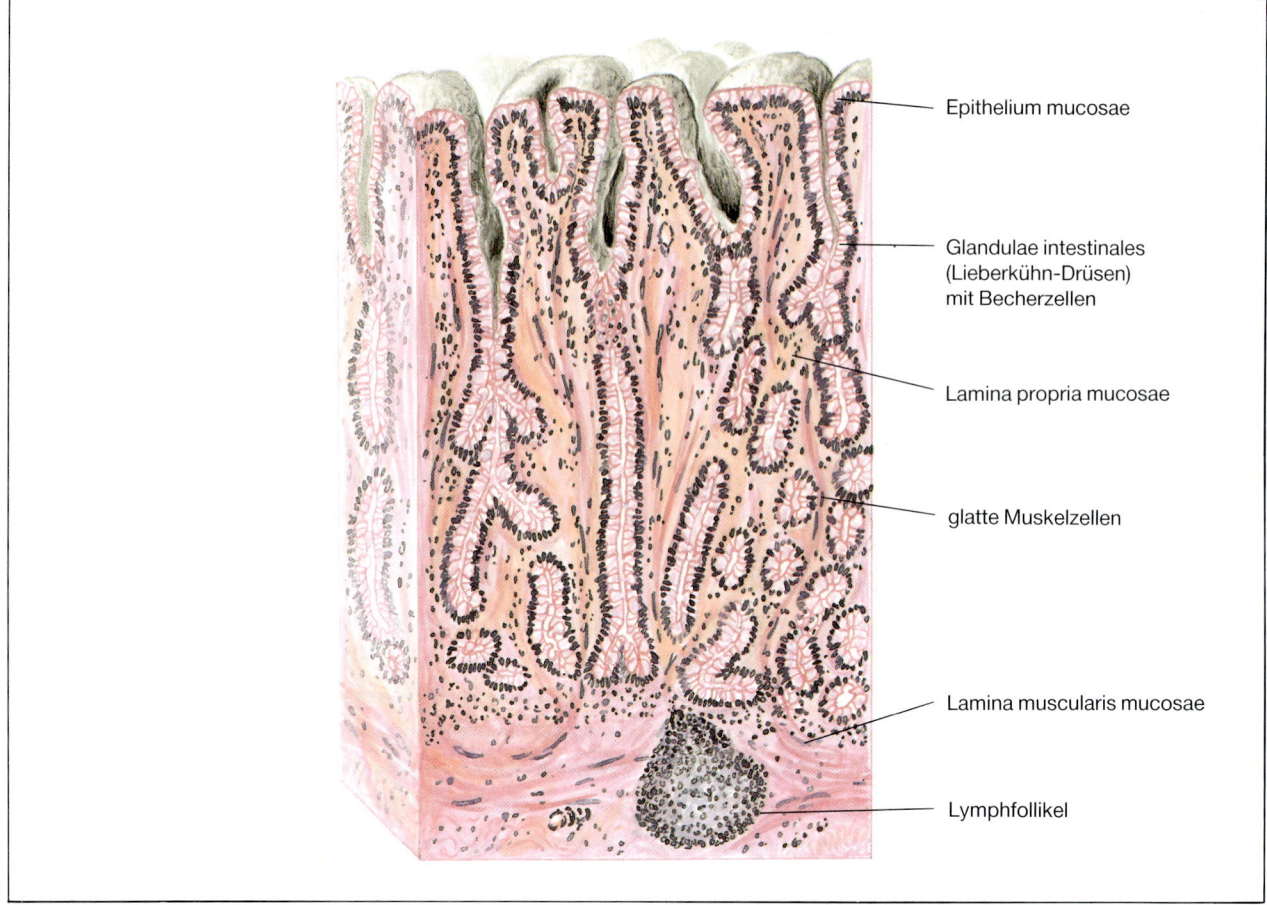

Abb. 171. Schematisch-plastische Darstellung der Darmschleimhaut des Kolons des Hundes (Ausschnitt).

reagieren. Peyer-Platten sind morphologisch Ausdruck verstärkter immunologischer Abwehrreaktionen während der Reabsorption.

Dickdarm (Intestinum crassum)

Der Dickdarm setzt sich aus dem Zäkum, dem Kolon und dem Rektum zusammen. Auch diese Darmabschnitte weisen durch die extreme Ausbildung einzelner Teilabschnitte (z. B. das Zäkum bei Schwein und Pferd) makroskopisch-anatomisch ausgeprägte Unterschiede auf. (Näheres s. Lehrbücher der Anatomie der Haussäugetiere.) Der mikroskopisch-anatomische Wandbau folgt diesen Besonderheiten nur teilweise, vorzugsweise in der Ausbildung der Tunica muscularis. Grundsätzlich liegt auch im Dickdarm die Schichtung eines häutig-muskulären Schlauches vor.

Die sekretorische Wirksamkeit der intestinalen bzw. pankreatischen Dünndarmsekrete nimmt im Dickdarm kontinuierlich ab. Kohlenhydrat- und proteinspaltende Darmbakterien und Protozoen übernehmen die weitere Verdauung restlicher Futterinhaltsstoffe, insbesondere die Hydrolysierung von Zellulose. Durch vergleichbar ähnliche mikrobielle Verstoffwechselung werden, wie in den Vormägen der Wiederkäuer, beim Pferd, aber auch beim Schwein, anaerob im Zäkum und im Kolon kurzkettige Fettsäuren gebildet und diese nachfolgend durch das Epithel reabsorbiert. Gleichzeitig erfolgt die Synthese von Vitamin B und Vitamin K.

Wesentliche Funktion der Dickdarmschleimhaut ist die **Reabsorption** von **Wasser** und **Elektrolyten** im Austausch gegen Kalium und Bikarbonat, verbunden mit einer Eindickung des Darminhalts, und die **Sekretion** von **Schleim** aus Becherzellen als

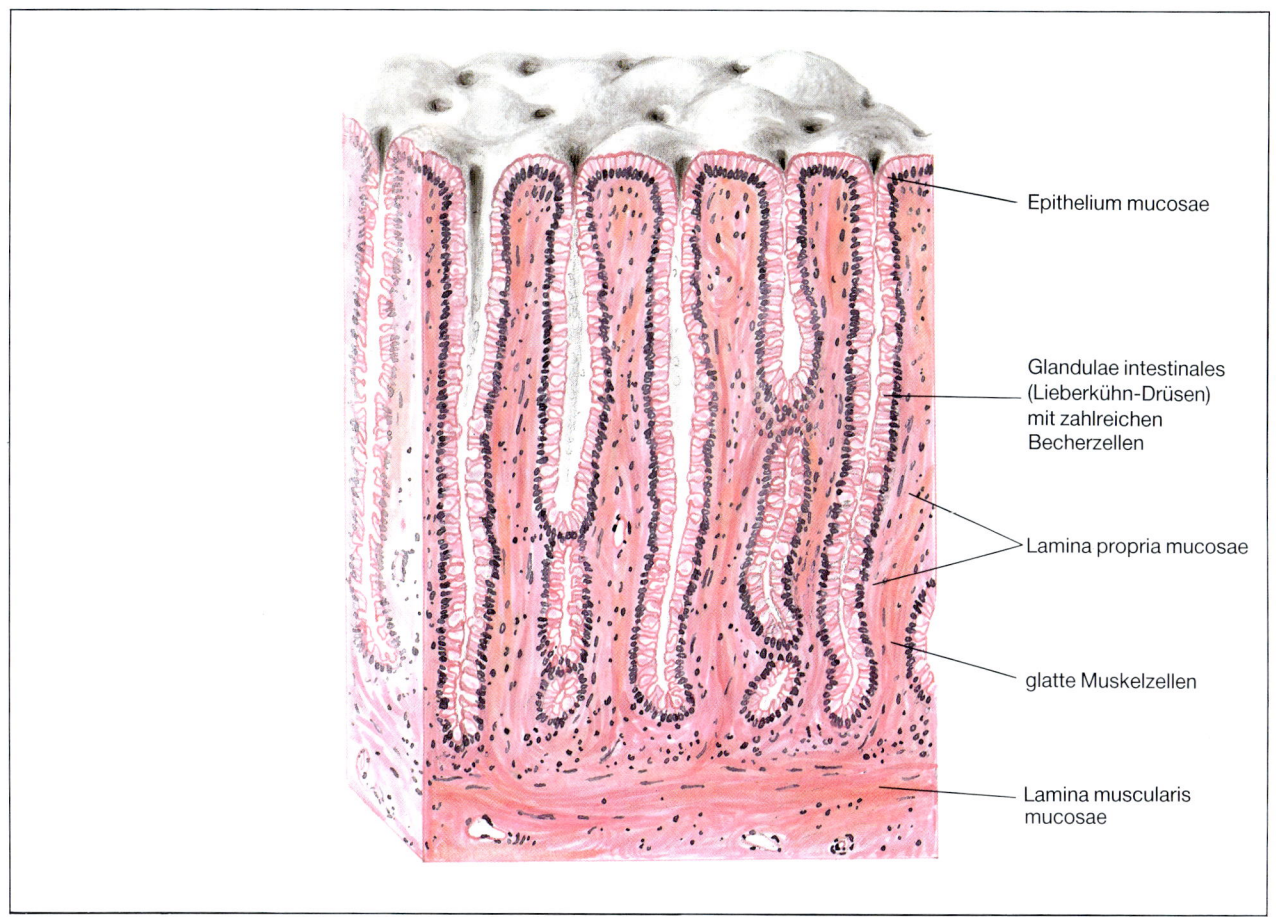

Abb. 172. Schematisch-plastische Darstellung der Darmschleimhaut des Rektums des Hundes (Ausschnitt).

Gleitmittel für den Kot. Zusätzlich erfolgt die Aufnahme der noch im Darmlumen verbliebenen **gespaltenen Nahrungsbestandteile** und von **Vitaminen.**

Schleimhaut (Tunica mucosa)

Sämtlichen Dickdarmabschnitten ist gemeinsam, daß **Darmzotten fehlen** (Abb. 171–173). Damit ist die innere Wandauskleidung weitgehend glatt, nur längsverlaufende Falten der Tela submucosa stülpen sich vor. In die Tiefe senken sich im gesamten Dickdarm **Glandulae intestinales**, die gestreckt, lang und unverzweigt sind und dicht nebeneinander liegend wesentliche Anteile der Lamina propria mucosae ausfüllen.

Die innere Darmoberfläche wird von einem **einschichtigen, hochprismatischen Epithel** ausgekleidet, dessen Enterozyten (Saumzellen) an der Oberfläche regelmäßig **Mikrovilli** entwickeln. Dieser Bürstensaum vergrößert erheblich die Zelloberfläche und in der Gesamtheit aller Enterozyten die resorptionsaktive, intestinale Grenzfläche für die Aufnahme von Wasser und Elektrolyten aus dem Darmlumen.

Die **Glandulae intestinales** werden als Fortsetzung der oberflächlichen Enterozyten von **einschichtigen, hochprismatischen Epithelzellen (Exocrinocyti columnares)** gebildet. Diese Deckzellen nehmen von proximal nach distal innerhalb der Drüsenwand ab, sie werden durch eine steigende Anzahl sezernierender Becherzellen ersetzt. **Becherzellen (Exocrinocyti calciformes)** sind in den mittleren und distalen Dickdarmabschnitten die vorherrschenden Epithelzellen der Drüsenschläuche. Die Epithelzellen unterliegen einer ständigen Erneuerung, die aus undifferenzierten Zellen (Epitheliocyti nondifferentiati) des Drüsenhalses erfolgt. Die Struktur der Lamina propria mucosae entspricht dem angeführten Grundbauplan des

192 X. Verdauungsapparat (Apparatus digestorius)

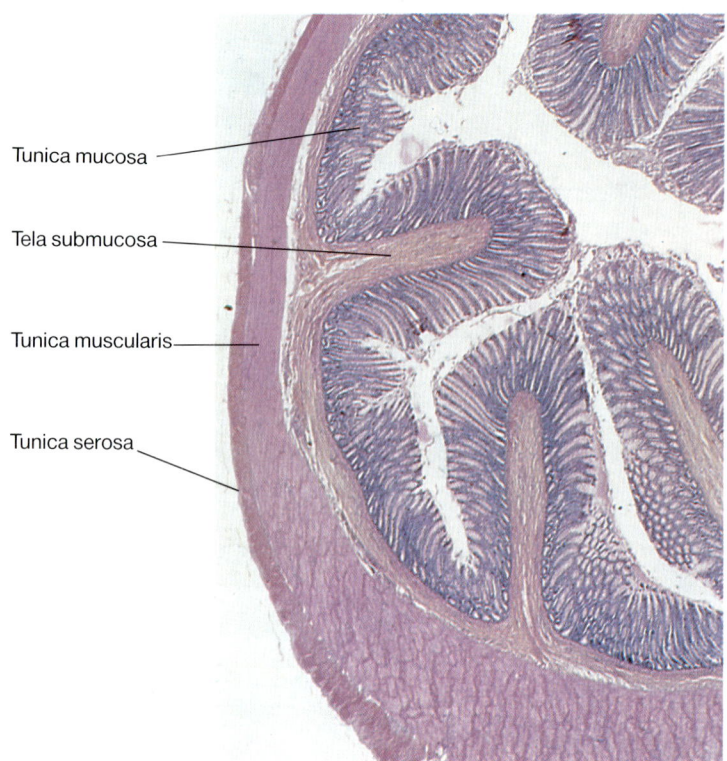

Abb. 173. **Querschnitt durch das Kolon** eines Hundes. In allen Abschnitten des Dickdarms fehlen Zotten, die Anzahl der Becherzellen ist stark vermehrt. Färbung Hämatoxylin-Eosin, Vergr. 12fach.

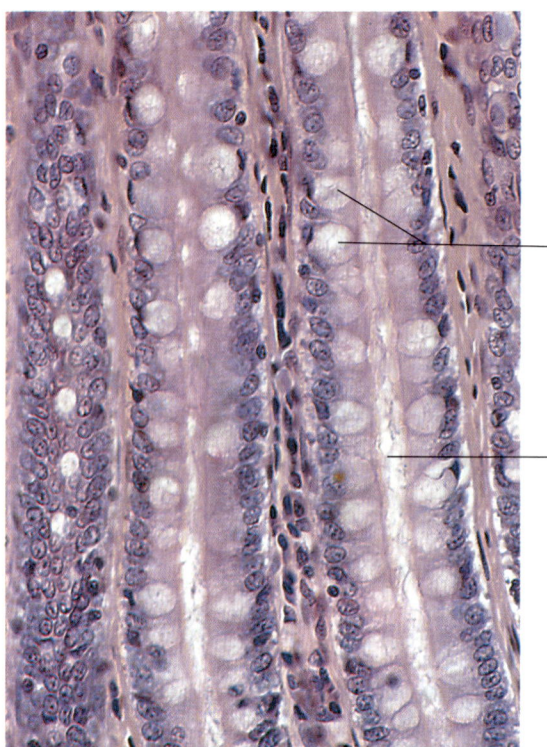

Abb. 174. **Ausschnitt aus den gestreckten Schlauchdrüsen der Glandulae intestinales** (Lieberkühn-Drüsen) mit zahlreichen Becherzellen des Dickdarms des Hundes. Färbung Hämatoxylin-Eosin, Vergr. 300fach.

häutig-muskulären Systems. Die Schleimhaut wird von einer geschlossenen Lamina muscularis mucosae unterlagert.

Unterschleimhaut (Tela submucosa)

Stellenweise sind in die Schleimhaut und in die Tela submucosa **Einzellymphknötchen (Noduli lymphatici solitarii)** oder deren aggregierte Formen, **Noduli lymphatici aggregati,** eingelagert.

Muskelschicht (Tunica muscularis)

Die Tunica muscularis weist bei Schwein und Pferd eine besondere Schichtung auf. Die inneren, zirkulären Muskelfasern bilden eine geschlossene Schicht. Die äußeren Längsmuskellagen sind zu **Bandstreifen (Taeniae)** differenziert, die zu dicken Muskelbündeln zusammengefaßt sind. Beim Schwein sind am Zäkum drei und am Colon ascendens zwei Bandstreifen ausgebildet. Beim Pferd liegen im Zäkum und im ventralen Colon ascendens vier Bandstreifen vor, an der Beckenflexur und der linken dorsalen Längslage des Kolons nur ein, an der dorsalen Zwerchfellkrümmung drei Bandstreifen. Die Bandstreifen sind reich mit elastischen Fasergeflechten verstärkt, die oftmals die glatten Muskelfaserbündel ersetzen.

Differentialdiagnostische Merkmale des Enddarms

Das **Zäkum** weist bei Pflanzenfressern mit einem einhöhligen Magen (Pferd und Schwein) makroskopisch-anatomisch ausgeprägte Erweiterungen auf, die mikroskopisch-anatomisch von adaptiven Veränderungen der Tunica muscularis begleitet werden. Zusätzlich treten zu Beginn des Zäkums bei Fleischfressern, Schwein und Wiederkäuern, bei Pferd und Katze am distalen Ende regelmäßig Lymphknötchen auf.

Auch das **Kolon** wird bei den genannten Pflanzenfressern gekennzeichnet durch die Umstrukturierung der Tunica muscularis in längsverlaufende, verdickte Bänder glatter Muskulatur. Bandstreifen werden durch elastische Faserbündel verstärkt. Die Drüsenschläuche schließen in großer Zahl Becherzellen ein (Abb. 173).

Die Wandstärke der Tunica muscularis des **Rektums** ist ausgeprägt, Bandstreifen fehlen. Charakteristisch für das Rektum ist die hohe Dichte an Becherzellen, sowohl im oberflächlichen Deckepithel als auch in der Wand der Schlauchdrüsen (Abb. 174). Die äußere Tunica serosa wird im zölomfreien Raum von einer bindegewebigen Tunica adventitia ersetzt. Die außen dem Rektum anliegenden lockeren Gewebe werden meist von plurivakuolärem Fett durchzogen, das sich in das Bindegewebe des Anus fortsetzt.

Analkanal (Canalis analis)

Den Analkanal kleiden Schleimhäute aus, deren innere epithelialen Schichten sich von proximal nach distal ändern. Man unterscheidet **3 Zonen**, innerhalb derer sich die echte Schleimhaut des Mastdarms in die Epidermis der äußeren Haut verändert.

Zu Beginn des Analkanals **(Zona columnaris)** geht die echte Schleimhaut des Gastrointestinaltrakts ohne Übergang in die kutane Schleimhaut des Afters **(Zona intermedia)** über. Die Grenzlinie wird als Linea anorectalis bezeichnet. An die Afterschleimhaut schließt sich nach außen, scharf durch die Linea anocutanea abgegrenzt, die äußere Haut **(Zona cutanea)** an.

Die **Zona columnaris** ist bei Fleischfressern und beim Schwein durch zahlreiche Längsfalten **(Columnae anales)** eingestülpt, die von Bündeln glatter Muskulatur und Gefäßplexen (submuköse Schwellvenen) unterlagert werden. Nach außen sind Nischen (Sinus paranales) entwickelt. Die Schleimhaut der Zona columnaris wird von einem einschichtigen Epithel mit zahlreichen Becherzellen bedeckt. In der Tela submucosa häufen sich diffuses lymphoretikuläres Gewebe und stellenweise Lymphknötchen. Die Linea anorectalis bildet eine scharfe Grenzlinie zur kutanen Schleimhaut der Zona intermedia.

Die **Zona intermedia** wird von einem mehrschichtigen Plattenepithel ausgekleidet, das einem Papillarkörper aufliegt. Diese mittlere Zone des Analkanals wird in tieferen Bindegewebsschichten von diffusem lymphoretikulären Gewebe und Lymphfollikeln unterlagert. Beim Schwein und beim Hund sind Analtonsillen ausgebildet. Bei beiden Tierarten sind tubuloazinäre **Analdrüsen (Glandulae anales)** entwickelt, deren Sekrete beim Schwein von schleimiger Konsistenz (Glandulae apocrinae) und beim Hund von fettiger Beschaffenheit (Glandulae sebaccae) sind. Die kutane Schleimhaut der Zona intermedia ist in der Linea anocutanea von der Cutis der äußeren Haut getrennt.

Der Beginn der **Zona cutanea** wird durch das erstmalige Auftreten von Bestandteilen der Epidermistrias (Haare, Talg- und Schweißdrüsen) im Analkanal gekennzeichnet. Zusätzlich schließt die Wand des Analkanals beim Hund, weniger deutlich bei der Katze, den Talgdrüsen ähnliche (»hepatoide«), polyptyche Drüsen ein, die als **Zirkumanaldrüsen (Glandulae circumanales)** bezeichnet werden. Diesen Drüsen fehlen Ausführungsgänge, ihre Stoffwechselprodukte sind möglicherweise Hormone, die an der Umwandlung von Steroiden mitwirken.

Ventrolateral des Analkanals sind bei Fleischfressern paarig **Analbeutel (Sinus paranales)** ausgebildet, deren innere Wandfläche von einem mehrschichtigen Plattenepithel bedeckt wird. In enger Verbindung zur Analbeutelwand stehen **Analbeuteldrüsen (Glandulae sinus paranales)**, die als modifizierte Schweißdrüsen angesehen werden. Die isoprismatischen Drüsenepithelien sezernieren ihre Sekrete apokrin (Glandulae apocrinae) und sind Duftdrüsen. Zusätzlich sind in der Analbeutelwand bei der Katze Talgdrüsen (Glandulae sebaceae) entwickelt.

Anhangsdrüsen des Darms

Leber (Hepar)

Die Leber ist eine der wenigen Drüsen im Körper, die gleichzeitig eine Vielzahl unterschiedlichster Funktionen erfüllt. Der größte Teil der Eigenschaften dieses Organs geht auf einen einzigen Zelltyp zurück, die **Leberzelle (Hepatocytus)**. Stark vereinfacht erfüllen Leberzellen 3 Grundfunktionen, die entscheidend den gesamten Stoffwechsel des Körpers beeinflussen. Für den weitaus größten Teil der im Blut zirkulierenden oder aus dem Darm reabsorbierten Stoffe und Substanzen dienen Hepatozyten
- der Synthese und sofortigen Sekretion (z. B. Proteine),
- der Synthese, Speicherung und Sekretion (z. B. Glykogen),
- der Metabolisierung und Entgiftung (z. B. Steroide, Pharmaka).

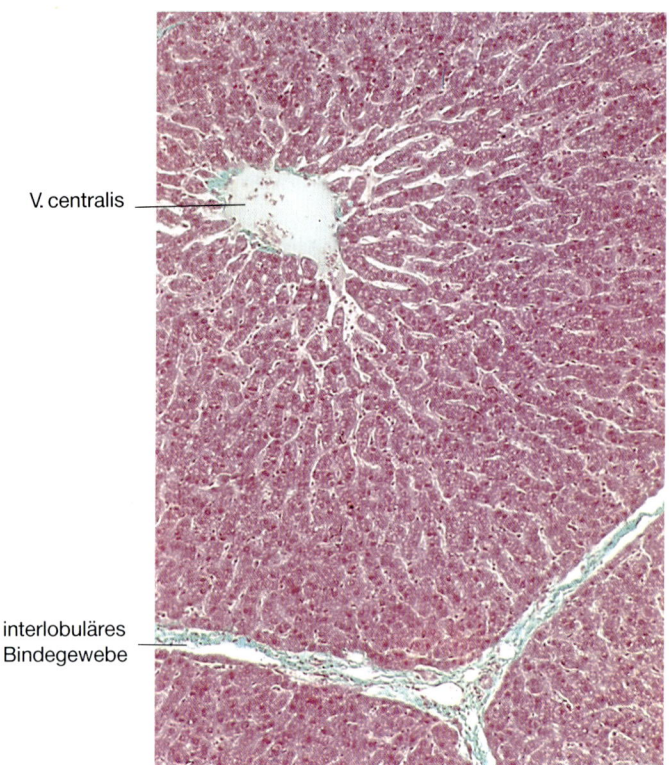

Abb. 175. Ausschnittvergrößerung aus der Leber eines Schweins mit deutlicher bindegewebiger Läppchenstruktur, Leberzellbalken und Zentralvene. Färbung Goldner, Vergr. 120fach.

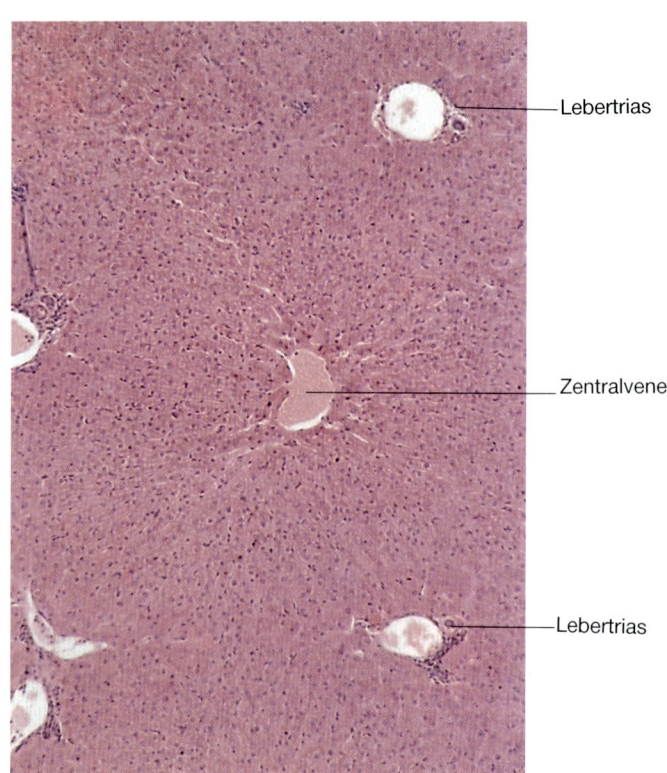

Abb. 176. Ausschnittvergrößerung aus der Leber des Hundes. Die Läppchengliederung ist undeutlich, allein die Zentralvenen und die Lebertrias sind ausgeprägt. Färbung Hämatoxylin-Eosin, Vergr. 100fach.

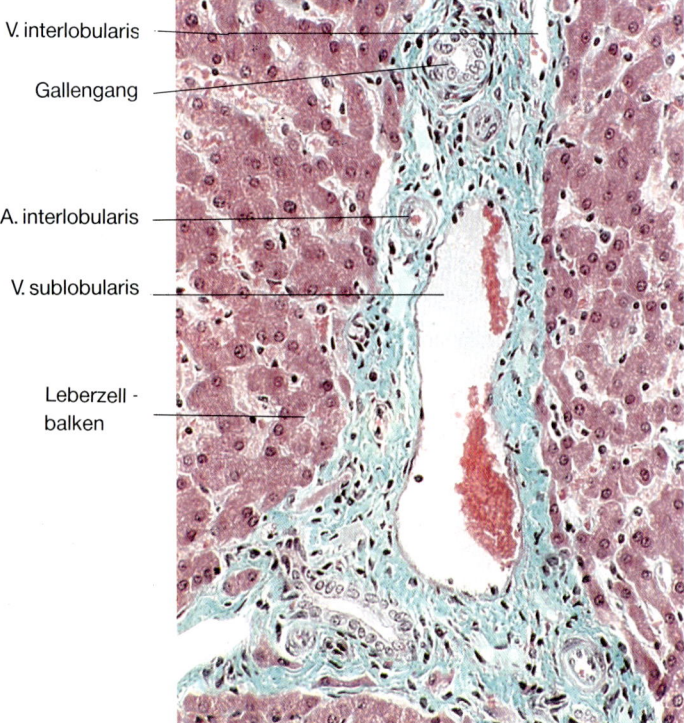

Abb. 177. Ausschnittvergrößerung aus der Leber mit Lebertrias des Schweins. Neben der V. sublobularis sind Gallengänge mit einem isoprismatischen Epithel und die A. und V. interlobularis erkennbar. Färbung Goldner, Vergr. 250fach.

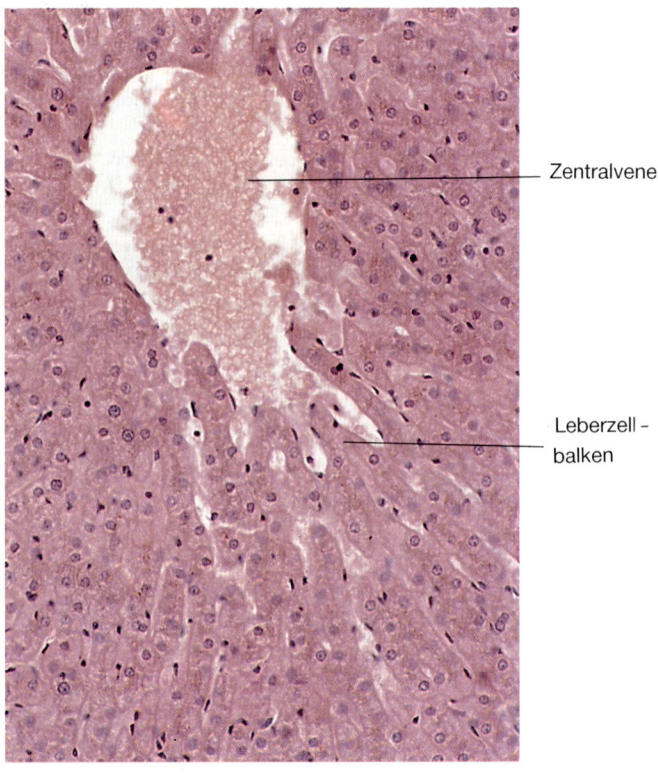

Abb. 178. Ausschnittvergrößerung aus der Mitte eines Leberläppchens mit Zentralvene und einmündenden Lebersinusoiden und Leberzellbalken des Schweins. Färbung Hämatoxylin-Eosin, Vergr. 400fach.

Leberzellen synthetisieren die aus dem Darm aufgenommenen Grundbausteine zu körpereigenen Substanzen. Aus dem intestinalen Monosaccharid Glukose wird das Polysaccharid Glykogen gebildet, und unspezifische Aminosäuren werden zu komplexen Proteinketten verknüpft. Letztere gelangen z. B. als Plasmaproteine (Serumalbumine, Fibrinogen, Prothrombin, Enzyme des Blutplasmas, Glykoproteine) in den Körperkreislauf. In gleicher Weise werden Lipoproteine und Ketonkörper in der Leberzelle verstoffwechselt.

In besonderem Maß dient die Leberzelle der Synthese und Abgabe der Gallenflüssigkeit durch ein gesondertes Kapillar- und Sammelsystem. Gallensäuren, Bilirubin und Wasser werden ebenso von Leberzellen ausgeschieden wie Cholesterin und Steroidhormone.

Leberzellen vermögen über eine gewisse Zeit, oftmals nur innerhalb eines bestimmten Tagesrhythmus, Glykogen und Triglyzeride nach ihrer Synthese im Zytoplasma zu speichern und dann erst an das Blut abzugeben. Leberzellen dienen auch der Speicherung von fettlöslichen Vitaminen (A, D und K).

Vorrangige Aufgabe der Leberzellen ist die Desaminierung von Aminosäuren. Ferner erfolgt durch z. B. Hydroxylierung, Azetylierung, Methylierung oder Oxydation bzw. Reduktion der Abbau und damit die Entgiftung zahlreicher Stoffwechselbestandteile, die dann über die Niere oder über die Gallenflüssigkeit ausgeschieden werden.

Die Leber ist embryologisch ein zusammengesetztes Organ, sie schließt **entodermale** und **mesodermale** Anteile ein. **Hepatozyten** sind als Zellsprosse des hepato-pankreatischen Rings des embryonalen Darmrohrs **entodermalen** Ursprungs. Die Leberzellanlagen werden, ebenso wie die Pankreasanlagen, außerhalb des Darms verlagert, bleiben jedoch mit diesem durch Gänge in Verbindung (Ductus choledochus bzw. Ductus pancreaticus). Leberzellen stehen, gemeinsam mit den exkretorischen und endokrinen Anteilen des Pankreas, im Dienste der Synthese von Körperflüssigkeiten oder deren Bestandteilen. Beide Organe beeinflussen nachhaltig den Körperstoffwechsel.

Während der frühen Embryonalentwicklung wird die entodermale Leberzellanlage durch einsprossende, **mesodermale** Nabelgefäße (Vv. omphalomesentericae) in Leberzellplatten (s. S. 199) geteilt. Die mit den Gefäßen in das Lebergewebe gelangten Endothelzellen der Kapillarwände behalten zeitlebens ihren **mesodermalen** Charakter, sie werden zu Sinuskapillaren (Lebersinuoide).

In die Leber wandern aus dem Knochenmark sekundär Zellen ein, die als Bestandteile des **mono**nukleären Phagozyten-Systems **(MPS)** unspezifische Aufgaben der Stoffaufnahme im Blut zirkulierender Stoffe, Teilchen oder Zellfragmente übernehmen **(v.-Kupffer-Zellen)**. Von der frühen mittleren Phase bis gegen Ende der Embryonalentwicklung vollzieht sich darüber hinaus in der Leber die Blutzellbildung (Hämopoese). (Näheres s. Lehrbücher der Embryologie der Haussäugetiere.)

Durch diese **mesodermalen** Anteile werden die Funktionen der Leber erweitert, sie dient auch der
– Phagozytose,
– embryonalen Blutzellbildung (Hämopoese).

Aus dem Verteilungsnetz der embryonalen Gefäße entwickelt sich in der Leber eine charakteristische Läppchengliederung, die tierartlich unterschiedlich durch bindegewebige Einlagerungen mehr oder weniger deutlich in Erscheinung tritt. Zur Aufrechterhaltung der vielfältigen Funktionen der Leber besteht eine enge Beziehung zwischen dem intrahepatischen Gefäßnetz und der räumlichen Anordnung der Leberzellen.

Bau der Leber

Die Leber wird oberflächlich von einer kollagenfaserigen, teilweise elastischen **Kapsel (Tunica fibrosa, Glisson-Kapsel)** überzogen, der außen eine **Tunica subserosa** mit einer einschichtigen **Tunica serosa** aufliegt. Von diesem bindegewebigen Mantel aus ziehen lockere Kollagenfaserbündel (Typ I) als interstitielles Gewebe in das Leberparenchym. In diesem Bindegewebe verlaufen die zu- und abführenden Gefäße, Gallengänge und Nervengeflechte. Die Anordnung der Fasern macht in Verbindung mit dem Verlauf der Gefäße die Gliederung der Leber in **Leberläppchen** (Lobuli hepatici, s. S. 196) deutlich. Beim **Schwein** sind die interlobulären Septen besonders ausgeprägt (Abb. 175). Bei dieser Tierart wird bereits makroskopisch an der Oberfläche die Läppchengliederung der Leber in Form einer regelmäßigen Felderung sichtbar. Diese Lobulierung ist bei allen anderen Haussäugetieren nur andeutungsweise entwickelt (Abb. 176), obgleich bei diesen Tieren ebenfalls eine strukturelle wie funktionelle Anordnung der Leberzellen in Läppchen vorliegt.

Gefäßsystem der Leber

Das intrahepatische Gefäßsystem vereinigt funktionelles, nährstoffreiches Blut aus dem Darmbereich (Pfortadersystem) und nutritives, sauerstoffreiches Blut aus der A. hepatica propria.

Die im Hilus der Leber durch die **Vena portae** eintretenden venösen Gefäße zweigen sich im interstitiellen Gewebe der Leber zu **Vv. interlobulares**

196 X. Verdauungsapparat (Apparatus digestorius)

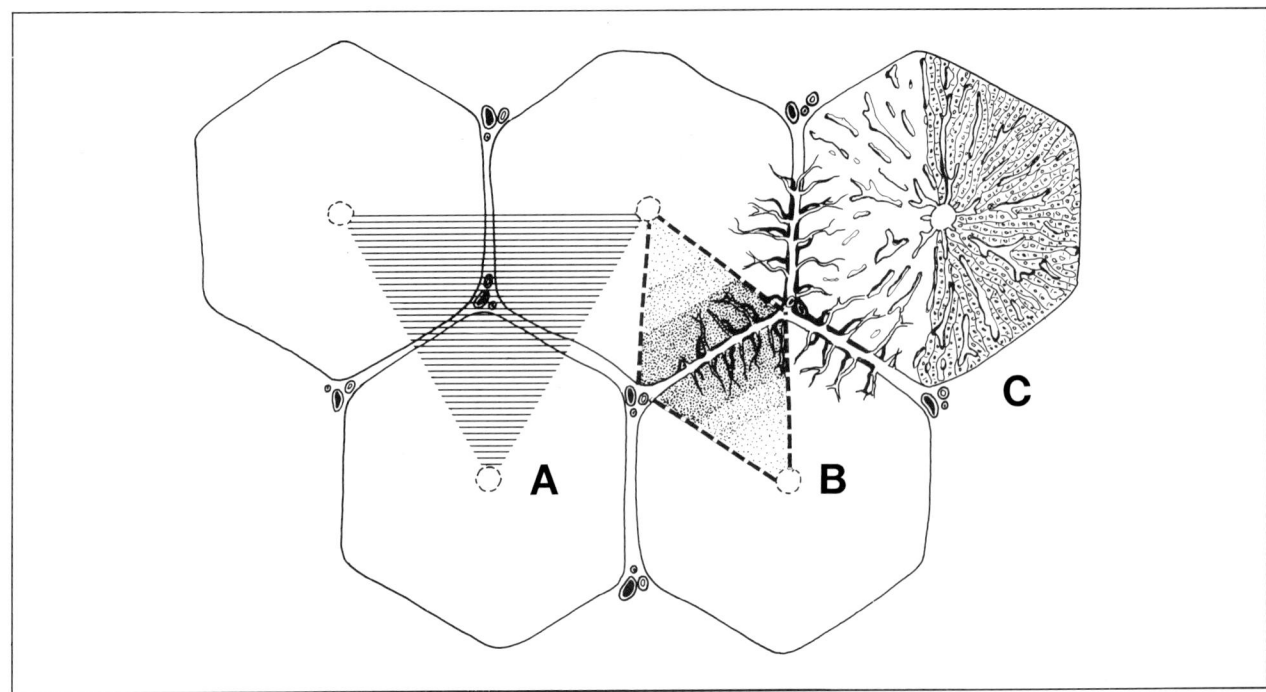

Abb. 179. Schema der Gliederung der Leber in A: periportale Läppchen mit Lebertrias, B: terminale Gefäße mit Leberazini und C: polygonale Läppchen mit Zentralvene. Im **periportalen Läppchen (A)** steht die **Lebertrias** mit dem zentralen Gallengang und damit der funktionell-sekretorische Drüsencharakter im Mittelpunkt. Betrachtet man die **Leberazini (B)** im Zusammenhang mit den anliegenden **terminalen Gefäßen (Aa. und Vv. interlobulares)**, so führt dies zu einer funktionell-stoffwechselaktiven Beurteilung der Leber. Die Gliederung der Leber in **polygonale Leberläppchen (C)** sieht die Zentralvene als Mittelpunkt und folgt einer strukturell-deskriptiven Einteilung der Leber (Näheres s. Text).

auf. Mit den Venen gelangt auch die **A. hepatica propria** in das Leberparenchym, die sich parallel zu den Vv. interlobulares in **Aa. interlobulares** teilt. Beide Gefäßnetze liegen außen den Kanten der Leberläppchen an und bilden zusammen mit einem interlobulären Gallengang (Ductus interlobularis bilifer) die **Lebertrias (Trias hepatica)** (Abb. 177). A. und V. interlobularis verzweigen sich im interlobulären Bindegewebe terminal über Arteriolen bzw. Venolen bis zu kleinsten Kapillaren **(Vasa capillaria interlobularia)**, die rechtwinklig in die Leberläppchen eintreten. Unmittelbar nach dem Übertritt vereinigen sich die arteriellen und venösen Gefäßsysteme in **Sinuskapillaren (Lebersinusoide, Vasa sinusoidea)**. Diese führen **arteriovenöses Mischblut**. Die Sinuskapillaren sind dünnwandig, weitlumige Gefäße, die vom äußeren Rand eines jeden Leberläppchens radiär nach innen verlaufen und sich im Zentrum des Läppchens zur **Zentralvene (Vena centralis)** (Abb. 178) vereinigen. Innerhalb des Leberläppchens verlaufen die Sinuskapillaren entlang der Leberzellplatten (Laminae hepaticae, s. S. 199) und ermöglichen einen intensiven Stoffaustausch zwischen Blut und Leberzelle. Die Venae centrales vereinigen sich über kontraktile **Vv. sublobulares (Drosselvenen)** zu **Vv. hepaticae**, die gesammelt in die **Vena cava caudalis** münden.

Die Leber ist reich an **Lymphgefäßen**. Diese sammeln sich als tiefere Lymphgefäße im interstitiellen Bindegewebe des Leberparenchyms, gelangen in oberflächliche Leberzonen und verlassen über die Leberpforte das Organ. Oberflächliche Lymphkapillarnetze der Tunica subserosa vereinigen sich ebenfalls im Leberhilus, um zusammen mit den tiefen Lymphgefäßen in die Lymphknoten der Leberpforte (Lnn. portarum) zu münden.

Bau des Leberläppchens (Lobulus hepaticus)

Die Leber setzt sich aus Leberläppchen zusammen, an deren embryonaler Entstehung die Gefäße beteiligt sind (s. S. 195). Leberläppchen bilden eine strukturelle und funktionelle Einheit, sie bestehen aus entodermalen Leberzellen und mesodermalen Sinuskapillaren. Leberläppchen werden nach unterschiedlichen Gesichtspunkten definiert (Abb. 179). Entweder stehen die **periportalen**

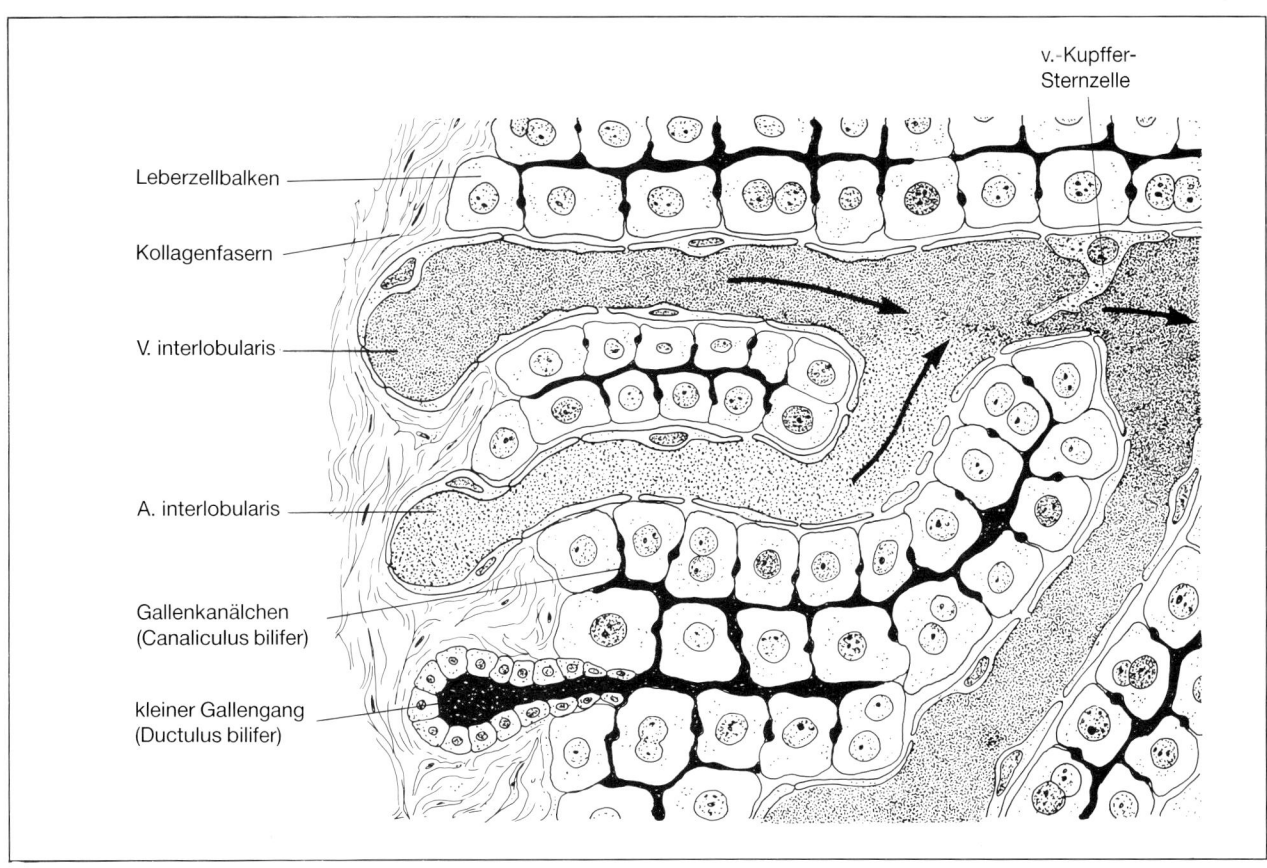

Abb. 180. Schematische Darstellung der Einmündung der A. und V. interlobularis in das Leberläppchen und der Verlauf der Gallenkanälchen zwischen den Leberzellen und deren Übertritt in einen kleinen Gallengang.

Läppchen (Lebertrias) oder die **Aufzweigungen** der **A. interlobularis** und der **V. interlobularis** oder die **Zentralvene** im Mittelpunkt der Betrachtung. Danach werden unterschieden:
– periportale Läppchen mit Lebertrias,
– terminale Gefäße mit Leberazini.
– polygonale Läppchen mit Zentralvene,

Stellt man ein **periportales Läppchen** in den Mittelpunkt der Betrachtung, so erlangt **funktionell** die **Lebertrias** mit der räumlichen Zuordnung der **Gallengänge** besondere Bedeutung. Verbindet man die Zentralvenen dreier anliegender Leberläppchen, so erscheint im Zentrum dieser Linien der Gallengang innerhalb der Lebertrias. Gleichzeitig wird das jeweilige Einzugsgebiet zugehöriger Gallenkanälchen umschrieben. Unter dem Gesichtspunkt der periportalen Läppchengliederung kommt verstärkt der funktionell-sekretorische **Drüsencharakter** der Leber zum Ausdruck (Abb. 179A).

Steht der **Leberazinus** im Mittelpunkt, so wird die **vaskuläre Einheit** der Leberläppchen mit den Versorgungsgefäßen, den Aa. und den Vv. interlobulares, angesprochen (Abb. 179B). Ein **Leberazinus** wird von den **beiden Interlobulargefäßen** und ihren terminalen Aufzweigungen als zentrale Achse und den **unmittelbar angrenzenden beiden Leberläppchen** gebildet. Diese Zuordnung zweier benachbarter Leberläppchen zu einem gemeinsamen Gefäßabschnitt erlaubt eine **funktionell-stoffwechselaktive** Beurteilung der Leber. Entsprechend der Änderung der Zusammensetzung des Blutes vom Läppchenrand zur Läppchenmitte werden in Leberazini **drei Zonen** (Zona peripheralis, Zona intermedia, Zona centralis) unterschieden, die fließend ineinander übergehen.

Diese **funktionelle Betrachtungsweise** der Leberläppchen nach mikrovaskulären Gesichtspunkten erlangt für physiologische und pathologische Veränderungen der Leber besondere Bedeutung. So vollziehen sich in der Läppchenperipherie oxidative Prozesse, Vorgänge der Glukoneogenese und der Azetylierung von Fettsäuren. Im Zentrum der Läppchen laufen vorwiegend anaerobe Schritte des Stoffwechsels, z. B. Entgiftungsprozesse oder

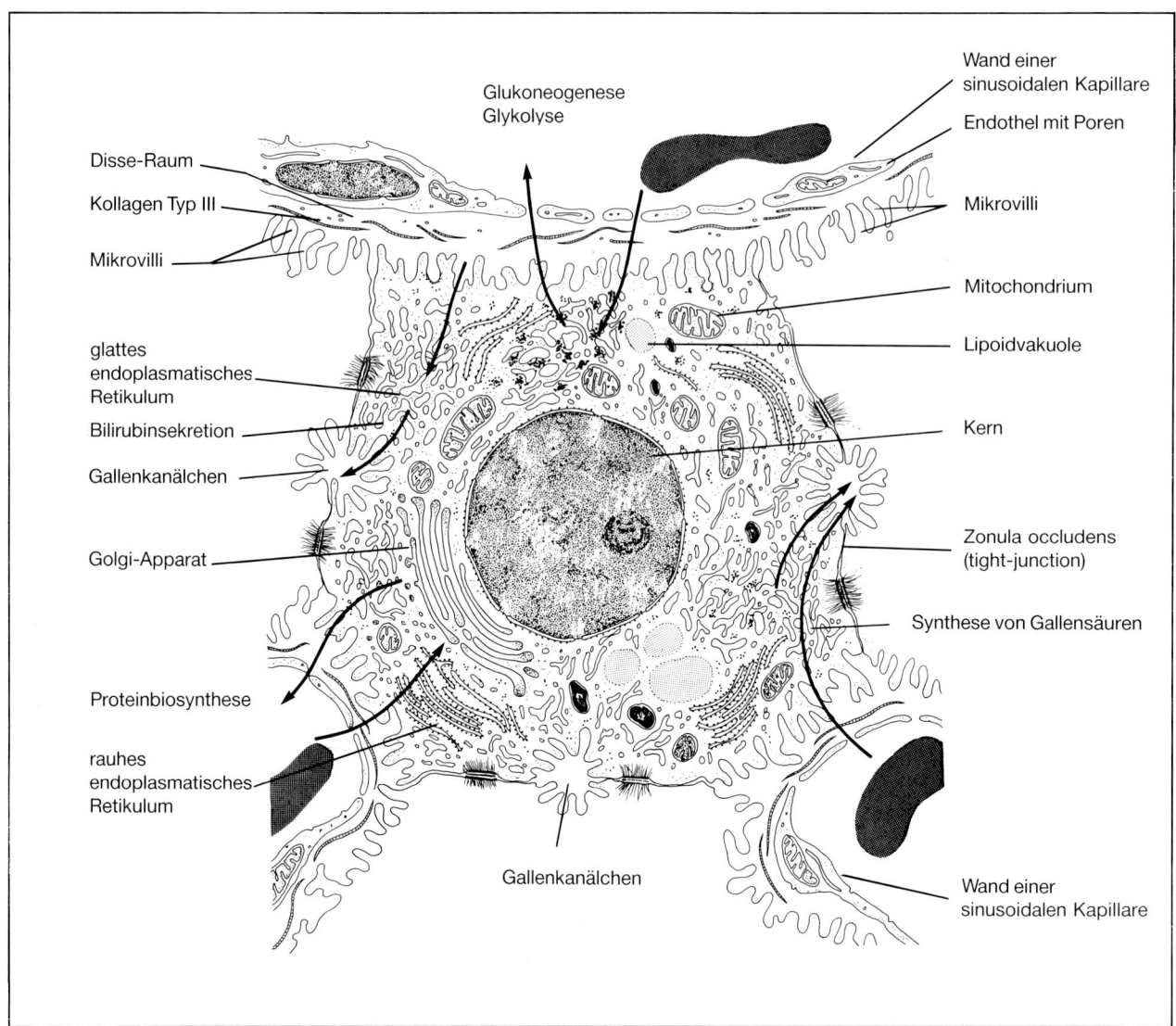

Abb. 181. Schematische Darstellung der Struktur einer Leberzelle und angrenzenden sinusoidalen Kapillaren mit Erythrozyten.

die Lipogenese, ab. Die Intensität dieser Vorgänge unterliegt tagesrhythmischen Veränderungen. Bestimmte pathologische Erkrankungen sind definierten Läppchenzonen zuzuordnen.

Die Einteilung der Leber in **polygonale Leberläppchen** ist eine **strukturelle** und rein **deskriptive,** die die Vena centralis als Zentrum und das lockere interstitielle Bindegewebe als äußere Begrenzung sieht (Abb. 179C). Zwischen beiden liegen in radiärer Anordnung die Leberzellen als Zellplatten, umgeben von Sinusoiden. Die Leberläppchen sind, räumlich gesehen, polyedrische Ansammlungen von Leberzellen, die als Einzelläppchen eine Länge von 1,5–2 mm und eine mittlere Breite von 0,8–1,5 mm aufweisen. Ihre Anzahl wird beim Schwein auf etwa 700 000 geschätzt. In histologischen Querschnitten erscheinen Leberläppchen polygonal, bei sämtlichen Haussäugetieren in der Regel eng aneinanderliegend. Nur beim Schwein sind die Leberläppchen durch vermehrtes interstitielles Bindegewebe deutlich abgesetzt. An den peripheren Ecken der polyedrischen Läppchen bilden sich **bindegewebige Felder (periportale Felder, Canales portales),** die Lymphgefäße, Nervenfasern und die **Lebertrias (Aa. und Vv. interlobulares, Gallengang)** einschließen. Diese Betrachtungsweise beschreibt auch die strukturelle Anordnung der Leberzellen zu Leberplatten und den Verlauf des Blutflusses in Lebersinusoiden vom Läppchenrand zur Zentralvene.

Lebersinusoide (Vasa sinusoidea)

Auf die embryonale Entstehung dieser Kapillaren wurde bereits hingewiesen (s. S. 195). Diese Gefäße sind gegenüber anderen Sinuskapillaren durch eine große Zahl an Besonderheiten gekennzeichnet. Sinusoide anastomosieren vielfach miteinander, sind bis zu 0,5 mm lang und je nach Funktionszustand 5–15 µm weit mit unregelmäßigen Ausbuchtungen. Das durchströmende Blut wird durch die Erweiterungen der Strombahn wesentlich verlangsamt, ein Vorgang, der den Stoffaustausch gegenüber der Leberzelle entscheidend fördert. Mindestens eine Oberfläche der Leberzelle wird von einer Sinusoide erreicht. Morphologisch werden die Lebersinusoide (Abb. 181) durch folgende Merkmale gekennzeichnet:
– Endothelzellen mit Poren,
– interzelluläre Öffnungen,
– Fehlen einer Basalmembran,
– v.-Kupffer-Zellen.

Die Auskleidung der Sinusoide erfolgt durch flache, organellenarme **Endothelzellen**, die häufig mikropinozytotische Vesikel einschließen. Das Zytoplasma der Endothelzellen ist durch eine meist große Zahl von **Poren** (Durchmesser bis zu 0,5 µm) unregelmäßig durchbrochen. Die endotheliale Wandauskleidung weist stellenweise **interzelluläre Öffnungen** auf. Poren und Wandöffnungen erleichtern, bei Fehlen einer Basalmembran als Grenzschicht, den freien Übertritt von Stoffen aus der Sinusoide in den Disse-Raum (s. u.) und rückläufig in das Lumen der Kapillare.

Eine Sonderform der endothelialen Wandauskleidung bilden **v.-Kupffer-Zellen (Macrophagocyti stellati),** die als Bestandteile des MPS-Systems **phagozytotische Aufgaben** übernehmen. Die frühere Bezeichnung v.-Kupffer-Sternzelle weist auf die dreidimensionale Form dieser Zellen hin, die sich teilweise von der Endothelwand lösen oder sich in die Sinusoide vorwölben. V.-Kupffer-Zellen phagozytieren aus dem Blut zirkulierende Zellfragmente, geschädigte Blutzellen, Bakterien oder auch gelöste Substanzen. Im Gegensatz zu den Endothelzellen sind diese Zellen reich an Organellen, insbesondere an Phagosomen, Lysosomen und Peroxisomen.

V.-Kupffer-Zellen sind als Bestandteil des MPS-Systems auch aktiv am Abbau des Hämoglobins aus Erythrozyten beteiligt. Dabei entsteht Bilirubin, das von den v.-Kupffer-Zellen ausgeschieden und an die Leberzelle weitergegeben wird. Im glatten ER der Leberzelle wird wasserunlösliches Bilirubin enzymatisch zu wasserlöslichem Bilirubindiglukuronid umgebaut, über das Gallengangssystem (s. S. 201) in den Darm transportiert und dort als Urobilinogen ausgeschieden.

Zwischen der Außenfläche der Lebersinusoide und der freien Oberfläche der Leberzellen liegt ein schmaler Spaltraum, der als **perisinusoidaler Raum (Spatium perisinusoideum)** oder als **Disse-Raum** (Breite 0,5–1 µm) bezeichnet wird (Abb. 181). Dieser enge Spaltraum schließt Kollagenfasern (Typ III), Fibrozyten und Fettspeicherzellen ein, er ist stets mit einer proteinreichen Flüssigkeit gefüllt. In den Disse-Raum ragen die Mikrovilli der Leberzellen, durch die ein beschleunigter Stoffaustausch ermöglicht wird. Bei pathologischen Veränderungen kann der Gehalt an Kollagenfasern (Typ III) im Disse-Raum erhöht sein, so daß durch einen bindegewebigen Verschluß dieses Raums die Stoffwechselleistung der Leberzelle stark beeinträchtigt oder ganz abgebrochen wird.

Leberzelle (Hepatocytus)

Die Leberzellen liegen in **Leberzellplatten (Laminae hepatis)** angeordnet, die in ihrer Gesamtheit ein dreidimensionales, schwammartiges System bilden, in dessen Innenräumen das sinusoide Kapillarnetz eingeschlossen wird. Die Leberzellplatten verlaufen radiär zur Vena centralis. Leberzellen sind langlebig. Degenerierende oder abgestorbene Zellen können in einem langsam verlaufenden Prozeß teilweise durch Mitose erneuert werden.

Die einzelne Leberzelle (Abb. 181) ist 15–30 µm groß, polygonal und schließt einen vorwiegend runden, euchromatinreichen **Kern** mit meist einem deutlichen Nukleolus ein. Nicht selten besitzen Leberzellen durch Amitose auch 2 Kerne, gelegentlich, in Abhängigkeit vom Funktionszustand, sogar mehrere. Das Zytoplasma der Leberzellen ist entsprechend der Vielfalt der Zellfunktionen reich an stoffwechselaktiven Organellen, die neben dem Zytosol die Grundlagen des Stoffwechsels der Leberzelle bilden. (Einzelheiten s. Lehrbücher der Biochemie.)

Das dichte, ausgeprägte Netz des **rauhen endoplasmatischen Retikulums** ist Ausdruck der Proteinsynthese. An diese Organellen gebunden ist die Bildung und der Transport von α- und β-Globulinen, von Zäruloplasmin, Fibrinogen, Gerinnungsfaktoren und Zellenzymen (z. B. Glutamat-Dehydrogenase). Diese Zellprodukte werden ständig über den Golgi-Apparat in den perisinusoidalen Raum abgegeben und gelangen damit direkt in das Blut.

Glattes endoplasmatisches Retikulum verteilt sich diffus im Zytoplasma. An diesem Membransystem vollziehen sich die Reaktionen zur Synthese

X. Verdauungsapparat (Apparatus digestorius)

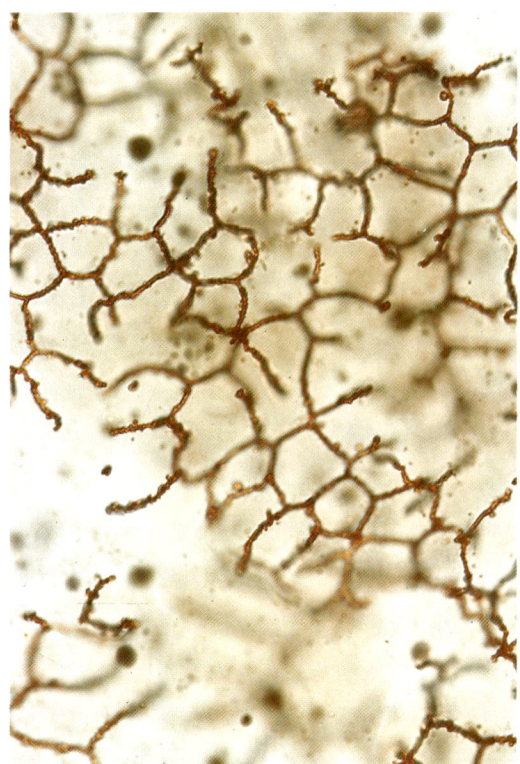

Abb. 182. **Netzförmiger Verlauf der Gallenkanälchen in der Leber** des Schweins. Injektionspräparat, Vergr. 560fach.

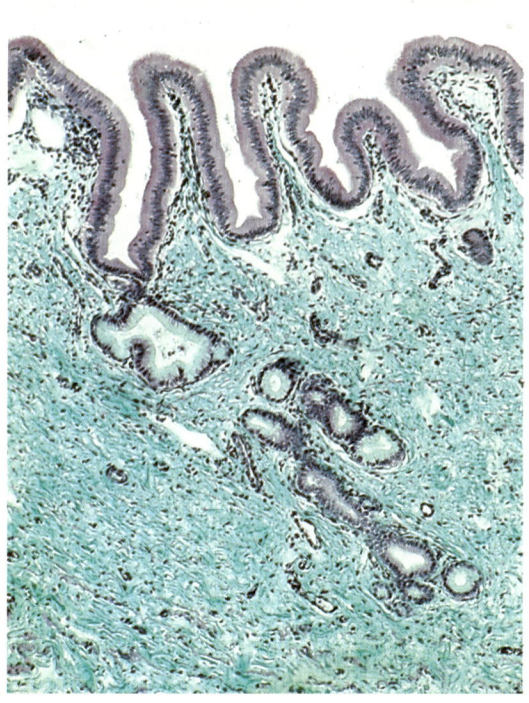

Abb. 183. **Innere Wand der Gallenblase** des Rindes mit einem einschichtig hochprismatischen Epithel und mukösen Drüsen. Färbung Goldner, Vergr. 120fach.

von **Lipoproteinen** und sämtliche Prozesse zur **Entgiftung** körperschädlicher Stoffe. Im einzelnen dienen diese Organellen der Bildung von Phospholipiden, Triglyzeriden, Cholesterinen, Cholesterinestern und freier Fettsäuren. Auch ist das glatte ER an der Synthese von Steroidhormonen sowie an der Umwandlung und am Abbau von Sterinen beteiligt. Sämtliche Lipoproteine werden im Golgi-Apparat zusammengesetzt, von einer Membran umhüllt und durch Exozytose in den perisinusoidalen Raum abgegeben.

Glatte ER-Membranen dienen auch der Umwandlung, dem Abbau, der Entgiftung und der Ausscheidung von Stoffwechselprodukten des eigenen Körpers und körperfremder Substanzen (z. B. Steroide, Pharmaka). Die Entgiftungsenzyme wirken z. B. durch Azetylierung, Methylierung, Demethylierung, Reduktion oder durch Oxidation.

Vorrangige Aufgabe des glatten ER ist die Bildung der Gallenflüssigkeit. Dabei werden in diesem Membransystem Cholesterine zu Gallensäuren bzw. Gallensalzen umgewandelt, die durch aktiven Transport zusammen mit Wasser und Bilirubin in die Gallenkanälchen (s. S. 201) ausgeschieden werden.

Zentrale Organelle des Leberzellstoffwechsels ist der **Golgi-Apparat,** der stets mehrfach entwickelt ist. Golgi-Apparate dienen dem Umschlag bzw. als Stapelplatz des intrazellulären Stofftransports aufgenommener bzw. intrazellulär synthetisierter Substanzen. Im einzelnen sind die Membransysteme an der Bildung von Proteoglykanen, der Synthese von Lipoproteinen, primärer Lysosomen und von Gallensäuren beteiligt. Sie sind Bildungsort intrazellulärer Membranen und einer Vielzahl von Enzymen (z. B. saure Phosphatasen, Thiaminopyrophosphatasen).

Lysosomen treten vermehrt in der Nähe von Gallenkanälchen (s. u.) als intrazelluläre Verdauungssysteme exogener oder endogener Substanzen auf. Sie bilden Restkörper oder Lipofuszin. Gleichzeitig vollzieht sich in Lysosomen der Abbau von Proteinen, Glykoproteinen, Glykolipiden, Nukleinsäuren und Lipiden. **Mikrobodies** sind Träger von Oxidasen, Urikase und Katalase als Enzyme des Stoffwechsels.

Leberzellen sind reich an **Mitochondrien** vom Crista-Typ und meist oval. Je nach Funktionszustand verändert sich ihre Struktur und Anzahl (bis zu 3000 pro Zelle). Mitochondrien der Leberzellen erneuern sich durchschnittlich alle 10 Tage. Diese Organellen stehen dem Stoffwechsel als Energielieferanten zur Verfügung, an die Membranen bzw. an die Matrix sind die Enzyme der Atmungskette, des Zitratzyklus und der β-Oxidation gebunden.

Das Zytoplasma der Leberzellen ist reich an paraplasmatischen Einschlüssen wie **Fettvakuolen** und **Glykogen.** Glykogen liegt in der Form kleiner Granula (20–30 nm) vor, die meist in Rosetten gestapelt werden. Die Menge des Glykogens unterliegt tageszeitlichen Rhythmen.

Für die Funktionen der Leberzelle ist die Oberflächenmembran, das **Plasmalemm,** von besonderer Bedeutung. Grundsätzlich sind hierbei 3 funktionell verschiedene Abschnitte der Leberzelloberfläche mit entsprechend variierenden Membranen zu unterscheiden.

Jede Leberzelle weist mindestens eine, oftmals zwei bis drei **freie Zelloberflächen** auf, die mit dem **perisinusoidalen Raum (Disse-Raum)** in Verbindung stehen. An diesen Oberflächen sind stets Mikrovilli entwickelt, die der Reabsorption von Stoffen, dem Austausch von Ionen oder als Rezeptoren für Hormone (Insulin, Glukagon, Sekretin) dienen. Diese Oberflächen nehmen aus dem Disse-Raum Stoffe und Substanzen durch Pinozytose oder transmembranär auf. Funktionsbedingt können hier Vesikelbildung und unregelmäßige Zellfortsätze als Ausdruck von Stoffaufnahme bzw. Stoffabgabe variieren. Über diese verformbare Austauschfläche erfolgt regelmäßig die Abgabe von Zellprodukten der Leberzelle an das Blutgefäßsystem.

Die **seitlichen Zellflächen** teilen sich funktionell in **mechanisch-adhäsive Abschnitte** und in Bereiche, die der **Exkretion von Gallenflüssigkeit** dienen. **Mechanisch-adhäsiv** sind anliegende Leberzellen verbunden, verstärkt durch einzelne Haftkomplexe. In diesen Abschnitten stehen Leberzellen zur interzellulären Koordination durch Nexus (gap junctions) in Kontakt.

An prädestinierten Membranabschnitten erfolgt die Abgabe der Gallenflüssigkeit in ein gesondertes Drainagesystem, dessen Wände aus **modifizierten Oberflächenmembranen** bestehen. Durch Erweiterungen des interzellulären Raums wird ein tubuläres Gangsystem ausgespart, das die Gallenflüssigkeit aufnimmt und als **Gallenkanälchen (Canaliculus bilifer)** bezeichnet wird. In diese Kanälchen ragen Mikrovilli, die der vermehrten Abgabe von Gallenflüssigkeit dienen. Die Membranen der Gallenkanälchen unterscheiden sich in ihrem Bau, sie sind reich an membranaktiven Enzymen (ATP) und widerstandsfähig gegenüber Gallensäuren. Canaliculi bilifer werden durch ein besonderes Schlußleistensystem, bestehend aus Zonulae occludentes und Zonulae adhaerentes, gegenüber dem interzellulären Spaltraum abgedichtet.

Gallengänge

Die Gallenflüssigkeit wird innerhalb eines Leberläppchens in einem netzähnlich verbundenen System schlauchförmiger **Gallenkanälchen** (s. o.) geleitet (Abb. 182), das nahe der Läppchenoberfläche in kurze, **kleinere Gallengänge (Ductuli biliferi)** einmündet. Dabei fließt die Gallenflüssigkeit gegen den Blutstrom, allein durch die Vis a tergo bewegt. Die **Gallenkanälchen** werden nur von modifizierten Oberflächenmembranen der Leberzellen und nicht durch Endothelien begrenzt. Die **Gallengänge** werden von einem **einschichtigen isoprismatischen** bis **hochprismatischen Epithel** ausgekleidet. Ductuli biliferi treten aus einem Leberläppchen in das interstitielle Bindegewebe und verbinden sich mit anderen zu einem **größeren Gallengang (Ductus interlobularis bilifer)**. Dieser liegt in den periportalen Feldern und ist Bestandteil der Lebertrias. Mehrere Ductus interlobulares vereinigen sich zum **Ausführungsgang (Ductus hepaticus),** der an der Leberpforte das Organ verläßt.

Canaliculi biliferi, Ductuli biliferi, Ductus interlobulares biliferi und Ductus hepaticus bilden zusammen das **Drüsenausführungsgangsystem** der Leber. Sind Abschnitte der abführenden Gallenwege verschlossen, so entstehen durch Rückstau Schädigungen an Leberzellen, verbunden mit einem möglichen Übertritt von Gallenflüssigkeit ins Blut (Stauungsikterus).

Außerhalb der Leber setzt sich der Ductus hepaticus in den Ductus cysticus und den Ductus choledochus fort. Diese extrahepatischen Gallengänge werden von einem hochprismatischen Epithel ausgekleidet. Der Schleimhaut des Ductus choledochus liegen außen ein lockeres Bindegewebe mit elastischen Fasern und dünne Lagen glatter Muskulatur an. Stellenweise treten in der Tunica mucosa Becherzellen und mukoide Drüsen auf.

Gallenblase (Vesica biliaris, Vesica fellea)

Die Gallenblase dient der Speicherung und der Eindickung der Gallenflüssigkeit durch Reabsorption von Wasser. Dem Pferd fehlt eine Gallenblase. Funktionsbedingt paßt sich die innere Oberfläche dem Füllungszustand der Gallenblase an. Im entleerten Zustand liegt diese in Falten (Plica tunica mucosae). Um einer Überdehnung entgegenzuwirken, sind in der Schleimhaut Einstülpungen und

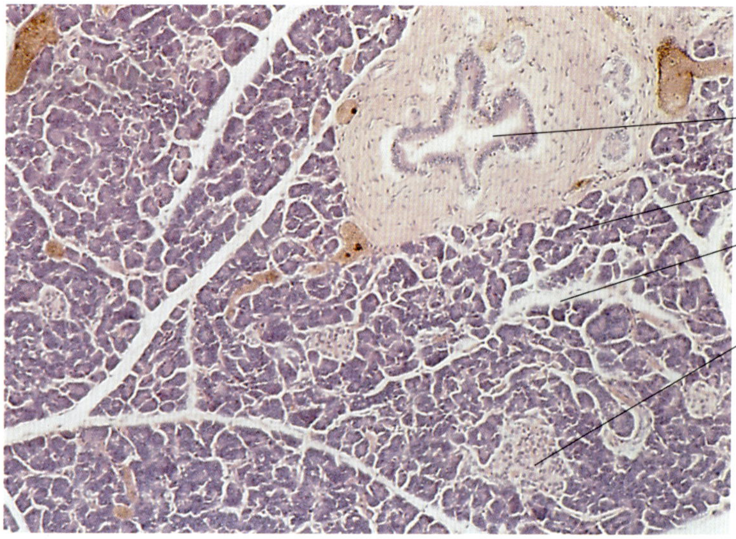

202 X. Verdauungsapparat (Apparatus digestorius)

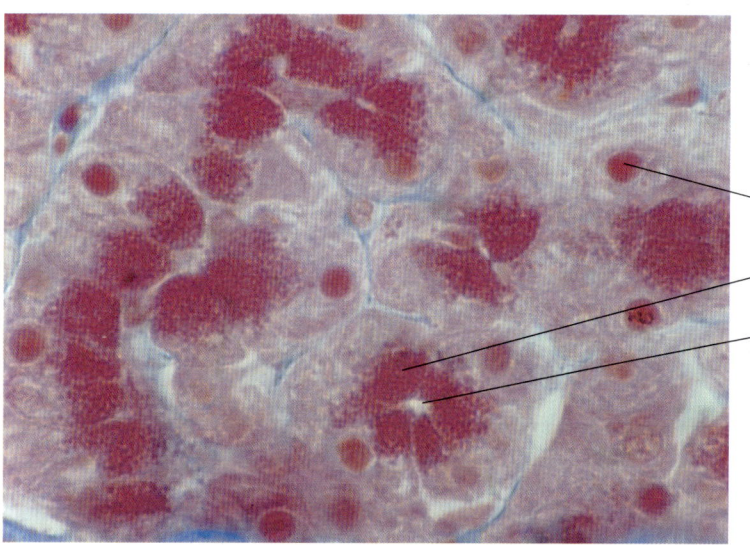

Sekretgang
exokrine, seröse Azini
bindegewebige Septen
endokriner Inselapparat

Abb. 184. Übersicht über die Bauchspeicheldrüse. Diese Drüse weist einen tubuloazinösen Bau auf, dessen Endstücke exokrin ein seröses Sekret abgeben. Katze. Färbung Hämatoxylin-Eosin, Vergr. 18fach.

Kern
Zymogengranula
Lumen

Abb. 185. Seröse Endstücke der Bauchspeicheldrüse des Kalbs. Die basalen Zytoplasmazonen sind reich an rauhem ER, die apikalen Zellabschnitte schließen azidophile Zymogengranula ein. Färbung Azan, Vergr. 1200fach.

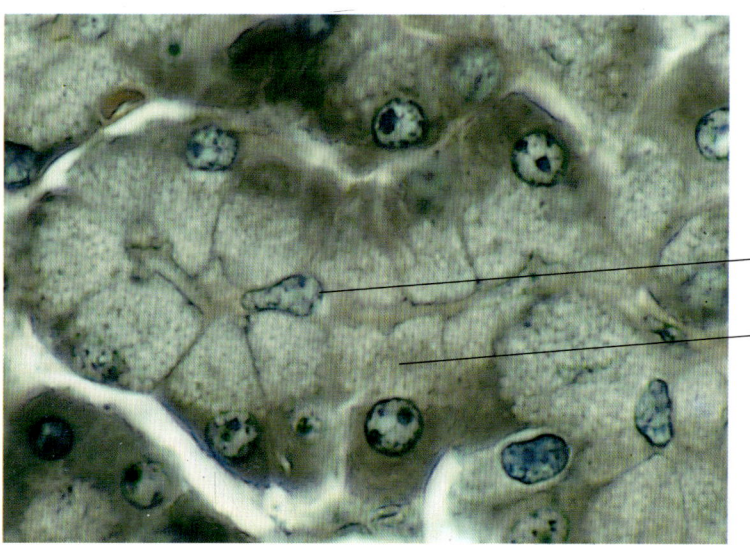

zentroazinäre Zelle
seröse Drüsenzelle mit Zymogengranula

Abb. 186. Flachschnitt durch einen Azinus der Bauchspeicheldrüse des Hundes mit einer zentroazinären Zelle. Färbung Eisenhämatoxylin, Vergr. 1200fach.

Krypten (Cryptae tunicae mucosae) angelegt, die bei Bedarf verstreichen.

Die **Tunica mucosa** (Abb. 183) wird innen von einem **einschichtigen hochprismatischen Epithel** bedeckt, dessen oberflächliche Einzelzellen (Epitheliocyti superficiales) meist einen deutlichen **Mikrovillisaum** entwickeln. Dieser ist morphologisch Ausdruck der verstärkten **resorbierenden Aktivität** der Epithelzellen. Zwischen den Epithelzellen sind die Interzellularräume besonders ausgeprägt. In diesen Spalträumen herrscht eine Hyperosmolarität (Na^+-Ionenpumpe), durch die Wasser nachgezogen wird. Die Kerne der Zellen liegen im basalen Drittel.

Neben reabsorbierenden Epithelzellen liegen vereinzelt intraepithelial sekretorisch aktive, **schleimbildende Zellen,** die in Verbindung mit den mukoiden Drüsen der Lamina propria die innere Oberfläche der Gallenblasenwand gegenüber der Gallenflüssigkeit (Gallensäuren) schützen.

Die **Lamina propria mucosae** schließt beim Fleischfresser und beim Schwein wenige, beim Wiederkäuer zahlreiche **mukoide Drüsen** ein. Das subepitheliale Gewebe ist reich vaskularisiert und von vegetativen Nervenfasern innerviert. Diese regulieren die sekretorische wie die reabsorptive Aktivität des Epithels und der Drüsen.

Nach außen legen sich **glatte Muskelschichten** an, deren Faserverlauf durch eine spiralige Anordnung im Schnittbild meist unregelmäßig erscheint. Verstärkt wird die kontraktile Wirkung der glatten Muskelzellen durch ein feines Netz elastischer Fasern, die sich zu einem **elastisch-muskulösen System** verbinden. Die nach außen folgenden bindegewebigen Schichten sind reich an **Fetteinlagerungen**. Im Verklebungsbereich zur Leber liegt der Gallenblase eine **Tunica adventitia** an, zur Bauchhöhle eine **Tunica serosa.**

Bauchspeicheldrüse (Pancreas)

Die Bauchspeicheldrüse ist eine Drüse, die sich zusammen mit der Leber aus dem hepato-pankreatischen Ring der embryonalen Darmanlage entwickelt (s. »Leber«, S. 195). Im Gegensatz zur Leber, in der sämtliche Funktionen von ein und derselben Leberzelle erfüllt werden können, liegen im Pankreas exokrin-sekretorische und endokrin-inkretorische Anteile in unterschiedlichen Zellsystemen getrennt. Man unterscheidet einen **exokrinen (Pars exocrina pancreatis)** und einen **endokrinen (Pars endocrina pancreatis, Inselapparat)** Teil des Pankreas. Der endokrine Teil wird im Kap. IX: »Endokrines System« (s. S. 151) beschrieben. Der **exokrine Teil der Bauchspeicheldrüse** ist eine tubuloazinös zusammengesetzte, seröse Drüse, die in ihrer Grundstruktur der Ohrspeicheldrüse ähnelt (Abb. 184–186).

Die **Endstücke** sind in Form von **Azini** entwickelt, deren **Einzelzellen** sämtliche Eigenschaften proteinsynthetisierender, seröser Zellen tragen. Das **rauhe endoplasmatische Retikulum** liegt zusammen mit der Mehrzahl der **Ribosomen** im basalen Drittel der Zelle und bewirkt die **Basophilie** der Zellbasis. Das rauhe ER ist die Bildungsstätte von Bestandteilen des Pankreassaftes (z. B. Trypsinogen, Chymotrypsinogen, Ribonukleasen oder Desoxynukleasen). Diese gelangen in den Golgi-Apparat der Zelle, werden dort von einer Transportmembran umgeben und apikal im Zytoplasma gespeichert. Die inaktiven Sekretgranula werden als **Zymogengranula** bezeichnet, sie verleihen dem Zytoplasma eine **Azidophilie** (Abb. 185 und 186). Nach Transport zur Zelloberfläche gelangen Zymogengranula durch Exozytose in das Schaltstück des Ausführungsgangsystems des Pankreas. Die Häufigkeit der Zymogengranula im Zytoplasma einer Epithelzelle ist fütterungsabhängig; nach Fütterung der Tiere sinkt ihre Zahl schnell ab, im Hungerzustand häufen sie sich.

Durch Sekrete des Golgi-Apparates bzw. des endoplasmatischen Retikulums gelangen zusätzlich Karboxypeptidasen, Phospholipasen, Amylasen, Kollagenasen und Esterasen neben Wasser und Elektrolyten in den Pankreassaft. Sämtliche enzymatisch wirksamen Substanzen liegen im Pankreas in der **inaktiven Form** vor, sie werden erst durch die Sekrete der Darmschleimhaut aktiviert. Die **Bildung der Inhaltsstoffe** und die **Sekretion** des **Pankreassaftes** wird durch den Nervus vagus, durch Gastrin, Sekretin und Cholezystokinin aktiviert.

In die Endstücke der Azini schieben sich vielfach sog. **zentroazinäre Zellen,** die als Bestandteile des Schaltstückes angesehen werden und der Neubildung von Endstücken (Adomeren) dienen (Abb. 186). Das **Schaltstück (Ductus intercalatus)** wird von einem einschichtigen, isoprismatischen Epithel ausgekleidet. Schaltstücke gehen in die zwischen den bindegewebigen **Septen (Septa interlobularia)** liegenden **Ductus interlobulares** über, **Streifenstücke fehlen.** Das Epithel größerer Gänge (Ductus intralobulares) ist hochprismatisch, oftmals mit Becherzellen. Außen liegen dem Ausführungsgangsystem lockere kollagene Fasergeflechte an, in denen Blutgefäße und vegetative Nervenbündel verlaufen.

204 X. Verdauungsapparat (Apparatus digestorius)

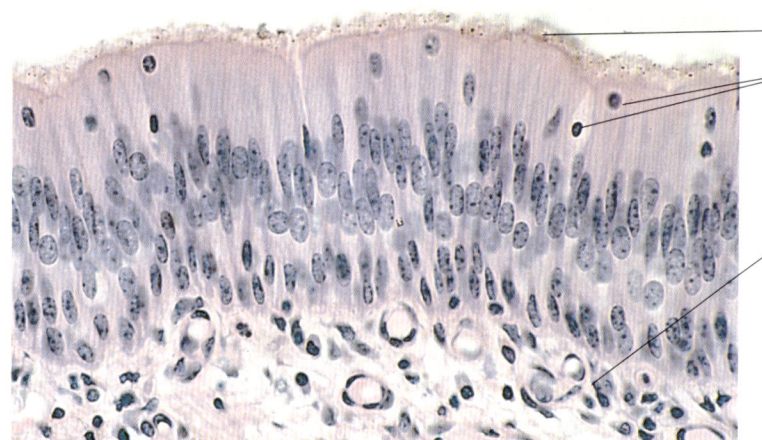

Kinozilien
intraepitheliale Immunzellen
Bindegewebe

Abb. 187. Das **respiratorische Epithel** (einschichtig, mehrreihig, hochprismatisch) trägt auf der Oberfläche Kinozilien und ist zumeist von einem dünnen Schleimfilm überzogen. Subepithelial häufen sich Kapillaren. Nasenscheidewand, Kalb. Färbung Hämatoxylin-Eosin, Vergr. 480fach.

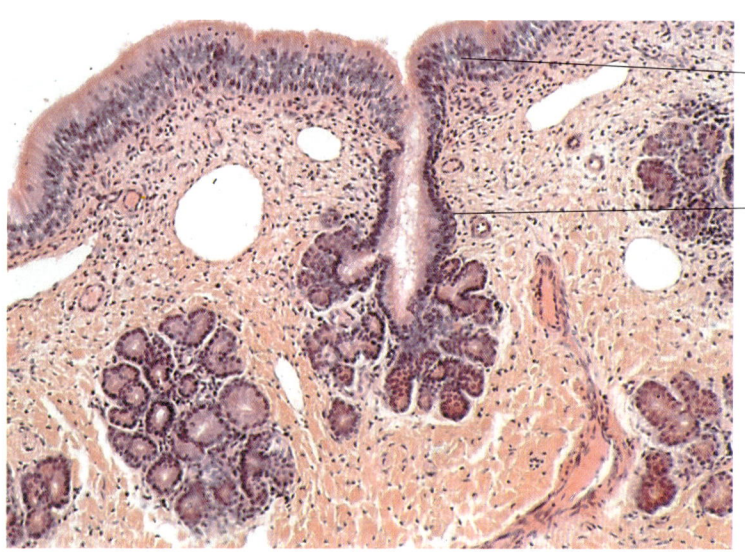

respiratorisches Epithel

tubuloazinöse Drüse

Abb. 188. Die **Schleimhaut der luftleitenden Abschnitte des Atmungsapparates** ist gekennzeichnet durch das respiratorische Epithel, durch tubuloazinöse verzweigte, seromuköse Drüsen und ein gut entwickeltes Gefäßnetz. Nasenschleimhaut, Kalb. Färbung Hämatoxylin-Eosin, Vergr. 120fach.

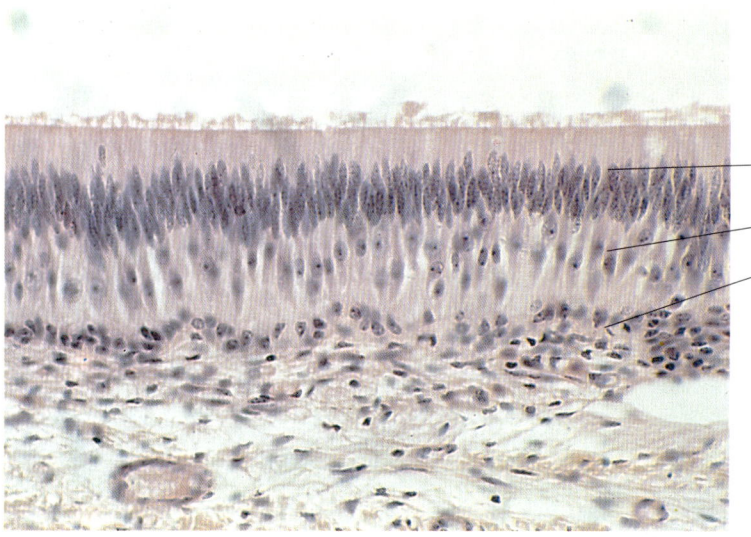

Kerne der Stützzellen
Kerne der Sinneszellen
Kerne der Basalzellen

Abb. 189. Das **olfaktorische Epithel** setzt sich aus Stützzellen und bipolaren Nervenzellen zusammen, die alle mit der Basalmembran in Verbindung stehen. Basalzellen werden als Reservezellen angesehen und sollen auch der Erneuerung der nervalen Sinneszellen dienen. Riechschleimhaut, Hund. Färbung Hämatoxylin-Eosin, Vergr. 275fach.

XI. Atmungsapparat (Apparatus respiratorius)

Die primäre Funktion der Atmungsorgane ist die **Aufnahme von Sauerstoff** aus der Außenwelt in den Körper zur Erhaltung aerober zellulärer Stoffwechselvorgänge und die **Ausscheidung von Kohlendioxid** als Produkt der inneren Zellatmung an die Luft. Das Gefäßsystem übernimmt dabei zwischen den Organen der äußeren Atmung (Respirationssystem) und den Körperzellen eine kompensatorische Transport- und Vehikelfunktion. Die Aktivität der Atmungsorgane steuert die **Sauerstoff- und Kohlendioxidkonzentration im Blut** und reguliert damit dessen **pH-Wert**.

Um diesen Aufgaben gerecht zu werden, ist das Atmungssystem in zwei funktionell und strukturell unterschiedliche Abschnitte gegliedert, in ein
– luftleitendes System für den Transport der ein- und ausgeatmeten Gasgemische,
– respiratorisches System für den passiven Austausch des Gasgemisches zwischen dem Blut und der Luft (»Blut-Luft-Schranke«).

Das **luftleitende System (»Atemwege«)** nimmt seinen Ursprung in den Nasenhöhlen und setzt sich über den Schlund, den Kehlkopf und die Luftröhre bis in die Bronchien der Lunge fort. Innerhalb dieser Wegstrecke wird einströmende Luft filtriert, befeuchtet, angewärmt oder gekühlt und durch den im Nasengrund lokalisierten Geruchssinn sensorisch kontrolliert. Die Schleimhaut übernimmt unspezifische und spezifische Abwehraufgaben. Zusätzliche Organe, die den oberen Atemwegen anliegen, wie z. B. die Nasennebenhöhlen, die Tuba auditiva, das Organum vomeronasale, die Nasentränengänge oder die Luftsäcke (Pferd), unterstützen die Funktionen des luftleitenden Systems. Der Kehlkopf übernimmt die besondere Aufgabe der Lautbildung.

Das luftleitende System teilt sich am Ende in immer enger werdende Röhrchen, die letztlich in Blindsäcken, den **respiratorischen Lungenbläschen (Alveolen)**, münden. Diese terminalen Abschnitte der Atemorgane bilden das **respiratorische System** im engeren Sinn. Sie sind der Ort des Gasaustauschs. Die Alveolen formen dünnwandige Räume, die von einem dichten Kapillarnetz umgeben werden. Das Epithel der Alveolarwand und das Endothel der anliegenden Blutgefäße bilden zusammen mit angrenzenden Basalmembranen die **Blut-Luft-Schranke**.

Den Lungenkapillaren kommt auch bei der Regulation des Kreislaufs besondere Bedeutung zu. Die Endothelien dieser Gefäße vermögen Serotonin, Histamin und Bradykinin zu bilden und abzubauen und Angiotensin I in Angiotensin II zu transformieren.

Luftleitendes System
Allgemeiner Wandbau

Die luftleitenden Abschnitte des Atmungstrakts weisen ein weitgehend gemeinsames Bauprinzip auf. Danach wird das luftleitende System vorwiegend von einem **respiratorischen Epithel** ausgekleidet, das einem **fibroelastischen Bindegewebe** mit meist **seromukösen Drüsen** aufliegt. Zusätzlich sind ausgeprägte Gefäßnetze und stellenweise **glatte Muskulatur** entwickelt. Außen liegen vorrangig **hyaline Knorpelspangen oder -ringe** an. Entsprechend den funktionellen Aufgaben ist dieses Strukturprinzip in den einzelnen Abschnitten des luftleitenden Systems modifiziert.

Das **respiratorische Epithel** kleidet die Atemwege, mit Ausnahme von Teilen des Pharynx und des Larynx, von der Nasenhöhle bis zu den Endbronchiolen aus. Es wird von einem **einschichtigen, mehrreihigen, hochprismatischen Epithel** gebildet, das unterschiedliche Zelltypen einschließt:
– Epithelzellen (Flimmerzellen),
– Becherzellen,
– Bürstenzellen,
– Basalzellen,
– APUD-Zellen (s. S. 211).

Der größte Teil der **Epithelzellen** trägt an seiner freien Oberfläche **Kinozilien**, die durch ihren synchronen Wimpernschlag mit der Luft eingedrungene Fremdstoffe oder körpereigene Partikel in Richtung Pharynx transportieren (Flimmerzellen). Um diese »Selbstreinigung« der luftführenden Atemwege zu unterstützen, wird die Haftung der Teilchen an der Oberfläche der Zilien durch Schleim erhöht. Hierfür sind zusätzlich in hoher Zahl **schleimproduzierende Becherzellen** intraepithelial lokalisiert. Diese treten bevorzugt in den oberen Luftwegen auf, um nicht in der Lunge eine »Verschleimung« zu induzieren. Zusätzlich tragen sie zusammen mit den subepithelialen, gemischten Drüsen dazu bei, die ventilierte Atemluft zu befeuchten. Neben diesen beiden Zellpopulationen treten **Epithelzellen** mit **Mikrovilli** (Bürstenzellen) auf, die als Ersatzzellen für kinozilientragende Zel-

XI. Atmungsapparat (Apparatus respiratorius)

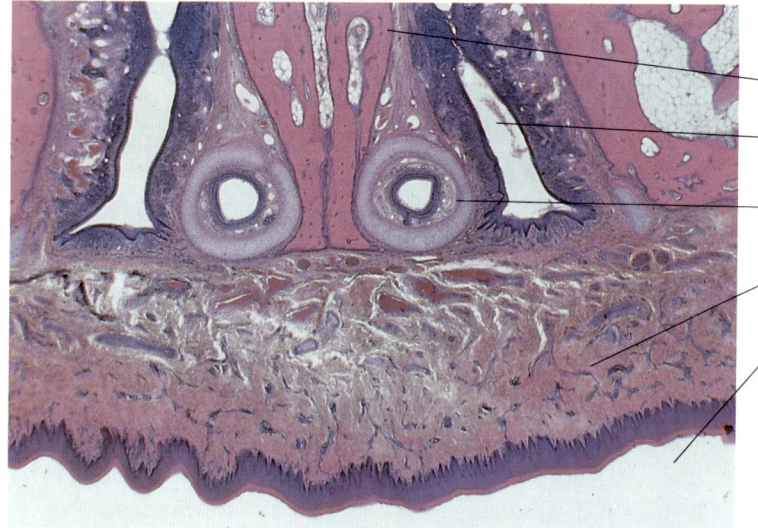

- Nasenseptum
- ventraler Nasengang
- Organon vomeronasale
- Dach der Mundhöhle
- Mundhöhle

Abb. 190. Das **Organum vomeronasale (Jakobson-Organ)** ist paarig ausgebildet und liegt basal der knöchernen Nasenscheidewand beidseitig an. Katze. Färbung Hämatoxylin-Eosin, Vergr. 15fach.

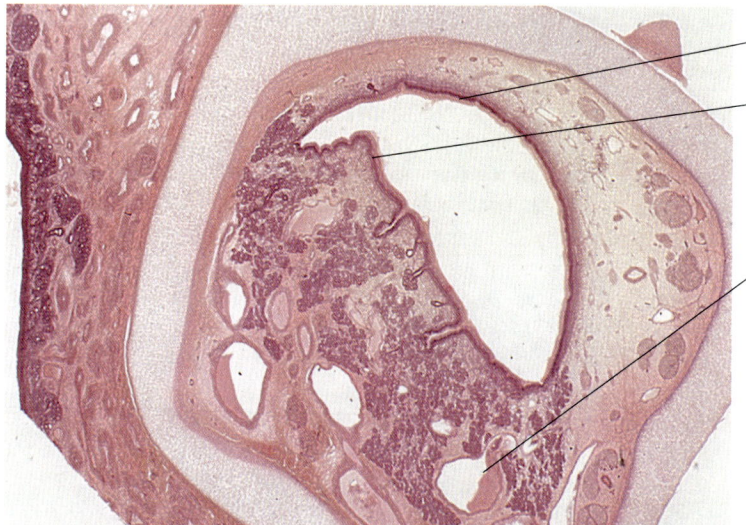

- olfaktorische Schleimhaut
- respiratorische Schleimhaut
- venöse Schwellgefäße

Abb. 191. Das **Organum vomeronasale (Jakobson-Organ)** ist medial von einer olfaktorischen und lateral von einer respiratorischen Schleimhaut ausgekleidet. Unter dem respiratorischen Epithel liegen Drüsenlager und erweiterte venöse Gefäße. Die Riechschleimhaut schließt subepithelial markarme Nervenfaserbündel ein. Kalb. Färbung Hämatoxylin-Eosin, Vergr. 40fach.

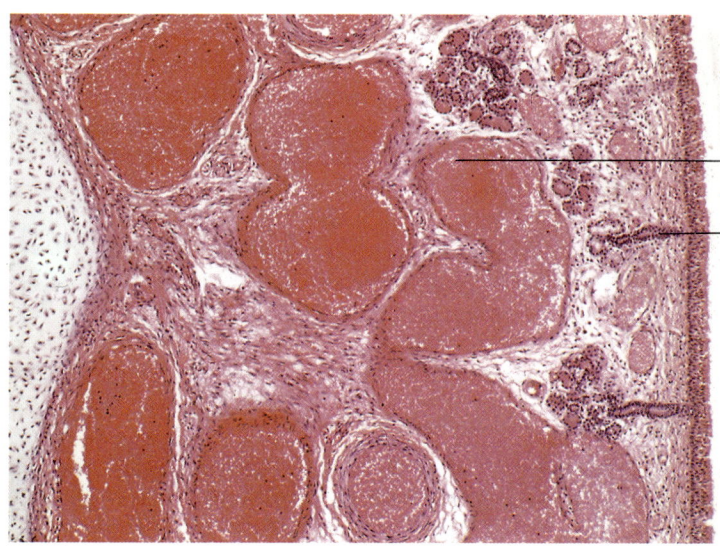

- venöser Gefäßplexus
- respiratorische Schleimhaut mit Drüsen

Abb. 192. Der **Schleimhaut der Nasenscheidewand** ist ein ausgeprägter venöser Gefäßplexus unterlagert, der nach Kontraktion glatter Sperrmuskeln zirkulierendes Blut staut und damit ein Anschwellen der Schleimhaut nach sich zieht. Nasenschleimhaut, Kalb. Färbung Hämatoxylin-Eosin, Vergr. 80fach.

len und für Becherzellen angesehen werden. Das Epithel schließt basal außerdem Reservezellen (**Basalzellen**) ein, die durch Teilung zur Transformation in andere Zellen befähigt sind.

Spezieller Wandbau

Die oberen luftleitenden Organabschnitte lassen sich makroskopisch-anatomisch unterteilen in
– Nasenhöhlen (Cava nasi),
– Nebenhöhlen der Nase (Sinus paranasales),
– Nasenbodenorgane (Organa vomeronasalia),
– Schlundkopf (Pharynx),
– Kehlkopf (Larynx),
– Luftröhre (Trachea),
– Bronchi und Bronchioli terminales der Lunge.

Nasenhöhlen (Cava nasi)

Der **Nasenvorhof (Vestibulum nasi)** wird von einem mehrschichtigen, unverhornten Plattenepithel ausgekleidet, das zumeist pigmentiert ist und einem stark differenzierten Papillarkörper aufliegt. In der Tiefe des Vestibulum verliert diese kutane Schleimhaut an Höhe und geht allmählich in das respiratorische Epithel der Nasenhöhle über. Das unterlagernde Bindegewebe der Lamina propria mucosae ist derb-elastisch und steht mit den lamellär geschichteten Faszien der Muskulatur bzw. der Knorpelhaut in enger Verbindung. In dieses bindegewebige Geflecht sind vermehrt Blutgefäße, Nervenstränge und vereinzelt seröse Drüsen eingelagert. Besonders ausgeprägt ist beim Hund die Glandula nasalis lat., die ein seröses Sekret in das Vestibulum nasi auch zur Befeuchtung des Nasenspiegels abgibt. Beim Pferd ist diese Nasenregion – ebenso wie die Nasentrompete (Diverticulum nasi) – als Bestandteil der äußeren Haut noch behaart und schließt Talg- und Schweißdrüsen ein.

Regio respiratoria

Die Regio respiratoria nimmt den größten Teil der Nasenhöhle ein, deren Lumen durch die verschiedenen Ekto- und Endoturbinalia in die einzelnen Nasengänge unterteilt wird. Die Oberflächen der Nasenmuscheln, der Nasengänge und der Nasenscheidewand werden von einem **respiratorischen Epithel mit Becherzellen** bedeckt. Das subepitheliale Bindegewebe ist locker und schließt tubuloazinöse, muköse, zuweilen auch gemischte **Drüsen (Gll. nasales)** ein, die in großer Zahl oder als Einzeldrüsen auftreten. Zwischen diesen Drüsenlagern häuft sich **lymphoretikuläres Gewebe** als Ausdruck lokaler immunzellulärer Abwehrvorgänge (Abb. 187). Die respiratorische Schleimhaut ist fest mit dem Perichondrium des Knorpels bzw. mit dem Stratum fibrosum des Knochens verbunden.

Von besonderer funktioneller Bedeutung ist das **Gefäßsystem der respiratorischen Schleimhaut** im Bereich der Nasenhöhle (Abb. 188). Beim Hund ist dieses besonders stark ausgeprägt. Kleine muskelstarke Arterien durchziehen hier senkrecht das lockere Bindegewebe und entwickeln subepithelial ein feines Kapillargeflecht mit gefensterten Endothelien. Postkapillär schließt sich ein sinusartig erweiterter Venenplexus an, in dessen Wänden zahlreiche **Längsmuskelpolster** ausgebildet sind. Durch temporäre Kontraktion der Muskelwand der Venen wird der abfließende Blutstrom im submukösen Venengeflecht gedrosselt (**Sperrvenen**), die Schleimhaut schwillt an (**Schwellkörper der Nasenschleimhaut**). Im Zusammenwirken mit dem Schleimfilm auf der Epitheloberfläche dient dieser reflektorische Mechanismus der Erwärmung und der Befeuchtung der eingeatmeten Luft. Arteriovenöse Anastomosen mit epitheloiden (Quell-)Zellen unterstützen diese Vorgänge.

Regio olfactoria

Die Regio olfactoria dient der Wahrnehmung von Geruchsreizen. Sie bedeckt die Oberfläche der Ethmoturbinalia, der dorsalen Endoturbinalia und Teile des hinteren Nasenseptums. Als Riechrezeptoren fungieren **Sinneszellen** (Abb. 189), die als modifizierte **bipolare Nervenzellen** zu Funktionsträgern der Riechschleimhaut differenziert sind. (Näheres zum Riechepithel siehe Kap. XVI: »Sinnesorgane«, S. 293.)

Die Lamina propria mucosae schließt tubuloazinöse verzweigte **Drüsen (Gll. olfactoriae, Bowman-Drüsen)** ein, die ein dünnflüssiges seröses Sekret absondern. Dieses enthält Enzyme (Proteasen), die wesentliche Voraussetzung für die Aufschlüsselung wahrzunehmender Riechstoffe und deren Anheftung auf der Oberfläche der Sinneszellen sind. Darüber hinaus übernehmen diese Zellen durch ihre Sekrete eine Spülfunktion, um nachfolgende neue Sinneswahrnehmungen zu ermöglichen.

XI. Atmungsapparat (Apparatus respiratorius)

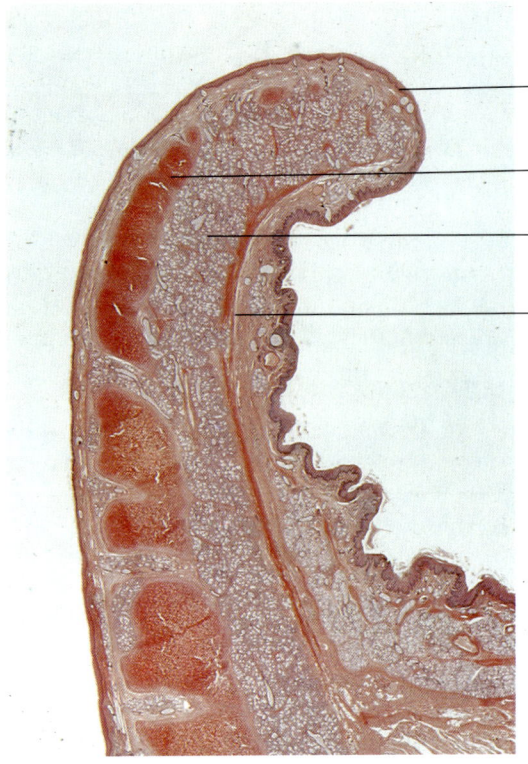

- Epithelium mucosae
- elastischer Knorpel
- muköse Drüsen
- Bindegewebssepten

Abb. 193. Der **Kehldeckel** wird von einem mehrschichtigen Plattenepithel bedeckt, dem muköse Drüsen unterlagert sind. Als Grundgerüst dient ein elastischer Knorpel. An der Basis der Epiglottis ziehen quergestreifte Muskelfasern des Zungengrunds in das Organ. Epiglottis, Kalb. Färbung Orcein-Hämalaun, Vergr. 8fach.

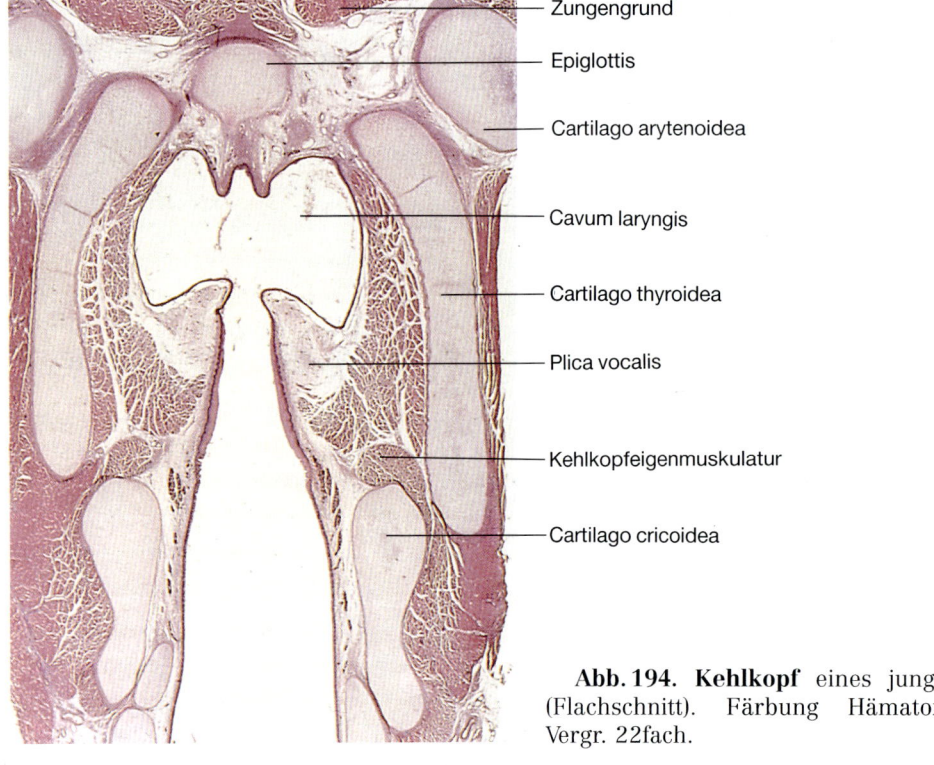

- Zungengrund
- Epiglottis
- Cartilago arytenoidea
- Cavum laryngis
- Cartilago thyroidea
- Plica vocalis
- Kehlkopfeigenmuskulatur
- Cartilago cricoidea

Abb. 194. Kehlkopf eines jungen Hundes (Flachschnitt). Färbung Hämatoxylin-Eosin, Vergr. 22fach.

Nebenhöhlen der Nase (Sinus paranasales)

Die Nasennebenhöhlen sind von einem niedrigen respiratorischen Epithel ausgekleidet, das nur selten Drüsen einschließt. Die Lamina propria mucosae liegt dem Periost eng an, in ihr treten bei Fleischfressern (im Sinus maxillaris) tubuloazinöse seröse Drüsen auf, die in den Sinusgang der Nasenhöhle einmünden.

Nasenbodenorgan (Organum vomeronasale)

Das Organum vomeronasale (Jakobson-Organ) stellt möglicherweise ein **Witterungs- und Mundgeruchsorgan** dar. Es ist Rezeptorträger für spezifische Pheromone und soll mit dazu beitragen, das Brunstverhalten zu beeinflussen. Diese Funktionen sind insbesondere bei niederen Wirbeltieren ausgeprägt. Bei den Haussäugetieren ist dieses Organ vergleichsweise rudimentär. Das paarig ausgebildete Organ liegt rostral und parallel an der Basis der Nasenscheidewand (Abb. 190). Es ist in Form eines Rohres ausgebildet, dessen vordere Öffnung über den Ductus incisivus mit der Nasen- bzw. Mundhöhle in Verbindung steht. Beim Pferd fehlt diese offene Verbindung zur Mundhöhle. Kaudal endet das Rohr blind.

Die Innenwand ist **lateral** von **respiratorischer** und **medial** von **olfaktorischer Schleimhaut** ausgekleidet (Abb. 191).

Die **Atmungsschleimhaut** in den luftleitenden Atemwegen ist subepithelial von einem ausgeprägten serösen Drüsenlager mit einem dichten Netzwerk venöser Schwellgefäße unterlagert. Das Sekret dieser Drüsen dient der Benetzung der Schleimhaut und der Lösung der Duftstoffe.

Das **olfaktorische Epithel** ist Träger der Sinneswahrnehmung, sein Aufbau entspricht dem der Regio olfactoria. Im subepithelialen Bindegewebe verlaufen markarme Bündel des N. terminalis, die als sensorisch efferente Bahnen gemeinsam zur Area cribrosa und von dort zum Bulbus olfactorius ziehen. Nach außen schließt sich eine hyalinknorpelige Manschette an (Cartilago vomeronasale).

Schlundkopf (Pharynx)

Die dorsale Etage des Pharynx, der Nasen- oder Atmungsrachen (Pars nasalis pharyngis), ist mit einer respiratorischen Schleimhaut ausgekleidet. Sowohl die Lamina propria mucosae als auch die Tela submucosa schließen in hoher Zahl diffuse oder aggregierte Ansammlungen von Lymphknötchen (Tonsillen) ein, die in unmittelbarer Nachbarschaft zu tubuloazinösen, vorwiegend gemischten Drüsen liegen. Die Tunica muscularis besteht aus Skelettmuskulatur, der nach außen eine straffe Tunica adventitia folgt.

Auf Höhe des weichen Gaumensegels geht die **Pars nasalis** des Pharynx in die **Pars oralis** über, in der sich die Atemwege mit dem Nahrungsweg kreuzen. Das System der luftführenden Atemwege wird in diesem Abschnitt des Pharynx von einer kutanen Schleimhaut ausgekleidet, die in der Tiefe gemischte Drüsen und lymphoretikuläres Gewebe einschließt. Die Tela submucosa ist mit einem dichten Geflecht elastischer Fasern durchzogen, die als innere Rachenfaszie die mechanische Stabilität des Rachenraums erhöht. Nach außen folgen die quergestreiften Faserbündel der Pharynxmuskulatur und die fibroelastische äußere Rachenfaszie.

Kehlkopf (Larynx)

Der Kehlkopf ist ein bilateral symmetrisch gebautes Hohlorgan, das den Pharynx mit der Trachea verbindet. Das organspezifische Strukturelement sind die Kehlkopfknorpel, die durch Bänder untereinander, rostral mit den Knorpeln des Zungenbeins und kaudal mit den Trachealspangen, in Kontakt stehen. Außen legen sich die quergestreiften Muskelpaare der Kehlkopfeigenmuskulatur an, deren Hüllgewebe in eine lockere Tunica adventitia übergehen.

Die **epitheliale Wandauskleidung** ist – funktionsbedingt und tierartlich – in den einzelnen Abschnitten des Kehlkopfes unterschiedlich. Eine **kutane Schleimhaut** ohne Anzeichen einer Verhornung bedeckt bei allen Tierarten den Kehldeckel, den Vorhof des Kehlkopfes und die Ränder der Stimmbänder. Beim Schwein und bei Fleischfressern sind auch die seitlichen Kehlkopftaschen mit einem mehrschichtigen Plattenepithel ausgekleidet, beim Pferd mit einem mehrreihigen Flimmerepithel. Die aboralen, der Trachea zugewandten Flächen des Kehlkopfes weisen ein **respiratorisches Epithel** auf, das sich bis in die Bronchioli der Lunge fortsetzt.

Das untergelagerte Bindegewebe erfährt bei den einzelnen Haussäugetieren eine tierartlich typische Differenzierung, derzufolge sich das Lumen des Larynx von der rostralen Öffnung bis zum Übergang in die Trachea unterschiedlich gestaltet. Weitgehend übereinstimmend bleibt hingegen der mikroskopisch-anatomische Wandbau.

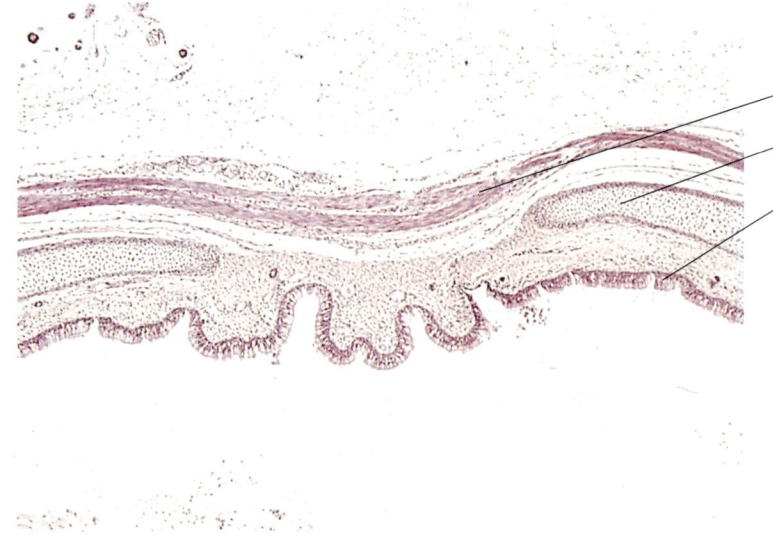

- M. trachealis
- hyaline Knorpelspange
- respiratorische Schleimhaut

Abb. 195. Trachea eines jungen Hundes (Ausschnitt). Die strukturelle Grundlage der Luftröhre sind hyaline Knorpelspangen, deren freie Ränder dorsal offen bleiben. Der Zwischenraum wird bindegewebig (Paries membranaceus) und durch den bei dieser Tierspezies außen anliegenden M. trachealis überbrückt. In diesem Abschnitt legt sich die respiratorische Schleimhaut in Falten. Färbung Hämatoxylin-Eosin, Vergr. 50fach.

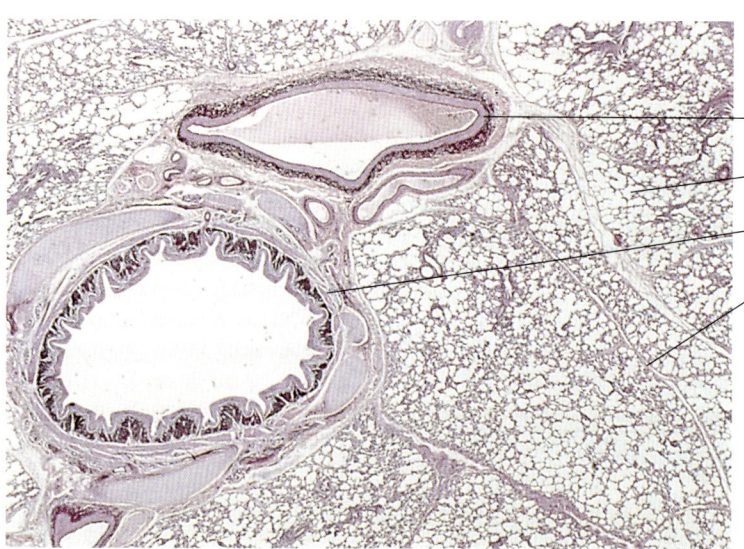

- Vene
- Lungenalveolen
- Bronchus
- bindegewebige Septen

Abb. 196. Lunge eines Kalbs. Bei Färbung mit Resorcin-Fuchsin-Kernechtrot werden die elastischen Fasern dieses Organs, insbesondere in den größeren Abschnitten des Bronchialbaums, deutlich. Vergr. 30fach.

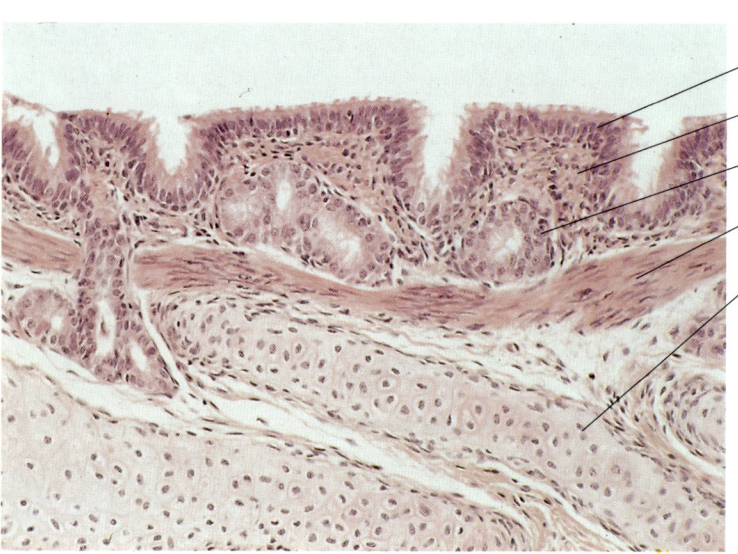

- respiratorisches Epithel
- Lamina propria mucosae
- muköse Drüsen
- glatte Muskulatur
- hyaliner Knorpel

Abb. 197. Ausschnitt aus der Wand eines Bronchus. Das respiratorische Epithel wird von einer lockeren Lamina propria mit z.T. geknäulten mukösen Schlauchdrüsen unterlagert, die sich stellenweise bis an die hyalinen »Knorpelscherben« vorschieben. Glatte Muskelzellen bilden einen geschlossenen kontraktilen Ring. Schwein. Färbung Hämatoxylin-Eosin, Vergr. 80fach.

Der **Kehldeckel (Epiglottis)** ist basal durch kollagene Bänder mit den übrigen Anteilen des Kehlkopfes bindegewebig verbunden. Entsprechend seiner exponierten Lage im Pharynx bedeckt die orale Epiglottisfläche eine deutlich ausgebildete **kutane Schleimhaut,** die sich auf der laryngealen Seite abflacht (Abb. 193). Bei allen Haustieren, mit Ausnahme des Pferdes, liegen laryngeal vereinzelt Geschmacksknospen. Die Lamina propria mucosae schließt vermehrt vorwiegend muköse und gemischte Drüsenlager ein, die sich vielfach zwischen die Knorpelbuchten der Epiglottis schieben. Das Bindegewebe ist vorherrschend geschichtet und mit elastischen Fasern durchsetzt. Die Ansammlung von diffusem lymphatischen Gewebe oder solitären Lymphknötchen ist ebenso häufig wie die Ausbildung von Tonsillen (Schwein, kleine Wiederkäuer). Das stützende Element der Epiglottis ist ein **elastischer Knorpel,** der bei Fleischfressern vornehmlich von plurivakuolärem Fettgewebe durchzogen ist.

Das organbestimmende Grundgerüst des Larynx wird von den **Kehlkopfknorpeln** gebildet, deren größere Knorpel (Cartilago thyreoidea, Cartilago cricoidea und wesentliche Teile der Cartilagines arytaenoideae) aus **hyalinem Knorpel** bestehen (Abb. 194). Die Epiglottis, die Processus cuneiformes, corniculati und vocales sind aus **elastischem Knorpel.** Die einzelnen Knorpel werden durch fibroelastische Bänder verbunden. Ebenso sind die **Stimm- und Taschenbänder** aus **elastischen Fasern.** Im lockeren Bindegewebe und zwischen den Knorpelringen und der Kehlkopfmuskulatur treten einzelne oder zusammenhängende tubuloazinöse, gemischte Drüsenlager auf, die nur im Bereich der Stimmlippen fehlen. Die Kehlkopfmuskeln bestehen, als Besonderheit für die Muskulatur der Atemwege, aus quergestreiften Muskelfasern. (Näheres s. Lehrbücher der Anatomie der Haussäugetiere.)

Luftröhre (Trachea)

Die Trachea ist ein semiflexibles Rohr, das zwischen dem Ende des Larynx und der Bifurcatio tracheae liegt. Mikroskopisch-anatomisch wird die Luftröhre durch einen konzentrisch geschichteten Wandbau gekennzeichnet (Abb. 195).

Die **Lamina epithelialis** der Trachea wird von einem **mehrreihigen, hochprismatischen Flimmerepithel** mit zahlreichen **Becherzellen (respiratorisches Epithel)** gebildet. Darüber hinaus treten Basalzellen und hochprismatische Epithelzellen mit Mikrovilli an der Oberfläche auf. Besondere Bedeutung wird den intraepithelialen, neuroendokrinen **K-Zellen** (Kultschitzky-Zellen) und den sog. **APUD-Zellen** (**A**mine and **P**recursor **U**ptake and **D**ecarboxylation) an der Epithelbasis zugeschrieben. Diese Epithelzellen sind insbesondere bei jungen Tieren ausgeprägt, sie stehen mit Nervenendigungen in Kontakt und produzieren biogene Amine. Die **Lamina propria** besteht aus einem feinfaserigen, unregelmäßigen Geflecht von Kollagenfasern mit kleineren Gefäßen und Nerven, an die sich nach außen eine dichte, geflochtene Lage elastischer Fasern in länglicher Anordnung anschließt.

In diesen Gewebsschichten und in der Tela submucosa liegen tubuloazinöse Einzeldrüsen **(Trachealdrüsen, Gll. tracheales).** Die Epithelzellen der Ausführungsgänge produzieren bevorzugt ein muköses, an sauren Glykoproteinen reiches Sekret, während die azinösen Endstücke ein seröses, neutrales Glykoprotein abgeben. Die Drüsen schieben sich oftmals zwischen die Knorpelspangen und können bis in die Tunica adventitia vordringen. Die Ausführungsgänge weisen ein isoprismatisches Epithel auf und werden außen von glatten Muskelzellen umgeben. Bei den Haustieren sind Drüsen insbesondere in den oberen trachealen Abschnitten ausgebildet.

Die semiflexible Stabilität der Luftröhre wird durch **hyaline Knorpelspangen (Knorpelringe)** erreicht, die in tierartlich unterschiedlicher Weise ausgebildet sind und die Schleimhaut zirkulär umfassen. Diese Knorpelspangen werden oberflächlich von einem Perichondrium überzogen, das sich funktionell in die Zwischenräume benachbarter Knorpel als fibroelastische Bänder **(Ligg. anularia)** fortsetzt. Dorsal bleiben die Knorpelringe offen. Hier werden die freien Enden der Knorpelspangen durch eine derb-elastische Bindegewebsmembran **(Paries membranaceus)** verbunden, der innen Bündel glatter Muskulatur **(M. trachealis)** anliegen. Beim Fleischfresser liegt dieser Muskel der Bindegewebsmembran außen an. Eine fibroelastische Tunica adventitia erleichtert die Beweglichkeit der Luftröhre gegenüber anliegenden Geweben.

Lunge (Pulmo)

Die Luftröhre teilt sich in der Bifurcatio tracheae in **zwei Hauptbronchien (Bronchi principales),** die sich in die intrapulmonalen **Lappenbronchien (Bronchi lobares)** aufzweigen. Diese verästeln sich in den Lungenlappen unter kontinuierlicher Abnahme ihrer Durchmesser im wesentlichen dichotomisch **(Bronchi segmentales** und **subsegmenta-**

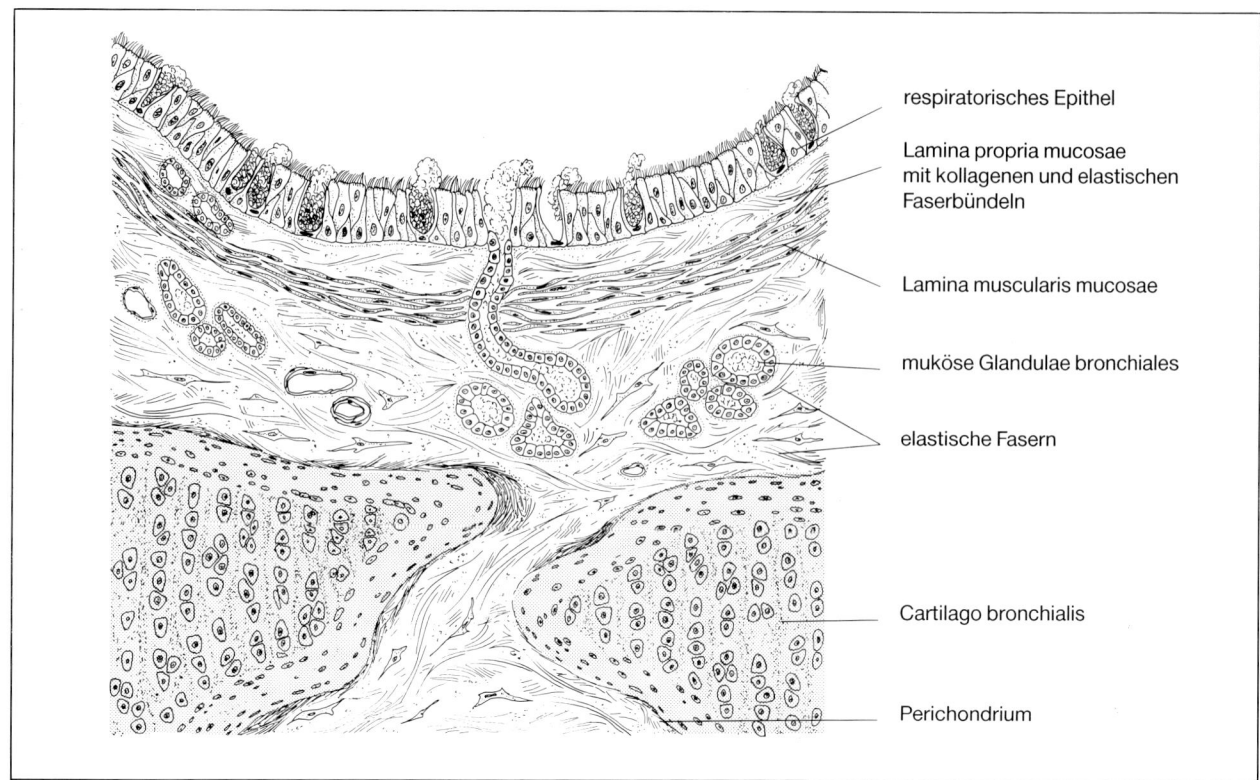

Abb. 198. Schematische Darstellung der Wand eines Bronchus.

les), um letztlich in kleinere Bronchien (**Bronchioli veri**) überzugehen. Diese teilen sich ihrerseits mehrfach in Endbronchiolen (**Bronchioli terminales**). Mit diesen Bronchioli endet das luftleitende System des Atmungsapparats. Es schließt sich der respiratorische Teil an.

Der respiratorische Teil beginnt mit dem ersten Auftreten von kleinen, sackförmigen Ausstülpungen (**Alveolen**) in der Wand der Bronchioli (**Bronchioli respiratorii/alveolares**). Durch mehrfache Aufzweigungen entstehen im weiteren Verlauf enge, luftführende Gänge, deren Wände vollständig mit Alveolen besetzt sind (**Ductus alveolares**). Diese gehen schließlich in die **Sacculi alveolares** über, in denen der Gasaustausch stattfindet.

Im weiteren Sinn entspricht damit das luftleitende (schlauchförmige) System der Lunge in Verbindung mit den respiratorisch aktiven Alveolen in seinem Bau einer **zusammengesetzten tubuloalveolären Drüse,** die Kohlendioxid im Austausch gegen Sauerstoff abgibt. Dabei nehmen die intrapulmonalen luftführenden Abschnitte (Bronchien und Bronchioli) ca. 6% des Lungenvolumens ein, das **respiratorische Lungenparenchym** (die Bereiche des Gasaustauschs in den Bronchioli respiratorii, den Ductus alveolares, den Sacculi alveolares und den Alveolen, s. S. 215) macht über 85% des Volumens aus.

Die Lunge wird an der Oberfläche von einer **Kapsel (Pleura visceralis)** überzogen, die aus einem einschichtigen platten bis isoprismatischen Epithel und einer unregelmäßig dicken Lage kollagener und elastischer Fasern besteht. Von dieser ziehen Bindegewebssepten in das Organinnere, die als **interstitielles Bindegewebe (Interstitium)** die Lunge in Lappen und Läppchen gliedern. Entlang dieser Septen verlaufen die intrapulmonalen Gefäße und Nerven, sie beanspruchen ca. 10% des Lungenvolumens. Bei Wiederkäuern und beim Schwein ist dieses interstitielle Bindegewebe deutlich, beim Pferd und bei den Fleischfressern schwach entwickelt.

Bronchien (Bronchi)

Die Bronchien entsprechen in ihrem Aufbau grundsätzlich der Struktur der Trachea. Sie unterscheiden sich lediglich in der Form der Knorpelspangen und der Anordnung der glatten Muskelfaserbündel (Abb. 196–198).

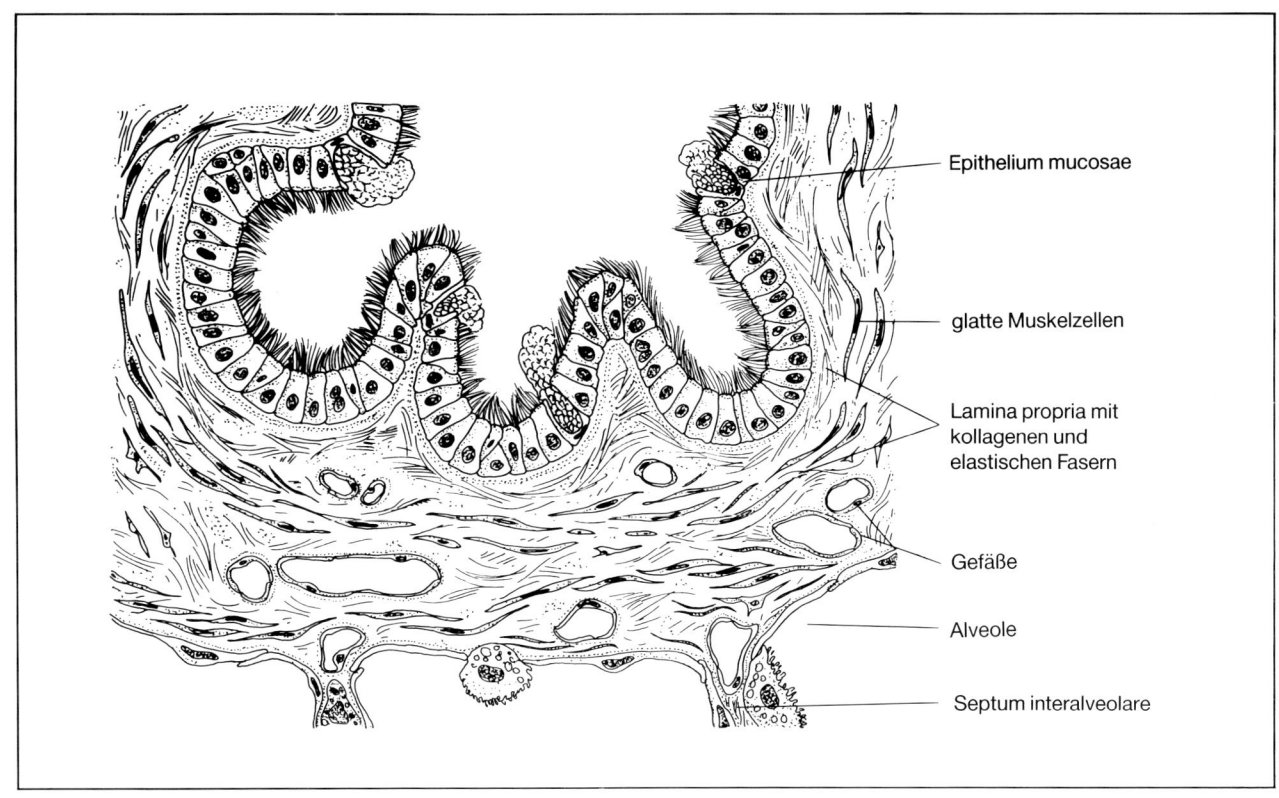

Abb. 199. Schematische Darstellung der Wand eines Bronchiolus terminalis, in dessen oberen Abschnitten intraepithelial noch vereinzelt Becherzellen auftreten können. Gegenüber der Wand eines Bronchus fehlen subepithelial stets Drüsen und Knorpeleinlagerungen.

Die innere Oberfläche wird von einem **respiratorischen Flimmerepithel mit Becherzellen** ausgekleidet, dessen Höhe distal kontinuierlich abnimmt (Abb. 197). Die Lamina propria mucosae schließt **gemischte Drüsen (Gll. bronchiales)** ein, die sich nach außen bis in die Tela submucosa fortsetzen. Diese Drüsen sezernieren teils ein serös-wäßriges, proteinreiches Sekret, teils sondern sie einen glykoproteinhaltigen Schleim ab.

Die in den Bronchien auftretende Flüssigkeit setzt sich aus Schleim, proteinhaltigen Serumbestandteilen, Immunglobulin A, Laktoferrin und Glykoproteinen zusammen. Diese Substanzen dienen dem **Epithelschutz (Zytoprotektion)**, sie verhindern insbesondere das Anhaften von Bakterien und Viren an der Epitheloberfläche oder wirken direkt bakteriostatisch.

Die **Lamina propria mucosae** ist reich an lockerem Bindegewebe mit kollagenen, vorrangig jedoch **elastischen Fasern**, mit Blut- und Lymphgefäßen, Nerven und vereinzelt Solitärlymphknötchen. Nach außen legt sich eine Schicht **glatter Muskulatur** an, die in den größeren Bronchien ringförmig, in kleineren schraubenförmig-scherengitterartig angeordnet ist. Diese folgt dem Verlauf der elastischen Fasern, ihre Kontraktionsfähigkeit ist Ursache für die oftmals erhebliche Faltenbildung der Bronchialschleimhaut (Abb. 196).

Hyaline Knorpelspangen bilden das Stützskelett der Bronchien. Nahe der Trachea umgeben die Knorpelspangen die Bronchien noch weitgehend vollständig. Mit fortschreitender Verzweigung des Bronchialbaums nehmen die Spangen an Größe und Vollständigkeit ab, sie »zerfallen« in **Knorpelfragmente**. Die »Knorpelscherben« sind durch vornehmlich **elastische Fasern** verbunden, die in das Perichondrium und in den Knorpel einstrahlen. Diese erhöhen die Flexibilität des Bronchus. Periphere, kleinste Knorpelstücke bestehen allein aus elastischem Knorpel. Außen liegt eine peribronchiale, bindegewebige Tunica adventitia mit Gefäßen und Nerven an (Abb. 196–198).

Bronchioli, Bronchioli terminales

In den Bronchioli verengt sich das Lumen des Bronchialbaums auf einen Durchmesser von <1 mm. Die innere Oberfläche wird von einem **mehrreihigen, hochprismatischen Flimmerepi-**

XI. Atmungsapparat (Apparatus respiratorius)

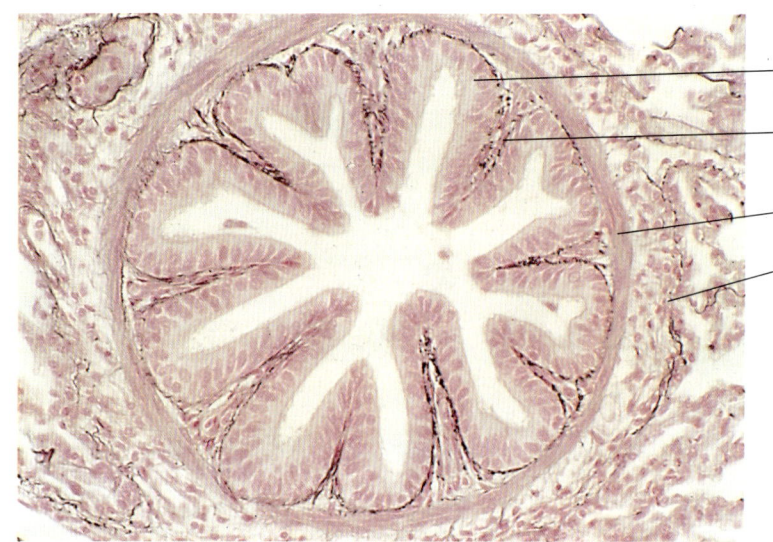

- respiratorisches Epithel
- Lamina propria mit elastischen Faserbündeln
- glatte Muskulatur
- interstitielles Bindegewebe

Abb. 200. Ausschnitt aus der Wand eines Bronchiolus. Die respiratorische Schleimhaut wird im histologischen Schnitt durch die Konstriktion der elastischen Faserbündel und der glatten Muskulatur stark in Falten gelegt. Im Gegensatz zum Bronchus fehlen Drüsen und Knorpeleinlagerungen. Lunge, Kalb. Färbung Resorcin-Fuchsin-Kernechtrot, Vergr. 275fach.

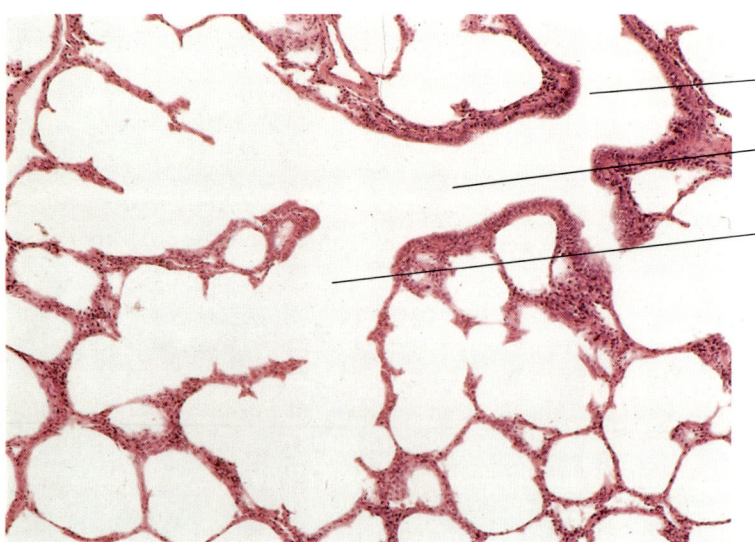

- Bronchiolus respiratorius
- Ductus alveolaris
- Sacculi alveolares

Abb. 201. Übergang eines Bronchiolus respiratorius in einen Ductus alveolaris mit Aufzweigung in mehrere Sacculi alveolares. Lunge, Schwein. Färbung Hämatoxylin-Eosin, Vergr. 100fach.

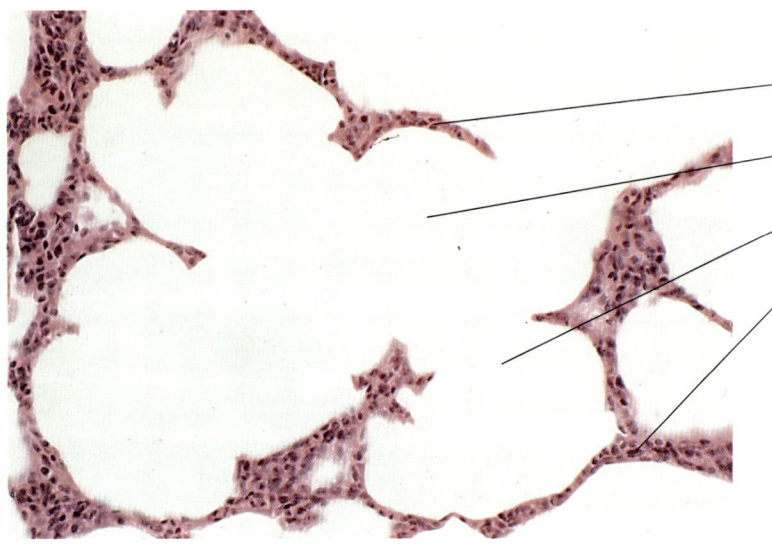

- Septum interalveolare
- Sacculus alveolaris
- Alveole
- interstitielles Bindegewebe

Abb. 202. Übersicht über Lungenalveolen mit Alveolarsepten. Lunge, Schwein. Färbung Hämatoxylin-Eosin, Vergr. 320fach.

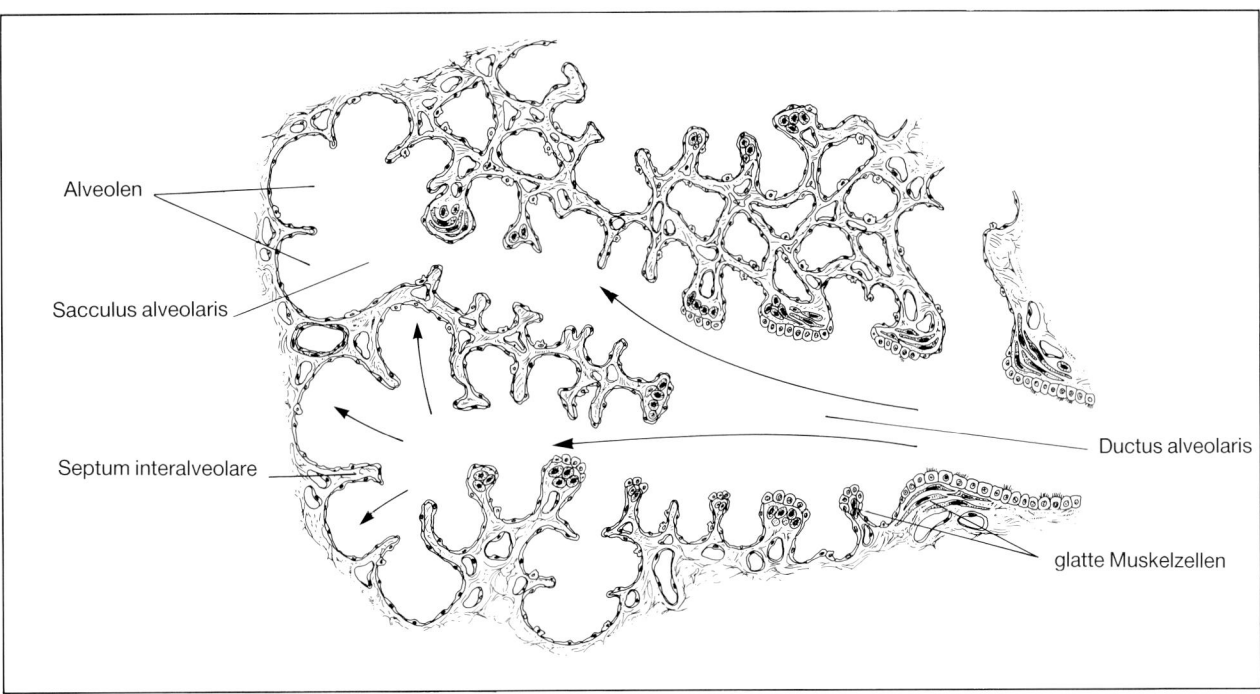

Abb. 203. Endaufzweigung des Alveolarbaums mit einem Ductus alveolaris, mehreren Sacculi alveolares (kleine Pfeile) und zahlreichen Alveolen.

thel ausgekleidet, das mit zunehmender Verzweigung der Bronchioli distal an Höhe verliert und in ein **mehrreihiges, isoprismatisches** Epithel übergeht (Abb. 199 und 200). Neben Epithelzellen mit Kinozilien treten im Bronchialepithel auch hochprismatische Zellen ohne Zilien (»Clara«-Zellen) auf, die sich bevorzugt in den kleineren Bronchioli häufen. Diese Epithelzellen sezernieren apokrin. Die Funktion der »Clara«-Zellen wird in der Sekretion von proteolytischen und muzinlösenden Enzymen zur Verflüssigung des Bronchialschleims gesehen.

In der Wand der Bronchioli **fehlen** im Gegensatz zu den Bronchien **Drüsen und Knorpeleinlagerungen**. Mit dem Verlust der Becherzellen verschwinden allmählich auch die oberflächlichen Kinozilien. Dagegen entwickelt sich eine kräftige **Tunica muscularis** aus mehreren Lagen vorrangig zirkulär angeordneter **glatter Muskelzellen**. Dieser Schicht kommt für die Regulation der Ventilation der luftführenden Atemwege besondere Bedeutung zu. Durch Kontraktion der Ringmuskulatur werden die Bronchiolen rasch verengt und der respiratorische Widerstand erhöht (Abb. 199 und 200) (Hyperfunktion: Bronchialasthma beim Menschen).

Bronchioli terminales weisen grundsätzlich den Wandbau von Bronchiolen auf. In diesen Endabschnitten des luftleitenden Systems reduziert sich das Epithel auf ein **einschichtig isoprismatisches**. Vermehrt schließt die Lamina propria mucosae elastische Faserbündel ein. In Verbindung mit der ausgeprägten glatten Muskulatur engen diese Fasern die Bronchialschleimhaut ein und legen diese in Falten.

Respiratorisches System

Diese Abschnitte der Lunge dienen zum einen der Weiterleitung der Atemluft, zum anderen liegt ihre organspezifische Aufgabe in der Ausbildung einer respiratorischen Grenzfläche. Allein in diesen Endaufzweigungen des Bronchialbaumes ist ein Gasaustausch möglich. Man unterscheidet im wesentlichen 3 Abschnitte (Abb. 201–204), nämlich:
– Bronchioli respiratorii,
– Ductus alveolares, Sacculi alveolares,
– Alveolen.

Bronchioli respiratorii

Bronchioli terminales teilen sich dichotomisch in 2 oder mehrere Bronchioli respiratorii, die sich erneut jeweils verdoppeln (Bronchioli respiratorii I.–III. Ordnung). In ihrem Wandbau entsprechen diese weitgehend dem der Bronchioli terminales.

XI. Atmungsapparat (Apparatus respiratorius)

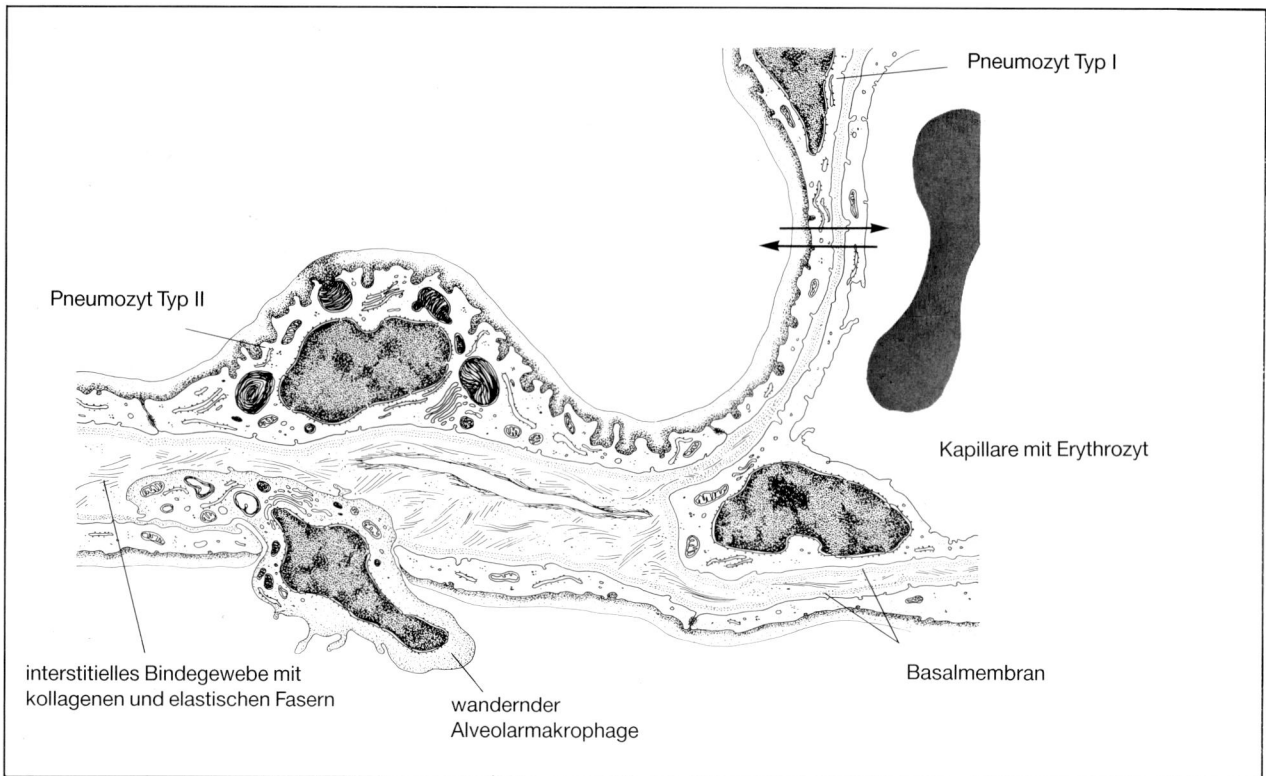

Abb. 204. Schematische Darstellung der Blut-Luft-Schranke mit Pneumozyt Typ I, Pneumozyt Typ II und Kapillarwand.

Als besonderes Merkmal treten in dieser Bronchialwand tiefe Ausbuchtungen auf, die mit einem flachen **Alveolarepithel** ausgekleidet sind. Mit steigender Ordnung (I. – III.) nimmt die Anzahl der Alveolen zu. Damit erfüllen Bronchioli respiratorii eine doppelte Funktion: Luftleitung und Gasaustausch.

Bronchioli respiratorii sind nur bei den Fleischfressern ausgeprägt entwickelt, beim Pferd gelegentlich, bei den Wiederkäuern und beim Schwein selten.

Ductus alveolares, Sacculi alveolares

Aus den letzten Bronchioli respiratorii gehen durch Aufzweigungen bis zu 10 **Alveolargänge (Ductus alveolares)** hervor (Abb. 201 und 203). Die Wände dieser Gänge weisen eng aneinanderliegende Ausstülpungen auf, deren Nischen von einem **einschichtigen Plattenepithel (Alveolarepithel)** bedeckt sind. Außen werden die Ductus alveolares von einem dichten Netz kollagener, insbesondere aber elastischer Fasern umgeben, die zusammen mit glatten Muskelbündeln eine Sphinkterfunktion an den Alveolen übernehmen. Durch mehrfach (3- bis 5fache) Aufzweigungen gehen aus den Ductus alveolares die Endabschnitte des Atmungsapparates, die **Alveolarsäckchen (Sacculi alveolares)**, hervor.

Alveolen (Alveoli pulmonis)

Die Alveolen dienen dem **Gasaustausch.** Alveolen treten in den Endabschnitten des Bronchialbaums, in den Bronchioli respiratorii und den Ductus und Sacculi alveolares als säckchenförmige Ausstülpungen auf. Die Wand einer Alveole (Abb. 201–204) wird von 2 Typen von Epithelzellen ausgekleidet:

Alveolarepithelzellen (Pneumozyten) Typ I (Cellulae respiratoriae s. squamosae) sind extrem dünne, abgeplattete Deckzellen, deren Kernbereiche geringfügig ins Lumen vorspringen. Diese Zellen bilden einen geschlossenen Verband und kleiden etwa 95% der inneren Alveolaroberfläche aus. Typ-I-Pneumozyten sind arm an Organellen, allein zahlreiche mikropinozytotische Bläschen sind Ausdruck eines erhöhten transepithelialen Transports von Stoffen. Alveolarepithelzellen vom Typ I liegen eng einer dünnen Basalmembran auf und sind Bestandteile der **Blut-Luft-Schranke.**

Alveolarepithelzellen (Pneumozyten) Typ II (Cellulae magnae s. granulares) sind relativ große, keil- oder kugelförmige Zellen (10–12 µm), die als kleine Gruppen in den Alveolarnischen liegen **(Nischenzellen)** (Abb. 204). Sie sind reich an Organellen, besonders auffallend ist die große Zahl apikal liegender, multivesikulärer und lamellärer Körperchen (Zytosomen, 0,2–1,0 µm). Diese osmiophilen Sekretgranula werden durch einen hohen Gehalt an Phospholipiden (gesättigte Lezithine), Glykosaminoglykanen und sauren Phosphatasen gekennzeichnet. Durch Exozytose werden diese an die freie Alveolenoberfläche abgegeben, breiten sich großflächig aus und bilden einen oberflächenaktiven Phospholipidfilm **(Surfactant)**. Diese Substanz wirkt als spezifisches Detergenz und reduziert die Oberflächenspannung der Alveolarwand um den Faktor 5 bis 10. Alveolarepithelzellen vom Typ II können sich teilen und zu Typ-I-Alveolarepithelzellen transformieren.

Alveolarmakrophagen

Die respirationsaktiven Oberflächen der Alveolarepithelien werden durch ein System der »Selbstreinigung« vor Verunreinigungen z. B. durch aspirierte Partikel und Flüssigkeiten geschützt. Diese Aufgabe übernehmen als Bestandteile des MPS phagozytoseaktive Makrophagen, die aus dem interstitiellen Bindegewebe auswandern und sich innen an der Alveolarwand festsetzen **(Alveolarmakrophagen)** (Abb. 204). Diese Zellen werden zusammen mit schleimhaltigen Stoffen und abgeschilferten Epithelzellen über das luftleitende System ausgehustet. Nach jüngsten Erkenntnissen kann die Lunge bei Kalb, Schaf, Ziege, Katze und Schwein als ein Organsystem angenommen werden, dem neben den atmungsaktiven Aufgaben entscheidende Funktionen bei der unspezifischen Phagozytose von im Blut zirkulierenden körperfremden Bestandteilen zukommt. Unterschiedlich funktionsaktive Zellpopulationen übernehmen dabei in der Lunge spezifisch sekretorische, endozytotische und immunzelluläre Aufgaben. In ihrer Gesamtheit werden diese Gewebszellen unter der Bezeichnung **BALT** (Bronchus-Associated Lymphoid Tissue = broncho-assoziiertes lymphatisches Gewebe) zusammengefaßt.

Septum interalveolare

Als Septum interalveolare wird die gemeinsame Wand zweier Nachbaralveolen bezeichnet (Abb. 203). Man unterscheidet Septen innerhalb eines Ductus alveolaris und Septen benachbarter Alveolargänge. Die Septa interalveolaria dienen der Oberflächenvergrößerung und stehen im Dienst des alveolären Gasaustausches.

Die Oberfläche wird beidseitig von **Typ-I- und Typ-II-Pneumozyten** bedeckt, die einer dünnen Basalmembran aufliegen. Als **bindegewebige Grundlage (Interstitium)** dient ein feines Netz kollagener (Typ I und III), retikulärer und elastischer Fasern und Fibrillen, in dessen Maschen Fibroblasten, Fibrozyten, Granulozyten, Lymphozyten und Mastzellen eingelagert sind. Gehäuft treten **Makrophagen** auf, die aus eingewanderten Blutmonozyten entstanden sind und phagozytotische Aufgaben übernehmen. Entscheidend für die Funktion ist die Ausbildung eines **dichten Kapillarnetzes,** das eng dem Alveolarepithel anliegt. Zusätzlich treten **kontraktile Zellen** auf, die im Zusammenwirken mit den korbartig geflochtenen elastischen Faserbündeln den Innenraum der Alveolen bei der Ausatmung verengen. Diese werden von marklosen Nervenfasern innerviert. Die Alveolarwände weisen **Poren** auf, die der Zirkulation und dem Druckausgleich benachbarter Alveolen dienen. An ihren freien Rändern verbreitern sich die Septa interalveolaria, an diesen Stellen wirken glatte Muskelzellen sphinkterartig.

Blut-Luft-Schranke

Die Blut-Luft-Schranke ermöglicht den Austausch der Atemgase. Zu diesem Zweck liegt das Alveolarepithel, von einer dünnen Basalmembran unterlagert, eng der Kapillarwandoberfläche an.

Der **Gasaustausch** erfolgt von der Alveole bis in die Erythrozyten der Kapillare über folgende Schichten:
– den Surfactant auf der Oberfläche des Alveolarepithels,
– das Zytoplasma des extrem flachen Alveolarepithels,
– die Basalmembran des Alveolarepithels,
– die Basalmembran der Kapillarwand,
– das Zytoplasma des Endothels der Kapillarwand und das Blutplasma,
– das Plasmalemm des Erythrozyten (Abb. 204).

Vielfach verschmelzen die anliegenden Basalmembranen oder es legt sich interstitielles Bindegewebe zwischen diese Grenzschichten. Für die Intensität des Gasaustauschs sind vorrangig entscheidend: die Weite der Kapillaren und die Durchflußgeschwindigkeit des Blutes, die Partialdrücke und die Dicke der Zytoplasmamembranen bzw. des interstitiellen Bindegewebes. Jede Änderung der Gefäßweite, der Oberflächenrelation zellulärer Grenzflächen oder der Membranpermeabilität zieht eine Beeinträchtigung der Atemfunktion nach sich.

XII. Harnorgane (Organa urinaria)

Die Harnorgane setzen sich aus harnbereitenden bzw. harnabsondernden (uropoetischen) Abschnitten, den **Nieren** und harnableitenden Wegen, den **Nierenbecken,** den **Harnleitern,** der **Harnblase** und der **Harnröhre** zusammen.

Niere (Ren)

Die Funktionen der Niere sind äußerst vielfältig. Sie erfüllt zentrale Aufgaben bei der **Ausscheidung von Schadstoffen** und in der Aufrechterhaltung der Konstanz der Körpergrundflüssigkeiten **(homöostatische Funktion)**. Die Harnbereitung erfolgt durch **Filtration, Sekretion, Reabsorption** und **Konzentration**. Im einzelnen übernimmt die Niere folgende Aufgaben:
- **Ausscheidung** endogen gebildeter, organischer Stoffwechselendprodukte (z. B. Bilirubin, Harnstoff), Abgabe anorganischer Stoffe (z. B. Spurenelemente, Erdalkali- und Alkalimetalle) und Exkretion exogen aufgenommener, nicht abbaubarer Fremdstoffe (z. B. Pharmaka),
- **Aufrechterhaltung des osmotischen Drucks** und der **Wasserstoffionenkonzentration** der Körperflüssigkeiten durch selektive Reabsorption bzw. Abgabe von Ionen und Wasser,
- **Regulation des Säure-Basen-Gleichgewichts** durch Ausscheidung überschüssiger Säuren und Basen,
- **Synthese von Hormonen** zur Regulation des Blutdrucks (Renin-Angiotensin-Komplex), zur Steuerung der Erythropoese (Erythropoetin), ferner Synthese von Prostaglandinen und Kallikrein sowie Bildung von 1,25-Dihydroxycholekalziferol zur Kontrolle des Blutkalziumspiegels.

Makroskopisch-anatomischer Bau der Niere

Die Nieren sind paarig angelegte, bohnenförmige Organe (Ausnahme die rechte Niere des Pferdes), die retroperitoneal gelegen und von einer Fettkapsel **(Capsula adiposa)** umgeben sind. Die retroperitonealen Fettgewebslager sind funktionell als Bau- und Speicherfett anzusehen. Der Oberfläche liegt stets eine kollagenfaserige, derbe Bindegewebskapsel **(Capsula fibrosa)** mit vereinzelt elastischen Fasern an. Diese Kapsel wird von einer dünnen Lage lockeren Bindegewebes mit glatten Muskelzellen unterlagert, von der aus nur schmale Faserbündel in das Organparenchym ziehen. Diese lockere Verbindung erleichtert ein Abziehen der Kapsel bei Haussäugetieren mit einer **glatten Niere** (Pferd, kleine Wiederkäuer, Schwein, Fleischfresser) (Abb. 205). Bei der **gefurchten Niere** des Rindes ist dies fast genauso leicht möglich, jedoch bei pathologischen Veränderungen auffällig erschwert.

Das lockere Bindegewebe setzt sich in das Organinnere fort und bildet hier ein lockeres Maschenwerk aus kollagenen Fasergeflechten um Nierenkörperchen und Nierentubuli und formt die Adventitia der Gefäße und Nerven **(Niereninterstitium)** (Abb. 206). Bei Rind, Schaf und Hund liegen nahe der Sammelrohre auch glatte Muskelfaserbündel.

Auf der medialen Seite setzt sich eine Einziehung **(Hilus renalis)** in eine tiefe Bucht **(Sinus renalis)** fort und bildet den Hohlraum für das Nierenbecken **(Pelvis renalis)** und die Nierenkelche **(Calices renales)**. Im Nierenhilus verläßt der Harnleiter **(Ureter)** die Niere, daneben treten Blut- und Lymphgefäße sowie Nervenfasern in das Organ ein bzw. aus, die meist von Fettgewebe umhüllt sind (Abb. 207).

Die Niere der Haussäugetiere ist grundsätzlich aus einer Vielzahl von Nierenlappen **(Lobi renales)** aufgebaut, die sich aus einer **Rindenzone** und einer pyramidenförmigen **Markzone** zusammensetzen. Letztere bildet an deren Spitze die Nierenpapille **(Papilla renalis),** die sich in die Aufzweigung des Harnleiters **(Calix renalis)** einfügt. Die Grenze anliegender Lobi renales zeigt der Verlauf der **Aa. und Vv. interlobares.**

Während der Entwicklung verschmelzen die Nierenlappen in tierartlich unterschiedlicher Weise sowohl in den äußeren Abschnitten als auch im Sinus renalis und bilden so ein einheitliches Organ **(einfache Niere)**. Diese Verschmelzung der Nierenlappen kann an der Organoberfläche entweder vollständig (glatte Oberfläche bei der Mehrzahl der Haussäugetiere) oder unvollständig (gefurchte Oberfläche beim Rind) sein. Verbinden sich auch die Spitzen der Markpyramiden, so spricht man von einer **glatten, einwarzigen Niere** (Pferd, Ziege, Schaf, Hund und Katze). Beim Schwein **(glatte, mehrwarzige Niere)** und beim Rind **(gefurchte, mehrwarzige Niere)** bleiben die Spitzen der Markpyramiden selbständig und ragen warzenförmig in den Sinus renalis. (Einzelheiten zum makroskopisch-anatomischen Bau der Niere s. Lehrbücher der Anatomie der Haussäugetiere.)

Gefäß- und Nervenversorgung der Niere

Blutgefäße

Die Blutzufuhr erfolgt am Nierenhilus über die **A. renalis**, die sich in größere Arterienstämme zwischen den Nierenlappen, die **Aa. interlobares**, verzweigt. An der Grenze zwischen der Rinden- und Markzone teilen sich diese Äste in die **Aa. arcuatae** und geben die **Aa. interlobulares** zwischen den Markstrahlen ab. Diese verlaufen senkrecht bis zur Nierenkapsel. Von den Interlobulararterien zweigen zahlreiche **Arteriolae glomerulares afferentes (Arteriolae afferentes)** ab, die am Gefäßpol **(Polus vascularis)** in das Nierenkörperchen eintreten und im Inneren das arterielle **Rete capillare glomerulare** bilden. Die abführenden **Arteriolae glomerulares efferentes (Arteriolae efferentes)** teilen sich in ein Kapillarbett, das als **Rete capillare peritubulare corticalis et medullaris** die harnableitenden Tubuli der Nierenrinde und des Nierenmarks umgibt.

Die **Interlobulararterien** ziehen bis zur Nierenkapsel und bilden dort einen selbständigen Plexus **(Ramus capsularis)**. Bei der Katze sind hier besonders die venösen Anteile ausgebildet. Bei manchen Tieren, insbesondere beim Pferd, ist subkapsulär ein sternförmig zusammenfließendes Venengeflecht erkennbar **(Venae stellatae)**, das in die **Vv. interlobulares** einmündet.

Das **Nierenmark** wird von Gefäßen **(Arteriolae rectae verae)** versorgt, die direkt aus der Arteria arcuata entspringen und mit den postglomerulären, efferenten Gefäßen **(Arteriolae rectae spuriae)** der Nierenkörperchen das **Rete capillare perituberale medullare** bilden (s. S. 225). Die Arteriolen, die Kapillaren und die Venolen werden als **Fasciculi vasculares (Vasa recta)** zusammengefaßt.

Die Venen verlaufen weitgehend zusammen mit den Arterien, so daß der Rückfluß des Blutes über die **Vv. interlobulares, Vv. arcuatae, Vv. interlobares** und schließlich in die **V. renalis** erfolgt. (Einzelheiten s. Lehrbücher der Anatomie der Haussäugetiere.)

Während die Arterien keine Anastomosen bilden und daher Endarterien darstellen, bestehen zwischen den Venen zahlreiche Anastomosen mit zusätzlichen polsterartigen Sperreinrichtungen. Die Nieren zählen zu den am besten durchbluteten Organen des Körpers, sie werden von etwa 20% des Herzzeitvolumens durchströmt.

Lymphgefäße

Die Lymphgefäße begleiten grundsätzlich die Arterien und Venen und bilden in der Nierenkapsel ein eigenständiges oberflächliches Drainagesystem.

Nerven

Zahlreiche nichtmyelinisierte sympathische Nervenfasern des Plexus coeliacus versorgen vornehmlich die Gefäße der Niere. Einige Äste ziehen im renalen Interstitium bis zum juxtaglomerulären Apparat (s. S. 229). Teilweise treten kleinere Nervenfaserbündel dicht an die Wand der Nierentubuli heran. Viszerale, afferente Fasern können in der Nierenkapsel und dem Nierenbecken nachgewiesen werden. Parasympathische Fasern scheinen zu fehlen. Nierentransplantationen haben gezeigt, daß nach Durchtrennung der Nervenfasern die Nierenfunktion nicht gestört ist.

Mikroskopisch-anatomischer Bau des harnbereitenden Systems der Niere

Das funktionelle Leistungsvermögen der Niere ist bei allen Säugetieren auf ein grundsätzlich übereinstimmendes Bauprinzip von Kanälchensystemen zurückzuführen, das sich aus einer tierartlich unterschiedlichen Anzahl von Kanälchen, sog. **Nephronen** und **Sammelrohren**, zusammensetzt. Beide Kanälchensysteme sind hintereinander geschaltet und dienen in Verbindung mit dem interstitiellen Bindegewebe und dem Kapillarnetz der Harnbereitung und der Harnabsonderung. Die Anzahl der Nephrone beträgt beim Pferd ca. 2,7 Mill., beim Rind 4 Mill., bei kleinen Wiederkäuern ca. 0,5 Mill., beim Schwein ca. 1 Mill. und beim Hund zwischen 180000–400000 pro Niere.

Embryologisch entwickelt sich ein **Nephron** aus jeweils einem **metanephrogenen Nierenblastem**, das durch den induktiven Einfluß der Ureterknospe bzw. seiner Derivate angeregt wird, sich zu einem **Schlauch** zu transformieren. Das blinde Ende eines jeden Nephrons dehnt sich im weiteren ballonartig aus und differenziert sich später zur zweiblättrigen **Bowman-Kapsel**. Dieser Teil des Nephrons wird durch ein Kapillarknäuel **(Glomerulum)** eingestülpt. Das innere (viszerale) Blatt der Nephronanlage legt sich diesen Gefäßschlingen eng an und bildet später zusammen mit dem äußeren (parietalen) Blatt das Nierenkörperchen **(Corpusculum renale)**. Das

XII. Harnorgane (Organa urinaria)

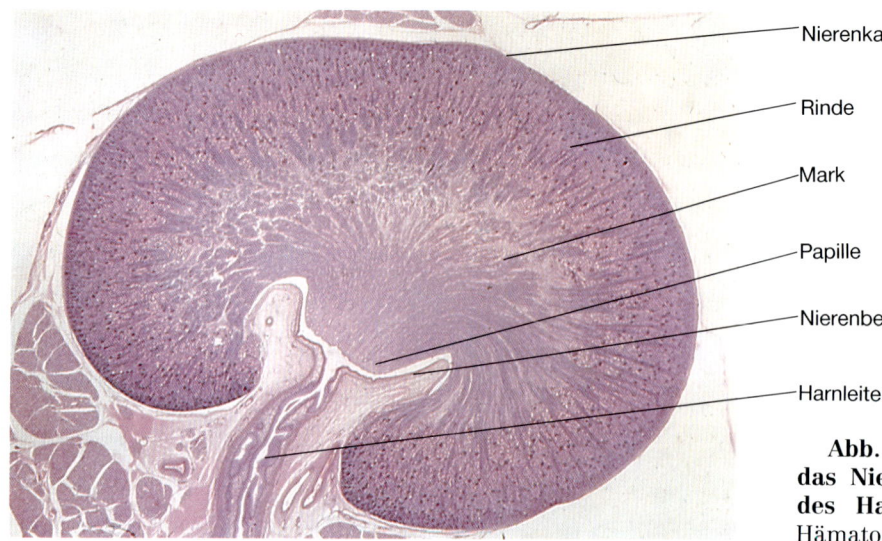

Abb. 205. Übersicht über die Niere, das Nierenbecken und den Anfangsteil des Harnleiters des Hundes. Färbung Hämatoxylin-Eosin, Vergr. 10fach.

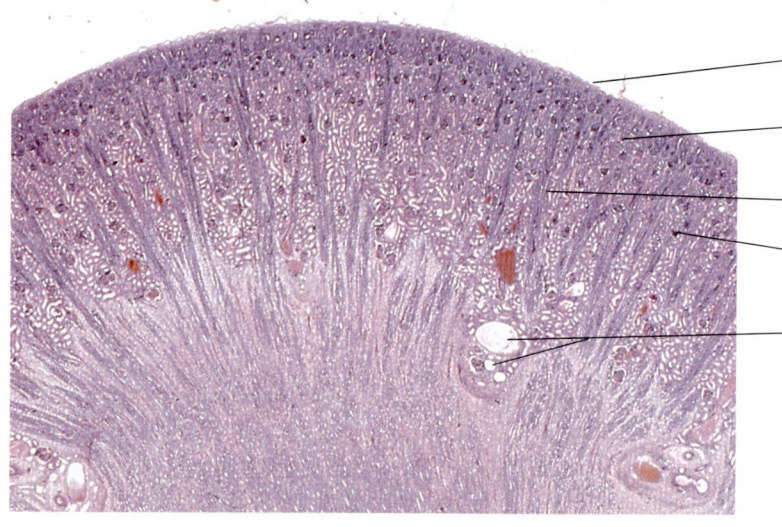

Abb. 206. Übersicht über die Rinden- und Markzone der Niere des Hundes. Färbung Hämatoxylin-Eosin, Vergr. 32fach.

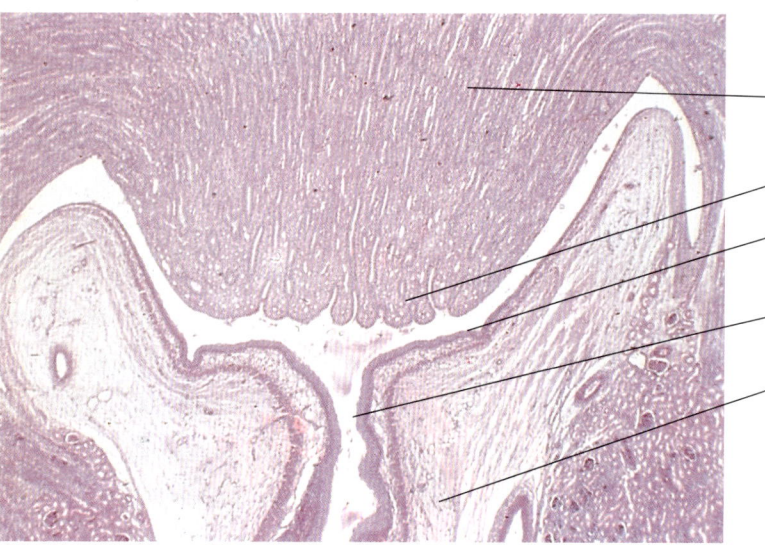

Abb. 207. Ausschnittvergrößerung aus der Niere des Hundes mit Nierenpapille, Nierenbecken und Anfangsabschnitt des Harnleiters. Färbung Hämatoxylin-Eosin, Vergr. 20fach.

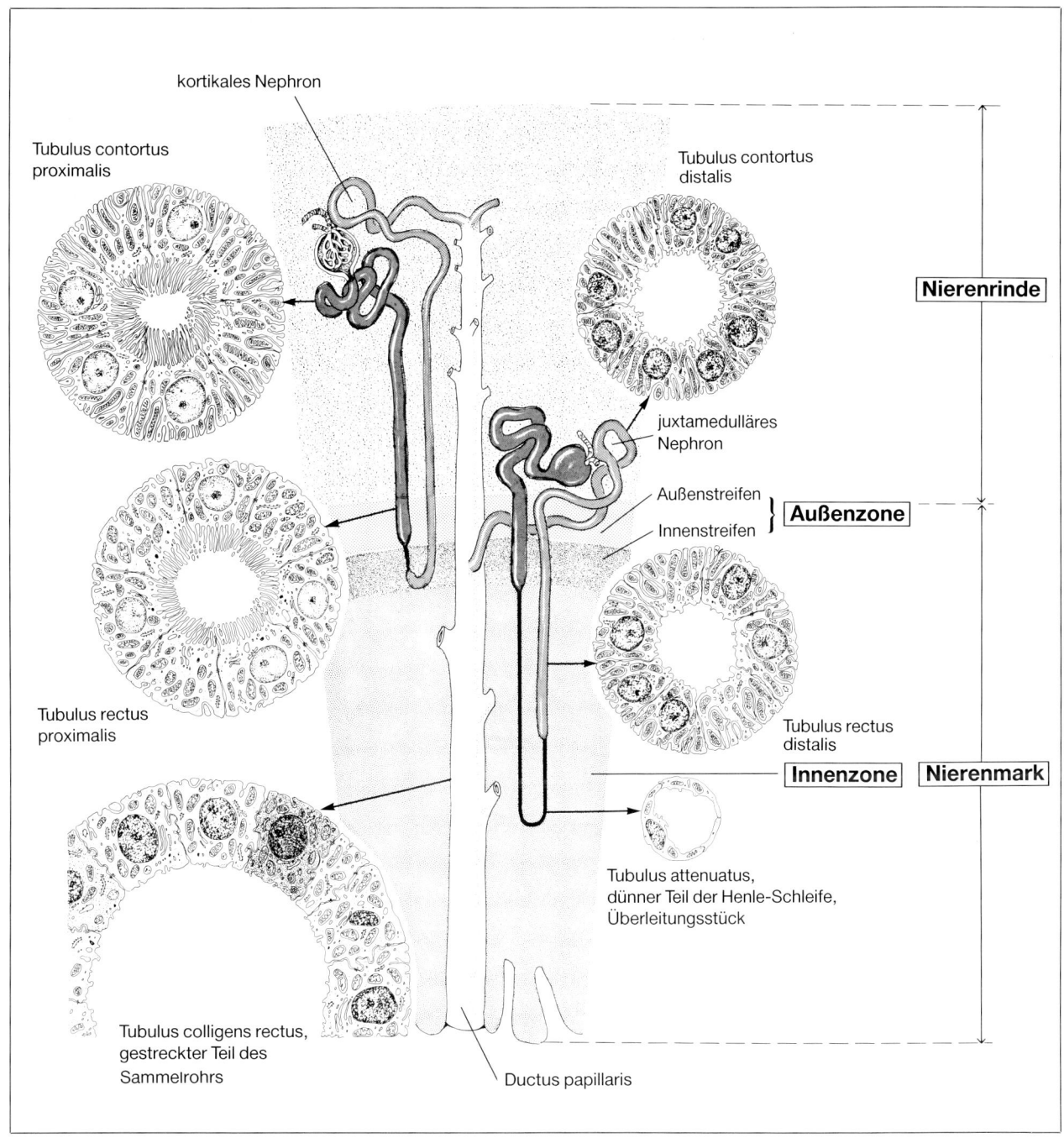

Abb. 208. Schematische Darstellung des Baues der Niere und Gliederung der verschiedenen Abschnitte des Nephrons und der Sammelrohre in der Nierenrinde und im Nierenmark.

Nephron verlängert und windet sich, entwickelt eine absteigende und aufsteigende Schleife und findet Anschluß an die Tubuli der mehrfach verzweigten **Derivate der Ureterknospe.** Letztere differenzieren sich zu den **Sammelrohrsystemen** und münden in das Nierenbecken. (Einzelheiten s. Lehrbücher der Embryologie der Haussäugetiere.)

Man unterscheidet 2 Typen von Nephronen:
- kortikale Nephrone mit kurzen Henle-Schleifen und
- juxtamedulläre Nephrone mit langen Henle-Schleifen (Abb. 206).

Die **kortikalen Nephrone** sind kurz und dringen nur geringfügig in das Nierenmark vor, diese biegen bereits an der Grenze von Innen- und Außenzone (s. u.) um. **Juxtamedulläre Nephrone** sind insbesondere bei Fleischfressern ausgebildet, bei denen ausschließlich lange, dünne Schleifen bis weit in das Nierenmark ziehen. Hierbei geht der gerade Teil des proximalen Tubulus an der Grenze vom Außen- zum Innenstreifen (s. u.) in den absteigenden dünnen Schenkel der Henle-Schleife über.

Das **Nierenparenchym** kann durch die unterschiedliche Größe und Häufigkeit der Nierenkörperchen, die gleichartige Anordnung von Haupt- und Mittelstücken, durch die verschiedenen Längen der Henle-Schleifen sowie durch den Verlauf der Gefäße in **Zonen** untergliedert werden:
- die Nierenrinde (Cortex renalis)
  - Zona externa,
  - Zona interna,
- das Nierenmark (Medulla renalis)
  - Innen- und Außenzone (Zona interna bzw. externa) und einer weiteren Unterteilung der Außenzone in einen
  - Außen- und Innenstreifen (Abb. 208).

Die **Nierenrinde** schließt a) größere Nierenkörperchen in der **Zona externa** und kleinere in der **Zona interna** sowie gewundene Abschnitte der Haupt- und Mittelstücke ein und b) Markstrahlen, die sich aus geraden Anteilen proximaler und distaler Nierentubuli, Henle-Schleifen und verzweigten, ersten Anteilen des Sammelrohrsystems zusammensetzen.

Das **Nierenmark** beinhaltet absteigende und aufsteigende Henle-Schleifen, gerade Sammelrohre und Ductus papillares. Die **Außenzone** entsteht durch Häufung von Henle-Schleifen kurzer Nephrone und gerader Sammelrohre; die **Innenzone** schließt lange Henle-Schleifen langer Nephrone, gerade Sammelrohre und den Ductus papillaris ein. Bezüglich der Ausbildung kurzer und langer Nephrone sind tierartliche Unterschiede bekannt. Beim Pferd und bei kleinen Wiederkäuern treten vermehrt kurze Henle-Schleifen auf, die Nierenkörperchen häufen sich in der Zona externa der Nierenrinde. Bei Rind, Schwein und insbesondere bei Hund und Katze sind vorzugsweise lange Henle-Schleifen ausgebildet, deren Nierenkörperchen näher am Mark (juxtamedulläre Glomerula) liegen.

Feinbau des Nierenkörperchens und Ultrafiltration

Das **Nierenkörperchen (Corpusculum renale, Malpighi-Körperchen,** Durchmesser 110 bis 150 µm) besteht aus einem **Kapillarknäuel (Glomerulum) und einer doppelwandigen Kapsel (Capsula glomeruli, Bowman-Kapsel)** (Abb. 209 und 210). Das viszerale Blatt der Bowman-Kapsel legt sich eng den Kapillarschlingen an. Dieser innere Teil der Kapsel schlägt im Gefäßpol **(Polus vascularis)** des Kapillarknäuels auf das parietale Blatt um. Der Spaltraum **(Kapselraum, Lumen capsulae)** zwischen beiden Blättern der Bowman-Kapsel wird zum Sammelraum für das Ultrafiltrat (= Primärharn), der im Harnpol **(Polus tubularis)** das Nierenkörperchen verläßt und in den proximalen Tubulus übertritt.

Unter einem **Glomerulum** versteht man ein arterioarterielles Kapillarnetz **(Rete capillare glomerulare),** das sich aus der Aufzweigung des Vas afferens in 4–8 Äste entwickelt. Diese Einzeläste bilden bis zu 50 Kapillarschlingen aus, die ihrerseits durch Anastomosen untereinander in Verbindung stehen. Ein Glomerulum ist aufgebaut aus:
- Endothelzellen der Kapillarwände,
- Basalmembran,
- Podozyten (viszerales, inneres Blatt der Capsula glomeruli),
- Mesangium (Abb. 209 und 210).

Endothelzellen

Die Endothelwand der Kapillaren des **Rete capillare glomerulare** ist äußerst dünn mit zahlreichen, kleinen runden Poren, die weitgehend homogen verteilt sind und Öffnungen aufweisen können. Bei einigen Spezies können die Poren durch Diaphragmata geschlossen sein.

Basalmembran

Die Basalmembran (Membrana basalis) liegt außen der Kapillarwand als geschlossene Grenz- und Filterschicht an (Dicke 0,1–0,2 µm). Diese Grenzmembran setzt sich aus 3 Schichten unterschiedlicher Dichte zusammen:
- einer inneren Lamina rara interna,
- einer mittleren Lamina densa,
- einer äußeren Lamina rara externa.

Die Basalmembran besteht aus feinfibrillären, nichtaggregierten Makromolekülen des Typ-IV-Kollagens und kollagenen und nichtkollagenen Glykoproteinuntereinheiten. Diese sind in eine proteoglykanreiche Matrix aus Sialinsäuren eingebettet. Die Neubildung der Basalmembran erfolgt vorrangig durch das Kapillarendothel, teilweise durch Podozyten. Mesangiumzellen (s. S. 224) übernehmen die »Reinigung« der Basalmembran von gefilterten Stoffen und deren physiologischen Abbau.

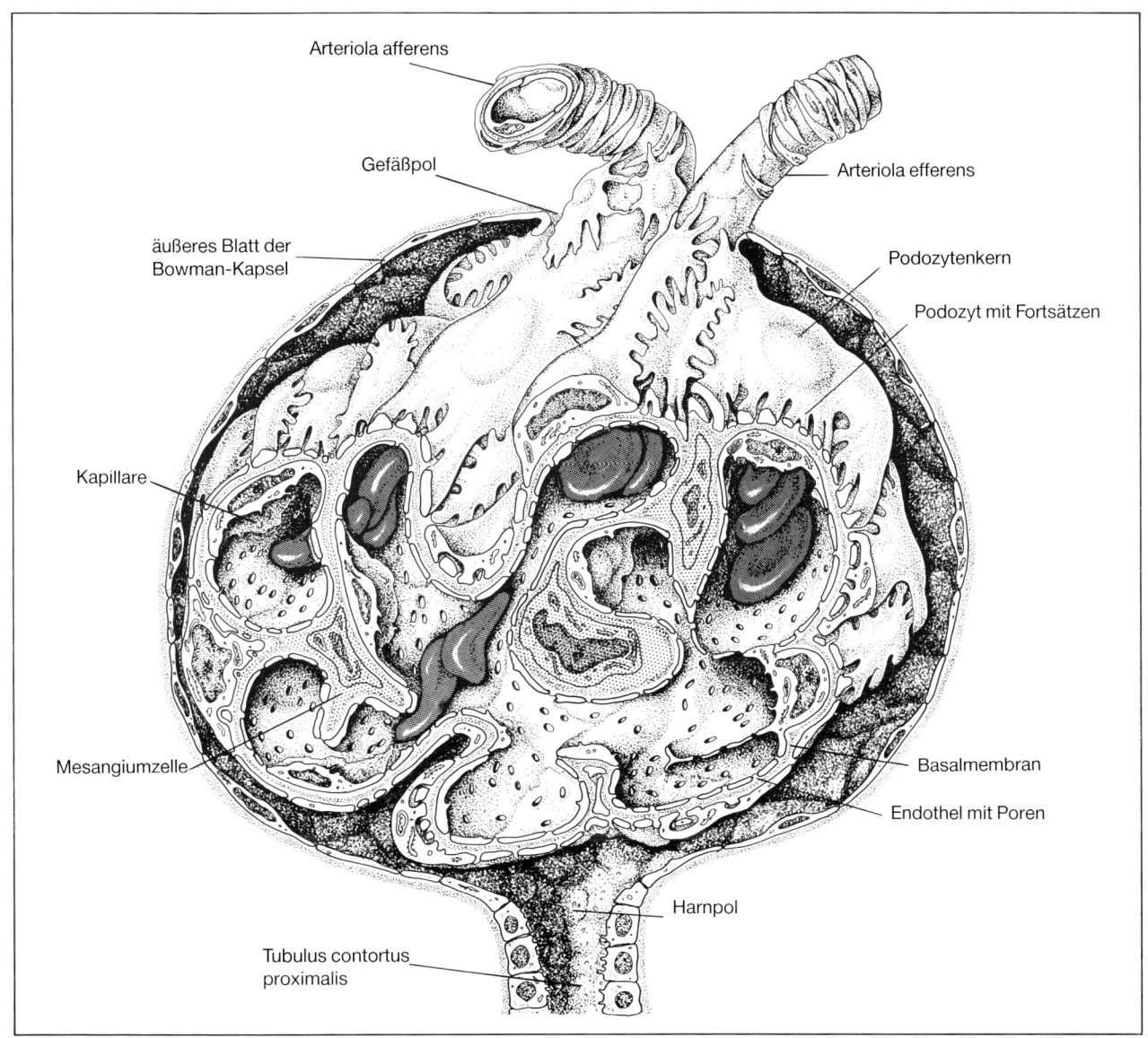

Abb. 209. Feinbau eines Nierenkörperchens mit Kapillaren des Glomerulum und der Kapsel (Capsula glomeruli, Bowman-Kapsel) mit dem inneren und dem äußeren Blatt.

Die Basalmembran wirkt als ein mechanischer Filter (Lamina densa) und vermag außerdem innerhalb der Lamina rara interna bzw. externa polyanionische Moleküle unterschiedlicher Dichte elektrostatisch zu binden.

Podozyten (Podocyti)

Podozyten leiten sich vom inneren (viszeralen) **Blatt der Bowman-Kapsel (Paries interna)** ab. Diese bedecken die Glomerulumkapillaren außen. Podozyten sind abgeflachte Zellen, deren Kerne und Zellkörper sich in den Kapselraum vorwölben. Das Zytoplasma entläßt lange, filamentreiche Ausläufer **(Primärfortsätze)**, die sich in zahlreiche **Fortsätze zweiter** und **dritter Ordnung** verzweigen. Letztere liegen unmittelbar der Basalmembran außen an und verbreitern sich an den Kontaktstellen füßchenartig **(Podozyten, »Füßchenzellen«)**. Die langgestreckten, fingerförmigen Fortsätze sind so ineinander verzahnt, daß zwischen diesen regelmäßige Spalträume mit einer Weite von 25 nm entstehen. Die Zwischenräume werden von einer dünnen **Schlitzmembran** (Dicke 6 nm) überbrückt, die in ihrem Bau dem Diaphragma gefensterter Kapillaren ähnelt.

Die **Funktionen der Podozyten** sind vielfältig:
- Teil des glomerulären Filterapparats (s. u.),
- Aufnahme von höhermolekularen Stoffen,
- Regulierung der Druckverhältnisse innerhalb des Nierenkörperchens durch kontraktile Zellausläufer,
- Neubildung von fibrillären Anteilen der Basalmembran.

Mesangium

Als Mesangium wird jener **intraglomeruläre** Abschnitt des Nierenkörperchens bezeichnet, der sich vom Gefäßpol aus tief zwischen die Kapillarschlingen schiebt und diese verbindet. Dabei handelt es sich um mesenchymale Bindegewebsanteile, die mit dem Kapillarknäuel in das Corpusculum renale eingewandert sind und dieses wie Perizyten umhüllen. Das Mesangium besteht aus **Mesangiumzellen (Mesangiocyti)** und der **Mesangiummatrix (Lamella hyalina)**. Mesangiumzellen entsenden lange Fortsätze, die sich teilweise bis in das Kapillarlumen vorschieben. Diese Zellen erscheinen meist spindelförmig, bizarr geformt, mit gekerbten, heterochromatinreichen Kernen. Das Zytoplasma schließt in geringem Umfang Fibrillen ein, die eine begrenzte Kontraktion der Zelle zulassen. Die Zelloberfläche weist zahlreiche Invaginationen auf, die mit Matrixmaterial gefüllt sind. Die Mesangiummatrix besteht aus einem Basalmembran-ähnlichen Material, das mit der Lamina rara der glomerulären Basalmembran in Kontakt steht. Das intraglomeruläre Mesangium ist als Fortsetzung des extraglomerulären Mesangium (Goormaghtigh-Zellen, Lacis-Zellen, s. S. 229) anzusehen.

Als **Funktionen des Mesangium** werden angenommen:
- Stützfunktion an den Kapillarschlingen,
- Phagozytose von Substanzen aus dem Kapillarlumen,
- Aufnahme von Makromolekülen aus der Basalmembran, die sich bei der Filtration des Blutes intramembranär anreichern (»Reinigung« der Basalmembran),
- Abwehrapparat, im Sinne einer Beteiligung an immunreaktiven Prozessen innerhalb des Glomerulums durch Vermehrung der Mesangiumzellen (Proliferation).

Glomerulärer Filterapparat

Der glomeruläre Filterapparat setzt sich aus drei Bestandteilen zusammen, dem **Kapillarendothel**, der **Kapillarbasalmembran** und den **Podozyten** einschließlich der **Schlitzmembranen**. Die Porenweite dieses Glomerulumfilters nimmt von der inneren zur äußeren Schicht ab. Das **Kapillarendothel** hält mit einer relativ großen Porenweite von 70–100 nm die zellulären Bestandteile des Blutes sowie größere Moleküle des Blutes zurück. Die **Basalmembran** hemmt als kontinuierliche Grenzmembran den Übertritt von hochmolekularen Plasmasubstanzen mit einem Molekulargewicht von größer als 400000 oder einem Durchmesser von größer als 10 nm. Die Lamina densa wird als Hauptbarriere angesehen. Sie übernimmt vorwiegend physikomechanische Filteraufgaben, während die Laminae rarae negativ geladene Teilchen elektrostatisch abstoßen, neutrale hingegen nicht hemmen. Die **Schlitzmembranen** zwischen anliegenden **Podozytenfortsätzen** erlauben eine Passage von Stoffen mit einem Molekulargewicht von kleiner als 70000 oder kleiner als 7,5 nm Durchmesser.

Die **Zusammensetzung des Harninfiltrats** (Primärharn) entspricht einem **Ultrafiltrat des Blutplasmas**. Es unterscheidet sich vom Blutplasma dahingehend, daß es im wesentlichen frei von Proteinen ist. Allein Moleküle in der Größe des Inulins, einem Polymer von Fruktose, des Hämoglobins in physikalisch gelöster Form (Hämolyse) und der Serumalbumine sind noch spurenweise nachweisbar. Der **Primärharn** ist zum Blut **isoosmotisch bzw. isoton**. Er enthält neben Wasser und Elektrolyten auch Aminosäuren, Zucker und kleinere Proteinmoleküle.

Die **Menge des Glomerulumfiltrats** hängt entscheidend von der Filtrationspermeabilität für Wasser, der Filtrationsfläche in den Glomerula und vom effektiven Filtrationsdruck ab. Letzterer ergibt sich aus dem glomerulären Blutdruck, dem kolloidosmotischen Druck und dem interstitiellen Gewebedruck.

Gefäßpol (Polus vascularis)

Am Gefäßpol tritt die zuführende **Arteriola glomerularis afferens** und die abführende **Arteriola glomerularis efferens** in das Nierenkörperchen ein bzw. aus. An diesem, dem Harnpol gegenüberliegenden Pol des Corpusculum renale, beginnen bzw. enden die glomerulären Kapillarnetze. Die A. efferens setzt sich in das **Rete capillare perituberale corticalis et medullaris** fort.

Feinbau des Nephrons

Gliederung des **Nephrons (Nephronum):**
- Viszerales Blatt der Bowman-Kapsel (Paries interna, Podozyten, Podocyti),
- Parietales Blatt der Bowman-Kapsel (Paries externa, Capsula glomeruli),
- Tubulus contortus proximalis (gewundener Teil des Hauptstücks),
- Tubulus rectus proximalis (gestreckter Teil des Hauptstücks),
- Tubulus attenuatus (dünner Teil der Henle-Schleife, Überleitungsstück)
- Tubulus rectus distalis (gerader Teil des Mittelstücks),
- Tubulus contortus distalis (gewundener Teil des Mittelstücks) (s. Abb. 208 und 209).

Auf die strukturellen und funktionellen Besonderheiten des **Innenblatts (viszerales Blatt)** der Bowman-Kapsel wird bei der Besprechung des Feinbaus des Nierenkörperchens (s. S. 222) näher eingegangen.

Das **Außenblatt (parietales Blatt)** der Bowman-Kapsel begrenzt außen den Kapselraum (Lumen capsula) und bildet die **Capsula glomeruli.** Diese Kapsel besteht aus einem einschichtigen, abgeplatteten Epithel, einer unterlagerten Basalmembran und lockerem, retikulären Bindegewebe. Am Harnpol (Polus tubularis) tritt das Ultrafiltrat des Primärharns aus dem Kapselraum in das proximale Hauptstück über.

Das **Hauptstück (Tubulus proximalis)** erfüllt eine Vielzahl von Funktionen. Hauptsächlich dient dieser Nephronabschnitt der **Reabsorption** und dem **Transport** von Elektrolyten und Wasser, von Aminosäuren, Peptiden und Proteinen sowie von Zucker in das Niereninterstitium und weiter **in das Kapillarlumen.** Zudem erfolgt die **Sekretion** von z. B. NH_3-Ionen, Wasser und Salzen, aber auch von Schwermetallen (z. B. Quecksilber, Blei) und von Gift- und Fremdstoffen **in das Tubuluslumen.** Entsprechend dieser Funktionsvielfalt ist das Hauptstück in strukturell unterschiedliche Abschnitte gegliedert.

Der proximale Tubulus verläuft anfänglich als englumiger, stark gewundener Schlauch **(Tubulus contortus proximalis)** nahe der Nierenkörperchen und kann mit einigen Tubulusschlingen bis in die subkapsuläre, glomerulumfreie Rindenzone aufsteigen. Aus diesem proximalen Nephronabschnitt wird der weitaus größte Teil der filtrierten Harnflüssigkeit durch die Tubuluswand in das Kapillarnetz zurücktransportiert (Reabsorption ca. ⅔ der Gesamtmenge).

Der geringere Teil des Harns gelangt distal in die **Ansa nephroni (Henle-Schleife).** Diese besteht aus 3 aufeinanderfolgenden Abschnitten:
- dem **Tubulus rectus proximalis** (gestreckter Teil des Hauptstücks = absteigender Schenkel),
- dem **Tubulus attenuatus** (dünner Teil der Henle-Schleife = dünner Schleifenschenkel = Überleitungsstück),
- dem **Tubulus rectus distalis** (gerader Teil des Mittelstücks = dicker aufsteigender Schenkel).

Die Henle-Schleife ist haarnadelförmig angelegt. Für die Konzentrierung des Harns ist von entscheidender Bedeutung, daß sich die auf- und absteigenden Schenkel eng aneinanderlegen. Diesen liegt außen ein dichtes Kapillarnetz **(Rete capillare perituberale)** an. Nur so kann das Haarnadel-Gegenstrom-Prinzip wirksam werden, durch das die Harnflüssigkeit papillenwärts zunehmend konzentriert wird. (Näheres s. Lehrbücher der Physiologie.)

Der gerade Teil des distalen Tubulus liegt wieder in der Nierenkortex und legt sich mit seiner Tubuluswand eng dem zugehörigen Nierenkörperchen an. An der Kontaktstelle sind besondere Epithelzellen **(Macula densa)** als Rezeptorzellen für die Natriumkonzentration des Harns differenziert.

Mit dem Ende des gewundenen Teils des Mittelstückes **(Tubulus contortus distalis)** findet das Nephron seinen distalen Abschluß. In diesem Abschnitt werden die noch im Tubuluslumen vorhandenen Inhaltsstoffe entweder reabsorbiert oder als harnpflichtige Substanzen an das Sammelrohrsystem (Tubulus renalis colligens) weitergeleitet.

Tubulus contortus proximalis (gewundener Teil des Hauptstücks)

Der proximale Tubulus (Durchmesser 40 bis 60 μm) bildet in unmittelbarer Nähe zum dazugehörigen Nierenkörperchen einige Schlingen **(Pars contorta)** (s. Abb. 208). Die Epithelzellen sind vorwiegend hochprismatisch, nur teilweise isoprismatisch, relativ groß und oberflächlich mit einem bereits lichtmikroskopisch erkennbaren breiten Bürstensaum (Resorptionssaum) ausgestattet. Das Zytoplasma färbt sich azidophil, die Zellgrenzen erscheinen undeutlich. Basal weisen diese Epithelzellen eine deutliche Streifung auf, die auf längsorientierte Mitochondrienstapel und Einstülpungen des Plasmalemms zurückzuführen ist.

Elektronenmikroskopisch stellt sich auf der Oberfläche des **Bürstensaums** eine glykoproteinhaltige Glykokalix dar, die reich an Membranenzy-

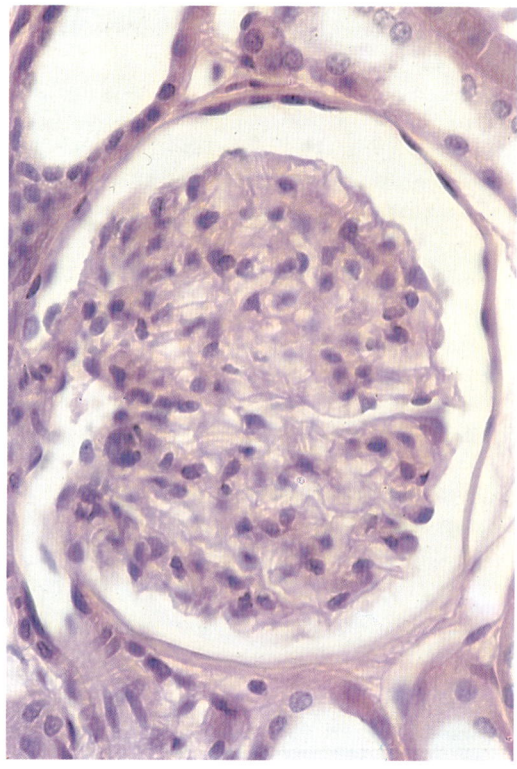

Abb. 210. Nierenkörperchen mit Gefäßpol und Bowman-Kapsel des Hundes. Färbung Hämatoxylin-Eosin, Vergr. 800fach.

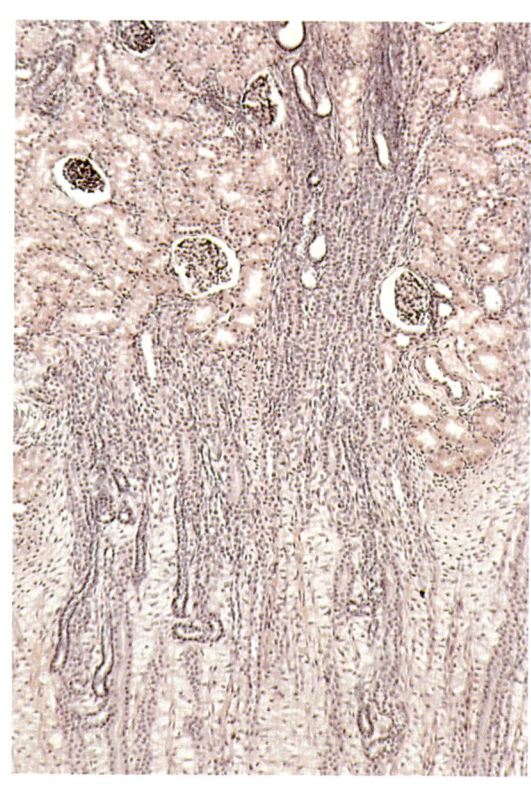

Abb. 211. Übergang der **Nierenrinde mit juxtamedullären Nierenkörperchen zum Nierenmark mit Markstreifen** des Hundes. Färbung Hämatoxylin-Eosin, Vergr. 70fach.

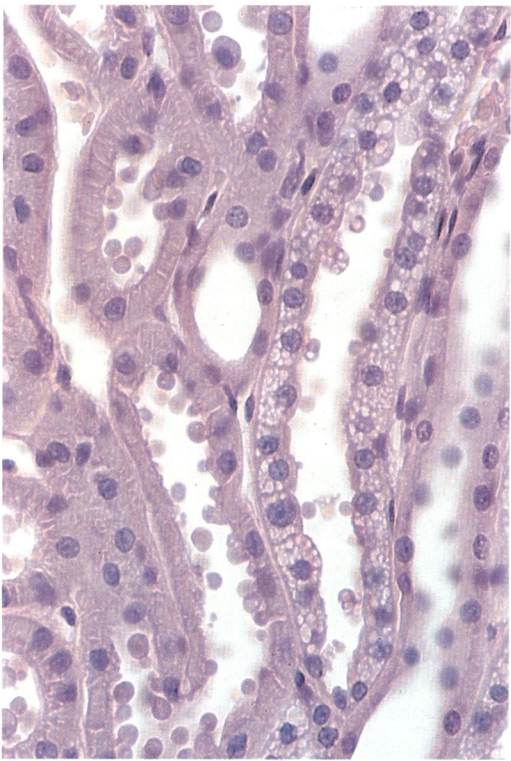

Abb. 212. Ausschnitt aus einem **Mittelstück und einem Sammelrohr des Nierenmarks** des Hundes. Färbung Hämatoxylin-Eosin, Vergr. 300fach.

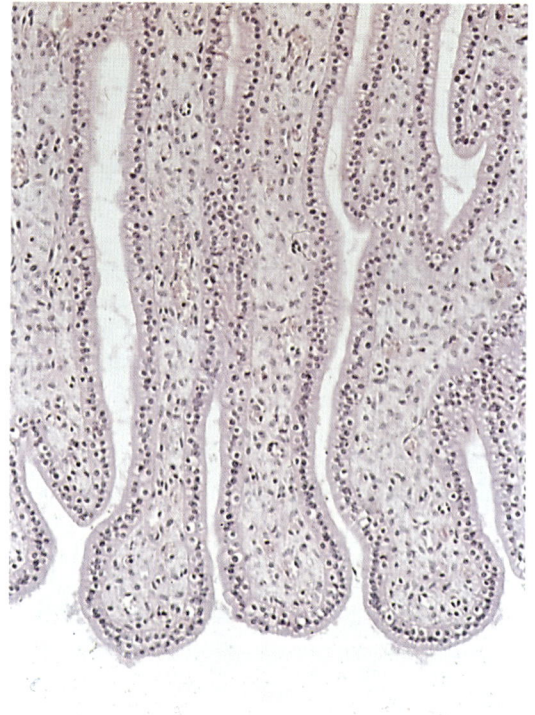

Abb. 213. Mündungsbereich von Sammelrohren (Ductus papillares) in die Nierenpapille des Hundes. Färbung Hämatoxylin-Eosin, Vergr. 200fach.

men (u. a. alkalische Phosphatase, Peptidasen) ist. An der Basis der Mikrovilli (Länge bis zu 1 µm) sind zahlreiche pinozytotische **Bläschen** und **schlauchförmige Zelleinstülpungen** ausgebildet. Daneben treten in großer Zahl **Lysosomen, Peroxysomen** und **Reabsorptionsvakuolen** in den apikalen Zellbereichen auf. Die genannten Organellen sind Ausdruck einer **erhöhten transepithelialen Stoffaufnahme**. Durch die hohe Dichte der Mikrovilli (bis 7000 Mikrovilli pro Zelle) wird die resorbierende Oberfläche extrem vergrößert.

Die Wand des proximalen Tubulus umfaßt nachfolgende Funktionen:

Reabsorption von Proteinen und Aminosäuren durch Pinozytose. Das Eiweiß gelangt durch das apikale Kanälchensystem an die Lysosomen und wird enzymatisch abgebaut. Peptide werden durch Membranenzyme (z. B. Aminopeptidasen, Transferasen) zu Aminosäuren gespalten. Der Endharn erscheint unter physiologischen Bedingungen daher proteinfrei.

Aktiver Transport von Natrium in den interzellulären Spaltraum. An der Epithelbasis entsteht durch ausgeprägte Verzahnungen benachbarter Zellen und mehrfache Unterteilungen basaler Zellfortsätze das sog. **basale Labyrinth**. Im Schnittbild stellt sich dieses als Einfaltungen der Zelloberfläche dar, in deren Inneren gehäuft Mitochondrien lokalisiert sind. Dieses basale Labyrinth spielt für die **Reabsorption von Elektrolyten und Wasser** eine bedeutende Rolle. Durch membrangebundene Enzymsysteme (Mg^{++}-abhängige Na^+-K^+-aktivierte ATPase) werden Natriumionen in die **erweiterten extrazellulären Zwischenräume** des basalen Labyrinths gepumpt (**»Ionenpumpe«**), Chloride folgen passiv. Als Energielieferanten (ATP) stehen Mitochondrien in unmittelbarer Nähe in ausreichend großer Zahl zur Verfügung. Durch die hohe Ionenkonzentration an der Zellbasis erfolgt – im Austausch gegen H^+-Ionen – eine **Reabsorption von Na^+- und Cl^--Ionen aus dem Tubuluslumen in die Zelle**. Diesen aktiven Reabsorptionsvorgängen folgt passiv die **Rückdiffusion von Wasser (isoosmotische Reabsorption)**. Am Ende des proximalen Tubulus sind mehr als ⅔ des im Glomerulum filtrierten Wassers aus dem Tubuluslumen durch die Epithelwand aufgenommen und an das peritubuläre Kapillarsystem weitergegeben. Dieser transepitheliale Flüssigkeitstransport wird durch den erhöhten onkotischen Druck unterstützt, der im hochviskösen Blut der postglomerulären Gefäße auftritt. Zusätzlich erfolgt in dieser Tubuluswand
– die Reabsorption von Bikarbonat,
– die Reabsorption von Zucker, gebunden an ein intramembranäres Rezeptorprotein,
– die Glukoneogenese in den Peroxysomen unter Mitwirkung von Fettsäuren als Energielieferanten.

Den Mechanismen der Reabsorption stehen in der Tubuluswand auch Vorgänge der transzellulären **Sekretion in das Tubuluslumen** gegenüber. Aktiv werden **Stoffwechselendprodukte** und nicht abbaubare **Fremdstoffe** (z. B. Pharmaka), passiv **NH_3-Ionen, Elektrolyte und H^+-Ionen abgegeben**.

Beim Dalmatiner kann aufgrund des Fehlens des Leberenzyms Urikase die im Purinstoffwechsel anfallende Harnsäure nur bedingt zu Allantoin umgewandelt werden. Darum wird neben Allantoin auch Harnsäure ausgeschieden. Die Rückresorption von Harnsäure im Tubulus contortus des Dalmatiners ist nicht möglich, da dieser Rasse in sämtlichen Zellen die Transportmechanismen für Harnsäure fehlen. Eine Konzentration von Harnsäure im Blut dieses Hundes ist daher nicht zu befürchten.

Tubulus rectus proximalis (gestreckter Teil des Hauptstücks)

Der Wandbau des geraden Hauptstücks ähnelt weitgehend dem des gewundenen Teils (s. Abb. 208). Die Epithelhöhe und die Ausdehnung der basalen Zelleinstülpungen ist geringer, die Anzahl enzymaktiver Lysosomen reduziert, die Länge des Resorptionssaums hingegen deutlich vermehrt. Dieser Abschnitt des Hauptstücks weist selbst unter physiologischen Bedingungen bei den einzelnen Haussäugetieren einen unterschiedlichen Grad an epithelialer Einlagerung von **Fetttröpfchen** auf (»tropfige Verfettung«). So ist das Hauptstück bei der Katze stark, beim Hund mäßig verfettet, bei Pferd und Wiederkäuer sind nur vereinzelt Fetttröpfchen eingelagert, beim Schwein kann keine Regelmäßigkeit beobachtet werden.

Tubulus attenuatus (dünner Teil der Henle-Schleife, Überleitungsstück)

Dieser dünne Teil der Henle-Schleife wird von einem einschichtigen Plattenepithel ausgekleidet, die lichte Weite des Tubuluslumens entspricht der des Hauptstücks (s. Abb. 208). Der äußere Durchmesser des Überleitungsstücks ist hingegen auf 15 µm reduziert. Den abgeplatteten Epithelzellen fehlt ein Resorptionssaum, sie sind organellenarm und liegen einer Kapillarwand stets eng an.

Die **Hauptaufgaben der Henle-Schleife** sind die **Wasserreabsorption** und die **Konzentrierung des Primärharns** in den hypertonen Sekundär- oder

Endharn. Das Ausmaß dieser Fähigkeiten hängt von der Länge der Henle-Schleifen ab. Die längsten Schleifen und besonders ausgeprägte Markzonen besitzen die Wüstennager, deren Wasserabgabe über den Harn möglichst gering sein muß.

Für die Harnkonzentrierung ist entscheidend, daß der **absteigende und der aufsteigende Schenkel** der Henle-Schleife eng aneinanderliegen und so das »**Gegenstromprinzip**« zusammen mit interstitiellen Kapillaren und dem Sammelrohrsystem wirksam werden kann. Des weiteren ist Voraussetzung, daß die Epithelzellen des **Tubulus rectus distalis** als dicker Teil der Henle-Schleife (s. u.) ein basales Labyrinth (»**Ionenpumpe**«) aufweisen, mit dessen Enzymaktivitäten Na^+ und Cl^- aktiv aus den Zellen in das Interstitium gepumpt werden. Gleichzeitig ist dieser Tubulusabschnitt für Wasser nahezu undurchlässig.

Dieser Mechanismus führt dazu, daß papillenwärts die Osmolarität im Interstitium kontinuierlich steigt. In der Folge tritt **Wasser transepithelial aus dem dünnen Teil der Henle-Schleife** in das peritubuläre Gewebe über und gelangt in die Markgefäße. (Einzelheiten s. Lehrbücher der Physiologie.)

**Tubulus rectus distalis
(gerader Teil des Mittelstücks) und
Tubulus contortus distalis
(gewundener Teil des Mittelstücks)**

Das Mittelstück schließt sich an das Überleitungsstück mit einem geraden Tubulusabschnitt an, der noch zur Henle-Schleife gerechnet wird (s. Abb. 208). Der gewundene Teil knäult sich in Nachbarschaft seines Glomerulums (Pars contorta). Beiden Anteilen des Mittelstücks ist ein weites Lumen (35 µm) mit gegenüber dem Hauptstück niedrigerem Epithel gemeinsam. Die Zellen des Mittelstücks besitzen keinen Resorptionssaum, nur unregelmäßig kleine Mikrovilli. Das basale Labyrinth ist besonders ausgeprägt. Zahlreiche Mitochondrien liegen tief in den Plasmalemmeinziehungen.

Funktionell steht der distale geknäulte Teil des Mittelstücks im Dienste der **Steuerung des Säure-Basen-Gleichgewichts.** Dabei wird Wasser zusammen mit Natrium ausgeschieden (»Natriumpumpe des basalen Labyrinths«) und gegen Kalium, H^+ oder NH_4^+ ausgetauscht. Diesem Nephronabschnitt kommt damit für die Regulation des gesamten Wasser- und Elektrolythaushalts des Körpers besondere Bedeutung zu. Diese Mechanismen unterliegen der hormonellen Steuerung. **Aldosteron** beeinflußt den epithelialen Na^+- und K^+-Transport, **Adiuretin** erhöht die Permeabilität für Wasser, **Kalzitonin** steigert und **Parathormon** senkt die Ca^{++}-Ausscheidung.

Feinbau des Sammelrohrsystems

Gliederung des Sammelrohrsystems (Tubulus renalis colligens):
- Tubulus renalis arcuatus (bogenförmiger Teil des Sammelrohrs),
- Tubulus colligens rectus (gestreckter Teil des Sammelrohrs),
- Ductus papillaris (Nierengang).

Das Sammelrohrsystem beginnt mit dem kurzen bogenförmigen **Tubulus renalis arcuatus,** der in die gestreckten Abschnitte, den **Tubulus colligens rectus,** einmündet (s. Abb. 208). Dabei nimmt ein Tubulus colligens bis zu 10 Nephrone auf, diese fließen zusammen und bündeln sich zu Markstrahlen (Abb. 211 und 212). Selbst nach dem Übertritt von der Rinden- in die Markzone verlaufen diese Markstränge vorwiegend parallel und vereinigen sich erst in der inneren Markzone zu Nierengängen, den **Ductus papillares.** Diese münden auf dem Porenfeld (Area cribrosa) der Nierenpapille in das Nierenbecken (Abb. 213).

In den verschiedenen Abschnitten des Sammelrohrsystems erfolgt die endgültige Konzentrierung des Harns. Dieses System bildet sog. **Markstränge** und setzt sich – in Gegensatz zum Nephron – aus **verzweigten Kanälchen** zusammen, deren epitheliale Wandauskleidung sich von der Nierenrinde bis zur Nierenpapille allmählich ändert. Während kortikal die Epithelzellen vorwiegend isoprismatisch sind, nimmt die Epithelhöhe bis zur Nierenpapille deutlich zu. Zellkerne liegen stets zentral, das Zytoplasma ist hell, die Zellgrenzen sind auffällig abgesetzt. Das vorrangig hochprismatische Epithel des Tubulus colligens rectus wird im Ductus papillaris (Durchmesser 200–300 µm) zu einem zweischichtig-hochprismatischen, in das bei älteren Tieren Fetttröpfchen und beim Pferd Becherzellen eingelagert sein können. Im Bereich der Nierenpapille ist ein zweischichtiges, beim Schwein ein mehrschichtiges Epithel entwickelt.

Im **Sammelrohrsystem** erfolgt die **endgültige Konzentration** des Harns. Die Sammelrohre liegen in den hypertonen Zonen des Nierenmarks. Dieses bedingt den progressiven Durchtritt von Wasser aus dem Tubuluslumen in das Gewebe. Harnstoff und Elektrolyte treten nur noch in geringer Menge transepithelial über. Die Durchlässigkeit für Wasser wird hormonell geregelt. Das Hormon des Hypophysenhinterlappens Adiuretin (antidiuretisches Hormon, ADH) erhöht die Permeabilität für Wasser.

Fehlt dieses Hormon oder der epitheliale ADH-Rezeptor, wird die Wand der Sammelrohre undurchlässig für Wasser, so daß große Mengen eines nur geringfügig konzentrierten, hypotonen Harns ausgeschieden werden (Diabetes insipidus, Polyurie).

Juxtaglomerulärer Apparat (Complexus juxtaglomerularis)

Der juxtaglomeruläre Apparat besteht aus
– der Macula densa,
– den epitheloiden Zellen (Polkissen),
– den extraglomerulären Mesangiumzellen (Goormaghtigh-Zellen, Lacis-Zellen, Netzzellen).

Der juxtaglomeruläre Apparat liegt am Gefäßpol des Nierenkörperchens und dient der Regulation des Blutdrucks und der Na^+-Konzentration des Harns durch Steuerung der glomerulären Filtrationsrate (Renin-Angiotensin-System).

Macula densa

Die Macula densa stellt eine **Zellplatte** von bis zu 40 **modifizierten Epithelzellen** dar. Diese liegt als Bestandteil der Wand des Tubulus rectus distalis (gerader Teil des Mittelstücks) über dem Gefäßpol des Nierenkörperchens zwischen dem Vas afferens und dem Vas efferens, den extraglomerulären Mesangiumzellen und den Polkissenzellen. Erst nach dieser Kontaktstelle beginnt der gewundene Teil des Mittelstücks.

Das Epithel ist hochprismatisch, das Zytoplasma auffallend dicht. Die Zelloberfläche weist kurze Mikrovilli auf. Die Zellbasis wird von einem nur schwach entwickelten basalen Labyrinth unregelmäßig geformt, die Basalmembran ist unterbrochen. Die Epithelzellplatte wirkt als **Chemorezeptor für die Na^+-Ionenkonzentration** in der Tubulusflüssigkeit des Mittelstücks. Tritt eine Erhöhung der Natriumkonzentration im Tubuluslumen ein, so werden anliegende Polkissenzellen angeregt, Renin freizusetzen. Damit wird das blutdruckregulierende Angiotensinsystem aktiviert, als Folge die renale Durchblutung der Niere reduziert und über die glomeruläre Filtrationsrate die Natriumkonzentration im Harn vermindert.

Epitheloide Zellen

Epitheloide Zellen (juxtaglomeruläre Zellen, Juxtaglomerulocyti, Polkissen) sind modifizierte glatte Muskelzellen, die vornehmlich zwischen Endothel und der Tunica media der Vasa afferentia vor deren Eintritt in das Glomerulum auftreten. Die Polkissen stehen mit dem Gefäßendothel und der Macula densa in Kontakt. Charakteristisch für die epitheloiden Zellen sind kontraktile **Myosinfilamente** und dichte **Granula,** die **Renin** einschließen. Die Freisetzung dieser Granula setzt das Renin-Angiotensin-System in Gang.

Extraglomeruläre Mesangiumzellen

Extraglomeruläre Mesangiumzellen (Goormaghtigh-Zellen, Lacis-Zellen, Netzzellen) bilden einen feinverzweigten Verband von Zellen, die der Wand der zu- und abführenden Arteriolen im Bereich des Gefäßpols angehören und sich netzartig mit den intraglomerulären Mesangiumzellen des Nierenkörperchens und der Macula densa verbinden. Ihre Funktion ist ungeklärt, evtl. stellen diese Zellen Reservezellen für epitheloide Zellen dar.

Harnableitende Organe

Nierenbecken (Pelvis renalis)

Das Nierenbecken kann als eine proximale Erweiterung des Harnleiters angesehen werden, die die Nierenpapillen kelchartig umschließt. Das viszerale innere Blatt bildet auf der Oberfläche der Nierenpapillen ein zweischichtiges, iso- bis hochprismatisches Epithel aus. Im Bereich der Recessus pelvis (Ziege, Schaf, Fleischfresser) bzw. in den Recessus terminales der Equiden ist das Epithel mehrschichtig. Der epitheliale Deckverband nimmt in seinen Randbereichen allmählich an Dicke zu und transformiert sich als parietales äußeres Blatt zum **polygonalen Übergangsepithel (Epithelium transitionale)** des Nierenbeckens. Das Übergangsepithel kleidet bis zur äußeren Harnröhrenmündung sämtliche harnableitenden Organe aus. Die unterlagerte Lamina propria besteht aus lockerem Bindegewebe, in das beim Pferd tubuloazinöse Schleimdrüsen **(Gll. pelvis renalis)** eingelagert sind. Die Tunica muscularis ist aus glatter Muskulatur und andeutungsweise geschichtet. Einer spärlichen inneren Längsschicht schließt sich nach außen eine schmale Kreisfaserschicht an, der einzelne lockere Längsfaserbündel glatter Muskelzellen folgen. Die Tunica adventitia ist dünn und schließt Nerven, Fettgewebe und Blutgefäße ein. Bei Wiederkäuern und Fleischfressern sind glatte Muskelfaserbündel eingelagert.

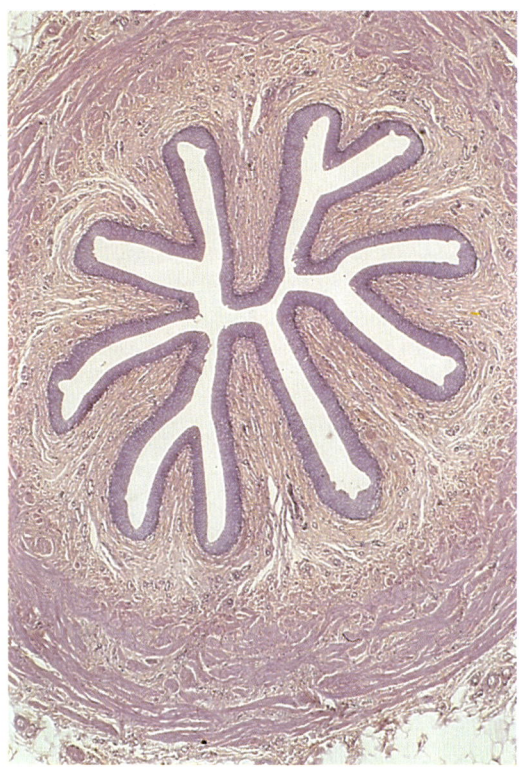

Abb. 214. Querschnitt durch den Harnleiter des Schweins mit polygonalem Epithel, starker Faltenbildung der Lamina propria und geschichteter Wandmuskulatur. Färbung Hämatoxylin-Eosin, Vergr. 36fach.

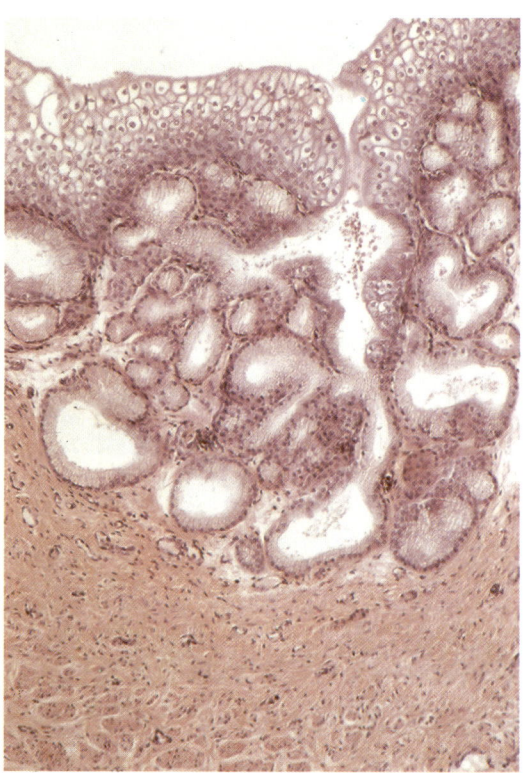

Abb. 215. Ausschnitt aus der Wand des Harnleiters des Pferds mit Einlagerung von mukösen Drüsen. Färbung Hämatoxylin-Eosin, Vergr. 100fach.

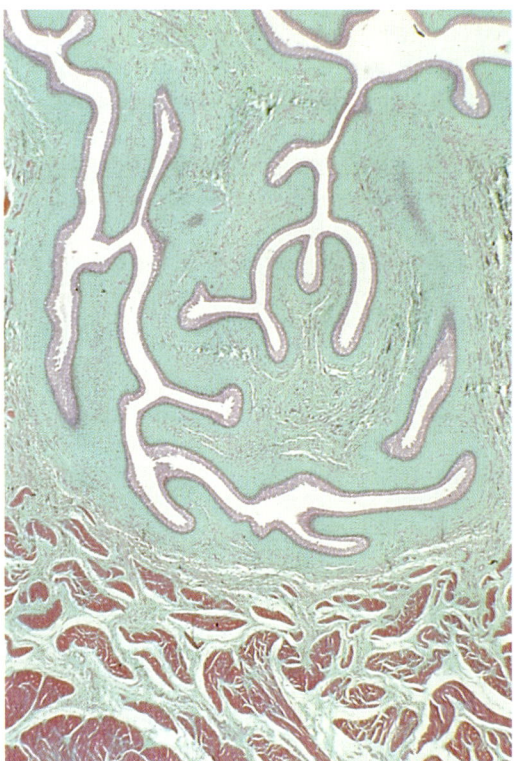

Abb. 216. Bei Kontraktion der Harnblase legt sich die Schleimhaut in starke Falten, das Lumen dieses Organs erscheint dann mehrfach angeschnitten. Ziege. Färbung Goldner, Vergr. 30fach.

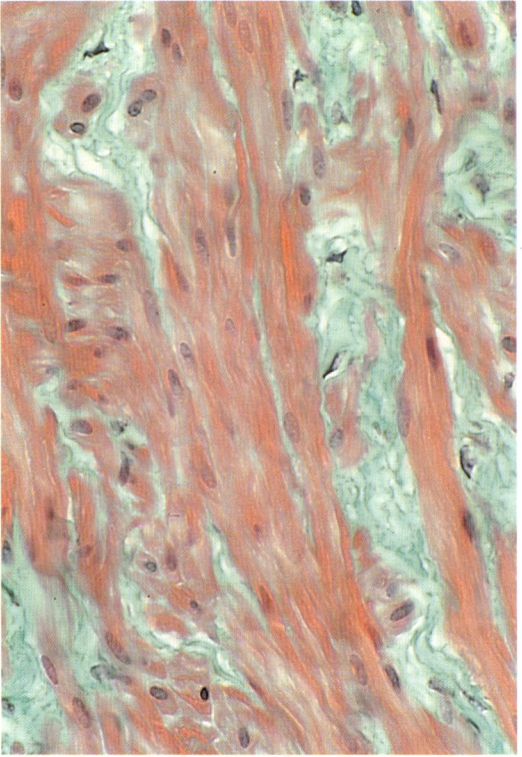

Abb. 217. Die glatte Muskulatur der Harnblasenwand verläuft vorwiegend spiralig, mit unterschiedlicher Ganghöhe. Ziege. Färbung Goldner, Vergr. 250fach.

Harnleiter (Ureter)

Im Harnleiter wird der im Nierenbecken gesammelte Harn mit Hilfe kräftiger glatter Muskulatur in die Harnblase transportiert. Die Schleimhaut (Tunica mucosa), bedeckt von einem **Übergangsepithel (Epithelium transitionale)**, ist leicht verschiebbar und legt sich im kontrahierten Zustand in enge Längsfalten (Abb. 214). Das Lumen erscheint daher in Schnittpräparaten meist sternförmig verengt. Die Lamina propria ist locker und in der Regel drüsenlos. Allein bei Equiden treten, wie bereits im Nierenbecken, ausgedehnte **Schleimdrüsen (Gll. uretericae)** auf, die sich bis zu 10 cm distal des Nierenbeckens ausdehnen (Abb. 215). Diese Drüsen verleihen dem Harn der Equiden die charakteristisch schleimige, fadenziehende Konsistenz.

Die **Tunica muscularis** verhält sich analog zum Nierenbecken und ist auch im Harnleiter mit vorrangig spiraligem Faserverlauf (innere Längs-, mittlere Ring- und äußere Längsschicht). Diese Muskelfaserbündel bilden mit zusätzlichen schräg verlaufenden Muskelzügen eine funktionelle Einheit. Bei der Katze fehlt eine innere Muskellage. Nahe dem Ostium ureteris ziehen allein Längsfaserschichten fächerartig in die Harnblase und bilden die muskuläre Grundlage für das Trigonum vesicae. Die Harnleiter münden in schräger Richtung in die Harnblase ein, so daß diese bei stark gefüllter Harnblase oder bei Entleerung abgedrückt werden. Es wird angenommen, daß die Harnleiter über ein autonomes Erregungsbildungszentrum verfügen.

Die äußere Oberfläche wird entweder von einer **Tunica adventitia** oder einer **Tunica serosa** gebildet, abhängig von der topographischen Lage des Harnleiters.

Harnblase (Vesica urinaria)

Die Harnblase kann aufgrund eines weitgehend übereinstimmenden Wandbaus mikroskopisch-anatomisch als ein erweiterter Harnleiter angesehen werden. Die Harnblase wird innen von einem **Übergangsepithel (Epithelium transitionale)** ausgekleidet, das, abhängig vom Füllungszustand des Organs, gedehnt nur 2 bis 3 Zellschichten erkennen läßt oder kontrahiert bis zu 10 bis 14 Zellagen aufweist (Abb. 216). Dieses Epithel dient dem darunter liegenden Gewebe als Schutzschicht gegen den hypertonen Harn. Hierzu ist das Epithel besonders differenziert. Die äußere Schicht des dreischichtigen Plasmalemms (»unit membrane«) ist verdickt, subplasmalemmal verstärken Filamentbündel die oberflächliche Zellgrenze (»Crusta« der Epithelzelle).

Die **Lamina propria** wird von einem lockeren, fein-elastischen Bindegewebe gebildet, das scherengitterartig angeordnet ist und zusammen mit Faserbündeln der Tunica submucosa eine bewegliche Verschiebeschicht darstellt. Dieses Fasernetz unterstützt die wechselnde Faltenbildung der Harnblasenwand. An der Grenze zwischen beiden Schichten können **vereinzelt glatte Muskelzellen** oder eine **Lamina muscularis mucosae** (Wiederkäuer) entwickelt sein. In Nähe des Harnblasenhalses verstärken sich elastische Faserbündel. Bei sämtlichen Haussäugetieren können Lymphfollikel in der Lamina propria auftreten. Ein dichtes Kapillarnetz liegt bevorzugt subepithelial und ist insbesondere bei Wiederkäuern ausgeprägt.

Die **Tunica muscularis** besteht aus relativ kräftigen Lagen glatter Muskulatur, die sich in vorwiegend spiraliger Anordnung unterschiedlicher Ganghöhe netzförmig verflechten (Abb. 217). Einer mittleren, zirkulären Muskellage liegen beidseitig dünnere, längsorientierte Muskelschichten an, deren Fasern ebenfalls schraubenförmig angeordnet sind. Bei Pferd und Schwein kann die äußere Längsschichtung fehlen. Die Grenze zwischen den Muskelblättern wird zuweilen durch Gefäßplexus angedeutet. Der dreidimensionale, vorwiegend spiralige Faserverlauf der glatten Muskulatur begünstigt eine kontinuierliche, gleichmäßige Kontraktion der Harnblasenwand. Im Bereich des Blasenscheitels und des Blasenhalses bündeln sich diese Fasern zu engen Schleifen. Hier ist eine deutliche Dreischichtung glatter Muskelschichten zu erkennen.

Am **Blasenhals** bildet die innere Längslage im Ostium urethrale internum einen kräftigen **Kreismuskel** (Musculus sphincter vesicae), der dem Verschluß der Harnblase dient. Der **äußere Längsmuskel** setzt sich in die Harnröhre fort. Durch Kontraktion der Längsfasermuskulatur erweitert sich die Harnröhre, durch Erschlaffung verengt sich das Lumen.

Die **äußere Oberfläche der Harnblase** wird beim Schwein und bei Fleischfressern ausschließlich von der Tunica serosa des Bauchfells überzogen, während bei Pferd und Rind teilweise kaudale Organabschnitte auch von einer lockeren Tunica adventitia bedeckt sind.

Die **Innervation** der Harnblasenwand geht von einem vegetativen Plexus aus, dessen Ganglienzellen vorzugsweise zwischen den Muskelfaserschichten liegen (intramurale Ganglien). Sympathische und parasympathische Nervenfasern steuern die Motorik der Harnblase und die Kontraktion der

Gefäßwände. Die Schleimhaut ist zusätzlich sensibel versorgt.

Harnröhre (Urethra)

Weibliche Harnröhre

Die weibliche Harnröhre liegt zwischen der Harnblase und dem Orificium urethrae externum. Der Wandbau ist geschichtet in eine Tunica mucosa, eine Tela submucosa, eine Tunica muscularis und eine Tunica adventitia.

Die **Schleimhaut** ist nahe der Harnblase sternförmig eingefaltet und mit einem polygonalen **Übergangsepithel (Epithelium transitionale)** überzogen. Distale Abschnitte weisen eine U-förmige Öffnung der Harnröhre auf, der epitheliale Überzug ändert sich allmählich in ein **mehrreihiges Epithel (Epithelium pseudostratificatum)**. Stellenweise sind iso- bis hochprismatische Zellen flächenhaft eingelagert. Häufig schließen die Epithelzellen Schleim ein, beim Schwein und bei der Stute sind intraepithelial Becherzellen lokalisiert. Bei der Stute und beim Schaf wandelt sich das Epithel nahe der äußeren Harnröhrenöffnung in ein **geschichtetes Plattenepithel (Epithelium stratificatum squamosum)**.

Das Epithel wird von einer festen **Bindegewebsschicht** unterlagert, die insbesondere beim Rind stark vaskularisiert ist. Bei sämtlichen Haussäugetieren ist die Lamina propria von **kavernösen Spalträumen** durchsetzt, die sich in ihrem Ausbildungsgrad tierartlich unterscheiden. Bei der Katze und beim Schaf fehlen diese in den Anfangsabschnitten der Urethra, bei den anderen Haussäugetieren begleiten sie die gesamte Harnröhre und verstärken sich nahe der Mündung in das Vestibulum. In das lockere Bindegewebe sind stellenweise glatte Muskelzellen eingelagert. Die **Tunica muscularis** läßt eine innere zirkuläre und eine äußere Längsmuskelschicht erkennen, die bei der Stute durch schräg angeordnete Einzelfasern eine Dreischichtigkeit vortäuschen. Nahe der Einmündungsstelle verknüpfen sich die glatten Muskelzellen mit quergestreiften Faserbündeln (M. sphincter urethrae).

Männliche Harnröhre

Die männliche Harnröhre ist strukturell und funktionell eng mit dem männlichen Geschlechtsapparat verbunden, sie wird daher in diesem Zusammenhang im nachfolgenden Kapitel »Männliche Geschlechtsorgane« besprochen.

XIII. Männliche Geschlechtsorgane (Organa genitalia masculina)

Die männlichen Geschlechtsorgane setzen sich zusammen aus: den samenbereitenden **Keimdrüsen (Hoden)**, den samenreifenden (samenleitenden) **Nebenhoden**, den samenleitenden **Samenleitern**, den akzessorischen **Geschlechtsdrüsen** (den Samenleiterampullen, der Vorsteherdrüse, den Samenblasendrüsen, den Harnröhrenzwiebeldrüsen) und dem **Glied** als **Begattungsorgan**. In tierartlich unterschiedlicher Weise sind alle bzw. einige der akzessorischen Geschlechtsdrüsen entwickelt. (Näheres s. Lehrbücher der Anatomie der Haussäugetiere.)

Hoden (Testis)

Der Hoden dient als paariges Organ der **Bildung der Samenzellen** und der **Synthese männlicher Geschlechtshormone.**

Der Hoden wird von einer derben, kollagenfaserreichen Kapsel, der **Tunica albuginea** (Dicke ca. 1–2 mm), überzogen, der außen eine Tunica serosa anliegt (Abb. 218). In dieser Organkapsel verzweigen sich Arterien und Venen in einer gefäßführenden Schicht **(Tunica vasculosa)**, die bei Hund und Schafbock oberflächlich, bei Hengst und Eber in tieferen Schichten liegt. Bei Hengst, Eber und Schafbock sind zusätzlich glatte Muskelfasern eingelagert. Von der Kapsel strahlen radiär bindegewebige Septen **(Septula testis)** in das Organinnere und bilden dort den Bindegewebskörper **(Mediastinum testis)**. Dieser beginnt beim Bullen nahe der Extremitas caudata, durchzieht den Hoden axial und verbindet sich im Nebenhodenkopf wieder mit der Tunica albuginea. Die Septula testis trennen das Hodenparenchym in zahlreiche pyramidenförmige Hodenläppchen **(Lobuli testis)**, die jeweils zwei bis fünf samenbereitende Samenkanälchen **(Tubuli seminiferi convoluti)** einschließen. Diese Hodenkanälchen sind stark geschlängelt und werden von lockerem Bindegewebe, Gefäß- und Nervenplexus und interstitiellen Zellen (hormonproduzierenden Leydig-Zwischenzellen) umgeben.

Tubuli seminiferi convoluti strecken sich vor dem Übertritt in den Bindegewebskörper zu kurzen, geraden Abschnitten **(Tubuli seminiferi recti)** und bilden im Mediastinum das Hodennetz **(Rete testis)**, von dem Ausführungsgänge **(Ductuli efferentes testis)** Verbindung zum Nebenhoden **(Epididymis)** aufnehmen.

Gewundene Samenkanälchen (Tubuli seminiferi convoluti)

In der Wand der Samenkanälchen des Hodens – vielfach auch als Hodenkanälchen bezeichnet – erfolgt die Bildung der Samenzellen. Die Tubuli sind durchschnittlich 50–80 cm lang und weisen einen Durchmesser von 200–300 µm auf. Die Tubuli seminiferi convoluti bestehen aus dem **Keimepithel (Epithelium spermatogenicum)**.

Das **Keimepithel** dient der **Neubildung der männlichen Keimzelle** (Spermatogenese), es setzt sich zusammen aus:
- Keimzellen (Cellulae spermatogenicae),
- Stützzellen (Epitheliocyti sustentantes, Sertoli-Zellen).

Keimzellen

Keimzellen differenzieren sich im Keimepithel aus embryonal eingewanderten Primordialkeimzellen in engem räumlichen Kontakt zu Sertoli-Zellen. Die Keimzellen durchlaufen Vermehrungs- und Reifungsphasen, an deren Ende männliche Samenzellen in das Lumen der Hodenkanälchen abgegeben werden. Diese erhalten erst auf ihrem Weg durch die inneren männlichen Geschlechtsorgane ihre endgültige Reife. Befruchtungsfähig werden Samenzellen erst im weiblichen Geschlechtsapparat bei der Kapazitation (s. S. 267). Die Vermehrung und Differenzierung der Keimzellen wird hormonell gesteuert. Diese Vorgänge werden in der Spermatogenese zusammengefaßt.

Spermatogenese

Unter Spermatogenese versteht man sämtliche Vermehrungs- und Differenzierungsvorgänge, die sich während der Entwicklung der männlichen Keimzellen in den Samenkanälchen abspielen und die Bildung reifer männlicher Keimzellen im Ductus epididymidis des Nebenhodens (s. S. 245) zum Ziele

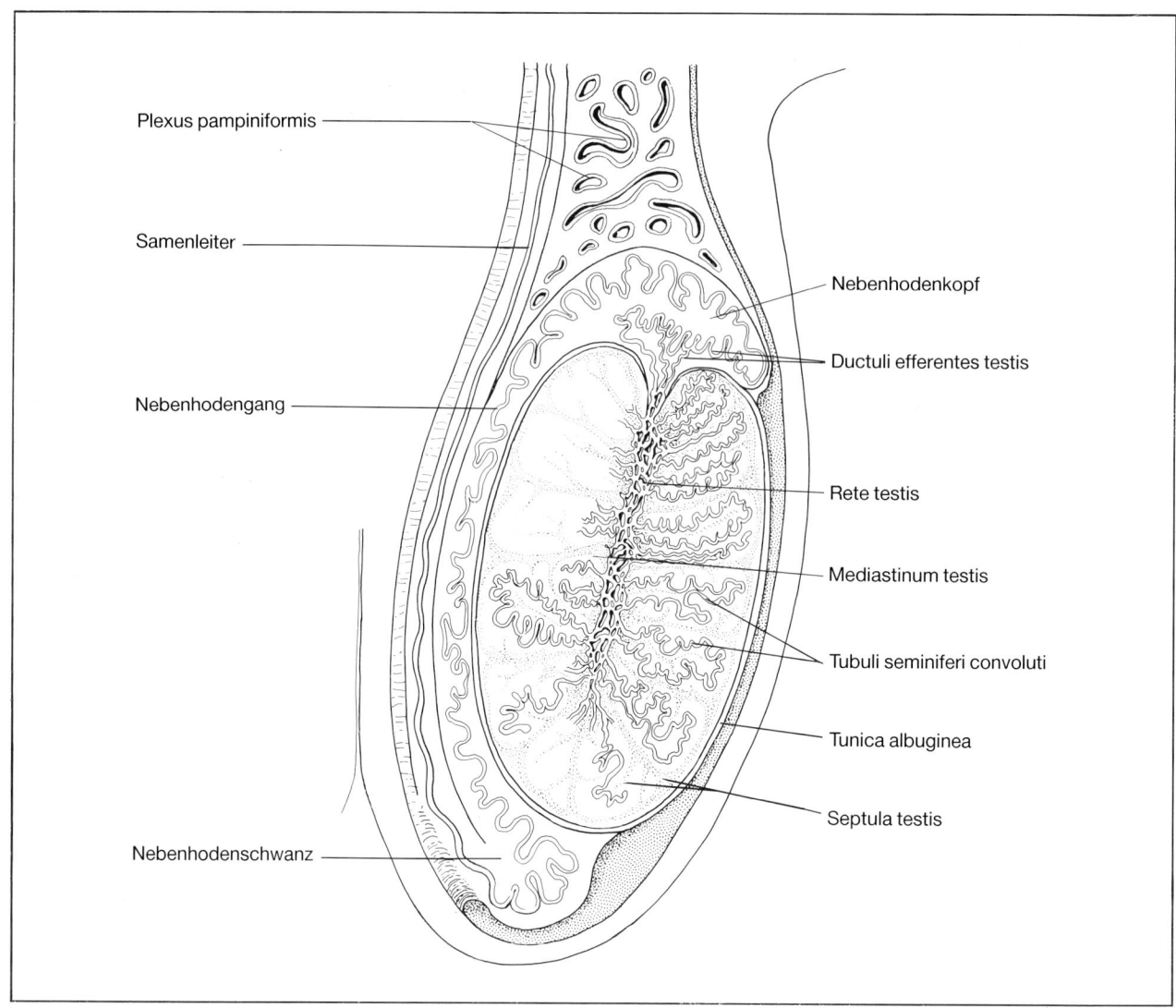

Abb. 218. Schematische Darstellung eines Hodens mit Nebenhodengang und Samenleiter des Bullen.

haben. Man unterteilt die Spermatogenese in 2 Stadien, nämlich in die
- Spermatozytogenese,
- Spermiogenese.

Zu Beginn der **Spermatozytogenese** teilen sich männliche Stammzellen, die **Spermatogonien** als Abkömmlinge der Primordialkeimzellen, zunächst in 2 Tochterzellen, von denen eine als neue Stammzelle zurückbleibt. Die andere unterliegt weiteren **mitotischen Vermehrungsteilungen,** an deren Ende **primäre Spermatozyten** (syn. Spermatozyten 1. Ordnung) entstehen. Diese durchlaufen eine 1. Reifeteilung. Aus dieser gehen **sekundäre Spermatozyten** (syn. Spermatozyten 2. Ordnung) hervor, die sich unmittelbar nach ihrer Entstehung in einer 2. Teilung erneut duplizieren und **Spermati-** **den** (syn. Spermiden) bilden. Von den beiden Reifeteilungen läuft die erste als **Reduktionsteilung** (Meiose I), die zweite als **Äquationsteilung** (Meiose II) ab. Am Ende dieser Teilungsvorgänge ist in Spermatiden die Anzahl der Chromosomen und die DNS-Menge auf die Hälfte reduziert (s. Kap. I: »Zelle«, Abschnitt »Meiose«, S. 27).

Während der anschließenden **Spermiogenese** unterliegen **Spermatiden** keinen weiteren Teilungen, sondern wandeln sich durch Zelldifferenzierung in **Spermien** (Spermatozoen, Samenzellen) um.

Spermatozytogenese

Die Spermatozytogenese setzt mit mitotischen Teilungen von Samenbildungszellen, den **Spermatogonien,** ein. Die Anzahl der Teilungsschritte und die Dauer des Spermatogenesezyklus (s. S. 241) ist tierartlich unterschiedlich. Für den Bullen wird angenommen, daß sich eine A_1-Stammspermatogonie in 2 A_2-**Spermatogonien** teilt. Aus einer dieser A_2-Spermatogonien entstehen nach erneuter Teilung wieder 2 A_1-**Spermatogonien**, die als neue Stammzellen zunächst in Ruhe verweilen. Die andere A_2-Spermatogonie teilt sich in 2 A_3-**Spermatogonien**. Während eine dieser A_3-Spermatogonien der Degeneration verfällt, entstehen aus der anderen durch weitere mitotische Teilungen Spermatogonien vom **Typ I, B_1 und B_2**, aus denen schließlich **primäre Spermatozyten** hervorgehen. Zu diesem Zeitpunkt setzt bei den neu gebildeten A_1-Spermatogonien eine weitere Vermehrung der Spermatogonien ein. Auch bei anderen Haussäugetieren verläuft die **Vermehrungsphase der Spermatogonien** grundsätzlich nach diesem Schema, doch variiert die Anzahl und die Benennung der einzelnen Teilungsschritte.

Spermatogonie (Spermatogonium)

Die verschiedenen Typen von Spermatogonien unterscheiden sich durch ihre Struktur und ihre Lage in der Wand der Tubuli seminiferi.

A-Spermatogonien (Durchmesser 13 µm) liegen stets eng der Basalmembran an und sind in allen Phasen des Keimepithelzyklus (s. S. 240) anzutreffen. Diese Stammzellen sind rund und schließen einen heterochromatinarmen, ellipsoiden Kern mit zuweilen mehreren Nukleolen ein. Das Zytoplasma ist reich an Organellen. **I-Spermatogonien** (Intermediärspermatogonien) haben im Vergleich zu A-Spermatogonien einen kleineren und dichteren Kern, und das Chromatin ist grobkörniger. **B-Spermatogonien** haben keinen Kontakt mehr zur Basalmembran. Diese Zellen sind birnenförmig, im Kern verdichtet sich das Chromatin. Meist ist nur ein Nukleolus vorhanden.

Sämtliche Spermatogonien teilen sich am Ende der Telophase nicht vollständig, es bleiben vielmehr Zytoplasmabrücken zwischen Tochterzellen zurück. Diese dienen einem verbesserten interzellulären Stoffaustausch und der Koordination späterer Teilungsschritte. Erst gegen Ende der Spermiogenese, kurz vor der Abgabe der differenzierten Spermatide in das Tubuluslumen, verlieren die Keimzellen die Interzellularbrücken.

Primärer Spermatozyt (Spermatocytus primarius)

Primäre Spermatozyten entstehen durch mitotische Teilung aus B_2-Spermatogonien und durchlaufen sämtliche Stadien der **meiotischen Prophase**: Leptotän, Zygotän, Pachytän, Diplotän und Diakinese. Während dieser Phase erfolgt die **Chromosomenkonjugation** des väterlichen und mütterlichen Erbgutes. Diese erste Phase der meiotischen Teilung dauert etwa 20 Tage, die nachfolgenden Phasen: Metaphase, Anaphase und Telophase laufen schneller ab. Primäre Spermatozyten findet man daher in allen Phasen des Keimepithelzyklus (s. S. 240). Während der Meiose I wandern die Spermatozyten näher zum Tubuluslumen, das Zellvolumen nimmt allmählich zu.

Primäre Spermatozyten zeigen im Kern unterschiedlich gewundene Stadien geknäulter Chromatinfäden, ein vergrößertes Golgi-Feld, zahlreiche Mitochondrien und Zisternen eines rER. Der **Chromosomensatz ist diploid und tierartspezifisch** (Hund 78, Katze 38, Schwein 38, Schaf 54, Pferd, Rind und Ziege 60 Chromosomen). Der **DNS-Gehalt** eines primären Spermatozyten beträgt **4 n**. Das Ergebnis der 1. Reifeteilung (**Reduktionsteilung**) sind zwei sekundäre Spermatozyten mit jeweils einem **halben Chromosomensatz und einem halbierten DNS-Gehalt (2 n) pro Zelle.**

Sekundärer Spermatozyt (Spermatocytus secundarius)

In den sekundären Spermatozyten vollzieht sich nach einem sehr kurzen Interkinesestadium ohne DNS-Verdoppelung die zweite Reifeteilung (**Äquationsteilung**), aus der **Spermatiden** hervorgehen. In jeder Spermatide liegt ein **haploider Chromosomensatz und eine reduzierte DNA-Menge (1 n)** vor. Da sich sekundäre Spermatozyten unmittelbar nach ihrer Entstehung erneut teilen, sind diese nur relativ selten während des Keimepithelzyklus im histologischen Schnittbild anzutreffen.

Sekundäre Spermatozyten liegen näher dem Tubuluslumen, haben einen Zelldurchmesser von 16 µm und weisen einen schwach anfärbbaren, runden Kern auf.

Spermiogenese

Während der Spermiogenese vollziehen sich an den **Spermatiden** auffällige **Umgestaltungsprozesse** mit dem Ziel der **Differenzierung zum reifen Spermium** (Abb. 219). Diese Vorgänge verlaufen allmählich, an ihnen sind vorrangig der Kern, der Golgi-Apparat und die Zentriole beteiligt. Die Spermiogenese vollzieht sich unter ständigem Stoffaustausch zwischen den Keimzellen und anliegenden Sertoli-Zellen (s. S. 241). Sertoli-Zellen umfassen und fixieren dabei kappenartig die Köpfe der Spermatiden, die Schwanzfäden ragen hingegen büschelartig über das Zytoplasma der Sertoli-Zelle frei ins Tubuluslumen.

XIII. Männliche Geschlechtsorgane (Organa genitalia masculina)

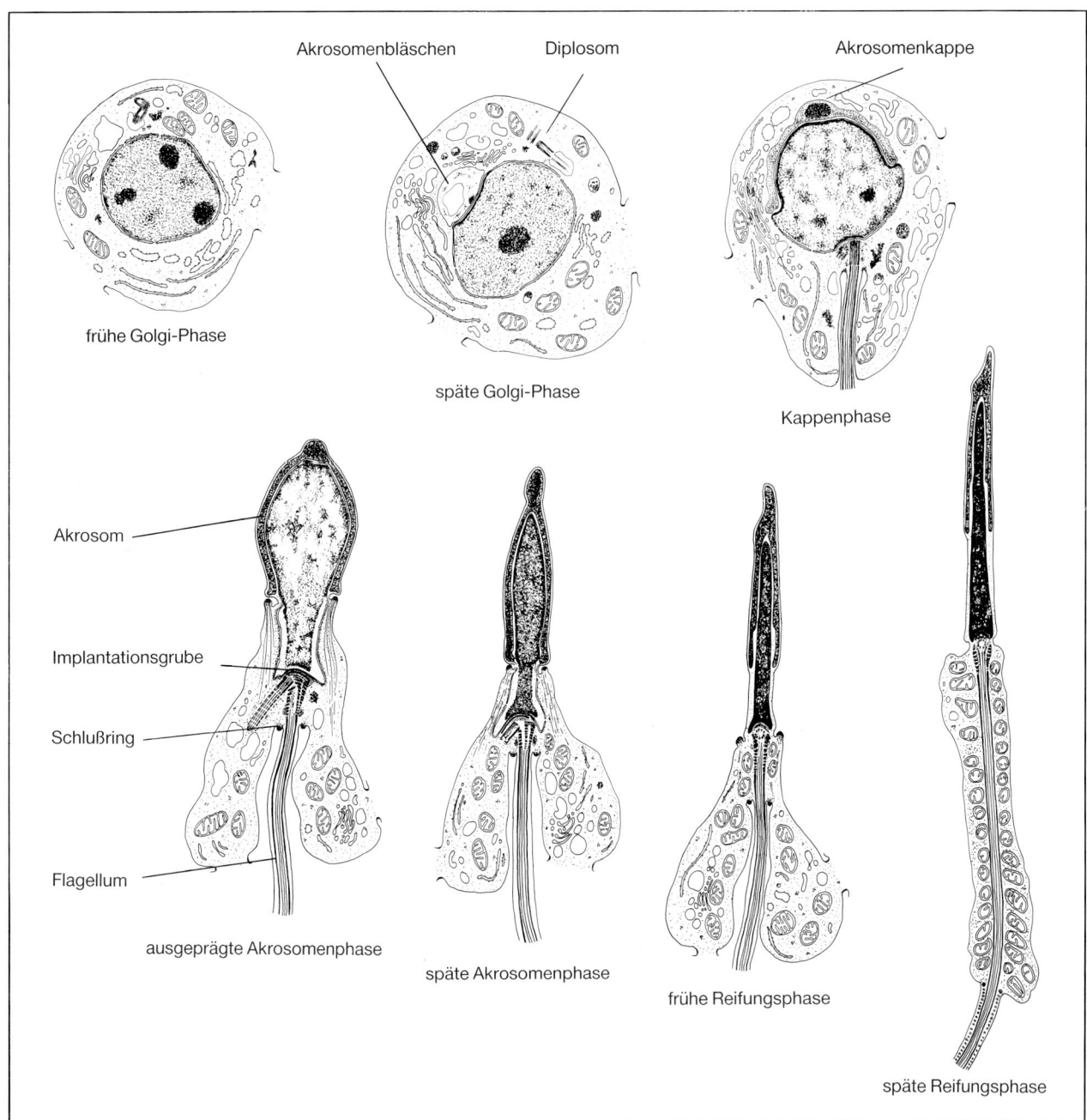

Abb. 219. Schematische Darstellung der Entwicklungsphasen einer Spermatide während der Spermiogenese des Bullen.

Spermatide (Spermatidium)

Spermatiden entstehen durch die 2. Reifeteilung sekundärer Spermatozyten, sie schließen einen **haploiden Chromosomensatz** ein, was bedeutet, daß die **DNS-Menge** einer jeden Zelle auf die Hälfte (**1n**) reduziert ist (s. Kap. I: »Zelle«, Abschnitt »Meiose«, S. 26). Spermatiden liegen anfangs nahe dem Lumen der Tubuluswand. Im Verlauf der Spermiogenese wandern die Spermatiden in zentrifugaler Richtung auf die Basalmembran zu, um gegen Ende wieder das Tubuluslumen zu erreichen. Spermatiden sind kleiner als Spermatozyten, sie kennzeichnen Differenzierungsschritte im Kern und im Zytoplasma. Die einzelnen Reifungsvorgänge lassen sich in 4 Phasen unterteilen:
– Golgi-Phase,
– Kappenphase,
– Akrosomenphase,
– Reifungsphase (Abb. 219).

Hoden (Testis)

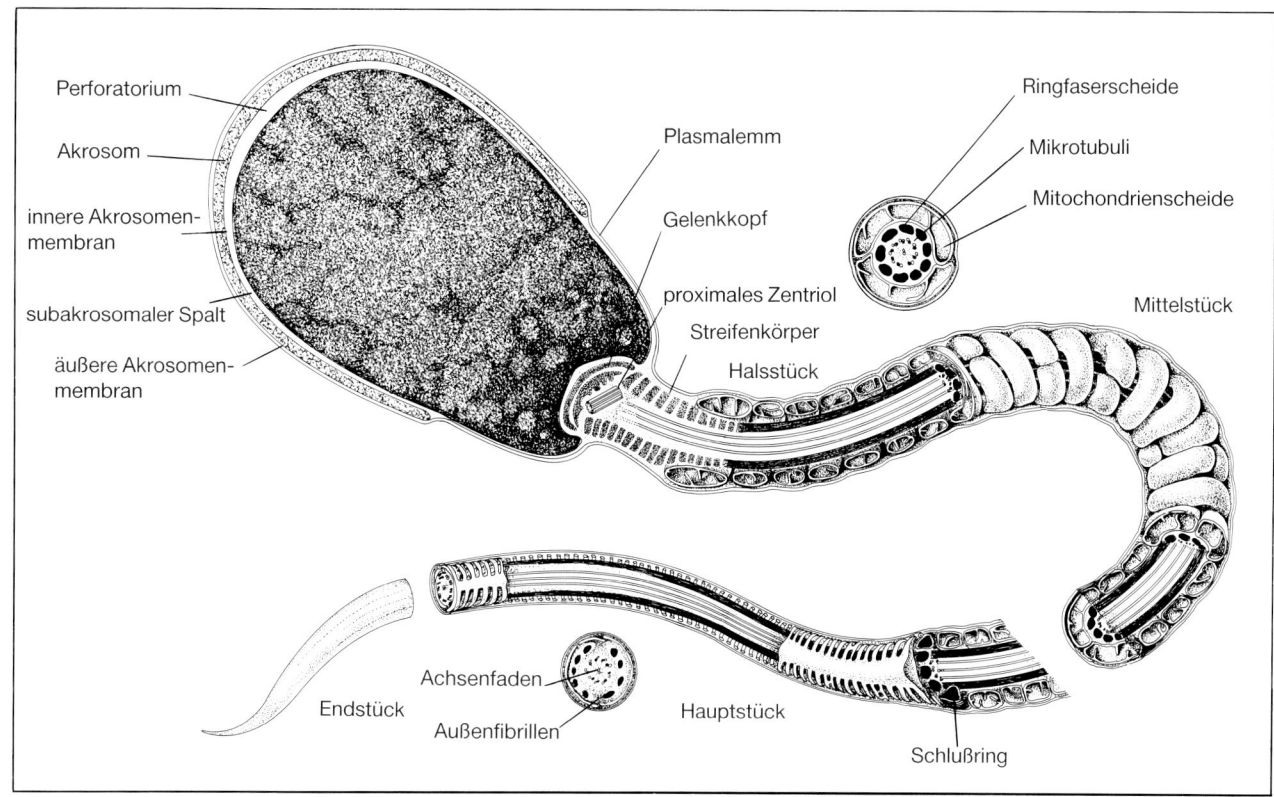

Abb. 220. Schematische Darstellung der Feinstruktur eines Spermiums des Bullen.

Golgi-Phase

Im Golgi-Apparat bilden sich zahlreiche kleinere Vesikel, in die ein dichtes, glykoproteinreiches Granulum eingeschlossen ist **(proakrosomales Granulum)**. Durch Verschmelzen mehrerer Bläschen entsteht ein **einheitliches akrosomales Vesikel mit einem dichten Granulum**. Dieses Vesikel wandert an den Kern und berührt die äußere Kernmembran. Damit tritt eine polare Orientierung für die weitere Differenzierung des Kerns ein. Das akrosomale Bläschen flacht sich unter Vergrößerung ab.

Kappenphase

Während dieser Phase stülpt sich das akrosomale Bläschen kappenartig über den Kern und bedeckt mehr als die Hälfte des proximalen Kernbereichs. Das akrosomale Bläschen wird zur **Akrosomenkappe** mit einer **inneren und äußeren Akrosomenmembran**. Zwischen der inneren Akrosomenmembran und der äußeren Kernmembran entsteht der **subakrosomale Raum**. Unter der Akrosomenkappe beginnt sich das Chromatin zu verdichten. Die Hauptmasse des Zytoplasmas, einschließlich der Organellen, verlagert sich distal des Spermatidenkerns. Das Diplosom liegt am distalen Kernpol. Sein **proximales Zentriol** steht mit der Kernmembran in Kontakt und buchtet die **Implantationsgrube** aus.

Akrosomenphase

Während der Akrosomenphase tritt eine allmähliche **dorsoventrale Abflachung und Kondensation des Kerns** ein. Der Raum zwischen innerer und äußerer Akrosomenmembran ist vollständig mit glykoproteinreichem Material ausgefüllt. Die Akrosomenkappe wird zum definitiven **Akrosom**. Das Akrosom beinhaltet **hydrolytische Enzyme, Hyaluronidase, Neuraminidase und Akrosin**. An der Spitze des Kerns bildet das Akrosom einen zapfenähnlichen **Akrosomenfortsatz** aus. Die Form der Spermatide ist jetzt länglich. Das Zytoplasma ist an den distalen Teil der Zelle verlagert.

Im postakrosomalen Segment des Kerns differenziert sich die sog. **Manschette** als vorübergehender Zellbestandteil. Sie entspringt an einem perinukleären Wulst und endet frei im Zytoplasma. Die Manschette besteht aus Mikrotubuli und dient der Formgebung des Kerns und als Zytoskelett.

XIII. Männliche Geschlechtsorgane (Organa genitalia masculina)

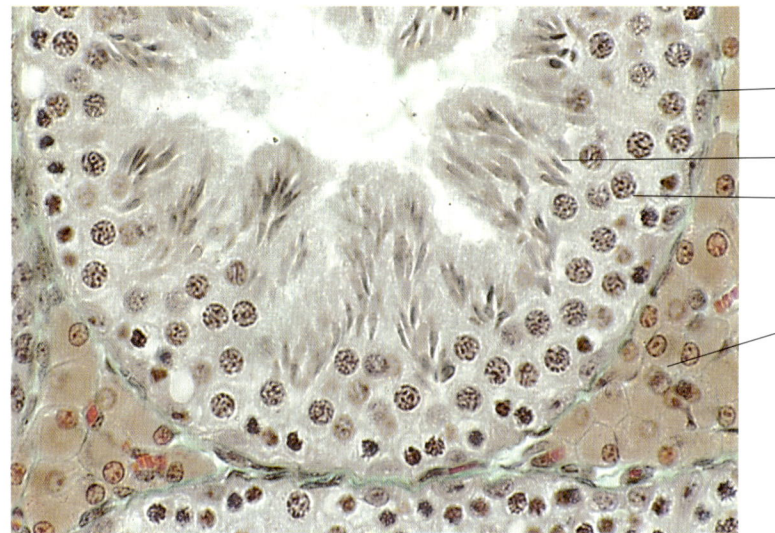

Abb. 221. **Ausschnitt aus der Wand eines Hodenkanälchens** mit ährenartig gebündelten Spermatiden der Akrosomenphase und interstitiellen Leydig-Zellen des Ebers. Färbung Goldner, Vergr. 440fach.

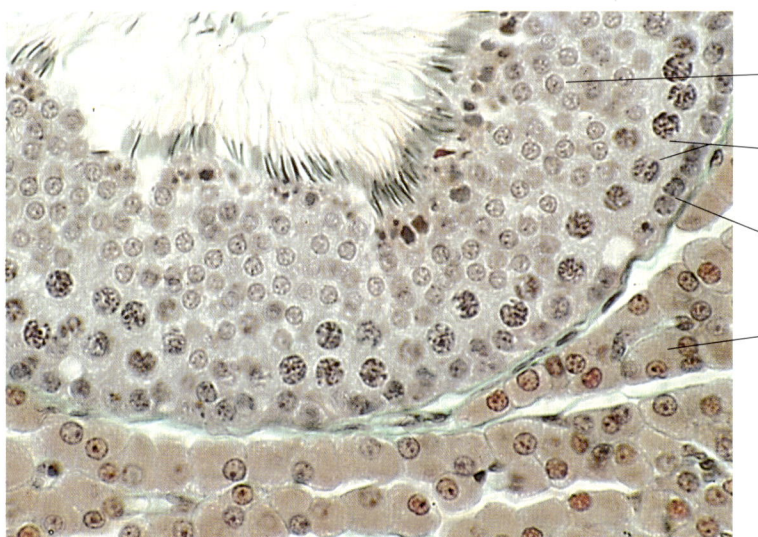

Abb. 222. **Ausschnitt aus der Wand eines Hodenkanälchens** mit Spermatiden während der späten Reifungsphase und interstitiellen Leydig-Zellen des Ebers. Färbung Goldner, Vergr. 440fach.

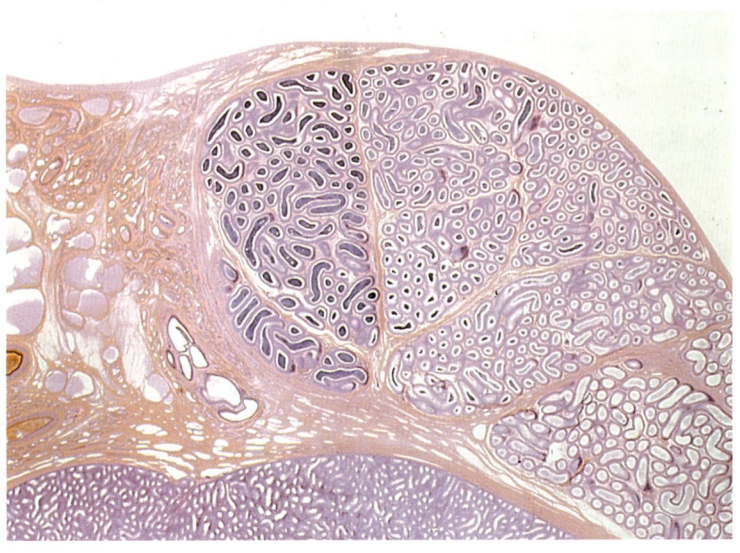

Abb. 223. **Übersicht über den Nebenhodenkopf und Teilansicht des Hodens** mit Rankenkonvolut der A. testicularis und des Plexus pampiniformis des Bullen. Färbung Hämatoxylin-Eosin, Vergr. 4fach.

Im Halsbereich der Spermatide entwickelt sich der **Geißelapparat** (Flagellum) aus dem distalen Zentriol. Es entsteht der Achsenfaden aus 9 äußeren Doppeltubuli und einem zentralen Tubuluspaar. Nahe des proximalen Zentriols verdichtet sich der spätere **Schlußring** (Anulus).

Reifungsphase

In der Reifungsphase wird die **Kondensation des Kerns** abgeschlossen. Mit einer Länge von 5–10 μm hat der Kern seine endgültige Größe erreicht. Das **Akrosom** (Dicke ca. 100 nm) liegt der äußeren Kernmembran eng an und bildet an der Spermatidenspitze eine 0,5 μm lange, zungenartige Ausstülpung, den **Akrosomenfortsatz**. Das Akrosom bedeckt knapp ⅔ des Kerns. Die Manschette hat sich zurückgebildet.

Der **Schlußring** ist distal verlagert, begleitet von Mitochondrien, die Geißel ist ausgewachsen. Die **Mitochondrien** sind als Bestandteil des späteren Spermienmittelstücks helikal um das Flagellum angeordnet. Als Verlängerung bildet sich das **Hauptstück** aus, das zentral den Achsenfaden mit anliegenden Außenfibrillen und eine Ringfaserscheide einschließt. Nach Differenzierung des Spermatidenschwanzes schnürt sich das Zytoplasma ab und wird als **Restkörper** von Sertoli-Zellen phagozytiert.

Spermium (Spermatozoon)

Das Spermium geht als das Endstadium aus der Spermiogenese hervor. Es ist morphologisch ausdifferenziert, ohne jedoch bereits befruchtungsfähig zu sein. Die Reifung des Spermiums wird während der Passage durch den Nebenhoden fortgesetzt. Das Spermium setzt sich aus dem **Spermienkopf** und dem **Spermiumschwanz** mit einem **Hals-, Mittel-, Haupt- und Endstück** zusammen. Form und Größe (60–75 μm) sind tierartlich unterschiedlich (Abb. 220).

Spermienkopf (Caput)

Der Spermienkopf wird im wesentlichen vom **Kern** ausgefüllt, dem kappenartig das **Akrosom** anliegt. Distal schließt sich das **Äquatorialsegment** und die **postakrosomale Region** an. Die Form des Spermienkopfes wird durch den Kern bestimmt. Dieser ist, speziesabhängig, in der Aufsicht meist oval, im Profil birnenförmig (Länge 5–10 μm) und stark abgeplattet (Dicke 2–3 μm). Der Kern schließt weitgehend dicht **kondensiertes Chromatin** und stets einen haploiden Chromosomensatz ein.

Das Akrosom bedeckt etwa ⅔ des Kerns und enthält **hydrolytische Enzyme, Hyaluronidase,** **Neuraminidase und Akrosin.** Diese Enzyme sind wesentliche Voraussetzung für die Penetration des Spermiums durch die Corona radiata und die Zona pellucida der Eizelle (s. Kap. XIV: »Weibliche Geschlechtsorgane«, S. 255) und damit mitentscheidend für die Befruchtung. Das Akrosom ist beim Bullen proximal zum **Akrosomenfortsatz** verlängert. Zwischen diesem und der Kernspitze ist das **Perforatorium** entwickelt. Distal stülpt sich der Kern zur **Implantationsgrube** (Fossula articularis) ein.

Abgestorbene Spermienköpfe färben sich mit Eosin, Methylenblau und Bromphenolblau. Diese Färbeverfahren werden zur Qualitätsprüfung des Ejakulates benutzt.

Spermienschwanz (Flagellum)

Das **Halsstück (Pars conjungens)** des Spermienschwanzes dient der gelenkigen Verbindung zwischen dem Spermiumkopf und den distalen Spermienabschnitten. Dieser proximale Teil des Flagellums enthält einen sog. **Gelenkkopf** (Capitulum), der über eine **Basalplatte** mit der Implantationsgrube des Kerns in Verbindung steht. Der Gelenkkopf setzt sich distal in einen **Streifenkörper** (Columna striata) fort, der in die **Außenfibrillen** (Fibrae densae externae) einmündet. Diese Strukturen schließen das proximale Zentriol und Reste des distalen Zentriols ein. Zentral im Halsstück beginnt der **Achsenfaden** (Axonema, Filamentum axiale).

Das **Mittelstück (Pars intermedia)** (Länge 5–7 μm) wird zentral vom **Achsenfaden** (Axonema) durchzogen, der die typische Geißelstruktur (2 zentrale Mikrotubuli, umgeben von 9 Doppelmikrotubuli) aufweist. Den 9 Außentubuli liegen jeweils dichte **Außenfibrillen** (Fibrae densae externae) an, denen nach außen eine Scheide von **Mitochondrien** (Vagina mitochondrialis) folgt. Diese sind spiralförmig angeordnet. Mitochondrien dienen der Energielieferung für die aktive Vorwärtsbewegung des Spermiums. Distal wird das Mittelstück durch den **Schlußring** (Anulus) abgeschlossen, der ein distales Übertreten der Mitochondrien in das Hauptstück verhindert.

Das **Hauptstück (Pars principalis)** ist der längste Teil des Spermiums (ca. 50 μm lang). Zentral liegt das **Axonema**, der Mantel der **Außenfibrillen** nimmt distal allmählich ab. Zusätzlich ist unter dem Plasmalemm eine **Ringfaserscheide** (Vagina fibrosa) entwickelt, die aus zwei halbschalenförmigen Anteilen fibrillärer Strukturproteine gebildet wird. Das distale Ende der Faserscheide zeigt den Beginn des Endstücks an.

Das **Endstück (Pars terminalis)** (Länge 5–7 μm) enthält nur noch anfänglich den axialen Mikrotubu-

240 XIII. Männliche Geschlechtsorgane (Organa genitalia masculina)

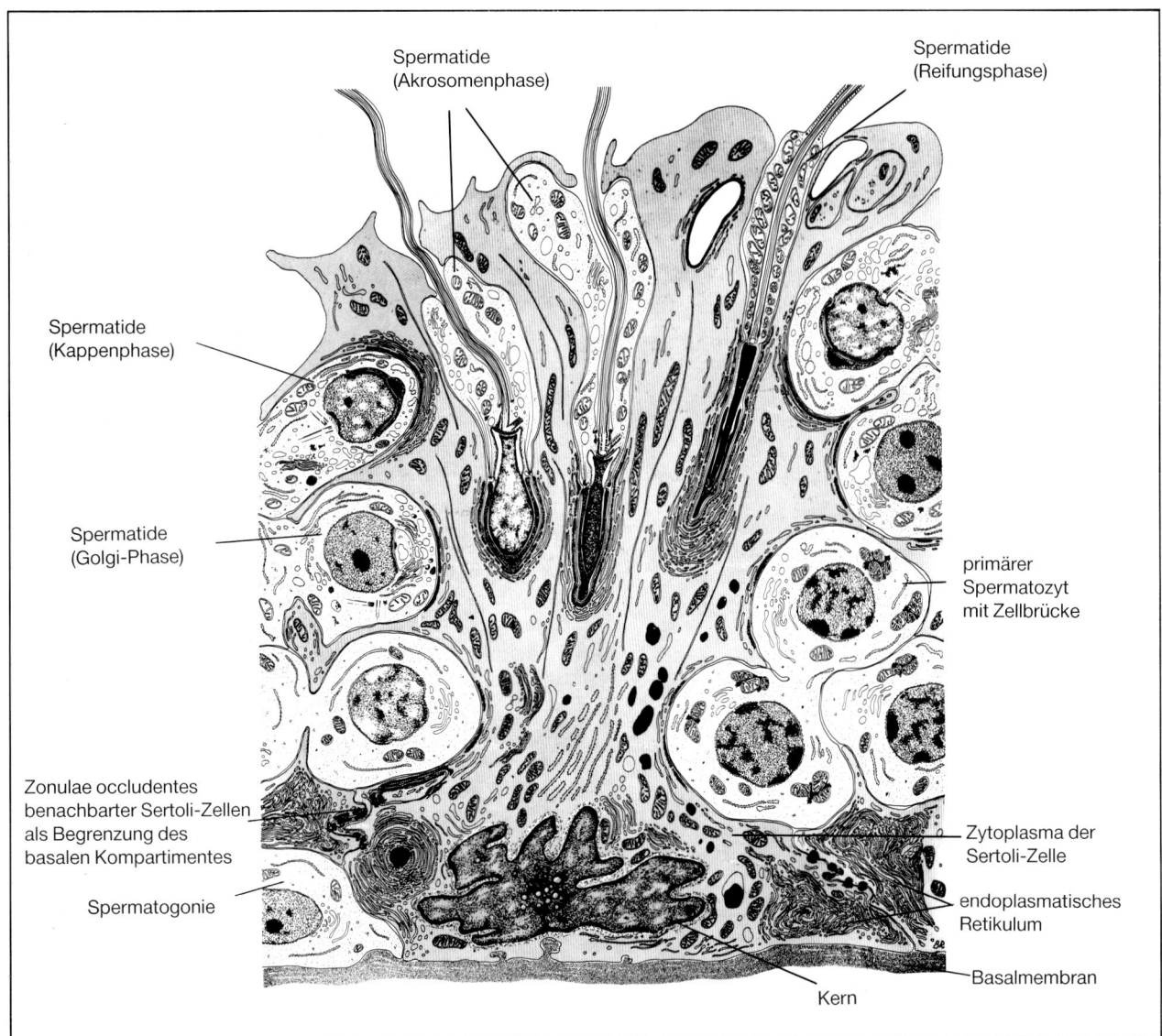

Abb. 224. Schematische Darstellung einer Sertoli-Zelle mit verschiedenen Entwicklungsphasen der Spermatogenese des Bullen.

luskomplex. Diese geordnete Struktur der Mikrotubuli geht distal rasch verloren. Die Mikrotubuli enden frei, umgeben von Plasmalemm.

Kinetik der Spermatogenese

Eines der auffälligsten Merkmale der Spermatogenese ist die strenge Regelung und zeitliche Synchronisation der Teilungs- und Umbildungsvorgänge. Die Zellen einer Generation entstehen etwa gleichzeitig und entwickeln sich synchron weiter. Die Abkömmlinge einer einzigen Spermatogonie werden als **Phase** bezeichnet. Diese stehen im Gegensatz zur Gemeinschaft aller im Tubulusquerschnitt erfaßten Populationen, die als **Stadium** benannt werden. Aus Phasen bzw. Stadien gleichen Entwicklungsstandes wird im Tubulusverlauf schließlich ein **Segment** gebildet. Die Gesamtheit der Segmente bildet die **Spermatogenesewelle.**

Dabei bestehen zwischen den Entwicklungsstufen der verschiedenen Generationen gesetzmäßige Beziehungen, so daß im histologischen Bild bestimmte, charakteristische Zellassoziationen entstehen. Diese morphologisch definierbaren Zustandsbilder bezeichnet man als **Phasen des Keimepithelzyklus.** Danach versteht man unter dem Keimepithelzyklus den vollständigen Ablauf einer Serie von typischen Zellbildern an einer bestimmten Stelle eines Samenkanälchens bis zur nächsten gleichen Zellgemeinschaft. Dieser Zyklus ist aus zahlreichen Phasenbildern zusammengesetzt. Das steuernde Prinzip dieser zeitlichen Abstimmung wird **Synchronisation der Spermatogenese** genannt.

Die Phasen des Keimepithelzyklus können aufgrund morphologischer Kriterien unterschieden werden. Die Begrenzung der Phasen ist dabei nicht einheitlich. So können für den Bullen zwischen 8 und 16, für den Schafbock 8, den Eber 6–8 und für den Hengst 8 Phasen unterschieden werden.

Im histologischen Bild findet man in einem Tubulusquerschnitt in der Regel nur eine Phase des Keimepithelzyklus (Abb. 221 und 222). Da die Abkömmlinge einer Stammspermatogonie jedoch nicht die ganze Tubuluswand besetzen können, müssen mehrere Stammspermatogonien gleichzeitig den Spermatogenesezyklus beginnen. Die Steuerung dieses Vorgangs unterliegt einem »**Koordinationsfaktor 1**«. Abgesehen von Unregelmäßigkeiten sind die Segmente so geordnet, daß einem bestimmten Segment immer das in der Entwicklung nächsthöhere folgt. Für diese Regelung des Ablaufs der Spermatogenesewelle ist der »**Koordinationsfaktor 2**« verantwortlich.

Die **Gesamtdauer der Spermatogenese** beträgt beim Hengst ca. 49 Tage, beim Bullen ca. 52 Tage, beim Schafbock 52 Tage, beim Eber 34 Tage. Die Endreifung der Spermien erfolgt im Nebenhoden (Abb. 223, s. auch Abb. 227 und 228).

Stützzellen
(Epitheliocyti sustentantes, Sertoli-Zellen)

Bei allen Säugetieren treten im Keimepithel neben der Keimzellpopulation auch somatische »Nicht-Keimzellelemente« auf, die unterschiedlich benannt werden: »Nährzellen«, »Ammenzellen«, »Stützzellen« oder nach dem italienischen Physiologen und Erstbeschreiber Enrico Sertoli (1842–1910) »Sertoli-Zellen«. Die letztgenannte Bezeichnung ist die gebräuchlichste.

Bei adulten, sexuell aktiven Säugetieren erstrecken sich die Sertoli-Zellen in der Wand des Tubulus seminifer convolutus (s. S. 233) als **hochprismatische Zellen** mit einer Höhe von ca. 70–80 µm zwischen der Basalmembran und dem Tubuluslumen. Sie sitzen mit einer breiten Basis der Basalmembran auf und verjüngen sich lumenwärts pyramidenförmig. Sertoli-Zellen liegen zwischen den sich differenzierenden Keimzellen und stehen mit diesen über besondere Zellverbindungen in strukturellem und funktionellem Kontakt (Abb. 224).

Der **Kern** liegt meist basal, ist chromatinarm und vorwiegend oval bis elliptisch. Saisonal abhängig oder bei Sexualruhe kann der Kern sich lumenwärts verlagern. Eine Verschiebung des Kerns tritt auch während einzelner Phasen des Keimepithelzyklus auf. Der Nukleolus zeigt Netzstruktur. Bei Wiederkäuern sind zusätzlich multivesikuläre Kernkörperchen arttypisch.

Das **Zytoplasma** der Sertoli-Zellen umfaßt mit zahlreichen dünnen, verzweigten Lateralfortsätzen sämtliche Stadien der Spermatogenese und ist aktiv an der transepithelialen Wanderung der Samenzellen und deren Abgabe in das Hodenkanälchen **(Spermiation)** beteiligt. Das Zytoplasma enthält einen gut entwickelten Golgi-Apparat, zahlreiche Mitochondrien und bei Schwein und Wiederkäuer reichlich rauhes ER. Ausgeprägt ist bei allen Tierarten das **glatte ER**, das insbesondere bei Wiederkäuer, Schwein und Hund aus dichten Membranstapeln mit engem Kontakt zu sekundären Lysosomen und Lipoidvakuolen besteht. Dichte **Membranstapel eines glatten ER** umfassen in unterschiedlicher Quantität bei allen Haussäugetieren die periakrosomale Region einer Spermatide. Es ist nicht ausgeschlossen, daß diese Sonderbildung verantwortlich ist für den Steroidmetabolismus oder enzymatische Verdauungsprozesse.

Basale Zytoplasmaanteile beinhalten **Mikrobodies, Membranaggregationen und lamelläre Einschlußkörper**, die in ihrer Gesamtheit morphologisch als Ausdruck resorptiver und digestiver Zellprozesse anzusehen sind. Beim Schwein sind zusätzlich spindel- oder nadelförmige Kristalle (Charcot-Böttcher-Kristalle) ausgebildet.

Zahlreiche **Fettvakuolen** treten an der Zellbasis auf, die bei den verschiedenen Tierspezies in Menge und Größe erheblichen Variationen unterliegen. **Mikrotubuli und Mikrofilamente** beeinflussen intrazelluläre Transportvorgänge und steuern die Abgabe der Spermien ins Tubuluslumen **(Spermiation)**.

Sertoli-Zellen stehen untereinander durch eine Vielzahl von **Zellverbindungen** in festem Kontakt. Von besonderer funktioneller Bedeutung sind **Verbindungskomplexe** (tight junctions, Desmosomen). Diese unterbrechen basolateral den Interzellularraum aneinanderliegender Sertoli-Zellen beinahe vollständig und lassen zwei in sich geschlossene Räume entstehen: ein **basales Kompartiment** und ein **adluminales Kompartiment** (s. S. 242). Zusätzlich treten Nexus und im Kontaktbereich zu Spermatiden tubulobulbäre Komplexe auf.

Funktionen der Sertoli-Zellen

Sertoli-Zellen übernehmen in der Wand der Samenkanälchen eine Vielzahl von Aufgaben, die letztlich alle der Vermehrung und Differenzierung der Keimzellen dienen; sie haben folgende Funktionen:

Stütz- und Ernährungsfunktion

Als Stützzellen übernehmen Sertoli-Zellen eine rein mechanische Aufgabe, in dem sie als »Gerüste« der Stabilität von Keimzellen in der Wand der Tubuli seminiferi convoluti dienen. Die zahlreichen Zell-zu-Zell-Kontakte unterstützen diese Funktion. Durch die mannigfaltigen Verbindungen zwischen Sertoli- und Keimzellen ist auch ein transzellulärer Stoffaustausch und damit die Ernährung der Keimzellen möglich.

Fähigkeit zur Phagozytose

Der Hoden schließt eine Vielzahl von phagozytotisch aktiven Zellen ein. Neben den Epithelzellen der Tubuli recti, des Rete testis und freier Makrophagen sind auch Sertoli-Zellen in der Lage, degenerierte Keimzellen zu phagozytieren. Insbesondere werden Zytoplasmareste reifer Spermatiden nach der Spermienabgabe von Sertoli-Zellen aufgenommen (»Restkörper«) und mit Hilfe ihrer Lysosomen abgebaut.

Synthese und Sekretion verschiedener Proteine

Sertoli-Zellen bilden das androgenbindende Protein, das eine hohe Bindungskapazität für Testosteron und Dihydrotestosteron aufweist. Das Protein dient als »Träger« für Androgene zu den Keimzellen und in den Nebenhoden. Ferner wird in Sertoli-Zellen synthetisiert: ein »Transferrin-like Protein«, ein Plasminogenaktivator (Steigerung der Beweglichkeit der Keimzellen) und Inhibin (negativer Feedback-Mechanismus zur Regulation der FSH-Sekretion). (Näheres s. Lehrbücher der Endokrinologie.)

Unterstützung bei der intraepithelialen Wanderung der Keimzellen und Freigabe von reifen Spermatiden in das Tubuluslumen (Spermiation)

Da die Keimzellen keine Möglichkeit haben, sich selbständig zu bewegen, wird der Transport dieser Zellen im Epithel durch Sertoli-Zellen bewerkstelligt. Die Bewegung der Keimzellen beginnt damit, daß Sertoli-Zellen sich mit Spermatozyten durch feste Zellkontakte verbinden (s. S. 241) und diese durch Zytoplasmaströmungen in Richtung auf das Tubuluslumen transportieren. Die Abgabe der Spermatiden in das Tubuluslumen (Spermiation) ist ein komplexer Vorgang. Er beginnt nach Lösung der tubulobulbären Komplexe zwischen der Sertoli-Zelle und dem Spermatidenkopf.

Sekretion der intratubulären Samenflüssigkeit

Diese Flüssigkeit wird in großen Mengen produziert und ist – ähnlich wie die intrazelluläre Flüssigkeit – reich an Kalium. In dieser Flüssigkeit werden reife Spermien durch das Rete testis über die Ductuli efferentes in den Ductus epididymidis des Nebenhodens gespült, um dort auszureifen.

Bildung der sog. Blut-Hoden-Schranke

Die sog. Blut-Hoden-Schranke stellt allein eine **Barriere zwischen dem zirkulatorischen System (Blut und Lymphe) und dem Inneren der Tubuli seminiferi convoluti** dar. Die Bezeichnung Blut-Hoden-Schranke ist gebräuchlich, aber irreführend. Diese Barriere entsteht durch den engen Verschluß der Plasmamembranen benachbarter Sertoli-Zellen im basolateralen Zellbereich **(Verbindungskomplexe)**. Die Bildung dieser Schranke hat zur Folge, daß **innerhalb des Tubulusepithels** 2 Kompartimente entstehen, nämlich ein
- **basales Kompartiment** mit Spermatogonien,
- **adluminales Kompartiment** mit Spermatozyten und Spermatiden.

Sertoli-Zellen übernehmen im adluminalen Kompartiment den Schutz der Spermatozyten und Spermatiden. Die Aufrechterhaltung der Barriere ist wichtig für die sekretorischen Funktionen der Sertoli-Zelle, die es ermöglichen, einen osmotischen Gradienten im luminalen Bereich zu schaffen. Weiterhin wird im adluminalen Kompartiment ein optimales Milieu für die Spermiogenese aufrechterhalten. Die Barriere schützt die sensiblen Spermatiden vor immunologischen Schäden (Autoimmunreaktionen), Toxinen und Mutagenen.

Interstitielles Bindegewebe der Tubuli seminiferi

Die Tubuli seminiferi werden außen von lockerem Bindegewebe umgeben, das die gewundenen Hodenkanälchen in ihrer Lage zusammenhält. Kollagenfaserbündel und ein dichtes Kapillarnetz bilden dessen strukturelle Grundlage. Dieses Gewebe zwischen den Tubuli seminiferi schließt zusätzlich Blut- und Lymphgefäße, Nervengeflechte, Fibrozyten und freie mononukleäre Zellen ein. Auf das Keimepithel zu verdichtet sich das lockere faserige Gewebe zu einer **Lamina limitans.** Diese besteht aus kontraktilen Myofibroblasten **(Stratum myoideum)**, Kollagenfasern **(Stratum fibrosum)** und der Basalmembran **(Membrana basalis)**.

In den Zwischenräumen des Bindegewebes liegen **interstitielle Zellen** (Leydig-Zellen), die der Synthese von Testosteron dienen.

Interstitielle Zelle
(Endocrinocytus interstitialis, Leydig-Zelle)

Leydig-Zellen bilden Gruppen oder sind strangförmig angeordnet (s. Abb. 221 und 222, S. 238). Ihre Häufigkeit ist tierartlich unterschiedlich und altersabhängig. Beim Hengst und beim Eber bilden die Zellstränge 20–30% des gesamten Hodenvolumens, beim Bullen nur 7%. Die Einzelzellen stehen über Nexus in Kontakt. Meist liegt eine Kapillare eng an.

Die interstitiellen Zellen sind azidophil, unregelmäßig polygonal mit einem runden, euchromatinreichen Kern und einem deutlichen Nukleolus. Das Zytoplasma erscheint hell und schließt bei allen Tieren zahlreiche Lipoidvakuolen, Lysosomen und Peroxysomen ein. Beim Hengst und beim Kater findet sich zusätzlich Glykogen.

Leydig-Zellen sind gekennzeichnet durch den hohen Gehalt an **glattem ER** und an zahlreichen, meist verlängerten **Mitochondrien vom Tubulus-Typ**. Beim Bullen ist auch der Crista-Typ ausgebildet. Die Ausbildung von Mitochondrien vom Tubulus-Typ weist morphologisch bereits auf die **endokrine Funktion** der Leydig-Zellen. Danach wird im glatten ER 17-β-Hydroxysteroiddehydrogenase zur Transformation von Androstendion in **Testosteron** nachgewiesen. In den Mitochondrien wird Cholesterol zu Pregnenolon umgewandelt. Beim Bullen tritt auch **rauhes ER** auf. Es ist nicht ausgeschlossen, daß diese Organellen an der Bildung von Androgen-Träger-Proteinen beteiligt sind.

Unter der endogenen Stimulation durch das luteinisierende Hormon (LH) der Hypophyse werden die Leydig-Zellen zur Synthese von Androgenen (Testosteron) angeregt. Testosteron beeinflußt zusammen mit dem follikelstimulierenden Hormon (FSH) die Spermiogenese, wirkt auf das Sexualverhalten der Tiere, steuert das Wachstum und die Funktion der akzessorischen Geschlechtsdrüsen und die Ausbildung der sekundären Geschlechtsmerkmale, wirkt anabol und unterliegt einem negativen Rückkoppelungsmechanismus des Hypothalamus und der Hypophyse.

Leydig-Zellen synthetisieren auch Peptide, die lokal wirksam werden **(parakrine Funktion)** oder die sich selbst in ihrer Stoffwechselleistung steuern **(autokrine Funktion)**.

Neben den interstitiellen Zellen werden beim Bullen im lockeren Bindegewebe auch sog. »helle, zwischengeschaltete Zellen« (»light intercalated cells«) beschrieben, von denen ebenfalls eine parakrine Wirkung auf die Steuerung der Androgenbildung anliegender Leydig-Zellen vermutet wird.

Gerade Samenkanälchen (Tubuli seminiferi recti)

Der Tubulus seminifer convolutus (zusammengerolltes Samenkanälchen) setzt sich in einem meist kurzen Zwischenstück fort, das als gerader Schlauch (Tubulus seminifer rectus) in das Rete testis einmündet. Allein beim Eber und beim Hengst ist dieser Abschnitt verlängert. Am Übergang vom gewundenen zum geraden Schlauchstück schieben sich beim Rüden und beim Bullen Sertoli-Zellgruppen keilförmig in das Lumen (Terminalsegment). Sie dienen der Phagozytose und verhindern ein Zurückfließen der Samenflüssigkeit.

Tubuli seminiferi recti sind mit einem einfachen iso- bis hochprismatischen Epithel ausgekleidet, das der Reabsorption dient. Intraepithelial sind Lymphozyten und Makrophagen eingelagert.

Hodennetz (Rete testis)

Das Rete testis wird von anastomosierenden Tubuli recti gebildet, denen außen das lockere bindegewebige, z. T. elastische Netz des Mediastinum testis und Myofibroblasten anliegen (Abb. 225). Es wird von einem einfachen platten bis hochprismatischen Epithel ausgekleidet, beim Bullen ist das Epithel zweischichtig. Das Epithel des Rete testis ist **sekretorisch aktiv**, es vermehrt die luminale Samenflüssigkeit. Gleichzeitig ist dieser Epithelverband in der Lage, in begrenztem Umfang **Androgene aus der Tubulusflüssigkeit zu reabsorbieren**.

Nebenhoden (Epididymis)

Der Nebenhoden ist am Margo epididymalis fest mit dem Hoden verwachsen. Am Nebenhoden sind makroskopisch der Kopf (Caput), der Körper (Corpus) und der Schwanz (Cauda) zu unterscheiden. (Näheres s. Lehrbücher der Anatomie der Haussäugetiere.)

Ausführungsgänge des Hodens (Ductuli efferentes testis)

Am Kopfende des Hodens durchbrechen **Ductuli efferentes testis** die Tunica albuginea und treten in den Nebenhodenkopf über (Abb. 225 und 226, s. auch Abb. 223, S. 238). In tierartlich unterschiedli-

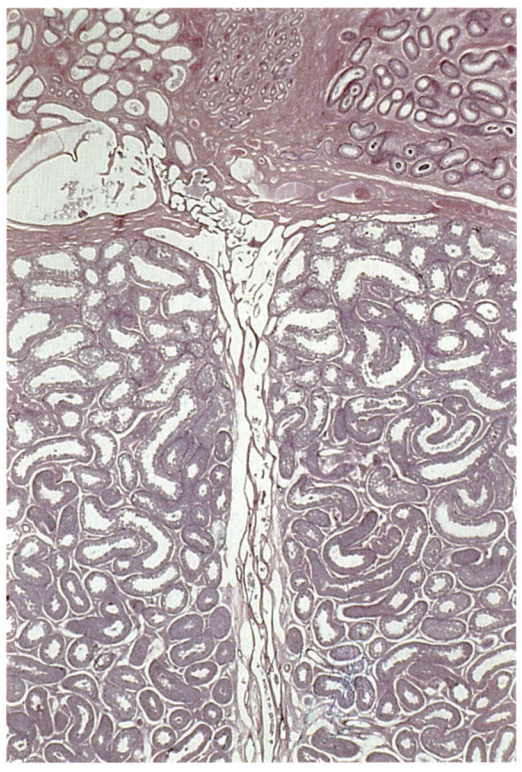

Abb. 225. Ausschnitt aus dem Hoden eines Bullen mit Ductuli seminiferi convoluti, Rete testis, Tunica albuginea, Ductuli efferentes und Ductus epididymidis. Färbung Hämatoxylin-Eosin, Vergr. 30fach.

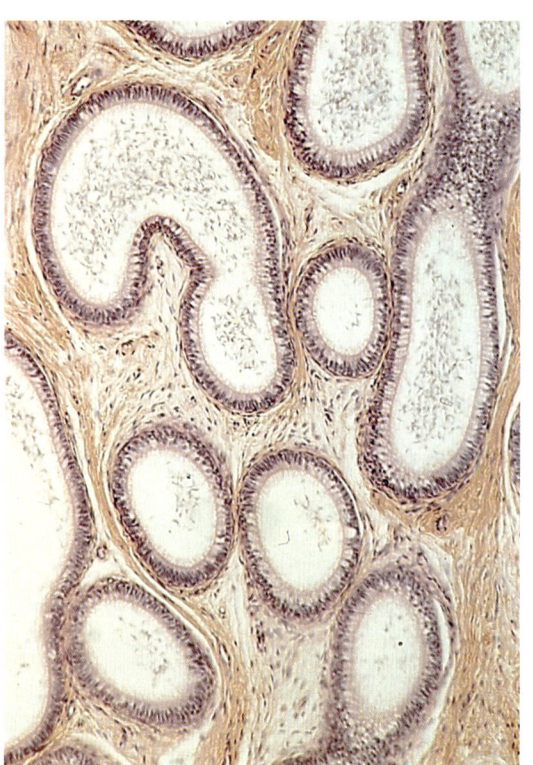

Abb. 226. Ductuli efferentes des Nebenhodenkopfes des Hengstes mit agglutinierten Spermien im Lumen. Färbung Hämatoxylin-Eosin, Vergr. 100fach.

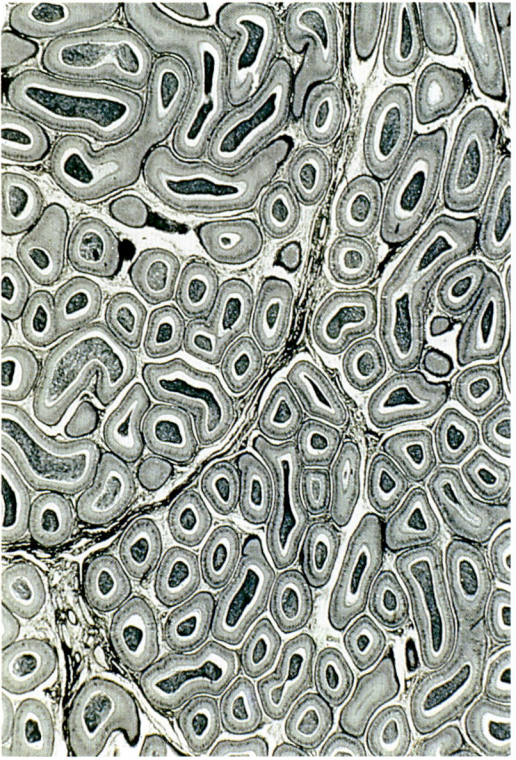

Abb. 227. Übersicht über den Nebenhodengang des Bullen (Quer-, Schräg- und Längsschnitte). Färbung Eisenhämatoxylin, Vergr. 35fach.

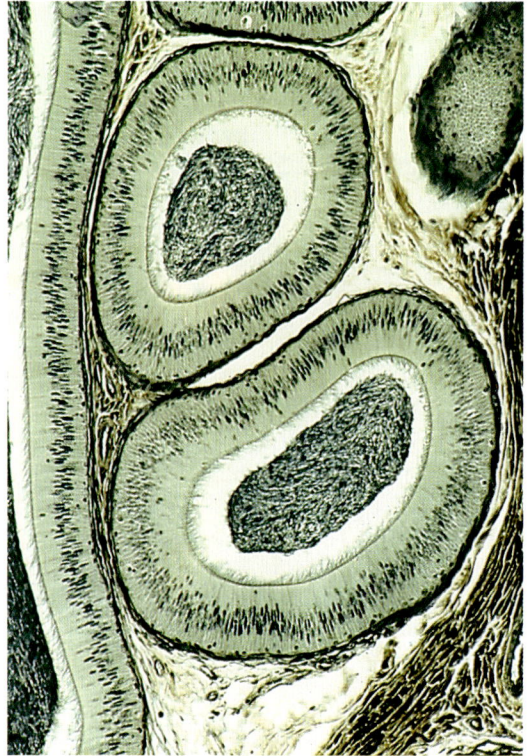

Abb. 228. Querschnitte durch den Nebenhodengang des Bullen. Färbung Eisenhämatoxylin, Vergr. 275fach.

cher Anzahl (Hengst 12–23, Bulle 12–13, Eber 14–21, Rüde 15–16) angelegt, vereinigen sich die Ductuli efferentes testis und bilden den **Nebenhodengang** (Ductus epididymidis). Die Ductuli efferentes leiten sich embryologisch von den Urnierenkanälchen ab. Finden Ductuli efferentes keinen Anschluß an den Nebenhodengang und enden sie blind, so spricht man von **Ductuli aberrantes.**

Ductuli efferentes schlängeln sich innerhalb bindegewebiger **Läppchen** (Lobuli epididymidis). Sie werden oberflächlich von einem dichten Kapillarnetz überzogen und erreichen beim Bullen eine Länge von 50–80 cm. Die Hodenausführungsgänge sind zusätzlich von dünnen, zirkulären Schichten modifizierter glatter Muskelzellen **(Stratum fibromusculare)** umgeben.

Die Ductuli efferentes kleidet ein **zweireihiges, hochprismatisches Epithel** (Epithelium pseudostratificatum) mit einem oberflächlichen Besatz von **Kinozilien (Zilienzellen)** aus. Diese dienen dem Transport von Spermien und Samenflüssigkeit in Richtung auf den Nebenhodengang. Daneben sind niedrigere Epithelzellen entwickelt, die oberflächlich **Mikrovilli** tragen und eine große Anzahl von mikropinozytotischen Vesikeln, von Lysosomen und einen gut entwickelten Golgi-Apparat aufweisen **(Hauptzellen).** Diese Einschlüsse und Organellen sind Ausdruck einer hohen Resorption von Samenflüssigkeit durch die Epithelwand. Intraepithelial treten zuweilen Lymphozyten und Makrophagen auf.

Die **Funktionen der Ductuli efferentes** sind vielfältig. Zum einen wird Testikularflüssigkeit von den Epithelzellen reabsorbiert, dabei werden gleichzeitig spermienernährende Stoffe sezerniert. Zum anderen fördert der Kinozilienbesatz den Transport der Spermien, durch Phagozytose werden Spermien aus dem Tubuluslumen aufgenommen (Spermiophagie).

Nebenhodengang (Ductus epididymidis)

Der Nebenhodengang entsteht aus den Ductuli efferentes testis. Er ist stark geschlängelt, seine Länge ist beträchtlich (Hengst 72–81 m, Bulle 40–50 m, Eber 17–18 m, Rüde 5–8 m). Trotz dieser unterschiedlichen Längen beträgt die Passagedauer für Spermien einheitlich für alle Säugetiere 10–15 Tage.

Aufgrund morphologischer Unterschiede kann der Ductus epididymidis in **Segmente** unterteilt werden (1–6 bei Bulle und Schafbock), denen differierende funktionelle Leistungsfähigkeiten zuzuordnen sind. Die Segmente 1–3 liegen im Nebenhodenkopf, die Segmente 4 und 5 sind Bestandteile des Nebenhodenkörpers, Segment 6 formt den Nebenhodenschwanz.

Die Wandauskleidung des Nebenhodengangs bildet ein **zweireihiges, hochprismatisches Epithel** (Epithelium pseudostratificatum columnare). Die Epithelhöhe nimmt nach kaudal allmählich ab. Außen liegt **glatte Muskulatur** an, die im Nebenhodenschwanz deutlich an Dicke zunimmt. Anliegende Wandabschnitte werden von lockerem Bindegewebe verbunden, in das Makrophagen, Leukozyten sowie in großer Zahl Gefäße und Nerven eingelagert sind. Die Dichte der Kapillarknäuel nimmt im Nebenhodenschwanz deutlich zu (Abb. 227 und 228).

Der Ductus epididymidis erfüllt mehrere **Funktionen**:
- Reifung und Stapelung von Spermien und deren Weitergabe in den Ductus deferens,
- Resorption von Samenflüssigkeit,
- Sekretion von metabolisch aktiven Substanzen.

So dient insbesondere das Segment 1 des Nebenhodengangs der Abgabe von Proteinen durch apokrine Sekretion der Spermiumreifung, dem Segment 6 kommt durch eine stark erhöhte Kapillardichte und ein gesteigertes Sauerstoffangebot eine herausragende Aufgabe für die Reifung der männlichen Keimzellen zu.

Das Epithel des Nebenhodengangs schließt Haupt- und Basalzellen ein. In **Hauptzellen** sind die Kerne oval und reich an Chromatin. Das Zytoplasma ist reich an stoffwechselaktiven Organellen, an Lysosomen und mikropinozytotischen Vesikeln. An der freien Oberfläche werden die Epithelzellen von langen, teilweise büschelartig verklebten **Stereozilien** bedeckt. Diese dienen z. T. der **Sekretion von Enzymen** und **Glykoproteinen,** vor allem aber der **Resorption von Samenflüssigkeit.** 90% der intraluminalen Samenflüssigkeit werden in den Ductuli efferentes und in den Anfangsteilen des Ductus epididymidis resorbiert.

An der Epithelbasis liegen polygonale **Basalzellen** mit kleinen, runden Kernen und einem organellenarmen Zytoplasma mit zahlreichen Fettvakuolen. Basalzellen dienen dem Stoffaustausch. Zusätzlich treten intraepithelial Lymphozyten und Makrophagen auf.

Im Nebenhodenkopf und im Nebenhodenkörper vollzieht sich die Reifung der Spermien **(epididymale Spermienreifung),** im Nebenhodenschwanz werden die Spermien gelagert. Im Ductus epididymidis erhalten Spermien die **Fähigkeit der gerich-**

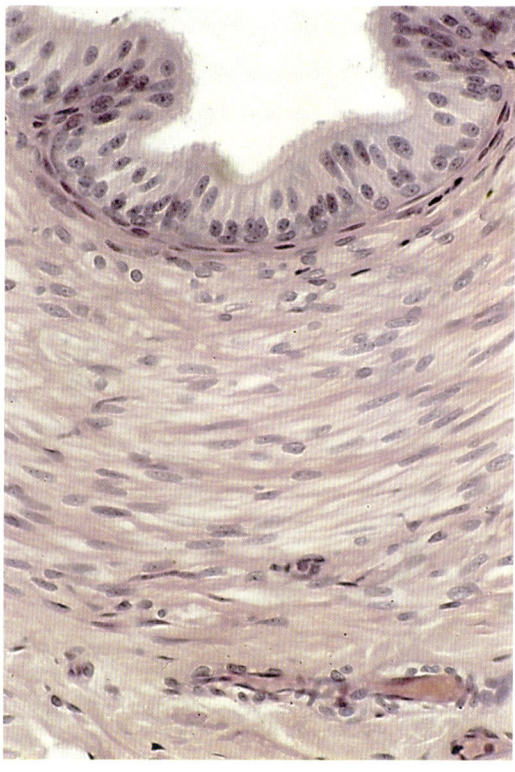

Abb. 229. **Wandausschnitt aus dem Samenleiter** des Katers mit gefalteter Schleimhaut und zirkulärer, glatter Muskelschicht. Färbung Hämatoxylin-Eosin, Vergr. 400fach.

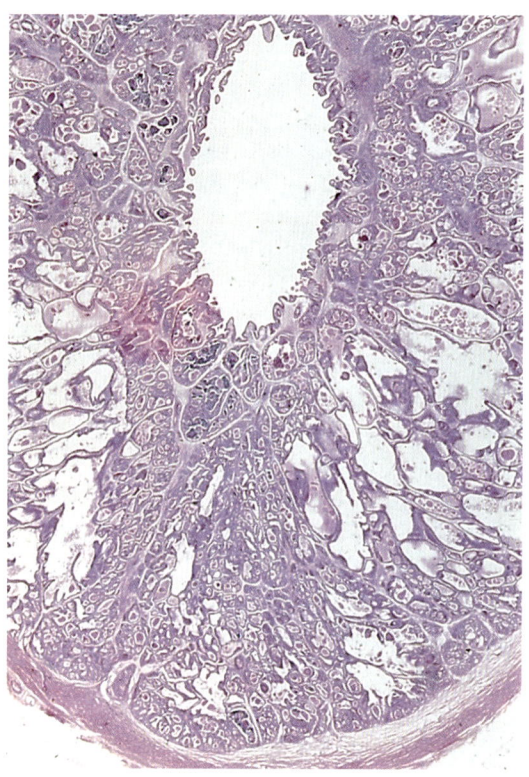

Abb. 230. **Übersicht über die Samenleiterampulle** des Bullen mit Anschnitt des Samenleiters und angrenzendem Drüsengewebe. Färbung Hämatoxylin-Eosin, Vergr. 20fach.

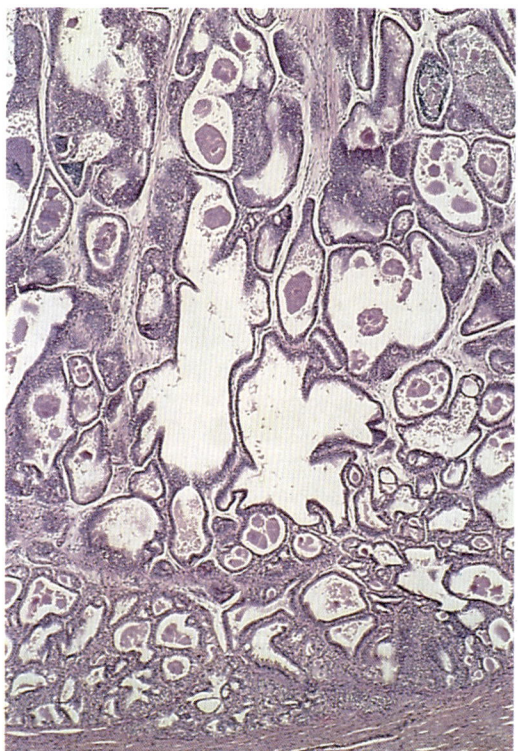

Abb. 231. **Ausschnitt aus der Samenblasendrüse** des Bullen mit tuboloazinösen Sekretsammelräumen. Färbung Hämatoxylin-Eosin, Vergr. 40fach.

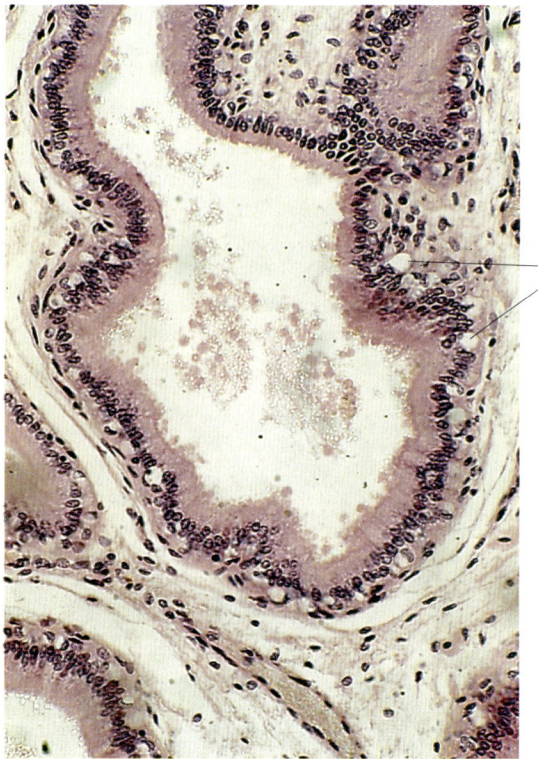

Zwergfettzellen

Abb. 232. **Azinöses Endstück der Samenblasendrüse** des Bullen mit intraepithelialen Zwergfettzellen. Färbung Hämatoxylin-Eosin, Vergr. 250fach.

teten **Vorwärtsbewegung**, sie **ändern ihren Stoffwechsel**. Die Spermien bleiben jedoch durch das saure Milieu des Nebenhodengangs in ihrer Motilität **weitgehend gehemmt**. Zusätzlich vollziehen sich auf der Oberflächenmembran Umbauvorgänge, die negative Ladungsdichte nimmt zu. In der **postakrosomalen Region** werden **Glykoproteinrezeptoren** lokalisiert, die entscheidend den Kontakt des Spermiums und der Zona pellucida der Eizelle fördern.

Plexus pampiniformis

Der anatomische Verlauf und der Wandbau der venösen Gefäße des Plexus pampiniformis fördert in enger Verbindung zu den Schlingen der A. testicularis vornehmlich den **Wärmeaustausch**. Gleichzeitig werden die **Diffusionsvorgänge** für Gase, kleinmolekulare Stoffe, für Adrenalin, Noradrenalin, Serotonin und lipidlösliche Stoffe wie Prostaglandine und Steroidhormone erleichtert.

Zwischen größeren Plexusvenen sind Anastomosen ausgebildet, die entscheidend die **Fließgeschwindigkeit** im venösen Plexusgeflecht herabsetzen. Durch die Ausbildung eines zusätzlichen adventitiellen und intramuralen Portalgefäßsystems im zentralen Plexusbereich werden diese vasoregulatorischen Mechanismen nachhaltig unterstützt.

Samenleiter (Ductus deferens)

Der Samenleiter bildet die Fortsetzung des Nebenhodengangs und mündet in das Beckenstück der Harnröhre. Anfänglich leicht geschlängelt, legt sich dieser auf der medialen Seite dem Hoden an und formt an dessen Kopf, zusammen mit der A. und V. testicularis, den Lymphgefäßen und sympathischen Nervenplexen, den **Samenstrang** (Funiculus spermaticus). In der Beckenhöhle fließen die beidseitig vorhandenen **Samenleiterfalten** (Plicae ductus deferentes) in der Plica urogenitalis zusammen und schließen gegen Ende bei allen Haussäugetieren die **Pars glandularis des Samenleiters** ein. Bei Hengst, Bulle und Rüde schwillt dieser Endabschnitt zur **Samenleiterampulle** (Ampulla ductus deferentis) an.

Der Ductus deferens vereinigt sich beim Hengst und beim Bullen kurz vor der Harnröhre mit dem **Ductus excretorius** der Samenblasendrüse zum **Ductus ejaculatorius**. Beim Eber erfolgt die Einmündung in die Harnröhre zumeist getrennt vom Ductus excretorius, bei Fleischfressern wegen der fehlenden Samenblasendrüse stets als selbständiger Samenleiter.

Der Samenleiter besitzt einen deutlichen Schichtenaufbau (Abb. 229). Die **Schleimhaut** (Tunica mucosa) weist eine ausgeprägte **Längsfaltenbildung** (Plicae mucosae) auf. Auf diese grenzt außen eine schmale Lamina propria, der unmittelbar eine dicke, geschichtete **Tunica muscularis** glatter Muskelzellen anliegt. Diese wird von einer **Tunica adventitia** oder im peritonealen Teil der Bauch- bzw. Beckenhöhle auch von einer **Tunica serosa** überzogen. In den äußeren bindegewebigen Schichten verlaufen größere Gefäße und Nervengeflechte.

Die **Schleimhaut** trägt anfangs ein zweireihiges, hochprismatisches Epithel (Epithelium pseudostratificatum columnare), das sich gegen Ende des Samenleiters zu einem einfachen, hochprismatischen Epithel reduziert. Oberflächlich kann stellenweise ein niedriger Stereozilienbesatz entwickelt sein. Im Samenleiterepithel des adulten Bullen sind in den Basalzellen zahlreiche Lipidvakuolen eingelagert.

Die **Lamina propria** ist bis zur Pars glandularis drüsenlos und reich an elastischen Fasernetzen. Diese setzen sich – ohne Ausbildung einer eigenständigen Tunica submucosa – in die Muskelschichten fort. Bei Hengst, Bulle und Eber vermischen sich zirkuläre, schräge und längsorientierte Muskelzüge, während beim Rüden und beim Kater eine vorwiegend innere zirkuläre und eine äußere longitudinale Muskulatur erkennbar ist. Das lockere Bindegewebe der Tunica adventitia ist stark vaskularisiert und reich an Nervengeflechten.

Akzessorische Geschlechtsdrüsen (Glandulae genitales accessoriae)

Die Sekrete der akzessorischen Geschlechtsdrüsen bilden zusammen mit denen der Nebenhoden die **Samenflüssigkeit** (Seminalplasma), die mit den **Spermien** zu den Bestandteilen des **Spermas** (Ejakulat) wird. Die sekretorische Aktivität der Glandulae genitales accessoriae unterliegt in einem hohen Maß dem Sexualrhythmus der Tiere (Ruhephase – Paarungsperiode), insbesondere bei den wildlebenden Tieren, die einen saisonalen Rhythmus durchlaufen.

Die Drüsen dienen vorrangig der Bildung von serösen oder mukösen Sekreten, die gemeinsam unterschiedliche Funktionen erfüllen: Ernährung, Transport und Aktivierung der Spermien sowie Neutralisierung der Harnröhre gegenüber dem sauren Harn und damit Schutz der Spermien. Zu den akzessorischen Geschlechtsdrüsen werden gerechnet:
- Pars glandularis des Ductus deferens (Ampulla ductus deferentis),
- Samenblasendrüse (Glandula vesicularis),
- Vorsteherdrüse, Prostata (Glandula prostatica),
- Harnröhrenzwiebeldrüse (Glandula bulbourethralis).

Die akzessorischen Geschlechtsdrüsen sind sämtlich beim Hengst, beim Bullen und beim Eber ausgebildet, die Samenblasendrüse fehlt den Fleischfressern, die Harnröhrenzwiebeldrüse dem Hund. Die Pars glandularis des Ductus deferens ist bei Hengst, Bulle und Rüde zur Samenleiterampulle (Ampulla ductus deferentis) erweitert. (Drüsenteil des Ductus deferens bzw. die Ampulla ductus deferentis s. auch den vorherigen Abschnitt »Samenleiter«.)

Pars glandularis des Ductus deferens

Der Drüsenteil (Pars glandularis) des Ductus deferens schließt bei allen Haussäugetieren in der Lamina propria ein dichtes Lager tubulär verzweigter Drüsen ein, die in ihren Endstücken sackähnliche Erweiterungen aufweisen können. Bei Hengst, Bulle und Rüde bildet sich hieraus die **Samenleiterampulle** (Ampulla ductus deferentis), die beim Kater und beim Eber fehlt (Abb. 230).

Das **einschichtige, zweireihige, hochprismatische Epithel** der Drüse ändert in Abhängigkeit vom Sekretionszustand seine Höhe. Das azidophile Sekret wird vorwiegend apokrin in das Drüsenlumen sezerniert, das zumeist kavernenartig erweitert ist **(Stapeldrüse)**. In den lumennahen Wandabschnitten der Pars glandularis kann eine Durchmischung von Samenflüssigkeit und Spermien erfolgen. Auch weisen neue Erkenntnisse darauf hin, daß der Samenleiterampulle eine gewisse Speicherfunktion zukommt. Während dieser Speicherung vollziehen sich weitere Reifungsprozesse an der Oberflächenmembran der Spermien.

Während der Ejakulation wird über vergrößerte **Sammelgänge** das Sekret in den Ductus ejaculatorius (Hengst, Bulle) bzw. in das Lumen des Ductus deferens (Rüde, Eber) abgegeben. Beim Bullen sind neben hochprismatischen Epithelzellen basale Zellen mit kleinen Lipidtröpfchen ausgebildet, die diesen das Aussehen von Fettzellen (»Zwergfettzellen«) verleihen. Die Drüsen sind durch kapillarreiche Bindegewebssepten in kleinere Läppchen gegliedert, die bei Hengst und Bulle durch schwache glatte Muskelfaserzüge verstärkt werden.

Samenblasendrüse (Glandula vesicularis)

Die paarige Samenblasendrüse ist eine **zusammengesetzte tubuloazinöse Drüse mit einem zweireihigen, hochprismatischen Epithel** (Epithelium pseudostratificatum columnare) (Abb. 231 und 232). Die hochprismatischen Zellen sind – in Abhängigkeit vom Funktionszustand – unterschiedlich dicht und weisen oberflächlich modifizierte Mikrovilli auf. Die Zellen sind reich an sekretorisch aktiven Organellen (ER-Membranstapel, Golgi-Apparate, Peroxysomen). Der Sekretionsmodus ist **apokrin**. An der Epithelbasis liegen vereinzelt kleine, dunkle Basalzellen. Die tubulären Wandabschnitte erweitern sich intralobulär zu **Sammelräumen für Sekrete** und sind hier, wie in den Hauptsekretgängen, mit einem einfachen, **isoprismatischen Epithel** ausgekleidet.

In der Lamina propria werden die einzelnen Drüsenschläuche und deren azinöse Endstücke durch lockeres, gefäßreiches interstitielles Bindegewebe verbunden. Dichte kollagenfaserige Septen unterteilen das Drüsengewebe in größere und kleinere Läppchen. Bei allen Tierarten werden die Drüsen von einer Tunica muscularis glatter Muskelzellen und einer Tunica adventitia umgeben.

Das Sekret der Samenblasendrüse ist gelartig, weiß bis gelblich und reich an **Fruktose** und **Zitronensäure**. Im alkalischen Milieu dieses Sekrets wird die **Motilität der Spermien** spontan gefördert, Fruktose dient dabei als Energielieferant. Inositol und Ergothionein werden nur in Sekreten beim Eber nachgewiesen. Die Synthese von Prostaglandinen in der Samenblasendrüse wird nicht ausgeschlossen.

Die Samenblasendrüse weist zahlreiche tierartliche Unterschiede auf.

Beim **Hengst** ist die Schleimhaut dieser Drüse **stark gefältelt**. Die Schlauchdrüsen bilden zahlreiche, zumeist **erweiterte Vesikel**. Das Sekret dieser tubuloazinösen Drüse wird über kurze Verästelungen in **vergrößerte Gangsysteme** abgegeben.

Das lockere interstitielle Bindegewebe wird von glatten Muskelzügen durchzogen. Der Ausführungsgang, der Ductus excretorius, mündet in den Ductus deferens, bildet dann den gemeinsamen Ductus ejaculatorius und tritt auf dem Samenhügel (Colliculus seminalis) in die Harnröhre über.

Beim **Bullen** durchzieht die Glandula vesicularis ein zentraler Ausführungsgang. Während seines Verlaufs zur Organperipherie nimmt die Anzahl kurzer, unregelmäßiger Verzweigungen und kleiner Ausbuchtungen bzw. ausgeprägter Azini zu. Tubuläre Abschnitte sind in ihren Querschnitten meist größer als azinöse Anteile dieser zusammengesetzten Drüse.

Die hochprismatischen Epithelzellen sind **sekretorisch sehr aktiv**. Sie schließen neben Glykogen vornehmlich **Peroxysomen und Lipidtröpfchen** ein. Als Besonderheit der Samenblasendrüse des Bullen und des Ziegenbocks kann in den Basalzellen das Auftreten von massiven Lipideinlagerungen gesehen werden. Die Epithelzellen sind **Speicher für uni- und plurivakuoläre Lipidtröpfchen**. Sie werden auch als »Zwergfettzellen« bezeichnet. Die Lipidtröpfchen enthalten Cholesterin und dessen Ester, Triglyzeride und Phospholipide und stehen möglicherweise mit der Synthese von **Prostaglandinen** in Verbindung.

Die Samenblasendrüse wird von einer **dicken, glatten Muskelschicht** umgeben, die ausgeprägte muskuläre Septen in das interlobuläre Bindegewebe entläßt. Die Tunica adventitia ist kollagenfaserig dicht geschichtet und von vereinzelten glatten Muskelzellen durchzogen.

Beim **Eber** sind stark **erweiterte, tubuläre Sammelräume** für die Stapelung der großen Sekretmengen entwickelt, das Epithel ist stark gefaltet. Die Drüse ist auffällig lobuliert und schließt nur wenige glatte Muskelzellen ein.

Vorsteherdrüse, Prostata (Glandula prostatica)

Die Prostata ist bei den meisten Haussäugetieren eine **tubuloazinös zusammengesetzte Drüse**, deren Ausführungsgänge in das Beckenstück der Harnröhre einmünden (Abb. 233 und 234). Beim Bullen ist diese akzessorische Geschlechtsdrüse durchgehend schlauchförmig. Man unterscheidet makroskopisch-anatomisch ein **Corpus prostatae** (Pars externa), das dem Beckenstück der Harnröhre außen anliegt, und eine **Pars disseminata** (Pars interna), die in Form von Drüsenläppchen in die Lamina propria bzw. Tela submucosa der Harnröhre eingelagert ist. Die Pars disseminata ist insbesondere dorsal ausgeprägt und umgibt die Harnröhre von lateral bis ventral. Mikroskopisch-anatomisch ähneln sich beide Anteile.

Die Wand dieser Drüse und ihre intraglandulären Gangabschnitte kleidet ein **iso- bis hochprismatisches, sekretorisch aktives Epithel** (Epithelium cuboidale/Epithelium columnare) aus. Diesem liegen gelegentlich Basalzellen an. Die **Hauptzellen** sind reich an proteinbildenden Organellen, rER, Golgi-Apparaten, zahlreichen Mitochondrien, azidophilen Sekretvakuolen und Lipidtröpfchen. Diese Zellen zeichnen sich durch eine **hohe Enzymaktivität** aus. Ein kleinerer Teil der Hauptzellen produziert ein **muköses**, der größere ein **proteinreiches seröses Sekret**. Aktive Epithelzellen entwickeln an der freien Oberfläche temporär vakuoläre Ausstülpungen als Ausdruck einer **apokrinen Sekretion**.

Gelegentlich können im Lumen der Endstücke und des **Ausführungsgangsystems** (Ductuli prostatici, Ductus prostatici) kleine, konzentrisch geschichtete Sekretkonkremente auftreten. Das hochprismatische Epithel der Ductus prostatici wandelt sich vor dem Übertritt in die Wand der Urethra in ein **Übergangsepithel** (Epithelium transitionale).

Das Drüsengewebe wird von einem lockeren kollagen-elastischen Fasernetz umgeben, in das glatte Muskulatur eingelagert ist **(Stroma myoelasticum)**. Glatte Muskelzellen sind besonders im Stroma des Corpus prostatae entwickelt. Ausgeprägte bindegewebige **Septen** (Septa prostatica) trennen die beiden Organanteile und bilden die **Organkapsel** (Capsula prostatae) mit deren muskulären **(Stratum musculare)** und faserigen Anteilen **(Stratum fibrosum)**.

Die Prostata weist tierartliche Unterschiede auf.

Beim **Hengst** sind die beiden seitlichen Drüsenlappen des Corpus prostatae dorsal (Isthmus prostatae) verbunden, eine Pars disseminata fehlt. Die tubulären Gangabschnitte sind meist erweitert und mit Sekret gefüllt. In der bindegewebigen Kapsel und dem Stroma liegen vermehrt glatte Muskelzellen. Beim **Bullen** und beim **Eber** liegt das Corpus prostatae flächenhaft abgeplattet der Harnröhre dorsal an, die Pars disseminata ist ausgeprägt und umgibt zusammen mit dem M. urethralis die Harnröhre mantelartig in Form radiär angeordneter Drüsenschläuche. **Schaf-** und **Ziegenbock** besitzen nur eine Pars disseminata, die zahlreiche erweiterte Seketräume aufweist. Bei den **Karnivoren** ist insbesondere das Corpus prostatae entwickelt, während eine Pars disseminata nur schwach ausgebildet wird.

Das Sekret dieser Drüse ist meist **gemischt** (seromuköse Drüse), vorrangig serös mit geringe-

250 XIII. Männliche Geschlechtsorgane (Organa genitalia masculina)

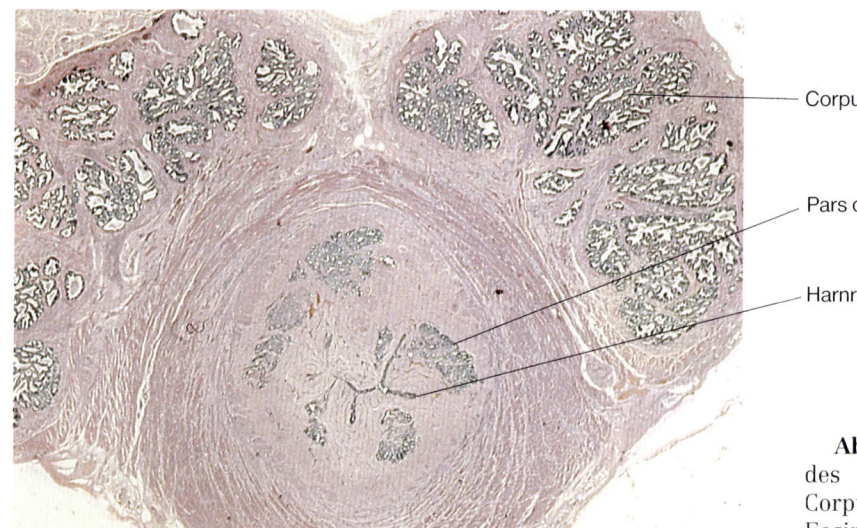

- Corpus prostatae
- Pars disseminata
- Harnröhre

Abb. 233. Übersicht über die Prostata des Rüden mit Pars disseminata und Corpus prostatae. Färbung Hämatoxylin-Eosin, Vergr. 32fach.

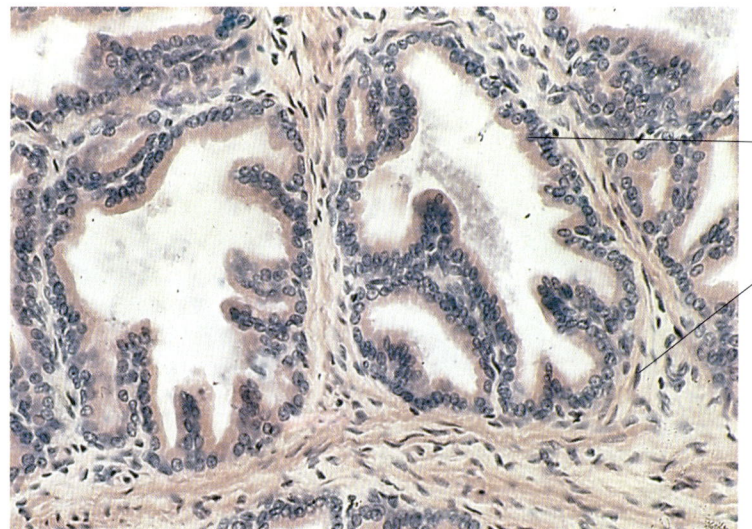

- iso- bis hochprismatisches Epithel
- glatte Muskelzellen

Abb. 234. Ausschnitt aus der sekretorisch aktiven Wand azinöser Endstücke der Prostata des Rüden mit glatten Muskelzellen im interstitiellen Bindegewebe. Färbung Hämatoxylin-Eosin, Vergr. 220fach.

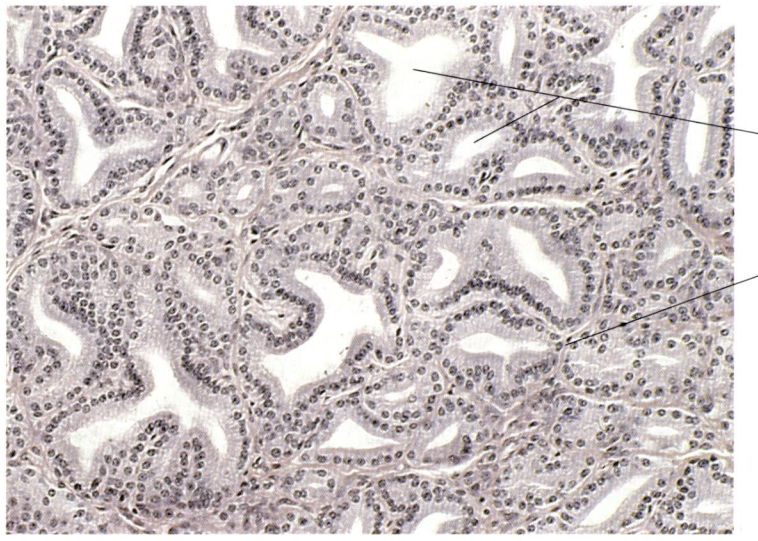

- Sekretsammelräume
- glatte Muskelzellen

Abb. 235. Ausschnitt aus den Drüsenläppchen der Harnröhrenzwiebeldrüse des Bullen. Färbung Hämatoxylin-Eosin, Vergr. 200fach.

ren schleimhaltigen Anteilen, beim Rüden ist es rein serös. Das Prostatasekret ist reich an Elektrolyten (z. B. Natrium, Kalium, Kalzium, Bikarbonate), Zitronensäure, Glukuronidase und sauren Phosphatasen sowie an Fibrolysin und Prostaglandinen. Im Gegensatz zum Sekret der Samenblasendrüse, deren alkalisches Sekret allein die Motilität der Spermien fördert, initiiert das Prostatasekret die aktive Vorwärtsbewegung des ejakulierten Spermiums. Dieses schwach alkalische Sekret neutralisiert das saure Milieu der Vagina.

Harnröhrenzwiebeldrüse (Glandula bulbourethralis)

Die paarige Harnröhrenzwiebeldrüse liegt dem Beckenteil der Harnröhre auf Höhe des proximalen Bulbus penis dorsolateral dicht an. Diese Drüse ist bei Kater, Eber und Ziegenbock vorwiegend **tubulär und zusammengesetzt**, bei Bulle, Schafbock und Hengst hingegen **tubuloazinös verzweigt**, beim Rüden fehlt sie.

Die Drüsenläppchen sind unterschiedlich groß. Die vielfach erweiterten Endabschnitte, auch die der Drüsentubuli, münden in gut entwickelte **Sekretsammelräume**, die über einen Hauptausführungsgang (Ausnahme Hengst mit 6–8 Gängen) das Sekret in die Harnröhre leiten (Abb. 235). Das Drüsengewebe wird von einem lockeren Bindegewebe mit vereinzelt darin liegenden **glatten Muskelzellen** umhüllt, das über dichtere feinfaserige Trabekel mit einer oberflächlichen, **fibroelastischen Kapsel** in Verbindung steht. In diese ist, wie teilweise auch in die bindegewebigen Trabekel, neben **glatter auch quergestreifte Muskulatur** eingelagert oder steht mit dieser in Verbindung (z. B. M. bulboglandularis, M. bulbospongiosus).

Der sekretorische Drüsenteil ist von einem **einschichtigen, meist hochprismatischen Epithel** (Epithelium columnare) mit vereinzelten Basalzellen ausgekleidet. Das Zytoplasma ist basophil mit runden Kernen, das Sekret **mukös**. Die unterschiedlichen Sammelgänge kleidet ein iso- bis hochprismatisches Epithel aus, das in den größeren intraglandulären Abschnitten allmählich in ein **mehrreihiges Epithel** (Epithelium columnare pseudostratificatum) übergeht. Am Ende des Bulbourethralgangs (Ductus glandulae bulbourethralis) ändert sich das Epithel in ein **Übergangsepithel** (Epithelium transitionale).

Auch diese akzessorische Geschlechtsdrüse ist tierartlich unterschiedlich ausgebildet.

Beim **Hengst** wird die gesamte Drüse von einem quergestreiften Muskel (M. bulbocavernosus) umgeben; 6–8 Ductus glandulae bulbourethrales münden in die Urethra. Bei **Bulle** und **Schafbock** sind die meist erweiterten Sammelräume durch kurze Zwischenstücke mit den sekretorisch aktiven Endstücken verbunden. Beim **Eber** ist diese Drüse besonders stark ausgebildet und vom M. bulboglandularis mantelartig umgeben. Beim **Kater** sind die intraglandulären Tubuli sinusähnlich erweitert und über kurze unverzweigte Zwischenstücke mit den Drüsenenden verbunden.

Das Sekret der Harnröhrenzwiebeldrüse bildet bei der Ejakulation das **Vorsekret**. Es ist **mukös, stark gelatinös und fadenziehend**, dient der **Neutralisation** der Harnröhre und benetzt als präejakulatorische Flüssigkeit die Vagina. Beim Eber sind bis zu 30 % des Gesamtejakulats Sekrete dieser Drüse. Insbesondere beim Kater übernimmt das Vorsekret aufgrund des hohen Glykogengehalts die Aufgabe der Energieversorgung der Spermien. Dem Kater fehlt das fruktosereiche Sekret der Samenblasendrüse (s. S. 248).

Harnröhre (Urethra)

Die männliche Harnröhre beginnt im Harnblasenhals (Ostium urethrae internum), verläuft im Beckenboden bis zum Sitzbeinausschnitt, tritt in den Penis über und endet bei Bulle, Eber und Fleischfresser im Ostium urethrae externum an der Penisspitze. Bei Hengst, Schaf- und Ziegenbock liegt die äußere Harnröhrenöffnung an der Spitze des Processus urethrae. Man unterscheidet einen **Beckenteil** (Pars pelvina urethrae) mit einer Pars praeprostatica, einer Pars prostatica und einer Pars membranacea und einen **kavernösen Penisteil** (Pars spongiosa urethrae, Pars externa urethrae).

Die Urethra dient bis zur Einmündung des Ductus deferens (Pars praeprostatica) allein dem **Transport des Harns,** im weiteren Verlauf übernimmt sie zusätzlich die Funktion der **Weitergabe des Samens** (Harn-Samenröhre).

Die Urethra ist ein **häutig-muskulöser Schlauch.** Die Schleimhaut verläuft im ungedehnten Zustand durchgehend in Längsfalten, die während der Ejakulation bzw. während des Absetzens des Harns verstreichen. Die Urethra wird weitgehend von einem **Übergangsepithel** (Epithelium transitionale) ausgekleidet. Stellenweise kann auch ein einfaches oder mehrfach geschichtetes, hochprismatisches Epithel ausgebildet sein. Nahe der Glans penis bzw. des Processus urethrae überzieht die Schleimhaut ein mehrschichtiges Plattenepithel.

252   XIII. Männliche Geschlechtsorgane (Organa genitalia masculina)

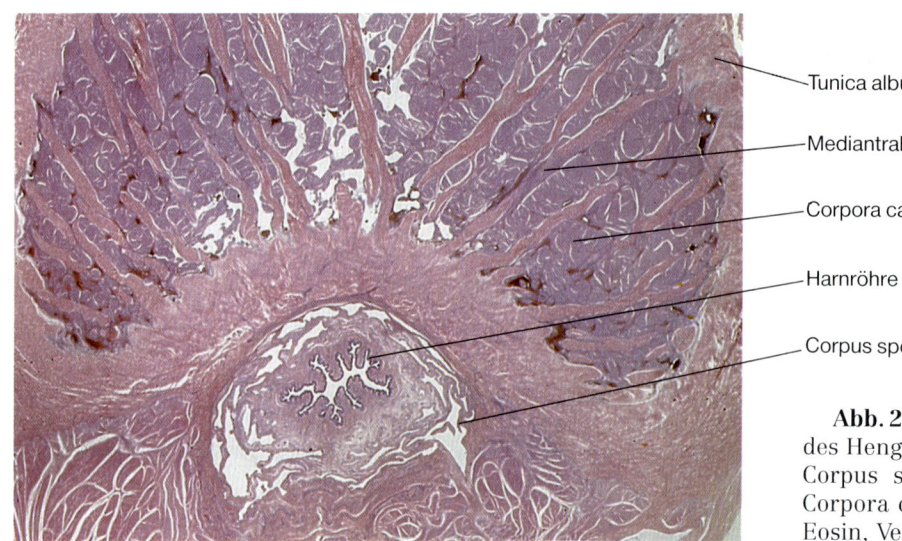

- Tunica albuginea
- Mediantrabekel
- Corpora cavernosa penis
- Harnröhre
- Corpus spongiosum urethrae

Abb. 236. Ausschnitt aus dem Penis des Hengstes mit dem zentralen, unpaaren Corpus spongiosum und den peripheren Corpora cavernosa. Färbung Hämatoxylin-Eosin, Vergr. 5fach.

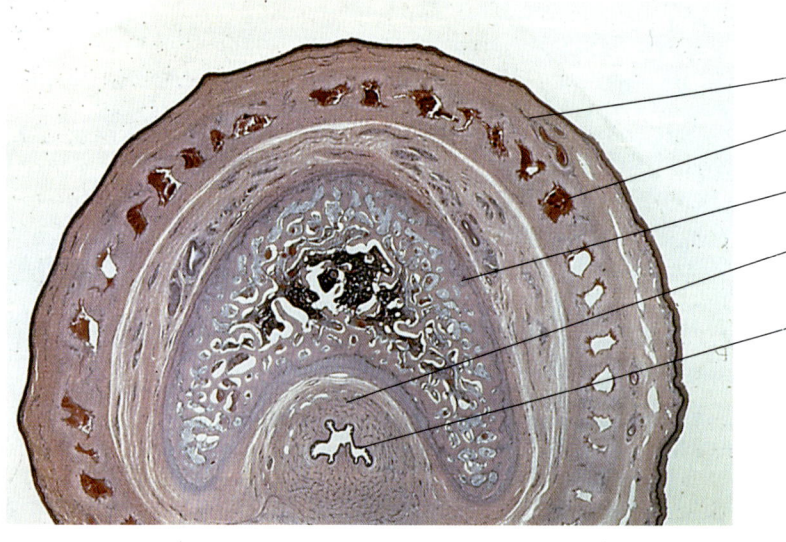

- Tunica albuginea
- Corpora cavernosa penis
- Penisknochen
- Corpus spongiosum urethrae
- Harnröhre

Abb. 237. Übersicht über den Penis des Rüden mit Schwellkörpern und Penisknochen. Färbung Hämatoxylin-Eosin, Vergr. 7fach.

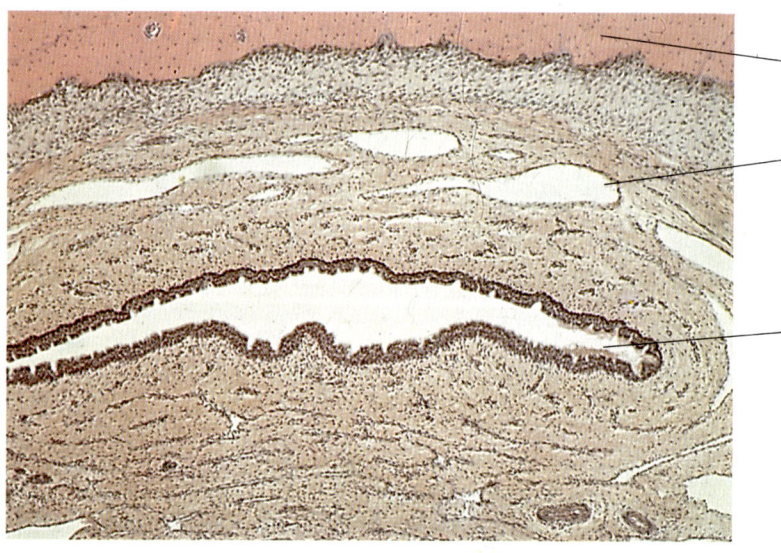

- Penisknochen
- Corpus spongiosum urethrae
- Harnröhre

Abb. 238. Ausschnitt aus dem Corpus spongiosum urethrae des Rüden. Färbung Hämatoxylin-Eosin, Vergr. 175fach.

Im **Beckenstück** der Urethra (Pars prostatica und Pars membranacea) schließt die Lamina propria aus fibroelastischem Gewebe mit glatten Muskelzellen manchmal lymphatische Einlagerungen ein. Bei Hengst und Kater sind muköse, tubuläre Drüsen (Glandulae urethrales) entwickelt. Am Ende des Beckenstücks sind in der Lamina propria in großer Zahl muskelarme Venen eingelagert, die in ihrer Gesamtheit ein subepitheliales **Schwellgewebe** (Stratum cavernosum s. vasculare) bilden. Dieses variiert in seiner Größe erheblich und nimmt in der Pars spongiosa des Penis als Corpus cavernosum urethrae an Ausdehnung deutlich zu.

Die **Tunica muscularis** beginnt am Harnblasenhals als ein dreischichtiger glatter Muskelmantel, ändert ihre Faserqualität und setzt sich als quergestreiftes Muskelgewebe (äußere und innere Schicht des M. urethralis) fort. Die zirkulär verlaufenden Muskelfasern bilden nur beim Hengst, bei Fleischfressern und beim Ziegenbock eine geschlossene Schicht, beim Bullen, beim Eber und beim Schafbock fehlen dorsale Anteile. Oberflächlich umhüllt eine Tunica adventitia die Harnröhre.

Im **Penisstück** der Urethra (Pars spongiosa urethrae) wird die Lamina propria in erheblichem Umfang von dünnwandigen Venen durchsetzt, die einen **Schwellkörper** (Corpus cavernosum urethrae) bilden. Nahe der Harnröhre sind die Bluträume des Schwellkörpers klein. Sie nehmen nach außen deutlich an Größe zu. Die Kavernen sind insbesondere beim Hengst ausgeprägt. Die außen anliegende Tunica adventitia strahlt in die Kapsel des Peniskörpers ein.

Glied (Penis)

Der Penis setzt sich aus dem Peniskörper (Corpus penis) mit seinen paarigen Schwellkörper (Corpus cavernosum penis) und der Harnröhre mit ihrem unpaaren Schwellgewebe (Corpus spongiosum penis/urethrae) zusammen. Der unpaare Schwellkörper (Corpus spongiosum penis) besteht aus einem anfänglichen Bulbus penis, einem Corpus spongiosum urethrae und dem terminalen Eichelschwellkörper (Corpus spongiosum glandis). Letzterer bildet die Grundlage für die Eichel (Glans penis). Derbfaserige Bindegewebsschichten, glatte und quergestreifte Muskulatur, Blut- und Lymphgefäße sowie Nervengeflechte sind darüber hinaus wesentliche Bestandteile des Penis. Zusätzlich ist bei Fleischfressern ein Penisknochen am Aufbau des Penis beteiligt (Abb. 236–238).

Der **Peniskörper mit seinen paarigen Schwellkörpern** wird von einem engmaschigen Geflecht kollagener und elastischer Fasern umgeben, die in ihrer Gesamtheit die Tunica adventitia bilden. Diese Bindegewebshüllen weisen in ihrer Faseranordnung beim Hengst ein inneres rechts- und linksspiraliges Raumgitter auf, dem außen bügelartig Faserbündel anliegen. Beim Bullen sind die äußeren Kollagenfaserbündel vorrangig längsorientiert, nach innen geben diese an die Schwellkörper Trabekel und Septen ab.

Beim Rüden und beim Hengst, Tieren mit einem **Penis vom muskulokavernösen Typ,** tritt bei der Erektion des Penis aufgrund der besonderen Anordnung und gleichzeitiger Verschieblichkeit der Faserstruktur eine begrenzte Erweiterung der Tunica adventitia ein, die letztlich zu einer derbelastischen Konsistenz des Penis führt. Bei Bulle und Eber, Tieren mit einem **Penis vom fibroelastischen Typ,** erfolgt die Verlängerung des Penis vorwiegend durch Streckung der S-förmigen Schleife.

Von der **Tunica adventitia** ziehen Bindegewebssepten und -trabekel zwischen die kavernösen Schwellkörper (Mediantrabekel) und umfassen diese tierartlich unterschiedlich. Beim Rüden ist eine durchgehende **Scheidewand** (Septum penis) ausgebildet, die paarige Ausbildung der Schwellkörper bleibt erhalten. Bei Hengst, Bulle, Eber und Kater besteht diese nur im Bereich der Peniswurzel. Die paarigen Corpora cavernosa sind zu einem **einheitlichen Schwellkörper** vereinigt.

Zwischen den Trabekeln liegt das **Schwellgewebe,** das sich aus kavernenartig erweiterten **arteriellen Bluträumen und fibromuskulären Geweben** aufbaut. Beim Hengst besteht dieses Grundgerüst vorwiegend aus glatter, längsorientierter Muskulatur, die im nicht erigierten Penis die Blutkavernen zu spaltenförmigen Hohlräumen verengt. Der bindegewebige Anteil ist im Schwellgewebe des Hengstes gering. Bei Bulle und Eber sind zwischen den unregelmäßig erweiterten Bluträumen fibroelastische Fasernetze vorherrschend, die zusätzlich in geringer Anzahl glatte Muskelzellen einschließen. Bei Fleischfressern wird das Schwellkörpergewebe von glatter Muskulatur umgeben, der bindegewebige Anteil ist relativ gering.

Die **Corpora cavernosa penis** sind **arterielle Bluträume,** die von Rankenarterien (Aa. helicinae) versorgt werden. In ihrer Tunica interna (Intima) schließen die Kavernen epitheloide glatte Muskelzellen ein. Ihre Kontraktion führt zum weitgehenden Verschluß der Hohlräume. Die Arterien stehen über Anastomosen mit Venen in Verbindung (epitheloide Sperrarterien). Bei Erschlaffung der glatten Muskulatur füllen sich die Hohlräume, der Penis erigiert. Dieser Vorgang wird durch zusätzliche

Kompression des abführenden venösen Systems durch die Tunica adventitia verstärkt. Damit wird die Erektion der kavernösen Schwellkörper durch den erhöhten arteriellen Zufluß und einen verminderten Abschluß reflektorisch reguliert.

Der **unpaare Schwellkörper des Penis** (Corpus spongiosum penis) wird von einer dünnen, mit elastischen Fasern durchzogenen Tunica adventitia umgeben. Diese entläßt bindegewebige Trabekel, in die beim Hengst und beim Rüden glatte Muskelzellen eingelagert sind. Diese faserigen Balken bilden das Stützgewebe für **kavernöse Bluträume,** die mit **längsorientierten Venengeflechten** vergleichbar sind. Bei der Erektion erhalten diese **venösen Kavernen** über die A. bulbi penis zusätzlich einen **arteriellen Zustrom,** was die Erweiterung der Urethra nach sich zieht. Zur Penisspitze setzt sich dieser Schwellkörper in die Glans penis fort und führt hier bei der Erektion zu einer Größenzunahme der Eichel.

In der **Eichel** (Glans penis) weisen nur der Hengst und der Rüde einen ausgeprägten **venösen Schwellkörper** (Corpus spongiosum glandis) auf, der mit dem Corpus cavernosum der Harnröhre in Verbindung steht. Bei diesen Tierarten schließt das lockere Bindegewebe zwischen den Bluträumen vermehrt elastische Fasern und glatte Muskelzellen ein. Beim Bullen und beim Eber ist nur ein subepithelial gelegenes, schwach entwickeltes venöses Stratum cavernosum ausgebildet, das nicht zur Vergrößerung der Glans penis beiträgt.

Vorhaut (Praeputium, Preputium)

Das Praeputium ist eine Hautfalte, die sich aus einem äußeren Hautblatt (Lamina externa), einem Innen- oder Parietalblatt (Lamina interna) und aus einem das vordere Ende des Penis und der Eichel überziehenden Penis- oder Viszeralblatt (Lamina penis praeputii) zusammensetzt. Das äußere Hauptblatt entspricht dem Bau der äußeren Haut (Integumentum commune).

Die **Lamina externa** ist leicht behaart und trägt, insbesondere in Richtung auf das Ostium praeputiale, Talgdrüsen. Die **Lamina interna** wird von einem mehrschichtigen Plattenepithel bedeckt. Sie schließt bei den meisten Haussäugetieren Talg- und Schweißdrüsen ein und ist meist haarlos. Durch vakuolär-fettige Degeneration der Epithelzellen entsteht zusammen mit den apokrinen Talgdrüsen ein fettiges Sekret (Smegma praeputii). Das Innenblatt wird bei Bulle, Eber und Rüde häufig von Lymphknötchen durchsetzt. Dieses Blatt ist mit einer großen Anzahl sensibler Endkörperchen und zahlreichen freien intraepithelialen Nervenendigungen ausgestattet. Die **Lamina penis praeputii** überzieht eine kutane Schleimhaut. Beim Kater bildet die kutane Schleimhaut an der Glans penis zusätzlich kleine Hornstacheln aus.

Der Präputialbeutel (Diverticulum praeputiale) des Ebers wird von stark gefalteter kutaner Schleimhaut ausgekleidet. Sein Inhalt – Zellreste und Harn – entwickelt den tierartspezifischen Geruch.

XIV. Weibliche Geschlechtsorgane (Organa genitalia feminina)

Die weiblichen Geschlechtsorgane setzen sich zusammen aus: den paarigen **Eierstöcken** (Ovarii) und **Eileitern** (Tubae uterinae), der **Gebärmutter** (Uterus) mit dem **Gebärmutterhals** (Cervix), der **Scheide** (Vagina), dem **Scheidenvorhof** (Vestibulum vaginae) und der **Scham** (Vulva).

Die **Ovarien** dienen als keimbereitende Organe der Bildung und Reifung der weiblichen Keimzellen. Die Eierstöcke sind auch endokrine Drüsen, die Geschlechtshormone (u. a. Östrogene, Progesteron, Testosteron und Androgene) synthetisieren. In Abhängigkeit vom Geschlechtszyklus bzw. während der Trächtigkeit bilden die Ovarien in der Regel einen, bei Mehrfachovulationen entsprechend mehrere hormonproduzierende Gelbkörper.

Die **Eileiter** sind keimleitende Organe. In ihnen werden die weiblichen Eizellen und die männlichen Samenzellen transportiert. Im oberen Abschnitt der Eileiter (Ampulla tubae uterinae) erfolgt die Vereinigung der beiden haploiden Keimzellen **(Befruchtung)**. Nach der Befruchtung entsteht die Zygote, aus der sich der Keimling entwickelt. Dieser gelangt im frühembryonalen Stadium durch den Eileiter in das keimtragende Organ, die Gebärmutter. Der Keimling wird in die **Schleimhaut des Uterus** aufgenommen (Nidation, Implantation) und durchläuft dort die embryonalen und fetalen Entwicklungsstadien bis zur Geburt. Während der Trächtigkeit verändert sich die Uterusschleimhaut in tierartspezifischer Weise und trägt zur Bildung der Plazenta bei. (Einzelheiten s. Lehrbücher der Embryologie der Haussäugetiere.)

Cervix, Vagina, Vestibulum und Vulva bilden zusammen die Geburtswege. Die Scheide und die Schamlippen sind äußere Geschlechts- und Kopulationsorgane.

Sämtliche Abschnitte der weiblichen Geschlechtsorgane unterliegen während der Geschlechtsreife der Tiere zyklischen Umbauvorgängen **(Geschlechtszyklus)**, die vorzugsweise das **Parenchym der Eierstöcke** und die **Schleimhäute** der einzelnen Organe betreffen.

Eierstock (Ovar, Ovarium)

Die Ovarien erfüllen beim geschlechtsreifen Haussäugetier eine **Doppelfunktion**. Sie dienen der **Bildung befruchtungsfähiger Eizellen** und der **Synthese von Geschlechtshormonen**. Beide Vorgänge unterliegen zyklischen Einflüssen (Geschlechtszyklus), die endokrin über Rückkoppelungsmechanismen durch Hormone des Hypothalamus bzw. der Adenohyphophyse gesteuert werden.

In der weiblichen Keimdrüse ist die Reifung der weiblichen Keimzellen und die Synthese von Hormonen strukturell und funktionell eng an **Follikel** gebunden, ganz im Gegensatz zur männlichen Keimdrüse, in der die Reifung der Samenzellen in Samenkanälchen und die Hormonsynthese getrennt von diesen im lockeren Bindegewebe erfolgt.

Makroskopisch-anatomisch unterscheiden sich die Ovarien der einzelnen Haussäugetiere z. T. erheblich (s. Lehrbücher der Anatomie der Haussäugetiere). Der mikroskopische Aufbau läßt hingegen eine weitgehend übereinstimmende Grundstruktur erkennen, die sich in Abhängigkeit vom Geschlechtszyklus und vom Alter des Tiers ändert.

Die **Oberfläche** des Ovars wird durch zyklische Funktionsgebilde, wie z. B. Vorwölbungen durch sprungreife Follikel, Ovulationsgruben oder Gelbkörper und narbige Einziehungen, unregelmäßig gestaltet. Entsprechend paßt sich das Oberflächenepithel dieses Organs, auch als **Keimdrüsenepithel** bezeichnet, den funktionellen Besonderheiten an. Die Ovarien werden in Abhängigkeit vom Oberflächenprofil von einem **abgeplatteten**, meist jedoch von einem **isoprismatischen, einschichtigen Deckepithel (Epithelium superficiale)** überzogen, das sich in das Serosaepithel der Bauchdecke (Peritonealepithel) fortsetzt. Beim Pferd ist als tierartliche Besonderheit das Keimdrüsenepithel nur in der Ovulationsgrube (s. S. 257) entwickelt. Ansonsten überzieht eine einschichtige Tunica serosa das Ovar.

Dem Oberflächenepithel ist stets eine bis zu 100 µm dicke, bindegewebige **Tunica albuginea** unterlagert, die gefäßarm ist und mit dem Stroma der Rindenzone (s. S. 257) in Verbindung steht.

Man unterscheidet am Ovar 2 Bereiche, eine
— Markzone (Medulla ovarii, Zona vasculosa),
— Rindenzone (Cortex ovarii, Zona parenchymatosa).

XIV. Weibliche Geschlechtsorgane (Organa genitalia feminina)

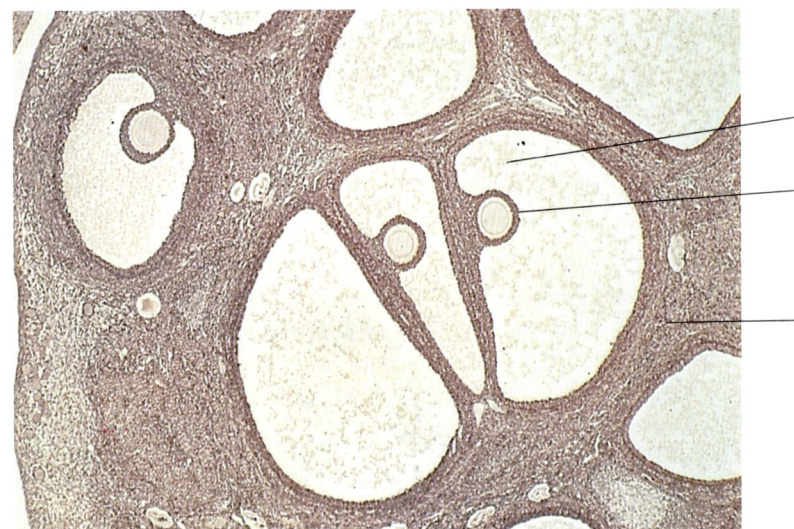

Abb. 239. **Übersicht über den Eierstock** der Katze mit Anschnitten durch Tertiärfollikel. Färbung Hämatoxylin-Eosin, Vergr. 18fach.

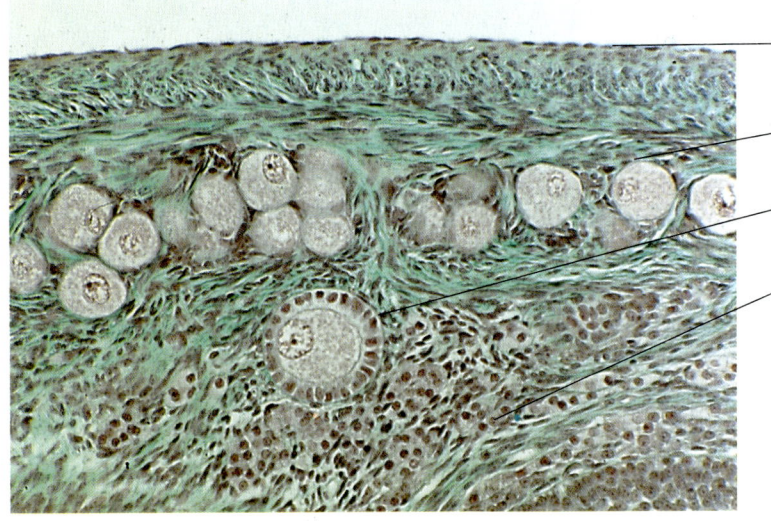

Abb. 240. **Ausschnitt aus der Randzone eines Eierstocks** der Katze mit zahlreichen Primordialfollikeln und einem Primärfollikel. Färbung Goldner, Vergr. 120fach.

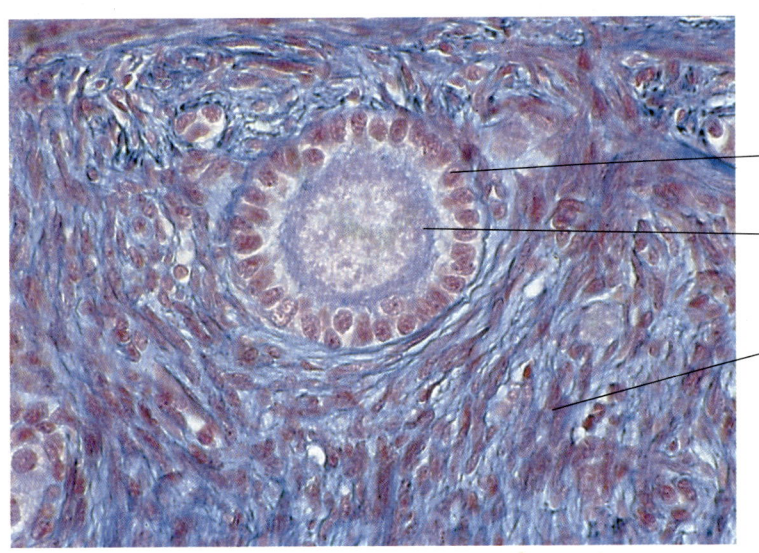

Abb. 241. **Primärfollikel aus dem Eierstock** einer Katze mit isoprismatischem Follikelepithel. Färbung Azan, Vergr. 250fach.

Zona vasculosa

Die Zona vasculosa ist in der Regel die **zentrale, gefäß- und nervenführende Schicht** des Ovars. Die im Hilus ovarii eintretenden Arterien verlaufen vorwiegend geschlängelt und bilden am Übergang zur Rindenzone ein Netzwerk, durch das die außen liegende Zona parenchymatosa versorgt wird. Diese Kapillargeflechte unterliegen ständigen zyklusabhängigen Umbauvorgängen, die funktionsbedingt zusätzlich durch Sperrarterien und arteriovenöse Anastomosen gesteuert werden. In der Markzone des Ovars sammeln sich Lymphgefäße, die zusammen mit den Venen am Hilus aus dem Organ austreten. Vorwiegend vegetative Nervenfasern versorgen u. a. die Follikel und die glatte Muskulatur der Gefäßwände.

In der Nähe des Hilus liegt bei Wiederkäuern regelmäßig, bei den anderen Haussäugetieren seltener, das von der Urniere abstammende Rete ovarii an. Das Rete ovarii setzt sich aus anastomosierenden Zellsträngen und Tubuli zusammen, die aus epithelähnlichen Zellen bestehen und von einer Basalmembran umgeben sind.

Beim **Pferd** liegt im Inneren des Ovars die Zona parenchymatosa mit der Ovulationsgrube und außen die gefäß- und nervenführende Schicht.

Zona parenchymatosa

Die Zona parenchymatosa liegt, mit Ausnahme des Pferdes, als Bindegewebsschicht der Zona vasculosa außen an. Strukturelle Grundlage der Rindenzone sind **stoffwechselaktive Stromazellen,** die in einem lockeren Raumgitter angeordnet sind **(spinozelluläres Bindegewebe).** Diese Stromazellen sind fibrozytenähnlich und weisen eine hohe Regenerationsfähigkeit, die Neigung zur vermehrten Teilung und die Fähigkeit zur Phagozytose auf. Stromazellen transformieren sich im Gelbkörper zu hormonproduzierenden, epitheloiden Zellen und synthetisieren dann Gestagene (Progesteron), Östrogene und Oxytozin (s. S. 263). Nach Abbau des Corpus luteum wandeln sich diese Zellen wieder in Stromazellen. Diese Sonderform einer Bindegewebszelle ist damit an sämtlichen reparativen Umbauvorgängen des Ovars beteiligt.

Das Stromabindegewebe ist von einem feinen Kapillarnetz durchsetzt, das insbesondere der Versorgung der Keimzellen während ihrer Reifung (s. S. 258) dient und an der Umwandlung der Follikelhöhle in den Gelbkörper nach der Ovulation der Ovozyte (s. S. 263) beteiligt ist.

Die Zona parenchymatosa geschlechtsreifer Haussäugetiere schließt **primäre Ovozyten** (Ovocyti primarii) und **Hüllzellen** (Follikelzellen) sowie deren **Entwicklungsstadien** (primäre, sekundäre, tertiäre und Graaf-Follikel) und deren **Funktionsgebilde** (z. B. Gelbkörper) ein. Embryonal ordnen sich **Stammzellen** (Ovogonien, Ovogonia) und Primordialkeimzellen zu **Keimsträngen,** später zu **Keimballen,** in denen die Keimzellen schon frühzeitig mit sog. **somatischen Begleitzellen** in Kontakt treten. Die Herkunft dieser Begleitzellen ist ungeklärt, man vermutet deren Abstammung aus dem embryonalen Zölomepithel und/oder der Urniere. Die Vermehrungsphase der Stammzellen ist bis zur Geburt abgeschlossen. Aus **Ovogonien** entwickeln sich in den Keimsträngen **Ovozyten.** Diese treten in die **erste meiotische Zellteilung** (Meiose I) ein und verharren bis zur Ovulation (s. S. 262) im **späten Stadium der Prophase** (Diplotän). (Näheres s. Kap. I: »Zelle«, Abschnitt »Meiose«, S. 26, und Lehrbücher der Embryologie der Haussäugetiere.)

Die Begleitzellen übernehmen für die weiblichen Keimzellen stoffwechselaktive Aufgaben. Sie ähneln unter diesem Gesichtspunkt den Sertoli-Zellen der männlichen Samenzellen. Begleitzellen differenzieren sich schon embryonal zu **Follikelzellen,** die in ihrer Gesamtheit als einfache oder mehrschichtige Hülle jeweils eine Ovozyte umgeben.

Ovarialfollikel

Beim geschlechtsreifen Tier liegt die **weibliche Keimzelle** in der Zona parenchymatosa des Ovars bis zur Ovulation als **Ruhestadium** in der späten Phase der **Prophase der Meiose I** (primäre Ovozyte) vor und wird von Follikelzellen umgeben. **Ovozyte und Follikelzellen** stellen zusammen eine strukturelle und funktionelle Einheit dar und werden als **Ovarialfollikel** bezeichnet. Außen werden Follikel von einer Basalmembran umgeben, die eine Grenzmembran gegenüber den Stromazellen darstellt.

Follikel treten in der Zona parenchymatosa in verschiedenen Stadien auf, die sich in der Größe der Ovozyte und im Grad der Entwicklung der Follikelhüllen unterscheiden. Danach lassen sich Follikel einteilen in einen
- Primordialfollikel (Folliculus ovaricus primordialis),
- Primärfollikel (Folliculus ovaricus primarius),
- Sekundärfollikel (Folliculus ovaricus secundarius),
- Tertiärfollikel (Folliculus ovaricus tertiarius),
- Graaf-Follikel (präovulatorischer Follikel) (Abb. 239–246).

258 XIV. Weibliche Geschlechtsorgane (Organa genitalia feminina)

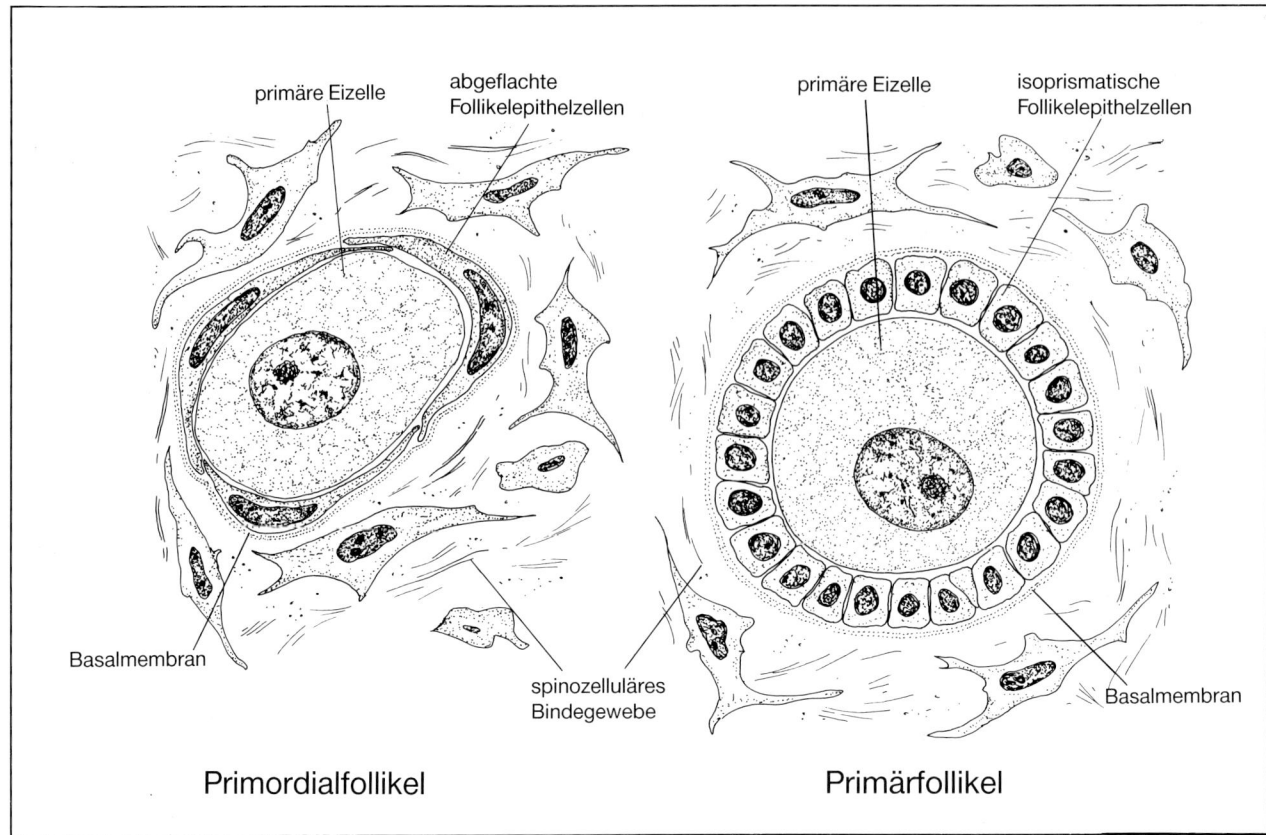

Abb. 242. Schematische Darstellung eines Primordialfollikels und eines Primärfollikels.

Primordial- und Primärfollikel

Der **Primordialfollikel** ist gekennzeichnet durch die primäre Ovozyte (Durchmesser ca. 30 µm), die von einer Schicht **abgeplatteter, undifferenzierter Follikelzellen** umgeben wird. Die Ovozyte schließt einen exzentrischen Kern mit einem Kernkörperchen, zahlreichen erweiterten Golgi-Feldern, Mitochondrien, Ribosomen und ER ein. Außen wird der Follikel von lockerem, spinozellulären Bindegewebe umgeben. Primordialfollikel sind Ruhestadien, die aktiviert werden und sich zu Primärfollikeln wandeln (Abb. 240–242).

Der **Primärfollikel** wird von einer **einschichtigen, isoprismatischen** Schicht von Follikelzellen umgeben, das Zytoplasma der Ovozyte nimmt gegenüber dem Primordialfollikel an Volumen geringgradig zu (Abb. 240–242).

Sekundärfollikel

Aus einem Primärfollikel entsteht durch mitotische Teilungen der Follikelzellen ein Sekundärfollikel, der strukturell gekennzeichnet ist durch die

- Vergrößerung des Volumens der Ovozyte,
- Bildung der Zona pellucida,
- Schichtung der Follikelzellen,
- Differenzierung der Stromazellen zur Theca follicularis.

Im Stadium eines Sekundärfollikels **wächst die Ovozyte** bis zu einem Durchmesser von 80 µm, gleichzeitig setzt die strukturelle Differenzierung des Zytoplasmas ein. Die Anzahl stoffwechselaktiver Organellen der Proteinbiosynthese (ER und Ribosomen) nimmt zu, die Golgi-Apparate erweitern sich. Charakteristisch für die Ovozyten der Wiederkäuer ist das Auftreten von vakuolären Lipidgranula. Unter dem Plasmalemm der Ovozyten häufen sich sog. Rindengranula (kortikale Granula), die Zelloberfläche wird durch kleinste Fortsätze unregelmäßig ausgestülpt. Insgesamt vergrößert sich die Ovozyte, ein Vorgang, der erst im Stadium des frühen Tertiärfollikels (s. S. 260) seinen Abschluß findet (Abb. 243 und 246).

Die **Zona pellucida** ist eine feinfibrilläre, glykoproteinreiche Grenzschicht (Dicke 12–13 µm), die sich im Spaltraum **(periviteliner Raum)** zwischen der Oberfläche der Ovozyte und den anliegenden

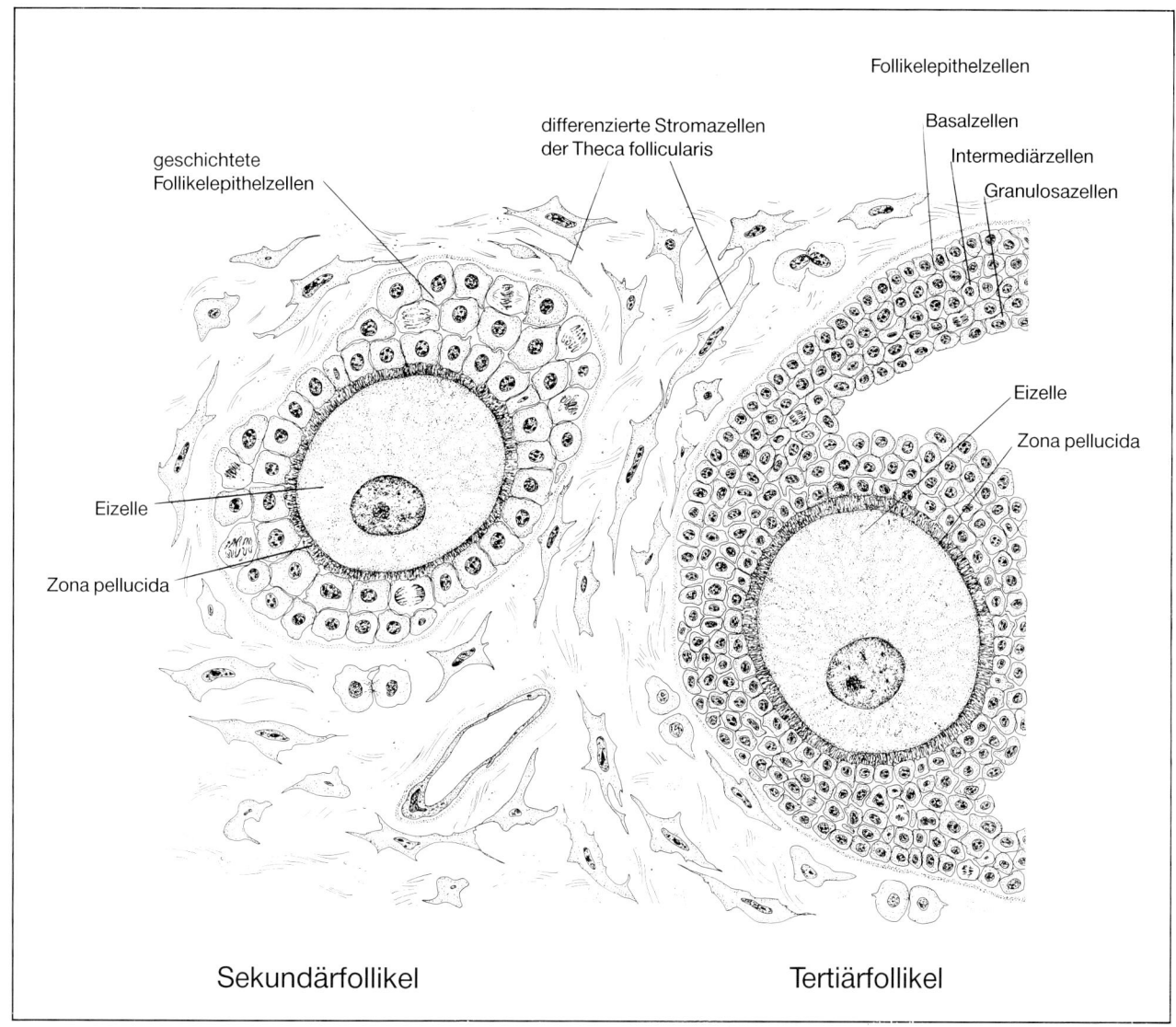

Abb. 243. Schematische Darstellung eines Sekundärfollikels und eines Tertiärfollikels.

Follikelzellen entwickelt. In diese Schicht ziehen Fortsätze der Follikelzellen, die über Desmosomen, später zusätzlich über Nexus, mit der Ovozyte in Verbindung stehen. Diese Zellverbindungen dienen vorrangig der Stoffwechselversorgung der Ovozyte durch die Follikelzellen.

Die Funktionen der Zona pellucida sind vielfältig. Diese Grenzschicht können nur artspezifische Samenzellen penetrieren; sie verhindert bei der Befruchtung das Eindringen von mehreren Samenzellen (Polyspermie). Im Eileiter wirkt die Zona pellucida einer vorzeitigen Implantation der Blastomeren entgegen und unterstützt den Zusammenhalt der Einzelzellen. Sie reguliert die Aufnahme von Nährstoffen. (Näheres s. Lehrbücher der Embryologie der Haussäugetiere.)

Ein charakteristisches Kennzeichen des Sekundärfollikels ist die **Vermehrung der Follikelzellen.** Durch mitotische Teilungen entstehen **mehrschichtige Lagen** von Follikelzellen um die Ovozyte (in der Regel 5, beim Wiederkäuer bis zu 10 Schichten). Durch eine polare, unregelmäßige Zellvermehrung erscheint der Sekundärfollikel häufig oval, die Einzelzellen sind polygonal und arm an Organellen. Der Follikel nimmt deutlich an Größe zu. Bereits im Stadium eines Sekundärfollikels tritt erstmals eine Differenzierung der Follikelzellen in innere Coronaradiata-Zellen, mittlere Intermediärzellen und äußere Basalzellen auf. Die dem Follikel außen anliegenden Stromazellen ordnen sich vorwiegend zirkulär, vergrößern sich und formen eine dünne bindegewebige Schicht, die **Theca follicularis.**

260 XIV. Weibliche Geschlechtsorgane (Organa genitalia feminina)

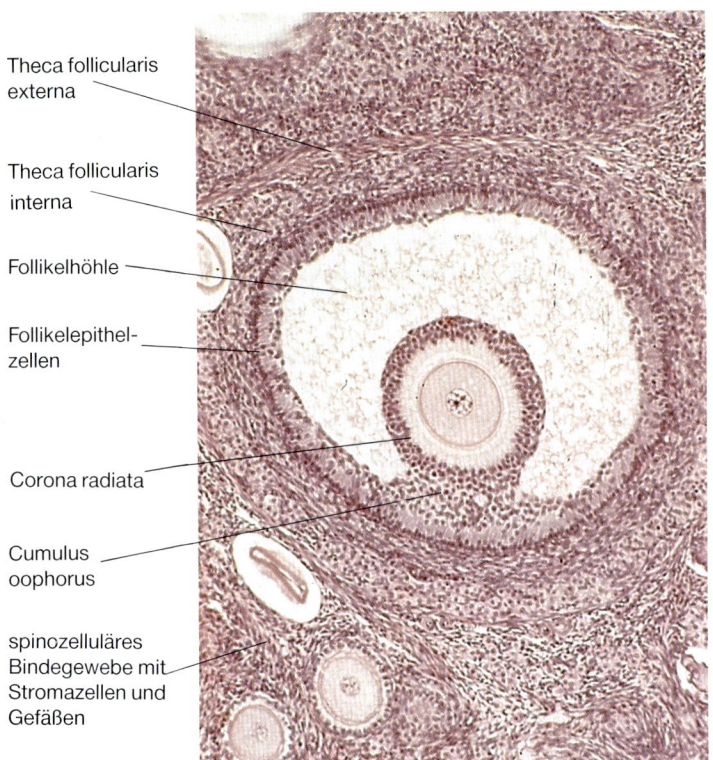
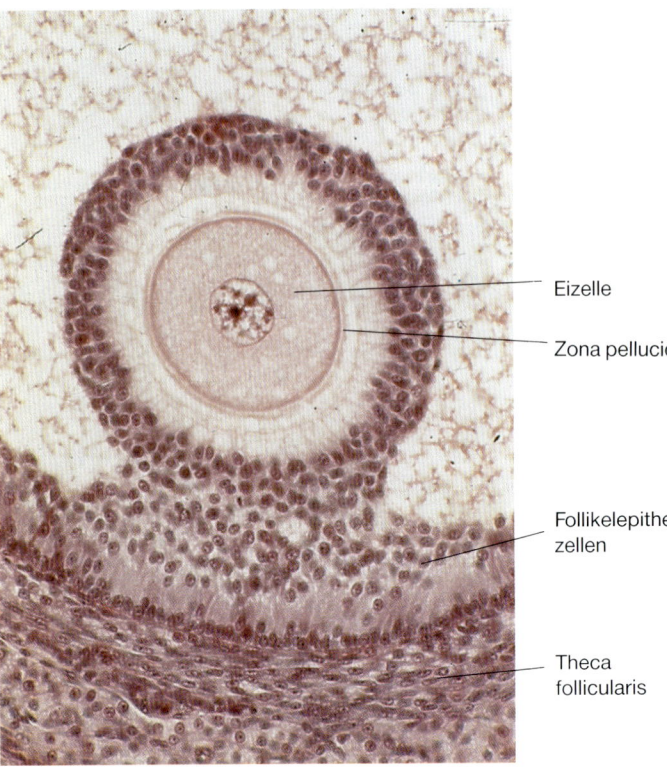

Abb. 244. **Übersicht über einen Tertiärfollikel** der Katze mit Eizelle, Follikelhöhle und Theca follicularis. Färbung Hämatoxylin-Eosin, Vergr. 120fach.

Abb. 245. **Übersicht über einen Cumulus oophorus** der Katze mit Eizelle, Zona pellucida, Follikelepithelzellen und Theca follicularis. Färbung Hämatoxylin-Eosin, Vergr. 300fach.

Die Follikelzellen liegen im späten Stadium eines Sekundärfollikels in lockerer Verbindung zueinander. Durch Erweiterung der Interzellularräume der Intermediärzellen entstehen Spalten, die zusammenfließen und einen größeren Hohlraum (Antrum folliculare) entwickeln. Damit bildet sich aus einem Sekundärfollikel ein Tertiärfollikel.

Tertiärfollikel

Der Tertiärfollikel ist gekennzeichnet durch die
– Ausbildung eines flüssigkeitsgefüllten Hohlraums (Antrum folliculare),
– Differenzierung der Follikelzellen innerhalb der Follikelwand,
– Bildung des Eihügels (Cumulus oophorus),
– Schichtung der Theca follicularis in eine
  – Theca follicularis interna und eine
  – Theca follicularis externa.

Erreicht der Follikel eine Größe von etwa 0,3 mm, kann auch lichtmikroskopisch die Erweiterung der Interzellularspalten beobachtet werden. Diese fließen zusammen und bilden die **Follikelhöhle** (Antrum folliculare), die eine hyaluronsäure- und eiweißreiche **Flüssigkeit** (Liquor follicularis) einschließt. Durch Größenzunahme des Hohlraums werden die Follikelzellen in die Peripherie des Follikels gedrängt. Sie kleiden die Wand der Follikelhöhle in Form mehrerer Zellschichten aus.

Entsprechend ihrer Lage innerhalb der **Follikelwand** werden Follikelzellen von außen nach innen unterschieden in:
– Basalzellen,
– Intermediärzellen,
– Granulosazellen (Abb. 243–245).

Basalzellen stehen mit der Basalmembran des Follikels in engem Kontakt. Sie dienen dem Transport von Stoffwechselmetaboliten zur Ernährung der Ovozyte und zur Produktion der Follikelflüssigkeit. Insbesondere werden im endoplasmatischen Retikulum der Basalzellen **Östrogene** aus Androgenen (Testosteron) gebildet, die in den epitheloiden Stromazellen der inneren Theca follicularis synthetisiert werden. **Intermediärzellen** formen die mittleren Wandschichten des Follikels. Als Zwischenschicht übernehmen die Follikelzellen die Aufgabe

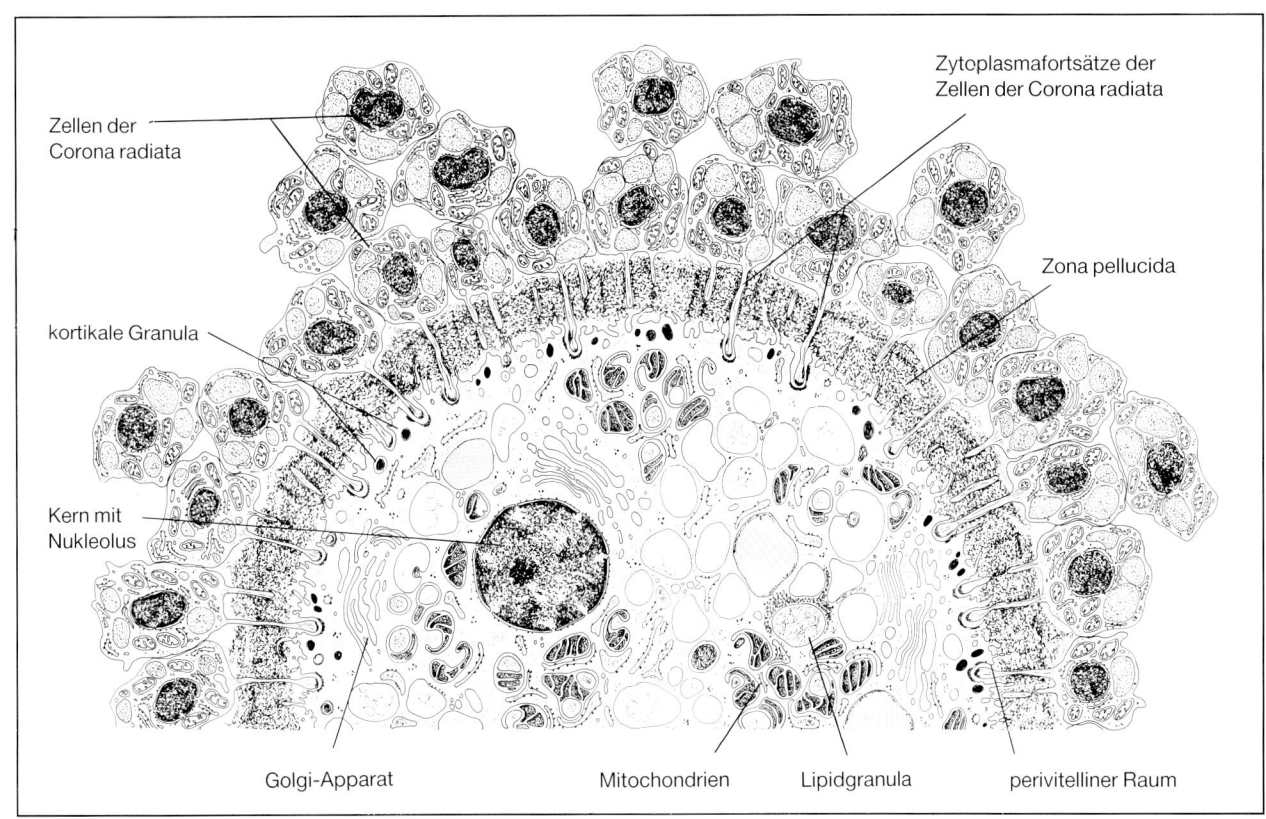

Abb. 246. Schematische Darstellung der Feinstruktur einer Eizelle des Schafes (Ausschnitt). (Modifiziert nach Rüsse, 1983.)

des Stofftransports und sind an der Bildung der Follikelflüssigkeit beteiligt. **Granulosazellen** bilden die innere Schicht der Follikelwand, sie kleiden die Follikelhöhle aus und überziehen außen den Eihügel (Cumulus oophorus, s. u.). Diese modifizierten Follikelzellen synthetisieren die proteinreiche, hormonhaltige Flüssigkeit der Follikelhöhle.

Die Ovozyte wird von einem Mantel aus Follikelzellen umgeben, die mit der Follikelwand in Verbindung stehen und den **Eihügel (Cumulus oophorus)** bilden. Der Eihügel liegt stets exzentrisch in der Follikelhöhle und besteht aus Basalzellen, Intermediärzellen und einer inneren Schicht, den Zellen der Corona radiata. Zentral im Eihügel liegt die Ovozyte (Abb. 245).

Die **Corona radiata** ist eine einschichtige Lage **hochprismatischer Follikelzellen,** die außen der Zona pellucida anliegen. Diese Zellen entlassen schmale Zytoplasmafortsätze, die radiär die Zona pellucida durchziehen und sich mit der Ovozyte über Desmosomen und Nexus verbinden. Diese Zellausläufer dienen der Ernährung der Ovozyte.

Die Ovozyte hat im Stadium des Tertiärfollikels ihr Wachstum abgeschlossen und erreicht bei den Haussäugetieren eine Größe von 130–150 µm. Strukturell ist die Ovozyte gegenüber der Differenzierung im Sekundärfollikel weitgehend unverändert (Abb. 246).

Das lockere Bindegewebe der Zona parenchymatosa ist in eine innere und eine äußere Theca follicularis differenziert. In der **Theca follicularis interna** transformieren sich Stromazellen zu **epitheloiden Zellen,** die **Steroidhormone** synthetisieren (Testosteron, Androgene). Entsprechend dieser endokrinen Funktion sind im Zytoplasma Mitochondrien vom Tubulus-Typ, ein glattes endoplasmatisches Retikulum und Lipidvakuolen eingelagert. Die Theca follicularis interna ist stark vaskularisiert, ein dichtes Kapillarnetz umgibt die epitheloiden, endokrinen Zellen. Die Theca interna geht außen fließend in eine **Theca follicularis externa** über, die vorwiegend aus spindelförmigen Stromazellen (spinozelluläres Bindegewebe) aufgebaut ist. In die meist parallel zur Oberfläche orientierten Zellagen sind retikuläre Fasernetze, kleinere Blutgefäße und Lymphgefäße eingeflochten.

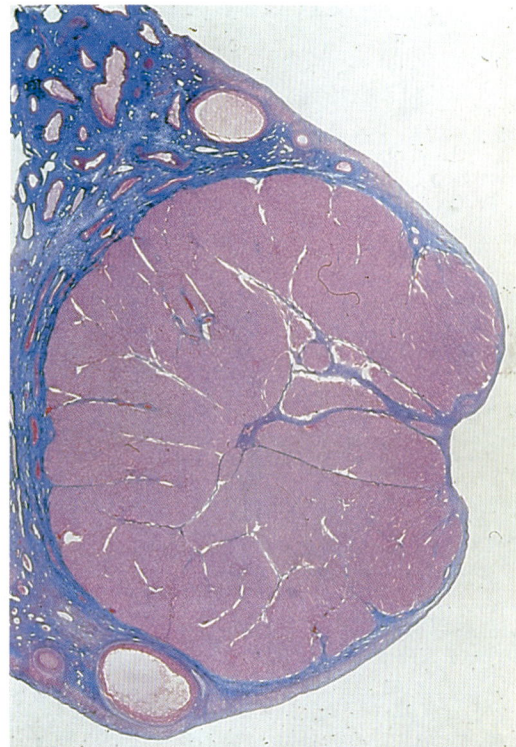

Abb. 247. Übersicht über einen Gelbkörper des Schafes. Färbung Azan, Vergr. 15fach.

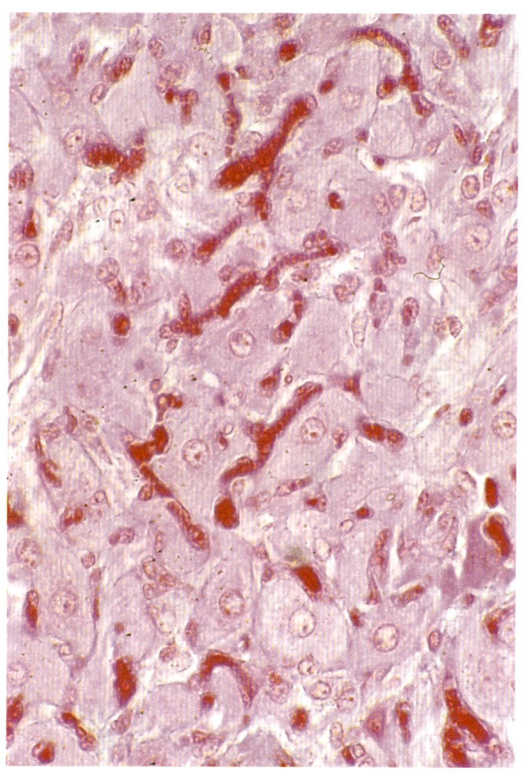

Abb. 248. Luteinzellen aus dem Gelbkörper eines Schafes mit erweiterten Kapillaren. Färbung Azan, Vergr. 400fach.

Graaf-Follikel

Der Graaf-Follikel ist der **präovulatorische, reife Follikel,** der bereits makroskopisch sichtbar die Oberfläche des Ovars deutlich vorwölbt. Beim **Hund** erreicht der **reife Follikel** eine Größe von 2 mm, beim **Schwein** über 1 cm, beim **Rind** von 17–18 mm und beim **Pferd** von 3–6 cm. Die vormals breitflächige Basis des Eihügels verjüngt sich stielförmig, randständige Follikelzellen lösen sich ab. Die **Ovozyte,** umgeben von der **Zona pellucida,** den **Zellen der Corona radiata** und einzelnen **Follikelzellen,** verliert die Verbindung zur Follikelwand und **schwimmt frei** in der **Follikelflüssigkeit.**

Die **primäre Ovozyte** (Ovocytus primarius) vollendet die erste meiotische Teilung (Meiose I) bei den meisten Haussäugetieren während der präovulatorischen Reifungsphase, bei **Pferd** und **Hund** setzt dieser Vorgang erst nach der Ovulation ein. Dabei wird das **genetische Material gleichmäßig** auf 2 Kerne, das **Zytoplasma** jedoch **ungleichmäßig** verteilt. Es entsteht eine größere **sekundäre Ovozyte** (Ovocytus secundarius) und ein kleineres, nicht funktionsfähiges **Polkörperchen** (Polocytus primarius). Unmittelbar nach Beendigung der 1. meiotischen Teilung (Reduktionsteilung) setzt die 2. meiotische Teilung (Äquationsteilung) der sekundären Ovozyte ein, die ihren Abschluß erst nach Eindringen des Spermiums in die Ovozyte während der Befruchtung im Eileiter findet. Auch hier ist die Teilung ungleich. Es entsteht eine **haploide befruchtungsfähige Eizelle** (Ovum) und ein kleines, wiederum nicht funktionsfähiges **Polkörperchen** (Polocytus secundarius). (Näheres s. Lehrbücher der Embryologie der Haussäugetiere.)

Eisprung (Ovulation)

Unter Ovulation versteht man die **Ruptur der reifen Follikelwand** und die **Freisetzung der Ovozyte.** Der Vorgang der Ovulation ist vorrangig auf endokrin gesteuerte Veränderungen der Mikrovaskularisation und auf lytische Einflüsse von Enzymen auf das lockere Bindegewebe an der **prädestinierten Rißstelle des Follikels** (Stigma folliculare) zurückzuführen.

Dem Einreißen der Follikelwand geht, nach einer kurzzeitigen Hyperämie, die **Verengung der Kapillargefäße der Theca interna** des Follikels voraus, die im Stigma folliculare zur Unterbrechung der Durchblutung führt. Nachfolgend setzt im Stigma die vollständige **Degeneration der Kapillaren** ein. Gleichzeitig erfolgt durch Kollagenasen und Proteasen der **enzymatische Abbau** der Tunica albuginea und der Theca follicularis sowie die Reduktion der Follikelzellen. Hierbei wirken Hormone, insbesondere das luteinisierende Hormon (LH), Östrogene und Prostaglandine (PGE_2 und $PGE_{2\alpha}$), regulatorisch. Bedingt durch die Fragmentierung zellulärer und faseriger Wandanteile werden Leukozyten aktiviert und lokal Histamin freigesetzt.

Das Stigma reißt ungefähr in der Mitte ein, die **Ovozyte** wird zusammen mit der **Zona pellucida, Zellen der Corona radiata** und teilweise mit weiteren Follikelzellen durch die Follikelflüssigkeit aus der Follikelhöhle gespült und durch den Fimbrientrichter des Eileiters aufgenommen. Beim **Rind** ovuliert die Ovozyte zusammen mit der Zona pellucida, Follikelzellen fehlen. Die Follikelwand kollabiert, legt sich in Falten und schließt das Stigma unvollständig.

Gelbkörper (Corpus luteum)

Der Gelbkörper ist eine **temporäre, endokrine Drüse**, die sich nach der Ovulation aus den verbliebenen Zellen der Follikelwand und den Stromazellen der Theca follicularis bildet und **Progesteron, Östrogene** und möglicherweise auch **Oxytozin** synthetisiert (Abb. 247). Der Gelbkörper unterliegt, solange keine Befruchtung der Eizelle erfolgt, zyklischen Auf- und Abbauphasen **(Corpus luteum cyclicum)**. Tritt eine Befruchtung ein, verlängert sich die Ausbildung des Gelbkörpers für die Dauer der Trächtigkeit **(Corpus luteum graviditatis)**. Nach Abbau des Gelbkörpers werden Reste dieser endokrinen Drüse narbig durch Bindegewebe ersetzt **(Corpus albicans)**. Die Neu- und die Rückbildung eines Corpus luteum vollzieht sich stets durch zelluläre, vaskuläre und bindegewebige Umbauvorgänge des Follikels und der anliegenden Hüllen.

Bildung des Gelbkörpers

Die Bildung eines Gelbkörpers setzt mit dem **Einreißen der Basalmembran** zwischen den Basalzellen und der Theca follicularis interna ein. Unmittelbar nach Fragmentierung der Basalmembran treten Kapillaren in die vormals gefäßfreie Follikelwand über und sprossen zusammen mit den haarnadelförmig angeordneten Arteriolen der Theca externa in die ehemalige Follikelhöhle ein. Das Follikellumen ist nach der Ovulation bei der **Stute**, der **Kuh** und dem **Schwein,** in geringerem Maße bei der **Hündin,** mit Blutserum, Blutkoagulum und Resten der Follikelflüssigkeit gefüllt **(Corpus haemorrhagicum)**.

Mit den Gefäßen gelangen Stromazellen, Fibroblasten und Makrophagen in großer Zahl in die ehemalige Follikelhöhle und beginnen innerhalb der ersten 5 Tage post ovulationem mit der Organisation des Corpus haemorrhagicum. Dabei phagozytieren Makrophagen Blutbestandteile und Follikelfragmente. Die Vaskularisation der Follikelhöhle führt zur Bildung des **Gelbkörpers (Corpus luteum)**.

Schon während der späten präovulatorischen Phase setzen erste Veränderungen der **Follikelzellen** (Granulosazellen) und der **Stromazellen der Theca interna** ein, die nach der Ovulation deutlich an Intensität zunehmen. Durch Vergrößerung des Zytoplasmas (funktionelle Hypertrophie) und durch Zellerneuerung (Hyperplasie) transformieren sich diese Zellen zu **Luteinzellen.** Dabei lagern sich bei sämtlichen Haussäugetieren, mit Ausnahme des **Schweins** und **kleiner Wiederkäuer,** in das Zytoplasma dieser Zellen zusätzlich zahlreiche **gelbliche Pigmente** (Lipochrome) ein. Diesen Vorgang bezeichnet man als **Luteinisierung.** Nach Herkunft der Luteinzellen unterscheidet man:
– Granulosaluteinzellen,
– Thekaluteinzellen.

Granulosaluteinzellen entwickeln sich aus den **Wandzellen des Follikels,** sie tragen durch ihre hohe mitotische Aktivität entscheidend zur Größe des Gelbkörpers bei. Granulosaluteinzellen sind polyedrisch (Durchmesser 40 μm) und weisen einen großen, ovalen Kern auf. Strukturelle Kennzeichen sind Mitochondrien vom Tubulus-Typ, glattes endoplasmatisches Retikulum in hoher Dichte und zahlreiche kleine Lipoideinschlüsse (Phospholipide, Triglyzeride, Cholesterol und deren Ester). Diese Organellen dienen der Steroidhormonsynthese, vorzugsweise der Bildung von **Progesteron.** In diesen Luteinzellen werden aber auch Östrogene und möglicherweise Oxytozin synthetisiert.

Thekaluteinzellen transformieren sich aus **Stromazellen der Theca interna**. Sie sind **kleiner** (Durchmesser bis zu 15 μm) und **seltener** als die Granulosaluteinzellen, gleichen aber diesen in Struktur und Funktion. Allein die Anzahl an Lipochromen ist vermehrt. Bei Rind und Schaf können sie nur schwer von Granulosaluteinzellen unterschieden werden. Auch Thekaluteinzellen bilden neben Progesteron Östrogene und möglicherweise Oxytozin.

XIV. Weibliche Geschlechtsorgane (Organa genitalia feminina)

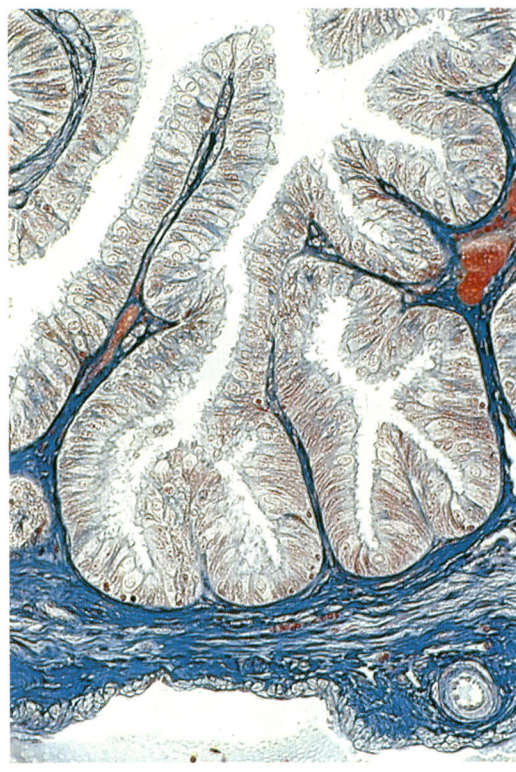

Abb. 249. **Wandausschnitt aus der Ampulle des Eileiters** der Katze mit Primär-, Sekundär- und Tertiärfalten der Schleimhaut. Färbung Azan, Vergr. 300fach.

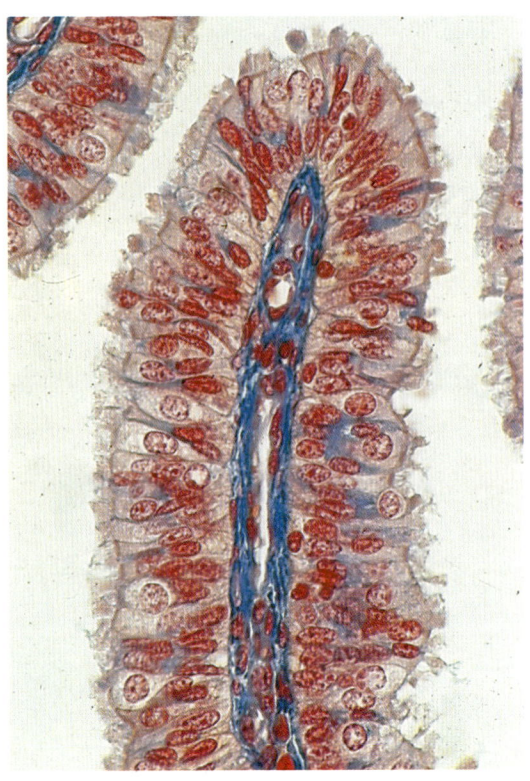

Abb. 250. **Ausschnitt aus einer Schleimhautfalte der Ampulle des Eileiters** des Rindes mit Flimmer-, Stiftchen- und Basalzellen. Färbung Azan, Vergr. 480fach.

Bereits während der frühen Anbildungsphase wird das Corpus luteum von einem dichten **Kapillargeflecht** durchzogen, dessen Verlauf zusammen mit den haarnadelartig angeordneten Arteriolen die **Läppchenstruktur** der endokrinen Drüse mitbestimmt (Abb. 248). Die Gliederung des Corpus luteum durch bindegewebige Septen erfolgt insbesondere durch das lockere, faserige Gewebe der **Theca externa,** z. T. auch durch Reste der **Theca interna.** Im Stadium der Corpus-luteum-Blüte stehen die Kapillarschlingen in engem Kontakt zu den Luteinzellen und nehmen Progesteron in das zirkulierende Blut auf.

Rückbildung des Gelbkörpers

Die Rückbildung des Gelbkörpers setzt unter dem hormonellen Einfluß von **Prostaglandin ($PGF_{2\alpha}$)** ein, das in der Uterusschleimhaut gebildet wird. Durch Anschwellen (Hypertrophie) der Gefäßwände tritt eine Einengung und letztlich der Verschluß der Gefäßlumina mit nachfolgender Degeneration des Kapillargebietes ein. Diesem schließt sich die Zunahme der lipochromen Pigmentierung der Luteinzellen an, die Lipoidvakuolen fließen zusammen und werden größer. Die Luteinzellen unterliegen im weiteren der Autolyse (fettige Degeneration), verbunden mit einer Karyolyse, und werden durch Makrophagen abgebaut. Gleichzeitig setzt eine deutliche Vermehrung des interstitiellen Bindegewebes durch die Zunahme von Retikulin- und Kollagenfasern ein. Erste Regressionsvorgänge des Gelbkörpers beginnen beim Rind bereits ab dem 15. Tag post ovulationem und beschleunigen sich zwischen dem 18.–21. Tag. Der vollständige Abbau des Gelbkörpers bis zur Narbenbildung **(Corpus albicans)** kann sich über einen längeren Zeitraum erstrecken. Bei polyöstrischen Tieren liegen dann im Ovar neben einem aufblühenden Gelbkörper auch Stadien früherer ovarieller Zyklen. Während der Rückbildungsphase verstärkt sich das Bindegewebe, zusätzlich können Pigmente **(Corpus nigrescens)** oder karotinoide Farbstoffe **(Corpus rubrum)** eingelagert werden.

Follikelatresie

Die **Mehrzahl der Primordial- und Primärfollikel,** aber auch spätere Follikelstadien unterliegen während ihrer Entwicklung einer **Rückbildung.** Dieser Vorgang wird als Follikelatresie bezeichnet. Die Rückbildung von Follikeln erfolgt kontinuierlich, sie ist physiologisch. Die Entwicklung einer Ovozyte bis zur Ovulation ist die Ausnahme, das Stadium einer haploiden Eizelle (Ovum) wird erst nach dem Eindringen eines Spermiums erreicht.

Atretische Veränderungen beginnen bei **primären Follikeln** in der **Ovozyte.** Diese degeneriert, gleichzeitig lösen sich die Follikelzellen auf. Durch Makrophagen werden sämtliche Anteile der Follikel abgebaut. In **sekundären Follikeln** verlaufen atretische Rückbildungen ähnlich. Die Zona pellucida verhindert jedoch eine schnelle und vollständige Lysis. Bei **Tertiärfollikeln** setzen Veränderungen zuerst in der **Follikelwand** ein. Follikelzellen vergrößern sich und lösen sich aus dem Zellverband, die Follikelflüssigkeit ist angereichert mit degenerierenden Zellen und teilweise vaskularisiert. Die Ovozyte degeneriert sekundär. Morphologisch sind atretische Follikel durch eine Kernschrumpfung und Verdickung mit folgender Hyalinisierung der Basalmembran (Glashaut) gekennzeichnet.

Eileiter (Tuba uterina)

Der Eileiter ist ein paariges, schlauchförmiges Organ, das sich in der Nähe des Ovars im Ostium abdominale in die Bauchhöhle öffnet und in den Uterushörnern in die Gebärmutter einmündet. An der inneren Wandauskleidung der Eileiter erfolgen zyklusabhängige Umbauvorgänge mit dem Ziel, für die Eizelle, die Samenzellen, die Zygote und die frühembryonalen Entwicklungsstadien (Blastomeren) **optimale Stoffwechselbedingungen** zu schaffen. Die Eileiter dienen dem **Transport** der Keimzellen, der **Enddifferenzierung** der weiblichen Eizelle (evtl. Beendigung der 2. meiotischen Teilung bei der Befruchtung) und der **Endreifung** der männlichen Samenzellen (Kapazitation). Nach einer Befruchtung in der Ampulla tubae uterinae gelangen die Zygote und die sich entwickelnden Blastomeren durch den Eileiter in den Uterus. Während dieser Wegstrecke ernährt und transportiert die Schleimhaut des Eileiters den Keimling.

Der Eileiter ist damit für das **Reproduktionsgeschehen von zentraler Bedeutung.** In seinem Anfangsabschnitt, dem Tubentrichter (Infundibulum tubae uterinae), nimmt der Eileiter die Ovozyte mit ihrer Hüllschicht, der Zona pellucida, und evtl. anhaftenden Follikelzellen auf. Der nachfolgend ampullenartig erweiterte Abschnitt des Eileiters, die Ampulla tubae uterinae, ist der **Ort der Befruchtung.** Durch unterschiedlich dichte und hohe Auffaltungen (Längsfalten, Sekundär- und Tertiärfalten) vergrößert sich in der Ampulle die stoffwechselaktive Oberfläche der Schleimhaut und bildet die Voraussetzung für ein optimales Milieu zur Erhaltung der Keimzellen. Die Ovozyte fügt sich in die Schleimhautnischen ein und kann bis zu 24 Std. durch das Eileitersekret (s. u.) ernährt werden (Abb. 249).

Im Verlauf des verengten Endabschnitts des Eileiters (Isthmus tubae uterinae) nimmt die Ausdehnung der Schleimhautfalten kontinuierlich ab, sie verstreichen vor dem Übergang in die Uterusschleimhaut, gleichzeitig nimmt die Stärke der Muskelwand zu. Durch die vermehrte Schleimabsonderung wird der Keimling ernährt. Auf die besonderen Aufgaben der Zona pellucida im Eileiter wurde bereits im Abschnitt »Sekundärfollikel« (s. S. 259) hingewiesen.

Die Wand des Eileiters kann unterteilt werden in eine
– Tunica mucosa
  – Epithelium mucosae,
  – Lamina propria mucosae,
– Tunica muscularis
  Tela subserosa,
– Tunica serosa.

Tunica mucosa

Die Tunica mucosa übernimmt für die Funktionen des Eileiters eine wichtige Rolle (Abb. 250). Sie bildet ein einschichtiges, meist hochprismatisches Epithel (Epithelium simplex columnare), in dem, entsprechend den funktionellen Erfordernissen, 2 Zellformen zu unterscheiden sind:
– Flimmerzellen,
– Drüsenzellen.

Die **Flimmerzellen** weisen oberflächlich Kinozilien auf. **Drüsenzellen** sezernieren ekkrin außer einem schwach sauren Schleim auch Nährstoffe, vorzugsweise Proteine, zur Versorgung der Keimzellen. Gleichzeitig geben diese Zellen Elektrolyte, Enzyme, Albumine, Zucker und Aminosäuren zur o. g. Enddifferenzierung und Endreifung der Keimzellen in das Eileiterlumen ab. Beide Zellformen unterliegen in höchstem Maß zyklischen Veränderungen.

Nach der Ovulation wandert die sekundäre Ovozyte in die Ampulla und wird hier in der Phase des

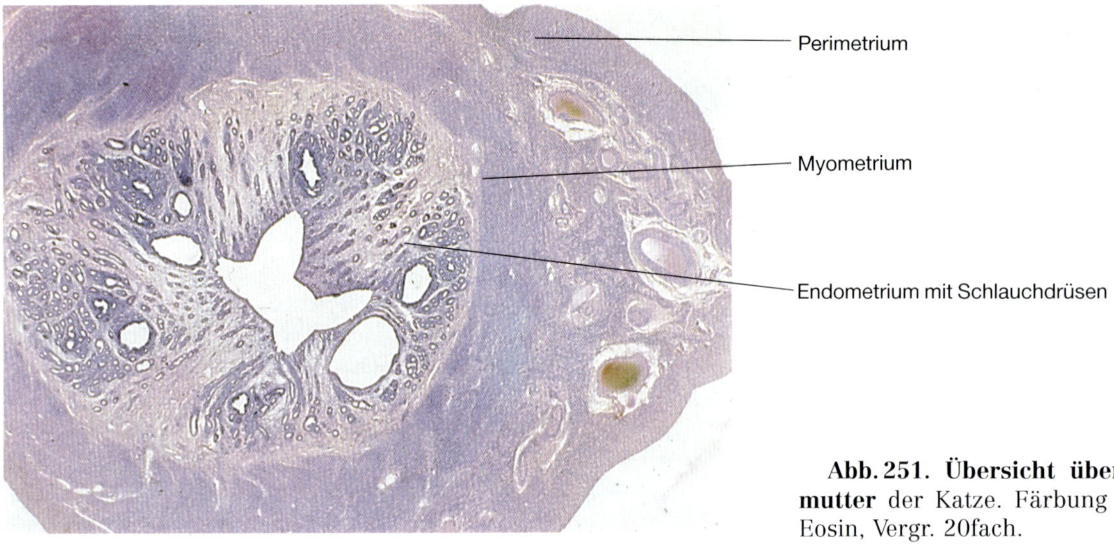

266 XIV. Weibliche Geschlechtsorgane (Organa genitalia feminina)

Perimetrium

Myometrium

Endometrium mit Schlauchdrüsen

Abb. 251. Übersicht über die Gebärmutter der Katze. Färbung Hämatoxylin-Eosin, Vergr. 20fach.

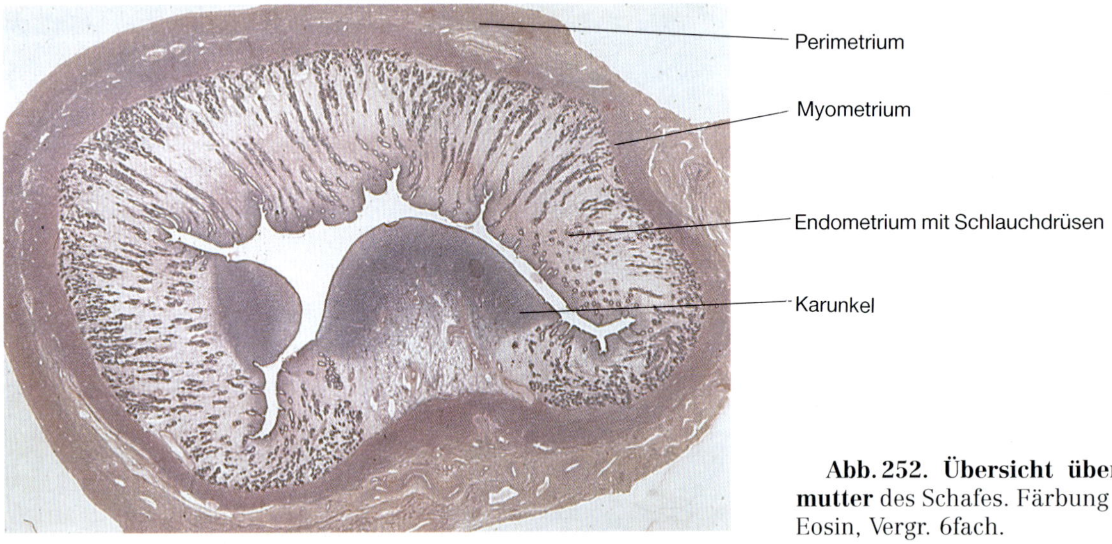

Perimetrium

Myometrium

Endometrium mit Schlauchdrüsen

Karunkel

Abb. 252. Übersicht über die Gebärmutter des Schafes. Färbung Hämatoxylin-Eosin, Vergr. 6fach.

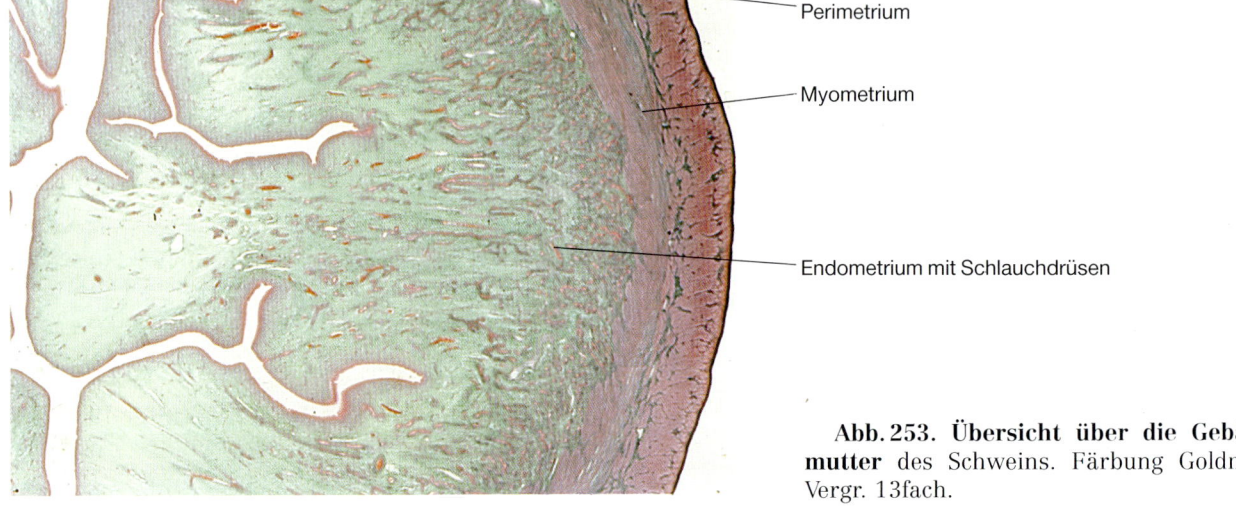

Perimetrium

Myometrium

Endometrium mit Schlauchdrüsen

Abb. 253. Übersicht über die Gebärmutter des Schweins. Färbung Goldner, Vergr. 13fach.

frühen Metöstrus durch die Sekrete der Drüsen ernährt. Der uteruswärts gerichtete Flüssigkeitsstrom bewirkt eine »negativ rheotaktische« Bewegung der Spermien und fördert deren aufsteigende Wanderung in die Ampulla tubae uterinae. Nach einer Befruchtung bleibt das Epithel in den distalen Abschnitten des Eileiters sekretorisch aktiv. Damit ist eine kontinuierliche Ernährung des Keimlings gewährleistet. Die rhythmische Bewegung der Kinozilien der Flimmerzellen unterstützt aktiv den Flüssigkeitsstrom und damit die Weitergabe der Zygote in Richtung Uteruslumen (Diöstrusphase). Nach der Implantation der Blastozyste in der Uterusschleimhaut sistiert während des Diöstrus die Sekretabgabe der Drüsenzellen im Eileiter. Tritt keine Trächtigkeit ein, so setzt in der zyklisch nachfolgenden Proöstrus- und Östrusphase die sekretorische Aktivität der Drüsenzellen wieder ein.

Zusätzlich sind im Epithel **Stiftchenzellen** als vermutlich inaktive Drüsenzellen nach der Sekretabgabe oder als Übergangsformen eingelagert. Diese kennzeichnet ein meist pyknotischer Kern und ein dichtes Zytoplasma. Der Basalmembran eng verbunden liegen **Basalzellen** als Reservezellen an.

Tunica muscularis

Die **Lamina propria mucosae** setzt sich aus einem faserigen und zellreichen Bindegewebe zusammen, der außen unmittelbar die Tunica muscularis folgt. Diese Muskelschicht ist in den einzelnen Wandabschnitten **unterschiedlich stark entwickelt.** Im Infundibulum und in der Ampulla sind die glatten Muskelschichten auffallend dünn. Zirkulär verlaufenden Muskelfaserbündeln liegen beidseitig in longitudinaler oder spiralig schräger Anordnung einzelne Muskelstränge an. Eine deutliche Schichtung ist nicht immer erkennbar. Im Isthmus ist die Wandmuskulatur außerordentlich verstärkt und durch einen vorherrschend spiraligen Verlauf gekennzeichnet. Die ausgeprägte zirkuläre Muskelschicht geht in das Stratum circulare der Uteruswand über, äußere Längsschichten strahlen in die Muskulatur der uterinen Tela subserosa ein.

Tela subserosa und Tunica serosa

In der **Tela subserosa** des Isthmus tubae uterinae verlaufen Längsmuskelfasern (Lamina muscularis serosae). Innen liegt ihr ein gefäßreiches Stratum vasculare an. Eine einschichtige **Tunica serosa** überzieht außen den gesamten Eileiter.

Gebärmutter (Uterus)

Die Gebärmutter erfüllt eine Vielzahl von Aufgaben, die alle dem gemeinsamen Ziel, der Fortpflanzung, dienen. Sämtliche strukturelle Umbauvorgänge unterliegen **endokrinen Steuermechanismen,** die unter dem Begriff des **uterinen Zyklus** zusammengefaßt werden und Teile des Geschlechtszyklus sind. Phasen der Proliferation, der Sekretion und der Involution reihen sich zyklisch aneinander. (Einzelheiten s. Abschnitt »Zyklus«, S. 272, und Lehrbücher der Embryologie der Haussäugetiere.)

Der Uterus fördert durch das Oberflächenepithel und die Kontraktion der glatten Muskulatur den **Transport der Spermien in Richtung Eileiter.** Dieser Vorgang unterliegt ebenfalls zyklischen Rhythmen. Die Sekrete der Uterusschleimhaut übernehmen wesentliche Aufgaben bei der **Kapazitation (Endreifung) der Spermien.** Erst nach der Kapazitation können die männlichen Keimzellen die Corona-radiata-Zellen und die Zona pellucida durchdringen, um die weibliche Oozyte zu befruchten.

Der Uterus dient der **Entwicklung des Keimlings** und der **Austreibung der Frucht** am Ende der Trächtigkeit. Um diesen Aufgaben gerecht zu werden, unterliegt die Schleimhaut periodischen Umbauvorgängen (uteriner Zyklus), die nach einer Befruchtung der Eizelle eine optimale **Nidation, Implantation und Plazentation** des Keimes ermöglichen. Während der Trächtigkeit entwickeln sich die flächenhaften Kontaktstellen zwischen der mütterlichen, uterinen Schleimhaut und der Oberfläche der fetalen Fruchthüllen zur **Plazenta.** Die Plazenta ist eine **temporäre, endokrine Drüse,** die während der Dauer der Trächtigkeit Progesteron bildet. Die Muskulatur der Uteruswand paßt sich im Verlauf der Trächtigkeit der zunehmenden Größe und dem steigenden Gewicht der Frucht an. Am Ende der Trächtigkeit kontrahiert sich die Muskulatur wellenartig und bewirkt die Austreibung der Frucht.

In der Uterusschleimhaut wird **Prostaglandin (PGF $_{2\alpha}$)** synthetisiert, das auf den ovariellen Gelbkörper eine **luteolytische Wirkung** ausübt. Unter dem Einfluß dieses Prostaglandins werden das Corpus luteum graviditatis und das Corpus luteum periodicum abgebaut.

Wandbau der Gebärmutter (Uterus)

Der Uteruskörper (Corpus uteri) steht über die Uterushörner (Cornua uteri) mit den paarigen Eileitern strukturell und funktionell in Verbindung und wird durch den Gebärmutterhals (Zervix) von der Scheide getrennt (s. Lehrbücher der Anatomie der Haussäugetiere). Uterus und Zervix sind als eine Einheit zu verstehen und unterliegen beide den hormonellen Einflüssen des uterinen Zyklus (s. Lehrbücher der Endokrinologie).

Mikroskopisch-anatomisch gliedert sich die Wand der Gebärmutter in eine
- Tunica mucosa (Endometrium)
    - Epithelium simplex columnare/pseudostratificatum columnare,
    - Lamina propria mucosae (Stroma endometrialis),
- Tunica muscularis (Myometrium),
- Tela subserosa,
- Tunica serosa oder Tunica adventitia } (Perimetrium).

Endometrium

Die Gebärmutterschleimhaut setzt sich aus dem einschichtigen Epithel und der drüsenreichen Lamina propria mucosae (Stroma endometrialis) zusammen, die ohne Ausbildung einer gesonderten Tela submucosa unmittelbar der Muskelschicht innen anliegen. Beide Schleimhautanteile unterliegen zyklusabhängigen Strukturveränderungen (Abb. 251–253).

Das **Oberflächenepithel** ist bei der Stute und der Hündin einschichtig, hochprismatisch (**Epithelium simplex columnare**), bei Wiederkäuern und beim Schwein kann dieses stellenweise mehrreihig, hochprismatisch (**Epithelium pseudostratificatum columnare**) sein. Die Zellen tragen zeitweise oberflächlich Kinozilien (Flimmerzelle, Epitheliocytus ciliatus), meist Mikrovilli (sezernierende Zelle, Epitheliocytus microvillus). Die sekretorische Aktivität der Epithelzellen wird endokrin beeinflußt. Während der Proliferationsphase werden unter Östrogeneinfluß ekkrin Sekrete abgegeben, gegen Ende der Sekretionsphase zerfallen Epithelzellen und werden nach holokriner Sekretion zu Bestandteilen des Brunstschleims.

Die **Lamina propria (Stroma endometrialis)** ist aus spinozellulärem Bindegewebe aufgebaut und schließt in großer Zahl **tubulär verzweigte Uterindrüsen** ein. Diese bindegewebige Grundlage weist einen hohen Grad an struktureller und funktioneller Anpassungsfähigkeit auf. Das **spinozelluläre Gewebe** ist an den besonderen Stoffwechselleistungen der Uterusschleimhaut im Hinblick auf die Trächtigkeit und die Ausbildung der Plazentarschranke beteiligt. So sind in diesem retikulären Gewebe subepithelial stets spezifische und unspezifische Immunzellen (Makrophagen, Lymphozyten, Plasmazellen, Mastzellen) gehäuft. Die tubulär verzweigten Uterindrüsen durchziehen die gesamte Lamina propria und erreichen mit ihren Endabschnitten zuweilen die Tunica muscularis.

Sämtliche Bestandteile des Stroma endometrialis – das Bindegewebe, die Uterindrüsen und die Gefäße – unterliegen zyklischen Veränderungen (s. S. 272).

Während der **Proliferationsphase** (Proöstrus – Östrus) sind die Schlauchdrüsen unter dem Einfluß von **Östrogenen** gestreckt. Die Drüsenlumina sind verengt, die Anzahl der Epithelzellen ist vermehrt. Die interzellulären Spalträume erweitern sich, sie sind reich an Körpergrundflüssigkeit und dicht vaskularisiert. Die Zellen des spinozellulären Bindegewebes produzieren vermehrt Kollagenfasern. Unter dem Einfluß von Östrogen schwillt das Gewebe vor der Ovulation durch Aufnahme von Interzellularflüssigkeit an, die Schleimhaut nimmt im ganzen an Dicke zu. Gegen Ende der Proliferationsphase werden hochmolekulare Grundsubstanzen zu niedermolekularen abgebaut, das Gewebe wird ödematisiert. Gleichzeitig nimmt die Mikrovaskularisation zu.

Während der **Sekretionsphase** verkürzen sich unter dem Einfluß von **Gestagenen (Progesteron)** des Corpus luteum die Schlauchdrüsen und werden stark geschlängelt. Die Lumina der während der Proliferationsphase entwickelten Uterindrüsen sind erweitert und mit Sekret gefüllt. Die Wand der Drüsen wird meist von einem einschichtigen hochprismatischen Epithel ausgekleidet, dessen Zellen sich in das Lumen vorwölben und ein mukoides Sekret abgeben. Stellenweise treten bei Wiederkäuer und Schwein mehrreihige Epithelabschnitte auf. Die Schlauchdrüsen sind bei der Hündin und der Katze weniger verzweigt als vergleichsweise bei der Stute.

Als tierartliche Besonderheit sind bei Wiederkäuern bindegewebige knopfförmige Vorwölbungen (Rind) oder napfförmige Einziehungen (Schaf) der Lamina propria entwickelt, die als **Karunkeln** bezeichnet werden. Das spinozelluläre Bindegewebe bildet die Grundlage der Karunkeln, es besteht vermehrt aus Fibroblasten und ist reich vaskularisiert. Drüsen fehlen in Karunkeln. Beim Rind treten Karunkeln in regelmäßiger Anordnung (4 Reihen) auf und dienen der Verbindung der mütterlichen Schleimhaut mit den **Kotyledonen** der fetalen Fruchthülle, Karunkel und Kotyledonen bilden zusammen das **Plazentom**.

Myometrium

Die Tunica muscularis besteht aus **glatten Muskelfaserbündeln**, die sich aus der Muskelschicht des Eileiters entwickeln und in die Wandschichten der Zervix fortsetzen (Abb. 251–253). In den Uterushörnern und im Uteruskörper sind die Muskelfaserzüge **zirkulär (Stratum circulare)** mit vorwiegend spiraligem, sich kreuzendem Verlauf angeordnet. Zusätzlich zu glatten Muskelfasern sind in äußeren Schichten modifizierte Fibroblasten ausgebildet, die als **kontraktile Myofibroblasten** die glatten Muskelzellen unterstützen. Insbesondere während der Trächtigkeit wandeln sich diese zu Muskelzellen um, sie bilden sich nach der Geburt wieder zurück und synthetisieren Kollagenfasern.

Während der Trächtigkeit adaptieren sich die glatten Muskelzellen an die besonderen Verhältnisse, die der Fetus auslöst. Durch **Hypertrophie** vergrößert sich das Sarkoplasma glatter Muskelzellen, durch **Hyperplasie** (Vermehrung) nimmt ihre Anzahl zu. Glatte Muskelzellen erreichen unter diesen Bedingungen eine Länge von über 800 µm.

Der zirkulär-spiraligen Muskelschicht liegt außen eine ausgeprägte **Gefäßschicht (Stratum vasculosum)** mit größeren Arterien, Venen und Lymphgefäßen an. Von dieser Schicht ziehen Gefäße ins Endometrium zur Versorgung der Drüsen und des Epithels, begleitet von markhaltigen und marklosen Nervenfasern.

Perimetrium

Das Perimetrium ist ein zusammengesetzter Organabschnitt, der das Myometrium außen umgibt. Eine **Tunica serosa** überzieht in Form eines einschichtigen Peritonealepithels (Mesothel) außen das Organ. Die Tunica serosa wird von einer **Tela subserosa** und einer ausgeprägten glatten Muskelschicht mit longitudinalem Faserverlauf **(Stratum musculare longitudinale)** unterlagert. Die Muskulatur strahlt beidseitig in das Lig. latum uteri ein und setzt sich kaudal in die Zervixmuskulatur fort.

Wandbau des Gebärmutterhalses (Cervix uteri)

Die Gebärmutter setzt sich nach außen in den Gebärmutterhals fort. Funktionsbedingt muß die Cervix uteri sich temporär öffnen und schließen. Um ein Vordringen männlicher Samenzellen in den Eileiter zu ermöglichen, erweitert sich die Zervix unter starker Schleimsekretion während der Brunst (Östrus). Unter dem endokrinen Einfluß von Progesteron während der Gelbkörperphase (Corpus luteum periodicum und Corpus luteum graviditatis) schließt sich die Zervix, ein zäher Schleimpfropf macht die Öffnung des äußeren Muttermundes zusätzlich undurchdringlich für Samenzellen und infektiöse Schadstoffe (z. B. Bakterien). Während der Austreibungsphase des Fetus zum Zeitpunkt der Geburt öffnet sich die Zervix weit, um ein Durchtreten der Frucht zu ermöglichen. Entsprechend dieser vielfältigen Aufgaben ist dieser distale Abschnitt des Uterus besonders differenziert.

Die Zervix weist einen **Schichtenbau** auf, der beim Wiederkäuer dickwandig, beim Schwein dünner entwickelt ist (Abb. 254). Die **Schleimhaut** (Tunica mucosa) legt sich, nicht trennbar von bindegewebigen Anteilen der Tela submucosa, in primäre **Falten**, die sich in Sekundär- und Tertiärfalten aufzweigen. Die Anordnung der bindegewebigen Fasern innerhalb der Falten erlaubt zum einen deren Verstreichen während der Austreibung der Frucht, zum anderen wird durch die Faltenbildung die sezernierende Oberfläche vergrößert und der Verschlußmechanismus verstärkt. (Einzelheiten s. Lehrbücher der Anatomie der Haussäugetiere.) Die **Muskelschicht** (Tunica muscularis) bildet eine innere, kräftigere Ringschicht aus, der außen eine schwächere Längsmuskelschicht anliegt. Oberflächlich wird die Zervix von einem einschichtigen **Serosaepithel** bedeckt.

Das **Schleimhautepithel** ist einschichtig, **hochprismatisch** (Epithelium simplex columnare). Die Einzelzellen des Epithels synthetisieren **Schleim**, der sich aus sauren und neutralen Proteoglykanen zusammensetzt. Stellenweise treten beim Rind auch Flimmerzellen auf. Hauptsächlich die Epithelzellen der Seitenflächen und der Faltenkämme geben – zyklusabhängig – Schleim ab. Während der Gelbkörperphase (Diöstrus) verdickt sich der Schleim unter Progesteroneinfluß **(Schleimpfropf)**, unter Östrogenwirkung **(Brunstschleim)** wird er dünnflüssig. Die vormals supranukleär vorgewölbten Schleimzellen flachen während des Östrus wieder ab (Abb. 255).

Die **Lamina propria** besteht aus lockerem, proliferationsaktiven kollagenen Bindegewebe, das

270 XIV. Weibliche Geschlechtsorgane (Organa genitalia feminina)

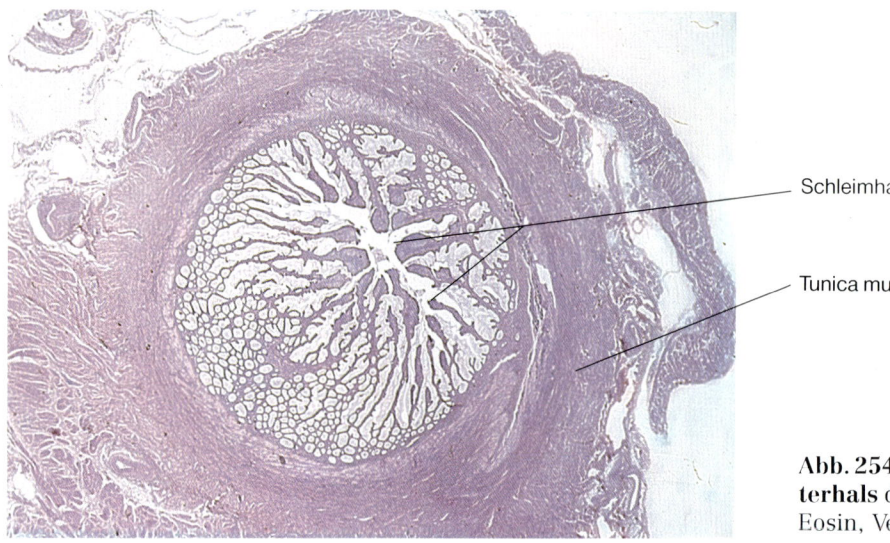

Abb. 254. **Übersicht über den Gebärmutterhals** des Schafes. Färbung Hämatoxylin-Eosin, Vergr. 8fach.

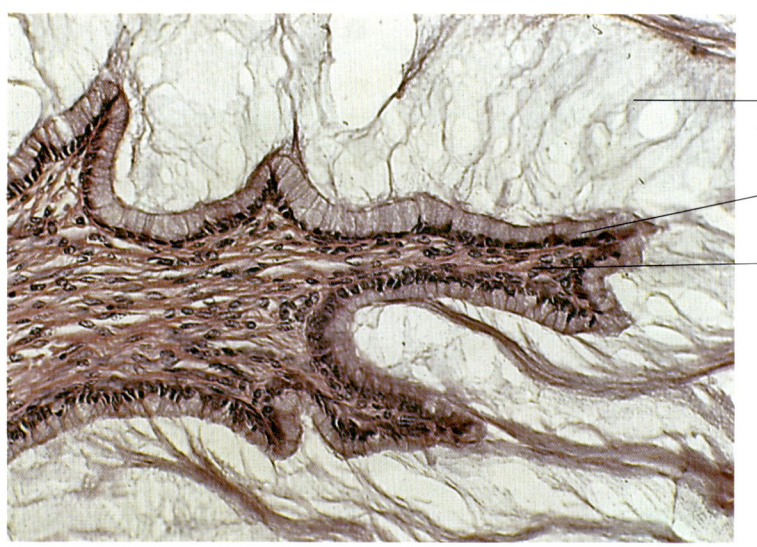

Abb. 255. **Schleimhautfalte aus dem Gebärmutterhals** des Rindes. Das einschichtig hochprismatische Epithel sezerniert zyklusabhängig Schleim. Färbung Hämatoxylin-Eosin, Vergr. 275fach.

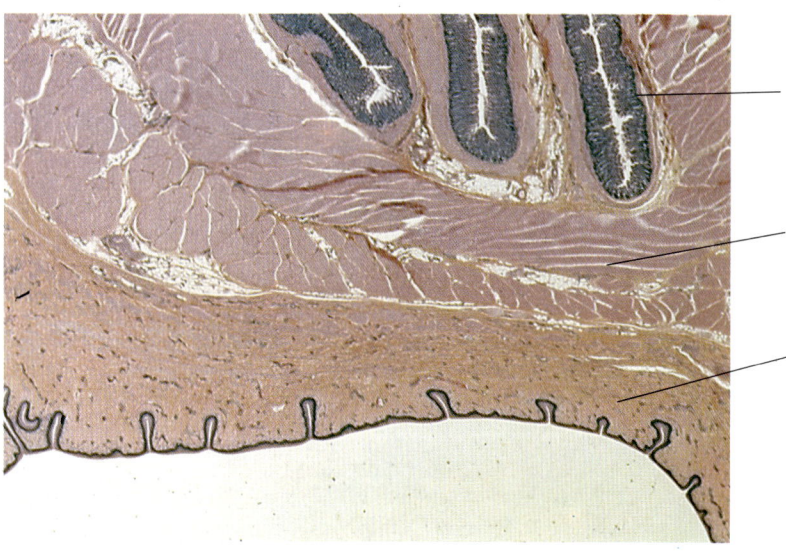

Abb. 256. **Übersicht über die dorsale Wandfläche der Scheide** des Schafes mit Perineum und Enddarm. Färbung Hämatoxylin-Eosin, Vergr. 9fach.

unter Einfluß von Östrogenen stark ödematisiert wird. Dichte, scherengitterartig geordnete Faserbündel formen die Grundlage der Falten, verzweigte Fasernetze schieben sich zwischen die außen anliegenden Muskelzellen. Drüsen fehlen bei den meisten Haussäugetieren in dieser Schicht, bei der Katze und der Ziege sind jedoch schlauchförmige Zervikaldrüsen ausgebildet.

Die **Tunica muscularis** ist innen zirkulär und kräftig, außen longitudinal und schwächer. Zusätzlich sind in der Kreismuskelschicht elastische Fasern eingelagert, die nach der Geburt der Frucht den Geburtsweg wieder verengen.

Scheide (Vagina)

Die Scheide bildet zusammen mit dem Scheidenvorhof das weibliche Begattungsorgan, das beim Rind zusätzlich der Aufnahme der Seminalflüssigkeit dient (Scheidenbesamung). Beim Pferd und beim Hund wird die Samenflüssigkeit in den Uterus abgesetzt (Uterusbesamung), beim Schwein in die Zervix (Zervixbesamung). Die Scheide ist ein wesentlicher Bestandteil des Geburtsweges. Der Wandbau unterliegt tierartlich unterschiedlichen, z. T. erheblichen zyklusabhängigen Strukturveränderungen. Die Vagina stellt ein häutig-muskulöses, schlauchförmiges Organ dar, deren Lumen, mit Ausnahme während der Begattung und der Austreibungsphase der Frucht, auf einen kapillarengen Spaltraum verjüngt ist. Die Vagina weist einen geschichteten Wandbau mit einer kutanen, drüsenlosen Schleimhaut, einer lockeren kollagenelastischen Lamina propria und einer Muskelschicht aus glatten Muskelzellen mit elastischen Fasereinlagerungen auf. Außen schließt sich im retroperitonäalen Raum eine Tunica adventitia, im peritonäalen Raum eine Serosaabdeckung an (Abb. 256).

Die **kutane Schleimhaut** (Tunica mucosa) ist über weite Flächen drüsenlos und verläuft meist in kleinen Längsfalten, die leicht verstreichen. Gelegentlich können bei der Hündin während der Brunst intraepithelial einzelne Drüsenzellen auftreten. Beim Rind sind in den Schleimhautfalten, insbesondere in Nähe der Zervix, hochprismatische, schleimproduzierende Zellen eingelagert. Das Epithel ist **mehrschichtig,** seine Oberfläche ist bei Hündin und Katze, Schwein und Schaf in Abhängigkeit vom Zyklus verhornt **(Epithelium stratificatum squamosum cornescens).**

Bei der **Hündin** kann das veränderte zyklische Verhalten des Epithels zur **Diagnose** verwandt werden. Während des Proöstrus und der Brunst verdickt sich das Epithel (Epithelproliferation), oberflächliche Deckzellen verhornen, die Kerne werden pyknotisch und verschwinden allmählich. Transepithelial treten aus dem unterlagerten Bindegewebe Erythrozyten durch Diapedese in das Vaginallumen über. Während des Östrus sind die Epithelzellen vollständig verhornt und kernlos, die Anzahl freier Erythrozyten ist reduziert. Der Epithelverband löst sich auf und zerfällt oberflächlich. Im sich anschließenden verlängerten Metöstrus (Interöstrus) nimmt die Höhe des Epithels weiter ab (Epitheldesquamation), unverhornte, neue Epithelzellen bilden die Oberfläche. Neutrophile Granulozyten treten in das Epithel über, Erythrozyten und Zelltrümmer verschwinden. Bei Rind und Stute wandelt sich das Epithel im Östrus in ein unverhornted um **(Epithelium stratificatum squamosum non-cornificatum).**

Die bindegewebige Grundlage der **Lamina propria mucosae** bildet ein kollagenfaserreiches Raumgitter, das, unterstützt durch elastische Faserbündel, während der Austreibung der Frucht den Geburtsweg funktionell-dynamisch öffnet und post partum wieder einengt. Dieses subepitheliale Gewebe ist – zyklusabhängig – reich an Leukozyten, Lymphozyten und Plasmazellen, die insbesondere während des Proöstrus und der Brunst mit in den Brunstschleim übertreten (diagnostischer Nachweis).

Die **Tunica muscularis** besteht aus einer inneren Muskelzellschicht, deren einzelne glatte Muskelzellen meist zirkulär mit spiralig wechselnder Steighöhe verlaufen. Außen schließt sich eine Längsmuskelschicht an. Die Muskelzellagen sind durch ein feinfibrilläres elastisches, kollagenes Fasernetz verbunden, die der funktionellen Stabilität, Plastizität und Kontraktilität der Scheidenwand dienen. Die Scheide ist im peritonäalen Teil der Beckenhöhle von einer lockeren **Tunica serosa,** retroperitonäal von einer **Tunica adventitia** überzogen.

Scham (Vulva)

Die Vulva schließt den **Scheidenvorhof** (Vestibulum vaginae) mit den **Schamlippen** (Labia vulvae) und den **Kitzler** (Klitoris) ein. Die weibliche Harnröhre mündet in das Vestibulum.

Der **Scheidenvorhof** ist als kaudale Fortsetzung der Vagina mit in die Begattungsorgane und in den Geburtsweg eingeschlossen. Gleichzeitig mündet in den Boden des Vestibulums auch die Harnröhre, so daß der Scheidenvorhof auch der Harnableitung dient.

Das Epithel der Schleimhaut ist **mehrschichtig und unverhornt** (Epithelium stratificatum squamosum non-cornificatum), es schließt meist in großer Zahl lymphozytäre Infiltrate ein. Das Epithel sitzt durch einen ausgeprägten Papillarkörper dem der Lamina propria unterlagerten locker-elastischen Bindegewebe auf. Der Papillarkörper dient der mechanischen Stabilität der Deckschicht. Subepithelial sind Vorhofdrüsen (Glandulae vestibulares) in Form von verästelten, muköse Schlauchdrüsen entwickelt, deren zähschleimige Sekrete dieses Begattungsorgan gleitfähig machen. **Kleine Vorhofdrüsen** (Glandulae vestibulares minores) sind bei der Hündin, dem Schwein, dem Schaf und der Stute ausgebildet, **große Vorhofdrüsen** (Glandulae vestibulares majores) beim Rind und bei der Katze. Die **Muskulatur** setzt sich aus glatten Faserbündeln der Vagina fort, deren äußere Lagen teilweise von quergestreifter Muskulatur der Musculi constrictores vestibuli durchsetzt werden.

Die **Schamlippen** werden teilweise noch von einer kutanen Schleimhaut (mehrschichtiges Plattenepithel), zum größten Teil von äußerer Haut (Integumentum commune) mit Talg- und Schweißdrüsen überzogen. Ein kollagen-elastisches Bindegewebe formt die strukturelle Grundlage der Labien, in der Tiefe sind glatte und quergestreifte Muskelfaserbündel eingelagert.

Die **Klitoris** setzt sich aus den beiden Crura clitoridis, dem Corpus clitoridis mit dem Corpus cavernosum clitoridis und der Glans clitoridis zusammen. Das Schwellgewebe ist vorrangig bei der Stute ausgeprägt und schließt glatte Muskelzellen ein, bei Wiederkäuer und Schwein ist es nur spärlich ausgebildet. Die Glans clitoridis ist als kavernöses Gewebe bei der Stute und der Hündin entwickelt, bei den anderen Haussäugetieren ist nur lockeres, stark vaskularisiertes Gewebe ausgebildet. Intraepitheliale freie Nervenendigungen und sensible Endkörperchen (Krause-Körperchen und Genitalkörperchen) sind in der Klitoris gehäuft.

Zyklus

Die weiblichen Geschlechtsorgane unterliegen nach dem Erreichen der Geschlechtsreife des Tiers zyklisch-hormonellen Einflüssen, die z.T. erhebliche Veränderungen in der Struktur und in der Funktion einzelner Organabschnitte nach sich ziehen. Diese regelmäßig wiedereinsetzenden Vorgänge werden als **Geschlechtszyklus** bezeichnet. Im einzelnen werden die Ovarien zur Bildung und Reifung sprungreifer Follikel angeregt **(ovarieller Zyklus)** und die Uterusschleimhaut auf den Transport der Samenzellen bzw. die mögliche Implantation der Blastozyste vorbereitet **(uteriner Zyklus)**. Gleichzeitig unterliegen auch die Eileiter, die Zervix und die Vagina zyklischen Veränderungen. Ebenso wird die Paarungsbereitschaft der Tiere (z.B. Duldungsreflexe, erhöhte Reizbarkeit, Unruhe) hormonell beeinflußt. Klinisch sind zyklusabhängige Veränderungen der äußeren Geschlechtsorgane erkennbar, die die Brunst (Östrus) der Tiere anzeigen (z.B. Schwellung der Vulva).

Sämtliche Umbauvorgänge unterliegen den übergeordneten Steuer- und Regulationszentren des Hypothalamus und der Hypophyse. (Näheres s. Kap. IX: »Endokrines System«, S. 136.) Dabei werden aus den Kerngebieten des Hypothalamus durch periodische Neurosekretion Releasing- bzw. Inhibitorhormone abgegeben. Diese gelangen über das hypophysäre Pfortadersystem in die Adenohypophyse, um dort die Freisetzung oder die Hemmung gonadotroper Hormone zu induzieren.

Durch Ausschüttung **gonadotroper Hormone**, dem follikelstimulierenden Hormon (FSH), dem luteinisierenden Hormon (LH) und dem luteotropen Hormon (LTH, Prolaktin), werden die Ovarien beeinflußt. FSH aktiviert die Ovarialfollikel, LH stimuliert die Stromazellen der Theca follicularis, Androgene (Androstendione, Testosteron) zu bilden. Testosteron wird nachfolgend von den Granulosazellen zu Östrogenen aromatisiert. Der Quotient FSH/LH induziert die Ovulation. Prolaktin steuert die Produktion von Progesteron im Gelbkörper. Durch Rückkoppelungsmechanismen wird die Abgabe gonadotroper Hormone aus der Adenohypophyse reguliert.

Der **Zyklus** wird in Abschnitte unterteilt, die kontinuierlich ineinander übergehen. Man unterscheidet den **Proöstrus** (Vorbrunst), den **Östrus** (Brunst), den **Metöstrus** (Nachbrunst) und den **Diöstrus** (Zwischenbrunst). Unter klinischen Gesichtspunkten werden neuerdings Metöstrus, Diöstrus und Proöstrus als **Interöstrus** zusammengefaßt und dem Östrus gegenübergestellt. Der **Anöstrus** ist das brunstlose Stadium eines monöstrischen Tiers (Hündin) am Ende eines verlängerten Metöstrus oder nach einer eingetretenen Konzeption.

Diese **Einteilung des Zyklus** in verschiedene Stadien der Brunst erfolgt traditionsgemäß nach **strukturellen Umbauvorgängen** innerhalb einzelner Organe. Parallel hierzu sind im Verlauf eines Zyklus auch Veränderungen der im Blut gemessenen Hormonwerte **(Hormonstatus)** z.B. für FSH, Östrogene, Progesteron oder LH/Prolaktin nachweisbar, die z.T. erhebliche tierartliche Unterschiede aufweisen. Diese Meßwerte spiegeln die zyklische Konzentration bestimmter Hormone im Blut wider und geben keinen direkten Hinweis auf die tatsächliche **Sensibilität der Hormonrezeptoren** an den Effektorzellen. (Näheres s. Lehrbücher der Endokrinologie und der Physiologie der Haussäugetiere.)

Bei den verschiedenen Haussäugetieren unterscheidet sich die **Länge** der zyklischen Veränderungen z. T. beträchtlich. Nach der **Häufigkeit** der Zyklen können **polyöstrische Tiere** (Stute, Rind, Schwein) und **monöstrische Tiere** (Hündin) unterschieden werden. Bei monöstrischen Tieren verlängert sich der Metöstrus bis auf 50–70 Tage und geht dann in den Anöstrus über. Im Gegensatz dazu tritt bei polyöstrischen Tieren nach Abbau des Gelbkörpers und einer Vorbrunst wieder ein neuer Östrus auf. (Näheres s. Lehrbücher der Embryologie und der Gynäkologie der Haussäugetiere.)

Ovarieller Zyklus

Unter dem endokrinen Einfluß des follikelstimulierenden Hormons (FSH) der Adenohypophyse wächst im **Proöstrus** der reife Follikel heran, gleichzeitig setzt die Östrogenbildung ein. Während des **Östrus** reift der Follikel aus, der Östrogenspiegel erreicht im Blut vor der Ovulation sein Maximum. Das luteinisierende Hormon (LH) steigt rasch an, während die Abgabe von FSH zu sistieren beginnt. Durch das Verhältnis FSH/LH wird bei den meisten Tieren die Ovulation ausgelöst (Spontanovulation). Bei der Katze erfolgt die Ovulation durch den Deckakt (provozierte Ovulation). Der Zeitpunkt des Eisprungs variiert tierartlich vom Ende des Östrus bis zu unterschiedlichen Zeitpunkten des Metöstrus. Während des **Metöstrus** vollzieht sich der Umbau des Corpus haemorrhagicum zum Gelbkörper (Corpus luteum), die Synthese von Progesteron setzt ein. Der **Diöstrus** stellt die Phase der Hochblüte des Gelbkörpers dar. Das Corpus luteum bildet sich unter dem Einfluß von Prostaglandinen ($PGF_{2\alpha}$) aus der Uterusschleimhaut zurück (Corpus luteum periodicum). Bei einer Trächtigkeit bleibt die Progesteronsynthese über lange Zeit erhalten (Corpus luteum graviditatis) und wird am Ende der Gravidität ebenfalls unter Einfluß von $PGF_{2\alpha}$ kontinuierlich abgebaut. Nach der Rückbildung entwickelt sich das narbige Corpus albicans.

Einfluß der Hormone auf den Eileiter

Nach einer Ruhephase während des **Proöstrus** setzen im Eileiter während des Östrus unter dem Einfluß von **Östrogenen** Proliferationsvorgänge ein, die hauptsächlich die sekretorisch aktiven Epithelzellen betreffen. Die Drüsenzellen geben während des **Metöstrus** zum Zeitpunkt der Anlagerung der befruchtungsfähigen Eizelle in die Ampulla tubae uterinae ein Maximum an Sekreten ab, unterstützt durch einen vermehrten Wimpernschlag der Kinozilien der Flimmerzellen. Im nachfolgenden **Diöstrus** nimmt die Aktivität rasch ab, die Zellen verlieren an Höhe und degenerieren teilweise.

Uteriner Zyklus

Während des **Proöstrus** setzt die Proliferation des Uterusepithels ein, die Uterindrüsen bleiben gestreckt, die Vaskularisation nimmt zu **(Proliferationsphase)**. Entscheidende Veränderungen vollziehen sich im **Östrus**. Epithel- und Drüsenzellen geben Sekrete ab (Uterinmilch), das spinozelluläre, subepitheliale Bindegewebe des Endometriums schwillt an, die Interzellularräume erweitern sich und werden unter dem Einfluß der Östrogene ödematisiert. Auch während des **Metöstrus** setzen sich diese Umbauvorgänge (Hyperplasie) der Uterindrüsen fort, das Bindegewebe nimmt allmählich an Höhe ab, die Ödematisierung reduziert sich. Im **Diöstrus** ist die Entwicklung der Drüsenschläuche abgeschlossen, die Drüsen sind extrem geknäult und verkürzt. Gleichzeitig erfolgt unter dem Einfluß von Progesteron eine maximale Sekretabgabe, die bei einer Trächtigkeit über längere Zeit aufrechterhalten wird **(Sekretionsphase)**. Fehlt eine Nidation, verringert sich kontinuierlich die Sekretabgabe, die Dichte der Vaskularisation nimmt ab, die Schlauchdrüsen bilden sich zurück **(Involutionsphase)**.

Eng mit den zyklischen Veränderungen im Uteruskörper sind die Umbauvorgänge im Gebärmutterhals verknüpft. Das Epithel der Zervix sondert unter dem Einfluß von Östrogenen vermehrt einen glasklaren Schleim ab, dessen Konsistenz dünnflüssig ist. Während des Diöstrus ändert das Sekret seine Konsistenz, es wird zähschleimig.

XV. Haut und Hautorgane

Haut (Cutis)

Die Haut bildet die äußere Körperdecke, die als Grenzfläche den Organismus zum einen von der Umwelt abschirmt, zum anderen zu dieser eine breite Kontaktfläche schafft. In diesen Funktionen wird die Haut durch integrierte Informations- und Regulationsorgane unterstützt. So sind Teile des Nervensystems durch besondere Sinnesorgane und das Abwehrsystem des Körpers durch Einlagerung von unspezifischen und spezifischen Immunzellen wesentliche Bestandteile der äußeren Haut.

Die Haut kennzeichnet eine **Vielzahl von Eigenschaften.** Sie bildet ein **Schutzorgan** gegenüber mechanischen, thermischen, chemischen und biologischen Einflüssen und bewahrt den Organismus vor zu hohen Wasserverlusten. Darüber hinaus reguliert die Haut durch eine ausgeprägte Hämodynamik und Vaskularisation den **Wärme- und Wasserhaushalt** des Körpers. Hautdrüsen übernehmen vielfältige Aufgaben, gesteuert durch vegetative Regelkreise. Durch Ablagerung von Fett in das Unterhautgewebe dient die Haut als **Energiespeicher.** Fettgewebe übernimmt dort auch thermoregulatorische und mechanische Schutzfunktionen. Die Haut als **Sinnesorgan** und als **immunologische Grenzschicht** gegenüber der Umwelt ist Ausdruck des engen funktionellen Zusammenwirkens von Nervensystem und Immunsystem auch an der Körperoberfläche.

Die **äußerste Schicht der Haut,** die Oberhaut (Epidermis), unterliegt einer großen Zahl von **Modifikationen.** So differenzieren sich aus Epithelzellen durch besondere Umbauvorgänge die **Haare** bzw. nach extremer Verhornung die äußeren Wandschichten der **Hufe,** der **Klauen,** der **Krallen** und der **Hörner.** Auch verlagern sich Epithelzellen in tiefere Schichten der Haut und differenzieren sich zu **epithelialen Hautdrüsen** (Talg- und Schweißdrüsen). Durch weitergehende Modifikationen entsteht an determinierten Körperstellen aus apokrinen Schweißdrüsenanlagen die **Milchdrüse** (Euter, Gesäuge). Diese Modifikationen der Epidermis werden von z.T. erheblichen Umbauvorgängen tieferer Hautschichten begleitet.

Die Haut ist tierartlich und in den einzelnen Körperregionen unterschiedlich entwickelt. Verschiedene Einflüsse (z.B. die mechanische oder thermische Belastung der äußeren Haut) führen zwangsläufig zu einer Adaptation der Hautdicke, der Behaarung oder der Anzahl bzw. der Verteilung der Drüsen in der Haut. An behaarten Körperstellen ist die Hautdicke deutlich reduziert und nimmt in haarlosen und haararmen Regionen zu. (Einzelheiten s. Lehrbücher der Anatomie der Haussäugetiere.)

Bau der Haut (Cutis)

Trotz der funktionellen Vielfalt und der strukturell unterschiedlichen Ausbildung dieses Organs in den verschiedenen Körperregionen liegt im Bau der Haut ein einheitliches Grundprinzip vor (Abb. 257–260). Danach besteht die Haut aus 3 Schichten, nämlich aus einer
- Oberhaut (Epidermis, epitheliale Schicht),
- Lederhaut (Corium, Dermis),
- Unterhaut (Tela subcutanea, Subcutis).

Die Schichtengliederung der Haut kann weitergehend aufgeteilt werden:

Oberhaut (Epidermis)
- Stratum corneum   ⎫ Str.
- Stratum lucidum   ⎭ supf.
- Stratum granulosum
- Stratum spinosum   ⎫ Str. ger-   ⎫ Str.
- Stratum basale   ⎭ minativum   ⎭ prof.

Lederhaut (Corium, Dermis)
- Stratum papillare,
- Stratum reticulare.

Unterhaut (Tela subcutanea, Subcutis).

Haut als Schutzorgan

Oberhaut (Epidermis)

Die Epidermis ist die Schicht der Haut, die den Organismus vor mechanischen, thermischen, chemischen und biologischen Schädigungen schützt (Abb. 257 und 258). Die Körperoberfläche ist daher in der äußersten Schicht der Haut, der Epidermis, mit einem **mehrschichtigen Plattenepithel** überzogen, das regional unterschiedlich **verhornt (keratinisiert).** Die Mehrzahl der Epithelzellen schiebt sich von der Epithelbasis zur Oberfläche und verhornt während dieser Zeit **(Keratinisierung).** Diese Zellen der Epidermis werden daher als **Keratinozyten** bezeichnet. Während ihrer Wanderung ändern Keratinozyten sich in ihrer Funktion und in ihrer Gestalt.

Haut als Schutzorgan

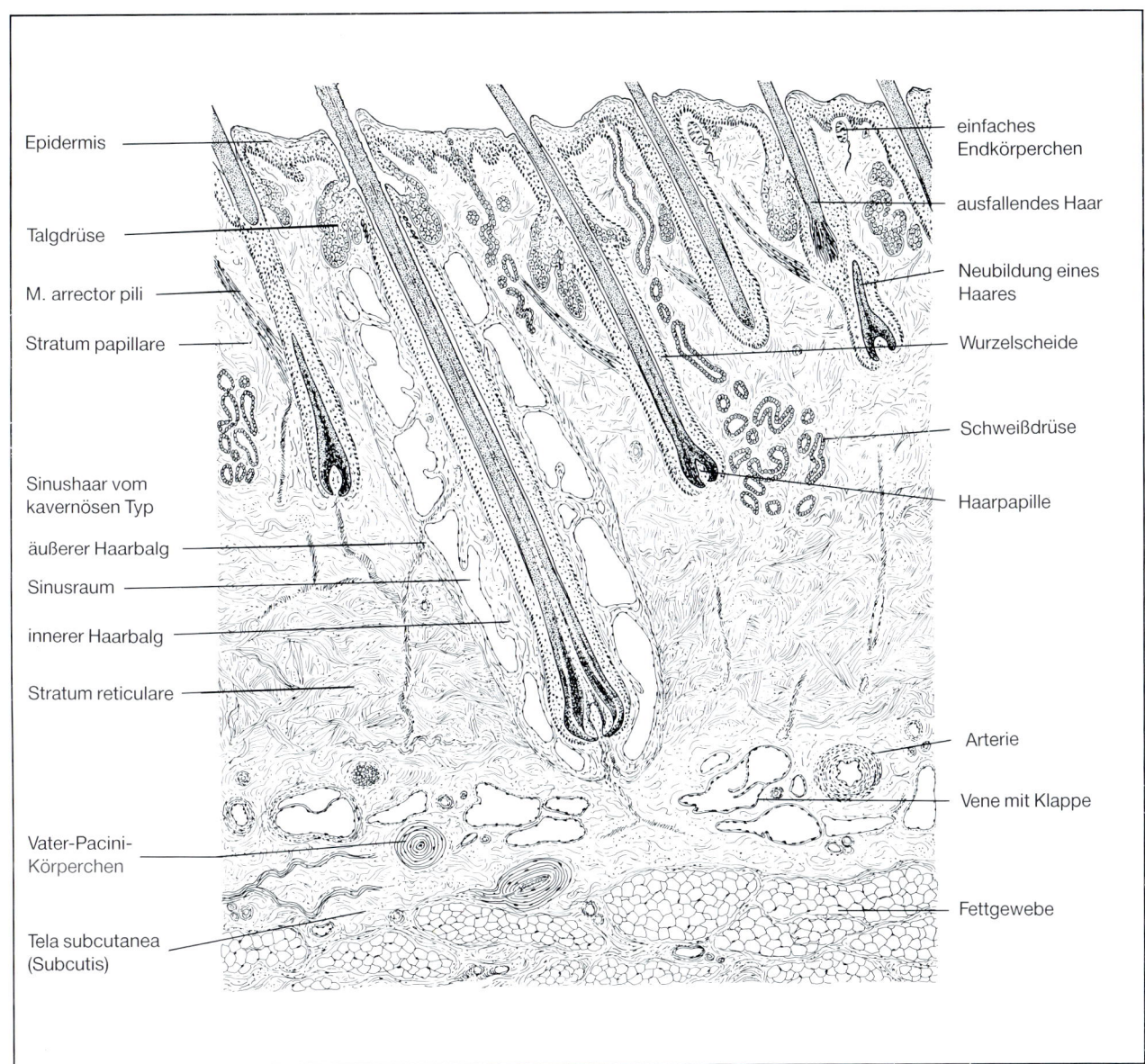

Abb. 257. Schematische Darstellung der Haut mit der Sonderbildung eines Sinushaars.

Funktionell sind für den epithelialen Schutzmechanismus zwei Abschnitte der Epidermis von Bedeutung. Das **Stratum germinativum** steht als basale Keimschicht im Dienste der ständigen **zyklischen Erneuerung der Keratinozyten**, die oberflächlich verhornen und abgeschilfert werden. Die oberflächlichen Epithellagen, **Stratum granulosum, Stratum lucidum und Stratum corneum**, wirken als die eigentlichen Schutzschichten der Haut, sie bilden die **epidermale Grenzbarriere**.

Das **Stratum germinativum** liegt mit den iso- bis hochprismatischen Zellen des **Stratum basale** der Basalmembran eng an und ist mit ihr durch Semidesmosomen fest verbunden. Damit besteht eine stabile Verankerung der Epidermis mit dem Korium. Diese mechanische Verbindung zur Lederhaut wird durch die Ausbildung von Epithelzapfen verstärkt. Überwiegend im Stratum basale erfolgt die Erneuerung der Keratinozyten durch mitotische Zellteilungen, durch die oberflächlich abschilfernde Hornzellen kontinuierlich ersetzt werden.

Die Zellen des **Stratum spinosum** sind vorwiegend polygonal mit meist runden Kernen. Intrazellulär verlaufen **intermediäre Filamentbündel** (Tonofilamente, Keratinfilamente) in trajektorieller Anordnung. Sie ziehen in die Zytoplasmaausläufer dieser Zellen und **inserieren in Desmosomen**. Funktionell setzt sich das Filamentgerüst über diese mechanischen Haftplatten auf die Nachbarzellen fort, ohne in die Zellen überzutreten. Die permanente Zug- und Druckbelastung des Epithels beeinflußt den intrazellulären Verlauf der Tonofilamente und bestimmt die Anzahl der Fibrillenbündel. Die Tonofilamentbündel (Tonofibrillen) erhöhen die Elastizität der gesamten Epidermis. Desmosomen dienen der Stabilität des Epithels und ermöglichen durch temporäres Lösen die ständige epitheliale Zellerneuerung und -wanderung zur Oberfläche der Haut.

Die Zellen des Stratum spinosum flachen oberflächlich ab und gehen in das **Stratum granulosum** (2–4 Schichten) über. In dieser Schicht setzt die **Verhornung der Epidermis** ein. Im Verlauf dieses progressiven Vorgangs bilden sich in Keratinozyten besondere zytoplasmatische Einschlüsse, bestehende Organellen degenerieren. Vorrangig schließen Keratinozyten im Stratum granulosum ein:
– Keratinfilamente (Strukturprotein),
– Keratohyalinkörnchen (basophile Granula),
– degenerierende Organellen (Kern- und Membranfragmente).

Keratinfilamente (Tonofilamente)

Keratin, ein schwefelreiches Faserprotein, ist das für die Epidermis charakteristische Strukturprotein und als Zytoskelett das wichtigste Bauelement der äußeren Epithelzellen. Keratin tritt nicht allein in den epidermalen Deckzellen auf, sondern vermehrt auch in großer Menge in den verhornten Abkömmlingen der Epidermis, den Haaren, Hufen, Klauen, Krallen und Hörnern. Das Strukturprotein ähnelt in seinem helikalen Aufbau dem Tropokollagen (s. Kap. III: »Binde- und Stützgewebe«, S. 49). Zusätzliche Disulfidbrücken (α-Keratine) erhöhen die Stabilität und die Elastizität der verhornenden Schichten. Bereits in den Keratinozyten des Stratum spinosum setzt die Keratinsynthese ein, sie verstärkt sich in den oberflächlichen Zellschichten. In Keratinozyten des Stratum granulosum vernetzen die Keratinbündel dreidimensional und bilden unter allmählicher Dehydrierung dichte, zusammenhängende Lagen.

Keratohyalingranula

Keratohyalingranula sind stark lichtbrechende, basophile Zelleinschlüsse, die, lichtmikroskopisch erkennbar, das Zytoplasma der Keratinozyten des Stratum granulosum (Körnerschicht) ausfüllen. Keratohyalin ist ein histidinreiches Protein, das ohne Membranbegrenzung Keratinbündeln (Tonofibrillen) eng anliegt. Es liegt nahe, daß Keratohyalin an den Verhornungsprozessen des Keratins durch die Bildung von »Keratohyalin-Tonofibrillen-Komplexen« beteiligt ist.

Zusätzlich sind in den Zellen membranbegrenzte Granula (0,2 µm) eingelagert. Deren Inhaltsstoffe werden in den Interzellularraum abgesondert und engen dort nachhaltig den parazellulären Transportweg für Stoffwechselprodukte ein.

Degenerierende Organellen

Im **Stratum granulosum** setzt die Degeneration der Zellorganellen ein. Insbesondere zerfällt der Kern in Fragmente, die Membransysteme der Zelle dehydrieren und verdichten sich unter dem Plasmalemm.

Der Übergang zu den verhornten Schichten der Epidermis ist im Bereich des **Stratum lucidum** besonders differenziert. Das Zytoplasma ist stark abgeflacht, schwach azidophil und lichtmikroskopisch weitgehend homogen. Die Keratinkomplexe sind verdichtet und von einer Matrix umgeben, die sich möglicherweise aus Keratohyalin entwickelt hat. Diese Substanz trägt zusammen mit dem verdichteten und verengten Interzellularraum wesentlich dazu bei, daß der Austritt von Körperflüssigkeiten aus tieferen Epithelschichten in äußere Hornschichten verhindert wird. Da gleichzeitig im Stratum lucidum sämtliche stoffwechselaktiven Organellen und Membranen (Kern, Mitochondrien, Golgi-Apparat, ER) degenerieren, ist auch ein transzellulärer Stofftransport ausgeschlossen. Im umgekehrten Fall ist die Aufnahme von Stoffen von außen in tiefere Epithelschichten nur passiv möglich (z. B. von Wirkstoffen in Salben oder Umschlägen).

Das **Stratum corneum** besteht aus abgestorbenen, dehydrierten Zellen, deren Schichtdicke wesentlich von der Intensität der mechanischen Beanspruchung und vom Grad der Hornablösung (Schuppung) abhängt. Die Hornschicht bildet eine abdeckende, mehrfache Lage von extrem flachen Keratinozyten, deren Membransysteme verdickt und verschmolzen sind. Zusätzlich sind sämtliche Zellbestandteile degeneriert. Keratinbündel füllen das Restzytoplasma mehr oder weniger vollständig aus. Der Interzellularraum bleibt in den tieferen Schichten des Stratum corneum eng und abgedichtet und verhindert die transepitheliale Stoffpassage. Oberflächlich erweitert sich dieser Raum, die Zellen lösen sich aus dem Epithelverband und schilfern ab.

Neben Keratinozyten sind in die Epidermis noch andere Zellformen eingelagert, die unterschiedlichste Funktionen erfüllen und die Aufgaben der äußeren Haut unterstützen:
– Melanozyten (Pigmentzellen mit Schutzfunktion, s. S. 279),

- Langerhans-Zellen (Makrophagen mit Abwehrfunktion, s. S. 283),
- Merkel-Zellen (Tastzellen mit Sinnesfunktion, s. S. 295).

Lederhaut (Corium, Dermis)

Die Lederhaut bildet die bindegewebige Unterlage der Epidermis (Abb. 257 und 258). Die unterschiedliche Dichte und Anordnung des kollagenelastischen Grundgerüsts läßt 2 Schichten der Lederhaut erkennen, das
- Stratum papillare,
- Stratum reticulare.

Stratum papillare

Das Stratum papillare stellt die Verbindungsschicht zur Epidermis dar, mit der diese durch fingerförmige, papillenartige Erhebungen (**Papillarkörper**) verzahnt ist. Diese bindegewebigen Fortsätze können regional und tierartlich unterschiedlich auch als zungen- oder leistenförmige Vorwölbungen oder als Krater, Senken und Gräben entwickelt sein. Das Stratum papillare erfüllt mechanische, stoffwechselaktive, immunologische, kreislaufregulatorische und sensorisch-sensible Aufgaben. Entsprechend ausgeprägt ist im Stratum papillare die **Mikrovaskularisation** und die **vegetative Innervation** (s. S. 280). Vorzugsweise in diese Schicht sind **Haare, Talg- und Schweißdrüsen** als Abkömmlinge der Epidermis (**Epidermis-Trias**) eingelagert.

Das Stratum papillare setzt sich aus lockerem Bindegewebe zusammen. Sein **kollagenfaseriges Maschennetz** wird von geflochtenen, **elastischen Fasern** durchzogen, die sich subepithelial zu einer stabilen Platte verdichten. Kollagenfasern vom Typ III verflechten sich mit der Basalmembran und setzen sich **funktionell** in das intrazelluläre trajektorielle System der Tonofibrillen der epithelialen Keratinozyten fort. Diese enge Verbindung des Stratum papillare mit den Basalzellen der Epidermis ist die strukturelle Grundlage der hohen **mechanischen Stabilität** der äußeren Schichten der Haut.

In die Bindegewebspapillen des Stratum papillare sprossen haarnadelförmig verlaufende Kapillarschlingen, die der Versorgung der Epidermis dienen (s. S. 280). Die intensive Verzahnung des Stratum papillare fördert die **stoffwechselaktiven Austauschvorgänge** des gesamten Epithels, insbesondere die Regenerationsleistung des Stratum germinativum.

Das lockere Bindegewebe des Stratum papillare ist durchsetzt mit basophilen Infiltratzellen, vornehmlich Lymphozyten, Plasmazellen, Makrophagen und Mastzellen. Ihr gehäuftes Auftreten ist morphologisch Ausdruck ständig in der Haut ablaufender unspezifischer oder spezifischer immunzellulärer Reaktionen (s. S. 283).

Stratum reticulare

Das Stratum reticulare ist eine faserreiche, straffe und zellarme Bindegewebsschicht. Die Kollagenfasern (Typ I) verlaufen, begleitet von elastischen Bündeln, vorzugsweise oberflächenparallel. Die Faserbündel sind **scherengitterartig** angeordnet, deren rhombische Maschen entsprechend der Zugbelastung eine geordnete Verschiebung der gesamten Haut ermöglichen. **Plastizität** und **Verformbarkeit** der Haut sind insbesondere auf die zahlreichen elastischen Fasern zurückzuführen, die nach Dehnung die ursprüngliche Anordnung der Kollagenlamellen wieder herstellen. Das Stratum reticulare ist relativ arm an Gefäßen, vorzugsweise kleinere Arterien und Venen zu und von oberflächlichen Hautschichten passieren diese Bindegewebslagen.

Die Lederhaut weist in den verschiedenen Körperregionen und tierartlich erhebliche Unterschiede in ihrer Dicke auf. Funktionelle Beanspruchung, Klima und Rasse sind zusätzliche Faktoren, die die Entwicklung der Lederhaut nachhaltig beeinflussen. Die Haut des Rindes ist von allen Haussäugetieren am dicksten ausgebildet. Für die Lederherstellung (Gerben der Lederhaut) sind die elastischen Häute von Jungtieren gegenüber denen älterer Tiere geeigneter.

Unterhaut (Tela subcutanea, Subcutis)

Die Unterhaut stellt ein lockeres, unregelmäßig angeordnetes Bindegewebe dar, das die Haut verschieblich mit Faszien oder Muskulatur verbindet (Abb. 260). Die Unterhaut ist vaskularisiert und reich an Fettgewebe. Der Grad der Fettansammlungen im Unterhautgewebe ist tierartlich, geschlechtsspezifisch und regional verschieden. Die Fetteinlagerungen dienen als Energiereserven (Fettdepot) und als Kälteschutz. An mechanisch belasteten Körperstellen (z. B. Sohlenballen) wird dieses Fettgewebe durch Bindegewebssepten gekammert und dadurch die Widerstandsfähigkeit erhöht. Die Unterhaut schließt lokal elastisch-mus-

XV. Haut und Hautorgane

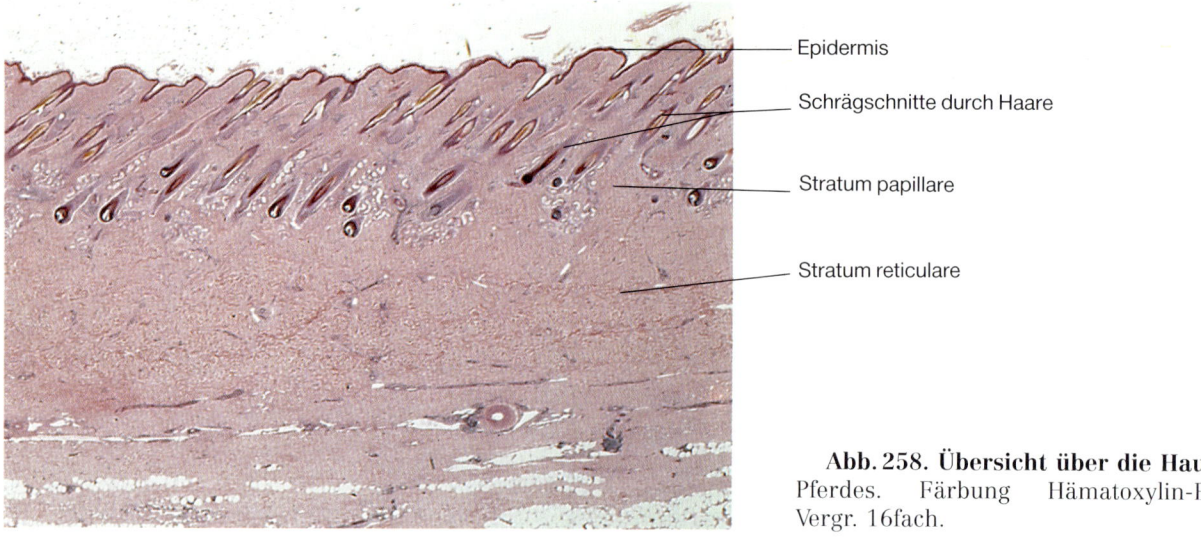

Abb. 258. **Übersicht über die Haut** des Pferdes. Färbung Hämatoxylin-Eosin, Vergr. 16fach.

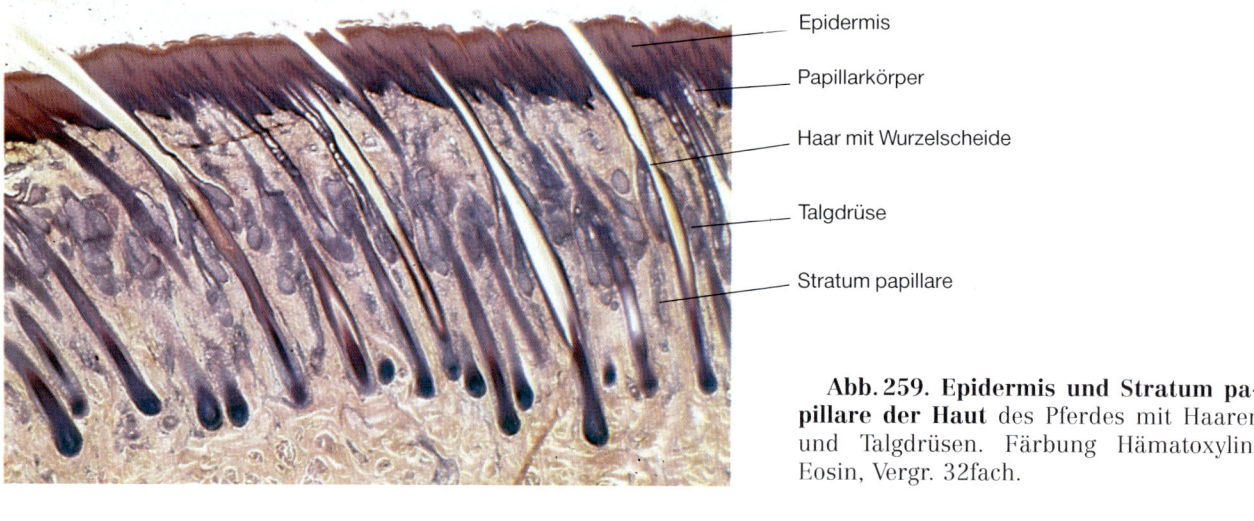

Abb. 259. **Epidermis und Stratum papillare der Haut** des Pferdes mit Haaren und Talgdrüsen. Färbung Hämatoxylin-Eosin, Vergr. 32fach.

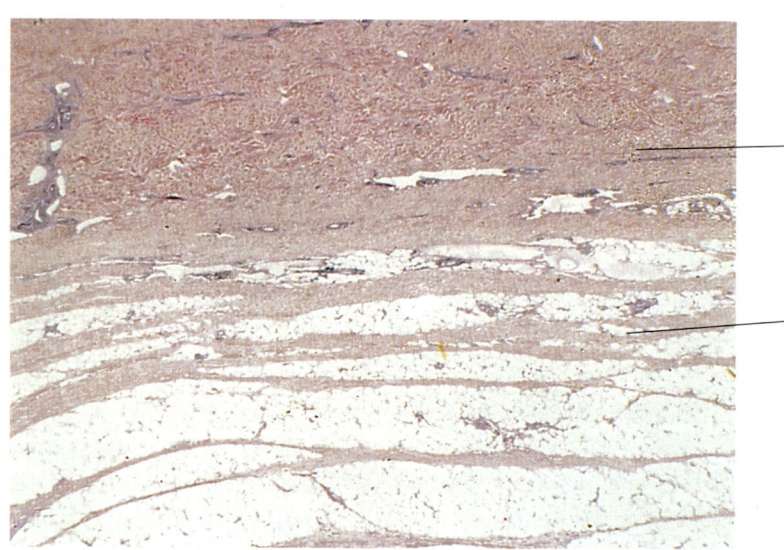

Abb. 260. **Übersicht über tiefere Schichten der Haut** des Pferdes. Färbung Hämatoxylin-Eosin, Vergr. 16fach.

kulöse Systeme ein, die der Straffung der Haut dienen. Eingelagerte quergestreifte Muskelzüge sind meist Bestandteile der Hautmuskulatur.

Hautdrüsen (Glandulae cutis)

Die Haut wird von einem dünnen Fett- und Säuremantel bedeckt, der von Drüsen aus der Lederhaut an die Oberfläche abgesondert wird. Man unterscheidet in diesem Zusammenhang 2 Arten von Hautdrüsen und deren Modifikationen, die embryonal stets als Abkömmlinge der Epidermis anzusehen sind:
– Talgdrüsen (Gll. sebaceae),
– Schweißdrüsen (Gll. sudoriferae).

Talgdrüsen

Talgdrüsen sind exoepitheliale, exokrine, alveoläre und holokrin sezernierende Drüsen. Sie stehen durch einen meist kurzen Ausführungsgang mit der Oberfläche der Epidermis in Verbindung und entleeren dorthin ihr Sekret, den **Talg (Sebum)**. Die Synthese des Talgs erfolgt an der Basis der alveolären Drüsenläppchen in undifferenzierten, sich rasch teilenden Epithelzellen aus Fettsäuren, Cholesterinen und Triglyzeriden. Diese Grundstoffe füllen als Fetttröpfchen allmählich das Zytoplasma der Talgdrüse aus, der Kern wird pyknotisch, Organellen degenerieren. Durch nachrückende neue Zellen werden ältere Zellgenerationen zum Lumen der alveolären Drüse verlagert, die Zellen platzen und bilden in ihrer Gesamtheit das Endprodukt der Drüse, den Talg (holokrine Sekretion).

Talgdrüsen können als einfache oder zusammengesetzte alveoläre Drüsen entwickelt sein. Sie treten bevorzugt in Nachbarschaft zu Haaren auf **(Haarbalgdrüsen)** (s. Abb. 259). Talgdrüsen werden auch ohne Bindung an Haare ausgebildet, z. B. im Augenlid (Meibom-Drüse), am Penis, im äußeren Gehörgang.

Das fettige Sekret der Talgdrüsen verteilt sich auf der Hautoberfläche und überzieht die Epidermis mit einem **dünnen Fettfilm**. Dieser vermindert die Durchlässigkeit für Wasser und wäßrige Flüssigkeiten und hält das Stratum corneum der Epidermis und die Oberfläche der Haare geschmeidig.

Schweißdrüsen

Schweißdrüsen sind exoepitheliale, exokrine, tubuläre und merokrin oder apokrin sezernierende Drüsen. **Merokrine Drüsen** liegen in der Lederhaut als unverzweigte Schläuche, die sich am Ende aufknäulen (tubuläre Knäueldrüsen) (Abb. 261).

Die epitheliale Wandauskleidung der Drüsentubuli ist funktionsabhängig iso- bis hochprismatisch. Die Abgabe des Sekrets in das Lumen des Drüsenschlauchs wird durch außen anliegende kontraktile **Myoepithelien** unterstützt. **Myoepithelien sind modifizierte Epithelzellen,** die sekundär die Fähigkeit zur Kontraktion entwickeln. Die Ausführungsgänge dieser Schlauchdrüsen münden unabhängig von Haaren frei an der Hautoberfläche. Das Sekret der Schweißdrüsen überzieht die Epidermis mit einem **dünnflüssigen Film,** der einen schwach **sauren pH-Wert** aufweist.

Die Funktionen der Schweißdrüsen sind vielfältig. Diese Drüsen dienen durch Verdunstung der **Wärmeregulation** sowie durch Abgabe von Stoffwechselendprodukten (Exkreten) der Reinigung des Körpers. Der flüssige Säuremantel wirkt darüber hinaus leicht bakterizid.

Die Mehrzahl der Schweißdrüsen bei Haussäugetieren sind **apokrine Drüsen** und **stets an Haaranlagen** gebunden. Das Sekret schließt apikale Zytoplasmabestandteile ein. Die Sekrete sind deshalb Träger individualspezifischer Duftstoffe **(Duftdrüsen)**. Die Drüsen sind verzweigt und befinden sich in Nachbarschaft zu Haaren.

Bei den Haussäugetieren kommen in großer Zahl **modifizierte Talg- und Schweißdrüsen** vor. Die Struktur der Flotzmauldrüsen der Wiederkäuer und der Analbeutel der Fleischfresser bzw. der Zirkumanaldrüsen des Hundes wird in Kapitel X: »Verdauungsapparat« (s. S. 152) besprochen.

Pigmentation

Pigmente in der äußeren Haut sind bei der starken Behaarung der Haussäugetiere als Schutzmechanismen gegenüber massiver Lichteinstrahlung von untergeordneter Bedeutung. Dennoch tritt auch bei diesen Tieren eine pigmentierte Epidermis unabhängig von der Behaarung auf.

Die Pigmentbildung geht von **Melanozyten** aus, die embryonal aus der Neuralleiste auswandern und sich zwischen die epithelialen Keratinozyten legen. Ihr Zytoplasma schließt Melanin als Pigment ein **(Melanosomen)**, deren Vorstufen in **Prämelanosomen** aus 3,4-Dihydroxyphenylalanin (DOPA) im Golgi-Apparat entstehen. Melanozyten geben sekundär an anliegende Keratinozyten des Stratum germinativum die Melanosomen weiter, die dann vorübergehend die Struktur von Pigmentzellen übernehmen **(Melanophoren)**.

Haut als Organ der Wärmeregulation

Die Aufrechterhaltung einer konstanten Körpertemperatur ist für Warmblüter von wesentlicher Bedeutung. Bei den Haussäugetieren werden die **Gefäße der Haut** in Verbindung mit dem dichten **Haarkleid** zu den wichtigsten Organen der Thermoregulation. Die Haare können sich aufrichten (M. arrector pili) und durch Vergrößerung des Luftmantels den Wärmeschutz erhöhen (s. Abb. 258, 259, 261 und 262).

Gefäßsystem der Haut

Die Haut schließt ein tiefes (fasziales), ein oberflächliches (kutanes) und ein subepitheliales Gefäßnetz ein. Aus dem **faszialen Netz** der Subkutis ziehen Arteriolen senkrecht durch Schichten des Koriums und verzweigen sich oberflächlich in einem **kutanen Netz**. Dieses geht in einen stark erweiterten, **subepithelialen Venenplexus** über, der vorzugsweise der Abgabe von Wärme an die Epidermis dient. Durch arteriovenöse Anastomosen wird die Mikrozirkulation der Lederhaut vegetativ gesteuert und die Wärmeabgabe reguliert. Aus dem kutanen Gefäßnetz ziehen Kapillargefäße in das subpapilläre Gebiet und bilden bevorzugt in den Papillarkörpern des Stratum papillare **haarnadelartige Kapillarschlingen**. Die Kapillarwände liegen eng der Epidermis an, ohne in diese überzutreten. Die Ernährung der oberflächlichen Deckschichten der Haut erfolgt letztlich durch Diffusion über den Interzellularraum. Im Rückfluß sammeln sich die Kapillaren wieder in Venolen und Venen, die in der Unterhaut Anschluß an größere Venennetze finden.

Haare (Pili)

Die Haare sind zugfeste, dünne Hornfäden, die sich durch Einstülpungen aus der Epidermis entwickeln. Embryonal verdickt sich lokal das epitheliale Hautblatt und wächst zapfenförmig in das lockere Bindegewebe der späteren Lederhaut. Am Ende einer verlängerten Haaranlage erweitert sich der Haarzapfen zum **epithelialen Haarbulbus** und wird von der **bindegewebigen Haarpapille** eingestülpt. Aus **zentralen Anteilen des Haarbulbus** entsteht durch mitotische Teilungen der Epithelzellen das zylindrisch geformte Haar. Die äußeren Anteile des Haarzapfens differenzieren sich zu Wandabschnitten, den **epithelialen Wurzelscheiden**. Diese setzen sich oberflächlich in das Stratum germinativum der Epidermis fort (Abb. 261 und 262).

Nach außen wird die epitheliale Haaranlage von einer bindegewebigen Hülle umgeben, die sich dem differenzierten Haar als **bindegewebiger Haarbalg** manschettenartig anlegt. Zusätzlich begleiten glatte Muskelzellen (Mm. arrectores pili), feine Kapillarnetze und eine ausgeprägte, sensible Innervation die Haare.

Mit den Haaren gehen gemeinsam Talg- und Schweißdrüsen aus epidermalen Anlagen hervor und verlagern sich in die Tiefe. Man spricht daher von der **Epidermis-Trias,** bestehend aus **Haar, Talg- und Schweißdrüsen.** Funktionell schließen sich sämtliche genannten epithelialen und bindegewebigen Strukturen zusammen und lassen ein gemeinsames **Haarorgan** entstehen.

Sekundär kann an verschiedenen Körperstellen der eine oder andere Bestandteil der Epidermis-Trias fehlen oder sich extrem modifizieren. Meist sind diese Vorgänge dann mit einer Spezialisierung der Epidermiszellen verbunden (z. B. Milchdrüse, Horn-, Huf- und Klauenbildung). Man spricht dann von einer modifizierten Haut (s. S. 283).

Bau des Haares

Am Haar kann ein proximaler Teil, die **Haarwurzel** (Radix pili), mit einer zwiebelartigen, terminalen Auftreibung, dem **Haarbulbus,** von einem distalen, peripheren Teil, dem **Haarschaft** (Scapus pili), unterschieden werden, der mit der **Haarspitze** (Apex pili) die Epidermis überragt. In den proximalen Abschnitten wird das Haar außen manschettenartig von der **epithelialen Wurzelscheide** (epithelialer Haarbalg) begleitet, die bis zur Austrittsstelle des Haares an der Oberfläche, dem **Haartrichter,** reicht. Außen wird das Haar von einem geschichteten **bindegewebigen Haarbalg** umgeben. Aus diesem entwickelt sich die **Haarpapille,** die sich in Form eines lockeren Bindegewebszapfens in den Bulbus des Haares vorwölbt.

Am Haar unterscheidet man das Haarmark (Medulla pili) und die Haarrinde (Cortex pili).

Das **Haarmark** geht aus den tiefen Schichten des Stratum germinativum hervor, das der Spitze der Haarpapille (**suprapapillär**) aufliegt. Diese Epithelzellen teilen sich ständig, sind stark vakuolisiert und nur geringgradig verhornt. Durch nachrückende, neugebildete Markzellen werden ältere nach außen geschoben. Diese verlieren meist die Pigmentierung, die Kerne werden pyknotisch, Trichohyalinkörnchen werden sichtbar. Degenerierte

Markzellen nehmen intrazellulär Luftbläschen auf, die bei zusätzlich fehlender Pigmentation zum Ergrauen des Haares führen. Das Haarmark fehlt bei Wollhaaren.

Die **Haarrinde** entwickelt sich aus den Epithelzellen, die seitlich der Haarpapille **(peripapillär)** anliegen. Diese formen um das Mark einen zelldichten, stark verhornten Mantel, der neben nichtpigmentierten Zellen auch Pigmentzellen mit Melaningranula einschließt. Die Dichte dieser Melanosomen bestimmt mit die Haarfarbe. Die Keratinozyten sind abgeplattet und durch langgestreckte Tonofilamente verstärkt, die in ihrer Gesamtheit die mechanische Festigkeit, die Biegsamkeit und die Elastizität des Haares bewirken.

Die **Haaroberfläche** wird von einer abgeflachten, einschichtigen Lage platter Hornzellen überzogen, die als **Haarkutikula** (Cuticula pili) bezeichnet wird. Diese oberflächliche Zellage besteht aus dachziegelartig geschichteten Deckzellen, die in Richtung auf die Haarspitze orientiert sind. Durch eine entgegengerichtete Verzahnung mit Oberflächenzellen der inneren Wurzelscheide (s. u.) wird der Haarschaft weitgehend in seiner Lage stabilisiert.

Die Struktur des Haarmarks und der Haarkutikula ist streng tierartspezifisch und daher für forensische Zwecke geeignet. Die Struktur der Markzellen, Dicke und Anzahl der Markzellschichten, das Dickenverhältnis von Mark zu Rinde und das Oberflächenprofil der Deckzellen der Haarkutikula können zur Artdiagnose herangezogen werden.

Bau der epithelialen Wurzelscheiden

Der epidermale Haarzapfen bildet sich in seinen äußeren Wandabschnitten zum **epithelialen Haarbalg** um, der auch als **epitheliale Wurzelscheide** (Vagina epithelialis radicularis) bezeichnet wird. Man unterscheidet eine innere und eine äußere Wurzelscheide.

Die **innere Wurzelscheide** liegt der Oberfläche des Haares mit einer abgeplatteten, einschichtigen Zellage an, die als **Scheidenkutikula** (Cuticula vaginalis) bezeichnet wird. Diese besteht aus verhornten Zellen, die dachziegelartig angeordnet in Richtung auf den Haarbulbus weisen. Durch deren Verzahnung mit der Haarkutikula wird das Haar in der Wurzelscheide gehalten.

Der Scheidenkutikula folgen nach außen 1–3 Schichten kernhaltiger Zellen (Huxley-Schicht), die stellenweise Trichohyalinkörner einschließen können, und eine meist einschichtige Zellage (Henle-Schicht) (Abb. 262).

Die **äußere Wurzelscheide** stellt die Fortsetzung der Schichten des Stratum germinativum der Epidermis in der Tiefe dar, mit deren Wandbau sie weitgehend übereinstimmt. Der äußeren, epithelialen Wurzelscheide liegt außen eine deutlich entwickelte **Basalmembran** (Glashaut) an, die die epidermalen Teile des Haarorgans von den bindegewebigen (mesodermalen) Schichten trennt (Abb. 262).

Die Basalmembran wird von freien sensiblen Nervenendigungen durchbrochen, die sich in der äußeren Wurzelscheide, bevorzugt nahe des Haartrichters, verzweigen. Die Endverzweigungen der freien Nervenendigungen sind Rezeptoren für Berührung, Druck und Vibration und gleichzeitig Anteile der Oberflächensensibilität.

Bau der bindegewebigen Wurzelscheiden (Haarbalg, Vagina dermalis radicularis)

Während der Embryonalentwicklung schiebt sich der epidermale Haarzapfen in das lockere Bindegewebe vor und formt einen Mantel, den bindegewebigen Haarbalg (Wurzelscheide) (Abb. 262). Dieser baut sich aus meist zwei Schichten auf. In einer **inneren Schicht** verlaufen kollagene und elastische Faserbündel vorherrschend zirkulär, in einer **äußeren** meist longitudinal zur Haarachse. In dieser faserigen Mantelschicht sind Blutgefäße und markhaltige Nervenfaserbündel eingelagert, die als freie Nervenendigungen in die äußere Wurzelscheide übertreten.

In der **Haarpapille** sind dichte Kapillarschlingen ausgebildet, die der Versorgung der stoffwechselaktiven Zellen des Stratum germinativum und damit der Neubildung und dem Wachstum des Haares dienen.

Haararten

Haussäugetiere weisen eine große Vielfalt in der Ausbildung des Fells auf. Nach Länge, Dicke, Körperregion oder Anordnung können u. a. Leit- und Stammhaare, Deck-, Fell- oder Grannenhaare, Flaum- oder Wollhaare, Borstenhaare und Langhaare unterschieden werden. (Näheres s. Lehrbücher der Anatomie der Haussäugetiere.) Sonderbildungen sind u. a. Zilien, Wimpern und Tasthaare. Tasthaare sind eng mit dem Tastsinn verbunden, sie werden auch als Sinnes- oder Sinushaare bezeichnet.

Sinushaar (Pilus tactilis)

Die Sinushaare sind durch eine größere Wandstärke und durch ihre Länge gekennzeichnet. Sie liegen tief in der Lederhaut und erreichen meist die Unterhaut. Dort stehen sie mit quergestreiften Hautmuskeln in direktem Kontakt, durch die sie auch bewegt werden. Charakteristisch ist der bin-

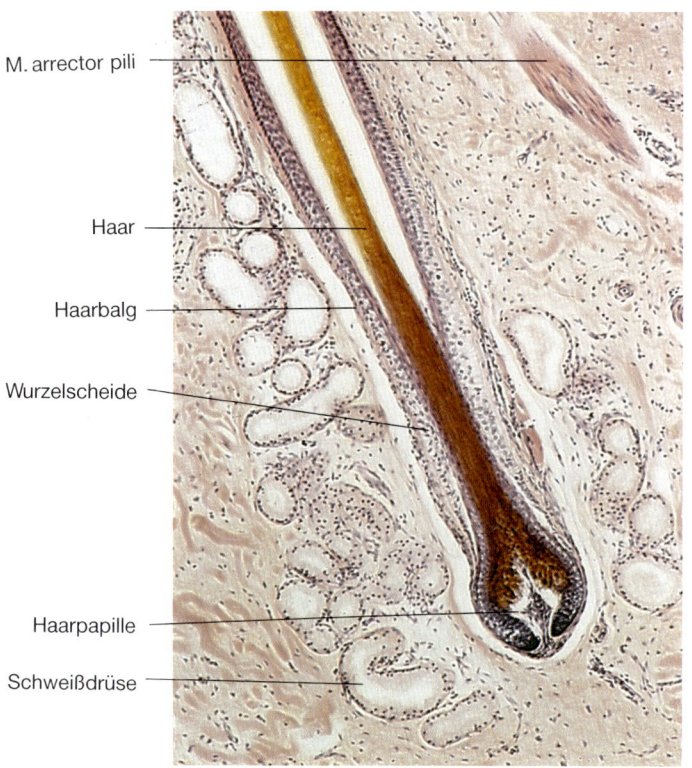

Abb. 261. **Längsschnitt durch ein Haar** des Hundes mit Schweißdrüsen. Färbung Hämatoxylin-Eosin, Vergr. 100fach.

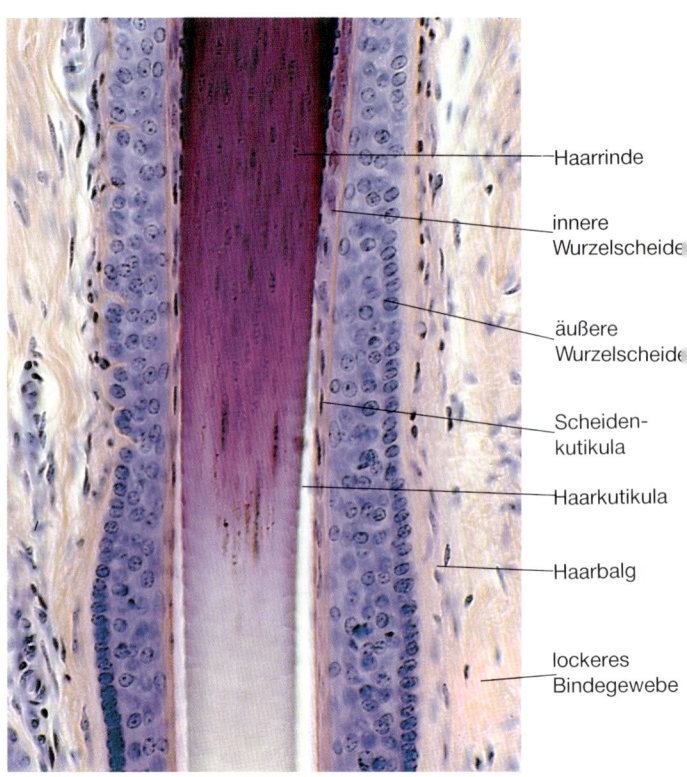

Abb. 262. **Haar mit Wurzelscheide und bindegewebigem Haarbalg** des Pferdes. Färbung Hämatoxylin-Eosin, Vergr. 250fach.

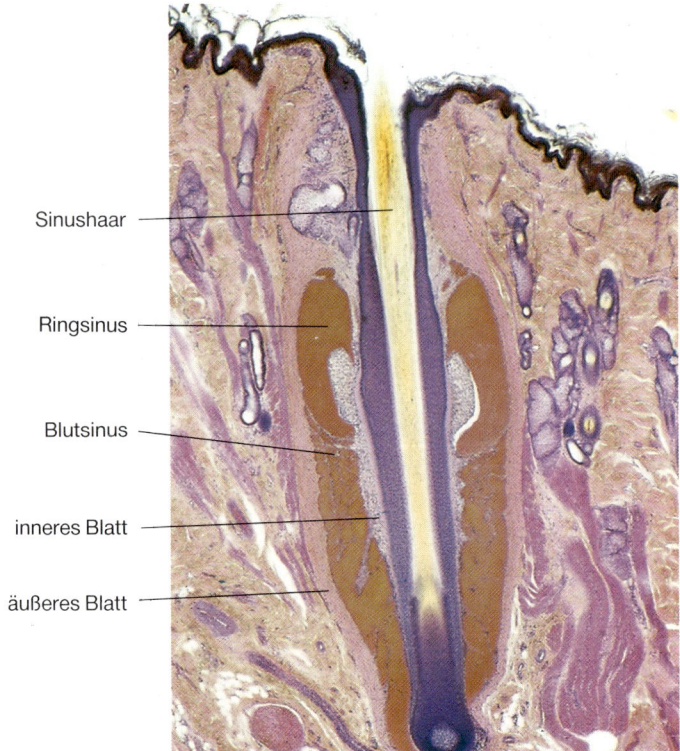

Abb. 263. **Übersicht über die Haut des Hundes mit einem Sinushaar (sinusoider Typ).** Färbung Hämatoxylin-Eosin, Vergr. 30fach.

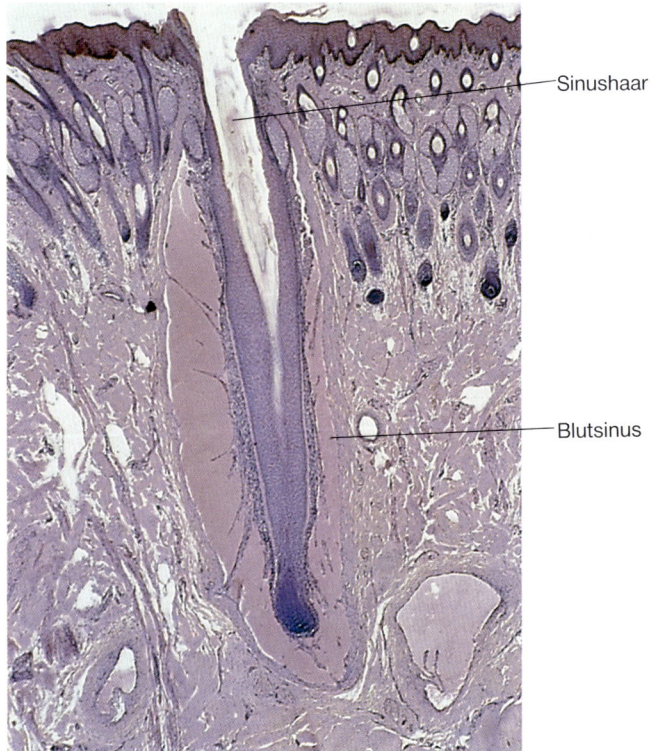

Abb. 264. **Übersicht über die Haut des Pferdes mit einem Sinushaar (kavernöser Typ).** Färbung Hämatoxylin-Eosin, Vergr. 16fach.

degewebige Haarbalg differenziert. Er spaltet ein **inneres** und ein **äußeres Blatt** ab. Zwischen beiden Blättern ist ein **Blutsinus** (Sinus sanguineus folliculi) mit einer endothelialen Auskleidung ausgebildet.

Bei Pferd und Wiederkäuer sind beide Blätter durch feine Bindegewebstrabekel verbunden, der Blutsinus ist durchgehend unregelmäßig gekammert **(kavernöser Typ eines Blutsinus)** (Abb. 264). Bei Fleischfresser und Schwein ist der distale, der Epidermisoberfläche nahe Bereich des Blutsinus durch die Ausbildung eines Ringsinus gekennzeichnet **(sinusoider Typ eines Blutsinus)**. Hier wölbt sich das Innenblatt des Haarbalgs ringförmig in das Lumen des Blutsinus vor (Abb. 263).

Die bindegewebigen Wände und das Trabekelsystem des Blutsinus sind mit einem feinen Geflecht **sensibler Nervenfasern** durchzogen. Diese reichen als freie Nervenendigungen bis in die äußere Wurzelscheide der Sinushaare und zweigen sich dort auf. Die Nervenfortsätze sind **spezifische Druckrezeptoren**, die jede Änderung der Sinneshaare und der Impulswelle des Blutsinus aufnehmen und verstärkt afferent weiterleiten.

Haut als Sinnesorgan

Die äußerste Schicht der Haut, die Epidermis, entwickelt sich wie das Nervensystem aus ektodermalem Gewebe. Während die Deckschicht vorwiegend Aufgaben der Isolation gegenüber Umwelteinflüssen übernimmt, dient das Nervengewebe der Haut dazu, diese Barriere zu durchbrechen und die unterschiedlichsten Reize zu erkennen, aufzunehmen und an das zentrale Perzeptionsfeld im Gehirn weiterzuleiten.

Entsprechende Rezeptionsfelder und deren Leitungsbahnen treten in sämtlichen Schichten der Haut auf. Intraepithelial sind **freie Nervenendigungen** und **Merkel-Tastkörperchen**, subepithelial einfache oder geschichtete **Endkörperchen** entwickelt. Grundsätzlich ist festzustellen, je tiefer eine Sinneswahrnehmung in den Schichten der Haut erfolgt, um so komplexer ist der Bau des Rezeptors.

Eine genaue Darstellung der Hautrezeptoren erfolgt im Kap. XVI: »Sinnesorgane« (s. S. 293).

Haut als immunologische Grenzfläche

Die Haut ist neben der Lunge und dem Verdauungstrakt dasjenige Organ, das besonders großflächig und intensiv mit der Umwelt in direktem Kontakt steht. Entsprechend differenziert stellt sich das unspezifische und spezifische Abwehrsystem der Haut dar.

Auf der Oberfläche der Haut bildet ein **dünnflüssiger Säurefilm** als Sekret der Schweißdrüsen (s. S. 279) eine epitheliale Barriere gegenüber biologischen Schädigungen (z. B. Bakterien). Eine **talghaltige Fettschicht**, Produkt der Talgdrüsen (s. S. 279), verhindert das Eindringen von Wasser und damit Störungen des intradermalen Ionenhaushalts. Beide Faktoren wirken im Sinne einer ersten oberflächlichen, **unspezifischen Schutzbarriere.**

Intraepithelial sind **Langerhans-Zellen** als Derivate des mononukleären Phagozyten-Systems **(MPS)** lokalisiert. Diese hautspezifischen Zellen entwickeln sich aus **Makrophagen** und wandern sekundär in die Epidermis ein. Langerhans-Zellen übernehmen dort die Aufgabe, die in die Schichten der Epidermis eingedrungenen Antigene (z. B. bakterielle Antigene) intrazellulär umzubauen und an der eigenen Zelloberfläche zu präsentieren **(Antigenpräsentation)**. T-Lymphozyten (T-Helferzellen), die sich ebenfalls in den basalen Schichten der Epidermis häufen, treten mit den Oberflächenantigenen auf Langerhans-Zellen (Histokompatibilitätsantigene) in Kontakt, werden durch diese aktiviert, durchlaufen mitotische Zellteilungen und bilden T-Zellklone aus. (Näheres s. Kap. VIII: »Immunsystem und lymphatische Organe«, S. 126.)

Damit setzt bereits in der Epidermis die **immunzelluläre Kaskade** immunologischer Reaktionen ein. T-Lymphozyten wandern aktiv aus der Epidermis aus und induzieren im Stratum papillare die weiteren Stufen zellulärer bzw. humoraler Immunsysteme. Morphologisch sind daher (immun)zelluläre Infiltrate (T-Lymphozyten, B-Lymphozyten, Makrophagen, Histiozyten und Mastzellen) im Bereich der Gefäße physiologisch und Ausdruck einer epidermalen Immunantwort.

Modifikationen der Haut

Das äußere, ektodermale Keimblatt des Embryos schließt neben der Anlage für die Epidermis einschließlich der Hautdrüsen auch die Anlagen für deren Derivate ein. Durch Modifikation apokriner Schweißdrüsen entwickelt sich die **Milchdrüse**, in der die sekretorische Funktionsleistung im Vordergrund steht. An anderen, ebenfalls determinierten Körperregionen proliferieren Keratinozyten der Epidermis unter extremer Vermehrung und letztlich massiver Verhornung zu oberflächlichen Hornplatten. Es bilden sich die **Zehenendorgane** der Haussäugetiere, Huf, Klaue, Kralle und Horn.

Milchdrüse (Mamma)

Die Milchdrüse ist ein zusammengesetztes Organ, das aus zentralen Drüsenkomplexen (**Drüsenparenchym, Glandulae mammariae**) mit septaler bindegewebiger Lobulierung (**Interstitium**) besteht und dessen Ausführungsgangsysteme peripher in einer **Zitze** münden. Oberflächlich wird das Organ von äußerer Haut überzogen und von Abspaltungen der Rumpffaszien als Halteapparat umgeben. Tierartlich treten u. a. bezüglich Anzahl der Mammarkomplexe, des makroskopisch-anatomischen Baus und der Vaskularisation erhebliche Unterschiede auf. (Näheres s. Lehrbücher der Anatomie der Haussäugetiere.) Der mikroskopisch-anatomische Bau der Milchdrüse ist weitgehend einheitlich.

Die Milchdrüse setzt sich bei den Haussäugetieren aus einer unterschiedlichen Anzahl von **Drüsenläppchen** zusammen, deren kleinste, bindegewebig umhüllte Einheit die organspezifischen, sezernierenden **Drüsenschläuche und -endstücke** einschließt. Dem Aufbau ihres Ausführungsgangsystems und dessen kugelförmigen Drüseneinheiten nach handelt es sich bei der Milchdrüse um eine **zusammengesetzte tubuläre Drüse mit verzweigten, alveolären Endstücken** (Abb. 265 und 266). Aufgrund dieser Anordnung des Drüsengewebes und seiner Funktion wird die Milchdrüse auch als **Stapeldrüse** bezeichnet. In ihr sind alveoläre Drüsenendstücke als kommunizierende Komplexe hintereinander gelegen, in deren Lumina das Sekret, die **Milch**, zeitlich gestapelt werden kann.

Bau der laktierenden Milchdrüse

Die laktierende Milchdrüse setzt sich entsprechend des tubuloalveolären Grundaufbaus in den zentralen Drüsenkomplexen (**Drüsenparenchym**) aus 3 Abschnitten zusammen, denen unterschiedliche Funktionen zukommen, nämlich den
- Alveolen (Milchbildung und Milchabgabe),
- Ductus lactiferi (Transport der Milch im Gangsystem),
- Sinus lactiferi (Milchsammelräume, Milchzisterne).

Alveolen

Die Alveolen werden von einem **einschichtigen Drüsenepithel** ausgekleidet, das sich entsprechend der funktionellen Aktivität des Organs in der Zellhöhe, aber auch im Ausbildungsgrad der Organellen ändert. In sekretgefüllten Alveolen ist das Epithel **niedrig**. Es wird während der Phase der **Sekretbildung isoprismatisch** und wächst bei der **Sekretabgabe** zu einem **hochprismatischen Epithelverband** an. Entsprechend verändert sich die Form der Kerne von abgeplattet über rund bis längsoval (Abb. 265).

Die **Organellen der Drüsenzellen** unterliegen in Abhängigkeit zur jeweiligen Sekretionsphase erheblichen Umbauvorgängen. Während der **Synthesephase** vergrößern sich das endoplasmatische Retikulum (ER) und der Golgi-Apparat, stellenweise treten feinvakuoläre Fetttröpfchen auf. Im Stadium der **Sekretionsphase** schließen basale Zellabschnitte dichte Membranstapel des ER ein, apikal wölbt sich das Zytoplasma in das Lumen der Alveole vor. Diesen Zellbereich nehmen extrem erweiterte Golgi-Apparate und meist eine Fettvakuole ein.

Wesentliche **Bestandteile der Milch** lassen sich in ihrer Entstehung bestimmten Organellen der Drüsenepithelzellen zuordnen (Abb. 267). Die **Fettstoffe der Milch**, vorwiegend Triglyzeride, werden aus Vesikeln des Golgi-Apparats gebildet, deren primär kleinere Einzelvakuolen intrazellulär zu einer großen, membranbegrenzten Vakuole konfluieren. Die Abgabe der Fettvakuole erfolgt durch einen **apokrinen Sekretionsmechanismus,** bei dem die Vakuole zusätzlich von der äußeren Zellmembran umhüllt wird (Haptogenmembran). Vorstufen der Milchfette werden als Lipoproteine und albumingebundene Fettsäuren dem Blut entnommen.

Die **Milchproteine** (z. B. Kasein-Kalzium-Komplex, Laktalbumine) werden in basalen Zellabschnitten in den Membransystemen des rauhen endoplasmatischen Retikulums gebildet. Entsprechend den biochemischen Mechanismen der Proteinbiosynthese erfolgt der weitere intrazelluläre vesikuläre Transport über Golgi-Felder zur Zelloberfläche. Die Milchproteine werden in das Lumen der Alveole durch **Exozytose (merokrine Sekretion)** freigesetzt.

Immunglobuline (IgA), die insbesondere in der Kolostralmilch vermehrt auftreten, sind als Antikörper stets **Produkte von Plasmazellen** und werden meist aus dem **Blut** aufgenommen. Antikörper werden in zentrallymphatischen Organen gebildet und gelangen von dort in die Zirkulation oder

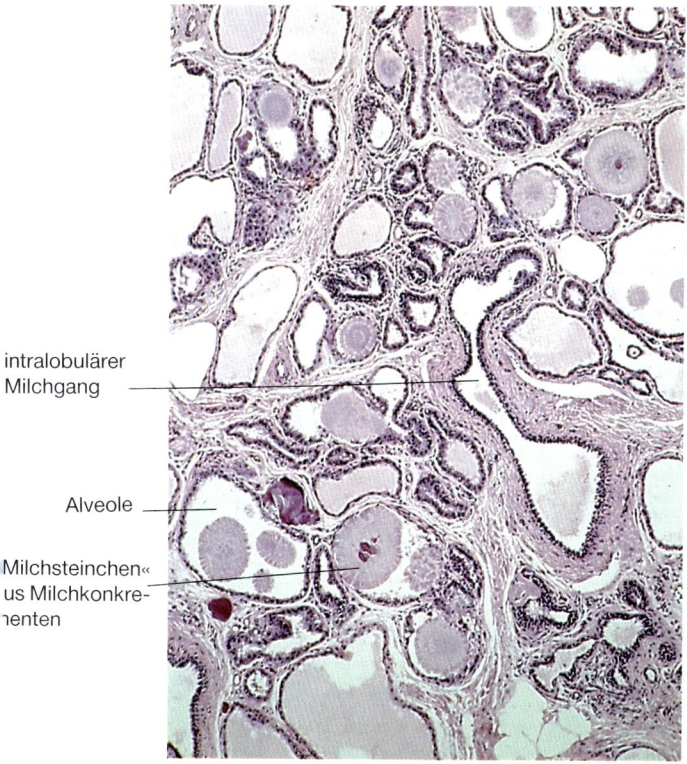

Abb. 265. **Laktierendes Euter** des Rindes mit tuboloazinösen Schlauchdrüsen und sog. Milchsteinchen. Färbung Hämatoxylin-Eosin, Vergr. 120fach.

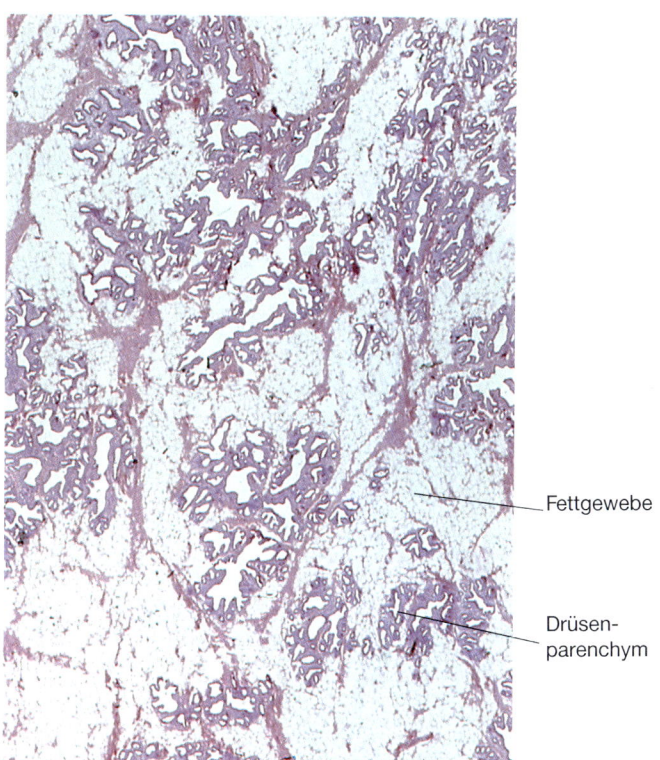

Abb. 266. **Juveniles Euter** des Kalbes mit nichtentwickelten Schlauchdrüsen und Fettgewebe. Färbung Hämatoxylin-Eosin, Vergr. 32fach.

werden im interstitiellen Bindegewebe der Milchdrüse synthetisiert. Immunglobuline vermitteln eine **passive Immunität**. Die frühzeitige orale Aufnahme von Immunglobulinen durch das Neugeborene ist bei Haussäugetieren mit einer Placenta epitheliochorialis (Pferd, Wiederkäuer und Schwein) zur Immunprophylaxe notwendig.

Der **Milchzucker** (Laktose aus Glukose und Galaktose) wird als ein organspezifisches Sekret des Golgi-Apparats, ebenso wie der größte Teil der **Enzyme der Milch,** in den Drüsenepithelzellen gebildet.

Andere Bestandteile der Milch, vorrangig **Elektrolyte** (Kalzium, Kalium, Chloride, Phosphat, Eisen), gelangen über das Kapillarnetz an die Drüsenepithelien und werden transepithelial an die Milch abgegeben.

Die Deckzellen der Alveolenwand werden außen netzartig von **Myoepithelien** umgeben, die als modifizierte Derivate des ektodermalen Hautblatts durch Einlagerung kontraktiler Filamente die Funktion glatter Muskelzellen erfüllen. Myoepithelien weisen oberflächlich **Oxytozinrezeptoren** auf, deren Aktivierung eine Kontraktion der Zelle und damit eine Verengung der Alveole einleiten (Saug- und Melkreizreflex). Den Myoepithelien liegt außen die Basalmembran an.

Ductus lactiferi (Milchgänge)

Die Ductus lactiferi liegen als kleinere Ausführungsgänge im intralobulären Bindegewebe und vereinigen sich zu größeren interlobulären Schläuchen. Proximale Abschnitte des Ausführungsgangsystems sind mit einem einschichtigen, distal mit einem zweischichtigen iso- bis hochprismatischen Epithel ausgekleidet. Die anfänglichen Wandepithelien sind noch zur Sekretion befähigt. Sämtliche Milchgänge werden außen von einem lockeren Netz aus Myoepithelien umgeben, die der Ausschüttung und der Weiterleitung der Milch dienen.

Sinus lactiferi (Milchsammelräume, Milchzisterne)

Größere Milchgänge münden bei Pferd und Wiederkäuern in erweiterte Sammelräume, die auch

286 XV. Haut und Hautorgane

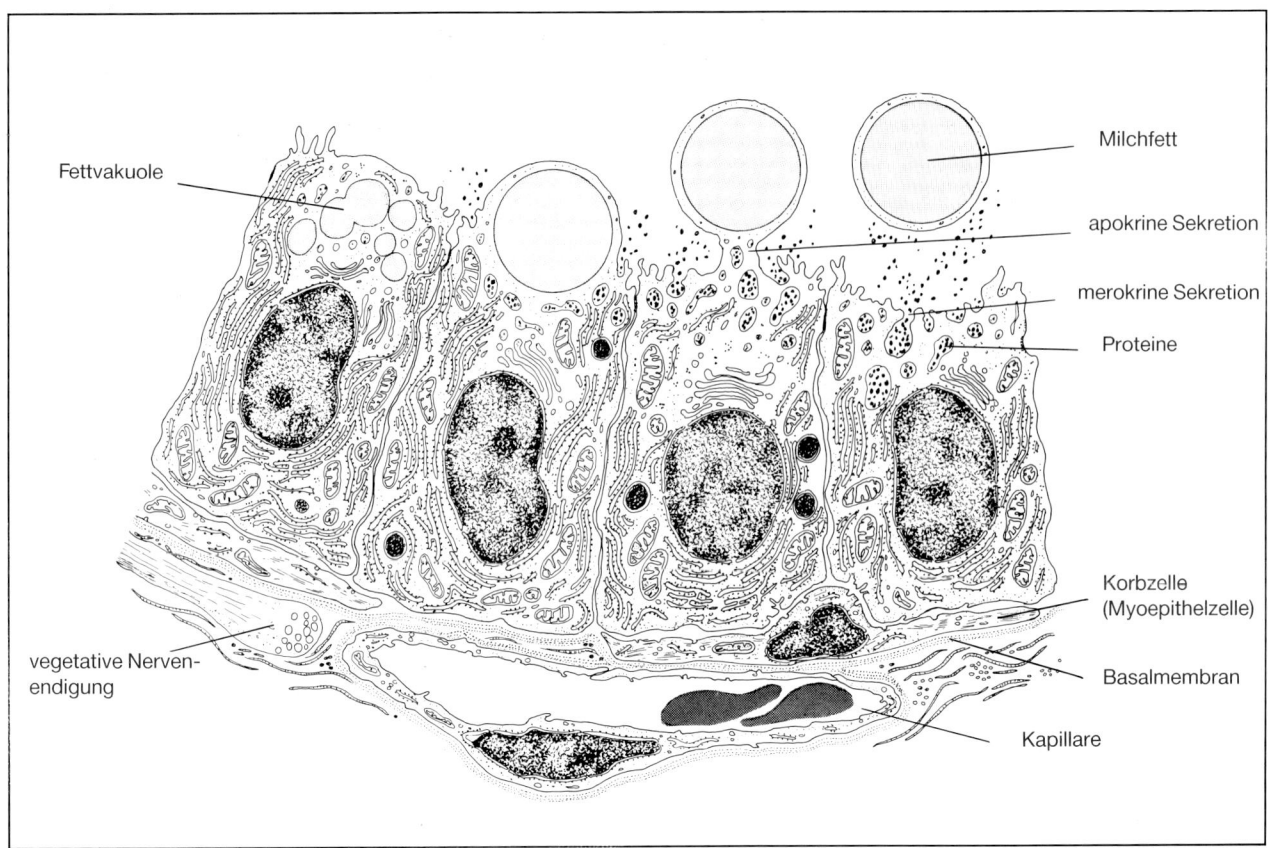

Abb. 267. Schematische Darstellung der Bildung und der Abgabe von Bestandteilen der Milch aus dem hochprismatischen Epithel der Milchdrüse (in Anlehnung an Bargmann).

als Milchzisternen bezeichnet werden. Ihre epitheliale Auskleidung ist zweischichtig, iso- bis hochprismatisch. Entsprechend der Anzahl der Strichkanäle sind beim Pferd 2, beim Rind 1 und beim Schwein 2–3 Zisternen entwickelt. Bei Fleischfressern münden die Milchgänge direkt an der Zitze.

Interstitium der laktierenden Milchdrüse

Das interstitielle Bindegewebe der Milchdrüse setzt sich aus vorwiegend kollagenen Faserbündeln zusammen, die insbesondere nahe der Alveolen und proximaler Ductus lactiferi glatte Muskelzellen einschließen. Feinste elastische Fasern umfassen korbartig die Endalveolen. Das Bindegewebe ist Träger für ein dichtes Kapillarnetz, für Arteriolen, Venolen, Lymphgefäße und vegetative Nervenfasern. Zelluläre Infiltrate sind physiologischerweise Immunzellen (Lymphozyten und Plasmazellen), aber auch Mastzellen.

Bau der ruhenden Milchdrüse

In der ruhenden Milchdrüse während der Trokkenstehzeit oder nach plötzlichem Versiegen der Milch verkleinern sich die Alveolen durch den auftretenden Sekretstau, das Epithel flacht ab, die sekretorisch tätigen Organellen sind weitgehend inaktiviert. Oftmals zerreißen anliegende Alveolen und bilden vergrößerte Endabschnitte. Die Anzahl phagozytotischer Makrophagen steigt an, Teile von parenchymatösen Organabschnitten werden abgebaut und Alveolen rückgebildet. Das lockere Bindegewebe ist teilweise von Fettzellen ausgefüllt.

Hormonelle Regulation der Milchdrüse

Die Entwicklung der Milchdrüse und die Sekretion der Milch unterliegen weitgehend hormonellen Einflüssen. **Östrogene** induzieren die Entwicklung des **Gangsystems (Ductus lactiferi).** Unter der Wirkung von **Progesteron** erfolgt die Entfaltung und das Wachstum der **Drüsenendstücke (Alveo-**

len). Während der Trächtigkeit wird durch die inhibierende Wirkung von Östrogenen auf **Prolaktin** die Aktivität der Milchdrüse gehemmt. Nach Sinken des Östrogenspiegels im Blut nach dem Fohlen, Kalben oder Werfen des Neugeborenen **steigt der Prolaktinspiegel** an, die **Laktation** setzt ein. Das Einschießen der Milch in die Alveolen wird durch **Oxytozin** unterstützt. Dieses Hormon der Neurohypophyse (s. Kap. IX: »Endokrines System«, S. 136) beeinflußt die Kontraktion der Myoepithelien, die korbartig die Alveolen und teilweise das Ausführungsgangsystem umgeben (Korbzellen). Stoffwechselaktive Hormone (z. B. Thyroxin, Wachstumshormon) wirken zusätzlich positiv auf die Milchdrüse.

Bau der Zitze (Papilla mammae)

Die Zitze ist entweder als Proliferationszitze (Wiederkäuer, Pferd) oder als Eversionszitze (Schwein, Fleischfresser) ausgebildet. Man unterscheidet einen **Zitzenteil der Milchzisterne** und den nach außen führenden **Zitzenkanal (Strichkanal, Ductus papillaris)**. Die Zitzenwand ist ein elastisch-bindegewebig-muskulöses Funktionsgewebe, das proximal weitlumige muskelstarke Venen einschließt. Innen liegt der Zitze eine Schleimhaut an, außen wird sie von teilweise modifizierter Haut bedeckt (Abb. 268 und 269).

Im Bereich der **Zitzenzisterne** ist die Zitzenwand von einem **zweischichtigen isoprismatischen Epithel** ausgekleidet, das bei Wiederkäuer und Katze unmittelbar, bei den anderen Haussäugetieren allmählich in das mehrschichtige Plattenepithel des Zitzenkanals wechselt.

In die Zitzenwand sind **kollagene** und **elastische Fasernetze** und **glatte Muskelzellen** eingelagert. Von innen nach außen ändert sich die Anordnung dieser Wandschichten in typischer Weise. Zum Lumen des inneren Hohlraums hin sind glatte Muskelzellen gehäuft und zirkulär orientiert, in den mittleren Wandabschnitten verlaufen diese vorwiegend längs und strahlen zur Oberfläche in radiärer Anordnung allmählich aus. Mit der allmählichen Abnahme glatter Muskelzellen nach außen nimmt die Zahl elastischer Fasern deutlich zu. Beim Rind formieren die Radiärfasern eine 5- bis 8fache Rosette, die sich in das Lumen des Zitzenkanals einfaltet. An dieser Stelle ist der M. sphincter papillaris als Verschlußeinrichtung der Zitze entwickelt.

Im Bereich des Ostium papillare schlägt die Epidermis in das Zitzenlumen um und bildet eine mehrschichtige, verhornte Schleimhaut. Abgeschilferte Hornschuppen können den Ductus papillaris zeitweise verschließen (Abb. 270 und 271).

Die **äußere Oberfläche der Zitze** wird von einer äußeren Haut bedeckt. Beim Rind ist diese haarlos. Bei Pferd, Schaf und Ziege ist die Zitzenhaut feinst behaart und reich an Talgdrüsen.

Zehenendorgane und Horn der Wiederkäuer

Die Haut erfährt an genetisch determinierten Körperstellen extreme Modifikationen. Durch massive Zunahme des epidermalen Anteils der Haut und gleichzeitiger nachhaltiger Verhornung dieser äußeren Schichten entwickeln sich tierartspezifische Zehenendorgane: der Huf, die Klaue, die Kralle sowie als Sonderbildung das Horn der Wiederkäuer. Diese Umbauvorgänge werden von z. T. erheblichen Strukturveränderungen des Stratum papillare zu Papillarzotten bzw. -blättern und von Gewebszubildungen der Unterhaut in Form von Ballen oder Polstern begleitet.

Die Differenzierung der einzelnen Wandabschnitte der Zehenendorgane bei den verschiedenen Haussäugetieren ist sehr unterschiedlich. (Einzelheiten s. Lehrbücher der Anatomie der Haussäugetiere.)

Auch mikroskopisch-anatomisch sind die einzelnen Hautschichten entsprechend den funktionellen Anforderungen adaptiert. Die exponierte Lage der Zehenendorgane hinsichtlich der ständigen mechanischen Belastung und Abnutzung (Abreibung) machen eine besondere **Mikrovaskularisation** erforderlich. Für die permanente Neubildung hornproduzierender Keratinozyten aus dem Stratum germinativum ist eine optimale Stoffwechselversorgung durch Kapillargeflechte wesentliche Voraussetzung. Da die Zehenendorgane auch **sensible Funktionen** übernehmen, sind sie reich an **sensiblen Mechanorezeptoren** und **Nervenfasern**.

Die erhöhte mechanische Belastung der Zehenendorgane macht eine artgerechte Differenzierung des Stratum papillare notwendig. Diese Umgestaltung in enggestellte Papillarzotten bzw. -blätter dient im wesentlichen der Erhöhung der Stabilität des Horns durch die Entwicklung eines **Röhrchenhorns** bzw. eines **Blättchenhorns**. Diese wird nicht allein durch eine Mehrproduktion von Horn, sondern insbesondere durch die funktionsgerechte Anordnung der einzelen Hornlamellen erreicht.

Grundsätzlich gehen an der **Spitze einer Papille** in begrenzter Zahl Keratinozyten rasch in Verhornung über, lösen sich von der Papille und bilden als

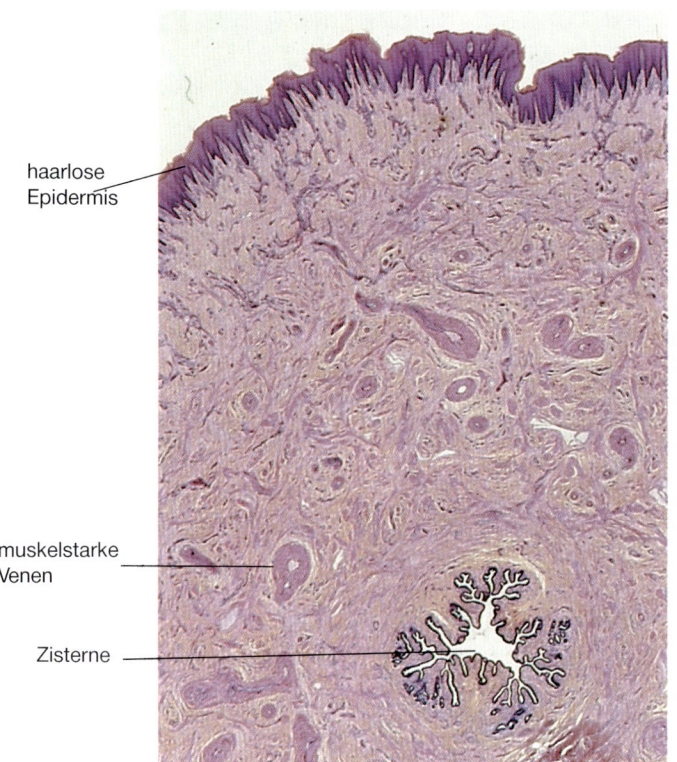

Abb. 268. **Querschnitt durch die Wand einer Zitze** des Rindes mit gefalteter Schleimhaut, Venen vom muskulären Typ und modifizierter Haut. Färbung Hämatoxylin-Eosin, Vergr. 20fach.

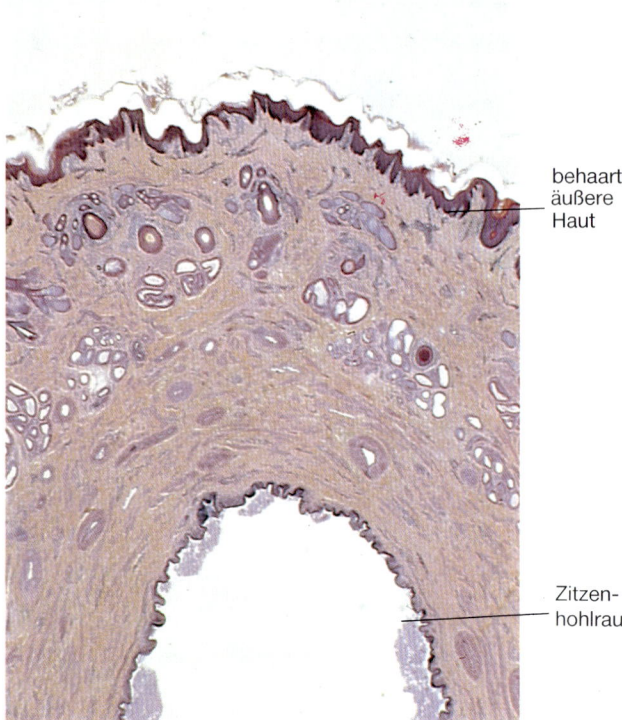

Abb. 269. **Querschnitt durch die Wand einer Zitze (Mittelabschnitt)** des Schafes. Färbung Hämatoxylin-Eosin, Vergr. 16fach.

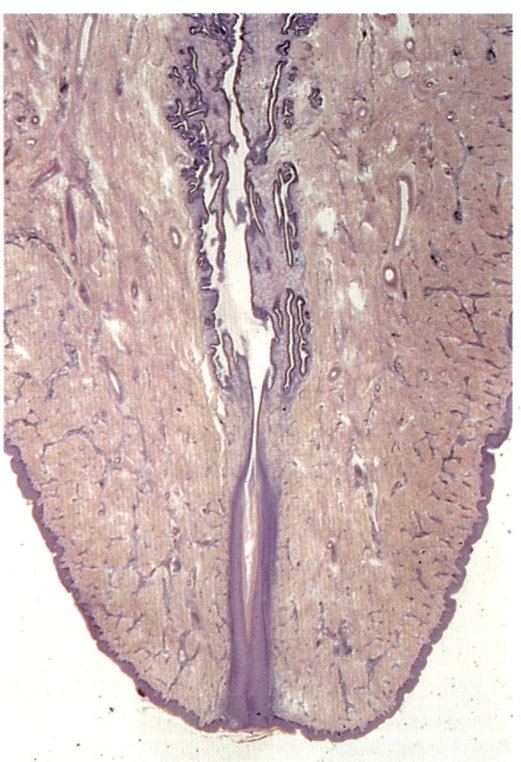

Abb. 270. **Längsschnitt durch die Zitze** des Kalbes mit Ostium papillare. Färbung Hämatoxylin-Eosin, Vergr. 20fach.

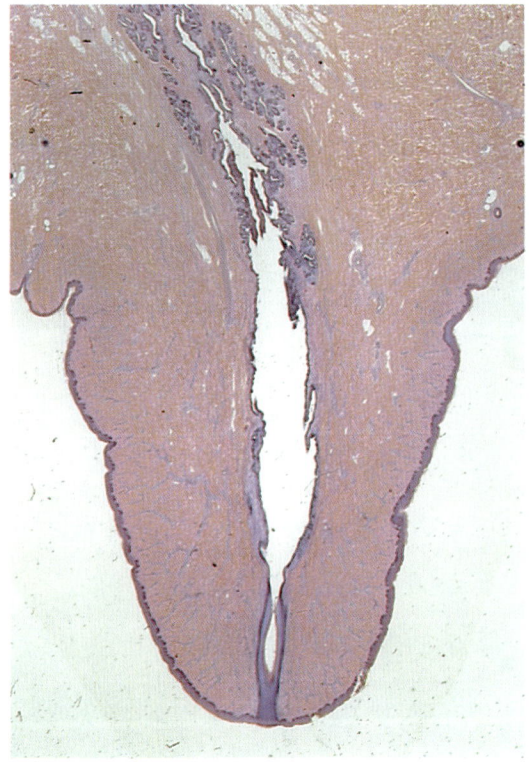

Abb. 271. **Längsschnitt durch die Zitze** eines Schweins mit Ostium papillare. Färbung Hämatoxylin-Eosin, Vergr. 14fach.

weichere Hornabschnitte das **Mark des Röhrchenhorns**. Man spricht von einem **suprapapillären Horn**.

Die **seitlichen Wandflächen** einer Papille schilfern in großer Zahl hornreiche Keratinozyten ab, die sich fest zusammenfügen, nach außen verlagern und um das suprapapilläre Horn die **Rinde eines Röhrchens** formen. Diese Rinde ist aufgrund des hohen Grades der Keratinisierung (Tonofibrillen) und der Dichte der Desmosomen entscheidend für die Stabilität des Horns verantwortlich. Seiner Bildung nach wird das Horn der seitlichen Wandfläche einer Papille als **peripapilläres Horn** bezeichnet.

Horn aus den Epidermalabschnitten **zwischen zwei Papillen** wird als **interpapilläres Horn** benannt, es erreicht nicht den Härtegrad des peripapillären Horns.

Huf (Ungula)

Der Huf ist ein zusammengesetztes **Epidermalorgan,** in dem die Schichtung der Haut eine extreme Modifikation erfährt. In der **Unterhaut** sind durch umfangreiche Zubildungen von kollagenfaserigem Bindegewebe mit z.T. reichlichen Anhäufungen von Fettgewebe die Saum-, Kron- und Ballen-Strahlsegmente des Hufes in besonderem Maße differenziert. Im Saum- bzw. Kronsegment (Abb. 272) erhebt sich die Unterhaut zu Wulsten (Saumwulst und Kronwulst), im Ballen- und im Strahlsegment zu kissenartigen Polstern (Ballen- bzw. Strahlkissen). Schlauchdrüsen, Fettgewebe und elastische Faserzüge unterstützen in diesen Abschnitten die Mechanik des Hufes und die stoßdämpfenden Eigenschaften dieses Organs.

Das **Korium** differenziert sich als Huflederhaut in den Saum-, Kron-, Ballen-, Strahl- und Sohlensegmenten zu Papillen, die insbesondere in der Kronlederhaut eine Länge von 4–6 mm erreichen. Im Wandsegment und in den Eckstreben formt die Lederhaut längsverlaufende Blättchen, die sich oberflächlich in **Sekundärblättchen** verzweigen. Die Lederhaut schließt ein dichtes venöses Gefäßnetz (Plexus venosus ungulae) und in großer Anzahl sensible Nervenfasergeflechte als Mechanorezeptoren ein (Abb. 273).

Die **Epidermis** bildet den verhornten Hufschuh. Dem Profil der Huflederhaut folgend, ist in den Saum-, Kron-, Ballen-, Strahl- und Sohlensegmenten das Horn röhrchenförmig differenziert **(Röhrchenhorn, Hufröhrchen)**. Parallel verlaufende Hufröhrchen, deren Wand aus supra- und peripillärem Horn aufgebaut ist, werden durch das interpapilläre Horn benachbarter Papillen fest verbunden. Sie schieben sich aus dem Kronsegment über die Hornlamellen des Wandsegments und der Eckstreben. Das Horn des Saumsegments legt sich dem Hornschuh außen als schwach verhornte Glasurschicht an.

Die Wand der Röhrchen ist konzentrisch geschichtet **(Hornlamellen)** und mit ineinander gesteckten Zylindern zu vergleichen, an denen man eine Innen-, Mittel- und Außenzone unterscheiden kann. Die einzelnen Lamellen werden durch spiralig angeordnete Tonofibrillen verstärkt, die in ihrem Verlauf gegenläufig gewickelt sind.

Der epidermale Hornschuh der Wandlederhaut und der Eckstreben ist entsprechend der Differenzierung der bindegewebigen Unterlage der Huflederhaut ein **Blättchen- oder Lamellenhorn**.

Klaue

Die Bildung des Hornschuhs der Klauen bei Wiederkäuern und Schweinen basiert auf tierartspezifischen Umwandlungen der Saum-, Kron-, Wand-, Sohlen- und Ballensegmente. Die **Unterhaut** wird durch Einlagerungen von Bindegewebe wulst- oder kissenartig in den verschiedenen Wandabschnitten unterschiedlich vorgewölbt und insbesondere im Ballensegment durch vermehrte Fettgewebsbildung verstärkt.

Die **Lederhaut** entwickelt im Stratum papillare kurze und zahlreiche zottenartige Papillen, die im Saumsegment eine Länge von 1–1,5 mm erreichen. Charakteristisch für das Profil der Blättchen des Wandsegments beim Wiederkäuer ist das Fehlen von Sekundärblättchen (Abb. 275).

Der **epidermale Klauenschuh** setzt sich aus dem Rückenteil, der Außenwand, der Zwischenklauenwand, der Sohle und dem Ballen zusammen. Entsprechend der mechanischen Belastung sind die Hornröhrchen am Saum- und Kronsegment am stärksten ausgebildet, die Hornblättchen am Tragrand als Übergang vom Wandsegment in das Sohlensegment.

Der Feinbau des Röhrchenhorns der Klaue unterscheidet sich wesentlich von dessen lamellärer Schichtung bei Equiden. Die Grundstruktur der Anordnung der Hornröhrchen könnte mit dem Bau eines Tannenzapfens verglichen werden. Danach sind die Röhrchen schalenartig um das Röhrchenmark angeordnet, die Tonofibrillenbündel verlaufen zirkulär.

Kralle (Unguicula)

Die Kralle weist einen weitgehend vereinfachten modifizierten epidermalen Wandbau auf

290 XV. Haut und Hautorgane

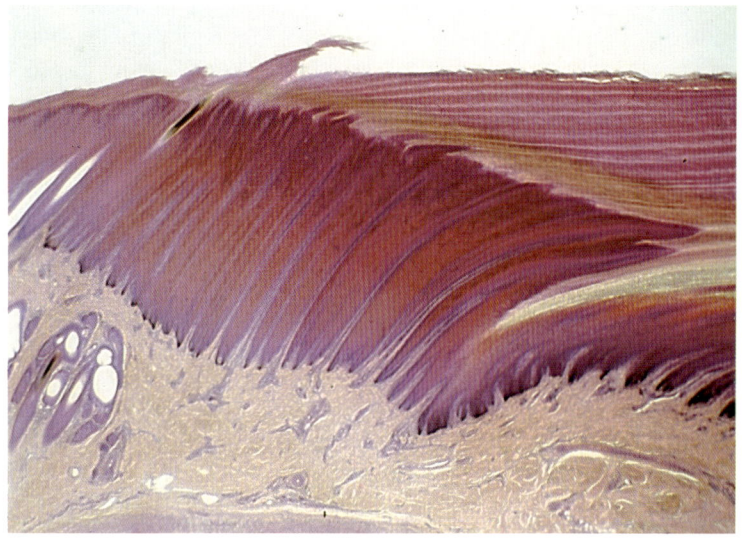

Abb. 272. **Längsschnitt durch das Kronsegment** des Pferdes. Färbung Hämatoxylin-Eosin, Vergr. 17fach.

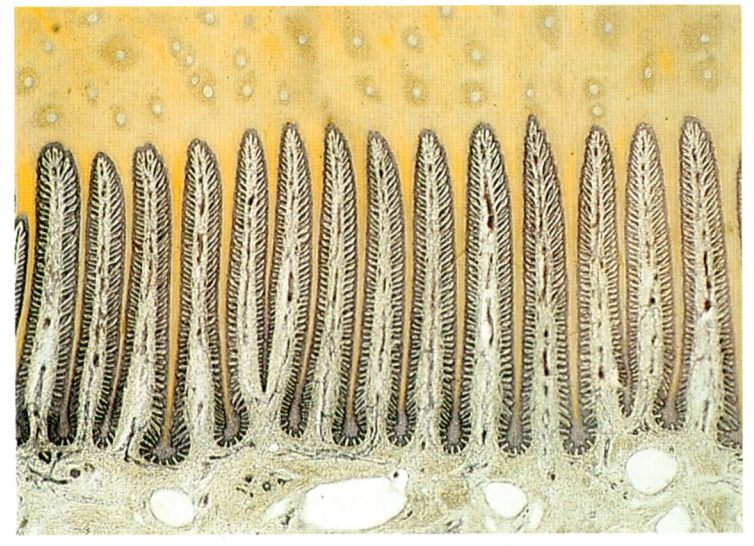

Abb. 273. **Ausschnitt aus dem Wandsegment eines Hufes mit Blättchenhorn mit Sekundärblättchen.** Pferd. Färbung mit Pikrinsäure, Vergr. 32fach.

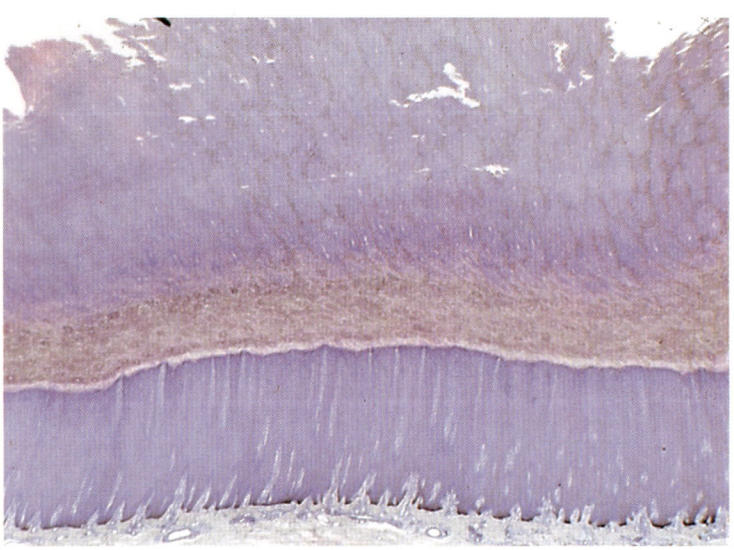

Abb. 274. **Kastanie** des Pferdes. Färbung Hämatoxylin-Eosin, Vergr. 33fach.

Modifikationen der Haut

Abb. 275. **Ausschnitt aus der Wand einer Klaue** eines jungen Schafes mit Blättchenhorn. Färbung mit Pikrinsäure, Vergr. 80fach.

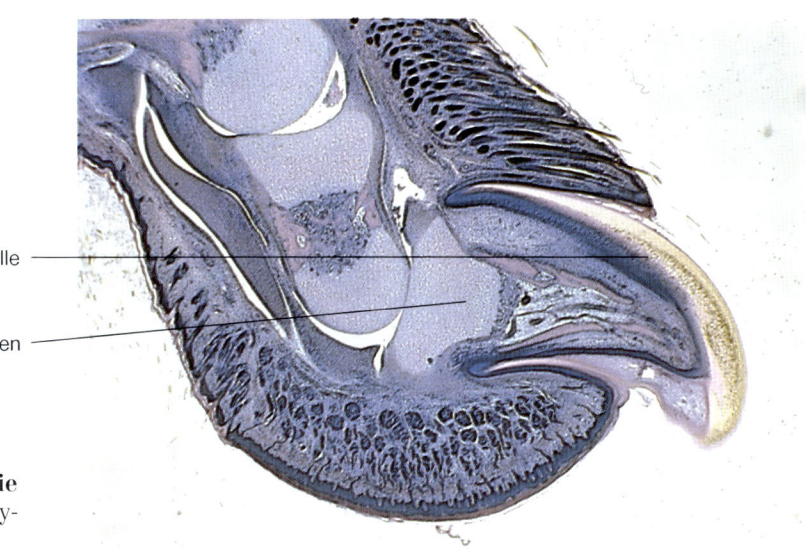

Kralle

knöchernes Skelett mit Beugesehnen

Abb. 276. **Längsschnitt durch die Kralle** eines Welpen. Färbung Hämatoxylin-Eosin, Vergr. 32fach.

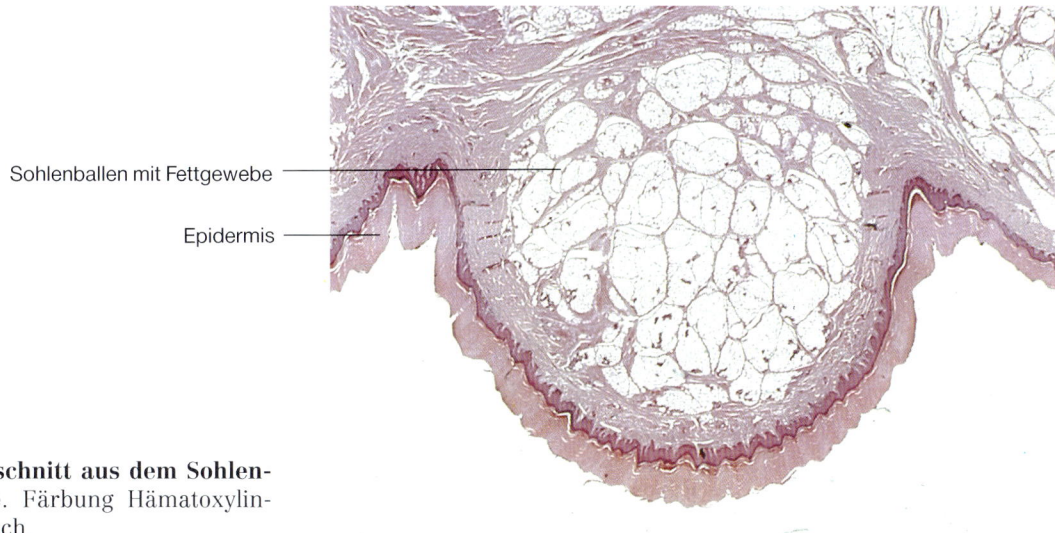

Sohlenballen mit Fettgewebe

Epidermis

Abb. 277. **Ausschnitt aus dem Sohlenballen** der Katze. Färbung Hämatoxylin-Eosin, Vergr. 25fach.

(Abb. 276). Die **Unterhaut** ist mit der Beinhaut des Krallenbeins fest verbunden und dünn. Bei der **Krallenlederhaut** sind Kron-, Wand- und Sohlensegment zu unterscheiden, die unterschiedlich entwickelt sind. Das Kronsegment wird zum Fertilbett, das Wandsegment zum Sterilbett der Kralle. Die Krallentüte wird überwiegend von **epidermalen Hornzellen** der Kronenlederhaut gebildet und ist im Wandteil durch schwache Blättchen mit den Koriumlamellen verbunden. Das Horn ist in seiner Schichtung ausgeprägt und oberflächenparallel gerichtet. Im Sohlenbereich ist das Krallenhorn dick und neigt dazu, leicht abzuschilfern.

Der **Zehenballen** wird durch Bindegewebsfaserstränge verstärkt, die vermehrt Fettgewebe einschließen (Abb. 277). In diesen Bindegewebspolstern sind ekkrine Schweißdrüsen eingelagert, die Epidermis kennzeichnet eine dicke Verhornungsschicht. Bei der Katze häufen sich hier druckempfindliche Lamellenkörperchen.

Hörner der Wiederkäuer

Das Horn der Wiederkäuer kann ebenfalls als eine Modifikation der äußeren Haut angesehen werden, deren Schichtenbau weitgehend erhalten bleibt. Die Grundlage der Hornbildung ist ein hohler Knochenzapfen des Stirnbeins, dessen fester, periostaler Überzug unmittelbar in eine nur dünne Tela subcutanea übergeht. Das Korium liegt der Unterhaut straff an und bildet in Form von Papillen die Matrize für die epidermalen Hornschichten. In der Epidermis transformieren sich Keratinozyten zu vorwiegend peripapillären Hornröhrchen, die in ihrer Gesamtheit die charakteristische tütenförmige Hornscheide aufbauen. Beim Rind ist das interpapilläre Horn nur geringfügig, bei kleinen Wiederkäuern vermehrt entwickelt. Durch Schwankungen in der nutritiven Versorgung der Basalzellen des Stratum germinativum entstehen Ringbildungen, die die Oberfläche des Horns unregelmäßig gestalten (z. B. während und nach der Trächtigkeit, Krankheiten).

XVI. Sinnesorgane (Organa sensuum)

Zu den Kennzeichen des Lebens von Zellen gehört auch die Fähigkeit, zeitlebens Reize zu erkennen, weiterzuleiten, zu speichern und ggf. auch zu beantworten. Im Verlauf ihrer evolutionären Entwicklung differenzierten sich bei höheren Säugetieren besondere Organsysteme, die Sinnesorgane, die die Aufgabe übernehmen, den Gesamtorganismus an die Einflüsse der Umwelt anzupassen und so ein Überleben zu ermöglichen. In Sinnesorganen werden ständig Informationen in Form unterschiedlichster physikalischer und chemischer Reize aus der Umwelt durch Sinnes- und Nervenzellen aufgenommen und über Neurone an das Zentralnervensystem weitergegeben. Man unterscheidet ein **Rezeptororgan**, die **sensorische Leitungsbahn** und das **Perzeptionsfeld** in der grauen Substanz des Gehirns.

Liegen Rezeptororgane an der Körperoberfläche, so dienen diese vorzugsweise der **Haut- und Oberflächensensibilität (Exterorezeptoren).** Im weitesten Sinn können hierzu auch die großen Sinnesorgane wie Auge und Gehör sowie die Geruchs- und Geschmacksorgane gerechnet werden.

Rezeptorzellen, die der neuralen Informationsübertragung alternierender Spannungszustände und Bewegungsabläufe an Muskel- und Sehnenspindeln oder an Gelenkkapseln dienen, werden als Sinnesorgane der **Tiefensensibilität** zusammengefaßt. Diese werden als **Propriorezeptoren** bezeichnet; hierzu muß auch der Gleichgewichtssinn gezählt werden.

Sinnesorgane, die Informationen aus den inneren Organen vermitteln, erfüllen Aufgaben im Bereich der enterozeptiven Sensibilität. Entsprechende Rezeptoren werden als Organe der **Eingeweidesensibilität (Enterorezeptoren)** bezeichnet.

Morphologisch und funktionell können primäre und sekundäre Sinneszellen unterschieden werden.

Primäre Sinneszellen (Rezeptorzellen) sind **Nervenzellen,** deren Dendriten der Reizaufnahme dienen. Durch Änderung des Membranpotentials des Rezeptors wird ein Aktionspotential ausgelöst, das an das Zentralnervensystem weitergeleitet wird (z. B. Riechepithel, Photorezeptoren der Netzhaut). Primäre Rezeptoren sind auch freie Nervenendigungen, deren dendritische Axone ohne Nervenhüllen »frei« in der Epidermis liegen.

Sekundäre Sinneszellen (Rezeptorzellen) sind **modifizierte Epithelzellen,** die mit dendritischen Endigungen afferenter Neurone in synaptischer Verbindung stehen. Mechanische, thermische, chemische und akustische Reize induzieren die Erregung (z. B. Geschmacksknospen, Sinneszellen des Innenohrs).

Rezeptoren der Oberflächensensibilität

Die Oberflächensensibilität erfaßt Berührungsreize, Druckempfindungen, Vibrationen, Schmerz und Temperaturveränderungen. Die Vielfalt dieser Reizqualitäten, die auf der äußeren Haut oder der inneren Körperoberfläche ausgelöst werden, drückt sich morphologisch in einem breiten Spektrum der Differenzierung von Zellen aus. Diese gehen von einfachen Nervenendigungen bis zu komplexen Rezeptororganen. Doch können nicht immer physiologisch definierte Erregungen exakt der einen oder anderen Struktur von Sinnesorganen zugeordnet werden. Die Rezeptoren weisen vielfach nur eine hohe Spezifität für einen bestimmten Reiz auf, die tatsächliche Sinneswahrnehmung erfolgt erst im Zentralnervensystem. Nach morphologischen Kriterien können unterschieden werden:
- freie Nervenendigungen,
- einfache Endkörperchen,
- geschichtete Endkörperchen.

Freie Nervenendigungen

Freie Nervenendigungen sind dendritische Endaufzweigungen von Neuronen, die in Epithelien liegen und beim Durchtritt durch die Basalmembran ihre Schwann-Gliahülle verlieren (Abb. 278). Der Achsenzylinder tritt unmittelbar an die Epithelzellen heran und wird von diesen versorgt. Epithelzellen übernehmen damit z. T. Funktionen von Gliazellen. Die Axone durchziehen das gesamte Stratum profundum des Epithels, verzweigen sich mehrfach und enden im Stratum granulosum. Freie Nervenendigungen kommen z. B. in der Epidermis vor, in kutanen Schleimhäuten, dem Hornhautepithel oder in den Epithelschichten der äußeren Wurzelscheide der Haare. Sie sind **Berührungs- und Schmerzrezeptoren.**

Intraepithelial treten freie Nervenendigungen auch mit speziellen Epidermiszellen in Kontakt, die als **Merkel-Tastscheiben** bezeichnet werden. Sie

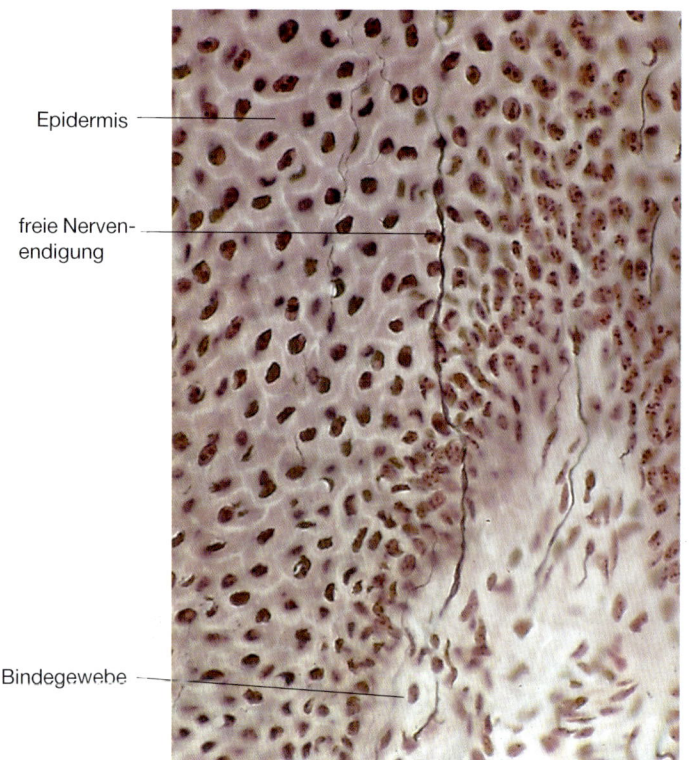

Epidermis

freie Nervenendigung

Bindegewebe

Abb. 278. Intraepitheliale, freie Nervenendigungen im Flotzmaul des Rindes. Darstellung nach Schefthaler-Mayet, Vergr. 480fach.

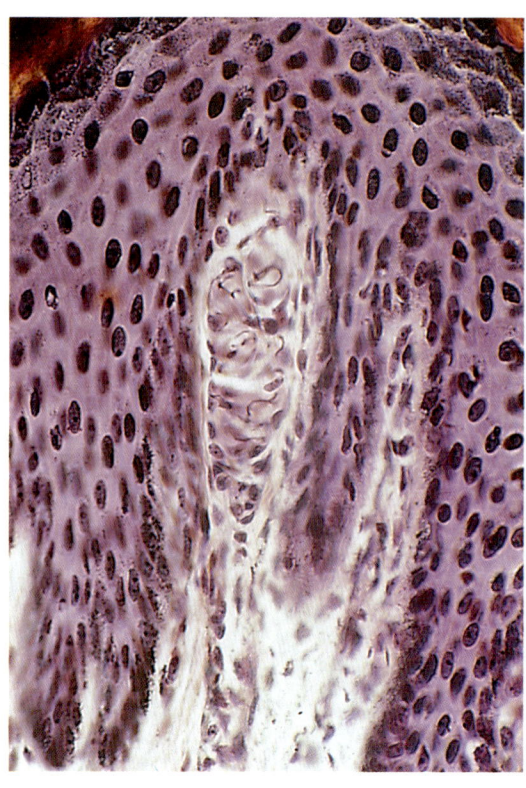

Abb. 279. Subepitheliales Meißner-Tastkörperchen im Flotzmaul des Rindes. Darstellung nach Schefthaler-Mayet, Vergr. 480fach.

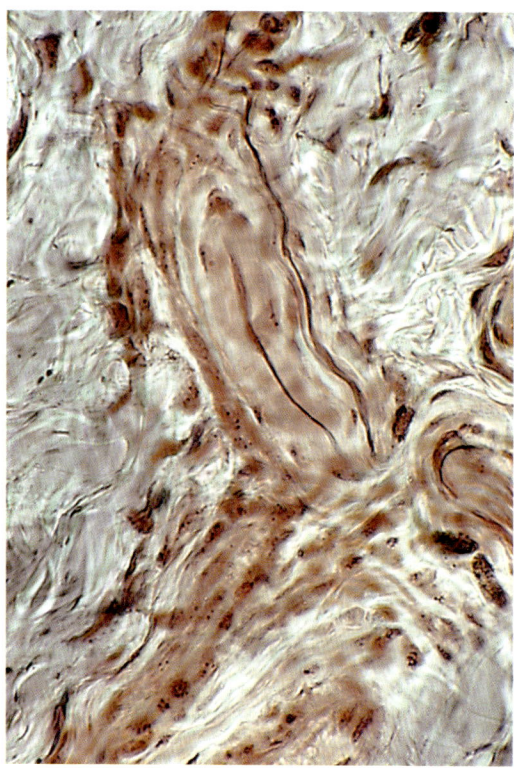

Abb. 280. Einfach geschichtetes Ruffini-Endkörperchen in der Unterhaut des Rindes. Darstellung nach Schefthaler-Mayet, Vergr. 480fach.

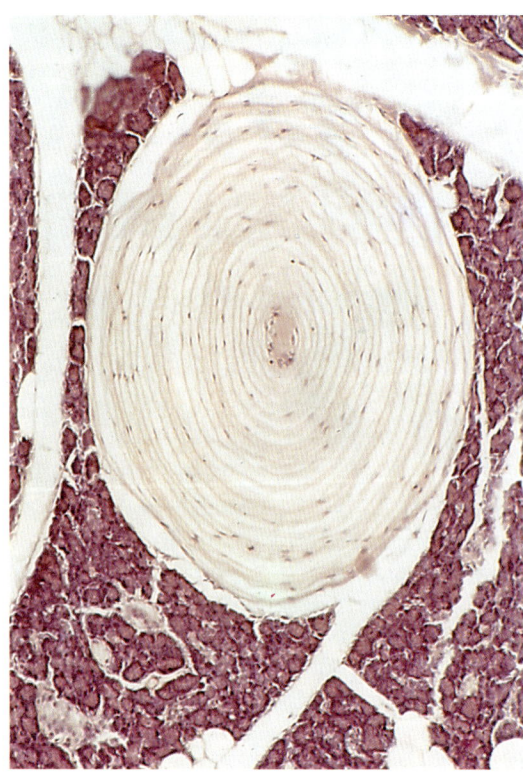

Abb. 281. Mehrfach geschichtetes Vater-Pacini-Körperchen aus dem Pankreas der Katze. Färbung Hämatoxylin-Eosin, Vergr. 100fach.

liegen bevorzugt im Stratum basale. Dort werden die Tastscheiben kappenartig von einem Geflecht freier Nervenfasern umfaßt. Besonders häufig sind Merkel-Tastscheiben in der äußeren Wurzelscheide des Haares und in der Rüsselscheibe des Schweins lokalisiert. Merkel-Tastscheiben schließen **Mechanorezeptoren für Druckempfindungen** ein.

Einfache Endkörperchen

Einfache Endkörperchen liegen stets im Bindegewebe, sie bestehen aus einer dünnen bindegewebigen Hülle als Kapsel und einem zentralen, meist unregelmäßig geknäulten oder verzweigten freien Achsenzylinder (Abb. 279 und 280). Die Neurone sind häufig terminal aufgetrieben **(bulboide Nervenendigung),** sie verlieren ihre Schwann-Gliascheide beim Durchtritt durch die Kapsel. Einfache Endkörperchen sind im Stratum papillare des Koriums oder im Haarbalg angereichert.

Meißner-Tastkörperchen (120 µm lang, 70 µm breit) sind Sinnesrezeptoren, die von lamellär geschichtetem Bindegewebe unvollständig umhüllt werden und deren dendritische Axone kolbenartig erweitert und stark verzweigt sind. Das Tastkörperchen wird innen von lamellär geschichteten modifizierten Schwann-Zellen ausgefüllt, die mit den freien Achsenzylindern in Kontakt stehen. Meißner-Tastkörperchen sind sensibel gegenüber **Berührungsreizen,** sie sind subepidermal im Stratum papillare der Haut lokalisiert.

In abgewandelter Struktur sind einfache Endkörperchen auch als **Ruffini-Körperchen** (0,25–1,5 mm lang) bekannt; diese werden von einer bindegewebigen Hülle umgeben. Nach Verlust der Myelinscheiden beim Durchtritt durch die Kapsel vernetzen sich die freien Nervenendigungen baumartig und bilden kolbenförmige Endgeflechte. Die Ruffini-Körperchen sind **Mechanorezeptoren,** sie liegen in der Wand der Gelenkkapsel, in der Unterhaut, entlang von Gefäßen, im Zehenballen und in der Huflederhaut und dienen möglicherweise auch als **Kälte- und Schmerzrezeptoren.**

Geschichtete Endkörperchen

Geschichtete Endkörperchen sind aus 10–60 konzentrischen, zwiebelschalenähnlich angeordneten Lamellen aufgebaut. Sie schließen zentral einen meist verzweigten Achsenzylinder mit einem Endkolben ein (Abb. 281). Die Hüllsysteme werden von **Fibrozyten** gebildet. Zwischen den meist erweiterten Spalträumen verteilt sich **Körpergrundflüssigkeit,** zusätzlich können Kapillargefäße und Kollagenfaserbündel zwischen die Lamellen treten. Diese Form von Endkörperchen wird als **Lamellenkörperchen (Vater-Pacini-Lamellenkörperchen)** bezeichnet. Die Endkörperchen sind mit bloßem Auge sichtbar, sie können bis zu 4 mm Durchmesser erreichen. Sie treten auf in tieferen Bereichen der Unterhaut, in der Huf- und Klauenlederhaut, im Sohlenballen der Fleischfresser, in den Mesenterien, im Flotzmaul des Rindes und im Pankreas bei der Katze. Funktionell dienen Vater-Pacini-Körperchen der Sinneswahrnehmung von **Druck und Vibration.**

Rezeptoren der Tiefensensibilität

Die Propriorezeptoren der Tiefensensibilität regulieren die Feinabstimmung von **Bewegungsabläufen in Gelenken, Sehnen und Muskeln,** sie übertragen Informationen über Lage- und Bewegungsempfindungen.

Als **Proprirezeptoren von Gelenken** wirken meist freie Nervenendigungen, Ruffini-Körperchen oder geschichtete Endkörperchen (modifizierte Vater-Pacini-Körperchen), die im Bindegewebe der Kapselwand liegen.

Sehnenspindeln (Sehnenorgane, Golgi-Organe)

Sehnenspindeln sind Rezeptoren in muskelnahen Enden einer Sehne, die als Dehnungsrezeptoren wirken und mit dazu beitragen, Spannungszustände des Muskel-Sehnen-Systems zu registrieren. Diese Sehnenspindeln (Länge 1 mm, Breite 0,1 mm) werden von einer bindegewebigen Kapsel umhüllt, die kontinuierlich in das Perineurium des Neurons übergeht. Im Inneren stehen Kollagenfaserbündel mit einem dicht verzweigten Netz nicht myelinisierter Nervenendigungen in engem Kontakt. Bei Muskelkontraktion verstärkt sich der Druck auf die **Mechanorezeptoren,** die ihrerseits ein Aktionspotential ausbilden.

296 XVI. Sinnesorgane (Organa sensuum)

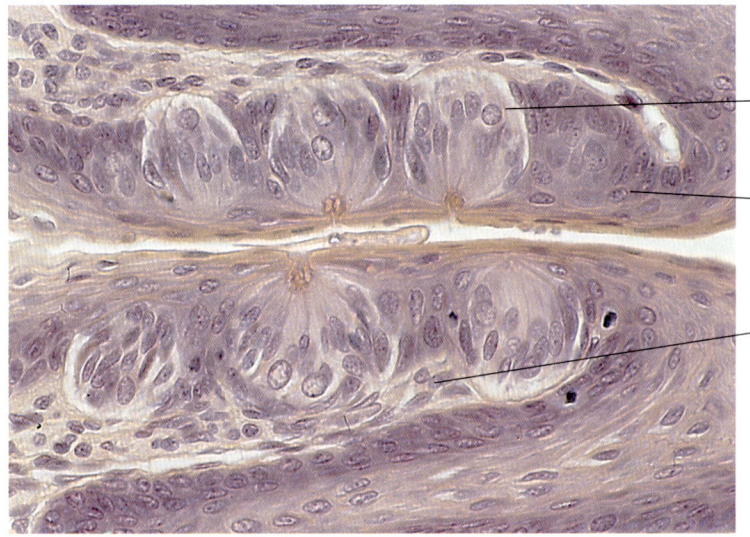

intraepitheliale Geschmacksknospe mit Geschmacksporus

mehrschichtiges Plattenepithel

Lamina propria mucosae

Abb. 282. Geschmacksknospen aus der Wand der Papilla foliata im Zungengrund des Pferdes. Färbung Hämatoxylin-Eosin, Vergr. 250fach.

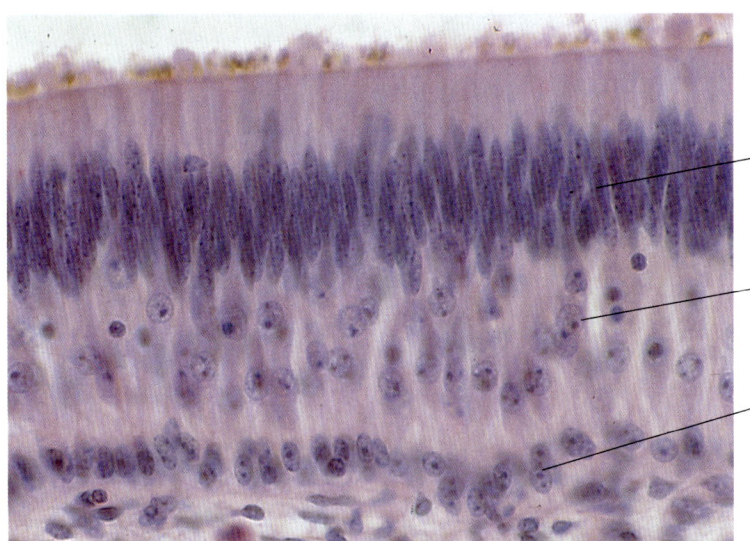

Kerne der Stützzellen

Kerne der Nervenzellen

Kerne der Basalzellen

Abb. 283. Riechepithel aus der Regio olfactoria des Kalbes. Färbung Hämatoxylin-Eosin, Vergr. 480fach.

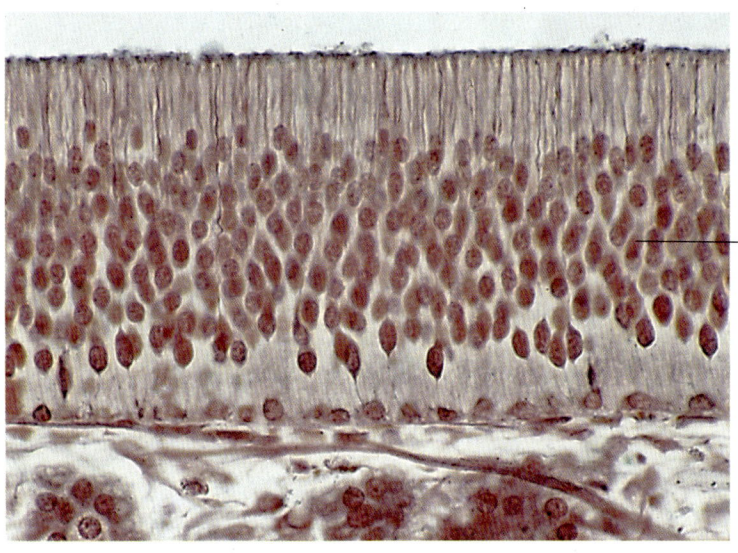

Kerne der Nervenzellen

Abb. 284. Riechepithel aus der Regio olfactoria der Ziege. Darstellung nach Bodian, Vergr. 480fach.

Muskelspindeln

Muskelspindeln sind 2–10 mm lange und 0,2 mm dicke Propriorezeptoren in der **quergestreiften Muskulatur.** Eine bindegewebige äußere Kapsel setzt sich in das Perimysium fort. Eine zweite innere Kapsel umhüllt den flüssigkeitsgefüllten Hohlraum, der zwei Typen von modifizierten Muskelfasern einschließt; sog. **Kernsackfasern** und **Kernkettenfasern.** An die zentralen Abschnitte der Muskelfasern treten Nervenfasern in Form von motorischen Endplatten oder Endgeflechten heran. Die sensorischen Nervenendigungen wirken als **Dehnungsrezeptoren** und leiten jede Änderung des Dehnungszustandes an das Zentralnervensystem weiter.

Rezeptoren der Eingeweidesensibilität

Freie Nervenendigungen sympathischer und parasympathischer Fasern verzweigen sich in den verschiedensten Schichten von Eingeweiden und dienen der **reflektorischen Steuerung der Organfunktionen.** Als Rezeptoren in arteriellen Gefäßwänden beeinflussen diese in Herznähe (Karotissinus und Aortenbogen) den Blutdruck, regulieren in der Wand der Vorhöfe durch Dehnungs- und Spannungsrezeptoren den Füllungszustand des Herzens und wirken als Dehnungsrezeptoren in der Lunge. Besondere Bedeutung erlangen diese freien Nervengeflechte in der Wand des Magen-Darm-Traktes. So werden durch Dehnungsreize an glatten Muskelzellen oder in der Organkapsel Aktionspotentiale freigesetzt, die eine Schmerzempfindung bewirken.

Organe des Geschmackssinns (Organa gustus)

Der Geschmackssinn ist an **Chemorezeptoren** gebunden, die in **Geschmacksknospen (Gemmae gustatoriae)** lokalisiert sind. Diese liegen vor allem auf der Oberfläche der Zunge und im Rachenraum. Gehäuft finden sich Geschmacksknospen an den Seitenwänden der Papillae vallatae und foliatae, bei Jungtieren auch an den Papillae fungiformes. Geschmacksknospen schließen **sekundäre Sinnes**zellen ein, die sich durch **Modifikation aus mehrschichtigen Epithelzellen** entwickeln.

Struktur der Geschmacksknospe

Geschmacksknospen formen sich aus 20–30 Einzelzellen zu intraepithelialen Einschlüssen mit einer Größe von 50–70 µm (Abb. 282 und 285). Geschmacksknospen liegen der Basalmembran an und reichen mit einem **Geschmacksporus** bis zur Epitheloberfläche. Durch diese Öffnung können gelöste Geschmacksstoffe aus der Mundhöhle die Chemorezeptoren der Sinneszellen erregen. An den basolateralen Abschnitten einer jeden Geschmacksknospe verzweigen sich bis zu 50 freie Nervenendigungen, die die Sinneswahrnehmung zum zentralen Perzeptionsfeld weiterleiten. Die verschiedenen Zellformen einer Geschmacksknospe haben eine **Lebensdauer von nur 10 Tagen,** sie werden aus Stammzellen (Basalzellen, s. u.) erneuert.

In Geschmacksknospen können verschiedene Zelltypen unterschieden werden:
– Sinneszellen,
– Stützzellen,
– Basalzellen.

Sinneszellen sind chemische Rezeptorzellen, die säulenartig zwischen Stützzellen angeordnet sind. An ihrer lumenseitigen Oberfläche ragen in den Geschmacksporus **Mikrovilli (»Geschmacksstiftchen«),** an denen gelöste Stoffe eine Erregung induzieren. An den tieferen Seitenflächen dieser Rezeptorzellen bestehen zahlreiche synaptische Verbindungen zu marklosen Nervenfasern, deren Axone die ersten Neurone der Geschmacksbahn darstellen. Sinneszellen sind lichtmikroskopisch auffallende Zellen, die reich an Organellen sind.

Stützzellen durchziehen in ganzer Länge das Epithel. Sie sind meist Zellen mit zahlreichen enzymbildenden Organellen und einem dichten ER. Stützzellen synthetisieren Glykosaminoglykane, die in den Geschmacksporus abgegeben werden und die Sinneswahrnehmung fördern. Es wird angenommen, daß Stützzellen sich zu Sinneszellen differenzieren.

Basalzellen sind undifferenzierte Zellformen, die sich durch Mitose vermehren und damit der ständigen Erneuerung der Sinnes- bzw. der Stützzellen dienen. Sie sind relativ arm an Organellen und umhüllen die Nervenfasern.

In der untergelagerten **Lamina propria mucosae** erfüllen Spüldrüsen eine wichtige Hilfsfunktion. **Tubuloazinöse Drüsen (v.-Ebner-Spüldrüsen)** sezernieren ein **seröses Sekret,** das über Ausführungsgänge z. B. in die Wallgräben der Papillae vallatae oder zwischen die Papillae foliatae abgege-

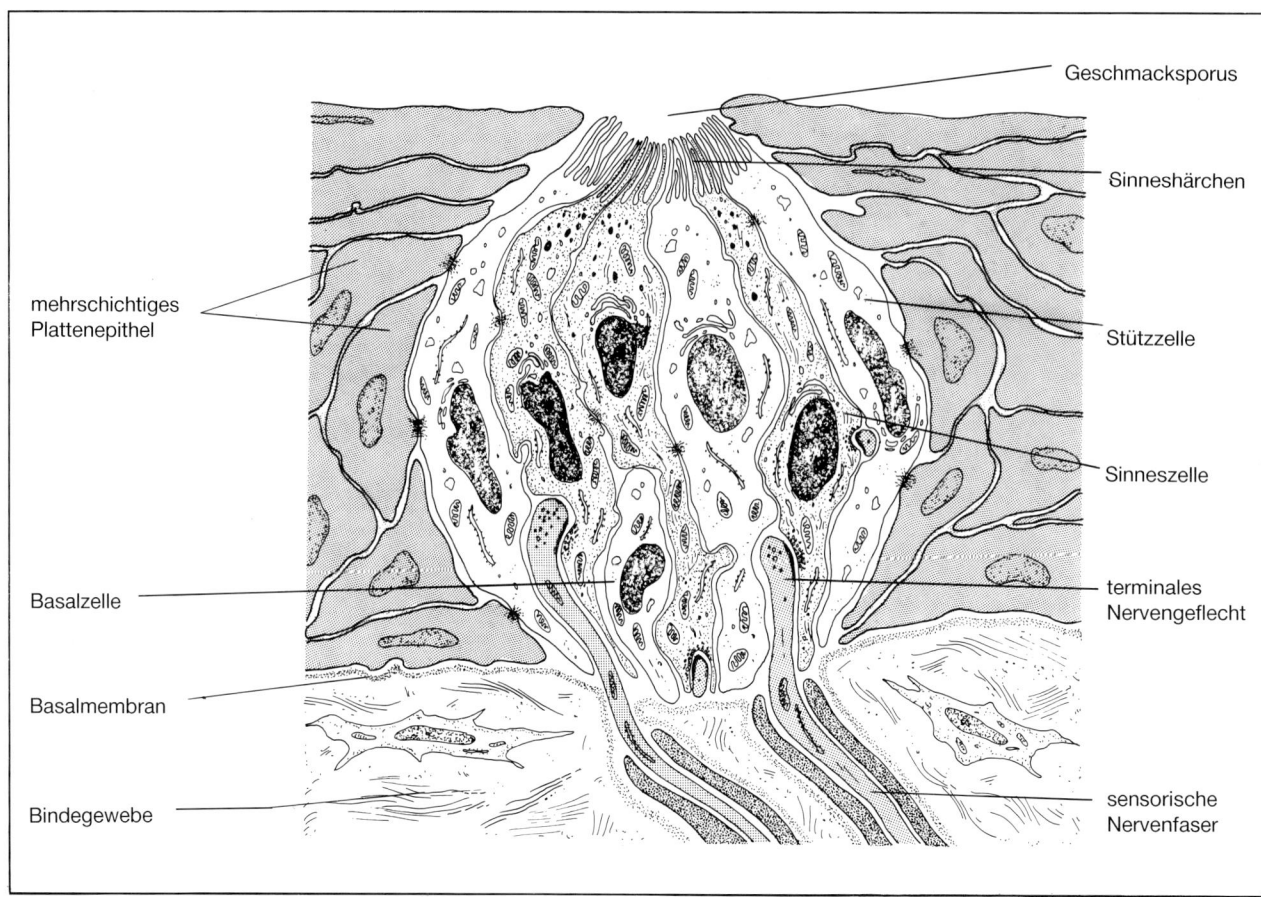

Abb. 285. Schematische Darstellung einer Geschmacksknospe (in Anlehnung an Andres).

ben wird. Diese wäßrigen Sekrete spülen die Geschmacksknospen von Geschmacksstoffen frei und ermöglichen eine neue Reizaufnahme. Mit Zunahme der intraepithelialen Geschmacksknospen steigt auch die Ausbildung der Spüldrüsen.

Organe des Geruchssinns (Organa olfactus)

Dem Geruchssinn kommt beim Tier im Hinblick auf die Nahrungssuche, das Erkennen von Artgenossen und für das Sexualverhalten eine besondere Bedeutung zu. Die Haussäugetiere sind sog. »Nasentiere« oder Makrosmatiker. Die Wahrnehmung von Geruchsreizen erfolgt in der **Riechschleimhaut (Tunica mucosa olfactoria),** die sich aus dem **Riechepithel (Epithelium olfactorium)** und einer untergelagerten **Lamina propria mucosae** zusammensetzt.

Das Riechepithel schließt verschiedene Zelltypen (s. u.) ein, von denen die **primären Sinneszellen als bipolare Nervenzellen** funktionell die bedeutendsten sind (Abb. 283, 284 und 286). Auf der Oberfläche der Sinneszellen sind die **Chemorezeptoren des Geruchssinns** lokalisiert. Dieses Epithel breitet sich flächenhaft in umschriebenen Gebieten der Nasenschleimhaut und im Organum vomeronasale (Jakobson-Organ) aus.

Das **Epithel der Riechschleimhaut** ist einschichtig, mehrreihig und schließt 3 Zelltypen ein:
– Sinneszellen,
– Stützzellen,
– Basalzellen.

Sinneszellen sind **bipolare Nervenzellen,** deren Perikarya intraepithelial lokalisiert sind. Die Zellkerne liegen etwa im mittleren Epithelbereich. Die Zellform ist birnen- bzw. flaschenförmig, außen werden die Sinneszellen von Stützzellen umgeben. Die freie Oberfläche des dendritischen Nervenfortsatzes ist kolbenartig verdickt **(Endkolben, Sinnes-**

Organe des Geruchssinns (Organa olfactus)

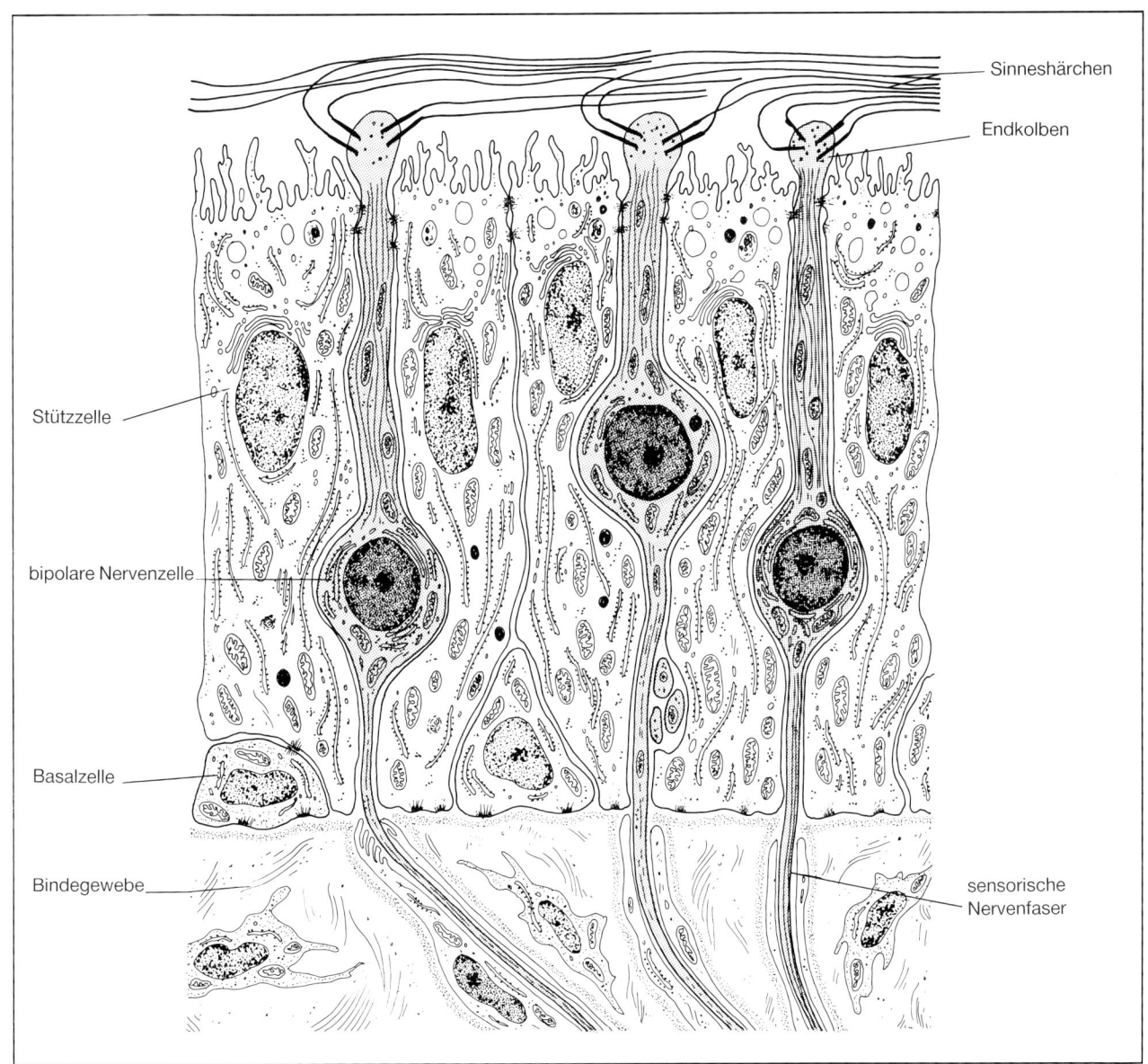

Abb. 286. Schematische Darstellung der Riechschleimhaut (in Anlehnung an Andres).

kolben). Endkolben tragen an ihren Oberflächen in der Regel 8–20 Zilien (beim Hund wesentlich mehr), die als **Sinneshärchen (Riechhärchen)** bezeichnet werden.

Die **Zilien** sind mit ihren Oberflächenmembranen die Träger der **chemischen Rezeptoren für Duftstoffe.** Die Zilien bestehen aus einem dickeren Anfangsteil, der den Bau einer Kinozilie zeigt (9+2-Muster) und dessen distaler Teil nur noch 2 Mikrotubuli einschließt. Die Zellfortsätze (Länge 50–100 µm) werden von einer dünnflüssigen Schleimschicht umgeben, die z. T. von den Stützzellen (s. S. 300), vorzugsweise von Drüsen der Riechschleimhaut, sezerniert wird. Aufgabe dieser Schleimschicht ist, Geruchsstoffe aufzunehmen und zu lösen. Durch chemische Reizung wird das Rezeptorpotential der Zilien in ein Aktionspotential gewandelt, das über das Perikaryon zum efferenten Axon geleitet wird.

Basal tritt das Axon aus dem Perikaryon aus, durchbricht die Basalmembran und bündelt sich zu markhaltigen **Fila olfactoria.** Diese ziehen zur Lamina cribrosa des Siebbeins und enden im Bulbus olfactorius als Glomerula olfactoria.

Stützzellen stehen, wie Sinneszellen, mit der Basalmembran in Kontakt, durchziehen das Epithel und bilden an der freien Oberfläche zahlreiche, unregelmäßig verzweigte Mikrovilli aus. Stützzellen übernehmen intraepithelial die Funktionen von Gliazellen. Gleichzeitig sezernieren diese Zellen durch Exozytose schleimähnliche Stoffe, sie sind reich an Organellen. Durch die Einlagerung von Pigmenten erhält die Riechschleimhaut ihre charakteristische Farbe.

Basalzellen liegen der Basalmembran eng an, sie sind abgerundet, klein und stellenweise verzweigt. Basalzellen sind nicht spezialisiert, sie teilen sich durch Mitose und differenzieren sich zu Stützzellen.

Das Epithel der Riechschleimhaut wird von lockerem Bindegewebe unterlagert, in das neben markhaltigen Nervenfaserbündeln und Gefäßen **tubuloazinöse, seröse Drüsen (Gll. olfactoriae, Bowman-Drüsen)** eingelagert sind. Diese Drüsen sezernieren ein extrem dünnflüssiges Sekret, das, reich an Enzymen und Proteinen, an die freie Epitheloberfläche abgegeben wird. Dieses Sekret vermag zum einen chemische Duftstoffe zu binden, um die Sinneswahrnehmung zu ermöglichen und zu verstärken, zum anderen dienen andere Sekrete dem beschleunigten Abbau von Duftstoffen, um eine Anreicherung zu verhindern **(Spüldrüsen)**. Die Gll. olfactoriae münden mit einem langen Ausführungsgang auf der Epitheloberfläche.

Sehorgan (Organum visus)

Das Sehorgan besteht aus einem Rezeptororgan, dem **Augapfel (Bulbus oculi)** mit seinen verschiedenen Hilfs- und Schutzeinrichtungen (Gefäße, Nerven, Fettpolster, Augenmuskeln, Augenlider und Tränenapparat). Dem Sehorgan zugerechnet werden die Leitungsbahnen der Lichtreize, die beiden **Sehnerven (Nn. optici),** die **zentralen Sehbahnen** und als Perzeptionsfeld das **Sehzentrum (Area optica)** der Großhirnhemisphären.

Wandbau des Augapfels (Bulbus oculi)

Das Auge dient der Lichtperzeption. Es steht über eine Leitungsbahn mit dem Perzeptionsfeld in der grauen Substanz des Gehirns in Verbindung. Das Rezeptorfeld und die Leitungsbahnen entstehen während der Embryonalentwicklung aus dem Zwischenhirn.

Der **Augapfel** weist eine annähernd kugelige Form auf, dessen Innenraum die Linse, den Glaskörper und die beiden Augenkammern einschließt (Abb. 287–291).

Der Innenraum des Augapfels wird in 3 Hohlräume unterteilt:
- **vordere Augenkammer** (Camera anterior bulbi) zwischen Hornhaut und Vorderseite der Iris,
- **hintere Augenkammer** (Camera posterior bulbi) zwischen Rückseite der Iris, dem Ziliarkörper, der Zonula ciliaris und der Linse,
- **Glaskörperraum** (Camera vitrea) hinter der Linse, umgeben von der Netzhaut.

Die Wand des Augapfels besteht aus 3 konzentrischen Schichten:
- **äußere Augenhaut** (Tunica fibrosa s. externa bulbi)
  - weiße Augenhaut oder Lederhaut (Sclera),
  - Hornhaut (Cornea),
- **mittlere Augenhaut** (Tunica vasculosa s. media bulbi, Uvea)
  - Aderhaut (Choroidea),
  - Strahlenkörper (Corpus ciliare),
  - Regenbogenhaut (Iris).
- **innere Augenhaut** (Tunica interna bulbi, Retina, Netzhaut)
  - Pars optica retinae,
  - Pars caeca retinae.

Äußere Augenhaut (Tunica fibrosa s. externa bulbi)

Die äußere Augenhaut stellt eine derb-elastische, bindegewebige Hülle dar, die sich aus einem größeren hinteren Anteil, der **undurchsichtigen weißlichen Sklera,** und einem vorderen Abschnitt, der **transparenten Kornea,** zusammensetzt. Der Übergang beider Anteile wird Korneoskleralfalz genannt (Abb. 287).

Weiße Augenhaut oder Lederhaut (Sclera)

Die Sklera besteht aus vorwiegend kollagenen Fibrillenbündeln, die schichtweise geflochten sind. Zumeist liegen sie oberflächenparallel, stellenweise von elastischen Fasern durchsetzt. Funktionell wirkt auf dieses derb-elastische Fasersystem der intraokuläre Bulbusinnendruck und die Zugspannung der äußeren Augenmuskeln.

Zwischen den Kollagenfasern ist nur wenig Grundsubstanz eingelagert, vereinzelt treten Fibro-

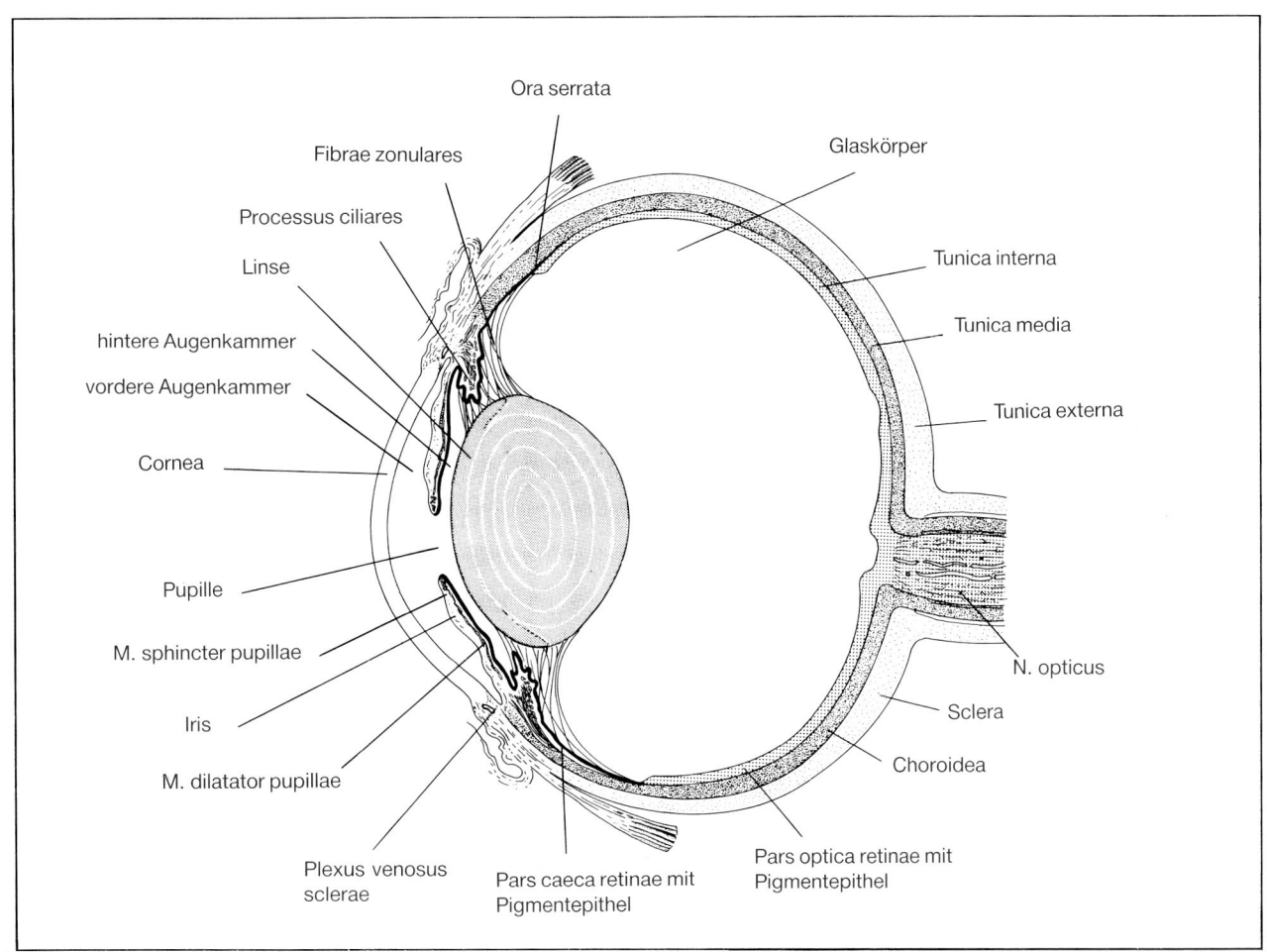

Abb. 287. Schematische Darstellung des Augenbulbus.

zyten und beim Wiederkäuer vermehrt pigmentierte Zellen auf. Die Sklera ist gefäßarm. Die Wandstärke der Sklera nimmt vom Äquator des Auges zum hinteren, proximalen Augenpol allmählich zu. An der Durchtrittsstelle des N. opticus wird zusammen mit Gefäßen und Nerven die Sklera siebartig durchbrochen (**Area cribosa sclerae**). In den hinteren Abschnitten umhüllt die Sklera ein lockeres Geflecht kollagener Fibrillenbündel (**Lamina episcleralis**).

Der distale Bereich der Sklera wird von der Bindehaut (**Tunica conjunctivae sclerae**) überzogen. An der Grenze zur Kornea verdickt sich die Sklera vorzugsweise beim Fleischfresser zum **Skleralwulst**, dem innen der kollagen-elastische **Grenzring (Annulus sclerae)** anliegt. Zwischen diesem und dem Skleralwulst ist der **Plexus venosus sclerae** entwickelt. Dieser dient dem Abfluß des Kammerwassers und damit der Steuerung des intraokulären Binnendrucks.

Hornhaut (Cornea)

Zum distalen Augenpol setzt sich die Sklera in die durchsichtige Kornea fort, deren Grundlage von lamellär geschichteten, parallelfaserigen Kollagenfibrillen (**Substantia propria corneae**) gebildet wird. Der Übergang wird als **Limbus corneae** bezeichnet.

Die Kornea weist eine regelmäßige Schichtung auf (Abb. 289), man unterscheidet:
– vorderes Hornhautepithel (Epithelium anterius),
– vordere Grenzmembran (Lamina limitans anterior, Bowman-Membran),
– Eigenschicht der Hornhaut (Substantia propria corneae),
– hintere Grenzmembran (Lamina limitans posterior, Descemet-Membran),
– hinteres Hornhautepithel (Epithelium posterius).

Das **vordere Hornhautepithel (Epithelium anterius corneae)** ist ein mehrschichtiges, unverhorntes Plattenepithel, das als zentraler Teil der Augenbindehaut (Tunica conjunctiva bulbi) anzusehen ist. Oberflächlich wird dieser epitheliale Deckverband von einem dünnen Tränenfilm als Schutzschicht überzogen. Dieser präkorneale Tränenfilm ist eine komplexe Flüssigkeitsschicht, die aus einer schleimhaltigen, einer wäßrigen und einer fettigen Komponente besteht.

Die **vordere Grenzmembran (Bowman-Membran)** ist dem vorderen Hornhautepithel unterlagert, sie ist aus feinsten Fibrillen und einer konzentrierten Grundsubstanz aufgebaut (= Basalmembran). Diese Membran dient als Diffusionsbarriere und verhindert den Einstrom von Wasser in das Stroma der Hornhaut.

Die **Eigenschicht der Hornhaut (Substantia propria corneae)** besteht aus sich kreuzenden, lamellär geschichteten Kollagenfaserbündeln (10%) und reichlich, vorrangig wäßriger Grundsubstanz (90%). Zusätzlich schließt die Substantia propria unlösliches Kollagen, Glykosaminoglykane und Ionen ein. Zwischen den Faserschichten liegen abgeplattet Fibroblasten und ein dichtes Netz markloser, sensibler und vegetativer Nervenfasern, die meist bis ins Epithel ziehen. Die Substantia propria ist gefäßlos. Die Ernährung der Hornhaut erfolgt über Diffusion aus dem peripheren, arteriellen Randschlingennetz, durch die Tränenflüssigkeit sowie durch das Kammerwasser der vorderen Augenkammer (s. S. 313).

Die **Transparenz der Hornhaut** ist auf einen besonderen **Quellungszustand der kollagenen Fibrillen** (Wassergehalt 72–78%) in der Substantia propria zurückzuführen. Danach optimiert die kolloidosmotische Zusammensetzung der Grundsubstanz (Proteoglykane, uronfreies Keratosulfat) den Brechungsindex der Kollagenfasern für das einfallende Licht. Die Kollagenfasern sind in der Grundsubstanz so regelmäßig angeordnet, daß der interfibrilläre Abstand weit unterhalb der Wellenlänge des sichtbaren Lichts liegt. Die Fasern und die proteoglykanreiche Grundsubstanz erreichen damit die **gleiche Lichtbrechung.** Nimmt das Stroma der Kornea zu viel an Wasser auf oder erfolgt eine Störung des kolloidosmotischen Mechanismus, entstehen zwischen den Kollagenfibrillen Spalträume, das Stroma quillt übermäßig und die Hornhaut trübt sich. Dies tritt regelmäßig postmortal und nach einer Verletzung der Hornhaut auf. Die Regulation der Transparenz der Hornhaut übernehmen die oberflächlichen Grenzschichten, das vordere und das hintere Korneaepithel.

Die **hintere Grenzmembran (Descemet-Membran)** liegt der Substantia propria an. Sie besteht aus einer breiten Basalmembran, deren Mikrofilamente hexagonal-netzartig verflochten sind und einen zusätzlichen Kollagenfasertyp V einschließen. Im Randbereich inserieren in diese Filamente Faserbündel der Irismuskulatur.

Das **hintere Hornhautepithel (Epithelium posterius corneae)** überzieht als einschichtiges Plattenepithel die Kornea und bildet gleichzeitig die endotheliale Auskleidung der vorderen Augenkammer. Dieser einfache Deckverband übernimmt besondere Funktionen. Zum einen fördert das Endothel als **semipermeable Grenzschicht** die selektive Diffusion von Wasser zur **Aufrechterhaltung der kornealen Transparenz,** zum anderen sezerniert das Plattenepithel **Proteine zum Bau der hinteren Grenzmembran.** Die **Anionenpumpe** dieses Endothels bewirkt durch den aktiven Transport von Bikarbonat und Chlorid die für die Transparenz notwendige Dehydratisierung des Stromas.

Mittlere Augenhaut (Tunica vasculosa s. media bulbi, Uvea)

Die mittlere Augenhaut besteht aus einer locker strukturierten Bindegewebsschicht, die pigmentierte Zellen, elastische Fasern, Nervenfasergeflechte und zahlreiche Gefäße einschließt (Abb. 290–293). Die Tunica media bildet in ihrem hinteren Abschnitt die **Aderhaut** (Choroidea), in ihrem vorderen Teil den **Strahlenkörper** (Corpus ciliare) und die **Regenbogenhaut** (Iris); die Iris begrenzt mit ihrem freien Rand das Sehloch, die **Pupille.**

Aderhaut (Choroidea)

Die Choroidea ist eine stark vaskularisierte Schicht, deren Gefäße zwischen lockerem Bindegewebe, pigmentierten Fibrozyten, elastischen Fasernetzen und basophilen Rundzellen in großer Zahl eingelagert sind. Die Choroidea läßt von außen nach innen mehrere Schichten erkennen (Abb. 292 und 293).

Die **Lamina suprachoroidea (Lamina fusca sclerae)** stellt eine äußere, lockere Verbindungsschicht zur Sklera dar, die in großer Zahl pigmentierte Bindegewebszellen einschließt.

Die **Lamina vasculosa** ist die mittlere und dickste Schicht der Choroidea. Sie besteht aus lamellärem Bindegewebe und ist ebenfalls pigmentiert. In dieser Lamina verlaufen größere Gefäße zur Versorgung innerer Wandschichten der Retina (z. B. Aa. ciliares, Vv. vorticosae). Diese Gefäßschlingen führen in die Lamina choriocapillaris und bilden dort das innere Kapillarnetz der Choroidea.

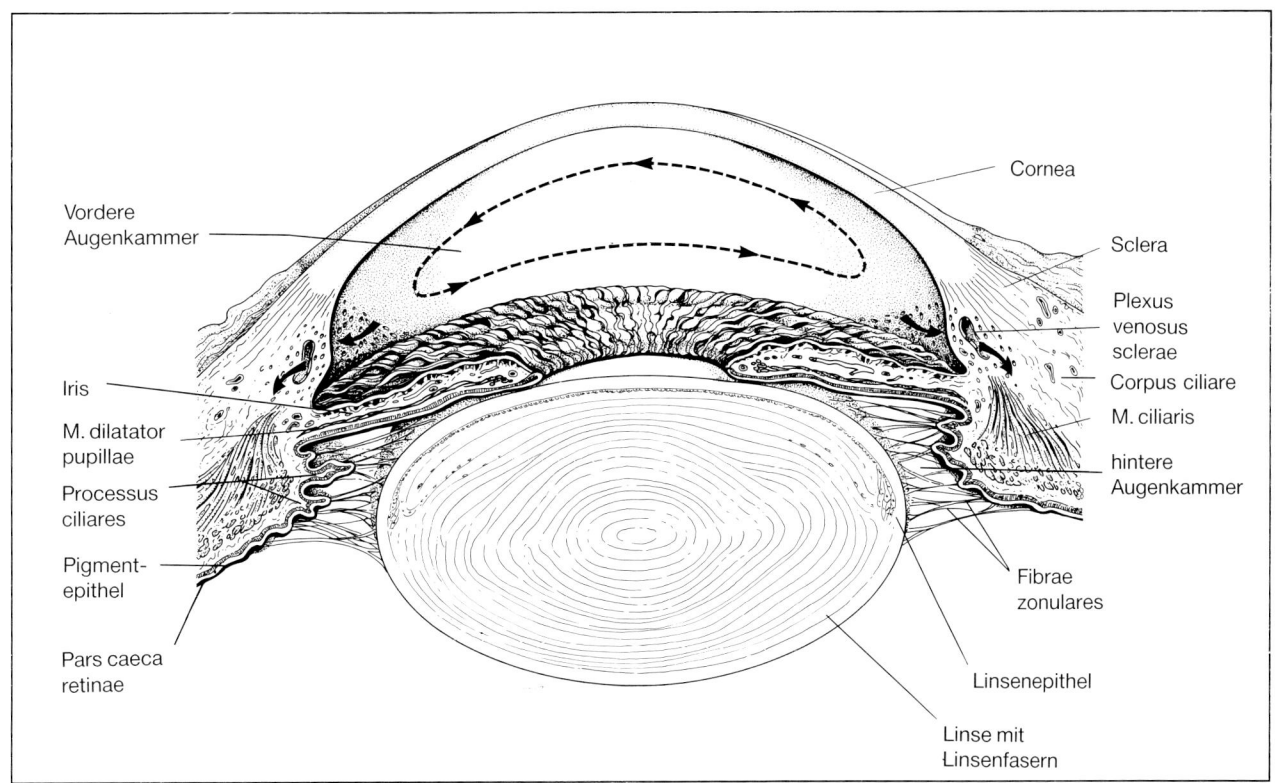

Abb. 288. Schematische Darstellung des Augenvordergrundes mit Zirkulation des Kammerwassers (Pfeile).

Die **Lamina choriocapillaris** besitzt ein feinmaschiges Kapillarnetz, das der Ernährung der äußeren Schichten der Retina (Stäbchen und Zapfen, s. S. 309) dient. Dieser Schicht liegt nach innen die Lamina vitrea an.

Die **Lamina vitrea (Complexus basalis, Bruch-Membran)** liegt zwischen dem Außenblatt der Retina (Pigmentepithel, s. S. 308) und der Lamina choriocapillaris. Sie ist auffallend dick (1–3 μm). Die Bruch-Membran weist eine zentrale elastische Schicht auf, der beidseitig Lagen kollagener Fasern anliegen. Diesen Grundschichten folgen einerseits die Basalmembranen des Pigmentepithels, andererseits die der Kapillarwände der Lamina choriocapillaris.

Dorsal der Papilla optica (s. S. 310) befindet sich zwischen der Lamina choriocapillaris und der Lamina vasculosa bei Pferd, Wiederkäuer und Fleischfresser ein halbmondförmiges, lichtreflektierendes Feld, das **Tapetum lucidum,** das dem Schwein fehlt (Abb. 293).

Das Tapetum lucidum besteht beim Fleischfresser aus 10–15 geschichteten Zellagen **(Tapetum cellulosum),** während bei den Pflanzenfressern konzentrisch verlaufende Fasern **(Tapetum fibrosum)** entwickelt sind. Im umschriebenen Bereich des Tapetum lucidum bleibt das Außenblatt der Retina, das Pigmentepithel (s. S. 308), ohne Melanineinlagerungen und damit pigmentlos und durchscheinend. Demzufolge fällt das Licht direkt auf das Tapetum lucidum. Dort werden die Lichtstrahlen an eingelagerten Kristallen (Guanin oder Zink) reflektiert und die photosensiblen Rezeptoren der Retina zusätzlich erregt. Dadurch wird ein besseres Sehen während der Dämmerung und im Dunkeln möglich.

Strahlenkörper (Corpus ciliare)

Der Strahlenkörper geht an der Ora serrata aus der Aderhaut hervor und setzt sich in Richtung auf den vorderen Augenpol bis zum Ansatz der Iris fort. Das Corpus ciliare liegt damit auf Höhe der Linse und steht mit dieser durch die Aufhängefasern in Verbindung. Der Strahlenkörper begrenzt seitlich die hintere Augenkammer und steht mit dem Glaskörper in Kontakt, außen liegt die Sklera an (Abb. 288).

Oberflächlich wird dieser Abschnitt der Tunica media von **zwei einschichtigen Epithellagen**

304 XVI. Sinnesorgane (Organa sensuum)

- vorderes Hornhautepithel
- vordere Grenzmembran (Bowman-Membran)
- Eigenschicht (Substantia propria)
- hintere Grenzmembran (Descemet-Membran)
- hinteres Hornhautepithel

Abb. 289. Ausschnitt aus der Hornhaut (Cornea) des Rindes, Färbung Hämatoxylin-Eosin, Vergr. 80fach.

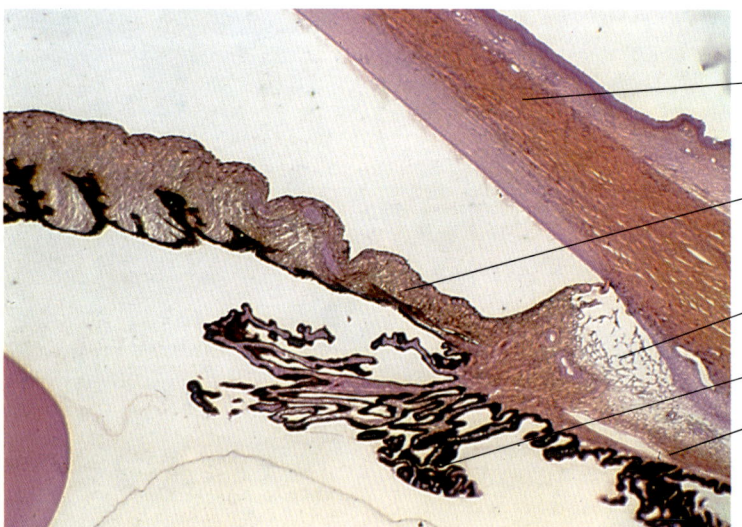

- Cornea
- Iris
- trabekuläres Maschenwerk
- Processus ciliares
- Corpus ciliare

Abb. 290. Ausschnitt aus dem Kammerwinkel (Angulus iridocornealis) des Rindes. Färbung Hämatoxylin-Eosin, Vergr. 20fach.

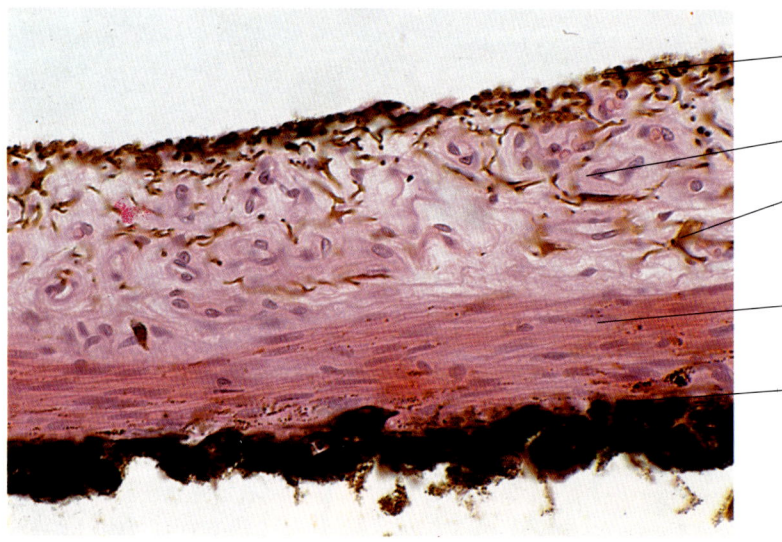

- lückenhafte Deckschicht zur vorderen Augenkammer
- Irisstroma
- Pigmentzellen
- M. dilatator pupillae
- Pars caeca retinae mit Pigmentepithel

Abb. 291. Ausschnitt aus der Regenbogenhaut (Iris) des Rindes. Färbung Hämatoxylin-Eosin, Vergr. 120fach.

bedeckt, dem lichtunempfindlichen Teil der Retina, der **Pars caeca retinae,** und dem **Pigmentepithel** (Abb. 287). Die Schicht der Retina besteht aus einem hochprismatischen, pigmentlosen Epithel.

In der vorderen Hälfte bildet der Strahlenkörper meridional verlaufende, leistenartige Erhebungen **(Processus ciliares),** die in großer Zahl (Hund 70–80, Rind und Pferd über 100) bis an den Linsenäquator reichen. Diese Ziliarfortsätze schließen lockeres Bindegewebe und ein dichtes Kapillarnetz ein. Die Funktion der Processus ciliares liegt in der **Bildung des Kammerwassers** und dessen Ausscheidung über die sekretionsaktiven Zellen des Ziliarepithels in die hintere Augenkammer (Abb. 290).

Die Oberfläche der hinteren Hälfte des Strahlenkörpers ist in feinste Radiärfältchen **(Orbiculus ciliaris)** gelegt. Hier sind in beiden Epithelschichten die Fasern des **Aufhängeapparates der Linse (Fibrae zonulares, Zonulafasern)** verankert.

In das bindegewebige Stroma des Strahlenkörpers sind elastische Fasern, Pigmentzellen, Gefäße und der **M. ciliaris** eingelagert. Der M. ciliaris ist ein glatter Muskel, der der **Akkommodation der Linse** dient. Dieser Muskel ist beim Pferd relativ schwach, bei den Fleischfressern hingegen verhältnismäßig stark entwickelt. Bei den Haussäugetieren verläuft der Muskel zirkulär und meridional und bildet zusammen mit feinen elastischen Fasern ein dreidimensionales Raumnetz. Nach Kontraktion dieses elastisch-muskulösen Systems entspannt sich der Aufhängeapparat der Linse. Die Linse wölbt sich aufgrund ihrer Elastizität insbesondere an ihrer Vorderfläche und verändert dadurch die Lichtbrechung (Fokussierung auf die Nähe). Die Innervation des M. ciliaris ist durch die Nn. ciliares breves sowohl parasympathisch (Ganglion-ciliare-Kontraktion) als auch sympathisch (Erschlaffung).

Regenbogenhaut (Iris)

Die Regenbogenhaut bildet den vordersten, in das Augeninnere ziehenden Abschnitt der mittleren Augenhaut. Sie entspringt dem Corpus ciliare, bedeckt teilweise die Linse und begrenzt mit ihrem freien Rand (Margo pupillaris) das **Sehloch, die Pupille** (Abb. 287 und 288). Die Iris unterteilt als ein undurchsichtiges Diaphragma den vorderen Hohlraum des Auges in eine vordere Augenkammer (Camera anterior bulbi) und eine hintere Augenkammer (Camera posterior bulbi), die über das Sehloch in Verbindung stehen.

Die **Vorderfläche der Iris** bildet die hintere Begrenzungsfläche der vorderen Augenkammer. Diese Oberfläche weist eine diskontinuierliche Epithelabdeckung auf, die von einzelnen abgeplatteten Fibroblasten, Pigmentzellen und bindegewebigen Fasern des Irisstromas geformt wird (Abb. 291). Diese meist lückenartige Fläche ist durch Einziehungen und Krypten unregelmäßig gegliedert, über die enge räumliche Verbindungen zwischen der Flüssigkeit der vorderen Augenkammer und den Spalträumen der vorderen Grenzschicht der Iris bestehen.

Das **Irisstroma** besteht aus einem lockeren, äußerst zarten Geflecht kollagener Faserbündel in einer amorphen Matrix mit Gefäßen, glatten Muskelzellen, Pigmentzellen und Nervenfasern.

Die **Kollagenbündel** sind bogengitterartig angeordnet. Sie können sämtlichen Größenveränderungen der Iris während der Verengung (Miosis) oder Erweiterung (Mydriasis) folgen. Eng mit dem Bindegewebsgerüst verbunden ist im Stroma der Iris ein ausgeprägtes **Gefäßnetz** entwickelt, das neben nutritiven Aufgaben auch mechanisch-stabilisierende Funktionen übernimmt. Die Kollagenfasern umgeben manschettenartig die Gefäßwände und verhindern dadurch Störungen der Mikrozirkulation während der Iriskontraktion bzw. der Irisdilatation.

Das Irisstroma schließt zwei glatte **Muskelbündel** ein, die die Größe der Pupille regulieren, den M. sphincter pupillae und den M. dilatator pupillae.

Der **M. sphincter pupillae** liegt nahe dem freien Rand der Pupille mit zirkulärem Faserverlauf. Zusätzlich sind bei Tieren mit einem ovalen Sehloch (Katze, Schaf, Rind) diese Muskelzüge peripher mit spitzwinklig scherengitterartig durchflochtenen Fasern verstärkt. Diese kreuzenden Muskelfasern bewirken die schlitzförmige, quer- oder vertikalovale Verengung der Pupille. Der M. sphincter pupillae wird parasympathisch (cholinerg) innerviert. Die Muskelfasern stehen mit dem M. dilatator pupillae in lockerer Verbindung.

Der **M. dilatator pupillae** besteht aus einer radiär zur Pupille angeordneten Lage von **Myoepithelien,** die basale, pigmentlose, kontraktile Fortsätze der Zellen des äußeren Blatts der Pars iridica retinae (Pigmentepithel, s. S. 308) darstellen. Die Muskelfaserbündel liegen der gesamten hinteren Fläche der Iris an. Sie sind sympathisch (adrenerg) innerviert; ihre Kontraktion erweitert die Pupille.

Die Iris schließt **Pigmentzellen** ein, die sich als Stromamelanozyten aus der Neuralleiste und als Pigmentepithelien aus dem Neuroektoderm ableiten. Melaninpigmente schützen die Retina vor übermäßiger Lichtstrahlung und vor Streulicht, indem sie in der Iris einen neutralen Dichtefilter aufbauen. Der Grad der Pigmentierung (Größe und Anzahl der Melanosomen) bestimmt die **Farbe der Iris** und damit die »Farbe der Augen«. Die Farbe der Iris ist

XVI. Sinnesorgane (Organa sensuum)

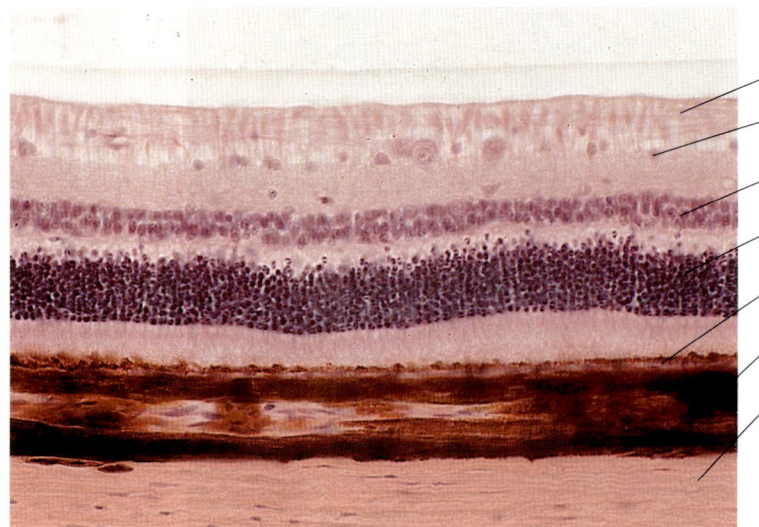

Abb. 292. **Ausschnitt aus der Pars optica retinae im Augenhintergrund** des Pferdes. Färbung Hämatoxylin-Eosin, Vergr. 250fach.

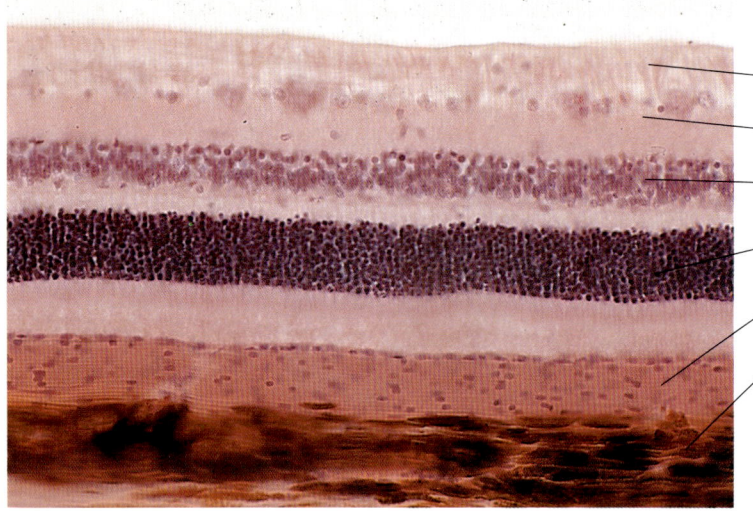

Abb. 293. **Ausschnitt aus der Pars optica retinae im Augenhintergrund** des Pferdes mit Tapetum lucidum. Färbung Hämatoxylin-Eosin, Vergr. 250fach.

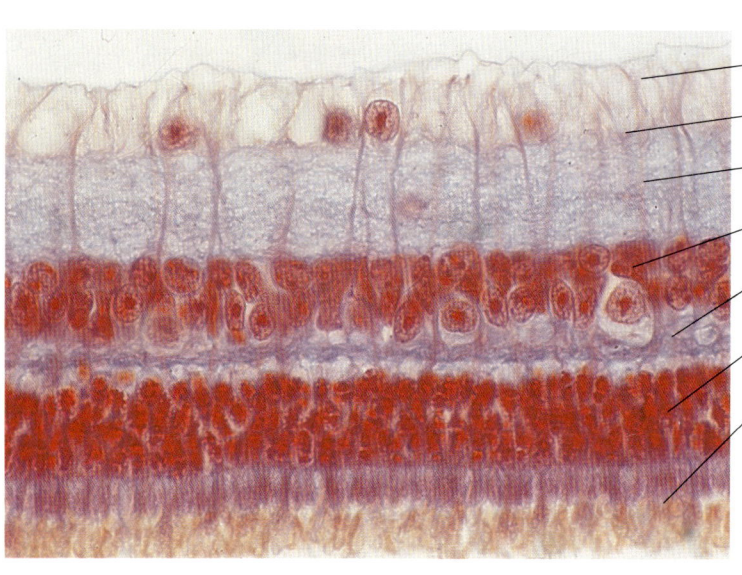

Abb. 294. **Ausschnitt aus der Pars optica retinae im Augenhintergrund** der Katze. Färbung Azan, Vergr. 1000fach.

durch mehrere Gene determiniert, von denen keines dominiert, dadurch können sich Farbschattierungen ausbilden.

Die Irisfarbe Blau entsteht, wenn Pigmentzellen im Stroma fehlen. Die dünne Lage von Kollagenfasern des Stromas vor der dunkel pigmentierten inneren Augenhaut läßt die Iris bläulich erscheinen (*»Steht vor dem Dunklen milchig grau, die Sonn bescheint's, so wird es blau«*, Joh. W. v. Goethe).

Durch Verdichtung der Kollagenfaseranteile entsteht die Farbe Blaugrau bis Grau (Schwein, Ziege). Die dunkelbraune Irisfarbe (Pferd, Rind) ist auf ein dünnes bindegewebiges Stroma und eine große Zahl an Pigmenten zurückzuführen. Die hellbraune bis gelbliche Irisfarbe von Hund, Schwein und bei kleinen Wiederkäuern beruht auf wenigeren Melaningranula. Albinismus ist ein Pigmentmangelphänomen.

Die **Hinterfläche der Iris** wird von zwei einschichtigen Lagen von Epithelzellen gebildet, die sich aus der Anlage der beiden Blätter des embryonalen Augenbechers ableiten. Das Innenblatt wird zur Pars caeca retinae (Pars iridica retinae), das Innenblatt zum Pigmentepithel (Stratum pigmentosum). Die Netzhaut bleibt als **Pars iridica retinae** auf der Rückseite der Iris **einschichtig, hochprismatisch und blind** und entwickelt sich allein in der Pars optica retinae zu einem mehrschichtigen, photosensiblen Organ. Sekundär werden in dieses innere Epithel Pigmente eingelagert. Am freien Rand der Pupille schlägt das Innenblatt des embryonalen Augenbechers in das äußere um. Dieses bildet ein **einschichtiges, pigmentiertes Deckepithel**, dessen basale faserartige Zellfortsätze kontraktile Filamente aufweisen und in das Irisstroma vordringen; als **Myoepithelien** bilden sie den M. dilatator pupillae (s. S. 305).

Am dorsalen und ventralen Margo pupillaris sind bei Pferd und Wiederkäuer **Traubenkörner (Granula iridica)** ausgebildet, die durch Wucherungen des Pigmentepithels und gleichzeitig verstärkte Vaskularisation des Irisstromas entstehen. Bevorzugt bei den kleinen Wiederkäuern schließen Traubenkörner einzelne zystenartige Hohlräume ein, beim Pferd sind diese zahlreicher und kleiner. Traubenkörner sezernieren möglicherweise Kammerwasser.

Nervöse Beeinflussung der Iris und des Ziliarkörpers

Die muskulären und vaskulären Komponenten der Iris und des Ziliarkörpers werden durch nervöse und humorale Impulse reguliert. Die Iris und der Ziliarkörper werden sympathisch und parasympathisch von den Nn. ciliares breves innerviert, die aus dem Ganglion ciliare hervorgehen. Die **postganglionären, sympathischen** Fasern versorgen den **M. dilatator pupillae** und beeinflussen die Blutgefäße der Iris und der Ziliarfortsätze, Stromamelanozyten, Fibroblasten und bei einigen Tierspezies auch den Irissphinkter. Die **parasympathischen** Impulse erfolgen überwiegend aus Fasern des N. oculomotorius, durch deren Reflexbogen vorwiegend der **M. sphincter pupillae** und der Ziliarmuskel erregt werden. Dies führt zur Verengung der Pupille, zur Kontraktion des **M. ciliaris** und damit zur Akkommodation der Linse.

Azetylcholin wirkt als klassischer **postganglionärer parasympathischer** Transmitter, der an der Neuroeffektorverbindung freigesetzt wird. Parasympathische oder cholinerge Mittel (z. B. Pilocarpin oder Carbachol) stimulieren den Muskarinrezeptor, ein Vorgang, der die Verengung der Pupille und die Kontraktion des Ziliarmuskels induziert. Die Blockade dieses nervalen Impulses kann durch die pflanzlichen Alkaloide Atropin und Hyoscin erfolgen (passive Mydriasis und Paralyse der Akkommodation).

Das adrenerge System wird durch Noradrenalin als **sympathischer Neurotransmitter** und durch das zirkulierende Katecholamin Adrenalin erregt. Deren Aktivität, gebunden an α- und β-Rezeptoren, kann durch Wirkstoffe modifiziert werden, die die Katecholaminreserven aufbrauchen (z. B. Reserpin).

Des weiteren übernehmen Neuropeptide, Substanz P, vasoaktive intestinale Peptide (VIP) und das Neuropeptid Y (NPY) an der Irismuskulatur und am Ziliarmuskel klassische Transmitterfunktionen.

Innere Augenhaut (Tunica interna bulbi, Retina, Netzhaut)

Die Netzhaut gliedert sich in einen vorderen Abschnitt, der keine Lichtrezeptoren einschließt, die Pars caeca retinae, und in ein hinteres lichtsensibles Rezeptorfeld, die Pars optica retinae (Abb. 287). Beide Anteile der Retina bestehen aufgrund ihrer embryonalen Entwicklung aus einem Außen- und einem Innenblatt.

In der **Pars caeca retinae** bleiben beide Blätter des embryonalen Augenbechers weitgehend undifferenziert und bilden jeweils einen einschichtigen Epithelverband. Die Einzelschichten liegen eng aneinander, ohne zu verschmelzen. Die Pars caeca retinae wird durch ihre Lagebeziehung zum Ziliarkörper und zur Iris unterteilt in eine

– Pars ciliaris retinae,
– Pars iridica retinae,
– Ora serrata.

308 XVI. Sinnesorgane (Organa sensuum)

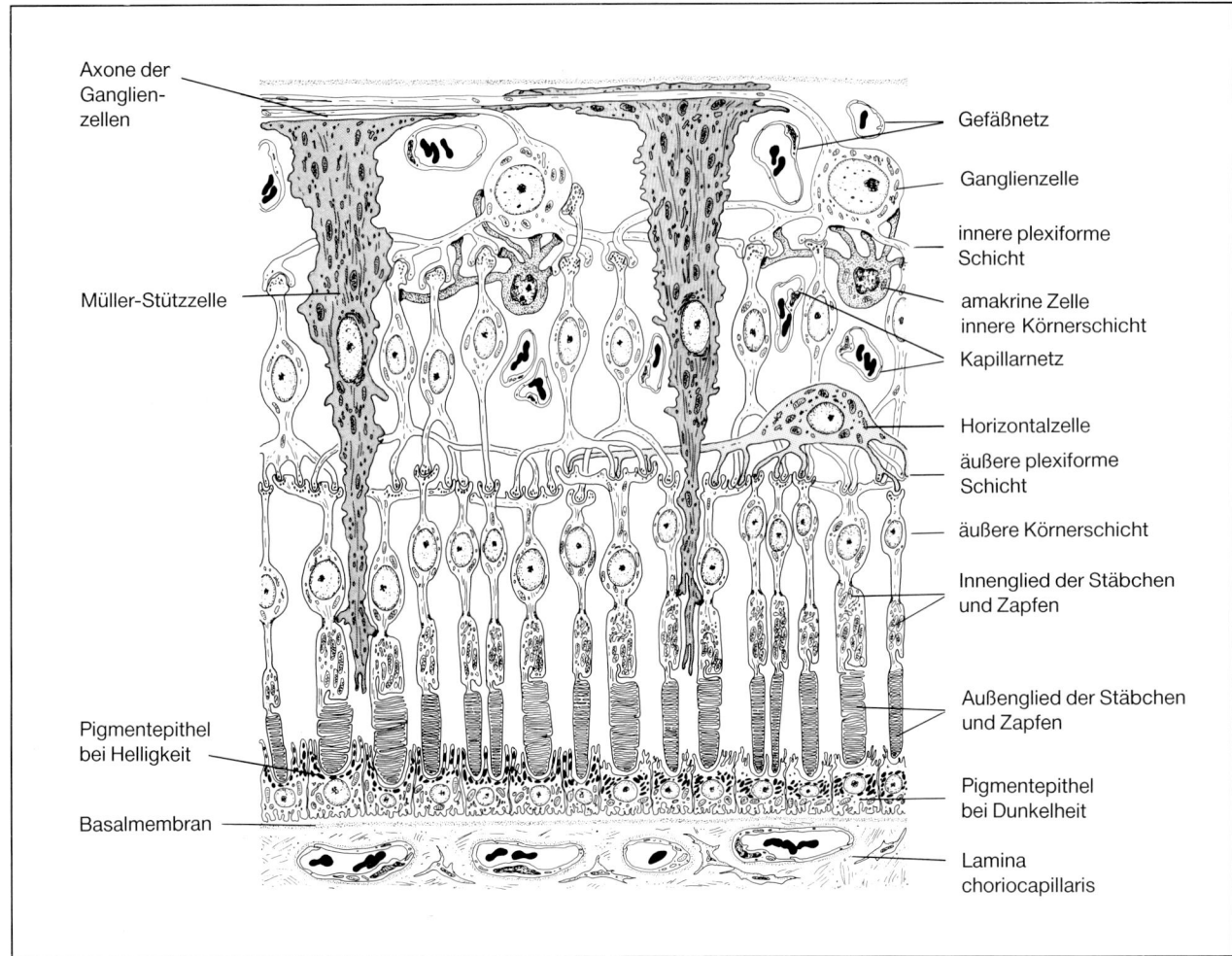

Abb. 295. Schematische Darstellung der Schichten der Netzhaut.

Zur strukturellen und funktionellen Differenzierung der lichtunempfindlichen Pars caeca retinae sei auf die Absätze »Ziliarkörper« und »Iris« verwiesen (s. S. 303 und 305). Die Ora serrata retinae zeigt den Übergang von der Pars caeca zur Pars optica retinae an.

Die **Pars optica retinae** (Abb. 292–295) gliedert sich ebenfalls in zwei Blätter, nämlich in ein
- äußeres Stratum pigmentosum retinae,
- inneres Stratum nervosum retinae.

Stratum pigmentosum retinae

Das Stratum pigmentosum retinae (**Pigmentepithel**) wird vom Außenblatt des embryonalen Augenbechers gebildet (Abb. 292–295). Diese Schicht liegt zwischen der Bruch-Membran der Aderhaut und den Außengliedern der Photorezeptoren (Stäbchen und Zapfen des Stratum nervosum retinae, s. S. 309). Das Pigmentepithel ist nur an zwei Abschnitten fest mit dem Stratum nervosum retinae verbunden, im Bereich der Ora serrata und der Austrittsstelle des N. opticus (Discus n. optici, Papilla optica). Das Epithel ist einschichtig, isoprismatisch und regelmäßig hexagonal.

Die **Pigmentepithelzelle** schließt einen exzentrischen Kern, zahlreiche Mitochondrien, ein dichtes endoplasmatisches Retikulum und einen gut entwickelten Golgi-Apparat ein. Supranukleär häufen sich Melanosomen, Lysosomen, Restkörper und Phagolysosomen. Die apikale Zytoplasmaseite weist Mikrovilli und fingerförmige Ausstülpungen auf, die sich zwischen die Außensegmente (Stäbchen und Zapfen, s. S. 309) schieben und diese mantelartig umhüllen, ohne eine feste Verbindung einzugehen.

Unter verstärkter Lichteinstrahlung verlagern sich die **Melanosomen (Pigmente)** in die Zellausläufer und umgeben die Photorezeptoren, die Stäbchen und die Zapfen. Durch diesen Vorgang wird das Auflösungsvermögen des Auges erhöht und die Streustrahlung (Reflexion) auf anliegende Rezeptoren verhindert. Bei Dunkelheit ziehen sich die Pigmente zurück, die Sensibilität der Netzhaut wird erhöht, das Auflösevermögen reduziert. Im Bereich des Tapetum lucidum (s. S. 303) ist die Pigmentierung dieses Epithels erheblich reduziert oder fehlt.

Die Zellen des Pigmentepithels zeigen darüber hinaus weitere funktionelle Aktivitäten:
— Ernährung der Stäbchen und Zapfen,
— Transport von Stoffwechselprodukten zwischen der Aderhaut und den äußeren Schichten der nervösen Netzhaut,
— Aufnahme und Verdauung von phagozytiertem Material aus dem Außensegment (Membranscheiben, s. S. 310),
— Erneuerung des Sehpurpurs Rhodopsin durch Veresterung von Vitamin A,
— Synthese von Melanin (Pigmentbildung).

Stratum nervosum retinae

Die nervöse, lichtempfindliche Schicht des Innenblattes des embryonalen Augenbechers, das Stratum nervosum retinae, ist vielfach geschichtet (Abb. 292–295). Als Bestandteil des Zwischenhirns sind in diesem Teil der Retina Gliazellen (Müller-Stützzellen) und Nervenzellen (Neurone) entwickelt.

Die **Gliazellen (Müller-Stützzellen)** versorgen, mit Ausnahme der Stäbchen- und Zapfenschicht, sämtliche Schichten der nervösen Netzhaut und bilden eine innere und eine äußere gliöse Grenzmembran (Stratum limitans gliae int. und ext.).

Die **Nervenzellen** liegen in strukturell deutlich voneinander abgesetzten Schichten, die 3 hintereinander geschaltete, von außen nach innen folgende **Neurone** darstellen. Zurückzuführen auf die Embryonaldifferenzierung, liegt die lichtempfindliche Rezeptorschicht außen, dem Licht abgewandt (Inversion des Augenbechers), während die impulsleitende Nervenfaserschicht zum Augeninnenraum entwickelt ist.

1. **Neuron**
   — Stratum neuroepitheliale (Schicht der Stäbchen und Zapfen),
   — Stratum nucleare ext. (äußere Körnerschicht),
   — Stratum plexiforme ext. (äußere plexiforme Schicht).
2. **Neuron**
   — Stratum nucleare int. (innere Körnerschicht),
   — Stratum plexiforme int. (innere plexiforme Schicht).
3. **Neuron**
   — Stratum ganglionare nervi optici (Ganglienzellschicht),

— Stratum neurofibrarum (Nervenfaserschicht).

Die lichtempfindliche Schicht der Netzhaut **(Stratum neuroepitheliale)** wird von den Fortsätzen der Nervenzellen (Epitheliocyti neurosensorii) der äußeren Körnerschicht gebildet. Diese Zellausläufer sind die Photorezeptoren im engeren Sinn, die in ein Außen- und ein Innenglied (s. u.) unterteilt werden. Strukturell und funktionell sind zwei Rezeptorarten zu unterscheiden:
— **Stäbchen** als hochsensible Hell-Dunkel-Rezeptoren (Dämmerungssehen),
— **Zapfen** als Rezeptoren für Farbsehen.

Das kerntragende Perikaryon der Nervenzellen bildet die äußere Körnerschicht **(Stratum nucleare externum)**. Die Axone der Photorezeptorzellen formen mit den Dendriten des 2. Neurons (bipolare Nervenzellen) die äußere plexiforme Schicht **(Stratum plexiforme externum)**, deren Perikarya die innere Körnerschicht **(Stratum nucleare internum)** zusammen mit angrenzenden assoziierenden Horizontalzellen (s. S. 310) aufbauen. Die Axone der bipolaren Nervenzellen verflechten sich mit den Dendriten des 3. Neurons, der Ganglienzellschicht, zur inneren plexiformen Schicht **(Stratum plexiforme internum)**, an deren äußerer Grenze zusätzlich amakrine Assoziationszellen (s. S. 310) eingelagert sind.

Die Ganglienzellschicht **(Stratum ganglionare nervi optici)** wird von den Kerngebieten großer multipolarer und kleinerer vegetativer Nervenzellen gebildet. Die Anzahl der Nervenzellen ist gegenüber der bipolaren Körnerzellschicht gering. Die Axone der Ganglienzellschicht bündeln sich zur Nervenfaserschicht **(Stratum neurofibrarum)** und ziehen, der Retina innen anliegend, zum **blinden Fleck (Discus n. optici, Papilla optica)**. Dort treten die Axonbündel als **Sehnerv (N. opticus)** aus dem Augenhintergrund aus. Die äußere Augenhaut wird an dieser Stelle siebartig perforiert (Area cribrosa).

Stäbchen und Zapfen

Stäbchen und Zapfen bilden die Photorezeptorschicht, die als äußerster Teil der neurosensorischen Retina mit dem neuralen Pigmentepithel in Kontakt steht.

Die **Stäbchen** schließen im **Außenglied** dicht aufeinander gestapelte Membranscheiben (Disci) ein, die den Sehpurpur (Rhodopsin) enthalten. Diese Membranscheiben sind doppelte Lipoproteinschichten, deren Vorstufen in den Organellen des Innengliedes synthetisiert werden. Die Membranscheiben wandern als Folge der ständigen Neubildung langsam in die Peripherie des Außengliedes, werden dort ausgeschleust und von Pigmentepithelzellen phagozytiert. Phagolysosomen verdauen die Membranreste (s. Pigmentepithel). An diesen Membransystemen laufen die chemischen Reaktionen ab, die den Sehvorgang (Hell-Dunkel-Rezeptoren, Dämmerungssehen) auslösen. Das Außenglied steht über eine modifizierte Zilie mit dem Innenglied in Verbindung. Das **Innenglied** besteht aus einem äußeren glykogenreichen Ellipsoid mit zahlreichen Mitochondrien und einem Zentriol sowie einem inneren Myoid, das Golgi-Apparate, endoplasmatisches Retikulum und Mikrotubuli einschließt. Das Innenglied ist das metabolische Zentrum für die Energiegewinnung der Rezeptorschicht und Bildungsstätte der Proteine für die Membranscheiben des Außengliedes.

Die **Zapfen** ähneln in Größe und Grundaufbau den Stäbchen. Die **Außenglieder** sind vorwiegend keulenartig, bauchig erweitert und mit dichten Membranstapeln gefüllt. Diese stellen regelmäßige Einstülpungen des Plasmalemms dar und schließen jeweils eines der drei lichtempfindlichen Pigmente, vor allem Jodopsin, ein. Das **Innenglied** ist gegenüber den Stäbchen vergrößert, der Kern elliptisch.

Horizontalzelle (Neurocytus horizontalis)

Horizontalzellen liegen außen der inneren Körnerschicht an. Das Perikaryon dieser Zellen ist vergrößert und reich an Organellen. Dendritische Zellausläufer stehen in der äußeren plexiformen Schicht mit den Synapsen der bipolaren Stäbchen- und Zapfenzellen und mit denen der inneren Körnerschicht in Kontakt. Diese Verknüpfungen verleihen Horizontalzellen interneurale Funktionen zwischen Photorezeptorzellen und bipolaren Körnerzellen des 2. Neurons.

Amakrine Zelle (Neurocytus amacrinus)

Amakrine Zellen liegen innen der inneren Körnerschicht an, sie entwickeln keine Axone. Ihre Dendriten stehen mit Axonen der bipolaren Nervenzellen wie auch mit Dendriten der Ganglienzellen in synaptischer Verbindung. Amakrine Zellen sind Interneurone.

Gliazelle (Müller-Stützzelle, Gliocytus radialis)

Müller-Stützzellen sind modifizierte Faserastrozyten, die im Stratum nervosum retinae die Funktionen von Gliazellen übernehmen. Sie liegen mit einem verbreiterten Zytoplasmaabschnitt der Innenfläche der Retina an und bilden über Zellausläufer die **innere Grenzschicht (Stratum limitans gliae interna)**; diese formt die Grenzschicht der Retina zum Glaskörper (s. S. 313). Müller-Stützzellen durchziehen senkrecht die Retinaschichten, ihre Kerne liegen in der inneren Körnerschicht. In den äußeren Zellbereichen verengt sich das Zytoplasma spitzkegelförmig und schiebt sich zwischen das 1. Neuron bis auf Höhe der Innenglieder.

Müller-Stützzellen formen in der Regel durch Zonulae adhaerentes mit Stäbchen und Zapfen die **äußere Grenzschicht (Stratum limitans gliae externa)**. Diese liegt der äußeren Körnerschicht außen an. Der äußeren Grenzschicht kommt große funktionelle Bedeutung zu. Sie trennt im Hinblick auf den neuralen Stoffwechsel die Stäbchen und Zapfen von den inneren Retinaschichten. Diese stehen den Retinagefäßen nahe, während die Photorezeptoren durch Diffusion über das Pigmentepithel versorgt werden.

Area centralis rotunda

Beim Menschen ist die Stelle des schärfsten Sehens (Fovea centralis) ein gelblich gefärbter, umschriebener Bereich der Netzhaut, die Macula lutea. Bei den Haussäugetieren fehlt diese Pigmentierung, so daß man allein von einer Area centralis rotunda spricht. In dieser Fläche überwiegen Zapfen, stark vermehrt sind Ganglienzellen des 1. und des 3. Neurons. Die Area centralis rotunda dient dem binokularen Sehen.

Area centralis striaeformis

Bei Pferd, Wiederkäuer und Schwein sind oberhalb der Sehscheibe (Papilla optica) helle Streifen erkennbar, die als Area centralis striaeformis bezeichnet werden. Diese schließen Zapfen und Nervenzellen des 1. und des 2. Neurons in großer Zahl ein. Die Area centralis striaeformis dient dem monokularen Sehen und dem Erkennen von Bewegungsabläufen.

Ernährung der Retina

Die **äußeren Anteile der Retina**, die **Außen- und Innenglieder der Stäbchen und Zapfen**, werden durch das **Kapillarnetz der Choroidea** versorgt. Die Bruch-Membran sowie die Pigmentepithelschicht können als **Transport- und Diffusionsstrecke** angesehen werden. Der enge Kontakt zwischen Pigmentepithelzellen und Stäbchen und Zapfen erleichtert den Stoffaustausch. Die Epithelzellen übernehmen regulatorische Aufgaben. Das Stratum limitans gliae ext. stellt eine Diffusionsbarriere zu den inneren Retinaschichten dar.

Tritt eine Trennung der inneren nervösen Netzhautschicht von der Pigmentepithelschicht ein, so ist die Versorgung der Stäbchen und Zapfen irreparabel unterbrochen, die Rezeptorschicht degeneriert in der umschriebenen Fläche (Netzhautablösung).

Die **zentralen Schichten der Retina** (1.–3. Neuron), die zwischen den gliösen Grenzschichten liegen, werden durch das **Kapillarnetz der A. centralis retinae** versorgt. Diese tritt an der Papilla optica in den Augapfel ein, legt sich innen der Netzhaut an, verzweigt sich tierartlich unterschiedlich in Rami centrales retinae und breitet sich in den Schichten der Retina aus. Rückläufige Venen vereinigen sich zur V. centralis retinae.

Sehnerv (Nervus opticus)

Der Sehnerv stellt eine afferent leitende Gehirnbahn dar (II. Gehirnnerv), in der die Axone der multipolaren Ganglienzellen des 3. Neurons (Ganglienfaserschicht) über das primäre Sehzentrum des Gehirns, dem Corpus geniculatum laterale, zur Sehrinde im Bereich der kaudalen Großhirnrinde ziehen. Die vegetativen Fasern des Nervus opticus treten mit dem Hypothalamus in Verbindung und bilden retino-hypothalamische Bahnen (Nucleus supraopticus und paraventricularis).

In der Ganglienfaserschicht sind die Nervenfasern marklos. Die Axone der multipolaren Nervenzellen werden nach Durchtritt durch die Area cibrosa von Oligodendrozyten umhüllt und damit myelinisiert (Abb. 296). Die vegetativen Nervenzellen bleiben markarm.

Der Sehnerv wird als Bestandteil des Gehirns von bindegewebigen Pia-, Arachnoidea- und Durascheiden umgeben, zwischen denen deutliche Subdural- und Subarachnoidalräume liegen. Nahe der Area cribrosa gehen sie zum größten Teil in die äußere Augenhaut, die Sklera, über. Von der inneren Piascheide ziehen zahlreiche Bindegewebssepten zusammen mit Kapillaren zwischen die Nervenfaserbündel und trennen diese in Einzelfasern. An der Grenze zu den Axonen übernehmen Faserastrozyten ernährende Gliazellfunktionen.

Bestandteile des Augeninneren

Linse (Lens)

Die Linse ist **ektodermalen Ursprungs**. Sie entsteht embryonal aus der Linsenplakode, die sich als Linsenbläschen vom Oberflächenepithel abschnürt.

Aus der hinteren Wand des Linsenbläschens wachsen langgezogene Zellen aus, die den Hohlraum des Linsenbläschens allmählich ausfüllen und sich zu hexagonalen, prismatischen Linsenfasern differenzieren.

Die Linse ist ein transparentes, bikonkaves Organ, das mit dem Ziliarkörper durch die Zonulafasern in Verbindung steht (Abb. 287 und 288). Die dem Glaskörper zugewandte Hinterseite ist meist stärker gewölbt als die Vorderseite. Bei der Akkommodation nimmt insbesondere die Wölbung an der Vorderfläche zu. Die Linse ist frei von Nerven und Gefäßen. Ihre Ernährung erfolgt durch Diffusion aus dem Kammerwasser (s. S. 313). Besondere Strukturen der Linse sind die **Linsenkapsel,** das **Linsenepithel** und die **Linsenfasern.**

Die Linse wird von einer lichtbrechenden, in der Regel sehr dehnungsfähigen **Kapsel (Capsula lentis)** umgeben, die aus Sekreten des Linsenepithels entsteht. Diese Schicht stellt eine verbreiterte Basalmembran (Dicke vorne 10–20 µm, hinten 5 µm) dar, die aus einem dichten Netz von kollagenen Mikrofilamenten vom Kollagenfasertyp IV und eingelagerten Glykoproteinen aufgebaut ist. Am äußeren Rand inserieren die Zonulafasern des Aufhängeapparates der Linse und verbinden sich mit den Filamentbündeln der Linsenkapsel. Die Linsenkapsel ist eine semipermeable Grenzschicht, durch die metabolisch aktive Stoffe penetrieren.

Das **Linsenepithel (Epithelium lentis)** liegt an der Vorderfläche der Linse unter der Linsenkapsel, es ist einschichtig isoprismatisch. Die Epithelzellen der Linse sind die einzigen teilungsfähigen Zellen dieses Organs, die sich verlängern und zu **Linsenfasern** (s. u.) differenzieren. Vorzugsweise am Linsenäquator teilen sich die Linsenepithelzellen und lagern sich als neue Linsenfasern appositionell dem vorhandenen Linsenkörper auf. Die Linse wächst zeitlebens. Das Wachstum ist eng mit dem Alter des Tiers korreliert. Die Hinterfläche der Linse wird von Linsenfasern bedeckt, ein Epithel fehlt dort.

Die **Linsenfasern (Fibrae lentis)** sind langgestreckte, prismatische Zellen (7–10 mm lang, 5–12 µm breit, 2–4 µm dick), die die **Hauptmasse der Linse** bilden. Die Linsenfasern schließen am Linsenäquator einen Kern und zahlreiche Organellen ein. In tieferen Schichten ist die Linse jedoch kernlos. Die Linsenfasern bilden **konzentrische Schichten,** die sich zum Inneren der Linse verdichten und den **Linsenkern** formen. Die einzelnen Linsenfasern stehen durch reißverschlußähnliche Verzahnungen untereinander in Verbindung. Dieser Bau ermöglicht bei der Akkommodation der Linse die Plastizität des gesamten Organs.

312 XVI. Sinnesorgane (Organa sensuum)

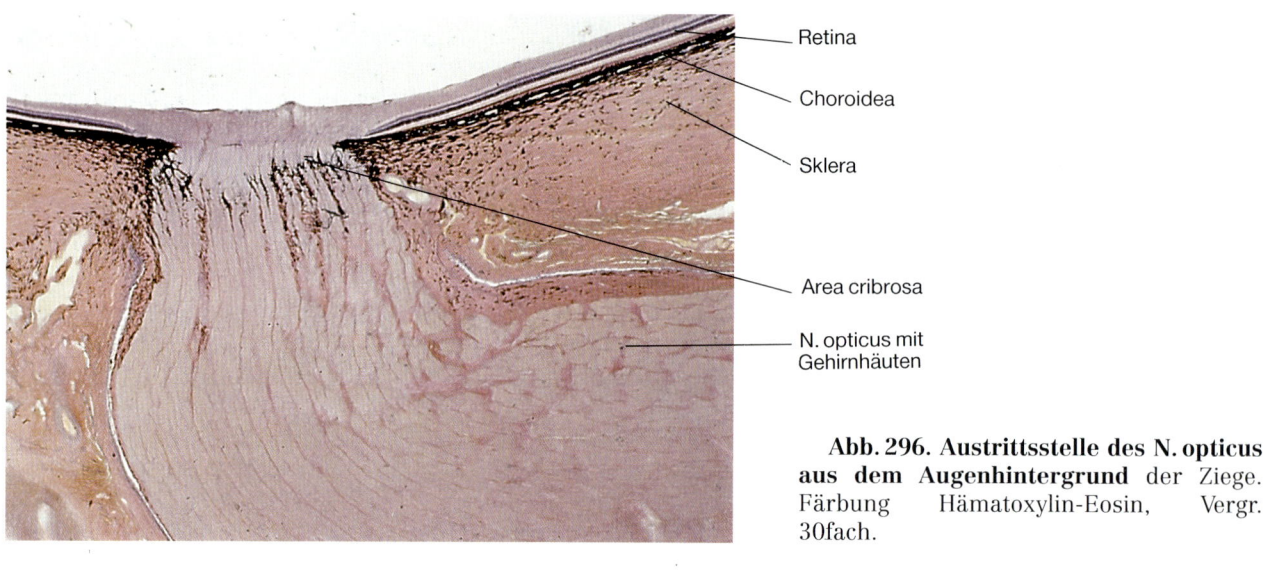

Abb. 296. **Austrittsstelle des N. opticus aus dem Augenhintergrund** der Ziege. Färbung Hämatoxylin-Eosin, Vergr. 30fach.

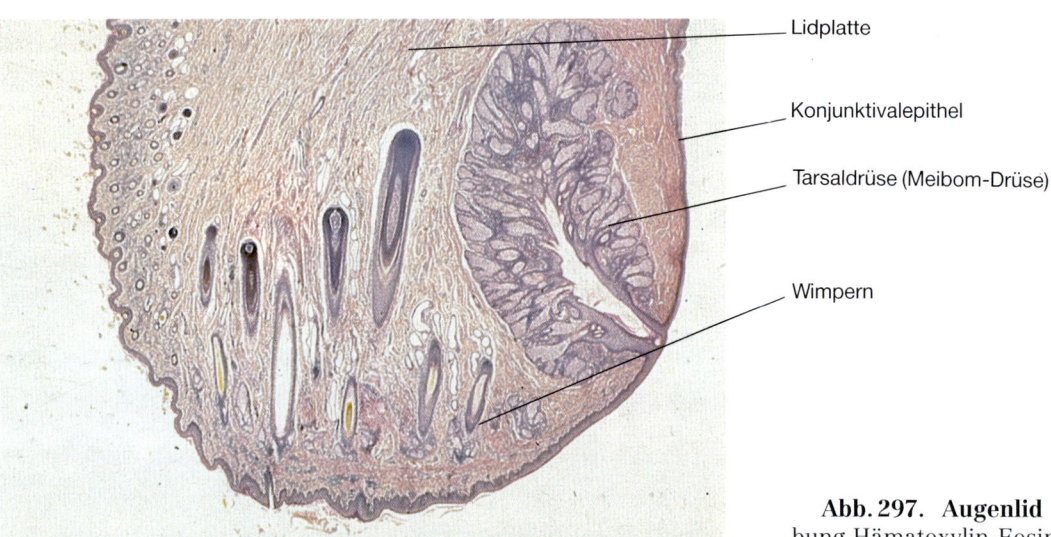

Abb. 297. **Augenlid** des Kalbes. Färbung Hämatoxylin-Eosin, Vergr. 16fach.

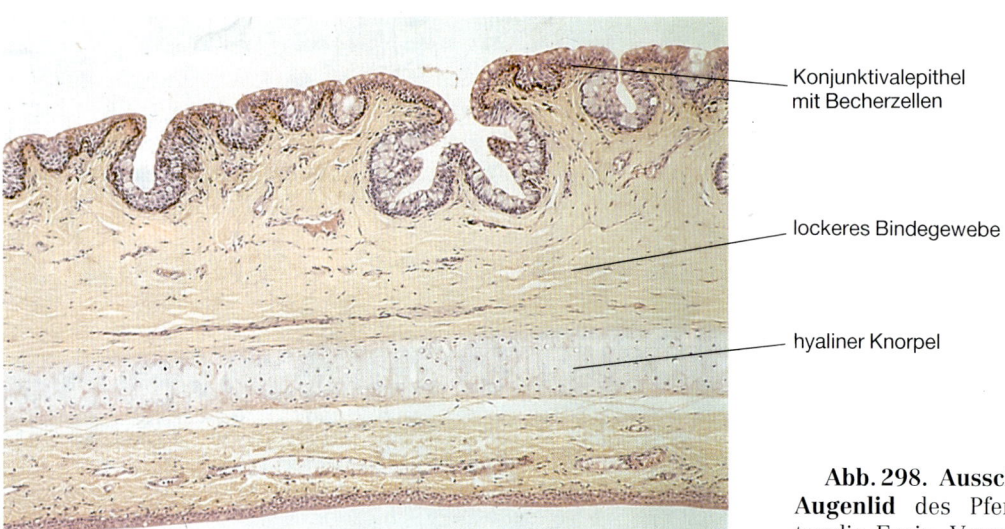

Abb. 298. **Ausschnitt aus dem dritten Augenlid** des Pferdes. Färbung Hämatoxylin-Eosin, Vergr. 70fach.

Die Linsenfasern schließen Wasser (70%) und im wesentlichen Membranproteine, Zytoskelettproteine, Enzyme, Kristalline und Elektrolyte ein. Die Form der Linse wird entscheidend von der Struktur ihres Zytoskeletts geprägt, dazu tragen Mikrofilamente (Fibronektin, Vimentin, Aktin) und Mikrotubuli bei.

Die Linsenfasern verlaufen über den Linsenäquator in spiralförmiger Anordnung vom vorderen zum hinteren Linsenpol und umgekehrt. An ihren Endpunkten bleiben kleine Zwischenräume (Nahtlinien, Radii lentis) offen, die sich summieren und die Form dreistrahliger Sterne annehmen (**Linsensterne**). Die jeweiligen Linsensterne der Vorder- bzw. der Hinterfläche sind gegeneinander um 60 Grad versetzt.

Die geordnete Struktur und der Metabolismus der Linsenfasern ist für die Aufrechterhaltung der Transparenz von entscheidender Bedeutung. Jede Änderung führt zur Trübung der Linse.

Augenkammern und Kammerflüssigkeit

Die **vordere Augenkammer (Camera anterior bulbi)** ist ein von der Hinterfläche der Kornea und der Vorderfläche der Iris begrenzter vorderer Binnenraum des Augapfels, der über die Pupille mit der **hinteren Augenkammer (Camera posterior bulbi)** in Verbindung steht (Abb. 287 und 288). Die Wand der hinteren Kammer wird von der Hinterfläche der Iris, dem Ziliarkörper, der Vorderfläche des Glaskörpers und der Linse gebildet. In beiden Kammern befindet sich eine klare, wäßrige Flüssigkeit mit verschiedenen Elektrolyten, Glukose, Aminosäuren und Askorbinsäure in anderen Konzentrationen als im Blutplasma.

Die **Bildung des Kammerwassers** ist ein komplexer Vorgang, an dem die Blut-Kammerwasser-Schranke eine besondere Rolle übernimmt. Diese Schranke ist im Bereich der Ziliarfortsätze zwischen den Kapillarwänden und dem Ziliarepithel entwickelt. Der aktive Transport von Natriumionen über das Ziliarepithel und der osmotische Flüssigkeitstransport in die hintere Augenkammer sind die Hauptmechanismen der Neubildung des Kammerwassers. Von dort fließt das Kammerwasser durch das Sehloch in die vordere Kammer und tritt durch das trabekuläre Maschenwerk im **Kammerwinkel (Angulus iridocornealis)** (Abb. 290) in den Plexus venosus sclerae über. Bestimmte Plasmaproteine werden auch durch Diffusion durch die Kapillarwände reabsorbiert. Das Kammerwasser dient der Ernährung der gefäßfreien Strukturen des Auges, der Kornea und der Linse.

Glaskörper (Corpus vitreum)

Der Glaskörper wird von der Linse, dem Ziliarkörper und der Retina begrenzt (Abb. 287). Er steht mit der Ora serrata und retinalen Gefäßen in engem Kontakt. Der Glaskörper besteht aus einer gallertigen, farblosen und transparenten Flüssigkeit (**Humor vitreus**) mit einem Wassergehalt von 99%. In der **flüssigen Phase** sind hydrophile Glykosaminoglykane, vor allem polymerisierte Hyaluronsäure, gelöst, an die Wasser gebunden ist.

Bestandteile der **festen Phase** sind in geringer Zahl **Zellen (Hyalozyten)**, die Mikrofibrillen als Strukturproteine synthetisieren und freie Zellen oder fibrilläre Fragmente phagozytieren. Mikrofibrillen von Kollagentyp II formen ein feines Gerüstnetz. Diese Kollagenmolekülketten werden durch das Hyaluronidasesystem in einem optimalen Quellungszustand gehalten. Oberflächlich verdichten sich die Mikrofilamente zur **vitreoretinalen Membran (Membrana vitrea)** und liegen der Retina an.

Der Glaskörper wird außen von einer **Basalmembran** überzogen und durch diese vom Stratum limitans gliae internum der Müller-Stützzellen getrennt. Als Rest der embryonalen A. hyaloidea besteht bei Rind, Schwein und Fleischfresser ein flüssigkeitsgefüllter Raum (**Canalis hyaloideus**) von der Linse zur Papilla optica.

Die einzelnen Tierarten lassen unterschiedliche Glaskörperstrukturen erkennen. Bei Rind, Schaf und Schwein findet man einen strukturdichten Glaskörper von fester Konsistenz, beim Pferd einen strukturarmen Glaskörper mit geringer optischer Dichte; beim Fleischfresser ist der Glaskörper im Inneren dicht und außen strukturarm.

Der Glaskörper zählt zu den dioptrischen Medien des Auges und dient dem Metabolismus und der Homöostase der Retina. Durch Steuerung des intraokulären Drucks hält der Glaskörper die Netzhaut in ihrer Position zum Pigmentepithel. Sinkt der Binnendruck, so kann die Retina sich in den hinteren Bereichen ablösen, während sie am Ziliarepithel stets mit der Pigmentschicht verbunden bleibt.

Anhangsorgane des Auges

Augenlider (Palpebrae)

Die Augenlider sind Teile der Nebenorgane des Auges, sie stellen Schutzeinrichtungen für den Augapfel dar. Zusammen mit der Tränenflüssigkeit dienen sie der Reinigung der Bulbusvorderfläche und verhindern dessen Austrocknung. Einen besonderen Schutzmechanismus bildet der Lidschlußreflex.

Bei den Haussäugetieren ist neben dem Ober- und Unterlid (Palpebra superior und inferior) noch das 3. Augenlid (Palpebra tertia) entwickelt (Abb. 297 und 298).

Ober- und Unterlid (Palpebra superior und inferior)

Das obere und untere Augenlid weisen als bindegewebige Grundlage eine faserreiche Lidfaszie auf, die sich nahe dem freien Lidrand in die Lidplatte (Tarsus) fortsetzt (Abb. 297). Am Lidansatz strahlen quergestreifte Muskelfaserzüge (M. orbicularis oculi) in zirkulärer Anordnung in die Lidfaszie und verbinden sich mit der Lidplatte und dem M. tarsalis.

Lidplatte (Tarsus)

Die Lidplatte ist mit straffem, kollagenem Bindegewebe durchsetzt und umgibt die **Tarsaldrüsen (Glandulae tarsales, Meibom-Drüsen).** Die Glandulae tarsales (beim Pferd 45–50 im Oberlid) sind in ihrem Bau Talgdrüsen (tubuloalveolär zusammengesetzt, polyptych, holokrin sezernierend). Ihre Ausführungsgänge münden an der inneren Lidkante (Limbus palpebrae posterior). Das fettige, talkige Sekret (Augenbutter) der Tarsaldrüsen überzieht die freie Lidkante (Margo palpebrae) und verhindert ein Überfließen der Tränenflüssigkeit.

Auf der **Vorderfläche** wird das Augenlid von der äußeren, meist dicht **behaarten Haut** mit nur wenigen Talg- und Schweißdrüsen bedeckt. An der vorderen Lidkante sind lange, teilweise mächtige **Wimpern (Cilia)** bis in das tiefere Bindegewebe eingelagert und von Talg- und Schweißdrüsen umgeben, die bei Hund und Schwein am Unterlid fehlen.

Die **Hinterfläche** des Augenlids überzieht, an der hinteren Lidkante beginnend, eine haar- und hautdrüsenlose Schleimhaut, die **Bindehaut (Tunica conjunctiva).** Die Bindehaut legt sich der gesamten Innenfläche des Augenlides an, bedeckt den Fornix conjunctivae und bildet auf der Vorderfläche von Sklera und Kornea die **Augenbindehaut (Tunica conjunctiva bulbi).**

Die Bindehaut ist ein **mehrschichtiges Epithel,** das stellenweise Becherzellen einschließt. Bei Pferd und Fleischfresser ist dieses Epithel meist ein mehrschichtiges, hochprismatisches, bei Klauentieren zuweilen auch ein mehrschichtiges Plattenepithel. Die Lamina propria enthält gelegentlich diffuses, lymphatisches Gewebe als Ausdruck immunologischer Abwehrreaktionen. Im Bereich des Fornix legt sich das Bindegewebe in Vorratsfalten. Auf der Vorderfläche der Sklera geht die Bindehaut allmählich in ein mehrschichtiges, unverhorntes Plattenepithel über, das die Kornea bedeckt.

3. Augenlid (Palpebra tertia, Nickhaut)

Das **3. Augenlid** liegt am nasalen Augenwinkel und wird von einer senkrecht stehenden Bindehautfalte (Plica semilunaris conjunctivae) gebildet (Abb. 298). Die Nickhaut wird beim Pferd und beim Schwein von einem hyalinen Knorpel gestützt, der bei der Katze elastisch ist. In das lockere Bindegewebe sind neben lymphatischen Ansammlungen (Lymphknötchen) die Nickhautdrüsen (Glandulae palpebrae tertiae) eingelagert. Man unterscheidet eine oberflächliche Drüse (Glandula palpebrae tertiae supf.), die beim Pferd und bei der Katze serös, bei Rind, Schaf und Hund gemischt und beim Schwein mukös ist, und eine tiefe gemischte Drüse (Glandula palpebrae tertiae prof., Harder-Drüse), die zusätzlich beim Schwein auftritt.

Tränenapparat (Apparatus lacrimalis)

Der Tränenapparat setzt sich aus der Tränendrüse und den tränenableitenden Wegen, den Tränenröhrchen, dem Tränensack und dem Tränenkanal, zusammen.

Die **Tränendrüse** ist eine tubuloazinös zusammengesetzte, seröse Drüse (Ausnahme Schwein: mukös). Die Endstücke sind weitlumig und stark verzweigt, sie gehen direkt in intralobuläre Ausführungsgänge über, Schaltstücke und Sekretröhren fehlen. Im Bereich des dorsotemporalen Lidrandes münden die Gänge in den Konjunktivalsack.

Die **Tränenröhrchen** besitzen ein einschichtiges Plattenepithel, ihre Wände schließen kollagenes und elastisches Bindegewebe ein. Die Wand des **Tränensackes** ist reich an lymphoretikulären Einlagerungen und mit einem mehrschichtigen, hochprismatischen Epithel ausgekleidet. Der **Tränenkanal** weist ebenfalls lymphatische Zellinfiltrate auf sowie einen deutlichen venösen Gefäßplexus. Gegen Ende des Kanals sind in der Lamina propria bei allen Haussäugetieren muköse Drüsen eingelagert.

Gleichgewichts- und Gehörorgan (Organum vestibulocochleare)

Das Gleichgewichts- und Gehörorgan ist anatomisch und funktionell eng verbunden. Es liegt im Felsenbein. Als zusammengesetztes Organsystem ist es gegliedert in das
- **äußere Ohr** (Auris externa) mit Ohrmuschel (Auricula), äußerem Gehörgang (Meatus acusticus externus) und Trommelfell (Membrana tympanica),
- **Mittelohr** (Auris media) mit Paukenhöhle (Cavitas tympanica), den 3 Gehörknöchelchen (Ossicula auditus) Hammer, Amboß, Steigbügel und Ohrtrompete (Tuba auditiva, Eustachii),
- **Innenohr** (Auris interna) mit dem knöchernen Labyrinth (Labyrinthus osseus) und dem häutigen Labyrinth (Labyrinthus membranaceus). Das häutige Labyrinth schließt den Vestibularapparat als Rezeptororgan für den Gleichgewichtssinn und den Schneckengang mit dem Sinnesepithel für den Gehörsinn ein.

Äußeres Ohr (Auris externa)

Das äußere Ohr setzt sich aus der Ohrmuschel, dem äußeren Gehörgang und als Grenzschicht zum Mittelohr aus dem Trommelfell zusammen. Dieser Teil des Ohrs dient der Leitung des Schalls.

Ohrmuschel (Auricula)

Strukturelle Grundlage der Ohrmuschel ist eine elastische Knorpelplatte, deren Form tierarttypisch ist. Beidseitig wird die Ohrmuschel von äußerer Haut überzogen, die mit dem Knorpel durch das Perichondrium verbunden ist. Die behaarte Innenfläche der Ohrmuschel ist leicht verschiebbar. Sie trägt lange Schutzhaare (Tragi), die in der Tiefe der Muschel feiner und spärlicher werden. Gleichzeitig nimmt die Zahl an Talg- und apokrinen Schlauchdrüsen von außen nach innen zu.

Äußerer Gehörgang (Meatus acusticus externus)

Der äußere Gehörgang besteht in seinen peripheren, halbringförmigen Abschnitten aus elastischem Knorpelgewebe (Abb. 299). Dieser Teil, wie auch die tiefere, knöcherne Manschette zwischen dem Paukenring (Anulus tympanicus) und dem Trommelfell, ist mit einem mehrschichtigen Plattenepithel ausgekleidet. Während anfangs im Gehörgang noch vereinzelt feine Haare (Tragi) auftreten, sind tiefere Bereiche haarlos. In der Lamina propria sind Talgdrüsen (Gll. ceruminosae) und pigmenthaltige, apokrine Schlauchdrüsen mit Myoepithelien eingelagert. Das dünnflüssige Sekret der Schlauchdrüsen wirkt der Verhärtung des Talgdrüsensekrets (Cerumen) zu festem Ohrschmalz entgegen. Bei Pferd und Wiederkäuer treten diese Drüsen im knorpeligen Gangabschnitt auf, bei Fleischfressern im gesamten äußeren Gehörgang.

Trommelfell (Membrana tympani)

Das Trommelfell trennt das äußere vom mittleren Ohr. Es liegt im Anulus tympanicus am Grund des äußeren Gehörgangs. Das Trommelfell setzt sich aus 3 Schichten zusammen, einer
- äußeren, dünnen Epidermis des äußeren Gehörgangs,
- mittleren Bindegewebsfaserschicht,
- inneren, abgeplatteten bis isoprismatischen Deckschicht der Paukenhöhle.

Die äußere **epidermale Deckschicht (Stratum cutaneum)** ist ein abgeflachtes Plattenepithel, das von einem bindegewebigen, kollagenelastischen **Fasersystem (Stratum proprium)** unterlagert wird. In dieser Mittelschicht verlaufen die Fasern außen radiär (Radiärfaserschicht), innen, der Paukenhöhle zugewandt, zirkulär (Zirkulärfaserschicht). Das Trommelfell ist stark vaskularisiert und sensibel innerviert. Das innere, vorwiegend **einschichtige Plattenepithel (Stratum mucosum)** setzt sich auf die Oberfläche des **Hammers (Malleus)** fort, der fest mit der Faserschicht verbunden ist. Durch den Stiel des Hammers werden die mechanischen Schwingungen des Trommelfells auf die nachfolgenden Gehörknöchelchen, den **Amboß (Incus)** und den **Steigbügel (Stapes)** übertragen und zum Innenohr weitergeleitet.

Mittelohr (Auris media)

Das Mittelohr wird von der Paukenhöhle, den Gehörknöchelchen und der Ohrtrompete gebildet. Zusätzlich gibt es beim Pferd die Luftsäcke als paarige Ausstülpungen der Ohrtrompete.

Die **Paukenhöhle** liegt im Inneren der Felsenbeinpyramide und wird überwiegend von einem einschichtigen Plattenepithel ausgekleidet. Dieses einfache Epithel überzieht die ventralen Abschnitte der Paukenhöhle, die Gehörknöchelchen, das Trommelfell und das ovale Fenster zum Innenohr (Abb. 300). An und in der Ohrtrompete wird das Epithel zweireihig mit einem Kinozilienbesatz. In

XVI. Sinnesorgane (Organa sensuum)

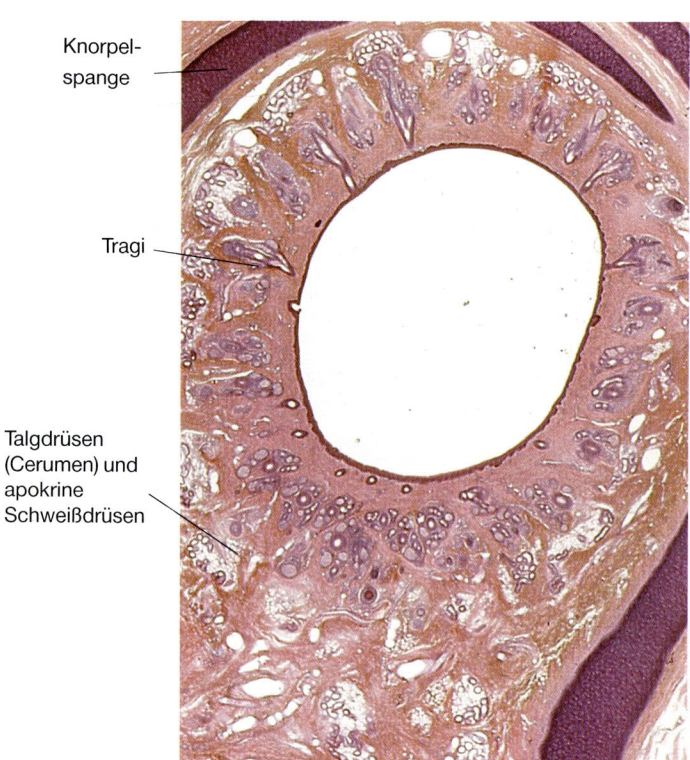

Abb. 299. **Querschnitt durch den äußeren Gehörgang** des Schweins. Färbung Hämatoxylin-Eosin, Vergr. 25fach.

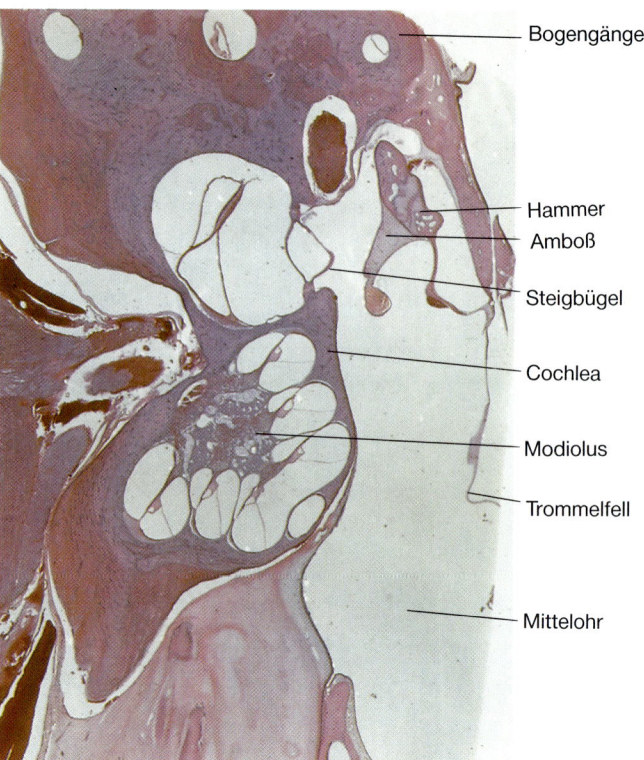

Abb. 300. **Übersicht über das Mittel- und Innenohr** des Schweins mit Trommelfell, Gehörknöchelchen, Felsenbein und Anteilen des Gehirns. Färbung Hämatoxylin-Eosin, Vergr. 16fach.

die Lamina propria sind bei Schaf und Fleischfresser stellenweise gemischte Drüsen eingelagert. Die bindegewebige Unterlage ist reich an Kapillaren und Nerven.

Die **Ohrknöchelchen (Hammer, Amboß, Steigbügel)** sind durch chondrale Ossifikation entstandene Lamellenknochen, in denen Knorpelreste teilweise erhalten bleiben. Die Knochen sind gelenkig untereinander verbunden und von einem einschichtigen Plattenepithel überzogen. Der M. tensor tympani und der M. stapedius sind aus quergestreifter Muskulatur; sie dienen der Regulation des Spannungszustandes des Trommelfells und der Steuerung der Gehörknöchelchen.

Die **Ohrtrompete** bildet eine spaltförmige Verbindung zwischen der Paukenhöhle und dem Pharynx. Die epitheliale Auskleidung ist ein zweireihiges Flimmerepithel mit Becherzellen, dem kollagen-elastisches Bindegewebe mit zahlreichen lymphoretikulären Infiltratzellen unterlagert ist. Bei Klauentieren liegen in der Nähe des Ostium pharyngicum die Tubenmandeln. Anfangs umgibt eine kürzere Knochenrinne die Ohrtrompete, die sich im weiteren Verlauf in ein knorpeliges Rohr (Tubenknorpel) umbildet.

Der **Luftsack des Pferdes** wird von einem mehrreihigen Flimmerepithel mit Becherzellen ausgekleidet, dem in der Lamina propria elastische Faserzüge, glatte Muskelzellen und Drüsen untergelagert sind. Außen liegt eine lockere, verschiebliche Tunica adventitia an.

Innenohr (Auris interna)

Das Innenohr, das auch als Ohrlabyrinth bezeichnet wird, setzt sich aus bindegewebig umhüllten Säckchen und Kanälchen zusammen, die mit Flüssigkeit gefüllt sind. Die äußere Grundlage formt das **knöcherne Labyrinth,** in dessen Innerem das **häutige Labyrinth** liegt. Zwischen beiden Systemen liegt ein flüssigkeitsgefüllter Spaltraum, das **Spatium perilymphaticum.** Es findet durch den Ductus perilymphaticus Anschluß an den Subarachnoidalraum der Gehirnhäute. Dieses äußere Spaltensystem wird von einem einschichtigen Plat-

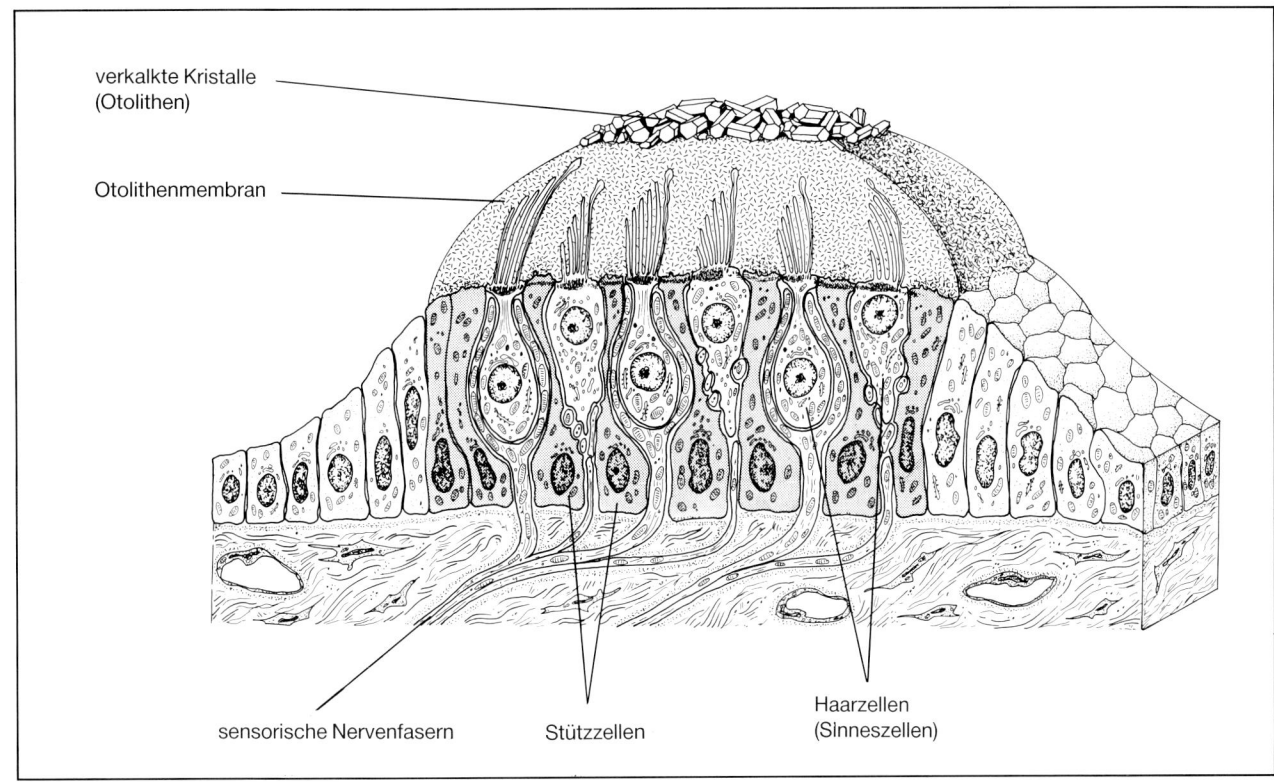

Abb. 301. Schematische Darstellung einer Macula aus dem Gleichgewichtsorgan des Innenohrs.

tenepithel ausgekleidet und enthält **Perilymphe,** die in ihrer Zusammensetzung dem Liquor cerebrospinalis ähnelt. Die Perilymphe ist arm an K^+-Ionen und reich an Na^+-Ionen.

Das **häutige Labyrinth** erfährt in umschriebenen Bezirken eine Differenzierung seiner epithelialen Wandauskleidung. Es bilden sich **spezifische Rezeptorzellen,** die der Sinneswahrnehmung dienen. Zum einen entwickeln sich im Dienste des Gleichgewichtssinns aus Epithelzellen sekundäre Sinneszellen, im **Vorhof** (Vestibulum) als Macula sacculi und Macula utriculi und in den **Bogengängen** (Ductus semicirculares) als Crista ampullaris. Zum anderen entsteht in der **Schnecke** (Cochlea) das Corti-Organ als Gehörsinn. Die **Innenräume** des häutigen Labyrinths sind mit **Endolymphe** gefüllt, die in ihrer Zusammensetzung der intrazellulären Flüssigkeit ähnelt. Beide Raumsysteme stehen über den Ductus reuniens in Verbindung.

Gleichgewichtsorgan (Vestibularapparat, Pars statica labyrinthi, Labyrinthus vestibularis)

Das Gleichgewichtsorgan setzt sich aus den **Vorhofsäckchen,** dem **Sacculus** und dem **Utriculus,** zusammen, die von einem Knochenmantel umgeben werden, dem Vestibulum. Zusätzliche Bestandteile sind die **drei häutigen Ampullen** (Ampullae membranaceae), die in den Utriculus münden.

Vorhofsäckchen, Sacculus und Utriculus

Die Lumina der Vorhofsäckchen sind mit einem einschichtigen Plattenepithel ausgekleidet und von lockerem Bindegewebe unterlagert. An umschriebenen, ovalen Bereichen verdickt sich der bindegewebige Anteil und bildet die **Macula sacculi** und die **Macula utriculi.** An diesen Abschnitten ist die Lamina propria verstärkt vaskularisiert und von Nervenfaserbündeln der Pars vestibuli nervi vestibulocochlearis innerviert. Man unterscheidet in den Maculae zwei Zellformen: **Stützzellen** und **Sinneszellen** (Haarzellen) (Abb. 301).

Die **Stützzellen** sind hochprismatisch, mit einem basalen Kern und oberflächlich Mikrovilli. Sie neh-

XVI. Sinnesorgane (Organa sensuum)

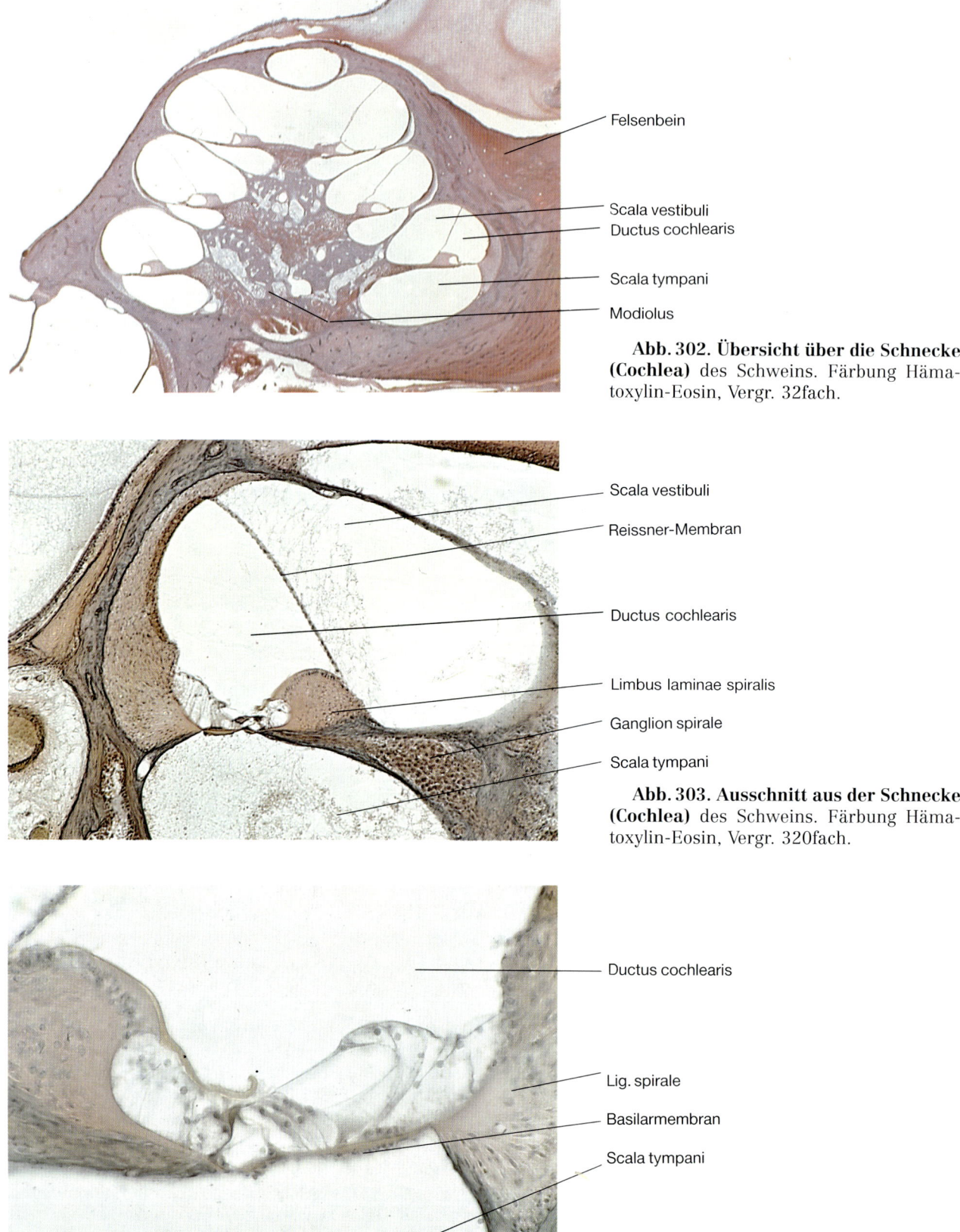

Abb. 302. **Übersicht über die Schnecke (Cochlea)** des Schweins. Färbung Hämatoxylin-Eosin, Vergr. 32fach.

Abb. 303. **Ausschnitt aus der Schnecke (Cochlea)** des Schweins. Färbung Hämatoxylin-Eosin, Vergr. 320fach.

Abb. 304. **Corti-Organ** des Schweins. Färbung Hämatoxalin-Eosin, Vergr. 1200fach.

men zwischen sich Sinneszellen auf, zu deren Stabilität sie beitragen.

Sinneszellen sind modifizierte Epithelzellen, die sich durch den nervalen Reiz zu Rezeptorzellen umgewandelt haben und damit sekundär die Funktion von **Neuroepithelzellen** erhalten. Sinneszellen liegen intraepithelial ohne Kontakt zur Basalmembran. Sie weisen an der Oberfläche Büschel von Stereozilien (50–100) und jeweils eine unbewegliche Kinozilie auf **(Haarzellen)**. Diese Rezeptorzellen werden basal von einem marklosen Nervenfasergeflecht umsponnen und synaptisch verbunden. Man unterscheidet nach der Form, der Anzahl der Mitochondrien und der nervalen Verknüpfung zwei Typen von Sinneszellen: Typ I und Typ II.

Die Sinneszellen werden von einer gallertigen, glykoproteinreichen Deckplatte, der **Otolithenmembran**, bedeckt, in die die Haarbüschel der Zilien ragen. Oberflächlich liegen dieser Membran kleine, **verkalkte** Kristalle (Kalziumkarbonat) auf, die als **Otolithen** bezeichnet werden. Jede Verlagerung der Otolithen führt zusammen mit Verschiebungen der Membran zu einer Reizung der Sinneszellen in der Vertikalen oder der Horizontalen **(Linear- bzw. Progressivbeschleunigung)**. Hierbei entsteht ein Druck oder ein Zug auf die Stereozilien der Sinneszellen, die als Mechanorezeptoren wirken und über eine elektrische Potentialänderung eine Impulswelle in efferenten Nervenbahnen auslösen.

Bogengänge (Ductus semicirculares)

Der epitheliale Wandbau der häutigen Bogengänge entspricht im wesentlichen dem der Vorhofsäckchen. Nahe der Einmündung in den Utrikulus vergrößern sich die 3 Bogengänge zu jeweils einer **Ampulle** (Ampulla membranacea). An dieser Stelle verdickt sich zusätzlich das lockere Bindegewebe zu einer quergestellten, ins Lumen vorspringenden Leiste und bildet die Grundlage zum **Rezeptorfeld der Bogengänge**, der Crista ampullaris. Den Maculae sacculi und utriculi vergleichbar und strukturell identisch sind **Stütz- und Sinneszellen** differenziert, die als sensorisches Rezeptororgan (Neuroepithel) dienen.

Im Gegensatz zu den Maculae ist auf der Oberfläche der Crista ampullaris eine kegelförmige, verdickte Glykoproteinschicht aufgelagert, die **Cupula**, die nicht von Kristallen bedeckt wird. Bewegungen der Endolymphe induzieren eine Verschiebung und Formveränderung der Cupula, sie zeigen eine **Drehbeschleunigung** (Winkelbeschleunigung) in der Ebene des Bogenganges an.

Gehörorgan (Pars auditiva labyrinthi, Labyrinthus cochlearis)

Das Gehörorgan im engeren Sinn umfaßt die **Schnecke** und als Rezeptorfeld das **Corti-Organ**. Diesen inneren Abschnitten des Gehörs sind die äußeren und mittleren schalleitenden Teile des Ohrs voranzustellen, die über das ovale Fenster die Schallwellen auf das Innenohr übertragen (Abb. 300 und 302–304).

Die **Schnecke** (Cochlea) wird von einem spiraligen Knochenkanal (Canalis spiralis cochleae) gebildet, der beim Pferd in 2½, beim Rind in 3½, beim Schwein in 4 und beim Fleischfresser in 3 Windungen um eine zentrale knöcherne **Achse** (Modiolus) verläuft. Der Modiolus ist ein spongiöses Knochengewebe, an dessen äußerem Rand das **Ganglion spirale** des Gehörnervs liegt (Abb. 302–304).

Der freie Rand des Modiolus ragt von innen als **Knochenlamelle** (Lamina spiralis ossea) in den spiralig gewundenen Knochenkanal der Cochlea und unterteilt diesen unvollständig in eine **Vorhoftreppe** (Scala vestibuli ossea) und in eine **Paukentreppe** (Scala tympani ossea) (Abb. 302).

In die knöcherne Schnecke sind 3 schlauchförmige, häutige Gänge eingelagert, nämlich:
— die Vorhoftreppe (Scala vestibuli),
— der Schneckengang (Ductus cochlearis),
— die Paukentreppe (Scala tympani) (Abb. 303).

Die **Vorhoftreppe** beginnt an der Steigbügelplatte am ovalen Fenster, verläuft zusammen mit der Paukentreppe in der knöchernen Cochlea und geht an der Schneckenspitze (Helicotrema) in die **Paukentreppe** über. Diese folgt der Knochenspirale und endet an der Schneckenbasis am runden Fenster. Die Hohlräume beider Treppen sind von einem einschichtigen, meist platten Epithel ausgekleidet und mit **Perilymphe** gefüllt. Der **Ductus cochlearis** liegt zwischen den beiden Treppen, er schließt sich deren Verlauf in der knöchernen Schnecke an. Der Schneckengang beginnt und endet blind. Im Gegensatz zu den beiden Treppen schließt der Ductus cochlearis **Endolymphe** ein.

Schneckengang (Ductus cochlearis)

Der Ductus cochlearis stellt einen dreieckigen, keilförmigen Spiralgang dar, dessen innerer spitzer Winkel sich an den freien Rand der Lamina spiralis ossea des Modiolus anschließt. An der Wand des Ductus cochlearis können drei verschiedenartig strukturierte Abschnitte unterschieden werden, eine **vestibulare**, eine **seitliche** und eine **tympanale** Seite (Abb. 303).

Die **vestibulare Seitenfläche** (Paries vestibularis ductus cochlearis, Reissner-Membran) ist sehr

320 XVI. Sinnesorgane (Organa sensuum)

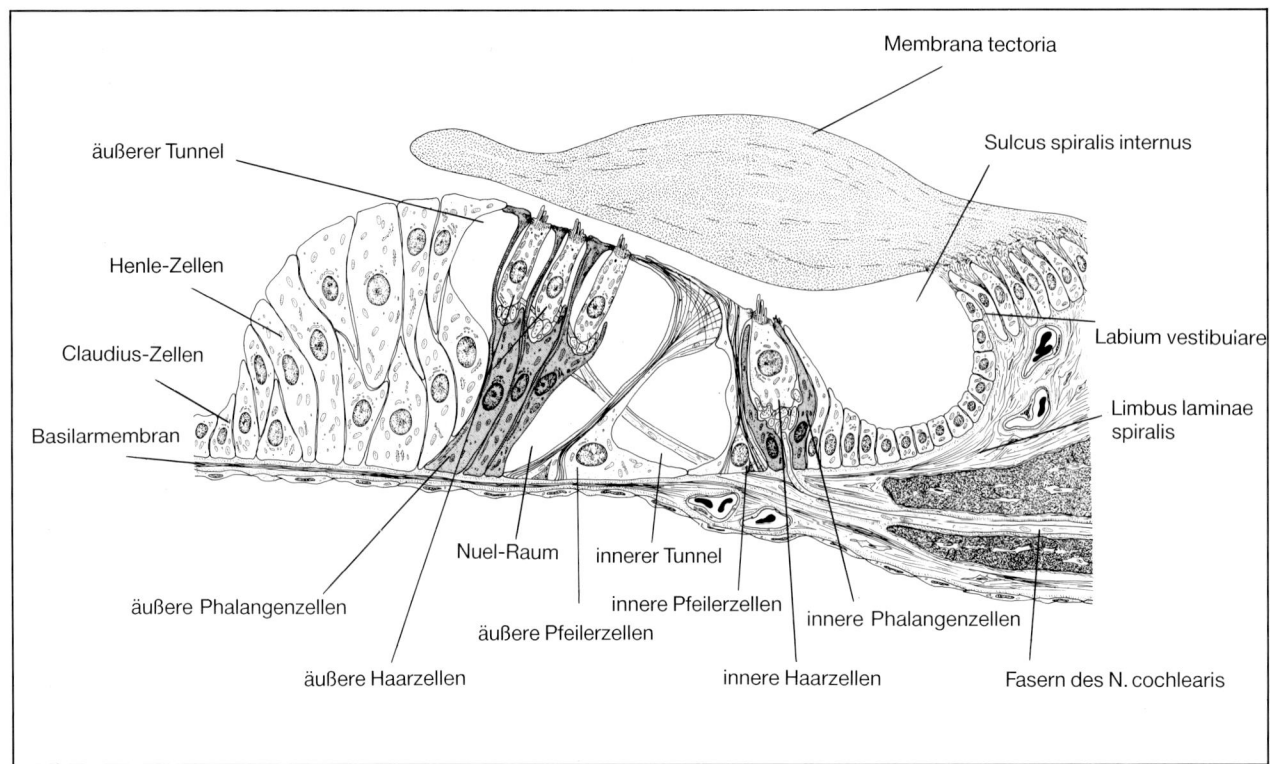

Abb. 305. Feinbau des Corti-Organs.

dünn. Sie wird beidseitig von einem einschichtigen Plattenepithel überzogen und von einer schmalen Faserschicht unterlagert. Die Membran steht einerseits mit der Perilymphe der Scala vestibuli, andererseits mit der Endolymphe des Ductus cochlearis in Kontakt.

Die bindegewebige Grundlage der **seitlichen Wandfläche (Paries externus)** wird vom **Ligamentum spirale** gebildet, das sich als Fortsetzung der Basilarmembran (s. u.) fächerartig verbreitert und sich fest mit der Knochenhaut verbindet (Abb. 304). Diese Wandfläche des Ductus cochlearis ist abschnittsweise reich an Gefäßen. Der Ductus cochlearis wird an dieser Seitenfläche von einem unregelmäßigen, mehrreihigen Epithel bedeckt, das reich an Mitochondrien ist und basale Einfaltungen des Plasmalemms (basale Streifung) zeigt. Als Besonderheit ist die Ausbildung von **intraepithelialen Kapillaren** anzusehen (Stria vasculosa). Die Funktion des Epithels ist die Synthese und Abgabe der Endolymphe in den Ductus cochlearis. Aufgrund des geringen Na^+-Ionengehalts und der besonders hohen Konzentration von K^+-Ionen der Endolymphe wird eine entscheidende Bedeutung für die Sinneswahrnehmung angenommen. Jede Störung führt zum Verlust des Gehörsinns.

Die **tympanale Seitenfläche (Paries tympanicus)** zeigt den höchsten Differenzierungsgrad der Wand des Ductus cochlearis. Sie wird bindegewebig von der **Basilarmembran** (Lamina basilaris) unterlagert, die sich aus der Verlängerung der Lamina spiralis ossea, der Lamina spiralis membranacea, entwickelt und in das Lig. spirale der Seitenfläche einmündet. Die Basilarmembran ist eine kollagene Faserschicht, deren Länge und Breite von der Basis zur Spitze der Schnecke kontinuierlich zunimmt. Der Basilarmembran sitzt ein modifizierter epithelialer Deckverband auf, das Corti-Organ (Abb. 304 und 305).

Corti-Organ (Organum spirale)

Das Corti-Organ durchzieht nahezu den gesamten Ductus cochlearis und folgt seinem spiralförmigen Verlauf. Medial liegt diesem eine erhöhte Bindegewebslage der Lamina spiralis ossea an, von deren epithelialen Rand sich eine gallertige, relativ steife und glykoproteinreiche Membran (Membrana tectoria) frei über das Corti-Organ legt und dieses überdeckt (Abb. 304 und 305). Die Membrana tectoria schließt den Sulcus spiralis internus ab. Am Corti-Organ lassen sich unterscheiden:

- Stützzellen (Pfeiler- und Phalangenzellen) und
- Sinneszellen (Haarzellen).

Die **Pfeilerzellen** weichen voneinander ab und bilden zwischen sich einen Hohlraum, der als innerer Tunnel (Corti-Tunnel) bezeichnet wird. Als dessen Begrenzung können innere und äußere Pfeilerzellen unterschieden werden. Inneren Pfeilerzellen liegen medial die inneren Phalangenzellen an, außen setzen sich äußere Pfeilerzellen als äußere Phalangenzellen fort, getrennt durch den Nuel-Raum.

Die Pfeilerzellen liegen als modifizierte Epithelzellen mit einer verbreiterten Basis der Basilarmembran auf. Ihre apikalen Zytoplasmaabschnitte sind reich an Tonofibrillen (Stützfibrillen). Zur Epitheloberfläche verjüngen sich diese Zellen und bilden an den Enden charakteristisch geformte Kopfplatten. Die terminalen Platten der inneren und äußeren Pfeilerzellen stehen miteinander in Verbindung.

Den Pfeilerzellen liegen beidseitig **Phalangenzellen** an, die lumenwärts zwischen sich Lücken aussparen, in denen die Rezeptorzellen des Hörorgans, die Sinneszellen (Haarzellen), eingelagert sind. Ihre apikalen Zellausläufer (Phalangenfortsätze) bilden Phalangenplatten, die sich mit denen der Pfeilerzellen verbinden und die mosaikartige **Membrana reticularis** bilden. Phalangenzellen stehen in einer inneren und 2 bis 5 äußeren Reihen und nehmen jeweils innere und äußere Sinneszellen (Haarzellen) auf.

Den **äußeren Phalangenzellen** schließen sich hochprismatische Zellen an (Hensen-Zellen). Das Epithel flacht sich im weiteren Verlauf zu isoprismatischen Zellen ab (Claudius-Zellen) und geht allmählich in die seitliche Stria vasculosa über. Innen setzen sich **innere Phalangenzellen** über den Sulcus spiralis internus in den Limbus laminae spiralis fort.

Sinneszellen (Haarzellen) sind in einer inneren und mehreren äußeren Reihen angeordnet und liegen zwischen inneren bzw. äußeren Phalangenzellen. Die Haarzellen sind langgestreckte, zylindrische **Rezeptorzellen,** die an ihrer Zellbasis mit einer afferenten Nervenfaser (Haarzelltyp I) oder mit mehreren afferenten und efferenten Neuronen (Haarzelltyp II) synaptisch verbunden sind. An der freien Oberfläche überragen bis zu 100 Zytoplasmafortsätze (Sinneshaare) die Sinneszellen und schieben sich zwischen die Spalträume der Membrana reticularis der Stützzellen.

XVII. Nervensystem (Systema nervosum)

Sämtliche Lebensvorgänge des Körpers unterliegen ständig Kontroll- und Steuerungssystemen, die es ermöglichen, äußere Einflüsse der Umwelt und innere Lebensprozesse zu erkennen und zu koordinieren. Neben dem endokrinen System und dem Immunsystem dient vorzugsweise das Nervensystem dazu, chemisch-physikalische Reize aufzunehmen, weiterzuleiten, zu verarbeiten, zu speichern und ggf. auf diese zu reagieren. In Nervenzellen sind die Eigenschaften der Reizbarkeit am höchsten entwickelt (s. Kap. V: »Nervengewebe«, S. 84). Nervenzellen (Neurone) sind strukturell und funktionell netzartig in Form von Neuronenketten verbunden und bilden in ihrer Gesamtheit zusammen mit den Gliazellen das Nervensystem.

Im einfachsten Fall erfolgt zwischen Neuronen die Informationsübertragung durch eine afferente Nerven- oder Leitungsbahn zu einem übergeordneten Zentrum des Nervensystems, dem Rückenmark oder dem Gehirn. Dort werden die nervalen Impulse verarbeitet (1. Neuron). In diesen Organen des Nervensystems findet die Umschaltung des elektromechanischen Signals durch einen synaptischen Kontakt auf eine efferente Leitungsbahn statt, die am Erfolgsorgan eine Reaktion induziert (2. Neuron).

Durch die synaptische Verknüpfung zweier Neurone zu einer afferenten und einer efferenten Leitungsbahn bildet sich ein **einfacher Leitungsbogen**. Die Mehrzahl der Neuronenketten im Organismus sind jedoch **komplex verbundene Systeme**, die im Rückenmark und/oder im Gehirn koordiniert und integriert werden. Erst dann ist ein funktionelles Zusammenwirken sämtlicher Organe des Körpers im Hinblick auf die Vielfalt exogener und endogener Reize möglich.

Einteilung des Nervensystems

Das Nervensystem wird unter funktionellen Gesichtspunkten in **Neuronenketten** eingeteilt, die einerseits der Informationsvermittlung von Impulsen zwischen der **Umwelt** und dem **Organismus** oder andererseits der nervalen Regulation und Steuerung **innerer Organe** dienen. Beide Systeme wirken stets zusammen und beeinflussen sich gegenseitig. Im einzelnen kann man gliedern in ein

- zerebrospinales (oikotropes, somatisches, animalisches) Nervensystem,
- vegetatives (idiotropes, autonomes) Nervensystem.

Das **oikotrope Nervensystem** nimmt ständig aus dem **Lebensraum,** der das Tier umgibt, sensible, sensorische und physikochemische Impulse auf, leitet diese an zentralnervöse Organe, integriert sie und beantwortet selektiv die nervalen Informationen. Der Impuls gelangt über efferente Nervenfaserbündel an die Muskulatur des Bewegungsapparats und induziert ein arttypisches, **animales Verhalten** (z. B. Fluchtbewegungen). Wegen der engen Beziehung zum Lebensraum wird diese Form des Nervensystems auch als **Umweltnervensystem** bezeichnet. Dieses somatische System umfaßt alle Teile des Nervensystems, nämlich das Gehirn, das Rückenmark sowie sämtliche afferenten und efferenten Leitungsbahnen einschließlich der Ganglien. Das oikotrope Nervensystem wird daher auch als **zerebrospinales Nervensystem** bezeichnet.

Das **idiotrope Nervensystem** übernimmt als der **vegetative** Teil des Nervensystems die Aufgabe, die lebensnotwendigen Funktionen der inneren Organe zu regulieren und zu koordinieren. Gleichzeitig steuert das vegetative Nervensystem ständig die Anpassung des Organismus an die besonderen Anforderungen der Umwelt durch Konstanterhaltung der Funktionen des Körpers (z. B. Atmung, Kreislauf, Stoffwechsel, Temperatur). Der Ablauf sämtlicher Impulse läuft beim vegetativen Nervensystem stets ohne Beteiligung des Bewußtseins ab, es heißt daher auch **autonomes Nervensystem.**

Aus didaktischen Gründen wird das Nervensystem auch in ein **Zentralnervensystem** (ZNS, Rückenmark und Gehirn) und ein **peripheres Nervensystem** (periphere Nerven und Ganglien) unterteilt.

Zentralnervensystem (Pars centralis, Systema nervosum centrale)

Das Nervensystem setzt sich aus Bauelementen zusammen, deren Einzelzellen, die **Nervenzellen** (Neurone, Ganglienzellen) und die **Gliazellen** einschließlich der **Nervenfasern,** näher in Kap. V: »Nervengewebe« (s. S. 84) besprochen werden.

Zusätzlich umfaßt das Nervensystem auch bindegewebige Hüllen und Gefäße.

Während der **ontogenetischen Entwicklung** des Nervensystems differenzieren sich aus neuroektodermalen Anlagen **Neuroblasten** und **Glioblasten,** die durch umfangreiche mitotische Teilungsvorgänge die unterschiedlichen Wandabschnitte des **Neuralrohrs** bilden. Durch determinierte Wachstumsvorgänge proliferieren die paarigen Seitenwände unter Entwicklung einer **inneren Mantelschicht** (Zona nuclearis) und eines **äußeren Randschleiers** (Zona marginalis) zu einer dorsolateralen, **sensiblen Flügelplatte** und einer ventrolateralen, **motorischen Grundplatte.** Eine dünne Deckbzw. Bodenplatte verbindet beide Seitenflächen. Aus dieser Grundstruktur des embryonalen Neuralrohrs differenziert sich das **Zentralnervensystem,** dessen wesentliche Bestandteile nervale **Kerngebiete** und nervale **Faserzüge** darstellen. (Näheres s. Lehrbücher der Embryologie und der Anatomie der Haussäugetiere.)

Durch das Auswachsen von Nervenfortsätzen der Neuroblasten aus der Mantelschicht in den Randschleier entwickelt sich eine Gliederung der Wand des Neuralrohres.

Die **inneren Wandabschnitte** (Mantelschicht) werden durch die große Anzahl nicht myelinisierter Perikarya der Nervenzellen zur **grauen, zellreichen Substanz.** Diese besteht aus einem dichten Geflecht von Perikarya der Nervenzellen, aus Axonen, Dendriten und Gliazellen (Astrozyten). Die graue Substanz zwischen den Perikaryen wird als **Neuropil** bezeichnet, es schließt Fortsätze von Nervenzellen und Gliazellen ein.

Die **äußeren Wandteile** (Randschleier) werden im wesentlichen von den **Faserzügen der Nervenfortsätze** gebildet. Diese werden stets von einer **Markscheide** umgeben und formen in ihrer Gesamtheit die **weiße, faserreiche Substanz.** In der weißen Substanz besteht die Neuroglia aus **Oligodendrozyten,** Langstrahler-Astrozyten und Mikroglia. Die weiße Farbe dieser Schicht ist auf die **Myelinscheiden der Oligodendrozyten** um die Axone und Dendriten der Nervenfaser zurückzuführen.

Rückenmark (Medulla spinalis)

An Querschnitten durch das Rückenmark ist bereits makroskopisch innen die **graue Substanz (Substantia grisea)** in einer charakteristischen H-Form erkennbar. Zentral wird die graue Substanz von einem **Zentralkanal** (Canalis centralis) durchzogen, der als Rest des Lumens des embryonalen Neuralrohrs anzusehen ist. Außen liegt der grauen Substanz mantelartig die **weiße Substanz (Substantia alba)** an, die dem Rückenmark die äußere Form verleiht (Abb. 306).

Sämtliche Anteile des Rückenmarks werden zusätzlich von einem dichten Blutkapillarnetz durchzogen, das von einem lockeren Bindegewebe begleitet wird. Diese Mikrovaskularisation bewirkt eine feine Gliederung des Nervengewebes. Überzogen wird das Rückenmark von geschichteten, bindegewebigen Hüllen, den **Meningen,** die auch größere Blutgefäße einschließen (s. S. 333).

Im Bereich des Hals-, Brust-, Lenden- und Kreuzmarks ändert sich das Verhältnis von grauer zu weißer Substanz ebenso wie die Querschnittsflächen und damit die Volumina der einzelnen Abschnitte des Rückenmarks in tierartlich charakteristischer Weise.

Trotz dieser regionalen Abweichung besteht über weite Abschnitte des Rückenmarks ein gemeinsamer **Grundbauplan** (Abb. 307).

Das Rückenmark ist ein bilateral symmetrisches Organ, das ventral durch eine **tiefe Furche** (Fissura mediana ventralis) und dorsal durch einen **flachen Sulcus** (Sulcus medianus dorsalis) und dessen Verlängerung in die Tiefe, das **mittlere Septum** (Septum medianum dorsale), geteilt wird. Im Bereich der Eintrittsstellen der **dorsalen Nervenwurzeln** (Radices dorsales) der Spinalnerven ist beidseitig dorsolateral ein **Sulcus lateralis dorsalis** entwickelt. An den Austrittsstellen der **Ventralwurzeln** (Radices ventrales) sind nur andeutungsweise flache Einsenkungen zu erkennen.

Graue Substanz (Substantia grisea)

Die graue Substanz gliedert sich im Querschnitt in ein schmales **Dorsalhorn** (Cornu dorsale) und in ein meist ausgeprägtes **Ventralhorn** (Cornu ventrale) (Abb. 308). Beide Hörner stehen durch einen **Zwischenteil** (Pars intermedia lateralis) und zusätzlich mit einem nur im thorakolumbalen Bereich entwickelten **seitlichen Horn** (Cornu lateralis) in Verbindung. Im Halsbereich bildet die graue Substanz zwischen dem Dorsal- und dem Ventralhorn ein weiteres zelluläres Netzwerk aus, das als **Formatio reticularis** bezeichnet wird.

Die beiden spiegelbildlichen Hälften der grauen Substanz des Rückenmarks stehen über einen dünnen Steg (Commissura grisea) in Verbindung. Diese Kommissur schließt den **Zentralkanal** (Canalis centralis) (Abb. 309) ein, der von Ependymzellen (s. Kap. »Nervengewebe«, S. 84) ausgekleidet wird. Dem Zentralkanal liegt ringförmig die **Substantia intermedia centralis** als Nerven- und Gliazellschicht an. Räumlich gesehen bilden die Dorsal-,

Ventral- und Seitenhörner säulenartig angeordnete Stränge, die dann als **Columna dorsalis** (Cornu dorsale), **Columna lateralis** (Cornu laterale) und als **Columna ventralis** (Cornu ventrale) bezeichnet werden.

Die graue Substanz schließt vorzugsweise **multipolare Nervenzellen** (Ganglienzellen, Neurocyti) und **Gliazellen** (Astrozyten) ein. Ganglienzellen variieren abhängig von der Lokalisation innerhalb der unterschiedlichen Rückenmarksegmente in Form, Größe und Zahl. Nervenzellen entlassen Fasern, die frei sind von Markscheiden (**Neurofibrae nonmyelinata**) und als Axone bzw. Dendriten zusammen mit Astrozyten ein dichtes Nervengeflecht aufbauen (**Neuropil**). In ihrer Gesamtheit dienen die Nervenzellen der grauen Substanz der synaptischen Verschaltung zwischen afferent und efferent leitenden nervalen Systemen.

Multipolare Nervenzellen entlassen Fortsätze, nach deren Verhalten und Verlauf innerhalb der grauen Substanz **Wurzelzellen** und **Binnenzellen** unterschieden werden.

Wurzelzellen sind **multipolare Nervenzellen,** deren Axone das Rückenmark über das Ventralhorn verlassen (Fila radicularia) und sich zur Radix ventralis zusammenschließen. Funktionell sind zu den Wurzelzellen **motorische Vorderhornzellen** sowie **autonome, vegetative** (sympathische und parasympathische) **Ganglienzellen** zu zählen.

Binnenzellen sind ebenfalls **multipolare Nervenzellen,** die der funktionellen Koordination zwischen verschiedenen Räumen innerhalb der grauen Substanz dienen. Binnenzellen kommen gehäuft im Dorsalhorn und in der Pars intermedia lateralis vor. Man unterscheidet vier Typen von Binnenzellen:
- **Schaltzellen** vermitteln innerhalb eines Segments einer Seite.
- **Kommissurenzellen** kreuzen über die Commissura grisea in das gegenüberliegende Segment der anderen Seite.
- **Assoziationszellen** teilen sich in auf- und absteigende Äste und wirken homo- oder kontralateral auf Wurzelzellen.
- **Strangzellen** treten mit ihren Axonen in die weiße Substanz über und übermitteln nervale Impulse über weite Strecken bis in das Gehirn.

In der Substantia grisea häufen sich multipolare Nervenzellen sowohl im Dorsal- als auch im Ventralhorn zu kleineren und größeren Zellgruppen, die als **Rückenmarkkerne** bezeichnet werden. Entsprechend ihrer Lage in der grauen Substanz unterscheidet man Kerngebiete des Ventral- und des Dorsalhorns und der Pars intermedia lateralis.

Während im **Ventralhorn** sich die Kerne der **motorischen Vorderhornzellen** sammeln, liegen in der **Pars intermedia** die Nervenzellen des **Nucleus sympathicus** (Nucleus intermediolateralis), die Anschluß finden an die ventralen Axone der motorisch-afferenten Wurzeln. Verstreut auf kleinere Kerngebiete der Pars intermedia liegen die Nervenzellen des **Nucleus parasympathicus** (Nucleus intermediomedialis). Axone dieser Ganglienzellen treten überwiegend durch die ventralen Wurzeln, insbesondere im Sakralmark, aus und vereinigen sich dort zu den Nervi pelvini. Zum Teil verlassen diese Axone das Rückenmark auch über die Dorsalwurzeln. Im **Dorsalhorn** liegen in großer Zahl Strangzellen, die die Kerngebiete für aufsteigende und absteigende Leitungsbahnen einschließen (z. B. Nucleus thoracicus).

Weiße Substanz (Substantia alba)

Die weiße Substanz besteht überwiegend aus längsverlaufenden **markhaltigen Nervenfasern** (Neurofibrae myelinata) und aus **Gliazellen,** vorzugsweise **Oligodendrozyten**. Diese Gliazellen bilden in der weißen Substanz des Zentralnervensystems die **Myelinhüllen**. Ein einzelner Oligodendrozyt umfaßt gleichzeitig mehrere Achsenzylinder (s. Kap. V: »Nervengewebe«, S. 84). Daneben treten in der weißen Substanz auch vereinzelt Astrozyten auf.

Die weiße Substanz wird in **Stränge** (Funiculi) untergliedert, die sich funktionsbedingt in ihren Querdurchmessern unterscheiden. Die Leitungsbahnen verlaufen bevorzugt in Längsrichtung des Rückenmarks. Aufgrund ihrer Lage innerhalb der Substantia alba und in bezug auf die Dorsal- bzw. Ventralhörner unterscheidet man einen dorsalen (Funiculus dorsalis), einen lateralen (Funiculus lateralis) und einen ventralen Strang (Funiculus ventralis). In diesen Nervensträngen verlaufen tierartlich unterschiedlich die verschiedenen Nervenbahnen (Fasciculi, Tractus).

Kleinhirn (Cerebellum)

Die Oberfläche des Kleinhirns wird durch eine große Anzahl blättchenartiger Windungen (Folia cerebelli) tief eingestülpt und erhält damit eine vorwiegend lamellierte Struktur. Charakteristisch ist der mächtige **Markkörper** (Corpus medullare cerebelli), der der äußeren Faltenbildung folgt. Das Mark zweigt sich bäumchenartig auf und formt faserreiche **Marklamellen aus weißer Substanz,** die von einer dünnen **Rindenschicht** (Cortex cerebelli) **aus grauer Substanz** überzogen werden

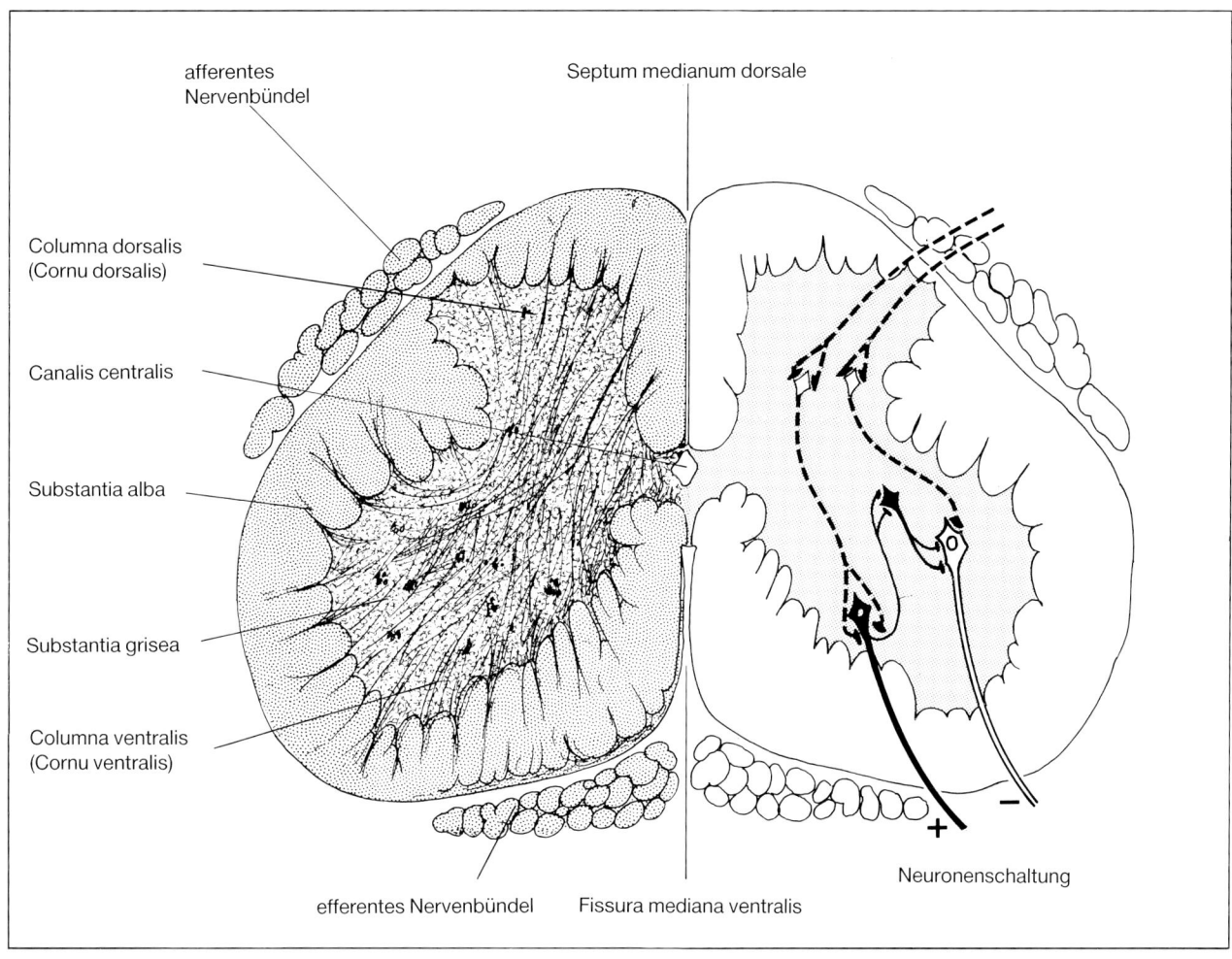

Abb. 306. Schematische Darstellung des Rückenmarks aus dem Lendenbereich der Katze.

(Abb. 310–312). Diese organtypische Bildung wird als **Lebensbaum** (Arbor vitae) bezeichnet.

Die **Kleinhirnrinde** besteht von außen nach innen aus 3 Schichten:
– Molekularschicht (Stratum moleculare),
– Ganglienzellschicht (Stratum neuronorum piriformium, Stratum ganglionare)
– Körnerschicht (Stratum granulosum) (Abb. 312).

Molekularschicht

Die Molekularschicht besteht aus vorwiegend marklosen Nervenfasern, zahlreichen, dicht verästelten Dendriten und nur wenigen Nervenzellen einschließlich der Neuroglia. Diese Nervenzellschicht schließt an Gliazellen meist Hortega-Zellen und Astrozyten ein. Die Nervenzellen lassen sich in **Korbzellen** (Neuronum corbiferum) und **Sternzellen** (Neuronum stellatum) unterteilen.

Korbzellen liegen bevorzugt im inneren Drittel der Molekularschicht. Ihre Dendriten sind stark verzweigt und durchziehen senkrecht die Kleinhirnwindungen (aufsteigenden Kollateralia). Gleichzeitig geben sie langgezogene, oberflächenparallele Axone ab, die um die Körper der Purkinje-Zellen (s. S. 327) einen dichten Faserkorb bilden (Korbzellen). Korbzellen wirken hemmend auf die Ganglienzellschicht.

Sternzellen ähneln Korbzellen. Sie treten überwiegend in der äußeren Hälfte der Molekularschicht auf. Sternzellen erhalten über Parallelfasern der kleinen Körnerzellen und Faserkollateralen (s. S. 327) nervale Impulse und verbinden sich über horizontale Axone mit den Dendriten der Purkinje-Zellen. Sie hemmen ebenfalls diese Zellen.

XVII. Nervensystem (Systema nervosum)

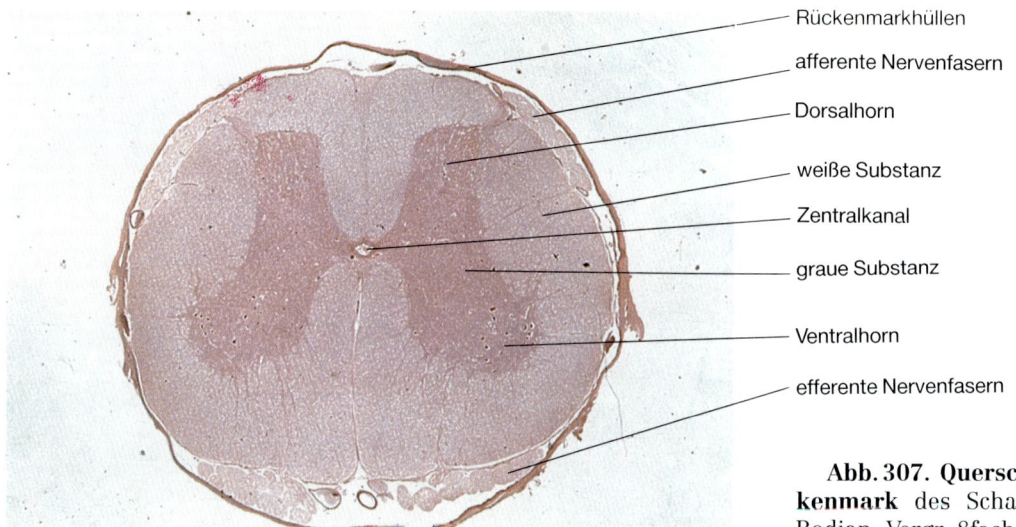

Abb. 307. **Querschnitt durch das Rückenmark** des Schafes. Darstellung nach Bodian, Vergr. 8fach.

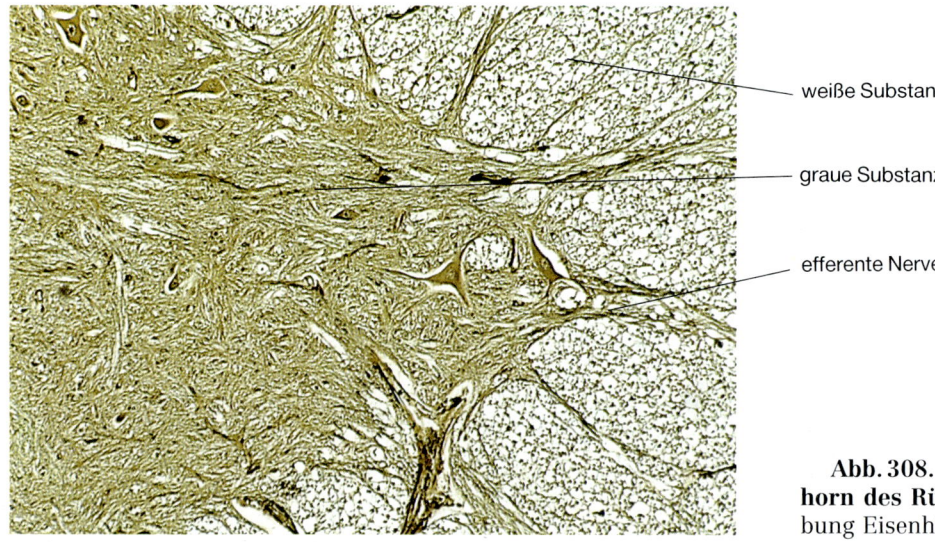

Abb. 308. **Ausschnitt aus dem Ventralhorn des Rückenmarks** des Schafes. Färbung Eisenhämatoxylin, Vergr. 120fach.

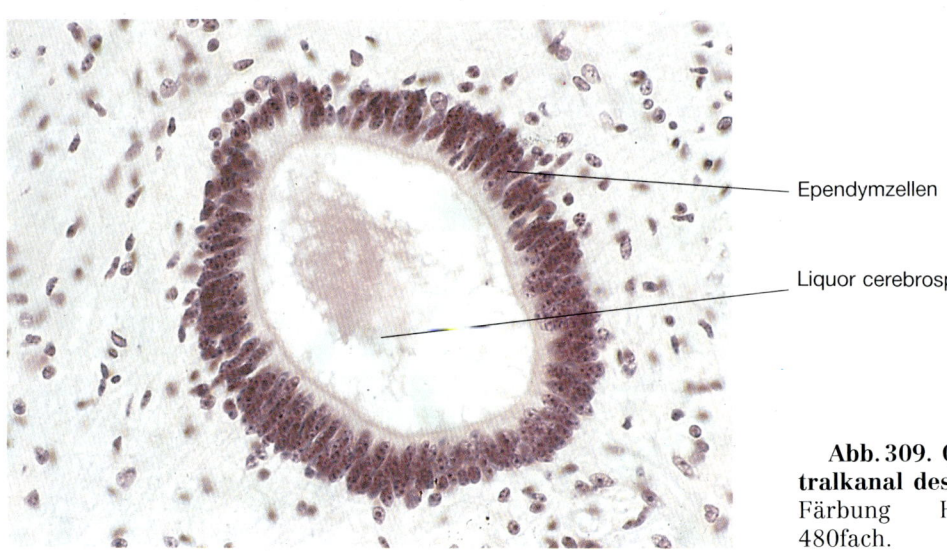

Abb. 309. **Querschnitt durch den Zentralkanal des Rückenmarks** des Hundes. Färbung Hämatoxylin-Eosin, Vergr. 480fach.

Zentralnervensystem (Pars centralis, Systema nervosum centrale)

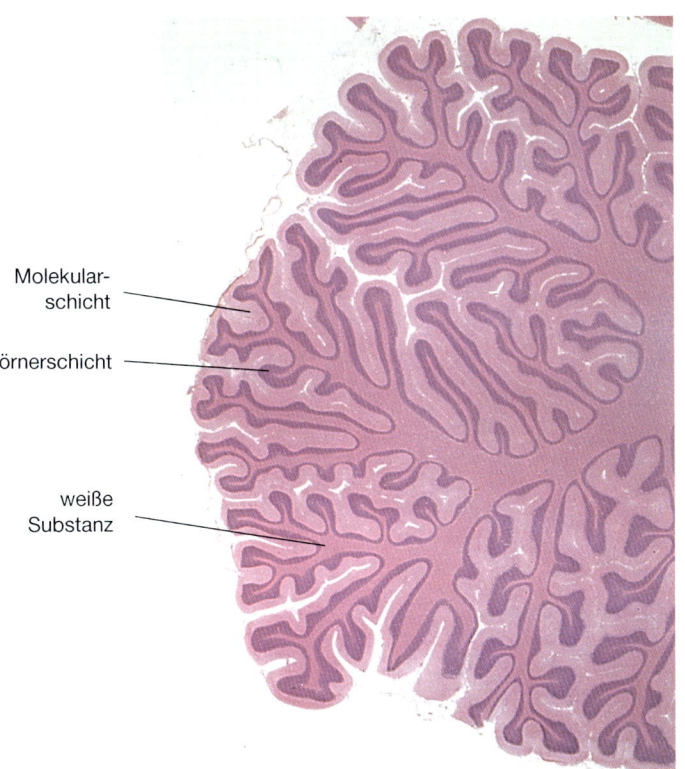

Abb. 310. **Übersicht über das Kleinhirn** der Katze mit Arbor vitae. Färbung Hämatoxylin-Eosin, Vergr. 8fach.

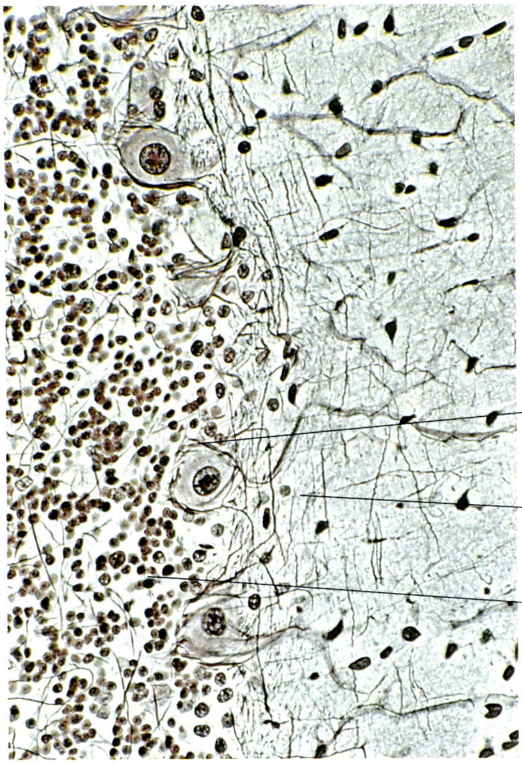

Abb. 311. **Ausschnitt aus der grauen Substanz des Kleinhirns** der Katze. Darstellung nach Bodian, Vergr. 300fach.

Ganglienzellschicht

Die Ganglienzellschicht besteht aus einer schmalen Lage von motorischen **Nervenzellen,** deren Perikarya mehr oder weniger **birnenförmig** sind (Durchmesser 30–35 µm). Diese Zellen wurden früher nach dem Neurophysiologen und Nobelpreisträger J. E. Purkinje (1787–1869) benannt, heute heißt die Einzelzelle Neuronum piriforme. Traditionsgemäß sollte aber der Name **Purkinje-Zelle** beibehalten werden.

Purkinje-Zellen entlassen ein Axon in die Körnerschicht und gegen die Molekularschicht zwei, seltener drei kräftige Dendriten, die sich in ein spalierbaumartiges Geflecht verzweigen und die Oberfläche des Kleinhirns erreichen. Die Axone werden noch im Stratum neuronorum piriformium myelinisiert und ziehen als die einzigen efferenten Fasern der Kleinhirnrinde in zentrale Kerngebiete des Marks (Abb. 311).

Purkinje-Zellen werden teilweise direkt oder indirekt durch Zwischenschaltung von Nervenzellen des Stratum granulosum durch sog. Moosfasern oder von Nervenzellen des Stratum moleculare durch sog. Kletterfasern erregt. Moosfasern stammen aus dem Rückenmark oder den Gleichgewichtsnerven, Kletterfasern aus den Olivenkernen (Nuclei olivares).

Körnerschicht

Die Körnerschicht schließt eine große Anzahl kleinerer Nervenzellen ein, ferner wenige größere Nervenzellen, Gliazellen und teilweise myelinisierte Nervenfasern (Abb. 312).

Die **kleinen, multipolaren Körnerzellen** (Perikaryon 5 µm) werden durch ein Axon und 3–6 Dendriten gekennzeichnet, sie bestimmen das Aussehen dieser Schicht. Diese Nervenzellen (Neurona granuliformia) liegen z. T. in kleineren Gruppen und lassen zwischen sich kernfreie Inseln entstehen (Parenchyminseln, Glomeruli cerebellares). In diesen Zonen verbinden sich synaptisch Axone und Dendriten von Körnerzellen mit afferenten Moosfasern. Ihre Axone steigen senkrecht in die Molekularschicht, gabeln sich T-förmig und verlaufen parallel zur Oberfläche (Longitudinal- oder Parallelfasern). Diese Axone verbinden sich mit Korb- und Sternzellen sowie mit Purkinje-Zellen.

Die **größeren Körnerzellen** (Neuronum stellatum magnum), früher als **Golgi-Zellen** bezeichnet,

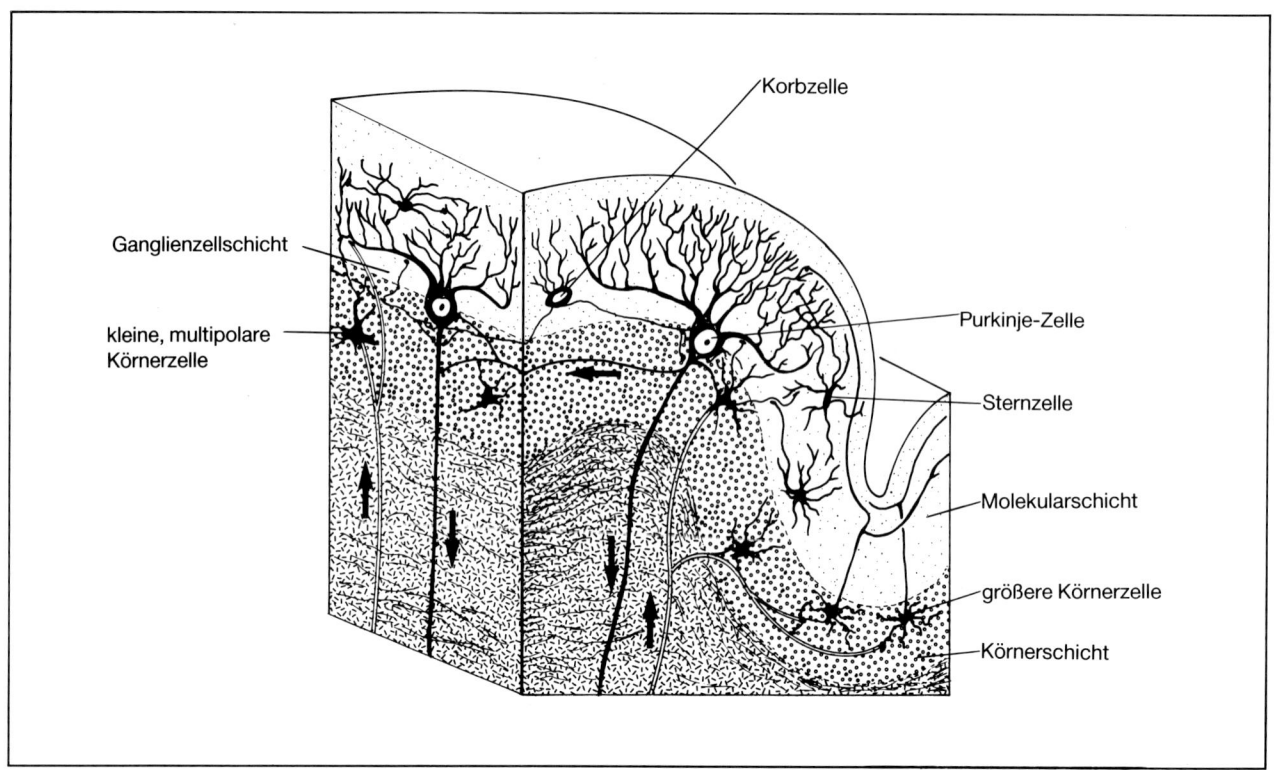

Abb. 312. Schematische Darstellung der Schichten der Kleinhirnrinde.

entlassen kurze Axone, die sich mit den Dendriten kleiner Körnerzellen verbinden. Die Dendriten großer Körnerzellen ziehen in das Stratum moleculare und verzweigen sich dort.

Großhirn (Cerebrum)

Das Großhirn wird durch vielfältige und komplexe Funktionen gekennzeichnet, entsprechend variabel sind auch Größe, Dichte, Form und Bau des nervalen Grundgewebes. Daraus resultieren in den verschiedenen Regionen des Gehirns die z. T. erheblichen Abweichungen der zytoarchitektonischen Gliederung innerhalb der einzelnen Wandschichten. Auch variiert in erheblichem Maß die Architektonik des Gliagewebes, der Gefäße und der Verlauf der Nervenfasern.

Während im Rückenmark und im Hirnstamm die nervenfaserreiche weiße Substanz oberflächlich und die zellreiche graue Substanz innen in Nachbarschaft zum Zentralkanal bzw. zu den Gehirnventrikeln liegt, überzieht das Großhirn **außen** die **graue Substanz**. Daneben wird aber auch graue Substanz im zentralen Höhlengrau (S. grisea centralis) und als Kerngebiete, vorzugsweise im Hirnstamm, ausgebildet. Das **zentrale Mark** wird von **weißer Substanz** gebildet und verbindet mit seinen Fastersträngen die Hauptmasse des Gehirns. Als Schalt- und Leitungsbahnen sind Faserfortsätze von Wurzelzellen und Binnenzellen der Gehirnnerven und projektiver Neurone des Rückenmarks entwickelt. Diese Faserzüge verbinden die einzelnen Teile des Gehirns zu einem funktionellen System.

Großhirnrinde (Cortex cerebri)

Der Bau der Großhirnrinde (Isocortex) (Abb. 313 bis 315) weist regional im Hinblick auf die Architektonik der Nervenzelle, der Faserstränge, der Gliazellen und der Gefäßanordnung erhebliche Unterschiede auf. Dennoch zeigen alle Regionen einen gemeinsamen Bauplan. Bei den Haussäugetieren ist die Großhirnrinde von außen nach innen in folgende Schichten aufgebaut:
- Molekularschicht (Stratum moleculare),
- äußere Körnerschicht (Stratum granulare externum),
- äußere Pyramidenschicht (Stratum neuronorum pyramidalium externum),
- innere Körnerschicht (Stratum granulare internum),

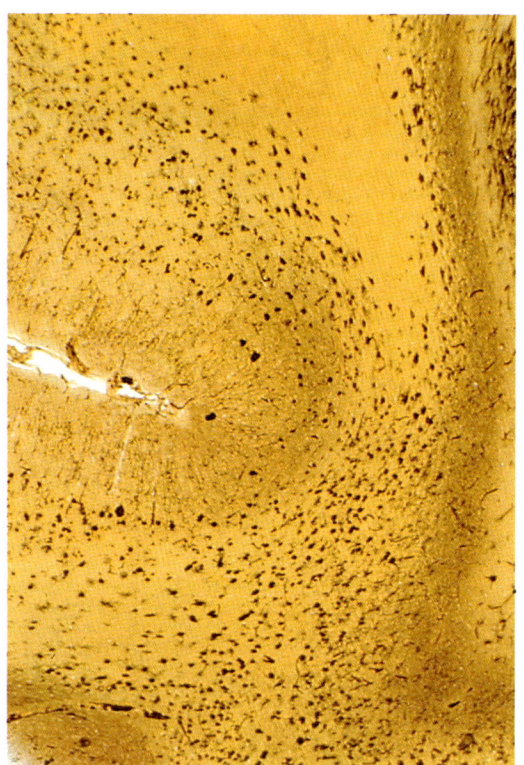
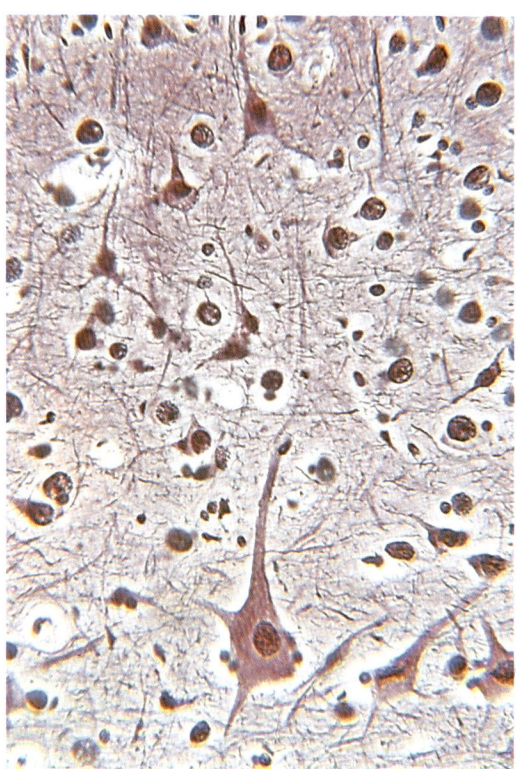

Abb. 313. **Ausschnitt aus der Großhirnrinde** des Hundes. Darstellung nach Golgi, Vergr. 10fach.

Abb. 314. **Äußere Körnerschicht aus der Großhirnrinde** des Hundes. Darstellung nach Bodian, Vergr. 250fach.

- innere Pyramidenschicht (Stratum neuronorum pyramidalium internum),
- multiforme Schicht (Stratum neuronorum multiformium) (Abb. 315).

Die **Molekularschicht** liegt oberflächlich in der Kortex, bedeckt von der Pia mater. Kleine, vereinzelte Nervenzellen (Neuronum horizontale) entlassen ein Geflecht oberflächenparalleler, markhaltiger Axone, die zusammen mit Endaufzweigungen von Assoziations- und Kommissurenfasern ein **tangentiales Flechtwerk** bilden. Die Nervenzellen wirken als Schalt- und Assoziationszellen. Die Molekularschicht schließt auch Dendriten und Axone tiefer gelegener Pyramidenzellen ein. **Faserastrozyten** formen die **Membrana limitans gliae superficialis.**

Die **äußere Körnerschicht** besteht aus zahlreichen kleinen (10–12 µm), pyramidenförmigen Nervenzellen (Neuronum pyramidale parvum), die Fortsätze in oberflächliche und in tiefe Schichten entsenden. Diese Nervenzellen weisen neben kleineren Kollateralen einen **Hauptdendriten** auf, der die Form der Zelle bestimmt **(Pyramidenzellen),** ein Axon zieht in die weiße Substanz.

Die **äußere Pyramidenschicht** schließt mittlere und große **Pyramidenzellen** (Neurona pyramidalia) ein, deren Größe von außen nach innen zunimmt (20–40 µm). Diese Schicht ist im allgemeinen die dickste aller Rindenschichten. Kleine Dendriten verzweigen sich innerhalb dieser Schicht, größere ziehen bis in die weiße Substanz. Das Axon durchzieht äußere Rindenbereiche und teilt sich in der Molekularschicht.

Die **innere Körnerschicht** schließt kleine Nervenzellen ein, die in ihrer Form und innerhalb einzelner Regionen sehr variieren. Diese Zellen wirken als Schaltneurone, ihre Fasern bilden parallel zur Oberfläche orientierte Streifen (Striatae), die makroskopisch erkennbar sind.

Die **innere Pyramidenschicht** wird durch **Riesenpyramidenzellen** (Neurona pyramidalia magna, 80–120 µm) gekennzeichnet, deren Axone einen Teil der Pyramidenbahnen formen. In ihrer Struktur ähneln diese den Vorderhornzellen des Rückenmarks. Neben den Riesenpyramidenzellen häufen sich regional auch mittelgroße Pyramidenzellen (Neurona pyramidalia media).

Die **multiforme Schicht** enthält Nervenzellen unterschiedlicher Form und Struktur, die ohne erkennbare Grenze in die weiße Substanz übergehen. Dieser innere Bereich der Rinde wird meist von Neuriten durchzogen.

330 XVII. Nervensystem (Systema nervosum)

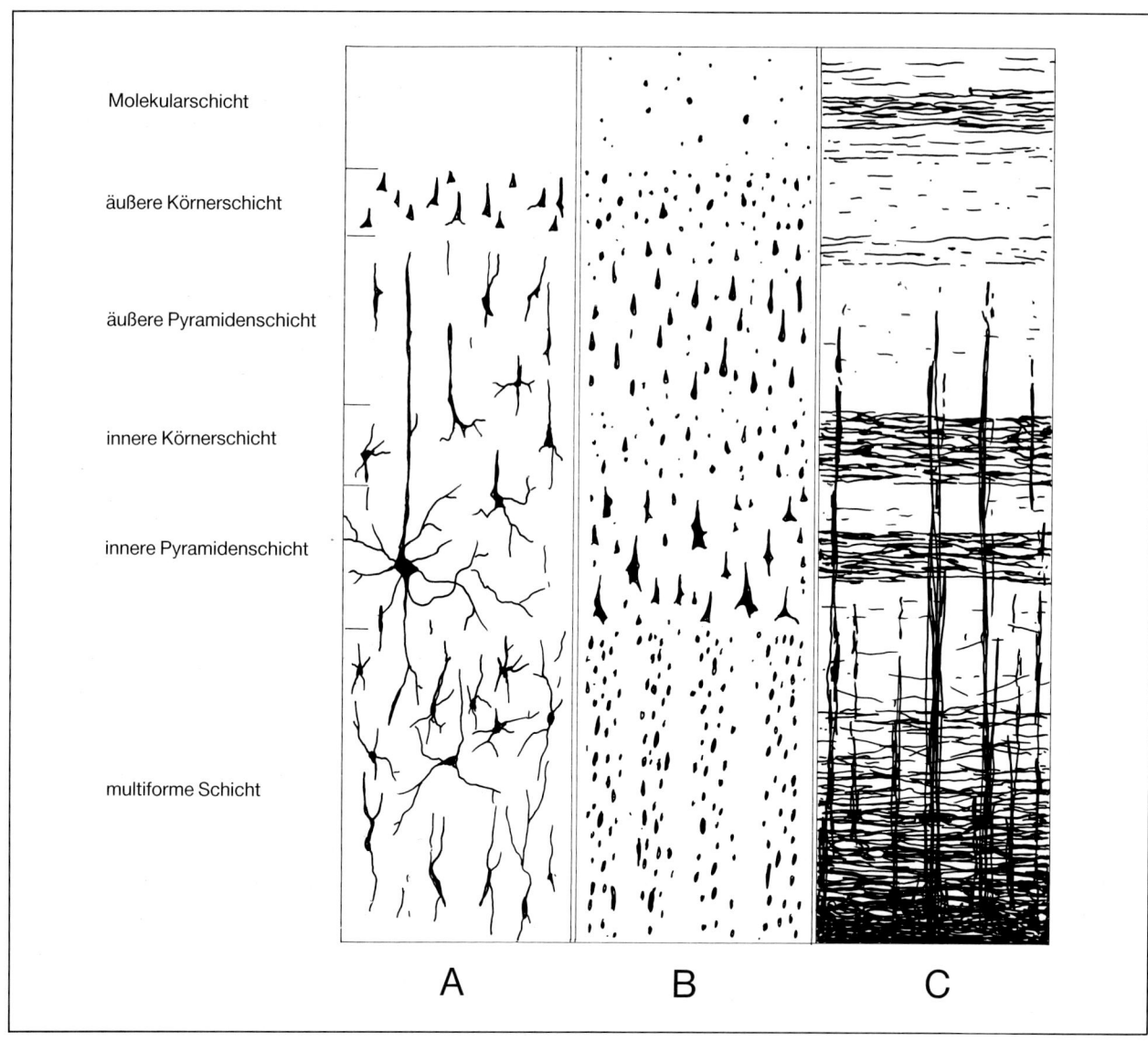

Abb. 315. Schematische Darstellung der Schichten des Großhirns. A: Versilberung der Nervenzellen nach Golgi zur Wiedergabe der Verzweigungen der Nervenfaserfortsätze, B: Nissl-Färbung zur Darstellung des endoplasmatischen Retikulums in Ganglienzellen und C: Markscheidenfärbung zur Architektonik der markhaltigen Nervenfasern.

Die genannten Schichten der Großhirnrinde sind bei den Haussäugetieren im allgemeinen nicht immer so deutlich entwickelt. Häufig werden insbesondere die inneren Schichten zu einer gemeinsamen Schicht zusammengefaßt.

Großhirnmark (Corpus medullare cerebri)

Das **Mark des Großhirns** trägt entscheidend zur Entfaltung der Größe des Gehirns bei. Je höher ein Großhirn entwickelt ist, um so ausgeprägter ist der Markkörper gegenüber der Gehirnrinde. Das Großhirnmark setzt sich aus **weißer Substanz** zusammen. Diese wird, wie im Rückenmark, von Nervenfasern und Gliazellen gebildet. Oligodendrozyten bilden die Myelinscheiden, Astrozyten (Langstrahler, Kurzstrahler) dienen der mechanischen Stabilität und der Stoffwechselversorgung der Nervenzellen. Assoziationsfasern, Kommissurenfasern und Projektionsfasern sind mikroskopisch anatomisch nicht zu unterscheiden. (Einzelheiten s. Lehrbücher der Anatomie der Haussäugetiere.)

Peripheres Nervensystem (Pars peripherica, Systema nervosum periphericum)

Das **periphere Nervensystem** setzt sich vorzugsweise aus Nervenfasern zusammen, einschließlich der teilweise in ihren Verlauf eingelagerten Ganglien. Die beiden Anteile, das **zerebrospinale** (oikotropes, somatisches, animalisches) Nervensystem und das **vegetative** (idiotropes, autonomes) Nervensystem, sind strukturell eng zu Faserbündeln verbunden. Funktionell lassen sich zerebrospinale Nerven in sensible und motorische, vegetative Nerven in sympathische und parasympathische Fasern unterscheiden.

Periphere Nervenfasern sind, mit Ausnahme der Gehirnnerven, segmentiert und stehen über dorsale und ventrale Wurzeln mit dem Rückenmark in Verbindung. Im Ventralhorn verlassen efferentmotorische und autonome Fasern das Zentralnervensystem und versorgen in der Peripherie in Form von Nervenendigungen entsprechende Erfolgsorgane. Periphere Nervenfasern leiten auch nervale Impulse über afferent-sensible Bahnen in das Zentralnervensystem. Dabei treten Nervenfasern im Dorsalhorn in das Rückenmark ein. (Einzelheiten s. Lehrbücher der Anatomie der Haussäugetiere.)

Im peripheren Nervensystem treten in bestimmten Abschnitten Nervenzellen mit ihren Kernbereichen (Perikarya) gehäuft auf, sie bilden dann meist knotenartige Verdickungen. Ansammlungen von Perikarya von Nervenzellen außerhalb des Zentralnervensystems werden als **Ganglien** bezeichnet.

Ganglien sind stets von einer **bindegewebigen Kapsel** umgeben, die sich als äußere Hülle in das Epi- und Perineurium der Nervenfasern fortsetzt. Entsprechend der funktionellen Gliederung des Nervensystems und seiner peripheren Fortsätze werden unterschieden:
– zerebrospinale Ganglien (Ganglion spinale),
– vegetative, autonome Ganglien (Ganglion autonomicum).

Zerebrospinale Ganglien

Zerebrospinale Ganglien treten, der segmentalen Gliederung des Rückenmarks folgend, paarig an den Dorsalwurzeln der Spinalnerven auf. Sie werden daher als **Spinalganglien** bezeichnet.

Spinalganglien schließen überwiegend **pseudounipolare Nervenzellen** (Neuronum pseudounipolare) ein, die funktionell Schaltstellen afferenter, sensibler Neurone darstellen (Abb. 316). Pseudounipolare Nervenzellen sind neben den Eizellen mit die größten Körperzellen. Das Perikaryon wird von **Mantelzellen** (Satellitenzellen, Amphizyten, Gliocyti ganglii) umgeben, die die Aufgaben peripherer Gliazellen übernehmen. Nach einer kurzen Wegstrecke teilt sich der gemeinsame Nervenfortsatz in einen afferenten Ast, der als **Axon** im Dorsalhorn in das Zentralnervensystem eintritt, und einen peripheren Ast, der den **dendritischen Teil** der Fortsätze darstellt.

Embryonal sind Axon und Dendrit als bipolare Nervenzelle angelegt. Obgleich der **periphere Ast** dendritische Endverzweigungen aufweist, leitet dieser nach vollständiger Myelinisierung **afferente, sensible Impulse** und gibt sie an das Axon weiter. Beide Nervenäste sind damit funktionell Axone (s. Kap. »Nervengewebe«, S. 84).

Die pseudounipolaren Nervenzellen werden in diesen Ganglien zuweilen von multipolaren Nervenzellen begleitet, die zusammen mit anderen kleineren Nervenzellen teils Assoziationszellen, teils vegetative Nervenzellen sein können. Spinalganglien sind durch lockere Bindegewebsscheiden (Endoneurium) untergliedert, in denen feinste Kapillargefäße verlaufen.

Grundsätzlich vergleichbaren Bau zeigen die meisten **sensiblen Ganglien der Gehirnnerven.** Allein das **Ganglion spirale** des N. vestibulocochlearis enthält als peripheres zerebrospinales Ganglion **bipolare Nervenzellen.**

Vegetative, autonome Ganglien

Vegetative, autonome Ganglien (Ganglion autonomicum) treten ebenfalls als Ansammlungen von Nervenzellen auf. Dabei werden die Ganglien des vegetativen Nervensystems von **multipolaren Nervenzellen** (Neuronum multipolare) gebildet (Abb. 317). Diese Nervenzellen sind meist von unterschiedlicher Größe und werden von **Mantelzellen** (Amphizyten, Gliocyti ganglii) umgeben. Die Nervenfortsätze werden von Schwann-Zellen myelinisiert. Dazwischen ziehen bindegewebige Septen, wodurch kleinere Räume entstehen.

Vegetative Ganglien bestehen als segmental angeordnete Verdickungen im sympathischen Grenzstrang sowie als prävertebrale sympathische Ganglien (z. B. Ganglion coeliacum) und als parasympathische Ganglien (z. B. Ganglion ciliare).

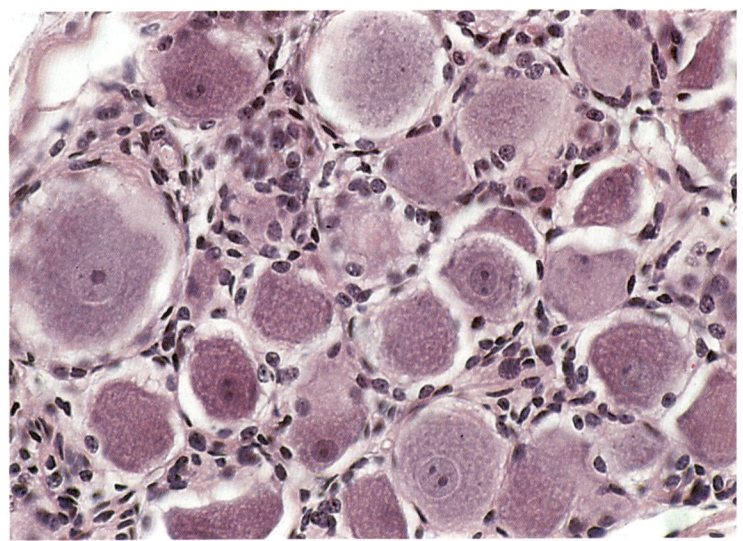

Abb. 316. **Ganglion spinale mit pseudounipolaren Nervenzellen** des Hundes. Färbung Hämatoxylin-Eosin, Vergr. 300fach.

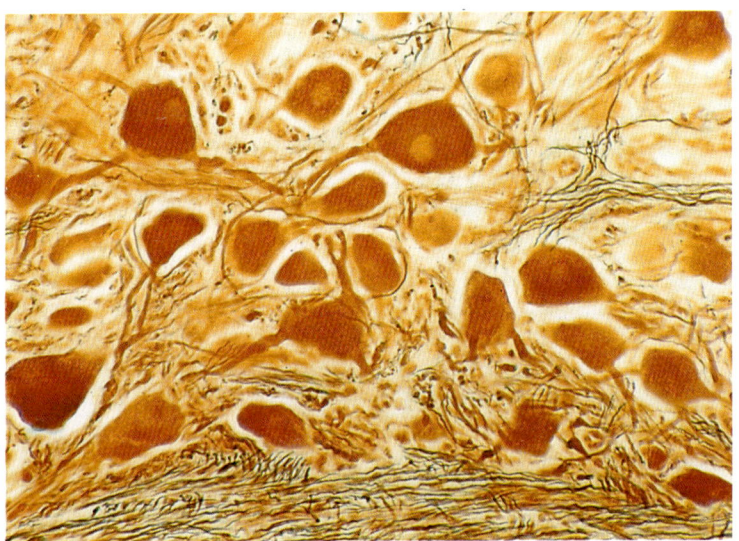

Abb. 317. **Vegetatives Ganglion mit multipolaren Nervenzellen** des Hundes. Versilberung, Vergr. 250fach.

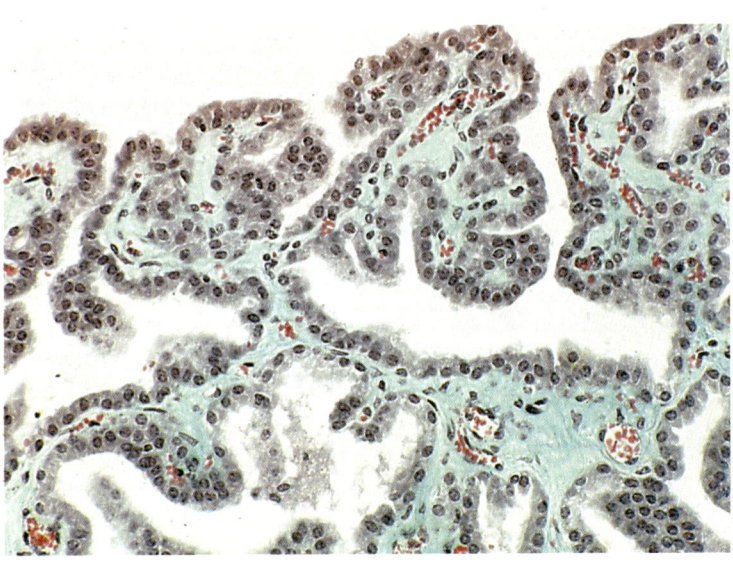

Abb. 318. **Plexus choroideus** der Katze. Färbung Goldner, Vergr. 220fach.

Meningen (Meninges)

Das Zentralnervensystem wird von bindegewebigen Hüllen, den Meningen, umgeben. Diese bestehen aus der
- harten Hirn- und Rückenmarkhaut (Dura mater, Pachymeninx),
- weichen Hirn- und Rückenmarkhaut (Leptomeninx).

Pachymeninx

Die **Dura mater** formt die äußere der drei bindegewebigen Hüllen des Zentralnervensystems. Sie besteht aus einem straffen, gefäßarmen Bindegewebe, das geflechtartig angeordnet ist. Die **Dura mater des Großhirns** (Dura mater encephali) ist beim Pferd großflächig fest mit der Schädelkapsel verwachsen, während diese Verbindung bei den anderen Haussäugetieren allein auf vorspringende Knochenleisten beschränkt ist. In der Dura mater encephali befinden sich endothelausgekleidete Blutleiter (Sinus venosi). Diese Blutleiter werden außen nur von Faserschichten der Dura mater umhüllt, venöse Wandklappen fehlen. Die **Dura mater des Rückenmarks** (Dura mater spinalis) bildet einen weitlumigen Schlauch, der durch lockeres, fettreiches Bindegewebe vom Periost des Wirbelkanals (Endorhachis) getrennt ist. Dieser äußere Spaltraum (Spatium epidurale) ist mit Venengeflechten durchzogen, die in Verbindung mit den locker-faserigen Kavernen die Resorption von Flüssigkeiten fördern. Klinisch findet diese Stoffaufnahme bei der Epiduralanästhesie Anwendung.

Leptomeninx

Die Leptomeninx spaltet sich in eine äußere, dünne Spinnwebenhaut, die **Arachnoidea**, und eine innere, den Zentralorganen direkt anliegende zarte Hirn- und Rückenmarkhaut, die **Pia mater.** (Einzelheiten s. Lehrbücher der Anatomie der Haussäugetiere).

Die **Arachnoidea der Hirn- und Rückenmarkhäute** (Arachnoidea encephali und spinalis) stellt eine dünne, gefäßlose Bindegewebsschicht dar, die der Dura mater dicht anliegt. Abgeflachte Zellverbände bilden eine mesothelartige Abdeckung des **Zwischenraums** (Cavum subdurale), die als **subdurales Neurothel** bezeichnet wird. Dem Neurothel wird für resorptive Aufgaben eine besondere Bedeutung zugesprochen. Die Arachnoidea encephali bildet tierartlich unterschiedlich zur Dura mater zottenartige, gefäßlose Auswüchse, **Granulationes arachnoideales,** die möglicherweise dem Stoffaustausch zwischen Venenblut und Liquor cerebrospinalis dienen.

Die Arachnoidea entläßt zur Pia mater kollagenfaserige **Trabekel** (Trabecula arachnoidea), die den **Raum** (Cisterna subarachnoidea) zwischen der Arachnoidea und der Pia mater durchziehen. Das faserige Netzwerk wird ebenfalls von einem mesothelartigen Deckverband überzogen. Dieser Raum ist mit Liquor cerebrospinalis gefüllt.

Die **Pia mater der Hirn- und Rückenmarkhäute** (Pia mater encephali und spinalis) ist reich an Blutgefäßen und besteht vorwiegend aus lockerem Bindegewebe. Diese weiche Gehirnhaut liegt der Außenfläche des Zentralnervensystems locker an. Die Pia mater flacht sich an diesen Kontaktflächen zu einem einschichtigen Mesothel ab und steht mit der oberflächlichen Grenzmembran der Neurogliazellen in Berührung.

Die Pia mater folgt bis zu einer bestimmten Tiefe sämtlichen oberflächlichen Einziehungen des Zentralnervensystems. Mit diesem lockeren Gewebe ziehen Blutgefäße, die zwischen der Pia mater und der Gefäßwand perivaskuläre Räume ausbilden. Diese Gefäße dringen in das Nervengewebe vor und bilden mit den Gliazellen die **Blut-Hirn-Schranke.** Die Schichtung dieser funktionellen Schranke im Sinne einer Stoffwechselbarriere setzt sich aus einem (enzym-)modifizierten Endothel der Kapillaren und der Oberflächenmembran der Gliazelle zusammen.

Ventrikel (Ventriculi)

Das Zentralnervensystem wird von zusammenhängenden, flüssigkeitsgefüllten Kammern und dem Zentralkanal durchzogen, der von einer epithelialen Wandauskleidung, dem Ependym, bedeckt wird. Dieser Deckverband ist der Neuroglia zuzuordnen und wird im Kap. V., »Nervengewebe« (s. S. 84) besprochen.

Eine Sonderstellung innerhalb des Gehirns nimmt das **Adergeflecht** (Plexus choroideus) ein, die in umschriebenen Wandabschnitten der Gehirnventrikel liegen. Strukturelle Grundlage des Plexus choroideus ist die bindegewebige Pia mater und die große Zahl verzweigter, dünnwandiger Gefäße. Oberflächlich werden diese Adergeflechte von einem niedrigen hochprismatischen Epithel überzogen (Abb. 318).

Im Plexus choroideus wird der **Liquor cerebrospinalis** gebildet, der das gesamte Ventrikelsystem des Gehirns, den Zentralkanal des Rückenmarks sowie die subarachnoidalen Räume der Meningen ausfüllt. Diese Flüssigkeit ist wäßrig, klar und zellarm, gering an Proteinen und relativ reich an Natrium-, Kalium- und Chloridionen. Der Liquor cerebrospinalis dient dem Stoffwechsel und dem mechanischen Schutz des Zentralnervensystems.

Sachverzeichnis

Die *kursiv* gesetzten Seitenzahlen verweisen auf Abbildungen (A) bzw. Tabellen (T)

A

Ableitende Harnwege 229f
ABP s. Androgenbindendes Protein
Abomasum 170
Abwehr s. Immunsystem
Acervulus 142
Achsenfaden 15, *16A*, 239
Acinus pancreaticus 203
Acrosoma 237, 239
ACTH 141, 148
–, Bindegewebe 56
–, Knochen 65
–, Knorpel 62
–, Nebenniere 148
–, Thymus 130
–, Zona glomerulosa (arcuata) *147A*, 148
Adamantoblasten 159
Adenohypophyse 137f, *137A*, *138A*
–, azidophile Zellen *137A*, *138A*, 139
–, basophile Zellen *137A*, *138A*, 141
–, chromophile Zellen *137A*, *138A*, 139, 141
–, chromophobe Zellen *137A*, *138A*, 139
–, Follikelreifungshormon *137A*, *138A*, 141
–, gonadotrope Zellen *137A*, *138A*, 141
–, kortikotrope Zellen *137A*, *138A*, 141
–, Hormone *137A*
–, Makrophagen 139
–, Pars distalis 139
–, somatotrope Zellen *137A*, *138A*, 139
–, Steuerhormone 136, *137A*
–, Steuerung 137
–, thyreotrope Zellen *137A*, *138A*, 141
Adenosintriphosphat s. ATP
Adenylatzyklase 55, 92
Adergeflecht *301A*, 302, *306A*, 333
ADH s. Antidiuretisches Hormon
Adipozyten 55f
Adrenalin 55, 90, *147A*, 149
Adrenalorgan 147f
Adrenerge Rezeptoren 74
– Synapse 92
Adrenokortikotropes Hormon s. ACTH
Adventitia 106, *107A*
Äquationsteilung 27f
Äquatorialebene 24
Äußere Augenhaut 300f, *301A*
– Geschlechtsorgane, männliche 233f
– –, weibliche 271f
– Haarzellen, Corti-Organ *320A*, 321
– Körnerschicht, Großhirnrinde 329, *330A*
– –, Retina *308A*, 309
– Pfeilerzellen *320A*, 321
– Phalangenzellen *320A*, 321
– plexiforme Schicht, Horizontalzellen, Retina *308A*, 309, 310
– Pyramidenzellschicht 329, *333A*
– Wurzelscheide 281

Äußerer Gehörgang 315
– Mitochondrienspaltraum 13f
– Tunnel *320A*
Äußeres Ohr 315
Agranuläres endoplasmatisches Retikulum 11
Agranulozyten 120f
Akkommodation 305
Akrosin 239
Akrosom 237, 239
Akrosomenbildung *236A*, 237
–, Golgi-Phase 237
–, Kappenphase 237
Akrosomenbläschen *236A*, 237
Akrosomengranulum 237
Akrosomenphase *236A*, 237
Aktin 14
–, Endozytose 14
–, Exozytose 14
–, glatte Muskelzelle 74
–, Mikrofilamente 14, 74, 79
–, Mikrotrabekel 14
–, Mikrovilli 14, 29, *30A*
–, –, Enterozyt 185
–, Skelettmuskulatur *79A*, 80
Aktionspotential 91
Akzessorische Geschlechtsdrüsen 247f
– –, Harnröhrenzwiebeldrüse *250A*, 251
– –, Prostata 249, *250A*
– –, Samenblasendrüse *246A*, 248
– –, Samenleiterampulle *246A*, 247f
Aldosteron, Tubulus contortus distalis 228
–, Zona glomerulosa (arcuata) *147A*, 148
–, Blut-Hoden-Schranke 242
Allergie 119
Alpha-Aktinin 14f, 185
–, Mikrovilli, Dünndarm 14, 29, 185
Alpha-Zellen, Langerhans-Inseln 151
Alterspigment 17
Alveolarepithel *216A*, 217
Alveolarepithelzellen, Typ I 216, *216A*
–, Typ II *216A*, 217
Alveolarkapillaren *216A*, 217
Alveolarknochen 161
Alveolarmakrophagen *216A*, 217
Alveolen *214A*, *215A*, 216, *216A*
Amakrine Zellen, Retina *308A*, 310
Amboß 316
Ameloblasten 159
Amitose 22, 25
Amphizyt 100, 331
Ampulla ductus deferentis 247f
– tubae uterinae 265
Ampulle, Innenohr 317, 319
Amylase, Speichel 161
Analkanal 193
Anaphase 24, *25A*
Anastomosen, arteriovenöse 105, 280
Androgenbindendes Protein 242

Androgene, Nebennierenrinde 148f
A-Nervenfasern 95
Angiotensin 205, 229
Angiothel 102, *104A*
Angulus iridocornealis *304A*, 313
Anisotropie, Kollagenfasern 51
Ansa nephroni s. Henle-Schleife
Antidiuretisches Hormon (ADH) 141, 228f
– –, Tubulus contortus distalis 228
Antigen-Antikörper-Komplex 126f
–, Abbau 127
–, Reaktion 126f
Antigenpräsentation 126
Antigenwirkung, Mastzellen 47
Antikörper 122, 126f
–, Blut 114
–, Darmwand 187
Antrum folliculare 260
Anulus fibrosus 111
– pori (Porenring, Kern) 19, *20A*
Apatit, Dentinbildung 159
–, Knochen 68
–, Schmelzbildung 159
Apokrine Sekretion 43, *45A*
Aponeurosen 57
Apparatus digestorius 152f
– respiratorius 205
– urogenitalis 218f, 233f, 255f
Appositionelles Wachstum, Knochen 66
– –, Knorpel 62,
APUD-Zellen 136
–, Dünndarm 186
–, respiratorisches Epithel (Trachea) 211
Arachnoidea 333
Arbeitsmuskulatur, Herz 81f, 109f
Arbor vitae 325, *327A*
Area cribrosa, Retina 309, 311, *312A*
Areae gastricae 174
Areolae (Flotzmaul) 153, *154A*
Argyrophile Fasern *50A*, 51
Arteria(e)
– arcuata 219
– centralis retinae 311
– helicinae 253
– hepatica 195
– hypophysialis inferior 137
– – superior 137
– interlobares, Niere 219
– interlobularis, Leber 195
– –, Niere 219
– renalis 219
– testicularis 247
Arterie *104A*
–, elastischer Typ 106, *107A*, *108A*
–, muskulärer Typ 106, *107A*, *108A*
Arterielle Chemorezeptoren 149, 150
Arteriola afferens 219
– efferens 219
Arteriole *104A*, 107
Arteriovenöse Anastomosen 105, *105A*

Aschoff-Tawara-Knoten 111
Assoziationszellen 324
A-Streifen, Myofibrille 79, *79A*
Astrosphäre 24f
Astrozyt *91A*, 97, *98A*, 99, *99A*
Atmungsapparat 205f
–, luftleitendes System 205f
–, respiratorisches System 215f
Atmungskette, Mitochondrien 13
ATP 13
–, Dynein 16
–, Myosin 77, 80
ATPase, Myosin 80
Atretischer Follikel 265
Atrioventrikularbündel 111
Atrioventrikularknoten 111
Auerbach-Plexus 167
Auge 300f
Augenfarbe 305, 307
Augenhaut, äußere 300f, *301A*
–, innere 300, *301A*, 307f
–, mittlere 300, *301A*, 302f
Augenkammer, hintere 300, *301A*, *303A*, 313
–, vordere 300, *301A*, *303A*, 313
Augenlid 313f
–, 3. Augenlid 314
Auricula 315
Auris 315f
Ausführungsgänge, Speicheldrüsen *162A*, 163
Außenfibrillen 239
Außenglieder, Retina, Stäbchenzellen 309
–, –, Zapfenzellen 309
Außenstreifen, Nierenmark *221A*, 222
Außenzone, Nierenmark *221A*, 222
Autokrine Sekretion 243
Autolyse 7
Autonomes Nervensystem 322
Autophagie 8
Autophagische Vakuole 8
Autophagolysosom 8
Axoaxonale Synapse 90
Axodendritische Synapse 90
Axolemm 89
Axon 84, 87, *88A*, 89, *91A*
–, dendritisches 189
–, Kollaterale 89
–, Neurofilamente 89
–, Neurotubuli 89
–, pseudounipolare Zelle 87, 331
Axonema 16, 239
Axonhügel 88
Axoplasma 89
Axoplasmatischer Fluß, Transport 89
Axosomatische Synapse 90
A-Zellen, Langerhans-Insel 150
Azetylcholin, chemische Synapse 90, 92
–, Magen 181
–, motorische Endplatte 92
Azetylcholinesterase 92
Azetyl-CoA 8
Azidophile Erythroblasten *115A*, 116
– Zellen, Adenohypophyse *137A*, *138A*, 139
Azurophile Granula, Monozyten 123
– –, neutrophile Granulozyten 117, *118A*

B
Backe *154A*, 155
–, Drüsen 155
Balgmandel *128A*, 130
BALT 217
Bänder, elastische 59
–, kollagene 57f
Basale Streifung 14
– –, Streifenstücke 163
Basales Labyrinth, Niere 227
Basalknötchen, Kinozilie 16
Basalkörper 15, *16A*, 29, *30A*
Basallamina, Kollagen Typ IV 30
–, Strukturglykoproteine 30
Basalmembran 30, 222
–, Funktion 30
–, Glomerulum 222
–, Kapillare 102
Basalmembrankollagen 30, 51
Basalplatte 239
Basalzellen, Epithel 37
–, Geschmacksknospe 297, *298A*
–, Nebenhoden 245
–, Riechepithel 298, *299A*
Basilarmembran 320
Basophile Erythroblasten 116
– Granulozyten *118A*, 119
– metachromatische Granula, Mastzellen 47
– Myelozyten 117, *118A*
– Normoblasten *115A*, 116
– Zellen, Adenohypophyse *137A*, *138A*, 141
Basophilie, Blutzellen 120
–, Nervenzelle 87
–, Ribosomen 9
–, saure Mukosubstanzen 52
Bauchspeicheldrüse s. Pankreas
Baufett 56
Becherzellen 39, *42A*
–, Dickdarm 191
–, Dünndarm 184
–, respiratorisches Epithel 205, 207
Befruchtung 27, 255, 265
Belegzelle *176A*, 177, 178, *178A*, *179A*
Berührung, Rezeptoren 293
Beta-Zellen, Langerhans-Inseln 151
Bewegliche Bindegewebszellen 46A
Bilirubin 117
–, Leberzelle *198A*, 200
Biliverdin 117
Bindegewebe 46f
–, Abwehr 47
–, Arten *52A*, 53
–, Definition 46
–, embryonales 53
–, faseriges 56f
–, Fasern 49f
–, Fettgewebe 55
–, freie Zellen 46f
–, gallertiges 53
–, geflechtartiges 57
–, Grundsubstanz 48f
–, hämoretikuläres 54, 114f,
–, Interzellularsubstanzen 48
–, lockeres 57
–, lymphoretikuläres 54, 126f

Bindegewebe, mesenchymales 53
–, netzförmiges 53
–, ortsständige Zellen 46
–, parallelfaseriges 57
–, retikuläres 53
–, spinozelluläres 257, 268
–, Stoffaustausch 52
–, Stoffwechsel 52
–, straffes 57
Bindegewebige Wurzelscheide 281
Bindehaut 314
Binnenzellen 324
Biogene Amine 90, 186
Biomembran s. Zellmembran
Bipolare Nervenzellen 85, *85A*
– –, Ganglion spirale cochleae *318A*, 319
– –, Zellen, Retina 309
Bläschentransport, Mikrotubuli 15
Blättermagen s. Psalter
Blasenknorpel 73, *73A*
Blut 114
Blut-Augen-Schranke 310
Blutbildung 114f
–, Leber 114, 195
–, Lymphknoten 120, 131, 133
–, Milz 114, 120, 131, 133
–, postnatale 114f
–, Thymus 120, 127
Blutgefäße 120f, *104A*, *105A*
Blutgerinnung 123, 125
Blut-Gewebe-Schranke 52f
Blutgruppen 5
Blut-Hirn-Schranke 333
Blut-Hoden-Schranke 242
Blutkapillaren 102f, *104A*, *105A*
Blutkreislauf 102
Blut-Luft-Schranke *216A*, 217
Blutplättchen 123
–, Entstehung 123f, *124A*
Blutplasma 31, 114
Blutstammzellen 114f
Blut-Thymus-Schranke 129
Blutzellen 114f
B-Lymphozyten 47, 120f, *121A*, 126, *127A*
–, Lymphknoten 130, 133
–, Milz 133
–, Sekundärfollikel 130
B-Nervenfasern 95
Bogengänge 317, 319
Boutons 84
Bowman-Drüse *204A*, 207
Bowman-Kapsel 219, 222, *223A*, 225
Bradykinin 126, 161, 205
Bronchi *210A*, 212, *212A*
– lobares 211
– segmentales 211
Bronchialbaum 211f
Bronchialflüssigkeit 213
Bronchioli 213, *213A*
– respiratorii 212, 215
– terminales 212, 215
Bronchus-Associated Lymphoid Tissue (BALT) 217
Bruch-Membran 303

Brunner-Drüsen *180A*, 189
Brunst 272, 273
Brustdrüse 283f
–, apokrine Sekretion 284
–, IgA 284
–, Myoepithelzellen 285
Bucca 155
Bürstensaum 29, *30A*
–, Dünndarm 184
–, –, Enzyme 185
–, Glycokalix 185
–, Nierenhauptstück 227
–, –, Enzyme 227
Bulbus oculi 300, *301A*
Bursa-äquivalente Gebiete 47
B-Zellen s. Beta-Zellen

C

Calices renales 218
Camera anterior bulbi *303A*, 313
– posterior bulbi *303A*, 313
Canaliculi, Belegzellen 178, *179A*, 180
– biliferi *200A*, 201
– intercellulares 163
– intracellulares 163
– ossei 67, 69, *70A*
Canalis(es)
– analis 193
– centralis, Rückenmark 323
– portales 197
Carboanhydrase, Magen 180
Carrierproteine 2
Cartilagines arytaenoideae 211
Cartilago corniculata 211
– cricoidea 211
– cuneiformis 211
– thyroidea 211
Capping 4
Caveolae 74
Cavum hypophysis 137
– oris 152
Cementum 160
Cerebellum 324f
Cerebrum 328f
Cerumen 315
Cervix dentis 159
– uteri 269
Charcot-Böttcher-Kristalle 241
Chemische Reize, Synapse 90
Chemorezeptoren 229, 297, 298
–, Glomus caroticum *150A*
–, Nasenschleimhaut 207
–, Niere 229
Chemotaxis 47, 119
Cholecystokinin, Dünndarm 186
–, Magen 181
–, Pankreas 12, 151, 203
Cholesterin, Nebennierenrinde 148
–, Steroidsekretion 148
–, Zellmembran 4f
Cholin 92
Cholinerge Rezeptoren 74
– Synapse 92
Chondrale Ossifikation 71, *72A*, 73, *73A*
Chondrin *73A*
Chondroblast 46, 61
Chondroitin 68

Chondroitinsulfat 52, 62
Chondroklasten, enchondrale Verknöcherung 73
Chondron 62
Chondrozyt 61ff
–, enchondrale Ossifikation 71, *72A*, 73, *73A*
–, Knochenwachstum 71
Choroidea *301A*, 302, *306A*
Chromaffine Zellen, Nebennierenmark *147A*, 149
– –, Paraganglien 149
Chromatide 23f
Chromatin 20f, 23
–, Geschlechtschromatin 21
Chromophile Zellen, Adenohypophyse 137f
Chromophobe Zellen, Adenohypophyse 137f
Chromosom *18A*, 23f
–, Amitose 25
–, Anaphase 24, *25A*, *26A*
–, Interphase 22, *23A*
–, Längsteilung 24
–, Metaphase 24, *25A*, *26A*
–, Prophase 24, *25A*, *26A*
–, Telophase 24, *25A*, *26A*
Chromosomenaustausch 26f
Chromosomenfaden 24f
Chromosomenspaltung, Reifeteilung 27
Chymosin 178
Chymotrypsin 181
Clara-Zellen 215
Clathrin 5
Claudius-Zellen *320A*, 321
Clitoris 275
C-Nervenfasern 95
Coated vesicles 5
Cochlea 317, *318A*, 319
–, Endolymphe 319
Colon 192
Columna dorsalis 324
– lateralis 324
– medulla spinalis 324
– ventralis 324
Complexus basalis 303
– juxtaglomerularis 229
Conjunctiva 314
Corium 277
Cornea 301f, *301A*, *304A*
–, Glykosaminoglykane 302
–, Keratansulfat 302
–, Lichtbrechung 302
Cornu dorsale 323, *325A*, *326A*
– ventrale 323, *325A*, *326A*
Corona dentis 159
– radiata 261ff
Corpus albicans 264
– cavernosum clitoridis 272
– – penis 253
– ciliare 303, *303A*, *304A*, 307
– –, Pigmentepithel 305
– haemorrhagicum 263
– luteum 263f
– – cyclicum 263
– – graviditatis 263
– – nigrans 264

Corpus luteum rubrum 264
– medullare 324
– prostatae 249
– spongiosum 253
– uteri 268
– vitreum *301A*, 313
Corpusculum renale s. Glomerulum
Cortex cerebelli 324, *327A*
– cerebri 328f
– ovarii 255
– renalis 222
Corticotropin, Releasing Hormone 136
Corti-Organ 319f
– Sinneszellen 320f
– Stützzellen 320f
Cortisol, Nebennierenrinde 148
Cortison, ACTH, Nebennierenrinde 148
–, Erythropoese 115
–, hyaliner Knorpel 62
Crista ampullaris 319
– reticuli 170
Cristae mitochondriales 13
Cristareiche Mitochondrien, Transportvorgänge 13
Crusta, Übergangsepithel 231
Cumulus oophorus *260A*, 261
Cupula, Bewegungen 319
Cuticula, Haar 281
Cutis 274f
C-Zellen, Schilddrüse 145

D

D-Aminosäureoxidase 8
Darm s. Dünn- und Dickdarm
Darmepithelzelle s. Enterozyt
Darmkrypten s. Glandulae intestinales
Deckepithel 33f, *34A*
–, einschichtiges *34A*, 35f
–, mehrschichtiges *34A*, 37f
– –, unverhorntes Plattenepithel 37, *38A*
– –, verhorntes Plattenepithel 37, *38A*
–, Übergangsepithel 39, *40A*
Dehnungsrezeptoren, Muskelspindeln 297
–, Vorkommen 295, 297
Delta-Zellen, Langerhans-Inseln 151
Dendrit 84f, 89
–, Großhirnrinde 329
Dendrit, pseudounipolare Nervenzelle *85A*
Dendritische Retikulumzellen, Milz 135
Dendritisches Axon 84f
Dendro-dendritisches Synapse 90
Dens 159, *160A*
Dentin, intertubuläres 159, 160
–, Nerven 160
–, peritubuläres 160
Dentinbildung 159
Dentinkänalchen 160
Depolarisation 92
Dermatansulfat 52
Dermis 274f
Descemet-Membran 302
Desmale Ossifikation *66A*, 71
Desmin 74
Desmosom 28, *28A*
–, Disci intercalares *81A*, 83

Desoxyribonuklease, Lysosomen 6
Desoxyribonukleinsäure s. DNS
Desquamation 37
Diade 83
Diakinese *26 A*, 27
Diapedese, Leukozyten 103
Diaster 24
Diazonien 159
Dickdarm 190 f
Diffusion, Bindegewebe 52 f
Diffusionsbarriere, Basalmembran 30
–, Zellmembran 2
Diktyosom 11
Dimere 14, *16 A*
Diöstrus 273
Diplotän *26 A*, 27
Direkte Knochenbildung *66 A*, 71
Disci intercalares *81 A*, *82 A*, 83
– intervertebrales 63
Disse-Raum *198 A*, 201
Diverticulum nasi 207
– praeputiale 254
DNS, Basophilie 17, *18 A*, 19 f
–, Mitochondrien 13
–, Nukleolus 21
DNS-Synthese, S-Phase, Geschwindigkeit 22
DNS-Verdopplung, Meiose 26, *26 A*
Dopamin 90, 92, 145
Doppelbrechung, Knorpel 63
–, Kollagenfasern 49, 51
Dornsynapse 90
Dorsalhorn 323 f, *325 A*, *326 A*
Doubletten-Mikrotubuli, Axonema 16
Drehbeschleunigung 319
Druck, Rezeptoren 293, 295
Druckelastizität 63
Drüsen, Ausführungsgänge *41 A*
–, Einteilung 39 f
–, Endstücke 41
–, endokrine 39, *42 A*
–, Epithel 39 f
–, exokrine 39, *42 A*
–, –, Formen 41
–, gemischte 41, *44 A*
–, Haut 279
–, seromuköse 41, *44 A*
Drüsenmagen s. Magen
Drüsenschleimhaut 167
Drüsenzellen, muköse 41, *44 A*
–, seröse 41, 42 A, *44 A*
Drumstick, neutrophile Granulozyten 21
Ductuli biliferi 201
– efferentes testis 233, *234 A*, 243, *244 A*
Ductus alveolares 212 *214 A*, *215 A*, 216
– choledochus 201
– cochlearis 319 f
– cysticus 201
– deferens *246 A*, 247
– ejaculatorius 247
– epididymidis 245
– excretorius 163, 247
– hepaticus 201
– intercalatus 163, 203
– interlobares 163
– interlobularis 201, 203

Ductus lactifer 285
– papillares 226, *226 A*
– perilymphaticus 316
– prostaticus 249
– reuniens 317
– semicirculares 317, 319
– thoracicus 112
Dünndarm 181 f
–, Becherzellen *184 A*, 185
–, Bewegungen der Mikrovilli 185
–, Blutgefäße 187
–, D-Zellen 186
–, endokrine Zellen 186
–, enterochromaffine Zellen 186
–, Enterozyten 184, *184 A*
–, F-Zellen 186
–, Funktion 181 f
–, GALT 187
–, Glucosidasen 182
–, G-Zellen 186
–, IgA 187
–, immunologische Abwehr 187
–, Innervation 187
–, Lymphgefäße 187
–, Muskelschichten 189
–, Nervenplexus 187
–, S-Zellen 186
–, Tela submucosa 189
–, Zellerneuerung 183
–, Zotten *180 A*, *182 A*, 183, *185 A*, *188 A*
–, Zottenbewegungen 187
Duftdrüsen, apokrine Sekretion 43, *45 A*
Duodenum *188 A*, 189
–, Brunner-Drüsen 189
Dura mater 333
Dynein 15, *16 A*
D-Zellen, Dünndarm 188
–, Langerhans-Inseln 150
–, Magen 178

E

Ebner-Spüldrüse *156 A*, 157, 297
EC-Zellen s. Enterochromaffine Zellen
Effektorhormone 136
–, Adenohypophyse 139
–, Hypothalamus 137
Efferente Erregungsleitung 92
Eierstöcke s. Ovar
Eigendrüsen, Magen *176 A*, 177
Eihügel *260 A*, 261
Eileiter s. Tuba uterina
–, hormonaler Einfluß 273
Eingeweiderezeptoren 293, 297
Eingeweidesensibilität 297
Einheitsmembran 2
Einschichtiges Epithel *34 A*, 35
Einschlüsse, zytoplasmatische 17
Einwarzige Niere 218
Einzellige Drüsen 39, 41
Eisen, Hämoglobinsynthese 116
Eisenfreie Pigmente 17
Eitransport 265, 273
Eiweißkristalle 17
Eiweißresorption 182, 187
Eizelle s. Ovozyte
Ejakulat 249, 251
Ekkrine Sekretion 43, *45 A*

Ektoderm 33
Elastikafärbung 51
Elastin 51
–, Aminosäurezusammensetzung 51
Elastinbildung *48 A*
Elastische Bänder 51, *58 A*, 59
– Fasern *48 A*, *49 T*, *50 A*, 51, 213
– –, Aminosäurezusammensetzung 51
– –, Anfärbung 51
– –, Entwicklung 48 f
– –, Lunge 203, *214 A*
Elastischer Knorpel *62 A*, 63, *208 A*, 211
Elektrische Synapse 89
Elekrolytabsorption 225, 227 f
Embryonales Bindegewebe 53
Enamelum s. Schmelz 159
Enchondrale Verknöcherung 71, *72 A*, 73
– –, Geflechtknochen 71
– –, Kalzifizierung 71
– –, Knochenbruchheilung 71
– –, Zonen *72 A*, 73
Endkörperchen 293, *294 A*, 295
Endkolben 84, 298
Endoepitheliale Drüsenzelle 39, *42 A*
Endogene Pigmente 7, 17, 117
Endokard 111
Endokrine Darmzellen 184, 186
– Drüsen 136 f
– Organe 136 f
– –, Regulation 136 f
– Zellen 136
– –, Magen 178
Endokrines System 136
Endolymphe 317
Endometrium 268
–, Proliferationsphase 273
–, Sekretionsphase 273
Endomitose 22, 25
Endomysium *75 A*, *76 A*, *78 A*, *79 A*, 81, *81 A*
Endoneuralscheide 95
Endoneurium *93 A*, 95
Endoplasmatisches Retikulum, glattes *7 A*, 10, *10 A*
– –, rauhes *7 A*, 9 f, *10 A*
Endorphine 90
Endost 66, *67 A*
Endotenonium 57
Endothel 102
–, Glomerulus 222, *223 A*
–, Lebersinusoide *198 A*, 199
–, Milzsinus 135
–, Zytopempsis 6, 103
Endozytose 5
–, Aktin 14
Enterochromaffine Zellen 186
– –, Dünndarm 186
 , Magen 178, 181
Entero-endokrine Zellen s. Endokrine Darmzellen
Enterorezeptoren 293
Enterozyt 184
–, Bürstensaumenzyme 185
–, Chylomikronen 183
–, Glykokalix 185

Entgiftung, glattes endoplasmatisches Retikulum 200
Entoderm 33, 195
Enukleation 116
Enzyme, glattes endoplasmatisches Retikulum 10
–, Golgi-Apparat 11
–, Lysosomen 6f
–, Mikrotrabekel 14
–, Mitochondrien 12f
–, Zellmembran 2
Eosinophiler Granulozyt 119
– –, Antigen-Antikörper-Komplex 119
– Metamyelozyt 117, *118A*
– Myelozyt 117, *118A*
Eosinophilie 119
Ependymzelle 97
Epidermis 274f, *275A*
–, Keratinisierung 276
–, Schichten 274f
–, Tonofibrillen 17, 276
Epididymis 243f
Epiglottis, elastischer Knorpel *208A*, 211
Epikard 111
Epimysium 81
Epineurium 95, *96A*
Epiphyse *140A*, 141, 142
–, rotes Knochenmark 71
Epiphysenknorpel 71
Epitenonium 57
Epithelgewebe 33f
–, Definition 33
–, Funktionen 33
–, Klassifizierung 33
Epitheliale Retikulumzelle 129
– Wurzelscheide 281
Epithelium mucosae 165
– spermatogenicum 233
Epithelkörperchen *144A*, 145
Epitheloide Zellen 229
Eröffnungszone 73, *73A*
Erregungsleitung, afferente 92
–, efferente 92
–, markhaltige Nervenfasern 94
–, marklose Nervenfasern 94
–, Nervenzelle 84f
–, saltatorische 94
Erregungsleitungssystem 94
–, Feinbau 94
Ersatzknochen 68f
Erythroblast *115A*, 116
–, azidophiler *115A*, 116
–, basophiler *115A*, 116
–, polychromatischer *115A*, 116
Erythropoetin 115, 218
Erythrozyt 114, 115, *115A*, 116
–, Abbau 116
–, –, Knochenmark 114
–, –, Milz 116
–, Lebenszeit 115
Erythrozytopoese 114, 115, *115A*, 116
–, Hormone 115
–, Regulation 115
Euchromatin 21
Eukaryontenzelle 18
Eustachii-Röhre 315
Evagination *7A*, 29

Exkretion 5
Exogene Pigmente 17
Exokrine Drüsen 39f
– –, Einteilungen 39
– –, Formen 39
Exozytose 6, *7A*, 11
–, Aktin 14
Exportprotein 9f
Exterorezeptoren 293
Extraepitheliale Drüsen 41
Extraglomeruläre Mesangiumzellen 229

F
Fasciculi, Nervensystem 324
– vasculares 219
Faserastrozyt 99, *99A*
Faseriges Bindegewebe 53, 56
Faserknochen 68
Faserknorpel *60A*, 63
Fasern, argyrophile 51
–, elastische 51
–, kollagene 49
–, retikuläre 51
Faszien 57
–, Kollagen 57
Ferritin 17, 116
Fett, Freisetzung 55
–, Leberzelle 200
–, Speicherung 55, 56
Fettgewebe 53, 55, 56
–, Aufgaben 55
–, multivakuoläres *55A*, 56
–, univakuoläres *55A*, 56
Fettläppchen 56
Fettorgane 56
Fettresorption 55, 183
Fettsäuresynthese 55
Fettsäurezyklus, Mitochondrien 12
Fetttröpfchen, Samenblasendrüse 249
Fibrae zonulares *303A*, *304A*, 305
Fibrin 124, 125
Fibrinogen, Blut 124
–, Leber 200
Fibroblast 46, 48, *48A*
–, Aktinfilamente 14
–, Proteoglykanbildung 52
Fibrogenese *48A*, 49
Fibronektin 30
Fibrozyt 46
Fila olfactoria 299
Filtration, Niere 224
Flagellum 239
Flimmerepithel, Atmungsorgane 205, 207
Flimmerzellen, respiratorisches Epithel 205, 207
–, Tuba uterina 265
Flip-flop 4
Flotzmaul, Drüsen 153, *154A*
Flügelzellen 57
Flüssigkeitsbewegungen, Bindegewebe 52f
Fluidität, Biomembranen 4
Folliculi lymphatici 130
– – aggregati 130
– – solitarii 130
– ovarici 257f

Folliculi ovarici primarii *256A*, 257, 258, *258A*
– – primordiales *256A*, 257, 258, *258A*
– – secundarii 258, 259, *259A*
– – tertiarii 260, *260A*, 261
Follikel, Ovar 257f
–, Schilddrüse 142f
Follikelatresie 265
Follikelentwicklung, Ovar 257f
–, –, FSH 272, 273
Follikelepithel, Ovar 255
–, –, Östrogenbildung 260
–, Schilddrüse 142f
Follikelhöhle 260
Follikelstimulierendes Hormon s. FSH
Foramen apicale dentis 159
Fornix conjunctivae, Epithel 314
Fovea centralis 310
Foveolae gastricae 174, *175A*, *176A*, *178A*, *180A*
Freie Bindegewebszellen 46f
– Makrophagen 5, 46f
– Nervenendigungen 293
– Ribosomen 9
– –, Proteinsynthese 9, *20A*
FSH 272f
Fundusdrüsen, Magen *176A*, 177, *179A*
Funiculus lateralis 324
– ventralis 324
F-Zellen, Langerhans-Inseln 151

G
Gallenausführungsgang 201
Gallenbildung 200, 201
Gallenblase *200A*, 203
Gallengänge *197A*, *200A*, 201
–, extrahepatische 201
Gallenkanälchen *197A*, *200A*, 201
Gallensäure, Leber 201
Gallertiges Bindegewebe 53
GALT 187
Ganglien 331f
–, vegetative 87, 331
–, zerebrospinale 331
Ganglienzellschicht 327, *328A*
Ganglion spirale *318A*, 319, 331
Gap junction *28A*, 29
– –, Disci intercalares *81A*, 83
– –, elektrische Synapse 89
– –, glatte Muskulatur 75
Gasaustausch 217
Gaster 170f
Gastrin, Dünndarm 186
–, Magen 178f, 181
–, Pankreas 151
Gastrisches inhibitorisches Peptid s. GIP
Gastroentero-pankreatisches System s. GEP
Gaumen 155
–, Drüsen 155
Gebärmutter s. Uterus
Gedächtniszelle 121f
Gefäße, Innervation 106
–, Vasa vasorum 106
–, Wandbau 102f
Gefäßmuskulatur 106
Gefäßpol, Glomerulum 222, 224

Gefensterte Kapillaren, elastische Membran 103, *103A*
Geflechtartiges Bindegewebe 57
Geflechtknochen, enchondrale Verknöcherung 68, 71
Gegenstromprinzip, Henle-Schleife 228
Gehörgang, äußerer 315, *316A*
Gehörknöchelchen 316
Gehörorgan 315f, 319f
Geißeln 15
Gelbkörper s. Corpus luteum
Gelenkkapselorgane 295
Gelenkknorpel 62
Gemischte Drüsen s. Seromuköse Drüsen
Generationszyklus 22f, *23A*
Genitalkörperchen, Clitoris 272
–, Penis 254
GEP 186
Geruchssinn 298, 299, *299A*
Geschlechtschromatin 21
Geschlechtshormone, s. auch Östrogen u. Testosteron, 225, 243
–, Knochen 65
–, Thymus 130
–, Zona reticularis 148
Geschlechtsorgane, männliche 233f
–, weibliche 255f
Geschlechtszellen, Meiose 22, 235f, 257f
Geschmacksknospen 157, *158A*, *296A*, 297, *298A*
Geschmackspapillen 157, 158, *158A*
Geschmacksporus 297, *298A*
Geschmackssinn *296A*, 297f
Gewebe, Definition 31
Gewebshormone 183
G$_0$-Phase 23, *23A*
G$_1$-Phase 22, *23A*
G$_2$-Phase 23, *23A*
–, Proteinsynthese 23
Gianuzzi-Halbmonde 41, *43A*, *44A*
Gingiva 153
GIP, Magen 181
Gitterfasern 51
Glandotrope Hormone 136
Glandula(ae)
– anales 193
– bronchiales *212A*, 213
– buccales 155
– bulbourethralis 251
– cardiacae 175, *175A*
– ceruminosae 315
– cervicales uteri 269
– circumanales 193
– epiglotticae 211
– gastrica propria *176A*, 177, *187A*
– genitales accessoriae 247f
– gustatoriae 157
– intestinales 182, 183
– –, Dickdarm 191
– –, Dünndarm 182, 183
– labiales 153
– lacrimalis 314
– lingualis 158
– mammaria s. Mamma
– mandibularis 163
– nasales 207

Glandula(ae)
– oesophageae propriae 168
– olfactoriae 207, 300
– oris 161f, *162A*
– palatini 155
– palpebrae tertiae 314
– parathyroideae *144A*, 145
– parotis 163
– pelvis renalis 229
– pituitaria 137, *138A*
– prostatica *176A*, 178
– salivariae 161
– sebaceae 279
– sinus paranasales 193
– sublingualis 165
– submucosae *162A*, *169A*, 189
– sudoriferi 279
– suprarenales *146A*, 147, *147A*
– tarsales 314
– thyroidea 142f
– tracheales 211
– uretericae *230A*, 231
– urethrales 253
– uterinae 268
– vesicularis 248
Glans clitoridis 272
– penis 254
Glanzstreifen *81A*, *82A*, 83
Glanzzellschicht 37
Glaskörper *301A*, 313
–, Glykosaminoglykane 313
–, Membrana vitrea 313
Glatte Muskulatur 74f, *75A*, *76A*
– –, Calmodulin 75
– –, Caveolae 74, *75A*
– –, Innervation 74
– –, intermediäre Filamente 74
– –, Kalziumionen 74
– –, Kontraktion 74
– –, mikropinozytotische Bläschen 74
– –, Nexus 75
– –, sarkoplasmatisches Retikulum 74
– –, Typen 75
Glattes endoplasmatisches Retikulum 10, *10A*
– – –, Entgiftung 200
– – –, Fettresorption 200
– – –, Leberzelle 199
– – –, Muskulatur 74f
– – –, Nebenniere 148
– – –, Speicherfunktion 200
– – –, Steroidsekretion 200
Gleichgewichtsorgan 315f
Gliazellen 97f, *98A*, *99A*
Glied s. Penis
Glioblasten 84, 97
Glisson-Kapsel 195
Glomeruläre Filtration 222, 224
Glomerulum renalis 222f
– –, Basalmembran 222
– –, Endothelzellen 222, *223A*
– –, Podozyten 223, *223A*
– –, Poren 224
Glomus aorticum 149
– caroticum 149, *150A*
Glukagon, Leber 201

Glukagon, Pankreas 151
Glukokortikoide, Wirkungen, Zona fasciculata 148
Glukose-6-Phosphatase, glattes endoplasmatisches Retikulum, Leberzelle 200
Glukosidasen, Bürstensaum, Dünndarm, Membranen 181
β-Glukuronidase, Lysosomen 201
Glykogen 6, 17, 201
–, Erregungsleitungssystem 111
–, Herzmuskelzelle 83
–, Leberzelle 201
Glykogensynthese, glattes endoplasmatisches Retikulum 10, 201
Glykokalix 2, *3A*, 4f
–, Bürstensaum 185
–, Funktionen 5
–, Struktur-Glykoproteine 2
Glykokonjugate 200f
Glykoproteine 2, *3A*
–, Definition 52
–, Golgi-Apparat 11
–, Lysosomenmembran 7
–, Rezeptoren 247
–, Synthese 52
–, Zellmembran *3A*
Glykoproteinsekretion 179
Glykosaminoglykane 48, 52
–, Knochengrundsubstanz 68
–, Knorpel 61f
–, Wasserspeicherung 48
Glykolipide, Zellmembran 3, *3A*, 4
Glyzerophosphat 55
Glyzin, elastische Fasern 51
–, Kollagenfasern 49
Golgi-Apparat *7A*, *10A*, 11
–, Drüsenzelle 39f
–, Fettresorption 183
–, Funktionen 11
–, Glykoproteine 52
–, Leberzelle 200
–, Lysosomen 201
–, Membranbildung 11
–, Nervenzelle 87
–, Prokollagenbildung *48A*, 49
–, Proteinsekretion 11
–, Proteoglykane 200f
–, Synthese von Glykokonjugaten 200f
Golgi-Phase, Akrosomenbildung *236A*, 237
Golgi-Sehnenorgan 295
Golgi-Typ-I-Nervenzelle 87
Golgi-Typ-II-Nervenzelle 87
Golgi-Zellen, Spinalganglien 331
Gonadotrope Hormone, Zellen *137A*, *138A*, 141, 272f
Gonozyten 234
Goormaghtigh-Zellen 229
G-Phasen 22, *23A*
–, Dauer 22
Graaf-Follikel 362
Granula, basophile 47, 120
Granuläres endoplasmatisches Retikulum *7A*, 9f, *10A*
– – –, Leberzelle 199
– – –, Nervenzelle 87
– – –, Prokollagenbindung 49
– – –, Proteinsekretion 9f

Granulomer, Thrombozyten 124
Granulosaluteinzellen 263
Granulosazellen 261
Granulozyten 117f
–, basophile *118A*, 119
–, eosinophile *118A*, 119
–, neutrophile 117, 118, *118A*
–, segmentkernige 118
–, stäbchenförmige 118
–, Vorläuferzellen 117
Granulozytopoese 116ff
Graue Substanz 323, *325A*, *326A*, 328
Grenzstrang 149
Großhirn 328f
–, Mark 328, 330
–, neuronale Gliederung 328f
–, Rinde 328, *329A*, *330A*
–, Schichten 328
Grubenmandeln *128A*, 130
Grundlamelle *67A*, 71
Grundsubstanz 49, 52
–, Funktion 52
Gut-Associated Lymphoid Tissue (GALT) 187
G-Zellen, Dünndarm 186
–, Magen 178f, 181
–, Pankreas 151

H
Haar 280f, *282A*
Haarzellen, äußere, Corti-Organ 320f
–, innere, Corti-Organ 320f
–, Macula 317, 319
Hämatokrit 114
Hämatopoetische Stammzelle 114
Hämoglobin, Bildung 116
–, Vorkommen 116
Hämoglobinogene Pigmente 17
Hämolyse 116
Hämoretikuläres Bindegewebe 54
Hämosiderin 17, 117
Hämozytoblasten 114
Hämozytopoese 114f
Haftkomplex 29
Haftplatte, Desmosom 28, *28A*, 74, 83
Hammer 316
Harnbildung 224
Harnblase *230A*, 231
–, glatte Muskulatur *230A*, 231
–, Übergangsepithel 229, *230A*, 231
Harnleiter *230A*, 231
Harnorgane 218f
Harnpol 225
Harnröhre, männliche 251, *252A*
–, weibliche 232
Harnröhrenzwiebeldrüse *250A*, 251
Harnwege, ableitende 229f
Hassall-Körperchen 129
Haube 170
–, Haubenleisten 170
Hauptbronchien 211
Hauptstück 225
Hauptstückzelle 225f
–, basales Labyrinth 227
–, Interdigitationen 227
–, Mitochondrien 227
–, Natrium-Kalium-ATPase 227

Hauptstückzelle, Pinozytose 227
Hauptzellen, Magen 177, 178, *179A*
–, –, Pepsinogen 177
–, Nebenschilddrüse 145
–, Paraganglion 149
Haut 274f
–, Anhangsorgane 274, 283f
–, arteriovenöse Anastomosen 280
–, Drüsen 279
–, Durchblutung 277, 280
–, Epidermis 274, 275, *275A*, 276
–, freie Nervenendigungen 283
–, immunologische Reaktion 283
–, Langerhans-Zellen 283
–, Merkel-Tastkörperchen 283
–, Nerven 283
–, Pigmentierung 279
–, Schichten 274, *275A*
–, Schutzfunktion 274
–, Sinnesorgan 283
–, Thermoregulation 280
–, Wasserhaushalt 274
Havers-Kanal *67A*, 68
Havers-System *67A*, 68, 69, *69A*, *70A*
Helferzellen (T-Zellen) 126f, *127A*
Hell-dunkel-Rhythmus 142
Henle-Schleife 225, 227
Hensen-Zellen *320A*, 321
Hepar s. Leber
Heparin 120
–, basophile Granulozyten 120
–, Mastzellen 47
Hepatozyt s. Leberzelle
Herring-Körper 137
Herz 109f
–, Innervation 111
Herzklappen 111
Herzmuskulatur 81f, *82A*
–, Glanzstreifen 83
–, Glykogen 111
–, Lipofuszin 83
–, Mitochondrien 83
–, Nexus 83
–, sarkoplasmatisches Retikulum 83
–, T-Tubuli 83
Herzskelett 111
Heterochromatin 21
Heterokrine Sekretion 43
Hilus renalis 218
Hintere Augenkammer *301A*, 313
Hirnhäute 333
Hirnsand 142
His-Bündel 111
Histamin 120, 136
–, basophile Granulozyten 119
–, Gefäße 205
–, HCl-Sekretion 181
–, Mastzellen 47
Histiozyt 46, *47T*, 48
Histokompatibilitätsantigen 126
Histologie, Definition 31
Histone 19f
Hochdrucksystem 102, *105A*
Hoden 233f
–, endokrine Regulation 243
–, FSH 243
–, interstitielle Zellen 243

Hoden, Testosteron 243
Hodenhüllen 233, *234A*
Hodenkanälchen 233f
–, adluminales Kompartiment *240A*, 241
–, basales Kompartiment *240A*, 241
Hodennetz 243, *234A*
Hörorgan 319
Holokrine Drüse 43, *45A*
– Sekretion 43, 45A
Homöostase 114
Homokrine Sekretion 43
Horizontalzellen, Retina 310
Hormone, Adenohypophyse 139f
–, aglanduläre 136
–, Bindegewebe 48
–, Epiphyse 141
–, Epithelkörperchen 145
–, Fettsäuresynthese 55
–, glanduläre 136
–, Hoden 242f
–, Hypothalamus 137
–, hyaliner Knorpel 62
–, Knochen *64A*, 65
–, Langerhans-Insel 150
–, Neurohypophyse 141
–, Nebennierenmark 149
–, Nebennierenrinde 148
–, Niere 228, 229
–, Ovar 257
–, Thymus 129
–, Thyroidea 142f
Horn 292
Hornhaut s. Cornea
Hornzellen 39
Hornzellschicht 39
Hortega-Glia *98A*, 99, 100
Howship-Lakune 67
H-Streifen 79, *79A*
Hülsenkapillaren 135
Huf 289, *290A*
Humorale Immunität 47, 122, 126, *127A*
Hyaliner Knorpel *60A*, 61ff
– –, Gelenkknorpel 62
– –, Grundsubstanz 63
– –, Histogenese 61
– –, Hormone 62
– –, Kehlkopfskelett *208A*, 211
– –, – Typ II 63
– –, Kollagenfaserverlauf *62A*
– –, Wachstum 61
Hyalomer, Thrombozyten 124
Hyaluronsäure, hyaliner Knorpel 62
Hydrolytische Enzyme, Lysosomen 6f
Hydrocortison, Bindegewebe 48
–, hyaliner Knorpel 62
Hydroxylapatit, Knochen 68
–, Schmelz 41
Hydroxylysin, Kollagenfasern 49
Hydroxyprolin, Elastin 51
–, Kollagenfaser 49
17β-Hydroxysteroiddehydrogenase, Leydig-Zellen 243
Hypophyse 136f
–, Adenohypophyse 137f
–, Blutversorgung *137A*
–, Entwicklung 137
–, Hormone 137

Hypophyse, Neurohypophyse 137, *137A, 138A*, 141
Hypothalamus 136f
–, Adenohypophyse 137f
–, Effektorhormone 137, *137A*
–, –, Abgabe 137
–, Steuerhormone 137, *137A*
Hypothalamus-Hypophysen-System 136
Hypothalamus-Infundibulum-System 137

I
IgA, Darmwand 187
–, Plasmazellen 187
IgE, Mastzellen 47
IgG 47, 122, 126, 130f, 187
Ileum *188A*, 189
–, Folliculi lymphatici aggregati 189
Immunantwort 47, 121f, 126, *127A*, 131
Immunglobuline 47, 122, 126, 187
Immunität, humorale 47, 122, 126, *127A*
–, Makrophagen 47, 126 *127A*
–, zelluläre 47, 121, 126, *127A*
Immunoblast *121A*
Immunologische Abwehr *47T*, 126, 131
– –, Haut 283
– –, Verdauungskanal 181, 187
– Barriere, Dünndarm 187
Immunreaktion 47, 120ff, 126, *127A*, 133, 135
Immunsystem 126f
Implantationsgrube *237A*, 239
Incus 316
Infundibulum 137
– tubae uterinae 265
Inhibin 242
Inhibitorhormone 136
Innenglieder, Stäbchenzellen 310
–, Zapfenzellen 310
Innenohr 316f
Innenstreifen, Nierenmark *221A*, 222
Innenzone, Nierenmark *221A*, 222
Innere Augenhaut s. Retina
– Haarzellen *320A*, 321
– Körnerschicht, Großhirnrinde 329, *330A*
– –, Retina *308A*, 309
– Pfeilerzellen 321
– Phalangenzellen 321
– plexiforme Schicht *308A*, 309
– Pyramidenzellschicht 329
– Wurzelscheide 281
»Innere Uhr«, Epiphyse 142
Inseln, Langerhans 150, *150A*
Insulin, Bildung 151
–, Freisetzung 151
–, Wirkung 151
Integrierte Membranproteine *3A*, 4
– –, Nexus 28
Interchromatinsubstanz 20
Interdigitationen 28
Interferon 121, 123, 181
Interglobulardentin 100
Interleukin 126
Intermediäre Filamente 17, *29A*, 74
– –, Epidermis 276
– –, glatte Muskulatur 74
– –, Neurofilamente 17, 88f

Intermediärsinus, Lymphknoten 131
Intermitosekern 18
Internodium 94
Interphasekern 18
Interrenalorgan 147
Interstitielle Zellen, Hoden 243
Interstitielles Wachstum 62
Interterritorium 262
Interzelluläre Sekretkapillaren 163
Interzellularräume 29
Interzellularspalten 28, *28A*
–, Desmosomen 28, *28A*
–, Glykokalix 29
–, Nexus 28, *28A*
Interzellularsubstanz 28, 46, 48
Intestinum crassum 190
– tenue 181
Intima, Arterie, elastischer Typ 106, *107A*
Intraepitheliale Drüsen 39
Intramurales Nervensystem, Verdauungskanal 167
Intrazelluläre Canaliculi, Belegzellen 178, *179A*
Intrinsic-Faktor 178
Invagination 5, 29
Iodopsin 310
Ionenaustausch, basale Einfaltungen 30
–, Niere 227
–, Speicheldrüsen 163
Ionenkanäle 94
Ionenpumpe 92, 227
Ionentransport 2
Iris *304A*, 305
–, M. dilatator pupillae 305
–, M. sphincter pupillae 305
–, Pigmentierung *304A*, 305
Isocortex 328
Isogene Gruppe, Knorpel 63
Isotrope Querstreifung 51, 79
Isotropie 51
Isthmuszellen, Magen 177
Isthmus tubae uterinae 265
I-Streifen 79, *79A*

J
Jakobson-Organ *206A*, 209
Jejunum 189
–, Solitärfollikel 189
Jod, Schilddrüse 143
Jugendformen, neutrophile Granulozyten 118
Junctional complex 29
Juxtaglomerulärer Apparat 229
Juxtaglomeruläre Zellen 229

K
Kallikrein 161, 218
Kalmodulin 15, 75
Kaltrezeptoren 295
Kalzifizierung 68
Kalzitonin, Knochen *64A*, 65
–, Niere 228
–, Osteoklasten 65
–, Schilddrüse 145
–, Tubulus contortus distalis 228

Kalzium, Kalzitonin 65, 145, 228
–, glatte Muskulatur 74
–, Knochen *64A*, 65, 68f
–, Muskelkontraktion 80
–, Parathormon *64A*, 65, 145
–, quergestreifte Muskelfasern 80
–, sarkoplasmatisches Retikulum 77
Kalziumphosphat, Knochenverkalkung 68
Kambiumschicht 64
Kammerwasser *303A, 304A*, 313
Kammerwinkel *303A, 304A*, 313
Kapazitation 267
Kapillare 102f, *103A*
–, gefenstert 102, *103A*
–, geschlossen 102, *103A*
–, Permeabilität 103
–, Poren *103A*
–, Sinusoide *103A*, 199
Kappenbildung *236A*, 237
Kappenphase, Akrosomenbildung *236A*, 237
Kardiadrüsen 175, *175A, 176A*
Katabole Stoffwechselvorgänge, Lysosomen 7
Katalase, Peroxisomen 8
Katecholamine, Nebennierenmark 149
Kehldeckel *208A*, 211
Kehlkopf *208A*, 209
–, Knorpel 211
–, Schleimhaut 209
Keimepithel 233, 255
Keimepithelzyklus 240
Keimzellen, Entwicklung 26f, 233, 257
Keimzentrum, Lymphfollikel 130
Keratansulfat 52, 62
Keratin 276
Keratinfilamente 16
Keratinisierung, Epidermis 274f
–, Haar 281
Keratinozyten 274ff
Keratohyalin 37, 276
Kern s. Zellkern
Kernfaser 19
Kernhülle 19
–, Amitose 25f
–, Metaphase 24
–, Mitose 23f
–, Prophase 24
–, Telophase 24
Kernkörperchen *20A*, 21
Kernmatrix 20
Kernmembran 19, *20A*
Kernplasma 19
Kernpore 19, *20A*
Kernsackfasern 297
Kernschwellung 18
Kernvolumen 18
Killer-Lymphozyten 121, 126, *127A*
Kinetochorfaser 24
Kinetosom 15
Kinozilium 15, *16A*, 29, *30A*
–, Eileiter 265
–, Luftwege 205
–, Maculae 319
Klaue 289, *291A*

Kleine Körnerzellen, Cerebellum 327
– –, Lymphozyten 47, 120, 126 f
Kleinhirn 324 f
Kletterfasern 327
Klonale Vermehrung 126, *127 A*
Knäueldrüsen 279
Knochen 64 f, *64 A*
–, Abbau *64 A*, 65
–, –, Östrogene *64 A*
–, Arten 68 f
–, Aufbau 64, *64 A*, 66, *66 A*, 67
–, Blutgefäße *67 A*
–, Canaliculi 67
–, Eigenschaften 64
–, enchondraler 71
–, Entwicklung 71
–, –, desmale 66, *66 A*, 67
–, –, direkte 71
–, –, indirekte 71
–, Fibrae perforantes 71
–, funktioneller Bau 64, *64 A*, 65
–, Grundsubstanz 68
–, –, Apatitkristalle 68
–, –, Glykosaminoglykane 68
–, –, Kollagenfasern 65
–, –, Mineralien 68
–, –, Proteoglykane 68
–, Hormone *64 A*, 65
–, Kalzium *64 A*, 65
–, Kollagenfasern 68
–, Lakunen 67
–, Matrix 68 f
–, metabolischer 64, *64 A*, 65
–, Neubildung 66, *66 A*
–, Parathormon *64 A*, 65
–, perichondraler 71
–, Proteine 68
–, Sharpey-Fasern 71
–, Struktur-Glykoproteine 68
–, Substantia compacta 64
–, Umbau *64 A*, 65 f
–, Verkalkung 66
–, Vitamine 64, *64 A*, 65
–, Wachstum *66 A*
–, Wachstumszone 71
Knochenbälkchen 71
Knochenbruchheilung 64 f
Knochenhöhle s. Knochen, Lakunen
Knochenkanälchen s. Knochen, Canaliculi
Knochenmark 114
–, rotes 114
Knochenstammzellen 65
Knochenzellen 65, *65 A*, 66, *69 A*
Knorpel, Bronchi *210 A*, 212, *212 A*
–, elastischer *60 A*, 61 f, *208 A*, 211
–, Epiphysenfuge 71
–, Gelenkknorpel 62
–, Glykosaminoglykane 61
–, Grundsubstanz 61 f
–, –, Bildung 61 f
–, hyaliner *60 A*, 61 f
–, isogene Gruppen 63
–, Kollagen 61 f
–, kollagenfaseriger *60 A*, 61
–, Matrix 61
–, Wachstum 61

Knorpelhöhle 61
Knorpelhof 61
Knorpelkapsel 61
Knorpelzellen 61
–, enchondrale Ossifikation 71
Körnerschicht, Deckepithel 37
–, Großhirnrinde 328 f, *330 A*
–, Kleinhirnrinde 325, 327
–, Retina 309
Körnerzellen, Kleinhirnrinde 327, *328 A*
Körperflüssigkeiten 31
Kohlendioxid, Transport 205
Kohlenhydratspeicherung, Leberzelle 201
Kolchizin 15
Kollagen 48, *48 A*, 49, *49 T*
–, Bildung 49
–, Haut 277
–, Knorpel 61, 63
Kollagenfaser 49, *49 T*
–, Aminosäuren 49
–, Anisotropie 51
–, Eigenschaften 49, *49 T*
–, Färbungen 51
–, Faserknorpel 61, 63
–, Geflechtknochen 68
–, hyaliner Knorpel 62 f
–, Knochen 68
–, Mikrofibrillen *48 A*, 51
–, Querstreifung 51
Kollagenfaserbündel *50 A*, 51
Kollagenfibrillen 51
–, Knochengrundsubstanz 68
Kollagensynthese *48 A*
–, Typ I *48 A*, *50 A*, 51
–, –, Faserknorpel 61, 63
–, Typ II, hyaliner Knorpel 51, 62 f
–, Typ III 29, *48 A*, 51
–, –, Lamina fibroreticularis 30
–, Typ IV, Basallamina 30, 51
Kolloid, Schilddrüse 142 f
Kolostrum, IgA 224
Kolzemid 15
Kommissurenzellen 324
Kompartiment 2
–, adluminales 242
–, basales 242
Komplexe Synapse 90
Kontraktilität, Zelle 14
Kontraktion, glatte Muskulatur 74
–, quergestreifte Muskulatur 80
Kolon 192
Korbzellen 42, 325, *328 A*
Kortikosteroide, ACTH *137 A*, *138 A*, 141, 148
Kortikotrope Zelle *137 A*, *138 A*, 141
Kralle 289, *291 A*
Kreislaufsystem 102
Kristalle, Charcot-Böttcher 241
Kristalloid, eosinophiler Granulozyt 119
Krypten, Dünndarm s. Glandulae intestinales
Kultschitzky-Zelle 211
Kupffer-Zelle 199
Kutane Schleimhaut 167
K-Zellen, Trachea 211

L
Labmagen 170
Labyrinth 316
Lacis-Zellen 229
Lacuna ossea 67
Längenwachstum, Röhrenknochen 71
Lageempfindung 319
Laktation
–, hormonale Regulation 286
–, Oxytozin 285
Laktierende Mamma 284 f
Lamellenknochen 68
Lamina basilaris 320
– choriocapillaris 303
– densa 30
– endothelialis 106, 107, *107 A*, *108 A*
– fibroreticularis 30
– fibrosa 19
– intermedia 2
– limitans 242
– lucida 30
– muscularis mucosae 165
– propria mucosae 165
– omasi *172 A*, 173, *173 A*
– rara externa 2, 30
– – interna 2, 30
– spiralis 324
– – ossea *318 A*, 319
– suprachoroidea 302
– vasculosa 302
– vitrea 303
Laminin 30
Langerhans-Insel, A-Zellen 150
–, B-Zellen 150
–, D-Zellen 150
–, F-Zellen 150
Langerhans-Zelle, Epidermis 283
Larynx *208 A*, 209
Laterale Diffusion 4
Leber 193 f
–, Azinus *196 A*, 197
–, –, Zonenbildung *196 A*, 197 f
–, Blutbildung 195
–, Entwicklung 195
–, Funktionen 193, 195
–, Gallengänge *200 A*, 201
–, Gallensäure 201
–, Gefäßsystem 195, *196 A*
–, klassische Läppchen *194 A*, 196 f, *196 A*
–, periportale Läppchen *196 A*, 197 f
–, Sinusoide *198 A*, 199
–, Trias *194 A*, 196
–, Zellplatten 197, *197 A*, 199
Leberzelle *198 A*, 199 f
–, Durchmesser 199
–, Entgiftung 193, 200
–, Fett *198 A*, 200
–, glattes endoplasmatisches Retikulum *198 A*, 200 f
–, Glykogen *198 A*, 201
–, Golgi-Felder *198 A*, 200
–, Lysosomen *198 A*, 201
–, Mitochondrien *198 A*, 200
–, –, Zahl 201
–, Peroxisomen (Microbodies) 201

Leberzelle, Polyploidie 199
–, Proteinbildung 198A, 199f
–, rauhes endoplasmatisches Retikulum 198A, 199f
–, Sekretion 193, 198A, 201
–, Speicherung 193, 198A, 201
–, Zellkerne 198A, 199
Lederhaut 277
Leitenzym, glattes endoplasmatisches Retikulum 10
–, Golgi-Apparat 11
–, Lysosomen 6f
–, Mitochondrien 12f
Lens 301A, 303A, 311f
Leptomeninx 333
Leptotän 26A, 27
Leukotaxis 119
Leukotriene 47, 120, 136, 181
Leukozyten 117f
–, Diapedese 103
–, drumstick 21
–, Phagozytose 119
Leydig-Zellen 243
LHRH-Sekretion 141
LH-Zyklus 263, 272
Lidplatte 314
Lieberkühn-Drüsen s. Glandulae intestinales
Ligamentum 57
– nuchae 59
– spirale 320
– vocale 59, 211
Linea anocutanea 193
Linearbeschleunigung 319
Linksverschiebung 118
Linse 301A, 303A, 311f
–, Fasern 311
–, Kapsel 311
Lipidschichten, Zellmembran 3, 3A
Lipoblast 56
Lipofuszin 7, 17
–, Herzmuskelzelle 83
–, Nebennierenrinde 148
–, Nervenzelle 88
Lippe 153, 154A
–, Epithel 153
–, Drüsen 153
–, Innervation 153
Liquor cerebrospinalis 334
– follicularis 260
Lobus anterior, Hypophyse 137
– posterior 137
Lockeres Bindegewebe 56f
L-System 77, 79A, 81A, 83
LTH 141
Luftleitendes System 205f
Luftröhre 210A, 211
Luftsack 316
Luftwege, Wandbau 205f
Lunge 211f
–, Alveolarmakrophagen 216A, 217
–, Alveolen 214A, 215A, 216, 216A, 217
–, elastische Fasern 217
–, Kapillaren 217
–, kollagene Fasern 217
–, Surfactant 217
Luteinisierungshormon s. LH

Luteinizing Hormone Releasing Hormon s. LHRH
Luteotrope Zelle 137A, 138A, 141
Luteotropes Hormon s. LTH
Lymphatische Organe 126
Lymphatischer Rachenring 130, 157
Lymphatisches Gewebe 187
Lymphe 31
Lymphfollikel 130, 133
–, Milz
Lymphgefäße 105A, 112, 112A, 113
–, Dünndarm 187
–, Leber 196
Lymphknoten 130f, 131, 131A, 132A, 133
–, Mark 131, 131A, 132A
–, retikuläre Fasern 131
–, Rinde 131, 131A, 132A
–, Sinusräume 131, 131A, 132A
Lymphoblast 121A
Lymphokine 121, 127, 181
Lymphoretikuläres Bindegewebe 53f, 54A
Lymphotoxine 127
Lymphozyten s. Immunantwort
Lymphozytopoese 120, 121A
Lymphsinus 131
Lysin, Fibrogenese 49
Lysosomen 6f, 7A, 10A
–, Durchmesser 8
–, Enzyme 7
–, Funktion 7
–, Granulozyten 118
–, Hauptstückzellen, Niere 227
–, Markerenzyme 8
–, Matrix 8
–, primäre 8, 118
–, Osteoklasten 8
–, sekundäre 8
Lyssa 156A, 158

M
Macula adhaerens 27
– densa 229
–, Innenohr 317, 317A, 319
–, –, Sinneszellen 317, 319
Männliche Geschlechtsorgane 233f
– Harnröhre 251
Magen 170f, 174f
–, Belegzellen 176A, 177f, 179A, 180
–, EC-Zellen 178
–, endokrine Zellen 178
–, Hauptzellen 176A, 177f, 179A, 180
–, Nebenzellen 177f
–, Oberflächenepithel
–, Schleimhaut 174f
–, Sekretion 179f
–, vegetative Innervation 181
Magensaft 179
Magenschleim 179
Makroglia 97, 98A, 99A
Makrophagen 47, 47T, 48, 126
–, Abwehr 47, 123, 126, 127A
–, Adenohypophyse 139
–, Antigen-Antikörper-Komplex 126, 127A
–, Dünndarm 187

Makrophagen, Haut 283
–, Herkunft 123
–, Immunität 47, 126f
–, Kupffer-Zellen 123, 195
–, Langerhans-Zellen 283
–, Lunge 217
–, Lymphknoten 130f
–, Lysosomen 123
–, Milz 133
–, Phagozytose 47, 123, 126, 127A
–, Pleura 123
–, Septum interalveolare 123
–, Tonsille 130
Malleus 316
Malpighi-Körperchen, Milz 135, 135A
Mamma 283f
–, hormonelle Regulation 286
–, Interstitium 286
–, juvenile 285A
–, laktierende 284, 285A
–, Myoepithelzellen 285
–, ruhende 286
Mandeln 128A, 130
Manschette 237
Manteldentin 160
Mantelzellen 100, 331
Marginalsinus, Lymphknoten 131, 131A, 132
Markhaltige Nervenfasern 92f
– –, Erregungsleitung 95
Markkörper 324
Marklose Nervenfasern 93f
– –, Erregungsleitung 94f
Markscheide s. Myelinscheide
Marksinus, Lymphknoten 131, 131A, 132A
Markstränge, Niere 228
Mastzelle 47, 47T
–, allergische Reaktionen 47
–, Antikörperwirkung 47
–, Heparin 47
–, Histamin 47
–, IgE 47
Matrix, Zytoplasma 6
–, Lysosomen 8
–, Mitochondrien 12, 12A
Meatus acusticus externus 315
Mechanorezeptoren, Druck 295
Media, Arterie 106, 107, 107A
Mediastinum testis 233, 234A
Mediatoren 136
Medulla renalis 222
– ovarii 255
– spinalis 323f
Megakaryoblast 123, 124A
Megakaryozyt 25, 124, 124A
–, Knochenmark 123
–, Vorläuferzellen 123, 124A
Mehrkernige Zellen 18
Mehrreihiges Epithel, Definition 35
– respiratorisches Epithel 205
Mehrschichtiges Epithel 37, 38A
– unverhorntes Plattenepithel 37
– verhorntes Plattenepithel 37
Mehrwarzige Niere 218
Meibom-Drüse 314

Meiose 26f, *26A*
–, Ovogenese 257, 262
–, Spermatogenese 235f
Meißner-Plexus 167
Meißner-Tastkörperchen *294A*, 295
Melaninbildung, Regulation 279
Melaningranula *40A*, 279
Melaninpigment, Nervenzelle 17
Melanophoren 279
Melanotropin 141
Melanozyten 37, *40A*, 276, 279
–, Haar 281
–, Iris 305
Melanozytenstimulierendes Hormon s. MSH
Melatonin 142
Membrana basalis 30, 222
– cellularis 2f
– elastica externa 106, *107A*
– – interna 106, *107A*
– limitans gliae 309
– nuclearis 19
– reticularis 321
– tectoria *320A*, 320
– tympani 315
Membranen s. Zellmembran
Membrangebundene Ribosomen 9
Membranintegrierte Proteine, Carrier 2, *3A*, 4
Membrankanäle 92
Membranpotential 182
Membranrezeptoren 5
Memory cells 121f
Meningen 333
Meniscus articularis 63
Merkel-Zellen, Epidermis 277, 293
Merkel-Tastscheiben 293
Merokrine Sekretion 43
Meromyosin 80
Mesangiumzellen *223A*, 224, 229
–, extraglomeruläre 224, 229
–, Funktionen 224
Mesaxon 94
Mesenchym 46, 65
Mesenchymales Bindegewebe 53, *54A*
Mesoderm 33, 46, 195
Mesothelium 165, 168
Messenger-RNS 8
Metakinese 25
Metamyelozyt 117
Metaphase 24, *25A*
Metaphaseplatte 24
Metaphyse 71
Metarteriole *105A*, 105
Metöstrus 273
Mikrofibrillen 51
–, Querstreifung 51
–, Quervernetzung 51
Mikrofilamente 14f
–, Amitose 25f
–, Zytokinese 24
Mikroglia *98A*, *99A*, 100
Mikropinozytose 103
Mikroskopische Anatomie 101f
– –, Definition 101
Mikrosomen 8
Mikrotrabekelgitter 14

Mikrotubuli 14f, *16A*
–, Amitose 25f
–, Axon 89
–, intrazellulärer Transport 15
–, Metaphase 24f
–, Nervenzelle 88
–, Neubildung 15
–, Spermiation 241
–, Spindelapparat 15
–, synaptische Bläschen 90f
–, Wachstum 14
–, Zellgestalt 14
Mikrotubuliassoziierte Proteine 14
Mikrovilli 29, *30A*, 183f, *184A*
–, Aktin 14, 184
–, Darmepithelzelle 184
–, Dünndarm 184
–, Myosin 185
–, Niere 227
Milchalveolen 284, 285A
Milchdrüse s. Mamma
Milchgänge 285
Milchsekretion 285, *286A*
–, Zusammensetzung 284
Milchzisterne 285
Milz 133f, *134A*, *135A*
–, Abwehr 133
–, Blutbildung 133
–, Blutgefäße 133, 135, *135A*
–, Blutspeicherung 133
–, Blutzirkulation 133, 135, *135A*
–, Lymphfollikel 133, 135
–, Makrophagen 133
–, retikuläre Fasern 135
–, Retikulumzellen 135
–, rote Pulpa *134A*, 135, *135A*
–, – –, Pulpastränge 135
–, Sinusoide 135, *135A*
–, weiße Pulpa 133, *134A*, 135, *135A*
Milzknötchen 135
Mineralokortikoide, Zona glomerulosa (arcuata) 148
Mineralstoffwechsel, Kalzitonin 65
Miosis 305
Mitochondrien *7A*, 12ff, *12A*
–, äußerer Stoffwechselraum 13
–, Atmungskette 13
–, Belegzelle 178
–, Cortisol 148
–, Cristatyp 13
–, DNS 13
–, Enzyme 13
–, Evolution 13
–, Fettsäurezyklus 13
–, Funktion 12
–, Granula 13
–, Größe 12
–, Hauptstückzelle 227
–, Herzmuskelzelle 83
–, innerer Stoffwechselraum 13
–, Lebensdauer 13
–, Leberzelle 201
–, Matrix 12f
–, Membranen 13
–, motorische Endplatte 92
–, Neubildung 13
–, RNS 13

Mitochondrien, Sarkoplasma 77
–, Skelettmuskulatur 14, 77
–, Spermatide 239
–, Spermium 13, *237A*, 239
–, Steroidsynthese 148, 243, 263
–, Streifenstücke 13
–, Tubulustyp 13, 148, 243, 263
–, Zahl 13
–, Zitronensäurezyklus 13
Mitose 22ff, *23A*, *25A*, *26A*
–, Dauer 22
–, Definition 22
–, Spindel 24
Mitosechromosom 24
Mittelohr 315
Mittelstück, Niere 228
Mittlere Augenhaut 300, *301A*, 302f
Mixoplasma 24
Mobile Bindegewebszellen 46
Modiolus 319
Molekularschicht, Großhirnrinde 328, 329, *330A*
–, Kleinhirn 325
Monaster 25
Monoblast 122, *122A*
Mononukleäres Phagozyten-System s. MPS
Monozyt 48, 122, *122A*, 123
–, Makrophagen 123
–, Osteoklasten *65A*
Monozytenvorläufer, Knochenmark 122, *122A*
Monozytopoese 122, *122A*
Moosfasern 327
Motilität, Zytoplasma 14
Motoneuron s. Motorische Nervenzellen
Motorische Einheit, Endplatte *78A*, 80, *88A*, 92, *93A*
– –, Azetylcholin 80, 92
– Nerven 92
– Nervenzellen 92
– –, Axone 92
MPS 48, 123, 126, 131, 133, 148, 195, 283
MSH 141
M-Streifen, Myofibrille 79, *79A*
Müller-Stützzellen *308A*, 310
Muköse Drüsenzelle 41, *42A*, *44A*
– –, Glandula mandibularis 163
– –, – sublingualis 165
Mukoseröse Drüsenzelle 41
Multienzymträger 6ff, 12
Multiforme Schicht, Großhirnrinde 329, *330A*
Multilamelläre Körperchen, Alveolarepithel 217
Multipolare Nervenzelle *85A*, *86A*, 87, *91A*
Multivakuoläres Fettgewebe 56
Mundhöhle 152
Mundschleimhaut 152
–, Regeneration 153
Musculus (Musculi)
– arrectores pili 280
– ciliaris 305
– dilatator pupillae 305
– sphincter pupillae 305

Musculus (Musculi)
- stapedius 316
- tensor tympani 316
- trachealis 211
Muskelfaser 80
-, Dehnung 89
-, Energiegewinnung 77
-, quergestreifte 77
-, rote 80
Muskelgewebe 74 f
-, Definition 74
Muskelkontraktion 74, 80
Muskelspindel 297
Muskelzelle, glatte 74 f
Muskulatur, freie Nervenendigungen 74, 80
-, glatte 74, 75, *75 A, 76 A*
-, quergestreifte 77 f, *78 A*, 79 ff
Muskuloelastisches System, Aorta 106
Mydriasis 305
Myelin 94
Myelinscheide *88 A, 91 A*, 324
-, Bildung 94
Myeloblast 117, *118 A*
Myelozyt 117, *118 A*
-, basophiler 117, *118 A*
-, eosinophiler 117, *118 A*
-, neutrophiler 117, *118 A*
Myoepithelzellen *42 A*
-, Brustdrüse 285
-, Duftdrüsen 279
-, Mundspeicheldrüsen *162 A*, 163
Myofibrillen *79 A*, 80
-, Dehnung 80
-, Kontraktion 80
Myofilamente 74
Myoglobin 17, 80
Myokard 111
Myometrium 269
Myoneurale Verbindung *93 A*
Myosin 74
-, glatte Muskulatur 74
-, Mikrotrabekel 14
-, quergestreifte Muskulatur 77, 79, *79 A*, 80
Myosinköpfchen 80
-, Muskelkontraktion 74, 80

N
Nasenbodenorgan *206 A*, 209
Nasenhöhle *204 A*, 207
-, Regio respiratoria 207
Nasennebenhöhlen 209
Nasenschleimhaut, Chemorezeptoren 207
-, Epithelformen 207
-, Gefäße 207
-, Schwellkörper *206 A*, 207
Natrium-Kalium-ATPase 2, 89
-, Nierenhauptstück 227, 229
Nebenhoden *234 A, 238 A*, 243 f, *244 A*
-, Funktionen 245
-, Samenflüssigkeit 245
Nebenniere *144 A, 146 A*, 147 f, *147 A*

Nebenniere, Blutversorgung 147, *147 A*
-, tubuläre Mitochondrien 148
Nebennierenmark *144 A, 146 A, 147 A*, 147 ff
-, präganglionäre Fasern 149
-, vegetative Innervation 149
Nebennierenrinde *144 A, 146 A*, 147, *147 A*, 148
-, ACTH 148
-, Aldosteron *147 A*, 148
-, Androgene *147 A*, 148
-, Cortisol 148
Nebenschilddrüse *144 A*, 145
Nebenzellen 177
Nephron 219, 221 f, 225 f
-, Entwicklung 219
-, juxtamedulläres 222
-, kortikales 221
Nervenendigungen, freie 293
Nervenfaser 92 f, 95, *96 A*
-, Leitungsgeschwindigkeit 95
-, markhaltige 95, *96 A*
-, marklose 95, *96 A*
-, Typen 95
Nervengewebe 84 f
-, Definition 84
Nervensystem 322 f
-, animalisches 322
-, autonomes 322
-, Grundfunktionen 322
-, vegetatives 322
-, zerebrospinales 322
Nervenzelle 84 f, *91 A*
-, Basophilie 87
-, bipolare 85
-, Einschlüsse 88
-, Feinbau 87 f
-, Formen 84 f, *85 A*
-, Golgi-Apparat 87
-, -, Typ I 87
-, -, Typ II 87
-, motorische *88 A*
-, multipolare *85 A, 86 A*, 87
-, Neurofibrillen *86 A*, 89
-, Nissl-Substanz *86 A*, 88
-, Nukleolus *91 A*
-, Perikaryon 87
-, Pigmente 88
-, Proteinsynthese 87
-, pseudounipolare *85 A, 86 A*, 87, 331, *332 A*
-, rauhes endoplasmatisches Retikulum 87
-, sensible 92
-, sensorische 92
-, somato-afferente 92
-, somato-efferente 92
-, unipolare 85, *85 A*
-, vegetativ-afferente 92
-, vegetativ-efferente 92
-, Zellkern 87
Nervus opticus 310, *312 A*
Netzförmiges Bindegewebe 53 f
Netzhaut s. Retina
Netzmagen 170, *172 A, 173 A*
Neurit 84
Neuroblasten 84

Neuroepithel (= primäres Sinnesepithel) 293, 298
Neurofibrillen 88
Neurofilament 17, 88
Neuroglia 97 f
Neuroglioblasten 84
Neurohypophyse 137, *137 A, 138 A*, 141, 142
Neuron s. Nervenzelle
Neuropeptide 90, 307
Neuropil 324
Neurosekret, Neurohypophyse 136 f
Neurosekretorische Granula, Zellen 136 f
Neurotransmitter 90, 92, 136, 137, 307
Neurotubuli 88, 89
Neutrophile Granula 118
- Granulozyten 118, 119
- -, Entwicklung 117
- -, lysosomale Enzyme 118
- -, Sex-Chromatin 21
- Metamyelozyten 118
- Myelozyten 118
- Strukturen 119
Nexine 15
Nexus *28 A*, 29, 74, 184
-, Disci intercalares 81, 83
-, integrierte Membranproteine 29
-, Leitfähigkeit 89
-, Stoffaustausch 29, 83
-, Vorkommen 29
Niederdrucksystem 102, *105 A*
Niere 218 f
-, Blutgefäße 219
-, Filtration 224
-, Funktionen 218
-, gefensterte Kapillaren 222
-, Hauptstück 225
-, -, basales Labyrinth 225
-, -, Bürstensaum 225
-, -, Mitochondrien 225
-, -, Peroxisomen 225
-, Henle-Schleife *221 A*, 225 f
-, Innervation 219
-, Lappen 218
-, Mark 218, *221 A*, 222
-, Mittelstück 228
-, -, gerader Teil 228
-, -, gewundener Teil 228
-, peritubuläre Kapillaren 219
-, Reabsorption 227
-, Rinde 218, *220 A, 221 A*, 222
-, Rinden-Mark-Grenze *220 A, 221 A*, 222, *226 A*
-, Sammelrohr *221 A*, 228
-, Sekretion 227
-, Zonengliederung *221 A*, 222
Nierenbecken *220 A*, 229
Nierenkörperchen s. Glomerulum
Nischenzellen 217
Nissl-Substanz *86 A*, 88
Noradrenalin 90, *147 A*, 149
-, Nebennierenmark *147 A*, 149
Normoblast *115 A*, 116
-, azidophiler *115 A*, 116
-, basophiler *115 A*, 116
-, polychromatischer *115 A*, 116
Nucleolemma 19

Sachverzeichnis

Nucleolus 21f, *20A*, 24
–, Nervenzelle 87
–, Pars fibrosa 21
–, Pars granulosa 21
Nucleus s. Zellkern
- infundibularis 137, *137A*
- intermediolateralis 324
- intermediomedialis 324
- paraventricularis 137, *137A*
- supraopticus 137, *137A*
- ventromedialis 137, *137A*
Nuel-Raum *320A*, 321
Nukleonema 21
Nukleoplasma 19f
Nukleosom *18A*, 21
Nukleosomenketten 19f

O

Oberflächenepithel 33f
Oberflächenrezeptoren 293f
Oberflächensensibilität 293f
Oberhaut 274f
Odontoblasten 159
Odontoblastenfortsätze 159
Ösophagus *166A*, 168f, *169A*
–, Drüsenzellen 168
–, Epithel 168
Östrogen, Bildung 272
–, Erythropoese 115
–, hyaliner Knorpel 62
–, Knochen 65
–, Laktation 287
–, LH-Sekretion 287
–, Nebennierenrinde 148
–, Vaginalepithel 271
–, Wirkung 272
Östrus 273
Ohr 315f
Ohrmuschel 315
Ohrschmalzdrüsen 315
Ohrspeicheldrüse 163
Olfaktorisches Epithel *204A*, 207
Oligodendroglia 99, 324
Oligodendrozyt *88A*, *91A*, 92, *98A*, 99, *99A*, 324
Omasum 170, *172A*, 173, *173A*
Orbiculus ciliaris 305
Organa genitalia feminina 255
– – masculina 233f
– haemopoetica 144f
– sensuum 293f
– urinaria 218f
Organum gustus 297
– olfactus 298
– spirale 320
– vestibulocochleare 315f
– visus 300f
– vomeronasale *206A*, 208f
Orthograder Transport 89
Ortsständige Zellen 46f
Ossein 66, *66A*, *69A*
Ossifikation, desmale *66A*, 71, *72A*
–, enchondrale 71, *72A*, *73A*
–, perichondrale 71
Osteoblast 46, 65, 66, *69A*
–, Herkunft *65A*
–, Kollagenbildung 66

Osteoid 66, *66A*, *69A*
Osteoklast 65, *65A*, 66, *69A*
–, Herkunft *65A*
–, Hormone 65
–, Parathormon 65
Osteolyozyt 69
Osteon *67A*, 68
Osteozyt 65, *65A*, 66, *69A*
–, Herkunft 65, *65A*
–, Knochenverkalkung 66A
Otolithenmembran 319
Ovales Fenster 319
Ovar 255f
–, Follikel, primärer *256A*, 258, *258A*
–, –, primordialer *256A*, 258, *258A*
–, –, sekundärer 258, 259, *259A*
–, –, tertiärer 260, *260A*
–, FSH 272f
–, Graaf-Follikel 262
–, Oberflächenepithel 255
–, spinozelluläres Bindegewebe 257
–, Zona parenchymatosa 257
–, Zona vasculosa 257
Ovogenese, postnatale 257f
Ovogonien 257
Ovozyte 258, *261A*
–, primäre *256A*, *258A*, 258f
–, sekundäre 262
Ovulation 262
Ovum 262
Oxidasen, Peroxisomen 8
Oxidative Phosphorylierung 13
Oxyphile Zellen, Nebenschilddrüse 145
Oxytozin, Abgabe 137, 141
–, Laktation 141
Oxytozinreflex 141

P

Pachymeninx 333
Pachytän *26A*, 27
Pacini-Körperchen *294A*, 295
Palpebra *312A*, 313
Paneth-Zellen 184, 186
Pankreas, endokriner Teil 150, *150A*
–, exokriner Teil *202A*, 203
Pankreatisches Polypeptid 150
Pankreozymin 151, 186
Pansen 170, 171, *172A*, *173A*
Papilla conica 153, 157
– filiformis *156A*, 157
– foliata 157, *158A*
– fungiformis 157
– mammae 287, *288A*
– nervi optici 310, *312A*
– renalis 218
– ruminis 171
– vallata *156A*, 157, *158A*
Papillarkörper 37
Parafollikuläre Zellen, Schilddrüse 145
Paraganglien 147, 149, *150A*
Parakortikale Zone 129, 131, *131A*
Parakrine Zellen 243
Parallelfaseriges Bindegewebe 57
Paraneuron 186
Paraplasma 17
Paraplasmatische Einschlüsse 17

Parathormon 65, 145
–, Kalzitonin *64A*, 65, 145, 228
–, Knochen *64A*, 65
–, Knochenverkalkung 68
–, Niere 228
–, Osteoklasten 65
–, Tubulus contortus distalis 228
Parazonien 159
Paries membranaceus *210A*, 211
Parietalzelle *176A*, 177, 178, *178A*, *179A*
Parotis, Drüsenzellen 163, *164A*
–, Innervation 161
–, Speichelsekretion 161
Pars caeca, Retina 305, 307
– cardiaca 175
– ciliaris et iridica, Retina 305, 307
– contorta, Nierenrinde 225
– disseminata, Prostata 249
– distalis, Adenohypophyse 139
– fibrosa, Nukleolus 21
– glandularis, Drüsenmagen 170
– granulosa, Nukleolus 21
– intermedia, Adenohypophyse 139
– membranacea, Urethra 253
– nasalis, Pharynx 209
– nonglandularis, Vormagen 170
– optica, Retina 308f
– oralis, Pharynx 209
– pigmentosa, Retina 308f
– praeprostatica, Urethra 251
– prostatica, Urethra 253
– spongiosa, Urethra 253
– tuberalis, Adenohypophyse 139
Patching 4
Paukenhöhle 315
Pelvis renalis 218, 229
Penis *252A*, 253, 254
Pepsin 49, 178, 181
Pepsinogen 177, 181
Peptidasen, Bürstensaum, Dünndarm 182
–, –, Hauptstück 227
–, –, Lysosomen 6
Perforatorium 239
Periarterioläre Scheide (PALS) 135, *135A*
Perichondrale Knochenmanschette 71
– Ossifikation 71
Perichondrium *62A*, 63
Perikaryon 84, 87
Perilymphatischer Spalt 316
Perilymphe 317
Perimetrium 269
Perimysium *75A*, *76A*, *78A*, *79A*, 81, *81A*
Perineuralscheide 95
Perineurium 95, *96A*
Perinukleärer Raum 19
Periodontium 161
Periost 64, 66, *67A*
–, Knochenbruchheilung 65
Peripheres Nervensystem 331f
Periportale Läppchen *196A*, 197
Perisinusoidaler Raum 199
Peritenonium 57
Perivitelliner Raum 258, *261A*
Perizentrioläres Material 15

Perizyt 102, *103A, 104A*
Peroxidase 8
Peroxisomen, Hauptstückzelle 8, 227
–, Kupffer-Zellen 195
–, Leberzelle 201
Pertoxin 127
Peyer-Platten 130
Pfeilerzellen 320, *320A*, 321
Pfortader 195
Phagosom 8
Phagozyten 117
Phagozytose s. MPS
Phalangenzellen 320, *320A*, 321
Pharynx 165
Phosphat, Knochengrundsubstanz 68
Phospholipide, Zellmembran 2
Photorezeptoren 293, 309
Pia mater 333
Pigmente, endogene 7, 17, 117
–, exogene 17
–, Lysosomen 6 ff, *7A*
–, Nervenzelle 88
Pigmentepithel, Retina 308
Pigmentzellen, Iris 305
Pinealzellen *140A*, 142
Pinozytose 5
Pinselarteriole 135
Pituizyten 141
Plasmalemm 2
Plasmazelle 47, *47T*, 122, 126, *127A*, 130, 131, 187
–, IgA 187
Plasmodium 26
Plattenepithel 35, *36A*
–, Epidermis 274, 275
Plattenmandel 130
Pleura, Epithel 212
Plexus choroideus *332A*, 333
– nervorum myentericus 167
– – submucosus 167
– pampiniformis 247
– venosus sclerae 301, *301A*, 313
Plicae circulares 183
– gastricae 174
– vocales 211
Plurivakuoläres Fettgewebe 56
Pneumozyt, Typ I und II *216A*, 217
Podozyten 223, *223A*
Polfasern 24
Polkissen 229
Polkörperchen 262
Polsterarterien 107
Polstrahlen 24 f
Polus tubularis 222, 225
– vascularis 222, 224
Polyanionische Proteoglykane 222 f
Polychromatischer Erythroblast *115A*, 116
– Normoblast *115A*, 116
Polypeptidabbau 182
Polyploide Riesenzelle 27
Polyploidie 22, 27
Polyribosomen 9
Polysaccharidseitenketten, Zellmembran 2, 4 f
Polysom 9
Poren, Kapillaren *103A*

Poren, Zellkern 19, *20A*
Portalvenensystem, Hypophyse 139
Postganglionäre Fasern 149
Postnatale Blutbildung 114 f
Postsynaptische Membran 90
PP-Zellen, Langerhans-Inseln 151
Prädentin 159
Präganglionäre Fasern 149
Präkapilläre Sphinkteren 105
Präossein *66A*
Präosteoblast 65
Präovulatorischer Follikel 262
Präputialbeutel 254
Präputium 254
Präsynaptische Membran 90
Präsynaptisches Axon 90
Primäre Lysosomen 8
– Markhöhle 71
– Ovozyten 265
– Sinneszellen 293, 298
– Spermatozyten 235
Primärfollikel, Lymphfollikel 130
–, Atresie 224
–, Ovar 258
Primärharn 224
Primordialfollikel 258
Proakrosomales Granulum 237
Processus ciliaris *304A*, 305
Proelastin *48A*
Proerythroblast 115 f
Proerythrozyt *115A*, 116
Progenitorzelle 114, 263 f
Prokaryonten 17
Prokollagen 49
Prolaktin, Laktation 287
–, Releasing Hormon 141
Proliferationsphase 268
Prolin, elastische Faser 51
–, Kollagenfaser 49
Prometaphase 24
Promonozyt 122
Promyelozyt 117
Proöstrus 273
Prophase 24, *25A, 26A*
–, Zentriolen 24
Proplasmozyt 122
Propriorezeptoren 293
Prostaglandine 47, 55, 136, 181, 218, 263 f, 267
Prostata 249, *250A*
Proteine, basische 9
–, Golgi-Apparat 11
–, Zellmembran 2 ff
Proteinsekretion 10
Proteinsynthese, zytoplasmatische, freie Ribosomen 9, *20A*
–, –, rauhes endoplasmatisches Retikulum 9 f, *10A, 20A*
Proteoglykane 52
–, hyaliner Knorpel 52
–, Knochengrundsubstanz 62
–, Synthese 48, 52
Prothrombin 125
Protofilamente 14
Protoplasmatischer Astrozyt 99
Psalter 170 *172A*, 173, *173A*

Psalter, Segel *173A*, 174
Pseudounipolare Nervenzelle, Spinalganglion *85A, 86A*, 87, 331
Pulmo s. Lunge
Pulpa dentis 161
Pulpastränge, Milz 135, *135A*
Pupille 305
Purkinje-Faser, Herz *82A*, 111
Purkinje-Zelle, Kleinhirn *85A*, 327, *328A*
Pylorusdrüsen 176, 178, *180A*
Pyramidenzelle *85A, 86A*, 329, *330A*
Pyramidenzellschicht 328, 329, *330A*

Q
Quergestreifte Herzmuskulatur *81A*
– Skelettmuskulatur 77 f
– –, Faserarten 80
– –, Kontraktion 80
Querstreifen, Mikrofibrillen *78A*, 79, *79A*, 80
–, Myofibrillen 79 f
Quervernetzung, Mikrofibrillen 51

R
Rachen 165
Rachenring, lymphatischer 130
Radix dentis 159
– dorsalis 323
– ventralis 323
Randsinus, Lymphknoten 131, *131A*, 132
Ranvier-Knoten *91A*, 94
Rauhes endoplasmatisches Retikulum, Leberzelle 199
– – –, Nervenzelle 87
– – –, Prokollagenbildung 49
– – –, Proteinsekretion 9 f
Reabsorption, Niere 227
Reaktionszentrum 130
Rechtsverschiebung 118
Recycling, Zellmembranen 11
Regenbogenhaut s. Iris
Regio olfactoria respiratoria, Nasenhöhle 207
Reifer Follikel 262
Reifeteilung s. Meiose
Reifungsphase *236A*, 239
Reissner-Membran *318A*, 319
Rektum 193
Releasinghormone 136 f
Renin 229
Renin-Angiotensin-Komplex 218
Residualkörper 7
Resorbierendes Epithel 184
Resorption, Fett 183
–, Monosaccharide 182
–, Proteine 182
Resorptionsvakuolen, Hauptstück 227
Respiratorisches Epithel *204A*, 205
– –, Kinozilien 205
– –, Trachea 211
– –, Zellarten 205
– System 215 f
Restkörper, Spermatide 239
Rete capillare glomerulare 222
– elastica 107
– testis 233, *234A*

Retikuläre Fasern *49 T, 50 A*, 51
– –, Anfärbungen 51
– –, Basalmembran 30
– –, Endomysium 81
– –, Fettgewebe 56
– –, Lymphknoten 131
– –, Milz 133
Retikuläres Bindegewebe 53
Retikulinfasern *49 T*, 51
Retikuloendotheliales System (RES) 123
Retikulohistiozytäres System (RHS) 123
Retikulozyt *115 A*, 116
Retikulum 170
Retikulumzelle, dendritische 135
–, histiozytäre 126
–, interdigitierende 126
–, Knochenmark 114
–, Lymphknoten 131, *131 A*
–, Milz 133
–, rote Milzpulpa 135
–, Thymus 129
Retina *306 A*, 307 f
–, äußere plexiforme Schicht *308 A*, 309
–, amakrine Zellen *308 A*, 310
–, bipolare Nervenzellen *308 A*, 310
–, Entwicklung 307
–, Ernährung 310
–, Gefäße 310
–, Horizontalzellen 310
–, innere plexiforme Schicht *308 A*, 309
–, Müller-Stützzellen *308 A*, 310
–, Pars caeca 305, 307
–, – ciliaris 305, 307
–, – nervosa 309 f
–, – pigmentosa 308
–, Schichten *306 A*, *308 A*, 308 f
–, Stäbchenzellen 309
–, Stratum ganglionare *308 A*, 309
–, – limitans externum 309, 310
–, – nervosum 309
–, – neuroepitheliale 309
–, – neurofibrarum 309
–, – nucleare externum *308 A*, 309
–, – – internum *308 A*, 309
–, – pigmentosum 308
–, Zapfenzellen *308 A*, 310
Retrograder Transport 89
Retzius-Streifen 159
Rezeptoren, Berührung 293
–, Chemorezeptoren 297 f
–, Druck 293
–, Eingeweidesensibilität 297
–, Leitungsbogen 293
–, Makrophagen, Immunglobuline 126
–, Oberflächensensibilität 293
–, Schmerz 293
–, Sinnesorgane 293
–, Temperatur 293
–, Tiefensensibilität 295
–, Vibration 293
–, Zellmembran 4
Rezeptorproteine, Zellmembran 4
Rhodopsin 309
RHS 123
Ribonuklease, Lysosomen 6
Ribonukleinsäure s. RNS
Ribosomale RNS s. r-RNS

Ribosomen 8, *20 A*
–, Basophilie 9
–, freie 9
–, membrangebundene 9, *10 A*, *20 A*
–, Nissl-Schollen 88
–, Proteinsynthese 8 f, *20 A*
Riechschleimhaut *204 A*, 207
Riesenpyramidenzellen 329
Riesenzellen, Megakaryozyt 123
–, Osteoklasten 65 f
Ringfaserscheide, Spermium 239
RNS, Basophilie 9
–, Kernplasma 19
–, Mitochondrien 13
–, Nukleolus *20 A*, 21
–, Ribosomen 8
Röhrenknochen, Compacta *48 A*
Rotation, Membranen 4
Rotationsbeschleunigung 319
Rote Muskelfasern 80
– Pulpa, Milz *134 A*, 135, *135 A*
Rotes Knochenmark 118
r-RNS 9, *20 A*
Rückenmark 323 f
–, Nervenzellen 324
Rückenmarkhäute 333
Rüsselscheibe 153
Ruffini-Körperchen *294 A*, 295
Ruhende Wanderzellen 46
Rumen 170, 171, *172 A*, *173 A*
Rundes Fenster 319

S

Sacculus alveolaris 212, *215 A*, 216
– –, Innenohr 317
Säulenknorpel 73, *73 A*
Säureschutzfilm 283
Saltatorische Erregungsleitung 95
Salzsäure, Magen 178
Salzsäurebildung 180
Samenblasendrüse 248
Samenkanälchen, Hoden
–, gerade 243
–, gewundene 233
Samenleiter *246 A*, 247
Samenleiterampulle 247 f
Sammelrohr 219, *226 A*, 228
Sarkolemm *75 A*, 77
Sarkomer 79
–, Länge 79
Sarkoplasma 74, *76 A*
–, Mitochondrien 74, 77, 83
Sarkoplasmatisches Retikulum 10, 74, 77, 83
– –, glatte Muskulatur 74 f
– –, Herzmuskelzelle 81 f
– –, Kalziumionen 74, 80, 83
– –, Kontraktionsvorgang 80
– –, Skelettmuskulatur 77 f
Sarkosomen 74
Satellitenzellen 331
Sauerstoff, Transport 100, 114
Saumzelle 184
Scala tympani *318 A*, 319
– vestibuli *318 A*, 319
Schädelknochen, desmale 71

Schaltlamellen *67 A*, 69, *70 A*
–, Speicheldrüsen *162 A*, 163
–, Pankreas 203
Schaltzellen 324
Scham s. Vulva
Scheide s. Vagina
Scherengitterprinzip 277
Schilddrüse *140 A*, 142 f
–, C-Zellen 145
–, Follikel 142 f
–, Follikelstadien 142 f, 145
–, Hormone 142 f
–, Jod 143, *143 A*
–, Kolloid 143, *143 A*
–, parafollikuläre Zellen 145
Schilddrüsenfunktion, Regelung 143, *143 A*
Segmentkernige neutrophile Granulozyten 118
Sehne 57, *58 A*, 59
–, Kollagen Typ I 59
–, Zellen 57
Sehnenorgan 57, *59 A*, 295
Sehnenspindeln 295
Sehnerv 311
Sehorgan 300 f
Sehpigment 309
Sehpurpur 309
Sekretkapillare, interzellulär 163
–, intrazellulär 178
Sekretgranula, Zymogen 203
–, APUD-Zellen 186
Sekretin, Dünndarm 186
–, Leber 201
–, Magen 181
–, Pankreas 151
Sekretion 5, 11, 183
Sekretionsphase, Schilddrüse *143 A*
–, Uterus 268
Sekretrohr *162 A*, 163
Sekundäre Lysosomen 8
– Ovozyte 262
– Sinneszellen, Geschmacksknospen 297
– –, Haarzellen 317, 319, 320 f
– Spermatozyte 235
Sekundärfollikel, lymphatisches System 130, *131 A*
–, Ovar 258
Schleim, Magen 179 f
–, Darm 183, 185, 191
Schlemm-Kanal 313
Schlitzmembran 224
Schlundkopf 165
Schlußring, Spermium 239
Schmelz, Entwicklung 159
–, Mineralisation 159
Schmelzmatrix 159
Schmelzprismen 159
Schmerz, Rezeptoren 295
Schmidt-Lanterman-Einkerbung 94
Schnecke s. Cochlea
Schneckenspitze 319
Schräger-Hunter-Streifen 159
Schwann-Zelle *88 A*, 92, 100
Schweigger-Scheidel-Hülse 135, *135 A*
Schweiß 279
Schweißdrüse 43, *45 A*, 279

Schweißdrüse, Myoepithel 279
Schwellkörper, Nasenschleimhaut 207
–, Penis 253, 254
Sclera 300, *301A*
Semidesmosom 29
Sensible Nervenfasern 92
Sensorische Nervenfasern 92
Septula testis 233, *234A*
Septum interalveolare *215A*, 217
– –, Kapillarendothel 217
– –, kontraktile Zellen 217
– –, Poren 217
– medianum dorsale 323
Seröse Drüsenzelle 41, *42A, 44A*
– –, Pankreas 203
– –, Parotis 163
Seromuköse Drüse, Glandula(e) bronchiales 213
– –, – epiglotticae 211
– –, – mandibularis 263
– –, – sublingualis *264A*, 265
Serotonin, Blutplättchen 124
–, Dünndarm 186
–, Epiphyse 142
–, Magen 178
–, Schilddrüse 145
–, Synapse 90
Sertoli-Zelle *240A*, 241
–, Funktion 241f
–, Phagozytose 242
–, Sekretion 242
Sex-Chromatin, neutrophile Granulozyten 21
Sharpey-Fasern 71, 161
–, Zahnhalteapparat 161
Silberimprägnation, retikuläre Fasern *50A*, 51
Sinneshaare 299, *299A*
Sinnesorgane 293f
Sinneszellen, Corti-Organ, 320f.
–, Geruch 207, 298, *299A*
–, Geschmacksknospen 297, *298A*
–, Macula 317
–, primäre 207
–, sekundäre *317A*, 319, 321
Sinusendothelzellen 131, 135
Sinushaar 281, *282A*
Sinuskapillare 102, 105
Sinusknoten 111
–, Nebenniere 147
Sinus lactifer 285
Sinusoide, Leber 199
–, Milz 135
Skelettmuskelfaser 77f
–, Dehnung 80
–, Innervation 80
–, Kerne 77
–, Kontraktion 80
–, Querstreifung 77, *78A*, 79, *79A*, 80
Skelettmuskelgewebe 77f
Skleroproteine 63, 68
Smegma praeputii 254
Solitärfollikel 130
Somatisches Nervensystem 322
Somato-afferente Nervenzelle 92
Somato-efferente Nervenzelle 92

Somatostatin, Magen-Darm-Kanal 186
–, Pankreas 151
–, Schilddrüse 145
Somatotrope Zellen *137A, 138A*, 139
Somatotropin 139
Spatium perilymphaticum 316
Speichel 161
Speicheldrüsen 161f
Speichelröhre *166A*, 168f, *169A*
Speichelsekretion 161
–, Regulierung 161
Speichermilz 133
Speicherung, Fett, Wasser 56
Spermatide 236, *236A*
Spermatogenese 233, *238A*
–, Kinetik 240
–, Keimepithelzyklus 240
Spermatogonie 234, 238A
Spermatozyte 235
–, primäre 235
–, sekundäre 235
Spermatozytogenese 234, *238A*
Spermiation 242
Spermiogenese 235, *238A*
Spermium *237A*, 239
–, Bewegung 239
–, Endstück 239
–, Hals 239
–, Hauptstück 239
–, Kopf 239
–, Kopfkappe 239
–, Mitochondrien 239
–, Mittelstück 239
–, Schwanz 239
Speziallamellen *67A, 70A*
S-Phase *22A*, 23, *24A*
Spinalganglion 331, *332A*
Spindelapparat 15
Spinozelluläres Bindegewebe 257, 268
Spirem 24
Stachelzellschicht 37
Stäbchen, Retina 309
Stäbchenförmige Granulozyten 118
Stammzelle, hämatopoetische 114f
Stapeldrüse 142
Stapes 316
Steigbügel 316
Stereozilien 29, *30A, 38A*
–, Maculae 319
–, Nebenhoden 245
Sternzellen, Kleinhirnrinde 325, *328A*
Steroidproduzierende Zelle, Corpus luteum 263
– –, glattes endoplasmatisches Retikulum 10
– –, Leydig-Zellen 243
– –, Nebennierenrinde 148
– –, Theca interna 261
Steuerhormone, Adenohypophyse 139
–, Hypothalamus 136f
STH 65
Stiftchenzellen, Tuba uterina 267
Stigma folliculare 262
Stimmbänder 211
Stoffaustausch, Bindegewebe 52
–, Nexus 27
Stofftransport, intrazellulärer 10

Stoffwechsel, Bindegewebe 52
–, Zelle 5ff, 10f
Stoffwechselraum, Mitochondrien 13
Straffes Bindegewebe 56f
Strahlenkörper 303, *303A*, 304
Strangzellen 324
Stratum basale 37, *38A*
– cambium 64, *67A*
– circulare 165, 167
– compactum 171
– corneum *38A*, 39, 276
– fibrosum 64, *67A*, 242
– germinativum 37, 275
– granulare externum, Großhirn 328, *330A*
– – internum, Großhirn 328, *330A*
– granulosum, Follikelepithel 257f
– –, Kleinhirn 325, 327
– granulosum, Epithel 37, *38A*
– limitans externum, Retina 309f
– longitudinale 165, 167
– lucidum 37, *38A*, 276
– moleculare, Großhirn 328
– moleculare, Kleinhirn 325
– multiforme, Großhirn 329
– myoelasticum, Herz 109
– –, Prostata 249
– myoideum 242
– nervosum retinae 308
– neuroepitheliale retinae *308A*, 309
– neurofibrarum, Retina *308A*, 309
– neuronorum, Kleinhirn 325, 327
– nucleare internum, Retina *308A*, 309
– papillare 277
– pigmentosum, Retina 308
– plexiforme externum, Retina *308A*, 309
– – internum, Retina *308A*, 309
– profundum 39
– pyramidale externum 328, *330A*
– – internum 328, *330A*
– reticulare 277
– spinosum 37, *38A*, 275
– subendotheliale 106, 107, *107A*
– subglandulare 174
– superficiale 39
Streifenkörper, Spermium *237A*, 239
Streifenstück, basale Einfaltung *162A*, 163
– Mundspeicheldrüsen *162A*, 163
Strichkanal 287
Stroma ovarii 257
Strukturglykoproteine 52f
Stützgewebe 46f
Stützzellen, Chemorezeptoren 297, *298A*, 300
–, Corti-Organ 320f
–, Macula 317, 319
–, Riechschleimhaut 298, *299A*, 300
–, Sertoli-Zelle *240A*, 241f
Subarachnoidalraum 333
Subcutis 277
Subfiber 15
Substantia alba 323, 324, *326A*
– compacta 64, *70A*
– grisea 323, 325, *326A*
– spongiosa 64

Substanz P 90, 307
Sulcus medianus dorsalis 323
Sulfatasen, Lysosomen 6
Suppressorzellen 126f
Surface coat 4
Surfactant 217
Synapse *88A*, 89f, *91A, 93A*
–, axoaxonale 90
–, axodendritische 90
–, axosomatische 90
–, chemische 89f
–, elektrische 89
–, boutons en passants 90
–, interneurale 90
–, komplexe 90
–, neuroglanduläre 90
–, neuromuskuläre 90
–, neurosensorische 90
Synaptische Bläschen *93A*
Synaptischer Spalt 90f, *93A*
Synovia 31
Synzytium 26, 77
S-Zelle 186

T
Taenien 192
Talgdrüse 43, *45A*, 279
–, holokrine Sekretion 43, 279
Tapetum lucidum 303, *306A*
Tarsus 314
Tastkörperchen 295
Tela subcutanea 274
– submucosa 165, 167
– –, Dünndarm 189
– –, Mundhöhle 152
– –, Ösophagus 168
– subserosa, Verdauungskanal 165
Telodendron 84
Telophase 24, *25A, 26A*
Temperatur, Rezeptoren 295
Tendinozyt 57
Tendorezeptoren 295
Terminal web 185
Terminalzisterne 77
Territorium 62
Tertiärfollikel 260, *260A*
–, Atresie 265
Testis s. Hoden
Testosteron, Bildungsort 243
–, Wirkung 243
Tetrade, Meiose 27
Tetrajodthyronin 142, 143, *143A*, 145
Textus adiposus 55
– cartilagineus 61f
– connectivus 46f
– – haemopoeticus 54
– – lymphoreticularis 54
– – reticularis 53
– epithelialis 33f
– muscularis 74
– nervosus 84
– osseus 64
Theca folliculi externa 261
– – interna 261
Thekaluteinzellen 263
Thekazellen 261
Thermoregulation, Haut 280f

Thrombin 125
Thromboplastin 124, 125
Thrombozyten 124
–, Granulomer 124
–, Hyalomer 124
Thrombozytopoese 123, 124, *124A*
Thrombusbildung 124, 125
Thymopoetin 129
Thymus 127f, *128A*
–, Gefäße 129
–, Hassall-Körperchen *128A*, 129
–, Hormone 129f
–, Involution 120, 129
–, Mark 129
–, Retikulumzellen 129
–, Rinde 129
Thyreoglobulin, Jodination 143, *143A*, 145
–, Reabsorption 143, 145
–, Synthese 143, 145
Thyreotrope Zellen *137A, 138A*, 141
Thyroxin 142f
–, hyaliner Knorpel 62
Tiefensensibilität, Rezeptoren 293, 295
Tight junction s. Zonula occludens
T-Immunoblasten, Lymphozyten 47, 120f, *121A*, 126, *127A*
–, Lymphknoten 131
–, Milz 133
–, Thymus 129
Tomes-Faser 159
Tomes-Körnerschicht 160
Tomes-Fortsatz 159
Tonofibrillen, Epidermis 276
Tonofilamente 16, *28A*
Tonsille *128A*, 130
Trachea *210A*, 211
Tractus hypothalamohypophysialis 137
Tränenapparat 314
Tränendrüse 314
Transkription 17
Translation 17
Transmembranäre Transportvorgänge 2
Transmitter, Synapse 90
Transport, intrazellulärer 10f
–, Stoffabgabe 6
–, Stoffaufnahme 5f
–, Zellmembran 2ff
Transportbläschen 5, 10f
Transportproteine, Zellmembran 4
Transversale Tubuli s. T-Tubuli
Traubenkörner 307
Triade 77
Trigonum vesicae 231
Trijodthyronin 143, 145
Tripelhelix 49, *59A*
Triplett, Mikrotubuli 15
Trommelfell 315
Tropokollagen *48A*, 49, *59A*
–, Kollagen Typ I 51
Tropomyosin 80
Troponin, Kontraktion 80
Trypsin *49A*, 181
TSH 141, 145
T-Tubuli, Herzmuskelzelle *81A*, 83
–, Skelettmuskelfaser 77, *79A*
Tuba auditiva 316

Tuba uterina 265
– –, Drüsenzellen 265
– –, Flimmerzellen *264A*, 265
– –, Funktionen 265
Tubuläre Mitochondrien, Steroidsekretion 13, 148, 243, 263
Tubuli mitochondriales 13
– seminiferi 233, *234A*
Tubulin 14f
–, Mikrotrabekelgitter 14
–, Mitose 15
Tubulusapparat s. Niere
Tubuluspaar, zentrales 15, *16A*
Tunica adventitia 165, 168, *169A*
– albuginea 233, 255
– externa 106, *107A*
– fibrosa 195
– – bulbi 300f
– interna 106, *107A*
– – bulbi 307f
– intima 106, *107A*
– media 106, *107A*
– mucosa 165, *169A*
– – glandularis 167
– – nonglandularis 167
– muscularis 165, 167, *169A*
– serosa 165, 168, *169A*
– vasculosa bulbi 302f
Tunnel, Corti-Organ *320A*, 321
Tunnelproteine 4, 29

U
Übergangsepithel 39, *40A*
Unipolare Nervenzelle 84, 85, *85A*
Univakuoläre Fettzelle *55A*, 56
Univakuoläres Fettgewebe *55A*, 56
Unterdrückerzelle (T-Zellen) 121, 127, *127A*
Unterhaut 277, *278A*
Ureter *230A*, 231
–, Epithel 231
–, Muskulatur 231
Ureterknospe 219
Urethra s. Harnröhre 232
Urkeimzellen 234
Ursprungskegel, Axonhügel 88
Uterindrüsen 268
Uterus *266A*, 267f
–, Cervix uteri 269
–, Endometrium 268
–, Myometrium 269
–, Perimetrium 269
Utriculus 317, 319
Uvea 302f

V
Vagina *270A*, 271
–, Epithel 271
Vakuole, autophagische 8
Vasa recta, Niere 219
– vasorum 106, *107A*
Vasoaktive intestinale Peptide s. VIP
Vasopressin 137, *137A*, 141
Vater-Pacini-Lamellenkörperchen *294A*, 295
Vegetativ-afferente Nervenfasern 92
Vegetativ-efferente Nervenfasern 92

Vegetative Ganglien, Nervenzellen 331
Vegetatives Nervensystem 322
Vena arcuata, Niere 219
– cava 196
– centralis *194A*
– hepatica 196
– hypophysis 137
– interlobaris, Niere 219
– interlobularis, Leber *194A*, 196
– –, Niere 219
– portae 195
– renalis 219
– sublobularis, Leber *194A*, 196
Vene, Wandbau 107f, *109A*, 110
Venenklappen 109, *110A*
Venole *104A*, *105A*, 109
Ventralhorn 323f, *325A*, *326A*
Ventrikel, Gehirn 333
Verdauungsapparat 152f
–, Anhangsdrüsen 193f
–, immunologische Abwehr 187
–, Wandbau 165f
Verdauungsvakuole 8
Verhornung 276
Verknöcherung s. Ossifikation
Vesica biliaris (fellea) 203
– urinaria *230A*, 231
Vestibularapparat 315, 317
Vestibularmembran 319
Vestibulum, Innenohr 317
Vestibulum nasi 207
Vibration, Rezeptoren 293, 295
Vielkernige Zellen 65f, 123
Vielzellige Drüsen 39
Villi intestinales *180A*, *182A*, 183, *185A*, *188A*
Vimentinfilamente 17
Vinblastin 15
VIP 151, 186f, 307
Vitamin A, Knochen 65
–, Knorpel 62
–, Leber 195
– B_{12}, Erythropoese 115
– C, Knochen 65
– C, Knorpel 62
– D_3, Knochen 65
Volkmann-Kanal *67A*, 69
Vordere Augenkammer *303A*, 313
Vorhaut 254
Vormägen 170f
Vorsteherdrüse s. Prostata
Vulva 271

W

Wärmeproduktion, braunes Fettgewebe 56
Wanderzellen 46
Warmrezeptoren 295
Wasser, Speicherung 52, 56
Wasserreabsorption, Niere 227ff
Weibliche Geschlechtsorgane 255f
– –, Harnröhre 232
Weiße Fasern, Muskulatur 80
– Pulpa, Milz *134A*, 135, *135A*
– Substanz 323, 324, *325A*, *326A*, 328

Wharton-Sulze 53
Windkesselfunktion 106
Winkelbeschleunigung 319
Wurzelhaut 161
Wurzelkanal 159
Wurzelscheide, äußere 281, *282A*
–, bindegewebige 281
–, epitheliale 281, *282A*
Wurzelzellen 324

Z

Zäkum 192
Zahn 159f
Zahnentwicklung 159f
–, Dentinbildung 159
–, Hartsubstanzbildung 159
–, Periodontium 161
–, Schmelzbildung 159
–, Zement 160
Zahnfleisch 153
Zahnhals 159
Zahnhalteapparat 160
Zahnkrone 159
Zahnpulpa, Gefäße 161
–, Nerven 161
Zahnwurzel 159
Zapfen *308A*, 309
Zehenendorgane, Horn 292
–, Huf 289, *290A*
–, Klaue 289, *291A*
–, Kralle 289, *291A*
Zelle, Bauplan 2, *7A*
–, Begriff 2
–, Bewegungsvorgänge 14f
–, Differenzierung 22
–, Einschlüsse *7A*, 17
–, Formen 18
–, Größe 18
–, Matrix 6
–, mehrkernige 18, 65f, 123
–, Proteinsynthese 8f, *10A*, *20A*
–, Rezeptoren 5
–, Stoffwechsel 5
–, zweikernige 18
Zellatmung 12
Zellerkennung 5
Zellfortsätze 29
Zellkern, Anfärbungen 2, *7A*, 17f, *20A*
–, basische Proteine 19f
–, Form 18f
–, Größe 18f
–, Histone *18A*
–, Hülle s. Kernhülle
–, Lage 19
–, Leberzellen *198A*, 199
–, Nervenzelle 87
–, polyploid 25
–, Pore 19, *20A*
Zellkontakte *7A*, 29f, *30A*
Zellmembran, Bau 2ff
–, Dicke 2
–, Diffusionsbarriere 2
–, Enzyme 4f
–, Ersatzbildung 4
–, Fluidität 4
–, Funktion 2, 4f

Zellmembran, Kanälchen 94
–, Molekülbewegungen 4
–, Polysaccharide 4f
–, Proteine 4
–, Recycling 6
–, Transportvorgänge 4
Zelloberfläche 27ff, *28A*, *30A*
Zellorganellen *7A*, 8ff, *10A*, *12A*
Zellproliferation 22
Zellteilung 22ff
Zelluläre Immunität 47, 121f, 126, *127A*
Zellverbindungen *7A*, 28, *28A*
Zellwachstum 22
Zellzyklus 22f, *23A*
Zement, Zahn 160
Zentralarterie, Milz 135, *135A*
Zentrales Tubuluspaar 15f, *16A*
Zentralkanal 323, *325A*, *326A*
Zentralnervensystem 322f
–, Entwicklung 323
Zentriol *10A*, 15
–, Metaphase 24
–, Prophase 24
–, Spermatide 237
Zentroazinäre Zelle, Pankreas 203
Zentromere 24
Zerebrospinale Ganglien 331
Zervix 269, *270A*
Ziliarfortsätze s. Processus ciliares
Ziliarkörper s. Corpus ciliare
Zilien 15
Zitze 287, *288A*
Zona arcuata *147A*, 148
– columnaris 193
– cutanea 193
– fasciculata *146A*, *147A*, 148
– glomerulosa *146A*, *147A*, 148
– parenchymatosa, Ovar 257
– pellucida 258
– reticularis *147A*, 148
– vasculosa, Ovar 257
Zonula adhaerens 28, *28A*
– occludens 28, *28A*
Zonulafasern *303A*, *304A*, 305
Zotten (villi intestinales) *180A*, *182A*, 183, *185A*, *188A*
Z-Streifen 79, *79A*
Zunge 155, *156A*
–, Geschmacksknospe *156A*, 157
–, Innervation 158
–, Muskulatur 155
–, Rückenknorpel 158
–, Rückenwulst 158
Zwergfettzellen 249
Zwischensubstanz 48
Zwischenwirbelscheibe *60A*, 63
Zygotän *26A*, 27
Zyklus 272
–, ovarieller 273
–, uteriner 273
Zymogengranula, Magen 177
–, Pankreas 203
Zytoarchitektonik, Großhirn 328
Zytokinese 23ff
Zytolemm 2
Zytologie 1
–, Definition 1

Zytopempsis 6, 103
Zytoplasma 2
–, Einschlüsse 17
–, Matrix (Zytosol) 6

Zytoplasma, Motilität 14
Zytoprotektion, Magen 181
–, Dünndarm 185
Zytoskelett, Umbau 14

Zytosol 6
Zytotoxische Zelle (T-Lymphozyt) 126 f, *127 A*
Zytozentrum 15